제어시스템공학

Control Systems Engineering

김종식 저

북스힐

머리말

21세기 지식 기반 정보화 사회에서 공학이 날로 발전하고 부가가치를 극대화할 수 있는 신기술이 요구되는 시대에 자동제어 기술은 '있으면 편리한 기술'에서 '없어서는 안 되는 기술'이 되었다. 확실히 말할 수 있는 것은 자동제어 기술이 현대의 과학, 기술, 사회 등 일상생활 속에 뿌리를 내리고 있어 지금은 이것을 빼놓고는 아무것도 생각할 수 없는 시대가 되었다는 것이다. 4차 산업혁명이라고 불리는 기계의 지능화를 요구하는 시대에 자동제어 기술은 인간의 시간과 정신을 점점 더 자유롭게 하고, 나아가서는 새로운 과학 기술 및 사회 발전의 프런티어를 개척하고 있다.

자동제어 기술을 근간으로 하는 제어시스템공학은 제어 대상 시스템인 플랜트에 두뇌의 역할을 할 수 있는 적절한 제어기를 첨가함으로써 시스템에 불확실성이 존재하더라도 시스템의 성능 및 강인성을 향상시키는 데 그 목표를 두고 있다. 따라서 제어시스템공학은 기계 또는 장치의 지능화를 통하여 제품의 고부가 가치화 및 생산성 향상에 크게 기여하고 있다. 그래서 오늘날 산업의 모든 분야, 나아가 우리 삶의 모든 분야에서 제어시스템공학은 그 적용 범위가 점점 더 확대되고 있으며 또한 중요시되고 있다. 그래서 대학에서도 기계공학, 전기공학, 항공공학, 화학공학 등을 전공하는 많은 학부 또는 학과에서 제어시스템공학은 주요 교과목 중 하나가 되었다. 그러나 대부분의 제어시스템공학에 관한 교재들은 제어 이론 설명에만 치중하고 있어, 이와 같은 교재로 공부한 학생들이나 엔지니어들은 현장에서 제어기술을 적용할 수 있는 적응력이 매우 취약한 것이 현실이다. 또한 시작이 반이라는 말이 있고, 첫 단추를 잘 끼어야 한다는 말이 있듯이 무슨 일을 수행할 때 시작이 상대적으로 그만큼 중요하다. 그래서 이 책에서는 이를 중요시하여 제어시스템공학의 시작인 동적 시스템의 모델링 과정, 즉 실제 시스템으로부터 수학적 모델식을 유도하는 과정을 비교적 상세하게 다루었다. 그리고 수학적 모델식을 기반으로 하여 제어시스템을 종합적으로 해석하고 설계할 수 있는 제어 문제를 일관성 있게 통합적으로 해결할 수 있도록 하였다. 또한 컴퓨터를 활용하여 시스템 모델링 및 제어 문제를 쉽게 해결할 수 있는 대표적인 제어 관련 상업용 소프트웨어인 MATLAB 프로그램의 사용방법을 설명하고, 컴퓨터를 이용하여 디지털 제어시스템을 구현하는 방법을 다루었다.

이 책은 다음과 같은 내용으로 구성되어 있다. 1장에서는 제어시스템공학에 관한 전반적인 개요를 다룬다. 제어시스템공학의 역사를 간략히 소개하고, 제어시스템의 기본적인 용어, 분류방법 및 응용 분야, 그리고 제어시스템의 설계 절차를 간략히 설명한다. 2장과 3장에서는 제어시스템을 해석하고 설계하기 위한 준비 단계로 필요한 동적 시스템의 모델링 방법들을 다룬다. 2장에서는 고전 제어기법인 주파수역 접근법에서 필요한 전달함수를 유도하는 방법 그리고 3장에서는 현대 제어기법인 시간역 접근법에서 필요한 상태공간 모델식을 유도하는 방법을 다룬다. 4장에서는 제어시스템의 성능 및 안정도를 해석하는 기본적인 방법들을 설명한다. 시간역 및 복소수역에서 제어시스템의 과도응답 및 정상상태응답 성능을 분석하고, Routh 안정도 판별법을 이용하여 제어시스템의 안정도를 평가한다. 5장에서는 시스템 파라미터 변화에 따른 제어시스템의 성능 및 안정도를 복소수역에서 도해적으로 표현할 수 있는 근궤적법을 설명한다. 6장에서는 주파수응답을 이용하여 제어시스템의 성능 및 안정도, 특히 실제 제어시스템의 안정도를 평가하는 데 필요한 개념인 상대안정도 등 제어시스템의 성능 및 안정도를 좀 더 폭넓게 해석할 수 있는 방법을 다룬다. 7장에서는 구동기 및 센서를 포함한 제어시스템의 구조를 설명하고, 가장 기본적인 제어기의 형태인 PID(비례－적분－미분) 제어기와 앞섬/뒤짐 제어기를 포함한 여러 가지 제어시스템들의 특성을 설명한다. 그리고 근궤적 및 주파수응답을 이용한 제어시스템 설계기법들을 다룬다. 8장에서는 시스템의 가제어성 및 가관측성을 조사하여 시스템이 제어 가능한지 그리고 시스템의 상태변수들이 관측 가능한지를 해석하고, 상태공간에서 제어기 및 관측기를 설계하는 방법들을 설명한다. 9장에서는 디지털 제어시스템을 구현하기 위하여 디지털 제어기의 입력/출력 변환기, z-변환에 의한 펄스 전달함수, 이산시간 상태공간 모델식, 그리고 컴퓨터를 이용하여 제어 알고리즘을 구현하는 방법들을 설명한다.

이 책은 또한 종합문제와 연습문제를 통하여 비교적 현장감 있는 제어시스템에 관한 문제들을 종합적이며 체계적으로 모델링하고 해석하고 설계할 수 있는 능력을 배양할 수 있도록 노력하였다. 여러 전공 분야에서 제어시스템공학에 관심을 가지고 있는 대학생 및 현장 제어엔지니어들이 이 교재를 통해 동적 시스템 모델링 및 제어시스템 설계기술을 습득하여 실제 시스템에 이 제어기술을 적용하여 경쟁력 있는 신기술을 창출할 수 있기를 바란다. 또한 축구 경기에서 골과 직결되는 마무리 또는 골 결정력의 중요성을 강조하듯이, 공학에서는 마무리의 역할을 하는 제어기술을 통하여 우리 삶의 질을 더욱 높이고 제품의 부가가치를 극대화할 수 있음을 인식하기 바란다.

끝으로, 이 책의 출판을 위해 원고를 정리해준 부산대학교 제어시스템 연구실의 대학원 학생들에게 감사를 드리며, 이 책의 발행을 위해 여러 면에서 지원해준 ㈜도서출판 북스힐 조승식 사장님과 편집부에도 감사를 드린다.

2017년 7월

김 종 식

차 례

1장 제어시스템공학의 개요

1.1 서론

공학은 우리 삶의 질을 개선하기 위하여 자연에 존재하는 물질과 에너지를 이해하고 제어하는 데 관심을 갖는 학문이다. 자연에 존재하는 물질은 일반적으로 여러 가지 요소들이 서로 상호작용을 하는 시스템으로 구성되어 있다. 시스템에 존재하는 에너지 또는 정보의 흐름을 최적으로 바람직하게 제어하려는 인간의 욕구는 인류 역사를 통하여 진보를 촉진하는 촉매의 역할을 하였다. 공학은 시스템에 존재하는 에너지를 이해하고 그 흐름을 적절하게 제어하는 것을 목표로 삼았으며, 인간은 이러한 목표를 달성시킬 수 있는 제어시스템들을 설계하고 구현함으로써 인간의 수많은 희망과 꿈을 현실로 바꾸어놓았다. 이와 같이 제어기술은 공학 발전에 있어서 핵심적인 역할을 수행하고 있다. 제어 대상 시스템은 공학의 한 분야로 국한되는 것이 아니라, 에너지를 저장하는 요소가 포함된 시스템, 즉 동적 시스템은 모두 제어 대상 시스템이다. 그러므로 우리의 욕구를 충족시킬 수 있도록 동적 시스템을 바람직하게 제어할 수 있는 제어기술은 기계, 전기, 항공, 화학공학 등 공학 분야뿐만 아니라, 경제, 정치 등 사회과학 분야에서도 관심을 가지고 있다.

산업 현장, 특히 자동차, 철강, 전력, 화학, 제지 등 중화학공업에서는 제품의 고부가 가치화 및 생산성을 극대화할 수 있는 기계의 자동화 또는 지능화 기술이 필수적이라고 할 수 있다. 자동화란 공정, 장비, 시스템의 자동 운용이나 제어를 의미한다. 요구되는 오차 허용 범위 이내에서 제품을 지속적으로 생산하기 위해서는 일반적으로 기계나 공정에 대하여 자동제어를 수행해야만 한다. 18세기 후반 1차 산업혁명으로 시작된 기술 혁신의 가속화는 최근까지 주로 생산 작업에서 인간의 육체적 노동을 대치시키는 방향으로 추진되었다. 그러나 최근 4차 산업혁명 시대에 컴퓨터 및 인공지능 기술의 혁신적인 발달로 컴퓨터가 인간 두뇌의 역할을 할 수 있는 영역에까지 진입함에 따라 정보의 수집 및 처리 능력을 급진적으로 향상시킬 수 있게 되었다. 컴퓨터 및 인공지능 기술의 발달과 더불어 제어시스템공학은 기계의 지능화에 크게 기여하고 있다. 또한 첨단기술인 미세전자기계 시스템(MEMS: micro electro-mechanical systems) 기술, 나노 기술(NT: nano technology), 생명 기술(BT: bio technology) 등에서도 제어기술이 필수적으로 접목되어야만 새로운 첨단기술을 지속적으로 개발할 수 있다. 이와 같이 제어시스템에 관한 이론, 실제 및 응용은 광범위하고 재미있으며 매우 유용한 공학의 한 분야이다. 앞으로 4차 산업혁명 시대, 즉 인공지능에 의한 지식 기반 정보화 사회에서는 모든 분야에서 지능화를 달성할 수 있는 제어기술의 접목이 반드시 필요하다고 말할 수 있다. 이와 같이 4차 산업혁명 시대에 특히 공학에서 제어기술이 왜 필요하고 중요한지를 충분히 이해했을 줄로 믿는다. 제어기술은 시스템에 지능을 부여하여 시스템의 성능 및 강인성을 최종적으로 극대화시켜 공학적 문제 해결을 마무리하는, 즉 마침표를 찍는 기술이라 할 수 있다. 따라서 제어시스템이 없으면 신기술도 없다는 말이 있을 정도이다.

제어시스템은 제어 대상 시스템이 바람직한 응답을 나타낼 수 있도록 자동적으로 지능의 역할을 수행할 수 있는 적절한 제어기를 제어 대상 시스템인 플랜트와 결합시킨 시스템이다. 바람직한 제어시스템을 설계하기 위해서는 우선 플랜트를 수학적으로 모델링하고 동적 특성을 해석해야 한다. 따라서 만족스러운 제어시스템 설계를 위해서는 동적 시스템의 모델링 및 해석을 위한 수학, 역학, 전기회로 이론 등에 관한 기본적인 지식과 많은 경험이 필요하다.

이 장에서는 먼저 제어시스템 이론 및 설계기술이 발전해온 제어시스템공학의 역사를 간략히 설명하고, 제어시스템에 관한 기본적인 용어부터 설명하기로 한다. 그런 다음 시스템 및 신호에 대한 불확실성이 존재하더라도 바람직한 시스템 응답을 얻기 위해 필수적으로 사용되는 피드백 제어시스템의 특성을 간략히 설명한다. 이 책에서 제어시스템 설계라고 함은 피드백 제어시스템 설계를 의미한다. 이와 같이 피드백 개념은 제어시스템에서 가장 중요한 개념 중 하나이다. 또한 제어 대상 시스템에 대한 모델링, 해석 그리고 제어시스템 설계 과정을 체계적으로 수행할 수 있도록 제어시스템의 일반적인 분류 방법에 대하여 설명한다. 그리고 제어시스템이 어떤 분야에서 응용되는지를 구체적인 예들을 통하여 알아보고, 제어시스템의 미래에 대해 간략히 언급한다. 끝으로, 기계의 지능화를 통해 제품의 고부가 가치화 및 생산성을 극대화할 수 있도록 (1) 플랜트의 수학적 모델링, (2) 시스템 해석, (3) 제어시스템 설계 및 구현의 단계로 이루어지는 제어시스템의 일반적인 설계 절차를 간략히 설명한다.

1.2 제어시스템공학의 역사

제어시스템공학의 중요성은 비교적 최근에 인식되었지만 제어의 현상은 세상이 창조된 이래로 있었다고 할 수 있다. 빛의 밝기에 따른 눈동자 조리개의 조절 작용, 그리고 자동차 운전 시 손·발·뇌의 작용 등과 같이 인체의 구조가 자율적으로 제어되고 있는 현상이 바로 그것이다. 인간이 이러한 제어의 현상을 우리 삶에 처음으로 적용한 것은 BC 270년경에 그리스의 Ktesibios가 개발한 물시계의 부표 레귤레이터(float regulator)였고, 산업 현장에서 처음으로 적용한 것은 1788년 J. Watt[58]가 개발한 증기기관용 원심조속기(flyball governor)였다. 이 Watt의 증기기관은 기계화, 자동화로 장족의 발전을 하게 된 1차 산업혁명의 시작을 알리는 상징적인 제품이다. 제어시스템 설계기법은 직관을 통한 시행착오적 방법으로 발전되어오다가, 1868년 J. C. Maxwell[57]과 1877년 E. J. Routh[70]가 제어시스템의 안정도에 관한 연구를 최초로 수학적인 이론에 기반을 두고 체계화하여 제어 이론이 정립되기 시작하였다. 1930년대부터 점차로 주파수 응답 및 복소함수 개념이 도입되어 제어 이론은 더욱 체계화되기 시작하여, 1932년에 H. Nyquist[62]는 사인파(sinusoidal) 입력에 대한 개루프 시스템의 주파수 응답을 이용하여 폐루프 시스템의 안정도를 판별할 수 있는 방법인 Nyquist 안정도 판별법을 제안하였다. 1938년에 H. W. Bode[11]는 Bode 선도라고 하는 크기 및 위상 주파수 응답선도를 이용하여 제어시스템의 안정도 및 성능을 평가할 수 있는 방법을 제안하고 게인 및 위상 여유의 상대안정도 개념을 소개했다. 또한 1948년에는 W. R. Evans[25]가 근궤적법을 개발하여 시스템 파라미터의 변화에 따른 폐루프 특성방정식의 근의 궤적을 복소평면상에 도해적으로 나타냄으로써 폐루프 제어시스템의 성능 및 안정도를 비교적 쉽게 해석하고 설계할 수 있게 되었다. 이와 같이 복소수역 및 주파수역에서 제어시스템을 해석하고 설계하는 제어기법인 고전 제어기법이 개발되었다. 제2차 세계대전 중에는 필요한 병기 개발을 위해 이와 같은 주파수 응답법과 근궤적법에 관한 제어 이론뿐만 아니라 실제적인 제어 문제 해결에 많은 발전이 있었다. 예를 들면 항공기의 자동 비행조종장치, 레이더 안테나의 위치 자동조종장치 등 서보기구(servomechanism)가 개발되었다.

1950년대 전반까지는 주로 단일 입출력(single-input single-output) 시스템에 적절한 제어기법인 주파수역 접근법이 사용되었으나, 1950년대 후반부터 1960년대 초 사이에 미국의 Bellman[10]과 Kalman[43] 그리고 러시아의 Pontryagin[67] 등이 수학적 최적 제어기법을 소개하여 복잡한 다변수(multivariable) 시스템을 제어할 수 있는 시간역 접근법인 현대 제어기법이 개발되었다. 따라서 상태공간 모델을 이용하여 복잡한 제어시스템의 해석 및 설계가 가능해졌으며, 이 상태공간 접근법은 인공위성 제어에 적용될 수 있게 되어 스푸트니크(Sputnik)의 출현과 더불어 우주 시대가 열리게 되었다. 또한 1970년대부터는 마이크로프로세스 전자 공학이 급진적으로 발달함에 따라 소위 3차 산업혁명이 일어나 마이크로컴퓨터가 실제 산업 현장에서 제어기로 사용되기 시작하여 기계의 지능화가 비교적 쉽게 실현되기 시작하였다.

그리고 1970년대 후반에 주파수역 접근법과 시간역 접근법 중에서 각각의 좋은 특성을

표 1.1 제어시스템 발전의 역사

연도	내용
1788	Watt의 증기기관용 원심조속기
1868	Maxwell의 증기기관용 원심조속기의 수학적 모델 설정
1877	Routh의 안정도 판별법
1890	Lyapunov의 비선형 시스템의 안정도 판별법
1910	Sperry의 자이로스코프와 오토파일럿
1913	Ford의 자동차 생산을 위한 자동화된 조립장치
1932	Nyquist의 주파수 응답을 이용한 폐루프 시스템의 안정도 판별법
1938	Bode의 주파수 응답법 및 상대안정도
1948	Evans의 근궤적법
1952	MIT에서 NC(수치제어) 공작기계 개발
1956	Pontryagin의 최적제어기법
1957	우주 시대를 연 인공위성 스푸트니크 발사
1960	Kalman의 최적추정기법
1961	Devol의 산업용 로봇
1969	Hoff의 마이크로프로세서
1980	Doyle, Stein, Zames의 강인제어기법
1983	PC 개발 및 제어설계용 소프트웨어 개발
1998	지능 마이크로기계 및 나노기계
2000	휴머노이드 로봇 ASIMO 개발

이용하려는 노력이 시작되어 1980년대에는 Doyle과 Stein[21], Zames[87] 등이 시간 및 주파수역 접근법인 탈현대(post modern) 제어기법이라고 하는 강인제어(robust control)기법을 개발하였다. 이 제어기법은 실제 제어 대상 시스템에 존재하는 모델링 오차에 대한 안정도-강인성(stability-robustness) 문제[51, 55]를 제어시스템 설계 시에 직접 고려할 수 있는 공학적 최적 제어기법이다. 또한 1970년대부터 퍼지추론[81, 86], 신경 회로망[59, 60] 또는 유전 알고리즘[32, 35] 등을 이용한 인공지능 제어기법들이 개발되었다. 인공지능 제어기법을 이용하면, 수학적으로 모델링하기 힘든 시스템이라 할지라도 좀 더 실제적으로 제어 문제들을 해결할 수 있는 폭을 넓힐 수 있다. 표 1.1에는 제어시스템 발전의 역사가 요약되어 있다.

이와 같은 제어시스템의 역사적 배경을 통하여 알 수 있듯이 제어시스템에 관한 제어기법은 다양하다. 주어진 제어 대상 시스템의 복잡성, 요구되는 제어시스템의 정밀도에 따라 주파수역 제어기법, 시간역 제어기법, 강인 제어기법, 인공지능 제어기법 등 여러 가지 제어기법 중에서 적절한 제어기법을 선정할 수 있는 능력도 있어야 한다. 무조건 복잡한 문제까지 다룰 수 있고 정확하고 조직적인 제어기법만이 좋은 것은 아니다. 시스템의 특성, 설계사양, 그리고 경제성 등을 고려한 적절한 제어기법을 선정하여 이용하는 것이 바람직하다.

1.3 제어시스템에 관한 기본 용어

제어시스템을 이해하고 설계하기 위해서는 우선 이에 관한 용어들을 정확히 파악하는 것이 무엇보다도 중요하다. 그래서 자주 사용되고 있는 제어시스템에 관한 기본적인 용어들을 간략히 설명하기로 한다. 그림 1.1은 표준 피드백(feedback) 제어시스템의 구조를 블록선도로 나타낸 것이다. 블록선도는 시스템 각 요소들의 특성과 요소 간의 에너지나 정보의 흐름을 도식적으로 나타낸 선도이다. 이 선도에 대해서는 2.5절에서 자세히 설명하기로 한다.

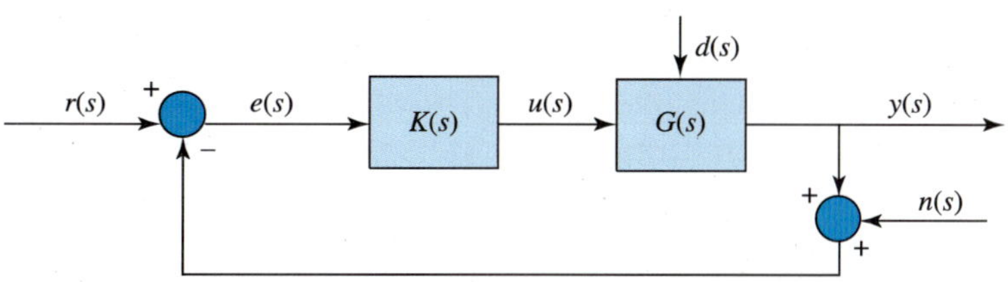

그림 1.1 표준 피드백 제어시스템

그림 1.1에 표시된 기호들을 간략히 설명하면 다음과 같다.

$G(s)$: 제어 대상 시스템인 플랜트(plant) 또는 프로세스(process)

$K(s)$: 오차신호에 따라 적절한 제어입력을 생성하는 시스템인 제어기(controller) 또는 보상기(compensator)

$r(s)$: 목표값 또는 요구값을 나타내는 기준입력(reference input), 명령입력(command input) 또는 목표입력(desired input)

$d(s)$: 외부로부터 제어변수를 교란시키는 외란(disturbance) 입력

$n(s)$: 센서를 통하여 가해지는 센서잡음(sensor noise) 입력

$y(s)$: 관심 있는 시스템의 변수인 출력(output)

$e(s)$: 기준입력과 측정된 출력의 차이로 생기는 오차신호(error signal)

$u(s)$: 플랜트를 조작하기 위한 신호인 제어기에서 생성된 제어입력(control input)

또한 포워드(forward) 제어기 또는 프리필터(prefilter) $P(s)$, 즉 입력필터는 제어기에 사용하기 위한 기준입력신호를 전기신호로 바꾸어주는 역할도 하고, 때로는 기준입력을 조정하여 시스템의 명령추종 성능을 향상시키기도 한다. 그리고 외란제거 성능 향상을 위하여 피드포워드(feedforward) 제어기 $F(s)$가 그림 1.2와 같이 표준 피드백 제어시스템에 첨가될 수 있다. 여기서 $d_1(s)$는 측정할 수 있는 외란, $d_2(s)$는 측정할 수 없는 외란을 의미한다.

이제 제어시스템에 관한 대표적인 용어들에 대하여 설명하기로 한다.

(1) 시스템

어떤 주어진 목적을 달성하기 위하여 상호작용을 하는 여러 개의 요소(에너지 발생요소,

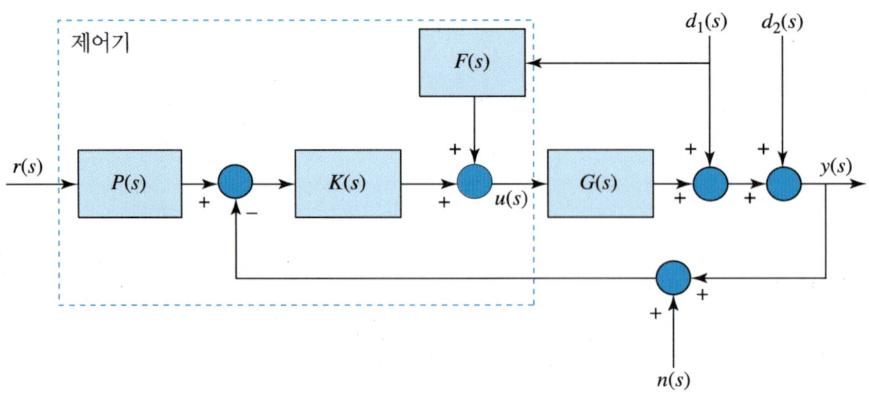

그림 1.2 포워드, 피드포워드 및 피드백 제어시스템

에너지 저장요소, 에너지 발산요소, 에너지 변환요소 등) 또는 부품들이 모여 하나의 복합체를 이루고 있는 실체를 시스템이라고 한다. 시스템의 목적에 따라 시스템의 경계가 주어지면 그 시스템 주위 외곽을 '환경'이라고 한다. 주위 환경으로부터 시스템에 영향을 미치는 물리량을 '입력'이라고 하는데, 이 입력에 의하여 시스템의 상태가 변한다. 그리고 시스템의 상태를 나타내는 양을 '상태변수'라고 하며 그중에서 관심 있는 시스템의 변수를 '출력'이라고 한다.

(2) 정적 및 동적 시스템

정적 시스템은 에너지 저장요소를 포함하지 않은 시스템으로서 출력이 가해진 입력에 따라 결정되며 시간에 따라 변하지 않는다. 그렇지만 동적 시스템은 에너지 저장요소를 포함하고 있어 과거의 입력이 현재의 출력에 영향을 주게 되어 입력이 일정하거나 제거되어도 출력이 시간에 따라 변하는 시스템이다. 예를 들면 달리는 자동차의 엔진을 꺼도 자동차는 자동차의 질량이 가지고 있는 운동 에너지 때문에 즉시 멈추지 않고 어느 정도 움직인 후에 멈추게 된다. 그러나 손전등은 스위치를 끄면 즉시 꺼진다. 이는 에너지 저장요소가 없고 단지 전기 저항과 같은 정적 요소만 포함한 시스템이기 때문이다. 정적 시스템은 정적 요소로만 이루어진 시스템이고, 동적 시스템은 적어도 한 개의 동적 요소인 에너지 저장요소를 포함한 시스템이다.

(3) 개루프 및 폐루프 제어시스템

플랜트의 출력이 제어입력을 생성하는 제어기에 아무런 영향을 주지 않는 제어시스템을 개루프(open-loop) 제어시스템(그림 1.3)이라 하고, 어떤 플랜트를 목적에 맞도록 제어하기 위하여 플랜트의 출력을 피드백하여, 기준입력과 비교하여 그 차이가 없어질 때까지 계속 제어할 수 있는 제어시스템을 폐루프(closed-loop) 또는 피드백 제어시스템(그림 1.4)이라고 한다. 특히 명령입력을 잘 추종하도록 구성된 피드백 제어시스템을 서보기구(servomechanism)라고 하며, 외란입력을 잘 제거하도록 구성된 피드백 제어시스템을 레귤레이터(regulator)라고 부른다. 일반적인 피드백 제어시스템은 이 두 가지 기능을 모두 수행한다.

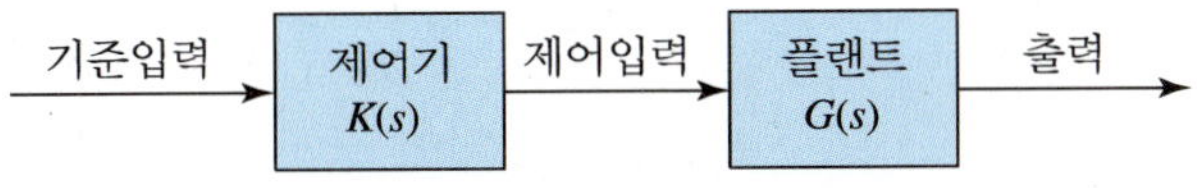

그림 1.3 개루프 제어시스템

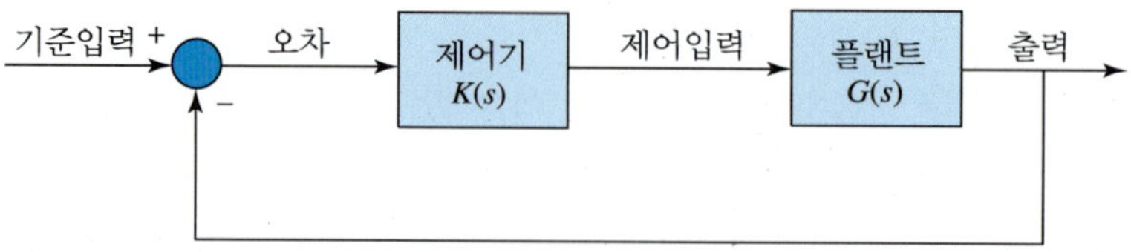

그림 1.4 폐루프 제어시스템

(4) 단일입출력 및 다변수 제어시스템

제어시스템의 입력 및 출력이 단일변수인 경우를 단일입출력(SISO: single-input single output) 제어시스템이라고 하고, 제어시스템의 입력 및 출력이 2개 이상의 다변수인 경우를 다변수(multi-variable 또는 MIMO: multi-input multi-output) 제어시스템(그림 1.5)이라고 한다. 플랜트 $G(s)$와 제어기 $K(s)$가 단일입출력인 경우에는 스칼라양으로 표시되지만, 다변수인 경우에는 행렬로 표시된다.

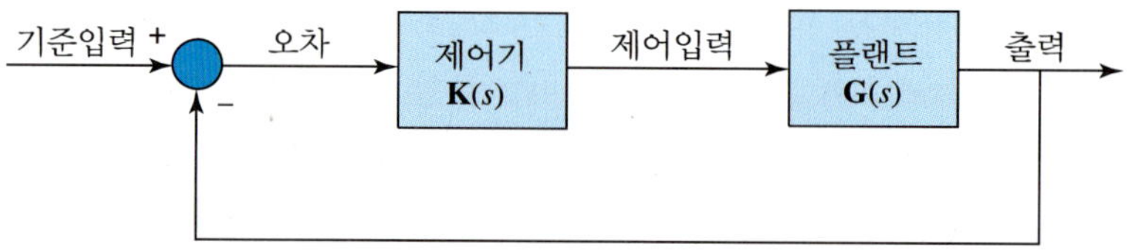

그림 1.5 다변수 제어시스템

1.4 피드백과 그 효과

일반적으로 제어시스템이라고 하면 피드백 제어시스템을 의미할 정도로 피드백은 매우 중요한 개념이다. 피드백 제어는 요구되는 명령입력 값과 관심 있는 시스템 변수인 출력의 실제 값을 비교하여 오차가 발생하면, 그 오차를 제어기의 입력으로 하여 시스템을 바람직하게 제어하는 과정을 말한다. 피드백 개념을 설명하기 위하여 구체적인 예로 간단한 피드백 제어시스템인 자동화된 난방장치(그림 1.6)에 대하여 생각해보자.

제어 대상인 방의 온도를 20 °C로 유지하고자 하면 방에 설치된 온도감지기에 20 °C의 기준입력을 설정한다. 이때 방의 실제 온도가 20 °C가 되지 않으면 그 오차만큼의 신호가 발생해 보일러를 가동하여 열을 공급한다. 그러면 방의 온도는 점차 상승하여 20 °C에 도달하게 된다. 이때 요구 온도와 실제 온도가 같게 되어 오차가 없으므로 오차신호가 0이 되어 보일러의 가동이 중단되고 따라서 열의 공급이 중단되므로 외부로 열이 누출됨으로써

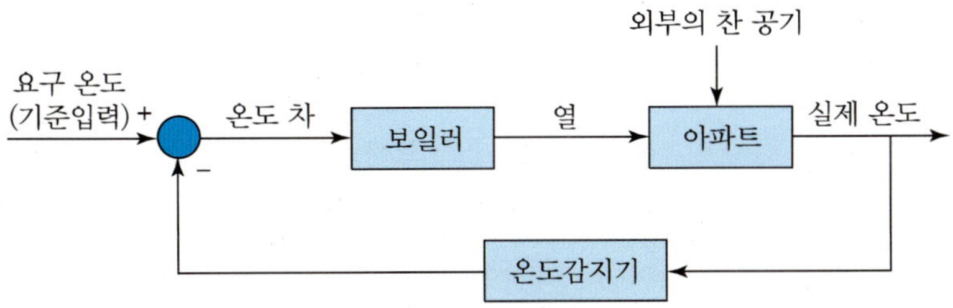

그림 1.6 자동 난방장치

다시 방의 실제 온도가 떨어지게 된다. 그러면 또 다시 온도의 오차가 발생하여 오차신호에 의해 보일러가 가동된다. 이러한 동작이 자동적으로 계속해서 이루어지므로 방 안의 온도는 항상 요구 온도를 유지하게 된다. 여기서 온도감지기로 실제 온도(출력)를 측정하여 요구 온도(기준입력)와 비교하여 그 오차가 제어입력에 반영될 수 있도록 한 것을 피드백이라고 한다.

앞의 예는 피드백을 사용하는 목적이 기준입력과 출력 사이의 오차를 제거하기 위한 것임을 보여주고 있다. 그러나 제어시스템에서 피드백을 사용하는 것은 이 예에서 설명한 것보다 더 깊은 의미가 있다. 기준입력과 출력 사이의 오차를 줄이는 것은 피드백의 많은 효과 중 단지 하나일 뿐이다. 피드백을 사용하는 더 중요한 목적은 모델링 오차(modeling error)와 외란(disturbance) 등으로 시스템의 불확실성이 존재하더라도 만족스러운 시스템 성능을 유지하는 것이다. 만일 시스템의 불확실성이 존재하지 않는다면 피드백을 사용할 필요가 없다.

실제 시스템에 대한 수학적 모델링 과정은 매우 중요하다. 이 과정에서 모델링 오차는 존재해야만 하고 존재할 수밖에 없다. 그 이유는 공학은 성능, 경제성 등 여러 가지 현실적 제한조건들을 동시에 고려해야 하기 때문에, 특히 제어시스템은 실시간으로 제어해야 하기 때문에 제어 대상 시스템인 플랜트를 수학적으로 모델링할 때 제어 목적과 현실적 제한조건에 따라 적절하게 단순화되고 이상화된 모델식, 즉 적절한 모델링 오차가 있는 수학적 모델식을 유도해야 한다. 또한 현존하는 물리·수학적 지식으로는 실제로 존재하는 물리 시스템을 완전하게 수학적으로 표현할 수도 없다. 이와 같이 제어 대상 시스템에는 불확실성이 존재하므로 이 불확실성이 존재하더라도 바람직한 성능을 얻고자 하면 피드백은 필수적이라고 할 수 있다.

그리고 피드백의 또 다른 장점은 불안정한 시스템을 안정시킬 수 있고, 시스템의 응답 성능을 개선시킬 수 있으며, 비선형 시스템에 피드백을 첨가하면 보다 넓은 작동 범위에서 선형성을 증가시킬 수 있다는 것 등이다. 그렇지만 피드백을 사용하면 제어시스템에 센서 등이 추가되어 제어시스템이 복잡해져서 보수 유지도 힘들고 가격도 비싸진다. 또한 피드백을 사용하면 안정한 제어 대상 시스템을 불안정하게 할 수도 있으므로 안정성 문제도 고려해야 한다. 이와 같은 단점이 있음에도 불구하고 제어시스템에서 피드백을 사용하는 이유는 모델링 오차나 외란 등 플랜트의 불확실성에 대해 좋은 성능-강인성(performance-robustness)을 유지하기 위한 것이다. 이것이 개루프 제어시스템과 폐루프 제어시스템의 큰 차이점이다.

이를 좀 더 구체적으로 설명하기 위하여 모델링 오차를 고려한 개루프 제어시스템과 폐루프 제어시스템의 성능-강인성을 비교해보기로 한다. 우선 개루프 제어시스템의 성능-강인성부터 살펴보자. 일반적으로 개루프 제어시스템의 공칭 출력 $y(s)$는 다음과 같이 표시된다.

$$y(s) = G(s)r(s) \tag{1.1}$$

여기서 $r(s)$는 시스템 입력이고 $G(s)$는 공칭 개루프 전달함수이다. 그리고 모델링 오차 $\delta G(s)$를 고려한 실제 개루프 전달함수 $G_A(s)$를 다음과 같이 표시하면

$$G_A(s) = G(s) + \delta G(s) \tag{1.2}$$

이때 실제 출력 $y_A(s)$는 다음과 같이 표현될 수 있다.

$$\begin{aligned} y_A(s) &= G_A(s)r(s) \\ &= y(s) + \delta y(s) \end{aligned} \tag{1.3}$$

여기서 $\delta y(s)$는 모델링 오차 $\delta G(s)$에 의해 발생하는 실제 출력과 공칭 출력 사이의 편차이다.

$$\delta y(s) = \delta G(s)r(s) \tag{1.4}$$

이제 식 (1.1)과 식 (1.4)로부터 다음과 같은 개루프 제어시스템의 성능-강인성 식을 유도할 수 있다.

$$\frac{\delta y(s)}{y(s)} = \frac{\delta G(s)}{G(s)} \tag{1.5}$$

식 (1.5)로부터, 개루프 제어시스템에서는 모델링 오차 $\delta G(s)$가 그대로 $\delta y(s)$에 반영된다는 것을 알 수 있다. 예를 들어 시스템의 동특성을 나타내는 전달함수에 10 %의 모델링 오차가 존재한다면 실제 출력 $y_A(s)$는 기대한 공칭 출력 $y(s)$로부터 10 %의 편차가 발생하게 된다.

다음으로 폐루프 제어시스템의 성능–강인성 식을 유도하기로 한다. 일반적으로 폐루프 제어시스템의 공칭 출력 $y(s)$는 다음과 같이 표시된다.

$$y(s) = \frac{G(s)}{1+G(s)} r(s) \tag{1.6}$$

또한 실제 출력 $y_A(s)$는 다음과 같다.

$$\begin{aligned} y_A(s) &= y(s) + \delta y(s) \\ &= \frac{\{G(s)+\delta G(s)\}}{1+\{G(s)+\delta G(s)\}} r(s) \end{aligned} \tag{1.7}$$

식 (1.6), (1.7)에서 $r(s)$를 소거하면, 다음과 같은 폐루프 제어시스템의 성능–강인성 식을 구할 수 있다.

$$\frac{\delta y(s)}{y(s)} = \frac{1}{1+G_A(s)} \frac{\delta G(s)}{G(s)} \tag{1.8}$$

이제 식 (1.5)와 식 (1.8)에 주어진 개루프 및 폐루프 제어시스템의 성능–강인성 식을 비교해보면, 폐루프 제어시스템이 좋은 성능–강인성 특성을 가지고 있음을 알 수 있다. 특히 개루프 전달함수 $G(s)$의 크기가 큰 경우에는 폐루프 제어시스템의 성능–강인성을 개루프 제어시스템의 성능–강인성에 비해 현저하게 향상시킬 수 있다. 예를 들어 $|1+G_A(s)| = 100$이고 $|\delta G(s)| = 0.1|G(s)|$인 경우, 이때 $G_A(s)$는 10 %의 변화가 발생되었지만 폐루프 제어시스템의 출력에는 단지 0.1 %의 변화만 나타난다.

이런 사실들은 실제 폐루프 제어시스템이 안정하다는 가정 아래서 성립된다는 것에 유의해야 한다. 공칭 제어시스템이 안정하더라도 고주파에서의 모델링 오차에 의하여 실제 제어시스템이 불안정해질 수도 있다. 그러므로 폐루프 제어시스템의 만족스러운 성능–강인성 특성은 일반적으로 저주파역에서 에너지를 갖는 명령입력과 외란입력에 대한 성능, 즉 명령 추종 및 외란제거 성능을 좋게 하기 위하여 큰 루프 게인이 요구되는 저주파역에서 타당하다.

1.5 제어시스템의 분류

제어시스템은 다음과 같이 여러 가지 형태로 분류될 수 있다. 예를 들면 시스템의 특성에 따라 선형(linear)과 비선형(nonlinear) 또는 시불변(time-invariant)과 시변(time-varying)

제어시스템으로, 그리고 제어시스템의 신호 형태에 따라 연속시간(continuous time) 제어 시스템과 이산시간(discrete time) 제어시스템으로 분류한다. 또한 시스템의 구성부품의 종류에 따라 기계, 유압, 열, 전기, 생체 제어시스템 등으로 분류하고 있다. 그리고 제어시스템의 주된 목적에 따라 분류하기도 한다. 위치 제어시스템과 속도 제어시스템은 그 명칭이 의미하는 대로 각각 위치와 속도를 출력변수로 하는 제어시스템이다. 이와 같이 제어시스템을 분류하는 방법은 다양하다.

제어시스템에 대한 모델링, 해석, 그리고 제어시스템 설계를 공부하기 전에 제어시스템의 일반적인 분류법을 익혀두는 것은 체계적으로 제어시스템공학을 공부하는 데 큰 도움이 된다. 제어시스템을 경제성을 가지고 체계적으로 해석하고 설계하기 위해서는 우선 제어 대상 시스템인 플랜트를 수학적으로 모델링해야 한다. 플랜트의 수학적 모델을 표현한 시스템 방정식의 형태와, 환경으로부터 주어지는 입력의 형태에 따라 제어시스템은 일반적으로 그림 1.7과 같이 분류되고 있다. 그림 1.7에 표시된 점선은 같은 수준에 있는 분류된 제어시스템이 점선 아래에 존재함을 의미한다.

제어시스템의 파라미터들은 일반적으로 시간뿐만 아니라 공간에 따라 다를 수 있다. 이와 같이 제어시스템의 파라미터들을 시간 및 공간의 함수로 나타낸 모델식으로 표현하는 제어시스템을 분포 파라미터(distributed parameter) 제어시스템이라고 하며, 이는 시간과 공간에 대한 편미분(partial differential) 방정식으로 표현된다. 분포 파라미터 제어시스템은 일반적으로 수학적 처리가 어렵고, 개발된 해석 및 설계기법이 미흡하다. 그러므로 제어

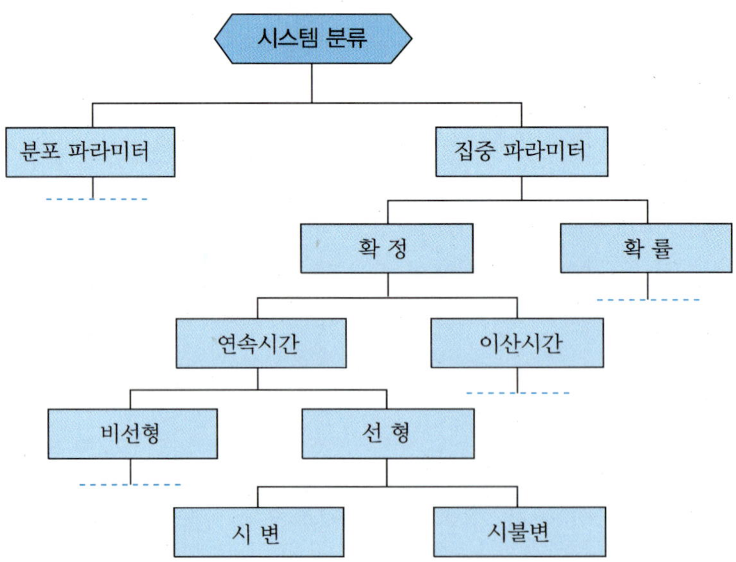

그림 1.7 시스템 방정식과 입력의 형태에 따른 제어시스템의 분류

엔지니어들은 실제 주어진 제어시스템을 주로 집중 파라미터(lumped parameter) 제어시스템으로 모델링하고 있다. 집중 파라미터 제어시스템은 어떤 주어진 공간의 온도를 단 하나의 온도로 나타내듯이 공간에 대하여 단 하나의 대푯값을 선정함으로써 공간적인 변동을 무시한 시스템이다. 집중 파라미터 제어시스템은 유한한 집중된 에너지 저장(storage) 및 발산(dissipation) 요소들의 집합으로 나타낼 수 있으며, 수학적으로 상미분(ordinary differential) 방정식, 차분(difference) 방정식 또는 순수한 대수방정식으로 표현된다. 좀 더 정밀한 모델링 및 해석이 요구되는 경우에는, 일차적으로 집중 요소의 개수를 증가시킨 집중 파라미터 제어시스템으로 생각함으로써 실제에 가까운 분포 파라미터 제어시스템에 근접시킬 수도 있다. 이 책에서는 집중 파라미터 제어시스템에 대해서만 취급하므로, 분포 파라미터 제어시스템에 대하여 관심 있는 독자는 참고문헌[4, 82]을 참조하기 바란다.

시스템 파라미터나 입력신호에 불확실성이 존재하는 경우, 이를 통계학적인 양인 평균(mean)과 분산(variance) 등으로 표현하는 제어시스템을 확률(stochastic 또는 random) 제어시스템이라고 한다. 그리고 시스템 파라미터나 입력신호를 결정론적인 관점에서, 즉 시간이 주어지면 그 시간에서의 시스템 파라미터나 입력 값을 하나의 값으로 표현하는 제어시스템을 확정(deterministic) 제어시스템이라고 한다.

시스템을 묘사하는 방정식들이 모든 시간에 대하여 정의되는 연속시간 변수로 표시되면 이 제어시스템을 연속시간 제어시스템이라 하고, 이산시간에 대하여 정의되는 이산시간 변수로 표시되면 이 제어시스템을 이산시간 제어시스템이라고 한다. 연속시간 제어시스템은 미분방정식, 이산시간 제어시스템은 차분방정식으로 표현된다. 또한 디지털 컴퓨터를 이용하여 제어하는 디지털 제어시스템과 같은 경우는, 제어하고자 하는 대상인 플랜트는 대부분 연속시간 시스템이고 제어기는 디지털 컴퓨터로서 이산시간 시스템으로 이루어져 있다. 이와 같이 연속시간과 이산시간이 혼합된 시스템을 샘플 데이터 시스템(sampled data system)이라고 한다.

제어시스템이 선형 특성인 중첩의 원리(principle of superposition)와 동차성의 원리(principle of homogeneity)를 만족시키면 선형 제어시스템이라 하고, 이 두 원리를 만족시키지 않으면 비선형 제어시스템이라고 한다. 실제 시스템은 거의 비선형 특성을 갖지만 작동 범위에 따라서는 비선형 효과를 무시하고 선형 시스템으로 모델링하여 선형 제어 이론을 적용할 수 있다. 또한 비선형 시스템에 대해서도 테일러(Taylor) 급수를 이용한 선형화, 피드백을 이용한 선형화[9, 37, 39] 그리고 기술함수(describing function) 기법[8, 30, 45] 등을 이용하여 비선형 시스템을 선형화한 후 선형 시스템에서 개발된 제어기법들을 이용하여 비선형 시스템을 해석하고 제어시스템을 설계할 수도 있다. 선형 제어시스템의 경우는 시스템의 특성이 시스템 입력의 크기에 따라 전혀 변하지 않고 시스템을 구성하는 요소들의 접합 구조 및 요소들의 파라미터 값에 의한 고유 특성에 의해서만 변한다. 그렇지만 비선형 시스템의 경우는 그 특성이 시스템의 고유 특성뿐만 아니라 입력의 크기에 따라서도 변한다. 이와 같이 선형 제어시스템에 대한 해석 및 설계 방법은 비교적 조직적이며 쉽지만, 비선형 제어시스템은 수학적으로 다루기 어렵기 때문에 비선형 제어시스템에 대한 해석 및 설계 방법은 다양하며 적용 범위에도 한계가 있다. 현재 일반적으로 사용되고 있는 비선형 제어 방법으로는 섭동법(perturbation method), 위상평면법(phase plane method), 기술함수법, 슬라이딩 모드 제어 방법(sliding mode control method) 등이 있다. 이 책에서는 제어시스템공학의 기본이 되는 선형 시스템에 대한 제어기법만 다루고자 하므로, 비선형 제어기법에 대하여 관심 있는 독자는 참고문헌[8, 77, 84]을 참조하기 바란다.

저항 R, 인덕터 L, 커패시터 C를 포함한 회로, 즉 RLC 전기회로와 같이 제어시스템을 묘사하는 방정식에 포함된 시스템 파라미터의 값들이 시간에 따라 변하지 않는 경우를 시불변(time-invariant) 또는 일정계수(constant-coefficient) 제어시스템이라고 하고, 로켓의 질량과 같이 시스템 파라미터 중에서 하나라도 시간에 따라 변하면 시변(time-varying) 제어시스템이라고 한다.

1.6 제어시스템의 응용

실제로 우리는 일상생활 가운데 자동차 운전과 같은 제어의 원리를 알게 모르게 응용하고 있다. 산업 현장에서는 제품의 생산성 향상을 위한 자동조립라인, 공구 제어, 로봇 등에 제어의 원리가 응용되고 있고, 자동차, 항공기, 선박 등의 수송 시스템, 우주과학 및 무기체계, 환경오염 문제 등 공학적인 문제뿐만 아니라 재고 관리, 국가의 정책 수립 등 사회과학적인 문제에도 제어시스템은 응용되고 있다. 이 절에서는 이와 같은 제어시스템의 응용 분야 중에서 실제적인 제어시스템의 예들을 몇 가지 소개함으로써 제어시스템이 실제로 어떻게 응용되고 있는지를 소개하기로 한다.

(1) 속도 제어시스템

그림 1.8은 J. Watt가 개발한 증기기관의 속도 제어시스템의 개략도이다. 흡입되는 증기량에 따라 증기기관의 출력축의 각속도가 변하므로 증기량을 조절하기 위한 밸브가 설치

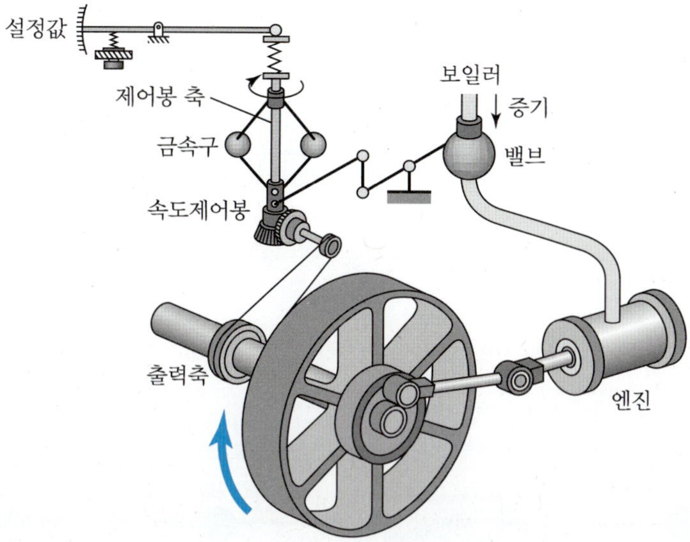

그림 1.8 증기기관의 속도 제어시스템

되어 있고 밸브와 출력축 사이에는 속도제어봉(speed governor)을 연결하여 출력축의 각속도에 의해 발생되는 원심력을 이용하여 제어봉을 적절히 조절할 수 있도록 고안되어 있다. 그림 1.8에 표현된 바와 같이 요구되는 각속도를 스프링 힘에 대응하는 수치에 설정해 놓는다. 실제 각속도가 요구 각속도보다 빠르면 원심력에 의하여 속도제어봉이 옆으로 벌어지면서 밸브는 닫히게 된다. 따라서 증기 유입량이 감소하므로 출력축의 각속도가 작아지고 자연히 속도제어봉은 다시 내려간다. 반대로 실제 각속도가 요구 각속도보다 작아지면 속도제어봉이 아래로 내려가므로 이때 밸브는 열려 증기의 유입량이 증가하므로 출력축의 각속도가 증가한다. 이러한 작동이 반복되면서 일정한 각속도를 유지할 수 있는 장치가 바로 제어 개념을 이용한 최초의 공학적 제어시스템이다.

(2) 위치 제어시스템

그림 1.9는 미사일 발사대의 자동 위치 제어시스템이다. 퍼텐쇼미터(potentiometer) R_1으로부터 요구 위치가 선정되면 거기에 해당하는 구동신호가 증폭기를 통하여 모터를 가동시키고 발사대가 움직이기 시작하면 거기에 연결된 퍼텐쇼미터 R_2에서 신호가 발생한다. 그 신호가 편차증폭기(difference amplifier)에 피드백되어 요구 위치의 값과 비교하여 오차가 발생하면 계속 모터가 가동되어 발사대의 위치를 요구 위치까지 조정한다.

또한 그림 1.10은 태양반사경이 태양의 위치를 추적하는 제어시스템이다. 제어시스템의 기본 원리는 미리 정해진 바람직한 태양의 위치와 태양센서에 의해 실제 위치 오차를 수정

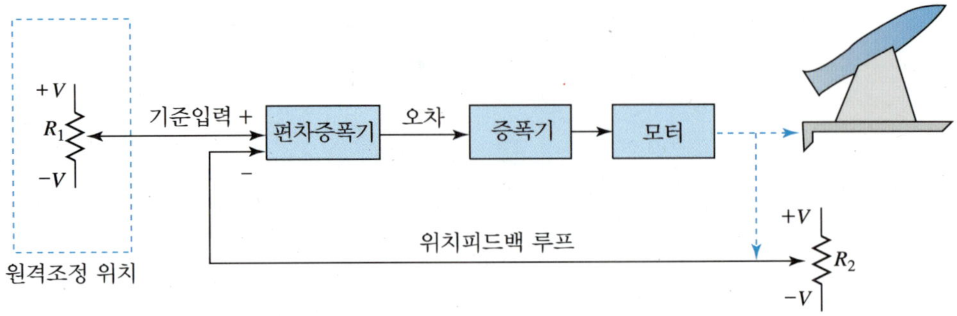

그림 1.9 미사일 발사대의 위치 제어시스템

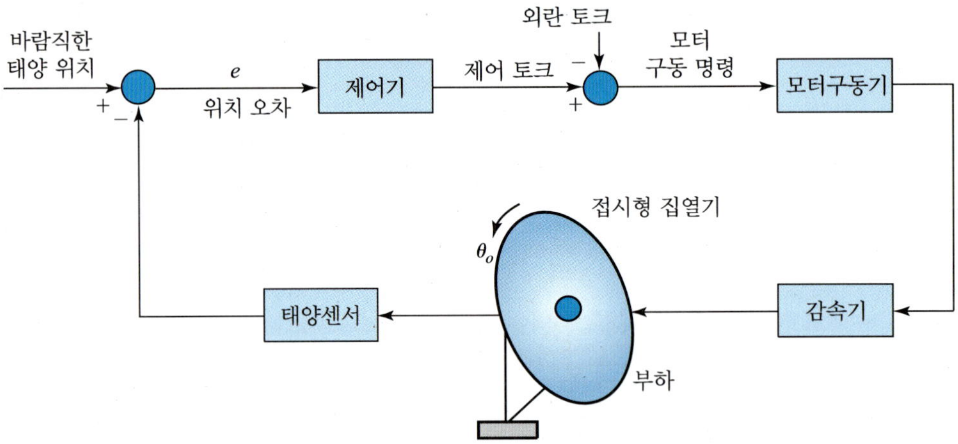

그림 1.10 태양추적 제어시스템

하거나 조절하는 것이다. 제어기는 지속적으로 제어의 두 축(방위각 및 고각)에 대한 제어 토크를 계산한다. 제어기는 태양반사경을 회전시키는 적절한 모터 명령을 생성하기 위해 바람직한 태양 위치와 태양센서 정보를 이용한다.

(3) 압력 제어시스템

그림 1.11은 압력 제어시스템의 한 예이다. 용광로 내의 압력은 조절판(damper)의 위치에 따라 제어된다. 압력감지기가 용광로 내의 압력을 측정하여 제어기로 보내면, 그곳에서 요구 압력(기준입력)과 비교하여 차이가 발생하면 구동기를 작동하여 조절판의 위치를 조정함으로써 압력을 제어하게 된다.

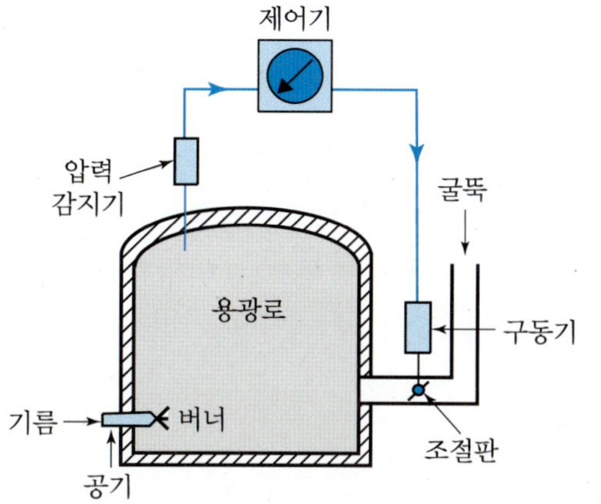

그림 1.11 용광로의 압력 제어시스템

(4) 유압 제어시스템

그림 1.12는 유압 제어시스템의 대표적인 예이다. 이 시스템은 항공기의 조종익(aileron)이 조종사의 요구에 따라 정확한 위치로 움직이도록 설계된 제어시스템이다. 조종익이 요구 위치에 가도록 조종사가 제어봉을 조정하면, 이때 가변저항 R_1과 R_2가 일치하지 않으므로 그 편차에 상응하는 전위차가 발생한다. 전위차에 의해 전류가 코일에 흐르면 자기력이 발생하여 밸브스풀(valve spool)을 잡아당기게 된다. 이때 포트(port) 1이 열리고 고압의 기름이 실린더 내로 유입되며 포트 2가 동시에 열리면서 실린더 내의 저압의 기름이 밖

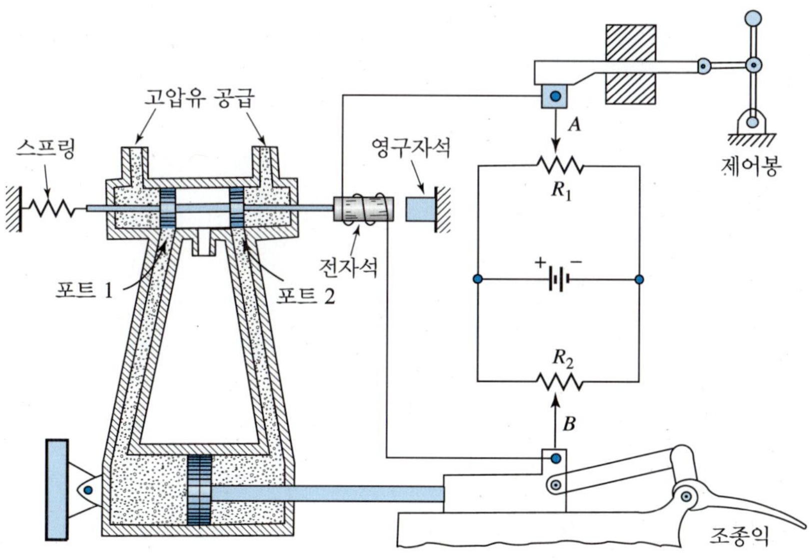

그림 1.12 항공기 조종익의 유압 제어시스템

으로 유출된다. 실린더의 피스톤이 이동되면서 조종익의 변위를 변경시키고 가변저항 R_2가 동시에 변한다. 저항 R_1과 R_2가 같아질 때까지 피스톤은 계속 움직이고 편차가 0이 되면서 밸브스풀은 스프링의 힘으로 전 위치로 복귀하면서 중립 상태에 위치한다. 반대 방향으로 작동되는 원리도 이와 같이 설명할 수 있다. 이렇게 하여 조종익의 변위에 따라 항공기의 비행고도가 바뀌어 조종사가 원하는 방향으로 비행할 수 있다. 이러한 제어 개념이 좀 더 확대 적용되어 무인 비행기나 유도 미사일 같은 완전 자동 제어시스템을 가진 고도의 정밀한 무기가 개발되고 있다.

(5) 온도 제어시스템

그림 1.13은 전기로의 온도 제어시스템의 개략도이다. 전기로의 온도는 아날로그 계측장치인 온도계로 측정된다. 아날로그 온도는 A/D 변환기에 의해 디지털 온도로 변환된다. 디지털 온도는 인터페이스를 통하여 제어기로 보내진다. 디지털 온도는 프로그램된 입력 온도와 비교된다. 만약 오차가 발생하면 제어기는 인터페이스, 증폭기, 릴레이(relay)를 통해 가열기에 신호를 보내 전기로의 온도가 바람직한 값이 되도록 한다.

(6) 화학 공정 제어시스템

자동제어 개념이 화학 공정에도 널리 응용되어 지금은 대부분의 화학 제조 공정이 자동화되어 있다. 그림 1.14는 화학 성분을 자동적으로 조절해주는 제어시스템의 한 예이다. 예전에는 온도, 압력, 유량 등을 조절하여 화학 성분을 간접적으로 조절했지만 지금은 화학 분석기로 직접적으로 조절하고 있다. 그림 1.14를 보면, 적외선 분석기가 견본품을 채취하여 성분을 분석한 후 그 정보를 기록계 및 제어기에 보내고, 그곳에서 요구 성분과 비교하여 차이가 발생하면 밸브구동기가 작동하여 밸브를 조절함으로써 첨가제를 가감시키며, 요구 성분에 도달할 때까지 이러한 제어동작은 계속된다.

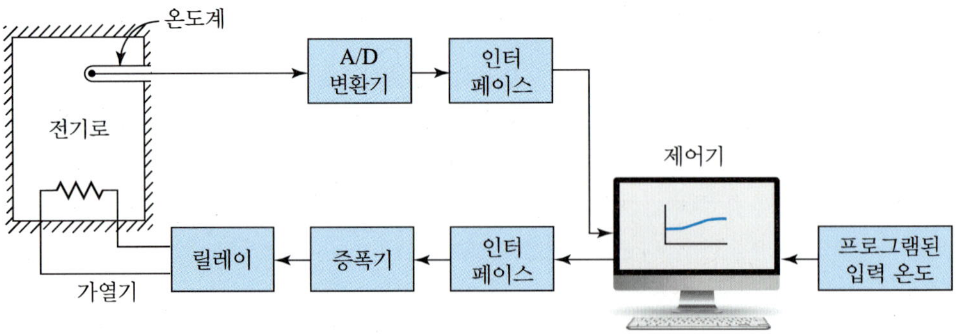

그림 1.13 전기로의 온도 제어시스템

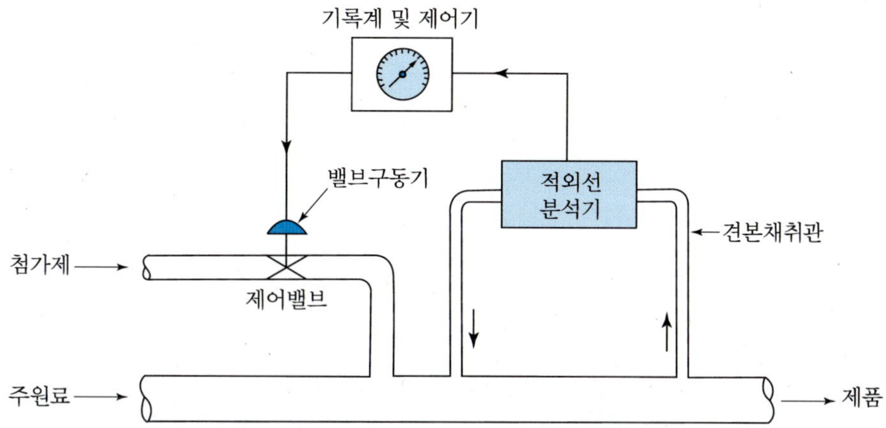

그림 1.14 화학 공정 제어시스템

(7) 핵반응 제어시스템

그림 1.15는 핵반응 제어시스템의 개략도이다. 핵반응 속도는 핵반응로 내에 존재하는 중성자의 개수에 따라 달라지며 중성자의 개수는 제어봉의 중심 내부 삽입량에 따라 달라진다. 중성자의 개수는 이온화실(ionization chamber)에서 측정되어 그 정보가 요구 수치와 비교하여 차이가 있을 때 전위차가 발생하고 그것이 증폭기를 통하여 제어모터에 전달되어 제어봉을 상하로 조절하면서 중성자의 개수를 조절하여 핵반응 속도를 제어하게 된다.

(8) 화력발전 제어시스템

그림 1.16은 화력발전 제어시스템으로서, 다변수 제어시스템의 대표적인 예이다. 제어되

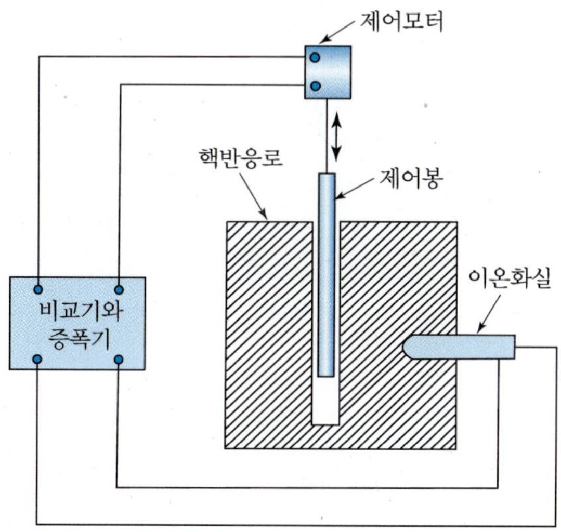

그림 1.15 핵반응 제어시스템

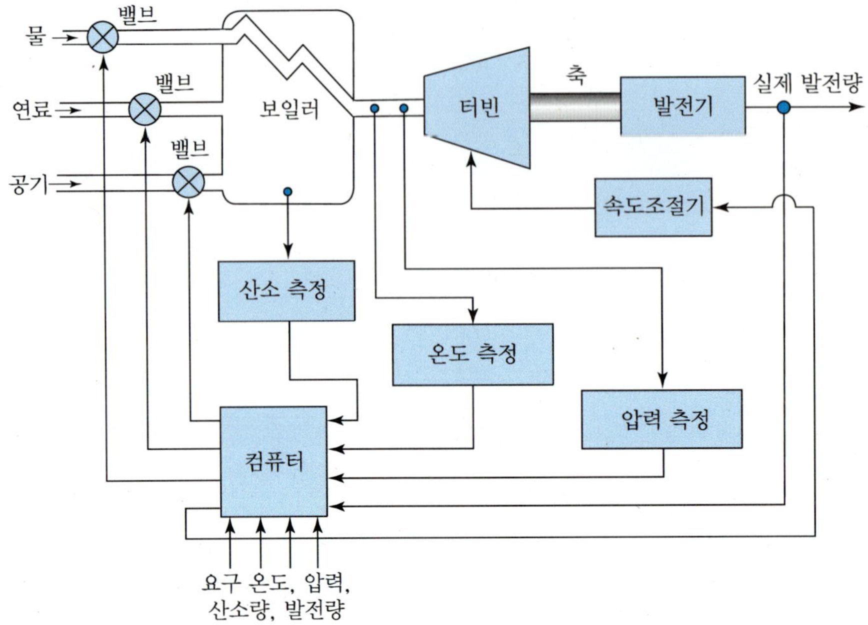

그림 1.16 화력발전 제어시스템

어야 할 변수, 즉 시스템 출력변수가 하나가 아니라 여러 개(온도, 압력, 산소량, 발전량)로 되어 있고, 플랜트를 제어할 수 있는 플랜트의 제어입력변수도 여러 개(물, 연료, 공기, 속도)로 구성되어 있다.

(9) 인간 제어시스템

N. Wienner의 인공두뇌학(cybernetics)[(85)]에 따르면 모든 생명 시스템은 일종의 제어시스템이다. 인체 자체가 세상에서 가장 정밀하고 복잡한 제어시스템 중 하나이다. 인간과 기계가 복합된 제어시스템의 대표적인 예로는 그림 1.17과 같은 자동차 운전 제어시스템을 들 수 있다.

(10) 로봇 제어시스템

로봇은 컴퓨터로 제어되는 기계이며 자동화와 밀접하게 관련된 기술이 포함되어 있다. 산업용 로봇은 자동화된 기계(로봇)가 인간의 노동을 대신하기 위하여 설계된 자동화의 특수한 분야로 정의될 수 있다. 그래서 로봇은 인간과 같은 역할을 수행한다. 그림 1.18은 '다빈치(Da Vinci)'라고 하는 수술용 로봇이 로봇 팔을 이용하여 심장에 있는 환부를 직접 자르고 봉합하는 수술을 하고 있는 모습이다. 환자의 가슴에 로봇 수술기가 들어갈 수 있

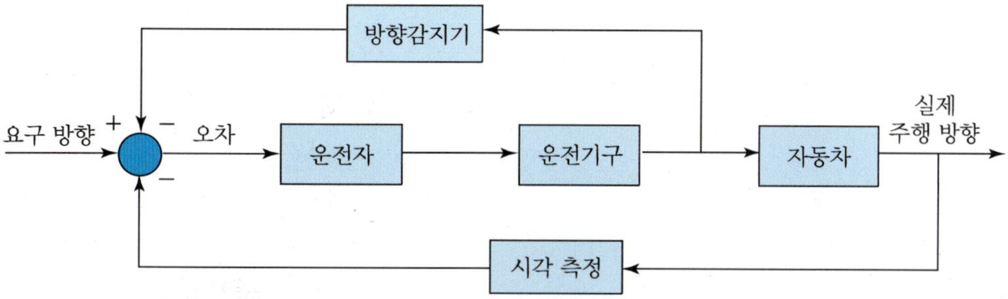

그림 1.17 자동차 운전 제어시스템

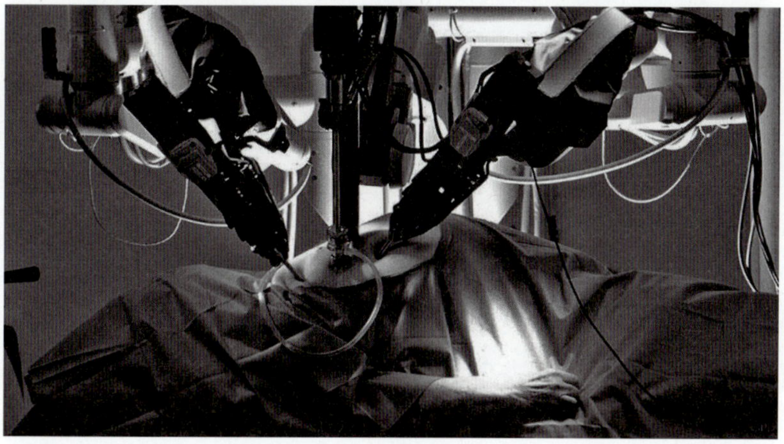

그림 1.18 수술용 로봇 '다빈치'

는 통로를 확보하면 내시경과 로봇 팔 두 개로 구성된 다빈치 시스템이 심장에 접근해 직접 환부를 수술한다. 로봇을 이용한 심장 수술의 가장 큰 장점은 지름 2~3 cm의 작은 구멍을 통해 기존에 가슴을 열고 하는 수술법을 적용할 수 있다는 점이다. 그리고 사람의 눈보다 10배 이상의 수술 시야를 확보할 수 있는 3차원 고화질 입체 영상을 만들 수 있는 로봇 카메라와 손떨림 방지 시스템을 통해 의사는 정교한 수술을 성공적으로 수행할 수 있다. 이와 같이 로봇 제어시스템은 전립선암, 위암, 대장암, 식도암, 부인암 등 각종 질환을 치료하는, 우리의 생명과 관련된 의료 분야에도 응용되고 있다.

또한 그림 1.19는 사람 모습을 한 춤추는 로봇이다. 이 로봇은 사람과 같이 걷기도 하고, 계단도 오르고, 구석을 회전할 수도 있는, 사람의 움직임을 그대로 재현할 수 있는 사람 형태의 로봇, 즉 휴머노이드 로봇이다.

그림 1.19 사람 모습을 한 춤추는 로봇

(11) 경제 제어시스템

제어시스템은 공학 및 생명 시스템뿐만 아니라 창고의 물품 재고 관리, 국가의 수입을 유지하기 위한 정책 수립 등 경제 시스템에도 응용될 수 있다. 그림 1.20은 국민 소득에 관한 경제 제어시스템의 한 예이다. 피드백 제어의 개념은 이와 같이 경제에 응용되어 수요와 공급의 균형을 기본으로 하는 자유주의 경제 사상의 기본이 되었고, 정치로 말하면 투표로 피드백하는 민주주의의 기본이 되었다. 정부는 국민의 소리를 바르게 피드백하여 바른 정치를 해야 한다. 피드백 제어기술이 발달한 18세기 영국에서 이런 자유민주주의의 사상이 꽃피게 된 것이다. 기술 분야에 있어서 피드백 제어의 탄생과 전개의 배경에 이와 같은 자유민주주의의 영향을 엿볼 수 있다.

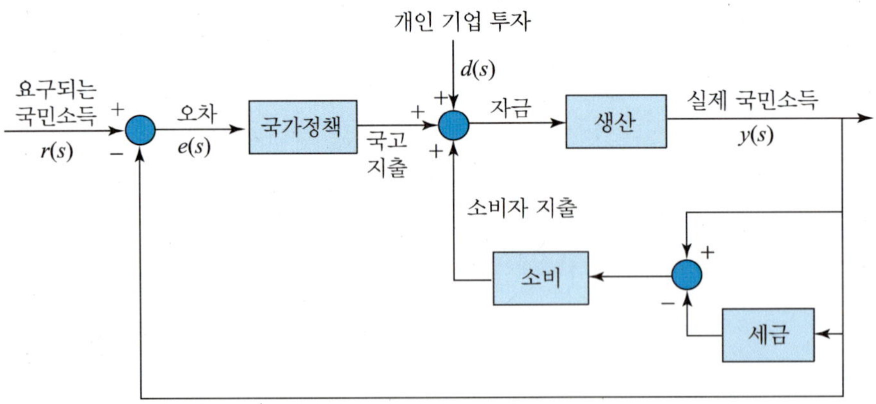

그림 1.20 경제 제어시스템

1.7 제어시스템의 미래

제어시스템의 지속적인 목표는 4차 산업혁명의 목표이기도 한 인공지능을 이용해 시스템의 유연성을 광범위하게 증대시키고 자율성의 수준을 높이는 것이다. 그림 1.21에 표시한 바와 같이, 제어시스템과 로봇의 개념들이 다른 진화적인 경로를 통하여 이 목표에 접근하고 있다. 오늘날 산업용 로봇은 매우 자율적으로 감지하므로 한번 프로그램되면 보통 조정할 필요가 없다. 센서의 제한 때문에, 이 로봇 시스템들은 환경 변화에 적응하는 데 있어서 유연성에 제한을 받는다. 따라서 감지 기술의 혁신은 컴퓨터 비전 연구의 동기를 부여하였다. 제어시스템은 적응 가능성을 가졌지만, 인간의 감시하에서 작동한다. 진보된 로봇 시스템은 강화된 센서 피드백을 통하여 임무 적응성 향상을 추구하고 있다. 인공지능, 센서 집적화, 컴퓨터 비전, 오프라인 CAD/CAM(Computer Aided Design/Computer Aided Manufacturing) 프로그래밍에 관한 집중적인 연구를 통해서 시스템을 좀 더 보편적이고 경제적으로 만들고자 노력하고 있다. 제어시스템은 자율적 조작을 증대시켜 인간 제어의 향상을 추구하고 있다. 감시제어에 관한 연구, 인간-기계 인터페이스 방법, 컴퓨터 데이터베이스 관리를 통해 작동 부담을 줄이고 작동 효율을 개선시키고자 노력하고 있다. 로봇과 제어시스템에 대하여 구현 비용의 절감, 응용 범위의 확대, 통신 방법의 개선, 진보된 프로그래밍 언어에 관한 많은 연구가 지속적으로 수행되고 있다.

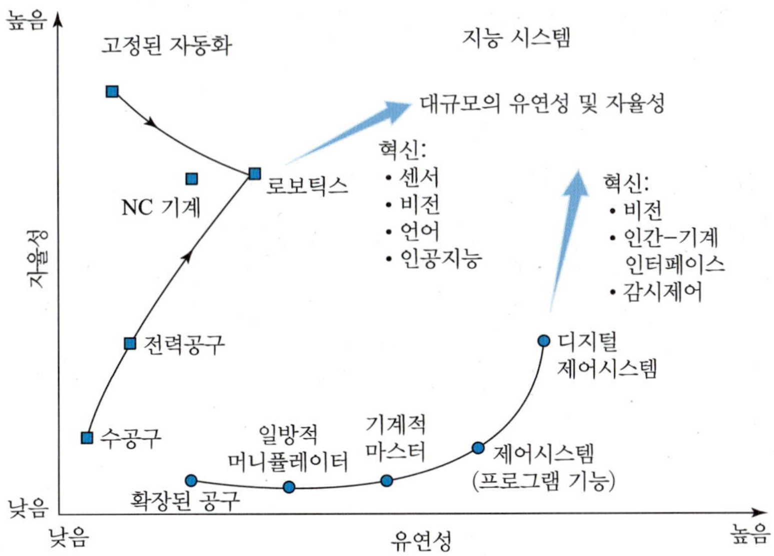

그림 1.21 제어시스템과 로봇의 미래

선사 시대부터 시작된, 기술에 의한 인간 노동의 수월성이 새로운 시대로 접어들고 있다. 1차 산업혁명으로부터 시작된 기술 혁신으로 자동화된 기계는 생산 현장에서 인간의 노동력을 대체하는 결과를 가져왔다. 또한 현재의 컴퓨터 및 인공지능 기술의 발전은 공학적 변화뿐만 아니라 사회적 큰 변화를 가져왔다. 가까운 미래에 정보 수집 능력의 확대와 컴퓨터를 이용한 정보 처리 속도의 증대로 인하여 제어시스템과 로봇이 인간의 두뇌 역할을 대신할 정도의 시대, 즉 4차 산업혁명의 시대가 도래하고 있다.

제어시스템은 장치나 시스템의 생산성을 증대시키고 요구되는 성능을 성취하는 데 사용한다. 그리고 자동화는 생산성을 개선하고 고품질의 상품을 생산하는 데 사용한다. 자동화는 공정, 장치나 시스템을 자동 조작하거나 제어하는 것을 말한다. 기계와 공정의 자동제어는 생산품의 신뢰도 및 고정밀도를 위해 사용한다. 제어시스템의 유연성에 대한 요구와 더불어, 유연한 자동화 및 로봇 공학의 필요성은 점점 더 요구될 것이다. 앞으로 시간이 갈수록 제어시스템의 이론, 실제 및 응용 범위가 점점 더 확대되고, 제어시스템은 기대되는 매우 유용한 공학적인 방책이 될 것이다.

1.8 제어시스템의 설계 절차

제어 대상 시스템인 플랜트 자체와 외부 환경이 불확실하더라도 동적 시스템이 만족스러운 성능과 강인성을 갖기 위해서는 체계적인 제어시스템 설계가 필요하다. 제어시스템의 설계 절차는 크게 세 단계 (1) 플랜트의 수학적 모델링, (2) 시스템 해석, (3) 제어시스템 설계 및 구현으로 구분할 수 있다.

(1) 플랜트의 수학적 모델링

모델은 실제 시스템을 단순화하여 표현한 것이다. 실제 시스템을 수학적으로 모델링하는 과정이 제어시스템의 설계 절차 중 가장 중요하다고 할 수 있다. 왜냐하면 제어시스템의 설계 목적에 따라 실제 시스템을 적절하게 모델링함으로써 공학적으로 경제성과 성능을 가장 효율적으로 고려하여 설계 절차를 수행할 수 있기 때문이다. 때때로 시스템의 응답 특성을 실제 시스템을 가지고 실험적으로 구하는 것이 사실상 불가능한 경우에는 공학적으로 이를 단순화한 물리적 모델을 사용하기도 한다. 예를 들면 실제 항공기에 작용하는 저항을 예측하기 위해 물리적 모델인 항공기 모형을 풍동 실험에 사용한다. 그렇지만 대부분 제어시스템 설계는 플랜트에 대한 수학적 모델로부터 출발한다. 수학적 모델에서는 물리적 모델보다 좀 더 추상적으로 실제 시스템을 수학적으로 표현한다. 실제 시스템에서의 온도, 압력, 전압, 힘, 변위 등 여러 가지의 시스템 변수들은 일반적으로 중요한 변수들의 시간 거동을 실제 시스템에서 파악하기 전에 수학적 모델로 표현해야 한다. 시스템 변수들에 관한 방정식들로 표현되는 수학적 모델의 해석적 해를 통해 시스템의 시간 거동을 알 수도 있지만, 오늘날에는 주로 디지털 컴퓨터를 이용하여 시뮬레이션하고 있다. 따라서 동적 시스템의 응답을 예측하기 위하여, 그리고 동적 시스템들의 거동에 대한 통찰력을 얻기 위하여 적절한 방법을 통하여 동적 시스템을 수학적으로 모델링하는 것은 중요하다.

만족스러운 시스템 거동을 충분히 기대할 수 있는 본보기(prototype) 시스템을 만들기 위한 실험에 물리적 모델이 사용되는 것처럼, 수학적 모델도 역시 마찬가지 목적으로 사용될 수 있다. 보통 본보기 시스템을 수정하는 것보다 수학적 모델의 수정을 통해 동적 시스템 설계를 매우 쉽게 변화시킬 수 있다. 어느 정도까지는 컴퓨터 시뮬레이션에 의한 실험이 거의 모든 분야에서 하드웨어적인 실험을 보조하거나 또는 대체하는 것까지 가능하다. 확신을 가지고 정확한 수학적 모델을 만들 수 있는 경우에는, 시행착오적인 실험의 양을 엄청나게 줄이면서 최적 성능을 갖는 시스템을 설계할 수 있다. 결론적으로 말하면, 제어대상 시스템, 즉 플랜트를 수학적으로 잘 표현할 수 있다면 플랜트에 대한 수학적 모델을 기반으로 하여 시스템 해석 및 제어시스템 설계를 만족스럽게 수행할 수 있다.

실제 대부분의 물리 시스템은 선형 시스템이 아니라 비선형 시스템으로 모델링되어야 한다. 그렇지만 제어엔지니어들은 가능한 한 물리 시스템을 선형 시스템으로 모델링하여 제어시스템을 설계하고 있다. 그 이유는 비선형 시스템에 대한 일반적인 설계 방법이 아직 존재하지 않으며 설계 이론이 복잡하고 많은 제한조건이 있기 때문이다. 그러나 선형 시스템에 대해서는 조직적으로 설계할 수 있는 방법이 개발되어 있을 뿐만 아니라, 중첩의 원리를 적용할 수 있으므로 수학적 처리가 간편하며, 대부분의 동적 시스템은 어느 정도의 작동 범위 내에서는 선형 제어기법을 적용해도 일반적으로 만족스러운 해를 얻을 수 있기 때문이다.

플랜트의 수학적 모델은 실제 시스템의 특성과 제어엔지니어의 해석 및 설계 능력 등이 고려되어 만들어져야 한다. 1970년대까지만 해도 일반적으로 모델링 오차를 고려하지 않고 제어시스템을 설계하여 이론적으로는 제어시스템이 안정하나 실제 제어시스템은 불안정한 경우가 발생하기도 하였다. 그 이유는 모델링 오차에 의한 시스템의 불확실성을 고려하지 않았기 때문이다. 그러므로 현대 제어엔지니어들은 모델링 오차에 의한 시스템의 불확실성을 적어도 정성적으로 고려한 안정도-강인성(stability-robustness) 문제를 설계 시에 반영할 수 있도록 모델링 과정에서 모델링 오차도 감안하는 것이 바람직하다.

실제 시스템을 수학적 모델식으로 표현하기 위해서는 우선 실제 시스템을 제어 목적에 따라 이상화하고 단순화하여야 한다. 그리고 단순화된 시스템에 대해 시스템의 동특성을 나타내는 물리 법칙 또는 실험을 통하여 시스템 응답을 충분히 검토한다. 동적 시스템에 대한 수학적 모델은 일반적으로 미분방정식으로 표현된다. 미분방정식 자체에 대한 직접적인 연구는, 특히 제어시스템 설계 목적상 시스템 거동 파악에 별로 통찰력을 주지 못한다. 제어시스템공학에서는 동적 시스템의 거동을 해석하고 설계하는 데 관심을 가지므로 미분방정식 자체를 직접 다루지 않고 시스템 변화에 따른 시스템의 거동을 조직적으로 파악할 수 있는 수학적 모델식이 더욱 바람직하다. 그래서 블록선도(block diagram)[23], 신호흐름선도(signal flow graph)[20], 본드선도(bond graph)[44], 선형선도(linear graph)[68] 그리고 전달행렬 방법(transfer matrix method)[12] 등과 같은 모델링 방법을 이용하여 동적 시스템의 입력과 출력 사이의 동특성을 나타내는 전달함수(행렬) 또는 상태공간 모델식을 유도함으로써 제어시스템 해석 및 설계를 위한 준비 단계를 마치게 된다.

(2) 시스템 해석

시스템을 해석한다는 것은 시스템의 특성을 예측하고 검토하는 과정을 말한다. 제어 대상 시스템인 플랜트의 안정도와 성능을 평가하고 실제 많은 경비가 소요되는 하드웨어적인 제어시스템 설계에 앞서 소프트웨어적으로 설계된 제어시스템을 가지고 실제 제어시스템의 특성을 예측하고 검토하는 과정은 대단히 중요하다. 특히 현재와 같이 제어 대상 시스템이 공학적으로 점점 복잡해지고 이를 해결하는 데 필요한 시간과 경비가 더 많이 요구될수록 소프트웨어적인 제어시스템 해석 및 설계가 더욱 절실하다.

일반적으로 제어시스템에서 관심을 가지고 해석하는 내용은 다음과 같다.

- 안정도
  - 공칭안정도(nominal stability)
  - 안정도-강인성(stability-robustness)
- 성 능
  - 명령추종(command following)
  - 외란제거(disturbance rejection)
  - 센서잡음에 대한 저감도(insensitivity to sensor noise)
  - 성능-강인성(performance-robustness)

공칭안정도는 모델링 오차를 고려하지 않은 수학적 모델식에 대한 안정도를 말한다. 선형 시스템의 공칭안정도는 시스템의 극점조사 방법, Routh 안정도 판별법, 근궤적법 또는 Nyquist 안정도 판별법 등을, 그리고 비선형 시스템의 공칭안정도는 Lyapunov 안정도 판별법[54] 등을 이용하여 조사할 수 있다. 그런데 모델링 오차를 고려하지 않은 수학적 모델로부터 설계된 공칭 제어시스템이 안정하다고 하여 실제 제어시스템이 안정하다고 말할 수는 없다. 왜냐하면 수학적 모델링은 실제 시스템에 대한 불완전한 묘사이므로 언제나 모델링 오차가 존재하게 된다. 그러므로 안정도 문제에서는 공칭안정도뿐만 아니라 모델링 오차에 대한 안정도-강인성 문제를 고려해야 한다. 단일입출력 시스템의 경우에는 경험적으로 게인여유(gain margin)와 위상여유(phase margin)로 표현되는 상대안정도 개념을 이용하여 어느 정도 시스템의 불확실성을 고려하고 있고, 복잡한 다변수 시스템의 경우에는 1970년대 후반부터 특이값(singular value) 개념[71, 72]을 이용하여 시스템의 불확실성을 적어도 정성적으로 고려한 안정도-강인성 문제를 다루고 있다.

제어시스템의 성능은 시간역, 복소수역 또는 주파수역에서 조사할 수 있다. 시간역 성능은 스텝(step) 입력과 같은 표준 시험입력에 대한 과도응답(transient response)과 정상상태응답(steady-state response)으로 조사한다. 바람직한 제어시스템은 일반적으로 응답 속도가 빠르고 최소의 진동으로 정상상태에 도달함과 동시에 정상상태에서 오차가 없어야 한다. 이와 같은 시간역 성능을 나타내는 사양으로는 시정수(time constant), 상승시간(rise time), 정착시간(settling time), 퍼센트 오버슈트(% overshoot), 정상상태오차(steady-state error) 등이 있다. 그리고 복소수역에서는 제어시스템의 대표 극점이 허수축과 떨어진 거리와 실수축과 이루는 각도를 이용하여 각각 제어시스템의 응답 속도 및 진동 정도를 해석한다. 또한 명령추종, 외란제거, 센서잡음에 대한 저감도 등과 같은 주파수역 성능, 그리고 안정도-강인성 문제는 주파수역에서 전달함수의 크기 또는 전달함수행렬의 특이값을 이용하여 해석할 수 있다. 주파수역 성능을 나타내는 사양은 DC 게인(gain), 대역폭(bandwidth), 공진최댓값(resonance peak value), 공진주파수(resonance frequency), 차단율(cutoff rate) 등이 있다.

제어시스템 해석에 필요한 수학적 지식으로는 Laplace-변환, z-변환, 복소함수, 행렬, 집합, 선형대수, 변분학(calculus of variation), 확률추정이론 등이 있다.

(3) 제어시스템 설계 및 구현

제어시스템 설계 및 구현은 일반적으로 그림 1.22와 같은 순서로 진행된다. 제어시스템을 설계하려면 우선 시스템 구성이 복잡하고 모호한 실제적인 문제들을 주어진 제어 목적을 성취하고 제어 이론을 적용하기 쉽도록 간략하게 잘 정의된 문제로 만들어야 한다. 따라서 물리 법칙이나 실험에 의해 시스템의 동특성을 파악할 수 있는 능력뿐만 아니라 경험 및 창의력에 기반을 두고 플랜트에 대한 수학적 모델을 설정할 수 있어야 한다. 수학적

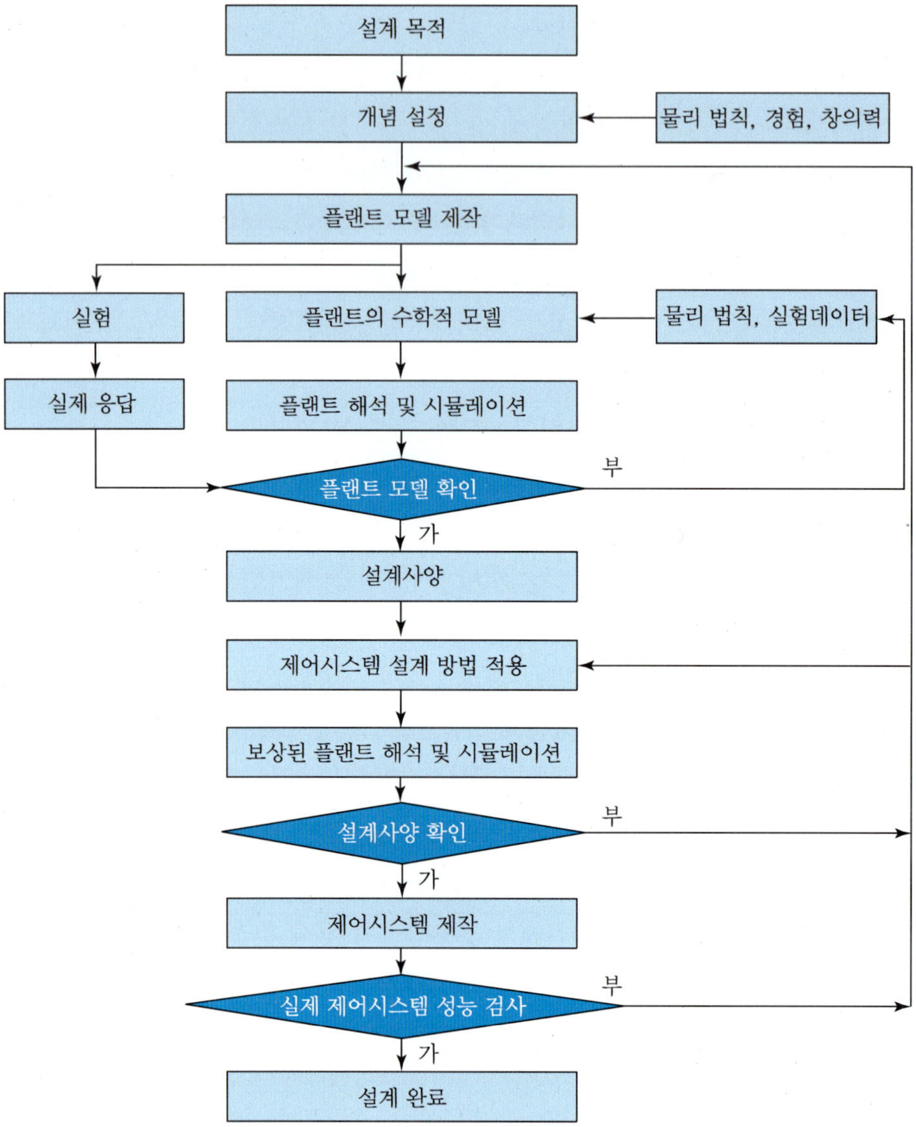

그림 1.22 제어시스템의 설계 흐름도

모델식을 가지고 플랜트의 특성을 이론적으로 해석한 후 실제 플랜트 특성의 실험치와 비교하여 모델링의 정확도를 검토한다. 그런 다음, 요구되는 제어시스템의 성능, 경제성, 그리고 인간(환경), 정치, 법(윤리), 문화 및 예술적인 공학적 구속 조건들과 주어진 설계 시간을 고려하여 이들을 적절히 절충한 설계사양들을 결정한다. 설계사양들을 만족시키는 적절한 설계 방법을 선정하여 제어시스템을 설계한 후 보상된 플랜트(compensated plant)를 시간역, 복소수역, 주파수역에서 해석하고 수학적 모델에 대하여 설계한 제어시스템을 컴퓨터로 시뮬레이션하여 제어시스템의 안정도와 성능을 검토한다. 만일 설계사양이 만족되지 않으면 충족하는 결과를 얻을 때까지 수정된 설계 및 해석의 과정을 창의적으로 반복하여 수행한다. 소프트웨어적으로 설계된 제어시스템이 설계사양을 만족시키면 하드웨어적인 제어시스템을 구현하여 실제 제어시스템의 성능을 조사함으로써 제어시스템의 설계를 마친다. 제어시스템을 소프트웨어적으로 해석하고 설계하기 위하여 일반적으로 MATLAB, $\mathrm{MATRIX_x}$, CEMTool 등과 같은 상업용 소프트웨어들을 이용하고 있다. 그리고 설계된 제어시스템을 시뮬레이션하기 위해서는 MATLAB에서 확장된 도구인 Simulink 등을 사용한다. 부록 A에는 MATLAB의 기본적인 사용 방법 및 명령어들이, 부록 B에는 Simulink의 기본적인 사용 방법이 요약되어 있다.

현실적으로 제어시스템 설계는 많은 경우 실험과 경험에 기반을 두고 시행착오적으로 이루어지고 있다. 이론적으로는 단순화된 수학적 모델에 잘 정의된 제어기법을 적용하여 제어시스템을 설계할 수 있지만, 실제에서는 센서, 구동기 등 여러 가지 구속 조건, 시스템 자체의 비선형성 또는 여러 가지 요소가 결합된 시스템의 복잡성 때문에 단순히 이론적으로만 설계되지 않고 많은 경험이 필요하다. 따라서 좋은 설계는 근본적으로 이론적인 지식의 바탕 위에 경험이 합쳐진 창의적인 해결책을 내는 과정으로 이루어진다.

제어시스템 설계에서 가장 기본이 되는 선형 제어시스템 설계 방법으로는 비례-적분-미분(PID: proportional-integral-derivative) 제어기 설계 방법[49], 앞섬/뒤짐(lead/lag) 제어기 설계 방법[63], 고유구조(eigenstructure)를 이용한 제어기 설계 방법[2, 79], LQ 제어(linear-quadratic control) 설계 방법[14, 50], LQG 제어(linear-quadratic Gaussian control) 설계 방법[5, 52], LQG/LTR(linear-quadratic Gaussian control with loop transfer recovery) 설계 방법[6, 21], H_∞ 최적제어 설계 방법[22, 27] 등이 있다. 그리고 수학적으로 모델링하기 힘든 시스템의 경우에는 퍼지추론[81, 86], 신경 회로망[59, 60] 또는 유전 알고리즘[32, 35] 등을 이용한 인공지능 제어기법 등이 적용된다. 이와 같은 여러 가지 제어기 설계 방법 중에서, 제어 목적과 플랜트의 특성에 따라 요구되는 제어시스템을 설계하기 위한 적절한 설계 방법을 선정할 수 있어야 유능한 제어엔지니어가 될 수 있다.

또한 최근에 마이크로프로세서의 발달로 컴퓨터가 급속히 발전하여 하드웨어적으로 구현하기에 너무 복잡하고 비경제적이었던 많은 제어시스템들이 이제는 디지털 제어기로 쉽게 구현되고, 또한 마이크로컴퓨터를 이용하여 제어기를 구현함으로써 제어기의 유연성을 증대시킬 수 있게 되었다. 앞으로 대부분의 제어시스템 설계는 디지털 제어기의 형태가 될 것을 감안하여 디지털 제어시스템[3, 28]의 해석 및 설계 방법을 아날로그 제어시스템과 더불어 익혀두는 것이 유익하다.

2장 동적 시스템의 주파수역 모델링

2.1 서론

제어시스템공학의 목표는 제어 대상 시스템인 플랜트에 적절한 제어기를 첨가함으로써 시스템에 불확실성이 존재하더라도 시스템의 성능 및 강인성을 향상시키는 데 있다. 동적 시스템의 성능 및 강인성을 향상시키기 위해서는 하드웨어적인 실제 시스템을 실험적으로 해석하여 만족스러운 제어시스템을 설계할 수도 있다. 그렇지만 이 방법은 일반적으로 많은 비용과 시간이 들 뿐만 아니라 비합리적일 때가 많다. 그래서 제어엔지니어들은 우선 실제 시스템을 수학적으로 모델링하고, 이 수학적 모델에 적절한 제어기법을 적용하여 소프트웨어적으로 제어시스템을 설계한다. 그리고 이 설계된 소프트웨어적인 제어시스템을 통하여 하드웨어적인 제어시스템을 제작하거나 컴퓨터를 이용한 디지털 제어시스템을 설계함으로써, 설계된 제어시스템이 바람직한 성능과 강인성을 갖도록 한다.

이와 같이 제어시스템의 성능 및 강인성을 향상시키고자 할 때 우선 수행해야 할 일은 제어하고자 하는 동적 시스템, 즉 플랜트를 수학적으로 표현하는 모델링 작업이다. 모델링 작업에서는 먼저 제어 목적에 따라 실제 플랜트를 적절하게 가정하여 이상화 및 단순화를 수행한다. 이 단계는 제어시스템 설계의 시작 중의 시작이므로 가장 중요하다. 시작이 잘못되면 그다음 단계가 아무리 잘되어도 좋은 결과를 얻기 힘들다. 이와 같은 플랜트에 대한 이상화 및 단순화 단계에서 제어시스템 설계의 모든 과정, 즉 플랜트에 대한 수학적 모델링 및 해석, 설계사양 선정, 제어기 선정, 성능 및 경제성 등 모든 설계 구속 조건들을 고려한 제어기 설계 및 구현 등 여러 가지 과정들이 공학적으로 적절히 고려되어야 하므로, 이 단계가 일반적으로 가장 어려운 단계이다. 그다음에는 단순화된 플랜트의 동특성을 나타낼 수 있는 변수들을 선정하고 이 변수들이 다양한 형태의 방정식으로 표현되는 물리 법칙들을 통하여 변수들 사이의 상호관계를 나타내는 시스템 구성 요소들 간의 물리적 관계식들을 찾는다.

동적 시스템에 대한 모델링 방법은 크게 주파수역 접근법과 시간역 접근법으로 구분된다. 주파수역 접근법에 의하면 전달함수(transfer function)로, 시간역 접근법에 의하면 상태공간(state space) 모델식으로 표현된다. 이 장에서는 주파수역 접근법에 의한 동적 시스템 모델링 방법에 대해서만 설명하기로 한다. 우선 주파수역 접근법에서 필요한 수학인 복소함수 및 극점-영점 개념과 Laplace 변환에 대하여 간략히 설명한다. 그런 다음, 전달함수를 유도하는 과정을 설명한다. 주파수역 접근법에 의한 모델링 과정의 최종적인 수학적 모델식인 전달함수는 단일입출력 선형 시불변 시스템을 모델링하는 데 적절한 모델식이다. 전달함수는 일반적으로, 미분방정식으로 표현되는 시스템 구성 요소들 간의 물리적 관계식들로부터 유도되는 시스템의 입력과 출력 사이의 동특성을 나타내는 수학적 모델식이다. 그리고 동적 시스템에 대한 대표적인 주파수역 모델링 방법인 블록선도(block diagram)를 이용한 모델링 방법과 신호흐름선도(signal flow graph)를 이용한 모델링 방법을 설명한다.

끝으로, MATLAB을 이용하여 동적 시스템을 주파수역에서 모델링하는 과정을 설명한다. MATLAB은 동적 시스템의 모델링뿐만 아니라 제어시스템의 해석 및 설계를 위한 대표적인 상업용 소프트웨어이다. 이와 유사한 목적으로 개발된 소프트웨어로는 MATRIX_x, CEMTool 등이 있다.

2.2 복소함수와 극점-영점

(1) 복소변수

복소변수 s는 실수부 σ와 허수부 $j\omega$의 두 부분으로 이루어져 있으며, 실수부는 복소 s-평면의 수평축 방향으로, 허수부는 수직축 방향으로 복소 s-평면상에 표시된다. 다시 말하면 복소변수 s는 항상 σ축과 $j\omega$축을 갖는 복소 s-평면상의 한 점으로 정의된다. 그림 2.1은 좌표 $s_1 = \sigma_1 + j\omega_1$으로 표시되는 임의의 한 점 $s = s_1$을 나타낸 복소 s-평면이다.

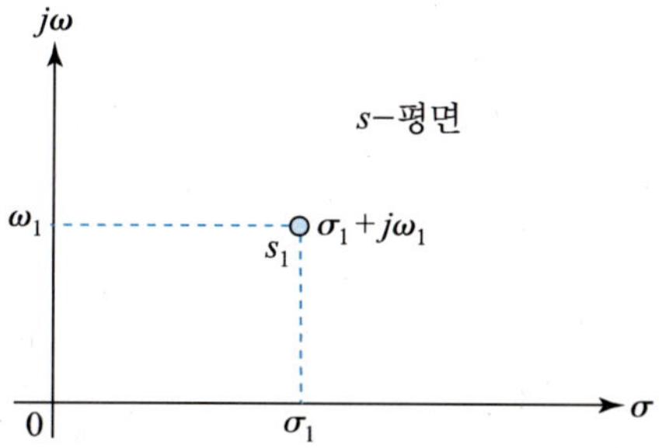

그림 2.1 복소 s−평면

(2) 복소함수

모든 복소변수 s 값에 대응하는 $G(s)$의 값(또는 여러 개의 대응하는 값들)이 존재하면 $G(s)$를 복소변수 s의 함수라 한다. 복소변수 s가 실수부와 허수부를 가지므로, 함수 $G(s)$도 실수부와 허수부로 나누어 표시한다.

$$G(s) = X + jY \tag{2.1}$$

여기서 X는 복소함수 $G(s)$의 실수부, Y는 복소함수 $G(s)$의 허수부를 의미한다. 식 (2.1)의 복소함수 $G(s)$의 크기 $|G(s)| = \sqrt{X^2 + Y^2}$ 이고 위상 $\angle G(s) = \tan^{-1}(Y/X)$이다. 위상은 양의 실수축으로부터 반시계 방향으로 측정된다. 그리고 복소함수 $G(s)$의 공액 복소함수 $G^*(s)$는 다음과 같이 정의된다.

$$G^*(s) = X - jY \tag{2.2}$$

그림 2.2에 표시된 바와 같이 복소변수 s의 하나의 값(s−평면에 있는 한 점)이 단 하나의 $G(s)$ 값[$G(s)$−평면에서 하나의 대응점]과 대응하면 $G(s)$를 단가함수(single-valued function)라고 하며, s−평면의 각 점들에 대응하는 $G(s)$−평면의 대응점들의 사상

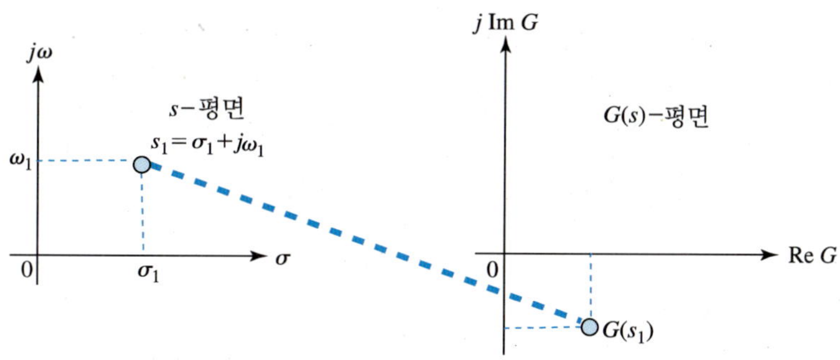

그림 2.2 s−평면으로부터 $G(s)$−평면으로의 단가사상

(mapping)을 단가사상이라고 한다.

그러나 복소함수 $G(s)$-평면으로부터 복소변수 s-평면으로의 사상이 단가관계가 되지 않는 함수들도 많다. 예를 들면 다음과 같은 복소함수 $G(s)$는

$$G(s) = \frac{1}{s(s+1)} \tag{2.3}$$

$G(s)$의 한 값이 반드시 하나의 값으로만 대응하지는 않는다. 예컨대 식 (2.3)에서 $G(s) = \infty$인 점은 s-평면에서 $s=0$과 $s=-1$의 두 점으로 사상된다.

만일 어떤 복소함수와 그 복소함수의 모든 도함수의 값들이 s-평면의 어떤 영역 안에서 모두 존재하면 복소함수 $G(s)$는 그 영역 안에서 해석함수(analytic function)라 한다. 예를 들면 식 (2.3)에서 주어진 복소함수는 $s=0$과 $s=-1$을 제외한 s-평면의 모든 점에서 해석적이다. 이 두 점에서의 복소함수 $G(s)$의 값은 ∞이다.

(3) 복소함수의 특이점과 극점, 영점

복소함수의 특이점(singularity)은 s-평면에서 그 복소함수 자체나 그 복소함수의 도함수 값이 정의되지 않는 점을 말한다. 극점은 가장 일반적인 형태의 특이점이며 제어 이론에서 중요한 개념으로 다음과 같이 정의한다. 복소함수 $G(s)$가 s_i를 제외한 s_i의 부근에서 해석적이고 단가이며, 또한 극한값 $\lim_{s \to s_i}[(s-s_i)^r G(s)]$가 0이 아닌 유한한 값을 가지면, 이 복소함수 $G(s)$는 $s=s_i$에서 r차의 극점을 갖는다고 말한다. 만일 $r=1$이면, $s=s_i$에서 단일 극점(single pole)을 갖는다. 예를 들면 다음과 같은 복소함수 $G(s)$는

$$G(s) = \frac{10(s+3)}{s(s+1)(s+2)^2} \tag{2.4}$$

$s=0$과 $s=-1$에서 각각 단일 극점을 가지며, $s=-2$에서 두 개의 중복된 극점을 갖는다. 또한 이 복소함수는 이 극점들을 제외한 s-평면의 모든 점에서 해석적이다.

그리고 복소함수의 영점은 다음과 같이 정의한다. 복소함수 $G(s)$가 $s=s_i$에서 해석적이고 극한값 $\lim_{s \to s_i}[(s-s_i)^{-r} G(s)]$가 0이 아닌 유한한 값을 가지면, 이 복소함수 $G(s)$는 $s=s_i$에서 r차의 영점을 갖는다고 말한다. 다시 말하면 $1/G(s)$이 $s=s_i$에서 r차의 극점을 가질 때 $G(s)$는 $s=s_i$에서 r차의 영점을 갖는다. 예를 들면 식 (2.4)의 복소함수 $G(s)$는 $s=-3$에서 단일 영점을 갖는다.

2.3 Laplace 변환

Laplace 변환은 선형 상미분방정식의 해를 구하는 수학적 방법으로 유용하게 사용되고 있다. 그렇지만 제어시스템공학에서는 주파수역 접근법에 의한 동적 시스템의 해석 및 제어시스템 설계 시에 가장 기본이 되는 동적 시스템에 대한 수학적 모델식인 전달함수를 구하기 위하여 Laplace 변환을 이용하고 있다. 이와 같이 Laplace 변환법을 이용하여 동적 시스템을 전달함수로 표현하면, 실제로 시스템에 관한 미분방정식들을 풀지 않고 도해적 기법을 적용하여 시각적으로 시스템의 성능 및 안정도를 쉽게 예측할 수 있는 장점이 있다. 또한 Laplace 변환법은 일반적인 선형 상미분방정식의 해법에 비해 다음 두 가지의 장점이 있다.

- 선형 상미분방정식의 일반해와 특수해를 한 번의 연산으로 동시에 구할 수 있다.
- 상미분방정식 문제를 복소변수 s에 관한 대수방정식 문제로 변환하여 연산을 쉽게 수행할 수 있다.

선형 상미분방정식의 해를 얻기 위해서는 우선 상미분방정식에 Laplace 변환을 수행하여 얻은 대수방정식에 간단한 대수 법칙들을 적용하여 복소변수 s로 표현되는 해를 구한다. 그런 다음, 이 복소변수 s로 표현된 해에 역Laplace 변환을 수행하여 상미분방정식의 최종적인 해인 시간해를 구한다. 이와 같이 Laplace 변환을 이용하면 비교적 쉽게 상미분방정식의 해를 얻을 수 있다.

그렇지만 Laplace 변환을 수행하기 위해서는, 어떤 유한 실수 σ에 대하여 다음 조건을 만족하는 시간함수 $f(t)$가 존재해야만 한다.

$$\int_0^\infty |f(t)e^{-\sigma t}|dt < \infty \tag{2.5}$$

이때 시간함수 $f(t)$의 Laplace 변환함수 $F(s)$는 다음과 같이 정의된다.

$$F(s) = \mathcal{L}\{f(t)\} = \int_0^\infty f(t)e^{-st}dt \tag{2.6}$$

여기서 복소변수 $s = \sigma + j\omega$이고 $\mathcal{L}\{(\cdot)\}$는 적분 연산 $\int_0^\infty (\cdot)e^{-st}dt$를 의미하는 Laplace 연산자이다. 그리고 $f(t)$의 Laplace 변환함수를 $F(s)$ 또는 $f(s)$로 표시한다. 일반적으로 시스템에 대해서는 $F(s)$, 신호에 대해서는 $f(s)$를 사용한다. 식 (2.6)의 Laplace 변환식은 적분 구간이 0에서 ∞까지이므로 단방향(one-sided) Laplace 변환이라고 한다.

이것은 $t=0$ 이전에 $f(t)$에 포함된 모든 정보를 무시하거나 0으로 생각한다는 것을 뜻한다.

시스템을 시간역에서 해석할 때 시간 $t \geq 0$인 영역에서 다루기 때문에 이러한 가정은 Laplace 변환을 적용하여 선형 시스템을 해석하는 데 제약 조건이 되지 않는다. 더구나 물리 시스템에서는 $t=0$에서 입력이 가해질 때 $t \leq 0$에서 시스템 응답이 발생하지 않는다. 즉, 시스템의 출력이 입력에 앞서 응답할 수는 없다.

예제 2.1 다음과 같은 지수함수 $f(t)$에 대한 Laplace 변환함수를 구하기로 한다.

$$f(t) \begin{cases} = 0 & (t < 0 \text{ 일 때}) \\ = Ae^{-\alpha t} & (t \geq 0 \text{ 일 때}) \end{cases}$$

여기서 A와 α는 상수이다.

$f(t)$의 Laplace 변환함수 $F(s)$는 식 (2.6)의 정의로부터 다음과 같이 계산된다.

$$\begin{aligned} F(s) = \mathcal{L}\{f(t)\} &= \int_0^\infty Ae^{-\alpha t}e^{-st}dt \\ &= A\int_0^\infty e^{-(s+\alpha)t}dt \\ &= \frac{A}{s+\alpha} \end{aligned}$$

■

예제 2.2 단위스텝함수 $u_s(t)$에 대한 Laplace 변환함수를 구하기로 한다.

$$f(t) = u_s(t) \begin{cases} = 0 & (t < 0 \text{ 일 때}) \\ = 1 & (t > 0 \text{ 일 때}) \end{cases}$$

$f(t)$의 Laplace 변환함수 $F(s)$는 다음과 같이 계산된다.

$$\begin{aligned} F(s) = \mathcal{L}\{u_s(t)\} &= \int_0^\infty u_s(t)e^{-st}dt \\ &= \frac{-1}{s}e^{-st}\Big|_0^\infty = \frac{1}{s} \end{aligned}$$

■

예제 2.3 다음과 같은 사인파함수 $f(t)$에 대한 Laplace 변환함수를 구하기로 한다.

$$f(t) = A\sin(\omega t + \phi)$$

예제 2.1에서 유도한 지수함수에 대한 Laplace 변환함수를 적용하기 위하여 다음과 같은 Euler 공식을 이용한다.

$$e^{j\theta} = \cos\theta + j\sin\theta$$

또는

$$\cos\theta = \frac{e^{j\theta} + e^{-j\theta}}{2}, \qquad \sin\theta = \frac{e^{j\theta} - e^{-j\theta}}{2j}$$

따라서

$$\begin{aligned} f(t) &= \frac{A}{2j}\left\{e^{j(\omega t + \phi)} - e^{-j(\omega t + \phi)}\right\} \\ &= c_1 e^{\lambda_1 t} + c_2 e^{\lambda_2 t} \end{aligned}$$

여기서

$$\begin{aligned} c_1 &= \frac{A}{2j} e^{j\phi}, \quad c_2 = -\frac{A}{2j} e^{-j\phi}, \\ \lambda_1 &= j\omega, \qquad \lambda_2 = -j\omega \end{aligned}$$

이제 지수함수에 대한 Laplace 변환함수를 적용하여 사인파함수 $f(t)$의 Laplace 변환함수를 다음과 같이 계산할 수 있다.

$$\begin{aligned} F(s) &= \frac{c_1}{s-\lambda_1} + \frac{c_2}{s-\lambda_2} \\ &= \frac{A}{2j}\left(\frac{e^{j\phi}}{s-j\omega} - \frac{e^{-j\phi}}{s+j\omega}\right) \\ &= A\,\frac{s\sin\phi + \omega\cos\phi}{s^2+\omega^2} \end{aligned}$$

만약 $\phi = 0$이면

$$\mathcal{L}\{A\ \sin\omega t\} = \frac{A\omega}{s^2+\omega^2}$$

또한 $\phi = \frac{\pi}{2}$인 경우에는

$$\mathcal{L}\left\{A\sin\left(\omega t + \frac{\pi}{2}\right)\right\} = \mathcal{L}\{A\cos\omega t\} = \frac{As}{s^2+\omega^2}$$ ■

Laplace 변환에 관한 정리

Laplace 변환법의 응용 대부분은 다음의 Laplace 변환에 관한 중요한 특성들을 이용하여 이루어진다.

① 상수의 곱(multiplication by a constant)

상수 k와 시간함수 $f(t)$의 곱의 Laplace 변환함수는 $f(t)$의 Laplace 변환함수 $F(s)$에 상수 k를 곱한 것과 같다.

$$\mathcal{L}\{kf(t)\} = kF(s) \tag{2.7}$$

② 가감산(sum and difference)

두 시간함수의 합(또는 차)의 Laplace 변환함수는 각 시간함수의 Laplace 변환함수의 합(또는 차)과 같다.

$$\mathcal{L}\{f_1(t) \pm f_2(t)\} = F_1(s) \pm F_2(s) \tag{2.8}$$

여기서 $F_1(s)$와 $F_2(s)$는 각각 $f_1(t)$와 $f_2(t)$의 Laplace 변환함수이다.

③ 미분(differentiation)

시간함수 $f(t)$에 대한 1차 도함수의 Laplace 변환함수를 유도하기 위하여 $f(t)$의 Laplace 적분에 대하여 부분적분을 수행하기로 한다.

$$\int_0^\infty f(t)e^{-st}dt = f(t)\frac{e^{-st}}{-s}\bigg|_0^\infty - \int_0^\infty \left\{\frac{d}{dt}f(t)\right\}\frac{e^{-st}}{-s}dt \tag{2.9}$$

또는

$$F(s) = \frac{f(0)}{s} + \frac{1}{s}\mathcal{L}\left\{\frac{d}{dt}f(t)\right\} \tag{2.10}$$

식 (2.10)으로부터 $f(t)$에 대한 1차 도함수의 Laplace 변환함수는 다음과 같다.

$$\mathcal{L}\left\{\frac{d}{dt}f(t)\right\} = sF(s) - f(0) \tag{2.11}$$

일반적으로 n차 도함수에 대해서는

$$\mathcal{L}\left\{\frac{d^n f(t)}{dt^n}\right\} = s^n F(s) - s^{n-1}f(0) - s^{n-2}f^{(1)}(0) - \cdots - f^{(n-1)}(0) \tag{2.12}$$

여기서 $f(0)$, $f^{(1)}(0)$, $\cdots$, $f^{(n-1)}(0)$은 각각 $f(t)$, $\dfrac{df(t)}{dt}$, $\cdots$, $\dfrac{d^{n-1}f(t)}{dt^{n-1}}$의 초깃값을 의미한다.

④ 적분(integration)

시간함수 $f(t)$에 대한 1차 적분의 Laplace 변환함수는 다음과 같다.

$$\mathcal{L}\left\{\int_0^t f(t)dt\right\} = \frac{F(s)}{s} + \frac{1}{s}\left[\int f(t)dt\right]_{t=0^+} \tag{2.13}$$

여기서 $\left[\int f(t)\,dt\right]_{t=0^+}$는 $t \to 0^+$일 때 계산한 적분 값을 의미한다. 일반적으로 n차 적분에 대해서는

$$\mathcal{L}\left\{\int\int\cdots\int f(t)dt^n\right\} = \frac{F(s)}{s^n} + \frac{1}{s^n}\left[\int f(t)dt\right]_{t=0^+} + \frac{1}{s^{n-1}}\left[\int\int f(t)dt^2\right]_{t=0^+}$$

$$+ \cdots + \frac{1}{s}\left[\int\int\cdots\int f(t)dt^n\right]_{t=0^+} \tag{2.14}$$

만일 적분의 초깃값이 0이면, $f(t)$에 대한 n차 적분의 Laplace 변환함수는 간단하게 $F(s)/s^n$가 된다.

⑤ 복소 추이(complex shifting)

$f(t)$에 $e^{\pm at}$(a는 상수)를 곱한 $e^{\pm at}f(t)$의 Laplace 변환함수는 $f(t)$의 Laplace 변환함수 $F(s)$에서 s 값을 $s \mp a$로 대치한 것과 같다.

$$\mathcal{L}\left\{e^{\pm at}f(t)\right\} = F(s \mp a) \tag{2.15}$$

⑥ 시간지연(time delay)

시간 T만큼 지연된 함수 $f(t-T)$의 Laplace 변환함수는 $f(t)$의 Laplace 변환함수 $F(s)$에 e^{-Ts}를 곱한 것과 같다.

$$\mathcal{L}\left\{f(t-T)\right\} = e^{-Ts}F(s) \tag{2.16}$$

이 정리를 증명하기 위하여 $f(t)$의 Laplace 변환함수 $F(s)$를 다음과 같이 수정한다.

$$F(s) = \int_0^\infty f(\lambda)e^{-s\lambda}\,d\lambda$$

$$= \int_0^{\infty} f(t-T)\ e^{-s(t-T)}\,dt$$

$$= e^{Ts}\int_0^{\infty} f(t-T)\ e^{-st}\ dt \tag{2.17}$$

식 (2.17)로부터 시간지연 T를 포함한 함수 $f(t-T)$의 Laplace 변환함수가 식 (2.16)과 같이 유도됨을 알 수 있다.

⑦ 초깃값 정리(initial value theorem)

$f(t)$의 Laplace 변환함수를 $F(s)$라 할 때 $f(t)$의 초깃값은 다음 식을 이용하여 구할 수 있다.

$$\lim_{t\to 0} f(t) = \lim_{s\to\infty} sF(s) \tag{2.18}$$

이 정리를 증명하기 위하여 $f(t)$의 도함수의 Laplace 변환함수 $\mathcal{L}\left\{\frac{d}{dt}f(t)\right\}$를 이용한다. 즉

$$\mathcal{L}\left\{\frac{d}{dt}f(t)\right\} = sF(s)\ -\ f(0) \tag{2.19}$$

시간 구간 $0 \le t \le \infty$에서 $s \to \infty$일 때 $e^{-st} \to 0$이다. 따라서

$$\lim_{s\to\infty} \int_0^{\infty} \left\{\frac{d}{dt}f(t)\right\} e^{-st}\ dt\ = 0 \tag{2.20}$$

이제 식 (2.19)와 식 (2.20)으로부터 식 (2.18)을 얻을 수 있다. 이와 같은 초깃값 정리는 다음에 설명될 최종값 정리와는 달리 $sF(s)$의 극점의 위치에 따른 제한을 받지 않는다. 그러므로 초깃값 정리는 사인파함수를 포함한 어떤 함수에도 적용할 수 있다.

⑧ 최종값 정리(final value theorem)

$f(t)$의 Laplace 변환함수가 $F(s)$이고 $sF(s)$가 허수축상과 우반 $s-$평면 내에서 해석적이면 $f(t)$의 최종값은 다음과 같다.

$$\lim_{t\to\infty} f(t) = \lim_{s\to 0} sF(s) \tag{2.21}$$

이 정리를 증명하기 위하여 $f(t)$에 대한 1차 도함수의 Laplace 변환함수에서 s를 0으로 접근시키면

$$\lim_{s \to 0} \int_0^{\infty} \left\{ \frac{d}{dt} f(t) \right\} e^{-st} dt = \lim_{s \to 0} \{ sF(s) - f(0) \} \tag{2.22}$$

여기서 $\lim_{s \to 0} e^{-st} = 1$이므로

$$\begin{aligned} \int_0^{\infty} \left\{ \frac{d}{dt} f(t) \right\} dt &= f(t) \mid_0^{\infty} = f(\infty) - f(0) \\ &= \lim_{s \to 0} sF(s) - f(0) \end{aligned} \tag{2.23}$$

따라서

$$f(\infty) = \lim_{t \to \infty} f(t) = \lim_{s \to 0} s F(s) \tag{2.24}$$

이와 같이 최종값 정리는 s가 0으로 접근할 때의 Laplace 변환함수를 이용하여 이에 해당하는 시간함수의 최종값을 쉽게 얻을 수 있기 때문에 매우 유용하게 사용된다. 그렇지만 $sF(s)$의 실수부가 양(+) 또는 0인 어떤 극점을 포함한다면 최종값 정리에서 기술한 $sF(s)$의 해석 조건을 만족시키지 못하므로 최종값 정리를 이용할 수 없다. 다시 말해 시스템이 불안정하거나 안정한계(marginally stable)에 있으면 최종값 정리를 이용할 수 없다. 최종값 정리는 안정한 시스템에서만 이용할 수 있다는 것에 유의해야 한다.

예제 2.4 다음과 같은 Laplace 변환함수 $F(s)$에 대한 시간함수 $f(t)$의 최종값을 구하기로 한다.

$$F(s) = \frac{1}{s(s^2 + s + 1)}$$

$sF(s)$가 허수축상과 우반 s-평면 내에서 해석적, 즉 극점이 존재하지 않으므로 다음과 같이 최종값 정리를 이용하여 $f(t)$의 최종값을 구할 수 있다.

$$\lim_{t \to \infty} f(t) = \lim_{s \to 0} sF(s) = \lim_{s \to 0} \frac{1}{s^2 + s + 1} = 1$$ ■

예제 2.5 다음과 같은 Laplace 변환함수 $F(s)$에 대한 시간함수 $f(t)$의 최종값을 구하기로 한다.

$$F(s) = \frac{\omega}{s^2 + \omega^2}$$

이 함수는 $f(t) = \sin\omega t$의 Laplace 변환함수이다. 함수 $sF(s)$는 허수축상에 두 개의 극점이 있으므로 이 경우는 최종값 정리를 이용할 수 없다. 다시 말해서 최종값 정리를 이용하여 $f(t)$의 최종값 0을 구했다고 해도 그 결과는 잘못된 것이다. ■

⑨ 합성적분(convolution integral)

함수 $f_1(t)$와 $f_2(t)$의 Laplace 변환함수가 각각 $F_1(s)$와 $F_2(s)$이고 $t \le 0$에서 $f_1(t) = 0$, $f_2(t) = 0$이라 하면

$$\begin{aligned} F_1(s)F_2(s) &= \mathcal{L}\left\{\int_0^t f_1(\tau)f_2(t-\tau)d\tau\right\} \\ &= \mathcal{L}\left\{\int_0^t f_1(t-\tau)f_2(\tau)d\tau\right\} \\ &= \mathcal{L}\{f_1(t) * f_2(t)\} \end{aligned} \tag{2.25}$$

여기서 기호 '*'는 합성적분 연산자이다. 그러므로 식 (2.25)는 복소변수 s-영역에서 두 개의 Laplace 변환함수의 곱이 t-영역에서 대응되는 두 개의 t의 합성적분과 같음을 보여준다.

두 개의 함수 $f_1(t)$와 $f_2(t)$에 대한 합성적분은 다음과 같이 정의된다.

$$f(t) = f_1(t) * f_2(t) \tag{2.26}$$

또는

$$f(t) = \int_0^t f_1(t-\tau)\ f_2(\tau)\,d\tau \tag{2.27}$$

여기서 $t < 0$일 때 $f_1(t)$와 $f_2(t)$가 모두 0이라고 가정한다. 그러므로 $\tau > t$일 때 $f_1(t-\tau) = 0$이다. 따라서 식 (2.27)을 다음과 같이 쓸 수 있다.

$$f(t) = \int_0^\infty f_1(t-\tau)\ f_2(\tau)\ d\tau \tag{2.28}$$

그리고 식 (2.28)과 같이 표현된 $f(t)$에 Laplace 변환을 수행하면

$$F(s) = \int_0^\infty \left\{\int_0^\infty f_1(t-\tau)f_2(\tau)d\tau\right\}e^{-st}dt \tag{2.29}$$

또한 식 (2.29)에서 적분의 순서를 바꾸면, $F(s)$를 다음과 같이 표현할 수 있다.

$$F(s) = \int_0^{\infty}\int_0^{\infty} e^{-st} f_1(t-\tau)\ f_2(\tau)\ dt\ d\tau \tag{2.30}$$

$$= \int_0^{\infty} f_2(\tau)\left\{\int_0^{\infty} e^{-st} f_1(t-\tau)\ dt\right\}d\tau$$

우선 t에 관한 적분을 수행하고, 편의상 $(t-\tau)$를 λ로 치환한다. 이때

$$\int_0^{\infty} e^{-st} f_1(t-\tau)\, dt = \int_{-\tau}^{\infty} e^{-s(\lambda+\tau)} f_1(\lambda)\ d\lambda \tag{2.31}$$

$$= e^{-s\tau}\int_0^{\infty} e^{-s\lambda} f_1(\lambda)\, d\lambda$$

$$= F_1(s)\, e^{-s\tau}$$

그러므로

$$F(s) = \int_0^{\infty} f_2(\tau)\ F_1(s)\ e^{-s\tau} d\tau \tag{2.32}$$

여기서 $F_1(s)$는 τ의 함수가 아니므로 $F(s)$를 다음과 같이 간단히 표현할 수 있다.

$$F(s) = F_1(s)\int_0^{\infty} f_2(\tau)\ e^{-s\tau} d\tau = F_1(s)F_2(s) \tag{2.33}$$

이와 같이 $f_1(t)$와 $f_2(t)$의 합성적분에 대한 Laplace 변환함수 $F(s)$는 $f_1(t)$와 $f_2(t)$에 대한 각각의 Laplace 변환함수 $F_1(s)$와 $F_2(s)$를 곱한 값으로 표현된다. 그러나 $s-$영역에서의 두 함수 곱의 역Laplace 변환은 $t-$영역에서 대응되는 두 함수의 곱과 같지 않다는 것에 유의해야 한다. 즉

$$\mathcal{L}^{-1}\{F_1(s)F_2(s)\} \neq f_1(t)f_2(t)\,. \tag{2.34}$$

또한 두 함수의 곱 $f_1(t)f_2(t)$의 Laplace 변환함수는 다음과 같이 표시된다.

$$\mathcal{L}\{f_1(t)f_2(t)\} = F_1(s) * F_2(s) \tag{2.35}$$

표 2.1에는 대표적인 시간함수 $f(t)$와 이에 대한 Laplace 변환함수 $F(s)$가 요약되어 있다. 이 표는 주어진 시간함수의 Laplace 변환함수를 찾는다든지 또는 주어진 Laplace 변환함수에 해당되는 시간함수를 찾는 데 유용하게 이용된다.

이제 역Laplace 변환에 대해 알아보기로 한다. Laplace 변환함수 $F(s)$로부터 시간함수 $f(t)$를 구하는 연산을 역Laplace 변환이라고 하며, 이것은 다음과 같이 표시된다.

$$f(t) = \mathcal{L}^{-1}\{F(s)\} \tag{2.36}$$

표 2.1 Laplace 변환표

$f(t)$	$F(s)$
단위임펄스 $\delta(t)$	1
단위스텝 $u_s(t)$	$\frac{1}{s}$
t	$\frac{1}{s^2}$
e^{-at}	$\frac{1}{s+a}$
te^{-at}	$\frac{1}{(s+a)^2}$
$\sin\omega t$	$\frac{\omega}{s^2+\omega^2}$
$\cos\omega t$	$\frac{s}{s^2+\omega^2}$
$t^n (n=1, 2, 3, \cdots)$	$\frac{n!}{s^{n+1}}$
$t^n e^{-at} (n=1, 2, 3, \cdots)$	$\frac{n!}{(s+a)^{n+1}}$
$\frac{1}{b-a}(e^{-at}-e^{-bt})$	$\frac{1}{(s+a)(s+b)}$
$\frac{1}{b-a}(be^{-bt}-ae^{-at})$	$\frac{s}{(s+a)(s+b)}$
$\frac{1}{ab}\left\{1+\frac{1}{a-b}(be^{-at}-ae^{-bt})\right\}$	$\frac{1}{s(s+a)(s+b)}$
$e^{-at}\sin\omega t$	$\frac{\omega}{(s+a)^2+\omega^2}$
$e^{-at}\cos\omega t$	$\frac{s+a}{(s+a)^2+\omega^2}$
$\frac{1}{a^2}(at-1+e^{-at})$	$\frac{1}{s^2(s+a)}$
$\frac{\omega_n}{\sqrt{1-\zeta^2}}e^{-\zeta\omega_n t}\sin\omega_n\sqrt{1-\zeta^2}\,t \ (\zeta<1)$	$\frac{\omega_n^2}{s^2+2\zeta\omega_n s+\omega_n^2}$
$\frac{-1}{\sqrt{1-\zeta^2}}e^{-\zeta\omega_n t}\sin\left(\omega_n\sqrt{1-\zeta^2}\,t-\theta\right)$ 여기서 $\theta=\cos^{-1}\zeta \ (\zeta<1)$	$\frac{s}{s^2+2\zeta\omega_n s+\omega_n^2}$
$1-\frac{1}{\sqrt{1-\zeta^2}}e^{-\zeta\omega_n t}\sin\left(\omega_n\sqrt{1-\zeta^2}\,t+\theta\right)$ 여기서 $\theta=\cos^{-1}\zeta \ (\zeta<1)$	$\frac{\omega_n^2}{s(s^2+2\zeta\omega_n s+\omega_n^2)}$

여기서 $\mathcal{L}^{-1}\{\cdot\}$는 역Laplace 변환 연산자이다. 역Laplace 변환은 수학적으로 다음과 같이 정의된다.

$$f(t)=\frac{1}{2\pi j}\int_{c-j\infty}^{c+j\infty}F(s)e^{st}ds \qquad (t>0) \tag{2.37}$$

여기서 c는 $F(s)$의 모든 특이점들의 실수부보다 큰 실수의 상수이다.

대부분의 제어시스템 문제는 식 (2.37)의 변환 적분공식을 이용하여 역Laplace 변환을 할 필요 없이 표 2.1과 같은 Laplace 변환표와 부분분수 전개법을 이용하여 쉽게 해를 얻을 수 있다. 그래서 Laplace 변환함수 $X(s)$가 다음과 같이 유리함수로 표시되는 경우에 대하여 생각하기로 한다.

$$X(s)=\frac{N(s)}{D(s)} \tag{2.38}$$

여기서 $N(s)$와 $D(s)$는 s에 관한 다항식이고, $D(s)$의 차수 n이 $N(s)$의 차수 m보다 크거나 같다고 가정한다. 그리고 다항식 $D(s)$를 다음과 같이 표현한다.

$$D(s)=s^n+a_{n-1}s^{n-1}+\cdots+a_1s+a_0 \tag{2.39}$$

여기서 a_0, a_1, $\cdots$, a_{n-1}은 실수의 계수들이다.

$D(s)$의 영점들은 $X(s)$의 극점들로서 단일 또는 중복된 실수이거나 공액복소수 값을 갖는다. 즉 Laplace 변환함수 $X(s)$는 일반적으로 단일 극점, 중복 극점 또는 복소 극점을 갖는다. 따라서 $X(s)$를 각 극점을 분모로 하는 부분분수로 전개하면 표 2.1과 같은 Laplace 변환표를 이용하여 쉽게 해를 구할 수 있다.

이제 극점의 형태에 따른 부분분수 전개법에 대하여 설명하기로 한다.

① 모든 극점이 각각 다르고 실수값일 때의 부분분수 전개법

$X(s)$의 모든 극점이 실수값이고 각각 다르다면 식 (2.38)을 다음과 같이 표현할 수 있다.

$$X(s)=\frac{N(s)}{D(s)}=\frac{N(s)}{(s-p_1)(s-p_2)\cdots(s-p_n)} \tag{2.40}$$

여기서 p_1, p_2, $\cdots$, p_n은 실수값을 갖는 극점들이다. 식 (2.40)에 부분분수 전개법을 적용하면 $X(s)$는 다음과 같이 표현된다.

$$X(s)=\frac{c_1}{s-p_1}+\frac{c_2}{s-p_2}+\cdots+\frac{c_n}{s-p_n} \tag{2.41}$$

여기서 유수(residue)라고 하는 계수 c_i는 식 (2.40)의 양변에 $(s-p_i)$를 곱한 후 $s \to p_i$로 접근시킬 때의 극한값으로부터 구할 수 있다. 즉

$$c_i = \lim_{s \to p_i}\left[(s-p_i)\frac{N(s)}{D(s)}\right]; \quad i = 1, 2, \cdots, n \tag{2.42}$$

예제 2.6 다음 Laplace 변환함수 $X(s)$에 대한 시간함수 $x(t)$를 구하기로 한다.

$$X(s) = \frac{5s+3}{(s+1)(s+2)(s+3)}$$

함수 $X(s)$를 부분분수 형태로 전개하면

$$X(s) = \frac{c_1}{s+1} + \frac{c_2}{s+2} + \frac{c_3}{s+3}$$

여기서 계수 c_1, c_2, c_3는 각각 다음과 같다.

$$c_1 = \lim_{s \to -1}[(s+1)X(s)] = \frac{5(-1)+3}{(-1+2)(-1+3)} = -1$$

$$c_2 = \lim_{s \to -2}[(s+2)X(s)] = \frac{5(-2)+3}{(-2+1)(-2+3)} = 7$$

$$c_3 = \lim_{s \to -3}[(s+3)X(s)] = \frac{5(-3)+3}{(-3+1)(-3+2)} = -6$$

그러므로

$$X(s) = -\frac{1}{s+1} + \frac{7}{s+2} - \frac{6}{s+3}$$

따라서 시간함수 $x(t)$는 다음과 같다.

$$x(t) = -e^{-t} + 7e^{-2t} - 6e^{-3t} \qquad (t \geq 0)$$

■

② 복소 공액 극점을 포함하고 있을 때의 부분분수 전개법

만일 식 (2.40)에서 p_1과 p_2가 복소 공액 극점이라면 식 (2.40)은 다음과 같이 전개될 수 있다.

$$X(s) = \frac{N(s)}{D(s)} = \frac{c_1 s + c_2}{(s-p_1)(s-p_2)} + \frac{c_3}{s-p_3} + \cdots + \frac{c_n}{s-p_n} \tag{2.43}$$

여기서 계수 c_1과 c_2의 값은 식 (2.43)의 양변에 $(s-p_1)(s-p_2)$를 곱한 후 $s \to p_1$으로 접근시킬 때의 극한값으로부터 구할 수 있다.

$$\lim_{s \to p_1}\left[\frac{N(s)}{D(s)}(s-p_1)(s-p_2)\right] = \lim_{s \to p_1}\left[(c_1 s + c_2) + \frac{c_3}{s-p_3}(s-p_1)(s-p_2) + \cdots + \frac{c_n}{s-p_n}(s-p_1)(s-p_2)\right] \tag{2.44}$$

식 (2.44)의 우변에서 $(c_1 s + c_2)$항을 제외한 모든 항의 극한값은 0이다. 따라서

$$(c_1 s + c_2)_{s \to p_1} = \lim_{s \to p_1}\left[\frac{N(s)}{D(s)}(s-p_1)(s-p_2)\right] \tag{2.45}$$

p_1이 복소수이므로 식 (2.45)의 양변은 모두 복소수이다. 그러므로 식 (2.45)의 양변의 실수부와 허수부를 각각 일치시킴으로써 계수 c_1과 c_2를 계산할 수 있다.

예제 2.7 다음 Laplace 변환함수 $X(s)$에 대한 시간함수 $x(t)$를 구하기로 한다.

$$X(s) = \frac{s+1}{s(s^2+s+1)} \tag{2.46}$$

$X(s)$를 식 (2.43)의 형태로 전개하면 다음과 같다.

$$X(s) = \frac{c_1 s + c_2}{s^2+s+1} + \frac{c_3}{s}$$

계수 c_1과 c_2를 계산하기 위하여 다항식 s^2+s+1을 먼저 다음과 같이 표현한다.

$$s^2+s+1 = (s+0.5+j0.866)(s+0.5-j0.866)$$

식 (2.46)의 양변에 (s^2+s+1)을 곱하고 $s=-0.5-j0.866$을 대입하면

$$\left[\frac{s+1}{s}\right]_{s=-0.5-j0.866} = [c_1 s + c_2]_{s=-0.5-j0.866}$$

또는

$$\frac{0.5-j0.866}{-0.5-j0.866} = c_1(-0.5-j0.866) + c_2$$

위 식을 정리하면

$$0.5-j0.866 = (-0.5c_1 - 0.5c_2) + j(0.866c_1 - 0.866c_2)$$

따라서

$$c_1 = -1, \quad c_2 = 0$$

그리고 c_3을 계산하기 위하여 식 (2.46)의 양변에 s를 곱한 후 $s=0$을 대입하면

$$c_3 = \left[\frac{s+1}{s^2+s+1}\right]_{s=0} = 1$$

그러므로

$$X(s) = \frac{1}{s} - \frac{s+0.5}{(s+0.5)^2+0.866^2} + \frac{0.5}{(s+0.5)^2+0.866^2}$$

따라서 시간함수 $x(t)$는 다음과 같다.

$$x(t) = 1 - e^{-0.5t}\cos 0.866t + 0.578e^{-0.5t}\sin 0.866t \quad (t \geq 0)$$

■

③ 중복 극점을 포함하고 있을 때의 부분분수 전개법

$X(s)$에 있는 n개의 극점 중 r개가 같은 값을 가질 때, 즉 $s=p_i$의 극점이 r차의 중복 극점일 때, $X(s)$를 부분분수로 전개하면 다음과 같이 표현할 수 있다.

$$X(s) = \underbrace{\frac{c_1}{s-p_1} + \frac{c_2}{s-p_2} + \cdots + \frac{c_{n-r}}{s-p_{n-r}}}_{\leftarrow\ (n-r)\text{항의 단일 극점들}\ \rightarrow} \tag{2.47}$$

$$+ \underbrace{\frac{c_{n-r+1}}{s-p_i} + \frac{c_{n-r+2}}{(s-p_i)^2} + \cdots + \frac{c_n}{(s-p_i)^r}}_{\leftarrow\ r\text{항의 중복 극점들}\ \rightarrow}$$

단일 극점에서의 유수인 $(n-r)$개의 계수 c_1, c_2, $\cdots$, c_{n-r}는 앞에서 설명한 방법으로 계산한다. 그리고 중복 극점에서의 유수인 r개의 계수는 다음과 같이 계산한다.

$$\begin{aligned} c_n &= [(s-p_i)^r X(s)]_{s=p_i} \\ c_{n-1} &= \frac{d}{ds}[(s-p_i)^r X(s)]_{s=p_i} \\ c_{n-2} &= \frac{1}{2!}\frac{d^2}{ds^2}[(s-p_i)^r X(s)]_{s=p_i} \\ &\ \ \vdots \qquad\qquad \vdots \\ c_{n-r+1} &= \frac{1}{(r-1)!}\frac{d^{r-1}}{ds^{r-1}}[(s-p_i)^r X(s)]_{s=p_i} \end{aligned} \tag{2.48}$$

예제 2.8 다음 Laplace 변환함수 $X(s)$에 대한 시간함수 $x(t)$를 구하기로 한다.

$$X(s) = \frac{1}{s(s+1)^3(s+2)}$$

$X(s)$를 식 (2.47)과 같은 형태의 부분분수로 전개한다.

$$X(s) = \frac{c_1}{s} + \frac{c_2}{s+2} + \frac{c_3}{s+1} + \frac{c_4}{(s+1)^2} + \frac{c_5}{(s+1)^3}$$

이때 단일 극점에서의 계수들은 다음과 같다.

$$c_1 = [sX(s)]_{s=0} = \frac{1}{2}$$

$$c_2 = [(s+2)X(s)]_{s=-2} = \frac{1}{2}$$

그리고 3차의 중복 극점에서의 계수들은 다음과 같이 계산된다.

$$c_5 = [(s+1)^3X(s)]_{s=-1} = -1$$

$$\begin{aligned} c_4 &= \frac{d}{ds}[(s+1)^3X(s)]_{s=-1} \\ &= \frac{d}{ds}\left[\frac{1}{s(s+2)}\right]_{s=-1} = 0 \end{aligned}$$

$$\begin{aligned} c_3 &= \frac{1}{2!}\frac{d^2}{ds^2}[(s+1)^3X(s)]_{s=-1} \\ &= \frac{1}{2}\frac{d}{ds}\left[\frac{-2(s+1)}{s^2(s+2)^2}\right]_{s=-1} = -1 \end{aligned}$$

그러므로

$$X(s) = \frac{1}{2s} + \frac{1}{2(s+2)} - \frac{1}{s+1} - \frac{1}{(s+1)^3}$$

따라서 시간함수 $x(t)$는 다음과 같다.

$$x(t) = \frac{1}{2} + \frac{1}{2}e^{-2t} - e^{-t} - \frac{1}{2}t^2e^{-t} \qquad (t \ge 0)$$

■

이제 지금까지 설명한 Laplace 변환에 관한 이론과 변환표에 기반을 둔 Laplace 변환법을 이용하여 선형 상미분방정식의 해를 구해보기로 한다. 우선 주어진 미분방정식의 각 항에 Laplace 변환을 수행하여 미분방정식을 복소변수 s로 표시되는 대수방정식으로 변환하여 Laplace 변환해를 구하고 여기에 역Laplace 변환을 수행하여 미분방정식의 최종적인 시간해를 구할 수 있다.

예제 2.9 다음 미분방정식의 해를 구하기로 한다.

$$\frac{d^2x(t)}{dt^2}+3\frac{dx(t)}{dt}+2x(t)=5u_s(t) \tag{2.49}$$

여기서 $u_s(t)$는 단위스텝함수로 다음과 같이 정의된다.

$$u_s(t)=\begin{cases}1 & (t>0\text{일 때}) \\ 0 & (t<0\text{일 때})\end{cases}$$

그리고 초기조건은 $x(0)=-1,\ \dot{x}(0)=2$이다.

이 미분방정식의 해를 구하기 위하여 우선 식 (2.49)의 양변에 Laplace 변환을 수행한다.

$$s^2x(s)-sx(0)-\dot{x}(0)+3sx(s)-3x(0)+2x(s)=\frac{5}{s}$$

주어진 초기조건 $x(0)$와 $\dot{x}(0)$의 값을 위 식에 대입하고 $x(s)$를 복소변수 s의 함수로 나타낸다.

$$x(s)=\frac{-s^2-s+5}{s(s^2+3s+2)}=\frac{-s^2-s+5}{s(s+1)(s+2)}$$

그리고 위 식을 부분분수로 전개하면 다음과 같다.

$$x(s)=\frac{5}{2s}-\frac{5}{s+1}+\frac{3}{2(s+2)}$$

이제 역Laplace 변환을 수행하여 다음과 같은 시간해 $x(t)$를 구할 수 있다.

$$x(t)=\frac{5}{2}-5e^{-t}+\frac{3}{2}e^{-2t} \qquad (t\ge 0)$$

위 식에서 우변의 첫째 항은 정상상태해(steady-state solution)로서 입력 $5u_s(t)$에 의한 해이고, 뒤의 두 항은 과도해(transient solution)로서 초기조건에 의한 해이다. Laplace 변환법은 이와 같이 한 번의 연산으로 미분방정식의 완전해를 구할 수 있다. 만일 정상상태해만을 원한다면 최종값 정리를 이용하여 쉽게 구할 수도 있다. ■

예제 2.10 그림 2.3과 같은 질량-스프링 기계시스템이 초기조건 $x(0)=0$, $\dot{x}(0)=0$인 상태에서 단위임펄스 힘 $\delta(t)$로 작동할 때의 시스템 응답 $x(t)$를 구하기로 한다.

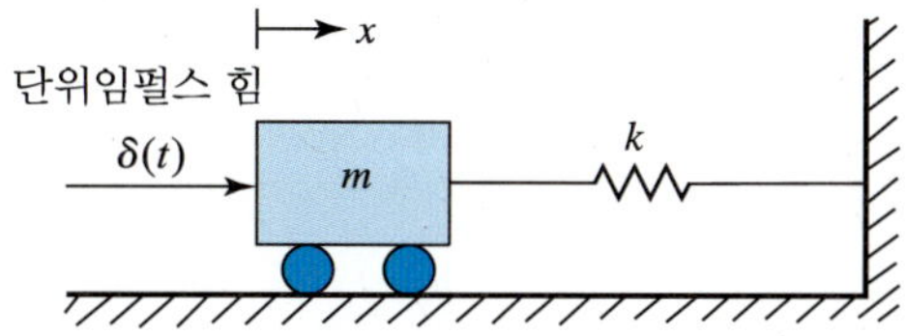

그림 2.3 질량-스프링 기계시스템

단위임펄스 입력에 의하여 진동하는 이 기계시스템의 운동방정식은 Newton의 제2법칙을 이용하여 다음과 같이 유도할 수 있다.

$$m\ddot{x}+kx=\delta(t)$$

위 식에 Laplace 변환을 수행하면

$$m\{s^2x(s)-sx(0)-\dot{x}(0)\}+kx(s)=1$$

초기조건 $x(0)=\dot{x}(0)=0$을 대입하고 $x(s)$에 대하여 식을 정리하면 다음과 같다.

$$x(s)=\frac{1}{ms^2+k}$$

다음으로 $x(s)$에 역Laplace 변환을 수행하여 $x(t)$를 구한다.

$$x(t)=\frac{1}{\sqrt{mk}}\sin\sqrt{\frac{k}{m}}t$$

이 기계시스템은 진폭 $1/\sqrt{mk}$, 고유주파수 $\sqrt{k/m}$로 단순조화운동(simple harmonic motion)을 하고 있다는 것을 Laplace 변환을 이용한 미분방정식의 해로부터 알 수 있다. ■

2.4 전달함수

전달함수(transfer function)는 선형 시불변(linear time-invariant) 시스템을 복소수역 및 주파수역에서 해석할 수 있도록 만든 시스템의 입력과 출력 사이의 동특성을 나타내는 식이다. 시스템의 전달함수 $G(s)$는 모든 초기조건을 0으로 한 가정 아래서 입력 $u(t)$의

그림 2.4 간단한 선형 시스템의 블록선도

Laplace 변환함수 $u(s)$에 대한 출력 $y(t)$의 Laplace 변환함수 $y(s)$로 정의된다.

$$G(s) = \frac{y(s)}{u(s)} \tag{2.50}$$

전달함수를 구할 때 초기조건을 0으로 가정한 이유는 시스템의 주파수 응답을 해석할 때 정상상태응답, 즉 입력에 의한 응답만 필요하고, 또한 시스템의 동특성을 파악할 때도 입력에 의한 동특성과 초기조건에 의한 동특성이 같기 때문이다. 그림 2.4는 전달함수로 표시한 간단한 선형 시스템의 블록선도이다.

이제 다음과 같은 미분방정식으로 표시되는 일반적인 선형 시불변 시스템에 대한 전달함수를 유도하기로 한다.

$$\begin{aligned} & a_n y^{(n)} + a_{n-1} y^{(n-1)} + \cdots + a_1 y' + a_0 y \\ & = b_m u^{(m)} + b_{m-1} u^{(m-1)} + \cdots + b_1 u' + b_0 u \qquad (n \geq m) \end{aligned} \tag{2.51}$$

시스템에 대한 전달함수를 구하기 위해서는, 우선 초기조건을 0으로 가정하고 시스템 방정식 (2.51)의 양변에 Laplace 변환을 수행한다.

$$\begin{aligned} & (a_n s^n + a_{n-1} s^{n-1} + \cdots + a_1 s + a_0) y(s) \\ & = (b_m s^m + b_{m-1} s^{m-1} + \cdots + b_1 s + b_0) u(s) \end{aligned} \tag{2.52}$$

이때 시스템의 전달함수 $G(s)$는 다음과 같이 표시된다.

$$G(s) = \frac{y(s)}{u(s)} = \frac{b_m s^m + b_{m-1} s^{m-1} + \cdots + b_1 s + b_0}{a_n s^n + a_{n-1} s^{n-1} + \cdots + a_1 s + a_0} = \frac{N(s)}{D(s)} \qquad (n \geq m) \tag{2.53}$$

이와 같이 미분방정식 (2.51)로 표시된 동적 시스템을 복소변수 s에 관한 대수방정식 (2.52) 또는 전달함수 (2.53)으로 나타냄으로써 동적 시스템에 대한 해석을 보다 쉽게 수행할 수 있다.

전달함수 $G(s)$에서 분모다항식 $D(s)$를 특성다항식이라고 하고, 특성다항식 $D(s)$를 0으로 한 식, 즉 $D(s) = 0$의 식을 특성방정식이라고 한다. 특성방정식의 근을 시스템의 극점(pole) 또는 특이점(singular point)이라고 하며, 이것은 시스템의 안정도와 성능에 영향을 준다. 그리고 전달함수 $G(s)$에서 분자다항식 $N(s)$를 영점다항식이라고 하고, $N(s)=0$의 근들을 시스템의 영점(zero)이라고 한다. 영점은 시스템의 공칭안정도에는 영향을 주지 않지만 상대안정도 또는 안정도-강인성(stability-robustness) 문제와 시스템 성능, 특히 과도응답에 중요한 역할을 한다. 실제 물리 시스템의 전달함수에서는 시스템의 극점의 개수 n이 영점의 개수 m보다 크거나 같다. 그래서 $n>m$인 경우 식 (2.53)의 전달함수를 완전히 적당(strictly proper)하다고 말하고, $n=m$이면 적당(proper)하다고 말하고, $m>n$이면 전달함수가 부적당(improper)하다고 말한다.

시스템의 극점과 영점의 상쇄가 없다면, 특성방정식의 최고 차수, 즉 시스템의 극점 개수는 시스템의 차수를 나타내는 시스템 내에 있는 독립된 에너지 저장요소의 개수와 같다. 만일 시스템의 극점과 영점이 일치되어 상쇄되면, 시스템의 특성을 나타내는 극점이 전달함수에 표현되지 않는다. 특히 상쇄된 극점이 불안정한 극점인 경우에는 시스템 해석에서 치명적이다. 이런 경우에는 3장에서 설명되는 상태공간 모델식을 이용해야만 상쇄된 극점도 표현할 수 있고 시스템의 동특성 해석 및 설계를 원만하게 수행할 수 있다.

전달함수의 특성들을 요약하면 다음과 같다.

- 전달함수는 선형 시불변 시스템에서만 정의된다. 비선형 시스템에서는 정의가 안 된다.
- 전달함수는 시스템의 입력과 출력 사이의 관계, 즉 시스템 자체의 특성을 나타내며, 시스템 입력의 크기에 따라 변하지 않는다.
- 전달함수는 시스템의 입력과 출력 사이의 관계를 나타내므로 단위를 포함한다. 그렇지만 이것은 시스템 내부의 물리적 구조와 관련된 어떠한 정보를 제공하지는 못한다. 다시 말하면 물리적으로 서로 다른 시스템에 대한 전달함수가 동일할 수 있다는 것을 의미한다.
- 전달함수는 시스템의 임펄스 응답에 Laplace 변환을 수행함으로써 구할 수 있다.
- 전달함수는 시스템의 모든 초기조건들을 0으로 가정하고 구한다.
- 전달함수는 복소변수 s의 함수로만 표현된다. 전달함수는 독립변수로 사용되는 실수, 시간 또는 다른 변수의 함수가 아니다.

이제 다음과 같은 전달함수 $G(s)$로 표현되는 시스템의 극점 및 영점을 복소 s-평면에 표시해보기로 한다.

$$G(s)=\frac{s+3}{(s+1)(s+2)} \tag{2.54}$$

이 시스템의 극점은 $s=-1$과 $s=-2$에 있으며, 영점은 $s=-3$에 있다. 이와 같은 시스

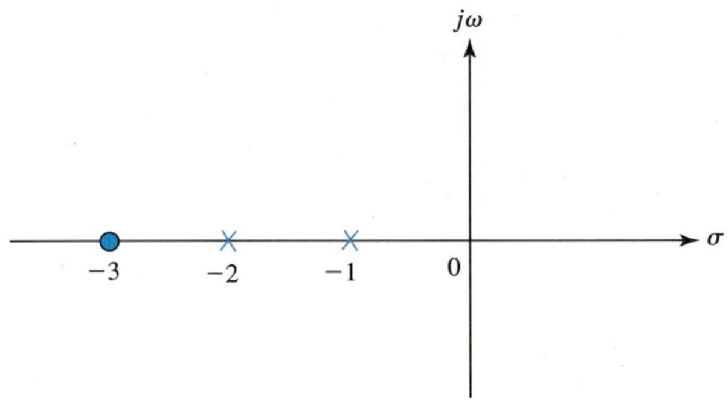

그림 2.5 식 (2.54)로 표현되는 시스템의 극점-영점 표시

템의 극점과 영점을 s-평면상에 표시하면 시스템의 공칭안정도와 과도응답 성능을 개략적으로 평가할 수 있다. 일반적으로 극점은 ×로 표시하고 영점은 ○로 표시한다. 그림 2.5는 이 시스템에 대한 극점-영점을 s-평면상에 도시한 것이다.

2.5 블록선도 모델링

블록선도(block diagram)는 실제 물리 시스템의 각 요소가 서로 어떻게 연관되며 시스템의 성능 및 안정도에 어떻게 영향을 미치는지를 도식적으로 나타낸 선도이다. 또한 블록선도 모델링 방법은 시스템의 입출력 관계식, 즉 전달함수를 조직적으로 구할 수 있는 대표적인 동적 시스템 모델링 방법 중 하나이다. 이 블록선도는 시스템 요소나 부시스템(subsystem)을 나타내는 사각형의 블록, 신호의 흐름을 표시하는 화살표와 신호의 덧셈이나 뺄셈을 나타내는 합산기호로 구성된다. 그림 2.6은 블록선도의 기본 요소인 블록, 신호 흐름 화살표와 합산 기호로 표시된 폐루프 시스템의 블록선도이다.

그림 2.6에서 알 수 있듯이 합산 기호는 ○로 표시되어 있으며 신호의 덧셈은 +, 신호의 뺄셈은 −로 합산 기호 근처에 표시한다. 이 합산 기호를 그림 2.7과 같이 표기하기도 한다. 그리고 때로는 블록선도에 곱셈 연산이나 나눗셈 연산을 표시할 필요가 있는 경우도

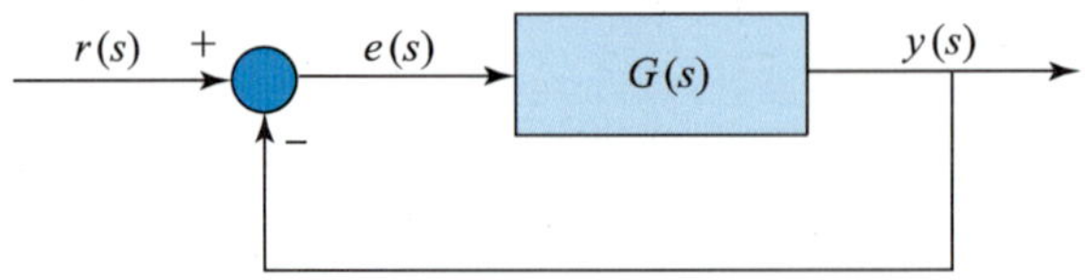

그림 2.6 폐루프 시스템의 블록선도

그림 2.7 블록선도에서 합산 기호의 다른 표현 방법

그림 2.8 블록선도에서 곱셈 및 나눗셈 연산의 표현 방법

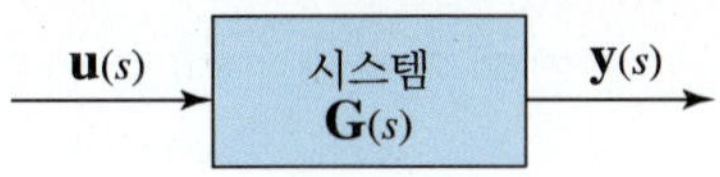

그림 2.9 다변수 시스템의 블록선도

있다. 이와 같은 곱셈과 나눗셈 연산은 비선형적이므로 입출력 관계가 시간역에서만 의미를 가지며 블록선도상에 그림 2.8과 같이 표시한다.

입력 및 출력의 개수가 2개 이상인 다변수 시스템에 대해서는 그림 2.9와 같이 블록선도에서 입출력 신호 $\mathbf{u}(s)$와 $\mathbf{y}(s)$ 그리고 전달함수행렬(transfer function matrix) $\mathbf{G}(s)$를 진하게 표시하여 단일입출력 시스템의 경우와 구별한다.

가장 간단한 다변수 시스템인 2-입력 2-출력 시스템의 입출력 관계식은 다음과 같이 표현한다.

$$\begin{cases} y_1(s) = G_{11}(s)u_1(s) + G_{12}(s)u_2(s) \\ y_2(s) = G_{21}(s)u_1(s) + G_{22}(s)u_2(s) \end{cases} \tag{2.55}$$

또는

$$\mathbf{y}(s) = \mathbf{G}(s)\mathbf{u}(s) \tag{2.56}$$

여기서 입력벡터 $\mathbf{u}(s)$, 출력벡터 $\mathbf{y}(s)$, 전달함수행렬 $\mathbf{G}(s)$는 각각 다음과 같다.

$$\mathbf{u}(s) = \begin{Bmatrix} u_1(s) \\ u_2(s) \end{Bmatrix}, \quad \mathbf{y}(s) = \begin{Bmatrix} y_1(s) \\ y_2(s) \end{Bmatrix}, \quad \mathbf{G}(s) = \begin{bmatrix} G_{11}(s) & G_{12}(s) \\ G_{21}(s) & G_{22}(s) \end{bmatrix}$$

그리고 그림 2.10은 식 (2.55)의 다변수 시스템의 입출력 관계식을 블록선도로 표시한 것이다.

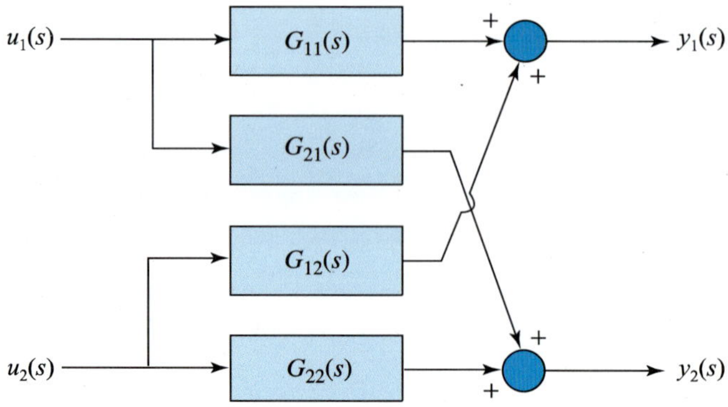

그림 2.10　2-입력 2-출력 시스템의 블록선도

블록선도를 그리는 최종 목표는 시스템의 입출력 관계식인 전달함수를 구하는 것이므로 복잡한 시스템에 대해서는 표 2.2와 같은 블록선도 변환 방법을 이용하여 전달함수를 구하는 것이 편리하다.

표 2.2　블록선도 변환

변환	본래의 선도	등가 선도
직렬로 된 블록을 합하는 경우	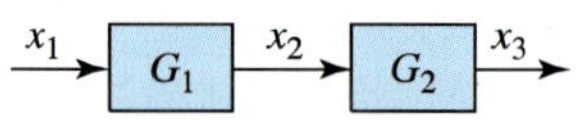	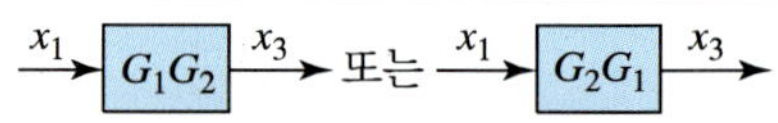
합산점을 블록 앞으로 옮길 경우	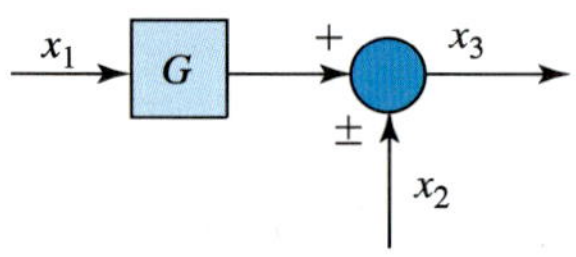	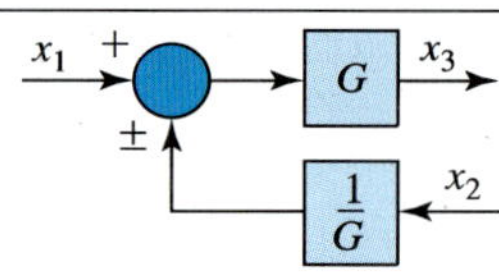
합산점을 블록 뒤로 옮길 경우	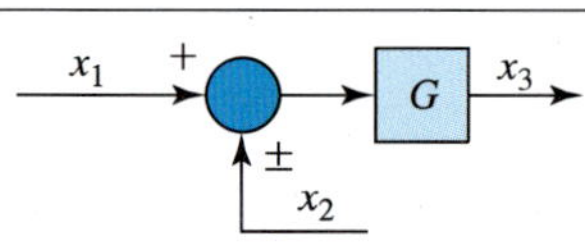	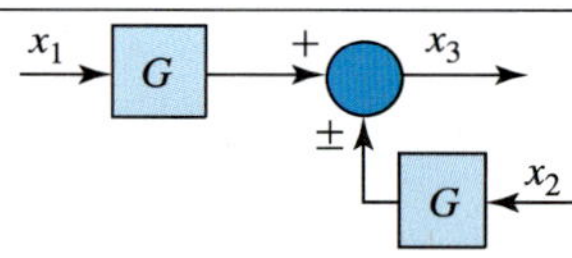
분기점을 블록 앞으로 옮길 경우	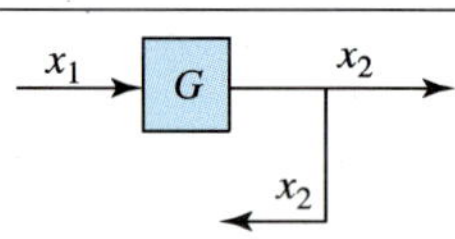	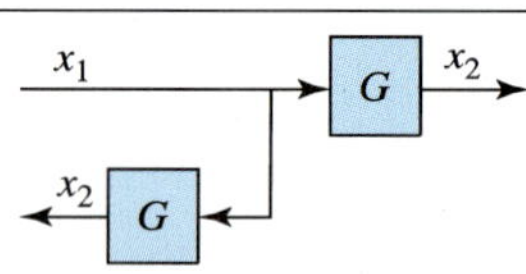
분기점을 블록 뒤로 옮길 경우	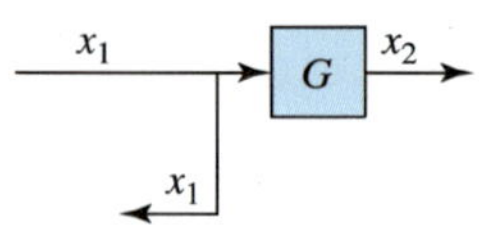	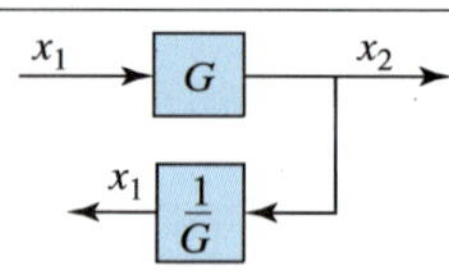
피드백 루프를 제거하는 경우	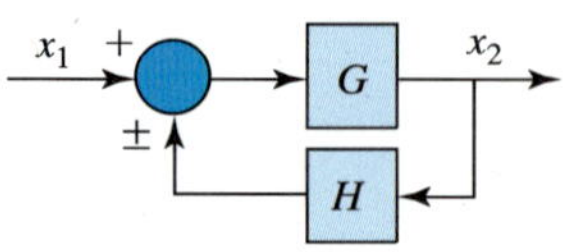	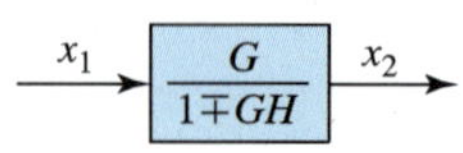

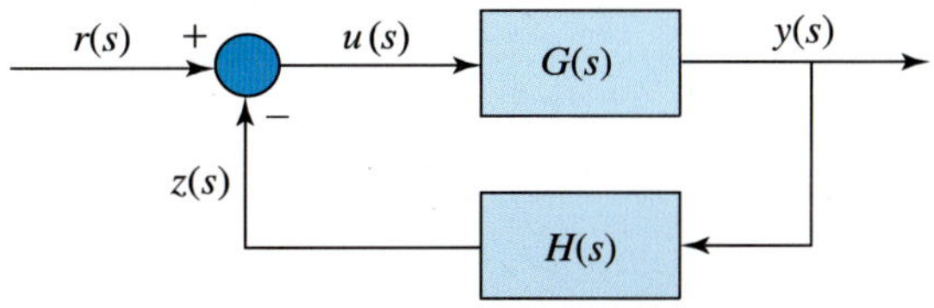

그림 2.11 피드백 제어시스템

표 2.2에서 직렬로 연결된 블록을 합하는 경우 G_1과 G_2가 각각 단일입출력 시스템에 대한 전달함수이면 $G_1G_2 = G_2G_1$이 성립되어 두 전달함수의 교환이 가능하다. 그러나 $\mathbf{G}_1$과 $\mathbf{G}_2$가 각각 다변수 시스템에 대한 전달함수행렬이면 일반적으로 $\mathbf{G}_1\mathbf{G}_2 \neq \mathbf{G}_2\mathbf{G}_1$이므로 두 전달함수행렬의 교환이 일반적으로 불가능하다. 따라서 다변수 시스템의 경우는 $\mathbf{G}_2\mathbf{G}_1$으로 표기해야 한다는 것에 유의해야 한다.

이제 그림 2.11과 같은 피드백 제어시스템의 블록선도를 간략화하는 방법에 대하여 설명하기로 한다. 이 피드백 제어시스템에서 제어입력 $u(s)$는 다음과 같이 계산된다.

$$\begin{aligned} u(s) &= r(s) - z(s) \\ &= r(s) - H(s)y(s) \end{aligned} \tag{2.57}$$

그리고 출력 $y(s)$와 제어입력 $u(s)$ 사이의 관계식은 다음과 같다.

$$y(s) = G(s)u(s) \tag{2.58}$$

식 (2.57)을 식 (2.58)에 대입함으로써 기준입력 $r(s)$에서 출력 $y(s)$로의 폐루프 전달함수 $T(s)$를 구할 수 있다.

$$T(s) = \frac{y(s)}{r(s)} = \frac{G(s)}{1 + G(s)H(s)} \tag{2.59}$$

식 (2.59)와 같은 폐루프 전달함수 $T(s)$는 피드백 제어시스템에서 기본이 되는 전달함수일 뿐만 아니라 블록선도 축약 시 유용하게 사용되므로 식 (2.59)를 기억하는 것이 좋다.

그림 2.11에 표시된 피드백 제어시스템은 일반적인 피드백 제어시스템의 구조를 나타내지만, 여기서 $H(s) = 1$인 경우를 특히 단위 피드백 제어시스템이라고 한다. 단위 피드백 제어시스템으로 표현하면, 피드백 전달함수 $H(s)$가 1이 아닌 비단위 피드백 제어시스템에 비해 보다 쉽게 시스템을 해석할 수 있으며 설계에도 도움이 된다. 그래서 비단위 피드백 제어시스템을 그림 2.12와 같이 등가의 단위 피드백 제어시스템으로 변환하여 생각하는 경우가 많다.

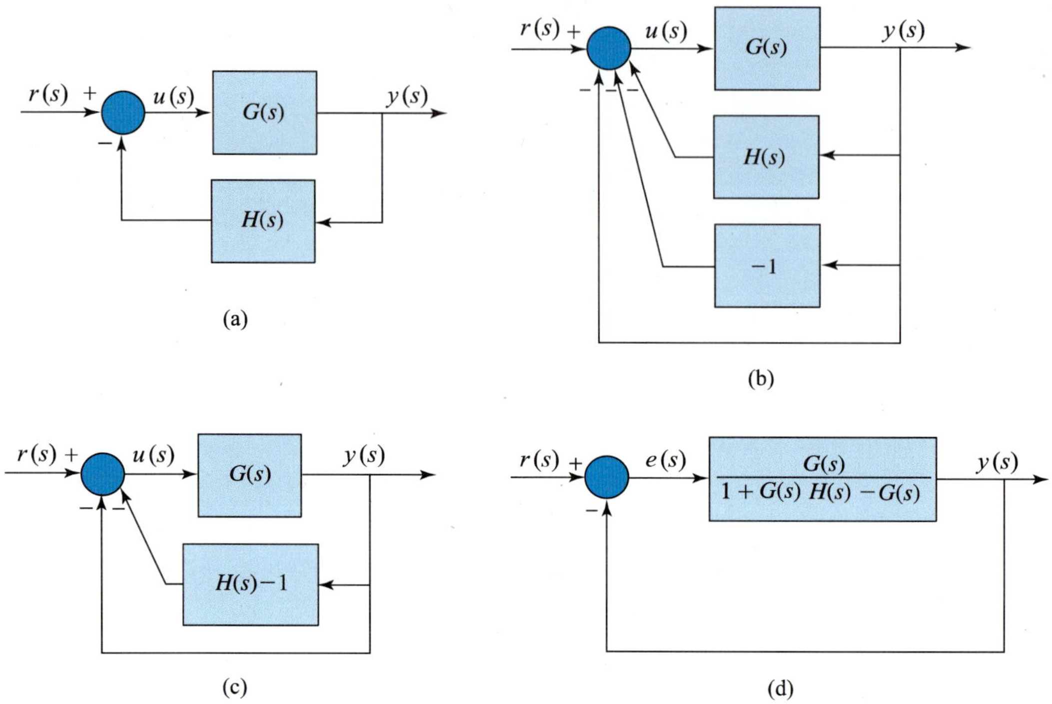

그림 2.12 비단위 피드백 제어시스템과 이와 등가인 단위 피드백 제어시스템

예제 2.11 그림 2.13은 메커트로닉스 시스템의 기본이 되는 회전 디스크의 속도 제어 시스템에 대한 개략도이다. 이 시스템에 대한 블록선도를 그리고 폐루프 전달함수를 구하기로 한다.

회전 디스크의 속도 제어시스템에 대한 폐루프 전달함수를 유도하기 위해서는 제어시스템의 제어 목적이 먼저 주어져야 한다. 이 제어시스템의 목적은 외부 환경이 변하더라도 회전 디스크의 각속도 ω가 바람직한 각속도 ω_r를 유지하는 것이다. 그러면 이와 같은 목적을 이루기 위해서는 제어기 설계에 앞서 시스템의 각 구성 요소들을 적절하게 선정해야 한다. 이 제어시스템은 회전 디스크와 축, 구동기인 DC 모터, 센서인 태코미터

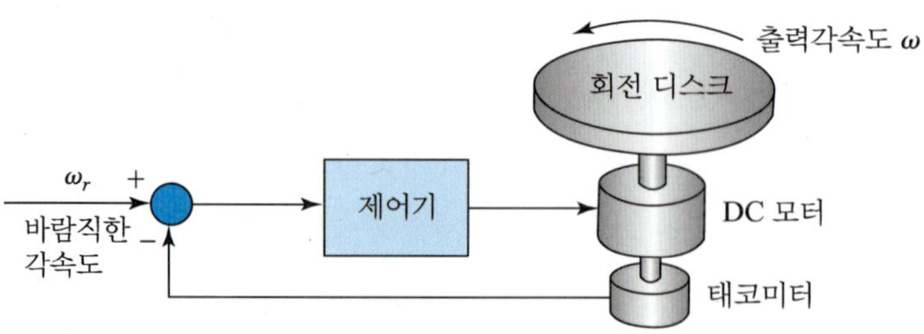

그림 2.13 회전 디스크의 속도 제어시스템

(tachometer), 그리고 제어기로 구성되어 있다.

시스템 구조상 회전 디스크상에서 직접 각속도 ω를 측정할 수 없다. 따라서 그림 2.13에 표시된 바와 같이 DC 모터의 아랫부분에 태코미터를 부착하여 각속도를 측정해야 한다. 그러므로 회전 디스크와 DC 모터를 연결한 축이 강체로 구성되어야만 태코미터에서 측정한 각속도를 회전 디스크상에서의 각속도로 간주할 수 있다. 축이 강체의 특성을 갖기 위해서는 축의 비틀림 스프링상수 k_T가 충분히 커서 공학적으로 태코미터의 위치에서 측정된 각속도 ω_s가 회전 디스크의 각속도 ω와 같아야 한다. 축의 비틀림 스프링상수 k_T는 다음과 같이 축의 재료의 특성을 나타내는 전단계수 G와 축의 형상을 나타내는 축의 지름 d와 길이 l의 비로 표현된다.

$$k_T = \frac{G\pi d^4}{32l}$$

따라서 강체 특성을 갖는 축을 선정하기 위해서는 미적인 효과를 주는 축의 형상과 경제성에 크게 영향을 주는 재료의 특성이 동시에 적절히 고려되어야 한다. 이때 축은 회전 디스크에 비하여 운동 에너지 저장요소를 무시할 만하고 강체로 가정하므로 위치 에너지 저장요소도 무시된다. 그러나 축과 DC 모터 사이에 존재하는 마찰에 의한 에너지 발산요소는 고려하기로 한다. 이때의 비틀림 점성저항계수를 c_T로 가정한다. 그리고 구동기인 DC 모터와 센서인 태코미터는 기계요소인 회전 디스크의 동특성에 비해 응답 속도가 매우 빠른 특성이 있다고 가정하고 각각 다음과 같은 정적요소로 가정한다.

$$\begin{aligned} \tau &= K_m i \\ V_s &= K_s \omega_s \end{aligned}$$

여기서 τ는 DC 모터에서 발생하는 토크, K_m은 모터의 토크상수, i는 DC 모터에 흐르는 전류, V_s는 태코미터에서 측정된 각속도 ω_s를 변환한 전압 신호, K_s는 태코미터상수이다.

이 회전 디스크 속도 제어시스템에 대한 블록선도를 그리기 위해, 우선 다음과 같은 동적 시스템에 관한 기본 식들을 고려하기로 한다.

- 적합조건식: $\omega_s = \omega$

  여기서 ω_s는 축의 아랫부분에서의 각속도, 즉 태코미터에서 측정된 각속도이고 ω는 축의 윗부분에서의 각속도, 즉 회전 디스크상에서의 각속도이다.

- 힘(토크) 평형식: $\tau = \tau_J + \tau_l$

여기서 τ_J는 회전 디스크에 대한 관성토크이고 τ_l은 축 저항에 의해 손실되는 토크이다.

- 요소방정식: $\tau_J = J\dfrac{d\omega}{dt}$, $\tau_l = c_T\omega$

  여기서 J는 회전 디스크의 회전관성이다.

위 식들을 종합하면, 다음과 같이 회전 디스크와 축으로 구성된 제어 대상 시스템인 플랜트의 입력 i와 출력 ω에 관한 동적 방정식을 얻을 수 있다.

$$\tau = K_m i = J\frac{d\omega}{dt} + c_T\omega$$

시스템의 초기조건을 0으로 가정하고 위 식에 Laplace 변환을 수행하여 구동기인 DC 모터를 포함한 플랜트의 전달함수 $G(s)$를 구한다.

$$G(s) = \frac{\omega(s)}{i(s)} = \frac{K_m}{Js + c_T}$$

구동기인 DC 모터와 센서인 태코미터의 동특성을 무시했으므로 폐루프 제어시스템의 블록선도는 그림 2.14와 같이 구성될 수 있다. 여기서 제어기는 가장 단순한 구조인 오차 신호에 비례하여 제어기의 신호를 발생하는 비례제어기[$K(s) = K_p$]로 가정한다. 또한 바람직한 각속도 ω_r의 물리량 rad/sec와 태코미터에서 측정된 각속도 ω_s를 변환한 전압 신호 V_s의 물리량 V가 다르므로, 같은 물리량으로 합산하기 위하여 각속도 물리량을 전압 물리량으로 변환해야 하는데 이를 위하여 바람직한 각속도 ω_r 신호 다음에 태코미터상수 K_s의 블록을 첨가한다.

이제 그림 2.14로부터 회전 디스크 속도 제어시스템의 폐루프 전달함수 $T(s)$를 다음과 같이 구할 수 있다.

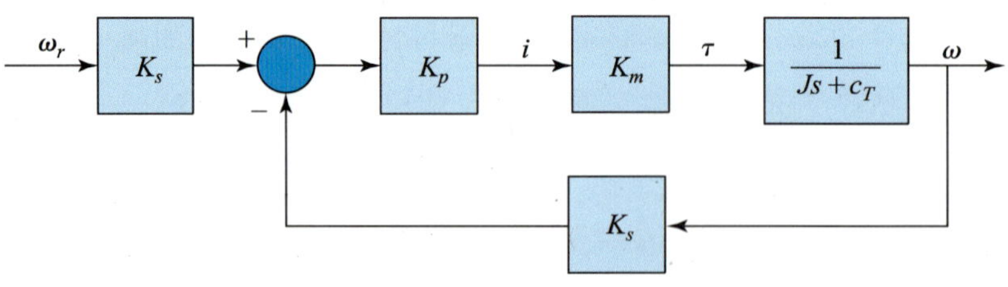

그림 2.14 회전 디스크의 속도 제어시스템의 블록선도

$$T(s) = \frac{\omega(s)}{\omega_r(s)} = \frac{K_s K_p G(s)}{1 + K_s K_p G(s)} = \frac{K}{Js + c_T + K}$$

여기서 $K = K_s K_p K_m$ 이다. ■

예제 2.12 그림 2.15와 같은 다루프 피드백 제어시스템의 블록선도를 간략화하여 폐루프 전달함수 $T(s)$를 구하기로 한다.

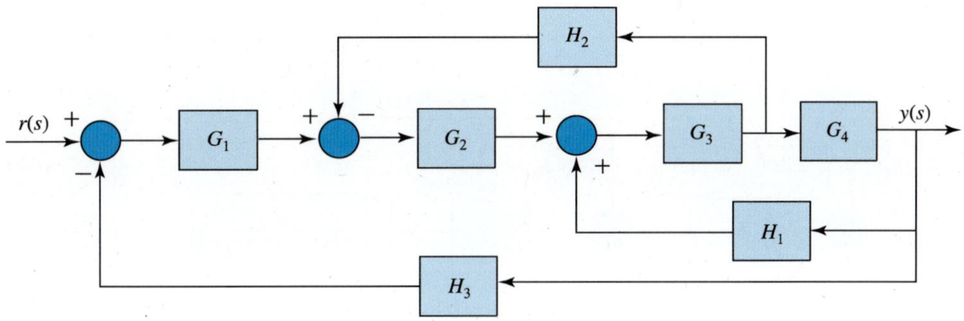

그림 2.15 다루프 피드백 제어시스템

이 블록선도를 간략화하는 절차는 다음과 같다.

- G_3에서 H_2로 전달되는 신호를 G_4에서 H_2로 전달되는 신호로 바꾸고 H_2 블록을 H_2/G_4 블록으로 수정한다.
- H_1을 포함하는 루프를 간략화한다.
- H_2/G_4를 포함하는 루프를 간략화한다.
- H_3를 포함하는 루프를 간략화한다.

그림 2.16은 위의 절차에 따라 블록선도를 간략화하는 과정을 나타내고 있으며, 이 그림으로부터 폐루프 전달함수 $T(s)$는 다음과 같이 유도된다.

$$T(s) = \frac{G_1 G_2 G_3 G_4}{1 - G_3 G_4 H_1 + G_2 G_3 H_2 + G_1 G_2 G_3 G_4 H_3}$$

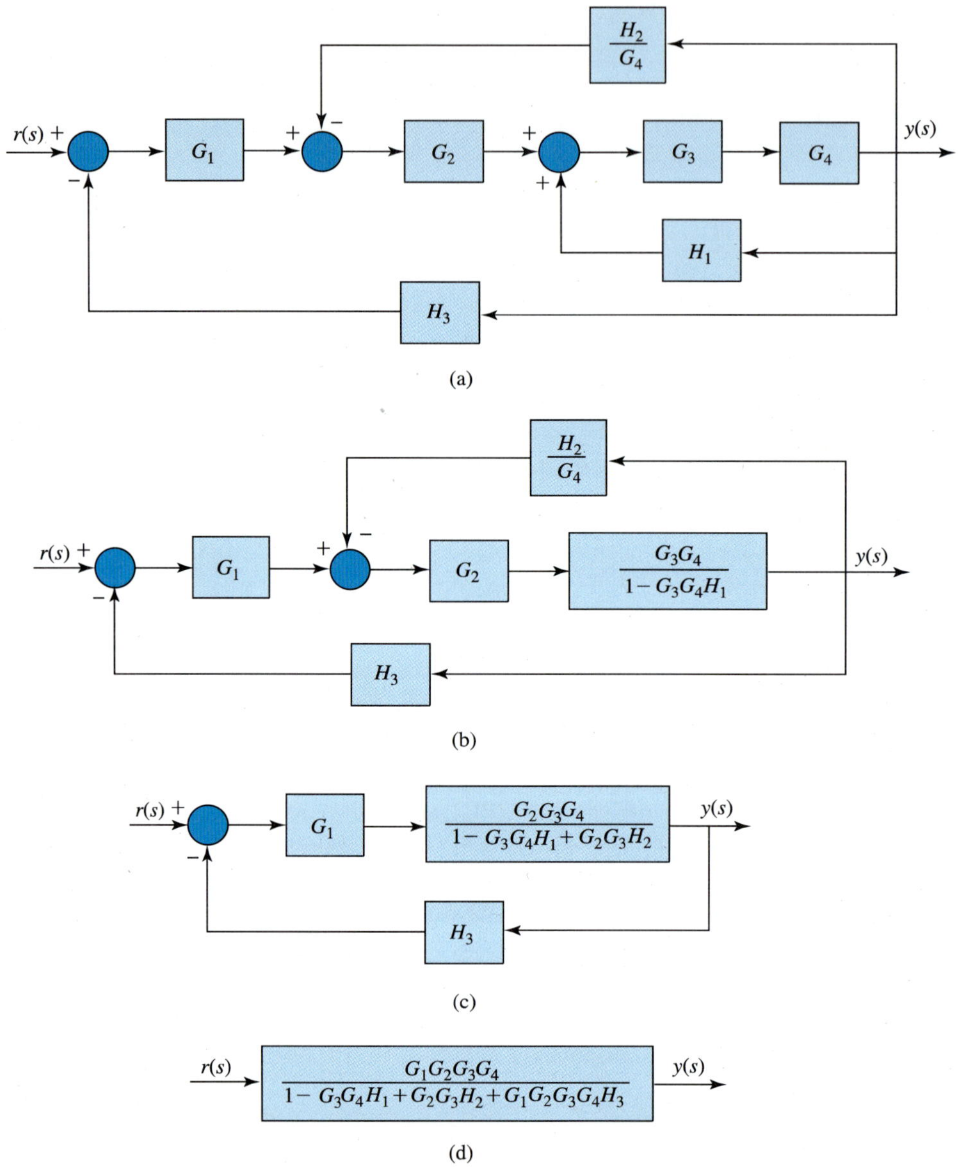

그림 2.16 그림 2.15의 피드백 제어시스템에 대한 블록선도의 간략화

2.6 신호흐름선도 모델링

블록선도는 시스템 변수들 사이의 상호관계를 나타내면서 연관된 시스템 요소나 부시스템의 조합으로 시스템을 시각화하는 데 적합하지만, 복잡한 시스템에 대해서는 블록선도를

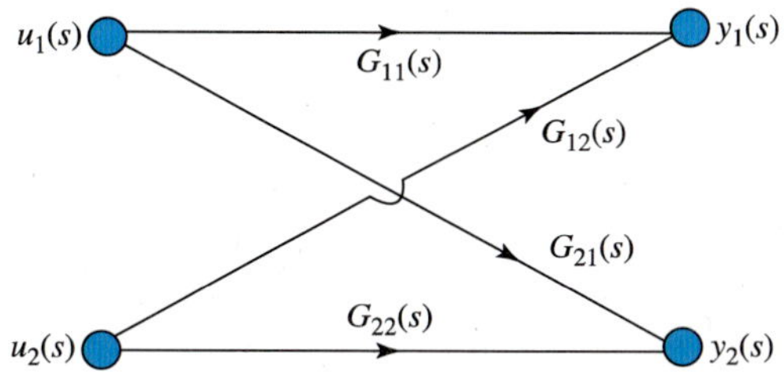

그림 2.17 2-입력 2-출력 시스템의 신호흐름선도

간략화하는 과정이 때때로 지루하며 완성하기가 어려울 때가 많다. 그러나 Mason이 개발한 신호흐름선도(signal flow graph) 방법을 이용하면, 대규모의 복잡한 시스템이라고 해도 어떤 간략화 과정이나 흐름선도의 조작 없이 단지 Mason의 게인(gain) 공식으로 한 단계만을 수행하여 시스템 변수들 사이의 동특성을 나타내는 전달함수를 쉽고 신속하고 명확하게 구할 수 있다.

신호흐름선도는 시스템 요소 간의 입출력 관계를 나타내는 전달함수(또는 게인)들이 표시되어 있고, 방향성이 표시된 가지(branch)들에 의해 절점(node)들이 연결되어 구성된 회로망으로, 시스템 특성을 나타내는 선도이다. 가지는 시스템 요소나 부시스템의 입출력 신호의 관계 및 전달함수를 나타내며, 절점은 여러 블록에 대한 공통 입력 또는 합산점의 출력과 같은 선도의 내부 신호 그리고 시스템의 입출력 신호점을 나타낸다. 신호흐름선도의 기본 구조를 구체적으로 나타내기 위하여 그림 2.10에 표시된 2-입력 2-출력 시스템의 블록선도를 그림 2.17에 신호흐름선도로 표시하였다.

이제 다음과 같이 표현되는 Mason의 게인 공식[7, 56]을 이용하면 입력 u_j에서 출력 y_i로의 전달함수 $G_{ij}(s)$를 쉽게 구할 수 있다.

$$G_{ij}(s) = \frac{\Sigma_k P_{ijk} \Delta_{ijk}}{\Delta_{ij}} \tag{2.60}$$

여기서

P_{ijk} = 입력 u_j로부터 피드포워드(feedforward) 방향으로 출력 y_i에 도달할 수 있는 경로(path) k상에 있는 게인들의 곱

Δ_{ij} = 신호흐름선도의 행렬식

Δ_{ijk} = 경로 P_{ijk}의 여인자(cofactor)

그리고 합산기호 Σ_k는 입력 u_j로부터 피드포워드 방향으로 출력 y_i에 도달할 수 있는 모

든 가능한 경로에 대한 합을 의미한다. 피드포워드 방향이라 함은 입력에서 출발하여 어떠한 절점도 한 번만 통과하여 출력에 도달하는 방향을 의미한다.

신호흐름선도의 행렬식 Δ_{ij}는 다음과 같이 정의된다.

$$\Delta_{ij} = 1 - \sum_{n=1}^{N} L_n + \sum_{m=1,\, q=1}^{M,\, Q} L_m L_q - \sum L_r L_s L_t + \cdots \tag{2.61}$$

또는

$\Delta_{ij} = 1 -$ (모든 경로 k상에 있는 루프 게인들의 합)

$+$ (모든 경로 k상에 있는 서로 접촉하지 않는 2개의 루프 게인들의 곱의 합)

$-$ (모든 경로 k상에 있는 서로 접촉하지 않는 3개의 루프 게인들의 곱의 합)

$+ \cdots$

여기서 루프는 시작 절점으로 되돌아가는 폐경로를 의미하며, 루프 게인은 루프 내의 게인들의 곱이다. 그리고 서로 접촉하지 않는다는 의미는 루프 사이에 어떤 공통의 절점을 갖지 않는 경우를 말한다. 또한 Δ_{ijk}는 신호흐름선도의 행렬식 Δ_{ij}에서 경로 k상에 있는 루프 게인을 0으로 한 값이다.

이제 다음 몇 가지 예제들을 통하여 이 신호흐름선도 모델링 방법의 활용과 편리함에 대하여 알아보기로 한다.

예제 2.13 그림 2.15에 있는 다루프 피드백 제어시스템의 블록선도를 신호흐름선도로 변환하고 Mason의 게인 공식을 이용하여 폐루프 전달함수 $T(s)$를 구하기로 한다.

그림 2.18은 그림 2.15의 다루프 피드백 제어시스템에 대한 신호흐름선도이다. 그림 2.18에서 기준입력 $r(s)$로부터 피드포워드 방향으로 출력 $y(s)$에 도달할 수 있는 경로는 한 개이다. 즉

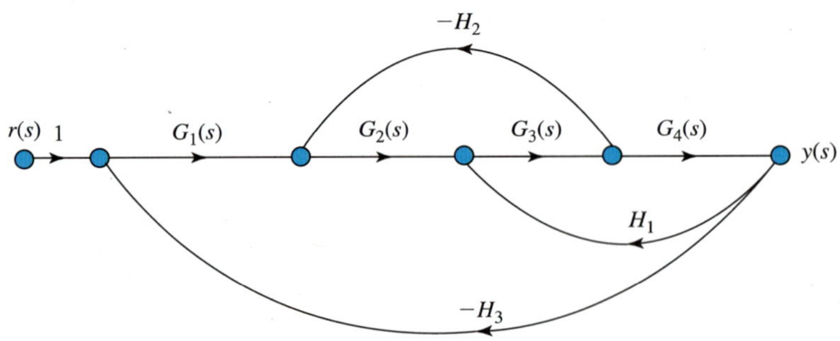

그림 2.18 그림 2.15의 다루프 피드백 제어시스템에 대한 신호흐름선도

$$P_1 = G_1 G_2 G_3 G_4$$

그리고 이 경로상에는 다음과 같은 세 개의 루프가 있다.

$$L_1 = G_3 G_4 H_1, \quad L_2 = -G_2 G_3 H_2, \quad L_3 = -G_1 G_2 G_3 G_4 H_3$$

모든 루프는 서로 접촉하고 있으므로 신호흐름선도의 행렬식 Δ는 다음과 같다.

$$\Delta = 1 - (L_1 + L_2 + L_3)$$

여인자 Δ_1은 행렬식 Δ에서 경로 1상에 있는 루프 게인들을 0으로 하여 구한다. 즉

$$L_1 = L_2 = L_3 = 0\ ; \quad \Delta_1 = 1$$

그러므로 폐루프 전달함수 $T(s)$는 다음과 같다.

$$T(s) = \frac{y(s)}{r(s)} = \frac{P_1 \Delta_1}{\Delta} = \frac{G_1 G_2 G_3 G_4}{1 - G_3 G_4 H_1 + G_2 G_3 H_2 + G_1 G_2 G_3 G_4 H_3}$$ ■

예제 2.14 그림 2.19와 같이 2-경로 신호흐름선도로 표시되는 시스템의 전달함수를 구하기로 한다.

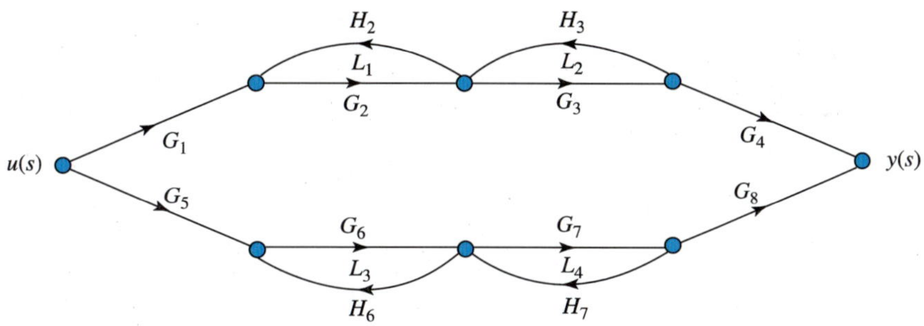

그림 2.19 2-경로 신호흐름선도

입력 $u(s)$로부터 피드포워드 방향으로 출력 $y(s)$에 도달할 수 있는 두 개의 경로 P_1과 P_2는 각각 다음과 같다.

$$P_1 = G_1 G_2 G_3 G_4$$
$$P_2 = G_5 G_6 G_7 G_8$$

그리고 경로 1상에는 루프 L_1과 L_2 그리고 경로 2상에는 루프 L_3와 L_4가 존재한다.

$$L_1 = G_2H_2, \quad L_2 = G_3H_3, \quad L_3 = G_6H_6, \quad L_4 = G_7H_7$$

루프 L_1과 L_2는 루프 L_3와 L_4를 접촉하지 않는다. 그러므로 신호흐름선도의 행렬식 Δ는 다음과 같이 계산된다.

$$\Delta = 1-(L_1+L_2+L_3+L_4)+(L_1L_3+L_1L_4+L_2L_3+L_2L_4)$$

그리고 여인자 Δ_1은 행렬식 Δ에서 경로 1상에 있는 루프 게인들을 0으로 하여 구한다. 즉

$$L_1 = L_2 = 0\ ; \quad \Delta_1 = 1-(L_3+L_4)$$

같은 방법으로, 경로 2에 대한 여인자 Δ_2는 다음과 같다.

$$\Delta_2 = 1-(L_1+L_2)$$

따라서 시스템의 전달함수 $G(s)$는 다음과 같이 표현된다.

$$G(s) = \frac{y(s)}{u(s)} = \frac{P_1\Delta_1 + P_2\Delta_2}{\Delta}$$

$$= \frac{G_1G_2G_3G_4(1-L_3-L_4)+G_5G_6G_7G_8(1-L_1-L_2)}{1-L_1-L_2-L_3-L_4+L_1L_3+L_1L_4+L_2L_3+L_2L_4} \quad ■$$

예제 2.15 그림 2.20은 1-입력 2-출력 시스템에 대한 신호흐름선도이다. Mason의 게인 공식을 이용하여 전달함수 $y_1(s)/u(s)$와 $y_2(s)/u(s)$를 구하기로 한다.

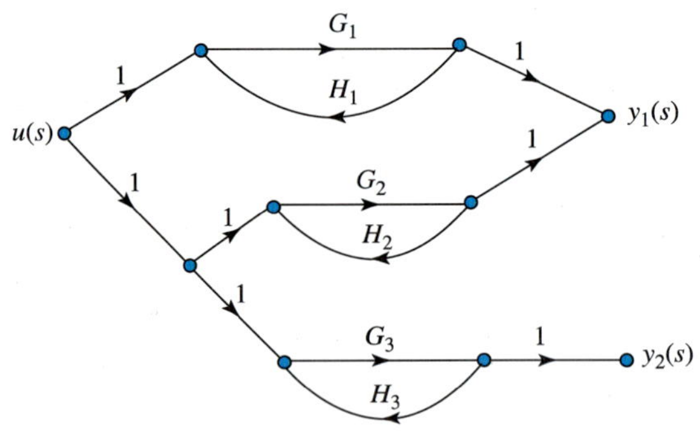

그림 2.20 1-입력 2-출력 시스템에 대한 신호흐름선도

입력 $u(s)$로부터 피드포워드 방향으로 출력 $y_1(s)$에 도달할 수 있는 경로는 다음과 같이 P_1과 P_2 두 개가 있다.

$$P_{111} = G_1, \qquad P_{112} = G_2$$

그리고 경로 1상에는 루프 L_1, 경로 2상에는 L_2가 존재한다.

$$L_1 = G_1 H_1, \qquad L_2 = G_2 H_2$$

루프 L_1과 L_2가 서로 접촉되어 있지 않으므로 신호흐름선도의 행렬식 Δ_{11}은 다음과 같이 계산된다.

$$\Delta_{11} = 1 - (L_1 + L_2) + L_1 L_2$$

그리고 여인자 Δ_{111}과 Δ_{112}는 각각 다음과 같다.

$$\Delta_{111} = 1 - L_2, \qquad \Delta_{112} = 1 - L_1$$

따라서 전달함수 $y_1(s)/u(s)$는 다음과 같이 표현된다.

$$\frac{y_1(s)}{u(s)} = \frac{P_{111}\Delta_{111} + P_{112}\Delta_{112}}{\Delta_{11}} = \frac{G_1(1 - G_2 H_2) + G_2(1 - G_1 H_1)}{1 - G_1 H_1 - G_2 H_2 + G_1 G_2 H_1 H_2}$$

같은 방법으로

$$\frac{y_2(s)}{u(s)} = \frac{P_{211}\Delta_{211}}{\Delta_{21}}$$

여기서

$$P_{211} = G_3, \qquad \Delta_{21} = 1 - G_3 H_3, \qquad \Delta_{211} = 1$$

따라서 전달함수 $y_2(s)/u(s)$는 다음과 같다.

$$\frac{y_2(s)}{u(s)} = \frac{G_3}{1 - G_3 H_3}$$

여기서 전달함수 $y_1(s)/u(s)$를 구할 때 루프 $L_3(= G_3 H_3)$를 고려해서는 안 된다. 왜냐하면 루프 L_3는 전달함수 $y_1(s)/u(s)$에 전혀 영향을 주지 않기 때문이다. 마찬가지로 루프 L_1과 L_2는 전달함수 $y_2(s)/u(s)$와 전혀 무관하다. 이와 같이 전달함수를 구할 때 피드포워드 방향으로 도달할 수 있는 경로와 그 경로상에 있는 루프들만을 고려해야 한다. ■

예제 2.16 그림 2.21은 외력 F가 작용하고 있는 질량-스프링-댐퍼(damper) 기계시스템이다. 이 기계시스템의 블록선도와 신호흐름선도를 그리고 Mason의 게인 공식을

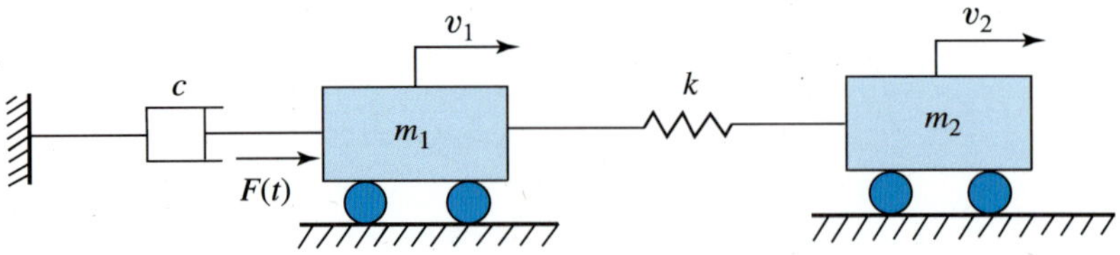

그림 2.21 질량-스프링-댐퍼 기계시스템

이용하여 전달함수 $G(s)=v_2(s)/F(s)$를 구하기로 한다.

우선 이 기계시스템에 대한 자유물체도를 그리기로 한다. 질량 m_1에 작용하는 힘은 운동과 반대 방향으로 작용하는 댐퍼에 의한 감쇠력 $c\dot{x}_1$와 역시 운동과 반대 방향으로 작용하는 스프링에 의한 복원력 $k(x_1-x_2)$가 있다. 또한 관성력 $m_1\ddot{x}_1$가 운동과 반대 방향으로 가상적으로 작용하고 있는 것 같이 생각할 수 있다. 그리고 외력 F를 운동 방향으로 표시한다. 같은 방법으로 질량 m_2에 대해서도 생각할 수 있다. 이와 같이 고려된 두 질량 m_1과 m_2에 관한 자유물체도가 그림 2.22에 표시되어 있다.

이때 질량 m_1과 m_2 각각에 대한 운동방정식은 힘의 평형 조건으로부터 다음과 같이 표현된다.

$$m_1\ddot{x}_1 = F - c\dot{x}_1 - k(x_1-x_2) \tag{2.62}$$

$$m_2\ddot{x}_2 = -k(x_2-x_1) \tag{2.63}$$

위의 운동방정식들을 이용하여 주어진 기계시스템의 입력 F에서 출력 $v_2(=\dot{x}_2)$로의 전달함수를 구할 수 있는 블록선도를 그림 2.23과 같이 나타낼 수 있다.

그림 2.23에 표시된 기계시스템의 블록선도를 완성하는 방법을 간략히 설명하기로 한다. 블록선도를 그리는 목적이 입력 F에서 출력 v_2로의 전달함수 $G(s)=v_2(s)/F(s)$를 구하는 것이므로 블록선도를 시스템 입력 F에서 시작하여 시스템 출력 v_2로 끝나게 그린다. 그러므로 시스템 입력 F가 포함된 운동방정식 (2.62)부터 생각하기로 한다. 식

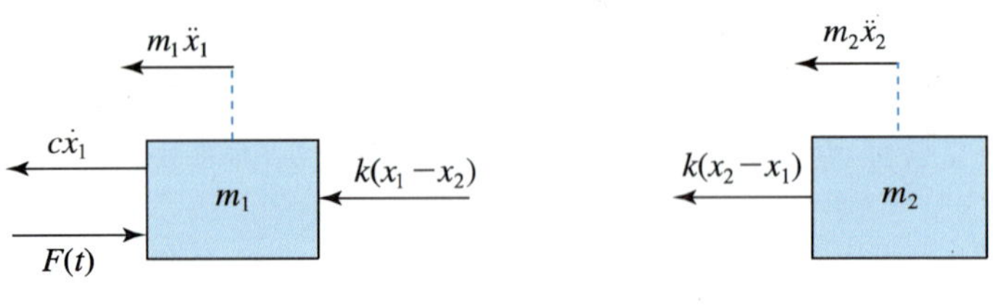

그림 2.22 질량 m_1과 m_2에 관한 자유물체도

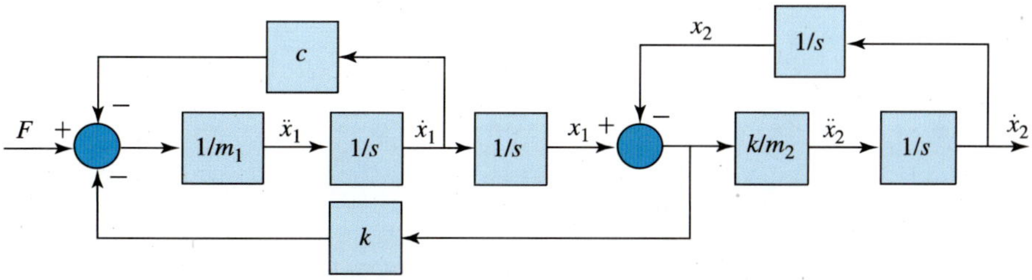

그림 2.23 그림 2.21에 표시된 질량-스프링-댐퍼 기계시스템에 대한 블록선도

(2.62)를 편의상 다음과 같이 고쳐 쓴다.

$$\ddot{x}_1 = \frac{1}{m_1}\{F - c\dot{x}_1 - k(x_1 - x_2)\} \tag{2.64}$$

식 (2.64)를 살펴보면, 가속도 $\ddot{x}_1$는 시스템 입력인 외력 F에서 감쇠력 $c\dot{x}_1$와 스프링에 의한 복원력 $k(x_1 - x_2)$를 뺀 힘을 질량 m_1으로 나눈 것과 같다는 것을 알 수 있다. 그러므로 외력 F에서 가속도 $\ddot{x}_1$로의 부분적인 블록선도를 그림 2.24와 같이 나타낼 수 있다.

그림 2.24에 표시된 속도 $\dot{x}_1$와 변위 x_1과 x_2의 신호는 부시스템에 대한 출력신호 $\ddot{x}_1$를 한 번 적분한 신호 $\dot{x}_1$와 또 한 번 더 적분한 신호 x_1을 만들고 x_2 신호는 식 (2.63)을 식 (2.64)와 같은 형태로 변환하여 위에서 설명한 것과 같은 방법으로 수행하여 적절하게 신호들을 연결하면 그림 2.23과 같은 기계시스템 전체에 대한 블록선도를 완성시킬 수 있으며, 이를 신호흐름선도로 나타내면 그림 2.25와 같다.

입력 F로부터 피드포워드 방향으로 출력 v_2에 도달할 수 있는 경로는 한 개이다. 따라서 Mason의 게인 공식을 적용하면 전달함수 $G(s)$는 다음과 같이 유도된다.

$$G(s) = \frac{v_2(s)}{F(s)} = \frac{P_1\Delta_1}{\Delta}$$

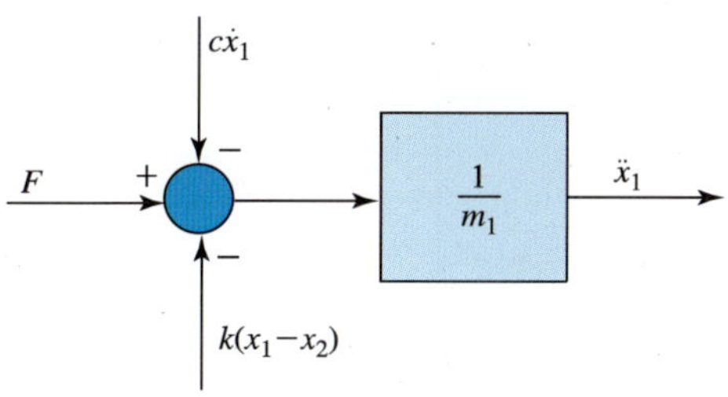

그림 2.24 질량 m_1과 관련된 부시스템에 대한 블록선도

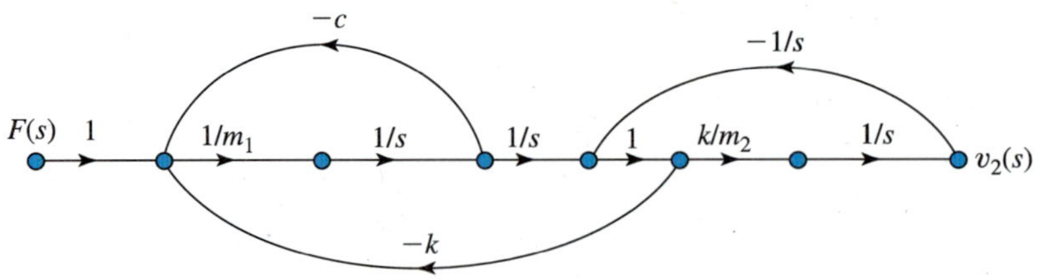

그림 2.25 그림 2.21에 표시된 질량–스프링–댐퍼 기계시스템에 대한 신호흐름선도

여기서

$$P_1 = k/m_1 m_2 s^3,$$
$$\Delta = 1-(L_1+L_2+L_3)+L_1L_2,$$
$$\Delta_1 = 1$$

그리고

$$L_1 = -c/m_1 s, \quad L_2 = -k/m_2 s^2, \quad L_3 = -k/m_1 s^2$$

위 식들을 정리하면, 그림 2.21에 표시된 질량–스프링–댐퍼 기계시스템의 전달함수 $G(s)$는 다음과 같이 유도된다.

$$G(s) = \frac{k}{m_1 m_2 s^3 + c m_2 s^2 + k(m_1+m_2)s + ck}$$ ■

예제 2.17 그림 2.26은 두 개의 유체 탱크가 직렬로 연결된 유체시스템의 개략도이다. 이 시스템에 대한 블록선도와 신호흐름선도를 그리고 전달함수 $G(s) = Q_2(s)/Q_{in}(s)$를 구하기로 한다. 여기서 A_i는 유체 탱크의 단면적, R_i는 밸브의 저항, Q_i는 유량, h_i는 유체 탱크의 변위를 나타낸다.

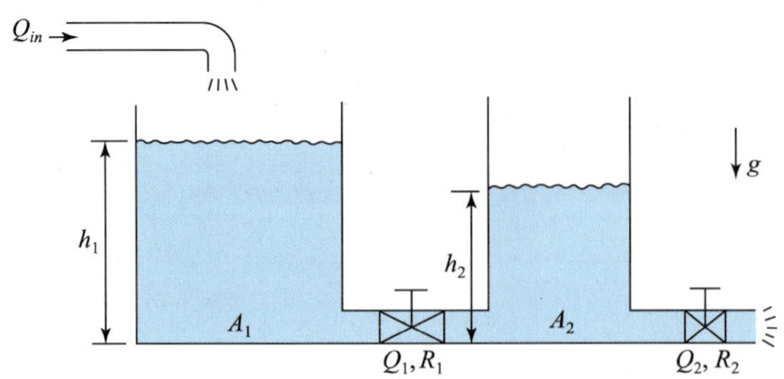

그림 2.26 두 개의 유체 탱크가 직렬로 연결된 유체시스템

유체에 관한 연속 법칙과 저항에 관한 요소방정식들을 이용하여 이 시스템에 대한 운동방정식들을 정리하면 다음과 같다.

$$A_1 \frac{dh_1}{dt} = Q_{in} - Q_1$$

$$A_2 \frac{dh_2}{dt} = Q_1 - Q_2$$

$$\rho g (h_1 - h_2) = R_1 Q_1$$

$$\rho g h_2 = R_2 Q_2$$

여기서 ρ는 유체의 밀도이고 g는 중력가속도상수이다. 위에 표시된 유체시스템에 대한 운동방정식들을 이용하여 이 시스템에 대한 블록선도와 신호흐름선도를 그리면 각각 그림 2.27과 그림 2.28이 된다.

그림 2.28의 신호흐름선도를 살펴보면 입력 Q_{in}으로부터 피드포워드 방향으로 출력 Q_2에 도달할 수 있는 경로는 한 개이다. 따라서 Mason의 게인 공식을 적용하면 전달함수 $G(s)$는 다음과 같이 유도된다.

$$G(s) = \frac{Q_2(s)}{Q_{in}(s)} = \frac{P_1 \Delta_1}{\Delta}$$

여기서

$$P_1 = \frac{\rho^2 g^2}{A_1 A_2 R_1 R_2 s^2}, \quad \Delta = 1 - (L_1 + L_2 + L_3) + L_1 L_2, \quad \Delta_1 = 1$$

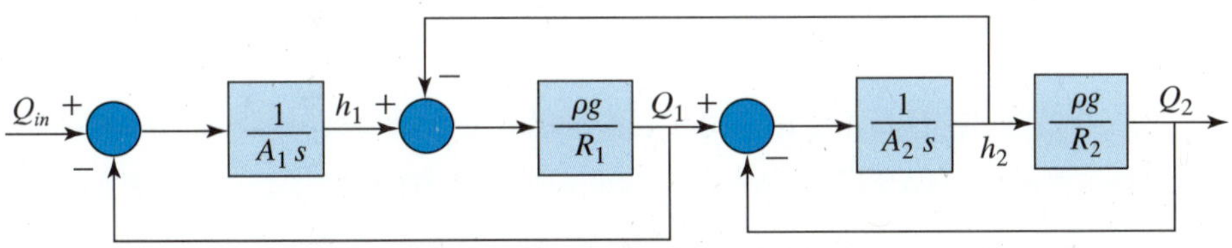

그림 2.27 두 개의 유체 탱크가 직렬로 연결된 유체시스템에 대한 블록선도

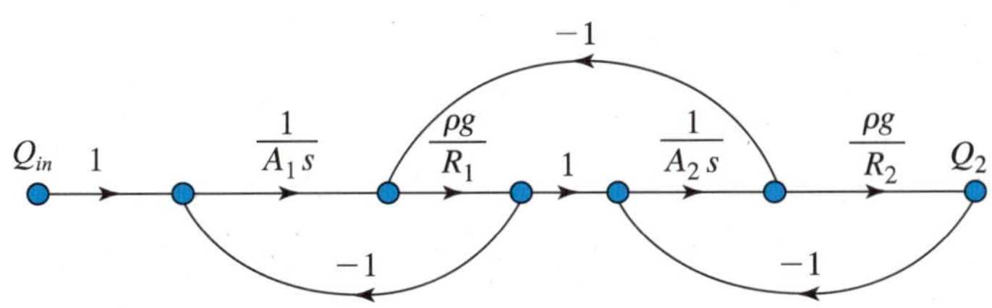

그림 2.28 두 개의 유체 탱크가 직렬로 연결된 유체시스템에 대한 신호흐름선도

그리고

$$L_1 = -\frac{\rho g}{R_1 A_1 s}, \qquad L_2 = -\frac{\rho g}{R_2 A_2 s}, \qquad L_3 = -\frac{\rho g}{R_1 A_2 s}$$

위 식들을 정리하면

$$G(s) = \frac{1}{as^2 + bs + 1}$$

여기서

$$a = R_1 R_2 A_1 A_2 / \rho^2 g^2, \qquad b = (R_1 A_1 + R_2 A_1 + R_2 A_2)/\rho g$$ ■

2.7 MATLAB을 이용한 동적 시스템의 주파수역 모델링

이 절에서는 MATLAB을 이용하여 시스템의 극점 및 영점을 구하는 방법과 블록선도로 표시된 피드백 제어시스템의 전달함수를 유도하는 방법을 설명하기로 한다. MATLAB의 실행 및 종료 등 기본적인 사용 방법에 대해 알고 싶다면 부록 A를 참조하기 바란다.

시스템의 극점, 즉 전달함수의 분모 다항식(den)을 0으로 하는 특성방정식의 근은 'roots(den)' 명령어를 사용하여 구할 수 있다. 그리고 시스템의 영점, 즉 전달함수의 분자 다항식(num)을 0으로 하는 식의 근은 'roots(num)' 명령어를 사용하여 구한다. 그리고 분자 다항식(num)과 분모 다항식(den)으로 이루어진 전달함수 $G(s)$는 'tf(num, den)' 명령어를 사용하여 구한다. 전달함수의 극점 및 영점을 복소평면상에 표시하기 위해서는 'pzmap(sys)' 명령어를 사용하면 가능하다. 여기서 'sys'는 'tf(num, den)'로 구해지는 시스템의 전달함수를 의미한다. 그리고 MATLAB을 이용하여 전달함수를 부분분수로 전개하고 부분분수의 극점 및 유수(residue)를 구할 수 있다. 이를 위한 MATLAB 명령어는 'residue(num, den)'이다.

또한 MATLAB을 이용하여 각 부시스템으로 연결된 피드백 제어시스템의 전달함수는 MATLAB의 블록선도를 축약할 수 있는 명령어들을 사용하여 구한다. 두 전달함수가 직렬로 놓여 있을 때는 'series' 명령어를, 두 전달함수가 병렬로 놓여 있을 때는 'parallel' 명령어를 사용한다. 그리고 피드백 구조에서는 'feedback' 명령어를 사용한다. 블록선도 축약에 관한 명령어들의 형태는 다음과 같다.

series(num1, den1, num2, den2) 또는 series(G1, G2)
parallel(num1, den1, num2, den2) 또는 parallel(G1, G2)
feedback(num, den, numf, denf, −1) 또는 feedback(G3, G4, −1)

여기서 num1과 den1은 각각 부시스템 $G_1(s)$의 분자 및 분모 다항식, num2와 den2는 각각 부시스템 $G_2(s)$의 분자 및 분모 다항식의 계수들로 이루어진 벡터이다. num과 den은 각각 피드백 구조에서 피드포워드 경로에 있는 전달함수 $G_3(s)$, 그리고 numf와 denf는 각각 피드백 경로에 있는 전달함수 $G_4(s)$의 분자 및 분모 다항식으로 이루어진 벡터이다. 'feedback' 명령어에 있는 −1은 음(−)의 피드백을 의미한다. 양(+)의 피드백의 경우는 −1 대신 1로 하면 된다.

예제 2.18 MATLAB을 이용하여 다음과 같은 전달함수 $G(s)$의 극점과 영점을 구하고, 복소평면상에 표시하기로 한다.

$$G(s) = \frac{s^2 + 3s + 2}{s^3 + 3s^2 + s + 3}$$

MATLAB 프로그램 2.1은 전달함수 $G(s)$의 극점 및 영점을 구하고, 복소평면상에 표시하기 위한 프로그램이다. MATLAB 프로그램 2.1을 이용해 구한 전달함수 $G(s)$의 극점은 $p_i = -3, \pm j1$, 영점은 $z_j = -1, -2$이다. 그림 2.29는 $G(s)$에 대한 극점-영점 선도를 나타낸다.

MATLAB 프로그램 2.1 — 소스 코드

```
% 예제 2.18
num = [1 3 2];              % 분자항의 계수
den = [1 3 1 3];            % 분모항의 계수
G = tf(num, den);           % 전달함수 생성
p = pole(G)                 % 극점 출력
z = zero(G)                 % 영점 출력
pzmap(G)                    % 극점-영점 선도 출력
axis([-4 1 -1.5 1.5]);
```

MATLAB 프로그램 2.1 — 출력 결과

```
p =
  -3.0000 + 0.0000i
   0.0000 + 1.0000i
   0.0000 - 1.0000i

z =
  -2
  -1
```

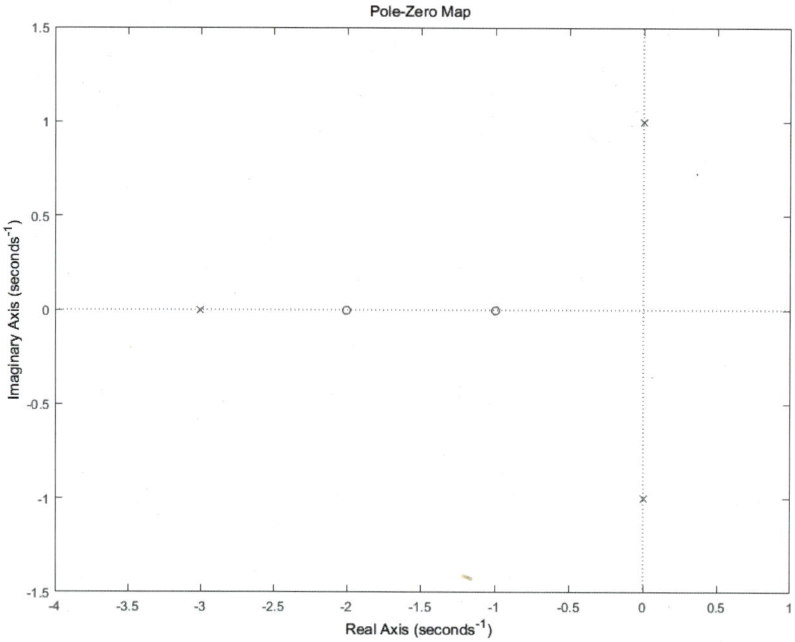

그림 2.29 $G(s)=\dfrac{s^2+3s+2}{s^3+3s^2+s+3}$ 에 대한 극점-영점 선도 ■

예제 2.19 MATLAB을 이용하여 다음과 같은 전달함수 $G(s)$를 부분분수로 전개하기로 한다. 그리고 MATLAB을 이용하여 부분분수로 전개된 전달함수 $G(s)$를 다항식 형태로 다시 표현하기로 한다.

$$G(s)=\frac{s^3+7s^2+12s+8}{s^3+6s^2+11s+6}$$

MATLAB 프로그램 2.2에서 r는 유수, p는 부분분수의 극점, 그리고 k는 시스템 입력에서 출력으로 직접 영향을 주는 직접 항을 의미한다. MATLAB을 이용하여 구한 r, p, k로부터 전달함수 $G(s)$를 부분분수로 전개하면 다음과 같다.

$$G(s) = \frac{s^3 + 7s^2 + 12s + 8}{s^3 + 6s^2 + 11s + 6} = \frac{1}{s+1} - \frac{4}{s+2} + \frac{4}{s+3} + 1$$

그리고 다음과 같은 'residue' 명령어를 사용하여 전달함수 $G(s)$를 또한 부분분수 형태에서 다항식 형태로 변환할 수 있다.

[num, den] = residue(r, p, k)

MATLAB 프로그램 2.2 — 소스 코드

```
% 예제 2.19

num = [1 7 12 8];          % 분자 항의 계수
den = [1 6 11 6];          % 분모 항의 계수

% 다항식 형태 식을 부분분수 형태 식으로 변환
[r, p, k] = residue(num, den)
% 부분분수 형태 식을 다항식 형태 식으로 변환
[num1, den1] = residue(r, p, k);
% s에 관한 식으로 출력
printsys(num1, den1, 's')
```

MATLAB 프로그램 2.2 — 출력 결과

```
r =
    4.0000
   -4.0000
    1.0000

p =
   -3.0000
   -2.0000
   -1.0000
```

```
k =

     1

num1/den1 =

    s^3 + 7 s^2 + 12 s + 8
    ----------------------------------
    s^3 + 6 s^2 + 11 s + 6
```

예제 2.20 MATLAB을 이용하여 그림 2.30에 표시된 피드백 제어시스템의 전달함수 $T(s)$를 구하기로 한다.

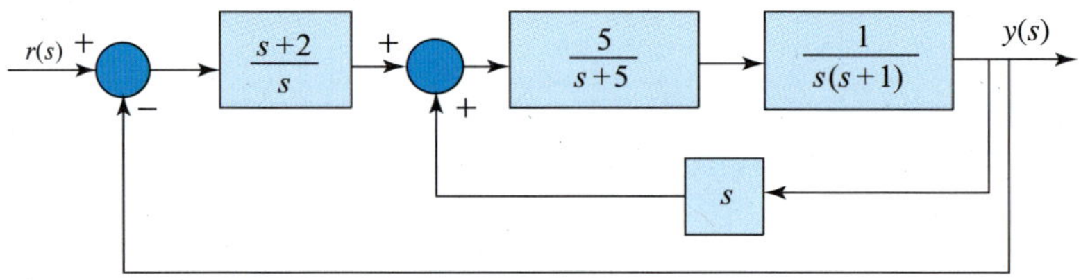

그림 2.30 피드백 제어시스템

MATLAB 프로그램 2.3은 피드백 제어시스템의 블록선도로부터 'series' 명령과 'feedback' 명령을 사용하여 폐루프 전달함수 $T(s)$를 구하는 프로그램이다. 특성다항식과 같은 n차의 복소 다항식을 표현할 때, 일반적으로 최고차인 n차의 계수부터 표현하여 0차의 계수까지 $(n+1)$개의 항을 표현한다. 만일 계수가 0인 항이 존재한다면 이를 무시하면 안 되고 반드시 0으로 그 항의 계수를 나타내야 한다. 그리고 최고차인 n차의 계수의 좌측에 $(n+1)$차 이상의 계수를 0으로 표현하는 것은 무방하다. MATLAB 프로그램 2.3을 이용해 구한 폐루프 전달함수 $T(s)$는 다음과 같다.

$$T(s)=\frac{5s+10}{s^4+6s^3+5s+10}$$

MATLAB 프로그램 2.3 — 소스 코드

```
% 예제 2.20

G1 = tf([1 2], [1 0]);        % (s+2)/s
G2 = tf([0 5], [1 5]);        % 5/(s+5)
```

```
G3 = tf([0 0 1], [1 1 0]);  % 1/s(s+1)
G4 = tf([1 0], [0 1]);      % s

G23 = series(G2, G3);
G234 = feedback(G23, G4, 1); % positive feedback

G = series(G1, G234);
T = feedback(G, 1, -1)       % negative feedback
```

MATLAB 프로그램 2.3 — 출력 결과

```
T =

           5 s + 10
  --------------------------------------
  s^4 + 6 s^3 + 5 s + 10

Continuous-time transfer function.
```

종합문제

[종합문제 2.1] 그림 2.31과 같이 병진 및 회전 운동이 함께 일어나는 랙-피니언 시스템에 대하여 생각하기로 한다. 이 시스템에 대한 동적 방정식들을 유도하고 이를 기반으로 하여 이 시스템에 대한 블록선도를 그리고, Mason의 게인 공식을 이용하여 전달함수 $G(s) = x(s)/\tau(s)$를 유도하기로 한다.

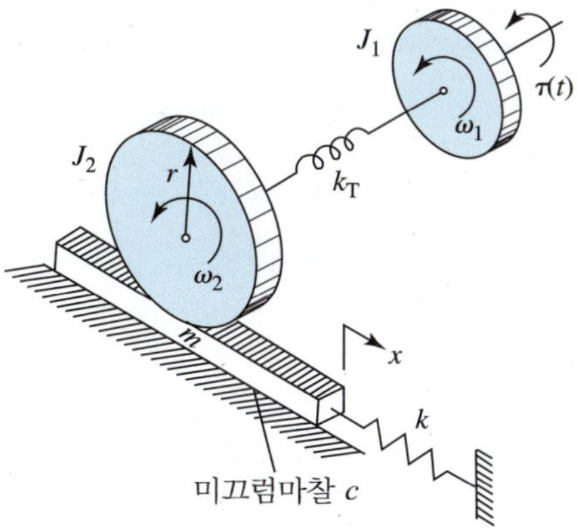

그림 2.31 랙-피니언 시스템

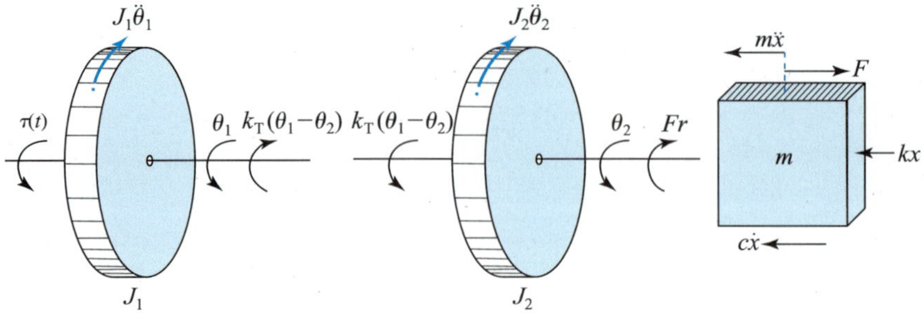

그림 2.32 관성 J_1과 J_2, 그리고 질량 m에 관한 자유물체도

우선 랙-피니언 시스템에 대한 자유물체도를 그리기로 한다. 관성 J_1에 작용하는 토크는 비틀림 스프링에 의하여 복원토크 $k_T(\theta_1-\theta_2)$가 운동 방향과 반대 방향으로, 외부토크 τ가 운동 방향으로, 관성토크 $J_1\ddot{\theta}_1$가 운동 방향과 반대 방향으로 가상적으로 작용하고 있는 것으로 생각할 수 있다. 같은 방법으로, 관성 J_2와 질량 m에 대해서도 생각할 수 있다. 그리고 피니언의 회전 운동과 랙의 병진 운동 사이에 슬립과 마찰이 일어나지 않는다고 가정한다. 이때 회전 운동과 병진 운동 사이의 관계식은 다음과 같다.

$$x = r\theta_2 \tag{2.65}$$

여기서 x는 질량 m의 변위, r와 θ_2는 각각 관성 J_2의 반지름과 각변위이다. 이와 같이 고려된 관성 J_1과 J_2, 질량 m에 관한 자유물체도는 그림 2.32와 같다.

이때 관성 J_1과 J_2, 질량 m에 대한 운동방정식은 각각 평형 조건으로부터 다음과 같이 유도된다.

$$\begin{aligned} J_1\ddot{\theta}_1 &= \tau - k_T(\theta_1-\theta_2) \\ J_2\ddot{\theta}_2 &= k_T(\theta_1-\theta_2) - Fr \\ m\ddot{x} &= F - c\dot{x} - kx \end{aligned}$$

여기서 F는 피니언으로부터 랙에 전달되는 힘이다. 각 운동 에너지 저장요소들에 관한 운동방정식들과 회전 운동과 병진 운동 사이의 변환식 (2.65)를 이용하여 랙-피니언 시스템의 블록선도를 그림 2.33과 같이 나타낼 수 있다. 또한 이를 신호흐름선도로 표현하면 그림 2.34와 같다.

그림 2.34의 신호흐름선도를 살펴보면 입력토크 τ로부터 피드포워드 방향으로 출력 x에 도달할 수 있는 경로는 한 개임을 알 수 있다. 따라서 Mason의 게인 공식을 적용하면 전달함수 $G(s)$는 다음과 같이 유도된다.

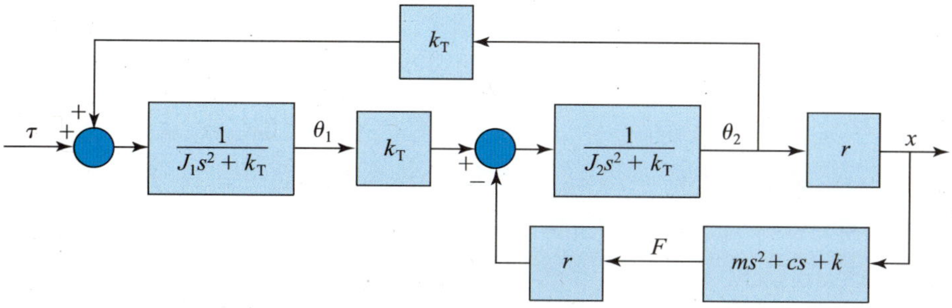

그림 2.33 랙-피니언 시스템의 블록선도

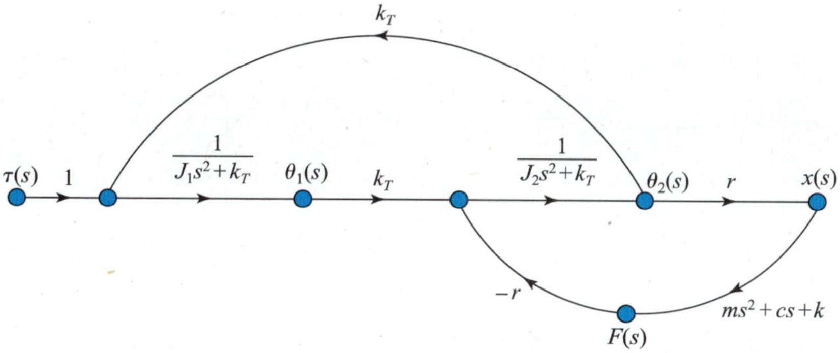

그림 2.34 랙-피니언 시스템의 신호흐름선도

$$G(s) = \frac{x(s)}{\tau(s)} = \frac{P_1\Delta_1}{\Delta}$$

여기서

$$P_1 = \frac{k_T r}{(J_1s^2 + k_T)(J_2s^2 + k_T)}, \qquad \Delta = 1 - (L_1 + L_2), \qquad \Delta_1 = 1$$

그리고

$$L_1 = \frac{{k_T}^2}{(J_1s^2 + k_T)(J_2s^2 + k_T)}, \qquad L_2 = \frac{-r^2(ms^2 + cs + k)}{J_2s^2 + k_T}$$

위 식들을 정리하면, 랙-피니언 시스템의 전달함수 $G(s)[=x(s)/\tau(s)]$는 다음과 같이 유도된다.

$$G(s) = \frac{k_T\, r}{(J_1s^2 + k_T)(J_2s^2 + k_T) - k_T^2 + r^2(J_1s^2 + k_T)(ms^2 + cs + k)}$$

[종합문제 2.2] 그림 2.35에는 물체의 병진 운동을 위한 유압서보기구의 개략도와 유압서보기구의 유량 Q와 밸브 스트로크(stroke)의 변위 u에 따른 유압의 변동 ΔP가 표시되어 있다. 유압서보기구는 작은 동력으로 제어입력변위 u로 제어밸브를 움직여 유체가 실린더로 들어가 피스톤을 움직이게 하여 큰 동력으로 변위 x를 움직일 수 있도록 하는 장치이다. 이 유압서보기구에 대한 블록선도를 그리고, Mason의 게인 공식을 이용하여 유압서보기구의 폐루프 전달함수 $T(s)[=x(s)/r(s)]$를 유도하기로 한다.

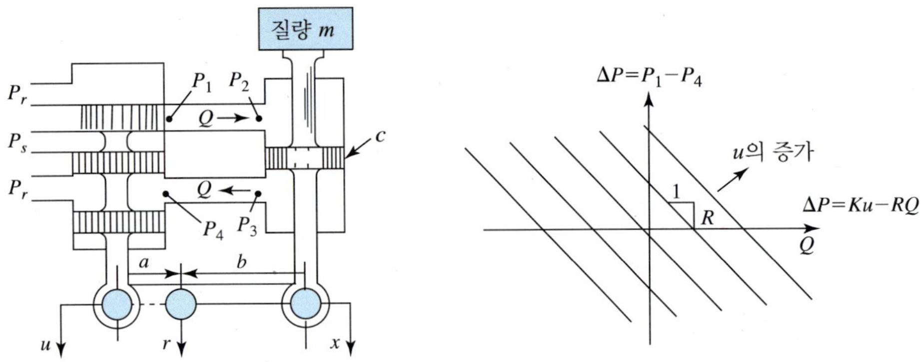

그림 2.35 유압서보기구

작동유체는 비압축성이고, 공급라인, 구동기의 벽, 스풀밸브 등은 모두 강체로 가정한다. 공급라인의 저항 R와 유체관성 I, 피스톤에서의 점성마찰 c를 고려한다. 중력은 무시하며, 밀봉 부분인 실(seal)에서는 누설이 없다고 가정한다. 이러한 가정 아래서 제어레버를 통한 피드백 효과를 무시한 상태에서 제어입력인 밸브 스트로크 u가 가해졌을 때 관심 있는 변수인 피스톤의 변위 x를 출력으로 하는 플랜트에 대한 블록선도를 그리기로 한다.

플랜트 동역학은 밸브에서 실린더로 유압을 공급하는 라인에서의 동역학, 실린더 내부의 피스톤에서의 동역학과 실린더에서 밸브로 유압을 보내는 라인에서의 동역학으로 이루어진다. 밸브에서 실린더로 유압을 공급하는 라인에서의 압력 강하 $(P_1 - P_2)$는 공급라인의 저항 R_1에 의한 압력 강하 $R_1 Q$와 유체관성 I_1에 의한 운동 에너지 저장으로 인한 압력 강하 $I_1 \dot{Q}$에 의해 일어난다. 즉

$$P_1 - P_2 = R_1 Q + I_1 \dot{Q} \tag{2.66}$$

여기서 Q는 공급라인에 흐르는 유량이다.

같은 방법으로, 실린더에서 밸브로 유압을 보내는 라인에서의 동적 방정식은 다음과 같다.

$$P_3 - P_4 = R_2 Q + I_2 \dot{Q} \tag{2.67}$$

여기서 R_2와 I_2는 각각 실린더에서 밸브로 유압을 보내는 라인의 저항과 유체관성이다. 그리고 질량 m의 관성력 $m\ddot{x}$는 피스톤에 걸리는 유압 차 $(P_2 - P_3)$에 의해 발생하는 힘 $A(P_2 - P_3)$에서 마찰력 $c\dot{x}$를 뺀 힘에 의해 발생하므로 실린더 내부의 피스톤에서의 동역학은 다음과 같다.

$$m\ddot{x} = A(P_2 - P_3) - c\dot{x} \tag{2.68}$$

여기서 A는 피스톤의 단면적이고 c는 피스톤의 점성마찰계수이다.

그리고 공급라인에 흐르는 유량 Q와 피스톤의 속도 $\dot{x}$의 관계식은 다음과 같다.

$$Q = A\dot{x} \tag{2.69}$$

식 (2.66)과 식 (2.67)을 더하고 식 (2.69)를 고려하면 다음 식을 얻을 수 있다.

$$(P_1 - P_4) - (P_2 - P_3) = (R_1 + R_2)A\dot{x} + (I_1 + I_2)A\ddot{x} \tag{2.70}$$

그림 2.35에 표시된 서보밸브의 압력 $(P_1 - P_4)$에 관한 식, 식 (2.68), 식 (2.69)를 식 (2.70)에 대입하면

$$Ku - RA\dot{x} - \frac{1}{A}(m\ddot{x} + c\dot{x}) = (R_1 + R_2)A\dot{x} + (I_1 + I_2)A\ddot{x}$$

또는

$$u = \frac{1}{AK}\left\{(I_{eq}A^2 + m)\ddot{x} + (R_{eq}A^2 + c)\dot{x}\right\}$$

여기서

$$I_{eq} = I_1 + I_2,$$
$$R_{eq} = R + R_1 + R_2$$

다음으로 피드백 효과를 주는 제어레버를 고려하기로 한다. 기준입력 r에 의한 제어입력 u_1과 출력 x에 의한 제어입력 u_2를 독립적으로 계산하여 제어입력 u를 계산하면 다음과 같다.

$$u = u_1 + u_2 = \frac{a+b}{b}r - \frac{a}{b}x$$

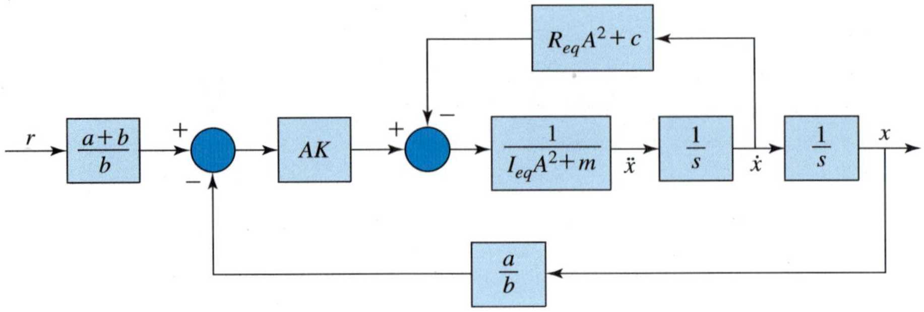

그림 2.36 유압서보기구에 대한 블록선도

그림 2.36은 제어레버 동작까지 고려한 피드백 제어시스템인 유압서보기구에 대한 블록선도이다.

이제 Mason의 게인 공식을 이용하여 유압서보기구의 폐루프 전달함수 $T(s)$를 유도하기로 한다.

$$T(s) = \frac{x(s)}{r(s)} = \frac{P_1\Delta_1}{\Delta}$$

여기서

$$P_1 = \frac{(a+b)AK}{b(I_{eq}A^2+m)s^2}, \qquad \Delta = 1-(L_1+L_2), \qquad \Delta_1 = 1$$

그리고

$$L_1 = -\frac{aAK}{b(I_{eq}A^2+m)s^2}, \qquad L_2 = -\frac{R_{eq}A^2+c}{(I_{eq}A^2+m)s}$$

위 식들을 정리하면, 유압서보기구의 폐루프 전달함수 $T(s)[=x(s)/r(s)]$는 다음과 같이 유도된다.

$$T(s) = \frac{(1+a/b)AK}{(I_{eq}A^2+m)s^2+(R_{eq}A^2+c)s+aAK/b}$$

[종합문제 2.3] 그림 2.37은 컴퓨터의 디스크헤드의 위치제어와 같은 메커트로닉스 시스템에서 흔히 볼 수 있는 것이다. 이와 같은 회전축의 진동모드를 고려한 모터 구동시스템을 모델링하기로 한다. 모터에서는 전기상수 K_e, 토크상수 K_t, 전기자의 인덕턴스 L, 저항

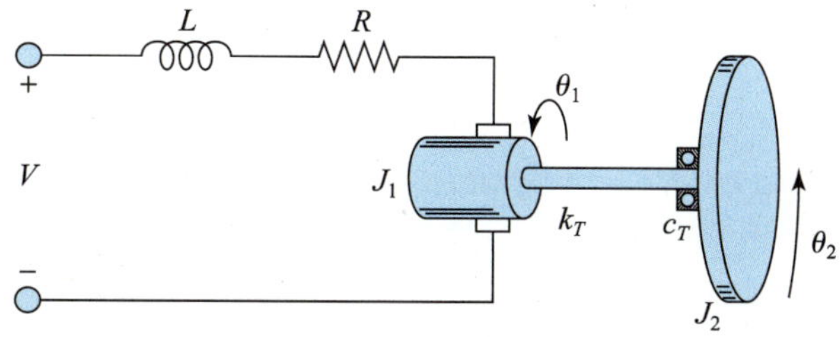

그림 2.37 유연 회전축을 고려한 모터 구동시스템

R, 회전자의 관성 J_1을 고려한다. 그리고 구동 부분에서는 회전축의 관성을 무시하고, 비틀림 스프링상수 k_T, 부하의 관성 J_2, 그리고 회전축에서 부하 측에 걸리는 비틀림 점성마찰계수 c_T를 고려한다. 이러한 가정 아래서 이 모터 구동시스템의 전달함수 $G(s)[=\theta_2(s)/V(s)]$를 구하기로 한다.

우선 Kirchhoff 법칙을 이용하여 모터의 전기회로에 대한 동적 방정식을 유도한다.

$$L\frac{di}{dt} + Ri + K_e\frac{d\theta_1}{dt} = V$$

그리고 전기 에너지를 회전 기계 에너지로 변환하는 모터의 식은 다음과 같다.

$$\tau = K_t i$$

여기서 τ는 모터의 회전자에 걸리는 토크이다.

이제 그림 2.38과 같은 기계요소들에 대한 자유물체도로부터 동적 방정식을 유도하기로 한다.

$$J_1\ddot{\theta}_1 = \tau - k_T(\theta_1 - \theta_2)$$
$$J_2\ddot{\theta}_2 = -c_T\dot{\theta}_2 + k_T(\theta_1 - \theta_2)$$

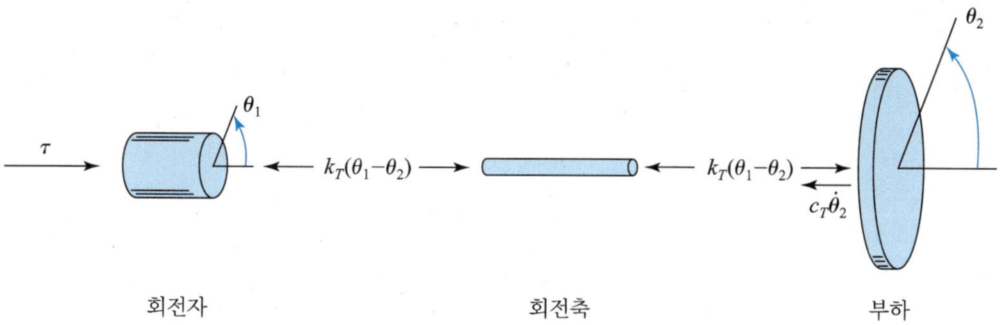

그림 2.38 기계요소들에 대한 자유물체도

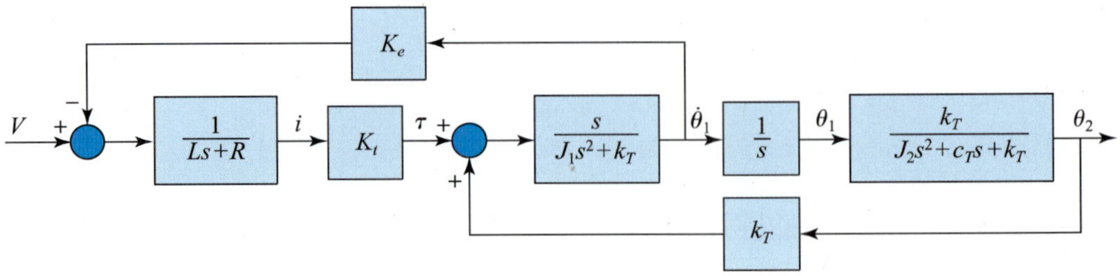

그림 2.39 유연 회전축을 고려한 모터 구동시스템의 블록선도

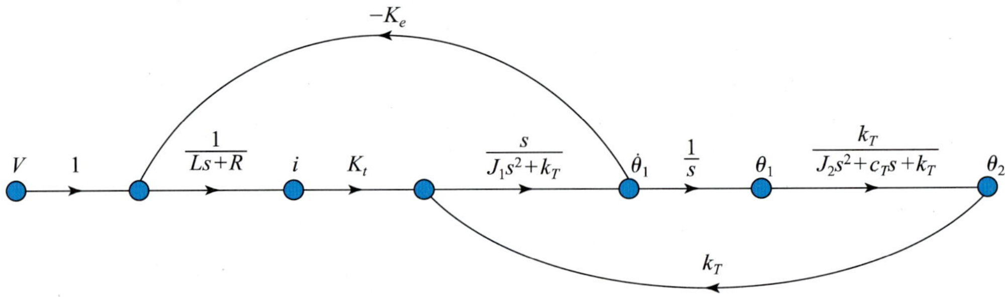

그림 2.40 유연 회전축을 고려한 모터 구동시스템의 신호흐름선도

위에 표시된 전기 및 기계 요소들에 관한 동적 방정식들을 이용하여 이 시스템에 대한 블록선도와 신호흐름선도를 그리면 각각 그림 2.39와 그림 2.40이 된다.

그림 2.40의 신호흐름선도를 살펴보면 입력 V로부터 피드포워드 방향으로 출력 θ_2에 도달할 수 있는 경로는 한 개이다. 따라서 Mason의 게인 공식을 적용하면 모터 구동시스템의 전달함수 $G(s)$는 다음과 같이 유도된다.

$$G(s) = \frac{\theta_2(s)}{V(s)} = \frac{P_1\Delta_1}{\Delta}$$

여기서

$$P_1 = \frac{K_t k_T}{(Ls+R)(J_1 s^2 + k_T)(J_2 s^2 + c_T s + k_T)},$$

$$\Delta = 1-(L_1+L_2), \qquad \Delta_1 = 1$$

그리고

$$L_1 = \frac{-K_e K_t s}{(Ls+R)(J_1 s^2 + k_T)}, \qquad L_2 = \frac{k_T^2}{(J_1 s^2 + k_T)(J_2 s^2 + c_T s + k_T)}$$

위 식들을 정리하면, 유연 회전축을 고려한 모터 구동시스템의 전달함수 $G(s)[=\theta_2(s)/V(s)]$는 다음과 같이 유도된다.

$$G(s)=\frac{K_t k_T}{\left\{(Ls+R)(J_1s^2+k_T)+K_e K_t s\right\}(J_2s^2+c_Ts+k_T)-k_T^2(Ls+R)}$$

연습문제

2.1 $t<0$일 때 $f(t)=0$으로 가정하고, 다음 시간함수들에 대한 Laplace 변환함수를 구하라.

(1) $f(t)=1.5(1-\sin 3t)$ (2) $f(t)=e^{-0.1t}\cos 5t$

(3) $f(t)=\sin\left(5t+\frac{\pi}{4}\right)$ (4) $f(t)=t^n e^{at}$

2.2 다음 시간함수들에 대한 Laplace 변환함수를 구하라.

(1) 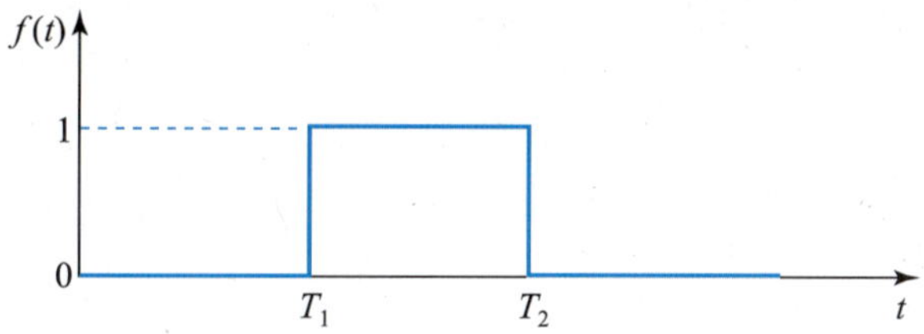

(2) 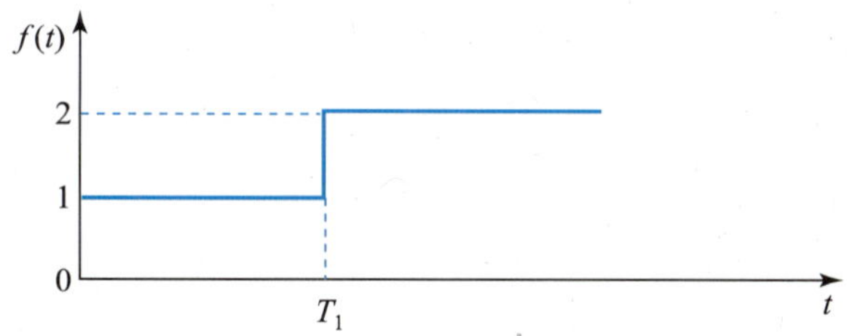

(3) 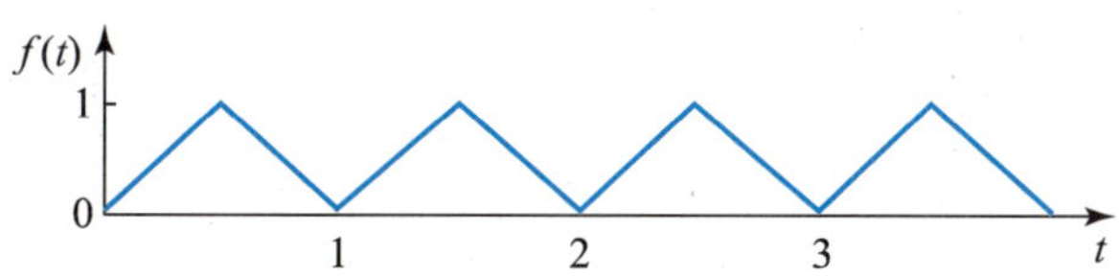

2.3 다음 함수의 Laplace 변환함수를 구하라.

(1) $F(s)=\frac{s+3}{(s+1)(s+2)}$ (2) $F(s)=\frac{e^{-s}}{s+1}$

(3) $F(s)=\dfrac{(s+4)(s+5)}{(s+1)(s+2)(s+3)}$　　　(4) $F(s)=\dfrac{s}{(s+1)^2(s+2)}$

2.4 Laplace 변환에 관한 정의를 이용하여 다음 식을 유도하라.

$$\mathcal{L}\{t^n f(t)\}=(-1)^n\frac{d^n[\mathcal{L}\{f(t)\}]}{ds^n}$$

그리고 위의 식을 이용하여 $\mathcal{L}\{t^3e^{-t}\}$를 구하라.

2.5 초깃값 및 최종값 정리를 이용하여 시간응답 $x(t)$를 개략적으로 나타내고, 영점의 위치에 따른 초기 및 최종 응답 특성을 간략히 요약하라.

(1) $x(s)=\dfrac{1}{s(s+1)}$　　　(2) $x(s)=\dfrac{s+2}{s(s+1)}$

(3) $x(s)=\dfrac{s-2}{s(s+1)}$　　　(4) $x(s)=\dfrac{2-s}{s(s+1)}$

2.6 다음과 같은 Laplace 변환함수 $F(s)$에 최종값 정리를 적용하여 $f(t)$의 최종값을 구하라.

$$F(s)=\frac{10}{s(s+1)}$$

이 결과가 $F(s)$의 역Laplace 변환함수를 구하여 $t\to\infty$로 했을 때와 같다는 것을 보이라.

2.7 다음 그림은 압연공정 시스템의 개략도이다. 이 시스템은 두께를 측정하는 센서가 롤러의 위치로부터 떨어져 있으므로 다음과 같이 필연적으로 시간지연 T를 포함하는 동적 방정식으로 표현된다.

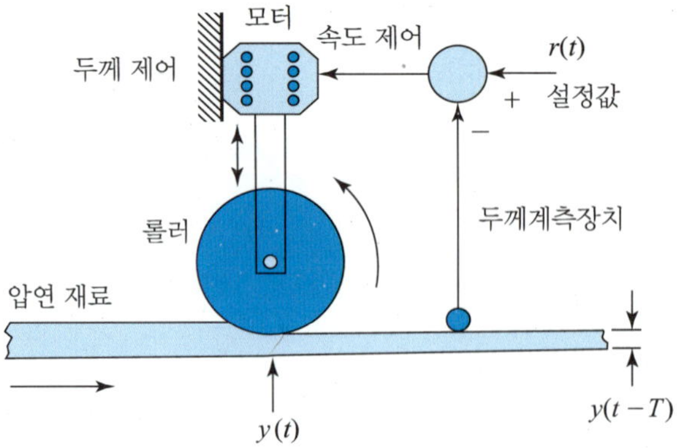

$$\frac{dy}{dt} = r(t) - y(t-T)$$

이 압연공정 시스템에 대한 전달함수 $G(s) = \dfrac{y(s)}{r(s)}$를 구하라.

2.8 다음 기계시스템들에 대한 전달함수 $G(s) = \dfrac{y(s)}{u(s)}$를 유도하라. 그리고 단위스텝입력이 주어졌을 때 초기 출력 변위 $y(0)$와 속도 $\dot{y}(0)$를 구하라.

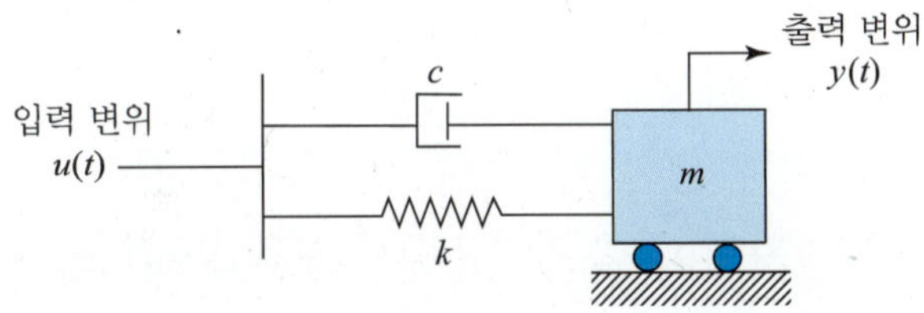

(a)

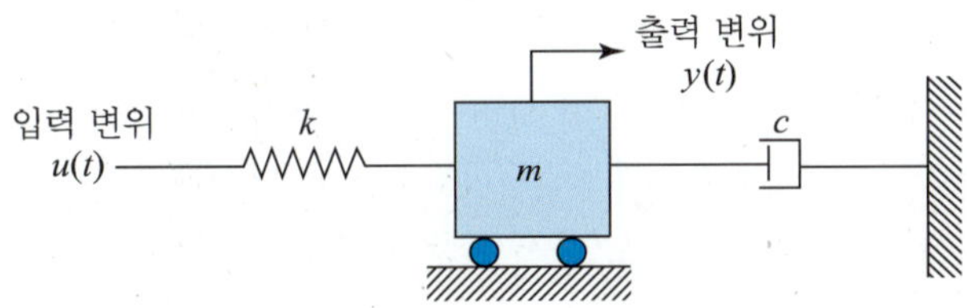

(b)

2.9 전달함수 $G(s)$를 모르는 시스템에 초기조건이 0인 상태에서 입력 $u(t) = e^{-t}(t \geq 0)$를 가했을 때 출력응답이 다음과 같았다.

$$y(t) = 1 - 2e^{-t} + e^{-2t}\cos t, \qquad t \geq 0$$

이 시스템의 전달함수 $G(s) = \dfrac{y(s)}{u(s)}$를 구하라.

2.10 다음 그림과 같은 시스템에 대한 물음에 답하라.

(1) 전달함수 $G_r(s) = \dfrac{y(s)}{r(s)}$와 $G_d(s) = \dfrac{y(s)}{d(s)}$를 구하라.

(2) $y(s) = G_r(s)r(s) + G_d(s)d(s)$라고 할 수 있는가? 그 이유를 설명하라.

(3) $r(t) = 0$이고 $d(t) = A\sin\omega t$일 때 $y(t)$를 구하라.

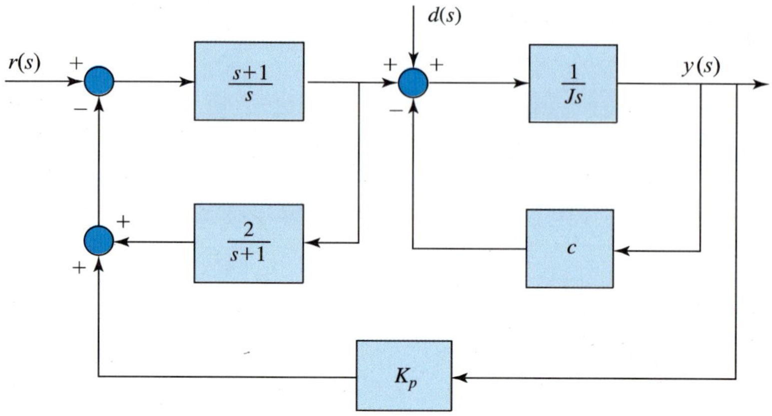

2.11 다음 두 블록선도 (a)와 (b)가 등가가 되도록 블록선도 (b)에 표시된 전달함수 $X(s)$를 구하라.

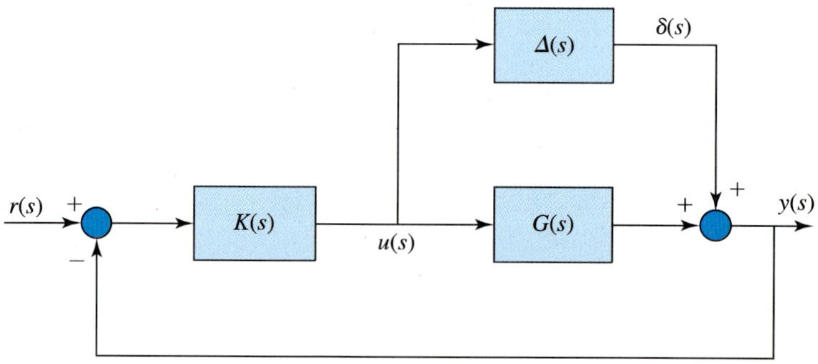

(a)

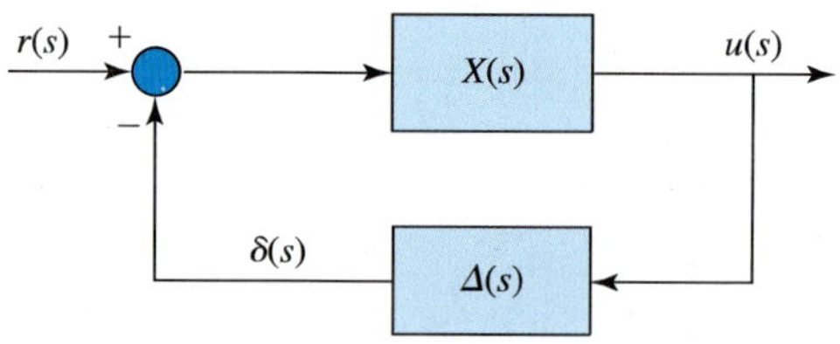

(b)

2.12 일반적인 피드백 제어시스템의 구조는 다음 그림과 같이 표현된다.

시스템 입력 $[r\ d\ n]^T$에서 시스템 출력 $[x_1\ x_2\ x_3]^T$로의 전달함수행렬 $\mathbf{C}(s)$를 구하라.

$$\begin{Bmatrix} x_1 \\ x_2 \\ x_3 \end{Bmatrix} = \begin{bmatrix} C_{11} & C_{12} & C_{13} \\ C_{21} & C_{22} & C_{23} \\ C_{31} & C_{32} & C_{33} \end{bmatrix} \begin{Bmatrix} r \\ d \\ n \end{Bmatrix}$$

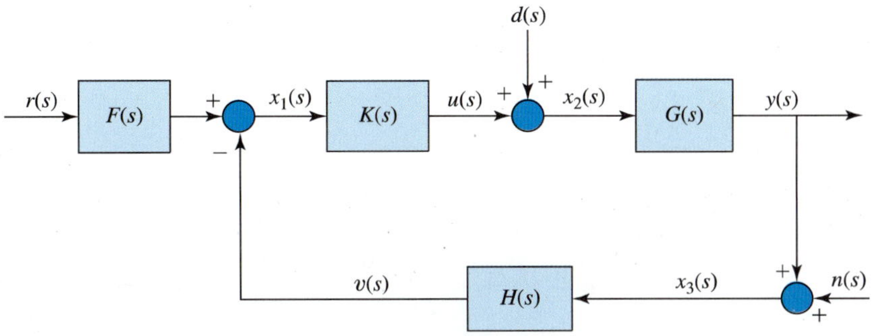

2.13 일반적인 제어시스템을 다음과 같이 표현할 수 있다. 다음 그림에서 $\mathbf{P}(s)$는 입력 $[\mathbf{w}\ \mathbf{u}]^T$에서 $[\mathbf{z}\ \mathbf{y}]^T$로의 전달함수행렬이다. 즉

$$\begin{Bmatrix} \mathbf{z}(s) \\ \mathbf{y}(s) \end{Bmatrix} = \begin{bmatrix} \mathbf{P}_{11}(s) & \mathbf{P}_{12}(s) \\ \mathbf{P}_{21}(s) & \mathbf{P}_{22}(s) \end{bmatrix} \begin{Bmatrix} \mathbf{w}(s) \\ \mathbf{u}(s) \end{Bmatrix} = \mathbf{P}(s) \begin{Bmatrix} \mathbf{w}(s) \\ \mathbf{u}(s) \end{Bmatrix}$$

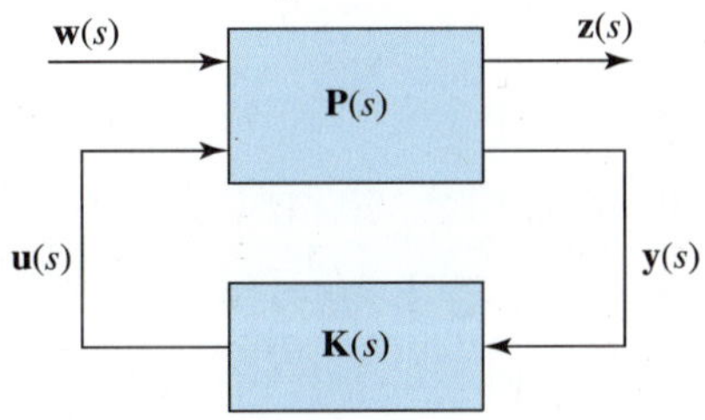

여기서 $\mathbf{w}(s)$는 시스템 외부로부터의 입력, $\mathbf{u}(s)$는 제어입력, $\mathbf{z}(s)$는 제어된 출력, $\mathbf{y}(s)$는 측정된 출력을 나타낸다. 그리고 $\mathbf{K}(s)$는 제어기의 전달함수행렬을 나타낸다. 이때 $\mathbf{w}(s)$에서 $\mathbf{z}(s)$로의 폐루프 전달함수행렬 $\mathbf{F}_l(s)$가 다음과 같이 됨을 보이라.

$$\mathbf{z}(s) = \mathbf{F}_l(s)\,\mathbf{w}(s)$$

여기서

$$\mathbf{F}_l(s) = \mathbf{P}_{11}(s) + \mathbf{P}_{12}(s)\mathbf{K}(s)\{\mathbf{I} - \mathbf{P}_{22}(s)\mathbf{K}(s)\}^{-1}\mathbf{P}_{21}(s)$$

2.14 다음 기계시스템에 대한 블록선도를 그리고 전달함수 $G(s) = \dfrac{x_2(s)}{F(s)}$를 구하라.

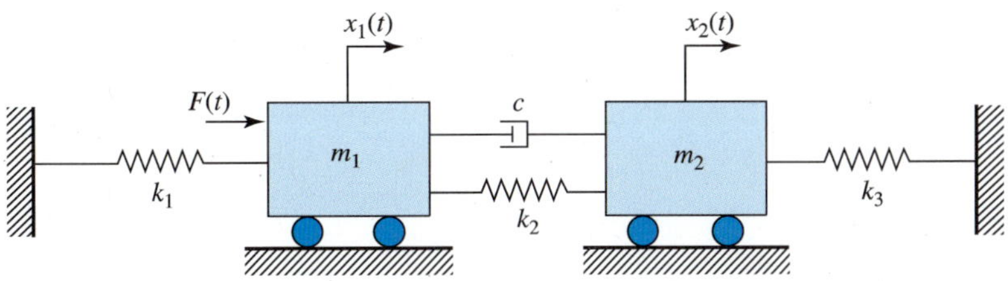

2.15 다음 그림은 병진 가속도계에 대한 개략도이다. 이 시스템의 전달함수 $G(s)=z(s)/y(s)$를 구하고, 가속도계의 역할을 수행하려면 시스템 파라미터들이 어떤 특성을 가져야 하는지를 설명하라.

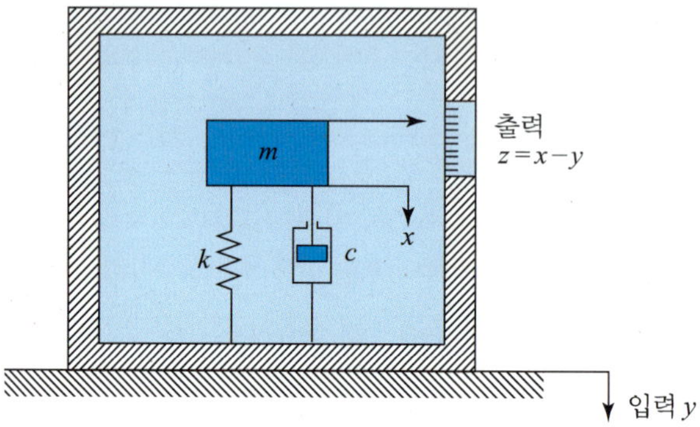

$$z(s)\simeq Ks^2y(s)$$

여기서 K는 비례상수이다.

2.16 오른쪽 그림은 흡진기가 설치된 한 기계구조물의 개략도이다. 이 시스템에 대한 전달함수 $G(s)=y(s)/p(s)$를 구하라. 입력 $p(t)=P\sin\omega t$일 때 출력 $y(s)$의 크기 $|y(s)|$를 구하라. 또한 $\sqrt{k_a/m_a}$를 입력주파수 ω와 같도록 하였을 때 흡진기의 진폭 $|y(s)|$는 얼마인가?

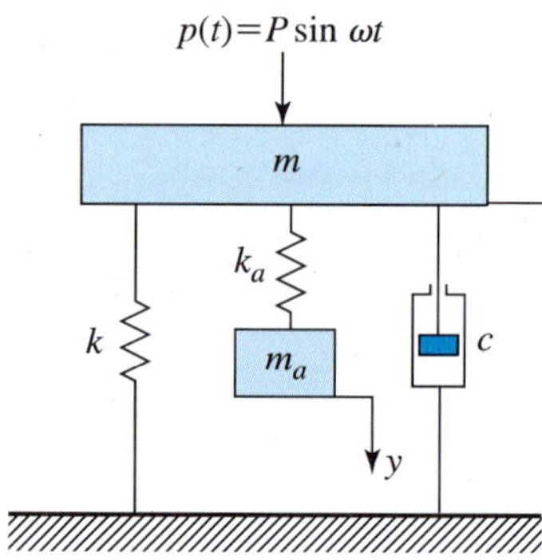

2.17 다음 기계시스템에 대한 전달함수 $G(s)=x(s)/F(s)$를 구하라.

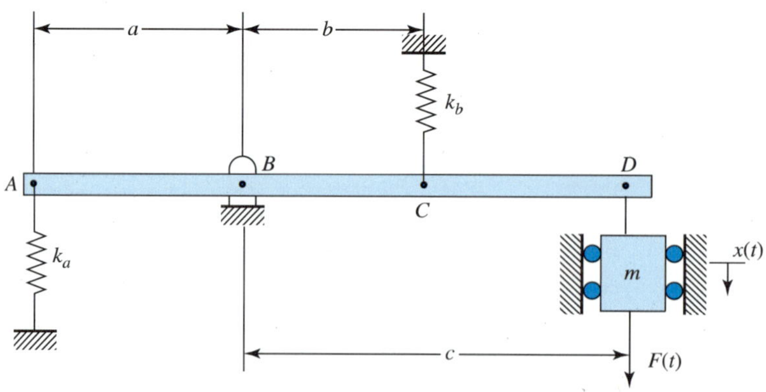

2.18 다음 그림과 같은 병진 및 회전 기계시스템에 대한 전달함수 $G(s)=x(s)/\tau(s)$를 구하라.

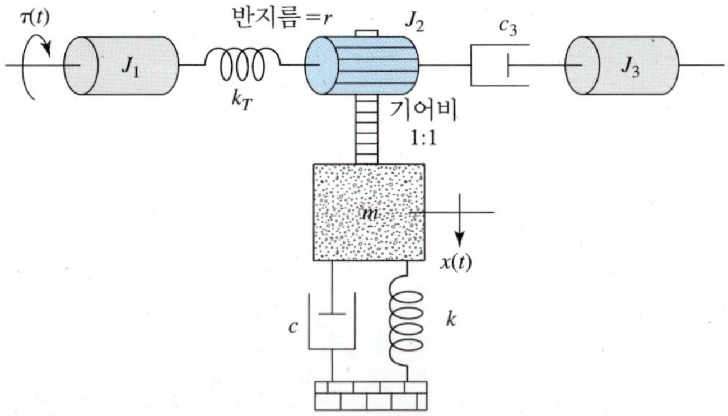

2.19 다음 그림과 같은 유압시스템에 대한 전달함수 $G(s)=y(s)/x(s)$를 구하라.

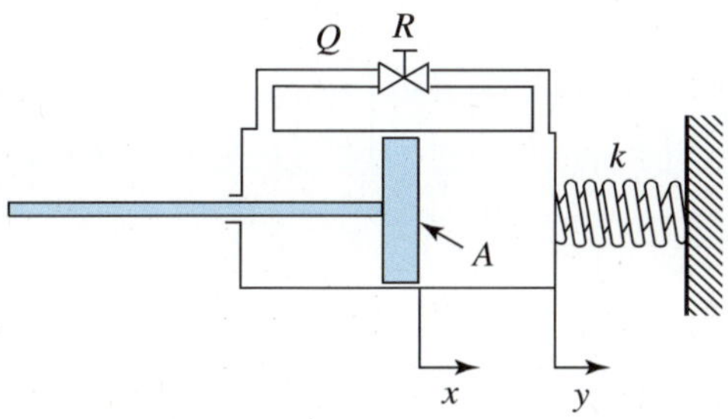

2.20 다음 그림과 같은 LC 사다리 회로망(ladder network)이 있다. 이 회로망에 관한 동적 방정식은 다음과 같다.

$$V_1-V_a=i_1Z_1,\quad V_a=(i_1-i_a)Z_2,\quad V_a-V_2=i_aZ_3,\quad V_2=i_aZ_4$$

여기서 복소 임피던스 Z_1, Z_2, Z_3, Z_4는 각각 다음과 같다.

$$Z_1=L_1s,\quad Z_2=\frac{1}{C_1s},\quad Z_3=L_2s,\quad Z_4=\frac{1}{C_2s}$$

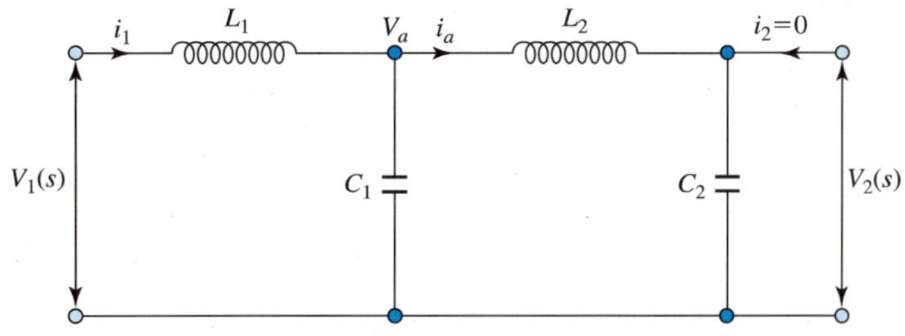

이 동적 방정식들을 이용하여 시스템의 신호흐름선도를 그리고 전달함수 $G(s)=V_2(s)/V_1(s)$를 구하라.

2.21 어떤 2-입력 2-출력 시스템에 대한 신호흐름선도가 다음과 같이 주어져 있다. 이 시스템에 대한 전달함수행렬 $\mathbf{G}(s)$를 구하라.

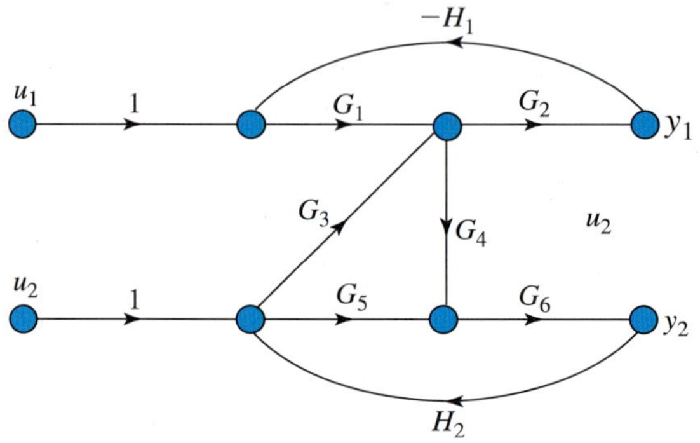

$$\mathbf{G}(s)=\begin{bmatrix} G_{11}(s) & G_{12}(s) \\ G_{21}(s) & G_{22}(s) \end{bmatrix}=\begin{bmatrix} y_1(s)/u_1(s) & y_1(s)/u_2(s) \\ y_2(s)/u_1(s) & y_2(s)/u_2(s) \end{bmatrix}$$

2.22 다음 폐루프 시스템에 대한 전달함수 $G(s)$를 (1) 블록선도 축약법, (2) Mason의 게인 공식을 이용하여 구하라.

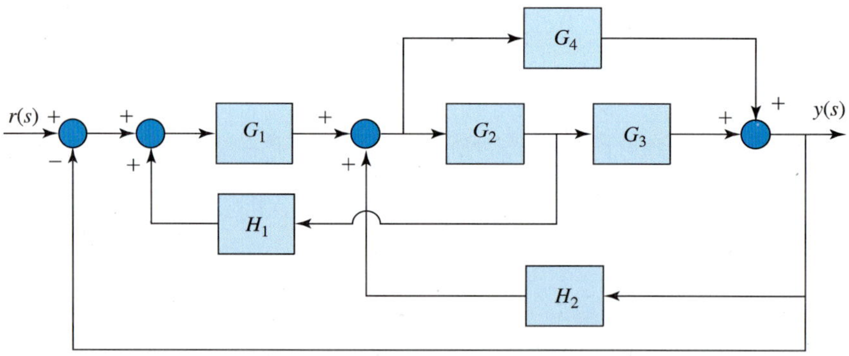

2.23 다음 그림과 같은 연료분사 엔진의 공회전 제어시스템에 대한 전달함수 $G(s)$ $[=y(s)/r(s)]$를 (a) 블록선도 축약법, (2) Mason의 게인 공식을 이용하여 구하라.

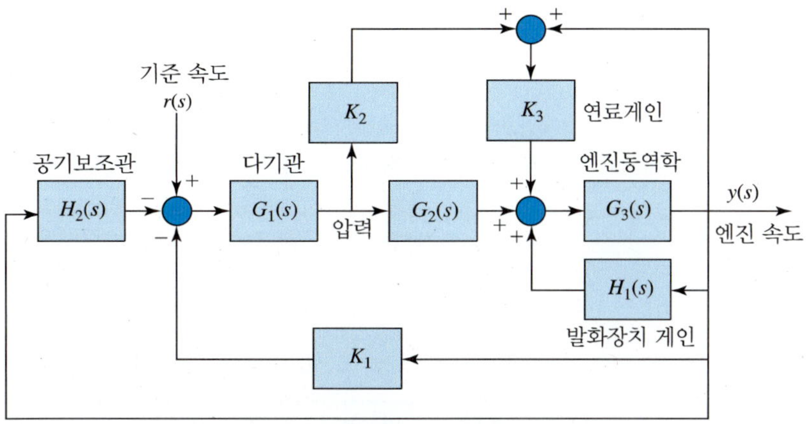

2.24 다음 그림과 같이 자동차 사이의 간격을 일정하게 유지하기 위한 제어시스템을 설계하고자 한다.

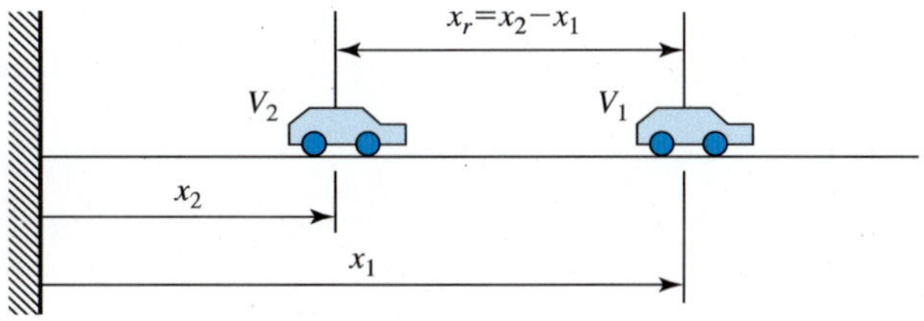

F_c가 자동차 V_2의 제어시스템에 의해 작용하는 힘이라고 할 때, 다음과 같은 운동방정식이 성립한다.

$$m\ddot{x}_2 = F_c - c\dot{x}_2 + F_d$$

여기서 m은 자동차의 질량, c는 저항계수, F_d는 외란, 제어입력 $F_c = K_p(r - x_r) - K_v\dot{x}_r$ (r는 기준입력)이다.

(1) 블록선도를 그리고 기준입력, 제어입력, 외란, 출력 등을 표시하라.

(2) 신호흐름선도를 그리라.

(3) 폐루프 전달함수 $T(s) = \dfrac{x_r(s)}{r(s)}$를 구하라.

2.25 다음 그림은 자동화된 밀링머신 테이블의 X축 운동을 제어하기 위한 폐루프 제어시스템의 개략도이다(또 하나의 유사한 시스템이 Y축 운동을 제어하는 데 사용될 것이다).

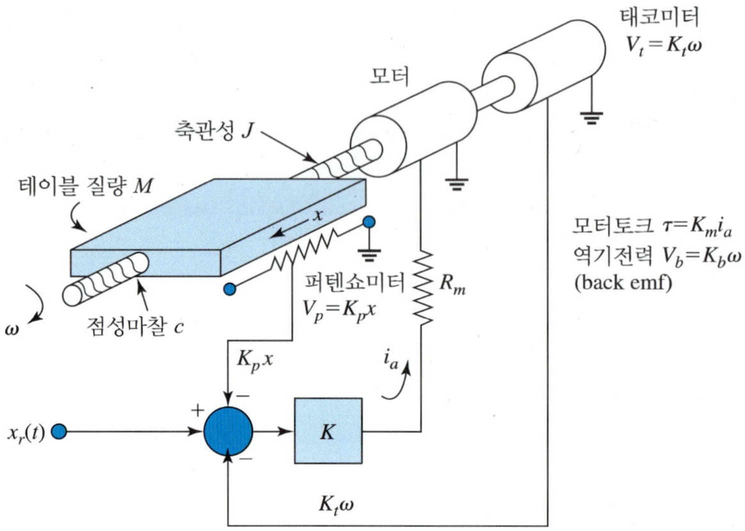

이 폐루프 제어시스템의 전달함수 $T(s)$를 유도하라. 테이블 질량 M과 축의 회전관성 J를 하나의 등가관성으로 생각해도 좋다. 시스템을 이상화하기 위하여 고려된 가정들을 간략히 요약하라.

3장 동적 시스템의 시간역 모델링

3.1 서론

2장에서 언급했듯이 제어시스템을 해석하고 설계하기 위하여 우선 수행해야 할 일은 제어하고자 하는 동적 시스템을 수학적으로 표현하는 모델링 작업이다. 동적 시스템에 대한 수학적 모델링 작업은 해석적인 방법으로 제어시스템을 설계하고자 할 때 필수적으로 요구된다. 2장에서는 단일입출력 선형 시불변 시스템을 모델링하는 데 적절한 방법인 주파수역 모델링 방법에 대하여 설명하였다. 주파수역 모델링 방법은 선형 시불변 시스템의 동특성을 나타내는 방법으로서 시스템의 입력과 출력 사이의 관계를 전달함수로 나타내고 있다.

그러나 이 장에서는 보다 일반적인 시스템인 다변수 시스템, 선형뿐만 아니라 비선형 시변 시스템까지도 모델링하기에 적합한 방법인 시간역 모델링 방법에 대해 설명하기로 한다. 시간역 모델링 방법은 상태공간 모델식, 즉 시스템 상태의 변화를 시스템의 상태변수와 입력변수로 완전하게 묘사하는 상태방정식과 시스템에서 관심 있는 변수인 출력을 역시 상태변수와 입력변수로 표현한 출력방정식으로 나타내고 있다.

이 장에서는 제어 대상 시스템인 동적 시스템의 수학적 모델링을 좀 더 구체화하기 위하여 대표적인 공학 시스템들을 소개하고 그 동특성을 나타내는 물리변수들과 시스템 파라미터들에 관하여 설명하기로 한다. 제어시스템공학에서 관심을 갖는 대표적인 공학 시스템은 병진 및 회전 기계시스템, 압축성 및 비압축성 유체시스템, 열전달이 이루어지는 열시스템, 전기시스템 등이다. 이와 같은 동적 시스템들을 모델링하기 위해서는 동역학, 고체역학, 유체역학, 열전달, 전기회로 이론 등에 관한 기본적인 공학 지식이 필요하다. 그렇지만 동적 시스템 간의 유사성을 이용하면 시스템 모델링을 좀 더 쉽게 조직적으로 수행할 수 있다. 그래서 우선 기계, 유체, 열, 전기 등 제어시스템공학에서 주로 취급하는 동적 시스템들의 기본 요소들에 관하여 설명하고, 다에너지역 시스템에서 각 에너지역 시스템들 사이의 에너지 변환 관계를 나타내는 주요 에너지 변환 요소들에 대해서도 설명하기로 한다. 특히 에너지 변환 요소를 포함하고 있는 다에너지역 시스템의 경우에는 시스템 간의 유사성을 이용하여 시스템을 통합적으로 생각하는 것이 바람직하다.

또한 비선형 시스템의 모델식을 선형화하는 기법들을 간략히 설명한다. 실제의 물리 시스템들은 일반적으로 여러 가지 비선형 특성을 포함하고 있다. 이와 같은 비선형 특성을 나타내기 위해서는 비선형 모델식을 설정해야 한다. 그렇지만 선형 시스템에 대한 해석 및 설계 방법들이 조직적이며 다루기 쉬우므로, 비선형 시스템도 가능한 한 선형화하여 선형 제어 이론을 적용하고 있다. 그래서 일반적으로 비선형 시스템에 대해서는 작동 범위가 작은 경우에는 Taylor 급수를 이용한 선형화, 그리고 작동 범위가 큰 경우에는 피드백을 이용한 선형화를 수행한다.

끝으로, MATLAB을 이용하여 시스템의 상태공간 모델식으로부터 전달함수를, 그리고 역으로 전달함수로부터 상태공간 모델식을 유도하는 방법을 설명하기로 한다.

3.2 동적 시스템

동적 시스템은 시스템의 각 요소가 가지고 있는 에너지 특성에 따라 에너지 발생, 저장, 발산, 변환 요소로 구분되며 이 요소들은 서로 접합되어 상호작용을 하고 있다. 주어진 시스템의 에너지는 열, 소음, 빛 등으로 소멸되거나 시스템의 외부로부터 증가될 수도 있다. 그리고 동적 시스템이 저장하고 있는 에너지의 형태는 위치 에너지와 운동 에너지로 분류된다.

다음 식은 동적 시스템을 모델링하는 데 가장 기본이 되는 식으로서 파워(또는 에너지) 보존 법칙을 나타내는 식이다.

$$\Sigma P_{in} = \frac{dE}{dt} + \Sigma P_d \tag{3.1}$$

여기서 ΣP_{in}은 모든 에너지 소스로부터 시스템에 가해진 파워, $\frac{dE}{dt}$는 에너지 저장요소에 저장된 에너지의 시간변화율, ΣP_d는 에너지 발산요소에서 소멸된 파워를 의미한다. 파워 보존 법칙은 다음과 같이 간략하게 표현하기도 한다.

$$\sum P = 0 \tag{3.2}$$

파워 P는 일반적으로 시스템의 작용력(effort)변수 e와 흐름(flow)변수 f의 곱으로 정의된다. 작용력변수와 흐름변수의 곱이 파워가 되므로 이들을 파워변수라고 한다.

$$P = e \cdot f \tag{3.3}$$

그리고 그림 3.1은 동적 시스템에서 에너지가 어떻게 전달되고 있는지를 보여주는 흐름선도이다.

시스템 구성부품의 종류에 따라 동적 시스템의 작용력변수와 흐름변수의 명칭은 다르지만, 동적 시스템에 관한 일반적인 물리 법칙들은 시스템 구성부품의 종류에 관계없이 적용

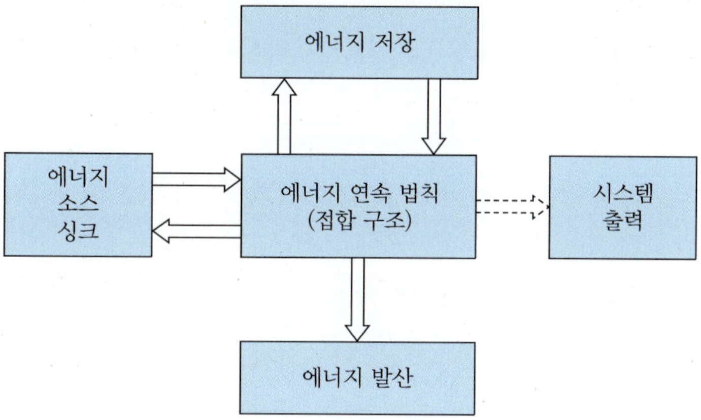

그림 3.1 동적 시스템의 에너지 흐름선도

표 3.1 대표적인 공학 시스템에 대한 작용력변수와 흐름변수

시스템	작용력변수(e)	흐름변수(f)	파워(P)
병진 기계시스템	힘(F)	속도(v)	Fv
회전 기계시스템	토크(τ)	각속도(ω)	$\tau\omega$
비압축성 유체시스템	압력(P)	체적 유량(Q)	PQ
압축성 유체시스템	엔탈피(h)	질량 유량($\dot{m}$)	$h\dot{m}$
열시스템	온도(T)	엔트로피 유량($\dot{S}$)	$T\dot{S}$
전기시스템	전압(V)	전류(i)	Vi
자기시스템	자기력($\mathscr{F}$)	자속률($\dot{\varphi}$)	$\mathscr{F}\dot{\varphi}$

될 수 있다. 표 3.1에는 대표적인 공학 시스템에 대한 파워변수인 작용력변수와 흐름변수의 명칭이 요약되어 있다.

한편, 시스템에 존재하는 또 다른 변수가 에너지변수이다. 에너지변수는 운동 에너지와 관련된 일반화된 운동량 p와 위치 에너지와 관련된 일반화된 변위 q이다. 이들은 각각 다음과 같이 정의된다.

$$p = \int_{t_0}^{t} e dt + p_0 \quad \text{또는} \quad dp = e dt \tag{3.4}$$

$$q = \int_{t_0}^{t} f dt + q_0 \quad \text{또는} \quad dq = f dt \tag{3.5}$$

그리고 에너지 E는 다음과 같이 정의된다.

$$E = \int_{t_0}^{t} P dt + E_0 \tag{3.6}$$

또는

$$E - E_0 = \int_{t_0}^{t} e f dt = \int_{q_0}^{q} e dq \quad \text{또는} \quad \int_{p_0}^{p} f dp \tag{3.7}$$

식 (3.7)의 우측에서 첫 번째는 위치 에너지를, 두 번째는 운동 에너지를 나타낸다. 그림 3.2는 두 개의 파워변수(작용력변수, 흐름변수)와 두 개의 에너지변수(일반화된 운동량, 일반화된 변위) 사이의 관계를 나타낸다. 여기서 커패시턴스(capacitance) C, 이너턴스(inertance) I, 저항(resistance) R는 각각 위치 에너지 저장요소, 운동 에너지 저장요소, 에너지 발산요소의 시스템 파라미터이다.

또한 동적 시스템을 모델링하는 데 중요한 개념 중 하나가 시스템 각 요소 간의 접합 구

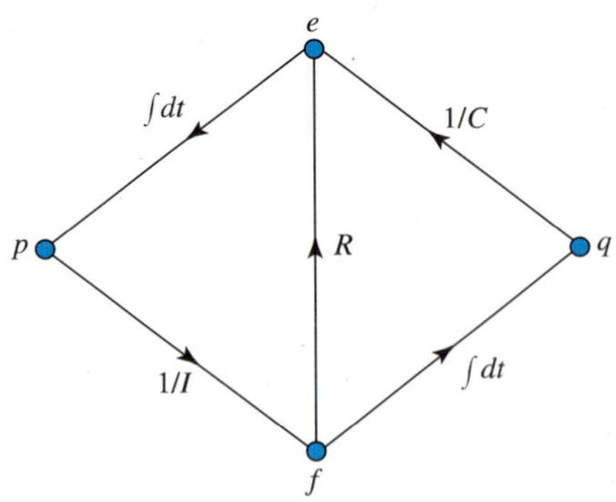

그림 3.2 파워변수와 에너지변수 사이의 관계

조이다. 각 요소 간의 접합 구조는 작용력변수가 같은 경우(0-접합)와 흐름변수가 같은 경우(1-접합)로 구분된다. 0-접합, 1-접합에 따라 파워 보존 법칙이 각각 다음과 같이 표현된다.

$$\Sigma P = e\Sigma f = 0 \tag{3.8}$$

$$\Sigma P = f\Sigma e = 0 \tag{3.9}$$

따라서 0-접합에서는 접합 구조에 연결된 각 요소의 작용력변수가 일정하고 흐름변수의 합이 0이 된다. 그리고 1-접합에서는 접합 구조에 연결된 각 요소의 흐름변수가 일정하고 작용력변수의 합이 0이 된다.

접합 구조에 대하여 좀 더 구체적으로 표현하면, 시스템 각 요소의 접합 구조에 따라 기계시스템의 경우에서는 변형에 관한 기하학적 적합조건식과 작용하는 힘 또는 토크에 관한 평형방정식, 유체/유압시스템에서는 유량 보존 법칙과 파이프 접점에서 만족해야 하는 압력강하 제로 법칙, 전기시스템에서는 가장 기본이 되는 회로 법칙인 Kirchhoff의 전류/전압 법칙 등이 충족되어야 한다. 표 3.2에는 대표적인 공학 시스템에서 접합 구조의 물리적 의미가 요약되어 있다.

이제 에너지를 발생, 저장, 발산, 변환하는 시스템의 각 요소에 대하여 설명하기로 한다. 흔히 소스라고 하는 에너지 발생요소는 일반적으로 두 가지 형태인 작용력소스와 흐름소스로 구분하고 있다. 작용력소스는 시간에 따라 지정된 작용력변수가 다른 동적 시스템 요소에 영향을 주어 접합된 동적 시스템 요소에 따라 임의로 흐름변수가 결정되는 에너지 발생요소이다. 그리고 흐름소스는 시간에 따라 지정된 흐름변수가 다른 동적 시스템 요소에 가해져 접합된 동적 시스템 요소에 따라 임의로 작용력변수가 결정되는 에너지 발생요소이다. 예를 들면 1.5 V 건전지는 전압(작용력변수)이 1.5 V로 지정된 작용력 소스로서 이 소

표 3.2 대표적인 공학 시스템에서 접합 구조의 물리적 의미

시스템	접합 구조	의미
기계시스템	0-접합 1-접합	기하학적 접합조건식($\Sigma v=0$) 힘 평형방정식($\Sigma F=0$)
비압축성 유체시스템	0-접합 1-접합	유량 보존 법칙($\Sigma Q=0$) 압력강하 제로 법칙($\Sigma P=0$)
전기시스템	0-접합 1-접합	Kirchhoff의 전류 법칙($\Sigma i=0$) Kirchhoff의 전압 법칙($\Sigma V=0$)

스에 접합된 요소에 따라 건전지에 흐르는 전류(흐름변수)의 크기가 결정된다. 그리고 진동가진기는 속도(흐름변수)가 지정된 흐름소스로서 이 소스와 접합된 요소에 따라 진동가진기에 작용하는 힘(작용력변수)이 결정된다. 에너지 저장요소는 위치 에너지 저장요소인 커패시턴스와 운동 에너지 저장요소인 이너턴스로 구분된다. 그리고 에너지 발산요소로는 시스템 저항이 있다.

이제 동적 시스템의 각 요소들에 대한 예와 물리 관계식들을 구체적으로 알아보기로 한다.

(1) 일반화된 커패시턴스

작용력변수 e가 일반화된 변위 q의 함수로 표현되는 위치 에너지 저장요소이다. 즉

$$e = \Phi(q) \tag{3.10}$$

이때 위치 에너지 V는

$$V = \int \Phi(q)dq \tag{3.11}$$

C(커패시턴스)-형태의 에너지 저장요소의 구체적인 예는 다음과 같다.

스프링:	$F = kx$
토션바:	$\tau = k_T\theta$
어큐뮬레이터:	$P = \gamma h$
커패시터:	$V = \dfrac{1}{C}q$

여기서 k, k_T, γ, C는 각각 병진 기계시스템, 회전 기계시스템, 비압축성 유체시스템, 전기시스템에서 C-형태의 에너지 저장요소의 작용력변수와 일반화된 변위 사이의 관계를 나타내는 계수, 즉 시스템 파라미터들이다. 그리고 일반화된 변위 x, θ, h, q는 각각 변위, 각변위, 수위, 전하량을 의미한다.

일반적인 C-형태의 에너지 저장요소의 파워변수 관계식은 다음과 같다.

$$e = \frac{1}{C}\int_{t_0}^{t} f dt + e_0 \quad \text{또는} \quad \frac{de}{dt} = \frac{1}{C}f \tag{3.12}$$

여기서 C는 일반화된 커패시턴스이다.

(2) 일반화된 이너턴스

흐름변수 f가 일반화된 운동량 p의 함수로 표현되는 운동 에너지 저장요소이다. 즉

$$f = \Psi(p) \tag{3.13}$$

이때 운동 에너지 T는

$$T = \int \Psi(p)dp \tag{3.14}$$

I(이너턴스)−형태의 에너지 저장요소의 구체적인 예는 다음과 같다.

질량: $v = \frac{1}{m}p$

회전관성: $\omega = \frac{1}{J}H$

유체관성: $Q = \frac{1}{I}\Gamma$

인덕턴스: $i = \frac{1}{L}\lambda$

여기서 m, J, I, L은 각각 병진 기계시스템, 회전 기계시스템, 비압축성 유체시스템, 전기시스템에서 I−형태의 에너지 저장요소의 흐름변수와 일반화된 운동량 사이의 관계를 나타내는 계수들이다. 그리고 일반화된 운동량 p, H, Γ, λ는 각각 선형운동량, 각운동량, 압력운동량, 자속쇄교(flux linkage)를 의미한다.

일반적인 I−형태의 에너지 저장요소의 파워변수 관계식은 다음과 같다.

$$f = \frac{1}{I}\int_{t_0}^{t} e\,dt + f_0 \quad \text{또는} \quad \frac{df}{dt} = \frac{1}{I}e \tag{3.15}$$

여기서 I는 일반화된 이너턴스이다.

(3) 일반화된 저항

작용력변수와 흐름변수 사이에 다음 관계식이 성립되는 에너지 발산요소이다.

$$e = \Gamma(f) \tag{3.16}$$

선형 시스템에서는 식 (3.16)을 다음과 같은 선형 방정식으로 표시할 수 있다.

$$e = Rf \tag{3.17}$$

여기서 R는 시스템의 저항을 나타내는 계수이다. 기계시스템의 감쇠, 유압시스템에서의 마찰, 전기시스템의 저항 등이 대표적인 에너지 발산요소의 예이다. 표 3.3에는 대표적인 공학 시스템에 대한 에너지 발생, 저장 및 발산 요소가 요약되어 있다.

표 3.3 대표적인 공학 시스템에 대한 에너지 발생, 저장 및 발산 요소

시스템	파워 $P=ef$	dE		소스		커패시턴스		이너턴스		저항	
		edq	fdp	작용력소스	흐름소스						
병진 기계시스템	Fv	Fdx	$v\,dp$	$F(t)$	$v(t)$		$F=kx$ 또는 $\frac{dF}{dt}=kv$	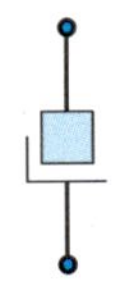	$v=\frac{1}{m}p$ 또는 $\frac{dv}{dt}=\frac{1}{m}F$		$F=cv$
회전 기계시스템	$\tau\omega$	$\tau d\theta$	ωdH	$\tau(t)$	$\omega(t)$		$\tau=k_T\theta$ 또는 $\frac{d\tau}{dt}=k_T\omega$	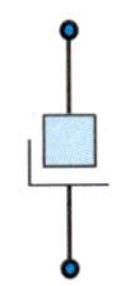	$\omega=\frac{1}{J}H$ 또는 $\frac{d\omega}{dt}=\frac{1}{J}\tau$		$\tau=c_T\omega$
유압시스템	PQ	PdV	$Qd\Gamma$	$P(t)$	$Q(t)$		$P=\frac{1}{C}V$ 또는 $\frac{dP}{dt}=\frac{1}{C}Q$		$Q=\frac{1}{I}\Gamma$ 또는 $\frac{dQ}{dt}=\frac{1}{I}P$		$P=RQ$
전기시스템	Vi	Vdq	$id\lambda$	$V(t)$	$i(t)$	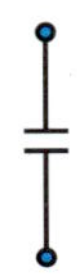	$V=\frac{1}{C}q$ 또는 $\frac{dV}{dt}=\frac{1}{C}i$		$i=\frac{1}{L}\lambda$ 또는 $\frac{di}{dt}=\frac{1}{L}V$		$V=Ri$

이제 에너지 변환요소에 대하여 설명하기로 한다. 에너지 변환요소는 에너지 변환 방법에 따라 트랜스포머(transformer)와 자이레이터(gyrator)로 구분된다. 에너지 변환요소에서 에너지 손실이 없다고 가정하면 에너지 변환요소의 입력파워 P_i와 출력파워 P_o가 같게 되어 다음 식이 성립한다.

$$P_i = e_i f_i = e_o f_o = P_o \tag{3.18}$$

여기서 에너지 변환요소의 출력 측의 작용력변수 e_o가 입력 측의 작용력변수 e_i의 함수로 표시되면 트랜스포머, e_o가 입력 측의 흐름변수 f_i의 함수로 표시되면 자이레이터 형태의 에너지 변환요소라고 말한다. 그러므로 트랜스포머 및 자이레이터 형태의 에너지 변환요소에 대한 에너지 변환 관계식은 각각 다음과 같다.

$$\begin{cases} e_i = K_t\, e_o \\ K_t f_i = f_o \end{cases} \tag{3.19}$$

$$\begin{cases} e_i = K_g f_o \\ K_g f_i = e_o \end{cases} \tag{3.20}$$

여기서 K_t는 트랜스포머계수, K_g는 자이레이터계수라고 한다. 표 3.4에는 대표적인 공학시스템에 대한 에너지 변환요소가 요약되어 있다.

이와 같은 상사(similarity) 시스템 개념은 시스템 모델링 과정에서 매우 유용하게 이용될 수 있다. 기계, 유체, 열, 전기 시스템 등 제어 대상 시스템인 플랜트의 종류가 다르더라도 각 시스템이 상사 시스템이면 어느 시스템에서나 전적으로 같은 수학적 모델식으로 표현될 수 있다. 오직 사용하는 물리변수 및 파라미터들의 용어가 다를 뿐이다. 예를 들면 기계시스템에서는 힘, 속도, 변위, 운동량, 스프링상수, 질량, 감쇠계수라고 하는 용어를 사용하고, 전기시스템에서는 각각 전압, 전류, 전하량, 자속쇄교, 커패시턴스, 인덕턴스, 저항이라고 하는 용어를 사용한다는 차이밖에 없다. 각 물리변수 및 파라미터로 이루어지는 동적 방정식들은 상사 시스템이면 전적으로 동일하다. 또한 (1) 시스템 각 요소 간의 접합 조건 및 파워 보존 법칙 적용, 그리고 (2) 시스템의 각 요소방정식들을 정리하면, 특히 다에너지역 동적 시스템의 상태공간 모델식 또는 전달함수를 구하는 과정을 체계적으로 수행할 수 있다.

그림 3.3은 대표적인 공학적 제어 대상 시스템인 기계시스템, 열유체시스템, 전기시스템 사이에서 에너지 또는 정보들이 어떻게 흐르는지, 또한 공학에서 추구하고 있는 유용한 에너지 또는 일이 어떻게 창출되는지를 보여준다. 이제 제어 대상 시스템인 기계시스템, 열유체시스템, 전기시스템에 포함된 에너지 발생, 에너지 저장, 에너지 발산, 에너지 변환 요소

표 3.4 대표적인 공학 시스템에 대한 에너지 변환요소

시스템	트랜스포머		자이레이터	
	개략도	관계식	개략도	관계식
병진 기계시스템	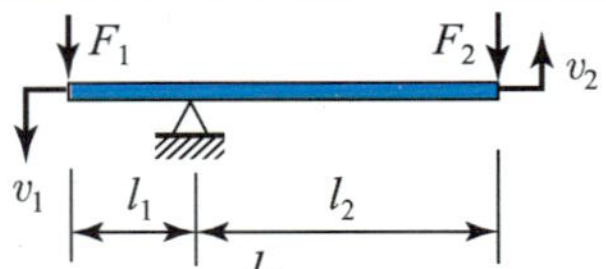 $n=\frac{l_2}{l_1}$ 레버비	$F_1=nF_2$ $nv_1=v_2$	—	—
회전 기계시스템	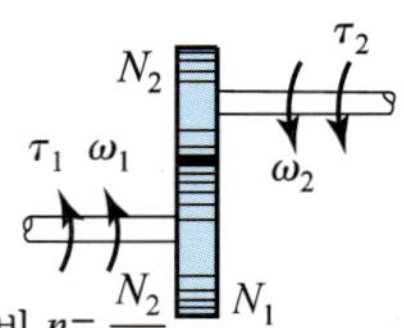 기어비 $n=\frac{N_2}{N_1}$	$\tau_1=n\tau_2$ $n\omega_1=\omega_2$	—	—
유압시스템	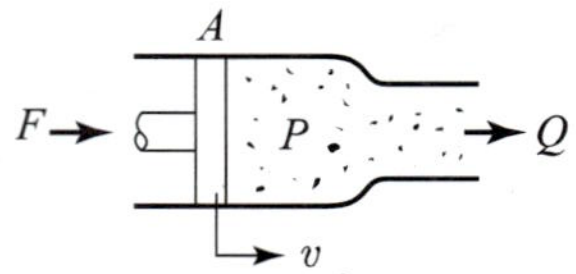 A: 피스톤의 단면적	$F=AP$ $Av=Q$	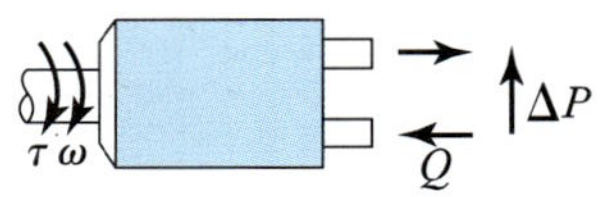 원심펌프	$\Delta P=R\omega$ $RQ=\tau$
전기시스템	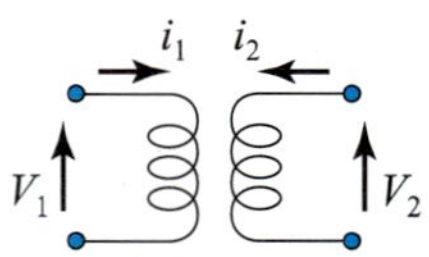 $n=\frac{N_2}{N_1}$ 권수비	$V_1=\frac{1}{n}V_2$ $\frac{1}{n}i_1=i_2$	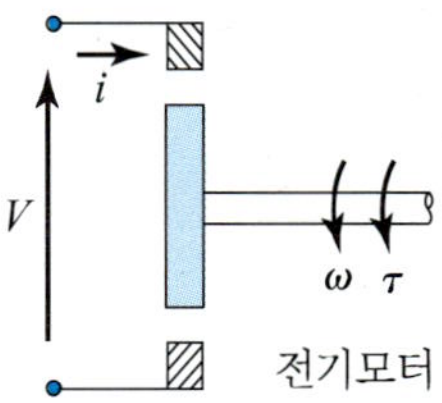 전기모터	$V=r\omega$ $ri=\tau$

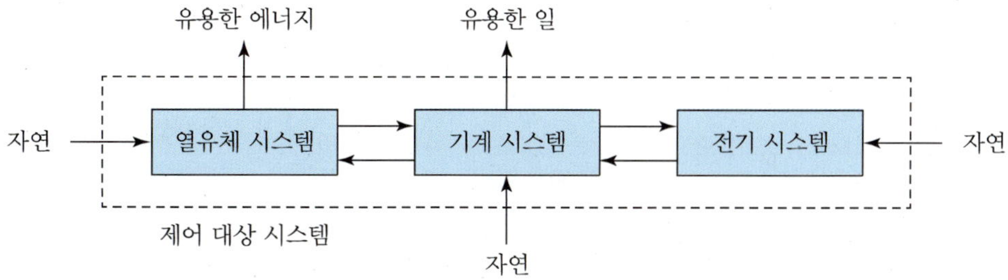

그림 3.3 대표적인 공학적 제어 대상 시스템 및 에너지의 흐름

들을 소개하기로 한다. 이 요소들이 갖고 있는 에너지 특성에 따라 요소방정식들이 구체적으로 어떻게 표현되는지 그리고 각 시스템의 시스템 변수 및 파라미터들에 대하여 설명하기로 한다.

3.2.1 기계시스템

시스템공학적인 용어에서 기계적(mechanical)이란 고체 물체에 작용하는 힘이나 토크 그리고 물체의 운동을 해석하는 것을 의미한다. 많은 경우, 탄성변형으로 생기는 물체의 내력(internal force)은 외부로부터 가해지는 외력(external force)에 비해 매우 작다. 이와 같은 경우에는 물체의 질량이나 회전관성이 집중 파라미터 요소로 간주될 수 있고, 물체의 운동은 강체 동역학(rigid-body dynamics)으로 해석될 수 있다. 기계시스템은 고체 물체에 작용하는 힘과 관련된 병진 운동을 다루는 병진 기계시스템과 고체 물체에 작용하는 토크와 관련된 회전 운동을 다루는 회전 기계시스템으로 구분된다. 병진 기계시스템은 위치 에너지 저장요소인 스프링 k, 운동 에너지 저장요소인 질량 m, 에너지 발산요소인 댐퍼 c를 기본 요소로 하며, 회전 기계시스템은 각각 토션바 k_T, 회전관성 J, 비틀림 댐퍼 c_T를 기본 요소로 한다. 표 3.5에는 병진 및 회전 기계시스템의 기본적인 물리변수들이 요약되어 있다.

(1) 위치 에너지 저장요소

기계시스템에서 위치 에너지를 저장하는 요소를 스프링과 토션바라고 한다. 선형 스프링은 스프링에 가해진 힘이나 토크의 크기에 직접 비례적으로 변형하면서 위치 에너지를 저장한다. 병진 선형 스프링의 경우에는 힘 F와 변위 x 사이에 다음 관계식이 성립한다.

$$F = kx \tag{3.21}$$

여기서 k는 단위가 N/m인 스프링상수이다. 스프링상수 k는 스프링의 강성(stiffness)을 나타낸다. 또한 스프링상수의 역수를 컴플라이언스(compliance) 또는 기계적 커패시턴스 C

표 3.5 기계시스템의 기본적인 물리변수

변수	일반화된 시스템	병진 기계시스템	회전 기계시스템	단위	
				병진	회전
작용력	e	F, 힘	τ, 토크	N	N · m
흐름	f	v, 속도	ω, 각속도	m/sec	rad/sec
운동량	$p\left(=\int e dt\right)$	p, 운동량	H, 각운동량	kg · m/sec	kg · m^2/sec
변위	$q\left(=\int f dt\right)$	x, 변위	θ, 각변위	m	rad
파워	$P(=ef)$	Fv	$\tau\omega$	W	W
운동 에너지	$E(p)\left(=\int f dp\right)$	$\int v dp$	$\int \omega dH$	J	J
위치 에너지	$E(q)\left(=\int e dq\right)$	$\int F dx$	$\int \tau d\theta$	J	J

표 3.6 대표적인 위치 에너지 저장요소들에 대한 스프링상수

시스템 요소		스프링 상수
압축/인장을 받는 막대	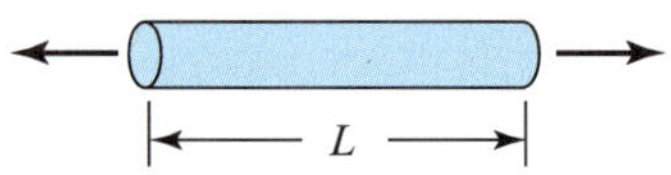	$k=\dfrac{EA}{L}$ $E=$ 탄성계수 $A=$ 단면적
토션바	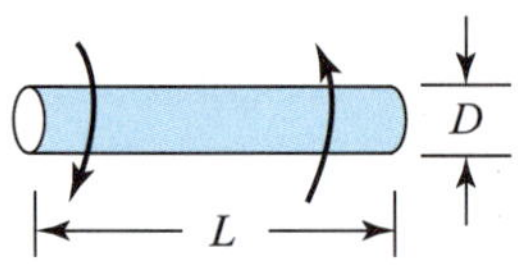	$k_T=\dfrac{G\pi D^4}{32L}$ $G=$전단계수 $L=$길이
헬리컬 코일	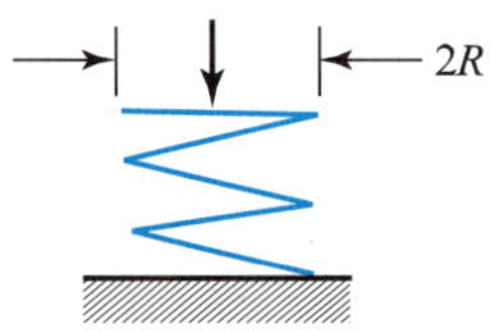	$k=\dfrac{Gd^4}{64nR^3}$ $d=$철사의 지름 $n=$코일 수
외팔보	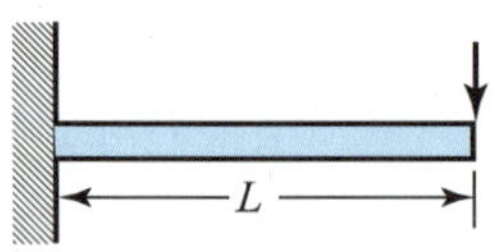	$k=\dfrac{Ewh^3}{4L^3}$ $w=$보의 폭 $h=$보의 두께
양 끝이 고정된 보	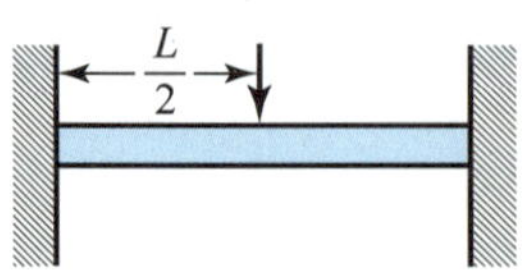	$k=\dfrac{16Ewh^3}{L^3}$

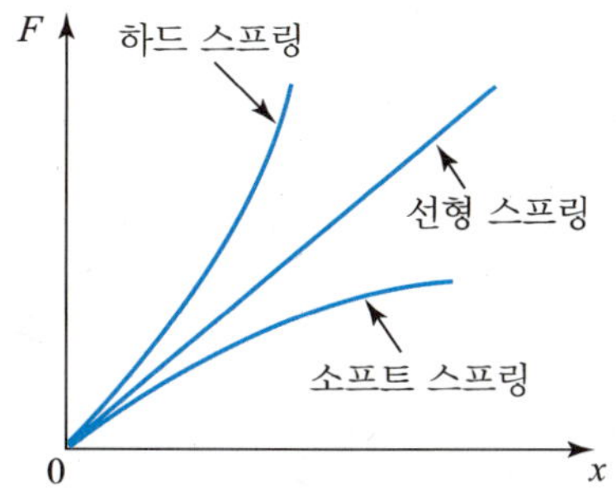

그림 3.4 선형 및 비선형 스프링의 힘-변위 특성

라고 한다. 즉

$$C = 1/k \tag{3.22}$$

회전운동의 경우, 토크 τ와 각변위 θ 사이의 관계식은 다음과 같다.

$$\tau = k_T\theta \tag{3.23}$$

여기서 k_T는 단위가 N · m/rad인 비틀림 스프링상수이다. 그리고 표 3.6에는 대표적인 위치 에너지 저장요소들에 대한 스프링상수들이 요약되어 있다. 이에 관한 공식들은 고체역학에서 각 요소의 힘-변위 관계식을 유도하면 알 수 있다.

일반적으로 스프링은 얼마 이상의 변위를 가하면 비선형 특성이 나타난다. 그러므로 실제 스프링에서는 변위가 제한된 범위 내에서만 좋은 선형성을 갖는다. 그림 3.4는 선형 및 비선형 스프링의 힘-변위 특성을 나타낸 곡선이다.

(2) 운동 에너지 저장요소

병진 기계시스템에서 운동 에너지 저장요소는 질량 m이다. 물체가 중력을 받고 있을 때 그 힘의 크기, 즉 무게 W와 질량 m을 혼동해서는 안 된다. 질량 m과 무게 W의 관계는 다음과 같다.

$$m = \frac{W}{g} \tag{3.24}$$

여기서 g는 9.81 m/sec^{2}인 중력가속도상수이다. 그리고 질량과 무게의 단위는 각각 kg과 N(= kg · m/sec^2)이다. 질량은 물리적으로 물체에 관성을 주는 특성이 있다. 다시 말하면 질량 m의 흐름변수인 속도 v와 작용력변수인 힘 F 사이에 다음 관계식이 성립한다.

$$v = \frac{1}{m}\int_{t_0}^{t} F dt + v_0 \tag{3.25}$$

표 3.7 집중질량 등가 기계시스템

	실제 시스템	등가 시스템
헬리컬 스프링 또는 막대	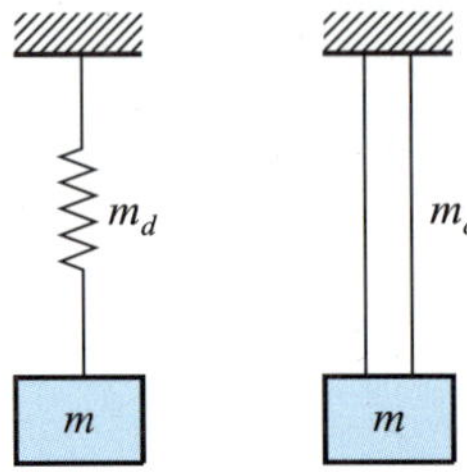	 $m_e = m + \frac{1}{3} m_d$
외팔보	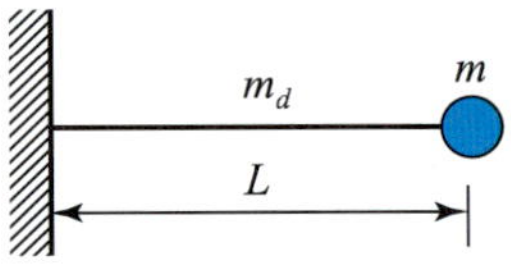	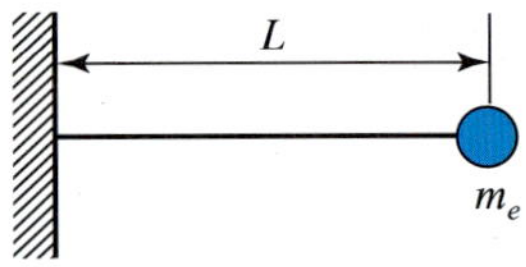 $m_e = m + 0.23 m_d$
양 끝이 고정된 보	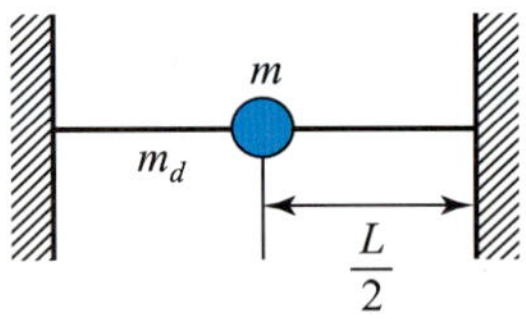	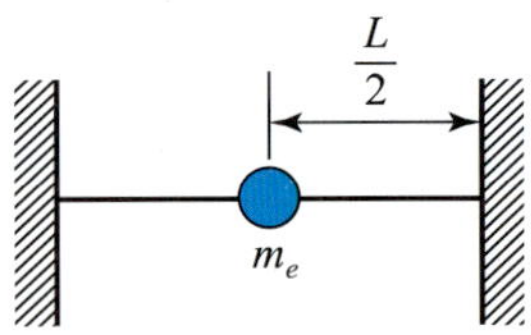 $m_e = m + 0.375 m_d$
단순 지지보	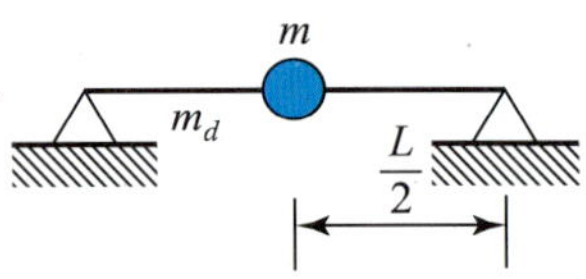	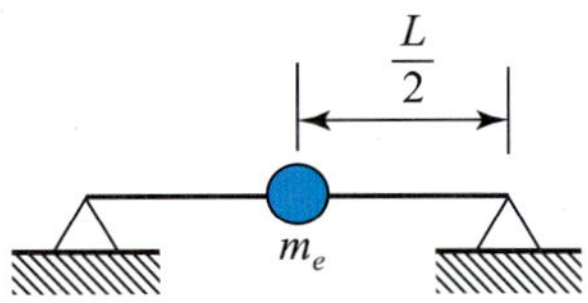 $m_e = m + 0.5 m_d$

실제 시스템에서는 운동 에너지 저장요소인 질량이 물체 전체에 분포되어 있는 분포 파라미터 시스템이지만, 일반적으로 시스템 질량이 질량중심에 집중되어 있다고 생각하고 강체 동역학의 원리를 적용할 수 있다. 기계시스템은 일반적으로 집중 파라미터 시스템으로 모델링하고 있다. 그래서 분포질량 기계시스템은 표 3.7과 같이 등가 집중질량 기계시스템으로 모델링하는 것이 편리하다. 등가 질량은 등가 기계시스템의 운동 에너지 저장 능력과 원래 기계시스템의 운동 에너지 저장 능력이 같도록 하여 유도한 것이다.

그리고 회전 기계시스템에서 운동 에너지 저장요소는 회전관성 J이다. 강체의 회전관성

J는 다음과 같이 정의되며, 단위는 kg · m^{2}이다.

$$J = \int r^2 dm \tag{3.26}$$

여기서 dm은 질량의 미소 요소이고 r는 회전축으로부터 dm까지의 거리이다. 회전관성 J는 직교좌표계에서 다음과 같이 표현된다. 그리고 표 3.8에는 대표적인 물체의 회전관성이 요약되어 있다.

표 3.8 대표적인 물체의 회전관성

시스템 요소	회전관성
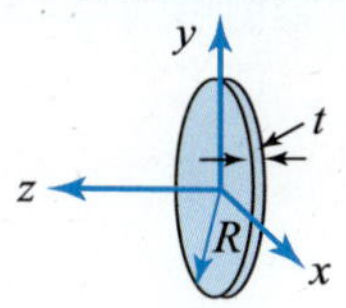	$t \ll R \quad m =$ 질량 $J_x = J_y = m\dfrac{R^2}{4}, \quad J_z = J_x + J_y = m\dfrac{R^2}{2}$
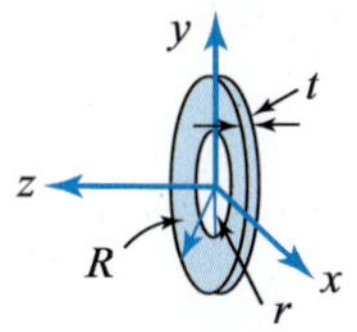	$t \ll R \quad m =$ 질량 $J_x = J_y = m\dfrac{R^2 - r^2}{4}, \quad J_z = m\dfrac{R^2 - r^2}{2}$
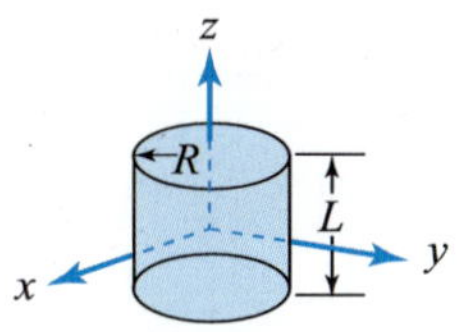	$m =$ 질량 $J_x = J_y = m\dfrac{3R^2 + L^2}{12}, \quad J_z = m\dfrac{R^2}{2}$
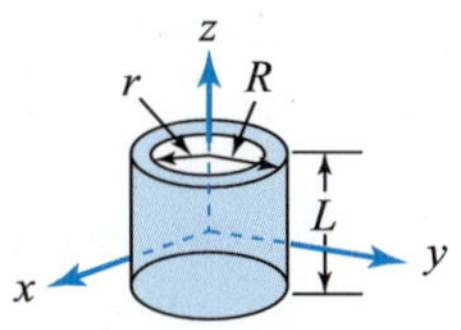	$m =$ 질량 $J_x = J_y = m\dfrac{R^2 - r^2 + \frac{1}{3}L^2}{4}, \quad J_z = m\dfrac{R^2 - r^2}{2}$
구 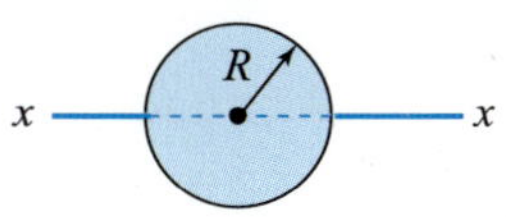	$m =$ 질량 $\quad \rho =$ 밀도 $J_x = \dfrac{2}{5}mR^2 \quad \left(m = \dfrac{3}{4}\pi R^3 \rho\right)$
보 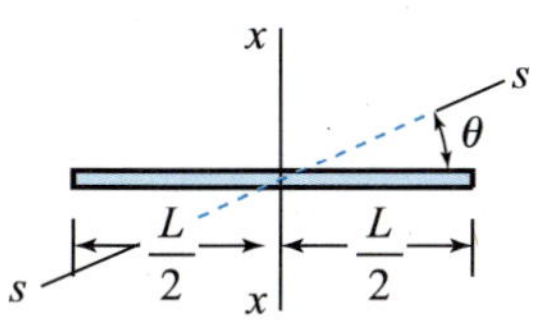	$m =$ 질량 $J_x = m\dfrac{L^2}{12}, \quad J_s = m\dfrac{(L\sin\theta)^2}{12}$

$$J = \begin{bmatrix} J_x & J_{xy} & J_{xz} \\ J_{yx} & J_y & J_{yz} \\ J_{zx} & J_{zy} & J_z \end{bmatrix} \tag{3.27}$$

여기서

$$J_x = \int (y^2 + z^2) dm, \qquad J_y = \int (x^2 + z^2) dm, \qquad J_z = \int (x^2 + y^2) dm,$$

$$J_{xy} = J_{yx} = -\int xy\ dm, \quad J_{xz} = J_{zx} = -\int xz\ dm, \quad J_{yz} = J_{zy} = -\int yz\, dm$$

예제 3.1 그림 3.5와 같은 질량 m, 반지름 R, 길이 L인 실린더에서 AA'축에 대한 회전관성 J를 구하기로 한다.

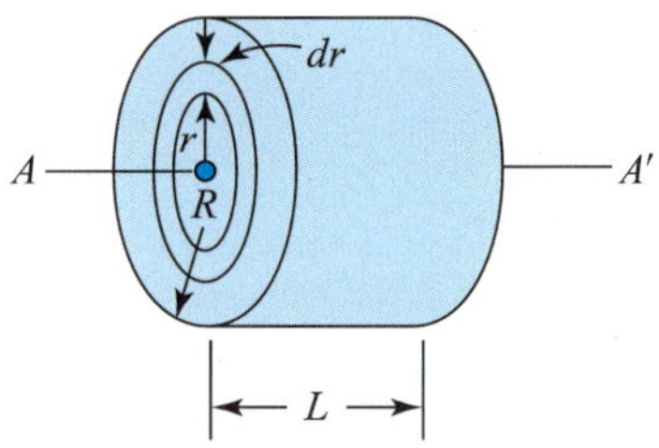

그림 3.5 실린더

반지름 r에서 미소 폭 dr의 반지 모양의 질량요소를 생각하기로 한다. 이 반지 모양 요소의 질량 dm은 $2\pi rL\rho\, dr$이다. 여기서 ρ는 실린더의 밀도이다. 따라서

$$J = \int_0^R r^2 2\pi rL\rho\, dr = \frac{\pi L\rho R^4}{2}$$

실린더 전체 질량 m이 $\pi R^2 L\rho$이므로, 회전관성 J는 다음과 같이 표현할 수 있다.

$$J = \frac{1}{2} mR^2$$

■

만일 중심축($c.m.$)에 대한 회전관성 J_o를 알고 있는데 중심축으로부터 평행하게 떨어진 축에 대한 회전관성 $J_{o'}$를 구하고자 할 때는 다음과 같은 평행축 정리[36]를 이용하는 것이 편리하다.

$$J_{o'} = J_o + m \begin{bmatrix} b^2 + c^2 & -ab & -ac \\ -ab & a^2 + c^2 & -bc \\ -ac & -bc & a^2 + b^2 \end{bmatrix} \tag{3.28}$$

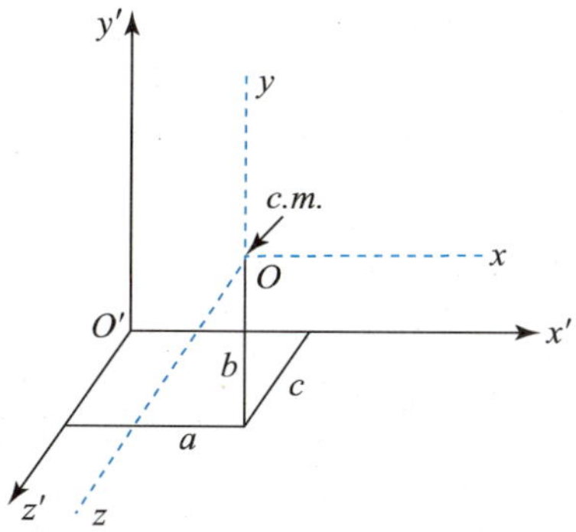

그림 3.6 좌표축의 평행이동 표시

여기서 a, b, c 는 그림 3.6에 표시되어 있다.

예를 들어 그림 3.5에 표시된 실린더가 표면에 접촉되어 회전하고 있을 때 표면과 접촉된 축에 대한 회전관성 J_c는 다음과 같이 평행축 정리를 이용하여 계산할 수 있다.

$$J_c = J + mR^2 \tag{3.29}$$

여기서 J는 예제 3.1에서 유도한 중심축에 대한 회전관성이다. 따라서

$$J_c = \frac{3}{2} mR^2 \tag{3.30}$$

(3) 에너지 발산요소

에너지를 발산하는 기계적 요소를 댐퍼라고 한다. 그림 3.7(a)는 피스톤과 기름으로 채워진 실린더로 구성된 병진 댐퍼의 개략도이다. 피스톤 주위를 통하여 피스톤이 움직이는 방향과 반대로 기름이 흘러야 하기 때문에 피스톤 로드가 실린더 사이를 상대 운동하려면 기름의 저항을 받는다. 근본적으로 댐퍼는 에너지를 흡수하고 흡수된 에너지는 열로 발산된다.

기계적 에너지 발산요소인 병진 및 회전 댐퍼에서 작용력변수와 흐름변수 사이에 관계식은 각각 다음과 같다.

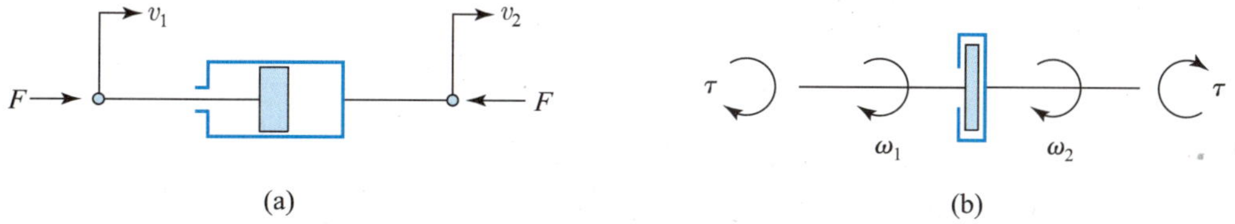

그림 3.7 (a) 병진 댐퍼, (b) 회전 댐퍼

표 3.9 대표적인 기계적 에너지 발산요소들에 대한 감쇠마찰계수

기계적 에너지 발산요소	감쇠마찰계수
댐퍼(층류 유동) 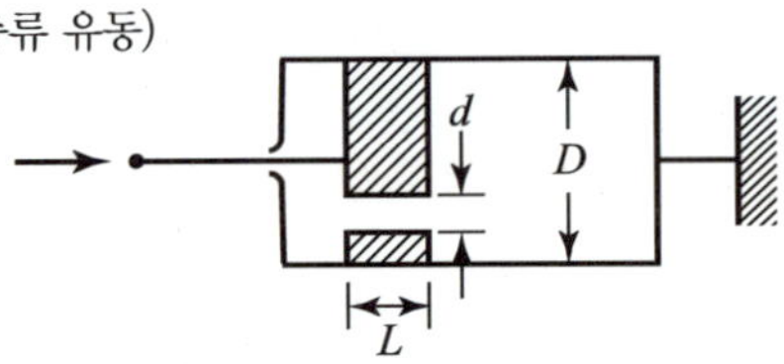	$c = 8\pi\mu L\left[\left(\frac{D}{d}\right)^2 - 1\right]^2$ $\mu =$ 점성계수
미끄럼 점성 마찰 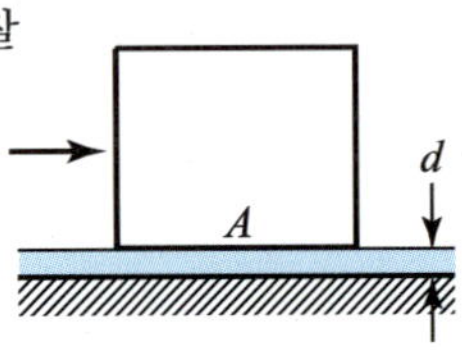	$c = \frac{A\mu}{d}$ $A =$ 윤활 면적 $d =$ 유막 두께
저널 베어링 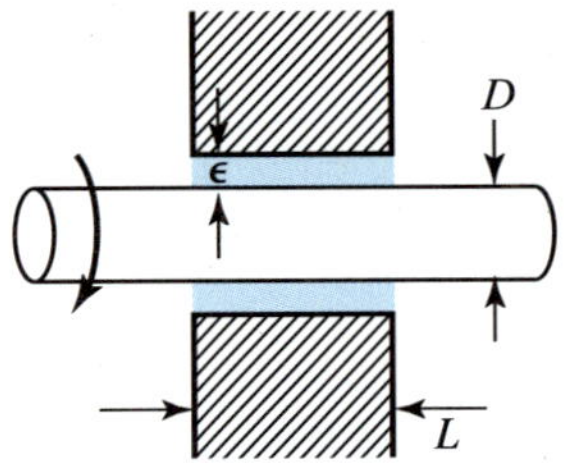	$c = \frac{\pi D^3 L\mu}{4\epsilon}$ $\epsilon =$ 간극

$$F = cv \tag{3.31}$$

$$\tau = c_T\omega \tag{3.32}$$

여기서 F와 τ는 각각 병진 및 회전 댐퍼에 작용하는 힘과 토크이고, v와 ω는 각각 댐퍼 양 끝의 상대속도와 상대각속도이다. 그리고 c는 감쇠마찰계수 또는 감쇠마찰상수, c_T는 비틀림 감쇠마찰계수(비틀림 감쇠마찰상수)라고 한다. 표 3.9에는 대표적인 기계적 에너지 발산요소들에 대한 감쇠마찰계수들이 요약되어 있다.

감쇠마찰계수 c는 다음과 같은 Newton의 점성 법칙을 이용하여 구할 수 있다.

$$\sigma_{yx} = \mu\frac{du}{dy} \tag{3.33}$$

여기서 σ_{yx}는 윤활 필름에서의 전단응력, μ는 윤활유의 점성계수, du/dy는 필름 표면의 수직 방향에서의 속도구배이다. 속도구배가 일정하다고 가정하고 표면 근처에서의 표면에 대한 유체의 상대속도가 0이라고 가정하면, 미끄럼 점성마찰에 의한 마찰력 F는 다음과 같이 표현된다.

$$F = \frac{A\mu}{d}v = cv \tag{3.34}$$

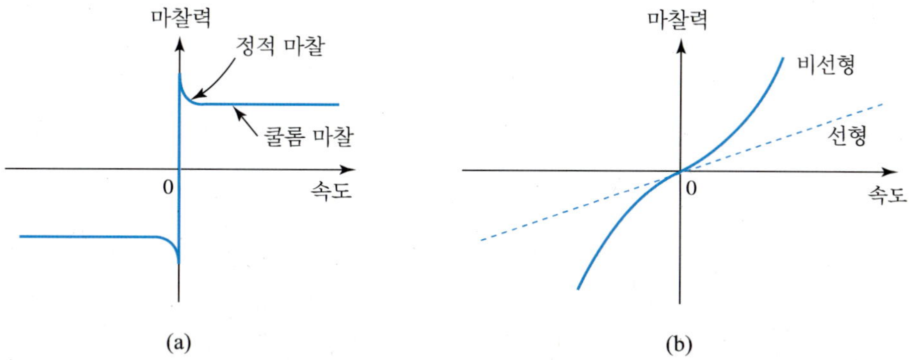

그림 3.8 (a) 정적 및 쿨롬 마찰의 특성 곡선, (b) 2차 형태 마찰의 특성 곡선

여기서

$$c = \frac{A\mu}{d}$$

그리고 A는 질량 아래의 윤활 면적, d는 유막의 두께, v는 물체의 속도이다.

감쇠마찰계수 c의 단위는 N/(m/sec), 비틀림 감쇠마찰계수 c_T의 단위는 N · m/(rad/sec)이다. 식 (3.31)이나 식 (3.32)와 같은 선형식을 만족시키는 경우를 선형 마찰이라 하고, 그렇지 않은 경우를 비선형 마찰이라고 한다. 비선형 마찰의 예로는 그림 3.8에 표시된 정적 마찰, 쿨롬(Coulomb) 마찰, 2차 형태($v|v|$)의 마찰 등이 있다. 정적 및 쿨롬 마찰은 고체와 고체 사이에서 미끄러질 때 발생하고, 2차 형태의 마찰은 고체와 유체 사이에서 일반적으로 발생한다.

(4) 에너지 변환요소

기계시스템의 대표적인 에너지 변환요소로는 병진 동력전달 시스템인 지렛대와 회전 동력전달 시스템인 기어 시스템 등이 있다. 그림 3.9는 병진 기계 에너지 변환요소로서 강체이며 질량과 마찰이 무시된 지렛대를 나타내고 있다.

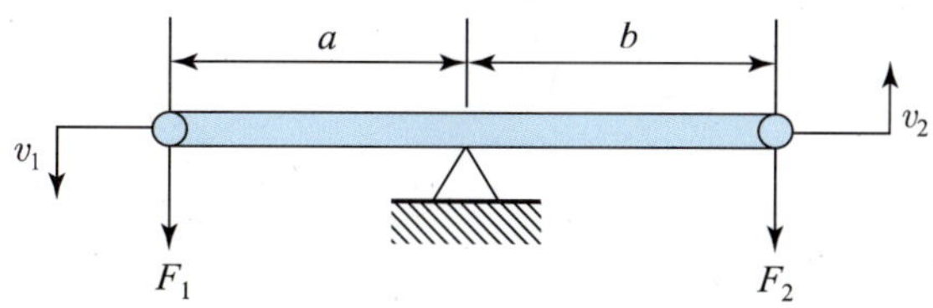

그림 3.9 지렛대

지렛대에서 에너지가 발산하지 않는다고 이상화할 경우, 지렛대는 트랜스포머 형태의 이상적인 에너지 변환요소로 생각할 수 있다. 이때 작용력(힘)변수들은 작용력변수들끼리, 흐름(속도)변수들은 흐름변수들끼리 서로 비례 관계를 갖는다. 즉

$$\begin{cases} F_1 = \dfrac{b}{a} F_2 \\ \dfrac{b}{a} v_1 = v_2 \end{cases} \tag{3.35}$$

여기서 b/a는 트랜스포머계수이다.

다음으로 그림 3.10에 표시된 대표적인 회전 동력전달 시스템인 기어 시스템에 대하여 생각하기로 한다. 두 기어의 반지름을 각각 r_1과 r_2라고 할 때, 접촉점에서의 속도는 각각 $r_1\omega_1$과 $r_2\omega_2$이다. 따라서

$$\frac{r_1}{r_2}\omega_1 = \omega_2 \tag{3.36}$$

또한 접촉력은 각각 τ_1/r_1과 τ_2/r_2이다. 여기서 τ_1과 τ_2는 기어축에 가해진 토크이다. 그러므로 토크의 평형조건식으로부터 다음 식을 얻을 수 있다.

$$\tau_1 = \frac{r_1}{r_2}\tau_2 \tag{3.37}$$

식 (3.36)과 식 (3.37)은 트랜스포머 형태의 에너지 변환 법칙을 나타낸다. 즉, 흐름변수 및 작용력변수들은 각각 같은 변수들 간에 서로 비례 관계를 가지며, r_1/r_2이 트랜스포머계수가 된다.

그러나 실제 기어 시스템에서는 회전관성에 의한 운동 에너지 저장요소 J와 베어링 마찰에 의한 에너지 발산요소 c_T를 무시할 수 없는 경우도 있다. 실제 기어 시스템에서는 토크의 일부가 마찰을 극복하기 위하여 그리고 회전관성 요소를 가속하기 위하여 사용되기

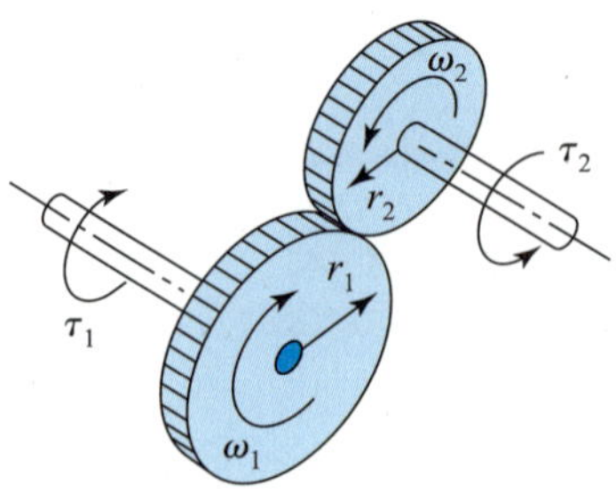

그림 3.10 기어 시스템

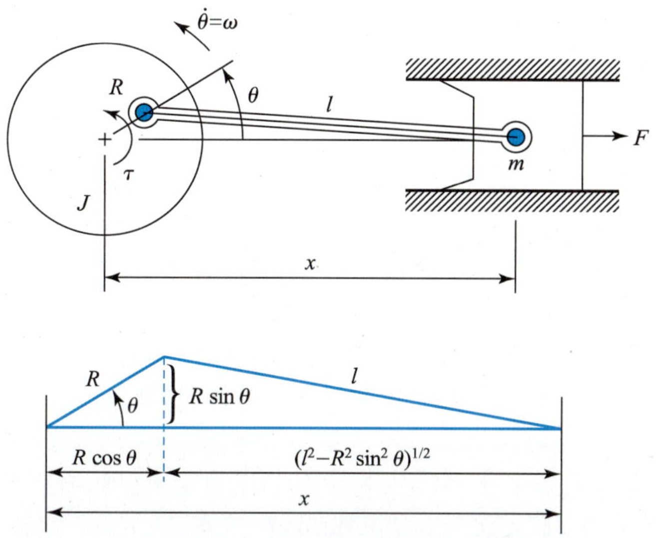

그림 3.11 크랭크-슬라이더 시스템

때문에 변환되는 에너지는 어느 정도 손실이 있다. 이와 같이 이상화된 기어 모델식을 쓸 것인가 아니면 에너지 발산 및 저장 요소를 고려한 실제에 가까운 기어 모델식을 쓸 것인가 하는 결정은 많은 경험의 바탕 위에서 공학적 판단을 가지고 경우에 따라 적절하게 이루어져야 한다.

이제 그림 3.11과 같이 병진 및 회전 운동이 함께 일어나는 크랭크-슬라이더(crank-slider) 시스템에 대해 생각하기로 한다. 이 시스템은 회전운동에서 병진운동으로 에너지가 변환되는 기하학적 비선형 항을 갖는 트랜스포머 형태의 에너지 변환요소이다.

이 시스템에서 질량 m의 변위 x를 크랭크각 θ의 함수로 표시하면 다음과 같다.

$$x(\theta) = R\ \cos\theta + (l^2 - R^2\sin^2\theta)^{1/2} \tag{3.38}$$

그리고 식 (3.38)을 미분하면, $v(=\dot{x})$와 $\omega(=\dot{\theta})$ 사이에 다음과 같은 관계식을 얻을 수 있다. 따라서 이 시스템은 각변위 θ에 따라 트랜스퍼머계수 K_t가 변하는 변조 트랜스포머로 모델링된다.

$$v = \frac{dx(\theta)}{d\theta}\omega = K_t(\theta)\ \omega \tag{3.39}$$

여기서

$$K_t(\theta) = -R\sin\theta - R^2\sin\theta\cos\theta(l^2 - R^2\sin^2\theta)^{-1/2}$$

예제 3.2 그림 3.12와 같은 질량–스프링–댐퍼 시스템에 대하여 동적 방정식들을 유도하기로 한다.

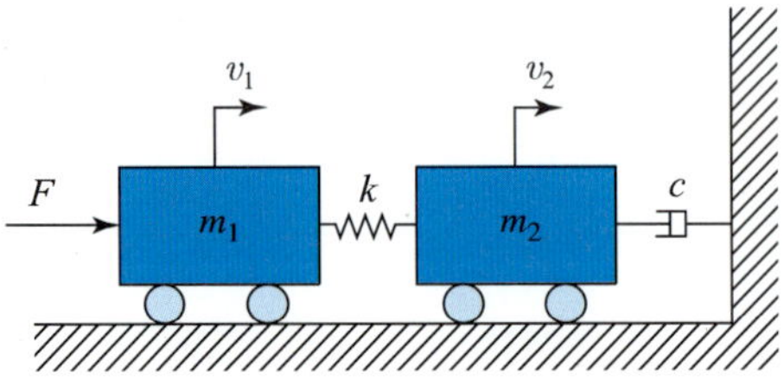

그림 3.12 질량–스프링–댐퍼 시스템

이 시스템은 소스 F로부터 에너지가 공급되면, 질량 m_1에 운동 에너지, 스프링 k에 위치 에너지, 질량 m_2에 운동 에너지가 저장되고, 끝으로 댐퍼 c에서 에너지가 발산된다. 각 요소 간에는 파워 보존 법칙이 성립하고 적절한 접합 조건(0–접합 또는 1–접합)이 충족되어야 한다. 각 요소 간의 접합 구조를 살펴보면, 소스 F, 질량 m_1과 스프링 k의 좌측은 속도가 v_1으로 같으므로 1–접합, 질량 m_1과 m_2, 스프링 k의 접합에서는 힘이 스프링에 작용하는 힘 F_s로 같으므로 0–접합, 그리고 스프링 k의 우측, 질량 m_2와 댐퍼 c의 좌측은 속도가 v_2로 같으므로 1–접합으로 이루어져 있다. 이와 같은 접합 구조에서 파워 보존 법칙을 만족하기 위해서는 다음 식들이 성립되어야 한다.

$$\begin{aligned} Fv_1 &= F_1v_1 + F_sv_1, \\ F_sv_s &= F_sv_1 - F_sv_2, \\ F_sv_2 &= F_2v_2 + F_dv_2 \end{aligned}$$

또는

$$\begin{aligned} F &= F_1 + F_s, \\ v_s &= v_1 - v_2, \\ F_s &= F_2 + F_d \end{aligned}$$

여기서 F_1과 F_2는 각각 질량 m_1과 m_2의 관성력, F_d는 댐퍼 c에 작용하는 힘, v_1과 v_2는 각각 질량 m_1과 m_2의 속도, v_s는 스프링 k 양측의 상대속도이다.

동적 시스템의 상태변수 선정과 관련된 에너지 저장요소들, 즉 운동 에너지 저장요소인 질량 m_1과 m_2, 위치 에너지 저장요소인 스프링 k의 동적 방정식들을 유도하면 각각 다음과 같다.

$$\dot{v}_1 = \frac{1}{m_1}F_1 = \frac{1}{m_1}(F - F_s),$$
$$\dot{v}_2 = \frac{1}{m_2}F_2 = \frac{1}{m_2}(F_s - F_d),$$
$$\dot{F}_s = kv_s = k(v_1 - v_2)$$

그리고 에너지 발산요소인 댐퍼 c의 요소방정식은 다음과 같다.

$$F_d = cv_2$$

이 기계시스템은 질량 m_1과 m_2의 속도 v_1과 v_2 그리고 스프링 k에 작용하는 힘 F_s를 상태변수로 하는 3차 시스템으로 모델링된다. ■

3.2.2 유체시스템

유체시스템은 크게 정적 압력이 중요한 유공기압시스템과 정적 및 동적 압력 모두 고려해야 하는 일반적인 유체시스템으로 구분할 수 있다. 이 책에서는 제어시스템공학에서 주로 관심을 갖는 유체시스템인 유공기압시스템에 대해서만 설명하기로 한다. 일반적으로 유압시스템은 그림 3.13과 같이 펌프, 모터, 유압 탱크, 파이프, 피스톤, 밸브, 필터 등으로 구성되어 있으며, 작동유체로는 비압축성 유체인 기름이나 물을 사용한다. 유압시스템은 견고

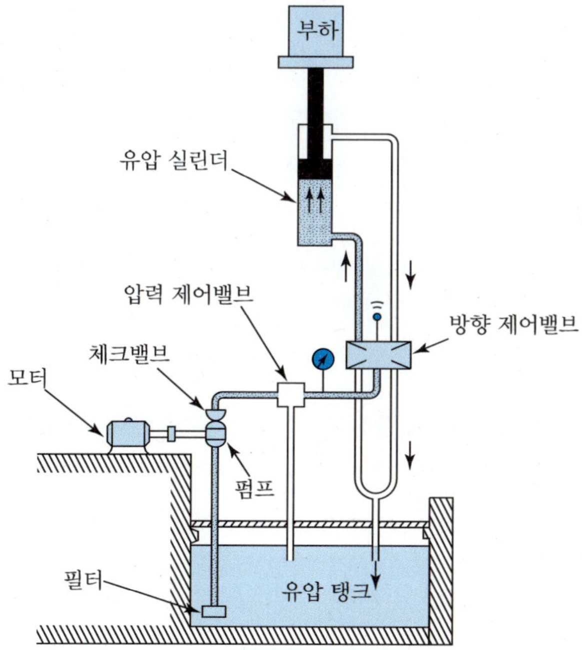

그림 3.13 일반적인 유압시스템

표 3.10 유공기압시스템의 기본적인 물리변수

변수	일반화된 시스템	유공기압시스템	단위
작용력	e	P, 압력	Pa
흐름	f	Q, 유량	$\mathrm{m^3/sec}$
운동량	$p(=\int e dt)$	Γ, 압력운동량	Pa · sec
변위	$q(=\int f dt)$	V, 체적	$\mathrm{m^3}$
파워	$P(=ef)$	PQ	W
운동 에너지	$E(p)(=\int f dp)$	$\int Q d\Gamma$	J
위치 에너지	$E(q)(=\int e dq)$	$\int P dV$	J

하고 고속이며 큰 동력을 발생할 수 있으므로, 공작기계, 굴삭기, 동력전달장치, 항공기 제어용 서보기구 등에 이용되고 있다. 저속의 유체를 사용하는 경우에는 동역학적인 문제를 크게 고려할 필요가 없으므로 이 경우의 유압시스템은 유체 정역학적(hydrostatic) 시스템으로 다루기도 한다. 또한 대부분의 유압시스템은 비선형 특성이 있지만, 시스템을 단순화하기 위하여 일반적으로 작동점 근처에서 선형화된 선형 시스템으로 취급한다.

공기압시스템은 작동유체로 압축성 유체인 공기 같은 가스를 사용한다. 산업 공정제어에서는 공기압장치를 이용하면 모터와 같은 전기시스템으로부터 얻을 수 있는 것보다 큰 파워를 얻을 수 있고, 또한 화재로부터의 위험도 없으므로 많이 사용되고 있다. 그렇지만 공기압시스템의 응답 속도는 작동유체의 압축성 때문에 일반적으로 유압시스템에 비해 느리다. 그리고 공기압시스템은 비선형성이 크고 열역학적 효과도 고려되어야 하므로 모델링하기가 상당히 복잡하다. 표 3.10에는 유공기압시스템의 기본적인 물리변수들이 요약되어 있다.

(1) 위치 에너지 저장요소

유체시스템에서 위치 에너지를 저장하는 요소를 유체 커패시터(fluid capacitor)라고 한다. 유공기압시스템의 유체 커패시턴스 또는 컴플라이언스 C는 작용력변수인 압력 P와 일반화된 변위인 체적 V 사이에 다음과 같은 관계가 있다. 그림 3.14에는 대표적인 유체 커패시터들이 표시되어 있다.

$$P = \frac{1}{C} V \tag{3.40}$$

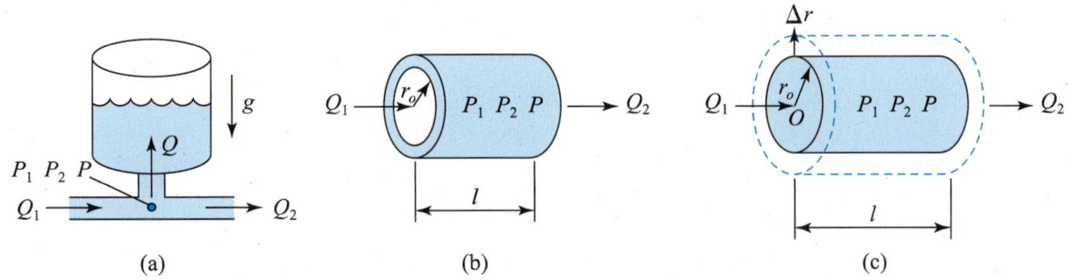

그림 3.14 유체 커패시터: (a) 일정 면적 유체 탱크, (b) 강체 파이프, (c) 유연 파이프

그림 3.14(a)처럼 T-파이프 조립의 경우와 같이 생각할 수 있으며, 이때 다음 관계식들이 성립한다.

$$P_1 = P_2 = P \tag{3.41a}$$

$$Q = Q_1 - Q_2 \tag{3.41b}$$

우선 중력장에 있는 일정 면적 유체 탱크[그림 3.14(a)]에 대하여 생각하기로 한다. 유체 탱크에 있는 유체의 체적 V는 유량 Q를 적분한 값이며, 유체 탱크 바닥에서의 압력 P와 체적 V 사이에는 다음과 같은 관계식이 성립한다.

$$P = \rho g h = \frac{\rho g}{A} V \tag{3.42}$$

여기서 ρ는 유체의 밀도, g는 중력가속도상수, A는 유체 탱크의 단면적이다. 식 (3.40)으로부터 중력장에 있는 일정 면적 유체 탱크의 커패시턴스 C는 다음과 같이 계산된다.

$$C = \frac{A}{\rho g} \tag{3.43}$$

다음으로 그림 3.14(b)에 있는 강체 파이프에 대하여 생각하기로 한다. 액체가 압축될 때 압력 변화는 다음과 같이 정의되는 체적탄성계수(bulk modulus) B를 사용하여 나타낸다.

$$dP = -B\frac{dV}{V} \tag{3.44}$$

여기서 dP는 유체 체적 V가 dV만큼 증가할 때의 압력 변화이다. '−' 부호는 단지 유체 체적이 증가할 때 압력이 감소한다는 것을 의미한다. 식 (3.41b)를 고려하면 체적감소량 ΔV를 알 수 있으며, 체적의 변화가 작은 경우에는 $\Delta V = -dV$로 생각할 수 있다. 따라서

$$\Delta P = \frac{B}{V_o}\Delta V \tag{3.45}$$

여기서 원래의 유체 체적 V_o와 유체 커패시턴스 C는 각각 다음과 같다.

$$V_o = \pi r^2 l = Al \tag{3.46}$$

$$C = \frac{V_o}{B} \tag{3.47}$$

전형적인 체적탄성계수 B 값은 20 °C의 기름의 경우 1.52 GPa이고 물의 경우는 2.18 GPa이다.[(83)] 이 값들은 유체 속에 있는 기체량에 따라 다소 변할 수 있다.

이제 그림 3.14(c)의 탄성이 고려된 유연 파이프에 대하여 생각하기로 한다. 주방향의 응력이나 스트레인 효과를 무시하고 여기서는 단지 파이프의 후프(hoop) 응력에 의한 체적 변화만을 계산하기로 한다. 압력 변화 ΔP에 의해 파이프에서 발생되는 응력 σ는 다음과 같다.

$$\sigma = \frac{r_o}{t} \Delta P \tag{3.48}$$

여기서 r_o는 파이프의 공칭 내부 반지름이고 t는 벽 두께이다. 그리고 $r_o/t \gg 1$이라고 가정하면, 이때 원주 방향의 스트레인 ϵ은 다음과 같다.

$$\epsilon = \frac{r_o \Delta P}{Et} \tag{3.49}$$

여기서 E는 탄성계수이다. 또한 반지름 증가에 의한 체적변화량 ΔV는 다음과 같다.

$$\Delta V = \Delta(\pi r^2 l) = \pi l (2r) \Delta r \big|_{r = r_o} \tag{3.50}$$

그리고 미소 스트레인 경우에는

$$\epsilon = \frac{\text{원주의 변화량}}{\text{공칭 원주}} = \frac{\Delta(2\pi r)}{2\pi r_o} = \frac{\Delta r}{r_o} \tag{3.51}$$

식 (3.49)에서 식 (3.51)까지 결합하면

$$\Delta V = \frac{2\pi l r_o^3}{Et} \Delta P = \frac{2 r_o V_o}{Et} \Delta P \tag{3.52}$$

여기서 공칭 체적 $V_o = \pi r_o^2 l$이다. 따라서 유연 파이프의 커패시턴스 C는 다음과 같이 표현된다.

$$C = \frac{2 r_o V_o}{Et} \tag{3.53}$$

이제 유체의 압축성과 파이프의 유연성을 모두 고려하면, 유량 또는 체적 변화량에 관하여 다음 식이 성립한다.

$$Q_3 + Q_4 = Q_1 - Q_2 \tag{3.54}$$

또는

$$\Delta V_3 + \Delta V_4 = \int^t (Q_1 - Q_2)dt \tag{3.55}$$

유체의 압축성에 의한 커패시턴스 C_1과 파이프의 유연성에 의한 커패시턴스 C_2에 같은 압력이 작동되므로 체적 변화량 ΔV_3와 ΔV_4를 각각 공통 작용력변수 ΔP와 관련지을 수 있다. 다시 말하면 식 (3.45)와 식 (3.52)를 이용해 각각 다음 식을 얻을 수 있다.

$$\Delta V_3 = \frac{V_o}{B}\Delta P \tag{3.56}$$

$$\Delta V_4 = \frac{2r_o V_o}{Et}\Delta P \tag{3.57}$$

따라서

$$\left(\frac{V_o}{B} + \frac{2r_o V_o}{Et}\right)\Delta P = \int^t (Q_1 - Q_2)dt \tag{3.58}$$

그러므로 등가 커패시턴스 C_{eq}는 다음과 같이 유도된다.

$$C_{eq} = \left(\frac{1}{B} + \frac{2r_o}{Et}\right)V_o \tag{3.59}$$

이와 같이 유체의 압축성과 파이프의 유연성을 동시에 고려한 등가 커패시턴스 C_{eq}는 각각 고려한 커패시턴스 C_1과 C_2를 단순히 더하면 된다. 물론 유체의 압축성과 파이프의 유연성을 모두 고려할 수는 있지만, 대부분의 실제 파이프에서는 유체의 압축성에 의한 커패시턴스가 파이프의 유연성에 의한 커패시턴스보다 훨씬 크므로 일반적으로 파이프의 유연성을 무시하고 강체로 가정한다.

대부분의 유체시스템은 선형화된 시스템을 사용하여 동적 모델링을 수행하지만, 그림 3.15에 표시된 압축가스 어큐뮬레이터와 같이 비선형식을 직접 사용하여 모델링하는 경우에 대하여 생각하기로 한다.

동적 조건 아래서, 가스와 주변 환경 사이에 서로 열전달이 일어나지 않는다고 가정하면, 이때 다음과 같은 가역 단열(reversible adiabatic), 즉 등엔트로피(isentropic) 과정에 대

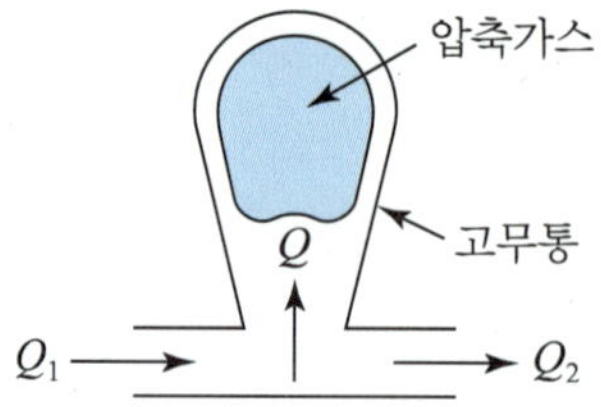

그림 3.15 압축가스 어큐뮬레이터

한 물리식을 만족스러운 근사식으로 사용할 수 있다.

$$PV^{\gamma} = P_o V_o^{\gamma} = \text{일정} \tag{3.60}$$

여기서 첨자 o는 초깃값을 의미하며, γ는 일정한 체적에서의 비열 c_v에 대한 일정한 압력에서의 비열 c_p의 비, 즉 $\gamma = c_p/c_v$이다. 대표적인 예로서, 대기압 상태에서의 공기의 경우 $\gamma \simeq 1.4$이다.

이제 압축가스의 커패시턴스를 유도하기 위하여 식 (3.60)을 이용하여 $\left.\frac{dP}{dV}\right|_o$를 구하기로 한다.

$$\left.\frac{dP}{dV}\right|_o = P_o V_o{}^{\gamma}(-\gamma) V^{-(\gamma+1)}\Big|_o = -\frac{P_o \gamma}{V_o} \tag{3.61}$$

여기서 dP를 ΔP로, dV를 $-\Delta V$로 치환하면

$$\Delta P = \frac{P_o \gamma}{V_o} \Delta V \tag{3.62}$$

따라서 압축가스의 커패시턴스 C는 다음과 같이 표현할 수 있다.

$$C = \frac{V_o}{P_o \gamma} \tag{3.63}$$

만일 압축성 유체가 등온(isothermal) 과정에서 작동한다면, $\gamma = 1$이다. 그러므로 등온 과정에서 압축성 유체의 커패시턴스 C는 V_o/P_o이다.

또한 그림 3.16과 같이 스프링을 이용한 어큐뮬레이터의 경우에 대한 커패시턴스를 유도하기로 한다.

유체 압력에 의한 힘 F는 판의 변위 x에 선형적으로 비례한다고 가정한다.

$$F = kx \tag{3.64}$$

여기서 k는 스프링상수이다. 판의 단면적을 A, 유체의 압력을 P, 들어가는 유량과 나오는

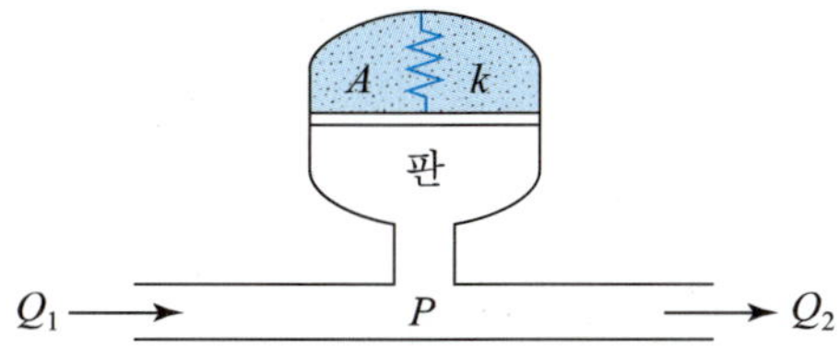

그림 3.16 스프링을 이용한 어큐뮬레이터

유량을 각각 Q_1과 Q_2라고 하면, 유량 보존 법칙에 의하여 다음 식이 성립한다.

$$\frac{d}{dt}(Ax) = A\frac{dx}{dt} = Q_1 - Q_2 \tag{3.65}$$

판의 관성을 무시하면, 다음과 같은 힘의 평형조건식이 주어진다.

$$PA = kx \tag{3.66}$$

따라서 식 (3.65)와 식 (3.66)으로부터 다음 식을 얻을 수 있다.

$$\frac{dP}{dt} = \frac{1}{C}(Q_1 - Q_2) \tag{3.67}$$

여기서 C는 스프링을 이용한 어큐뮬레이터의 커패시턴스를 의미하며, $C = A^2/k$이다.

(2) 운동 에너지 저장요소

유체시스템에서 운동 에너지를 저장하는 요소를 유체관성(fluid inertia)이라고 한다. 관성 요소는 유체질량에 의해 발생하지만, 유체관성 I는 작용력변수 P와 흐름변수 Q 사이의 관계식으로부터 유도할 수 있다. 그림 3.17은 일정 면적 파이프에 대한 개략도이다. 그림 3.17에서 작용력 P와 운동량 Γ는 각각 다음과 같이 표현된다.

$$P = P_1 - P_2 \tag{3.68}$$

$$\Gamma = \int^t P dt = \int^t (P_1 - P_2) dt \tag{3.69}$$

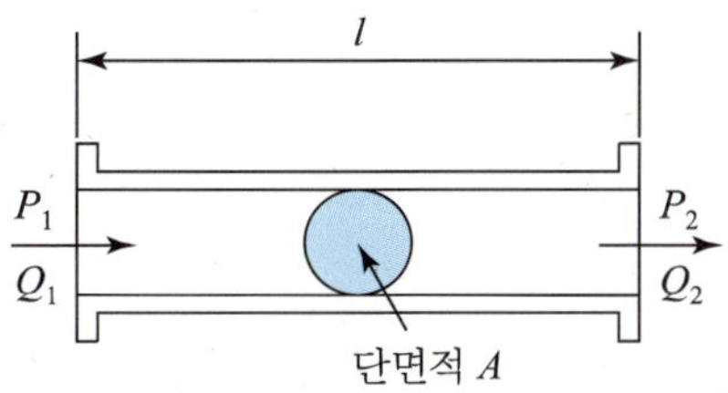

그림 3.17 일정 면적 파이프

유체관성 I가 선형 요소인 경우, 유량 Q와 압력운동량 Γ 사이에는 다음 관계식이 성립한다.

$$Q = \frac{1}{I}\Gamma \tag{3.70}$$

이제 유체관성 I를 계산하기 위하여, 파이프에 대해 Newton 제2법칙, 즉 $F = ma$를 적용하기로 한다. 유체질량에 작용하는 알짜힘은 $P_1A - P_2A$, 유체속도는 Q/A, 그리고 유체질량이 ρAl이므로 다음과 같은 운동방정식이 성립한다.

$$\rho Al\frac{\dot{Q}}{A} = P_1A - P_2A \tag{3.71}$$

여기서 $\dot{Q}/A$는 유체의 가속도이다. 식 (3.68)과 식 (3.71)로부터

$$\frac{\rho l}{A}\dot{Q} = P \tag{3.72}$$

이제 식 (3.72)를 적분하고 식 (3.69)와 식 (3.70)을 이용하면 파이프에서의 유체관성 I를 다음과 같이 구할 수 있다.

$$I = \frac{\rho l}{A} \tag{3.73}$$

여기서 유체관성 I가 유체의 밀도 ρ와 파이프의 길이 l에 비례한다는 것은 이해되지만, 파이프의 단면적 A가 작을 경우에 단면적이 클 때보다 유체관성이 크다는 것은 이상하게 생각될 수도 있다. 이것은 작용력변수로 힘을 사용하지 않고 압력을 사용했기 때문이다. 주어진 압력 차에 대해서는, 단면적이 큰 경우에 유체가 빠르게 가속된다. 단면적이 일정하지 않은 경우에 유체관성 I는 다음과 같이 계산된다.

$$I = \int_0^l \frac{\rho}{A(s)}ds \tag{3.74}$$

(3) 에너지 발산요소

그림 3.18에는 전형적인 유체저항(fluid resistance) 요소가 표시되어 있다. 유체저항 R가 선형 요소인 경우, 작용력변수 P와 흐름변수 Q 사이에는 다음 관계식이 성립한다.

$$P = RQ \tag{3.75}$$

유체저항 R의 단위는 $\mathrm{Pa/(m^3/sec) = N \cdot sec/m^5}$이다.

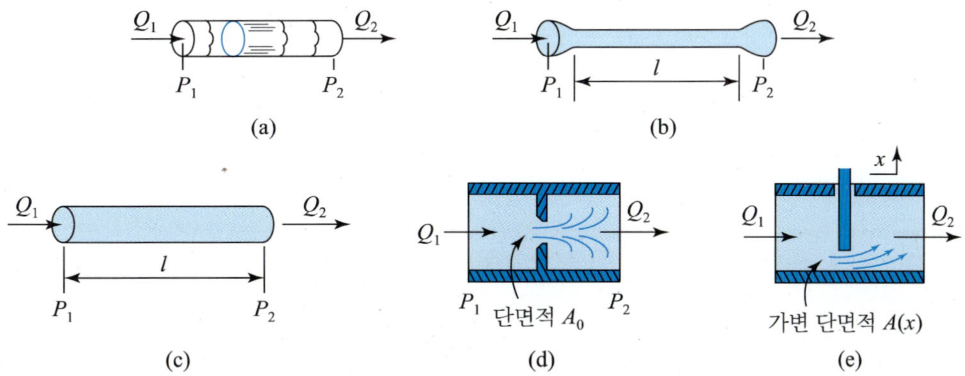

그림 3.18 유체저항: (a) 다공성 마개, (b) 모세관 튜브, (c) 긴 파이프, (d) 오리피스, (e) 밸브

저항이 파이프의 길이와 관련 있는 경우에 흐름변수 Q와 작용력변수 P는 각각 다음과 같은 접합방정식을 만족한다.

$$Q_1 = Q_2 = Q \tag{3.76a}$$

$$P = P_1 - P_2 \tag{3.76b}$$

정상흐름(steady flow) 상태에서는 유체저항 R 값을 쉽게 구할 수 있지만, 동적 상태에서는 여러 가지의 저항 법칙에 근거한 동적 실험 데이터로부터 유체저항 R 값을 구하는 것이 일반적이다.

그림 3.18(a)는 점성력이 주로 작용하는 다공성 마개(porous plug)를 나타낸다. 이 경우에는 비압축성 유체에 대한 압력-유량식 (3.75)가 성립한다. 유체저항 R는 보통 실험에 의해 결정되며, 층류(laminar) 흐름인 경우에 유체저항 R는 일반적으로 다음과 같이 주어진다.

$$R = \frac{128\mu l}{\pi d^4} \tag{3.77}$$

여기서

μ = 유체의 점성(viscosity), $\mathrm{N \cdot sec/m^2 (= Pa \cdot sec)}$

l = 길이, m

d = 안지름, m

그리고 길이 l이 충분히 길어서 균일한 층류 흐름에 의한 압력 손실이 발생해야 한다.

평균 입자 속도와 실제 속도가 다른 난류(turbulent) 유체의 경우에는 유체의 점성력에 대한 관성력의 비를 나타내는 Reynolds수 R_e를 이용하여 난류의 존재를 예측한다. 원형

파이프의 경우에는 Reynolds수가 다음과 같이 표현된다.

$$R_e = \frac{4\rho Q}{\pi d\mu} \tag{3.78}$$

여기서 ρ는 유체의 밀도이다.

$R_e \le 2300$일 때는 점성력이 지배적이어서 층류 흐름의 식 (3.75)와 식 (3.77)을 사용할 수 있다. 그러나 $R_e > 2300$일 때는 흐름이 난류가 되고, 이때 정상 흐름의 경우 압력-유량 관계식은 다음과 같은 비선형식으로 표현된다.

$$P = R_T Q|Q| \tag{3.79}$$

여기서 R_T는 난류 저항이라고 한다. 이것은 파이프의 길이 l, 지름 d, 유체 밀도 ρ에 따라 결정된다. 난류 파이프 흐름에서의 난류 저항 R_T는 일반적으로 다음과 같이 표현된다.

$$R_T = \frac{8fl\rho}{\pi^2 d^5} \tag{3.80}$$

여기서 f는 실험적으로 결정되는 마찰계수이다. 마찰계수 f는 Reynolds수의 함수이고 Reynolds수가 큰 경우에는 거의 일정하다.

또한 밸브의 경우에는

$$R_T = \frac{8\rho C_L}{\pi^2 d^4} \tag{3.81}$$

여기서 d는 보통 밸브의 출구 측의 지름이 사용되고, C_L은 무차원 수로서 수두손실계수(head-loss coefficient)이다. 유체시스템 요소에 대한 마찰계수 및 수두손실계수 값들은 참고문헌[61, 65]을 참조하기 바란다.

그림 3.19와 같은 오리피스 흐름의 경우에도 다음과 같이 압력-유량 관계식이 비선형으로 나타난다.

$$P = R_o Q|Q| \tag{3.82}$$

여기서

$$R_o = \frac{\rho}{2C_d^2 A_1^2} \tag{3.83}$$

그리고 A_1은 오리피스 입구의 단면적이고, C_d는 방출계수(discharge coefficient)이다. $h \ge 0.45$ m이고 오리피스 지름 $d \ge 6$ cm인 물의 경우 방출계수 C_d는 대략적으로 0.6이

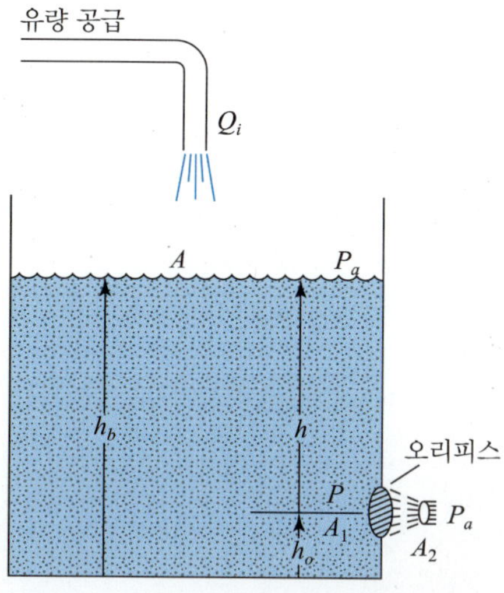

그림 3.19 오리피스가 있는 유체 탱크

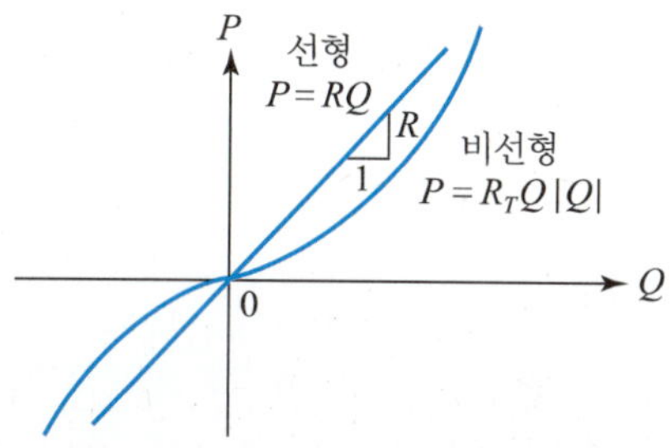

그림 3.20 선형 및 비선형 유체저항

다. 다른 조건과 다른 유체에 대한 C_d 값은 참고문헌[(1)]을 참조하기 바란다.

그림 3.20은 선형 및 비선형 유체저항 특성을 나타낸 그림이다. 다공성 마개와 같이 길고 좁은 채널을 통과하는 유체의 경우에는 선형의 유체저항식을 사용할 수 있지만, 일반적인 유체의 경우에는 작동 조건 근처에서 비선형의 유체저항식에 섭동을 가하여 얻은 선형화된 식을 보통 사용한다.

이제 그림 3.21에 표시된 대표적인 유압시스템의 하나인 유압 댐퍼에 대하여 생각하기로 한다. 지름 D이고 두께 l인 피스톤에는 지름 d인 원통형 구멍이 있고, 댐퍼 내부는 점성 비압축성 유체로 채워져 있다. 피스톤의 가속도가 작다면, 피스톤 로드에 작용하는 힘 F와 압력 차 $P = P_1 - P_2$ 사이에는 다음 관계식이 성립한다.

$$F = AP \tag{3.84}$$

여기서

$$A = \pi\left(\frac{D}{2}\right)^2 - \pi\left(\frac{d}{2}\right)^2$$

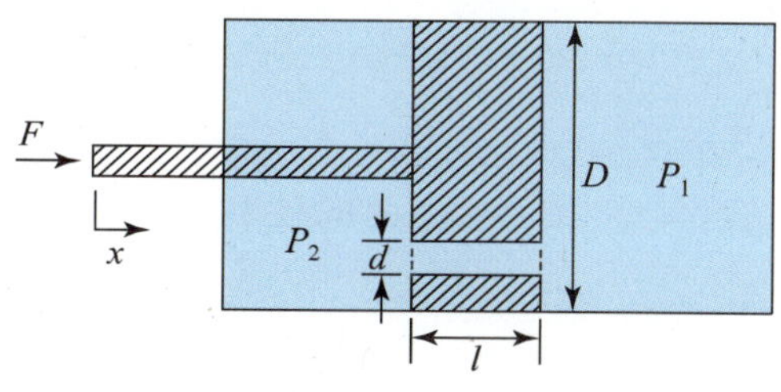

그림 3.21 유압 댐퍼

속도가 상당히 느리고 점성이 큰 유체의 흐름은 층류로 가정할 수 있으므로

$$P = \frac{128\mu l}{\pi d^4} Q \tag{3.85}$$

또한 유량-피스톤 속도와 감쇠력에 관한 관계식은 각각 다음과 같다.

$$Q = A\frac{dx}{dt} \tag{3.86}$$

$$F = c\frac{dx}{dt} \tag{3.87}$$

여기서 감쇠계수 c는 식 (3.84)에서 식 (3.87)까지를 이용하여 다음과 같이 구할 수 있다.

$$c = A^2 R = 8\pi\mu l \left\{ \left(\frac{D}{d} \right)^2 - 1 \right\}^2 \tag{3.88}$$

만일 상대속도가 충분히 커서 난류 흐름의 경우에는 비선형 저항식 (3.79)를 사용해야 한다. 이때 감쇠계수 c는 다음과 같다.

$$c = A^3 R_T \tag{3.89}$$

(4) 에너지 발생 및 변환 요소

유공기압시스템에서 에너지를 발생시키는 요소는 압력소스와 유량소스이다. 압력소스는 유량에 관계없이 일정하거나 시간에 따라 지정된 압력을 공급하고, 유량소스는 압력에 관계없이 일정하거나 시간에 따라 지정된 유량을 공급하는 에너지 발생요소이다. 보통 이상적인 형태의 압력 및 유량 소스는 실제적인 요소에서는 존재할 수 없으므로 압력 및 유량 소스가 적절히 근사화되거나 저항과 같은 다른 요소들과 결합되어 사용된다. 그림 3.22에는 일정한 작용력 소스로 가정해도 좋은 예가 소개되어 있다. 터빈 쪽으로 움직이기 시작하는, 저수지에 있는 물의 압력 P_o는 물의 높이로 결정된다. 저수지가 매우 크다고 가정하

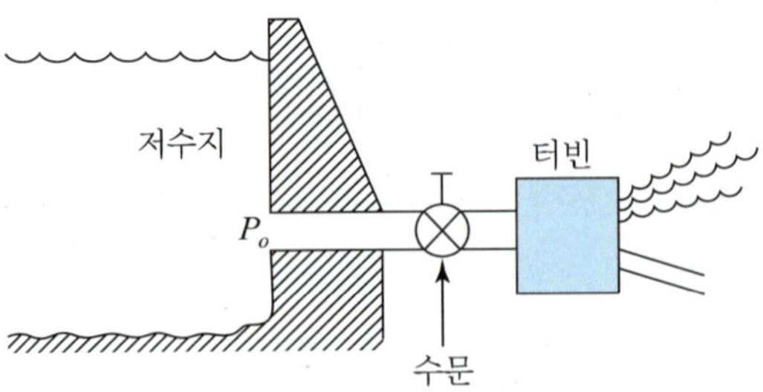

그림 3.22 작용력소스로 모델링된 일정 압력소스

면 터빈으로의 유량에 의하여 압력 P_o는 별로 영향을 받지 않는다. 따라서 이 압력은 작용력소스로 설정될 수 있다.

그림 3.23은 용적형(positive-displacement type) 펌프에 대한 개략도이다. 피스톤의 변위 x는 크랭크각 θ의 함수이다. 그리고 피스톤의 단면적을 A라고 하면 유량 Q는 다음과 같이 표현될 수 있다.

$$Q = \dot{V} = A\dot{x} = A\frac{dx}{d\theta}\dot{\theta} = A\frac{dx}{d\theta}\omega \tag{3.90}$$

두 체크밸브(check valve)는 전기시스템에서의 다이오드와 같은 역할을 하며 유량을 정류한다. 방출하는 동안에는 위 체크밸브가 열리고 아래 체크밸브가 닫혀 유량 Q가 파이프를 통해 빠져나간다. 흡입하는 동안에는 위 체크밸브가 닫히고 아래 체크밸브가 열려 유체가 흘러 들어오고 방출되는 유량은 없다.

만일 피스톤이 일정한 각속도 ω로 움직인다면, 펌프는 그림 3.23에 표시된 바와 같이 시변 유량을 갖는 흐름소스로 작동한다. 이제 식 (3.90)이 좀 더 의미를 갖기 위하여 다음 식을 가정한다.

$$x = R\sin\theta \tag{3.91}$$

이때 유량 Q는

$$Q = (AR\cos\theta)\omega \tag{3.92}$$

각속도 ω가 일정하고 $\theta = \omega t$일 때

$$Q = AR\omega\cos\omega t \tag{3.93}$$

위 식에서 코사인(cosine)파가 양(+)인 경우 펌프는 유체를 방출하고 음(−)인 경우 펌프

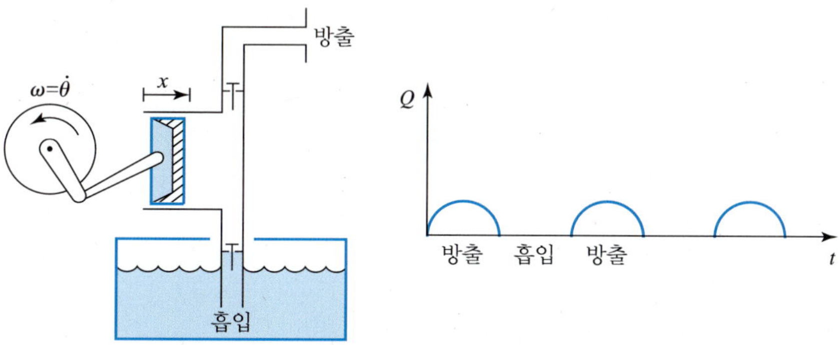

그림 3.23 흐름소스로 모델링된 일정-변위 펌프

는 유체를 흡입한다.

실제적인 펌프에서는 보통 많은 실린더들이 동시에 사용되고 있으므로 전 방출 유량이 거의 일정하다. 각각의 실린더 모두가 그림 3.23에 표시된 흐름 특성을 가지므로, 각각의 실린더에 대한 유량은 각속도 ω에 비례한다. 그러므로 이 펌프는 각속도 ω에 비례하는 유량을 발생한다. 만일 각속도 ω가 일정하다면, 펌프는 거의 일정한 유량을 방출하는 유량소스로 생각할 수 있다.

실린더 축이 1라디안 회전할 때 다중–실린더 펌프로부터 방출되는 유체체적을 V_o $\mathrm{m}^3/\mathrm{rad}$이라고 가정하면, 이때 출력 체적 V와 축의 각변위 θ 사이에 다음 관계식이 성립한다.

$$V = V_o\theta \tag{3.94}$$

그리고 V_o가 (거의) 일정하고 θ의 함수가 아니라고 가정하면, 이때 유량 Q는 다음과 같이 표현할 수 있다.

$$Q = \dot{V} = V_o\dot{\theta} = V_o\omega \tag{3.95}$$

방출압력을 P라고 하면 유압에 의한 파워는 PQ이다. 그리고 기계적 파워는 $\tau\omega$이다. 여기서 τ는 축에 걸리는 토크이다. 만일 펌프의 마찰을 무시하면, 기계적 파워는 유압에 의한 파워와 같게 된다. 즉

$$PQ = PV_o\omega = \tau\omega \tag{3.96}$$

따라서

$$\tau = V_oP \tag{3.97}$$

여기서 V_o는 두 흐름변수를 나타내는 Q와 ω 그리고 두 작용력변수를 나타내는 P와 τ에 관련된 계수로 생각할 수 있다. 이것은 이상적인 트랜스포머계수와 같다. 그림 3.24는 이상적인 유압–기계적 트랜스포머의 개략도이다. 그러나 펌프나 유압실린더를 보다 실제 시스

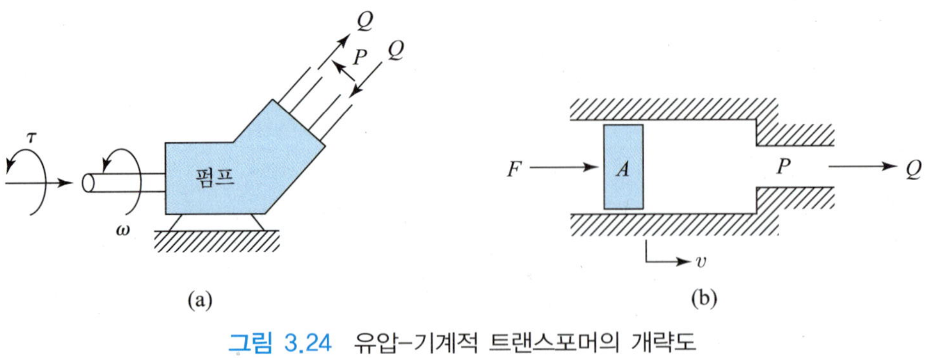

그림 3.24 유압–기계적 트랜스포머의 개략도

템에 가깝게 모델링하기 위해서는 이와 같은 이상적인 트랜스포머 모델에 에너지 발산 및 저장 요소들이 첨가되어야 한다.

예제 3.3 그림 3.25와 같이 펌프와 부하 사이를 유연하고 긴 파이프로 연결시킨 유압 시스템의 동적 방정식들을 유도하기로 한다.

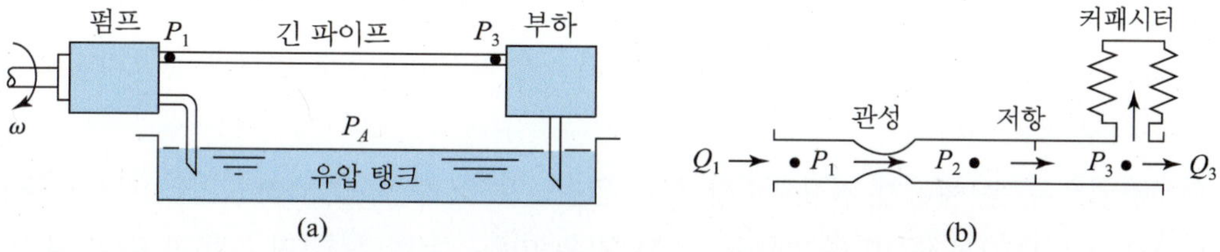

그림 3.25 유연하고 긴 파이프가 있는 유압시스템

파이프가 길거나 압력이 급격히 변하면, 또는 좀 더 유압시스템을 정확하게 모델링하고자 한다면, 파이프 안에서의 유체관성의 효과, 파이프의 유연성, 파이프 내부의 저항을 고려해야 한다. 사실 이 모든 효과들은 파이프 전체를 통하여 분포되어 있다. 다행히 약간의 단순한 가정을 통하여 좋은 예측을 할 수 있는 모델을 만들 수 있다. 그림 3.25(b)에는 유체관성 I, 유체저항 R, 유체커패시터 C를 고려한 단순화된 동적 모델이 표시되어 있다. 펌프에서 공급된 파워는 유체관성에 운동 에너지로 저장되고, 유체저항에서 에너지가 손실되고, 유체커패시터에 위치 에너지로 저장되며, 나머지 파워가 부하 R_L에 전달된다.

파워 보존 법칙과 요소 간의 접합 구조를 고려하여 단순화된 유압시스템의 동적 방정식들을 다음과 같이 유도할 수 있다. 먼저 상태변수 선정과 관련된 에너지 저장요소인 유체관성 I와 유체커패시터 C에 대한 동적 방정식은 각각 다음과 같이 표현된다.

$$\dot{Q}_1 = \frac{1}{I}(P_1 - P_2)$$
$$\dot{P}_3 = \frac{1}{C}(Q_1 - Q_3)$$

여기서 Q_1과 Q_3는 각각 펌프에서 공급되는 유량과 부하로 공급되는 유량이며, P_1은 시스템 입력인 펌프압력이고, P_2와 P_3는 각각 유체저항 통과 전후에서의 압력이다. 그리고 유체저항 R와 부하저항 R_L에 대한 요소방정식은 각각 다음과 같다.

$$P_2 - P_3 = RQ_1$$

$$P_3 = R_L Q_3$$

이 유압시스템은 펌프에서 공급되는 유량 Q_1과 유체저항 통과 후의 압력 P_3를 상태변수로 하는 2차 시스템으로 모델링된다. ■

3.2.3 열시스템

앞 절에서 다룬 유체시스템은 온도 변화에 의한 에너지 발산을 고려하지 않는 등온(isothermal) 시스템으로 모델링되었다. 이 절에서는 열에너지와 온도 효과가 중요시되는 열시스템을 다루기로 한다.

열시스템은 운동 에너지 저장요소가 필요 없다. 열시스템은 진동보다는 확산되는 특성이 있으므로 열 진자(thermal oscillator) 같은 것을 만들 수 없다. 그림 3.26과 같이 체적 V인 용기에 엔트로피가 S, 압력이 P, 절대온도가 T인 어떤 물질이 밀폐되어 있는 열시스템에 대하여 생각하기로 한다. 가열되거나 냉각되면 이 열시스템은 주변 환경과 열에너지를 교환할 수 있으며, 열에너지는 용기 체적의 변화로 기계 에너지로도 변환될 수 있다.

열시스템에서 가장 기본이 되는 상태방정식은 다음과 같이 표현되는 Gibbs 방정식이다.

$$du = Tds - Pdv \tag{3.98}$$

여기서 u, s, v는 각각 단위질량당 내부 에너지, 엔트로피, 체적을 나타낸다. 이 에너지에 관한 식을 시간에 대해 미분하면 다음과 같이 파워에 관한 식으로 변환시킬 수 있다.

$$\frac{du}{dt} = T\frac{ds}{dt} - P\frac{dv}{dt} \tag{3.99}$$

또는 식 (3.99)의 양변에 질량 m을 곱하면, $U = mu$, $S = ms$, $V = mv$이므로 다음과 같이

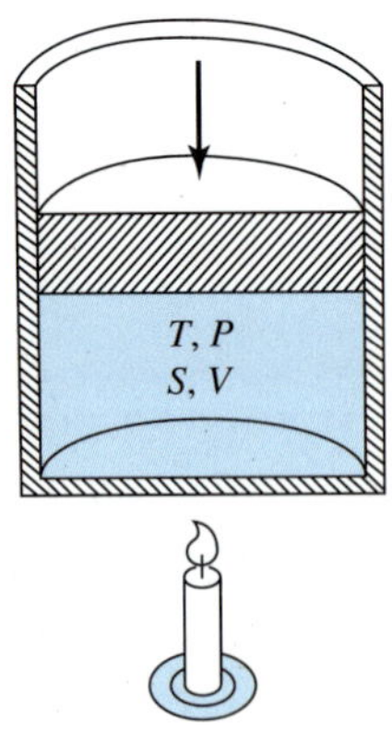

그림 3.26 기본적인 열시스템의 예

표 3.11 열시스템의 기본적인 물리변수

변위	일반화된 시스템	열시스템	단위
작용력	e	T, 절대온도	K
흐름	f	$\dot{S}$, 엔트로피 유량	J/K · sec
운동량	$p(=\int edt)$	필요 없음	
변위	$q(=\int fdt)$	S, 엔트로피	J/K
파워	$P(=ef)$	$T\dot{S}$	W
에너지	$E(q)(=\int edq)$	$\int TdS$	J

표현할 수도 있다.

$$\frac{dU}{dt} = T\frac{dS}{dt} - P\frac{dV}{dt} \tag{3.100}$$

식 (3.100)에서 PdV/dt는 유공기압시스템에서의 작용력변수와 흐름변수의 곱과 같다. 이와 상사가 되도록, 열시스템에서는 절대온도 T를 작용력변수로, 엔트로피 유량 $\dot{S}$를 흐름변수로 생각할 수 있다.

표 3.11에는 Gibbs 방정식을 기초로 한 열시스템에 대한 물리변수들이 요약되어 있다. 이 표에서 알 수 있듯이 열시스템의 기본적인 물리변수에서는 일반화된 운동량은 필요 없으며 에너지의 형태도 내부 에너지만 존재한다.

절대온도(작용력변수)와 엔트로피 유량(흐름변수)을 열시스템의 파워변수로 사용해야 다른 에너지역 시스템과 같이 통합적으로 다룰 수 있다. 그렇지만 실제로는 특히 열전달 문제와 같이 물질이 검사체적(control volume)을 드나드는 열린 시스템을 모델링하는 데는 작용력변수로 절대온도가 아닌 섭씨와 같은 다른 온도, 흐름변수로는 열에너지 유량이 좀 더 일반적으로 사용되고 있다. 이와 같이 수정된 작용력변수와 흐름변수를 사용할 때는 다른 에너지역 시스템과의 유사성은 이미 상실하게 된다. 따라서 수정된 작용력변수와 흐름변수는 열시스템에서만 사용되어야 한다.

엔트로피 개념은 추상적이므로 흐름변수로 엔트로피 유량 $\dot{S}$ 대신 열(에너지) 유량 Q를 사용하고, 또한 열역학적 온도는 절대온도뿐만 아니라 섭씨나 화씨 온도도 사용할 수 있다. 표 3.12는 열전달시스템에 대한 물리변수들을 요약한 것으로서 물리적이라기보다는 수학적인 유사성(analogy)을 갖는다.

표 3.12 열전달시스템의 기본적인 물리변수

변수	일반적인 시스템	열전달시스템	단위
작용력	e	T, 온도	K, C, F
흐름	f	Q, 열유량	W
운동량	$p(=\int edt)$	필요 없음	
변위	$q(=\int fdt)$	U, 열에너지	J
파워	$P(=ef)$	Q, 상사되는 것 없음	W
에너지	$E(q)(=\int edq)$	U, 상사되는 것 없음	J

그림 3.27은 열전달시스템에서의 저항요소를 나타낸다. 그림 3.27(a)는 얇은 판 사이에서의 온도 차 T에 의해 열유량 Q가 발생하고 판에 열이 축적되지 않는 경우로서 판 양측면에서의 열유량 $Q_1 = Q_2 = Q$이고 온도 차 $T = T_1 - T_2$이다. 즉, 얇은 판은 재료의 열특성에 따른 열저항 R로 고려될 수 있으며, 이는 1-접합을 이루고 있다. 온도 차 T가 크지 않은 경우에는 다음과 같이 표시되는 선형 저항식으로도 충분한 정확도를 가질 수 있다.

$$Q = \frac{kA}{l}(T_1 - T_2) \tag{3.101}$$

여기서 k는 열전도도, A는 열전달 면적, l은 두께를 의미한다.

그리고 그림 3.27(b)는 유체가 벽면 위에서 흐르고 있을 때 대류에 의한 열전달을 나타내고 있다. 이 경우에는 다음과 같은 대류에 관한 선형 저항식으로 표현할 수 있다.

$$Q = hA(T_1 - T_2) \tag{3.102}$$

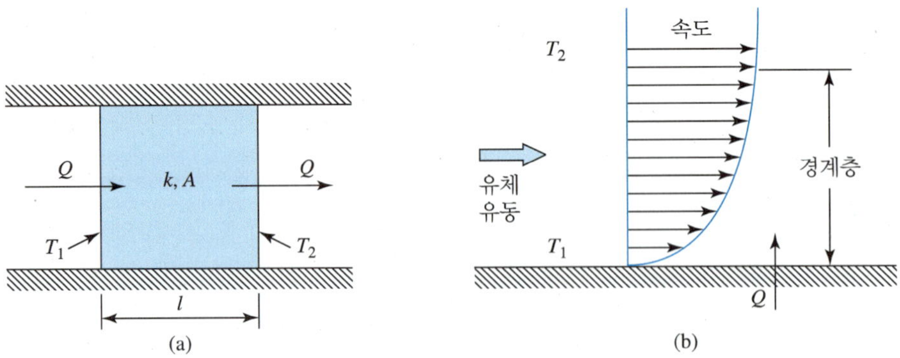

그림 3.27 열전도 및 대류에 의한 열저항 요소

여기서 h는 대류 열전달계수, A는 열전달 면적이며, T_1과 T_2는 각각 벽과 유체의 온도를 의미한다.

그리고 열저항 R는 다음 식으로 정의된다.

$$T_1 - T_2 = RQ \tag{3.103}$$

따라서 식 (3.103)을 식 (3.101)과 식 (3.102)와 비교하여, 열전도에 의한 열저항 R_k와 대류에 의한 열저항 R_c를 각각 다음과 같이 표현할 수 있다.

$$R_k = \frac{l}{kA} \tag{3.104}$$

$$R_c = \frac{1}{hA} \tag{3.105}$$

대류 열저항 R_c에 대한 전도 열저항 R_k의 비를 무차원인 Biot수 Bi라고 하며, 이는 열시스템을 집중 파라미터 시스템으로 모델링할 수 있는지를 나타내는 척도로 사용된다.

$$Bi = \frac{R_k}{R_c} = \frac{hl}{k} \tag{3.106}$$

보통 $Bi < 0.1$인 경우에는 집중 파라미터 모델을 사용하여 열시스템을 모델링해도 만족스러운 정확도를 얻을 수 있다. 그렇지만 $Bi > 0.1$이면 편미분 방정식으로 표현되는 분포 파라미터 시스템으로 모델링하는 것이 바람직하다.

그리고 또 하나의 열전달 형태인 복사에 의한 열전달은 다음과 같은 비선형 저항식인 Stefan-Boltzmann 법칙으로 표현된다.

$$Q = \sigma F_E F_A A(T_1^4 - T_2^4) \tag{3.107}$$

여기서

$\sigma = 5.667 \times 10^{-8}\ \mathrm{W/m^2 \cdot K^4}$(Stefan-Boltzmann 상수)

F_E = 유효 방사율(emissivity)

F_A = 형상계수

A = 열전달 면적

또한 식 (3.107)을 작동점 근처에서 선형화하기 위하여 다음과 같이 표현할 수도 있다.

$$Q = \sigma F_E F_A A(T_1^2 + T_2^2)(T_1 + T_2)(T_1 - T_2) \tag{3.108}$$

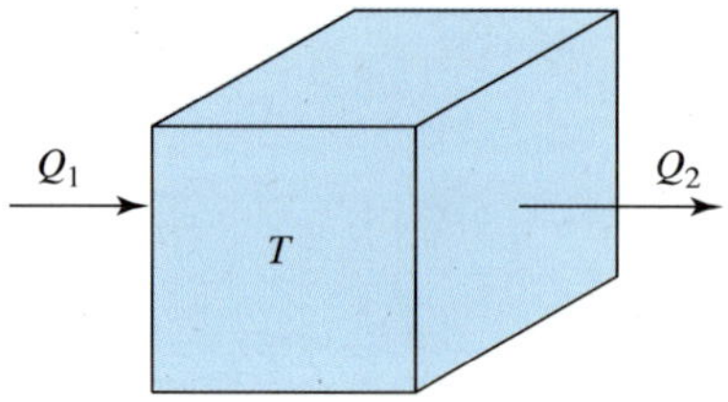

그림 3.28 열 커패시턴스

만일 실제 온도 T_1과 T_2가 작동점의 온도 $\overline{T_1}$과 $\overline{T_2}$에서 크게 변하지 않는 경우에는, 식 (3.108)에서 처음 두 괄호 속에 있는 온도 T_1과 T_2는 작동점에서의 값 $\overline{T_1}$과 $\overline{T_2}$로 생각하고, 열유량 Q와 온도 차 $T_1 - T_2$ 사이에 다음과 같은 선형식을 얻을 수 있다.

$$Q = \frac{1}{R_r}(T_1 - T_2) \tag{3.109}$$

여기서

$$R_r = \frac{1}{\sigma F_E F_A \ A(\overline{T_1}^2 + \overline{T_2}^2)(\overline{T_1} + \overline{T_2})} \tag{3.110}$$

다음으로 열 커패시턴스에 대하여 생각하기로 한다. 그림 3.28에 표시된 열 커패시턴스는 어떤 물질 안에 얼마나 많은 에너지가 저장될 수 있는지를 결정해주는 공통 온도 T에서의 물질의 양을 나타낸다. 이 경우는 0−접합을 하고 있으므로 공통 온도 T에서 에너지 저장의 변화율은 물질에 들어오는 열유량에서 나가는 열유량을 뺀 것과 같다.

$$Q = Q_1 - Q_2 \tag{3.111}$$

그리고 보통 열용량은 비열(specific heat) c에 의해 직접 정의할 수 있다.

$$c = \frac{\partial u}{\partial T} \tag{3.112}$$

엄격히 말하면 이 비열은 일정 체적에서의 비열을 의미한다. 고체나 액체의 경우에는 부피 변화로 인한 일은 무시할 만하므로 일정 체적 및 일정 압력에서의 비열이 같다고 생각할 수 있다. 그러나 기체의 경우, 식 (3.112)에 표시된 비열은 일정 체적에서 구한 비열임을 유의해야 한다. 비열 c는 상수가 아니라 온도에 따라 변하지만, 온도의 변화량 ΔT가 작다고 가정하면, 이때 다음 관계식이 성립한다.

$$\Delta T = \frac{1}{c}\Delta u \tag{3.113}$$

또는

$$\Delta T = \frac{1}{mc}\Delta U \tag{3.114}$$

여기서 ΔU는 물질의 질량이 m인 열시스템의 내부 에너지의 변화량이다. 즉 $\Delta U = m\Delta u$이다. 그림 3.28에서 내부 에너지의 변화량 ΔU는 열유량 Q를 적분한 양이 된다. 따라서

$$\Delta T = \frac{1}{mc}\int_{t_0}^{t} Q dt = \frac{1}{mc}[U(t) - U(t_0)] \tag{3.115}$$

식 (3.115)를 일반적인 커패시턴스 C 요소에 관한 관계식과 비교하여, 다음과 같은 열 커패시턴스 C를 유도할 수 있다.

$$\Delta e = \frac{1}{C}\Delta q \tag{3.116}$$

여기서

$$C = mc \tag{3.117}$$

식 (3.117)로부터 비열 c는 단위질량당 열 커패시턴스를 의미한다는 것을 알 수 있다.

예제 3.4 그림 3.29는 온도가 T로 거의 균일하고 열용량이 C인 재료로 구성된 어떤 기본적인 열시스템이다. 주변은 열 커패시턴스를 무시할 만하고 열저항이 R인 단열재로 둘러싸여 있다. 단열재와 재료 블록 사이의 열저항과 단열재와 주변의 대기 온도 T_0 사이의 열저항을 합한 열저항을 R로 나타낸다. 그리고 대기 온도는 T_0로 일정하다고 가정한다. 이러한 가정 아래서 이 열시스템에 대한 동적 모델식을 구하기로 한다.

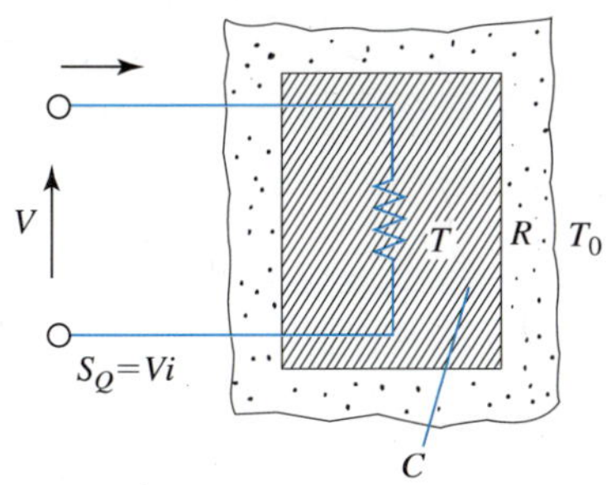

그림 3.29 기본적인 열시스템의 예

블록 안에 설치되어 있는 전기저항가열기는 공급되는 전기 에너지로부터 Vi의 전력을 발산하고 있다. 열시스템 측면에서는 이 전력에 의하여 흐름소스 $S_Q = Vi$가 발생된다. 흐름소스에 의한 열유량 S_Q가 열 커패시턴스 C로 일부 흐르고 나머지는 열저항 R인 단열재로 흘러간다. 따라서 열 커패시턴스 C와 열저항 R를 고려하여 이 열시스템에 대한 동적 모델식을 구하면 다음과 같다.

$$S_Q = Vi = C\frac{dT}{dt} + \frac{1}{R}(T - T_0)$$

또는

$$\dot{T} = -\frac{1}{RC}(T - T_0) + \frac{1}{C}S_Q$$

이 열시스템은 온도 T를 상태변수로 하는 1차 시스템으로 모델링된다. ■

3.2.4 전기시스템

전기시스템의 기본 요소는 에너지를 발생시키는 능동적인 요소인 전류소스(current source)와 전압소스(voltage source), 그리고 수동적인 요소로 위치 에너지 저장요소인 커패시터 C, 운동 에너지 저장요소인 인덕터 L과 에너지 발산요소인 저항 R 등으로 이루어져 있다. 표 3.13에는 전기시스템의 기본적인 물리변수들이 요약되어 있다.

(1) 위치 에너지 저장요소

전기시스템에서 위치 에너지를 저장하는 요소를 커패시터라고 한다. 커패시터의 용량을

표 3.13 전기시스템의 기본적인 물리변수

변수	일반화된 시스템	전기시스템	단위
작용력	e	V, 전압	V
흐름	f	i, 전류	A
운동량	$p(=\int edt)$	λ, 자속쇄교	Wb
변위	$q(=\int fdt)$	q, 전하량	C
파워	$P(=ef)$	Vi, 전력	W
운동 에너지	$E(p)(=\int fdp)$	$\int id\lambda$	J
위치 에너지	$E(q)(=\int edq)$	$\int Vdq$	J

그림 3.30 커패시턴스 C에 대한 회로 기호

나타내는 커패시턴스 C는 단위 전압 변화 V를 주기 위해 요구되는 전하량 q의 변화로 정의한다.

$$C = \frac{q}{V} \tag{3.118}$$

커패시턴스 C는 비전도체 물질로 분리된 두 전도체 판에 걸리는 전압에 대하여 저장될 수 있는 전하량의 척도로 커패시턴스 C의 단위로는 패럿(F: farad)을 사용하며, 이는 쿨롬/전압(C/V)이다. 그림 3.30에는 커패시턴스 C가 회로 기호로 표시되어 있다. 그리고 위치 에너지 저장요소인 커패시턴스 C와 관련된 파워변수 사이에는 다음 관계식이 성립한다.

$$V(t) = \frac{1}{C}\int_0^t i dt + V(0) \tag{3.119}$$

(2) 운동 에너지 저장요소

전기시스템에서 운동 에너지를 저장하는 요소를 인덕터라고 한다. 인덕터의 용량을 나타내는 인덕턴스 L은 전류변화율 di/dt에 대하여 유도되는 전압 V의 비로 정의한다.

$$L = \frac{V}{di/dt} \tag{3.120}$$

그리고 유도 효과는 자기 인덕턴스(self-inductance)와 상호 인덕턴스(mutual inductance)로 구분된다.

자기 인덕턴스는 단일 코일이 코일 전류에 의하여 만들어진 자기장이 코일 자체와 관련될 때 발생한다. 인덕턴스의 단위로는 헨리(H: henry)를 사용하며, 이는 웨버/암페어(Wb/A)이다. 여기서 웨버의 단위는 V·sec이다. 만일 전기회로에서 1초 동안 1 A의 전류의 변화가 1 V의 전압을 유도하면 1 H의 인덕턴스의 효과가 있다고 말한다. 그림 3.31에는 인덕턴스 L이 회로 기호로 표시되어 있다. 그리고 운동 에너지 저장요소인 인덕턴스 L과 관련된 파워변수 사이에는 다음 관계식이 성립한다.

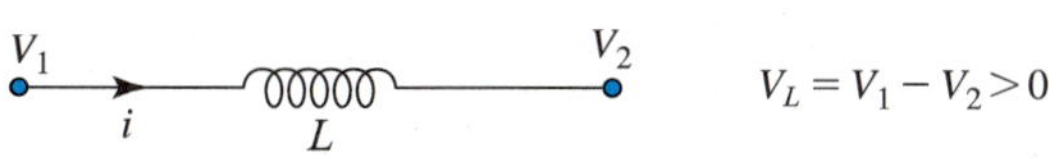

그림 3.31 인덕턴스 L에 대한 회로 기호

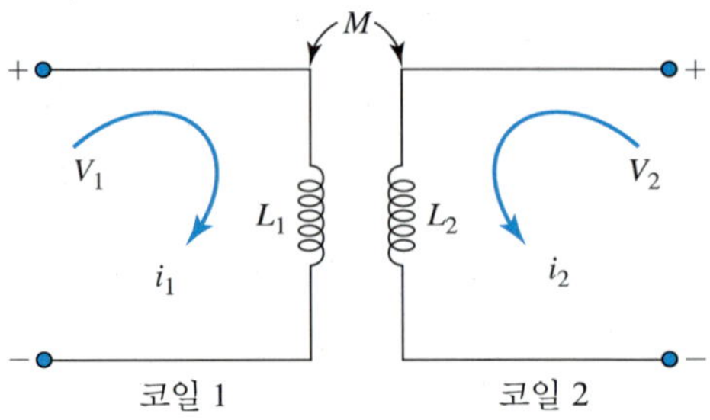

그림 3.32 상호 연성을 갖는 인덕터

$$i(t) = \frac{1}{L}\int_0^t Vdt + i(0) \tag{3.121}$$

만일 두 인덕터가 한 전기회로 안에 포함되어 있으면, 서로 자기장의 영향을 미친다. 이 영향을 상호 인덕턴스라고 한다. 이때 첫 번째 인덕터의 전압 강하는 첫 번째 인덕터에 흐르는 전류뿐만 아니라 두 번째 인덕터에 흐르는 전류와도 관련이 있다. 두 번째 인덕터도 똑같은 방법으로 첫 번째 인덕터에 영향을 준다. 두 인덕터 중 어느 한 인덕터에 1초당 1 A의 전류 변화가 다른 인덕터에 1 V의 전압을 유도할 경우, 이들의 상호 인덕턴스 M은 1 H이다. 통상적으로 자기 인덕턴스 L과 구별하기 위하여 상호 인덕턴스는 M으로 표시하고 있다. 그림 3.32는 상호 연성을 갖는 두 인덕터를 나타내고 있다.

코일 2에서의 전류 변화에 의해 코일 1에서 유도된 전압은 코일 1의 자기 유도된 전압에 가감되어야 한다. 상호 인덕턴스 M에 의해 유도된 전압은 i_1과 i_2의 전류 방향과 코일들이 감긴 방향(orientation)에 따라 자기 유도된 전압에 더하거나 뺀다. 전류의 방향은 임의로 선정될 수 있지만, 코일이 감긴 방향은 그림 3.33과 같이 일반적으로 실험이나 물리적인 배열에 근거하여 회로선도상에 코일 끝부분에 점을 찍어 표시한다. 이 점은 점이 없는 단자로부터 점이 있는 단자로 향하는 전압 상승이 서로 위상이 같다는 것을 표시한다.

이제 코일 1과 2의 자기 인덕턴스를 각각 L_1과 L_2, 상호 인덕턴스를 M이라고 하기로 한다. 전류 i_1과 i_2가 점이 있는 곳으로 들어가든지 나가든지 하면, 상호 인덕턴스에 의한 전압 강하는 자기 인덕턴스에 의한 전압 강하와 같은 부호가 된다. 예를 들면 그림 3.34(a)

그림 3.33 상호 연성된 코일의 극성을 명시한 선도

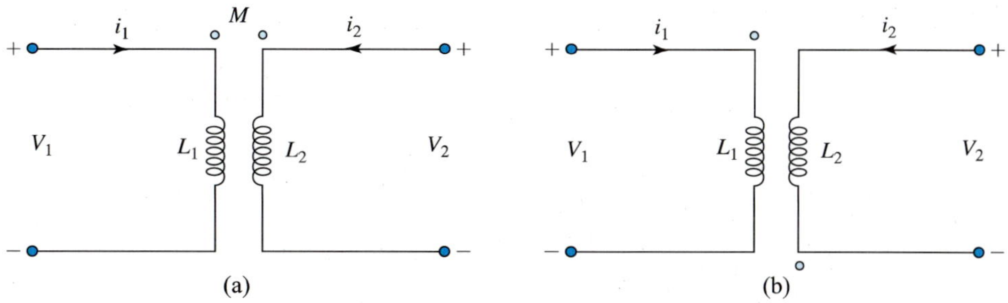

그림 3.34 상호 연성된 코일

에 있는 전기회로에서 V_1과 V_2는 각각 점이 없는 단자로부터 점이 있는 단자로 향하는 전압 상승이므로 이 두 전압의 위상은 같다. 따라서

$$V_1 = L_1 \frac{di_1}{dt} + M \frac{di_2}{dt} \tag{3.122}$$

$$V_2 = L_2 \frac{di_2}{dt} + M \frac{di_1}{dt} \tag{3.123}$$

만일 한 전류는 점이 있는 곳으로 들어가고 다른 전류는 점이 있는 곳에서 나가면, 상호 인덕턴스에 의한 전압 강하는 자기 인덕턴스에 의한 전압 강하와 반대 부호가 된다. 예를 들면 그림 3.34(b)의 시스템에서 i_1은 점이 있는 곳으로 들어가고 i_2는 점이 있는 곳으로부터 빠져나간다. 이 경우에는

$$V_1 = L_1 \frac{di_1}{dt} - M \frac{di_2}{dt} \tag{3.124}$$

$$V_2 = L_2 \frac{di_2}{dt} - M \frac{di_1}{dt} \tag{3.125}$$

(3) 에너지 발산요소

에너지를 발산하는 전기적 요소를 저항이라고 한다. 저항 R는 단위 전류 변화를 주기 위해 요구되는 전압의 변화로 정의한다. 저항 R의 단위는 옴(Ω: ohm)이다.

$$R = \frac{V}{i} \tag{3.126}$$

저항은 전기 에너지를 어떤 형태로도 저장하지 않고 열로 발산시킨다. 그렇지만 실제 저항은 식 (3.126)과 같이 선형성이 없으며, 또한 약간의 커패시턴스와 인덕턴스 효과도 있다. 그림 3.35에는 저항 R가 회로 기호로 표시되어 있다.

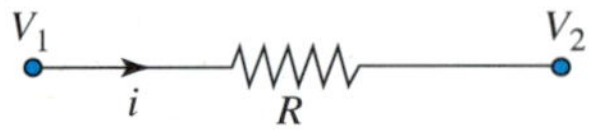

$$V_R = V_1 - V_2 > 0$$

그림 3.35 저항 R에 대한 회로 기호

(4) 에너지 발생 및 변환 요소

전기시스템에서 에너지를 발생시키는 요소를 전류 및 전압 소스라고 한다. 전류소스는 시간의 함수로 전류를 발생시키는 에너지 발생요소로서, 소스 양 끝에 걸리는 전압과 무관하게 전류를 공급한다. 만일 발전기가 연결된 회로와 상당히 무관하게 전류를 공급한다면, 이것을 전류발전기라고 한다. 보통 전기시스템에서 사용되는 전류소스는 트랜지스터와 일정한 전류 공급을 위하여 설계된 전력공급장치이다.

전압소스는 시간의 함수로 전압을 발생시키는 에너지 발생요소로서, 부하에 흐르는 전류와 무관하게 전압을 발생시킨다. 만약 발전기가 연결된 회로와 상당히 무관하게 전압을 공급한다면, 이것을 전압발전기라고 한다. 물론 실제 소스들이 이와 같이 작동하는 경우는 없다. 예를 들어 전지의 전압은 많은 전류가 흐르면 열 발생에 의해 전압이 떨어진다. 만일 전류가 작거나 일정하다면, 전지는 이상적인 소스로 생각해도 좋다. 그러나 그렇지 않은 경우에는, 전지에 대한 전압-전류 곡선으로부터 얻을 수 있는 내부저항 요소를 이상적인 전압소스에 첨가하여 전지를 모델링하는 것이 바람직하다. 그림 3.36에는 전류소스와 전압소스가 회로 기호로 표시되어 있다.

그림 3.37은 전기적 에너지 변환요소인 트랜스포머와 자이레이터를 나타내고 있다. 이와 같은 회로 기호는 전기변압기나 자이레이터와 같은 실제적인 장치들을 모델링하는 데 유용하다. 그러나 이 요소들은 매우 이상화된 것이므로 실제 장치를 보다 정확하게 모델링하기 위해서는 보통 에너지 저장 및 발산 요소들을 첨가해야만 한다.

트랜스포머 및 자이레이터의 에너지 변환 법칙은 각각 다음과 같다.

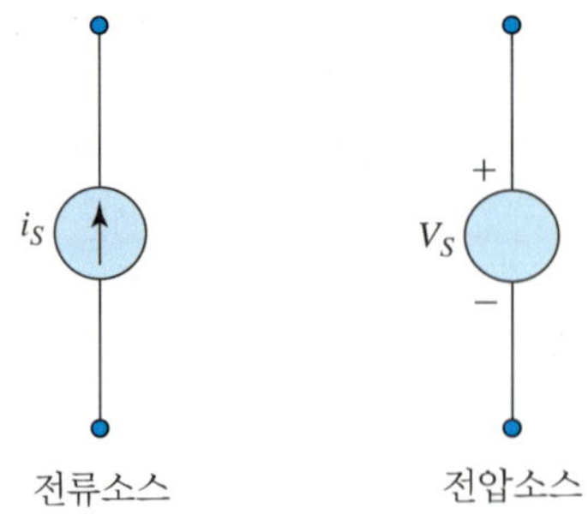

그림 3.36 전류 및 전압 소스에 대한 회로 기호

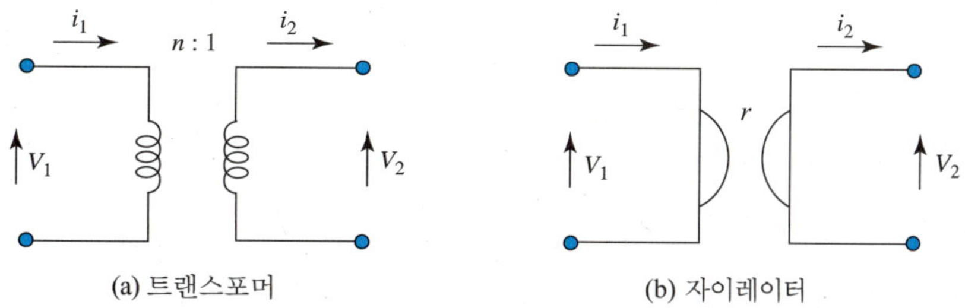

그림 3.37 전기적 에너지 변환요소

$$\begin{cases} V_1 = nV_2 \\ ni_1 = i_2 \end{cases} \tag{3.127}$$

$$\begin{cases} V_1 = ri_2 \\ ri_1 = V_2 \end{cases} \tag{3.128}$$

여기서 n은 트랜스포머계수, r는 자이레이터계수라고 하며, 변환에 의한 에너지 손실은 없다고 가정하였다. 즉

$$P_1 = V_1 i_1 = V_2 i_2 = P_2 \tag{3.129}$$

이제 좀 더 구체적으로 그림 3.38에 표시된 자기장에서 전류가 흐르는 코일과 같은 전기-기계(electro-mechanical) 시스템에 대하여 생각하기로 한다. 여기서 전기적 파워(전력)는 전압 V와 전류 i로, 기계적 파워(동력)는 토크 τ와 각속도 ω로 나타낸다. 그림 3.38에 표시된 관계들을 이용하여 다음 식들을 유도할 수 있다.[26]

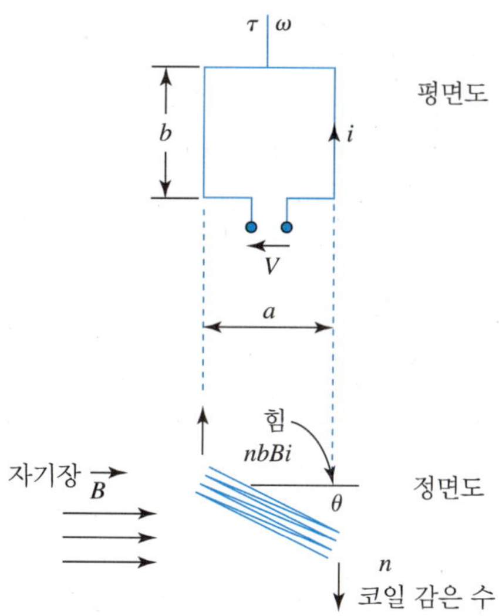

그림 3.38 균일한 자기장 B에서 전류가 흐르는 코일

$$\tau = r(t)i \tag{3.130}$$

여기서 $r(t)$는 자이레이터계수로서 다음과 같다.

$$r(t) = nabB\cos\theta(t) \tag{3.131}$$

여기서 n은 코일을 감은 수이고 B는 자기장을 의미한다.

자기장 B에 의하여 코일상에서 이루어진 일이 없다고 가정하면

$$Vi = \tau\omega \tag{3.132}$$

또한 식 (3.130)과 식 (3.132)로부터 다음 식을 얻을 수 있다.

$$\omega = \frac{1}{r(t)}V \tag{3.133}$$

그림 3.38에 표시된 시스템에서 기계적 파워변수 중 하나가 입력변수로 작용하면, 이 시스템을 발전기라고 한다. 그리고 전기적 파워변수 중 하나가 입력변수로 작용하면, 이를 직류(DC) 모터라고 한다. 그림 3.38에 표시된 전기 코일 회로를 전기자 또는 회전자(armature)라고 하고, 자기장 B는 영구자석이나 계자(field) 회로라고 하는 또 다른 회로에 의하여 만들어진다.

전기자 제어 DC 모터는 자기장 B가 일정하고 회전자 회로에서 전기 신호로 입력이 주어지는 시스템이다. 이 시스템은 θ가 실제적으로 일정하도록 여러 개의 코일로 설계되어 있다. 이때 식 (3.131)에 명시된 자이레이터계수 r는 일정하게 된다. 그림 3.39는 전기자 제어 DC 모터에 대한 일반적인 회로도이다.

또 다른 형태는 그림 3.40에 표시된 바와 같이 전기자 전류 i가 일정하게 유지되고 자기장 B의 크기를 조작하는 경우로서, 이를 계자 제어 DC 모터라고 한다. 계자 제어 DC 모

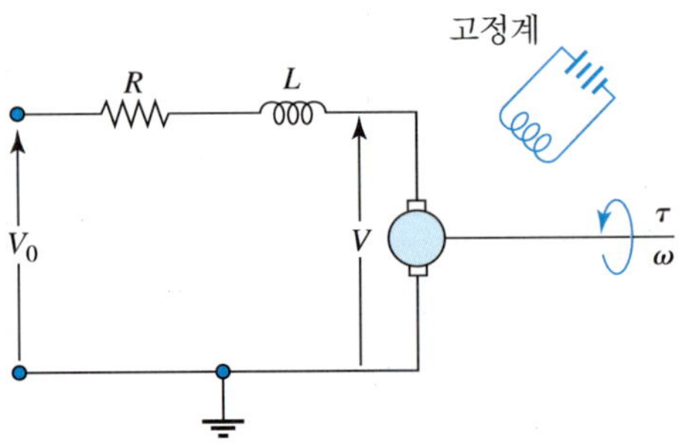

그림 3.39 전기자 제어 DC 모터의 회로도

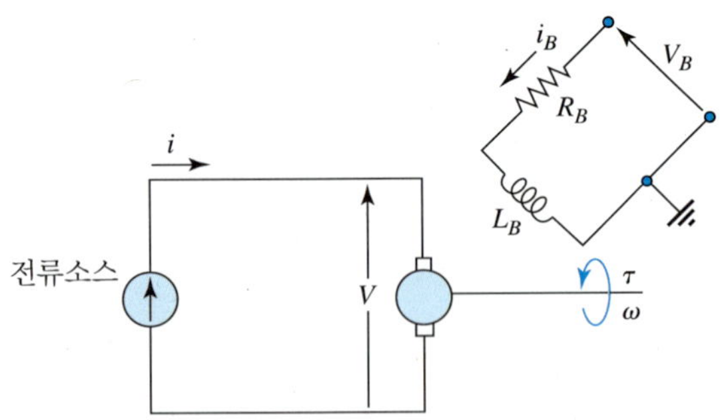

그림 3.40 계자 제어 DC 모터의 회로도

터에서는 자기장 B가 계자 전류 i_B에 비례하므로 다음 식이 성립한다.

$$\tau = K_m i_B \tag{3.134}$$

여기서 K_m은 모터의 자이레이터계수이고 τ는 기계시스템에서 발생하는 토크이다. 그렇지만 자기장이 전기자 회로나 기계시스템과 에너지를 교환하지 않으므로, 계자 인덕턴스 L_B에 걸리는 전압은 어쨌든 전류 i나 각속도 ω와는 무관하다. 그래서 식 (3.134)는 오직 계자 변수와 모터의 다른 부분에 있는 변수들과 관계가 있다.

그림 3.41은 일정한 속도로 구동되는 기계시스템을 포함하지 않은 계자 제어 발전기의 회로도이다. 계자 제어 발전기에서는 자기장 B가 계자 회로의 전류 i_B에 비례하므로 다음 식이 성립한다.

$$V = K_g i_B \tag{3.135}$$

여기서 K_g는 발전기의 자이레이터계수이고 V는 전기자 회로에서 발생되는 전압이다.

그리고 속도발생기 또는 태코미터(tachometer)는 기계시스템의 각속도를 측정하는 데 사용하는 일정 계자 발전기이다. 그림 3.42는 태코미터의 회로도를 나타내며, 태코미터의 기계시스템과 전기자 회로 사이에는 식 (3.130)과 식 (3.133)이 성립한다.

이제 전기시스템을 모델링하는 방법을 간략히 설명하기로 한다. 먼저 제어 목적에 따라 시스템의 기본 요소들을 적절히 설정하고, 그림 3.43에 표시된 각 요소들 간의 공통 작용력 (0)-접합 또는 공통 흐름(1)-접합을 고려해야 한다.

그림 3.43(a)는 회로 세 쌍의 단자에 걸리는 전압이 일정한 경우이다. 즉

$$V_1 = V_2 = V_3 \tag{3.136}$$

이때 Kirchhoff의 전류 법칙(절점 법칙)에 의하여 회로상에 있는 각 절점으로 들어가는 세 전류들의 합이 0이 되므로 다음 식이 성립한다.

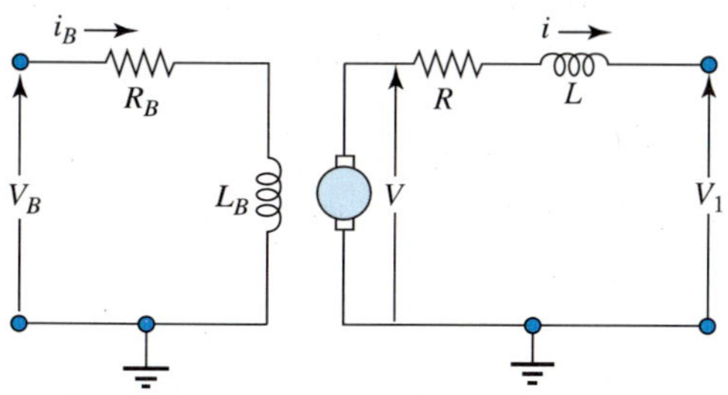

그림 3.41 계자 제어 발전기의 회로도

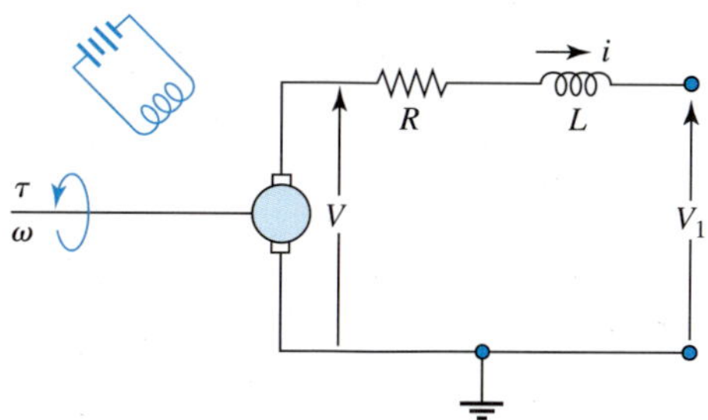

그림 3.42 태코미터의 회로도

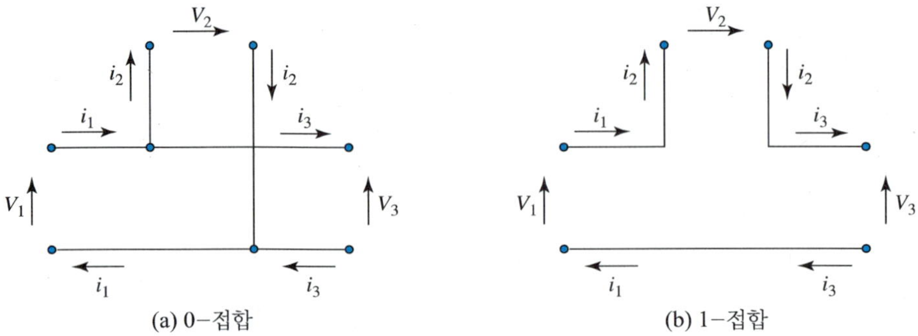

그림 3.43 전기시스템의 0−접합 및 1−접합

$$i_1 - i_2 - i_3 = 0 \tag{3.137}$$

식 (3.136)과 식 (3.137)은 0−접합과 같은 의미를 갖는다. 이와 같이 0−접합은 병렬 전기 연결의 한 표현 방법이다. 그리고 그림 3.43(b)에 표시된 회로는 각 전류들이 같게 되고, Kirchhoff의 전압 법칙(루프 법칙)에 의하여 루프상의 전압 강하는 0이 되므로 다음 식이 성립한다.

$$i_1 = i_2 = i_3 \tag{3.138}$$

$$-V_1 + V_2 + V_3 = 0 \tag{3.139}$$

식 (3.138)과 식 (3.139)는 1−접합과 같은 의미를 갖는다. 이와 같이 1−접합은 직렬 전기 연결의 한 표현 방법이다.

끝으로, 시스템의 각 요소들의 요소방정식들을 고려하면서 파워 보존 법칙과 각 요소 간의 접합 조건을 적용한 Kirchhoff의 전류/전압 법칙을 이용하여 전기시스템에 대한 동적 방정식을 유도할 수 있다.

예제 3.5 그림 3.44는 직렬 및 병렬 연결된 전기시스템의 한 예이다. 이 전기시스템에 대한 동적 방정식들을 유도하기로 한다.

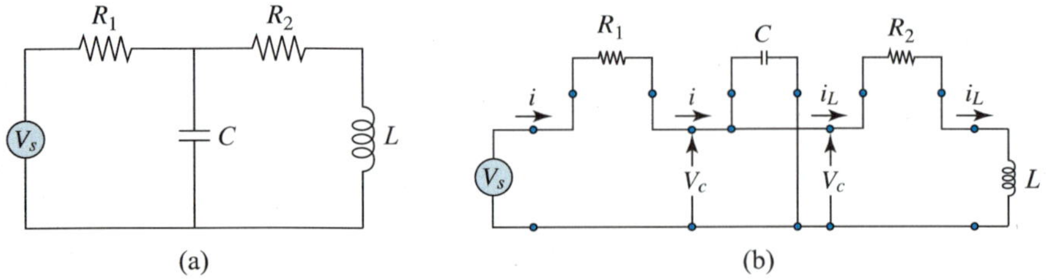

그림 3.44 직렬 및 병렬 연결된 전기시스템

편의상 그림 3.44(b)와 같이 분해하여 각 전기요소들이 0-접합 또는 1-접합으로 연결되어 있는지를 파악하기로 한다. 소스전압 V_s와 전류 i의 곱인 파워 $V_s i$가 소스로부터 흘러나온다. 이 파워는 저항 R_1과 R_2에서 일부 발산되고, 커패시터 C에서 위치 에너지로, 인덕터 L에서 운동 에너지로 저장되어 시스템 전체에 대한 파워 보존 법칙이 성립된다. 그리고 각 요소 간의 접합 구조를 보면, 소스 V_s와 저항 R_1은 흐르는 전류가 i로 같으므로 1-접합, 저항 R_1과 R_2, 커패시터 C의 접합에서는 전압이 V_C로 같으므로 0-접합, 그리고 저항 R_2와 인덕터 L은 흐르는 전류가 i_L로 같으므로 1-접합으로 이루어져 있다.

이와 같은 요소 간의 접합 조건과 파워 보존 법칙을 적용하면 다음과 같은 동적 방정식들을 구할 수 있다. 먼저 상태변수 선정과 관련된 에너지 저장요소인 커패시터 C와 인덕터 L에 대한 동적 방정식은 각각 다음과 같이 표현된다.

$$\dot{V}_C = \frac{1}{C}(i - i_L)$$

$$\dot{i}_L = \frac{1}{L}(V_C - V_2)$$

여기서 i와 i_L은 각각 저항 R_1과 인덕터 L에 흐르는 전류, 그리고 V_C와 V_2는 각각 커패시터 C와 저항 R_2에 걸리는 전압이다. 그리고 시스템의 나머지 요소인 저항 R_1과 R_2의 요소방정식은 각각 다음과 같다.

$$V_s - V_C = R_1 i$$

$$V_2 = R_2 i_L$$

이와 같이 이 전기시스템은 커패시터에 걸리는 전압 V_C와 인덕터 L에 흐르는 전류 i_L을 상태변수로 하는 2차 시스템으로 모델링된다. ■

3.3 상태공간 모델식

제어시스템을 시간역에서 해석하고 설계하기 위해서는 시스템의 상태공간 개념을 이용해야 한다. 시스템의 상태공간이라는 것은 어떤 지정된 시간에서 시스템의 상태를 완전하게 서술하는 데 필요한 임의의 최소 변수의 집합이다. 이와 같이 시스템의 상태를 정의할 수 있는 임의의 최소 변수들[$x_1(t)$, $x_2(t)$, $\cdots$, $x_n(t)$]을 상태변수라고 한다. 그리고 상태변수를 벡터 형태로 표현하면, 상태벡터 $\mathbf{x}(t)=[x_1\ x_2\ \cdots\ x_n]^T$가 된다. 초기시간 t_0에서의 상태변수의 초깃값 $[x_1(t_0),\ x_2(t_0),\ \cdots,\ x_n(t_0)]$과 $t \geq t_0$일 때의 입력신호$[u_1(t),\ u_2(t),\ \cdots,\ u_m(t)]$를 알면 출력뿐만 아니라 상태변수들의 거동을 완전히 파악할 수 있다.[(40)] 이 상태공간 개념은 일반적으로 컴퓨터를 이용하여 제어시스템을 구현(implementation)하거나 복잡한 다변수 시스템을 해석하고 설계하는 데 유용하게 사용되고 있다.

상태공간 모델식은 상태방정식과 출력방정식으로 이루어져 있다. 상태방정식은 상태변수의 도함수를 시스템의 상태변수와 입력변수로 표현한 방정식이고, 출력방정식은 시스템 내에서 관심 있는 변수를 역시 상태변수와 입력변수로 표현한 방정식이다. 선형 시불변 다변수 시스템에 대한 상태방정식과 출력방정식은 각각 다음과 같이 표현된다.

$$\dot{\mathbf{x}}(t)=\mathbf{A}\mathbf{x}(t)+\mathbf{B}\,\mathbf{u}(t) \tag{3.140}$$

$$\mathbf{y}(t)=\mathbf{C}\,\mathbf{x}(t)+\mathbf{D}\,\mathbf{u}(t) \tag{3.141}$$

여기서 $\mathbf{x}(t)\in R^n$은 상태벡터, $\mathbf{u}(t)\in R^m$은 제어입력벡터, $\mathbf{y}(t)\in R^p$는 출력벡터, 그리고 행렬 $\mathbf{A}(n\times n)$, $\mathbf{B}(n\times m)$, $\mathbf{C}(p\times n)$, $\mathbf{D}(p\times m)$은 각 벡터 사이의 상호관계를 나타내는 행렬들이다.

이와 같은 상태공간 모델식을 유도하려면 먼저 시스템의 상태를 완전하게 묘사할 수 있는 임의의 최소 변수의 집합인 상태변수를 선정해야 한다. 시스템의 상태를 완전하게 묘사하기 위해서는 시스템 내에 있는 독립적인 에너지 저장요소의 파워변수(위치 에너지 저장요소의 작용력변수 e와 운동 에너지 저장요소의 흐름변수 f) 등이 선정되어야 한다. 그리고 시스템 내에서 관심 있는 변수, 즉 시스템 출력으로 운동 에너지 저장요소의 흐름변수($f=\dot{q}$)를 적분한 일반화된 변위변수 q가 포함되어 있을 때는 이를 상태변수로 추가하여 출력방정식을 상태변수로 표현할 수 있도록 하여야 한다. 그렇지만 종속적인 에너지 저장요소의 변수를 상태변수로 선정한다거나 관심이 없는 운동 에너지 저장요소의 변위 등을 상태변수로 선정하여 시스템의 상태를 완전하게 표현할 수 있는 최소한의 상태변수 이상으로 불필요하게 상태변수를 선정해서는 안 된다.

시스템의 차수는 상태변수의 개수로 결정된다. 따라서 시스템 내에 있는 독립적인 에너지 저장요소의 개수가 시스템의 차수를 결정하는 기본이 된다. 독립적인 에너지 저장요소는 적분형 에너지 저장요소로서, 이 요소의 초깃값을 알아야만 현재의 에너지 상태를 파악할 수 있으므로 상태변수로 선정해야 한다. 그렇지만 종속적인 에너지 저장요소, 즉 미분형 에너지 저장요소는 초깃값을 몰라도 현재의 에너지 상태를 알 수 있으므로 이와 관련된 변수를 상태변수로 선정할 필요가 없다. 시스템 내에 존재하는 종속적인 에너지 저장요소

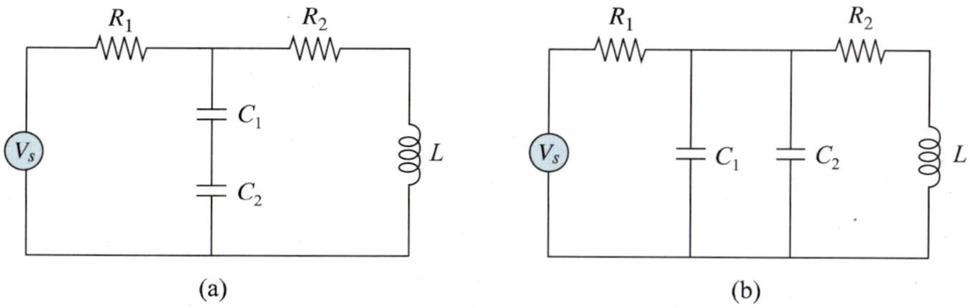

그림 3.45 전기시스템

를 파악하기 위하여 그림 3.45와 같은 전기시스템에 대하여 생각하기로 한다.

이 시스템은 예제 3.5에 있는 그림 3.44의 직렬 및 병렬 연결된 전기시스템과 유사하다. 단지 차이점은 커패시터가 그림 3.45(a)와 (b)에는 각각 직렬과 병렬로 하나 더 추가되어 있는 것이다. 그림 3.45에 있는 전기시스템들은 각각 에너지 저장요소가 세 개씩 있다. 그런데 위치 에너지 저장요소인 커패시터 C_1과 C_2가 직렬로 연결된 그림 3.45(a)의 경우, C_1과 C_2 각각에 걸리는 전압을 V_{C_1}과 V_{C_2}, 그리고 전체에 걸리는 전압을 V_C라고 하면, $V_C = V_{C_1} + V_{C_2}$이다. 그러므로 커패시터 C_1 과 C_2에 걸리는 전압은 종속관계이다. 따라서 C_1과 C_2에 걸리는 전압 중에서 하나만 상태변수로 선정해야 한다. 또한 위치 에너지 저장요소인 커패시터 C_1과 C_2가 병렬로 연결된 그림 3.45(b)의 경우에는, 커패시터 C_1과 C_2 각각에 걸리는 전압 V_{C_1}과 V_{C_2}는 같다. 그러므로 커패시터 C_1과 C_2에 걸리는 전압 역시 종속관계이다. 이와 같이 그림 3.45(a)와 (b)에 있는 전기시스템은 종속적인 에너지 저장요소를 한 개씩을 포함하고 있으므로, 이 전기시스템은 커패시터에 걸리는 전압 V_C와 인덕터 L 에 흐르는 전류 i_L을 상태변수로 하는 2차 시스템으로 예제 3.5와 똑같이 모델링된다. 여기서 V_C는 등가 커패시터 C_{eq}에 걸리는 전압이다. 그림 3.45(a) 직렬연결인 경우 $C_{eq} = C_1 C_2/(C_1 + C_2)$, 그림 3.45(b) 병렬연결인 경우 $C_{eq} = C_1 + C_2$이다.

어떤 에너지 저장요소가 종속적인 에너지 저장요소인지를 찾아내는 일은 쉽지 않다. 이것은 일반적으로 시스템 요소 간의 인과관계를 조사해야 알 수 있다.[(44)] 시스템의 요소들이 상호작용을 하면서 파워가 전파될 때 접합된 요소들 사이에서 한 요소가 원인을 제공하고 다른 요소로부터 결과를 되돌려 받는 과정을 인과관계라고 한다. 예를 들면 작용력소스인 건전지와 저항요소인 전구로 이루어진 손전등 시스템에서 스위치를 켜면 건전지에 있는 파워가 전구로 전파되어 전구에 불이 들어온다. 이때 두 요소 간의 인과관계를 보면 건전지 측에서는 전구에 작용력변수인 일정한 전압으로 영향을 주어 전구의 저항의 크기에 따라 건전지에 흐르는 전류의 크기가 결정되는 영향을 받는다. 이와 같이 영향을 주고받는 과정

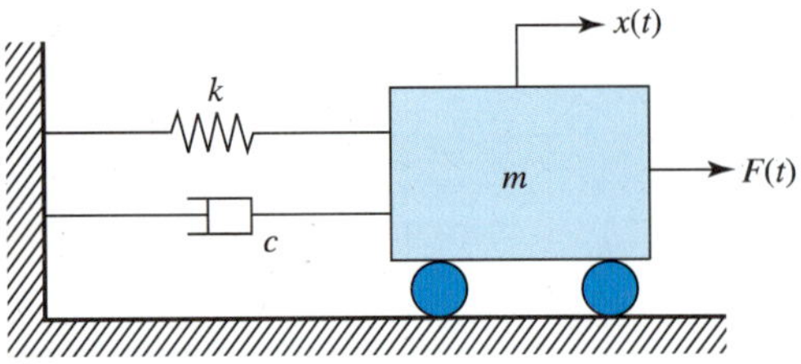

그림 3.46 질량-스프링-댐퍼 기계시스템

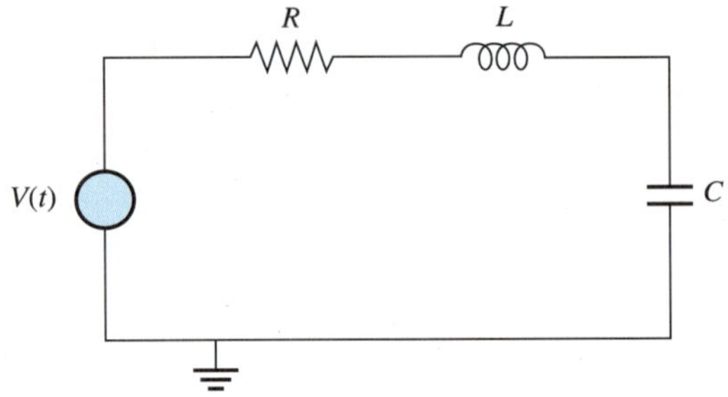

그림 3.47 RLC 전기시스템

을 인과관계라고 한다.

이제 그림 3.46과 그림 3.47에 표시된 질량-스프링-댐퍼 기계시스템과 RLC 전기시스템에 대한 상태공간 모델식을 유도해보기로 한다. 기계시스템은 Newton의 제2법칙, 전기시스템은 Kirchhoff의 법칙을 이용하여 각각 다음과 같은 동적 방정식들을 얻을 수 있다.

$$m\ddot{x}(t) + c\dot{x}(t) + kx(t) = F(t) \tag{3.142}$$

$$L\dot{i}(t) + Ri(t) + \frac{1}{C}\int i(t)dt = V(t) \tag{3.143}$$

또는

$$L\ddot{q}(t) + R\dot{q}(t) + \frac{1}{C}q(t) = V(t) \tag{3.144}$$

식 (3.142)와 식 (3.144)를 비교해보면 두 시스템의 변수뿐만 아니라 파라미터들이 상사(similarity)됨을 알 수 있다. 이와 같이 기계, 전기 등 시스템의 종류가 다르더라도 각 시스템이 상사 시스템이면 어느 시스템에서나 전적으로 같은 수학적 모델식으로 표현할 수 있다.

그림 3.46의 기계시스템을 완전하게 서술하는 데 필요한 최소 변수인 상태변수로 위치에너지 저장요소인 스프링의 변위와 운동 에너지 저장요소인 질량의 속도를 선정하기로 한다.

$$x_1(t) = x(t), \qquad x_2(t) = \dot{x}(t)$$

이때 식 (3.142)로 표현되는 기계시스템의 운동방정식을 이용하여 다음과 같은 두 개의 상태변수에 대한 1차 미분방정식인 상태방정식을 유도할 수 있다.

$$\begin{cases} \dot{x}_1(t) = x_2(t) \\ \dot{x}_2(t) = -\dfrac{k}{m}x_1(t) - \dfrac{c}{m}x_2(t) + \dfrac{1}{m}F(t) \end{cases} \tag{3.145}$$

또는

$$\dot{\mathbf{x}}(t) = \mathbf{A}\mathbf{x}(t) + \mathbf{B}\,u(t) \tag{3.146}$$

여기서

$$\mathbf{x}(t) = \begin{Bmatrix} x_1(t) \\ x_2(t) \end{Bmatrix} = \begin{Bmatrix} x(t) \\ \dot{x}(t) \end{Bmatrix}, \qquad u(t) = F(t),$$

$$\mathbf{A} = \begin{bmatrix} 0 & 1 \\ -\dfrac{k}{m} & -\dfrac{c}{m} \end{bmatrix}, \qquad \mathbf{B} = \begin{bmatrix} 0 \\ \dfrac{1}{m} \end{bmatrix}$$

그리고 시스템에서 관심 있는 변수가 변위[$x(t)$]라고 하면 출력방정식은 다음과 같이 표현된다.

$$y(t) = \mathbf{C}\mathbf{x}(t) \tag{3.147}$$

여기서

$$\mathbf{C} = [1 \quad 0]$$

그림 3.47의 전기시스템도 기계시스템과 같은 방법으로 다음과 같이 상태변수를 선정할 수 있다.

$$x_1(t) = q(t), \qquad x_2(t) = \dot{q}(t)$$

따라서 전기시스템에 대한 상태방정식은 다음과 같다.

$$\begin{cases} \dot{x}_1(t) = x_2(t) \\ \dot{x}_2(t) = -\dfrac{1}{LC}x_1(t) - \dfrac{R}{L}x_2(t) + \dfrac{1}{L}V(t) \end{cases} \tag{3.148}$$

또는

$$\dot{\mathbf{x}}(t) = \mathbf{A}\mathbf{x}(t) + \mathbf{B}\,u(t) \tag{3.149}$$

여기서

$$\mathbf{x}(t) = \begin{Bmatrix} x_1(t) \\ x_2(t) \end{Bmatrix} = \begin{Bmatrix} q(t) \\ \dot{q}(t) \end{Bmatrix}, \qquad u(t) = V(t),$$

$$\mathbf{A} = \begin{bmatrix} 0 & 1 \\ -\dfrac{1}{LC} & -\dfrac{R}{L} \end{bmatrix}, \qquad \mathbf{B} = \begin{bmatrix} 0 \\ \dfrac{1}{L} \end{bmatrix}$$

상태변수의 선정 방법은 유일하지 않다. 시스템의 상태를 완전하게 서술하는 데 필요한 임의의 최소 변수의 집합이면 모두 가능하다. 그래서 이번에는 파워변수, 즉 위치 에너지 저장요소의 작용력변수와 운동 에너지 저장요소의 흐름변수를 시스템의 상태변수로 선정하기로 한다. 기계시스템에 대해서만 생각하기로 한다. 위치 에너지 저장요소인 스프링의 작용력변수 $F_s(t)$와 운동 에너지 저장요소인 질량의 흐름변수 $v(t)$를 상태변수로 선정한다. 그리고 각 요소 간의 접합 조건과 파워 보존 법칙을 적용하여 상태방정식을 유도하면 다음과 같다.

$$\begin{cases} \dot{F}_s(t) = kv(t) \\ \dot{v}(t) = \dfrac{1}{m}\{F(t) - F_s(t) - cv(t)\} \end{cases} \tag{3.150}$$

또는

$$\dot{\mathbf{x}}(t) = \mathbf{A}\mathbf{x}(t) + \mathbf{B}\,u(t) \tag{3.151}$$

여기서

$$\mathbf{x}(t) = \begin{Bmatrix} F_s(t) \\ v(t) \end{Bmatrix}, \qquad u(t) = F(t),$$

$$\mathbf{A} = \begin{bmatrix} 0 & k \\ -\dfrac{1}{m} & -\dfrac{c}{m} \end{bmatrix}, \qquad \mathbf{B} = \begin{bmatrix} 0 \\ \dfrac{1}{m} \end{bmatrix}$$

그리고 시스템에서 관심 있는 변수가 변위$[x(t)]$라고 하면 출력방정식은 다음과 같이 표현된다.

$$y(t) = \mathbf{C}\mathbf{x}(t) \tag{3.152}$$

여기서

$$\mathbf{C} = \begin{bmatrix} \dfrac{1}{k} & 0 \end{bmatrix}$$

이제 상태방정식 (3.140)과 출력방정식 (3.141)로 표현되는 다변수 시스템의 상태공간 모델식으로부터 다변수 시스템의 제어입력벡터 $\mathbf{u}(s)$와 출력벡터 $\mathbf{y}(s)$ 사이의 동특성을 나타내는 전달함수행렬 $\mathbf{G}(s)$를 유도하기로 한다. 우선 상태방정식 (3.140)에 Laplace 변환을 수행하여 $s-$영역에서 상태벡터의 응답 $\mathbf{x}(s)$를 구한다.

$$s\mathbf{x}(s) - \mathbf{x}(0) = \mathbf{A}\mathbf{x}(s) + \mathbf{B}\mathbf{u}(s) \tag{3.153}$$

또는

$$\mathbf{x}(s) = (s\mathbf{I} - \mathbf{A})^{-1}\mathbf{x}(0) + (s\mathbf{I} - \mathbf{A})^{-1}\mathbf{B}\mathbf{u}(s) \tag{3.154}$$

식 (3.154)에서 우변의 첫째 항은 초기상태에 의한 상태벡터의 응답이고, 둘째 항은 제어입력벡터에 의한 상태벡터의 응답이다.

다음으로 식 (3.154)를 출력방정식 (3.141)에 대입하면 s-영역에서 출력벡터의 응답 $\mathbf{y}(s)$를 구한다.

$$\mathbf{y}(s) = \mathbf{C}(s\mathbf{I} - \mathbf{A})^{-1}\mathbf{x}(0) + \{\mathbf{C}(s\mathbf{I} - \mathbf{A})^{-1}\mathbf{B} + \mathbf{D}\}\mathbf{u}(s) \tag{3.155}$$

전달함수행렬 $\mathbf{G}(s)$는 초기상태 $\mathbf{x}(0) = \mathbf{0}$인 가정 아래서 제어입력벡터 $\mathbf{u}(s)$와 출력벡터 $\mathbf{y}(s)$의 상호관계를 나타내는 행렬로서 다음과 같이 정의된다.

$$\mathbf{y}(s) = \mathbf{G}(s)\mathbf{u}(s) \tag{3.156}$$

여기서

$$\mathbf{G}(s) = \mathbf{C}(s\mathbf{I} - \mathbf{A})^{-1}\mathbf{B} + \mathbf{D} \tag{3.157}$$

시스템의 상태공간 모델식, 즉 시스템의 $\mathbf{A}$, $\mathbf{B}$, $\mathbf{C}$, $\mathbf{D}$ 행렬이 주어지면 전달함수행렬 $\mathbf{G}(s)$는 위와 같이 유일하게 결정될 수 있지만, 역으로 시스템의 전달함수행렬이 주어진 경우에 전달함수행렬을 상태공간 모델식으로 변환하는 방법은 유일하지 않다는 것에 유의해야 한다.

그림 3.46의 기계시스템에 대한 상태공간 모델식 (3.146)과 식 (3.147)로부터 전달함수를 유도하기로 한다.

$$\begin{aligned} G(s) &= \mathbf{C}(s\mathbf{I} - \mathbf{A})^{-1}\mathbf{B} \\ &= [1 \quad 0]\begin{bmatrix} s & -1 \\ \dfrac{k}{m} & s + \dfrac{c}{m} \end{bmatrix}^{-1} \begin{bmatrix} 0 \\ \dfrac{1}{m} \end{bmatrix} \\ &= [1 \quad 0]\frac{\begin{bmatrix} s + \dfrac{c}{m} & 1 \\ -\dfrac{k}{m} & s \end{bmatrix}}{s^2 + \dfrac{c}{m}s + \dfrac{k}{m}} \begin{bmatrix} 0 \\ \dfrac{1}{m} \end{bmatrix} \\ &= \frac{1}{ms^2 + cs + k} \end{aligned} \tag{3.158}$$

또한 파워변수를 상태변수로 하여 구한 상태공간 모델식 (3.151)과 (3.152)로부터 전달함수를 유도하기로 한다.

$$
\begin{aligned}
G(s) &= \mathbf{C}(s\mathbf{I}-\mathbf{A})^{-1}\mathbf{B} \\
&= \begin{bmatrix} \dfrac{1}{k} & 0 \end{bmatrix} \begin{bmatrix} s & -k \\ \dfrac{k}{m} & s+\dfrac{c}{m} \end{bmatrix}^{-1} \begin{bmatrix} 0 \\ \dfrac{1}{m} \end{bmatrix} \\
&= \frac{1}{ms^2+cs+k}
\end{aligned} \tag{3.159}
$$

이와 같이 시스템의 상태변수를 다르게 선정하여 상태공간 모델식을 구해도 동일한 전달함수가 유도된다. 이것은 상태공간 모델식이 시스템의 상태를 완전하게 서술했다면 어떤 상태변수를 선정해도 상태공간 모델식으로부터 전달함수로의 변환은 동일하게 유도됨을 보여준다. 따라서 시스템의 동특성을 나타내는 시스템의 극점이 같게 나타난다. 또한 상태변수 선정에 따라 시스템행렬 $\mathbf{A}$가 다르더라도 시스템의 동특성을 나타내는 시스템행렬 $\mathbf{A}$의 고윳값은 동일하다.

이제 초기조건 0인 가정 아래서 식 (3.142)에 Laplace 변환을 수행하여 전달함수 $G(s)$를 구해 확인해보기로 한다.

$$
G(s)=\frac{y(s)}{u(s)}=\frac{x(s)}{F(s)}=\frac{1}{ms^2+cs+k} \tag{3.160}
$$

식 (3.142)의 동적 방정식에 Laplace 변환을 수행하여 얻은 전달함수 식 (3.160)과 상태공간 모델식을 변환하여 얻은 전달함수 식 (3.159)가 같음을 알 수 있다.

3.4 비선형 시스템의 선형화

실제 물리 시스템은 오직 제한된 작동 범위 내에서만 선형 시스템의 특성을 가지며 일반적으로 비선형 특성을 나타내고 있다. 그렇지만 가능한 한 대부분의 물리 시스템은 선형 시스템으로 모델링하고 있다. 그 이유는 선형 시스템은 중첩 및 동차성의 원리를 만족시키므로 시스템의 특성을 파악할 때 시스템 입력의 크기를 고려할 필요가 없기 때문이다. 어떤 시스템에서 입력이 $x_1(t)$일 때 출력이 $y_1(t)$이고 입력이 $x_2(t)$일 때 출력이 $y_2(t)$라고 하면, 선형 시스템의 경우에는 입력이 $x_1(t)+x_2(t)$일 때 출력은 $y_1(t)+y_2(t)$가 된다. 이것을 중첩의 원리(principle of superposition)라고 한다. 그리고 입력에 상수 α가 곱해진 선형 시스템의 응답은 마찬가지로 상수 α가 곱해진 출력이 된다. 이것을 시스템의 동차성의 원리(principle of homogeneity)라고 한다. 그러나 비선형 시스템에서는 이와 같은 중첩 및 동차성의 원리가 성립되지 않으므로 비선형 시스템에 대한 해석 및 설계가 어려울 뿐 아니라, 일반적으로 비선형 제어기법의 사용 범위가 제한되어 있다. 그래서 제어엔지니어들은 비선형 시스템에 대해서도 가능하면 선형화하여 조직적인 선형 제어기법들을 적용하고자 한다.

비선형 시스템을 선형화하는 기법은 시스템의 비선형 특성에 따라 여러 가지가 있다. 예를 들면 Taylor 급수를 이용한 선형화 기법, 피드백을 이용한 선형화 기법, 입출력 선형화 기법[39, 48], 기술함수 기법[30, 33] 등이다. Taylor 급수를 이용한 선형화 기법과 피드백을 이용한 선형화 기법 또는 입출력 선형화 기법은 시스템 각 비선형 요소의 입출력 관계에서 미분 불가능한 점이 존재하지 않는 소프트 비선형 시스템에서만 다룰 수 있다. 그리고 쿨롬 마찰, 백래시, 포화 등과 같이 비선형 요소의 입출력에서 미분 불가능한 점이 존재하는 하드 비선형 시스템에 대한 선형화는 일반적으로 기술함수 기법을 이용한다. 여기서는 선형화의 가장 기본이 되는 Taylor 급수를 이용한 선형화와 피드백을 이용한 선형화만을 소개하기로 한다.

3.4.1 Taylor 급수를 이용한 선형화

작동 범위가 비교적 작고 비선형 요소에 대한 수학적 모델의 입출력 관계에서 미분 불가능한 점이 존재하지 않는다면 비선형 시스템을 Taylor 급수를 이용하여 선형화할 수 있다. 다음과 같은 일반적인 비선형 요소의 입출력 관계식을 생각하기로 한다.

$$y(t) = g(x(t)) \tag{3.161}$$

여기서 $g(x(t))$는 출력 $y(t)$가 입력 $x(t)$의 비선형 함수임을 나타낸다.

그림 3.48은 임의의 비선형 요소에 대한 입출력 관계를 나타낸 것이다. 시스템의 작동 범위가 x_o 근처라고 하면, 이때 출력 y는 Taylor 급수를 이용하여 다음과 같이 표현할 수 있다.

$$y = g(x) = g(x_o) + \left.\frac{dg}{dx}\right|_{x=x_o}(x - x_o) + \frac{1}{2!}\left.\frac{d^2g}{dx^2}\right|_{x=x_o}(x - x_o)^2 + \cdots \tag{3.162}$$

편차 $(x - x_o)$가 충분히 작다고 가정하면, 편차의 제곱 이상의 고차 항은 공학적으로 무시할 수 있다. 즉

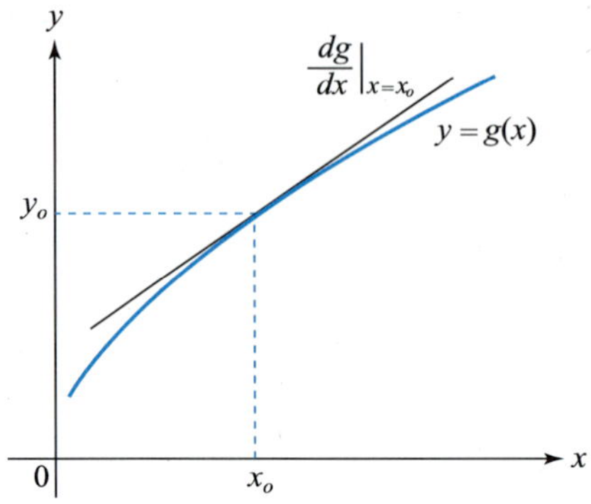

그림 3.48 비선형 요소에 대한 입출력 관계

$$y = g(x_o) + \frac{dg}{dx}\bigg|_{x=x_o}(x - x_o) \tag{3.163}$$

또는

$$\delta y = a\delta x \tag{3.164}$$

여기서

$$\delta x = x - x_o, \quad \delta y = y - y_o, \quad a = \frac{dg}{dx}\bigg|_{x=x_o}$$

만일 출력 y가 여러 개의 입력 $x_1,\ x_2,\ \cdots,\ x_n$의 함수라고 하면, 즉

$$y = g(x_1, x_2, \cdots, x_n) \tag{3.165}$$

이때 작동점$(x_{1o},\ x_{2o},\ \cdots,\ x_{no})$에 대한 Taylor 급수 전개식으로부터 비선형 항인 2차 이상의 고차 항들을 무시한 선형 근사식은 다음과 같다.

$$y = g(x_{1o}, x_{2o}, \cdots, x_{no}) + \frac{\partial g}{\partial x_1}\bigg|_{\mathbf{x}=\mathbf{x}_o}(x_1 - x_{1o}) \tag{3.166}$$

$$+ \frac{\partial g}{\partial x_2}\bigg|_{\mathbf{x}=\mathbf{x}_o}(x_2 - x_{2o}) + \cdots + \frac{\partial g}{\partial x_n}\bigg|_{\mathbf{x}=\mathbf{x}_o}(x_n - x_{no})$$

여기서

$$\mathbf{x}_o = [x_{1o}\ x_{2o}\ \cdots\ x_{no}]^T$$

이와 같이 Taylor 급수를 이용하여 비선형 시스템을 선형화하기 위해서는 우선 비선형 시스템에 대한 정상상태 평형(작동) 조건으로부터 작동점을 구한다. 그런 다음, 평형상태 근처에서 모든 변수들에 작은 편차를 가했다고 가정하고 평형상태 근처에서 Taylor 급수 전개를 한 다음 2차 이상의 고차 항들을 무시한 선형 방정식 (3.166)을 만든다.

예제 3.6 점성저항을 갖는 어떤 물체의 상태방정식이 다음과 같은 비선형 방정식 (3.167)로 표현된다. 이 시스템의 입력은 $f(t)$이고 출력은 상태변수 $v(t)$이다. 이때 작동점 v_o 근처에서 선형화된 상태방정식을 이용하여 전달함수 $G(s)=v(s)/f(s)$를 구하기로 한다.

$$\dot{v}(t) = -av^2(t) + f(t) \tag{3.167}$$

우선 평형상태에서의 입력 f_o를 위 식으로부터 구한다.

$$0 = -av_o^2 + f_o$$

또는

$$f_o = av_o^2 \tag{3.168}$$

그리고 상태변수 $v(t)$와 입력 $f(t)$에 작은 섭동(perturbation)을 가했다고 가정한다. 즉

$$\begin{cases} v(t) = v_o + \delta v(t) \\ f(t) = f_o + \delta f(t) \end{cases} \tag{3.169}$$

식 (3.169)로부터

$$\dot{v}(t) = \delta \dot{v}(t) \tag{3.170}$$

식 (3.169)와 식 (3.170)을 식 (3.167)에 대입하면

$$\delta\dot{v}(t) = -a(v_o + \delta v(t))^2 + f_o + \delta f(t)$$

또는

$$\delta\dot{v}(t) = -av_o^2 - 2av_o\delta v(t) - a\delta v^2(t) + f_o + \delta f(t) \tag{3.171}$$

그리고 식 (3.168)을 식 (3.171)에 대입하면

$$\delta\dot{v}(t) = -2av_o\delta v(t) + \delta f(t) - a\delta v^2(t)$$

시스템이 작동점 근처에서 운동한다고 가정하면 $\delta v^2(t)$ 항은 무시할 수 있다. 즉

$$\delta\dot{v}(t) \simeq -2av_o\delta v(t) + \delta f(t) \tag{3.172}$$

이제 선형화된 시스템의 전달함수를 구하기 위하여 초기조건이 0인 가정 아래서 식 (3.172)에 Laplace 변환을 수행한다.

$$sv(s) = -2av_o v(s) + f(s)$$

여기서 $f(s)$는 입력 $\delta f(t)$에 대한 Laplace 변환함수이고, $v(s)$는 출력 $\delta v(t)$에 대한 Laplace 변환함수이다. 따라서 선형화된 시스템의 전달함수 $G(s)$는 다음과 같다.

$$G(s) = \frac{v(s)}{f(s)} = \frac{1}{s+2av_o}$$ ■

이제 일반적인 비선형 시스템에 대한 상태공간 모델식을 Taylor 급수전개를 이용하여 선형화된 상태공간 모델식으로 표현하기로 한다. 일반적인 비선형 시스템의 상태공간 모델식은 다음과 같이 표현된다.

$$\begin{cases} \dot{\mathbf{x}}(t) = \mathbf{f}(\mathbf{x}(t), \mathbf{u}(t)) \\ \mathbf{y}(t) = \mathbf{g}(\mathbf{x}(t), \mathbf{u}(t)) \end{cases} \tag{3.173}$$

평형상태에서의 상태벡터를 $\mathbf{x}_o$, 입력벡터를 $\mathbf{u}_o$, 출력벡터를 $\mathbf{y}_o$라고 하면, 평형조건식은 다음과 같다.

$$0 = \mathbf{f}(\mathbf{x}_o, \mathbf{u}_o); \qquad \mathbf{y}_o = \mathbf{g}(\mathbf{x}_o, \mathbf{u}_o) \tag{3.174}$$

그리고 각 변수에 대한 섭동을 다음과 같이 정의한다.

$$\begin{cases} \delta\mathbf{x}(t) = \mathbf{x}(t) - \mathbf{x}_o \\ \delta\mathbf{u}(t) = \mathbf{u}(t) - \mathbf{u}_o \\ \delta\mathbf{y}(t) = \mathbf{y}(t) - \mathbf{y}_o \end{cases} \tag{3.175}$$

또한 식 (3.175)로부터 다음 식이 성립한다.

$$\dot{\mathbf{x}}(t) = \delta\dot{\mathbf{x}}(t) \tag{3.176}$$

이제 비선형 상태방정식 (3.173)을 평형상태($\mathbf{x}_o$, $\mathbf{u}_o$)에서 Taylor 급수전개하고 식 (3.176)을 대입하면 다음 식을 얻을 수 있다.

$$\delta\dot{\mathbf{x}}(t) = \mathbf{f}(\mathbf{x}_o, \mathbf{u}_o) + \left.\frac{\partial \mathbf{f}}{\partial \mathbf{x}}\right|_o \delta\mathbf{x}(t) + \left.\frac{\partial \mathbf{f}}{\partial \mathbf{u}}\right|_o \delta\mathbf{u}(t) + H.O.T. \tag{3.177}$$

여기서 H.O.T.는 2차 이상의 고차 항을 의미한다. 만일 작동 범위가 작다고 하면, 즉 $\delta\mathbf{x}$와 $\delta\mathbf{u}$가 작다고 가정하면 고차 항은 공학적으로 무시할 수 있다. 이때 평형상태($\mathbf{x}_o, \mathbf{u}_o$)에서 선형화된 상태공간 모델식은 다음과 같다.

$$\begin{cases} \delta\dot{\mathbf{x}}(t) = \mathbf{A}\delta\mathbf{x}(t) + \mathbf{B}\delta\mathbf{u}(t) \\ \delta\mathbf{y}(t) = \mathbf{C}\delta\mathbf{x}(t) + \mathbf{D}\delta\mathbf{u}(t) \end{cases} \tag{3.178}$$

여기서

$$\mathrm{A} = \left.\frac{\partial\mathbf{f}}{\partial\mathbf{x}}\right|_{\substack{\mathbf{x}=\mathbf{x}_o \\ \mathbf{u}=\mathbf{u}_o}}, \qquad \mathrm{B} = \left.\frac{\partial\mathbf{f}}{\partial\mathbf{u}}\right|_{\substack{\mathbf{x}=\mathbf{x}_o \\ \mathbf{u}=\mathbf{u}_o}},$$

$$\mathrm{C} = \left.\frac{\partial\mathbf{g}}{\partial\mathbf{x}}\right|_{\substack{\mathbf{x}=\mathbf{x}_o \\ \mathbf{u}=\mathbf{u}_o}}, \qquad \mathrm{D} = \left.\frac{\partial\mathbf{g}}{\partial\mathbf{u}}\right|_{\substack{\mathbf{x}=\mathbf{x}_o \\ \mathbf{u}=\mathbf{u}_o}}$$

예제 3.7 그림 3.49는 한 개의 전자석이 구 베어링을 부상시키는 구 부상기(ball levitator)의 모델과 그 운동을 전류의 크기 및 부상 높이에 따라 필요한 힘을 실험적으로 구한 곡선을 나타낸다. 구에 대한 운동방정식은 Newton의 제2법칙을 이용하여 다음과 같이 구할 수 있다.

$$m\ddot{x} = \mathcal{F}(x, i) - mg$$

여기서 m은 구의 질량, $\mathcal{F}(x, i)$는 자기력에 의해 발생하는 부상력, x는 구의 부상 높이, i는 코일에 흐르는 전류, g는 중력가속도상수 9.81 m/sec^{2}이다. 이론적으로 전자석

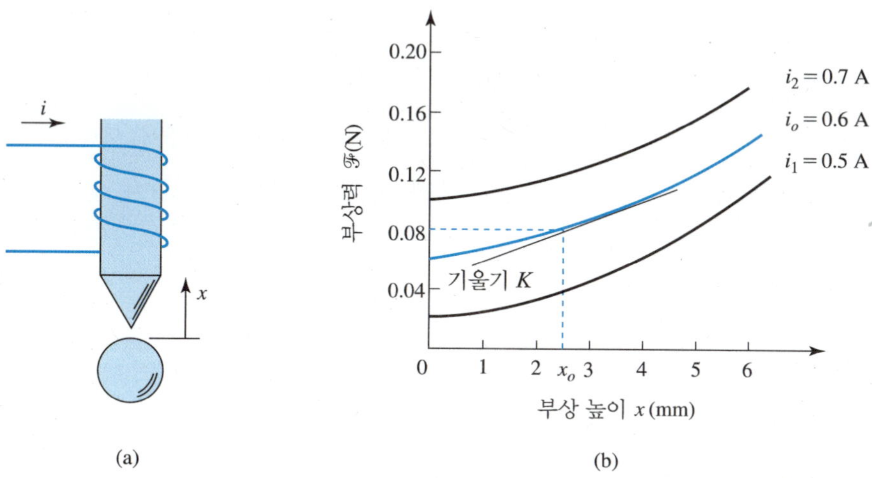

그림 3.49 구 부상기의 모델 및 실험적으로 구한 자기부상력 곡선

으로부터의 힘은 자석으로부터의 거리의 제곱근에 반비례한다. 그러나 자기의 특성은 매우 복잡하기 때문에 부상기의 정확한 관계식은 물리 법칙으로 유도하기 어렵다. 그래서 자기부상력은 일반적으로 실험으로 구한다. 그림 3.49에 있는 실험 곡선은 구의 지름이 1 cm이고 질량이 8.4×10^{-3} kg일 때 얻은 것이다. 전류가 0.6 A이고 부상 높이가 2.5 mm일 때 평형을 이루기 위해서는 0.08 N의 자기력이 필요하다. 부상기에 흐르는 전류가 0.6 A이고 부상 높이가 2.5 mm인 근처에서 자기부상기가 작동할 때의 선형화된 상태방정식을 실험 곡선을 이용하여 구하기로 한다.

우선 시스템의 상태변수로 구의 부상 높이 x와 구의 부상 속도 $\dot{x}$를 선정한다. 즉

$$x_1 = x, \quad x_2 = \dot{x}$$

이때 상태방정식은 다음과 같이 표현된다.

$$\begin{cases} \dot{x}_1 = x_2 \\ \dot{x}_2 = \dfrac{1}{m}\mathscr{F}(x_1, u) - g \end{cases}$$

여기서 제어입력 u는 전자석에 흐르는 전류 i를 나타낸다. 평형상태에서 상태벡터 $\mathbf{x}_o = [x_{1o} \ x_{2o}]^T$이고 제어입력 u_o일 때의 평행조건식은 다음과 같다.

$$\begin{cases} 0 = x_{2o} \\ 0 = \dfrac{1}{m}\mathscr{F}_o(x_{1o}, u_o) - g \end{cases}$$

여기서 x_{1o}, x_{2o}, u_o는 각각 평형상태 또는 작동상태에서의 상태변수 x_1, x_2, 제어입력 u이다. 위 식으로부터 평형상태에서의 부상 속도 $x_{2o} = 0$이고 자기부상력 $\mathscr{F}_o$는 mg임을 알 수 있다.

이제 상태변수 x_2에 대한 비선형 상태방정식을 평형상태 근처에서 선형화하기로 한다. 선형화를 위해 상태변수와 제어입력을 평형값(x_{1o}, x_{2o}, u_o)과 섭동량(δx_1, δx_2, δu)으로 표시한다.

$$x_1 = x_{1o} + \delta x_1, \quad x_2 = x_{2o} + \delta x_2, \quad u = u_o + \delta u$$

이때 선형화된 상태방정식은 다음과 같다.

$$\dot{x}_2 = \dot{x}_{2o} + \delta\dot{x}_2 = \frac{1}{m}\left(\mathscr{F}_o + \left.\frac{\partial \mathscr{F}}{\partial x_1}\right|_o \delta x_1 + \left.\frac{\partial \mathscr{F}}{\partial u}\right|_o \delta u\right) - g$$

평형상태에서 $\dot{x}_{2o}=0$이고 $\mathscr{F}_o = mg$이므로, 위 식을 정리하면

$$\delta\dot{x}_2 = \frac{1}{m}\frac{\partial \mathscr{F}}{\partial x_1}\bigg|_o \delta x_1 + \frac{1}{m}\frac{\partial \mathscr{F}}{\partial u}\bigg|_o \delta u$$

편미분값 $\frac{\partial \mathscr{F}}{\partial x_1}\Big|_o$ 와 $\frac{\partial \mathscr{F}}{\partial u}\Big|_o$ 는 각각 평형점에서의 부상 높이 x_1에 대한 자기부상력 $\mathscr{F}$의 변화량이고 전류 u에 대한 자기부상력 $\mathscr{F}$의 변화량이다. 이 값들은 실험 곡선으로부터 근사적으로 구할 수 있다. $\frac{\partial \mathscr{F}}{\partial x_1}\Big|_o$ 는 그림 3.49에 표시된 기울기 K로서 약 13 N/m이다. 그리고 $\frac{\partial \mathscr{F}}{\partial u}\Big|_o$ 는 고정된 $x_1 = 2.5$ mm에서 전류의 변화량에 대한 자기부상력 $\mathscr{F}$의 변화량이므로 다음과 같이 구하기로 한다.

$$\frac{\partial \mathscr{F}}{\partial u}\bigg|_o = \frac{\mathscr{F}_2 - \mathscr{F}_1}{u_2 - u_1} = \frac{0.12-0.04}{0.7-0.5} = 0.4 \text{ N/A}$$

따라서 선형화된 상태방정식은 다음과 같다.

$$\delta\dot{\mathbf{x}} = \mathbf{A}\delta\mathbf{x} + \mathbf{B}\delta\mathbf{u}$$

여기서

$$\mathbf{A} = \begin{bmatrix} 0 & 1 \\ 1548 & 0 \end{bmatrix}, \qquad \mathbf{B} = \begin{bmatrix} 0 \\ 47.6 \end{bmatrix}$$ ■

3.4.2 피드백을 이용한 선형화

피드백을 이용한 선형화는 폐루프 시스템 동역학이 선형 형태가 되도록 비선형 시스템에 존재하는 비선형성을 소거하는 선형화 기법이다. 이 선형화 기법의 기본 개념을 다음과 같은 간단한 유체 탱크 시스템에 관한 예제를 가지고 설명하기로 한다.

예제 3.8 그림 3.50은 지정된 수위 h_d가 유지되도록 적절한 제어입력 $u(t)$를 선정해

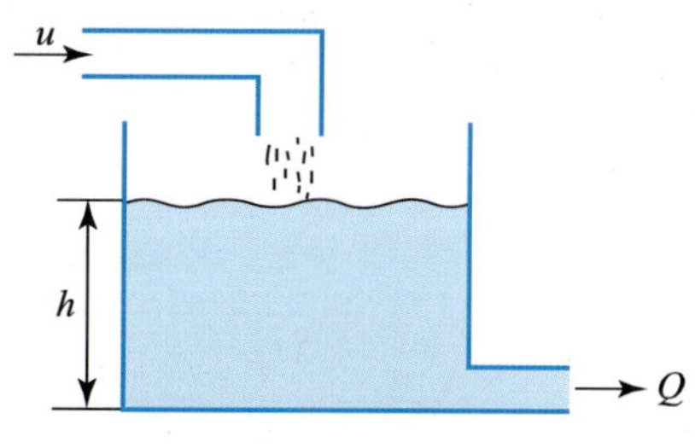

그림 3.50 유체 탱크 시스템

야 하는 유체 탱크 시스템의 개략도이다. 유체 탱크 및 파이프 단면적은 각각 A와 a로 일정하다.

이 시스템에 대한 동적 모델식은 다음과 같은 비선형식으로 표현할 수 있다.

$$A\frac{dh}{dt} = u(t) - a\sqrt{2gh} \tag{3.179}$$

만일 수위 $h(=h_o + \delta h)$가 작동점 h_o 근처에서 작동한다면, 즉 섭동량 δh가 충분히 작을 때는 Taylor 급수를 이용하여 선형화할 수 있다. 이때 비선형식 (3.179)는 다음과 같이 선형화할 수 있다.

$$A\delta\dot{h} = \delta u - a\sqrt{g/2h_o}\,\delta h \tag{3.180}$$

그러나 수위 h의 작동 범위가 크면 선형식 (3.180)은 오차가 크게 발생하므로 사용하기 곤란하다. 이 경우에는 제어입력 $u(t)$를 다음과 같이 선정하면

$$u(t) = a\sqrt{2gh} + Av(t) \tag{3.181}$$

여기서 $v(t)$는 피드백 선형화된 시스템의 등가 제어입력이다. 이때 피드백 선형화된 선형 플랜트 모델은 다음과 같이 표현할 수 있다.

$$\frac{dh}{dt} = v(t) \tag{3.182}$$

이 식은 식 (3.180)과 달리 $h(t)$의 크기에 관계없이 항상 선형성을 유지한다.

이제 선형 플랜트 모델 (3.182)에 적절한 선형 제어기 $K(s)$를 첨가하여 바람직한 성능을 얻을 수 있는 등가 제어입력 $v(t)$를 만들고, 이것은 다시 식 (3.181)에 표시된 실제 제어입력 $u(t)$로 계산되어 비선형 플랜트를 제어하게 된다. 그림 3.51은 지금까지 설명한 피드백 선형화에 의한 선형 플랜트 및 제어기의 구조를 나타내는 블록선도이다.

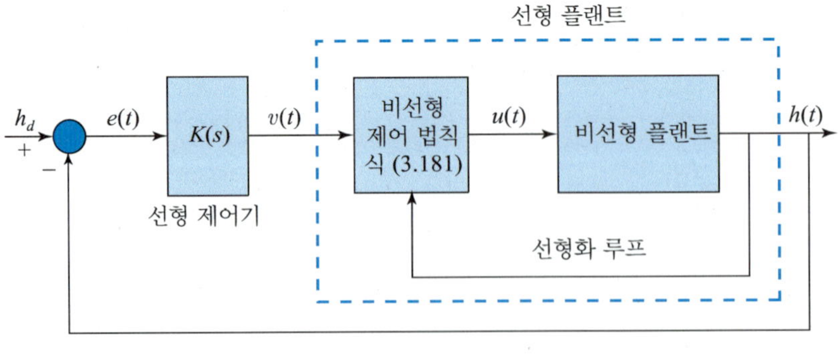

그림 3.51 피드백 선형화를 이용한 제어시스템의 구조

3.5 MATLAB을 이용한 동적 시스템의 시간역 모델링

이 절에서는 MATLAB을 이용하여 시스템의 상태공간 모델식으로부터 전달함수를, 그리고 역으로 전달함수로부터 상태공간 모델식을 유도하는 방법을 설명하기로 한다. 상태공간 모델식을 전달함수로, 전달함수를 상태공간 모델식으로 변환하는 MATLAB 명령어는 각각 다음과 같다.

```
[num, den] = ss2tf(A, B, C, D, iu)
[A, B, C, D] = tf2ss(num, den)
```

여기서 A, B, C, D는 상태공간 모델식의 시스템 행렬들이고, num과 den은 각각 전달함수의 분자 및 분모 다항식의 계수로 이루어진 벡터이다. 벡터들의 첫 번째 요소가 s의 최고차항의 계수이고 끝 요소가 s^0차의 계수이다. 중간 차수의 항이 없을 때에는 반드시 0으로 표기해야 한다. 그리고 iu는 여러 개의 입력 중에서 하나의 입력을 지정한다. 예를 들어 세 개의 입력(u_1, u_2, u_3)이 있다면, iu는 1, 2, 3 중 어느 하나로 지정되어야 한다. iu가 1이면 u_1에 대해, iu가 2이면 u_2에 대해 계산하라는 의미이다. 입력이 한 개인 경우에는 지정하지 않아도 된다.

예제 3.9 MATLAB을 이용하여 다음과 같은 상태공간 모델식을 전달함수로 표현하고, 시스템의 극점을 구하기로 한다.

$$\begin{Bmatrix} \dot{x}_1 \\ \dot{x}_2 \\ \dot{x}_3 \end{Bmatrix} = \begin{bmatrix} -5 & -3 & -4 \\ 1 & 0 & 0 \\ 0 & 1 & 0 \end{bmatrix} \begin{Bmatrix} x_1 \\ x_2 \\ x_3 \end{Bmatrix} + \begin{bmatrix} 1 \\ 0 \\ 0 \end{bmatrix} u$$

$$y = [0 \;\; 0 \;\; 1] \begin{Bmatrix} x_1 \\ x_2 \\ x_3 \end{Bmatrix}$$

MATLAB 프로그램 3.1은 상태공간 모델식을 전달함수로 변환하고 시스템의 극점을 구하기 위한 프로그램이다. MATLAB 프로그램 3.1로 구한 전달함수 $G(s)$는 다음과 같다.

$$G(s) = \frac{1}{s^3 + 5s^2 + 3s + 4}$$

그리고 시스템의 전달함수 $G(s)$는 -4.5328, $-0.2336 \pm j0.9099$에 극점이 있다.

MATLAB 프로그램 3.1 — 소스 코드

```
% 예제 3.9

A = [-5  -3  -4;
       1   0   0;
       0   1   0];
B = [1;
     0;
     0];
C = [0 0 1];
D = 0;

[num, den] = ss2tf(A, B, C, D);
% State-Space 형태를 Transfer Function 형태로 변환

G = tf(num, den)
p = roots(den)          % Transfer Function 분모의 근 출력
```

MATLAB 프로그램 3.1 — 출력 결과

```
G =

            1
  ------------------------------------
  s^3 + 5 s^2 + 3 s + 4

Continuous-time transfer function.

p =
  -4.5328 + 0.0000i
  -0.2336 + 0.9099i
  -0.2336 - 0.9099i
```

■

예제 3.10 MATLAB을 이용하여 다음과 같은 다변수 시스템의 상태공간 모델식을 전달함수행렬 $\mathbf{G}(s)$로 표현하기로 한다.

$$\begin{Bmatrix} \dot{x}_1 \\ \dot{x}_2 \end{Bmatrix} = \begin{bmatrix} 0 & 1 \\ -23 & -5 \end{bmatrix} \begin{Bmatrix} x_1 \\ x_2 \end{Bmatrix} + \begin{bmatrix} 1 & 0 \\ 0 & 1 \end{bmatrix} \begin{Bmatrix} u_1 \\ u_2 \end{Bmatrix}$$

$$\begin{Bmatrix} y_1 \\ y_2 \end{Bmatrix} = \begin{bmatrix} 1 & 0 \\ 0 & 1 \end{bmatrix} \begin{Bmatrix} x_1 \\ x_2 \end{Bmatrix} + \begin{bmatrix} 0 & 0 \\ 0 & 0 \end{bmatrix} \begin{Bmatrix} u_1 \\ u_2 \end{Bmatrix}$$

MATLAB 프로그램 3.2는 다변수 시스템의 상태공간 모델식을 전달함수행렬로 변환하기 위한 프로그램이다. 이 시스템은 2개의 입력과 2개의 출력이 있는 시스템이므로, 입출력 사이의 특성을 나타내는 전달함수행렬 $\mathbf{G}(s)$에는 4개의 전달요소가 포함되어 있다. MATLAB 프로그램 3.2로 구한 전달함수행렬 $\mathbf{G}(s)$는 다음과 같다.

$$\mathbf{G}(s) = \begin{bmatrix} \dfrac{y_1(s)}{u_1(s)} & \dfrac{y_2(s)}{u_1(s)} \\ \dfrac{y_1(s)}{u_2(s)} & \dfrac{y_2(s)}{u_2(s)} \end{bmatrix} = \begin{bmatrix} \dfrac{s+5}{s^2+5s+23} & \dfrac{-23}{s^2+5s+23} \\ \dfrac{1}{s^2+5s+23} & \dfrac{s}{s^2+5s+23} \end{bmatrix}$$

MATLAB 프로그램 3.2 — 소스 코드

```
% 예제 3.10

A = [0     1;
     -23  -5];
B = [1 0;
      0 1];
C = [1 0;
      0 1];
D = [0 0;
      0 0];

[num1, den] = ss2tf(A, B, C, D, 1);
G11 = tf(num1(1, :), den)
G12 = tf(num1(2, :), den)

[num2, den] = ss2tf(A, B, C, D, 2);
G21 = tf(num2(1, :), den)
G22 = tf(num2(2, :), den)
```

MATLAB 프로그램 3.2 — 출력 결과

```
G11 =

      s + 5
  ------------------------
  s^2 + 5 s + 23

Continuous-time transfer function.
```

```
G12 =

        -23
  ------------------------
  s^2 + 5 s + 23

Continuous-time transfer function.

G21 =

         1
  ------------------------
  s^2 + 5 s + 23

Continuous-time transfer function.

G22 =

         s
  ------------------------
  s^2 + 5 s + 23

Continuous-time transfer function.
```

■

예제 3.11 MATLAB을 이용하여 다음과 같은 전달함수 $G(s)$를 상태공간 모델식으로 표현하기로 한다.

$$G(s) = \frac{s^2 + 2s + 3}{s^3 + 6s^2 + 11s + 6}$$

MATLAB 프로그램 3.3은 전달함수 $G(s)$를 상태공간 모델식으로 변환하기 위한 프로그램이다. MATLAB 프로그램 3.3을 이용해 구한 상태공간 모델식은 다음과 같다.

$$\dot{\mathbf{x}} = \mathbf{A}\mathbf{x} + \mathbf{B}u$$
$$y = \mathbf{C}\mathbf{x} + Du$$

여기서

$$\mathbf{A} = \begin{bmatrix} -6 & -11 & -6 \\ 1 & 0 & 0 \\ 0 & 1 & 0 \end{bmatrix}, \quad \mathbf{B} = \begin{bmatrix} 1 \\ 0 \\ 0 \end{bmatrix},$$

$$\mathbf{C} = [\,1 \quad 2 \quad 3\,], \quad D = 0$$

MATLAB 프로그램 3.3 — 소스 코드

```
% 예제 3.11

num = [1 2 3];
den = [1 6 11 6];
[A, B, C, D] = tf2ss(num, den)
```

MATLAB 프로그램 3.3 — 출력 결과

```
A =

    -6   -11    -6
     1     0     0
     0     1     0

B =

     1
     0
     0

C =

     1     2     3

D =

     0
```

종합문제

[종합문제 3.1] 그림 3.52는 수력발전시스템의 개략도이다. 이 시스템은 유체-기계-전기 시스템으로 구성된 다에너지역 시스템이다. 이 시스템을 적절히 가정하여 2차 시스템의 상태공간 모델식으로 유도하기로 한다. 이 시스템의 입력은 비를 통해 공급되는 유량 Q_s이고 출력은 저수량 V_r와 전압 V이다.

수력발전시스템의 구성요소를 다음과 같이 가정하기로 한다. 저수지는 위치 에너지 저장요소 C, 밸브는 저항요소 R_v, 터빈은 트랜스포머 형태의 에너지 변환요소 K_t, 축은 운동에너지 저장요소 J와 저항요소 c_T, 발전기는 자이레이터 형태의 에너지 변환요소 K_g, 그리고 전기 저항요소 R를 수력발전시스템의 구성요소로 고려하기로 한다. 비를 통해 유량

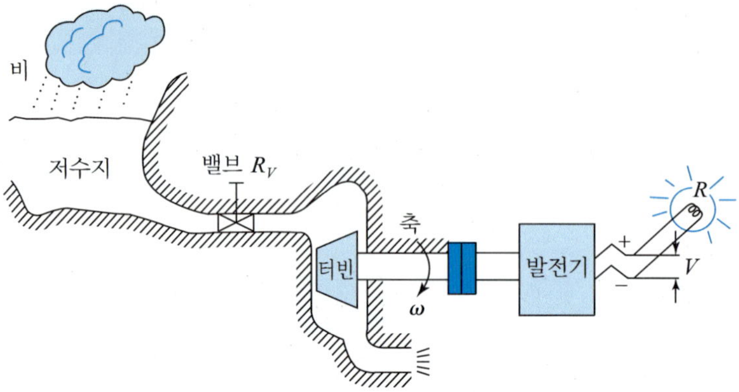

그림 3.52 수력발전시스템

Q_s가 저수지에 공급되면 일부 에너지가 저수지 C에 위치 에너지로 저장되고, 나머지 유체 에너지는 수로를 통해 흘러가다가 밸브에 의해 일부 손실된 후, 터빈에서 회전 기계 에너지로 변환된다. 변환된 기계 에너지의 일부는 축에 운동 에너지로 저장되고 일부는 점성 저항에 의해 에너지가 손실된다. 그리고 발전기를 통해 회전 기계 에너지가 전기 에너지로 변환되어, 생산된 전기는 필요한 곳으로 공급된다. 이 공급된 전기 에너지가 여기서는 전기 저항요소를 통해 모두 소모된다고 가정한다.

이제 파워 보존 법칙과 요소 간의 접합 구조를 고려하여 수력발전시스템의 동적 방정식들을 유도하기로 한다. 먼저 동적 시스템의 상태변수 선정과 관련된 에너지 저장요소인 저수지의 위치 에너지 저장요소 C와 축의 운동 에너지 저장요소 J에 관한 동적 방정식들을 정리하면 각각 다음과 같다.

$$\dot{P} = \frac{1}{C}(Q_s - Q)$$
$$\dot{\omega} = \frac{1}{J}\tau_J$$

여기서 P는 저수지의 수압, ω는 축의 각속도, Q는 수로에서의 유량, τ_J는 축토크이다. 이 시스템은 두 개의 에너지 저장요소를 가지고 있으므로 두 개의 상태변수 P와 ω를 선정할 수 있다. 위 두 식의 우변에 있는 변수들을 시스템 입력 Q_s와 상태변수 P와 ω로 표현하면 시스템의 상태방정식이 유도된다. 따라서 다른 요소들에 관한 방정식들과 요소들 간의 접합 구조를 고려하여 Q와 τ_J를 입력 및 상태변수로 치환하기로 한다.

밸브저항 R_v, 축의 점성저항 c_T, 전기저항 R에 의한 에너지 발산요소들에 대한 요소방정식들을 정리하면 각각 다음과 같다.

$$P - P_t = R_v Q$$

$$\tau_t - \tau_J - \tau_g = c_T \omega$$

$$V = Ri$$

여기서 P_t는 터빈 측 수압, τ_t는 터빈 측 토크, τ_g는 발전기 측 토크, V는 발전기에서 발생되는 전압, i는 전기저항에 흐르는 전류이다.

또한 트랜스포머 형태의 에너지 변환요소인 터빈과 자이레이터 형태의 에너지 변환요소인 발전기의 요소방정식들을 정리하면 각각 다음과 같다.

$$\begin{cases} \omega = K_t Q \\ \tau_t = \dfrac{1}{K_t} P_t \end{cases}$$

$$\begin{cases} V = K_g \omega \\ i = \dfrac{1}{K_g} \tau_g \end{cases}$$

여기서 K_t는 터빈의 트랜스포머계수이고, K_g는 발전기의 자이레이터계수이다.

이제 에너지 저장요소, 발산요소, 변환요소에 관한 요소방정식들을 정리하면 다음과 같은 상태방정식이 유도된다.

$$\dot{P} = \frac{1}{C}\left(Q_s - \frac{1}{K_t}\omega\right)$$

$$\dot{\omega} = \frac{1}{J}\left\{\frac{1}{K_t}P - \left(\frac{R_v}{K_t^2} + c_T + \frac{K_g^2}{R}\right)\omega\right\}$$

또는

$$\dot{\mathbf{x}}(t) = \mathbf{A}\mathbf{x}(t) + \mathbf{B}u(t)$$

여기서

$$\mathbf{x} = \begin{Bmatrix} P \\ \omega \end{Bmatrix}, \quad u = Q_s, \quad \mathbf{A} = \begin{bmatrix} 0 & -\dfrac{1}{CK_t} \\ \dfrac{1}{JK_t} & -\dfrac{1}{J}\left(\dfrac{R_v}{K_t^2} + c_T + \dfrac{K_g^2}{R}\right) \end{bmatrix}, \quad \mathbf{B} = \begin{bmatrix} \dfrac{1}{C} \\ 0 \end{bmatrix}$$

그리고 출력방정식은 다음과 같이 표현된다.

$$\mathbf{y}(t) = \mathbf{C}\mathbf{x}(t)$$

여기서

$$\mathbf{C} = \begin{bmatrix} C & 0 \\ 0 & K_g \end{bmatrix}$$

[종합문제 3.2] 그림 3.53은 연료유를 연소실로 공급하는 유압시스템이다. 모터의 전압 변화에 따라 노즐을 통과하는 유량을 예측할 수 있도록 상태방정식을 유도하기로 한다.

이 시스템의 상태방정식을 유도하기 위하여 먼저 다음과 같이 이상화하기로 한다.

- 공급 유압 탱크가 충분히 커서 수위의 변화를 무시할 정도이다.
- 기어펌프는 누실 손실이 없고 마찰도 무시한다. 유량은 입력축의 각속도에 비례한다.
- 펌프와 모터 사이의 연결 커플링은 강체이다.
- 서보모터 회전자의 저항과 인덕턴스를 고려한다.
- 모터 출력토크는 회전자 전류에 비례한다.
- 어큐뮬레이터의 다이어프램은 완전한 연성체로 가정한다.
- 어큐뮬레이터 내의 질소는 이상기체로 가정한다.
- 연료유는 비압축성이다.
- 긴 강체관에서 연료유의 관성 효과를 고려한다.

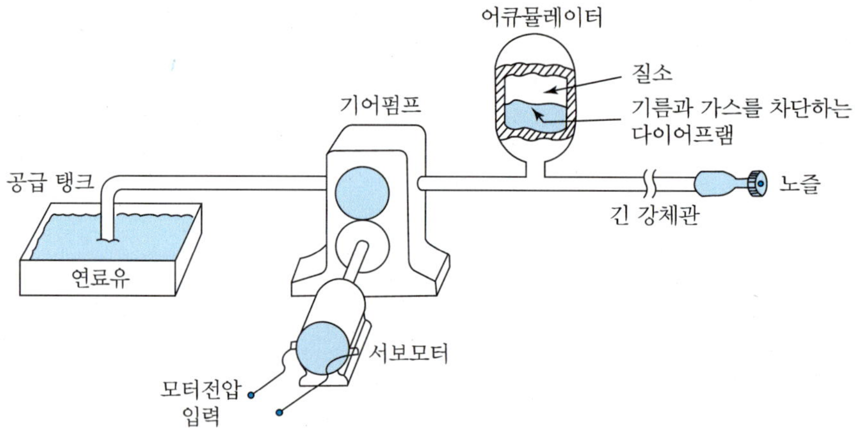

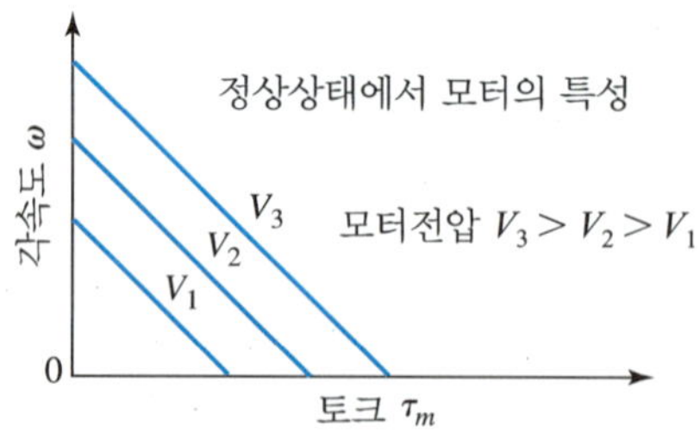

그림 3.53 연료유를 연소실로 공급하는 유압시스템

- 공급 유압 탱크와 기어펌프 사이의 짧은 관 내의 동역학은 무시한다.

이와 같은 가정 아래서 이 유압시스템은 전기 에너지를 공급하는 전압소스 V, 모터의 전기회로 인덕턴스 L과 저항 R, 모터의 자이레이터 형태의 에너지 변환요소 K_g, 모터의 회전자 관성 J 및 저항 c_T, 펌프의 트랜스포머 형태의 에너지 변환요소 K_t, 어큐뮬레이터의 커패시턴스 C, 강체관의 유체관성 I 및 저항 R_l, 노즐의 저항 R_n으로 구성되어 있다고 가정한다. 전압소스로부터 공급되는 전기 에너지가 모터의 전기회로 인덕턴스 L에 운동 에너지로 저장되고 저항 R에서 에너지의 일부가 발산된 후, 모터의 자이레이터 형태의 에너지 변환요소 K_g를 통하여 전기 에너지가 회전 기계 에너지로 변환되어 모터의 회전자 관성 J에 운동 에너지가 저장되고 저항 c_T에서 일부 회전 기계 에너지가 손실된다. 그리고 펌프의 트랜스포머 형태의 에너지 변환요소 K_t에 의해 회전 기계 에너지가 유체 에너지로 변환된 후, 어큐뮬레이터의 커패시턴스 C에 위치 에너지로, 강체관의 유체관성 I에 운동 에너지로 저장되고, 강체관의 저항 R_l과 노즐의 저항 R_n에서 에너지가 손실되면서 노즐을 통해 연료유가 토출된다.

이제 파워 보존 법칙과 요소 간의 접합 구조를 고려하여 유압시스템의 동적 방정식들을 유도하기로 한다. 먼저 동적 시스템의 상태변수 선정과 관련된 에너지 저장요소인 모터의 전기회로 인덕턴스 L, 모터의 회전자 관성 J, 어큐뮬레이터의 커패시턴스 C, 강체관의 유체관성 I에 관한 동적 방정식들을 정리하면 각각 다음과 같다.

$$
\begin{aligned}
\dot{i} &= \frac{1}{L}(V - V_r - V_g) \\
\dot{\omega} &= \frac{1}{J}(\tau_m - \tau_l - \tau_p) \\
\dot{P} &= \frac{1}{C}(Q_p - Q) \\
\dot{Q} &= \frac{1}{I}(P - P_l - P_n)
\end{aligned}
$$

여기서 i는 모터에 흐르는 전류, ω는 모터 회전자의 각속도, P는 어큐뮬레이터의 압력, Q는 노즐에서 토출되는 연료유의 유량, V_r는 전기저항에 의한 손실전압, V_g는 자이레이터의 입력전압, τ_m은 자이레이터의 출력토크, τ_l은 모터 회전자의 손실토크, τ_p는 펌프 입력토크, Q_p는 펌프 토출유량, Q는 노즐에서 토출되는 유량, P_l은 강체관에서의 손실압력, P_n은 노즐에서의 손실압력이다. 이 시스템은 네 개의 에너지 저장요소를 가지고 있으므로 네 개의 상태변수 i, ω, P, Q를 선정할 수 있다. 위의 동적 방정식들의 우변에 있는 변수들을 시스템 입력 V와 상태변수 i, ω, P와 Q로 표현하면 시스템의 상태방정식이 유도된다. 따라서 V_r, V_g, τ_m, τ_l, τ_p, Q_p, P_l, P_n을, 다른 요소들에 관한 방정식들과 요소들 간의 접합 구조를 고려하여 입력 및 상태변수로 치환하기로 한다.

모터의 전기저항 R, 모터 회전자의 저항 c_T, 강체관의 저항 R_l, 노즐의 저항 R_n에 의한 에너지 발산요소들에 대한 요소방정식들을 정리하면 각각 다음과 같다.

$$
\begin{aligned}
V_r &= Ri \\
\tau_l &= c_T\omega \\
P_l &= R_l Q \\
P_n &= R_n Q
\end{aligned}
$$

또한 자이레이터 형태의 에너지 변환요소인 모터와 트랜스포머 형태의 에너지 변환요소인 펌프의 요소방정식들을 정리하면 각각 다음과 같다.

$$
\begin{cases}
\tau_m = K_g i \\
\omega = \dfrac{1}{K_g} V_g
\end{cases}
$$

$$
\begin{cases}
Q_p = K_t \omega \\
P = \dfrac{1}{K_t} \tau_p
\end{cases}
$$

여기서 K_g는 모터의 자이레이터계수이고, K_t는 펌프의 트랜스포머계수이다.

이제 에너지 저장요소, 발산요소 및 변환요소에 관한 요소방정식들을 정리하면 다음과 같은 상태방정식이 유도된다.

$$
\dot{\mathbf{x}}(t) = \mathbf{A}\mathbf{x}(t) + \mathbf{B}u(t)
$$

여기서

$$
\mathbf{x}(t) = [i \quad \omega \quad P \quad Q]^T, \qquad u(t) = V,
$$

$$
\mathbf{A} = \begin{bmatrix}
-\dfrac{R}{L} & -\dfrac{K_g}{L} & 0 & 0 \\
\dfrac{K_g}{J} & -\dfrac{R}{J} & -\dfrac{K_t}{J} & 0 \\
0 & \dfrac{K_t}{C} & 0 & -\dfrac{1}{C} \\
0 & 0 & \dfrac{1}{I} & -\dfrac{R_l + R_n}{I}
\end{bmatrix}, \quad
\mathbf{B} = \begin{bmatrix} \dfrac{1}{L} \\ 0 \\ 0 \\ 0 \end{bmatrix}
$$

[종합문제 3.3] 그림 3.54와 같은 역진자-차량 시스템에 대하여 비선형 동적 방정식을 유도하고, 평형상태($\theta = \dot{\theta} = \dot{z} = F = \tau = 0,\ z = z_o$)에서 미소 운동을 한다는 가정 아래서 선형

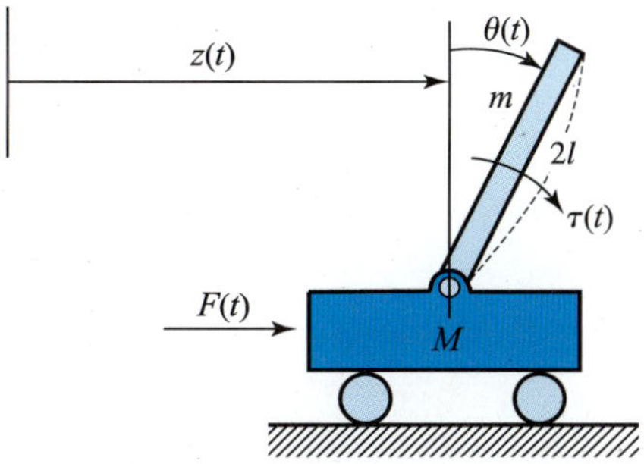

그림 3.54 역진자-차량 시스템

화된 상태방정식을 유도하기로 한다.

우선 무게 중심점에서 막대의 회전관성 J를 계산하면 다음과 같다.

$$J = \int_{-l}^{l} \frac{m}{2l} x^2 dx = \frac{1}{3} ml^2$$

역진자-차량 시스템의 역진자와 차량에 작용하는 힘과 모멘트를 나타낸 자유물체도가 그림 3.55에 표시되어 있다. 여기서 $H(t)$와 $V(t)$는 각각 수평 및 수직 반력이다. 이 자유물체도로부터 역진자와 차량에서 고려한 각각의 수평 및 수직 방향의 운동방정식들을 다음과 같이 구할 수 있다.

$$\begin{cases} m\dfrac{d^2}{dt^2}\{z(t) + l\ \sin\theta(t)\} = H(t) \\ m\dfrac{d^2}{dt^2}\{l\ \cos\theta(t)\} = V(t) - mg \\ J\dfrac{d^2\theta(t)}{dt^2} = lV(t)\sin\theta(t) - lH(t)\cos\theta(t) + \tau(t) \\ M\dfrac{d^2 z(t)}{dt^2} = -H(t) + F(t) \end{cases}$$

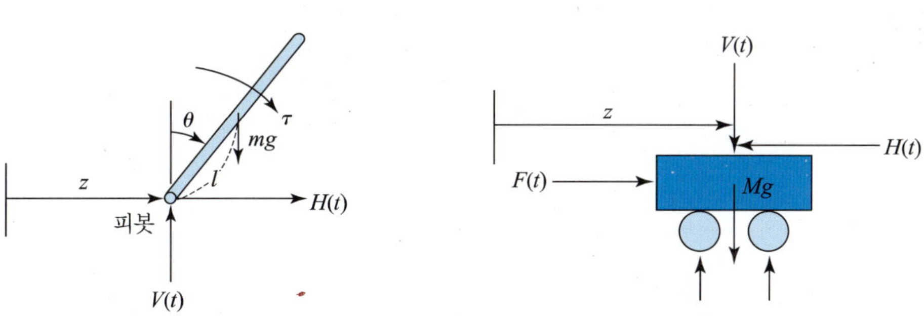

그림 3.55 역진자-차량 시스템의 자유물체도

위 식들을 정리하면 다음과 같은 시스템의 비선형 동적 방정식이 유도된다.

$$\begin{cases}(M+m)\ddot{z}(t)+ml\ddot{\theta}(t)\cos\theta(t)-ml\dot{\theta}^2(t)\sin\theta(t)=F(t)\\ \frac{4}{3}ml^2\ddot{\theta}(t)+ml\ddot{z}(t)\cos\theta(t)-mgl\sin\theta(t)=\tau(t)\end{cases}$$

이제 비선형 동적 방정식을 평형상태($\theta=\dot{\theta}=\dot{z}=F=\tau=0$, $z=z_o$)에서 미소 운동을 한다는 가정 아래서 선형화된 상태방정식을 유도하기로 한다. 우선 상태변수와 입력변수에 대하여 다음과 같은 섭동을 고려한다.

$$\begin{aligned}&\theta(t)=\theta_o+\delta\theta(t)=\delta\theta(t), &&\dot{\theta}(t)=\delta\dot{\theta}(t), &&\ddot{\theta}(t)=\delta\ddot{\theta}(t),\\ &z(t)=z_o+\delta z(t), &&\dot{z}(t)=\delta\dot{z}(t), &&\ddot{z}(t)=\delta\ddot{z}(t),\\ &F(t)=F_o+\delta F(t)=\delta F(t), &&\tau(t)=\tau_o+\delta\tau(t)=\delta\tau(t)\end{aligned}$$

그리고 θ가 작다는 가정 아래서 $\sin\theta\simeq\theta$, $\cos\theta\simeq 1$을 이용하여 다음과 같은 선형화된 동적 방정식을 유도할 수 있다.

$$\begin{cases}(M+m)\delta\ddot{z}(t)+ml\delta\ddot{\theta}(t)=\delta F(t)\\ ml\delta\ddot{z}(t)+\frac{4}{3}ml^2\delta\ddot{\theta}(t)-mgl\delta\theta(t)=\delta\tau(t)\end{cases}$$

또는

$$\begin{cases}\frac{m+4M}{4}\delta\ddot{z}(t)+\frac{3mg}{4}\delta\theta(t)+\frac{3}{4l}\delta\tau(t)=\delta F(t)\\ \frac{ml^2(m+4M)}{3(m+M)}\delta\ddot{\theta}(t)-mgl\delta\theta(t)+\frac{ml}{m+M}\delta F(t)=\delta\tau(t)\end{cases}$$

위와 같이 표현된 동적 방정식을 상태방정식으로 표현하기 위해 상태변수로 $x_1(t)=\delta z(t)$, $x_2(t)=\delta\dot{z}(t)$, $x_3(t)=\delta\theta(t)$, $x_4(t)=\delta\dot{\theta}(t)$를 선정하기로 한다. 그리고 이 시스템의 입력변수 $u_1(t)=\delta F(t)$, $u_2(t)=\delta\tau(t)$가 주어져 있다. 이때 시스템의 상태방정식은 다음과 같이 표현된다.

$$\dot{\mathbf{x}}(t)=\mathbf{A}\mathbf{x}(t)+\mathbf{B}\mathbf{u}(t)$$

여기서

$$\mathbf{A}=\begin{bmatrix}0&1&0&0\\0&0&\frac{-3mg}{m+4M}&0\\0&0&0&1\\0&0&\frac{3(m+M)g}{l(m+4M)}&0\end{bmatrix},\quad \mathbf{B}=\begin{bmatrix}0&0\\ \frac{4}{m+4M}&\frac{-3}{l(m+4M)}\\0&0\\ \frac{-3}{l(m+4M)}&\frac{3(m+M)}{ml^2(m+4M)}\end{bmatrix}$$

■

연습문제

3.1 다음 시스템에 대한 상태공간 모델식을 유도하라.

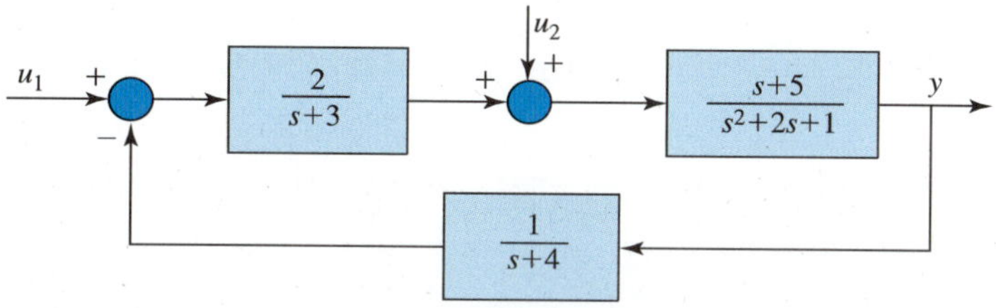

3.2 다음과 같은 미분방정식으로 표현되는 선형 시스템이 있다.

$$\ddot{y}(t)+2\dot{y}(t)+y(t)=\dot{x}(t)+x(t)$$
$$\dot{x}(t)+2x(t)-2y(t)=u(t)$$

(1) 시스템의 전달함수 $G(s)=\dfrac{y(s)}{u(s)}$를 구하라.

(2) 상태벡터 $\mathbf{x}=[x\ y\ \dot{y}]^T$로 선정했을 때 시스템의 상태공간 모델식을 유도하라.

3.3 다음과 같은 2개의 부시스템에 대하여 생각하기로 한다($i=1, 2$).

$$\begin{cases}\dot{\mathbf{x}}_i=\mathbf{A}_i\mathbf{x}_i+\mathbf{B}_i u_i\\ y_i=\mathbf{C}_i\mathbf{x}_i+\mathbf{D}_i u_i\end{cases}$$

위에 표시된 2개의 부시스템은 다음 식을 만족하며 연결되어 있다.

$$u_2=-G_y y_1-G_u u_1$$

상태벡터 $\mathbf{x}_t=[\mathbf{x}_1\ \mathbf{x}_2]^T$를 사용하여 전 시스템에 대한 상태공간 모델식을 유도하라.

3.4 2개의 부시스템이 다음 그림과 같이 직렬로 연결된 경우에 대해 생각하기로 한다.

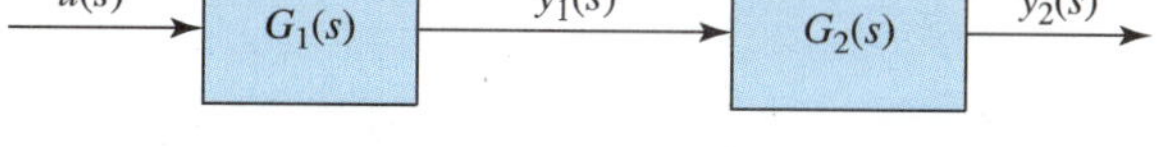

부시스템 $G_1(s)$와 부시스템 $G_2(s)$에 대한 상태공간 모델식은 각각 다음과 같다.

$$G_1(s): \begin{cases} \dot{\mathbf{x}}_1 = \mathbf{A}_1\mathbf{x}_1 + \mathbf{B}_1 u_1 \\ y_1 = \mathbf{C}_1\mathbf{x}_1 \end{cases}$$

$$G_2(s): \begin{cases} \dot{\mathbf{x}}_2 = \mathbf{A}_2\mathbf{x}_2 + \mathbf{B}_2 u_2 \\ y_2 = \mathbf{C}_2\mathbf{x}_2 \end{cases}$$

상태벡터 $\mathbf{x}_t = [\mathbf{x}_1 \ \mathbf{x}_2]^T$를 사용하여 전 시스템에 대한 상태공간 모델식을 유도하라.

3.5 다음 그림과 같은 기계시스템에 대한 상태방정식을 유도하라.

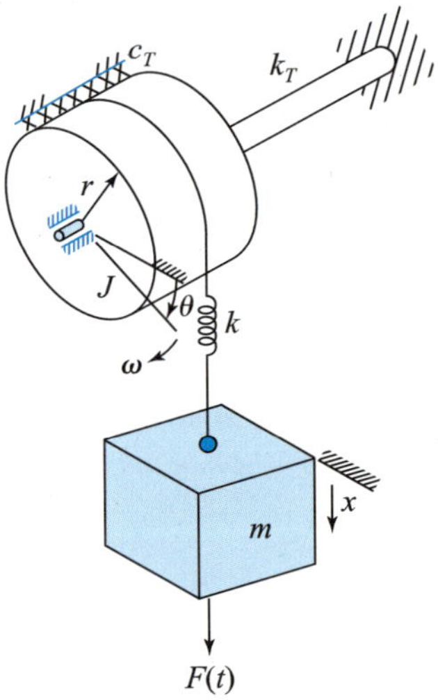

3.6 다음 기계시스템에 대한 물음에 답하라.

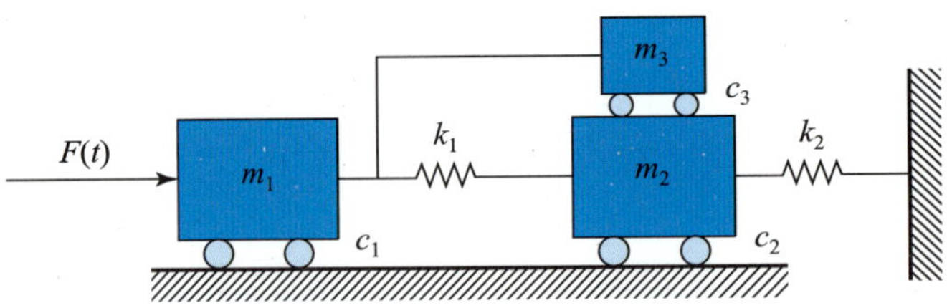

(1) 시스템의 상태방정식을 유도하라.

(2) 입력 $F(t)$에서 출력 $x_2(t)$(m_2의 변위)로의 전달함수 $G(s)$를 구하라.

3.7 다음 그림과 같은 기계시스템이 미소 운동을 한다는 가정 아래서 모델링을 수행하여 상태방정식을 유도하라.

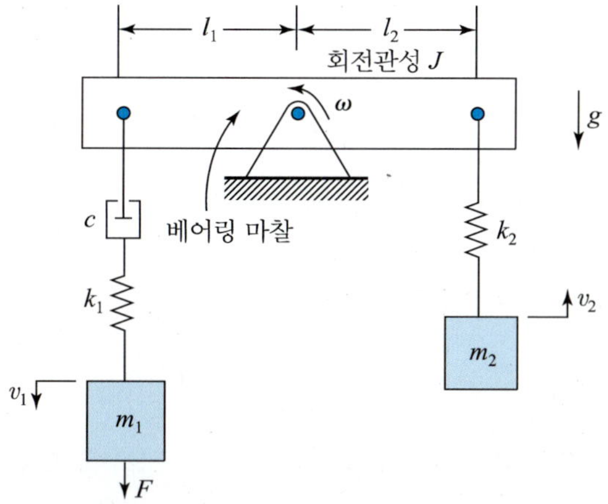

3.8 질량 m 인 얇은 막대에 질량 M 이 부착되어 있는 지렛대 시스템에 대한 물음에 답하라.

(1) 얇은 막대의 회전관성 J_o를 구하라.

(2) 운동방정식을 유도하라.

(3) 시스템의 상태변수의 개수는 몇 개인가? 그 근거를 요약하라.

(4) 시스템 입력은 외력 F, 출력은 얇은 막대의 각속도 ω 라고 할 때 시스템의 상태공간 모델식과 전달함수 $G(s) = \dfrac{\omega(s)}{F(s)}$ 를 유도하라. 여기서 얇은 막대의 회전관성 J_o는 무시한다.

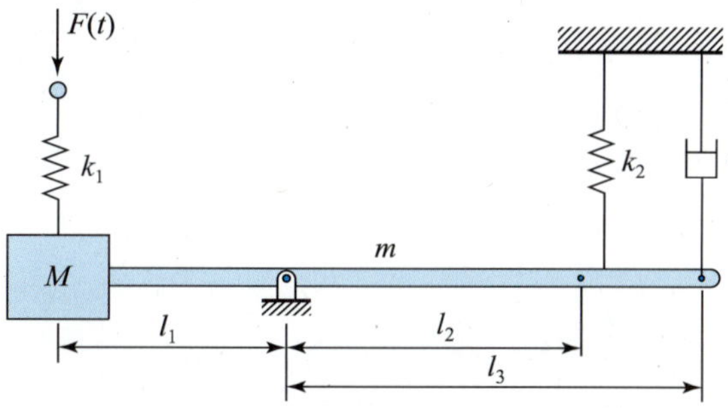

3.9 다음 그림과 같은 기계시스템이 있다.

(1) 시스템 각 요소에 대한 자유물체도를 그리고 시스템의 운동방정식들을 나열하라.

(2) 시스템 입력 $F(t)$가 주어졌을 때 시스템의 상태방정식을 유도하라.

(3) 회전관성 J와 스프링상수 k_1을 무시하고 $v_2(t)$를 출력변수로 할 때 시스템의 전달함수 $G(s) = \dfrac{v_2(s)}{F(s)}$를 구하라.

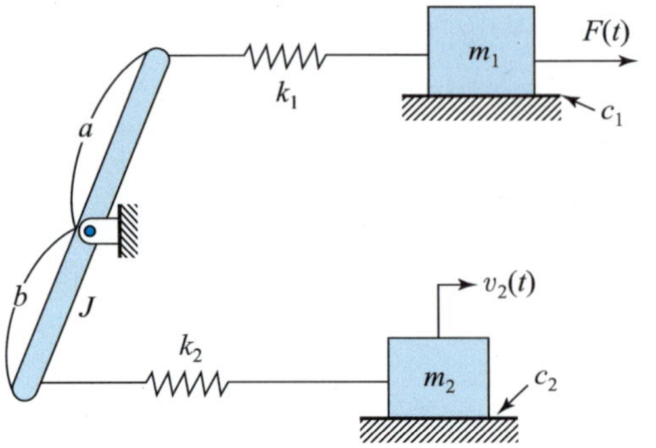

3.10 다음 그림과 같은 구동시스템 (a)와 (b)에 대한 물음에 답하라.

(1) 각 구동시스템을 이상화하고 단순화하라. 그리고 그 근거를 간략히 언급하라.

(2) 각 구동시스템의 상태변수의 개수는 몇 개인가? 그 근거를 설명하라.

(3) 각 구동시스템에 대한 상태방정식을 유도하라.

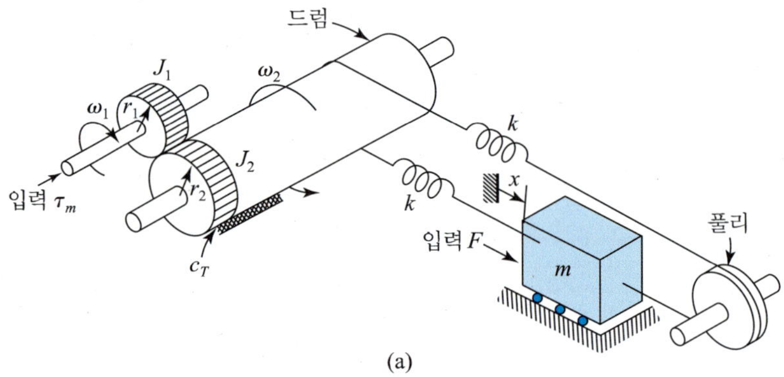

(a)

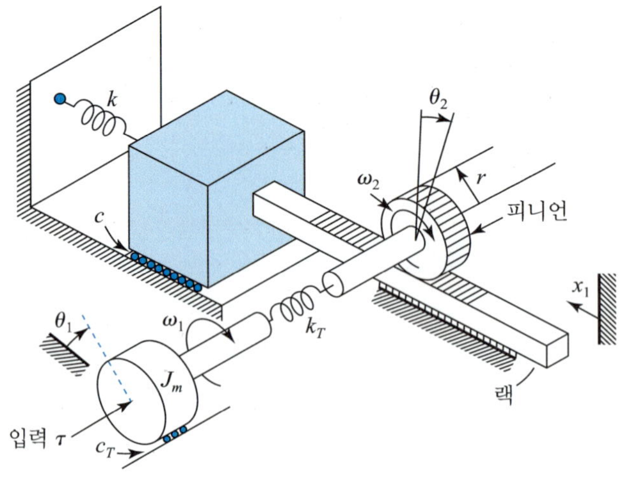

(b)

3.11 다음 그림과 같은 유체 탱크의 커패시턴스 C를 구하라.

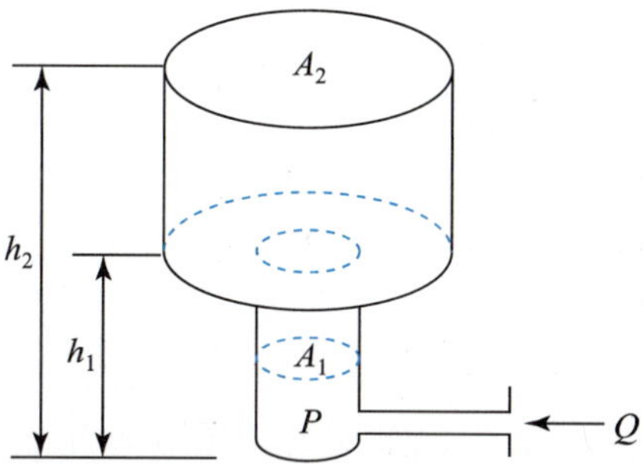

3.12 다음 유체시스템들을 모델링하고자 한다.

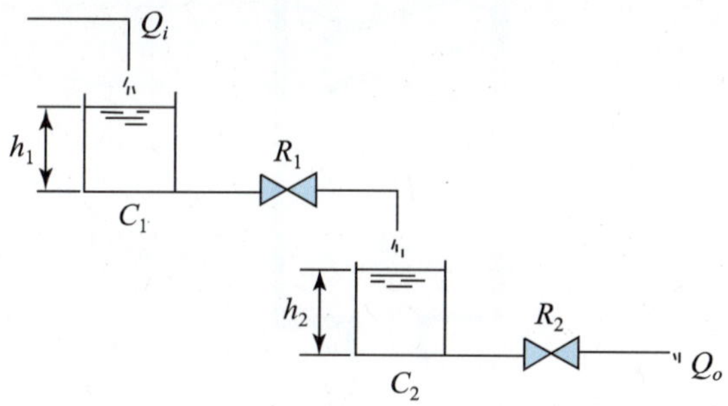

(a)

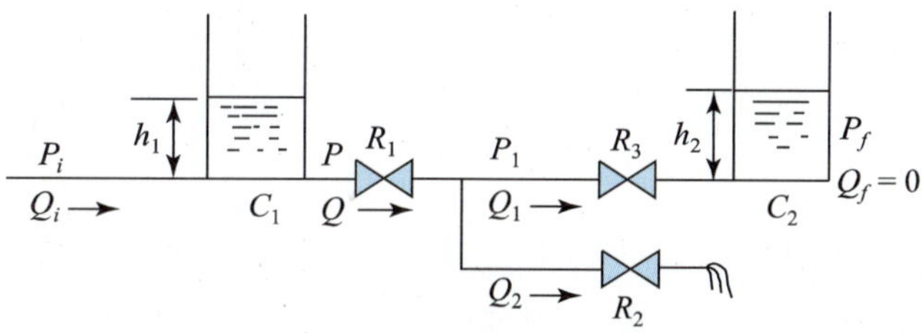

(b)

(1) 시스템 모델링을 위한 요소방정식들을 정리하라.

(2) 시스템의 상태방정식을 유도하라.

(3) 입력 Q_i에서 출력 h_2로의 전달함수 $G(s)$를 상태공간 모델식을 이용하여 구하라.

3.13 다음과 같은 동력 변환장치들에 대한 상태방정식을 유도하라. 여기서 실린더 내의 컴플라이언스, 피스톤의 질량, 마찰을 고려하기로 한다.

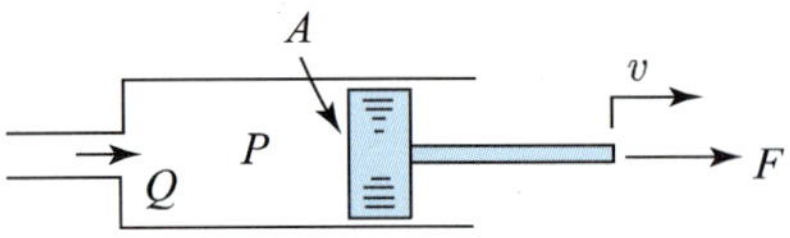

(a)

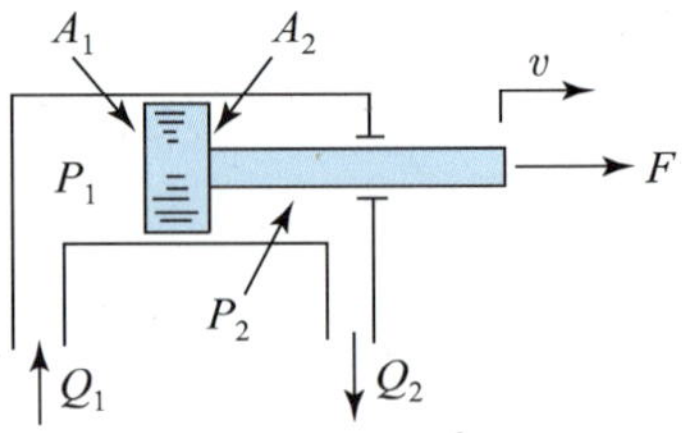

(b)

3.14 다음과 같은 유압기계식 어큐뮬레이터의 상태방정식을 유도하라. 여기서 피스톤의 질량, 연결부의 저항, 실(seal) 마찰을 고려하기로 한다.

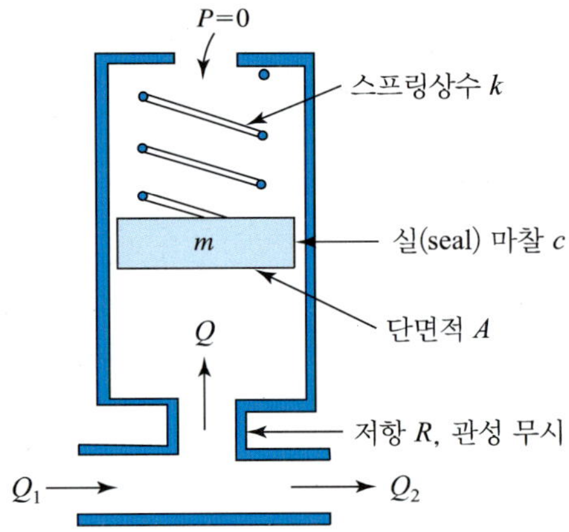

3.15 다음 그림은 배합(blending) 시스템의 개략도이다. 온도가 T_1과 T_2, 그리고 유량이 Q_1과 Q_2로 각각 동질의 액체가 부피 V인 배합기 안에서 완전하게 혼합된다. 또한 배합기 안에는 전기 가열기로 일정한 열유량 Q_h가 공급된다. 시스템 안에서는 열손실이 있으며, 배합기와 외부 온도 T_a 사이의 열전달계수는 h_c이다. 탱크 안에서 배합은 완전하게 이루어진다고 가정한다. 그리고 믹서가 한 일은 무시하고, 액체의 흐름 Q_1, Q_2, Q_3에 의한 운동 에너지도 무시한다. 이 시스템에 대한 상태방정식을 유도하라.

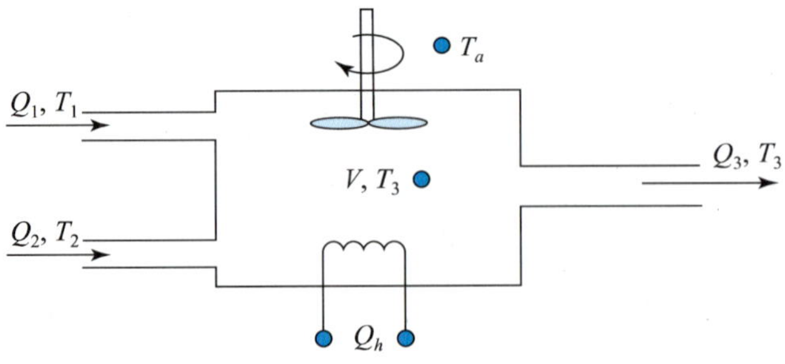

3.16 다음 그림과 같이 열전도도가 다른 두 물질로 결합된, 단면적이 A로 일정한 평판으로 된 열시스템에 대한 물음에 답하라.

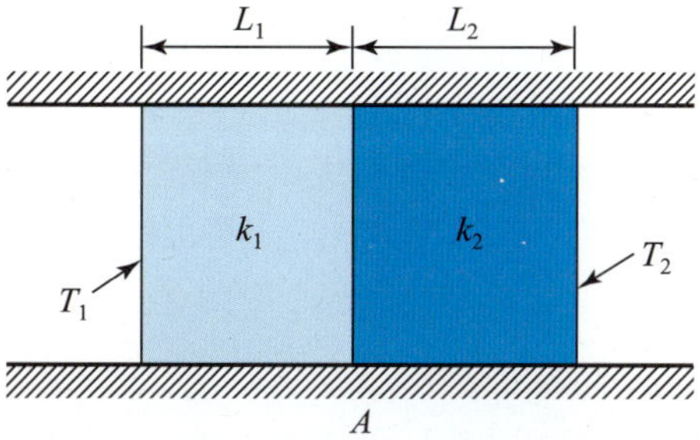

여기서 평판의 좌측 표면 온도는 T_1°C, 우측 표면 온도는 T_2°C이다. 평판의 다른 표면들은 완전히 절연되어 있다고 가정한다. k_i와 L_i는 각각 평판의 열전도도와 길이를 나타낸다.

(1) 두 물질이 접촉한 면의 온도는 얼마인가?

(2) 전 평판에 대한 등가 열저항을 각 물질에 대한 열저항의 함수로 표시하라.

3.17 다음 그림은 용광로의 개략도이다. 열에너지 $Q(t)$는 전기가열기를 통하여 공급되고, 가열될 물질, 용광로 내부, 용광로 벽의 온도가 각각 T_1, T_2, T_3 그리고 열 커패시턴스는 각각 C_{h1}, C_{h2}, C_{h3}이다. 그리고 외부 온도는 T_a이다. 대류에 의해서만 열전달이 일어난다고 가정하고, 대류 열전달계수는 h_{c1}(내부 공기-가열될 물질), h_{c2}(내부 공기-내부 벽), h_{c3}(외부 벽-외부 공기)로 생각한다. 이때 이 시스템에 대한 상태방정식을 유도하라.

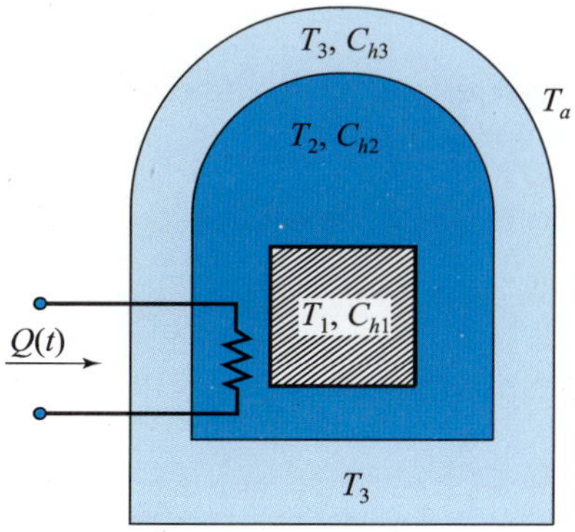

3.18 앞섬(lead) 제어기 회로망 (a)와 뒤짐(lag) 제어기 회로망 (b)에 대한 상태방정식을 유도하고 입력 V_i에서 출력 V_o로의 전달함수 $K(s)$를 구하라.

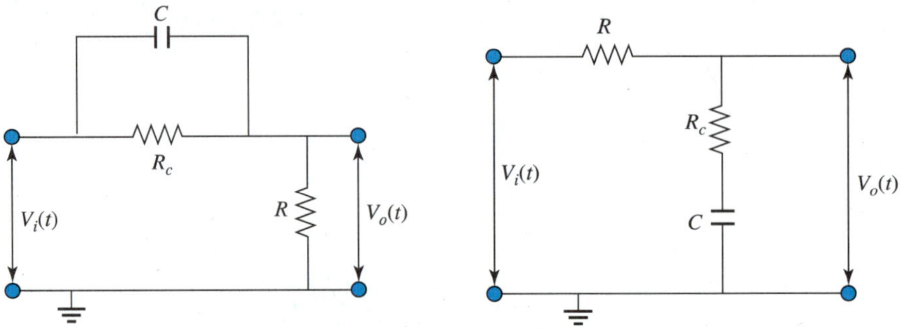

(a) (b)

3.19 다음 전기시스템에 대한 상태방정식을 유도하라.

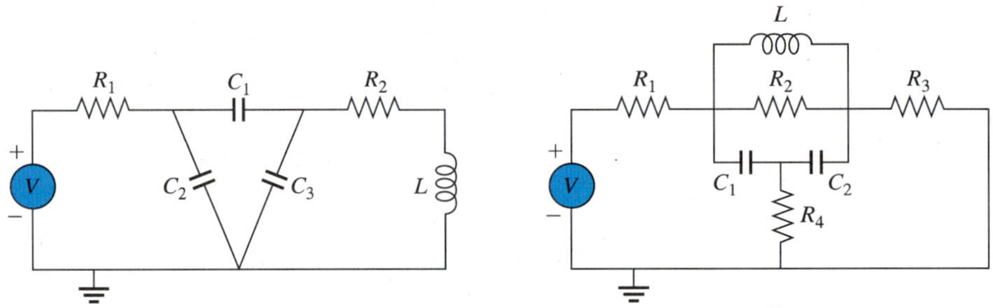

(a) (b)

3.20 다음 그림은 유량 Q를 일정하게 유지시키고자 하는 제어시스템의 개략도이다.

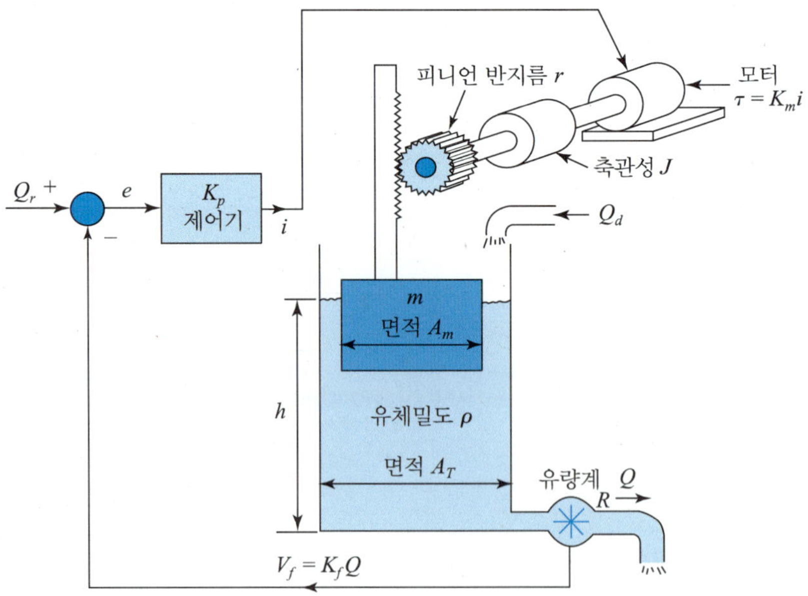

수도꼭지를 통하여 공급되는 유량 Q_d는 시간에 따라 일정하지 않다. 그래서 단면적 A_T인 수조 안에 단면적 A_m, 질량 m인 부표를 움직이게 함으로써 기준입력이나 외란에 대하여 바람직하게 작동하도록 하고자 한다. 여기서 제어시스템을 구성하는 요소들을 다음과 같이 모델링하기로 한다.

- 회전자로 제어되는 직류모터 축의 회전관성은 J이며 랙(rack)과 반지름이 r인 피니언(pinion)에 의해 부표의 잠김 깊이가 제어된다. 기계적 저항은 무시할 수 있으며 모터에 대한 토크 관계식은 $\tau = K_m i$이다. 여기서 i는 회전자 전류이며, K_m은 모터상수이다.
- 제어기는 오차 전압 e에 비례하여 전류 i를 발생시킨다($i = K_p e$, K_p: 상수).
- 유량계는 실제 유량 Q에 비례하여 출력전압 F_f를 발생시킨다($F_f = K_f Q$, K_f: 상수).

그리고 유체와 부표 사이의 점성 효과는 무시할 정도이다.

(1) 제어 대상 시스템인 플랜트의 상태방정식과 플랜트 전달함수 $G(s) = Q(s)/i(s)$를 유도하라. 모델링 과정에서 고려된 가정이나 간략화에 대해 간단히 언급하라.

(2) 기준 유량 Q_r에서 실제 유량 Q로의 폐루프 전달함수 $T(s)$를 유도하고, 폐루프 시스템의 극점-영점을 구하라.

3.21 다음 그림은 유정 굴착용 유압구동장치이다. 작동유체는 비압축성 유체로 가정한다.

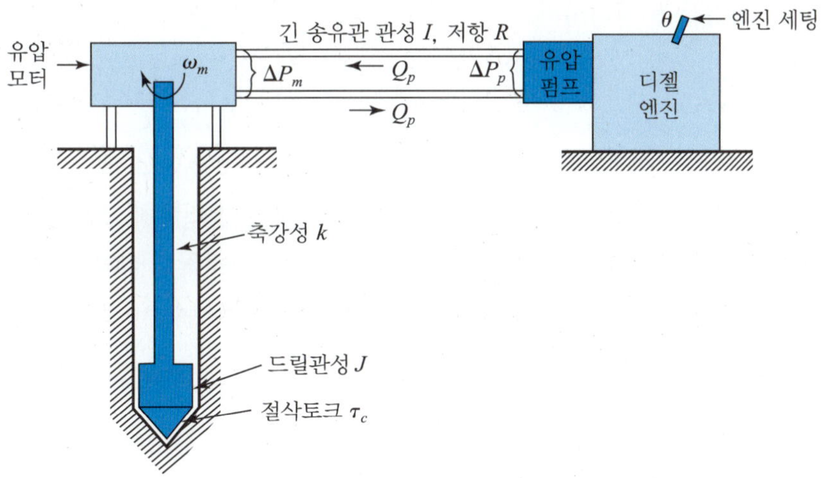

다음 그림은 엔진 세팅 값에 따른 디젤엔진 유압 펌프의 특성을 나타낸다.

유압모터를 연결하는 두 개의 긴 송유관의 전 유체관성을 I, 저항을 R라고 가정한다. 유압모터에 관한 관계식은 다음과 같다.

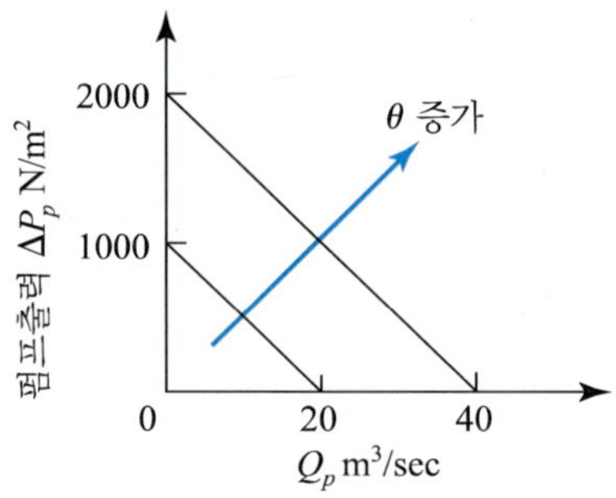

$$\tau_m = DP_m$$

$$\omega_m = \frac{1}{D} Q_m$$

여기서 τ_m은 토크, ω_m은 각속도, P_m은 모터 압력, Q_m은 유량, D는 트랜스포머계수이다. 유압 구동장치에 대한 상태방정식을 유도하라.

3.22 공작기계 선반(lathe)을 모델링하고자 한다. 선반은 전기 에너지를 공급받아 모터를 통해 회전 기계 동력을 만들고, 또한 기어를 통해 큰 토크를 만들어 공작물을 가공하는 기계이다.

(1) 모터를 에너지 저장요소 및 자이레이터 형태의 에너지 변환요소, 즉 파워변수가 교차로 관계를 갖는 요소 등을 포함한 1차 시스템으로 모델링하라. 여기서 고려된 가정들을 정리하라.

(2) 기어를 트랜스포머 형태의 에너지 변환요소, 즉 파워변수가 같은 물리량끼리 관계를 갖는 요소로 모델링하라. 여기서 고려된 가정들을 정리하라.

(3) 모터, 기어, 회전하는 공작물을 포함한 플랜트를 2차 시스템으로 모델링하여 상태방정식으로 표현하라. 여기서 고려된 가정들을 정리하라. 그리고 플랜트의 입력 모터에 가해지는 전압 V에서 출력 공작물의 회전속도 ω로의 전달함수 $G(s) = \omega(s)/V(s)$를 상태공간 모델식을 이용하여 유도하라.

3.23 다음 구조물에 대한 물음에 답하라.

(1) 입력변위 $x(t)$와 출력변위 $y(t)$ 사이의 관계식을 유도하라.

(2) 입력변위 $x(t)$가 평형점 $L/2$ 근처에서 미소 운동을 하는 경우, 즉 $x(t) = \frac{L}{2} + \delta x(t)$일 때 출력변위 $y(t)$도 평형점 근처에서 $\delta y(t)$만큼 운동을 할 것이다. $\delta x(t)$와 $\delta y(t)$ 사이의 선형화된 관계식을 유도하라.

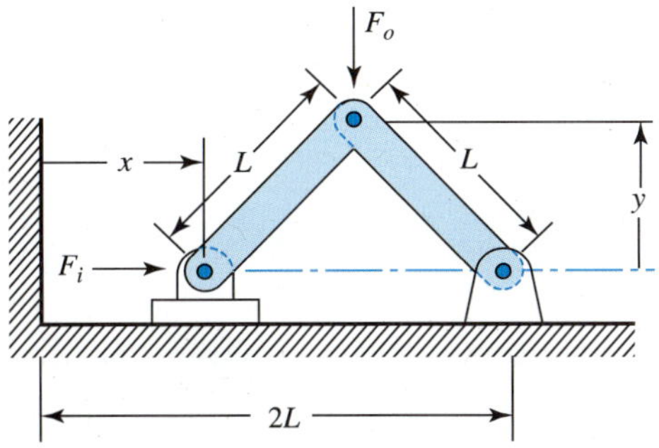

(3) 에너지 손실이 없다고 가정할 때 입력힘 $F_i(t)$와 출력힘 $F_o(t)$의 평형값 $\hat{F}_i$와 $\hat{F}_o$ 사이의 관계식을 구하라.

3.24 다음 그림과 같은 하드 스프링($F_k = kx^3$)을 포함한 기계시스템을 모델링하고자 한다.

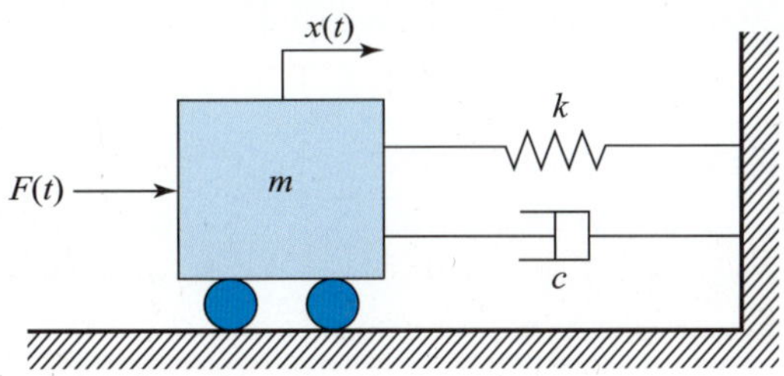

(1) 작동점 근처에서 운동할 때 Taylor 급수를 이용한 선형화를 수행하고 상태공간 모델식을 유도하라. 시스템 입력은 외력 $F(t)$이고 출력은 질량 m의 변위 $x(t)$이다.

(2) 작동 범위가 클 때 피드백 선형화를 이용하여 시스템을 선형화하고 상태방정식을 유도하라.

3.25 다음 그림은 로봇이 컨베이어 시스템에서 작업하는 것을 그린 개략도이다.

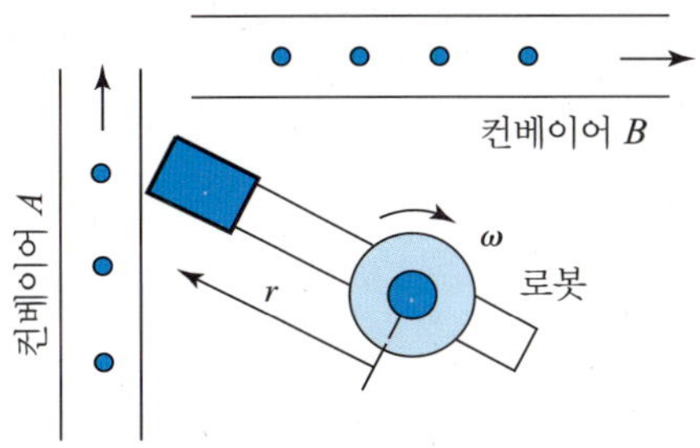

로봇은 각속도 ω로 회전할 수 있고 거리 r인 컨베이어 A에서 물건을 집어서 컨베이어 B에 놓을 수 있는 팔로 구성되어 있다. 로봇의 입력으로는 ω축상에서 토크 τ, r 축상에서 힘 F가 가해진다. 로봇의 무게는 집는 부분에 집중되어 있다고 가정한다. 이때 시스템에 대한 블록선도는 다음과 같다.

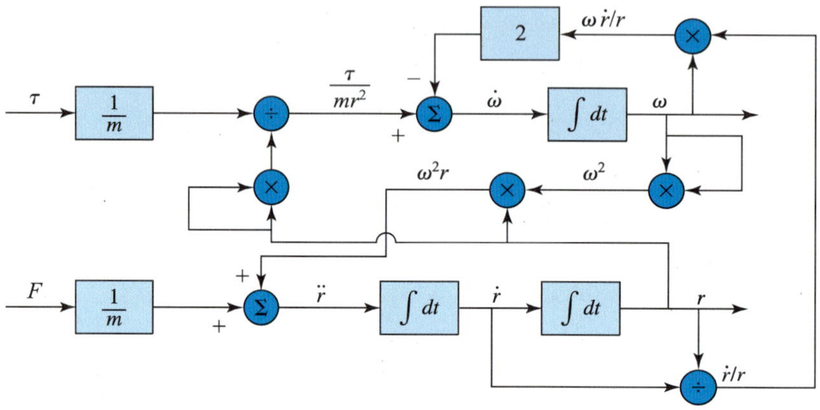

(1) 위의 블록선도로부터 비선형 상태공간 모델식을 유도하라.

(2) 작동 조건 $\omega=\omega_o$, $r=r_o$, $\dot{r}=0$에서의 입력 τ_o와 F_o를 구하고, 작동 조건에서 선형화된 상태공간 모델식을 유도하라.

(3) 두 개의 입력 (τ, F)에서 두 개의 출력 (ω, r)로의 전달함수행렬 $\mathbf{G}(s)$를 구하라.

4장 제어시스템의 성능 및 안정도

4.1 서론

제어시스템을 설계하는 목적은 동적 시스템에 불확실성이 있더라도 시스템의 안정도는 기본이고 성능 및 강인성을 보다 향상시키는 데 있다. 일반적으로 제어시스템의 성능을 향상시키고 또한 성능-강인성(performance-robustness)을 유지하기 위하여 피드백 제어시스템을 사용한다. 그래서 피드백 제어시스템이 모델 불확실성, 외란, 센서 잡음에 대한 감도를 줄일 수 있는지에 관심을 갖는다. 피드백 제어시스템은 기준입력과 음의 피드백을 한 시스템 출력의 차, 즉 오차신호를 이용하여 적절한 제어입력을 생성하고 이를 이용하여 제어 대상 시스템인 플랜트를 제어하고 있다. 일반적으로 제어의 목적은 시스템의 불확실성이 존재하더라도 기준입력과 출력의 차, 즉 추적오차를 최소화하는 것이다. 그래서 먼저 시스템 파라미터 및 센서 게인의 변동 그리고 외란에 따른 개루프 및 피드백 제어시스템의 감도를 평가하기로 한다.

또한 시스템 출력이 기준입력을 만족스럽게 추적할 수 있는지를 평가하기 위하여, 명령추종 성능뿐만 아니라 외란제거 성능에 관심을 갖는다. 이를 수행하기 위하여 일반적으로 제어시스템의 성능은 필요에 따라 시간역, 복소수역 또는 주파수역에서 해석된다. 제어시스템은 시간에 따라 그 거동이 변하는 동적 시스템이므로 제어시스템의 성능 및 안정도 평가는 기본적으로 시간에 따른 그 거동을 시각적으로 쉽게 파악할 수 있는 시간역에서 이루어진다. 제어시스템의 시간응답은 시험입력 신호를 사용하여 시스템의 과도응답과 정상상태 응답을 조사함으로써 실시간에서 제어시스템의 성능을 시각적으로 예측할 수 있는 장점이 있다. 그렇지만 시간역에서 제어시스템을 평가하기 위해서는 주어진 시험입력에 대하여 컴퓨터 시뮬레이션이나 실험이 수행되어야 한다. 그러므로 시간역에서의 제어시스템 해석은 비교적 시간도 많이 소요되고 얻을 수 있는 정보도 제한적이다. 복소수역에서의 제어시스템 해석은 시스템 전달함수의 극점 및 영점을 가지고 평가하므로 비교적 쉽게 수행할 수 있는 장점이 있다. 그렇지만 이 방법도 역시 얻을 수 있는 정보가 제한되어 있다. 상대적으로 주파수역에서의 제어시스템 해석은 시간역 및 복소수역에서 평가할 수 있는 내용뿐만 아니라 상대안정도 평가 등 실제 제어시스템의 평가에 유익한 정보를 더 많이 제공할 수 있다. 그렇지만 주파수역에서의 평가는 시간역에서의 평가와 같이 시각적인 효과를 주지는 못한다. 이 세 영역에서의 제어시스템 평가는 상관관계가 있으므로 복소수역 또는 주파수역에서 제어시스템을 평가하더라도 이것을 시간역에서의 평가로 변환하여 생각하면 더욱 실감나는 평가가 될 것이다. 이 장에서는 시간역 및 복소수역에서 제어시스템을 해석하기로 하고, 주파수역에서의 제어시스템 해석은 6장에서 설명한다.

피드백 제어시스템은 시스템의 성능 및 성능-강인성을 향상시킬 수 있지만 시스템을 불안정하게 할 수도 있다. 그러므로 피드백을 사용하는 경우 시스템의 성능을 향상시키기에 앞서 폐루프 제어시스템이 절대적으로 안정해야 한다는 것은 필수이다. 시스템이 안정하다는 것은 한계가 있는 입력이 주어졌을 때 한계가 있는 출력이 나오는 것을 의미한다. 이것을 유계-입력 유계-출력(BIBO: bounded-input bounded-output) 안정도라고 한다. 또한 실제 제어시스템이 안정하기 위해서는 시스템의 수학적 모델에 대한 공칭안정도(nominal stability)뿐만 아니라 모델의 불확실성에 대한 안정도-강인성(stability-robustness) 또는 상대안정도 문제도 고려해야 한다. 이 장에서는 안정도 해석에서 기본이 되는 공칭안정도 문제만 다루기로 하고 상대안정도 문제는 6장에서 다룰 것이다.

피드백 제어시스템의 공칭안정도를 조사하는 방법으로는 시스템의 특성방정식의 근을 직접 조사하는 방법과, Routh 안정도 판별법, 근궤적법 또는 Nyquist 안정도 판별법을 이용하여 특성방정식의 근을 직접 구하지 않고 특성방정식에서 양의 실수부를 갖는 근의 존재 유무를 판정하는 방법 등이 있다. 이 장에서는 특성방정식의 근을 직접 조사하는 방법과 Routh 안정도 판별법에 대해서만 설명하기로 하고, 근궤적법에 대해서는 5장에서, Nyquist 안정도 판별법에 대해서는 6장에서 설명하기로 한다.

끝으로, MATLAB을 이용하여 제어시스템의 성능과 안정도를 평가하고 Simulink를 이용하여 제어시스템의 시간응답을 시뮬레이션하는 방법에 대하여 간략히 설명하기로 한다.

4.2 제어시스템의 감도

피드백 제어의 큰 장점은 플랜트 모델의 불확실성이나 변화가 있더라도 시스템의 성능 변화를 작게, 즉 성능-강인성을 유지할 수 있는 것이다. 시스템의 감도함수(sensitivity function)를 사용하여 이를 정량화해보기로 한다. 우선 그림 4.1의 예를 들어 각 시스템 파라미터 값의 변동에 따른 피드백 제어시스템의 단위스텝응답의 변화를 살펴보기로 한다. 그림 4.1(a)에 표시된 공칭시스템(nominal system)의 폐루프 전달함수 $T(s)$는 다음과 같다.

$$T(s) = \frac{100/(s+2)}{1+100/(s+2)} = \frac{100}{s+102} \tag{4.1}$$

그리고 그림 4.1(b)와 (c)는 플랜트 파라미터의 변동이 있는 경우이고, (d)는 센서 게인의 변동이 있는 경우이다.

각 경우에 대하여 변동에 따른 응답의 변화를 살펴보기 위해 단위스텝 기준입력에 대한 폐루프 제어시스템의 정상상태오차를 구하기로 한다. 그림 4.1(b)의 경우, 폐루프 전달함수 $T(s)$는 다음과 같다.

$$T(s) = \frac{100/(s+2k_1)}{1+100/(s+2k_1)} = \frac{100}{s+100+2k_1} \tag{4.2}$$

따라서 정상상태오차 e_{ss}는 다음과 같이 k_1의 함수로 주어진다.

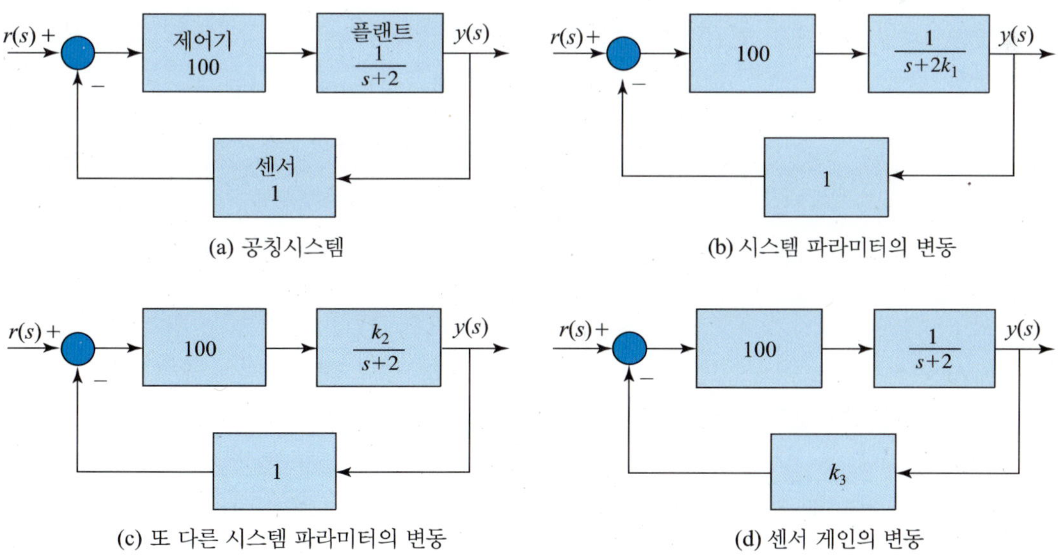

그림 4.1 피드백 제어시스템에서 파라미터 변동의 효과

$$e_{ss} = \lim_{s \to 0} s\left(\frac{1}{s}\right)\{1 - T(s)\} \tag{4.3}$$
$$= \lim_{s \to 0} \frac{s + 2k_1}{s + 100 + 2k_1} = \frac{2k_1}{100 + 2k_1}$$

그림 4.1(c)의 경우는 폐루프 전달함수 $T(s)$와 정상상태오차 e_{ss}가 각각 다음과 같다.

$$T(s) = \frac{100k_2/(s+2)}{1 + 100k_2/(s+2)} = \frac{100k_2}{s + 100k_2 + 2} \tag{4.4}$$

$$e_{ss} = \lim_{s \to 0} s\left(\frac{1}{s}\right)\{1 - T(s)\} \tag{4.5}$$
$$= \lim_{s \to 0} \frac{s + 2}{s + 100k_2 + 2} = \frac{2}{100k_2 + 2}$$

그리고 그림 4.1(d)의 경우에 대해서는 다음과 같은 결과를 얻을 수 있다.

$$T(s) = \frac{100/(s+2)}{1 + 100k_3/(s+2)} = \frac{100}{s + 100k_3 + 2} \tag{4.6}$$

$$e_{ss} = \lim_{s \to 0} s\left(\frac{1}{s}\right)\{1 - T(s)\} \tag{4.7}$$
$$= \lim_{s \to 0} \frac{s + 100(k_3 - 1) + 2}{s + 100k_3 + 2} = \frac{100(k_3 - 1) + 2}{100k_3 + 2}$$

이 세 경우에 대한 정상상태오차 특성을 살펴보면, (b)와 (c)의 경우는 플랜트 파라미터의 변동에 의한 정상상태응답의 변화가 비교적 작게 나타나고, (d)의 경우는 센서 파라미터의 변동이 커지면 매우 민감하게 정상상태오차가 크게 발생함을 알 수 있다. 이것은 센서에 의한 오차가 실제 시스템 오차와 구별되어 플랜트에 의해 인식될 수 없기 때문이다.

시스템의 감도함수는 다음과 같이 특정 파라미터 a의 변화에 따른 전달함수 T의 변화를 공칭값 a와 T로 정규화한 식으로 정의된다.

$$S_a^T = \lim_{\Delta a \to 0} \frac{\Delta T/T}{\Delta a/a} = \lim_{\Delta a \to 0} \frac{a}{T}\frac{\Delta T}{\Delta a} = \frac{a}{T}\frac{\partial T}{\partial a} \tag{4.8}$$

구체적인 예로서, 그림 4.2에 표시된 위치 제어시스템에서 피드포워드 경로에 있는 파라미터 a(공칭값 2)와 피드백 경로에 있는 파라미터 b(공칭값 1)에 대한 시스템의 감도함수를 구하기로 한다.

먼저 피드백 경로에 있는 파라미터 b를 공칭값 1로 고정하고 파라미터 a의 함수로서 폐루프 전달함수 $T(s, a)$와 $\dfrac{\partial T}{\partial a}$를 구한다.

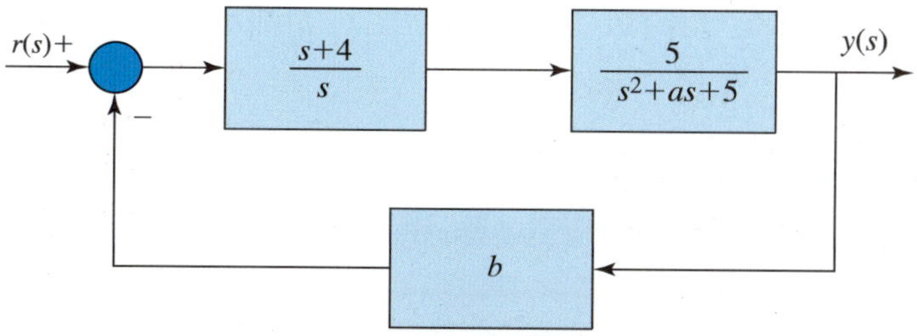

그림 4.2 위치 제어시스템

$$T(s,\,a)=\frac{\dfrac{s+4}{s}\dfrac{5}{s^2+as+5}}{1+\dfrac{s+4}{s}\dfrac{5}{s^2+as+5}}=\frac{5s+20}{s^3+as^2+10s+20} \tag{4.9}$$

$$\frac{\partial T}{\partial a}=\frac{-s^2(5s+20)}{(s^3+as^2+10s+20)^2} \tag{4.10}$$

이때 감도함수 S_a^T는 다음과 같다.

$$S_a^T=\frac{a}{T}\frac{\partial T}{\partial a}=\frac{a}{\dfrac{5s+20}{s^3+as^2+10s+20}}\frac{-s^2(5s+20)}{(s^3+as^2+10s+20)^2}$$

$$=\frac{-as^2}{s^3+as^2+10s+20} \tag{4.11}$$

따라서 파라미터 a의 공칭값 2에 대한 감도함수 S_a^T는

$$S_a^T=\frac{-2s^2}{s^3+2s^2+10s+20} \tag{4.12}$$

시스템 파라미터의 변동이 공칭값에 비해 상당히 작은 경우에는, 폐루프 전달함수 $T(s)$의 변동과 파라미터 a의 변동 사이에 다음 관계식이 성립한다.

$$\frac{\Delta T(s)}{T(s)}\simeq\frac{\Delta a}{a}S_a^T=\frac{\Delta a}{a}\frac{-2s^2}{s^3+2s^2+10s+20} \tag{4.13}$$

이제 식 (4.13)에서 $s=0$을 대입하여, 폐루프 제어시스템의 정상상태응답 변동을 조사하기로 한다.

$$\frac{\Delta T(0)}{T(0)}\simeq 0 \quad \text{또는} \quad \Delta T(0)\simeq 0 \tag{4.14}$$

이와 같이 폐루프 전달함수 $T(s)$의 DC 게인, 즉 $s=0$에서의 게인은 플랜트 파라미터의 변동 Δa가 존재하더라도 거의 변동이 없다.

다음으로 폐루프 전달함수 $T(s)$를 피드백 경로에 있는 파라미터 b의 함수로 나타내고, 이 폐루프 전달함수 $T(s, b)$를 파라미터 b로 미분하면 각각 다음과 같다.

$$T(s, b) = \frac{\dfrac{s+4}{s}\dfrac{5}{s^2+2s+5}}{1+b\dfrac{s+4}{s}\dfrac{5}{s^2+2s+5}} = \frac{5(s+4)}{s^3+2s^2+5(1+b)s+20b} \tag{4.15}$$

$$\frac{\partial T}{\partial b} = \frac{-25(s+4)^2}{\{s^3+2s^2+5(1+b)s+20b\}^2} \tag{4.16}$$

따라서 파라미터 b의 공칭값 1에 대한 감도함수 S_b^T는 다음과 같다.

$$S_b^T = \frac{b}{T}\frac{\partial T}{\partial b} = \frac{1}{\dfrac{5(s+4)}{s^3+2s^2+10s+20}}\frac{-25(s+4)^2}{(s^3+2s^2+10s+20)^2}$$
$$= \frac{-5s-20}{s^3+2s^2+10s+20} \tag{4.17}$$

파라미터 변동 Δb가 작은 경우에는

$$\frac{\Delta T(s)}{T(s)} \cong \frac{\Delta b}{b}S_b^T = \frac{\Delta b}{b}\frac{-5s-20}{s^3+2s^2+10s+20} \tag{4.18}$$

그리고 $s=0$일 때

$$\frac{\Delta T(0)}{T(0)} \cong \frac{\Delta b}{b}(-1) \tag{4.19}$$

이와 같이 피드백 경로에 있는 시스템 파라미터의 변동 Δb가 폐루프 전달함수의 DC 게인의 변화 $\Delta T(0)$와 비례함을(반대 부호로) 알 수 있다.

이제 외란에 대한 감도를 조사하기로 한다. 플랜트에 가해지는 입력 중에서 임의로 조정할 수 없는 입력을 외란이라고 한다. 제어시스템 설계 시에 일반적으로 외란에 대한 시스템 응답 성능도 고려해야 한다. 피드백 제어를 수행하면 외란제거 성능을 향상시킬 수 있다. 이를 설명하기 위하여 그림 4.3에 표시된 외란을 고려한 개루프 및 피드백 제어시스템을 예로 들기로 한다. 그림 4.3(a)의 개루프 제어시스템의 경우, 외란 $d(s)$에 대한 전달함수 $T_d(s)$는

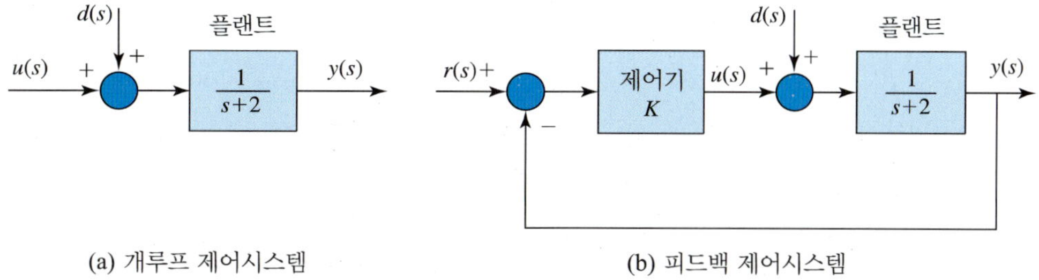

그림 4.3 외란을 고려한 개루프 및 피드백 제어시스템

$$T_d(s) = \frac{y(s)}{d(s)} = \frac{1}{s+2} \tag{4.20}$$

따라서 단위스텝외란[$d(s)=1/s$]에 대한 시스템 출력의 최종값 $y(\infty)$는 다음과 같다.

$$y(\infty) = \lim_{s\to 0} sy(s) = \lim_{s\to 0} s\,T_d(s)d(s) = \lim_{s\to 0} s\frac{1}{s(s+2)} = \frac{1}{2} \tag{4.21}$$

식 (4.21)에서 알 수 있듯이 개루프 제어입력으로는 출력의 최종값을 변화시킬 수 없다. 그러나 그림 4.3(b)의 피드백 제어시스템의 경우, 외란에 대한 전달함수 $T_d(s)$와 단위스텝외란에 대한 시스템 출력의 최종값 $y(\infty)$는 각각 다음과 같다.

$$T_d(s) = \frac{1/(s+2)}{1+K/(s+2)} = \frac{1}{s+2+K} \tag{4.22}$$

$$y(\infty) = \lim_{s\to 0} sy(s) = \lim_{s\to 0} s\frac{1}{s(s+2+K)} = \frac{1}{2+K} \tag{4.23}$$

식 (4.23)에서 알 수 있듯이 제어기의 게인 K를 증가시키면, 외란에 대한 시스템의 영향을 경감시킬 수 있다. 이와 같이 피드백 제어를 수행하여 외란제거 성능을 향상시킬 수 있다.

4.3 제어시스템의 과도응답

근본적으로 제어시스템은 시간에 따라 그 거동이 변하는 동적 시스템이므로 시간역에서 시스템의 성능을 해석하는 것은 중요하다. 시스템이 안정하다면 시험 입력신호에 대한 시간응답을 가지고 시스템의 성능을 다양한 각도에서 평가할 수 있다. 그러나 시스템에 대한 실제 입력신호는 항상 다를 수 있으므로, 일반적으로 표준 시험 입력신호에 대한 제어시스템의 시간역 성능을 조사하고 있다. 그 이유는 표준 시험 입력신호에 대한 시스템의 응답과 보통 작업조건하에서의 시스템의 성능 사이에 타당한 상관관계가 있기 때문이다. 또한 표준 시험 입력신호를 사용하면 설계자는 여러 가지 설계된 제어시스템을 서로 비교 평가할 수 있다. 일반적으로 사용되고 있는 표준 시험 입력신호는 임펄스함수, 스텝함수, 램프함수, 가속도함수, 사인파함수 등이다.

우선 시간응답에서 가장 기본이 되는 시스템의 임펄스응답부터 설명하기로 한다. 다음과 같은 함수 $f_\epsilon(t)$를 정의한다.

$$f_\epsilon(t) = \begin{cases} 1/\epsilon, & 0 \le t \le \epsilon \\ 0, & t > \epsilon \end{cases} \tag{4.24}$$

여기서 ϵ이 0으로 접근할 때의 $f_\epsilon(t)$, 즉 $f_{\epsilon\to 0}(t)$를 단위임펄스함수 $\delta(t)$라고 하며, 단위임펄스함수는 다음과 같은 특성이 있다.

$$\int_0^\infty \delta(\tau)d\tau = 1 \tag{4.25}$$

$$\int_0^\infty \delta(t-\tau)g(\tau)d\tau = \int_0^\infty g(t-\tau)\delta(\tau)d\tau = g(t) \tag{4.26}$$

한편, 출력 $y(s) = G(s)u(s)$이므로 출력 $y(t)$는 다음과 같은 합성적분을 수행하여 구할 수 있다.

$$y(t) = \int_0^t g(t-\tau)u(\tau)d\tau \tag{4.27}$$

만일 입력 $u(t)$가 단위임펄스함수 $\delta(t)$이면, 이때 출력 $y(t)$는 다음과 같다.

$$y(t) = \int_0^t g(t-\tau)\delta(\tau)d\tau = g(t) \tag{4.28}$$

이를 시스템 $G(s)$에 대한 단위임펄스응답이라고 한다. 임펄스함수는 물리적으로 존재할 수 없으므로 진폭이 크고 작용시간이 매우 짧은 펄스를 동적 시스템에 가함으로써 근사적인 임펄스신호로 사용하고 있다.

이제 시스템의 시간역 성능을 조사하기 위하여 가장 많이 사용되고 있는 스텝응답에 대하여 설명하기로 한다. 스텝함수 신호는 발생시키고 평가하기가 가장 쉬운 입력신호로서 동적 시스템의 성능시험에 주로 사용되고 있다. 그림 4.4는 제어시스템의 전형적인 단위스텝응답을 나타내고 있다. 이 그림에 표시된 퍼센트 오버슈트(% overshoot), 지연시간(delay time), 상승시간(rise time), 정착시간(settling time) 등은 단위스텝입력에 대한 시스템의 시간역 성능을 나타내는 데 사용하는 대표적인 사양들이다.

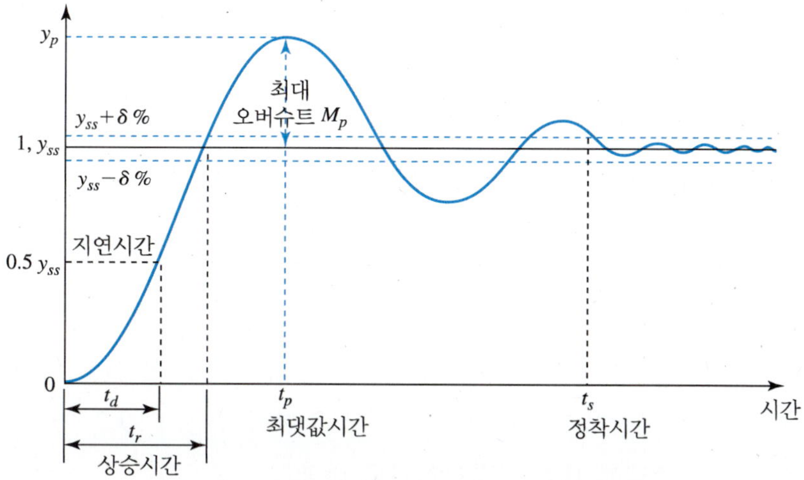

그림 4.4 제어시스템의 전형적인 단위스텝응답

그림 4.4에 표시된 시간응답에 관한 사양들은 다음과 같이 정의된다.

- 퍼센트 오버슈트 P.O.: 과도상태 중 정상상태응답 y_{ss}를 초과하여 나타나는 출력의 최대 오버슈트 M_p를 정상상태응답 y_{ss}로 나눈 백분율로 정의한다.

$$P.O. = \frac{y_p - y_{ss}}{y_{ss}} \times 100\ \% \tag{4.29}$$

여기서 y_p는 출력의 시간응답의 최댓값이다. 그리고 시간응답이 최댓값 y_p가 될 때의 시간을 최댓값시간 t_p라고 하며, $y_p - y_{ss}$가 최대 오버슈트 M_p이다. 여기서 유의할 점은 최대 오버슈트 M_p를 구할 때 출력의 시간응답의 최댓값 y_p에서 스텝입력의 크기를 뺀 값으로 하면 안 된다는 것이다. 그림 4.4에 표시된 출력의 정상상태응답 y_{ss}가 스텝입력의 크기와 같은 경우이므로, 이때에는 실수하더라도 문제가 없지만 일반적으로 정상상태응답 y_{ss}는 스텝입력의 크기와 다르므로 유의해야 한다. 그리고 시스템의 진동 정도를 나타내는 지수로 일반적으로 퍼센트 오버슈트 P.O.를 사용한다. 절대 크기를 나타내는 최대 오버슈트 M_p는 입력의 크기에 따라 변하지만 이를 정상상태응답 y_{ss}로 정규화한 퍼센트 오버슈트 P.O.는 입력의 크기에 관계없이 시스템의 특성에 따라 일정한 값을 갖기 때문이다.

- 지연시간 t_d: 정상상태응답 y_{ss}의 50 %에 도달하는 데 소요되는 시간으로 정의한다.
- 상승시간 t_r: 일반적으로 과감쇠(overdamped) 및 임계감쇠(critical damped) 시스템(감쇠비 $\zeta \geq 1$인 시스템)에서는 정상상태응답 y_{ss}의 10 %에서 90 %, 그리고 경감쇠

(underdamped) 시스템(감쇠비 $0 < \zeta < 1$인 시스템)에서는 정상상태응답 y_{ss}의 0 %에서 100 %로 상승하는 데 소요되는 시간으로 정의한다.

- 정착시간 t_s: 출력의 크기가 정상상태응답 y_{ss}의 δ % 이내로 정착하는 데 소요되는 시간으로 정의한다. 정착시간을 결정하는 데 사용되는 δ 값은 1, 2, 5이다. 그렇지만 일반적으로 사용되는 δ 값은 2이다. 그래서 δ 값에 대한 특별한 언급이 없으면, 2를 의미한다.

이제 제어시스템에서 가장 기본이 되는 유한 영점(finite zero)이 없는 단순 1차 및 2차 시스템의 응답 특성을 해석적으로 구해보기로 한다. 먼저 다음과 같은 전달함수 $G(s)$로 표현되는 단순 1차 시스템에 대하여 생각하기로 한다.

$$G(s) = \frac{1}{Ts+1} \tag{4.30}$$

단순 1차 시스템에 단위스텝입력[$u(s) = 1/s$]을 가했을 때의 출력 $y(s)$는 다음과 같다.

$$y(s) = \frac{1}{s(Ts+1)} \tag{4.31}$$

그리고 식 (4.31)에 역Laplace 변환을 수행하여 단순 1차 시스템의 단위스텝응답 $y(t)$를 구한다.

$$y(t) = 1 - e^{-t/T} \tag{4.32}$$

식 (4.32)에서 $e^{-t/T}$는 과도응답이 감쇠하는 정도를 나타낸다. 이 감쇠하는 정도는 보통 시스템의 과도응답 성능을 나타내는 사양인 시정수(time constant) T로 나타낸다. 시정수 T는 감쇠 정도를 나타내는 지수함수 $e^{-t/T}$가 e^{-1}이 되는 시간이다. 따라서 시정수 T 값이 클수록 과도응답이 감쇠하는 정도는 작다. 이 응답은 진동 없이 지수적으로 변하여 시간이 충분히 지나면 정착되어 정상상태에서 1이 된다.

단순 1차 시스템의 중요한 특성 중 하나는 그림 4.5에 표시된 바와 같이 $t = T$일 때 출력 $y(t)$가 최종값 $y(\infty)$의 63.2 %에 도달한다는 것이다. 즉

$$y(T) = 1 - e^{-1} = 0.632 \tag{4.33}$$

또 하나의 중요한 특성은 $t = 0$에서 접선의 기울기가 $1/T$이 되는 것이다.

$$\left.\frac{dy}{dt}\right|_{t=0} = \left.\frac{1}{T}e^{-t/T}\right|_{t=0} = \frac{1}{T} \tag{4.34}$$

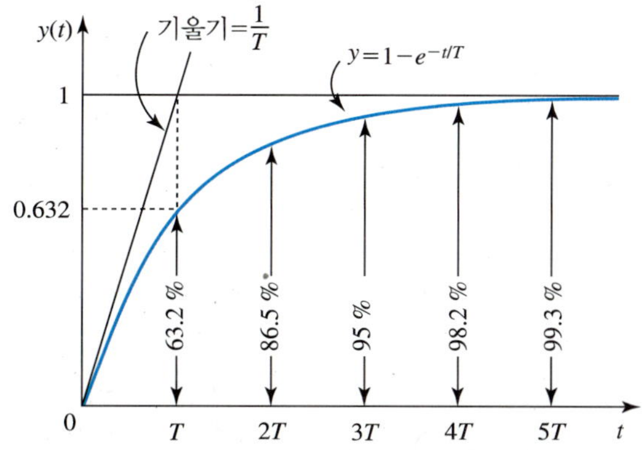

그림 4.5 단순 1차 시스템의 단위스텝응답

그리고 $t=2T$, $3T$, $4T$, $5T$ 일 때 각각 최종값 $y(\infty)$의 86.5 %, 95 %, 98.2 %, 99.3 %에 도달한다. 그러므로 $t \geq 4T$ 이면, 응답이 2 % 이내로 정착하게 된다. 식 (4.32)에서 알 수 있듯이 정상상태는 단지 무한대의 시간에서만이 도달된다. 그렇지만 실제로 정상상태에 이르기까지의 시간, 즉 과도응답시간은 최종값의 2 % 이내에 도달해서 그 경계 안에 머물기 시작하는 시간으로 정하는 것이 공학적으로 합리적이다.

이제 다음과 같은 전달함수 $G(s)$로 표현되는 단순 2차 시스템에 대하여 생각하기로 한다.

$$G(s) = \frac{\omega_n^2}{s^2 + 2\zeta\omega_n s + \omega_n^2} \tag{4.35}$$

여기서 ζ는 감쇠비, ω_n은 고유주파수이다. 감쇠비 ζ가 1보다 크거나 같으면 두 개의 실수 극점을 갖는다. 그러므로 이때는 앞에서 언급한 두 개의 1차 시스템으로 해석할 수 있다. 따라서 여기서는 진동이 있는 경감쇠 단순 2차 시스템($0 < \zeta < 1$)의 단위스텝응답을 해석적으로 구하기로 한다.

경감쇠 단순 2차 시스템에 단위스텝입력 $[u(s) = 1/s]$을 가했을 때의 출력 $y(s)$는 다음과 같다.

$$y(s) = \frac{\omega_n^2}{s(s^2 + 2\zeta\omega_n s + \omega_n^2)} \tag{4.36}$$

그리고 식 (4.36)에 역Laplace 변환을 수행하여 경감쇠 단순 2차 시스템의 단위스텝응답 $y(t)$를 구한다.

$$y(t) = 1 - \frac{e^{-\zeta\omega_n t}}{\sqrt{1-\zeta^2}}\sin(\omega_d t + \theta) \tag{4.37}$$

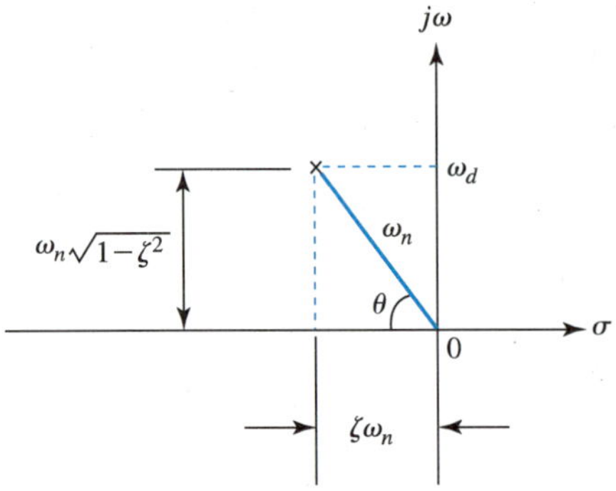

그림 4.6 감쇠고유주파수 ω_d 와 각 θ 의 표시

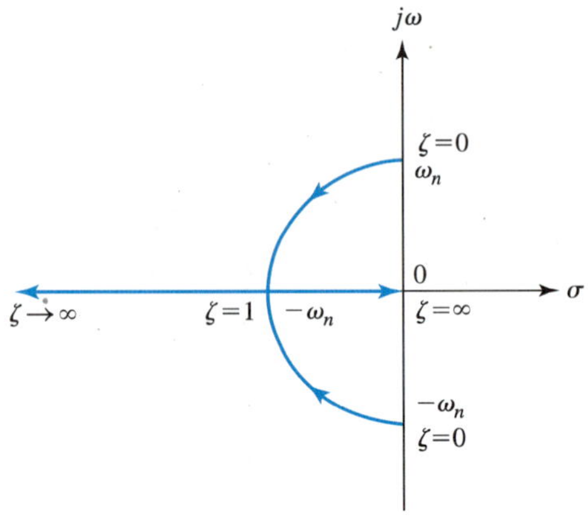

그림 4.7 감쇠비 ζ 값에 따른 단순 2차 시스템의 극점 변화

여기서

$$\omega_d = \omega_n\sqrt{1-\zeta^2}, \qquad \theta = \cos^{-1}\zeta$$

식 (4.37)에서 $e^{-\zeta\omega_n t}$는 과도응답이 감쇠하는 정도를 나타낸다. 이 감쇠하는 정도는 보통 과도응답 성능을 나타내는 사양인 시정수 T로 나타낸다. 시정수 T는 감쇠 정도를 나타내는 지수함수 $e^{-\zeta\omega_n t}$가 e^{-1}이 되는 시간, 즉 $T=1/\zeta\omega_n$로 정의된다. 따라서 $\zeta\omega_n$ 값이 클수록 시정수 T는 작게 되고, 이때 과도응답이 감쇠하는 정도는 커진다. 그림 4.6은 감쇠고유주파수 ω_d와 각 θ를 $s-$평면상에 표시한 것이고, 그림 4.7은 감쇠비 ζ 값에 따른 단순 2차 시스템의 극점을 $s-$평면상에 나타낸 것이다. 그리고 그림 4.8은 감쇠비 ζ 값에 따른 단순 2차 시스템의 단위스텝응답을 나타내고 있다. ζ 값이 감소함에 따라 2차 시스템의 극점들은 허수축에 접근하게 되고 그 응답은 점차적으로 진동이 증가한다.

이제 해석적인 방법으로 경감쇠 단순 2차 시스템의 과도응답에 관한 사양들을 계산하기로 한다. 식 (4.37)을 시간에 대하여 미분하여 계산한 극값으로부터 최댓값시간 t_p를 구할 수 있다.

$$\left.\frac{dy}{dt}\right|_{t=t_p} = \frac{\omega_n}{\sqrt{1-\zeta^2}}e^{-\zeta\omega_n t_p}\sin\omega_d t_p = 0 \tag{4.38}$$

식 (4.38)을 정리하면

$$\sin\omega_d t_p = 0 \tag{4.39}$$

또는

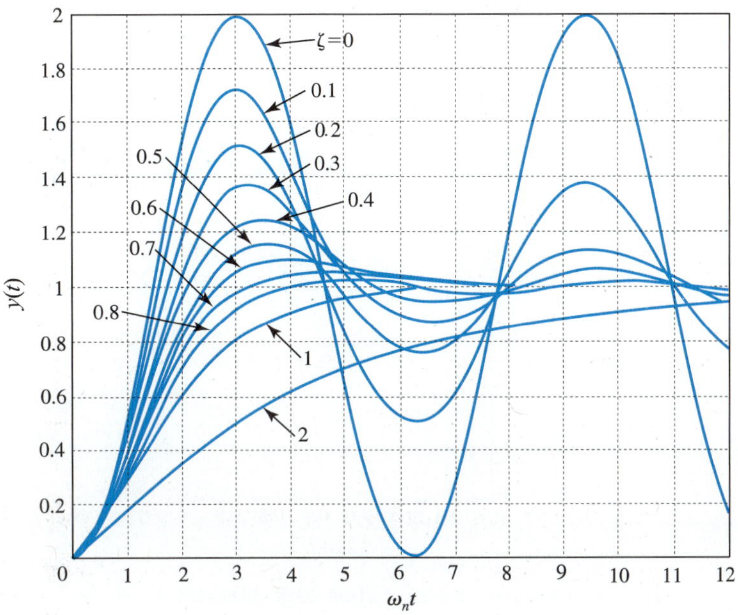

그림 4.8 ζ 값에 따른 단순 2차 시스템의 단위스텝응답

$$\omega_d t_p = 0,\ \pi,\ 2\pi,\ 3\pi,\ \cdots \tag{4.40}$$

최댓값시간 t_p는 첫 번째 오버슈트의 시간이므로 $\omega_d t_p = \pi$이다.

$$t_p = \frac{\pi}{\omega_d} \tag{4.41}$$

이때 시간응답 $y(t)$의 최댓값 y_p는 다음과 같다.

$$y_p = 1 + e^{-(\zeta/\sqrt{1-\zeta^2})\pi} \tag{4.42}$$

상승시간 t_r는 식 (4.37)에서 시간응답 $y(t)$가 최초로 정상상태응답 $y_{ss}(=1)$의 크기가 되는 시간이다.

$$y(t_r) = 1 - \frac{e^{-\zeta\omega_n t_r}}{\sqrt{1-\zeta^2}} \sin(\omega_d t_r + \theta) = 1 \tag{4.43}$$

$e^{-\zeta\omega_n t_r} \neq 0$이므로 식 (4.43)에서 상승시간 t_r는 다음 식을 만족한다.

$$\omega_d t_r + \theta = \pi \tag{4.44}$$

또는

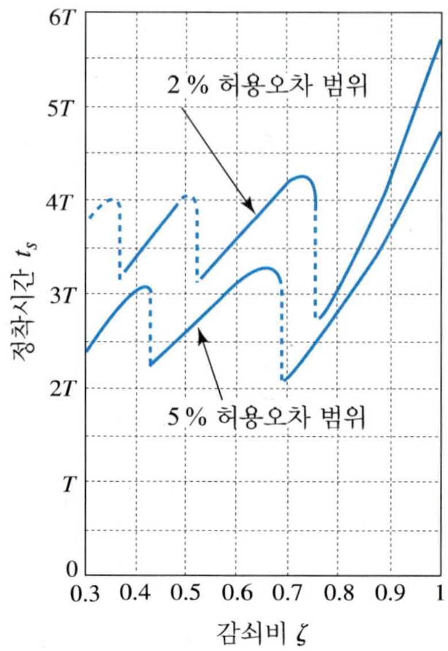

그림 4.9 감쇠비 ζ 값에 따른 정착시간 t_s

$$t_r = \frac{\pi - \theta}{\omega_d} \tag{4.45}$$

이제 그림 4.8에 있는 감쇠비 ζ 값에 따른 단순 2차 시스템의 응답곡선으로부터 시정수 $T(=1/\zeta\omega_n)$의 항으로 정착시간 t_s를 구해보기로 한다. 그림 4.9는 그 결과를 나타내며, 2 % 정착시간 t_s는 감쇠비 ζ 값에 거의 무관하게 시스템의 시정수 T의 약 4배가 된다. 즉

$$t_s \simeq 4T = \frac{4}{\sigma} = \frac{4}{\zeta\omega_n} \tag{4.46}$$

그리고 1 %와 5 % 정착시간 t_s는 각각 시스템의 시정수 T의 약 4.6배 그리고 3배가 된다. 정착시간에서 %를 특별히 언급하지 않을 때는 보통 2 % 정착시간을 의미한다.

또한 감쇠비 ζ 값은 퍼센트 오버슈트와 최댓값시간 등과 같은 시스템의 과도응답에 큰 영향을 주고 있다. 그림 4.10은 단순 2차 시스템에서 감쇠비 ζ 값에 따른 퍼센트 오버슈트와 고유주파수 ω_n으로 정규화된 최댓값시간 $\omega_n t_p$를 나타내고 있다. 그림 4.10에서 알 수 있듯이 제어시스템 설계 시에는 바람직한 응답속도와 오버슈트를 동시에 만족시킬 수 있도록 두 값을 적절히 절충할 수 있는 감쇠비 ζ를 선정해야 한다. 일반적으로 시스템의 감쇠비 ζ는 0.4와 0.8 사이에 있는 것이 바람직하다. ζ 값이 작으면($\zeta < 0.4$) 너무 큰 오버슈트가 발생하고, ζ 값이 크면($\zeta > 0.8$) 시스템의 응답속도가 느려진다.

그림 4.10에 있는 곡선은 단지 유한 영점이 없는 단순 2차 시스템에 대해서만 정확하다.

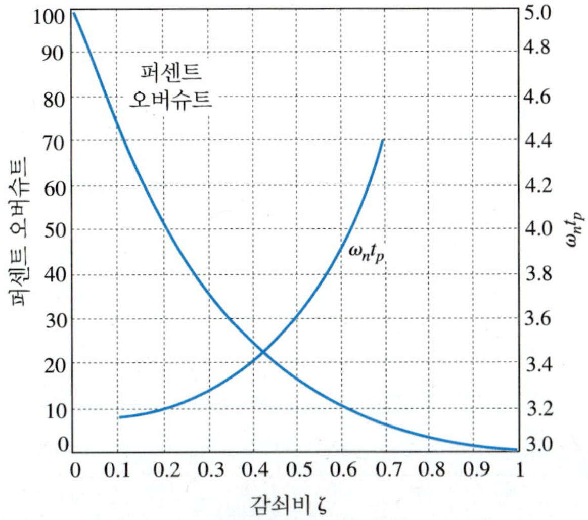

그림 4.10 단순 2차 시스템에서 감쇠비 ζ 값에 따른 퍼센트 오버슈트와 최댓값시간

만일 유한 영점이 s-평면상에서 허수축에 가까이 있다면, 이 영점은 시스템의 과도응답에 큰 영향을 준다. 이와 같이 시스템의 영점이 극점과 더불어 과도응답에 큰 영향을 준다는 것에 유의해야 한다.

이제 시스템의 영점의 위치에 따른 최소 위상 시스템(minimum phase system)과 비최소 위상 시스템(non-minimum phase system)에 대한 과도응답 특성을 알아보기 위하여, 식 (4.47)과 같은 구체적인 시스템을 생각하기로 한다. 최소 위상 시스템은 우반 s-평면에 극점이나 영점이 없는 시스템이고, 비최소 위상 시스템은 우반 s-평면에 극점이나 영점이 있는 시스템이다.

$$G(s) = \frac{\frac{1}{z}(z-s)}{s^2+s+1} \tag{4.47}$$

이 시스템은 $s=-1/2 \pm j\sqrt{3}/2$에 극점이 있고 $s=z$에 영점이 있다. 만일 z가 음수이면, 즉 영점이 좌반 s-평면에 있으면 최소 위상 시스템이 되고, z가 양수이면, 즉 영점이 우반 s-평면에 있으면 비최소 위상 시스템이 된다.

그림 4.11(a)와 그림 4.11(b)는 각각 시스템 (4.47)에서 영점의 위치에 따른 최소 위상 시스템의 경우와 비최소 위상 시스템의 경우에 대한 단위스텝응답을 나타낸다. 그림 4.11(a)와 그림 4.11(b) 또는 표 4.1(a)와 표 4.1(b)에서 알 수 있듯이, 영점이 허수축에 가까이 놓일수록 과도응답에 크게 영향을 주어 최소 위상 시스템의 경우는 오버슈트(overshoot), 그리고 비최소 위상 시스템의 경우는 언더슈트(undershoot)가 증가하게 된

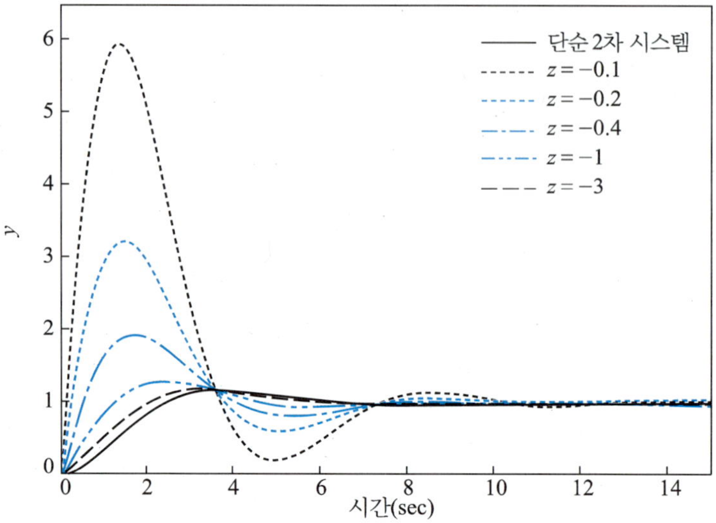

(a) 최소 위상 시스템의 경우

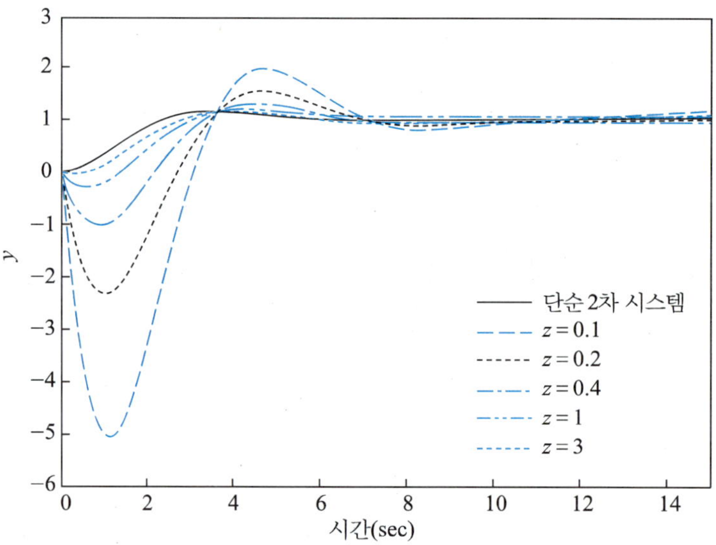

(b) 비최소 위상 시스템의 경우

그림 4.11 시스템 (4.47)에서 최소 위상 및 비최소 위상 시스템의 경우에 대한 단위스텝응답

다. 유한 영점이 없는 단순 2차 시스템의 경우에는 약 16 %의 오버슈트가 발생하지만, 영점의 위치가 시스템의 고유주파수 크기($\omega_n = 1$)의 0.1일 때는 약 500 %의 오버슈트 또는 언더슈트가 발생한다. 이와 같이 영점이 허수축에 가까이 존재하면, 이 영점이 비교적 응답속도에는 큰 영향을 주지 않지만 오버슈트 또는 언더슈트에는 치명적인 영향을 준다. 그렇지만 영점이 s-평면상에서 허수축으로부터 멀리 떨어져 있으면, 이때 영점은 과도응답에 큰 영향을 주지 못한다. 이를 좀 더 정량적으로 보면, 영점이 대표극점(dominant pole)의

표 4.1(a) $z(<0)$ 값에 따른 최소 위상 시스템 (4.47)의 과도응답 성능

과도응답 성능	단순 2차 시스템	$z=-0.1$	$z=-0.2$	$z=-0.4$	$z=-1$	$z=-3$
2 % 정착시간(sec)	8.08	12.6	10.3	9.66	7.51	7.79
퍼센트 오버슈트(%)	16.3	494	224	94	29.8	17.4

표 4.1(b) $z(>0)$ 값에 따른 비최소 위상 시스템 (4.47)의 과도응답 성능

과도응답 성능	단순 2차 시스템	$z=0.1$	$z=0.2$	$z=0.4$	$z=1$	$z=3$
2 % 정착시간(sec)	8.08	12.8	10.1	9.5	8.99	8.42
퍼센트 언더슈트(%)	0	503	233	74.2	28	4.48

고유주파수 크기의 적어도 3배 이상 허수축으로부터 떨어져 있으면 영점의 효과는 무시할 만하다.

대표극점은 시스템 극점들 중에서 과도응답이 가장 오래 지속되어 시스템 응답에 지배적인 역할을 하는 극점이다. 대표극점은 일반적으로 s-평면상에서 허수축에 가장 가까이 있는 극점이 되지만, 허수축에 가장 가까이 있는 극점에서의 유수(residue)가 두 번째로 허수축에 가까이 있는 극점에서의 유수에 비해 상대적으로 매우 작으면 두 번째로 허수축에 가까이 있는 극점이 대표극점이 된다. 유수의 크기는 식 (2.42)에 주어진 바와 같이 시스템의 극점 및 영점의 위치에 따라 결정된다. 시스템의 극점과 영점의 위치가 근접할수록 영점이 가까이 있는 극점에 대한 유수는 작아진다.

또한 다음 전달함수 $G(s)$와 같이 단순 2차 시스템에 극점($s=-\alpha$)이 하나 첨가된 경우 이 첨가된 극점에 의해 단위스텝응답 특성이 어떻게 변하는지 조사하기로 한다.

$$G(s)=\frac{\alpha}{(s+\alpha)(s^2+s+1)} \tag{4.48}$$

그림 4.12는 극점이 첨가되지 않은 단순 2차 시스템과 α 값에 따른 3차 시스템의 단위스텝응답을 나타낸다. 그리고 표 4.2에는 단순 2차 시스템과 α 값에 따른 3차 시스템의 과도응답 성능을 나타내는 2 % 정착시간 및 퍼센트 오버슈트가 표시되어 있다.

표 4.2에서 알 수 있듯이 3차 시스템의 첨가된 극점의 크기 α가 2차 시스템의 고유주파수 $\omega_n(=1)$의 크기보다 3배 이상 충분히 크면, 단순 2차 시스템과 3차 시스템의 정착시간은 3 % 그리고 퍼센트 오버슈트는 6 % 범위 이내에서 같게 된다. 따라서 이 경우에는 3차

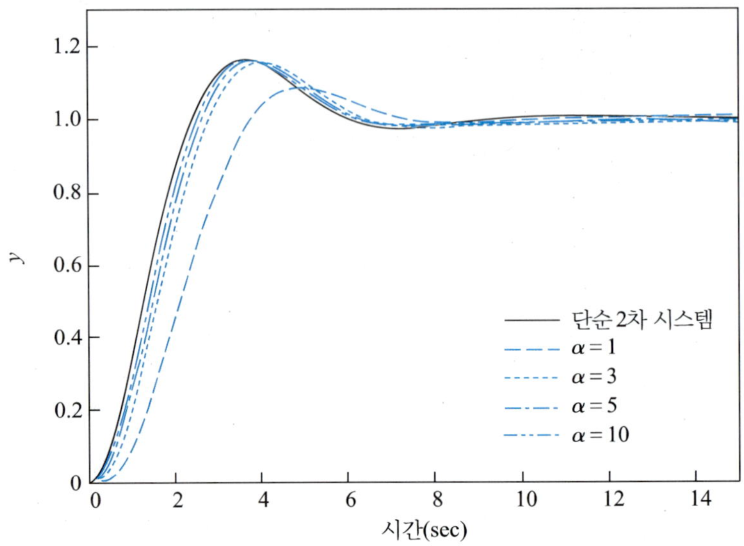

그림 4.12 단순 2차 시스템과 α 값에 따른 3차 시스템의 단위스텝응답

표 4.2 α 값에 따른 3차 시스템의 과도응답 성능

과도응답 성능	단순 2차 시스템	$\alpha=1$	$\alpha=3$	$\alpha=5$	$\alpha=10$
2 % 정착시간(sec)	8.08	6.64	8.35	8.26	8.17
퍼센트 오버슈트(%)	16.3	8.15	15.2	15.9	16.2

시스템을 2차 시스템으로 단순화할 수 있다. 이 결과를 확장하여 일반적인 시스템에서 대표극점에 의한 응답이 시스템의 나머지의 극점들에 의한 응답보다 적어도 3배 이상 느리면 단순 2차 시스템에 대한 시간응답 특성을 고차 시스템에 대해서도 근사적으로 사용할 수 있다.

이제 다음과 같은 고차 시스템 $G(s)$에 대한 단위스텝응답의 일반적인 해를 구하기로 한다.

$$G(s)=\frac{y(s)}{u(s)}=\frac{K\prod_{i=1}^{m}(s+z_i)}{\prod_{j=1}^{q}(s+p_j)\prod_{k=1}^{r}(s^2+2\zeta_k\omega_k s+\omega_k^2)} \tag{4.49}$$

식 (4.49)와 같은 고차 시스템에 단위스텝입력[$u(s)=1/s$]을 가했을 때 출력 $y(s)$는 일반적으로 다음과 같이 표현된다.

$$y(s) = \frac{a}{s} + \sum_{j=1}^{q} \frac{a_j}{s+p_j} + \sum_{k=1}^{r} \frac{b_k(s-\zeta_k\omega_k) + c_k\omega_k\sqrt{1-\zeta_k^2}}{s^2+2\zeta_k\omega_k s+\omega_k^2} \tag{4.50}$$

그리고 식 (4.50)에 역Laplace 변환을 수행하여 시간역에서의 출력 $y(t)$를 구한다.

$$\begin{aligned} y(t) = a + \sum_{j=1}^{q} a_j e^{-p_j t} + \sum_{k=1}^{r} b_k e^{-\zeta_k\omega_k t} \cos\omega_k\sqrt{1-\zeta_k^2}\,t \\ + \sum_{k=1}^{r} c_k e^{-\zeta_k\omega_k t} \sin\omega_k\sqrt{1-\zeta_k^2}\,t \quad (t \geq 0) \end{aligned} \tag{4.51}$$

식 (4.51)에서 알 수 있듯이 고차 시스템의 응답은 일반적으로 여러 개의 지수함수적인 곡선과 감쇠된 사인파 곡선의 합으로 표시된다. 그림 4.13은 고차 시스템에 대한 스텝응답의 예이다. 이러한 고차 시스템의 과도응답의 특징은 작은 진동이 큰 진동이나 지수함수 곡선에 겹쳐 있다는 것이다. 빨리 감쇠하는 성분은 단지 과도응답의 초기에만 중요한 역할을 하고 시스템의 대표극점에 의한 과도응답만이 정상상태에 도달할 때까지 지배적인 영향을 준다.

제어시스템의 과도응답은 실제로 시스템의 극점뿐만 아니라 영점에 의해서도 결정되지만 여기서는 유한 영점이 없는 시스템으로 한정하여 극점이 과도응답에 미치는 영향에 대하여 알아보기로 한다. 그림 4.14는 극점의 위치에 따른 시스템의 임펄스응답을 개략적으로 그린 것이다. 이 그림에 표시된 극점은 $s-$평면 상단에 위치한 극점만을 표시하였고 하단에 위치한 쌍은 생략하였다. 그림 4.14에서 알 수 있듯이 극점은 시스템의 과도응답뿐만 아니라 안정도 문제에서도 중요하다. 극점이 $s-$평면의 우측에 있는 경우는 시스템이 불안

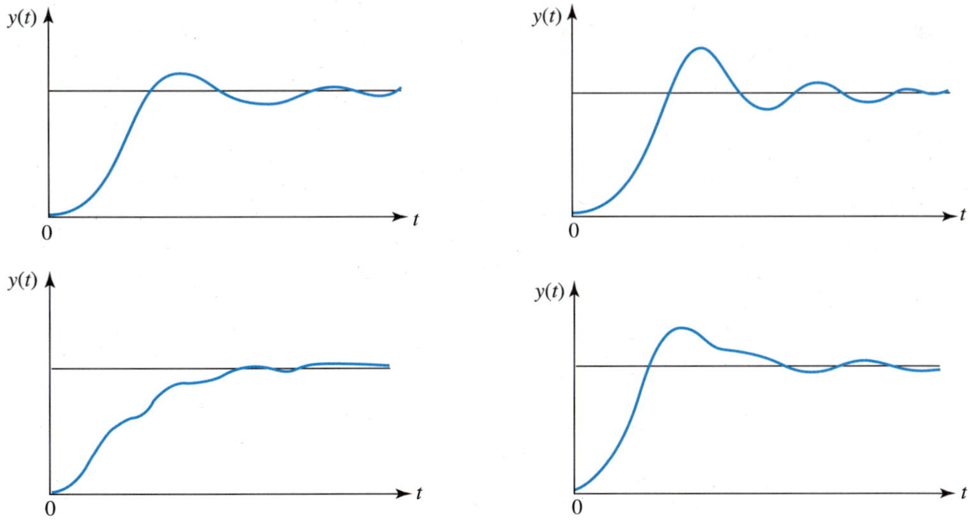

그림 4.13 고차 시스템에 대한 스텝응답의 예

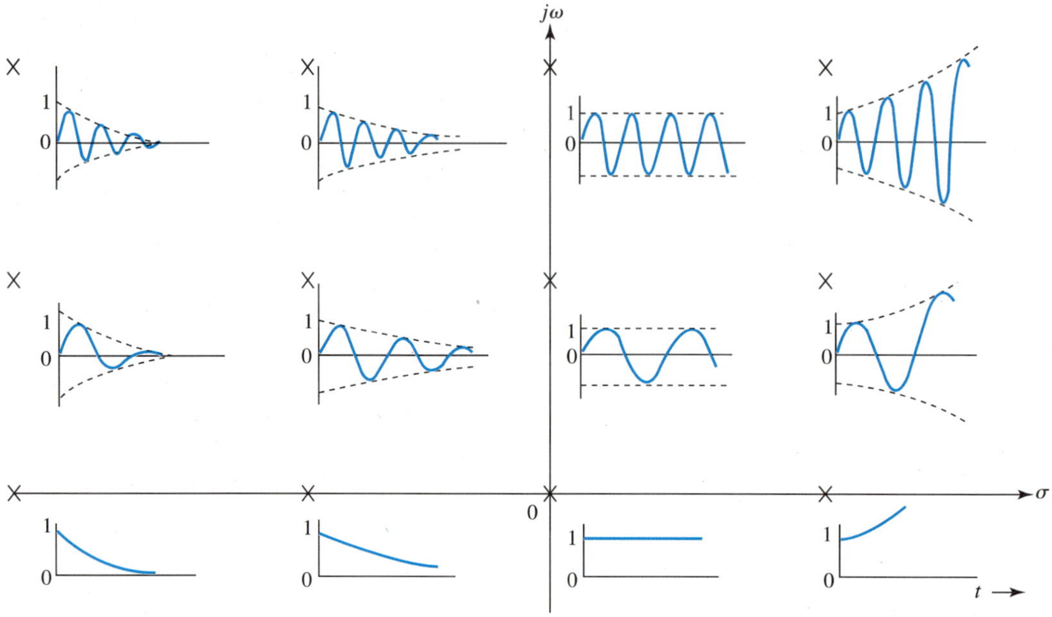

그림 4.14 s-평면상에서 극점의 위치에 따른 임펄스응답

정하고 좌측에 있는 경우에만 안정하다는 것을 알 수 있다. 극점이 수직 방향으로 움직이는 경우에는, 감쇠고유주파수 ω_d가 증가하여 진동주기 $T_p(=2\pi/\omega_d)$가 짧아지지만 극점의 실수부 σ가 바뀌지 않으므로 감쇠되는 응답속도, 즉 시스템의 정착시간은 거의 같다. 극점이 오른쪽에서 왼쪽으로 움직이는 경우에는, 극점의 허수부가 일정하므로 진동주기는 같아지고 감쇠되는 응답속도는 빨라진다.

이제 시스템의 과도응답 특성을 이용하여 시스템의 전달함수를 구할 수 있다는 것을 설명하기로 한다. 만일 스텝입력에 대한 과도응답 특성이 그림 4.15와 같이 단조롭고 매끄럽게 진동 없이 나타나는 경우에는, 다음과 같이 과도응답 특성을 이용하여 시스템을 모델링할 수 있다.

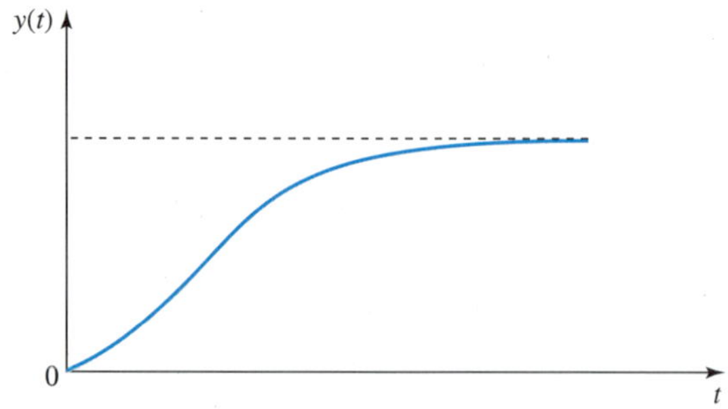

그림 4.15 진동이 없는 스텝응답

그림 4.15와 같은 경우의 시간응답은 다음과 같은 지수함수의 합으로 표현할 수 있다.

$$y(t) = y(\infty) + Ae^{-\alpha t} + Be^{-\beta t} + Ce^{-\gamma t} + \cdots \tag{4.52}$$

여기서 $y(\infty)$는 최종 출력값을 의미하고, $0 < \alpha < \beta < \gamma$라고 가정한다. 식 (4.52)에서 각 계수 A, B, C와 α, β, γ 등을 찾아낼 수 있다면, 역Laplace 변환을 수행하여 시스템의 전달함수 $G(s)$를 구할 수 있다. 각 계수를 구하기 위하여 우선 시스템의 과도응답에서 지배적인 역할을 하는 항 $Ae^{-\alpha t}$와 정상상태응답 $y(\infty)$만을 고려하고 나머지 항들은 무시하기로 한다. 즉

$$y(t) - y(\infty) \simeq Ae^{-\alpha t} \tag{4.53}$$

또는

$$\begin{aligned} \log[y(t) - y(\infty)] &\simeq \log A - \alpha t \log e \\ &\simeq \log A - 0.4343\alpha t \end{aligned} \tag{4.54}$$

따라서 식 (4.54)를 이용하면 A와 α를 정할 수 있다. 과도응답 데이터로부터 시간 t에 따른 $\log[y(t) - y(\infty)]$(또는 A가 음이면 $\log[y(\infty) - y(t)]$)를 그려보면 $Be^{-\beta t}$, $Ce^{-\gamma t}$항에 큰 영향을 받는 초기시간을 제외하고는 데이터들을 직선으로 연결할 수 있다. 이 직선으로부터 A와 α를 정한다. 그런 다음, 같은 방법으로 $\log[y(t) - (y(\infty) + Ae^{-\alpha t})]$를 그려 B와 β를 정한다. 이와 같이 실험 데이터의 정확도를 얻을 때까지 출력 $y(t)$에서 정상상태응답 $y(\infty)$와 매번 가장 느린 응답 특성을 나타내는 항들을 포함시켜 뺀 값에 대한 로그스케일 그림을 그려서 모델과 실험 데이터의 맞춤을 수행한다. 그 결과를 이용하여 스텝응답 $y(t)$를 식 (4.52)에 주어진 지수함수의 합으로 표현한다. 이와 같이 표현된 스텝응답 $y(t)$에 역Laplace 변환을 수행하면 시스템의 전달함수를 유도할 수 있다.

예제 4.1 표 4.3에 주어진 데이터 또는 그림 4.16에 주어진 단위스텝응답을 이용하여 시스템의 전달함수를 구하기로 한다.

우선 주어진 단위스텝응답 데이터를 이용하여 $\log[y(\infty) - y(t)]$를 그림 4.17과 같이 나타낸다. 그림 4.17에 표시된 직선으로부터 A와 α를 구한다.

$$\begin{cases} \log A = 0.125 \\ 0.4343\alpha = \dfrac{1.602 - 1.167}{\Delta t} = \dfrac{0.435}{1} \end{cases}$$

표 4.3 단위스텝응답 데이터

t	$y(t)$	t	$y(t)$
0.0	0.000	1.0	0.510
0.1	0.005	1.5	0.700
0.2	0.034	2.0	0.817
0.3	0.085	2.5	0.890
0.4	0.140	3.0	0.932
0.5	0.215	4.0	0.975
		∞	1.000

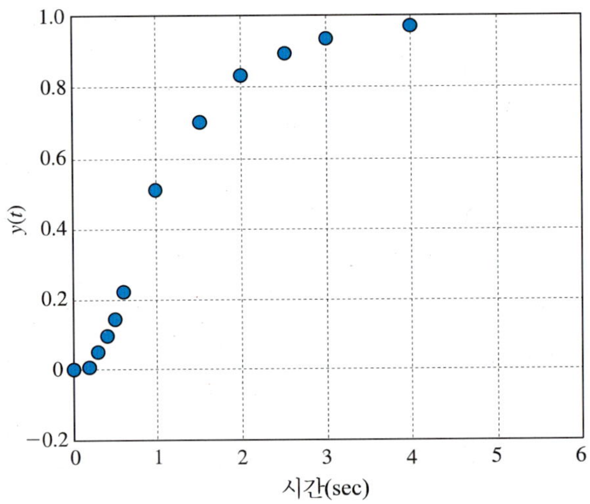

그림 4.16 표 4.3에 표시된 단위스텝응답

또는

$$\begin{cases} A = -1.33 \\ \alpha \simeq 1 \end{cases}$$

다음으로 그림 4.17에서 실제 응답 데이터와 직선 사이에 오차가 있는 영역인 약 0.5초까지 $\log[y(t) - \{y(\infty) + Ae^{-\alpha t}\}]$를 그리고 데이터에 가장 근접한 직선을 긋는다(그림 4.18). 이 직선으로부터 B와 β를 구한다.

$$\begin{cases} \log B = -0.48 \\ 0.4343\beta = \dfrac{-0.48 - (-1.7)}{0.5} = 2.5 \end{cases}$$

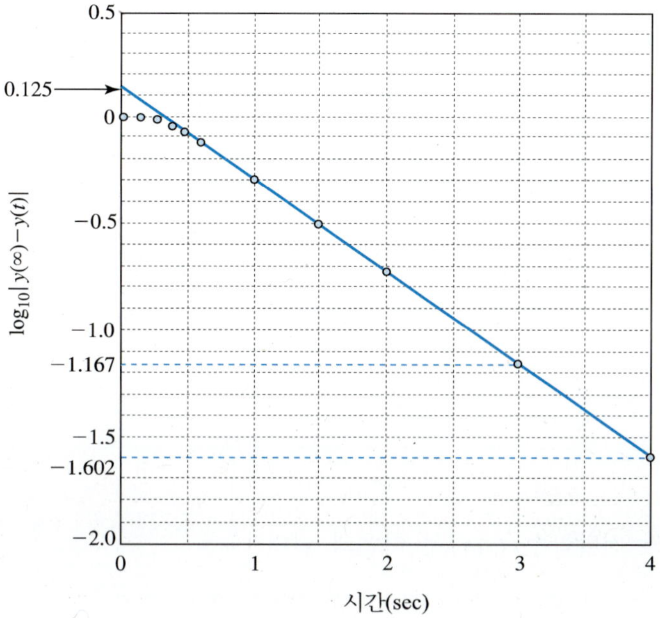

그림 4.17 시간 t에 따른 $\log[y(\infty)-y(t)]$

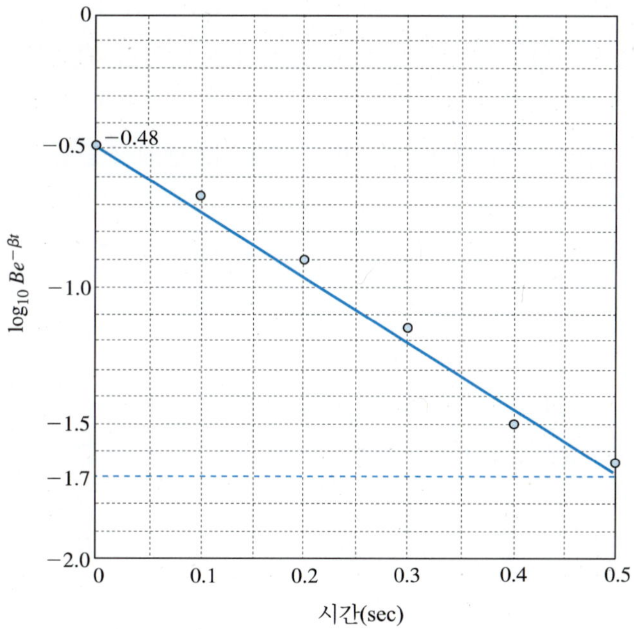

그림 4.18 시간 t에 따른 $\log[y(t)-\{y(\infty)+Ae^{-\alpha t}\}]$

또는

$$\begin{cases} B \simeq 0.33 \\ \beta \simeq 5.8 \end{cases}$$

이 결과를 종합하면

$$y(t) = 1 - 1.33e^{-t} + 0.33e^{-5.8t} \tag{4.55}$$

그림 4.19는 식 (4.55)로 표현된 출력 $y(t)$와 표 4.3에 있는 실험 데이터를 나타낸 것이다. 추정한 출력 $y(t)$가 실험 데이터와 거의 일치하므로 과도응답 항은 두 개로 충분하다. 즉 주어진 시스템은 2차 시스템으로 모델링할 수 있다.

이제 식 (4.55)에 역Laplace 변환을 수행한다.

$$\begin{aligned} y(s) &= \frac{1}{s} - \frac{1.33}{s+1} + \frac{0.33}{s+5.8} \\ &= \frac{-0.58(s-10)}{s(s+1)(s+5.8)} \end{aligned}$$

따라서 시스템의 전달함수 $G(s)$는 다음과 같다.

$$G(s) = \frac{-0.58(s-10)}{(s+1)(s+5.8)}$$

추정된 전달함수 $G(s)$에는 $s = 10$에 비최소 위상 영점이 존재하여 초기응답에서 약간의 언더슈트가 나타나고 있다. 이 영점의 효과를 줄이기 위해서는 계수 A, B, α, β를 약간 조정할 필요가 있다. 개선된 계수 $A = -1.37$, $B = 0.37$, $\alpha = 1$, $\beta = 4.3$으로 추정한 출력 $y(t)$가 그림 4.19에 표시되어 있다. 이때 시스템의 전달함수 $G(s)$는 다음과 같다.

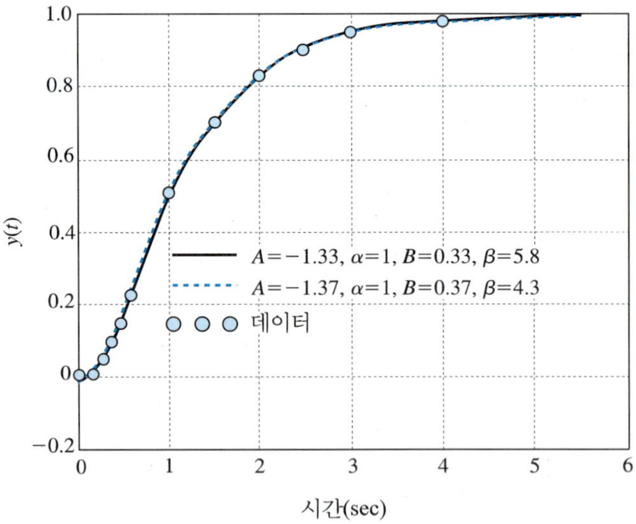

그림 4.19 모델과 실험 데이터의 맞춤

$$G(s) = \frac{-0.22(s-19.5)}{(s+1)(s+4.3)}$$

비최소 위상 영점이 여전히 존재하지만, $s=19.5$에 있으므로 시간응답에는 거의 영향을 주지 않는다. 이와 같이 개선된 전달함수로 표현되는 시스템의 단위스텝응답은 실험 데이터를 잘 만족시키고 있다. ■

4.4 제어시스템의 정상상태응답

제어시스템을 시간역에서 해석하기 위해서는 과도응답뿐만 아니라 정상상태에서 기준입력에 대한 출력의 오차, 즉 추적오차 또한 고려해야 한다. 왜냐하면 시스템 응답이 빠르고 오버슈트가 만족스럽다고 하더라도 정상상태에서 추적오차의 값이 크다면 시스템 성능이 좋다고 말할 수 없기 때문이다. 우선 그림 4.20과 같은 폐루프 제어시스템에 대한 정상상태 오차 e_{ss}를 계산하기로 한다.

그림 4.20에 표시된 일반적인 폐루프 제어시스템의 오차신호 $e(s)$는 다음과 같다.

$$e(s) = r(s) - y(s) = \frac{1}{1+G(s)} r(s) \tag{4.56}$$

정상상태오차 e_{ss}는 시스템이 불안정한 경우에는 의미가 없고, 단지 폐루프 제어시스템이 안정하다는 가정 아래서 2.3절에서 설명한 최종값 정리를 이용하여 다음과 같이 간단히 계산할 수 있다.

$$e_{ss} = \lim_{t\to\infty} e(t) = \lim_{s\to 0} se(s) = \lim_{s\to 0} \frac{sr(s)}{1+G(s)} \tag{4.57}$$

이제 다음과 같은 대표적인 세 가지 표준 시험입력에 대한 폐루프 제어시스템의 정상상태오차를 계산하기로 한다.

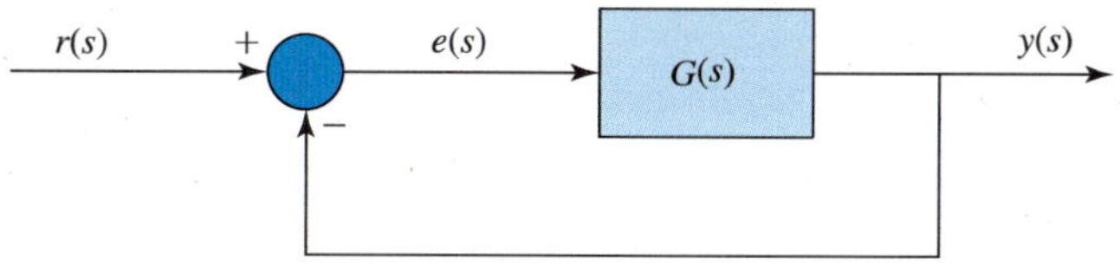

그림 4.20 폐루프 제어시스템

(1) 단위스텝입력

단위스텝기준입력 $[r(t)=1;\ r(s)=1/s]$에 대한 폐루프 제어시스템의 정상상태오차 e_{ss}는 다음과 같다.

$$e_{ss}=\lim_{s\to 0}\frac{s(1/s)}{1+G(s)}=\frac{1}{1+G(0)} \tag{4.58}$$

식 (4.58)에서 알 수 있듯이 폐루프 제어시스템의 정상상태오차의 크기는 개루프 전달함수 $G(s)$의 형태에 따라 결정된다. 그러므로 개루프 전달함수 $G(s)$의 일반적인 형태를 편의상 다음과 같이 표시하기로 한다.

$$G(s)=\frac{K\prod_{j=1}^{m}(s+z_j)}{s^N\prod_{i=1}^{n-N}(s+p_i)} \tag{4.59}$$

이와 같은 개루프 전달함수 $G(s)$에서 s를 0으로 접근시켜 정상상태오차의 크기를 시스템에 포함되어 있는 적분요소의 개수 N에 따라 쉽게 결정할 수 있다. 만약 N이 0보다 크면 $G(0)$가 ∞가 되어 폐루프 제어시스템의 정상상태오차는 0이 된다. 이와 같이 적분요소의 개수 N은 시스템에서 정상상태오차의 크기를 나타낼 수 있는 지수로서, 종종 시스템을 분류하는 데 사용되고 있다. 예를 들면 $N=0$일 때 제0형 시스템이라고 한다. 이때 폐루프 제어시스템의 정상상태오차는 다음과 같다.

$$e_{ss}=\frac{1}{1+G(0)}=\frac{1}{1+K_p} \tag{4.60}$$

여기서 K_p는 위치오차상수라고 한다. 그리고 개루프 전달함수 $G(s)$에 한 개 이상의 적분요소가 포함되어 있는 경우, 즉 $N\geq 1$일 때 스텝입력에 대한 폐루프 제어시스템의 정상상태오차는 다음과 같이 0이 된다.

$$e_{ss}=\lim_{s\to 0}\frac{1}{1+K\prod_{j=1}^{m}z_j/s^N\prod_{i=1}^{n-N}p_i}=\lim_{s\to 0}\frac{s^N}{s^N+K\prod_{j=1}^{m}z_j/\prod_{i=1}^{n-N}p_i}=0 \tag{4.61}$$

(2) 단위램프입력

단위램프(속도)입력 $[r(t)=t,\ r(s)=1/s^2]$에 대한 폐루프 제어시스템의 정상상태오차 e_{ss}는 다음과 같다.

$$e_{ss} = \lim_{s\to 0}\frac{s(1/s^2)}{1+G(s)} = \lim_{s\to 0}\frac{1}{sG(s)} \tag{4.62}$$

역시 램프입력에 대한 폐루프 제어시스템의 정상상태오차도 개루프 전달함수 $G(s)$에서 적분요소의 개수 N에 의해 결정된다. N이 0일 때 정상상태오차는 ∞이고, $N=1$인 제1형 시스템의 정상상태오차 e_{ss}는 다음과 같다.

$$e_{ss} = \lim_{s\to 0}\frac{1}{s\left[K\prod(s+z_j)\right]/\left[s\prod(s+p_i)\right]} = \frac{1}{K\prod z_j/\prod p_i} = \frac{1}{K_v} \tag{4.63}$$

여기서 K_v는 속도오차상수라고 한다. 그리고 개루프 전달함수에서 $N\geq 2$일 때 램프입력에 대한 폐루프 제어시스템의 정상상태오차는 0이 된다.

(3) 단위가속도입력

단위가속도입력 $[r(t)=t^2/2;\ r(s)=1/s^3]$에 대한 폐루프 제어시스템의 정상상태오차 e_{ss}는 다음과 같다.

$$e_{ss} = \lim_{s\to 0}\frac{s(1/s^3)}{1+G(s)} = \lim_{s\to 0}\frac{1}{s^2G(s)} \tag{4.64}$$

N이 0 또는 1일 때 폐루프 제어시스템의 정상상태오차는 ∞이고, $N=2$일 때 정상상태오차 e_{ss}는 다음과 같다.

$$e_{ss} = \frac{1}{K\prod z_j/\prod p_i} = \frac{1}{K_a} \tag{4.65}$$

여기서 K_a는 가속도오차상수라고 한다. 그리고 $N\geq 3$일 때 가속도입력에 대한 폐루프 제어시스템의 정상상태오차는 0이 된다.

위와 같은 표준 시험입력에 대한 폐루프 제어시스템의 정상상태오차가 표 4.4에 요약되어 있다. 정상상태응답 특성에 관한 사양인 오차상수 K_p, K_v, K_a는 정상상태오차를 감소 또는 제거시킬 수 있는 시스템의 성능을 나타내는 설계사양으로 사용된다. 제어엔지니어들은 제어시스템 설계 시에 적절한 과도응답을 유지하면서 정상상태응답을 향상시키기 위하여 일반적으로 오차상수의 값을 크게 하려고 한다. 따라서 표 4.4는 제어시스템 해석 및 설계 시 유용하게 사용된다. 그렇지만 이 표는 단위 피드백 제어시스템에서만 사용할 수 있다는 것에 유의해야 한다.

표 4.4 시스템 형태에 따른 정상상태오차

개루프 전달함수 $G(s)$의 형태	스텝입력	램프입력	가속도입력
	$r(t)=A$	At	$At^2/2$
	$r(s)=A/s$	A/s^2	A/s^3
제0형	$\dfrac{A}{1+K_p}$	∞	∞
제1형	0	$\dfrac{A}{K_v}$	∞
제2형	0	0	$\dfrac{A}{K_a}$

지금까지는 그림 4.20에 표시된 폐루프 제어시스템과 같이 피드백 경로의 게인이 1인 단위 피드백 제어시스템의 경우에서 개루프 전달함수 $G(s)$의 형태에 따른 정상상태오차에 대하여 알아보았다. 그러나 폐루프 제어시스템에서는 일반적으로 제어기 또는 센서의 동역학 특성에 의해 피드백 경로에 크기가 1이 아닌 게인이나 동적 요소를 포함하는 경우가 있다. 이와 같은 비단위 피드백 제어시스템에 대한 정상상태응답을 다음 예제를 통하여 알아보기로 한다.

예제 4.2 그림 4.21과 같은 비단위 피드백 제어시스템에 대해 시스템의 형태를 결정하고 적절한 정적오차상수와 단위스텝기준입력에 대한 피드백 제어시스템의 정상상태오차를 구하기로 한다.

이 시스템은 비단위 피드백 제어시스템이므로 플랜트 구동신호가 시스템의 기준입력 $r(s)$와 출력 $y(s)$의 차가 아니다. 그래서 우선 그림 2.12와 같이 등가의 단위 피드백 제어시스템으로 변환한다. 이때 등가의 플랜트 전달함수 $G_e(s)$는 다음과 같다.

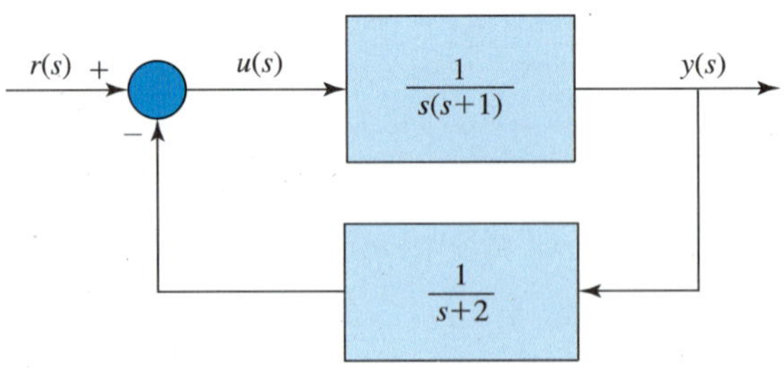

그림 4.21 비단위 피드백 제어시스템

$$G_e(s) = \frac{G(s)}{1 + G(s)H(s) - G(s)}$$

여기서

$$G(s) = \frac{1}{s(s+1)}, \qquad H(s) = \frac{1}{s+2}$$

따라서

$$G_e(s) = \frac{s+2}{s^3 + 3s^2 + s - 1}$$

이와 같이 등가의 플랜트 전달함수 $G_e(s)$는 $N = 0$인 제0형 시스템이므로 적절한 정적오차상수로 위치오차상수 K_p를 정의한다.

$$K_p = \lim_{s \to 0} G_e(s) = -2$$

따라서 단위스텝기준입력에 대한 피드백 제어시스템의 정상상태오차 e_{ss}는 다음과 같다.

$$e_{ss} = \frac{1}{1 + K_p} = \frac{1}{1-2} = -1$$ ■

예제 4.3 그림 4.22는 비례 피드백을 이용한 DC 모터 제어시스템과 단위 피드백을

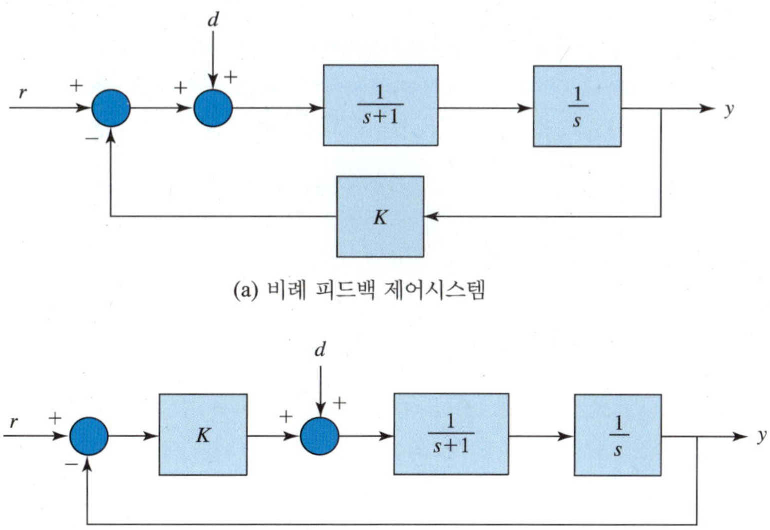

(a) 비례 피드백 제어시스템

(b) 단위 피드백 제어시스템

그림 4.22 DC 모터 제어시스템

이용한 DC 모터 제어시스템의 블록선도이다. 스텝기준입력, 스텝외란입력, 램프기준입력들에 대한 시스템 형태와 정상상태응답 특성을 제어 구조에 따라 요약하기로 한다.

우선 비례 피드백 제어 구조의 DC 모터 제어시스템의 폐루프 전달함수 $T(s)[=y(s)/r(s)]$부터 구하기로 한다.

$$T(s)=\frac{1}{s(s+1)+K}$$

이 경우에 대한 오차 $e(s)[=r(s)-y(s)]$는 다음과 같다.

$$\begin{aligned} e(s) &= \{1-T(s)\}r(s) \\ &= \frac{s(s+1)+K-1}{s(s+1)+K}r(s) \end{aligned}$$

단위스텝기준입력 $r(s)$가 가해졌을 때 정상상태오차 e_{ss}를 구하기 위하여 최종값 정리를 이용하기로 한다.

$$e_{ss}=\lim_{s\to 0} s\frac{1-T(s)}{s}=\frac{K-1}{K}$$

따라서 $K=1$이지 않는 한 비례 피드백 구조의 DC 모터 제어시스템은 정상상태오차가 발생한다. 그렇지만 단위 피드백 구조의 DC 모터 제어시스템은 기준입력에 대한 제1형 시스템이므로 정상상태오차가 발생하지 않는다.

다음으로 스텝외란입력에 대한 특성을 조사하기로 하다. 그림 4.22에 있는 두 제어시스템에 대한 스텝외란입력에서 출력으로의 전달함수 $T_d(s)[=y(s)/d(s)]$는 모두 다음과 같다.

$$T_d(s)=\frac{1}{s(s+1)+K}$$

그러므로 단위스텝외란입력에 대한 정상상태응답 y_{ss}는

$$y_{ss}=\frac{1}{K}$$

따라서 이 제어시스템들은 외란을 완전히 제거할 수 없으며, 정상상태 오프셋이 존재한다. 외란이 적분기 앞에서 시스템으로 들어오기 때문에 플랜트에 있는 적분기는 오프셋을 고려할 수 없다. 이 제어시스템은 단위스텝외란입력에 대해 제0형 시스템이다.

끝으로, 램프기준입력에 대한 시스템의 정상상태응답 특성을 조사하기로 한다. 그림 4.22(a)의 비례 피드백 제어시스템의 정상상태오차 e_{ss}는

$$e_{ss} = \lim_{s \to 0} s \frac{s(s+1)+K-1}{s(s+1)+K} \frac{1}{s^2}$$

여기서 $K=1$, 즉 단위 피드백 되지 않는 한 정상상태오차 $e_{ss}=\infty$가 되고, 단지 $K=1$일 때만이 $e_{ss}=1$이다. 그리고 그림 4.22(b)의 단위 피드백 제어시스템의 정상상태오차 e_{ss}는

$$e_{ss} = \lim_{s \to 0} s \frac{s(s+1)}{s(s+1)+K} \frac{1}{s^2} = \frac{1}{K}$$

따라서 단위 피드백 제어 구조의 DC 모터 제어시스템은 램프기준입력에 대해 제1형 시스템이다. ■

4.5 성능지수와 최적시스템

시스템 설계 문제는 일반적으로 최적의 성능을 얻기 위하여 하나 또는 그 이상의 시스템 파라미터를 어떻게 선정해야 하는가의 문제로 귀착된다. 시스템의 성능을 수학적으로 표현할 수 있는 성능지수를 만들 수 있다면, 이때 조정 가능한 시스템 파라미터들을 최적으로 선정할 수 있다. 이와 같이 결정된 시스템을 성능지수로 표현한 선정 기준에 대하여 최적화되었다고 말한다. 그림 4.23은 최적화 과정을 보여준다. 주어진 시스템은 어떤 주어진 성능지수에 대하여 한 값을 가지며, 조정 가능한 시스템 파라미터들은 성능지수가 최대화 또는 최소화되도록 조정된다. 시스템이 작동하기 전에 오프라인 상태에서 최적의 시스템 파라미터를 선정하는 최적화를 수행할 수도 있고, 시스템이 작동 중에 온라인 상태에서 최적화하여 시스템 파라미터들이 순간순간 최적의 시스템의 성능을 갖도록 변화시킬 수도 있다. 적절한 성능지수의 선정은 최종 시스템을 만드는 것과 같은 정도의 설계 과정의 한 부분이다. 부적절한 성능지수에 대한 최적값은 좋지 않은 시스템 성능을 가져올 수도 있다.

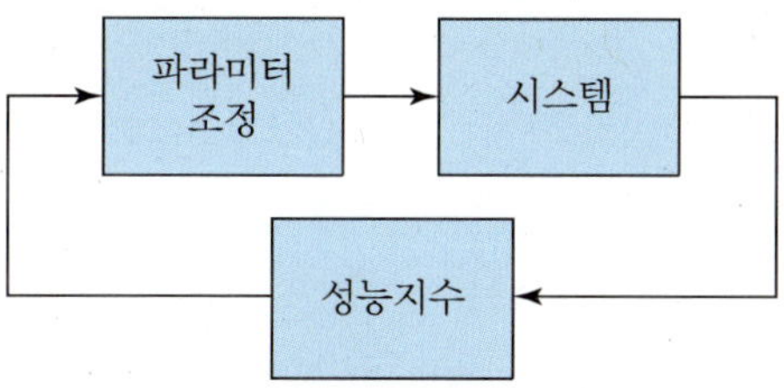

그림 4.23 최적 파라미터 선정

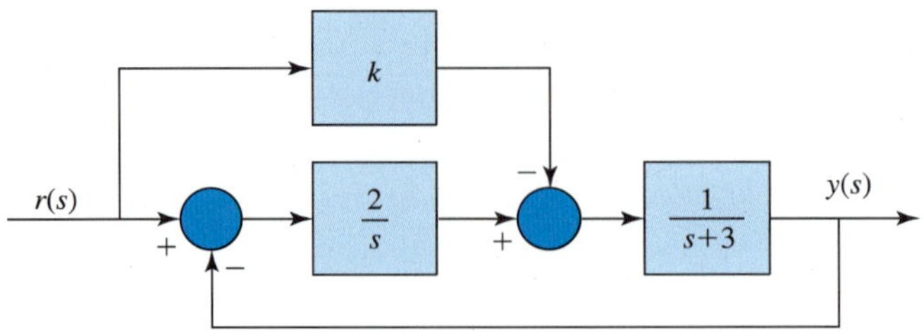

그림 4.24 조정 가능한 피드백 시스템

예를 들면 어떤 시스템이 이익을 최대화하기보다 때로는 최소화할 수도 있다.

일반적으로 사용하는 성능지수는 스텝입력에 대한 오차 $e(t)$의 제곱을 적분한 값으로 한다.

$$I_S = \int_0^{\infty} e^2(t)\,dt \tag{4.66}$$

스텝입력에 대한 오차 $e(t)$를 조정할 수 있는 시스템 파라미터의 함수로 표현할 수 있다면, 성능지수는 이 시스템 파라미터에 대하여 최소화될 수 있다. 따라서 최적의 시스템 성능을 얻을 수 있는 시스템 파라미터를 선정할 수 있다.

그림 4.24의 조정 가능한 피드백 시스템에 대하여 생각하기로 한다. 스텝입력에 대한 오차의 제곱을 적분한 값을 최소화하는 시스템 파라미터 k를 선정하는 문제이다.

이 시스템의 전달함수 $T(s)$는 다음과 같다.

$$T(s) = \frac{2-ks}{s^2+3s+2} \tag{4.67}$$

그리고 단위스텝기준입력에 대한 오차 $e(s)$는

$$e(s) = [1-T(s)]r(s) = \frac{s+3+k}{s^2+3s+2} = \frac{k+2}{s+1} - \frac{k+1}{s+2} \tag{4.68}$$

또는

$$e(t) = (k+2)e^{-t} - (k+1)e^{-2t} \tag{4.69}$$

그러므로

$$I_S(k) = \int_0^{\infty} e^2(t)dt = \int_0^{\infty} [(k+2)^2 e^{-2t} - 2(k+1)(k+2)e^{-3t} + (k+1)^2 e^{-4t}]dt \tag{4.70}$$

따라서 $dI_S/dk = 0$으로부터 최적의 파라미터 k 값을 구할 수 있다.

$$\frac{dI_S}{dk} = \frac{1}{12}(2k+6) = 0, \qquad k = -3 \tag{4.71}$$

이제 다음과 같은 경감쇠 단순 2차 시스템 $T(s)$에 대해 여러 가지 형태의 성능지수들을 사용하여 최적의 감쇠비 $\zeta(0<\zeta<1)$를 선정하기로 한다.

$$T(s)=\frac{\omega_n^2}{s^2+2\zeta\omega_n s+\omega_n^2} \tag{4.72}$$

이 시스템의 단위스텝기준입력에 대한 오차 $e(s)$는

$$\begin{aligned} e(s)&=[1-T(s)]r(s)=\frac{1}{s}\left(\frac{s^2+2\zeta\omega_n s}{s^2+2\zeta\omega_n s+\omega_n^2}\right)=\frac{s+2\zeta\omega_n}{s^2+2\zeta\omega_n s+\omega_n^2} \\ &=\frac{s+\zeta\omega_n}{(s+\zeta\omega_n)^2+(\omega_n\sqrt{1-\zeta^2})^2}+\frac{\zeta}{\sqrt{1-\zeta^2}}\frac{\omega_n\sqrt{1-\zeta^2}}{(s+\zeta\omega_n)^2+(\omega_n\sqrt{1-\zeta^2})^2} \end{aligned} \tag{4.73}$$

또는

$$e(t)=e^{-\zeta\omega_n t}[\cos(\omega_n\sqrt{1-\zeta^2}\,t)+\frac{\zeta}{\sqrt{1-\zeta^2}}\sin(\omega_n\sqrt{1-\zeta^2}\,t)] \tag{4.74}$$

그리고 단위스텝기준입력에 대한 오차의 제곱의 적분값 I_S는 다음과 같다.

$$\begin{aligned} I_S&=\int_0^\infty e^2(t)dt \\ &=\int_0^\infty e^{-2\zeta\omega_n t}[\cos(\omega_n\sqrt{1-\zeta^2}\,t)+\frac{\zeta}{\sqrt{1-\zeta^2}}\sin(\omega_n\sqrt{1-\zeta^2}\,t)]^2dt \end{aligned} \tag{4.75}$$

편의상 $\omega_n t$를 t'로 치환하면, 이때

$$I_S=\frac{1}{\omega_n}\int_0^\infty e^{-2\zeta t'}[\cos(\sqrt{1-\zeta^2}\,t')+\frac{\zeta}{\sqrt{1-\zeta^2}}\sin(\sqrt{1-\zeta^2}\,t']^2dt' \tag{4.76}$$

그림 4.25는 단순 2차 시스템에서 감쇠비 ζ 값에 따른 성능지수 I_S를 나타낸다. 시스템 (4.72)에 대해 단위스텝기준입력에 대한 오차의 제곱값의 최소가 되는 감쇠비 ζ는 0.5이다.

오차의 제곱값을 적분한 성능지수 I_S 이외에 고려할 수 있는 성능지수로는 다음과 같이 오차의 절댓값 $|e(t)|$, 시간을 가중한 오차의 절댓값 $t|e(t)|$, 시간을 가중한 오차의 제곱값 $te^2(t)$을 각각 적분한 I_M, I_{TM}, I_{TS} 등이 있다.

$$I_M=\int_0^\infty |e(t)|dt \tag{4.77}$$

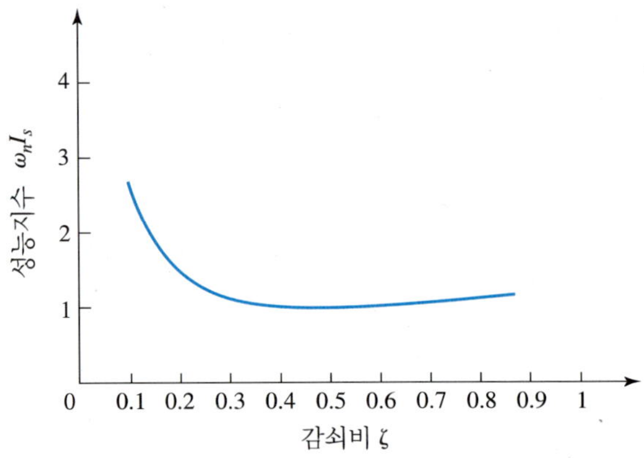

그림 4.25 단순 2차 시스템에서 감쇠비 ζ 값에 따른 성능지수 I_S

$$I_{TM} = \int_0^{\infty} t|e(t)|\,dt \tag{4.78}$$

$$I_{TS} = \int_0^{\infty} te^2(t)dt \tag{4.79}$$

그림 4.26은 단순 2차 시스템에서 감쇠비 ζ 값에 따른 성능지수 I_M, I_{TM}, I_{TS}를 나타낸다. 감쇠비 ζ의 최적값은 사용된 성능지수에 따라 다르다. 성능지수 I_M, I_{TM}, I_{TS}를 사용할 경우, 각각에 대한 최적의 감쇠비 ζ 값은 0.67, 0.707, 0.6이다.

성능지수들의 특징을 비교해보면, 성능지수 I_S는 최소 영역이 비교적 넓으므로 파라미터 변동에 대하여 그렇게 민감하지 않다. 또한 I_S는 수학적으로 처리하기 쉽다는 장점도 있다.

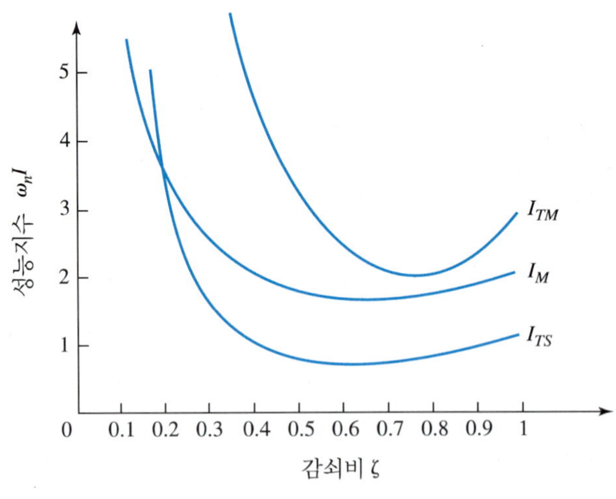

그림 4.26 단순 2차 시스템에서 감쇠비 ζ 값에 따른 성능지수 I_M, I_{TM}, I_{TS}

I_M은 I_S보다 파라미터 변동에 대하여 좀 더 민감하다. I_{TM}은 I_S나 I_M보다 일반적으로 오버슈트와 진동을 작게 발생시킨다. 그렇지만 I_{TM}은 시스템 파라미터 변동에 대하여 I_S나 I_M에 비해 크게 민감하므로 시스템의 성능-강인성이 좋지 않다. 실제로 시스템 파라미터들을 매우 정확히 알지 못하는 시스템에서는 상대적으로 시스템 파라미터 변동에 민감하지 않은 성능지수를 사용하는 것이 바람직하다. 따라서 실제 적용에 있어서는 성능지수 I_S가 가장 바람직한 성능지수이다.

한편 Hurwitz 행렬식 방법을 이용하면, 제곱오차의 적분값을 구하는 어려운 과정을 생략할 수 있다. 이 방법은 Parseval 이론을 기반으로 한다. 시간역에서의 제곱오차의 적분값은 다음과 같이 주파수역에서의 제곱오차의 적분값과 같다.

$$J = \int_0^{\infty} e^2(t)dt = \int_{-j\omega}^{j\omega} e(s)e(-s)ds \tag{4.80}$$

여기서 $e(s)$는 다음과 같이 표현된다.

$$e(s) = \frac{N(s)}{D(s)} = \frac{b_{n-1}s^{n-1} + \cdots + b_1 s + b_0}{a_n s^n + a_{n-1}s^{n-1} + \cdots + a_1 s + a_0} \tag{4.81}$$

식 (4.81)을 식 (4.80)에 대입하면

$$J = \int_{-j\omega}^{j\omega} \frac{N(s)N(-s)}{D(s)D(-s)} ds \tag{4.82}$$

표 4.5는 시스템 차수 n에 따른 적분 J의 값을 나타낸다.

오차식 (4.68)로 표현되는 2차 시스템을 가지고 이 방법을 적용해보기로 한다. 오차식 (4.68)과 식 (4.81)을 비교하면

표 4.5 시스템 차수 n에 따른 적분 J의 값

n	J_n
1	$\dfrac{b_0^2}{2a_0a_1}$
2	$\dfrac{b_1^2a_0 + b_0^2a_2}{2a_0a_1a_2}$
3	$\dfrac{b_2^2a_0a_1 + (b_1^2 - 2b_0b_2)a_0a_3 + b_0^2a_2a_3}{2a_0a_3(-a_0a_3 + a_1a_2)}$

$$a_0 = 2, \quad a_1 = 3, \quad a_2 = 1, \quad b_0 = 3 + k, \quad b_1 = 1 \tag{4.83}$$

표 4.5를 이용하면 성능지수 J_2는 다음과 같이 계산된다.

$$J_2 = \frac{b_1^2 a_0 + b_0^2 a_2}{2a_0 a_1 a_2} = \frac{2 + (3+k)^2}{12} = \frac{1}{12}(k^2 + 6k + 11) \tag{4.84}$$

성능지수 J_2의 최솟값을 구하기 위하여, 파라미터 k 값에 대한 J_2의 미분값을 구한다.

$$dJ_2/dk = \frac{1}{12}(2k+6) = 0 \tag{4.85}$$

따라서 최적의 파라미터 k 값은 -3이고 성능지수 J_2는 1/6이다. 이 결과는 시간역에서 오차식을 적분하여 구한 결과와 동일하다.

4.6 특성방정식과 안정도

안정한 시스템이란 한계가 있는 시스템 응답을 갖는 시스템으로 정의된다. 즉, 시스템에 한계가 있는 입력 또는 외란이 가해졌을 때 그 응답의 크기가 한계가 있으면 시스템이 안정하다고 말한다. 선형 시스템뿐만 아니라 비선형 시스템에 대한 안정도는 일반적으로 Lyapunov 방법[29, 54]을 이용하여 조사할 수 있다. 그러나 선형 시스템의 경우에는 Lyapunov 방법보다 비교적 쉬운 방법인 특성방정식의 근을 직접 조사하거나 특성방정식의 근 중에서 양의 실수부를 갖는 근이 존재하는지를 판정하는 방법을 이용하여 시스템의 안정도를 조사하고 있다. 이 절에서는 선형 시스템의 특성방정식의 근을 직접 조사하여 안정도를 판별하는 방법에 대해서만 설명하기로 한다.

시스템의 안정도를 판별하기 위하여 다음과 같은 일반적인 전달함수 $G(s)$에 대하여 생각하기로 한다.

$$G(s) = \frac{N(s)}{D(s)} = \frac{K(s-z_1)\cdots(s-z_m)}{(s-p_1)\cdots(s-p_n)} \tag{4.86}$$

선형 시스템의 안정도는 입력의 형태나 크기로 결정되는 것이 아니고 시스템 자체의 동특성으로 결정된다. 다시 말하면 전달함수의 분모다항식 $D(s)$를 0으로 하는 특성방정식의 근, 즉 시스템의 극점 $p_i(i = 1, 2, \cdots, n)$가 시스템의 안정도를 결정한다. 이를 증명하기 위하여 구체적으로 한계가 있는 입력인 단위스텝기준입력[$r(s) = 1/s$]을 가했을 때의 출력

$y(s)$를 생각하기로 한다.

$$y(s) = \frac{K(s-z_1)\cdots(s-z_m)}{s(s-p_1)\cdots(s-p_n)} \tag{4.87}$$

또한 시간역에서 출력 $y(t)$를 쉽게 구할 수 있도록 식 (4.87)을 다음과 같이 부분분수로 전개한다.

$$y(s) = \frac{c_0}{s} + \frac{c_1}{s-p_1} + \frac{c_2}{s-p_2} + \cdots + \frac{c_n}{s-p_n} \tag{4.88}$$

식 (4.88)에 역Laplace 변환을 수행하면 출력 $y(t)$는

$$y(t) = \left[c_0 + c_1 e^{p_1 t} + c_2 e^{p_2 t} + \cdots + c_n e^{p_n t}\right] u_s(t) \tag{4.89}$$

여기서 $u_s(t)$는 단위스텝함수이다.

식 (4.89)에서 우변의 첫째 항은 정상상태응답을 나타내고 둘째 항 이하의 $c_i e^{p_i t}(i = 1, 2, \cdots, n)$는 과도응답을 나타낸다. 만일 특성방정식의 근 p_i의 실수부 σ_i가 음수이면 그 항은 감쇠하고, σ_i가 양수이면 발산한다. 그리고 근이 복소수$(p_i = \sigma_i + j\omega_i)$인 경우는 당연히 공액근$(p_i^* = \sigma_i - j\omega_i)$이 존재하므로, 이 경우의 과도응답은 $B_i e^{p_i t} + B_i^* e^{p_i^* t}$ 또는 $A_i e^{\sigma_i t} \sin(\omega_i t + \phi_i)$의 형태이다. 여기서 ω_i는 주파수, ϕ_i는 위상을 의미하며, 여기서 $\sigma_i < 0$이면 감쇠진동, $\sigma_i = 0$이면 지속진동, $\sigma_i > 0$이면 발산진동을 하게 된다.

그림 4.27은 특성방정식의 근, 즉 시스템 극점의 실수부 σ 값에 따른 개략적인 진동 모양을 나타내고 있다. 그림 4.27에서 알 수 있듯이 특성방정식의 근인 극점$(p_1, p_2, \cdots, p_n)$의 실수부$(\sigma_1, \sigma_2, \cdots, \sigma_n)$가 모두 음수이면 과도응답은 감쇠되어 정상상태에서 출력응답이 한계가 있는 값으로 되며, 이때 시스템은 안정하다고 말한다. 또한 극점의 실수부가 어

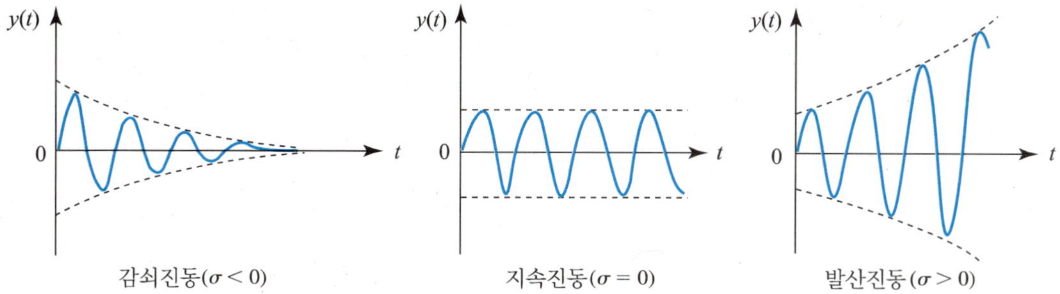

그림 4.27 σ 값에 따른 과도응답

느 하나라도 양의 값($\sigma_i > 0$)이면 출력응답은 발산되어, 이때 시스템은 불안정해진다. 그리고 극점의 실수부의 최댓값이 0이면 출력응답은 최종적으로 지속진동을 한다. 이러한 상태를 특히 시스템이 안정한계(marginally stable)에 있다고 말한다.

이와 같이 시스템의 안정도는 시스템의 극점, 즉 전달함수의 분모다항식 $D(s)$를 0으로 한 특성방정식의 근의 상태에 따라 결정된다는 것을 알 수 있다.

$$D(s) = a_n s^n + a_{n-1} s^{n-1} + \cdots + a_1 s + a_0 = 0 \tag{4.90}$$

결론적으로 시스템이 안정하기 위해서는 특성방정식의 근, 시스템의 극점(p_i, $i = 1, 2, \cdots, n$)의 실수부가 모두 0보다 작거나 같아야 한다. 즉

$$Re(p_i) \le 0, \quad i = 1, 2, \cdots, n \tag{4.91}$$

그렇지만 예외적으로 식 (4.91)을 만족하더라도 시스템이 불안정한 경우가 있다. 예를 들어 0인 극점(적분요소, $1/s$)을 포함하는 시스템에 단위스텝입력[$u_s(s) = 1/s$]과 같이 한계가 있는 입력이 가해졌을 때 출력응답에는 시간 t에 비례하는 항이 존재하게 되어 시스템이 불안정하다. 또한 복소 극점이 허수축상에 중복되어 있지 않는 경우는 정상상태에서 출력이 한계가 있는 진폭으로 지속적으로 진동하는 사인파응답으로 시스템이 안정하지만, 허수축상에 있는 극점이 중복된 경우에는 출력응답에 시간 t와 사인파가 곱해진 항에 의한 응답이 존재하므로 시스템이 불안정하다.

4.7 Routh 안정도 판별법

앞 절에서 설명한 특성방정식의 근을 직접 구하여 시스템의 안정도를 판별하는 방법에서 알 수 있듯이 특성방정식의 근의 실수부가 모두 0보다 작거나 같으면 시스템은 안정하다. 그러므로 시스템 특성방정식의 근을 직접 구하지 않고 양의 실수부를 갖는 근의 존재 유무만을 판별함으로써 시스템의 안정도를 판별할 수 있다. 이러한 방법을 이용한 대표적인 안정도 판별법으로 Routh 안정도 판별법과 Nyquist 안정도 판별법이 있다. Nyquist 안정도 판별법에 대해서는 6장에서 설명하기로 하고, 여기서는 Routh 안정도 판별법에 대해서만 설명한다.

Routh 안정도 판별법의 완전한 조사를 수행하기 전에, 우선 시스템이 안정하기 위한 필요조건인 특성방정식의 모든 계수 a_n, a_{n-1}, a_{n-2}, $\cdots$, a_0가 같은 부호인지를 조사한다.

만일 계수들의 부호가 다르다면, 시스템 극점이 우반 s-평면에 적어도 한 개 있게 되어 시스템이 불안정하다. 일단 기본적인 필요조건이 충족되었다면, 안정도 판별을 위한 충분조건을 조사해야 한다. Routh는 다음과 같은 Routh 배열이라고 하는 배열의 첫 번째 열의 모든 계수가 같은 부호가 되어야 시스템이 안정하다는 충분조건을 제안하였다.[38, 70]

특성방정식 (4.90)의 계수 a_n, a_{n-1}, a_{n-2}, $\cdots$, a_0에 대해 먼저

$$\begin{array}{lllll} 1\text{행} & a_n, & a_{n-2}, & a_{n-4}, & \cdots \\ 2\text{행} & a_{n-1}, & a_{n-3}, & a_{n-5}, & \cdots \end{array}$$

으로 표시되는 배열을 만들고 다음의 계수들을 계산한다.

$$b_1 = -\frac{1}{a_{n-1}}\begin{vmatrix} a_n & a_{n-2} \\ a_{n-1} & a_{n-3} \end{vmatrix} = \frac{a_{n-1}a_{n-2} - a_n a_{n-3}}{a_{n-1}}$$

$$b_2 = -\frac{1}{a_{n-1}}\begin{vmatrix} a_n & a_{n-4} \\ a_{n-1} & a_{n-5} \end{vmatrix} = \frac{a_{n-1}a_{n-4} - a_n a_{n-5}}{a_{n-1}}$$

$$\vdots$$

$$b_m = -\frac{1}{a_{n-1}}\begin{vmatrix} a_n & a_{n-2m} \\ a_{n-1} & a_{n-2m-1} \end{vmatrix} = \frac{a_{n-1}a_{n-2m} - a_n a_{n-2m-1}}{a_{n-1}}$$

이와 같이 b_1, b_2, b_3, $\cdots$를 계산하여 이것을 3행으로 한다.

$$\begin{array}{lllll} 1\text{행} & a_n & a_{n-2} & a_{n-4} & \cdots \\ 2\text{행} & a_{n-1} & a_{n-3} & a_{n-5} & \cdots \\ 3\text{행} & b_1 & b_2 & b_3 & \cdots \end{array}$$

이 배열의 2행과 3행으로부터

$$c_1 = -\frac{1}{b_1}\begin{vmatrix} a_{n-1} & a_{n-3} \\ b_1 & b_2 \end{vmatrix} = \frac{a_{n-3}b_1 - a_{n-1}b_2}{b_1}$$

$$c_2 = -\frac{1}{b_1}\begin{vmatrix} a_{n-1} & a_{n-5} \\ b_1 & b_3 \end{vmatrix} = \frac{a_{n-5}b_1 - a_{n-1}b_3}{b_1}$$

$$\vdots$$

를 계산하여 4행으로 한다. 이와 같은 방법으로 새로운 행을 계속 만들어나간다. 일반적으로 $n+1$행까지 계산하여 다음과 같은 Routh 배열을 만든다.

Routh 배열:

$$
\begin{array}{c|ccccc}
s^n & a_n & a_{n-2} & a_{n-4} & a_{n-6} & \cdots \\
s^{n-1} & a_{n-1} & a_{n-3} & a_{n-5} & a_{n-7} & \cdots \\
s^{n-2} & b_1 & b_2 & b_3 & b_4 & \cdots \\
s^{n-3} & c_1 & c_2 & c_3 & c_4 & \cdots \\
\vdots & \vdots & \vdots & & & \\
s^2 & d_1 & d_2 & & & \\
s^1 & e_1 & & & & \\
s^0 & f_1 & & & &
\end{array}
$$

이와 같은 Routh 안정도 판별 조건에 의하면 시스템이 안정하기 위해서는 특성방정식의 계수 a_n, a_{n-1}, a_{n-2}, $\cdots$, a_0가 전부 같은 부호가 되어야 하고, 또한 완성된 Routh 배열에서 첫 번째 열의 계수 a_n, a_{n-1}, b_1, c_1, $\cdots$ 등이 전부 같은 부호가 되어야 한다. 만일 Routh 배열에서 첫 번째 열의 계수의 부호가 모두 같지 않다면, 이때 첫 번째 열의 계수의 부호 변화 횟수만큼 양의 실수부를 갖는 극점이 존재하게 되어 시스템은 불안정하다.

예제 4.4 Routh 안정도 판별법을 이용하여 다음 특성방정식의 안정도를 조사하기로 한다.

$$s^4 + 2s^3 + 3s^2 + 8s + 2 = 0$$

Routh 배열:

$$
\begin{array}{c|ccc}
s^4 & 1 & 3 & 2 \\
s^3 & 2 & 8 & 0 \\
s^2 & -1 & 2 & 0 \\
s^1 & 12 & 0 & \\
s^0 & 2 & 0 &
\end{array}
$$

Routh 배열의 첫 번째 열에서 부호의 변화가 두 번 있으므로, 특성방정식의 근 중 두 개가 양의 실수부를 갖게 되어 시스템은 불안정하다. ■

이제 다음의 두 가지 예제를 통해 특수한 경우에 대하여 Routh 안정도 판별법을 적용하는 방법을 설명하기로 한다.

예제 4.5 다음 특성방정식의 안정도를 조사하기로 한다.

$$s^3+3s+2=0$$

Routh 배열을 만드는 과정에서 어떤 행의 첫 번째 요소가 0이 되면, 이때 0을 매우 작은 양(+)의 수 ϵ으로 대치한 후 나머지 배열을 만든다.

Routh 배열:

$$\begin{array}{c|cc} s^3 & 1 & 3 \\ s^2 & 0\approx\epsilon & 2 \\ s^1 & 3-\dfrac{2}{\epsilon} & \\ s^0 & 2 & \end{array}$$

Routh 배열의 첫 번째 열에서 부호의 변화가 두 번 있으므로, 두 개의 극점이 양의 실수부를 갖게 되어 시스템은 불안정하다. ■

예제 4.6 다음 특성방정식의 안정도를 조사하기로 한다.

$$s^6+s^5-2s^4-3s^3-7s^2-4s-4=0$$

특성방정식에서 계수가 모두 같은 부호가 아니므로 시스템은 불안정하다. 그렇지만 불안정한 극점의 개수를 판정하기 위하여 Routh 배열을 만들어보기로 한다.

Routh 배열:

$$\begin{array}{c|cccc} s^6 & 1 & -2 & -7 & -4 \\ s^5 & 1 & -3 & -4 & \\ s^4 & 1 & -3 & -4 & \\ s^3 & 0 & 0 & 0 & \end{array}$$

Routh 배열에서 s^3행의 모든 요소가 0이다. 이러한 경우는 모두 0이 나타나는 행의 바로 위에 있는 다항식 $P(s)$를 s로 미분한 다항식의 계수로 대치한다. 이 예제에서 다항식 $P(s)$와 $P(s)$를 s로 미분한 다항식 $dP(s)/ds$는 각각 다음과 같다.

$$P(s)=s^4-3s^2-4$$

$$\frac{dP}{ds}=4s^3-6s$$

다항식 $dP(s)/ds$의 계수들을 s^3행에 배열하여 새로운 Routh 배열을 만든다.

새로운 Routh 배열:

$$
\begin{array}{c|cccc}
s^6 & 1 & -2 & -7 & -4 \\
s^5 & 1 & -3 & -4 & \\
s^4 & 1 & -3 & -4 & \\
s^3 & 4 & -6 & & \\
s^2 & -1.5 & -4 & & \\
s^1 & -16.7 & & & \\
s^0 & -4 & & &
\end{array}
\qquad \leftarrow \frac{dP(s)}{ds}\text{의 계수}
$$

새로운 Routh 배열의 첫 번째 열에서 부호의 변화가 한 번 있으므로 한 개의 극점이 양의 실수부를 갖게 되어 시스템은 불안정하다. ■

Routh 안정도 판별법은 일반적으로 제어시스템의 공칭안정도를 조사하는 데 이용하지만 s-평면상에서 적당히 좌표축을 이동하여 시스템의 응답속도를 조사하는 데도 이용할 수 있다. 다시 말하면 시스템의 특성다항식에서 s를 $z-\sigma$(σ는 양의 상수)로 대치하여 z에 관한 다항식을 만들어 Routh 배열을 만든다. 이 Routh 배열의 첫 번째 열에서 부호 변화의 수가 $s=-\sigma$ 수직선의 우측에 놓인 극점의 수와 같다. 이와 같은 Routh 안정도 판별법의 결과를 이용하여 제어시스템의 응답속도를 해석할 수 있다. 또한 Routh 안정도 판별법은 어떤 시스템 파라미터의 변화에 따른 제어시스템의 안정도를 해석하는 데 이용할 수도 있다.

예제 4.7 다음 특성방정식의 근의 실수부가 모두 -1보다 작은 근을 갖는지를 Routh 안정도 판별법을 이용하여 조사하기로 한다.

$$s^3+4s^2+6s+4=0$$

우선 특성방정식에서 s를 $z-1$로 대치하여 z에 관한 수정된 특성방정식을 만든다.

$$(z-1)^3+4(z-1)^2+6(z-1)+4=0$$

또는

$$z^3+z^2+z+1=0$$

위의 z에 관한 특성방정식으로부터 Routh 배열을 만든다.

Routh 배열:

$$\begin{array}{c|cc} z^3 & 1 & 1 \\ z^2 & 1 & 1 \\ z^1 & \epsilon & 0 \\ z^0 & 1 & 0 \end{array}$$

위의 결과로부터 수정된 특성방정식의 근의 실수부가 모두 -1보다 작다는 것을 알 수 있다. 따라서 이 시스템의 시정수는 적어도 1보다 작다. ■

예제 4.8 다음 특성방정식을 갖는 시스템에 대하여 시스템이 안정한 시스템 파라미터 K의 영역을 Routh 안정도 판별법을 이용하여 구하기로 한다.

$$s^3 + 3Ks^2 + (K+2)s + 4 = 0$$

Routh 배열:

$$\begin{array}{c|cc} s^3 & 1 & K+2 \\ s^2 & 3K & 4 \\ s^1 & \dfrac{3K^2+6K-4}{3K} & \\ s^0 & 4 & \end{array}$$

Routh 안정도 판별 조건에 의하면 특성방정식의 계수가 모두 같은 부호가 되어야 하므로 우선 $K>0$이어야 하고, 또한 Routh 배열의 첫 번째 열이 모두 같은 부호가 되어야 하므로

$$K > 0, \qquad \frac{3K^2+6K-4}{3K} \geq 0$$

이어야 한다. 따라서 시스템이 안정하기 위해서는 $K \geq 0.528$이어야 한다. ■

4.8 MATLAB을 이용한 제어시스템 성능 및 안정도 평가

이 절에서는 MATLAB을 이용하여 제어시스템의 성능 및 안정도를 평가하고 또한 Simulink를 이용하여 제어시스템의 응답 특성을 컴퓨터 시뮬레이션하는 방법을 예제들을 통하여 설명하기로 한다.

예제 4.9 다음과 같은 전달함수 $G(s)$로 표현되는 시스템의 안정도와 시간역 성능을 평가하기로 한다.

$$G(s) = \frac{5}{s^2 + 2s + 10}$$

MATLAB 프로그램 4.1은 시스템의 안정도를 평가하고 단위스텝응답을 나타내기 위한 프로그램이다. 여기서 num과 den은 각각 전달함수 $G(s)$의 분자 및 분모 다항식의 계수로 이루어진 벡터이다. 시스템의 안정도를 평가하기 위해서는 'roots(den)' 명령을 사용하여 시스템의 극점을 구한다. 이 시스템은 $p_{1,2} = -1 \pm j3$에 극점이 있다. 시스템의 모든 극점의 실수부가 음수이므로 시스템은 안정하다. 그림 4.28에 표시된 단위스텝 응답으로부터 시스템이 안정함을 확인할 수 있다.

MATLAB 프로그램 4.1—소스 코드

```
% 예제 4.9

num = 5;
den = [1 2 10];
p = roots(den)

step(num, den)
title('Unit step response of G(s) = 5/(s^2 + 2s + 10)')
ylabel('Output')
grid on;
```

MATLAB 프로그램 4.1—출력 결과

```
p =
  -1.0000 + 3.0000i
  -1.0000 - 3.0000i
```

MATLAB 프로그램 4.2는 시스템의 시간역 성능을 나타내는 시간응답에 관한 지수인 최댓값시간 t_p, 퍼센트 오버슈트 $P.O.$, 상승시간 t_r, 2 % 정착시간 t_s, 정상상태오차 e_{ss}를 구하는 프로그램이다. MATLAB을 이용하여 구한 시스템 $G(s)$의 응답성능을 나타내는 최댓값시간, 퍼센트 오버슈트, 상승시간, 2 % 정착시간, 정상상태오차는 각각 1.05초, 35.1 %, 0.631초, 3.54초, 0.5이다. MATLAB 프로그램을 이용하여 구한 이 값들은 MATLAB 프로그램 버전에 따라 약간 다른 경우도 발생할 수 있다. 그 이유는 프

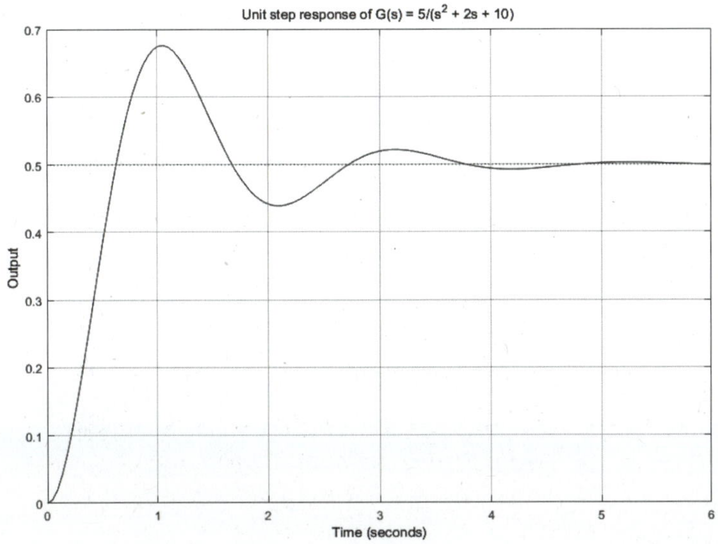

그림 4.28 $G(s) = \dfrac{5}{s^2+2s+10}$ 의 단위스텝응답

로그램 내에 있는 내장함수(step함수 등)가 자동적으로 생성하는 데이터 개수가 MATLAB 프로그램 버전에 따라 다를 수 있기 때문이다.

MATLAB 프로그램 4.2 — 소스 코드

```
t = 0: 0.001: 10;
num = 5;
den = [1 2 10];

G = tf(num, den);
y = step(G, t);

% find peak time, Tp
[Y, k] = max(y);
Tp = t(k)

% compute percent overshoot, PO
FV = polyval(num, 0) / polyval(den, 0); % final value
PO = 100 * (Y - FV) / FV

% find rise time, Tr
n = 1;
while y(n) < FV, n = n + 1; end
```

```
Tr = t(n)

% find settling time, Ts
l_t = length(t);
while (y(l_t) > 0.98 * FV) & (y(l_t) < 1.02 * FV)
    l_t = l_t - 1;
end
Ts = t(l_t)

% compute steady state error, Ess
Ess = 1 - FV
```

MATLAB 프로그램 4.2 — 출력 결과

```
 Tp =
    1.0470

PO =
   35.0920

Tr =
    0.6310

Ts =
    3.5350

Ess =
    0.5000
```

■

예제 4.10 어떤 시스템의 특성방정식이 다음과 같이 주어졌을 때 MATLAB을 이용하여 K 값의 변화에 따른 시스템의 안정도를 평가하기로 한다.

$$s^4 + 3s^3 + 2s^2 + 5s + K = 0$$

MATLAB 프로그램 4.3은 K 값이 0에서 0.5 간격으로 2까지 변할 때 특성방정식의 근, 즉 시스템 극점의 변화를 s-평면상에 나타내는 프로그램이다. 그 결과 선도가 그림 4.29에 표시되어 있다. 허수축상에 극점이 있을 때가 안정한계이므로 이때의 K 값을 읽으면 0.5이다. 그러므로 $K \leq 0.5$일 때 시스템이 안정하고 $K > 0.5$이면 불안정하다.

MATLAB 프로그램 4.3 — 소스 코드

```
% 예제 4.10

K = [0: 0.5: 2];
for i = 1: length(K);
    den = [1 3 2 5 K(i)];
    pole = roots(den);
    for j = 1: length(pole)
        p(i, j) = pole(j);
    end
end
plot(p, 'x')
title('Pole movements : from K = 0 to K = 2')
xlabel('Real')
ylabel('Imaginary')
grid on; axis equal;
```

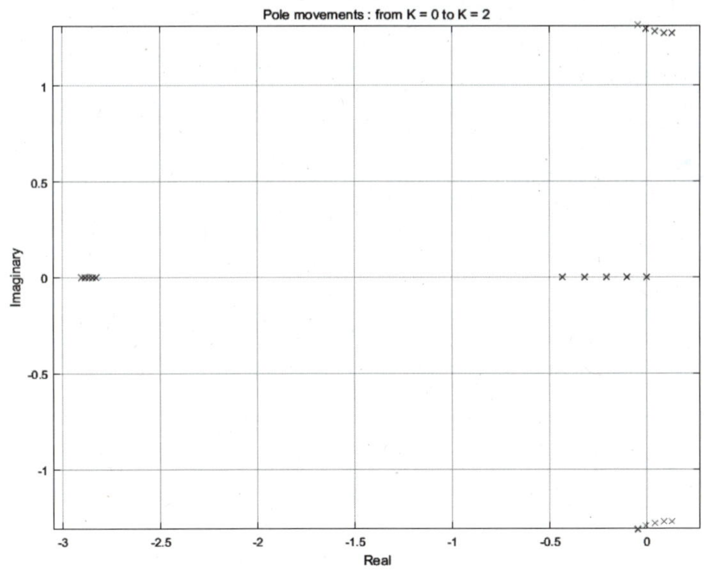

그림 4.29 K 값에 따른 극점의 위치 변화 ■

예제 4.11 그림 4.30은 1/4-차량시스템 모델의 개략도이다. 1/4-차량시스템 모델은 자동차의 네 바퀴 중 한 바퀴에 대한 모델이다. 시스템 파라미터들의 값은 다음과 같다.

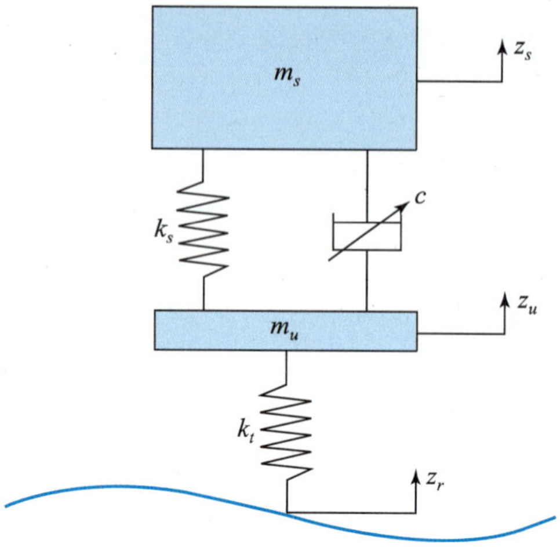

그림 4.30 1/4-차량시스템의 모델 개략도

m_s (현가장치 위의 질량) $= 240$ (kg)
m_u (현가장치 아래의 질량) $= 36$ (kg)
k_s (코일의 스프링상수) $= 16{,}000$ (N/m)
k_t (타이어 탄성의 스프링상수) $= 160{,}000$ (N/m)
c (현가장치의 감쇠계수) $= 500$ (N · sec/m)

Newton의 제2법칙을 이용하여 1/4-차량시스템의 운동방정식을 유도하면 다음과 같다.

$$m_s\ddot{z}_s + c(\dot{z}_s - \dot{z}_u) + k_s(z_s - z_u) = 0$$

$$m_u\ddot{z}_u + c(\dot{z}_u - \dot{z}_s) + k_s(z_u - z_s) + k_t(z_u - z_r) = 0$$

이 시스템의 상태변수를 다음과 같이 선정하기로 한다.

$$\begin{cases} x_1 = z_s - z_u \text{(현가장치의 변위)} \\ x_2 = \dot{z}_s \\ x_3 = z_u - z_r \text{(타이어의 상대변위)} \\ x_4 = \dot{z}_u \end{cases}$$

이때 1/4-차량시스템의 상태방정식은 다음과 같이 유도된다.

$$\begin{cases} \dot{x}_1 = x_2 - x_4 \\ \dot{x}_2 = -\dfrac{c}{m_s}(x_2 - x_4) - \dfrac{k_s}{m_s}x_1 \\ \dot{x}_3 = x_4 - \dot{z}_r \\ \dot{x}_4 = -\dfrac{c}{m_u}(x_4 - x_2) + \dfrac{k_s}{m_u}x_1 - \dfrac{k_t}{m_u}x_3 \end{cases}$$

또는

$$\dot{\mathbf{x}} = \mathbf{A}\mathbf{x} + \mathbf{B}u$$

여기서

$$\mathbf{A} = \begin{bmatrix} 0 & 1 & 0 & -1 \\ -k_s/m_s & -c/m_s & 0 & c/m_s \\ 0 & 0 & 0 & 1 \\ k_s/m_u & c/m_u & -k_t/m_u & -c/m_u \end{bmatrix}, \quad \mathbf{B} = \begin{bmatrix} 0 \\ 0 \\ -1 \\ 0 \end{bmatrix}$$

그리고 $u = \dot{z}_r$이다.

시스템행렬 A에 주어진 시스템 파라미터들의 값을 대입하면

$$\mathbf{A} = \begin{bmatrix} 0 & 1 & 0 & -1 \\ -66.67 & -2.083 & 0 & 2.083 \\ 0 & 0 & 0 & 1 \\ 444.4 & 13.89 & -4444 & -13.89 \end{bmatrix}$$

그리고 관심 있는 상태변수가 현가장치의 변위 x_1이라고 하면, 이때 출력방정식은 다음과 같다.

$$y = \mathbf{C}\mathbf{x}$$

여기서

$$\mathbf{C} = [1 \ 0 \ 0 \ 0]$$

이와 같은 1/4-차량시스템의 상태공간 모델식으로부터 MATLAB을 이용하여 시스템의 전달함수 $G(s)$를 구하고, MATLAB 및 Simulink를 이용하여 시스템의 임펄스응답을 구하기로 한다.

MATLAB 프로그램 4.4는 1/4-차량시스템의 상태공간 모델식을 전달함수로 변환하고 임펄스응답을 구하는 프로그램이다. 그리고 그림 4.31은 MATLAB을 이용하여 구한 1/4-차량시스템의 임펄스응답 선도이다.

MATLAB 프로그램 4.4 — 소스 코드

```
% 예제 4.11

t = 0: 0.01: 5;

ms = 240;

mu = 36;
```

```
ks = 16000;
kt = 160000;
c = 500;

A = [0 1 0 -1;
     -ks/ms -c/ms 0 c/ms;
      0 0 0 1;
     ks/mu c/mu -kt/mu -c/mu];
B = [0; 0; -1; 0];
C = [1 0 0 0];
D = 0;

[num, den] = ss2tf(A, B, C, D);
% State-Space 형태를 Transfer Function 형태로 변환
G = tf(num, den)
impulse(G, t)        % 시스템에 대한 임펄스응답 계산
title('Impulse response of suspension system');
ylabel('Output(m)');
grid on;
```

MATLAB 프로그램 4.4 — 출력 결과

```
G =

              -4444 s + 1.579e-11
  ----------------------------------------------------------------------
  s^4 + 15.97 s^3 + 4956 s^2 + 9259 s + 2.963e05

Continuous-time transfer function.
```

이제 Simulink를 이용하여 1/4-차량 시스템에 대한 컴퓨터 시뮬레이션을 수행하기로 한다. Simulink는 동적 시스템의 각 요소 또는 부시스템의 입출력 신호들의 변화를 시뮬레이션할 수 있는 프로그램이다. Simulink는 MATLAB 프롬프트에서 'simulink'를 입력함으로써 실행된다. 이때 'Simulink Library Browser' 창이 열린다. 이 창은 모델을 정의하기 위해 사용되는 블록을 가지고 있다. Simulink Library Browser의 File 메뉴에서 New ≫ Model을 클릭하여 새로운 창을 연다. 즉, 이 창이 작업공간이 된다. Simulink Library Browser에서 필요한 블록을 끌어온 후, 이 창에서 끌어온 블록들을 적절히 편집한다. Simulink에 대한 기본적인 사용 방법은 부록 B를 참조하기 바란다.

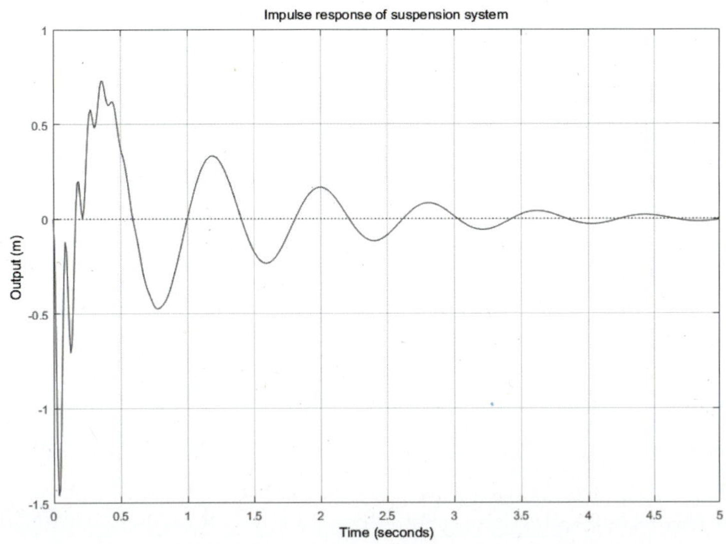

그림 4.31 MATLAB을 이용한 1/4-차량시스템의 임펄스응답 선도

우선 Simulink 블록선도를 작성하기 위하여 상태공간 모델식에 Laplace 변환을 수행한다. 이때 다음과 같은 식들을 얻을 수 있다.

$$x_1 = \frac{1}{s}x_2 - \frac{1}{s}x_4$$

$$x_2 = \left(-\frac{k_s}{m_s}\right)\frac{1}{s}x_1 + \left(-\frac{c}{m_s}\right)\frac{1}{s}x_2 + \left(\frac{c}{m_s}\right)\frac{1}{s}x_4$$

$$x_3 = \frac{1}{s}x_4 - \frac{1}{s}\dot{z}_r$$

$$x_4 = \left(\frac{k_s}{m_u}\right)\frac{1}{s}x_1 + \left(\frac{c}{m_u}\right)\frac{1}{s}x_2 + \left(-\frac{k_t}{m_u}\right)\frac{1}{s}x_3 + \left(-\frac{c}{m_u}\right)\frac{1}{s}x_4$$

$$y = x_1$$

여기서 $1/s$은 적분요소를 의미한다.

그림 4.32는 입력을 $\dot{z}_r$로 하고 출력을 x_1으로 하는 1/4-차량시스템의 Simulink 블록선도이다. 그림 4.32에 표시된 입력신호인 임펄스 신호는 'Pulse Generator' 블록에서 주기, 폭, 크기를 조정하여 만든다. 그림 4.33은 'Pulse Generator' 블록의 파라미터 설정창이다. 인위적으로 단위임펄스함수(unit-impulse function)를 만들기 위해 면적이 1인 단위임펄스함수의 정의에 의하여 Amplitude는 100, Period는 5, Pulse Width는 0.2를 입력한다. 또는 Amplitude는 1000, Period는 5, Pulse Width는 0.02를 입력해도 무방하다. 그리고 게인 블록은 블록을 더블클릭하여 파라미터를 지정해야 한다. 각 블록 아

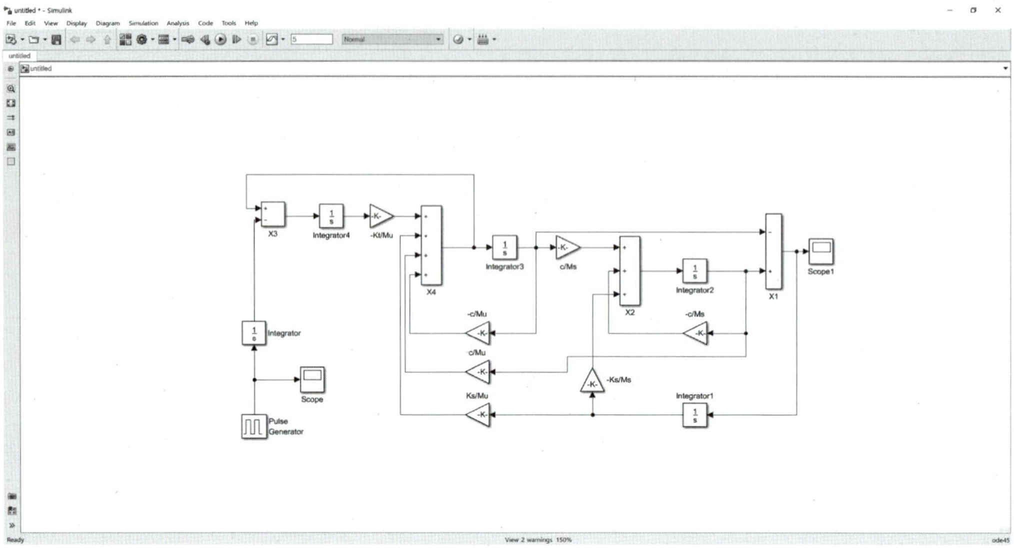

그림 4.32 1/4-차량시스템의 Simulink 블록선도

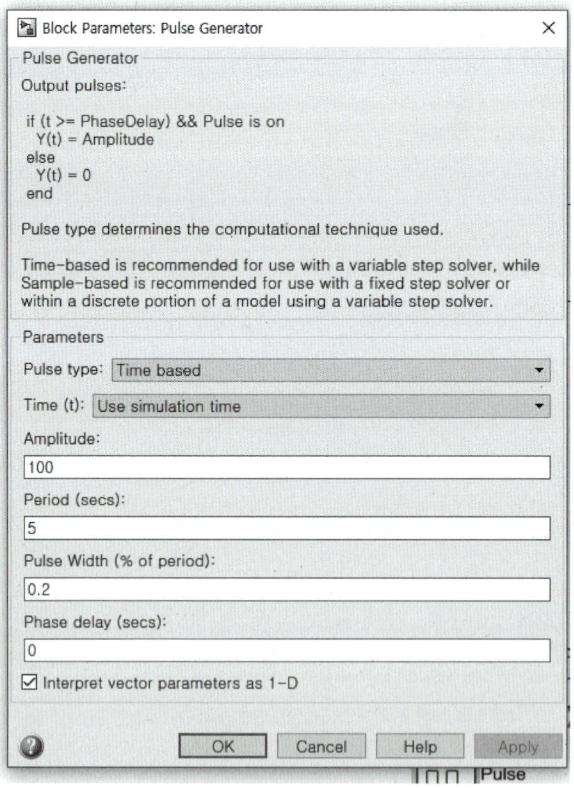

그림 4.33 Pulse Generator 블록의 파라미터 설정창

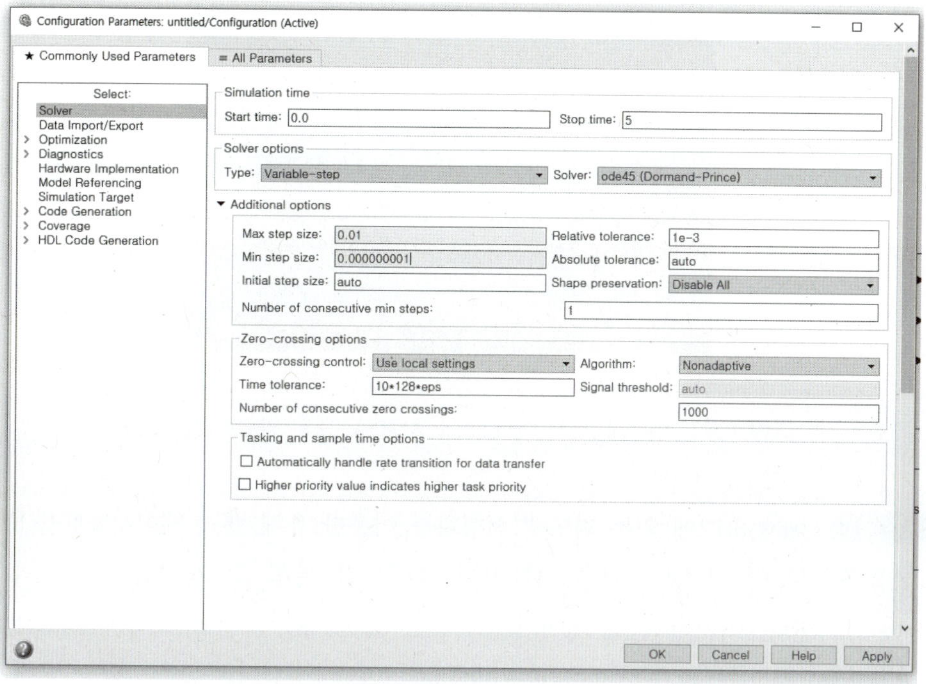

그림 4.34 Simulink 시뮬레이션 메뉴의 파라미터 설정창

래에 표시된 'c/Mu' 등은 Simulink 블록선도의 이해를 돕기 위해 나타낸 것이다.

그림 4.34는 Simulink 모델을 시뮬레이션하기 위한 'Configuration Parameters Window' 창을 나타낸 것이다. 그림 4.34의 시뮬레이션 메뉴의 파라미터 설정창에는 시뮬레이션을 시작하는 시간과 끝내는 시간이 각각 0과 5초로 지정되어 있고, 적분을 수행할 때 4차 또는 5차 Runge-Kutta 방법의 적분 방식(ode45[Dormad-Prince])을 사용하고, 적분 시 완만한 기울기의 최대 단계는 0.01 이하로 하고 급격한 기울기의 최소 단계는 1.0×10^{-9} 이상으로 하라는 내용들이 포함되어 있다. 모든 파라미터의 설정이 끝나면 'Simulation' 메뉴에서 'Start'를 클릭하여 시뮬레이션을 실행한다.

그림 4.35에는 Simulink를 이용하여 시뮬레이션을 수행한 결과가 표시되어 있다. Simulink를 이용하여 구한 임펄스응답 선도가 MATLAB을 이용하여 구한 임펄스응답 선도(그림 4.31)와 동일함을 알 수 있다. Simulink를 이용하여 시뮬레이션하는 것이 복잡하고 어려운 것 같지만, Simulink 블록선도만 그려지면 출력뿐만 아니라 제어입력 등 시스템에서 알고 싶은 어떤 정보도 쉽게 얻을 수 있다. 그리고 비선형 시스템에 대한 시뮬레이션도 가능하다.

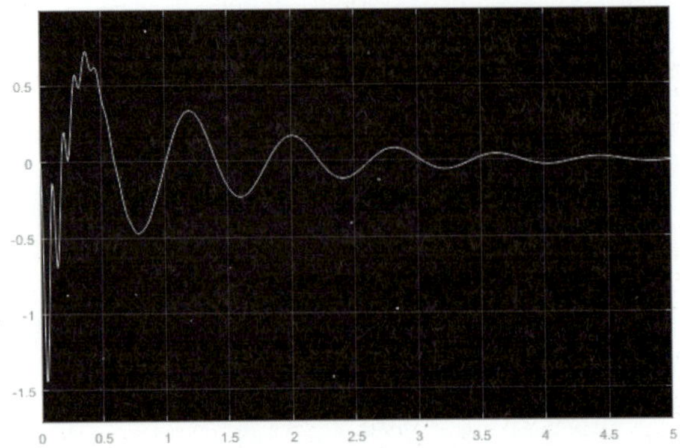

그림 4.35 Simulink를 이용한 1/4-차량시스템의 임펄스응답 선도

예제 4.12 예제 3.12에 있는 피드백 선형화를 이용한 유체 탱크 제어시스템을 Simulink를 이용해 컴퓨터 시뮬레이션을 수행하여 출력응답 특성 및 제어입력 크기의 변화를 조사하기로 한다. 여기서 선형 제어기는 $K(s) = 5(s+3)/(s+15)$, 유체 탱크의 단면적은 $A = 1\ \mathrm{m}^2$, 파이프의 단면적은 $a = 0.01\ \mathrm{m}^2$으로 가정한다.

그림 4.36은 유체 탱크 제어시스템의 단위스텝기준입력에 대한 출력 $h(t)$와 제어입력 $u(t)$를 구하기 위한 Simulink 블록선도이다. 그림 4.36에 표시된 스텝입력 신호는 Simulink Library Browser 중 'Sources' 블록 라이브러리에서 선택하고, 선형 제어기는 'Continuous' 블록 라이브러리에서 'Transfer Fcn'으로 구현하며, 비선형 플랜트에 포함된 Fcn과 선

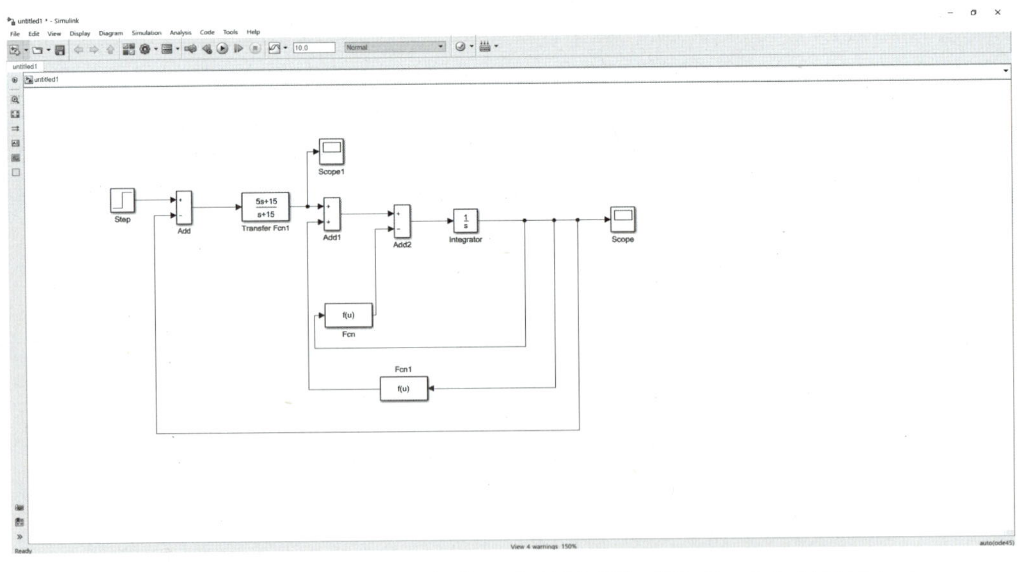

그림 4.36 예제 3.12의 유체 탱크 제어시스템에 대한 Simulink 블록선도

형화 루프에 포함된 Fcn1은 'User-Defined Functions' 블록 라이브러리의 'Fcn'으로 구현한다. Fcn과 Fcn1은 $a\sqrt{2gh}$의 비선형 함수이다. 그림 4.37과 그림 4.38은 각각 Simulink를 이용하여 구한 단위스텝응답과 단위스텝기준입력이 가해졌을 때의 제어입력의 크기를 나타낸다.

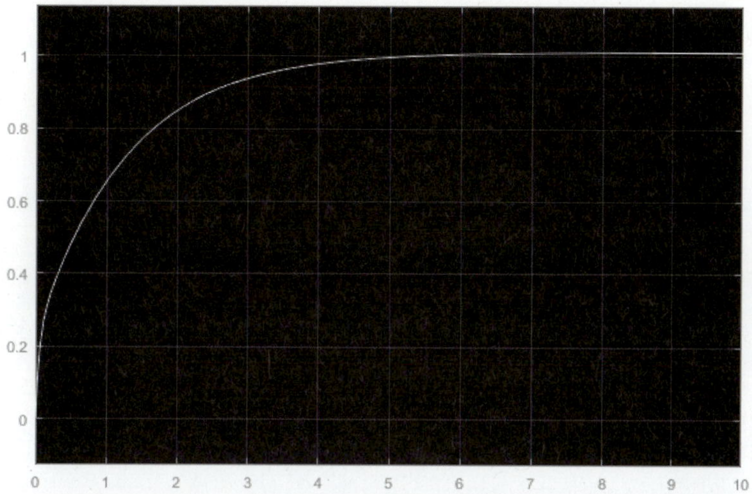

그림 4.37 단위스텝응답

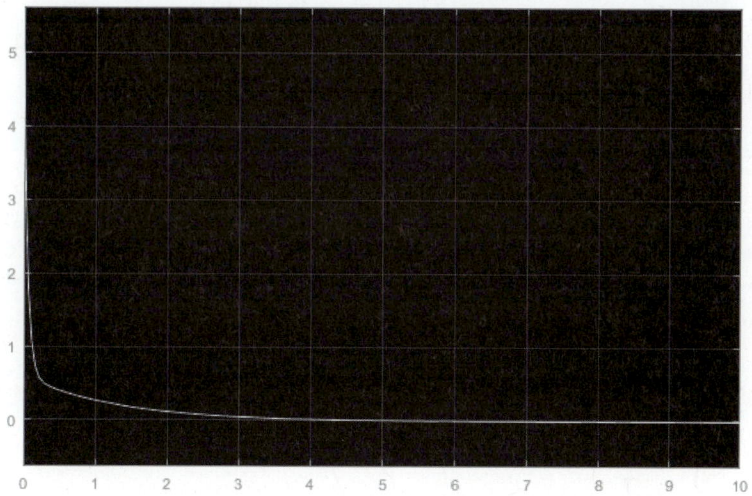

그림 4.38 단위스텝기준입력이 가해졌을 때의 제어입력

종합문제

[종합문제 4.1] 그림 4.39는 질량-스프링-댐퍼 기계시스템과 이 시스템에 1 N의 힘(단위 스텝입력)을 가했을 때의 응답곡선을 나타낸다. 이 응답곡선으로부터 시스템 파라미터인 질량 m, 스프링상수 k, 감쇠계수 c를 구하기로 한다.

이 시스템의 전달함수는 다음과 같이 표현된다.

$$\frac{x(s)}{F(s)} = \frac{1}{ms^2 + cs + k}$$

여기서

$$F(s) = \frac{1}{s}$$

따라서

$$x(s) = \frac{1}{s(ms^2 + cs + k)}$$

정상상태에서 x의 값, 즉 $x(\infty)$는 최종값 정리를 이용하여 다음과 같이 구할 수 있다.

$$x(\infty) = \lim_{s \to 0} sx(s) = \frac{1}{k} = 0.1 \text{ m}$$

위 식으로부터 스프링상수 k 값을 구하면 다음과 같다.

$$k = 10 \text{ N/m}$$

그리고 그림 4.10으로부터 퍼센트 오버슈트가 9.5 %일 때 감쇠비 ζ가 0.6임을 알 수 있

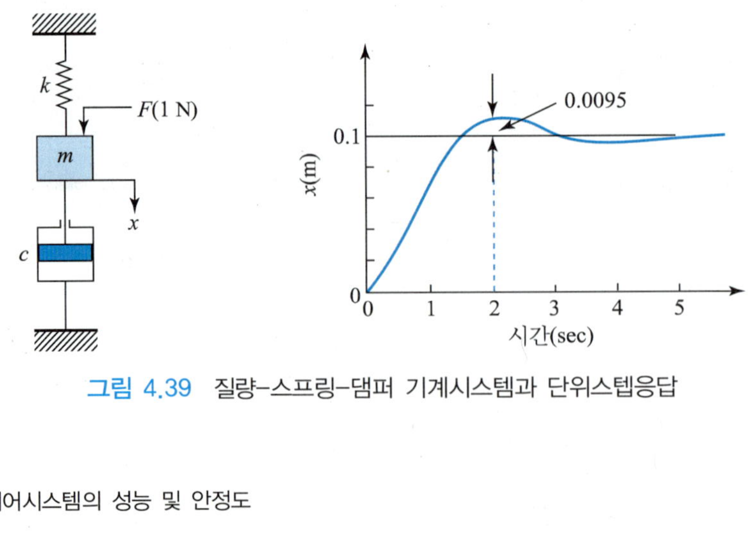

그림 4.39 질량-스프링-댐퍼 기계시스템과 단위스텝응답

다. 따라서 최댓값시간 t_p는

$$t_p = \frac{\pi}{\omega_d} = \frac{\pi}{\omega_n\sqrt{1-\zeta^2}} = \frac{\pi}{0.8\omega_n}$$

그림 4.39에 표시된 단위스텝응답선도에서 최댓값시간 $t_p=2$초이므로

$$\omega_n = 1.96 \text{ rad/sec}$$

그리고 $\omega_n^2 = k/m = 10/m$이므로, 질량 m은 다음과 같다.

$$m = \frac{10}{\omega_n^2} = 2.6 \text{ kg}$$

끝으로, 감쇠계수 c 값은 다음 식을 이용하여 계산할 수 있다.

$$2\zeta\omega_n = \frac{c}{m}$$

또는

$$c = 2\zeta\omega_n m = 6.1 \text{ N/m/sec}$$

이와 같이 단순 2차 시스템은 해석적으로 구한 응답과 실제 응답을 비교하여 시스템 파라미터 값들을 알 수 있다.

[종합문제 4.2] 한 제어엔지니어가 사용설명서를 분실한 어떤 시스템에 대한 동특성을 알고자 한다. 그래서 그림 4.40처럼 미지의 시스템에 단위스텝 발생기와 오실로스코프를 연결시켜 실험한 결과로 다음과 같은 스텝응답을 얻었다.

그림 4.40에 표시된 시스템 응답으로부터 다음과 같은 시스템의 동특성을 나타내는 사양들을 얻을 수 있다.

- 최대 오버슈트 M_p: 정상상태값의 50 %
- 진동 주기 T_p: 6.9초
- 5 % 정착시간 t_s: 20초

제어엔지니어는 이 시스템이 경감쇠 단순 2차 시스템이라 가정하고 시스템의 감쇠비 ζ와 고유주파수 ω_n을 구하였다. 그리고 이를 다른 제어엔지니어에게 보였는데, 그는 "이 시스

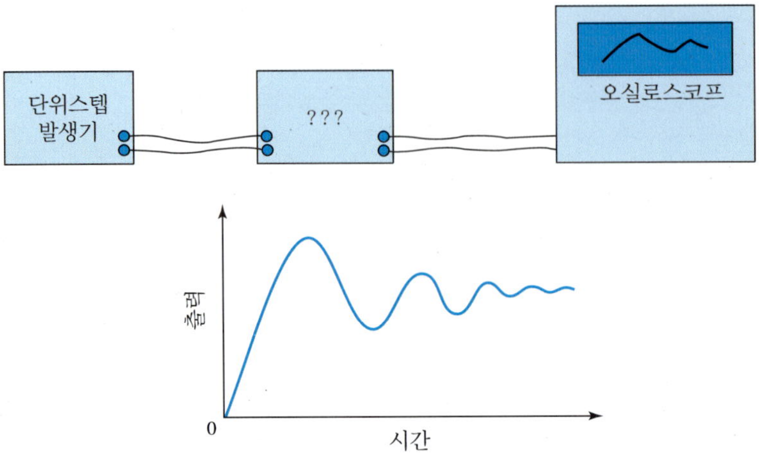

그림 4.40 시스템 동특성 파악을 위한 실험장치 및 스텝응답

템은 단순 2차 시스템[$G(s) = \omega_n^2/(s^2 + 2\zeta\omega_n s + \omega_n^2)$]이 아니다."라고 하며 다시 해석하라고 하였다. 왜 이 시스템이 단순 2차 시스템이 아닌지를 살펴보기로 한다.

일단 단순 2차 시스템으로 가정하고 최대 오버슈트 M_p와 진동 주기 T_p로부터 시스템의 감쇠비 ζ와 고유주파수 ω_n을 구한다.

$$M_p = e^{-(\zeta/\sqrt{1-\zeta^2})\pi} = 0.5 \quad \text{또는} \quad \frac{\zeta}{\sqrt{1-\zeta^2}} = 0.221$$

$$T_p = \frac{2\pi}{\omega_d} = \frac{2\pi}{\omega_n\sqrt{1-\zeta^2}} = 6.9 \text{ sec}$$

위의 두 식으로부터 계산한 감쇠비 ζ와 고유주파수 ω_n 값은 각각 0.22와 0.93 rad/sec이다. 이를 이용하여 5 % 정착시간 t_s를 계산하면 다음과 같다.

$$t_s = \frac{3}{\zeta\omega_n} = 14.7 \text{ sec}$$

만일 단순 2차 시스템이라면 5 % 정착시간이 14.7초여야 하지만 실제의 5 % 정착시간은 20초이므로 이 시스템은 단순 2차 시스템이 아니라 3차 이상의 고차 시스템임을 알 수 있다. 정착시간이 늦어진 것으로 보아 복소 극점의 오른쪽에 다른 하나의 극점이 있을 것으로 예상된다.

또한 진동 주기 T_p로부터

$$T_p = \frac{2\pi}{\omega_d} = 6.9 \text{ sec} \quad \text{또는} \quad \omega_n = \frac{2\pi}{6.9\sqrt{1-\zeta^2}} \text{ rad/sec}$$

그리고 5 % 정착시간 t_s로부터

$$t_s = \frac{3}{\zeta\omega_n} = 20 \text{ sec} \quad \text{또는} \quad \zeta = \frac{0.15}{\omega_n}$$

따라서

$$\omega_n^2 = \frac{4\pi^2}{6.9^2(1-\zeta^2)} = \frac{4\pi^2}{6.9^2\left(1-\frac{0.15^2}{\omega_n^2}\right)}$$

위의 두 식으로부터 계산한 감쇠비 ζ와 고유주파수 ω_n 값은 각각 0.16과 0.92 rad/sec이다. 이를 이용하여 최대 오버슈트 M_p를 계산하면 다음과 같다.

$$M_p = e^{-(\zeta/\sqrt{1-\zeta^2})\pi} = e^{-(0.16/\sqrt{1-0.16^2})\pi} = 0.6$$

만일 단순 2차 시스템으로 해석한 진동 주기와 정착시간을 만족시킨다면 60 %의 최대 오버슈트가 발생해야 한다. 실제는 50 %의 최대 오버슈트가 발생했다. 최대 오버슈트가 60 % 이상 발생하지 않은 것으로 보아 유한 영점은 존재하지 않는 것으로 예측된다. 결론적으로 이 시스템은 유한 영점이 없는, 적어도 3차 이상의 고차 시스템이라고 생각할 수 있다.

[종합문제 4.3] 지구를 도는 인공위성의 고도를 제어하는 시스템을 설계하고자 한다. 그림 4.41에 표시된 바와 같이, 시스템에 작용하는 제어입력은 인공위성의 질량중심으로부터 거리 r만큼 떨어진 곳에서 작용하는 추력이 F_T이고, 또한 시스템에는 외란 F_d가 존재하고 있다. 이때 인공위성에 대한 동적 방정식은 다음과 같이 표현된다.

$$J\ddot{\theta} = 2r(F_T + F_d) \tag{4.92}$$

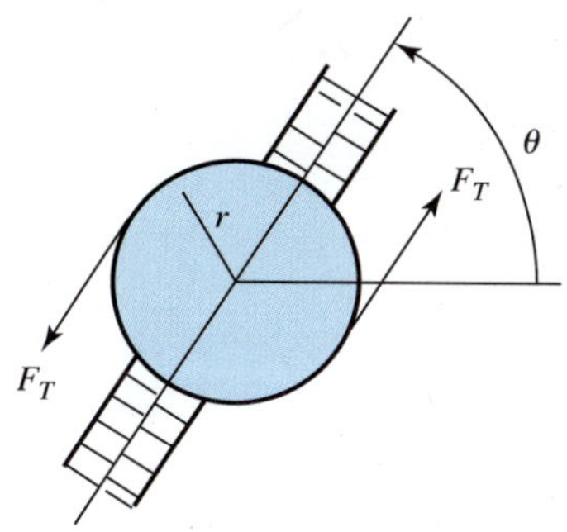

그림 4.41 인공위성의 개략도

여기서 J는 회전관성이다.

제어 목적을 달성하기 위하여 인공위성의 각변위 θ를 측정하고 비례-미분 제어기[$K(s) = K(1+Ts)$]를 사용한 단위 피드백 제어시스템을 구성하고자 한다.

기준입력인 바람직한 인공위성의 각변위 θ_d, 제어입력 F_T, 외란 F_d, 출력 θ를 나타내는 인공위성에 대한 블록선도를 그리고 폐루프 전달함수 $\theta(s)/\theta_d(s)$와 $\theta(s)/F_d(s)$를 구하기로 한다. 또한 $J=1\ \mathrm{N \cdot m/rad/sec^2}$, $r=1\ \mathrm{m}$일 때 고유주파수 $\omega_n = 10\ \mathrm{rad/sec}$, 감쇠비 $\zeta = 0.5$가 되도록 비례-미분 제어기의 설계 파라미터 K와 T를 선정하고, 스텝입력 θ_d에 대한 응답 $\theta(t)$와 스텝외란 F_d에 대한 응답 $\theta(t)$의 특징을 알아보기로 한다.

우선 플랜트 전달함수를 구하기 위하여 식 (4.92)에 Laplace 변환을 수행한다.

$$Js^2\theta(s) = 2r\{F_T(s) + F_d(s)\}$$

또는

$$\theta(s) = \frac{2r}{Js^2}\{F_T(s) + F_d(s)\}$$

위와 같이 표현되는 플랜트에 비례-미분 제어기를 첨가한 단위 피드백 제어시스템을 블록선도로 표현하면 그림 4.42와 같다.

이제 그림 4.42에 표시된 인공위성 고도 제어시스템의 블록선도로부터 폐루프 전달함수 $\theta(s)/\theta_d(s)$와 $\theta(s)/F_d(s)$를 각각 다음과 같이 구할 수 있다.

$$\frac{\theta(s)}{\theta_d(s)} = \frac{\dfrac{2r}{Js^2}K(1+Ts)}{1+\dfrac{2r}{Js^2}K(1+Ts)} = \frac{2rK(1+Ts)}{Js^2+2rKTs+2rK}$$

$$\frac{\theta(s)}{F_d(s)} = \frac{\dfrac{2r}{Js^2}}{1+\dfrac{2r}{Js^2}K(1+Ts)} = \frac{2r}{Js^2+2rKTs+2rK}$$

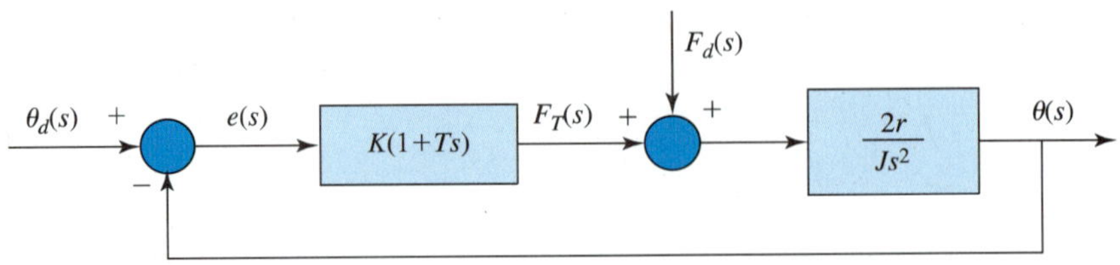

그림 4.42 인공위성 고도 제어시스템의 블록선도

그리고 위 식으로부터 폐루프 제어시스템의 ω_n^2과 ζ 값이 각각 다음과 같음을 알 수 있다.

$$\omega_n^2 = \frac{2rK}{J}, \qquad \zeta = \frac{rKT}{\sqrt{2rKJ}}$$

따라서 위의 두 식에 주어진 수치들을 대입하여 제어기의 설계 파라미터 K와 T를 각각 다음과 같이 선정할 수 있다.

$$K = 50, \qquad T = \frac{1}{10}$$

끝으로, F_d와 θ_d에 대한 스텝응답의 특징을 비교하면 다음과 같다.

- F_d[전달함수 $\theta(s)/F_d(s)$는 영점이 없음]에 대한 스텝응답은 θ_d[전달함수 $\theta(s)/\theta_d(s)$에는 $s=-1/T$에 영점이 있음]에 대한 스텝응답보다 작은 오버슈트가 발생한다. 그러나 상승시간은 θ_d에 대한 스텝응답이 더 짧다.
- 정착시간은 두 경우에 거의 같다. 다시 말해서 정착시간은 주로 극점에 의해서만 영향을 받는다.

[종합문제 4.4] 그림 4.43은 어떤 재료를 일정한 온도로 유지하기 위하여 설계한 제어시스템의 개략도이다. 이 제어시스템을 실험하여 다음 사실들을 얻었다.

- 주위 온도 $T_a = 20\,°\mathrm{C}$일 때, 재료 온도 $T_m = 40\,°\mathrm{C}$로 유지하기 위하여 저항이 2 Ω인 가열코일에 1 A의 전류가 필요하다.
- 가열코일이 단락될 때 재료 온도 T_m은 그림 4.44와 같은 응답 특성을 나타낸다.

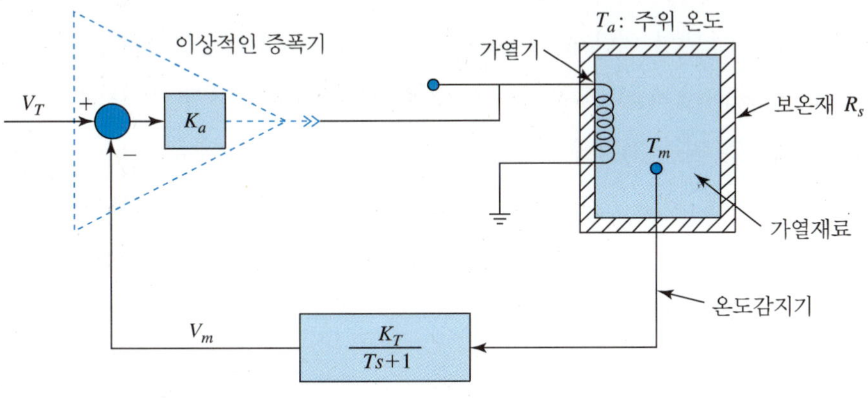

그림 4.43 일정 온도를 유지하기 위한 제어시스템

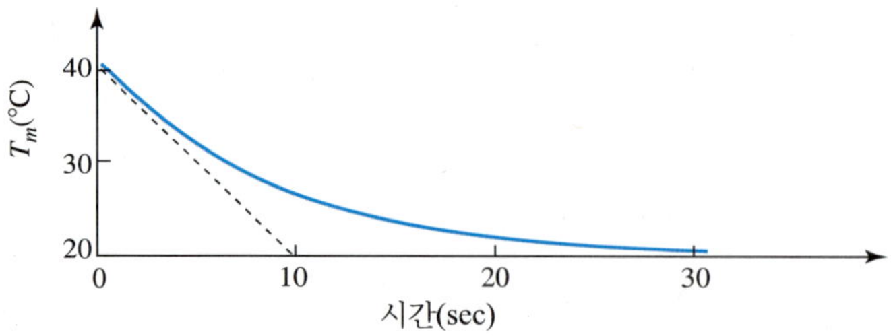

그림 4.44 가열코일이 단락될 때의 온도 특성

우선 이 시스템에 대한 비선형 동적 방정식을 구하고, 정상상태 $i = 1$ A, $T_a = 20$ °C에서 선형화된 동적 방정식을 유도하기로 한다. 그리고 전류가 1 A이고 주위 온도 T_a가 갑작스럽게, 즉 스텝으로 10 °C로 떨어지는 경우 재료의 정상상태 온도 T_m을 구하기로 한다.

다음으로 자동온도 조절장치에 사용되는 열전대의 동특성을 고려하기로 한다. 열전대의 전달함수 $H(s)$는 다음과 같다.

$$H(s) = \frac{V_m(s)}{T_m(s)} = \frac{K_T}{Ts+1}$$

여기서 K_T는 열전대의 게인, T는 열전대의 시정수, V_m은 열전대의 출력전압이다.

게인이 K_a인 합산 증폭기는 기준입력 V_T와 열전대의 출력전압 V_m을 비교하여 그 차에 비례하는 전류 $i = K_a(V_T - V_m)$을 발생시켜 가열기를 작동한다. 이 피드백 제어시스템에 대한 블록선도를 그리고 전달함수를 구하기로 한다. 그리고 $K_a = 1$ A/V, $K_T = 1$ V/°C, $T = 10$ sec, $T_a = 20$ °C, $T_m = 40$ °C일 때 열전대의 출력전압 V_m을 구하고, 기준입력 V_T가 정상상태에서 20 V까지 스텝으로 떨어질 때 재료의 정상상태 온도 T_m을 최종값 정리를 이용하여 구하기로 한다.

끝으로, 이 제어시스템의 외란제거 성능인 주위 온도 T_a의 영향을 제거할 수 있는 성능을 평가하기로 한다. $K_a = 1$ A/V에 대해 V_T는 일정하게 유지되면서 T_a가 20 °C에서 10 °C 스텝으로 떨어진다면 최종 정상상태에서 T_m에 어떠한 영향을 미치는지 조사하고, 만일 증폭기 게인 K_a를 2배로 하는 경우 외란에 대한 감도가 어떻게 되는지 조사하기로 한다.

이 시스템을 모델링하기 위하여 다음과 같은 에너지 보존법칙을 적용한다.

$$Q_c = Q - Q_R$$

또는

$$C\frac{dT_m}{dt} = Ri^2 - \frac{T_m - T_a}{R_s}$$

여기서

$$R_s = \frac{T_m - T_a}{Q_R}, \qquad C = \frac{Q_c}{dT_m/dt}$$

따라서

$$R_s C\frac{dT_m}{dt} + T_m = R_s Ri^2 + T_a$$

정상상태에서 $dT_m/dt = 0$이고 $Ri^2 = 2\,\mathrm{W}$ 이므로

$$40 = 2R_s + 20 \qquad \text{또는} \qquad R_s = 10\ °\mathrm{C/W}$$

모든 1차 시스템의 스텝응답에서 $t = 0$에서의 접선이 시간 t축과 만나는 점이 시스템의 시정수와 같으므로

$$R_s C = 10\ \mathrm{sec} \qquad \text{또는} \qquad C = 10/10 = 1\ \mathrm{sec}/°\mathrm{C/W}$$

그러므로 이 시스템은 다음과 같은 비선형 동적 방정식으로 표현할 수 있다.

$$10\frac{dT_m}{dt} + T_m = 20i^2 + T_a$$

이제 작동점($T_{ao} = 20\ °\mathrm{C}$, $i_o = 1\ \mathrm{A}$, $T_{mo} = 40\ °\mathrm{C}$) 근처에서 선형화된 동적 방정식을 얻기 위하여 위 식을 다음과 같이 표현한다.

$$\frac{dT_m}{dt} = 2i^2 + \frac{T_a}{10} - \frac{T_m}{10} = f(i,\ T_a,\ T_m)$$

그리고 식 (3.178)을 이용하여 선형화된 동적 방정식을 유도한다.

$$\frac{d}{dt}(\delta T_m) = \left.\frac{\partial f}{\partial i}\right|_o \delta i + \left.\frac{\partial f}{\partial T_a}\right|_o \delta T_a + \left.\frac{\partial f}{\partial T_m}\right|_o \delta T_m$$

여기서

$$\left.\frac{\partial f}{\partial i}\right|_o = 4, \qquad \left.\frac{\partial f}{\partial T_a}\right|_o = \frac{1}{10}, \qquad \left.\frac{\partial f}{\partial T_m}\right|_o = -\frac{1}{10}$$

따라서

$$\frac{d}{dt}(\delta T_m) = 4\,\delta i + \frac{1}{10}\delta T_a - \frac{1}{10}\delta T_m$$

또는

$$10\frac{d}{dt}(\delta T_m) = 40\,\delta i + \delta T_a - \delta T_m$$

여기서 $i = 1$ A로 일정하므로 $\delta i = 0$이고 $\delta T_a = -10u_s(t)$이다.

이제 위 식의 양변에 Laplace 변환을 수행하고 최종값 정리를 적용하면

$$10s\,\delta T_m(s) = -\frac{10}{s} - \delta T_m(s)$$

또는

$$\delta T_m(s) = \frac{-10}{s(10s+1)}$$

$$\lim_{t\to\infty}\delta T_m(t) = \lim_{s\to 0} s\,\delta T_m(s) = \lim_{s\to 0}\frac{-10}{10s+1} = -10$$

따라서 주위 온도 T_a가 갑작스럽게 10 °C 떨어진 후 충분히 오랜 시간이 지나면 재료 온도 T_m은 다음과 같이 된다.

$$T_m = T_{mo} + \delta T_m = 30\ ^\circ\mathrm{C}$$

위와 같이 개루프 시스템에서는 외란의 효과가 시스템 출력에 그대로 반영됨을 알 수 있다. 그래서 외란이 존재하더라도 좋은 성능을 유지하기 위해서는 그림 4.45와 같은 피드백 제어시스템이 필요하다.

기준입력 δV_T와 출력 δT_m 사이의 동특성, 그리고 외란 δT_a와 출력 δT_m 사이의 동특성은 각각 다음과 같이 표현된다.

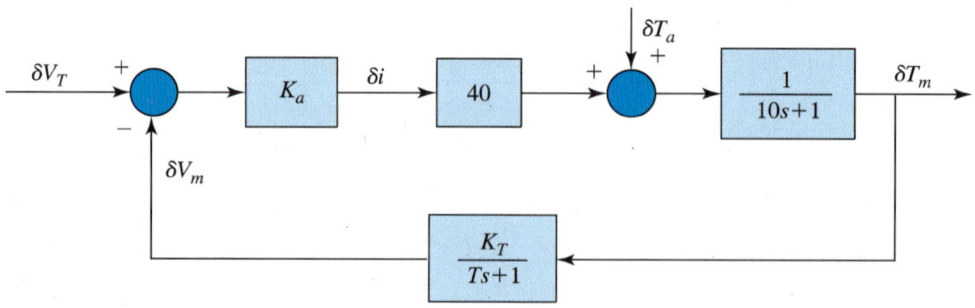

그림 4.45 일정 온도를 유지하기 위한 피드백 제어시스템에 대한 블록선도

$$\delta T_m = \frac{\dfrac{40K_a}{10s+1}}{1+\dfrac{40K_a}{10s+1}\dfrac{K_T}{Ts+1}}\delta V_T = \frac{40K_a(Ts+1)}{(10s+1)(Ts+1)+40K_aK_T}\delta V_T$$

$$\delta T_m = \frac{\dfrac{1}{10s+1}}{1+\dfrac{1}{10s+1}\dfrac{40K_aK_T}{Ts+1}}\delta T_a = \frac{Ts+1}{(10s+1)(Ts+1)+40K_aK_T}\delta T_a$$

위의 두 식으로부터 피드백 제어시스템의 전달 특성을 다음과 같이 표현할 수 있다.

$$\delta T_m = \frac{40K_a(Ts+1)}{(10s+1)(Ts+1)+40K_aK_T}\delta V_T + \frac{Ts+1}{(10s+1)(Ts+1)+40K_aK_T}\delta T_a$$

열전대의 DC 게인이 1 V/°C이므로 정상상태에서 $T_m = 40$ °C일 때 V_m은 40 V이다. 그리고 $i = K_a(V_T - V_m)$으로부터 V_T가 41 V임을 알 수 있다. 따라서 $\delta V_T = -21u_s(t)$이고, 또한 T_a는 일정하므로 $\delta T_a = 0$이다. 이때

$$\delta T_m = \frac{40K_a(Ts+1)}{(10s+1)(Ts+1)+40K_aK_T}\delta V_T = \frac{40(10s+1)}{(10s+1)^2+40}\delta V_T$$

이제 최종값 정리를 이용하면

$$\lim_{t\to\infty}\delta T_m(t) = \lim_{s\to 0} s\,\delta T_m(s) = \lim_{s\to 0}\frac{40s(10s+1)}{(10s+1)^2+40}\left(\frac{-21}{s}\right) = -20.5\ °\mathrm{C}$$

따라서 기준입력 V_T를 스텝으로 −20 V 변화시켰을 때 정상상태에서의 재료 온도 T_m은 다음과 같다.

$$T_m = T_{mo} + \delta T_m = 19.5\ °\mathrm{C}$$

끝으로, 피드백 제어시스템의 외란제거 성능에 대하여 알아보기로 한다. V_T가 일정하게 유지되므로, $\delta V_T = 0$이다. 이때

$$\delta T_m = \frac{(10s+1)}{(10s+1)^2+40}\delta T_a$$

$$\lim_{t\to\infty}\delta T_m(t) = \lim_{s\to 0} s\,\delta T_m(s) = \lim_{s\to 0}\frac{s(10s+1)}{(10s+1)^2+40}\frac{-10}{s} = -0.244$$

따라서 주위 온도 T_a가 갑작스럽게 10 °C 떨어졌을 때 정상상태에서의 재료 온도 T_m은

다음과 같다.

$$T_m = T_{mo} + \delta T_m = 40 - 0.244 = 39.756\ °\text{C}$$

이와 같이 피드백 제어시스템을 구성하면 개루프 시스템에 비해 외란제거 성능이 매우 우수함을 알 수 있다.

이제 증폭기 게인 K_a 값에 따른 외란제거 성능을 분석하기로 한다. 외란 $\delta T_a = -10\ °\text{C}$ 일 때 $\delta T_m = -0.244\ °\text{C}$이므로 K_a가 2배가 되면, 이때

$$\delta T_m = \frac{10s+1}{(10s+1)^2 + 80}\delta T_a$$

그리고 정상상태에서의 재료 온도의 변화량 δT_m은 최종값 정리를 이용하여 다음과 같이 구할 수 있다.

$$\lim_{t\to\infty}\delta T_m(t) = \lim_{s\to 0} s\,\delta T_m(s) = \lim_{s\to 0}\frac{s(10s+1)}{(10s+1)^2+80}\frac{-10}{s} = -0.123$$

따라서 증폭기 게인 K_a를 2배로 증가하면 외란에 대한 감도를 1/2로 줄일 수 있다.

[종합문제 4.5] 그림 4.46은 태양 집열기를 위한 제어시스템이다. 태양 집열기가 태양의 경로를 잘 추적하여 효과적으로 집열할 수 있도록 하고자 한다. 집열기 구동장치의 전달함수 $G(s)$는 다음과 같다.

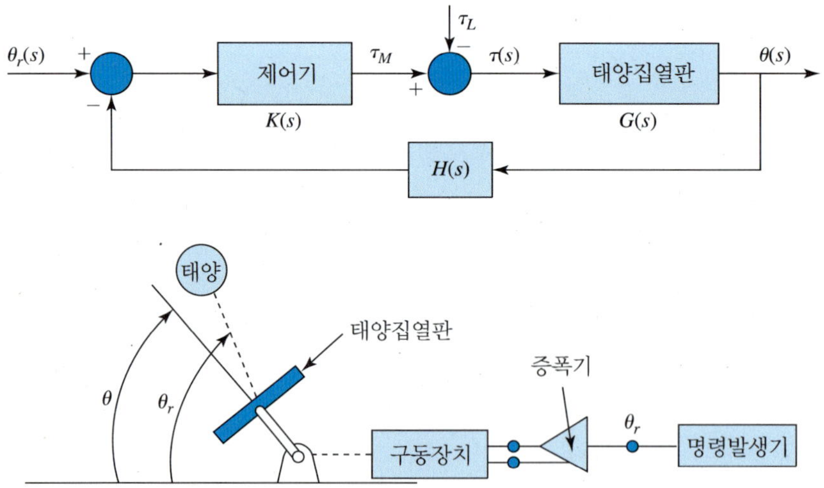

그림 4.46 태양 집열기를 위한 제어시스템

$$G(s) = \frac{\theta(s)}{\tau(s)} = \frac{\omega_n^2}{s^2 + 2\zeta\omega_n s + \omega_n^2}$$

여기서

$\omega_n =$ 10 rad/sec

$\zeta =$ 0.4

$\theta =$ 태양에 대한 집열기의 각변위(deg)

$\tau =$ 구동장치를 구동하는 입력 토크(N · m)

$= \tau_M - \tau_L$

$\tau_M =$ 제어입력 토크(N · m)

$\tau_L =$ 부하 토크(N · m)

그리고 제어기의 형태는 다음과 같은 1차 시스템으로 선정한다.

$$K(s) = \frac{K}{Ts + 1}$$

여기서 제어기 게인 K는 조절 가능하고 시정수 $T = 0.2$초이다.

우선 $H(s) = 1$, $\theta_r = 1$(단위스텝기준입력), 부하 토크 $\tau_L(s) = \frac{15}{s}$ (N · m)로 가정하고, 이때 $\lim_{t \to \infty} |\theta(t) - \theta_r| < 0.2$를 만족할 수 있는 K의 범위를 구한다. 그리고 이 시스템이 안정하기 위한 K의 임계값을 구하고, 이 결과를 위에 주어진 정상상태응답 성능을 만족하는 K와 비교 평가하기로 한다.

다음으로 태코미터(tachometer)를 이용하여 속도 피드백을 첨가하는 경우에 대하여 생각하기로 한다. 이때 $H(s) = 1 + \alpha s$(α는 상수)의 형태를 갖는다. 기준입력 θ_r가 단위스텝 기준입력일 때 앞에 주어진 정상상태응답 성능을 만족시키며 시스템이 안정하기 위한 K와 α의 범위를 구해 α에 대한 K의 선도를 그리고 안정 영역을 표시하기로 한다.

끝으로, 속도 피드백을 첨가한 시스템이 안정하고, 앞에 주어진 정상상태응답 성능뿐만 아니라 시스템 응답속도에 관한 사양인 2 % 정착시간 $t_s < 2$초를 만족시킬 수 있는 K와 α의 범위를 구하고, 정착시간과 정상상태응답 성능을 동시에 만족시킬 수 있는 시스템 파라미터의 최솟값($K_{\min}$, $\alpha_{\min}$)을 선정하기로 한다.

단위스텝기준입력 θ_r가 주어졌을 때의 정상상태오차 e_{ss}는 다음과 같이 최종값 정리를 이용하여 구할 수 있다.

$$\lim_{t\to\infty} |\theta_r(t) - \theta(t)| = \lim_{s\to 0} s\,e(s)$$

여기서

$$e(s) = \theta_r(s) - \theta(s) = \theta_r(s) - \frac{G(s)K(s)}{1+G(s)K(s)}\theta_r(s) + \frac{G(s)}{1+G(s)K(s)}\tau_L(s)$$

또는

$$\begin{aligned} e(s) &= \frac{\theta_r(s) + G(s)\tau_L(s)}{1+G(s)K(s)} \\ &= \frac{(s^2+8s+100)(0.2s+1)\dfrac{1}{s} + 100(0.2s+1)\dfrac{15}{s}}{(s^2+8s+100)(0.2s+1)+100K} \end{aligned}$$

따라서

$$\begin{aligned} \lim_{t\to\infty} |\theta_r(t) - \theta(t)| &= \lim_{s\to 0} s\,e(s) \\ &= \lim_{s\to 0} \frac{(s^2+8s+100)(0.2s+1)+1500(0.2s+1)}{(s^2+8s+100)(0.2s+1)+100K} \\ &= \frac{16}{1+K} \end{aligned}$$

그러므로 주어진 정상상태응답에 관한 성능조건식을 만족시킬 수 있는 K의 범위는 다음과 같다.

$$\frac{16}{1+K} < 0.2 \qquad \text{또는} \qquad K > 79 \tag{4.93}$$

다음으로 시스템이 안정하기 위한 K의 임계값을 Routh 안정도 판별법을 이용해 구하기로 한다. 이 피드백 제어시스템의 특성다항식 $D(s)$는 다음과 같다.

$$\begin{aligned} D(s) &= 1 + G(s)K(s) \\ &= 0.2s^3 + 2.6s^2 + 28s + 100(1+K) \end{aligned}$$

그리고 이 특성다항식에 대한 Routh 배열은 다음과 같다.

Routh 배열:

$$\begin{array}{c|cc} s^3 & 0.2 & 28 \\ s^2 & 2.6 & 100(1+K) \\ s^1 & \dfrac{28\times 2.6-20(1+K)}{2.6} & \\ s^0 & 100(1+K) & \end{array}$$

시스템이 안정하기 위해서는 특성방정식의 계수 $100(1+K)$와 Routh 배열의 첫 번째 열이 모두 0보다 크거나 같아야 한다. 즉

- $100(1+K)\geq 0$ 또는 $K\geq -1$
- $28\times 2.6-20(1+K)\geq 0$ 또는 $K\leq 2.64$

위의 두 식을 만족하는 K의 범위는 다음과 같다.

$$-1\leq K\leq 2.64$$

정상상태응답 성능을 얻기 위해서는 식 (4.93)에 표시된 바와 같이 $K>79$이 되어야 하나 시스템이 안정하기 위해서는 기본적으로 $K\leq 2.64$가 충족되어야 한다. 따라서 이와 같은 제어시스템 구조로는 만족스러운 정상상태응답 성능을 갖는 안정한 시스템을 얻을 수 없다는 것을 알 수 있다.

이제 속도 피드백[$H(s)=1+\alpha s$]을 첨가한 제어시스템에 대하여 생각하기로 한다. 이때 오차신호 $e(s)$는 다음과 같이 표현된다.

$$\begin{aligned} e(s) &= \theta_r(s)-\theta(s) \\ &= \theta_r(s)-\frac{G(s)K(s)}{1+G(s)K(s)H(s)}\theta_r(s)+\frac{G(s)}{1+G(s)K(s)H(s)}\tau_L(s) \end{aligned}$$

또는

$$\begin{aligned} e(s) &= \frac{[1+G(s)K(s)H(s)-G(s)K(s)]\theta_r(s)+G(s)\tau_L(s)}{1+G(s)K(s)H(s)} \\ &= \frac{[(s^2+8s+100)(0.2s+1)+100K\alpha s]\dfrac{1}{s}+(0.2s+1)\dfrac{1500}{s}}{(s^2+8s+100)(0.2s+1)+100K(\alpha s+1)} \end{aligned}$$

따라서

$$\lim_{t\to\infty} |e(t)| = \lim_{s\to 0} se(s) = \frac{16}{1+K}$$

위 식으로부터 정상상태응답에 관한 성능조건식을 만족하는 K의 범위가 속도 피드백을 첨가하지 않은 제어시스템에서 구한 범위와 같다는 것을 알 수 있다. 그리고 속도 피드백을 첨가한 제어시스템의 특성다항식 $D(s)$는 다음과 같다.

$$D(s) = 0.2s^3 + 2.6s^2 + (28 + 100\alpha K)s + 100(1+K)$$

시스템의 안정도를 판별하기 위하여 Routh 안정도 판별법을 적용하기로 한다.

Routh 배열:

$$\begin{array}{c|cc} s^3 & 0.2 & 28+100\alpha K \\ s^2 & 2.6 & 100(1+K) \\ s^1 & \dfrac{2.6(28+100\alpha K) - 20(1+K)}{2.6} & \\ s^0 & 100(1+K) & \end{array}$$

시스템이 안정하기 위해서는 특성방정식의 모든 계수와 Routh 배열의 첫 번째 열이 모두 같은 부호가 되어야 한다. 즉

- $28 + 100\alpha K \geq 0$ 또는 $K \geq \dfrac{-7}{25\alpha}$
- $100(1+K) \geq 0$ 또는 $K \geq -1$
- $2.6(28+100\alpha K) - 20(1+K) \geq 0$

또는

$$K \leq \frac{2.64}{1-13\alpha}\ (\alpha < 1/13\text{일 때}), \qquad K \geq \frac{2.64}{1-13\alpha}(\alpha > 1/13\text{일 때})$$

안정도와 정상상태응답 성능에 관한 조건식들을 만족하는 영역을 도시하면 그림 4.47과 같다.

끝으로, Routh 안정도 판별법을 이용하여 다음과 같은 정착시간 t_s에 관한 요구조건을 만족할 수 있는 K와 α의 범위를 구하기로 한다.

$$t_s = 2 = \frac{4}{\sigma}, \qquad \sigma = 2$$

이를 위하여 시스템의 특성다항식 $D(s)$에서 s를 $(z-\sigma)$로 대치한다.

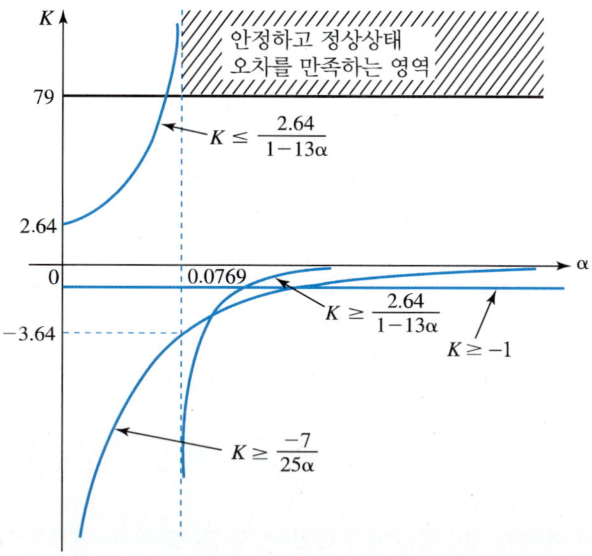

그림 4.47 안정도와 정상상태응답 성능을 만족하는 α 값에 따른 K의 영역

$$\begin{aligned} D(s)|_{s=z-\sigma} &= 0.2(z-2)^3 + 2.6(z-2)^2 + (28+100\alpha K)(z-2) + 100 + 100K \\ &= 0.2z^3 + 1.4z^2 + 20(1+5\alpha K)z + 52.8 + 100K(1-2\alpha) \end{aligned}$$

그리고 위에 표시된 z에 관한 다항식에 대하여 Routh 안정도 판별법을 적용하기로 한다.

Routh 배열:

$$\begin{array}{c|cc} z^3 & 0.2 & 20(1+5\alpha K) \\ z^2 & 1.4 & 52.8 + 100K(1-2\alpha) \\ z^1 & b_1 & \\ z^0 & 52.8 + 100K(1-2\alpha) & \end{array}$$

여기서

$$b_1 = \frac{28(1+5\alpha K) - 0.2\{52.8 + 100K(1-2\alpha)\}}{1.4}$$

이와 같이 수정된 Routh 배열을 이용하여 요구되는 정착시간을 만족할 수 있는 시스템 파라미터의 영역을 구하면 다음과 같다.

$$\begin{cases} 1 + 5\alpha K \ge 0 \\ 52.8 + 100K(1-2\alpha) \ge 0 \\ 28(1+5\alpha K) - 0.2\{52.8 + 100K(1-2\alpha)\} \ge 0 \end{cases}$$

또는

$$\begin{cases} K \geq \dfrac{-1}{5\alpha} \\ K \geq \dfrac{0.528}{2\alpha - 1} \, (\alpha < 1/2\text{일 때}), \; K \leq \dfrac{0.528}{2\alpha - 1} \, (\alpha > 1/2\text{일 때}) \\ K \leq \dfrac{0.872}{1 - 9\alpha} \, (\alpha < 1/9\text{일 때}), \; K \geq \dfrac{0.872}{1 - 9\alpha} \, (\alpha > 1/9\text{일 때}) \end{cases}$$

그리고 식 (4.93)에 주어진 정상상태응답에 관한 성능조건식을 만족할 수 있는 K의 범위는 다음과 같다.

$$K > 79$$

따라서 안정도와 정착시간 및 정상상태응답 성능을 동시에 만족할 수 있는 시스템 파라미터 K와 α의 영역을 도시하면 그림 4.48과 같다. 그림 4.48에서 빗금 친 부분이 주어진 모든 조건들을 만족하는 영역을 나타낸다. 정착시간과 정상상태응답에 관한 성능을 동시에 만족하는 안정한 시스템을 나타낸 최소의 시스템 파라미터 $K_{\min}$과 $\alpha_{\min}$은 각각 다음과 같다.

$$K_{\min} = 79, \qquad \alpha_{\min} = 0.11$$

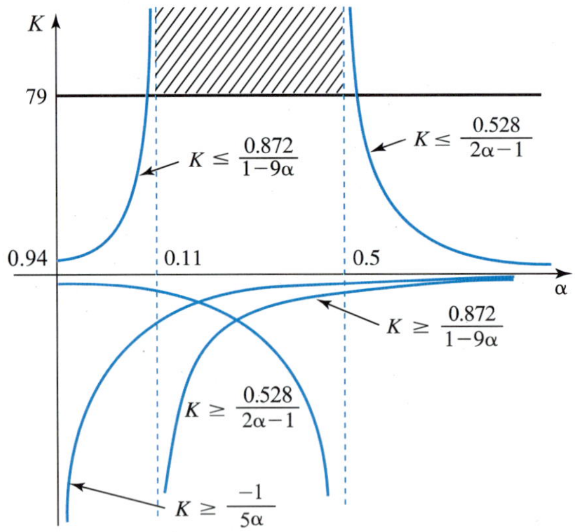

그림 4.48 안정도와 정착시간 및 정상상태응답 성능을 만족하는 α 값에 따른 K의 영역

연습문제

4.1 루프 전달함수 $G(s) = \dfrac{K}{s(s+a)}$ 인 단위 피드백 제어시스템이 있다.

(1) 파라미터 K의 변화에 대한 폐루프 시스템의 감도함수를 구하라.

(2) 파라미터 a의 변화에 대한 폐루프 시스템의 감도함수를 구하라.

(3) 만약 피드백 게인 H가 1이 아니라면, 이때 피드백 게인 H에 대한 폐루프 시스템의 감도함수를 구하라.

4.2 다음과 같은 동적 방정식으로 표시되는 1차 시스템이 있다.

$$\dot{y}(t) = ay(t) + bu(t)$$

시스템은 초기에 정지되어 있었으며, 단위스텝입력 $u_s(t)$를 가하고 0.5초 후에 측정된 출력 $y(0.5)$와 시간이 충분히 지난 후 측정된 출력 $y(\infty)$는 각각 다음과 같다.

$$y(0.5) = 1, \quad y(\infty) = 2$$

위의 측정값을 이용하여 시스템 파라미터 a와 b를 결정하라.

4.3 다음에 주어진 표는 어떤 시스템에 스텝입력 $u(t) = 6.3\,u_s(t)$를 가했을 때 시스템 출력 $y(t)$를 측정한 데이터이다. 여기서 $u_s(t)$는 단위스텝입력을 의미한다.

시간 t(sec)	출력 $y(t)$
0	0
0.15	1.1
0.3	2.2
0.45	2.8
0.6	3.3
0.75	3.5
0.9	3.5
1.05	3.4
1.2	3.3
1.35	3.3

(1) 주어진 데이터를 이용하여 시스템을 1차 선형 시불변 시스템으로 근사화하여 시

스템의 전달함수 $G(s)$를 유도하라.

(2) 주어진 데이터를 이용하여 시스템을 2차 선형 시불변 시스템으로 근사화하여 시스템의 전달함수 $G(s)$를 유도하라.

4.4 다음 그림과 같은 자기 서보 증폭기에서 $K=20$이고 $T=1$일 때 시스템의 감쇠비 $\zeta=0.7$이 되는 커패시턴스 C의 값을 선정하라.

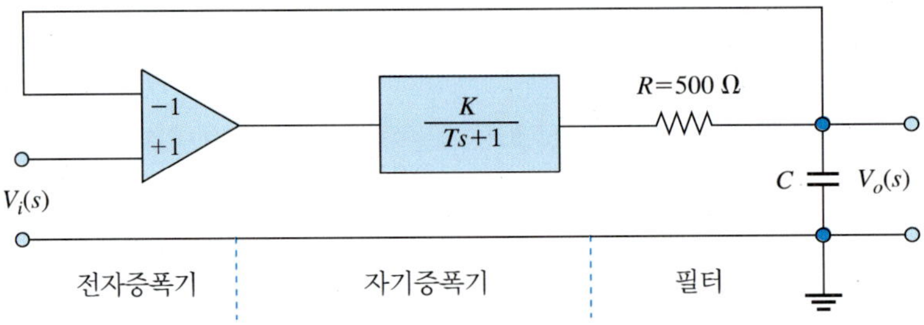

4.5 다음 그림은 어떤 공장의 생산 및 재고 관리를 위한 시스템의 블록선도이다. 생산관리자의 업무는 변화하는 판매율에 따라 재고 $i(t)$를 일정하게 유지하는 것이다.

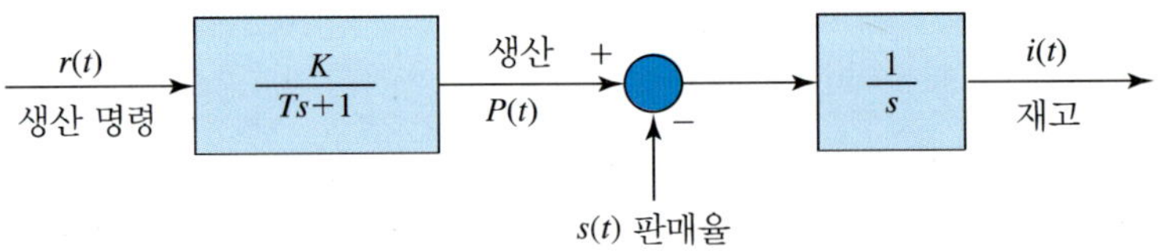

생산관리자는 바람직한 재고 수준 $i_d(t)$와 실제 재고 수준 $i(t)$ 사이의 차이를 기초로 하여 생산 명령 $r(t)$를 지시한다.

(1) 이 제어 계획의 폐루프 구조를 보여주는 블록선도를 그리라.

(2) 폐루프 전달함수 $\dfrac{i(s)}{i_d(s)}$와 $\dfrac{i(s)}{s(s)}$를 구하라.

(3) 최근 광고 효과로 판매율에 한 스텝 진보가 있었다. 이 입력에 대한 장기적인 영향을 설명하라. 다시 말해, 실제 재고 수준이 바람직한 재고 수준까지 회복될 수 있는지 검토하라.

(4) 바람직한 재고 수준에 스텝 변화를 주었을 때 오버슈트 양이 20 % 내에서 유지되도록 경영 게인 K를 선정하라. 여기서 $T=1$주일이라고 가정한다.

4.6 어떤 위치 제어시스템의 전달함수 $T(s)$가 다음과 같이 표현된다.

$$T(s) = \frac{y(s)}{r(s)} = \frac{b_1 s + b_0}{s^2 + a_1 s + a_0}$$

다음과 같은 사양을 만족시킬 수 있는 시스템 파라미터들(a_0, a_1, b_0, b_1)을 선정하라.

(1) 상승시간 $t_r \le 1$초

(2) 퍼센트 오버슈트 $P.O. \le 20$ %

(3) 2 % 정착시간 $t_s \le 5$초

(4) 일정한 기준입력 $r(s)$에 대하여 0-정상상태오차

(5) 0.1 m/sec의 램프입력에 대하여 1 mm 이하의 정상상태오차

4.7 다음 그림과 같은 블록선도로 표시되는 시스템들의 형태와 단위스텝입력에 대한 정상상태오차를 구하라.

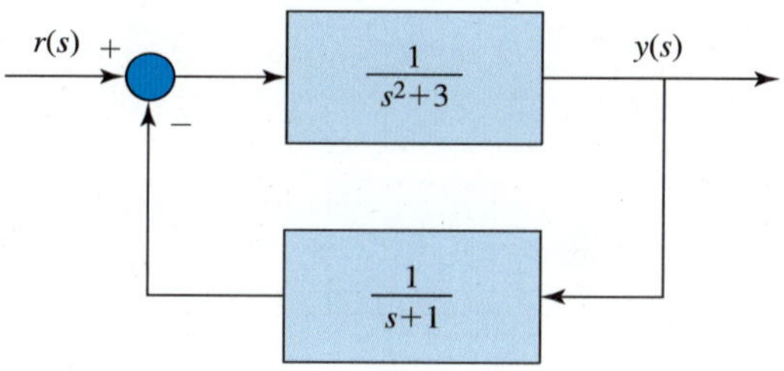

(a)

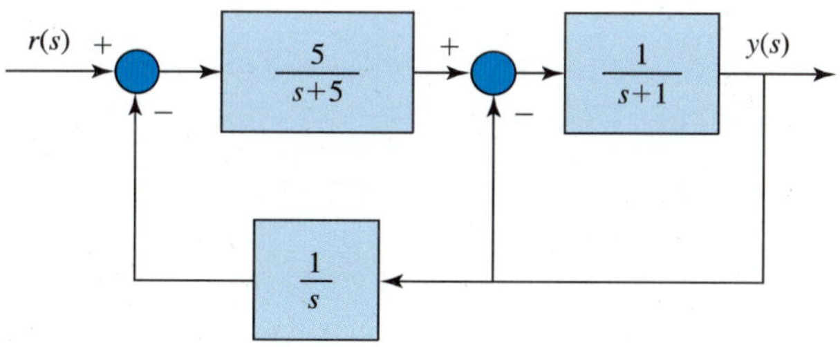

(b)

4.8 다음 그림과 같은 비단위 피드백 시스템에 대한 위치오차상수, 속도오차상수, 가속도 오차상수를 구하라.

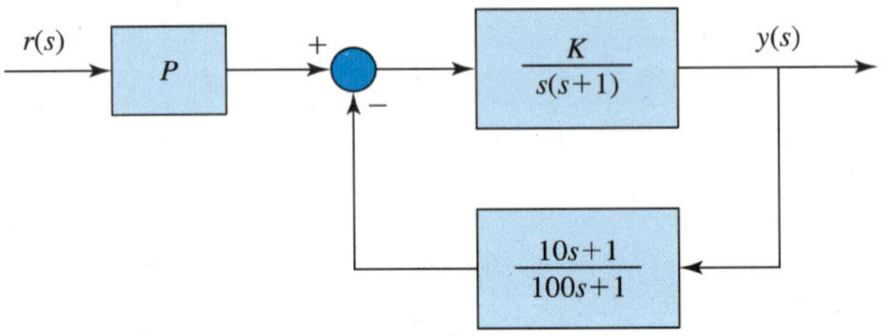

4.9 다음 그림과 같은 두 피드백 제어시스템이 있다.

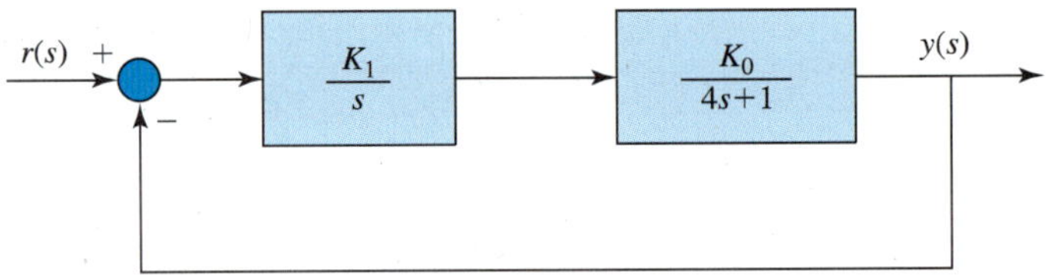

(a)

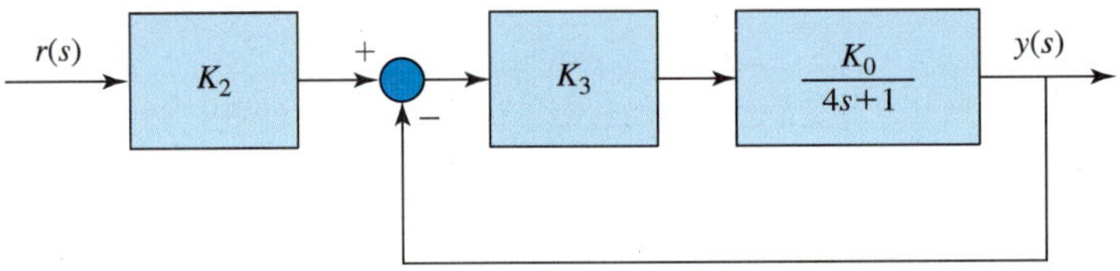

(b)

(1) 제어시스템 (a), (b) 모두가 다음과 같이 주어진 성능사양들을 만족시킬 수 있도록 K_1, K_2, K_3 값을 구하라.

- 계단입력에 대해 0−정상상태오차
- $K_0 = 1$일 때 속도오차상수 $K_v = 1$

(2) K_0에 약간의 섭동이 있다고 가정한다. 즉 $K_0 \to K_0 + \delta K_0$이다. 이 섭동이 시스템 형태에 어떤 영향을 미치는지를 설명하고, 어떤 제어시스템이 더 성능이 좋은지 판정하라.

(3) 계단입력이 주어졌을 때 두 제어시스템의 상승시간 t_r, 2 % 정착시간 t_s, 최대 오버슈트 M_p를 구하고 과도응답 특성을 비교 평가하라.

4.10 다음 그림은 고속 차량의 속도를 조절하기 위한 철도차량 자동 브레이크 시스템의 블록선도이다. 여기서 $K_1 = 1$, $K_2 = 1000$, $K_3 = 0.001$, $a = 0.1$, $b = 0.1$ 이다.

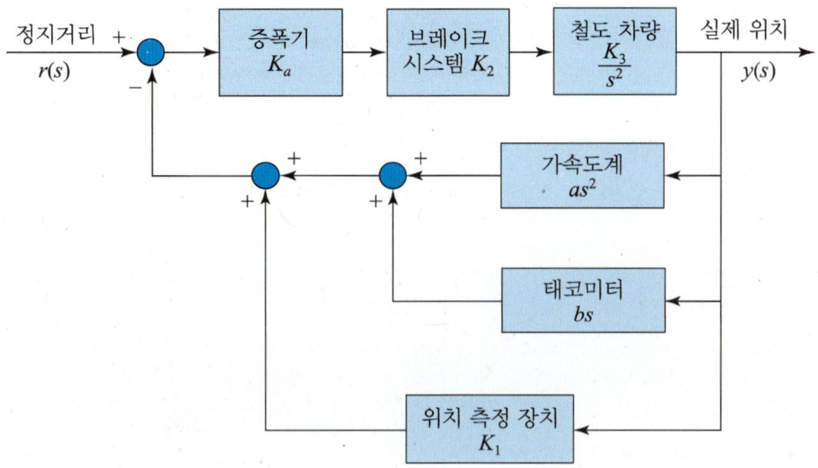

(1) 이 시스템에 대한 신호흐름선도를 그리고, 시스템의 특성방정식을 구하라.

(2) Routh 안정도 판별법을 이용하여 시스템이 안정한 증폭기 게인 K_a의 범위를 구하라.

4.11 다음 그림과 같은 피드백 제어시스템이 있다.

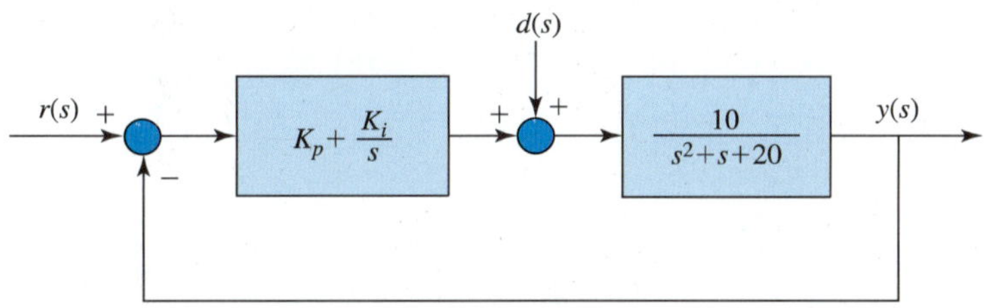

(1) 전달함수 $\frac{y(s)}{r(s)}$와 $\frac{y(s)}{d(s)}$를 구하라.

(2) 시스템이 안정한 (K_p, K_i)의 범위를 구하라.

(3) 기준입력 r와 외란 d에 대한 각각의 시스템 형태를 구하라.

4.12 다음 기계시스템에 대한 물음에 답하라.

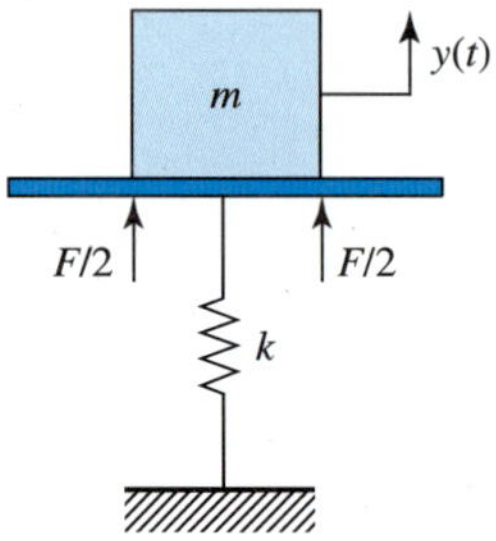

이 기계시스템에 대한 운동방정식은 다음과 같다.

$$m\ddot{y} + ky = F$$

여기서 시스템 파라미터 $m = 1000$ kg, $k = 1$ N/m이고 제어입력 F는 다음과 같이 상태 피드백에 의하여 주어진다.

$$F = -K_p y - K_d \dot{y}$$

(1) 이 기계시스템에 대한 블록선도를 그리라.

(2) 폐루프 특성방정식을 구하라.

(3) 시스템이 안정한 범위를 K_d 대 K_p 평면에 도시하라.

4.13 디스크 구동장치는 읽기/쓰기 헤드가 자기 디스크 위에 놓인 위치 제어시스템이다. 이 시스템은 컴퓨터로부터 디스크상에 있는 어떤 특정한 트랙에 위치하도록 명령이 주어졌을 때 구동된다. 이 시스템에 대한 개략도와 블록선도는 다음과 같다.

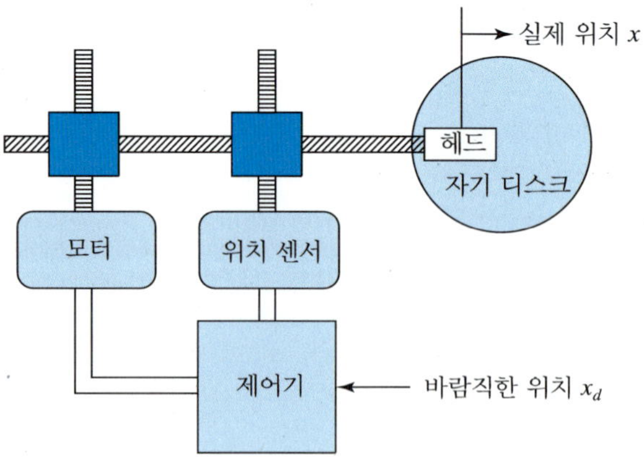

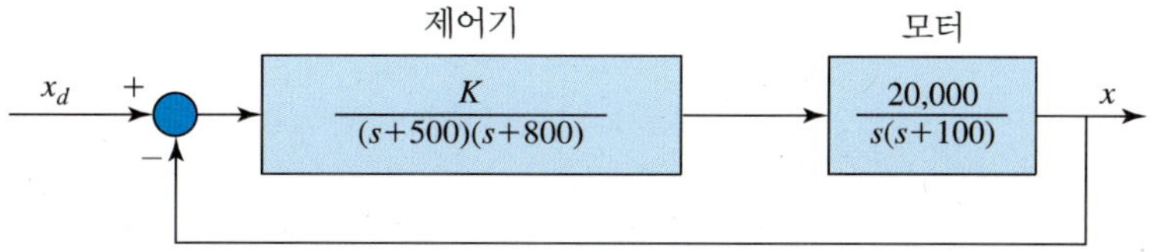

(1) 2 % 정착시간 $t_s = 0.1$초가 되는 K 값을 구하라.

(2) (1)에서 선정된 K 값을 갖는 디스크 구동장치의 퍼센트 오버슈트가 얼마인지 구하라.

(3) 시스템이 안정한 K 값의 범위를 구하라.

4.14 다음 그림에 표시된 피드백 제어시스템들에 대한 각 물음에 답하라.

(1) 폐루프 특성방정식을 구하라.

(2) 폐루프 특성방정식의 근, 즉 폐루프 시스템의 극점을 구하라.

(3) 복소평면에 폐루프 극점을 표시하고 안정도를 평가하라.

(4) 시스템의 고유주파수 ω_n, 감쇠고유주파수 ω_d, 감쇠비 ζ는 얼마인가?

(5) 스텝응답에서 최댓값시간 t_p, 시정수 T, 2 % 정착시간 t_s, 퍼센트 오버슈트는 얼마인가?

(6) 단위스텝입력에 대한 정상상태오차는 얼마인가?

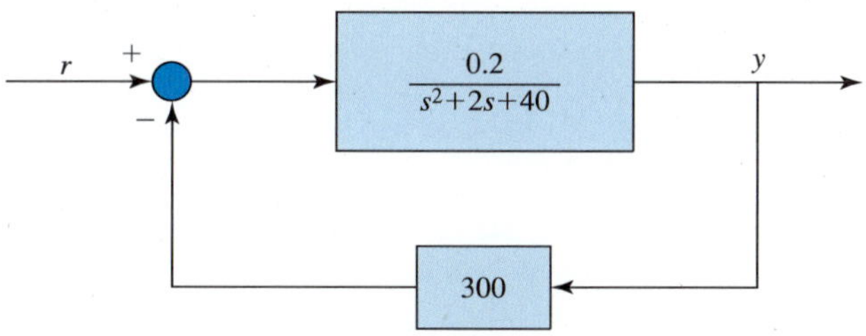

(a)

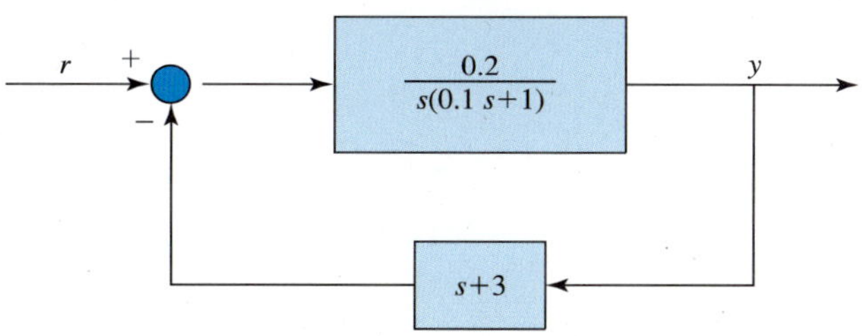

(b)

4.15 주어진 어떤 시스템의 특성방정식이 다음과 같다.

$$s^4 + 6s^3 + 11s^2 + 6s + K = 0$$

Routh 안정도 판별법을 이용하여 다음 물음에 답하라.

(1) 시스템이 안정하기 위해서는 시스템 파라미터 K가 어떻게 되어야 하는가?

(2) 시스템의 모든 극점의 실수부가 -1보다 작게 되는 K의 범위는 어떻게 되는가?

(3) 만일 $K = 5$일 때 시스템의 극점의 실수부가 0과 -1 사이에 존재하는 극점이 있는가? 존재한다면 몇 개인가?

4.16 다음 그림과 같은 피드백 제어시스템이 있다.

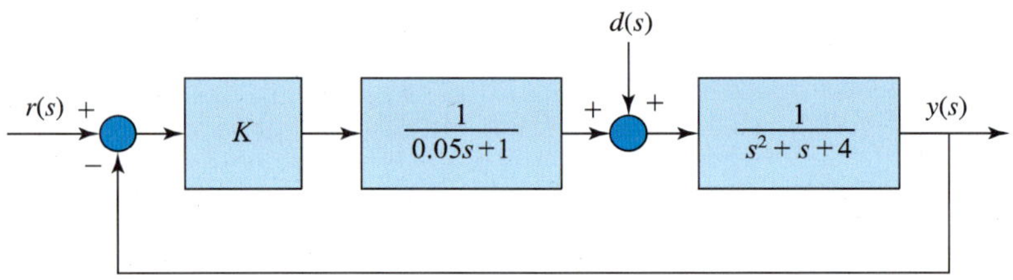

(1) $K = 2$일 때 피드백 제어시스템의 안정도 및 성능을 해석하라.

(2) 시스템이 불안정하게 되는 K 값을 구하라.

(3) 외란에서 출력으로의 전달함수, 즉 $G(s) = \dfrac{y(s)}{d(s)}$를 구하라.

(4) 이 제어시스템의 대표극점을 구하고, 대표극점의 의미를 설명하라($K = 2$).

(5) $r(s) = 0$, $d(s) = 1/s$일 때 출력 $y(t)$의 응답을 개략적으로 도시하라($K = 2$).

4.17 다음 그림과 같은 위치 서보 시스템에 대하여 생각하기로 한다. 여기서 $\tau_m = K_m i$이고 $\dot{\theta}_m = \dfrac{1}{K_m} V_b$이다.

(1) 플랜트의 전달함수 $G(s) = \dfrac{\theta_L(s)}{V_a(s)}$와 $G_d(s) = \dfrac{\theta_L(s)}{\tau_L(s)}$를 구하라. 여기서 θ_L은 출

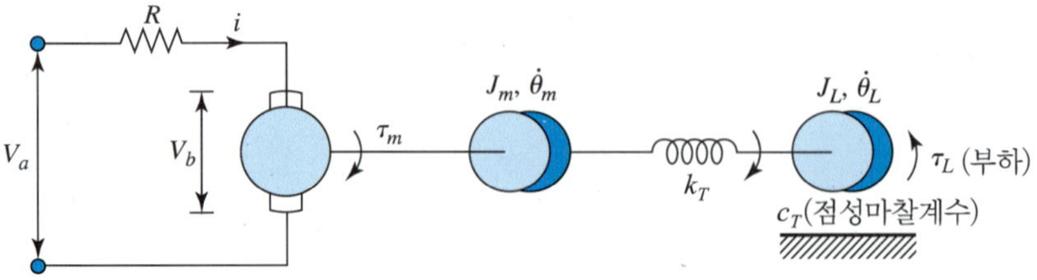

력각도, V_a는 제어입력, τ_L은 부하토크이다.

(2) 플랜트의 성능과 안정도를 조사하라. 모든 시스템 파라미터는 1로 가정한다.

(3) 다음과 같은 피드백 제어 법칙 V_a를 사용했을 때 폐루프 전달함수 $T(s) = \dfrac{\theta_L(s)}{\tau_L(s)}$를 구하라.

$$V_a = K_a(\theta_c - \theta_L)$$

여기서

$$\theta_c = 0$$

(4) (3)의 피드백 제어시스템에서 일정한 부하토크 τ_L에 의한 정상상태응답 θ_L을 구하여 (2)에서 구한 플랜트 자체의 성능과 비교하라.

4.18 다음 그림은 자동차의 연료소비 모니터 시스템이다. 연료관 안에 조그만 계측 터빈이 설치되어 있으며 태코미터가 이것과 연결되어 있다. 그리고 전자 증폭기가 계측기를 구동한다. 우선 시스템 구성요소들을 다음과 같이 모델링한다.

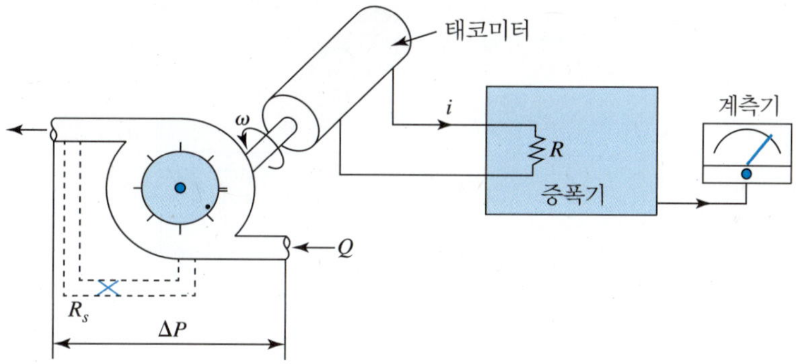

- 터빈의 각속도가 유량에 비례하여 발생하는 이상적인 요소로 간주한다. 편의상 터빈에서의 연료 유실에 대해 그림과 같이 가상적으로 유실저항 R_s를 고려해도 좋다. 그리고 임펠러의 회전관성 J를 고려한다.
- 태코미터는 축의 각속도에 비례하여 전압을 발생시키는 일종의 발전기로 생각한다. 여기서 회전자(armature)의 인덕턴스 L과 저항 R_A를 고려한다.
- 전자증폭기는 입력저항 R에 흐르는 전류에 따라 응답한다.

(1) 정상상태에서 입력저항 R 값에 따라 압력 차 ΔP의 값이 어떻게 되겠는가? 특히 극한의 경우인 $R \to 0$와 $R \to \infty$의 경우에 대하여 생각하고 R 값에 따른 ΔP

를 도시하라.

(2) 전달함수 $G(s) = \dfrac{i(s)}{Q(s)}$를 구하고 시스템의 고유주파수 ω_n과 감쇠비 ζ를 계산하라.

(3) 바람직한 시스템 성능을 얻기 위해서는 시스템 파라미터 값들을 어떻게 선정해야 하는가?

4.19 다음 그림은 로봇 머니퓰레이터의 개략도이다. 여기서 중력과 마찰의 효과를 무시하기로 하면, 유효 회전관성 $(J+ml^2)$에 모터토크 $\tau(t)$가 작용할 때 이 시스템에 대한 운동 방정식은 다음과 같이 표현된다.

$$(J+ml^2)\ddot{\theta}(t) = \tau(t)$$

그리고 모터의 동역학과 이산시간 특성을 무시하기로 한다.

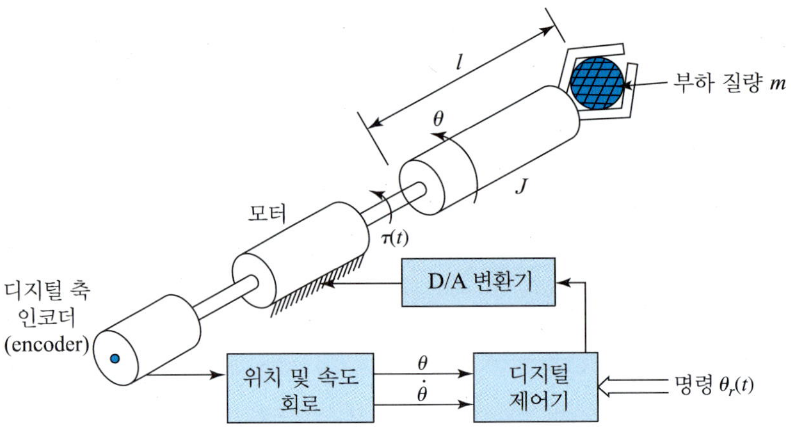

(1) 이 시스템의 성능을 향상시키기 위해 간단한 비례 제어기를 제안한다.

$$\tau(s) = K\{\theta_r(s) - \theta(s)\}$$

이 비례 제어시스템의 안정도를 조사하고 초기조건이 0일 때 단위스텝입력에 대한 과도응답을 도시하고 정상상태응답을 구하라. 이와 같은 결과를 검토하여 비례 제어시스템의 성능을 평가하라.

(2) 이제 태코미터를 사용하여 속도 피드백을 포함하는 경우에 대하여 생각하기로 하자.

$$\tau(s) = K\{\theta_r(s) - \theta(s)\} - K_v\dot{\theta}(s)$$

제어시스템이 불안정하게 될 수 있는 제어기 파라미터 K와 K_v 값이 존재하는

가? 초기조건이 0일 때 단위스텝입력에 대한 과도응답을 도시하고 정상상태응답을 구하라. 그리고 (1)의 경우와 시스템 성능을 비교 평가하라.

(3) (2) 제어시스템의 경우에 대하여 부하가 있을 때와 없을 때의 스텝응답이 다른 것을 보이라. 또한 (2) 제어시스템의 경우에 부하가 없을 때 시스템의 고유주파수 $\omega_n = 10$ rad/sec, 감쇠비 $\zeta = 0.707$로 설계되었다면, 부하 $m = J/l^2$가 있을 때 시스템의 고유주파수와 감쇠비는 어떻게 되는가? 또한 스텝입력에 대한 오버슈트와 2 % 정착시간은 어떻게 되는가?

4.20 어떤 한 학생의 학습 과정을 다음과 같이 단순화하여 모델링하기로 한다.

- 어떤 주어진 시간에 그의 지식은 단순히 그가 공부한 시간들의 합이다.
- 학생들은 2주마다 한 번씩 시험을 치르고 시험 성적은 시험을 치르는 시점에서 학생 자신의 지식에 비례한다.
- 강사는 시험 성적을 처리하고 기록하는 데 1주일이 걸리며 성적 처리 과정에서 약간의 오차가 있을 수 있다.
- 학생들의 반에서의 성적은 기록된 시험 점수의 합으로 결정된다.
- 학생들은 자기가 선정한 목표의 점수보다 나쁘면 그것에 비례하여 공부를 더 열심히 하고 목표보다 점수가 좋으면 그것에 비례하여 덜 공부하는 경향이 있다.
- 다른 과목 때문에 학생들은 때때로 특정한 과목의 공부시간을 빼앗기기도 한다.

(1) 표준화된 형태로 학생들의 학습 과정에 대한 개념적인 블록선도를 그리라. 기준입력은 원하는 성적, 출력은 현재 성적으로 하라.

(2) 블록선도상에 모든 시간지연, 외란, 이산시간 신호, 잡음요소 등을 명시하라.

(3) (2)에 나열된 요소들을 무시하고 시스템의 블록선도를 그리라.

(4) (3)의 시스템에 대하여 안정도를 설명하라.

(5) 성적 처리에서 강사의 오차가 시스템의 안정도에 어떤 영향을 미치는지 설명하라.

4.21 다음 그림은 자동차 현가장치의 개략도이다. 차체의 무게 $m = 500$ kg, 충력흡진기의 스프링상수 $k = 2 \times 10^5$ N/m, 감쇠계수 $c = 8000$ N/m/sec이다.

(1) 노면으로부터 가해지는 수직 운동과 외부로부터 자동차에 수직 방향의 힘이 가해질 때 현가장치의 상태방정식을 유도하라.

(2) 외부에서 가해지는 수직 방향의 힘 F_0와 차축의 수직 방향 속도 v_0를 시스템의 입력, 차체의 수직 방향의 속도 v_m을 출력으로 할 때 전달함수행렬 $\mathbf{G}(s)$를 구하

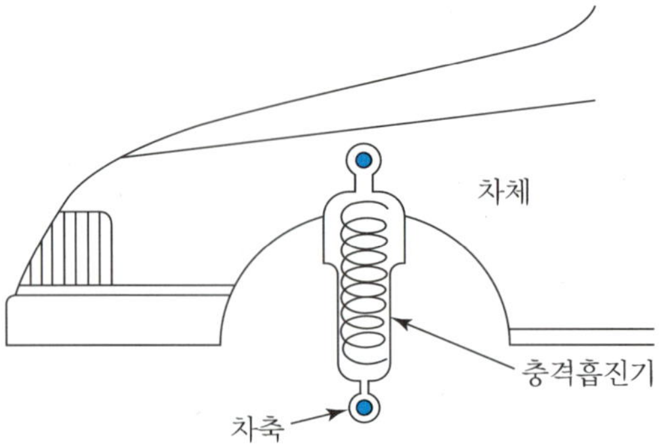

라. 또한 이 시스템의 특성방정식을 구하고 고유주파수 ω_n과 감쇠비 ζ를 구하라.

(3) 차축의 수직 방향의 속도 v_0에 스텝 변화가 있을 때 차체의 수직 방향의 속도 v_m의 과도응답을 개략적으로 도시하라. 여기서 $v_m(0)=0$, $F_0(t)=0$으로 가정한다.

4.22 이 문제의 목적은 배의 추진 시스템을 모델링하여 배의 크기와 원동기의 효과가 배의 축속도에 어떤 영향을 주는지 알아보고 간단한 비례 제어시스템을 구성하여 시스템의 성능과 안정도를 조사하는 데 있다. 배를 모델링하기 위하여 고려된 가정들은 다음과 같다.

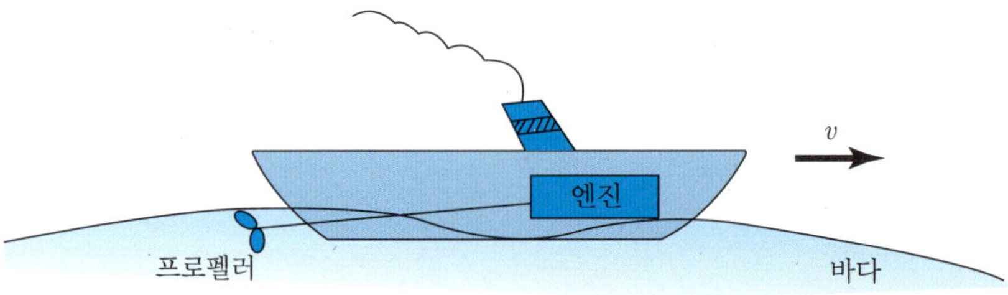

- 배의 총질량: $M = 3\times10^5$ kg
- 배의 마찰력: $F_d = Rv$

  여기서

  $v =$ 배의 전진속도, m/sec

  $R = 9000\ \dfrac{\text{N}}{\text{m/sec}}$ (점성계수)
- 엔진토크: $\tau_E = K_F Q_F - K_D\omega$

  여기서

  $Q_F =$ 연료 유량, kg/hr

ω = 축(그리고 프로펠러)의 각속도, rad/sec

$K_F = 70\ \dfrac{\mathrm{N \cdot m}}{\mathrm{kg/hr}}$ (연료계수)

$K_D = 1000\ \dfrac{\mathrm{N \cdot m}}{\mathrm{rad/sec}}$ (속도계수)

- 구동축과 프로펠러의 총회전관성: $J = 10^5\ \dfrac{\mathrm{N \cdot m}}{\mathrm{rad/sec^2}}$
- 베어링 회전마찰에 의한 토크: $T_F = c_T \omega$

  여기서

  $c_T = 9000\ \dfrac{\mathrm{N \cdot m}}{\mathrm{rad/sec}}$
- 프로펠러: $F_p = K_p \omega$

  $\tau_p = K_p v$

  여기서

  F_p = 프로펠러 추진력, N

  τ_p = 프로펠러 토크, N · m

  $K_p = 2000\ \dfrac{\mathrm{N}}{\mathrm{rad/sec}}$ (프로펠러 계수)

(1) 배의 추진 시스템을 모델링하라.

(2) 전달함수 $G(s) = \dfrac{\omega(s)}{Q_F(s)}$를 구하고 시스템의 시정수 T, 고유주파수 ω_n, 감쇠비 ζ를 구하라.

(3) 단위스텝입력$[Q_F(t) = u_s(t)]$이 가해졌을 때 축의 각속도 $\omega(t)$의 시간응답을 개략적으로 도시하라.

(4) 이제 다음과 같은 비례 제어기를 이용하여 축의 각속도 ω를 제어하고자 한다.

$$Q_F = K(\omega_r - \omega)$$

여기서 ω_r는 요구되는 축의 각속도이고 K는 비례 제어게인이다. 이때 비례 제어시스템에 대한 블록선도를 그리라.

(5) 폐루프 제어시스템이 안정한 K의 범위를 구하고 K 값에 따른 폐루프 제어시스템의 시정수 T, 감쇠비 ζ, 정상상태오차 e_{ss}를 계산하여 플랜트의 성능과 비교 평가하라.

4.23 다음 그림은 기어 구동시스템의 개략도이다.

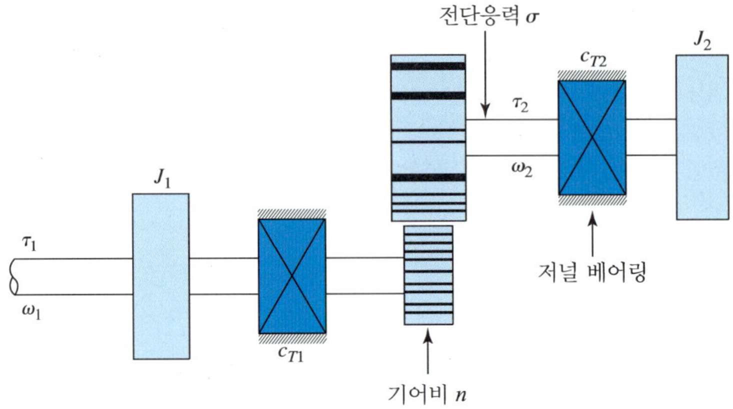

(1) 시스템에 대한 적절한 가정들을 정리하고, 1차 시스템[$G(s) = \tau_2(s)/\tau_1(s)$]으로 모델링하라.

(2) 기어축에 걸리는 최대 전단응력을 구하라. 입력 τ_1에는 단위스텝입력이 가해지고, 전단응력은 다음 식을 이용하여 구할 수 있다.

$$\sigma(t) = r\tau_2(t)/J$$

여기서 r는 기어축의 반지름이고 J는 회전관성이다.

(3) 적절한 가정들을 다시 정리하여 시스템을 3차 시스템으로 모델링하라.

(4) 3차 시스템을 극점이 -1에 있는 1차 시스템으로 단순화하려면 시스템 파라미터들이 어떤 특성을 가져야 하는가? 대표극점 개념을 이용하라.

(5) (4)에서 단순화된 1차 시스템에 외란 τ_d가 회전관성 J_2에 가해질 때 PD 제어시스템[$K(s) = K(s+2)$]을 구성하고, 기준입력 τ_{2d}와 외란입력 τ_d에서 출력 전단응력 σ로의 전달함수 $\sigma(s)/\tau_{2d}(s)$와 $\sigma(s)/\tau_d(s)$를 구하라.

(6) 제어게인 K 값에 따른 과도응답 및 정상상태응답 특성을 평가하라. 여기서 기어축 반지름 r와 회전관성 J 값은 1이라고 가정한다.

4.24 다음 그림과 같은 수위 제어시스템에 대한 물음에 답하라. 여기서 h_i는 수위, A_i는 단면적, R_i는 저항, Q는 제어입력, Q_d는 외란이다.

(1) 시스템을 적절히 가정하고, 모델링을 위한 방정식들을 유도하라.

(2) 플랜트를 블록선도로 표현하고, 전달함수 $G(s) = h_2(s)/Q(s)$와 $G_d(s) = h_2(s)/Q_d(s)$를 구하라.

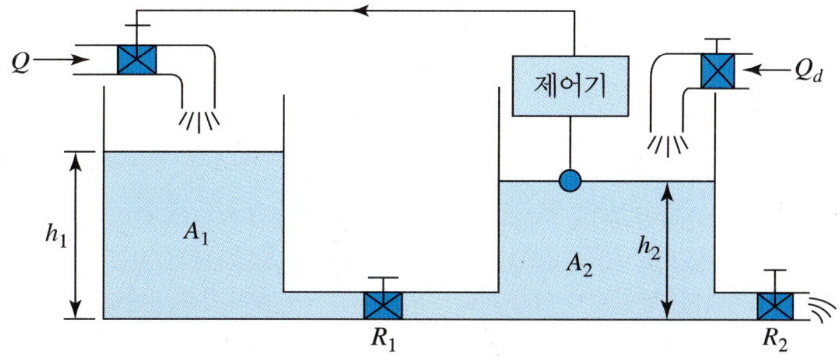

(3) 시스템 파라미터 $A_1 = 2$, $A_2 = R_1 = R_2 = 1$일 때 플랜트의 안정도와 성능을 평가하라.

(4) 이제 비례제어기를 이용하여 시스템의 성능을 개선하고자 한다. 비례제어기는 오차신호, 즉 바람직한 수위 h_{2d}와 실제 수위 h_2의 차를 적절히 증폭(비례 제어게인 K)하여 제어입력 Q를 발생시키는 역할을 한다[$Q = K(h_{2d} - h_2)$]. 비례 제어 시스템에 대한 블록선도를 구성하고, 폐루프 전달함수 $T(s) = h_2(s)/h_{2d}(s)$를 구하라.

(5) 단위스텝외란 $Q_d(s)(= 1/s)$에 대한 정상상태오차를 구하라.

(6) $K = 3$일 때 Routh 안정도 판별법을 이용하여 폐루프 시스템의 2 % 정착시간이 2초보다 작을 수 있는지를 판별하라.

(7) K를 증가($0 \to \infty$)시키면 폐루프 시스템의 안정도와 성능이 어떻게 변하는지를 평가하라.

4.25 공작기계 밀링머신을 모델링하고 동특성을 해석하고자 한다. 밀링머신은 전기 에너지를 공급받아 모터를 통해 회전 기계 동력을 만들고, 또한 회전 기계 동력이 병진 기계 동력으로 변환되어 이를 이용하여 공작물을 가공하는 기계이다.

(1) 시스템 모델링을 위한 단순화 과정을 설명하라. 모터는 이상적인 에너지 변환요소($\tau = K_m i$)로 고려하고, 회전 기계부품의 점성마찰에 의한 에너지 발산요소는 반드시 고려하라.

(2) 시스템 요소들에 관련된 물리 관계식들을 유도하라. 회전 기계부품에서 병진 기계부품으로의 에너지 변환에 관련된 식은 $\tau = rF$, $r\omega = v$이다. 여기서 r는 에너지 변환계수이다.

(3) 모터, 회전 기계부품, 병진 기계부품을 포함한 플랜트를 2차 시스템으로 모델링하라. 여기서 고려된 가정들을 정리하라. 그리고 모든 시스템 파라미터들을 1로 가

정하고 플랜트의 입력 모터에 가해지는 전류 i 에서 출력 병진 기계부품의 변위 x 로의 전달함수 $G(s)=x(s)/i(s)$를 유도하라.

(4) 이제 비례 제어시스템의 성능을 평가하기로 한다. 비례제어기는 오차신호, 즉 공작물의 바람직한 변위 x_d와 공작물의 변위 x의 차를 적절히 증폭(비례 제어게인 K)하여 제어입력 i를 발생시키는 역할을 한다[$i=K(x_d-x)$]. 비례 제어시스템에 대한 블록선도를 구성하고, 폐루프 전달함수 $T(s)=x(s)/x_d(s)$를 Mason의 게인 공식을 이용하여 구하라.

(5) 비례 제어게인 K를 증가($0\to\infty$)시키면 폐루프 제어시스템의 과도응답 및 정상상태응답 성능이 어떻게 변화하는지를 평가하라.

(6) 비례-미분 제어시스템[$K(s)=K(s+2)$]을 구성하면 제어시스템의 성능이 어떻게 변하는지 비례 제어시스템과 비교 평가하라.

(7) 공구에 의한 절삭력 F_d가 스텝으로 변할 때 비례 제어시스템의 정상상태오차의 크기를 구하라.

5장 근궤적법

5.1 서론

이미 4장에서 설명했듯이 s-평면상에 도시된 극점의 위치로부터 제어시스템의 안정도와 성능을 비교적 쉽게 해석할 수 있다. 그리고 제어기의 게인들을 적절히 선정하여 폐루프 제어시스템의 극점들이 바람직한 위치에 놓이도록 조정해 만족스러운 제어시스템을 설계할 수 있다. 이러한 목적을 조직적이며 신속하게 달성할 수 있는 대표적인 방법 중 하나가 근궤적법(root locus method)이다. 이 방법은 1948년 W. R. Evans[24, 25]가 소개한 이래로 폐루프 제어시스템의 해석 및 설계에 널리 이용되고 있다.

근궤적법은 s-평면상에 개루프 전달함수의 극점과 영점을 도시하고 이 극점 및 영점의 배치와 시스템 게인 또는 시스템 파라미터 값의 변화에 따른 폐루프 특성방정식의 근, 즉 폐루프 극점의 위치를 s-평면상에 표현하는 도해적인 방법이다. 무엇보다도 중요한 개념은 근궤적의 근이 폐루프 특성방정식의 근, 즉 폐루프 극점을 의미하고 있다는 것이다. 근궤적은 시스템 파라미터 값의 변화에 따른 폐루프 극점들의 궤적을 s-평면상에 나타내므로 시스템 파라미터 값의 변화에 따른 폐루프 제어시스템의 안정도 및 과도응답 성능의 변화를 시각적으로 파악할 수 있는 큰 장점이 있다. 또한 시스템 파라미터 값이 변함에 따른 폐루프 극점의 거동을 알아보고자 할 때 시스템 파라미터 값에 따른 특성방정식의 근을 계산하면 많은 시간이 들지만 근궤적법을 이용하면 이와 같은 계산을 할 필요 없이 몇 가지의 근궤적 작도법만으로 폐루프 극점의 거동을 신속하게 시각적으로 s-평면상에 표현할 수 있다.

이 장에서는 우선 근궤적에 관한 기본 개념과 근궤적을 신속하고 조직적으로 그릴 수 있는 근궤적 작도법에 대한 일반적인 규칙들에 대하여 설명한다. 근궤적선도가 완성되면 그 다음에는 이 근궤적선도를 이용하여 폐루프 제어시스템의 성능 및 안정도를 평가하는 방법에 대하여 설명한다. 또한 MATLAB을 이용하여 근궤적선도를 그리고 s-평면상에서 근궤적의 위치를 찾는 방법을 설명한다. 나아가서 근궤적법을 활용하면 제어기의 게인들을 적절히 선정하여 불안정한 플랜트를 안정하게 하거나 시스템의 성능을 향상시킬 수 있는 피드백 제어시스템의 설계를 비교적 쉽게 수행할 수 있다. 이와 같은 근궤적을 이용한 피드백 제어시스템의 설계에 대해서는 7.8절에서 다루기로 한다.

5.2 근궤적 개념

그림 5.1과 같은 폐루프 제어시스템에 대하여 근궤적 개념을 생각하기로 한다. 이 제어시스템의 폐루프 전달함수 $T(s)$는 다음과 같다.

$$T(s) = \frac{G(s)}{1 + G(s)} \tag{5.1}$$

여기서 $G(s)$는 개루프 전달함수이며, 이 개루프 전달함수 $G(s)$는 근궤적 작도를 위해 일반적으로 식 (5.2)와 같이 극점-영점 형태로 표시된다. 이를 근궤적을 위한 개루프 전달함수 $G(s)$의 일반 형태라고 한다. 일반적으로 제어기를 포함한 시스템 내에 있는 파라미터는 변화가 있을 수 있다. 시스템 내에서 변화가 있고 관심이 있는 시스템 파라미터를 근궤적 파라미터 K로 선정하고 이를 식 (5.2)와 같이 분리하여 표시한다. 그리고 시스템의 극점과 영점을 나타내는 각 인수는 $(s-\alpha)$의 형태로 표시한다.

$$G(s) = K\frac{(s-z_1)(s-z_2)\cdots(s-z_m)}{(s-p_1)(s-p_2)\cdots(s-p_n)} \tag{5.2}$$

식 (5.1)에서 폐루프 전달함수 $T(s)$의 분모를 0으로 하는 폐루프 특성방정식에 대하여

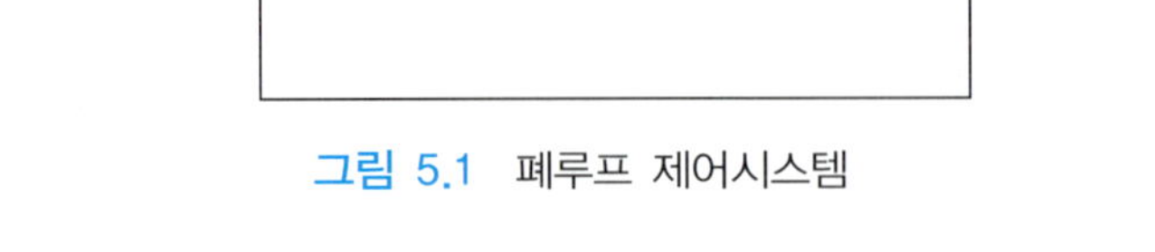

그림 5.1 폐루프 제어시스템

생각하기로 한다.

$$1+G(s)=0 \tag{5.3}$$

우선 폐루프 특성방정식 (5.3)을 만족하는 개루프 전달함수 $G(s)$를 다음과 같이 극좌표로 표시한다.

$$G(s)=-1=1\ \angle \pm(2k+1)180°, \quad k=0,\ 1,\ 2,\ \cdots \tag{5.4}$$

이때 복소함수인 개루프 전달함수 $G(s)$의 크기와 위상은 각각 다음과 같다.

$$|G(s)|=1 \tag{5.5}$$

$$\angle G(s)=\pm(2k+1)180°, \quad k=0,\ 1,\ 2,\ \cdots \tag{5.6}$$

만일 s-평면상에 있는 어떤 점이 개루프 전달함수 $G(s)$의 크기조건식 (5.5)와 위상조건식 (5.6)을 만족한다면, 그 점은 폐루프 특성방정식의 근이 된다. 따라서 근궤적을 그리는 순서는 위상조건식 (5.6)으로부터 가능한 근들을 찾아내고, 그런 다음 크기조건식 (5.5)를 이용하여 위치를 결정하는 것이다. 이와 같은 방법으로 식 (5.2)에 있는 근궤적 파라미터 K가 0에서 ∞(또는 0에서 $-\infty$)까지 변함에 따른 폐루프 특성방정식의 근, 즉 폐루프 극점을 s-평면상에 표시할 수 있다. 개루프 극점 및 영점이 각각 근궤적, 즉 폐루프 극점의 위치에 영향을 준다는 것을 이러한 근궤적선도로부터 알 수 있고, 이 방법은 근궤적 파라미터 값에 따른 모든 폐루프 극점의 거동을 시각적으로 보여준다.

근궤적 개념을 구체적으로 설명하기 위하여, 그림 5.1에 표시된 단위 피드백 제어시스템에 대하여 생각하기로 한다. 여기서 개루프 전달함수 $G(s)$는 다음과 같다고 가정한다.

$$G(s)=\frac{K}{s(s+2)} \tag{5.7}$$

우선 폐루프 특성방정식($s^2+2s+K=0$)으로부터 폐루프 극점 $s_{1,2}$를 해석적으로 구하면 다음과 같다.

$$s_{1,2}=-1\pm\sqrt{1-K} \tag{5.8}$$

시스템 게인 K의 크기가 $0<K<1$일 때는 폐루프 극점 중 하나가 -2와 -1 사이에, 그리고 나머지 하나는 0과 -1 사이에 놓이게 된다. $K=1$일 때는 폐루프 극점이 -1에 중복된 극점을 갖는다. 그리고 $K>1$일 때는 폐루프 극점은 복소 공액 극점으로 실수부는 -1로 같고 허수부는 K가 증가함에 따라 $\sqrt{K-1}$로 증가한다. 이를 s-평면상에 도시하면 그림 5.2와 같다.

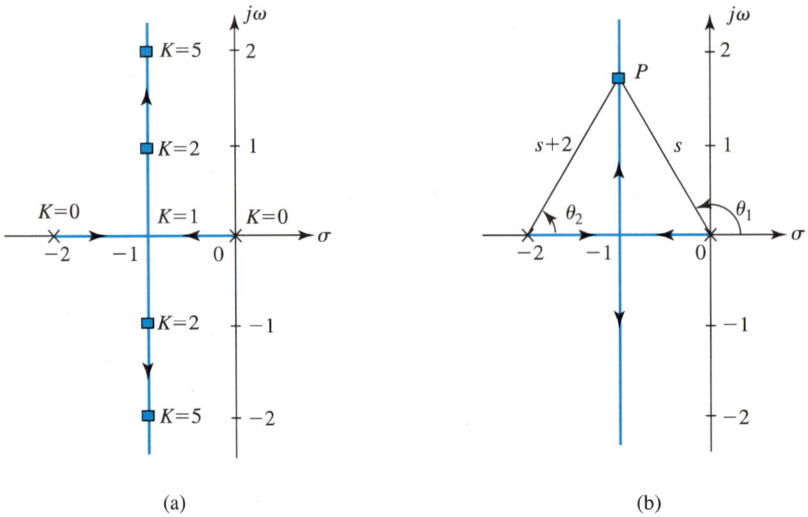

그림 5.2 시스템 $G(s) = \dfrac{K}{s(s+2)}$ 의 근궤적선도

이제 근궤적상의 점들이 위상조건식 (5.6)을 만족하는지 검토하기로 한다. 그림 5.2(b)에 표시된 근궤적상의 점 P에 대하여 생각하기로 한다. 복소변수인 s와 $(s+2)$의 위상은 각각 θ_1과 θ_2이며, 크기는 각각 $|s|$와 $|s+2|$이다. 위상 θ_1과 θ_2의 합은 180°이다. 또한 점 P가 0과 -2 사이 실수축상에 위치하면 $\theta_1 = 180°$이고 $\theta_2 = 0°$이다. 따라서 근궤적상의 모든 점은 위상조건식을 만족시킴을 알 수 있다.

다음으로 폐루프 극점이 근궤적상에 지정되면 이에 대응하는 K 값은 크기조건식 (5.5)로부터 구할 수 있다. 예를 들어 폐루프 극점 $s = -1 + j1$이라면 이에 대응하는 K 값은 다음과 같은 크기조건식을 이용하여 구할 수 있다.

$$|G(s)| = \left| \frac{K}{s(s+2)} \right|_{s=-1+j1} = 1 \tag{5.9}$$

또는

$$K = |s(s+2)|_{s=-1+j1} = 2 \tag{5.10}$$

이와 같이 해석적으로 폐루프 극점을 시스템 파라미터 K의 함수로 구하고 시스템 파라미터 K가 0에서 ∞로 변함에 따른 폐루프 극점의 거동을 s-평면상에 도시할 수 있다. 이와 같은 방법은 많은 계산이 필요하므로 신속하게 수행할 수 없다. 그래서 다음 절에서 근궤적을 신속하고 조직적으로, 그리고 비교적 정확하게 그릴 수 있는 근궤적 작도법을 설명하기로 한다.

근궤적을 작도할 때 가장 유의해야 할 점은 식 (5.2)에 표시된 근궤적을 위한 개루프 전달함수의 일반 형태에서 근궤적 파라미터 K가 음수가 되는 경우에 대한 개루프 전달함수의 위상조건식이다. 일반적으로 우리는 근궤적 파라미터 K가 양수인 최소 위상 시스템(minimum phase system)인 경우에 대한 근궤적선도를 작도하고 있지만, 비최소 위상 시스템(non-minimum phase system)인 경우에는 근궤적 파라미터 K의 값이 음수가 될 수 있으며, 이때는 개루프 전달함수 $G(s)$의 크기와 위상이 각각 다음과 같이 표시된다.

$$|G(s)| = 1 \tag{5.11}$$

$$\angle G(s) = \pm k360°, \qquad k = 0,\ 1,\ 2,\ \cdots \tag{5.12}$$

이와 같이 근궤적법의 기본 개념은 폐루프 특성방정식을 만족하는 개루프 전달함수 $G(s)$의 크기 및 위상 조건식으로부터 출발한다.

5.3 근궤적 작도법

근궤적 작도와 관련된 규칙들은 개루프 전달함수 $G(s)$의 극점-영점과 $1+G(s)$의 영점, 즉 폐루프 시스템의 극점 사이의 관계를 나타내고 있다. 근궤적 작도법은 단지 근궤적 작도에 도움을 주기 위한 것이지 정확한 근궤적선도를 나타내는 것은 아니고, 비교적 만족스러운 근삿값으로서 일반적으로 허용 범위 내에 들어갈 수 있는 근궤적을 신속하게 작도하는 데 도움을 준다.

근궤적을 작도하기에 앞서 폐루프 특성방정식을 다음과 같이 근궤적을 위한 일반 형태로 표시해야 한다.

$$1 + K\frac{(s-z_1)(s-z_2)\cdots(s-z_m)}{(s-p_1)(s-p_2)\cdots(s-p_n)} = 0 \tag{5.13}$$

여기서 $K(0 \le K \le \infty$ 또는 $-\infty \le K \le 0)$는 근궤적 파라미터이다.

만일 폐루프 특성방정식이 식 (5.13)과 같이 근궤적을 위한 일반 형태로 표현되어 있지 않다면, 우선적으로 폐루프 특성방정식을 식 (5.13)과 같은 일반 형태로 변환해야 한다. 예를 들어 폐루프 특성방정식이 다음과 같이 표현되어 있을 때

$$1 + K\frac{1-s}{(s+1)(s+2)} = 0 \tag{5.14}$$

이를 다음과 같이 근궤적을 위한 일반 형태로 변환해야 한다.

$$1 + K' \frac{s-1}{(s+1)(s+2)} = 0 \tag{5.15}$$

여기서 $K'(=-K)$이 근궤적 파라미터가 된다.

또 다른 예로 폐루프 특성방정식이 다음과 같이 표현되어 있을 때

$$1 + \frac{1}{(s+\alpha)(s+2)} = 0 \tag{5.16}$$

이를 다음과 같이 근궤적을 위한 일반 형태로 변환해야 한다.

$$1 + \alpha \frac{s+2}{(s+1)^2} = 0 \tag{5.17}$$

여기서 시스템 파라미터 α가 근궤적 파라미터이다.

이제 근궤적을 신속하고 조직적으로 작도하는 데 도움을 주는 근궤적 작도법들에 대해 설명하기로 한다.

(1) 근궤적의 수

근궤적의 개수는 다음과 같이 표현되는 폐루프 특성방정식의 근, 즉 폐루프 극점의 개수와 같다.

$$1 + G(s) = 1 + K\frac{N(s)}{D(s)} = 0 \tag{5.18}$$

여기서 $G(s)$는 개루프 전달함수이다. 실제 물리 시스템에서는 $G(s)$의 분모다항식 $D(s)$의 최고 차수 n이 $G(s)$의 분자다항식 $N(s)$의 최고 차수 m보다 크거나 같으므로, 폐루프 극점의 개수는 개루프 극점(개루프 특성방정식[$D(s)=0$]의 근)의 개수 n과 같다. 다시 말하면 근궤적의 개수는 개루프 극점의 개수와 같다.

(2) 근궤적의 출발점과 종착점

근궤적은 $K=0$일 때 개루프 극점에서 출발하여 $K=\infty$일 때 개루프 영점에 종착한다. 개루프 전달함수 $G(s)$를 다음과 같이 표현하면

$$G(s) = K\frac{N(s)}{D(s)} \tag{5.19}$$

이때 폐루프 제어시스템의 특성방정식은 다음과 같다.

$$1 + G(s) = 0 \qquad \text{또는} \qquad D(s) + KN(s) = 0 \tag{5.20}$$

$K = 0$일 때 식 (5.20)을 만족시키려면 $D(s) = 0$이 되어야 한다. 즉, $K = 0$일 때 개루프 전달함수 $G(s)$의 극점이 폐루프 특성방정식의 근, 즉 폐루프 극점이 된다. 그리고 $K \to \infty$이면 식 (5.20)에서 $D(s)$는 상대적으로 무시될 수 있으므로 $N(s) = 0$이 되어야 식 (5.20)을 만족할 수 있다. 즉, $K \to \infty$일 때 개루프 전달함수 $G(s)$의 유한 영점이 폐루프 제어시스템의 특성방정식의 근이 된다. 따라서 n개의 근궤적이 개루프 극점을 출발점($K = 0$)으로 하여 m개의 근궤적은 개루프 시스템의 유한 영점으로, 그리고 $(n - m)$개는 무한 영점 $(s \to \infty)$으로 종착점($K \to \infty$)에 이르게 된다.

(3) 실수축상의 근궤적

근궤적 파라미터 K가 0보다 큰 경우, 임의의 구간에서 우측에 있는 실수축상에 존재하는 개루프 극점의 개수와 영점의 개수의 합이 홀수이면 실수축상의 그 구간에서 근궤적이 존재하고 짝수이면 존재하지 않는다. 그리고 근궤적 파라미터 K가 0보다 작은 경우에는, 임의의 구간에서 우측에 있는 실수축상에 존재하는 개루프 극점의 개수와 영점의 개수의 합이 짝수이면 실수축상의 그 구간에서 근궤적이 존재하고 홀수이면 존재하지 않는다. 이는 근궤적 파라미터의 부호에 따라 개루프 전달함수 $G(s)$의 위상이 180° 바뀌기 때문이다.

그림 5.3은 위의 사실을 이용하여 개루프 전달함수 $G(s)$가 식 (5.21)로 표현되는 시스템에 대하여 $K > 0$일 때와 $K < 0$일 때의 실수축상에 존재하는 근궤적을 그린 것이다.

$$G(s) = \frac{K(s - z_1)(s - z_2)}{(s - p_1)(s - p_2)(s - p_3)} \tag{5.21}$$

$(p_3 < z_2 < p_2 < z_1 < p_1$인 음의 실수)

근궤적 파라미터 $K > 0$인 경우, 그림 5.3(a)에서 구간 $p_1 \sim z_1$에 있는 임의의 점 s_1에서의 개루프 전달함수 $G(s_1)$의 위상을 구하면 다음과 같다.

$$\begin{aligned} \angle G(s_1) &= \angle (s_1 - z_1) + \angle (s_1 - z_2) - \angle (s_1 - p_1) - \angle (s_1 - p_2) - \angle (s_1 - p_3) \\ &= 0° + 0° - 180° - 0° - 0° \\ &= -180° \end{aligned} \tag{5.22}$$

식 (5.22)는 위상조건식 (5.6)을 만족하므로 이 구간에서는 근궤적이 존재한다. 다음으로

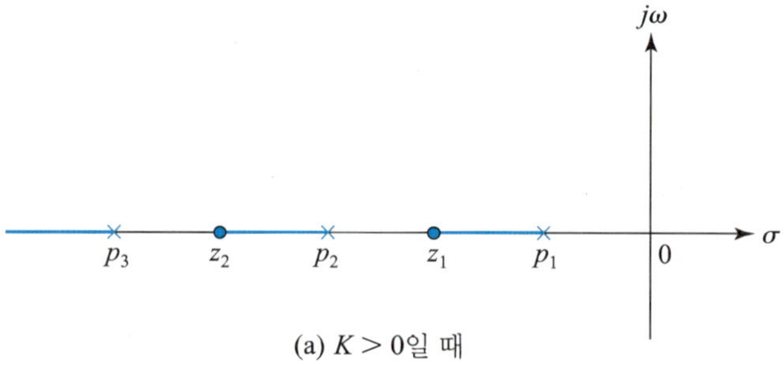

(a) $K>0$일 때

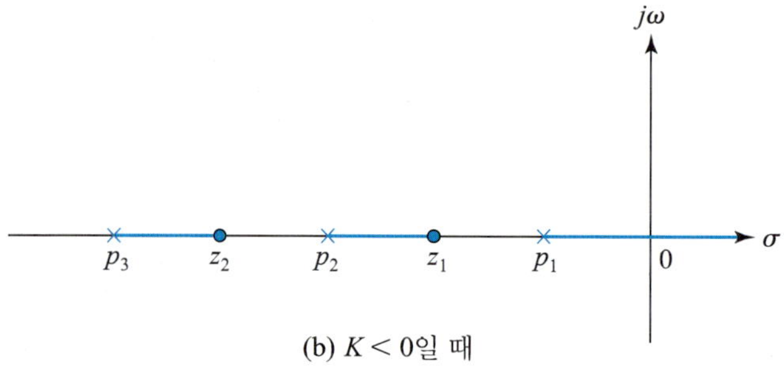

(b) $K<0$일 때

그림 5.3 $G(s)=\dfrac{K(s-z_1)(s-z_2)}{(s-p_1)(s-p_2)(s-p_3)}$ 의 실수축상의 근궤적

구간 $z_1 \sim p_2$에 있는 임의의 점 s_2에서의 개루프 전달함수 $G(s_2)$의 위상을 구하면 다음과 같다.

$$
\begin{aligned}
\angle G(s_2) &= \angle(s_2-z_1)+\angle(s_2-z_2)-\angle(s_2-p_1)-\angle(s_2-p_2)-\angle(s_2-p_3) \quad (5.23)\\
&= 180^\circ+0^\circ-180^\circ-0^\circ-0^\circ\\
&= 0^\circ
\end{aligned}
$$

식 (5.23)은 위상조건식 (5.6)을 만족하지 못하므로 이 구간에서는 근궤적이 존재하지 않는다. 같은 방법으로 $G(s)$의 위상을 조사하면 구간 $p_2 \sim z_2$에서, 그리고 p_3보다 작은 실수 구간에서 근궤적이 존재하게 된다. 근궤적 파라미터 $K<0$인 경우에도 같은 방법으로 식 (5.21)의 개루프 전달함수 $G(s)$에 위상조건식 (5.12)를 적용하면 그림 5.3(b)에 표시된 실수축상에 근궤적이 존재함을 확인할 수 있다.

(4) 실수축에 대한 대칭성

복소 극점($p=\sigma \pm j\omega$)은 항상 허수부가 공액값으로 존재하므로, 허수부의 값이 실수축에 대해 대칭을 이룬다. 따라서 근궤적도 역시 실수축에 대하여 대칭을 이룬다.

(5) 점근선의 각도와 위치

근궤적은 개루프 극점에서 n개 출발하여, m개는 개루프 전달함수의 유한 영점(finite zero)으로, $(n-m)$개는 무한 영점(infinite zero)으로 종착점에 도달하게 된다. 무한 영점으로 거동하는 근궤적은 s가 ∞로 접근할 때 어떤 점근선(asymptote) 위에 존재하게 된다. 그래서 이 점근선을 쉽게 구할 수 있다면, 근궤적선도를 신속하게 작도하는 데 매우 유익할 것이다. 따라서 그림 5.4와 같은 개루프 극점과 영점을 갖는 시스템에 대하여 생각하기로 한다.

s의 크기가 ∞이면 점 s와 개루프의 극점 또는 영점과 연결하는 벡터들은 서로 평행해진다. 그때 실수축과 이루는 각도를 α라고 하면 위상조건식(근궤적 파라미터 $K>0$일 때)을 만족하기 위해서는 다음 식이 성립해야 한다.

$$\sum_{j=1}^{m}\theta_{z_j}-\sum_{i=1}^{n}\theta_{p_i}=\pm(2k+1)180°, \qquad k=0,\ 1,\ 2,\ \cdots \tag{5.24}$$

여기서 $\sum_{i=1}^{n}\theta_{p_i}$는 개루프 극점과 연결한 벡터의 편각의 합이고 $\sum_{j=1}^{m}\theta_{z_j}$는 개루프 영점과 연결한 벡터의 편각의 합이다. 식 (5.24)에서 각도 θ_{p_i}와 θ_{z_j}가 모두 α이므로 개루프 극점의 개수가 n개이고 개루프 영점의 개수가 m개인 시스템에서 실수축과 이루는 점근선의 각도 α는 다음과 같다.

$$\alpha=\frac{\pm(2k+1)180°}{n-m}, \qquad k=0,\ 1,\ 2,\ \cdots \tag{5.25}$$

만일 근궤적 파라미터 $K<0$이면, 식 (5.25)의 분자를 $\pm k360°$로 대치하여 사용한다.

다음으로 실수축상에서 점근선들이 모이는 점인 점근선의 중심점 A_c를 유도하기로 한다.

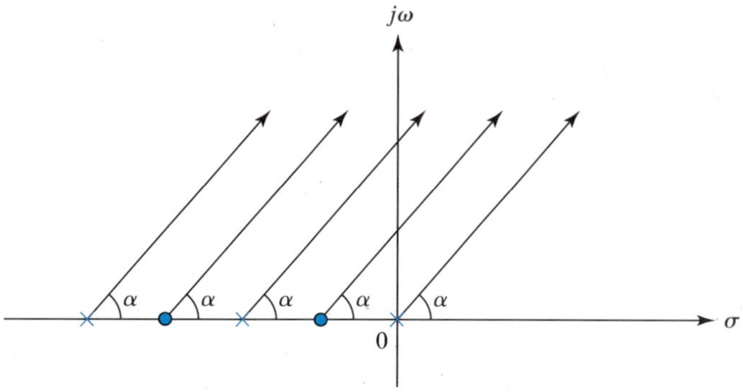

그림 5.4 점근선의 각도

이를 위하여 식 (5.13)에 주어진 근궤적을 위한 일반 형태의 특성방정식을 다음과 같이 고쳐 쓴다.

$$(s-p_1)(s-p_2)\cdots(s-p_n)+K(s-z_1)(s-z_2)\cdots(s-z_m)=0 \tag{5.26}$$

또는

$$s^n+a_{n-1}s^{n-1}+\cdots+a_1s+a_0+K(s^m+b_{m-1}s^{m-1}+\cdots+b_1s+b_0)=0 \tag{5.27}$$

여기서 만약 $n>m+1$이면, 폐루프 극점 $p_i^c(i=1,\ 2,\ \cdots,\ n)$들을 모두 합한 값은 K 값에 관계없이 $-a_{n-1}$임을 알 수 있다. 즉

$$\sum_{i=1}^{n}p_i^c=-a_{n-1} \tag{5.28}$$

또한 같은 방법으로 개루프 극점의 합 $\sum_{i=1}^{n}p_i$와 개루프 영점의 합 $\sum_{j=1}^{m}z_j$는 각각 다음과 같다.

$$\sum_{i=1}^{n}p_i=-a_{n-1} \tag{5.29}$$

$$\sum_{j=1}^{m}z_j=-b_{m-1} \tag{5.30}$$

이와 같이 $n>m+1$이면 폐루프 극점의 중심점 A_c는 K 값에 따라 변하지 않으며, 개루프 극점 p_i의 합은 폐루프 극점 p_i^c의 합과 같다.

$$\sum_{i=1}^{n}p_i=\sum_{i=1}^{n}p_i^c \tag{5.31}$$

K 값이 충분히 큰 경우에는 폐루프 극점 p_i^c 중 m개의 폐루프 극점은 개루프 유한 영점 z_j로 접근하고, $(n-m)$개의 폐루프 극점들의 합은 $(n-m)A_c$가 되고 이들은 $1/(s-A_c)^{n-m}$ 시스템의 점근선 위에 존재하게 된다.

이 결과들을 종합하면, 모든 폐루프 극점들의 합은 개루프 유한 영점 z_j로 가는 폐루프 극점들의 합과 무한 영점으로 가는 폐루프 극점들의 합과 같다. 즉

$$\sum_{i=1}^{n}p_i^c=\sum_{j=1}^{m}z_j+(n-m)A_c=\sum_{i=1}^{n}p_i \tag{5.32}$$

식 (5.32)를 점근선의 중심점 A_c에 대해 다시 쓰면

$$A_c = \frac{\sum_{i=1}^{n} p_i - \sum_{j=1}^{m} z_j}{n-m} \tag{5.33}$$

여기서 $\sum_{i=1}^{n} p_i$는 개루프 극점의 합이고 $\sum_{j=1}^{m} z_j$는 개루프 유한 영점의 합이다. 그리고 점근선의 개수는 개루프 무한 영점의 개수와 같다. 즉 점근선의 개수는 $(n-m)$개이다. 또한 점근선의 중심점 A_c는 항상 실수축상에 놓인다. 왜냐하면 개루프 복소 극점이나 복소 영점이 존재하더라도 공액 복소값을 가지므로 이를 합하면 허수부 값이 0이 되기 때문이다.

예제 5.1 다음 개루프 전달함수 $G(s)$에 대한 점근선의 각도 α와 중심점 A_c를 구하기로 한다.

$$G(s) = \frac{K}{s(s+2)}$$

개루프 무한 영점의 개수 $n-m=2-0=2$이므로 두 개의 점근선이 존재한다. 점근선의 각도 α와 중심점 A_c는 각각 식 (5.25)와 식 (5.33)을 이용하여 구할 수 있다.

$$\alpha = \frac{\pm 1 \times 180^\circ}{2} = \pm 90^\circ$$

$$A_c = \frac{-2-0}{2} = -1$$

점근선의 각도 α는 실수축과 $\pm 90^\circ$의 각도를 이루고 점근선의 중심점 A_c는 $(-1,\ 0)$이다. ■

(6) 분기점 위치

두 근궤적이 실수축을 떠나는 이탈점(break-away point)과 실수축으로 복귀하는 복귀점(break-in point)을 분기점이라고 한다. 근궤적이 실수축상에서 개루프 극점을 출발하여 근궤적 파라미터 K가 어떤 값에 도달하면 그 점에서 근궤적이 실수축을 이탈하게 되고, 또한 이탈된 근궤적이 어떤 K 값이 되면 다시 실수축상으로 복귀하여 그 K 값 이상으로 커지면 실수축상에서 실수축상에 있는 개루프 유한 영점 및 무한 영점으로 향하게 된다. 따라서 실수축상에 존재하는 근궤적($s=\sigma$) 중에서는 이탈점에서 근궤적 파라미터 K가 최대가 되고 복귀점에서 최소가 된다. 따라서 근궤적의 이탈점 및 복귀점, 즉 근궤적의 분기점은 폐루프 특성방정식을 $K=f(s)$ 식으로 변형한 다음 K를 $s(=\sigma)$로 미분한 식을 0으로 한 방정식의 근으로부터 구할 수 있다. 즉, $dK/ds=0$의 근이 분기점이 된다.

예제 5.2 예제 5.1에 주어진 시스템 $G(s)$에 대한 분기점을 구하기로 한다. 그리고 예제 5.1에서 구한 점근선의 각도 α와 중심점 A_c를 기반으로 한 점근선과 분기점을 활용하여 근궤적선도를 그리기로 한다.

우선 분기점을 구하기 위하여 폐루프 특성방정식을 다음과 같이 $K=f(s)$ 식으로 변형한다.

$$K=-s(s+2)$$

위에 주어진 K를 $s(=\sigma)$로 미분한 식을 0으로 한 방정식의 근으로부터 분기점을 구할 수 있다. 즉 $dK/ds=0$으로부터 $s=-1$에 분기점이 있음을 알 수 있다.

이제 지금까지 설명한 근궤적 작도법들을 이용하여 그림 5.5와 같은 근궤적선도를 그릴 수 있다. 이 경우는 점근선의 중심점과 분기점이 일치하지만 일반적으로는 일치하지 않는다.

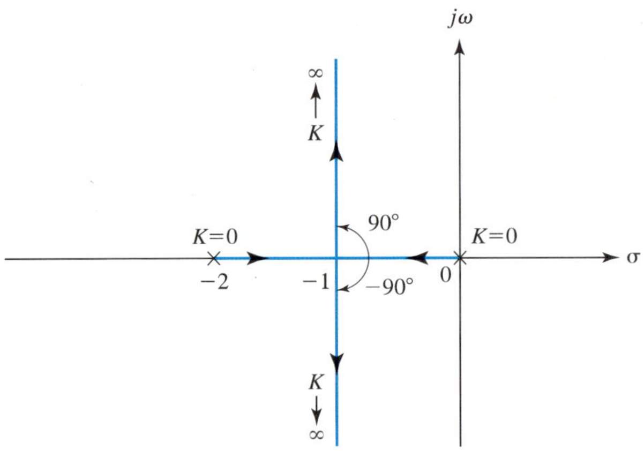

그림 5.5 시스템 $G(s)=\dfrac{K}{s(s+2)}$의 근궤적선도 ■

(7) 허수축과의 교차점

근궤적 파라미터 K 값이 변함에 따라 근궤적이 허수축과 교차하는, 즉 실수부가 0이 되는 복소 극점($s=\pm j\omega$)이 존재하는 경우가 있다. 이때의 근궤적 파라미터 K를 임계 근궤적 파라미터 K_c라고 한다. K가 K_c보다 커지면 근궤적이 우반 s-평면으로 들어가 폐루프 제어시스템이 불안정하게 되는 경우도 있고, 또한 근궤적이 좌반 s-평면으로 들어가 폐루프 제어시스템이 안정하게 되는 경우도 있다. 그러므로 이 점에서의 K 값은 제어시스템의 해석 및 설계에서 매우 중요한 자료가 된다. 허수축과의 교차점에 있는 주파수 ω와 그때의 K 값은 폐루프 특성방정식에서 s 값에 $j\omega$를 대입하여 실수부와 허수부를 각각 0으로 하는 두 개의 식으로부터 구할 수 있다. 또한 Routh 안정도 판별법을 이용하여 안정한계에 있을 때의 Routh 배열의 첫 번째 열의 계수를 조사함으로써 위의 두 값을 구할 수도 있다. 시스템의 차수가 큰 경우에는 Routh 안정도 판별법을 이용하는 것이 좀 더 편리하다.

예제 5.3 개루프 전달함수 $G(s)$가 다음과 같을 때, 이 시스템의 근궤적에서 허수축과의 교차점과 그때의 시스템 파라미터 K 값을 구하기로 한다.

$$G(s)=\frac{K}{s(s+3)(s+5)}$$

이 시스템의 폐루프 특성방정식은 다음과 같다.

$$s(s+3)(s+5)+K=0$$

또는

$$s^3+8s^2+15s+K=0$$

폐루프 특성방정식의 근이 허수축에 놓일 때 실수부는 0이므로 위에 주어진 폐루프 특성방정식에서 s 값에 $j\omega$를 대입하면

$$(j\omega)^3+8(j\omega)^2+15(j\omega)+K=(K-8\omega^2)+j\omega(15-\omega^2)=0$$

위 식이 성립하기 위해서는 실수부와 허수부가 각각 0이 되어야 한다. 즉 $K-8\omega^2=0$과 $\omega(15-\omega^2)=0$이 충족되어야 한다. 그리고 $K=8\omega^2>0$이므로 $\omega=\sqrt{15}$일 때 근궤적이 허수축과 교차하고 그때의 K 값은 120이다.

이제 Routh 안정도 판별법을 이용하여 이 값들을 확인해보기로 한다. 이 폐루프 특성방정식에 대한 Routh 배열은 다음과 같다.

$$\begin{array}{c|cc} s^3 & 1 & 15 \\ s^2 & 8 & K \\ s^1 & \dfrac{120-K}{8} & \\ s^0 & K & \end{array}$$

Routh 배열의 첫 번째 열의 계수를 조사하면 시스템이 안정한계에 있을 때인 임계점에

서 $K=120$이 되어야 한다. $K=120$일 때 $s=\pm j\omega$이므로, s^2행의 계수로 이루어지는 보조 방정식 $8s^2+K=0$으로부터 $\omega=\sqrt{15}$를 구할 수 있다. ■

(8) 복소 극점 및 복소 영점에서의 출발각 및 종착각

복소값을 갖는 개루프 극점에서의 근궤적의 출발각과 복소값을 갖는 개루프 유한 영점에서의 근궤적의 종착각은 개루프 전달함수의 위상조건식 (5.6)($K>0$일 때) 또는 (5.12)($K<0$일 때)를 이용하여 결정한다. 예를 들어 그림 5.6과 같은 개루프 전달함수 $G(s)$의 극점-영점 배치에서 극점 $(-1+j1)$을 출발하는 근궤적의 각도 θ를 계산하기로 한다.

점 s는 극점 $(-1+j1)$ 근처의 점인 동시에 또 근궤적상의 점이라 하고 각 극점과 영점으로부터 점 s까지 그은 벡터의 각을 θ, θ_p, θ_z라고 하면, 점 s가 근궤적상의 점이 되기 위해서는 위상조건식 (5.6)으로부터 다음 식이 충족해야 한다.

$$\theta_z-\theta_p-\theta=\pm(2k+1)180°, \qquad k=0,\ 1,\ 2,\ \cdots \tag{5.34}$$

따라서 극점 $(-1+j1)$에서 근궤적의 출발각 θ는 다음과 같다.

$$\theta=180°-\theta_p+\theta_z=180°-90°+45°=135° \tag{5.35}$$

이와 같은 8가지의 근궤적 작도법을 익혀두면 어떤 복잡한 형태의 시스템이 주어지더라도 신속하고 조직적으로 근궤적선도를 완성시킬 수 있다. 그렇지만 우선적으로 이 근궤적 작도법을 적용하기 전에 폐루프 특성방정식이 식 (5.13)에 주어진 근궤적을 위한 일반 형태로 표시되었는지를 먼저 점검해야 한다. 이 과정을 소홀히 하면 근궤적의 방향이 180° 바뀔 수도 있으므로 근궤적선도를 그릴 때 이 과정은 무엇보다도 중요하다.

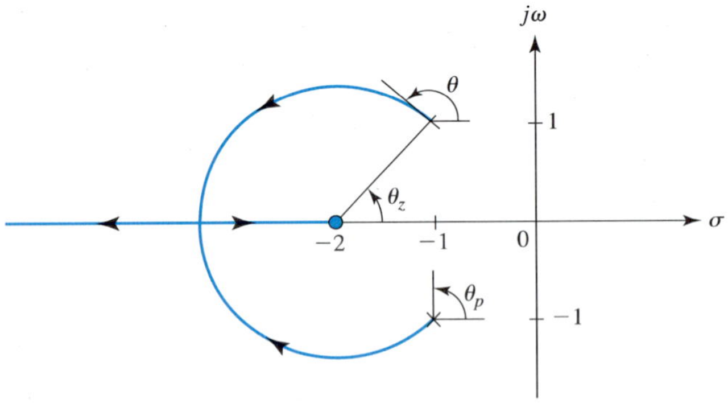

그림 5.6 $G(s)=\dfrac{K(s+2)}{s^2+2s+2}$의 극점-영점 배치 및 근궤적

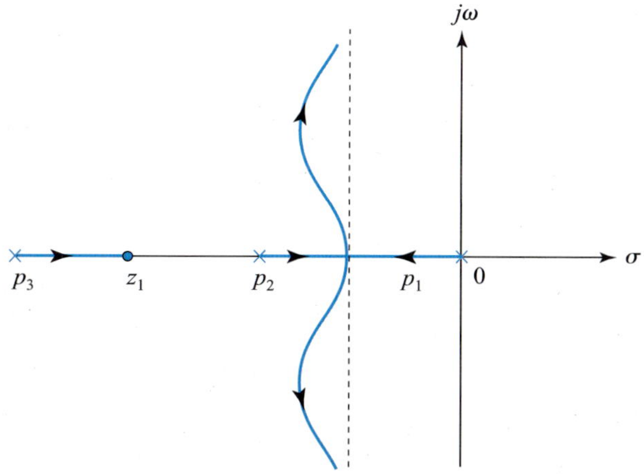

그림 5.7 소스-싱크 상사 개념을 이용하여 작도한 근궤적선도의 예

또한 이와 같은 근궤적 작도법과 더불어 소스-싱크 상사(source-sink analogy) 개념을 이용하면 보다 신속하게 개략적인 근궤적선도를 작도하는 데 도움이 되며 작성된 근궤적선도의 신뢰성도 높일 수 있다. 개루프 극점은 유체를 내뿜는 것과 같은 소스에 대응되고, 개루프 영점은 유체를 빨아들이는 것과 같은 싱크에 대응된다. 그러므로 개루프 극점에서 나온 유량을 개루프 영점에서 빨아들인다고 생각하면 된다. 다시 말하면 개루프 극점은 밀어내는 효과가 있고 개루프 영점은 끌어당기는 효과가 있다. 그림 5.7은 소스-싱크 상사 개념을 이용하여 작도한 근궤적선도의 한 예이다. 우선 실수축상의 근궤적을 작도하고 점근선의 각도를 계산한 후 소스-싱크 상사 개념을 이용한다. z_1에서 빨아들이는 효과가 있으므로 근궤적의 분기점이 $p_1 \sim p_2$의 중간점에서 약간 p_2 쪽에 있게 되며, K 값이 작은 범위 내에서는 z_1의 효과에 의하여 근궤적이 z_1 쪽으로 빨려오다가 K 값이 커지면 p_3와 z_1의 영향이 서로 상쇄되어 p_3와 z_1이 없는 경우와 같은 모양의 근궤적이 된다.

5.4 근궤적 작도 예

이 절에서는 몇 가지 예제들을 통하여 앞 절에서 설명한 근궤적 작도법을 익히기로 한다. 여기서는 간단한 시스템에 대해서만 다루지만 근궤적을 구하는 과정은 복잡한 시스템에 대해서도 마찬가지이다.

예제 5.4 개루프 전달함수 $G(s)=\dfrac{K(s+1)}{s^2(s+2)}$인 시스템의 근궤적을 그리기로 한다.

- 폐루프 특성방정식을, 근궤적을 위한 일반 형태로 표시한다.

$$1+K\frac{s+1}{s^2(s+2)}=0$$

- s-평면상에 개루프 극점과 영점을 배치한다.

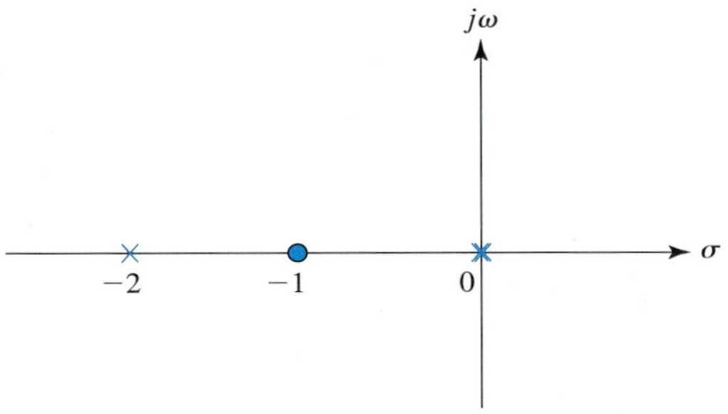

그림 5.8 $G(s)=\dfrac{K(s+1)}{s^2(s+2)}$의 극점-영점 배치

- 실수축상의 근궤적을 그린다.

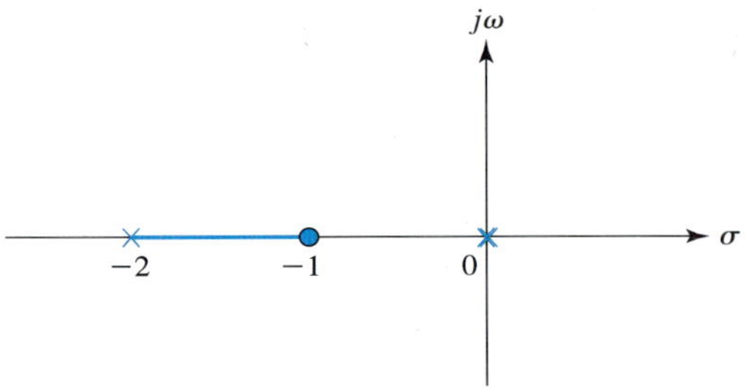

그림 5.9 $G(s)=\dfrac{K(s+1)}{s^2(s+2)}$의 실수축상의 근궤적

- 각도 α이고 중심점 A_c인 점근선을 근궤적선도에 표시한다.

$$\alpha=\frac{\pm(2k+1)180°}{n-m},\qquad k=0,\ 1,\ 2,\ \cdots$$

또는

$$\alpha=\pm 90°$$

그리고

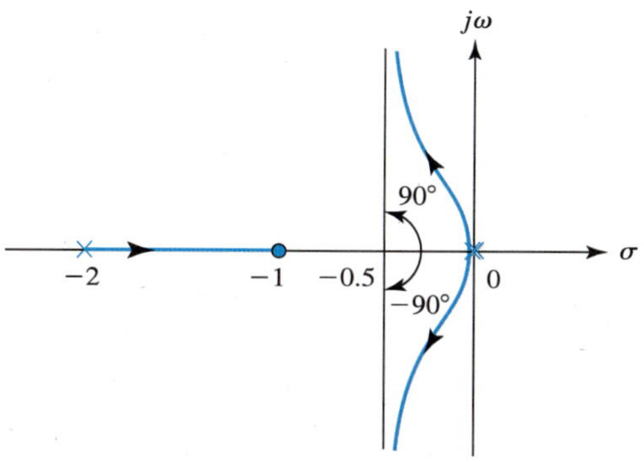

그림 5.10 $G(s) = \dfrac{K(s+1)}{s^2(s+2)}$ 의 근궤적선도

$$A_c = \frac{\sum_{i=1}^{n} p_i - \sum_{j=1}^{m} z_j}{n-m} = \frac{-2-(-1)}{3-1} = -0.5$$

근궤적 파라미터 K가 커짐에 따라 근궤적은 점근선을 따라 근궤적의 종착점($K=\infty$)인 개루프 무한 영점에 이르도록 그린다.

예제 5.5 개루프 전달함수 $G(s) = \dfrac{K}{s(s+1)(s+2)}$ 인 시스템의 근궤적을 그리기로 한다.

- 폐루프 특성방정식을, 근궤적을 위한 일반 형태로 표시한다.

$$1 + K\frac{1}{s(s+1)(s+2)} = 0$$

- $s-$평면상에 개루프 극점 및 영점을 배치하고, 실수축상의 근궤적을 그린다.

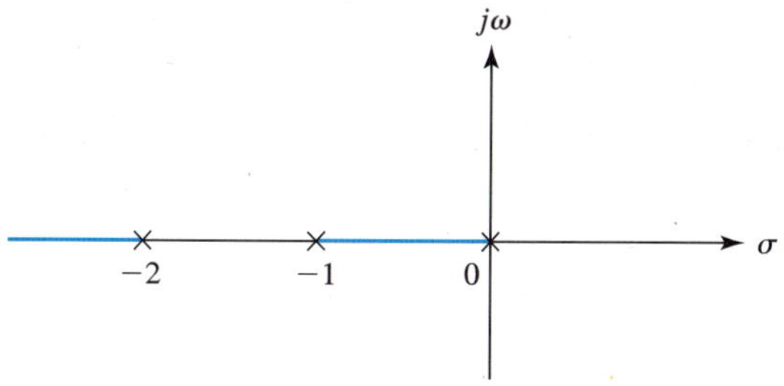

그림 5.11 $G(s) = \dfrac{K}{s(s+1)(s+2)}$ 의 실수축상의 근궤적

- 각도 α이고 중심점 A_c인 점근선을 근궤적선도에 표시한다.

$$\alpha = \frac{\pm(2k+1)180°}{n-m}, \quad k = 0,\ 1,\ 2,\ \cdots$$

또는

$$\alpha = \pm 60°,\ 180°$$

그리고

$$A_c = \frac{\sum_{i=1}^{n} p_i - \sum_{j=1}^{m} z_j}{n-m} = \frac{-3}{3} = -1$$

- 분기점의 위치를 정한다. 그림 5.12로부터 $s=0$과 $s=-1$ 사이에 이탈점이 존재한다는 것을 알 수 있다. 폐루프 특성방정식의 변형식 $K=-s(s+1)(s+2)$를 이용해 $-1<s<0$ 영역에서 K 값이 최대가 되는 s 값을 찾는다. 즉 $dK/ds=0$으로부터 근궤적의 이탈점 $s=-0.423$을 구한다.
- 허수축과의 교차점을 구한다. 폐루프 특성방정식에서 s 값에 $j\omega$를 대입하면

$$1 + K\frac{1}{j\omega(j\omega+1)(j\omega+2)} = 0$$

또는

$$(K-3\omega^2) + j(2\omega - \omega^3) = 0$$

위 식을 만족하는 주파수 ω와 시스템 파라미터 K는 각각 다음과 같다.

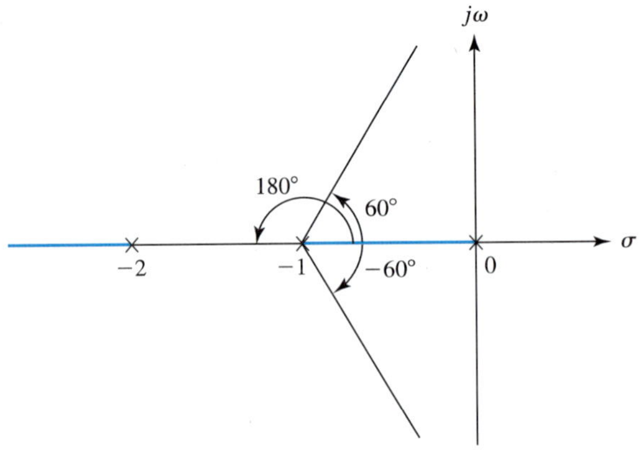

그림 5.12 $G(s) = \frac{K}{s(s+1)(s+2)}$의 근궤적선도상에서의 점근선 표시

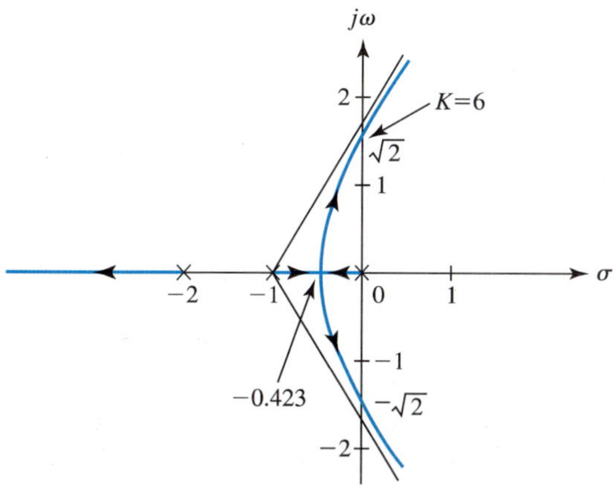

그림 5.13 $G(s) = \dfrac{K}{s(s+1)(s+2)}$ 의 근궤적선도

$$\omega = \sqrt{2}, \qquad K = 6$$

앞에 설명된 근궤적 작도법을 종합하면 이 시스템에 대한 근궤적선도는 그림 5.13과 같이 표시된다. ■

예제 5.6 개루프 전달함수 $G(s) = \dfrac{K}{s(s+4)(s^2+8s+32)}$ 인 시스템의 근궤적을 그리기로 한다.

- 폐루프 특성방정식을, 근궤적을 위한 일반 형태로 표시한다.

$$1 + K\frac{1}{s(s+4)(s+4+j4)(s+4-j4)} = 0$$

- s −평면상에 개루프 극점을 그림 5.14(a)와 같이 배치한다.
- 실수축상의 근궤적은 $s = 0$과 $s = -4$ 사이에 존재한다.
- 점근선의 각도 α는

$$\alpha = \frac{\pm(2k+1)180°}{4}, \qquad k = 0,\ 1,\ 2,\ \cdots$$

또는

$$\alpha = \pm 45°, \qquad \pm 135°$$

그리고 점근선의 중심점 A_c는 다음과 같다.

$$A_c = \frac{-12}{4} = -3$$

따라서 점근선은 그림 5.14(a)와 같이 그려진다.

- 분기점의 위치를 정한다. 그림 5.14(a)로부터 $-3 < s < 0$ 영역에서 이탈점이 있으리라 예상된다. 이 영역에서 K가 최대가 되는 s 값을 구한다.

$$K = -s(s+4)(s+4+j4)(s+4-j4)$$

$dK/ds = 0$으로부터 근궤적의 이탈점이 $s = -1.58$에 있음을 알 수 있다.

- 허수축과의 교차점을 구한다. 여기서는 Routh 배열을 이용하여 교차점을 구하기로 한다. 이를 위한 Routh 배열을 만들기 위해 폐루프 특성방정식을 다음과 같이 표현한다.

$$s(s+4)(s^2+8s+32)+K = s^4+12s^3+64s^2+128s+K = 0$$

Routh 배열:

$$\begin{array}{c|ccc} s^4 & 1 & 64 & K \\ s^3 & 12 & 128 & \\ s^2 & b_1 & K & \\ s^1 & c_1 & & \\ s^0 & K & & \end{array}$$

여기서

$$b_1 = \frac{12 \times 64 - 128}{12} = 53.33$$

$$c_1 = \frac{53.33 \times 128 - 12K}{53.33}$$

근궤적이 허수축과 교차할 때 시스템은 안정한계 상태가 되므로 Routh 배열에서 $c_1 = 0$을 만족하는 K 값을 구한다. 이때 $K = 569$이고, 보조방정식 $b_1 s^2 + K = 0$으로부터 근궤적이 허수축상에 있을 때의 주파수 $\omega = 3.25$를 구할 수 있다.

- 위상조건식 (5.6)을 이용하여 복소 극점 p_1에서의 출발각 θ_1을 구한다.

$$\theta_1 + 90° + 90° + 135° = 180° \qquad \text{또는} \qquad \theta_1 = -135°$$

앞에 설명된 근궤적 작도법을 종합하면 이 시스템에 대한 근궤적선도는 그림 5.14(b)와 같이 표시된다.

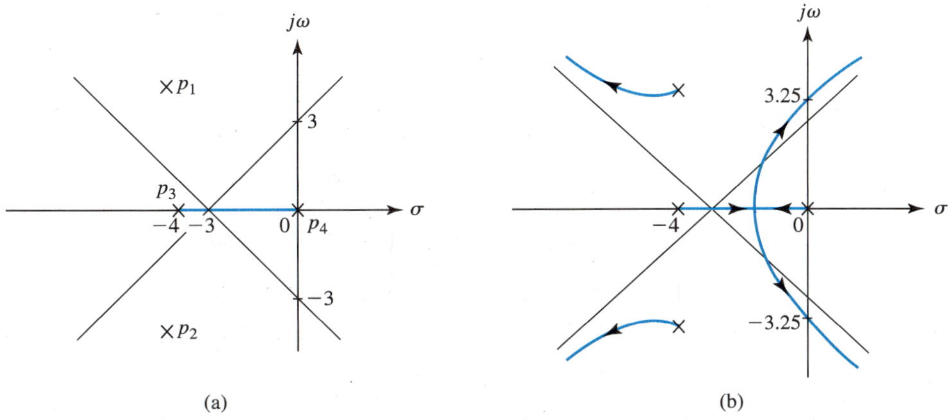

그림 5.14 $G(s)=\dfrac{K}{s(s+4)(s^2+8s+32)}$ 의 근궤적선도

예제 5.7 개루프 전달함수 $G(s)=\dfrac{K(s+3)}{s(s+2)}$ 인 시스템의 근궤적을 그리기로 한다.

- 폐루프 특성방정식을, 근궤적을 위한 일반 형태로 표시한다.

$$1+K\frac{s+3}{s(s+2)}=0$$

- 개루프 극점 및 영점을 s-평면상에 그림 5.15(a)와 같이 배치한다.
- 실수축상의 근궤적은 $s=0$과 $s=-2$ 사이, s가 -3보다 작은 영역에 존재한다.
- 분기점의 위치를 정한다. 그림 5.15(a)로부터 $-2<s<0$ 영역에서 이탈점이 있고 $s<-4$ 영역에서 복귀점이 있을 것으로 예상된다. 각 영역에서 K 값의 최대 및 최소가 되는 s 값을 구한다.

$$K=-\frac{s(s+2)}{s+3}$$

$dK/ds=0$으로부터 근궤적의 이탈점이 $s=-1.268$에, 복귀점이 $s=-4.732$에 있음을 알 수 있다.

- 복소 극점의 궤적 형태를 알기 위하여 위상조건식 (5.6)을 적용한다.

$$\angle G(s)=\angle(s+3)-\angle s-\angle(s+2)=180^\circ$$

위 식에 $s=\sigma+j\omega$를 대입하여 다음 식을 얻는다.

$$\angle(\sigma+j\omega+3)-\angle(\sigma+j\omega)-\angle(\sigma+j\omega+2)=180^\circ$$

또는

$$\tan^{-1}\frac{\omega}{\sigma+3}-\tan^{-1}\frac{\omega}{\sigma}=180^{\circ}+\tan^{-1}\frac{\omega}{\sigma+2}$$

위 식의 양변에 탄젠트를 취하고, 다음과 같은 관계식을 이용하기로 한다.

$$\tan(\alpha\pm\beta)=\frac{\tan\alpha\pm\tan\beta}{1\mp\tan\alpha\tan\beta}$$

이때

$$\tan\left(\tan^{-1}\frac{\omega}{\sigma+3}-\tan^{-1}\frac{\omega}{\sigma}\right)=\frac{\dfrac{\omega}{\sigma+3}-\dfrac{\omega}{\sigma}}{1+\dfrac{\omega}{\sigma+3}\dfrac{\omega}{\sigma}}=\frac{-3\omega}{\sigma(\sigma+3)+\omega^2}$$

그리고

$$\tan\left(180^{\circ}+\tan^{-1}\frac{\omega}{\sigma+2}\right)=\frac{0+\dfrac{\omega}{\sigma+2}}{1-0\times\dfrac{\omega}{\sigma+2}}=\frac{\omega}{\sigma+2}$$

따라서

$$\frac{-3\omega}{\sigma(\sigma+3)+\omega^2}=\frac{\omega}{\sigma+2}$$

또는

$$(\sigma+3)^2+\omega^2=(\sqrt{3})^2$$

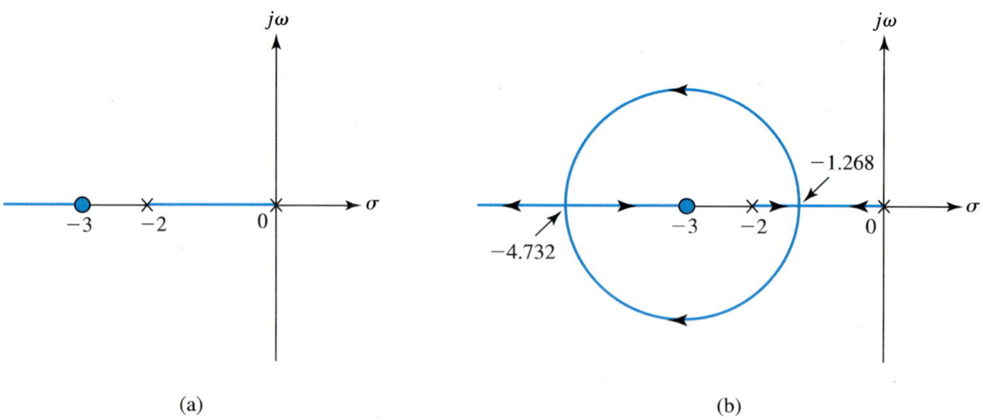

그림 5.15 $G(s)=\dfrac{K(s+3)}{s(s+2)}$ 의 근궤적선도

위 식은 중심이 개루프 영점($\sigma = -3,\ \omega = 0$)에 있고 반지름이 $\sqrt{3}$ 인 원의 방정식을 나타낸다.

앞에 설명된 근궤적 작도법을 종합하면 이 시스템에 대한 근궤적선도는 그림 5.15(b)와 같이 표시된다. ■

예제 5.8 개루프 전달함수 $G(s) = \dfrac{1}{s(s+K)}$ 인 시스템의 근궤적을 그리기로 한다.

- 폐루프 특성방정식을, 근궤적을 위한 일반 형태로 표시한다.

$$1 + K\frac{s}{s^2+1} = 0$$

- 개루프 극점 및 영점을 s-평면상에 그림 5.16(a)와 같이 배치한다.
- 실수축상의 근궤적은 $s \le 0$ 인 실수축에 존재한다.
- 분기점의 위치를 정한다.

$$K = -\frac{s^2+1}{s}$$

$dK/ds = 0$ 으로부터 근궤적의 복귀점이 $s = -1$ 에 있음을 알 수 있다.

- 복소 극점 p_1 에서의 출발각 θ_1 을 구한다.

$$90° - 90° - \theta_1 = -180°$$

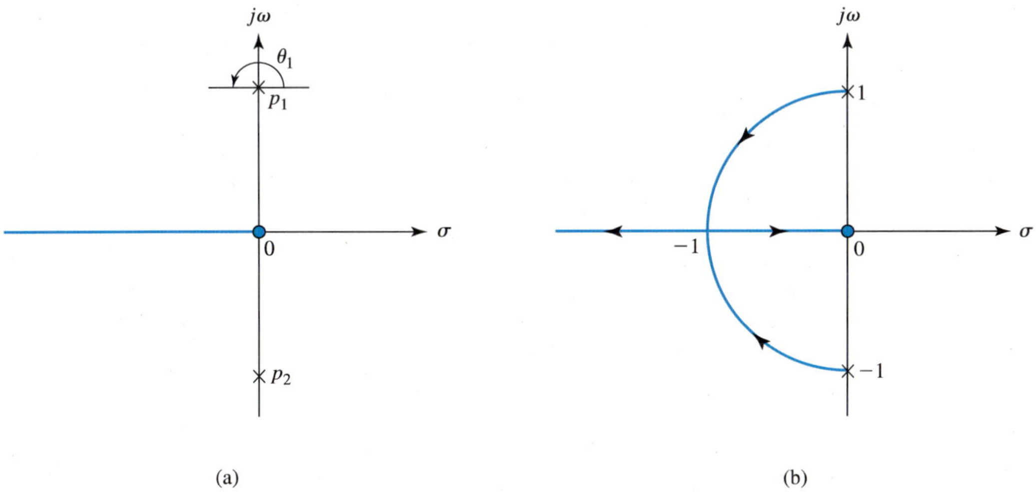

그림 5.16 (a) $G'(s) = K\dfrac{s}{s^2+1}$ 의 극점–영점 배치, (b) 시스템 $G(s) = \dfrac{1}{s(s+K)}$ 의 근궤적선도

또는

$$\theta_1 = 180°$$

앞에 설명된 근궤적 작도법을 종합하면 이 시스템에 대한 근궤적선도는 그림 5.16(b)와 같이 표시된다. ■

예제 5.9 그림 5.17과 같이 두 개의 시스템 파라미터 a와 K를 포함하고 있는 폐루프 제어시스템에 대한 근궤적을 그리기로 한다.

이 경우는 시스템 파라미터를 두 개 포함하고 있으므로 한 파라미터는 고정하고 나머지 한 개의 파라미터를 근궤적 파라미터로 하여 근궤적을 그린다. 그리고 다시 고정했던 파라미터 값을 다른 값으로 고정한 후 반복 수행한다. 여기서는 K를 고정하고 a를 근궤적 파라미터로 취하기로 한다. 이때 근궤적을 위한 일반 형태로 표시한 폐루프 특성방정식은 다음과 같다.

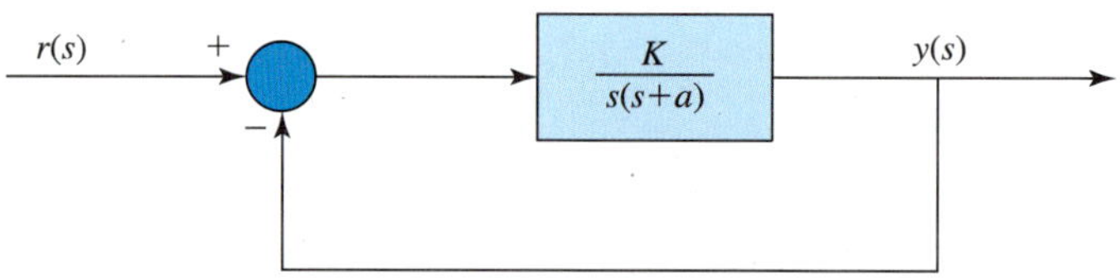

그림 5.17 두 개의 시스템 파라미터를 갖는 폐루프 제어시스템

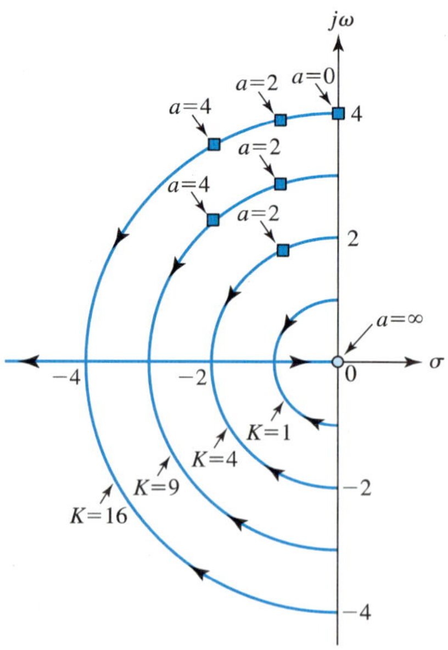

그림 5.18 그림 5.17에 표시된 제어시스템에 대한 근컨투어선도

$$1 + a\frac{s}{s^2 + K} = 0$$

그림 5.18은 시스템 파라미터 $K = 1,\ 4,\ 9,\ 16$일 때 시스템 파라미터 a 값의 변화에 따른 근궤적선도이다. 이와 같이 두 개의 시스템 파라미터에 대한 근궤적선도를 특히 근컨투어(root-contour)선도라고 한다. ■

예제 5.10 개루프 전달함수 $G(s) = \dfrac{Ke^{-Ts}}{s+1}$인 시간지연요소를 포함한 시스템의 근궤적을 그리기로 한다.

이 시스템의 폐루프 특성방정식은 다음과 같다.

$$1 + K\frac{e^{-Ts}}{s+1} = 0$$

위 식을 다음과 같이 고쳐 쓴다.

$$\frac{Ke^{-Ts}}{s+1} = -1$$

따라서 근궤적상의 점이 되기 위한 위상조건식은 다음과 같다.

$$\angle\{Ke^{-Ts}/(s+1)\} = \angle e^{-Ts} - \angle(s+1) = \pm(2k+1)180°, \quad k = 0,\ 1,\ 2,\ \cdots$$

여기서 e^{-Ts}의 각을 구하기 위하여 $s = \sigma + j\omega$라고 놓는다. 그러면

$$e^{-Ts} = e^{-T\sigma - j\omega T}$$

이며

$$\begin{aligned}\angle e^{-Ts} &= \angle e^{-j\omega T} = \angle(\cos\omega T - j\ \sin\omega T) = -\omega T(\text{rad}) \\ &= -57.3\omega T°\end{aligned}$$

그러므로 근궤적을 위한 위상조건식은 다음과 같다.

$$\begin{aligned}\angle(s+1) &= \angle e^{-Ts} \pm (2k+1)180° \\ &= -57.3\omega T° \pm (2k+1)180°, \quad k = 0,\ 1,\ 2,\ \cdots\end{aligned}$$

우선 $k = 0$일 때 근궤적을 그려보기로 한다. 이때 위상조건식은

$$\angle(s+1) = -57.3\omega T° \pm 180° \tag{5.36}$$

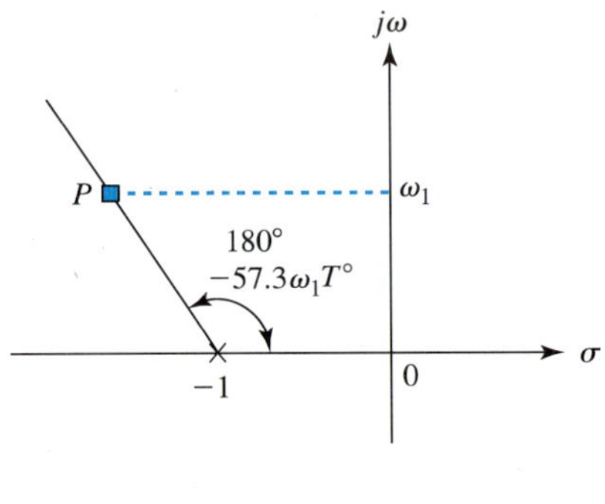

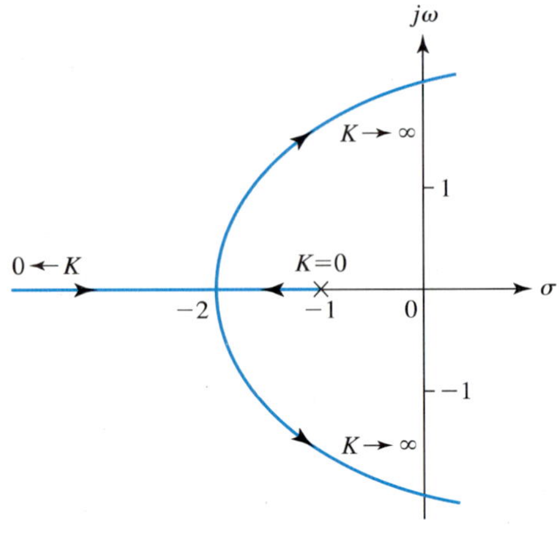

그림 5.19 (a) 근궤적의 작도, (b) 시스템 $G(s)=\dfrac{Ke^{-Ts}}{s+1}$ 의 근궤적선도의 일부($k=0$일 때)

e^{-Ts}의 각기여는 $\omega=0$일 때 0이므로 -1과 $-\infty$ 사이의 실수축은 근궤적의 일부분을 형성한다. ω 값을 ω_1이라 하고 $57.3\omega_1 T°$를 계산한다. 점 -1에서 각이 실수축과 $-57.3\omega_1 T°+180°$를 이루는 선을 그린다. 이 선과 $\omega=\omega_1$인 수평선의 교점을 구한다. 그림 5.19(a)의 점 P로 표시되는 이 교점은 식 (5.36)을 만족하는 점이며 따라서 근궤적상에 있다. 이와 같은 과정을 계속하면 그림 5.19(b)와 같은 근궤적선도를 그릴 수 있다.

s가 $-\infty$로 접근할 때 개루프 전달함수 $G(s)=\dfrac{Ke^{-Ts}}{s+1}$는 다음과 같이 되어 $-\infty$로 접근한다.

$$\lim_{s\to-\infty}\frac{Ke^{-Ts}}{s+1}=\left.\frac{\dfrac{d}{ds}(Ke^{-Ts})}{\dfrac{d}{ds}(s+1)}\right|_{s\to-\infty}=-KTe^{-Ts}\big|_{s\to-\infty}=-\infty$$

따라서 $s=-\infty$는 개루프 전달함수의 극점이다. 그러므로 근궤적은 시스템 파라미터 K가 0에서 ∞로 증가함에 따라 $s=-1$ 또는 $s=-\infty$에서 출발하여 $s=\infty$에서 끝난다. 위상조건식 (5.6)으로부터 k 값에 따라 무한개의 근궤적을 갖는다. 예를 들면 $k=1$일 때, 위상조건은

$$\begin{aligned}\angle(s+1)&=-\omega T\pm 3\pi(\text{rad})\\&=-57.3\omega T°\pm 540°\end{aligned}$$

그리고 크기 조건은 다음과 같다.

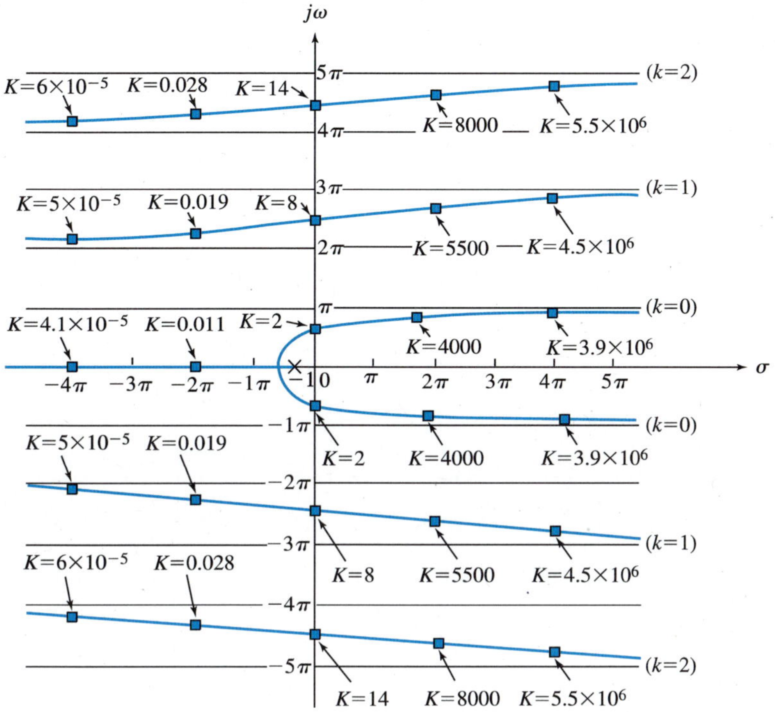

그림 5.20 시스템 $G(s)=\dfrac{Ke^{-s}}{s+1}$ 의 근궤적선도

$$\left|\frac{Ke^{-Ts}}{s+1}\right|=1 \qquad \text{또는} \qquad |s+1|=Ke^{-T\sigma}$$

그림 5.20은 위와 같은 위상 및 크기 조건을 만족하는 근궤적선도($T=1$, $k=0,\ 1,\ 2,\ \cdots$)이다.

그림 5.20으로부터 $k=0$에 해당하는 근궤적이 대표극점의 궤적이 되므로 $k=1,\ 2,\cdots$에 해당하는 다른 근궤적들은 제어시스템을 해석할 때 무시할 수도 있다. 이 예제는, 시간지연요소가 무시되면 시스템 게인 K 값에 관계없이 안정한 시스템으로 평가될 수 있어도 시간지연요소를 고려한 실제 시스템은 불안정해질 수 있다는 것을 보여주고 있다. 이는 시간지연요소에 의해 시스템 게인 K 값이 크면 근궤적이 우반 s -평면에 존재하기 때문이다. 그러므로 시간지연을 무시할 수 있는 시스템에서는 시스템 게인 K 값을 크게 선정할 수 있으나 시간지연이 큰 시스템에서는 시스템 게인 K 값을 너무 크게 선정할 수 없다. 이 경우 시스템 게인 K 값을 너무 크게 선정하면, 실제 시스템이 진동을 심하게 하거나 불안정해진다.

시스템이 저주파에서 작동하거나 시간지연 T가 작은 경우에는 비선형 항인 시간지연

요소 e^{-Ts}를 다음과 같이 분자다항식과 분모다항식이 각각 선형 식으로 표현되는 선형화를 수행하여 근궤적선도를 그려서 제어시스템을 해석하는 것이 편리하다. 이 식을 Pade 근사식이라고 한다.

$$e^{-Ts} = \frac{1-\dfrac{Ts}{2}+\dfrac{(Ts)^2}{a}-\dfrac{(Ts)^3}{b}+\cdots\cdots}{1+\dfrac{Ts}{2}+\dfrac{(Ts)^2}{a}+\dfrac{(Ts)^3}{b}+\cdots\cdots} \tag{5.37}$$

여기서 계수 a와 b는 선형화 차수에 따라 결정된다. 예를 들어 2차까지 선형화할 때는 $a=12$, 3차까지 선형화할 때는 $a=10$, $b=120$이다.

Pade 근사식은 일반적으로 요구되는 정밀도와 계산량을 적절히 고려하여 선형화된 식을 이용한다. 선형화 항이 증가할수록 정밀도는 높아지지만 계산량이 증가하므로, 이 항들은 제어 목적에 따라 적절하게 취해야 한다. 시간지연요소 e^{-Ts}에 대한 가장 단순한 선형 근사는 식 (5.37)에서 1차 항까지 취하여 분자와 분모를 각각 1차식으로 근사화하는 것이다. 이것을 1차 Pade 근사라고 한다.

$$e^{-Ts} \simeq \frac{1-\dfrac{Ts}{2}}{1+\dfrac{Ts}{2}} \tag{5.38}$$

또한 시간지연요소 e^{-Ts}를 좀 더 정확하게 선형 근사화하려면 식 (5.37)에서 2차 항까지 취한 2차식으로 근사화하면 된다. 이것을 2차 Pade 근사라고 한다.

$$e^{-Ts} \simeq \frac{1-\dfrac{Ts}{2}+\dfrac{(Ts)^2}{12}}{1+\dfrac{Ts}{2}+\dfrac{(Ts)^2}{12}} \tag{5.39}$$

이제 식 (5.38)의 1차 Pade 근사식을 이용하여 시간지연요소($T=1$)를 선형화하여 근궤적선도를 그리기로 한다. 선형화된 폐루프 특성방정식은 다음과 같다.

$$1+K\frac{1-s/2}{(s+1)(1+s/2)}=0 \tag{5.40}$$

이 폐루프 특성방정식을, 근궤적을 위한 일반 형태로 고쳐 쓴다.

$$1+K'\frac{s-2}{(s+1)(s+2)}=0 \qquad (K'=-K) \tag{5.41}$$

여기서 유의할 것은 근궤적 파라미터 K'의 부호이다. $K>0$인 경우, $K'<0$이 된다. 따라서 실수축상에서의 근궤적을 그릴 때 위상을 조심해야 한다. 이 시스템은 위상조건식 (5.12)를 만족해야 하므로 실수축상의 근궤적은 임의의 구간에서 우측에 있는 실수축상에 존재하는 개루프 극점의 개수와 영점의 개수의 합이 짝수인 영역에 존재한다. 그리고 다음 식을 이용하여 $s>2$ 그리고 $-2<s<-1$ 영역에 존재하는 두 개의 분기점을 구한다.

$$K' = -\frac{(s+1)(s+2)}{s-2}$$

$dK'/ds=0$의 해로부터 근궤적의 분기점이 $s=5.464$와 $s=-1.464$에 있음을 알 수 있다. 또한 식 (5.40)의 선형화된 폐루프 특성방정식에서 $s=j\omega$를 대입하여 실수부와 허수부를 각각 0으로 하는 두 개의 식으로부터 허수축과의 교차점(안정한계점)에서의 주파수 $\omega=2.828$ 그리고 그때의 시스템 게인 $K_c=3$을 구할 수 있다. 그림 5.21은 이와 같은 근궤적 작도법들을 종합하여 그린 시간지연요소를 1차 Pade 근사화한 시스템 $G(s)=K\frac{1-s/2}{(s+1)(1+s/2)}$에 대한 근궤적선도이다.

그림 5.20의 실제 시간지연요소 e^{-Ts}를 고려한 비선형 시스템에 대한 근궤적선도에서 $k=0$에 해당하는 대표극점의 궤적의 분기점은 $s=-2$에 있고, 안정한계점에서는 주파

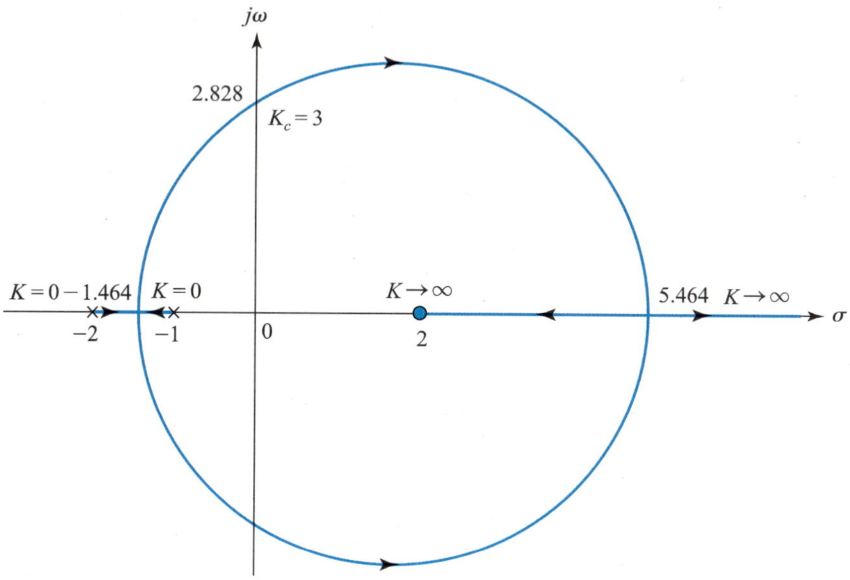

그림 5.21 시간지연요소를 1차 Pade 근사화한 시스템 $G(s)=K\frac{1-s/2}{(s+1)(1+s/2)}$에 대한 근궤적선도

수 $\omega = 2.029$이고 $K_c = 2.262$이다. 그림 5.20과 5.21의 두 근궤적선도를 비교하면 근궤적상의 점인 폐루프 극점 s가 작을 때는 그림 5.20의 근궤적에서 $k=0$에 해당하는 대표극점의 궤적과 그림 5.21의 선형화된 근궤적이 거의 일치한다. 이를 일반화하여 시간지연요소까지 포함한 Ts가 작을 때는 시간지연요소를 Pade 근사화한 근사식을 사용해도 제어 관심 영역에서는 만족스러운 결과를 얻을 수 있다. ■

5.5 근궤적을 이용한 제어시스템 해석

앞 절에서는 근궤적을 신속하고 조직적으로 그릴 수 있는 방법들을 익혔다. 단순히 근궤적을 그릴 줄만 안다면, 이것은 아무 의미 없는 작업일 것이다. 그래서 이 절에서는 다음 예제들을 통하여 근궤적선도로부터 피드백 제어시스템의 성능과 안정도를 평가하는 방법에 대하여 설명하기로 한다.

예제 5.11 그림 5.22에 표시된 폐루프 제어시스템에 대한 근궤적선도를 그리고 폐루프 제어시스템의 안정도를 평가하기로 한다.

이 시스템에 대한 근궤적선도는 앞에서 설명한 근궤적 작도법을 적용하여 그림 5.23과 같이 그릴 수 있다. 이 제어시스템은 K 값이 $0 < K \le 14$, $64 \le K \le 195$의 제한된 범위에서만 안정하고 $14 < K < 64$, $K > 195$일 때는 불안정하다. 이러한 경우를 조건부 안정(conditionally stable)이라고 한다. 제어시스템 설계 시 조건부 안정은 바람직하지 않다. 어떤 이유에서든 시스템 게인이 임계값을 벗어나거나 모델 불확실성으로 실제 시스템이 불안정하게 될 수 있으므로 이러한 조건부 안정은 피해야 한다. 이와 같은 경우에는 적절한 제어기를 첨가하여 조건부 안정이 발생하지 않도록 해야 한다.

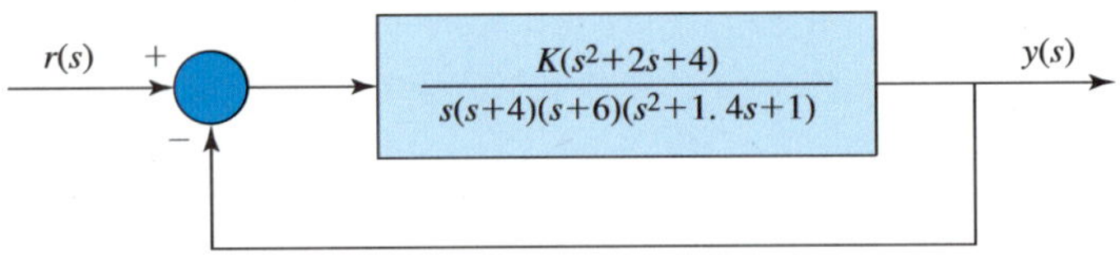

그림 5.22 폐루프 제어시스템

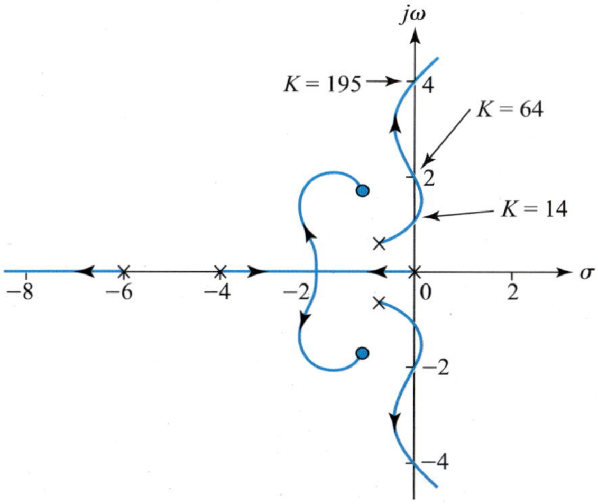

그림 5.23 시스템 $G(s)=\dfrac{K(s^2+2s+4)}{s(s+4)(s+6)(s^2+1.4s+1)}$ 의 근궤적선도 ■

예제 5.12 그림 5.24에 표시된 근궤적선도를 보고 시스템 게인 K 값에 따른 폐루프 제어시스템의 과도응답 성능을 나타내는 대표극점의 감쇠비 ζ와 2 % 정착시간 t_s, 그리고 정상상태 응답 성능을 나타내는 단위스텝기준입력에 대한 정상상태오차 e_{ss}를 정성적으로 나타내기로 한다.

- 대표극점의 감쇠비 ζ: 그림 5.24에서 감쇠비 ζ는 $K=0$일 때 0.707이고 K 값이 증가함에 따라 ζ 값은 증가하고 어떤 K 값에서 최대 ζ 값을 나타내며 그 이상의 K 값에서는 감소하여 $K=\infty$ 일 때에는 $\zeta=0$이 된다.

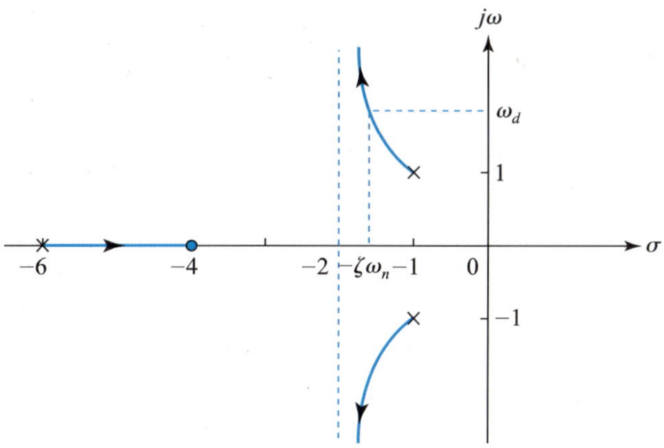

그림 5.24 근궤적선도

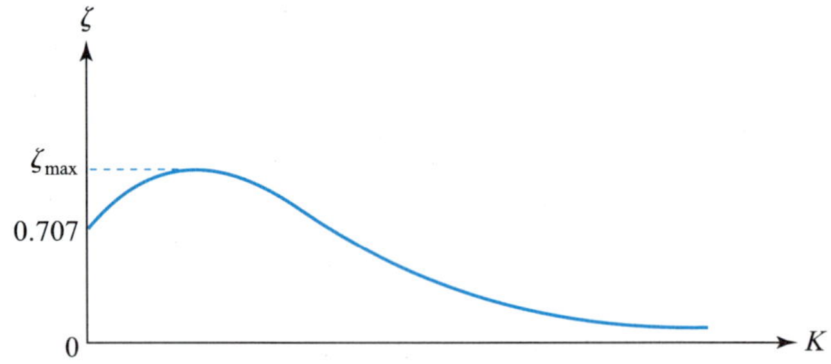

그림 5.25 게인 K 값에 따른 감쇠비 ζ

- 2 % 정착시간 t_s: 2 % 정착시간 t_s는 그림 5.24에서 대표극점의 실수부의 역수를 4 배한 값이다. 즉 $t_s = 4/\zeta\omega_n$이다.

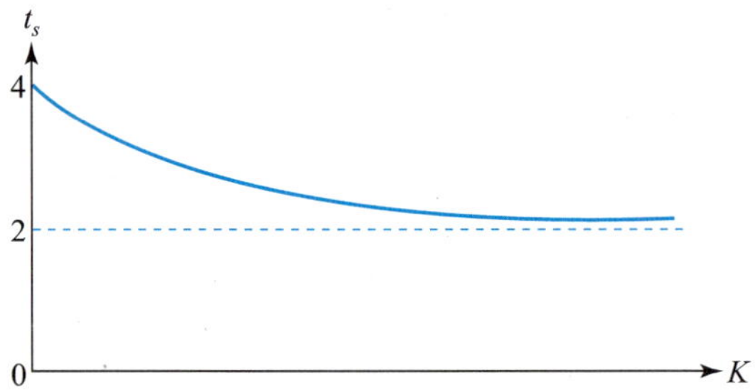

그림 5.26 게인 K 값에 따른 정착시간 t_s

- 단위스텝기준입력에 대한 정상상태오차 e_{ss}: 그림 5.24에 표시된 개루프 극점 및 영점의 배치에 의해 시스템의 개루프 전달함수 $G(s)$는 다음과 같이 표시할 수 있다.

$$G(s) = \frac{K(s+4)}{(s+6)(s^2+2s+2)}$$

그리고 식 (4.58)을 이용하여 단위스텝기준입력에 대한 폐루프 시스템의 정상상태오차 e_{ss}는 다음과 같이 계산할 수 있다.

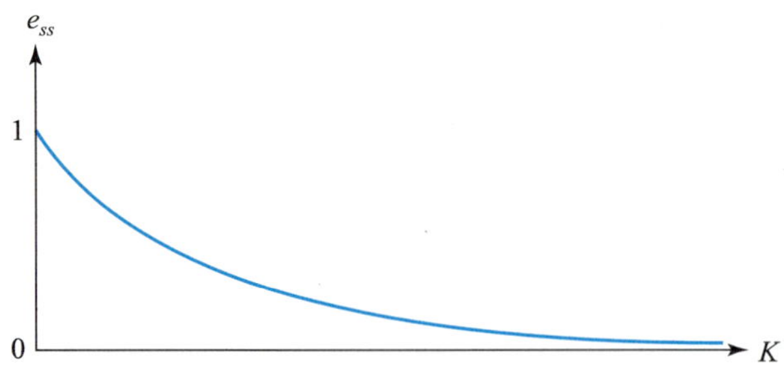

그림 5.27 게인 K 값에 따른 정상상태오차 e_{ss}

$$e_{ss} = \frac{1}{1+G(0)} = \frac{1}{1+K/3}$$ ■

예제 5.13 다음과 같이 두 개의 시스템 파라미터 α와 K를 포함한 개루프 전달함수 $G(s)$에 대한 근궤적선도($\alpha = 3,\ 5,\ 10$)를 그리고 α 값에 따른 폐루프 제어시스템의 성능 및 안정도를 평가하기로 한다.

$$G(s) = \frac{\alpha K}{(s+\alpha)(s+1)^2}$$

개루프 전달함수를 조사해보면 개루프 극점이 -1에 두 개 있고 하나는 $-\alpha$에 있다. 표 4.2에서 알 수 있듯이 시스템의 응답 특성을 파악할 때 대표극점 개념을 적용하면, α가 대표극점보다 허수축에서 3배 이상 떨어져 있을 경우, 즉 $\alpha \ge 3$일 때 이 극점은 응답 특성에 미미하게 반영되므로 무시할 수 있다. 이때 3차 시스템은 $s = -\alpha$에 있는 극점을 무시한 2차 시스템으로 단순화할 수 있다. 그렇지만 이와 같은 개루프 시스템을 피드백하여 폐루프 제어시스템을 설계할 때도 $s = -\alpha$에 있는 개루프 극점을 무시할 수 있는지 평가해보기로 한다. 그림 5.28은 $G(s)$의 3차 시스템과 $G(s)$에서 $s = -\alpha$에 있는

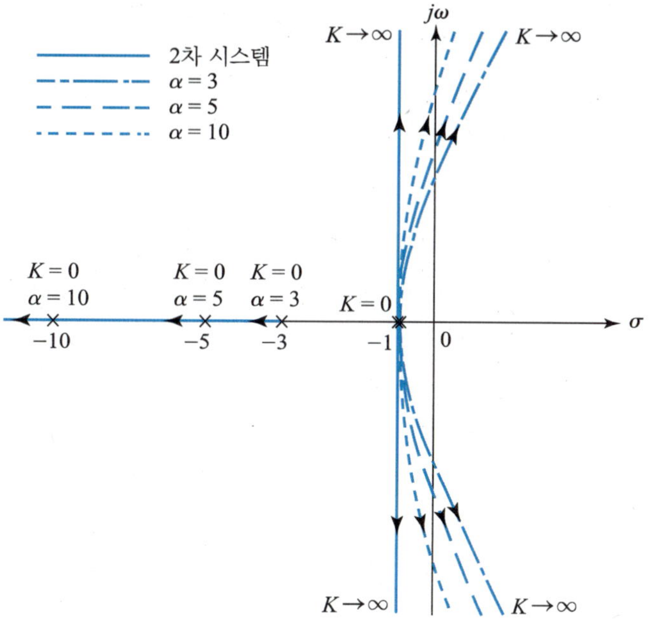

그림 5.28 $G(s) = \dfrac{\alpha K}{(s+\alpha)(s+1)^2}$ 시스템과 $G(s)$에서 $s = -\alpha$에 있는 개루프 극점이 무시된 2차 시스템에 대한 근궤적선도

표 5.1 2차 시스템과 α 값에 따른 3차 시스템의 안정도 및 과도응답 성능($K=1$일 때)

시스템 성능	2차 시스템 ($\omega_n=1$)	3차 시스템 ($\alpha=3$)	3차 시스템 ($\alpha=5$)	3차 시스템 ($\alpha=10$)
안정임계 αK_c	∞	32	72	122
시정수 T(sec)	1	1.32	1.16	1.05
감쇠비 ζ	0.707	0.577	0.627	0.667

개루프 극점이 무시된 2차 시스템에 대한 근궤적선도를 나타낸다.

2차 시스템을 먼저 평가해보면, K 값에 관계없이 공칭안정도가 보장되고, $K=1$일 때 시정수 T는 1초, 감쇠비 ζ는 0.707이다. 표 5.1에는 2차 시스템과 α 값에 따른 3차 시스템의 안정임계 αK_c와 $K=1$일 때 α 값에 따른 과도응답 성능이 요약되어 있다.

개루프 시스템에서는 $\alpha \geq 3\omega_n$이면 이 극점을 무시할 수 있지만, 표 5.1에서 알 수 있듯이 단순화된 2차 시스템은 K 값에 관계없이 폐루프 제어시스템이 안정하지만, 실제 3차 시스템은 α 값이 작을수록, 즉 이 극점이 허수축에 가까울수록 안정한 K의 범위는 작아진다. 그리고 단순화된 2차 시스템과 3차 시스템에 대한 폐루프 제어시스템의 과도응답 성능을 제어 관심 영역인 $K=1$에서 평가해보기로 한다. $\alpha=3$일 때의 3차 시스템의 시정수 T는 1.32초, 감쇠비 ζ는 0.577이다. 그러므로 이 경우 단순화된 2차 시스템은 실제의 3차 시스템에 비해 시정수 T가 약 24 % 빠르게 평가되고, 감쇠비 ζ도 약 22 % 크게 되어 진동이 실제 시스템에 비해 덜 심한 것으로 평가된다. $\alpha=3\omega_n$일 때 개루프 시스템에서는 이 극점을 무시할 만했지만 폐루프 제어시스템 설계 시에는 이 극점을 고려하는 것이 바람직하다. $\alpha=5$일 때는 3차 시스템과 2차 시스템에 대한 폐루프 제어시스템의 과도응답 성능이 약 10 % 정도의 차이를 나타내며, $\alpha \geq 10$이면 과도응답 성능의 변화가 미미하므로 이 경우에는 폐루프 제어시스템 설계 시에도 2차 시스템으로 단순화해도 좋다. 이것은 한 사례에 불과한 것이므로 이 평가 결과를 모든 시스템에 일괄적으로 적용하여 시스템 모델을 단순화할 수는 없다. 실제 피드백 제어시스템 설계 시에는 개루프 극점 및 개루프 영점들의 위치를 종합적으로 평가하여 개루프 시스템을 적절하게 단순화하여야 한다. ■

5.6 MATLAB을 이용한 근궤적

이 절에서는 MATLAB 프로그램을 이용하여 근궤적선도를 그리기로 한다. MATLAB을 이용하여 근궤적을 그릴 때, 우선 폐루프 특성방정식 (5.3)에 포함된 개루프 전달함수 $G(s)$를 다음과 같은 다항식 형태로 표현해야 한다.

$$1+G(s)=1+K\frac{\text{num}}{\text{den}}=0 \tag{5.42}$$

여기서 K는 근궤적 파라미터이고, num과 den은 각각 개루프 전달함수 $G(s)$의 분자 및 분모 다항식이다. 즉

$$\text{num}=s^m+b_{m-1}s^{m-1}+\cdots+b_1s^1+b_0 \tag{5.43}$$

$$\text{den}=s^n+a_{n-1}s^{n-1}+\cdots+a_1s^1+a_0 \tag{5.44}$$

근궤적을 그리는 MATLAB 명령은 다음과 같다.

'rlocus(num, den)'　　또는　　'rlocus(num, den, K)'

'rlocus(num, den)' 명령을 사용하면 근궤적 파라미터 K가 자동적으로 적절히 결정되고 이에 따른 근궤적선도가 MATLAB 화면에 그려진다. 그리고 'rlocus(num, den, K)' 명령을 사용하면 근궤적 파라미터 K를 사용자가 지정할 수 있다. 'rlocus' 명령은 연속시간 시스템뿐만 아니라 이산시간 시스템에서도 똑같이 사용된다. 또한 상태공간 모델식으로 표현된 시스템에서는 다음과 같이 전달함수의 분자다항식(num)과 분모다항식(den) 대신 시스템행렬 A, B, C, D를 사용한다.

'rlocus(A, B, C, D)'　　또는　　'rlocus(A, B, C, D, K)'

그리고 다음과 같이 등식의 왼쪽에 [r, K]가 명시되면, 근궤적 파라미터 K 값에 따른 폐루프 극점의 값들을 저장할 뿐만 아니라 MATLAB 화면에 나타낼 수 있다.

```
[r, K] = rlocus(num, den)
[r, K] = rlocus(num, den, K)
[r, K] = rlocus(A, B, C, D)
[r, K] = rlocus(A, B, C, D, K)
```

이제 근궤적을 MATLAB 화면에 나타내기 위해서는 다음 명령을 사용한다.

```
plot(r, ' ')
```

만일 근궤적상에 'o' 또는 'x'를 표시하고 싶다면, 다음 명령을 사용한다.

plot(r, 'o')　　또는　　plot(r, 'x')

이와 같이 K 값에 따라 근궤적선도상에 'o'나 'x'로 표시하면, 근궤적선도상의 어떤 특정한 부분에서 'o'나 'x' 표시가 밀집되어 있거나 희박하게 분포되어 있는지를 선도상에서 볼 수 있다. 따라서 특정 지역에서 근궤적의 정확도를 예측할 수 있으므로 유익할 때가 있다.

MATLAB은 근궤적을 그릴 때 근궤적 파라미터 K의 크기를 자체적으로 적절히 조정하므로, 다음과 같이 시스템 게인만 다르게 주어진 전달함수 $G_1(s)$, $G_2(s)$, $G_3(s)$의 근궤적선도들은 모두 같게 그려진다.

$$G_1(s) = \frac{K(s+3)}{s(s+1)(s+2)} \tag{5.45}$$

$$G_2(s) = \frac{10K(s+3)}{s(s+1)(s+2)} \tag{5.46}$$

$$G_3(s) = \frac{100K(s+3)}{s(s+1)(s+2)} \tag{5.47}$$

위에 주어진 전달함수 $G_1(s)$, $G_2(s)$, $G_3(s)$의 분자다항식(num) 및 분모다항식(den)은 각각 다음과 같이 동일하게 표기한다.

num = [1 3]
den = [1 3 2 0]

예제 5.14 MATLAB을 이용하여 그림 5.29의 제어시스템에 대한 근궤적선도를 그리기로 한다.

개루프 전달함수의 분자는 이미 s에 관한 다항식으로 주어져 있다. 그러나 개루프 전달함수의 분모는 s의 1차 항과 2차 항의 곱으로 표시되어 있으므로, 이를 다항식으로 나타내기 위해서는 각 항을 곱해야 한다. 이 곱셈은 s에 관한 인수 형태를 다항식 형태로 바꾸는 'poly' 명령과 합성적분(convolution)을 의미하는 'conv' 명령을 사용하여 쉽게

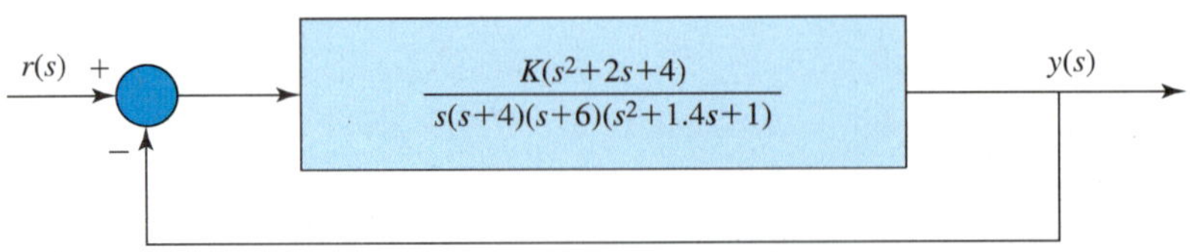

그림 5.29 폐루프 제어시스템

구할 수 있다. 우선 'poly' 명령, den1 = poly([0 −4 −6])을 사용하여 1차 항 세 개의 인수 형태를 다항식 형태로 바꾼다. 그리고 2차 항을 den2 = [1 1.4 1]로 표현하고 den1과 den2에 대한 'conv' 명령, 즉 conv(den1, den2)를 사용하여 개루프 전달함수의 분모 다항식을 구한다.

MATLAB 프로그램 5.1은 그림 5.29의 폐루프 제어시스템의 근궤적선도를 그리기 위한 프로그램이며, 그림 5.30에는 이 시스템에 대한 근궤적선도가 표시되어 있다.

MATLAB 프로그램 5.1 — 소스 코드

```
% 예제 5.14

num = [1 2 4];
den1 = poly([0 -4 -6]);
den2 = [1 1.4 1];
G = tf(num, conv(den1, den2));
rlocus(G)
axis([-8 8 -8 8]); grid on;
title('Root-locus plot of G(s)
    = K(s^2 + 2s + 4)/[s(s + 4)(s + 6)(s^2 + 1.4s + 1)]')
```

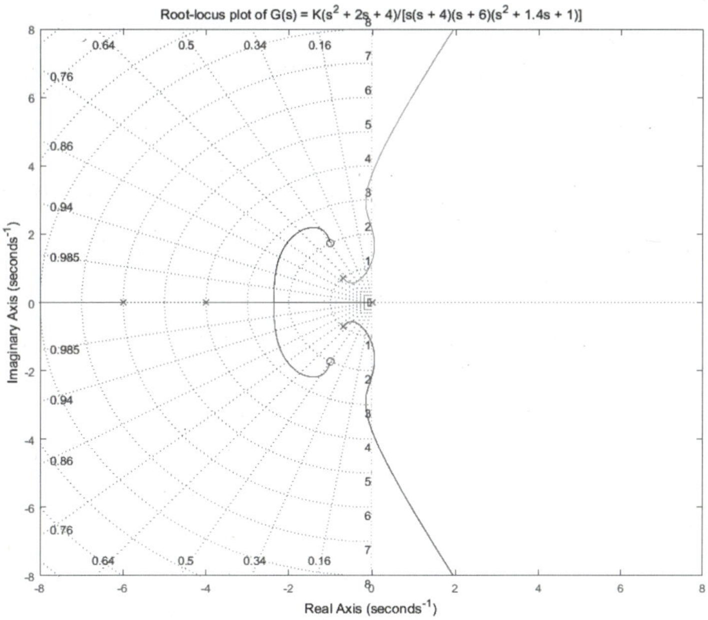

그림 5.30 $G(s) = \dfrac{K(s^2+2s+4)}{s(s+4)(s+6)(s^2+1.4s+1)}$ 의 근궤적선도

예제 5.15 MATLAB을 이용하여 다음과 같은 개루프 전달함수 $G(s)$의 근궤적선도를 그리기로 한다. 그리고 근궤적의 분기점($\zeta=1$), 폐루프 시스템의 감쇠비 $\zeta=0.707$, 근궤적이 허수축상에 있을 때($\zeta=0$)의 근궤적 파라미터 K 값과 그때의 s 값을 구하기로 한다.

$$G(s)=\frac{K}{s(s+0.5)(s^2+0.6s+10)}=\frac{K}{s^4+1.1s^3+10.3s^2+5s}$$

MATLAB 프로그램 5.2는 이 시스템의 근궤적선도를 그리기 위한 프로그램이며, 그림 5.31에는 이 시스템에 대한 근궤적선도가 표시되어 있다.

MATLAB 프로그램 5.2 — 소스 코드

```
% 예제 5.15

num = 1;
den = [1 1.1 10.3 5 0];
rlocus(num, den)
grid on; axis([-4 4 -4 4]);
title('Root-locus plot of G(s) = K/[s(s + 0.5)(s^2 + 0.6s + 10)]');
```

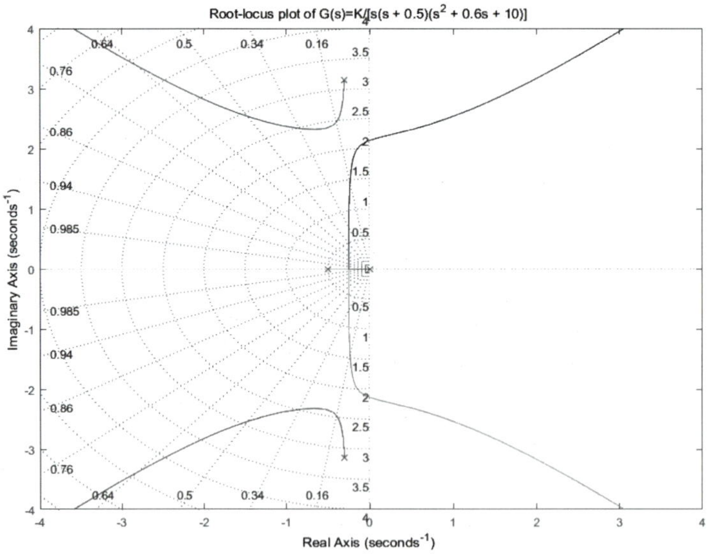

그림 5.31 $G(s)=\dfrac{K}{s(s+0.5)(s^2+0.6s+10)}$ 의 근궤적선도

그림 5.31의 근궤적선도를 살펴보면, 복소점 $(-0.3,\ 2.3)$과 $(-0.3,\ -2.3)$ 근처에서 두 근궤적이 서로 근접하여 있다. 만일 우리가 이 두 근궤적이 서로 접촉하고 있는지를 정확히 알고 싶다면, MATLAB 프로그램 5.3과 같이 프로그램을 수정하여 그 목적을 달성할 수 있다. 관심 영역인 복소점 $(-0.3,\ 2.3)$과 $(-0.3,\ -2.3)$ 근처에서의 K 값을 시행착오적으로 찾아내고, 이에 따른 근궤적 파라미터 K의 간격을 $K1$, $K2$, $K3$, 세 구간으로 적절히 조정한다. 관심 영역인 $K2$ 구간 $20 \le K \le 30$에서는 0.1씩 증가시키며 페루프 r 극점들을 다른 영역에 비해 좀 더 세밀하게 계산한다. 이와 같이 K 값을 조정하여 그린 근궤적선도가 그림 5.32에 표시되어 있다. 그림 5.32로부터 근접한 두 근궤적이 서로 접촉하고 있지 않다는 것을 명백히 알 수 있다.

MATLAB 프로그램 5.3 — 소스 코드

```
num = 1;
den = [1 1.1 10.3 5 0];
K1 = 0: 0.2: 20;
K2 = 20: 0.1: 30;
K3 = 30: 5: 1000;
K = [K1 K2 K3];
rlocus(num, den, 'o')
grid on; axis([-4 4 -4 4]);
title('Root-locus plot of G(s) = K/[s(s + 0.5)(s^2 + 0.6s + 10)]')
```

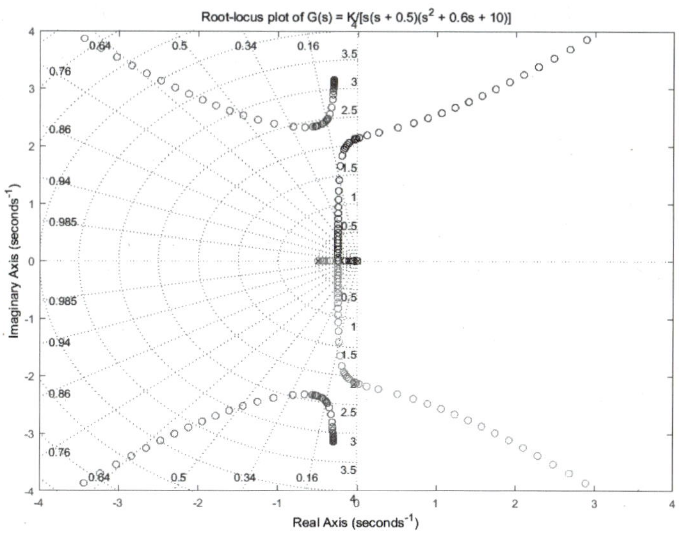

그림 5.32 $G(s) = \dfrac{K}{s(s+0.5)(s^2+0.6s+10)}$의 근궤적선도

폐루프 제어시스템의 과도응답 성능을 해석하기 위해서는 폐루프 제어시스템의 감쇠비 ζ 값에 따른 근궤적 파라미터 K 값과 s 값을 알아야 할 필요가 있다. MATLAB 프로그램 5.4는 이를 위한 프로그램이며, 그 결과가 그림 5.33에 표시되어 있다.

MATLAB 프로그램 5.4를 실행하면 MATLAB 화면에 '+' 커서가 나타난다. 컴퓨터의 키보드나 마우스를 이용하여 이 커서를 원하는 위치에 놓고 키보드나 마우스를 누르

MATLAB 프로그램 5.4 — 소스 코드

```
num = 1;
den = [1 1.1 10.3 5 0];
rlocus(num, den);
axis([-4 4 -4 4]);
title('Root-locus plot of G(s) = K/[s(s + 0.5)(s^2 + 0.6s + 10)]')
i = 0: 6;
hold on;
plot(-0.707*i, i*sqrt( 1-0.707^2), ':')    % 근궤적선도에 동일한 감쇠비 ζ선 추가
plot(-0.707*i, -i*sqrt( 1-0.707^2), ':')
rlocfind(num, den)                         % 지정 커서(cursor) '+' 가이드 출력
```

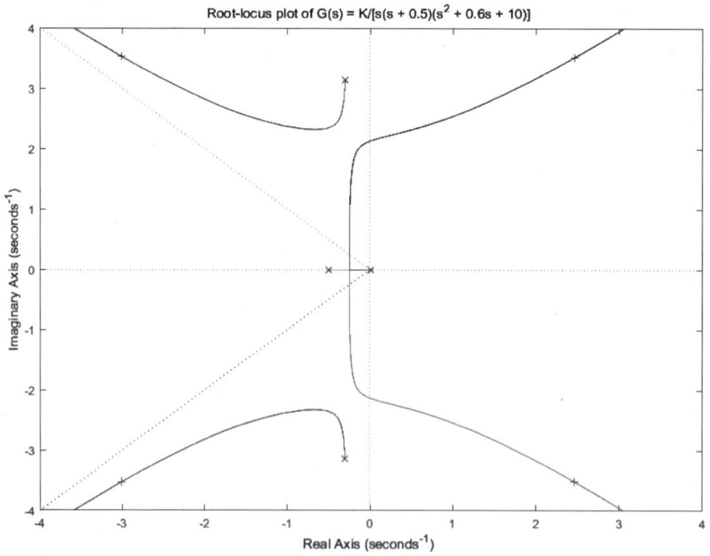

그림 5.33 $\zeta=0.707$이 표시된 $G(s)=\dfrac{K}{s(s+0.5)(s^2+0.6s+10)}$의 근궤적선도

면 그 점에서의 K 값과 s 값이 MATLAB 화면에 나타난다. MATLAB 프로그램 5.4는 ζ 값에 따른 폐루프 극점의 정확한 위치를 알기 어려울 때 동일한 감쇠비 ζ $(=\cos^{-1}\theta)$선을 추가하여 요구되는 ζ 값을 갖는 폐루프 극점의 위치를 정확히 알 수 있는 프로그램이다. $\zeta=0.707$일 때 $K=1.459$, $s=-0.2494\pm j0.2933$이다. 만일 폐루프 극점의 위치를 정확히 알 수 있는 경우에는 ζ선을 그릴 필요 없이 'rlocfind' 명령만을 추가해서 원하는 위치에 '+' 커서를 놓고 지정해주면 그 점에서의 K 값과 s 값을 찾아낼 수 있다. ■

종합문제

[종합문제 5.1] 선형화된 운동방정식이 다음과 같이 표현되는 그림 5.34의 로켓 발사시스템의 자세를 안정화하고자 한다.

$$Ml\ddot{\theta}(t)-(M+m)g\theta(t)=F(t)$$

여기서 발사대 질량 $M=50$ kg, 로켓 질량 $m=10$ kg, 로켓 길이 $l=10$ m, 중력가속도 상수 $g=9.81$ m/sec^2, $F(t)$는 제어입력인 외력(N)이다.

각변위 θ를 $0°$에 가깝게 유지하기 위하여 그림 5.35와 같은 폐루프 제어시스템을 구성하였다. 폐루프 제어시스템의 감쇠비 ζ가 0.707이고 2 % 정착시간 t_s가 10초가 되도록 제어기 파라미터 K_p와 K_d를 선정하기로 한다. 그리고 로켓 질량 m이 $5\le m\le 15$의 범위 내에서 변동이 있을 때, 위와 같이 선정된 제어기 파라미터 K_p와 K_d 값을 사용해도 만족할 만한 성능을 유지할 수 있는지 근궤적선도를 이용하여 평가하기로 한다.

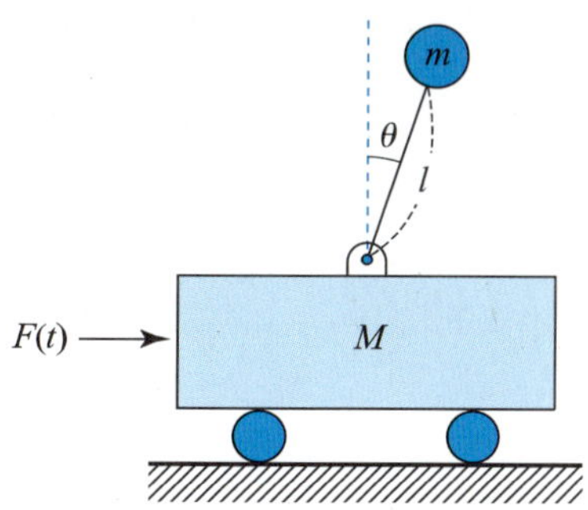

그림 5.34 로켓의 자세 제어를 위한 시스템 개략도

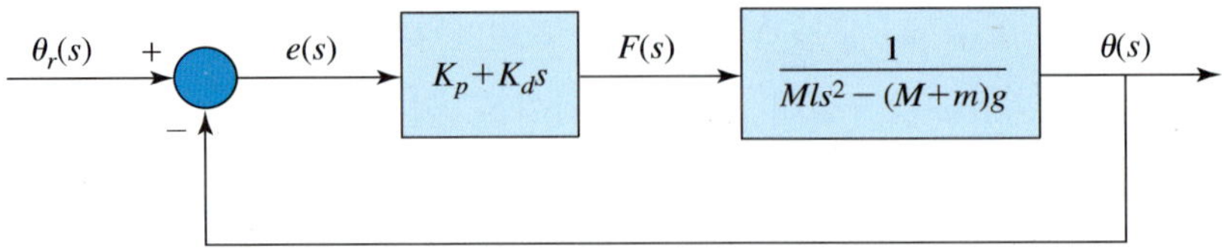

그림 5.35 로켓의 자세 제어를 위한 폐루프 제어시스템

이 폐루프 제어시스템의 특성방정식은 다음과 같다.

$$1+\frac{K_p+K_d s}{Mls^2-(M+m)g}=0 \tag{5.48}$$

또는

$$s^2+\frac{K_d}{500}s+\frac{K_p-588.6}{500}=0$$

위 식을 일반적인 2차 시스템의 특성방정식과 비교하면

$$2\zeta\omega_n=\frac{K_d}{500}, \qquad \omega_n^2=\frac{K_p-588.6}{500} \tag{5.49}$$

요구되는 정착시간 성능을 만족시키기 위한 조건으로부터 시스템의 고유주파수 ω_n을 구하면

$$\frac{4}{\zeta\omega_n}=10 \qquad \text{또는} \qquad \omega_n=0.566 \text{ rad/sec}$$

위에서 구한 고유주파수 ω_n과 요구되는 감쇠비 ζ 값을 식 (5.49)에 대입함으로써 요구되는 성능을 만족할 수 있는 제어기 파라미터 K_p와 K_d를 다음과 같이 선정할 수 있다.

$$K_p=748.8, \qquad K_d=400$$

이제 로켓 질량 m의 변동에 따른 근궤적을 그리기 위하여 특성방정식 (5.48)을 다음과 같이 고쳐 쓴다.

$$Mls^2-(M+m)g+K_p+K_d s=0$$

또는

$$1-m\frac{g}{Mls^2+K_d s+(K_p-Mg)}=0$$

그림 5.36은 시스템 파라미터 m 값에 따른 근궤적선도이다.

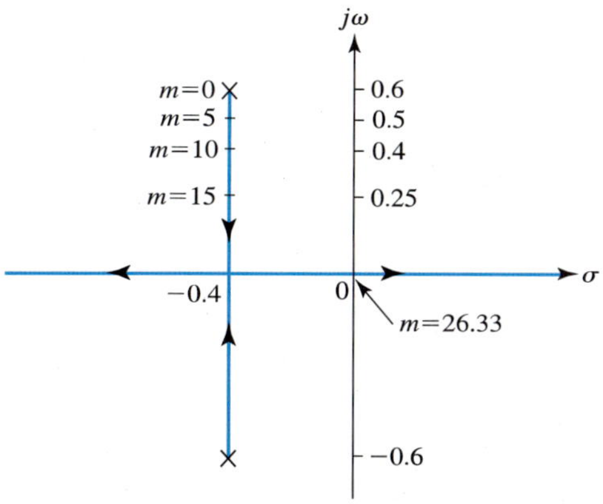

그림 5.36 m 값에 따른 근궤적선도

로켓 질량 m이 주어진 범위 내에서 변동이 있더라도 정착시간 t_s는 10초로 일정하므로 요구되는 성능을 만족한다. 그리고 감쇠비 ζ를 평가해보면

- $m = 5$일 때

$$\zeta = \frac{0.4}{\sqrt{0.4^2 + 0.5084^2}} = 0.6183$$

- $m = 15$일 때

$$\zeta = \frac{0.4}{\sqrt{0.4^2 + 0.2495^2}} = 0.8485$$

이와 같이 시스템 파라미터 m 값이 어느 정도 변화하더라도 정착시간 t_s는 10초이고 $0.6183 \le \zeta \le 0.8485$이므로, 설계된 폐루프 제어시스템의 과도응답 성능은 만족할 만하다고 할 수 있다. 그렇지만 이 제어시스템의 정상상태응답과 외란제거 성능이 만족스럽지 못하다는 것을 검토해보기 바란다. 또한 선정된 제어기 파라미터 K_p와 K_d에 대하여 $m > 26.33$이면 시스템이 불안정해질 수 있다는 것도 알 수 있다.

[종합문제 5.2] 그림 5.37은 어떤 유압피스톤의 위치 제어시스템에 대한 블록선도이다. 이 폐루프 제어시스템이 감쇠비 $\zeta \ge 0.707$, 2 % 정착시간 $t_s \le 0.8$초, 그리고 스텝입력에 대한 정상상태오차 $e_{ss} = 0$의 성능을 갖도록 하고자 한다. 이와 같은 시스템 성능을 만족하기 위해서는 다음과 같은 전달함수의 형태를 갖는 두 가지 밸브 중 적합한 것을 선택하여 사용하는 것이 좋다고 밸브 제조회사의 판매원이 주장하고 있다.

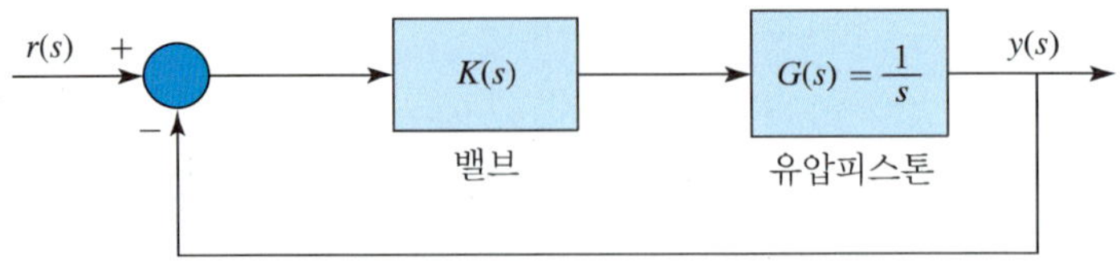

그림 5.37 유압피스톤의 위치 제어시스템

- 값싼 밸브의 경우: $K(s)=\dfrac{9A}{4s+4A+5}$
- 비싼 밸브의 경우: $K(s)=\dfrac{4(B+8)}{s+B+8}$

밸브의 전달함수에 포함된 시스템 파라미터 $A(>0)$와 $B(>0)$는 제품의 모델에 따라 다르다.

근궤적법을 이용하여 위의 밸브가 주어진 시스템 성능들을 만족시킬 수 있는지를 조사하고, 만약 어떤 밸브가 부적합하다면 그 이유를 판매원에게 설명할 수 있도록 정리하고자 한다. 우선 값싼 밸브의 경우에 대하여 생각하기로 한다. 이 경우 단위스텝기준입력에 대한 정상상태오차식 (4.58)에 의하면 정상상태응답은 만족스럽다.

$$e_{ss}=\frac{1}{1+G(0)K(0)}=0$$

그리고 폐루프 제어시스템에 대한 특성방정식은 다음과 같다.

$$1+G(s)K(s)=1+\frac{9A}{s(4s+4A+5)}=0$$

여기서 시스템 파라미터 A를 근궤적 파라미터로 하여 근궤적선도를 그리기 위하여 위의 특성방정식을 다음과 같이 고쳐 쓴다.

$$1+A\frac{4s+9}{s(4s+5)}=0$$

위의 특성방정식으로부터 그림 5.38과 같은 근궤적을 그릴 수 있다.

주어진 감쇠비 ζ를 만족하기 위해서는 페루프 극점들이 실수축에 대하여 $\pm 45°$ $(=\pm\cos^{-1}0.707)$를 이루는 직선의 안쪽에 놓여 있어야 한다. 그리고 주어진 정착시간 t_s를 만족하기 위해서는 두 극점의 실수부 σ가 $-5(=-4/0.8)$보다 작아야 한다. 그런데 근궤적선도에서 알 수 있듯이 대표극점의 실수부가 그림 5.38에 표시된 a 값보다 크므로 주어진 범위를 만족할 수 없다.

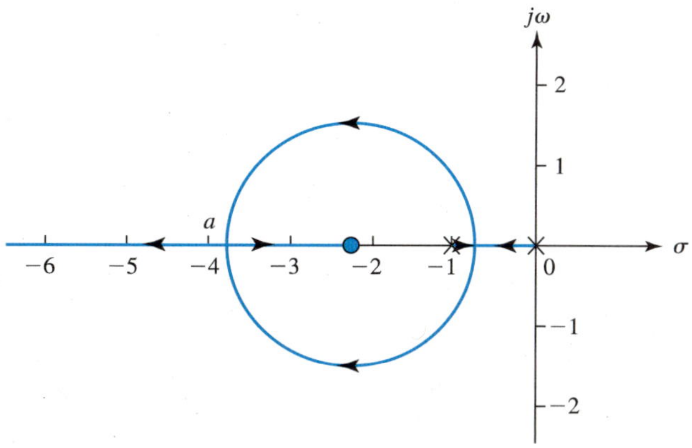

그림 5.38 값싼 밸브를 사용한 경우의 근궤적선도

다음으로 비싼 밸브의 경우에 대하여 생각하기로 한다. 이 경우 단위스텝기준입력에 대한 정상상태응답은 만족스럽다.

$$e_{ss} = \frac{1}{1 + G(0)K(0)} = 0$$

그리고 폐루프 제어시스템에 대한 특성방정식은 다음과 같다.

$$1 + G(s)K(s) = 1 + \frac{4(B+8)}{s(s+B+8)} = 0$$

또는

$$1 + B\frac{s+4}{s^2 + 8s + 32} = 0$$

위의 특성방정식으로부터 그림 5.39와 같은 근궤적을 그릴 수 있다.

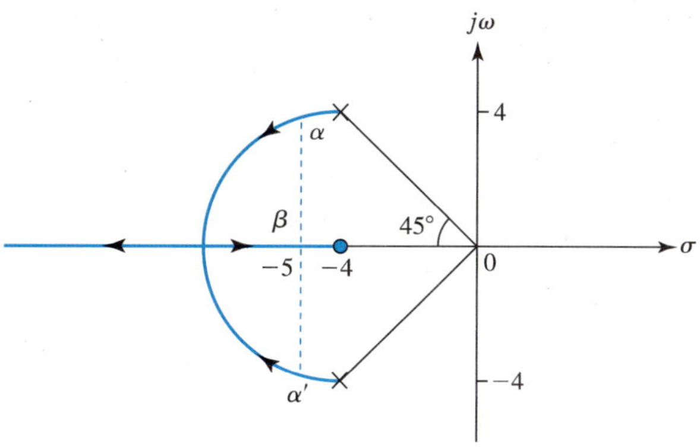

그림 5.39 비싼 밸브를 사용한 경우의 근궤적선도

주어진 감쇠비 ζ를 만족하기 위해서는 폐루프 극점들이 실수축에 대하여 $\pm 45°$를 이루는 직선의 안쪽에 놓여 있어야 한다. 그리고 정착시간 t_s를 만족하기 위해서는 두 극점의 실수부 σ 역시 -5보다 작아야 한다. 그림 5.39의 근궤적으로부터 두 조건을 만족할 수 있는 부분이 존재함을 알 수 있다. 요구되는 시스템 성능을 만족하는 시스템 파라미터 B의 최솟값 $B_{\min}$은 그림 5.39에 표시된 근궤적으로부터 폐루프 극점이 α에 놓이도록 함으로써 구할 수 있다. 그리고 B의 최댓값 $B_{\max}$는 폐루프 극점이 β에 있을 때 결정된다. B의 최소 및 최대 값은 근궤적선도로부터 근사적으로 구할 수도 있고 특성방정식에 s 값을 직접 대입해서 구할 수도 있다.

$$B_{\min} = -\left.\frac{s^2+8s+32}{s+4}\right|_{s=-5+j3.87} = 2$$

$$B_{\max} = -\left.\frac{s^2+8s+32}{s+4}\right|_{s=-5} = 17$$

그러므로 요구되는 시스템 성능들을 만족할 수 있는 B의 범위는 $2 \le B \le 17$이다.

[종합문제 5.3] 관성부하와 탄성축에 연결된 서보모터의 전달함수 $G(s)$가 다음과 같다.

$$G(s) = \frac{1}{(s+10)(s+20)(s^2+2\zeta\omega_n s+\omega_n^2)}$$

여기서

$$\zeta = 0.707, \qquad \omega_n = 14.14 \text{ rad/sec}$$

위와 같은 서보모터에 비례 제어기[$K(s) = K_p$] 또는 비례-적분 제어기[$K(s) = K_p(1+15/s)$]를 이용한 단위 피드백 제어시스템을 구성하고 이 제어시스템들의 성능을 정성적으로 분석하고자 한다.

우선 비례 제어시스템에 대하여 생각하기로 한다. 비례 제어시스템의 루프 전달함수 $L(s)$는 다음과 같다.

$$L(s) = G(s)K(s) = \frac{K_p}{(s+10)(s+20)(s+10+j10)(s+10-j10)}$$

그리고 이에 대한 근궤적선도는 그림 5.40과 같다.

그림 5.40의 근궤적선도로부터 비례 제어시스템의 성능들(감쇠비 ζ, 2 % 정착시간 t_s,

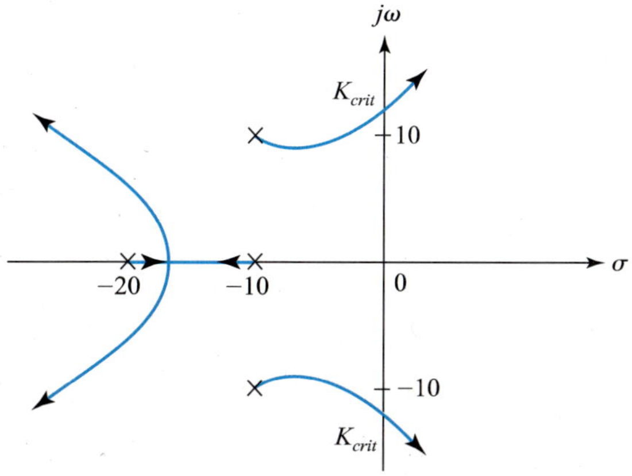

그림 5.40 비례 제어시스템에 대한 근궤적선도

고유주파수 ω_n, 단위스텝입력에 대한 정상상태오차 e_{ss})을 그림 5.41과 같이 도식적으로 간략히 나타낼 수 있다. 여기서 시스템 성능에 관한 사양들은 시스템이 안정한 경우 ($K_p \le K_{crit}$)에만 정의된다는 것에 유의해야 한다.

다음으로 비례-적분 제어시스템에 대하여 생각하기로 한다. 비례-적분 제어시스템의 루프 전달함수 $L(s)$는 다음과 같다.

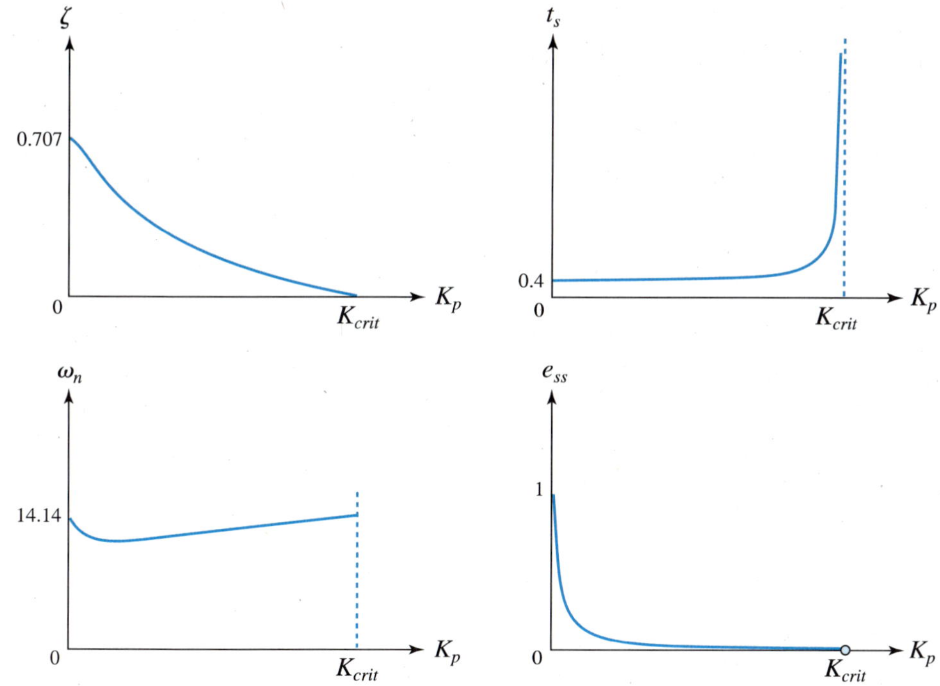

그림 5.41 비례 제어시스템의 성능

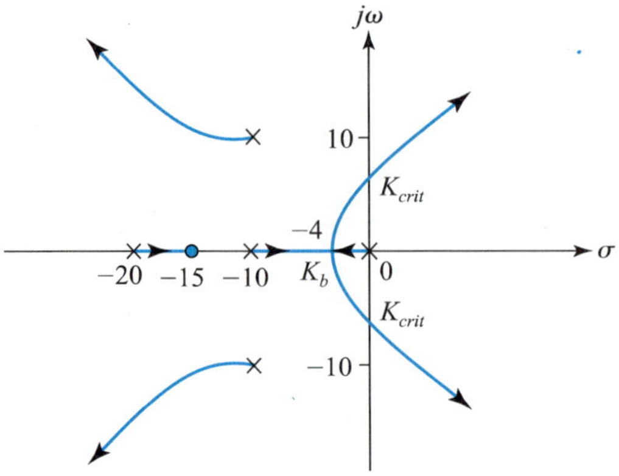

그림 5.42 비례-적분 제어시스템에 대한 근궤적선도

$$L(s) = G(s)K(s) = \frac{K_p(s+15)}{s(s+10)(s+20)(s+10+j10)(s+10-j10)}$$

그리고 이에 대한 근궤적선도는 그림 5.42에 표시되어 있다. 그리고 그림 5.43에는 비례-적분 제어시스템의 성능들이 K_p 값에 따라 정성적으로 표시되어 있다. 그리고 감쇠비 ζ와 고유주파수 ω_n은 폐루프 제어시스템의 대표극점이 경감쇠($0 \le \zeta \le 1$) 거동을 하는 경우에 대해서만 도시하였다.

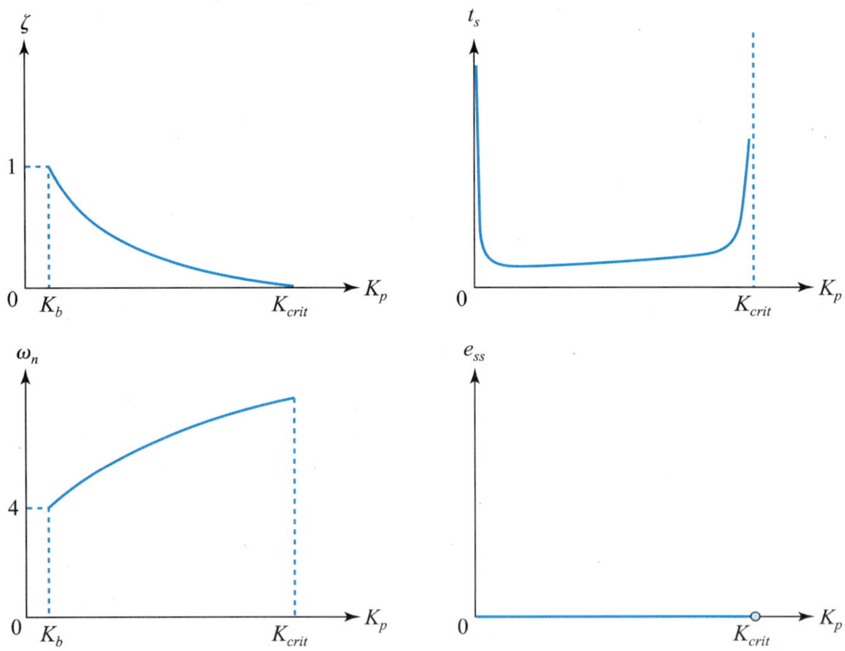

그림 5.43 비례-적분 제어시스템의 성능

[종합문제 5.4] 그림 5.44(a)는 생체공학적 팔에 대한 기능을 나타내는 블록선도이다. 단순화를 위해 단지 1차원적으로 움직인다고 가정한다. 두뇌는 원하는 위치와 감지된 위치를 비교해서 신호오차를 신경시스템으로 보낸다. 특수한 센서들이 근육 전기 임펄스들을 감지하고, 증폭기를 통해 전압이 발생되어 DC 모터가 구동된다. 모터 회로에는 태코미터 피드백이 포함되어 있다. 모터 회로의 출력은 팔의 속도가 되고, 이를 적분하면 팔의 위치를 알 수 있다. 이와 같은 복잡한 시스템에 대하여 제어시스템을 설계하고자 할 때는, 우선 시스템을 단순화하는 과정이 필요하다. 그림 5.44(b)의 단순화된 모델에서 $G_n(s)$, $G_f(s)$, $G_m(s)$는 각각 신경시스템, 센서와 필터, DC 모터의 동특성을 단순화하여 얻은 전달함수이다. 그림 5.44와 같이 단순화된 인공팔 제어시스템이 안정하고 바람직한 성능을 갖도록 시스템 파라미터들을 선정하기로 한다. 여기서 증폭기 게인 K와 태코미터 게인 K_T를 제외한 시스템 파라미터들은 고정되어 있다고 가정한다.

우선 내부 루프, 즉 DC 모터, 동력 증폭기, 태코미터로 이루어진 모터-팔 부시스템 $G_i(s)$부터 생각하기로 한다. 응답속도가 가능한 한 빠르고 태코미터 게인이 작도록 선정한다. 모터-팔 부시스템의 전달함수 $G_i(s)$는 다음과 같다.

$$G_i(s) = \frac{G_m(s)}{1+K_T G_m(s)} = \frac{\dfrac{5}{(s+1)(s+9)}}{1+\dfrac{5K_T}{(s+1)(s+9)}} = \frac{5}{s^2+10s+9+5K_T}$$

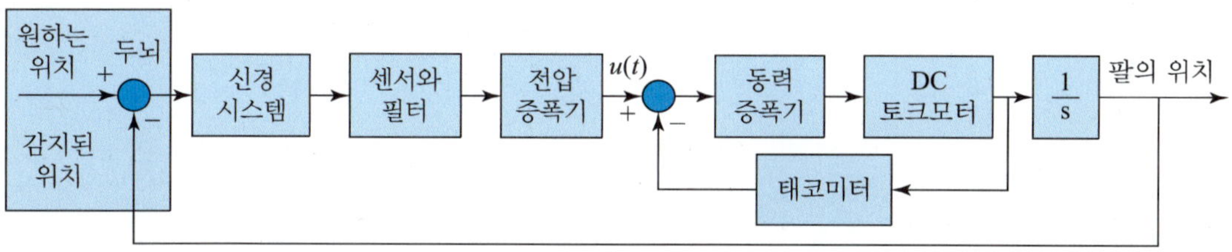

(a) 보철 및 인간 제어시스템 모델

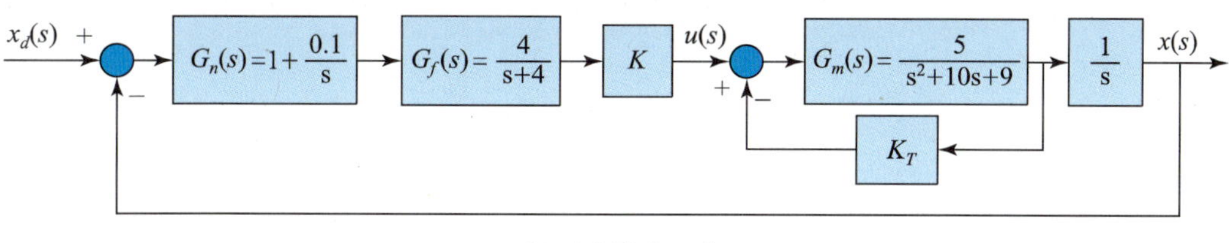

(b) 단순화된 모델

그림 5.44 인공팔 제어시스템

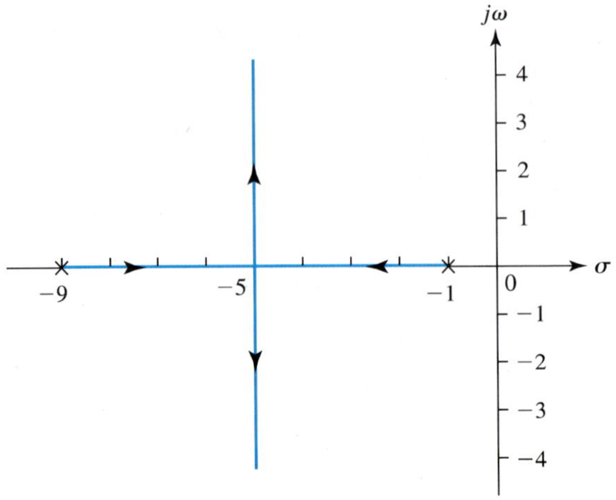

그림 5.45 내부 루프에 대한 근궤적선도

내부 루프에 대한 근궤적선도를 그려서 태코미터 게인 K_T를 선정하기로 한다. 그림 5.45는 내부 루프에 대한 근궤적선도이다. 이 근궤적선도로부터 $K_T \geq 3.2$이면 태코미터 게인 크기에 관계없이 2 % 정착시간이 0.8초로 같다는 것을 알 수 있다. 따라서 태코미터 게인 K_T를 3.2로 선정하기로 한다.

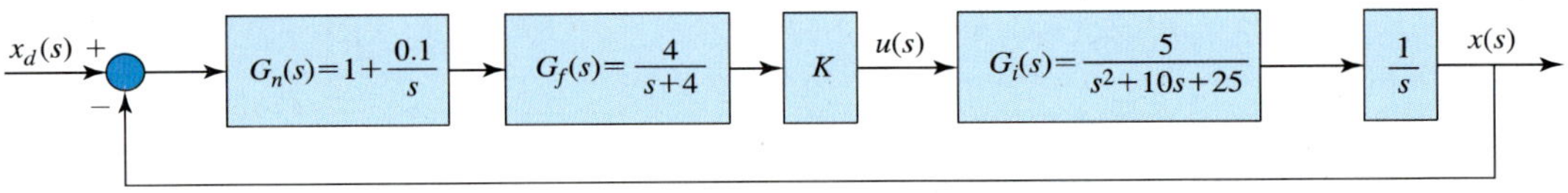

(a) 블록선도

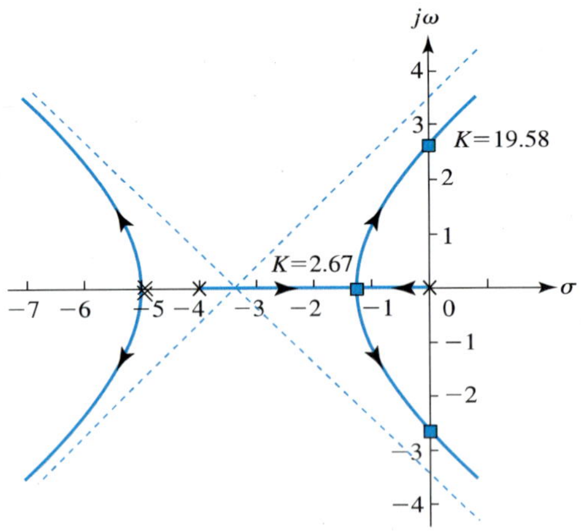

(b) 근궤적선도

그림 5.46 인공팔 제어시스템에 대한 블록선도 및 근궤적선도

이제 전압증폭기 게인 K를 선정하기 위해 태코미터 게인 K_T를 3.2로 고정하고 전체 시스템을 블록선도[그림 5.46(a)]로 표시하고, 전압증폭기 게인 K 값에 따른 전체 시스템에 대한 근궤적을 그린다. 그림 5.46(b)의 근궤적선도로부터 $K=2.67$일 때, 즉 근궤적이 분기점에 있을 때 정착시간이 최소가 되고, $K \leq 19.58$이면 시스템이 안정하다는 것을 알 수 있다. 전체 시스템에 대한 개루프 전달함수 $G(s)$는 다음과 같다.

$$G(s) = \frac{20(s+0.1)K}{s^2(s+4)(s+5)^2}$$

또한 대표극점의 감쇠에 따른 단위스텝응답을 조사하기로 한다. 과감쇠인 경우($K=1.74$, $\zeta=1.72$), 임계감쇠인 경우($K=2.67$, $\zeta=1$), 경감쇠인 경우($K=3.85$, $\zeta=0.707$)에 대한 단위스텝응답이 그림 5.47에 표시되어 있다. $K=3.85$일 때는 오버슈트가 크고 변위의 변화량, 즉 모터의 속도가 크게 요구되고 있으며, $K=1.74$일 때는 오버슈트가 크고 응답속도가 느리다. 그래서 전압증폭기 게인 K를 2.67 근처에서 선정하는 것이 최선의 선택이다. 그렇지만 응답이 만족스럽지 않다면, 1차적으로는 K_T와 K 값을 재선정해볼 수 있다. 그래도 만족스러운 응답을 찾을 수 없다면 새로운 제어 구조를 찾아야 할 것이다.

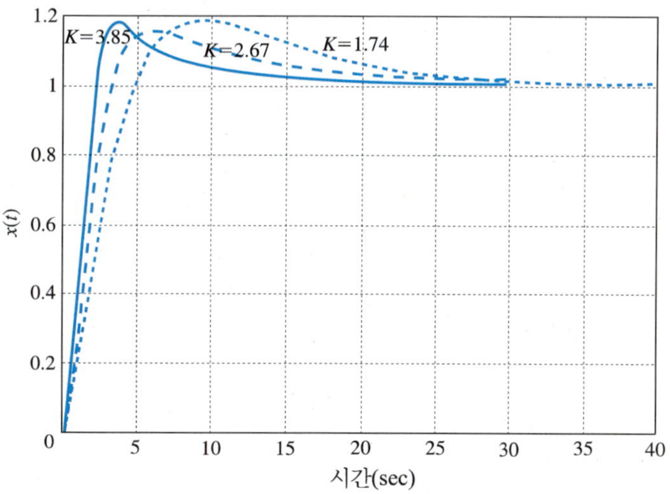

그림 5.47 대표극점의 감쇠에 따른 단위스텝응답

연습문제

5.1 다음의 개루프 전달함수에 대한 근궤적을 그리라. 여기서 a, b, K는 모두 0보다 큰 시스템 파라미터이다.

(1) $G(s) = \dfrac{K}{s(s+1)^2}$ (2) $G(s) = \dfrac{K}{(s+1)(s^2+s+1)}$

(3) $G(s) = \dfrac{K(1-s)}{s(s+2)(s+3)}$ (4) $G(s) = \dfrac{K(s^2+4s+8)}{s^2(s+4)}$

(5) $G(s) = \dfrac{1}{(s+a)(s+b)}$ (6) $G(s) = \dfrac{s+b}{s(s+a)}$

5.2 다음 그림과 같이 주어진 시스템에 대한 근궤적선도를 그리라. 여기서 a, K는 모두 0보다 큰 시스템 파라미터이다.

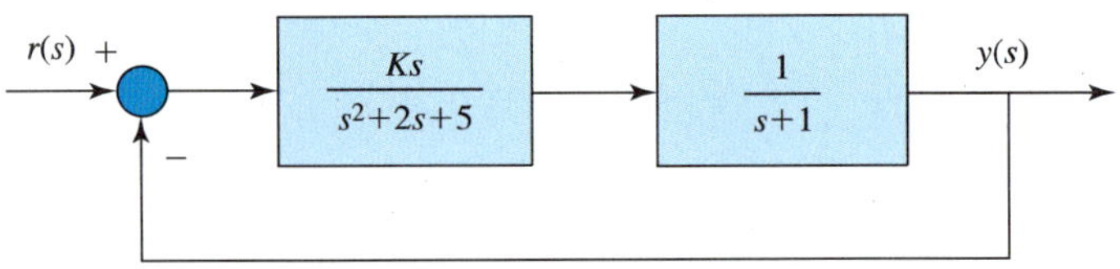

(a)

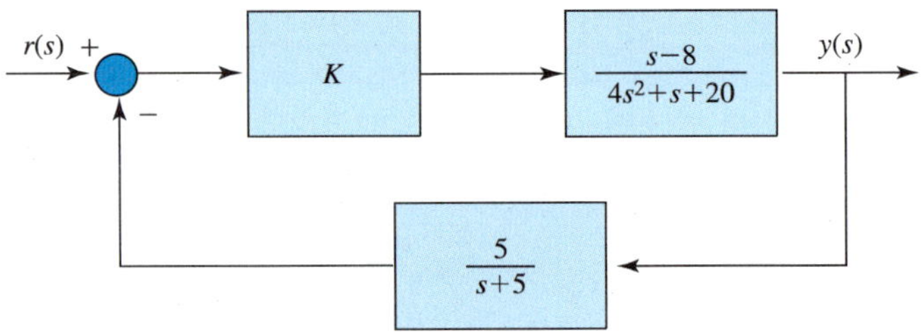

(b)

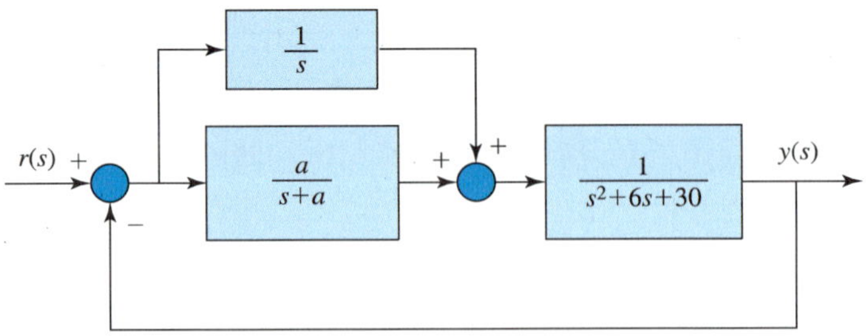

(c)

5.3 개루프 전달함수 $G(s)$가 다음과 같은 단위 피드백 제어시스템이 있다.

$$G(s)=\frac{K(s^2+2s+2)}{s^2(s+2)(s+3)}$$

(1) $G(s)$의 극점 및 영점을 s-평면상에 표시하고 실수축상의 근궤적을 그리라.

(2) 점근선의 각도와 위치를 구하라.

(3) 분기점 위치를 계산하라.

(4) 복소 영점에서의 종착각을 계산하라.

(5) 근궤적선도를 그리라.

5.4 개루프 전달함수 $G(s)$가 다음과 같은 단위 피드백 제어시스템이 있다.

$$G(s)=\frac{K(s^2+4s+8)}{s^2(s+4)}$$

이 제어시스템의 대표극점의 감쇠비 $\zeta=0.5$가 되도록 하고자 한다. 근궤적선도를 이용하여 이 조건을 만족시킬 수 있는 K 값을 구하고, 그때의 대표극점 $p=-1.3\pm j2.2$임을 보이라.

5.5 다음 시스템의 근궤적을 그리고 그 특징을 요약하라.

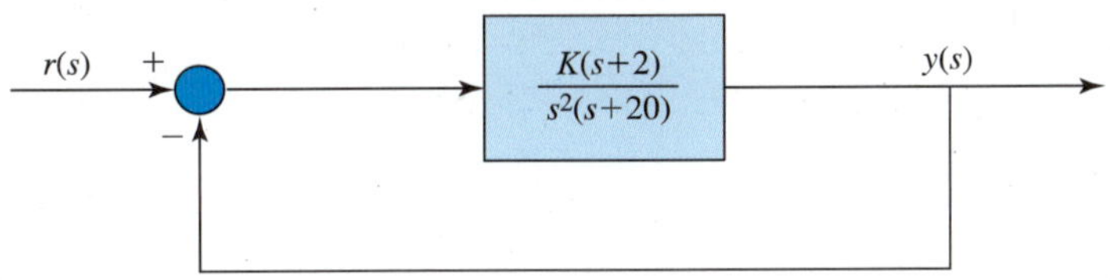

5.6 개루프 전달함수 $G(s)$가 다음과 같다.

$$G(s)=\frac{K}{s(s+1)(s+3)(s+4)}$$

(1) 실수축과 교차되는 점근선의 각도와 위치를 구하라.

(2) 분기점 위치를 계산하라.

(3) 시스템이 불안정하게 되는 K 값은 얼마인가?

(4) 근궤적을 그리라.

5.7 다음 그림은 어떤 위치 서보 시스템의 동역학을 단순화한 후 그린 블록선도이다.

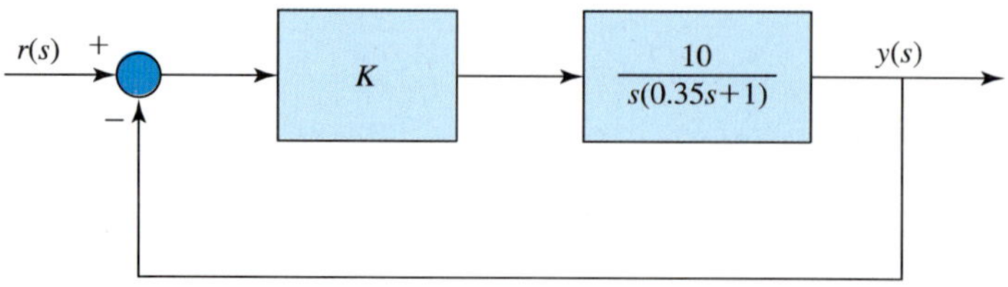

(1) 모든 게인 K 값에 대해 시스템이 안정한지를 판정하라.

(2) 실제 시스템에서는 게인 $K = 30$일 때 안정한계(marginally stable) 상태였다. 그 이유는 구동기의 동역학을 무시한 데 있다고 예상할 수 있다. 그래서 구동기 동역학을 1차 지연요소, 즉 $\dfrac{1}{1+T_a s}$로 고려하여 위치 서보 시스템을 재모델링하기로 한다. 이와 같은 효과를 나타낼 수 있는 구동기의 시정수 T_a 값은 얼마인가?

5.8 다음 그림과 같이 주어진 시스템에 대한 근궤적선도를 그리고, 점근선의 각도와 위치, 분기점, 종착각을 계산하라. 또한 폐루프 대표극점의 감쇠비가 0.4로 되는 K 값은 얼마인가?

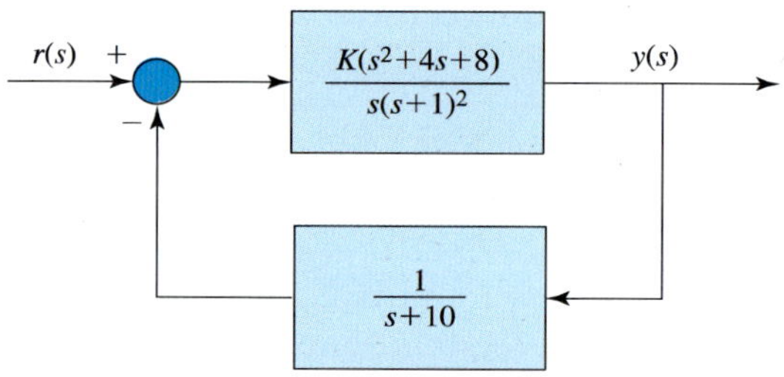

5.9 다음 그림은 역진자–차량 시스템에서 역진자가 수직 위치($\theta \simeq 0°$)를 유지하도록 제작된 제어시스템이다.

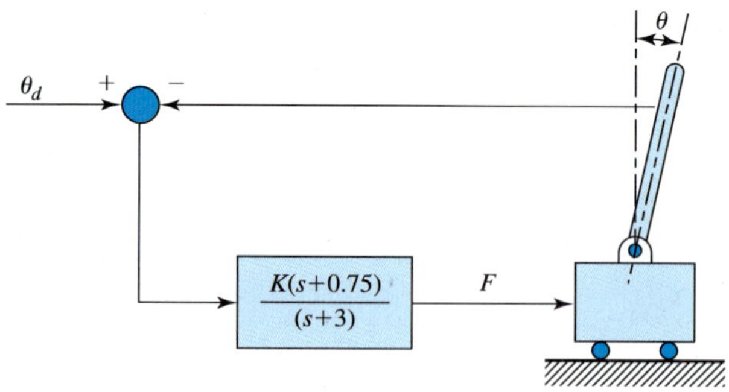

이 제어시스템의 개루프 전달함수 $G(s)$는 다음과 같다.

$$G(s) = \frac{K(s+0.75)}{(s+3)(s+1.25)(s-1.25)}$$

(1) Routh 안정도 판별법을 이용하여 시스템이 안정한 K의 범위를 구하라.

(2) 근궤적을 그리고 모든 중요점들을 명시하라.

5.10 개루프 전달함수 $G(s)$가 다음과 같다.

$$G(s) = \frac{K}{s(s^2+6s+12)}$$

(1) 실수축상의 근궤적을 그리라.

(2) 실수축과 교차되는 점근선의 각도와 위치를 구하라.

(3) 복소 극점으로부터 출발각은 얼마인가?

(4) 근궤적선도를 그리라.

(5) 폐루프 복소 극점의 감쇠비 ζ가 0.5일 때 K 값은 얼마인가?

5.11 다음 특성방정식에 대한 근궤적을 조사하고자 한다.

$$s^3 + \alpha s^2 + Ks + K = 0$$

(1) $\alpha = 2$일 때 시스템 파라미터 K 값에 따른 근궤적을 그리라.

(2) $\alpha = 12$일 때 시스템 파라미터 K 값에 따른 근궤적을 그리라.

(3) 0이 아닌 이탈점이 한 개 생기는 α 값의 범위를 구하라.

5.12 개루프 전달함수 $G(s)$가 다음과 같다.

$$G(s) = \frac{K(s+a)}{s^2(s+1)}$$

(1) $a < 0$, (2) $0 < a < 1$, (3) $a > 1$일 때의 근궤적선도를 그리고 폐루프 시스템의 안정도와 성능을 비교 검토하라.

5.13 폐루프 전달함수의 특성방정식이 다음과 같다.

$$s^2 + (K-1)s + K = 0$$

(1) 근궤적선도를 그리라.

(2) 2 % 정착시간 $t_s \le 12$초이고 복소 극점의 감쇠비 $\zeta \ge 0.4$인 K 값의 범위를 구하라.

5.14 다음과 같은 PI 제어시스템에 대한 물음에 답하라.

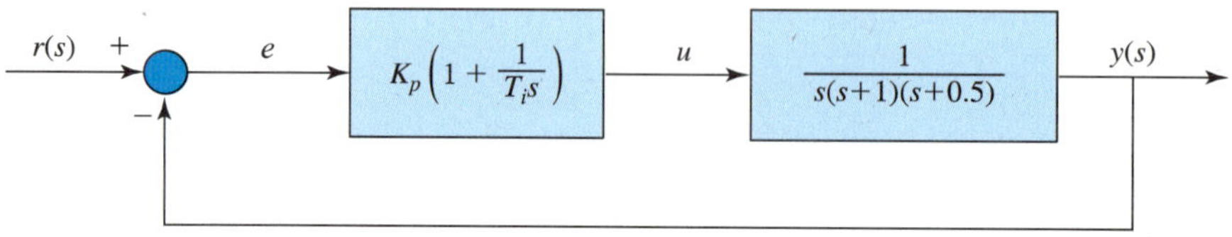

(1) Routh 안정도 판별법을 이용하여 시스템이 안정한 (K_p, T_i) 영역을 도시하라.

(2) 근궤적을 이용하여 (1)에서 얻은 결과를 확인하라.

5.15 다음 그림은 어떤 위치 서보기구의 블록선도이다.

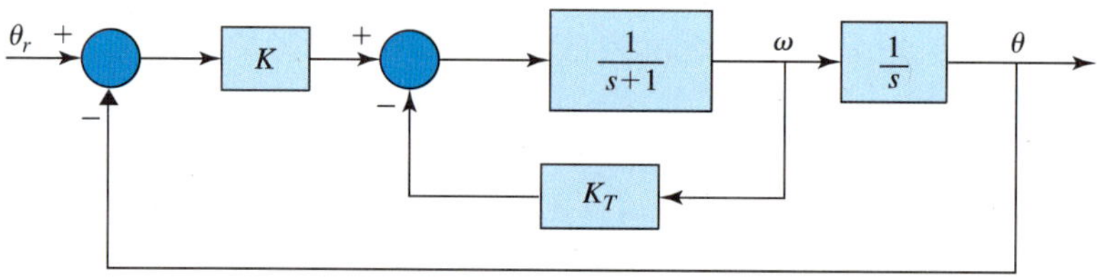

(1) 태코미터 피드백 게인 $K_T = 0$일 때 게인 K 값에 따른 근궤적을 도시하라.

(2) (1)의 근궤적에서 $K = 4$일 때의 극점 위치를 표시하라. 이 경우 시스템의 과도응답 특성을 나타내는 사양인 감쇠비 ζ, 고유주파수 ω_n, 감쇠고유주파수 ω_d, 2 % 정착시간 t_s는 각각 얼마인가?

(3) $K = 4$일 때 K_T 값에 따른 근궤적을 그리고 감쇠비 $\zeta = 0.707$이 되는 K_T 값을 선정하라. 이때 2 % 정착시간 t_s는 얼마인가?

(4) (3)에 주어진 시스템 파라미터들로 선정된 폐루프 시스템에 단위스텝입력이 가해졌을 때 정상상태오차를 구하라.

5.16 잠수함의 자동 심도제어 문제이다. 선미타(stern plane) 구동기의 각도 θ를 적절히 조절하여 바람직한 심도를 유도하고자 한다. 선미타 구동기의 게인 K_s 값에 따른 근궤적을 그리고, K_s 값에 따른 시스템 성능인 (1) 단위스텝입력에 대한 정상상태오차 e_{ss}, (2) 감쇠비 ζ, (3) 2 % 정착시간 t_s를 정성적으로 도시하라.

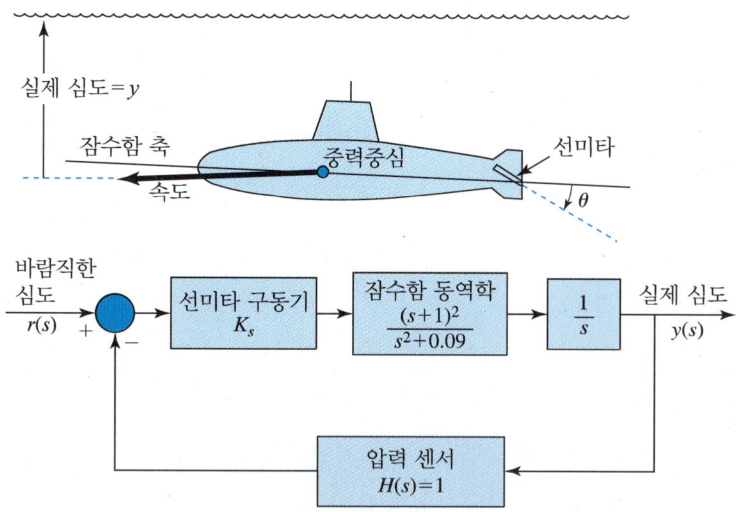

5.17 전달함수 $G(s)$가 다음과 같이 표현되는 어떤 플랜트가 있다.

$$G(s) = \frac{4p}{(s^2 + 4\zeta s + 4)(s + p)}$$

여기서 ζ와 p의 공칭값은 각각 0.5와 1이다.

(1) 근궤적을 이용하여 파라미터 ζ의 변화($0.4 \le \zeta \le 0.6$)에 따른 효과를 설명하라.

(2) 근궤적을 이용하여 파라미터 p의 변화($0.5 \le p \le 1.5$)에 따른 효과를 설명하라.

5.18 비례제어에 의한 어떤 수위 제어시스템의 개루프 전달함수 $G(s)$가 다음과 같다.

$$G(s) = \frac{K}{Ts + 1}$$

여기서 단위 피드백이 사용되었고, 플랜트의 시정수 $T = 1$초로 가정한다. 또한 수위를 계측하는 부표(float)의 동특성을 나타내는 피드백 전달함수 $H(s)$를 고려한 비단위 피드백 제어시스템에 대하여 생각하기로 한다.

$$H(s) = \frac{1}{s^2 + 4s + 8}$$

단위 피드백 및 비단위 피드백 제어시스템에 대한 근궤적을 그리라. 각각의 경우에 대하여 가장 작은 시정수를 얻을 수 있는 K 값을 선정하라. 그리고 각각의 경우에 대하여 K 값을 증가시키면 어떤 효과가 있는가? 또한 부표의 동특성이 시스템의 시정수를 선정하는 데 어떤 영향을 주는지 설명하라.

5.19 다음과 같이 안정한계에 있는 시스템 $G(s)$에 대하여 생각하기로 하자.

$$G(s) = \frac{s}{s^2 + 16}$$

이 시스템을 안정하게 하기 위하여 비례 제어기[$K(s) = K_p$]를 이용한 단위 피드백 제어시스템을 구축하고자 한다.

(1) 폐루프 전달함수 $T(s)$를 구하라.

(2) 근궤적을 그리라.

(3) 모든 복소 극점이 원주상에 있다는 것을 증명하라.

(4) 복귀점을 구하고 이때의 게인 K를 선정하라.

(5) $\zeta = 0.707$일 때의 K 값을 선정하고 이때의 복소 극점을 구하여, 폐루프 특성방정식의 해를 이용하여 구한 복소 극점과 일치함을 보이라.

5.20 다음 그림과 같은 제어시스템에서 다음 설계사양들을 만족시킬 수 있는 제어기를 선정하고자 한다. 단, 근궤적법을 이용하라.

- 단위스텝외란$\left[d(s) = \frac{1}{s}\right]$에 대한 정상상태오차 $e_{ss} \le 0.8$
- 감쇠비 $\zeta = 0.7$

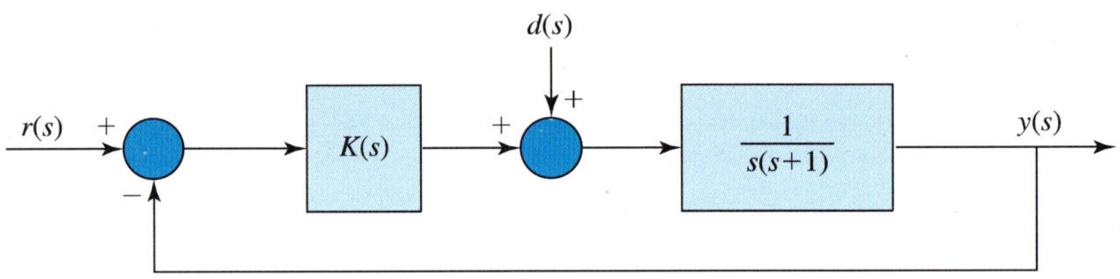

(1) 비례 제어기[$K(s) = K_p$]는 적합하지 않다는 것을 보이라.

(2) 비례-미분 제어기[$K(s) = K_p + K_d s$]가 적합하다는 것을 보이고, 위에 주어진 설계사양들을 만족시키는 제어기 파라미터 K_p와 K_d를 선정하라.

5.21 다음의 근궤적들에 대하여 시스템 파라미터 K 값에 따른 시스템 성능(단위스텝입력에 대한 정상상태오차, 단위램프입력에 대한 정상상태오차, 감쇠비, 2 % 정착시간)들을 정성적으로 도시하라.

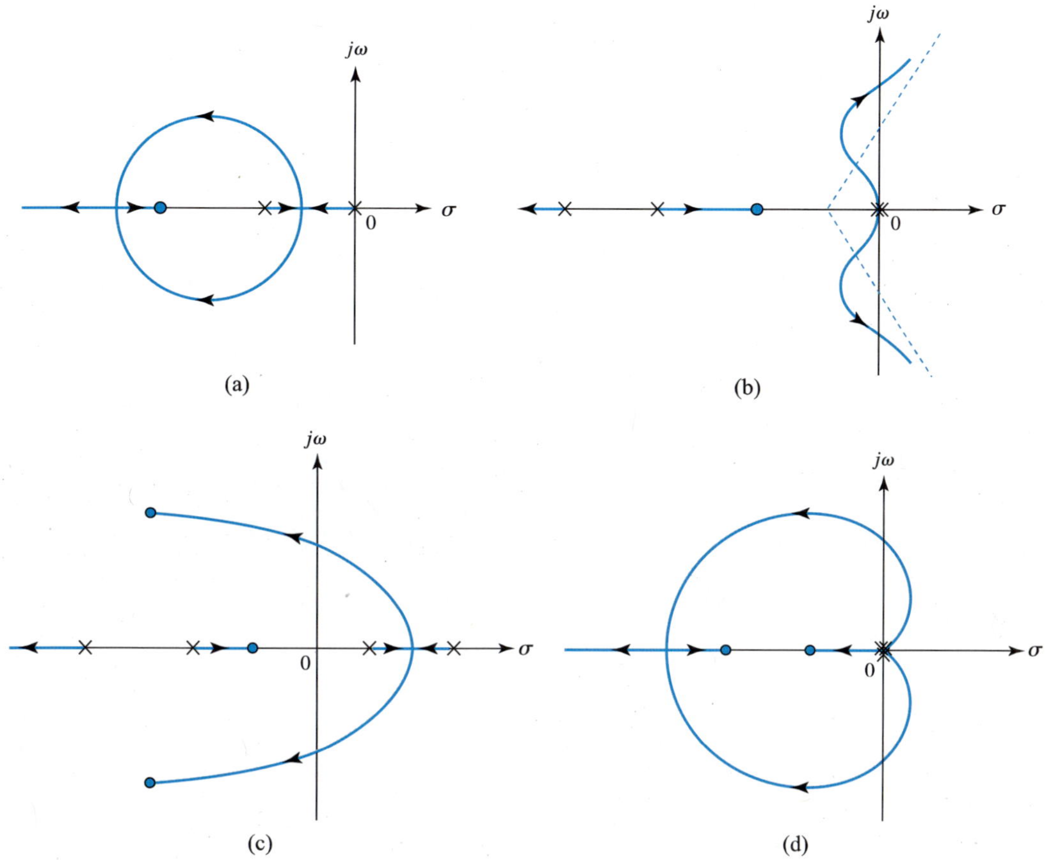

5.22 다음과 같은 피드백 시스템에 대해 파라미터 K_p 값에 따른 근궤적을 그리고 시스템 성능을 정성적으로 도시하라.

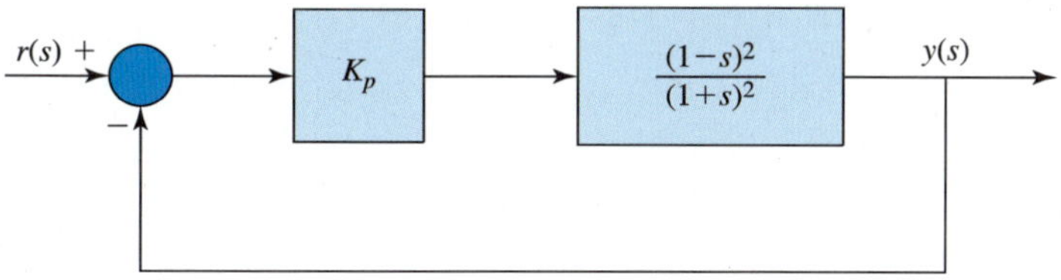

5.23 다음 그림과 같은 PID 제어시스템에서 시스템 파라미터 K 값에 따른 폐루프 시스템의 성능 및 안정도를 해석하고자 한다. 제어기 $K(s)$는 비례 제어기[$K_{\mathrm{P}}(s)=K$], 비례-미분 제어기[$K_{\mathrm{PD}}(s)=K(2s+1)$], 비례-적분 제어기[$K_{\mathrm{PI}}(s)=K(1+3/s)$]에 대하여 생각하기로 한다.

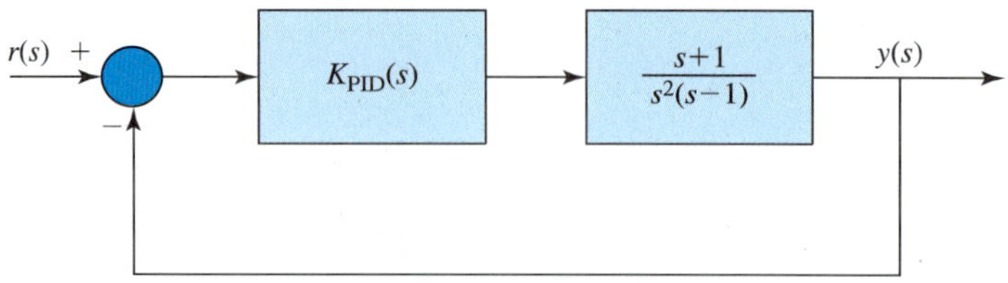

(1) 각 제어시스템에 대한 근궤적선도를 그리라.

(2) K 값에 따른 각 제어시스템의 성능과 안정도를 비교 평가하라.

5.24 다음과 같은 모터구동시스템에 대한 물음에 답하라.

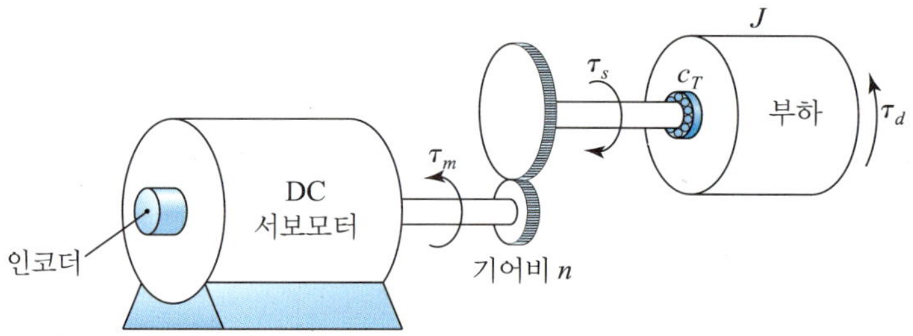

(1) 부하의 각속도를 제어하기 위한 비례 제어시스템의 블록선도를 구성하고 단순 2차 시스템으로 표현되는 폐루프 전달함수를 구하라. 시스템 모델링 과정에서 이상화한 내용과 그 근거를 간략히 서술하라. 플랜트에서 기계 부시스템의 극점이 -1, 전기 부시스템의 극점이 -5, 단위스텝 입력전압에 대한 플랜트의 출력각속도의 정상상태응답오차가 0.5일 때 플랜트의 파라미터들을 선정하라.

(2) (1)의 비례 제어시스템에서 비례 제어 게인 $K_p(0 \to \infty)$ 값에 따른 비례 제어시스템의 안정도와 과도응답 성능을 해석하라.

(3) (1)에서 비례 제어기를 PI$[K(s) = K(s+4)/s]$ 제어기로 대치했을 때의 근궤적선도를 그리고 (2)의 비례 제어시스템과 시스템 성능을 비교 평가하라.

(4) (3)에서 정상상태응답은 그대로 유지하면서 과도응답 성능을 개선하기 위하여 제어기의 영점을 어떻게 선정하면 되는지를 근궤적선도와 대표극점 개념을 이용하여 정성적으로 설명하라.

5.25 다음 그림과 같은 유압시스템에 대한 물음에 답하라.

(1) 시스템에 대한 단순화 및 이상화 과정을 요약하라.

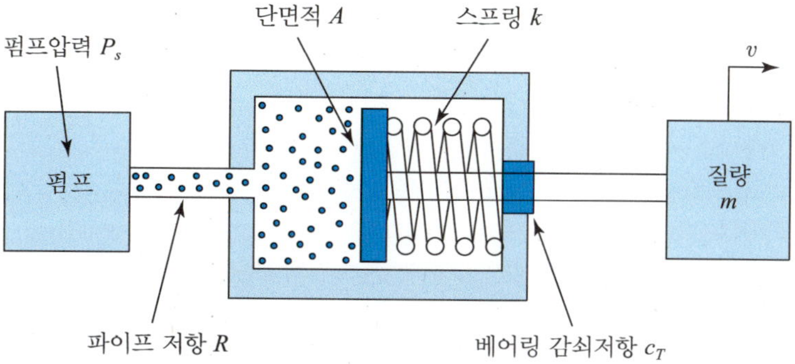

(2) 상태공간 모델식을 유도하라. 시스템 입력은 펌프압력 P_s이고 출력은 질량 m의 속도 v이다.

(3) 모든 시스템 파라미터들은 1로 가정하고 플랜트 전달함수 $G(s) = v(s)/P_s(s)$를 구하라.

(4) 비례 제어시스템[$K(s) = K_p$]에 대한 시간응답 성능을 평가하라.

(5) 비례 제어시스템의 문제점을 해결하기 위하여 PI 제어시스템[$K(s) = K_p(s+\alpha)/s$]을 구성하기로 한다. 문제점을 해결할 수 있는 K_p와 α를 선정할 수 있는지를 근궤적선도에서 보이라.

6장 주파수응답 해석

6.1 서론

시스템에 사인파입력(sinusoidal input)을 가했을 때 입력주파수 $\omega(0 \le \omega \le \infty)$에 따른 입력의 진폭에 대한 정상상태에서의 출력의 진폭의 비 그리고 입력과 출력 사이의 위상차를 시스템의 주파수응답이라고 한다. 시스템의 입출력 진폭의 비는 시스템의 주파수 전달함수의 크기 $|G(j\omega)|$, 그리고 입출력의 위상차는 주파수 전달함수의 위상 $\angle G(j\omega)$와 같다. 그러므로 시스템의 전달함수 $G(s)$만 유도된다면 전달함수 $G(s)$에서 복소변수 s 값에 $j\omega$를 대입하여 쉽게 주파수 전달함수 $G(j\omega)$를 구할 수 있으며 시스템의 주파수응답 특성을 알 수 있게 된다.

주파수응답 특성은 일반적으로 Bode 선도, Nyquist 선도, Nichols 선도와 같은 도해적 방법(graphical method)을 이용하여 나타낸다. Bode 선도는 주파수 ω에 따른 주파수 전달함수의 크기 $|G(j\omega)|$와 위상 $\angle G(j\omega)$를 직교좌표상에 나타낸 선도이다. Nyquist 선도는 주파수 ω에 따른 주파수 전달함수 $G(j\omega)$의 크기와 위상을 극좌표상에 표시한 선도이다. 그리고 Nichols 선도는 주파수 ω에 따른 주파수 전달함수 $G(j\omega)$의 위상 $\angle G(j\omega)$를 수평축에, 크기 $|G(j\omega)|$를 수직축에 나타낸 선도이다. 각 주파수응답 선도는 각각의 특징이 있으므로 요구되는 제어시스템의 해석 및 설계에 따라 적절히 선정하여 사용해야 한다.

동적 시스템의 주파수응답은 사인파 신호발생기를 이용하여 비교적 정확하고 쉽게 구할 수 있다. 그래서 시스템이 복잡한 경우에는 해석적인 방법으로 모델링하기 힘들므로 이때는 실험적으로 구한 주파수응답을 이용하여 시스템의 동특성을 나타내는 전달함수를 구할 수도 있다. 그리고 Nyquist 안정도 판별법과 같은 주파수응답 해석 방법을 이용하여 폐루프 시스템의 안정도를 쉽게 판별할 수 있다. 이 방법은 특성방정식의 근을 조사하지 않고 단지 개루프 시스템의 주파수응답 특성으로부터 폐루프 시스템의 공칭안정도(nominal stability)와 상대안정도(relative stability)를 조사하는 데 이용된다. 또한 주파수응답에 의하여 동적 시스템의 시간응답 특성을 직접적으로 알 수는 없으나 주파수응답은 시간응답과 어느 정도 상관관계가 있으므로 주파수응답법을 이용하여 해석한 결과를 가지고 제어시스템의 시간응답을 예측할 수도 있다.

이 장에서는 제어시스템의 주파수응답 특성을 나타내는 Bode 선도, Nyquist 선도, Nichols 선도들을 그리는 방법과 이들을 이용하여 주파수역에서 제어시스템의 성능 및 안정도를 해석하는 방법을 다룬다. Bode 선도로부터 주파수응답 특성을 나타내는 사양들과 Nyquist 선도로부터 폐루프 제어시스템의 공칭안정도를 판정하는 방법뿐만 아니라 실제 제어시스템 설계에서 중요한 개념인 상대안정도를 평가하는 방법을 설명한다. 또한 주파수역에서 제어시스템을 설계할 때 가장 중요하게 고려해야 할 바람직한 주파수응답 특성에 대해서도 언급하기로 한다. 끝으로, MATLAB을 이용하여 Bode 선도, Nyquist 선도, Nichols 선도를 그리고 제어시스템의 응답 특성을 주파수역에서 해석하는 방법들을 다루기로 한다.

6.2 주파수응답

그림 6.1에 표시된 바와 같이 임의의 안정한 선형 시불변 시스템 $G(s)$에 주파수가 ω인 사인파 신호(sinusoidal signal)가 시스템의 입력으로 가해질 때 시스템의 출력은 과도응답이 지난 후 정상상태에서 입력과 같은 주파수를 갖는 사인파 신호로 발생하게 된다. 이때 사인파 신호인 출력의 진폭은 입력 진폭에 주파수 전달함수 $G(j\omega)$의 크기 $|G(j\omega)|$를 곱한 값이 되고, 출력의 위상에는 입력의 위상으로부터 주파수 전달함수 $G(j\omega)$의 편각 $\angle G(j\omega)$만큼의 위상차가 발생한다.

전달함수 $G(s)$에서 복소변수 s 값에 $j\omega$를 대입한 $G(j\omega)$를 주파수 전달함수라고 하며, 주파수 전달함수 $G(j\omega)$는 주파수역에서 다음과 같이 표시된다.

$$G(j\omega) = X + jY \tag{6.1}$$

여기서

$$X = Re\{G(j\omega)\}, \qquad Y = Im\{G(j\omega)\}$$

또는

$$G(j\omega) = |G(j\omega)|e^{j\phi(\omega)} = |G(j\omega)|\angle\phi(\omega) \tag{6.2}$$

여기서

$$|G(j\omega)| = \sqrt{X^2 + Y^2}, \qquad \phi(\omega) = \tan^{-1}\frac{Y}{X}$$

그리고 주파수 $\omega(0 \le \omega \le \infty)$에 따른 주파수 전달함수의 크기 $M(\omega)[= |G(j\omega)|]$와 위상 $\phi(\omega)[= \angle G(j\omega)]$를 주파수응답이라고 한다.

선형 시스템에서는 주파수응답 특성을 시스템의 전달함수로부터 간단히 수식적으로 알 수 있다. 전달함수 $G(s)$인 시스템에 사인파입력을 가했을 때 입력 진폭에 대한 정상상태에서 출력 진폭의 비를 나타내는 주파수응답의 크기와 입력과 출력 사이의 위상차를 나타내는 주파수응답의 위상은 각각 전달함수 $G(s)$에서 복소변수 s 값에 $j\omega$를 대입한 복소벡터 $G(j\omega)$의 크기와 편각과 같으므로 주파수 전달함수 $G(j\omega)$로부터 시스템의 주파수응답 특성을 알 수 있다.

이제 그림 6.1에 표시된 임의의 안정한 선형 시불변 시스템에 진폭 A이고 주파수 ω인 사인파입력 $u(t)$가 가해졌을 때 정상상태에서의 출력 $y_{ss}(t)$를 계산함으로써 시스템의 주파수응답을 전달함수로부터 알 수 있다는 것을 설명하고자 한다. 사인파입력 $u(t)$와 출력 $y(t)$의 Laplace 변환함수 $u(s)$와 $y(s)$는 각각 다음과 같다.

$$u(s) = \frac{A\omega}{s^2 + \omega^2} = \frac{A\omega}{(s + j\omega)(s - j\omega)} \tag{6.3}$$

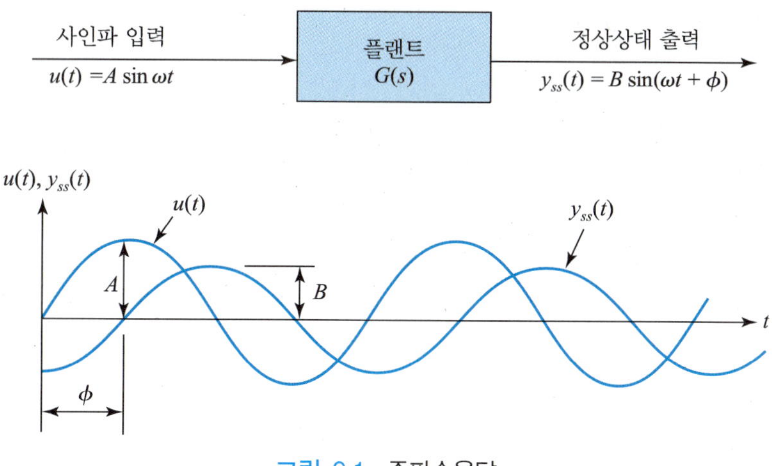

그림 6.1 주파수응답

$$y(s) = G(s)u(s) = G(s)\frac{A\omega}{(s+j\omega)(s-j\omega)} \tag{6.4}$$

그리고 전달함수 $G(s)$를 편의상 다음과 같이 표시하기로 한다.

$$G(s) = \frac{N(s)}{D(s)} = \frac{N(s)}{(s-p_1)(s-p_2)\cdots(s-p_n)} \tag{6.5}$$

여기서 $p_i(i=1,\ 2,\ \cdots,\ n)$는 시스템의 극점이다. 이때 출력 $y(s)$는 다음과 같이 계산된다.

$$\begin{aligned} y(s) = G(s)u(s) &= \frac{A\omega}{(s+j\omega)(s-j\omega)}\cdot\frac{N(s)}{(s-p_1)(s-p_2)\cdots(s-p_n)} \\ &= \frac{c}{s+j\omega}+\frac{c^*}{s-j\omega}+\frac{c_1}{s-p_1}+\frac{c_2}{s-p_2}+\cdots+\frac{c_n}{s-p_n} \end{aligned} \tag{6.6}$$

여기서 c, c^*, c_1, c_2, $\cdots$, c_n은 각 부분분수의 유수(residue)이다. 유수를 계산하는 방법은 2.3절에 설명되어 있다. 특히 c와 c^*의 값은 다음과 같이 계산된다.

$$c = \lim_{s\to -j\omega}\frac{A\omega}{(s+j\omega)(s-j\omega)}G(s)(s+j\omega) = -\frac{A}{2j}G(-j\omega) \tag{6.7}$$

같은 방법으로

$$c^* = \frac{A}{2j}G(j\omega) \tag{6.8}$$

위에서 구한 c와 c^* 값을 식 (6.6)에 대입하면

$$y(s) = \frac{A}{2j}\left\{\frac{G(j\omega)}{s-j\omega}-\frac{G(-j\omega)}{s+j\omega}\right\}+\frac{c_1}{s-p_1}+\frac{c_2}{s-p_2}+\cdots+\frac{c_n}{s-p_n} \tag{6.9}$$

그리고 식 (6.9)에 역Laplace 변환을 수행하여 $y(t)$를 구한다.

$$y(t) = \frac{A}{2j}\{G(j\omega)e^{j\omega t}-G(-j\omega)e^{-j\omega t}\}+c_1e^{p_1t}+c_2e^{p_2t}+\cdots+c_ne^{p_nt} \tag{6.10}$$

여기서 $G(j\omega)$와 $G(-j\omega)$는 공액 복소함수이므로 이것을 각각 다음과 같은 복소함수의 지수표시 식으로 나타낼 수 있다.

$$G(j\omega) = |G(j\omega)|e^{j\phi} \tag{6.11}$$

$$G(-j\omega) = |G(j\omega)|e^{-j\phi} \tag{6.12}$$

두 복소함수 $G(j\omega)$와 $G(-j\omega)$의 크기는 $|G(j\omega)|$로 같고 위상은 각각 $\phi[=\angle G(j\omega)]$와 $-\phi$이다.

이제 식 (6.11)과 식 (6.12)를 식 (6.10)에 대입하면 출력 $y(t)$를 다음과 같이 구할 수 있다.

$$
\begin{aligned}
y(t) &= |G(j\omega)| \frac{A\left\{e^{j(\omega t+\phi)} - e^{-j(\omega t+\phi)}\right\}}{2j} + c_1 e^{p_1 t} + c_2 e^{p_2 t} + \cdots + c_n e^{p_n t} \\
&= |G(j\omega)| A \sin(\omega t + \phi) + c_1 e^{p_1 t} + c_2 e^{p_2 t} + \cdots + c_n e^{p_n t}
\end{aligned} \tag{6.13}
$$

시스템이 안정하다고 가정하면, 즉 시스템의 극점 모두가 음의 실수부($\mathrm{Re}[p_i] < 0$, $i = 1, 2, \cdots, n$)를 갖는다면, 식 (6.13)에서 둘째 항 이후의 모든 항은 정상상태($t \to \infty$)에서 0이 된다. 그러므로 사인파입력을 가했을 때 안정한 시스템의 정상상태응답 $y_{ss}(t)$는 다음과 같이 표현된다.

$$
y_{ss}(t) = |G(j\omega)| A \sin(\omega t + \phi) \tag{6.14}
$$

만일 시스템이 불안정하다면 정상상태가 존재하지 않으므로 이러한 경우의 주파수응답은 의미가 없어진다. 식 (6.14)로부터 시스템의 출력 $y_{ss}(t)$의 진폭 B는 입력 $u(t)$의 진폭 A에 주파수 전달함수의 크기 $|G(j\omega)|$를 곱한 것과 같고, 위상은 입력의 위상 ωt에 주파수 전달함수의 위상 $\phi[= \angle G(j\omega)]$를 더한 것과 같다. 다시 말하면 시스템의 전달함수 $G(s)$에서 복소변수 s 값에 $j\omega$를 대입한 주파수 전달함수 $G(j\omega)$의 크기 $|G(j\omega)|$와 위상 $\angle G(j\omega)$를 조사함으로써 시스템의 주파수응답 특성을 알 수 있다.

6.3 Bode 선도

이 절에서는 주파수 전달함수 $G(j\omega)$의 크기와 위상이 주파수 ω에 따라 어떤 특성을 갖는지를 시각적으로 쉽게 알 수 있도록 나타낸 도해적인 방법인 Bode 선도에 대하여 설명하기로 한다. Bode 선도는 주파수 ω에 따른 주파수 전달함수의 크기 $M(\omega)[= |G(j\omega)|]$와 위상 $\phi(\omega)[= \angle G(j\omega)]$를 각각 직교좌표상에 나타낸 선도이다. 일반적으로 주파수 ω는 수평축에 로그스케일(logarithmic scale)로 나타내고, 주파수 전달함수의 크기 $M(\omega)$는 데시벨(dB: decibel), 위상 $\phi(\omega)$는 각도(degree)로 수직축에 나타낸다. 여기서 데시벨은 시스템의 주파수 전달함수의 크기 $|G(j\omega)|$의 상용로그 값을 20배한 값이다. 즉 $M\,\mathrm{dB} = 20 \log |G(j\omega)|$이다.

Bode 선도는 주파수응답 특성을 나타내는 선도 중에서 가장 보편적으로 사용되고 있다. 그 이유는 다음과 같은 장점들이 있기 때문이다.

- 주파수 전달함수 $G(j\omega)$의 크기는 일반적으로 여러 개의 기본 요소들에 대한 주파수 전달함수의 크기의 곱으로 표시될 수 있으므로, 로그스케일 좌표상에서는 주파수 전달함수의 크기를 각 기본 요소에 대한 주파수 전달함수의 크기의 합으로 표시할 수 있다. 또한 주파수 전달함수의 위상도 여러 개의 각 기본 요소에 대한 위상의 합으로 표시할 수 있다. 이와 같이 시스템이 복잡하더라도 시스템을 여러 개의 기본 요소로 분해함으로써 주파수응답을 조직적이며 쉽게 구할 수 있다.
- 점근선을 이용하여 실제의 선도에 근사화할 수 있으므로 복잡한 주파수 전달함수를 쉽게 선도화할 수 있다.
- 로그스케일 좌표계를 사용하므로 저주파 및 고주파의 넓은 주파수역에서 주파수응답을 나타낼 수 있을 뿐만 아니라 상대적으로 중요한 주파수역인 저주파역은 확대하고 상대적으로 덜 중요한 주파수역인 고주파역은 축소해서 표현하므로 합리적이다.
- 실험적으로 구한 Bode 선도로부터 시스템의 전달함수를 유도할 수 있다.
- 제어기 설계 시 제어기의 첨가와 제어기의 파라미터의 효과를 쉽게 가시화할 수 있다.

이제 Bode 선도를 체계적으로 작도할 수 있는 방법에 대하여 설명하기로 한다. 일반적으로 전달함수 $G(s)$는 다음과 같은 5가지의 기본 요소들의 조합으로 이루어져 있다.

- 상수 게인 요소: $G(s) = K$ (6.15)
- 미분 또는 적분 요소: $G(s) = s$ 또는 $1/s$ (6.16)
- 실수축상에 있는 극점 또는 영점 요소: $G(s) = 1/(1+Ts)$ 또는 $1+Ts$ (6.17)
- 복소 극점 또는 영점 요소:

$$G(s) = \frac{1}{1+\dfrac{2\zeta}{\omega_n}s+\dfrac{1}{\omega_n^2}s^2} \quad \text{또는} \quad 1+\frac{2\zeta}{\omega_n}s+\frac{1}{\omega_n^2}s^2 \tag{6.18}$$

- 수송지연(transportation lag) 요소: $G(s) = e^{-Ts}$ (6.19)

일반적인 전달함수에 대한 Bode 선도는 전달함수를 위에 제시된 각 기본 요소들로 분해한 후 이에 대한 Bode 선도들을 그리고 이들을 더함으로써 쉽게 작도할 수 있다. 그러므로 우선 각 기본 요소들에 대한 Bode 선도를 작도하여 그 특성을 알아보기로 한다.

(1) 상수 게인 요소의 Bode 선도

상수 게인 K는 주파수 ω의 함수가 아니므로 주파수 전달함수의 크기 $M(\omega)$는 모든 주파수 ω에 대하여 $20\log K$(dB)로 일정한 값을 갖는 직선으로 표시된다. 그리고 위상 $\phi(\omega)$도 역시 주파수 ω와 무관하며 모든 주파수 ω에 대하여 $0°$이다. 이를 Bode 선도상에 표시하면 그림 6.2와 같다.

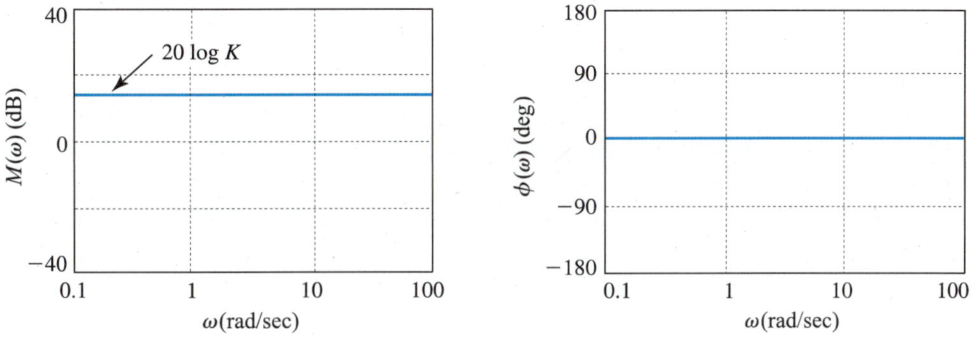

그림 6.2 상수 게인 요소 $G(s)=K$의 Bode 선도

(2) 미분 또는 적분 요소의 Bode 선도

미분 요소 $G(s)=s$에 대한 주파수 전달함수 $G(j\omega)=j\omega$의 크기 $M(\omega)$와 위상 $\phi(\omega)$는 각각 다음과 같다.

$$M(\omega)=20\log|j\omega|=20\log\omega \text{ dB} \tag{6.20}$$

$$\phi(\omega)=\tan^{-1}\infty=90° \tag{6.21}$$

또한 적분 요소 $G(s)=1/s$의 주파수 전달함수 $G(j\omega)=1/j\omega$에 대해서는

$$M(\omega)=20\log\left|\frac{1}{j\omega}\right|=-20\log\omega \text{ dB} \tag{6.22}$$

$$\phi(\omega)=-\tan^{-1}\infty=-90° \tag{6.23}$$

일반적으로 $G(j\omega)=(j\omega)^n$일 때 주파수 전달함수의 크기와 위상은 각각 다음과 같다.

$$M(\omega)=20n\log\omega \text{ dB} \tag{6.24}$$

$$\phi(\omega)=90n° \tag{6.25}$$

그림 6.3은 미적분 요소 $G(s)=s^n$의 Bode 선도를 나타낸다.

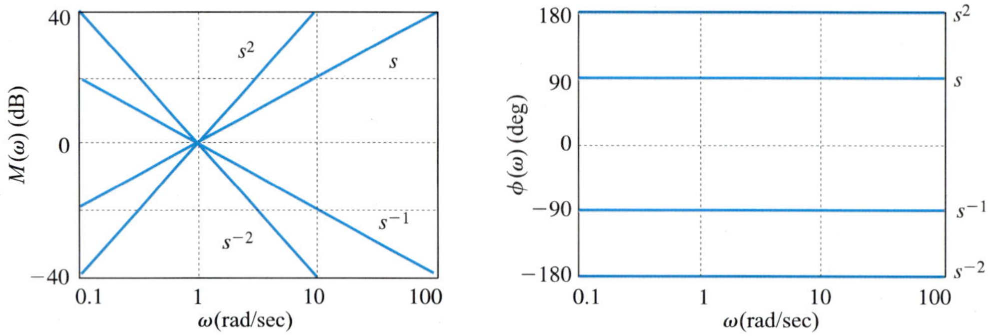

그림 6.3 미적분 요소 $G(s) = s^n$의 Bode 선도

(3) 실수축상에 있는 극점 또는 영점 요소의 Bode 선도

실수축상에 있는 극점 요소의 주파수 전달함수는 일반적으로 다음과 같이 표시된다.

$$G(j\omega) = \frac{1}{1 + j\omega T} \tag{6.26}$$

이때 주파수 전달함수의 크기 $M(\omega)$와 위상 $\phi(\omega)$는 각각 다음과 같다.

$$M(\omega) = 20\log\left|\frac{1}{1 + j\omega T}\right| = -20\log\sqrt{1 + (\omega T)^2} \text{ dB} \tag{6.27}$$

$$\phi(\omega) = -\tan^{-1}\omega T \tag{6.28}$$

우선 저주파 및 고주파역에서 실수축상에 있는 극점 요소 (6.26)에 대한 주파수 전달함수의 크기 $M(\omega)$와 위상 $\phi(\omega)$의 근삿값을 구하기로 한다.

- $\omega \ll \dfrac{1}{T}$일 때(저주파역)

$$M(\omega) \simeq 0 \text{ dB}, \quad \phi(\omega) = 0° \tag{6.29}$$

- $\omega \gg \dfrac{1}{T}$일 때(고주파역)

$$M(\omega) \simeq -20\log\omega T \text{ dB}, \quad \phi(\omega) = -90° \tag{6.30}$$

- $\omega = \dfrac{1}{T}$일 때

$$M(\omega) = -3 \text{ dB}, \quad \phi(\omega) = -45° \tag{6.31}$$

그림 6.4는 위와 같은 근삿값에 의한 점근선을 이용하여 작도한 실수축상에 있는 극점 요소의 주파수응답과 실제 주파수응답을 표시한 Bode 선도이다. 실수축상에 있는 극점 요소의 Bode 선도는 실제로는 곡선으로 표시되지만 일반적으로 그림 6.4와 같이 간단하게

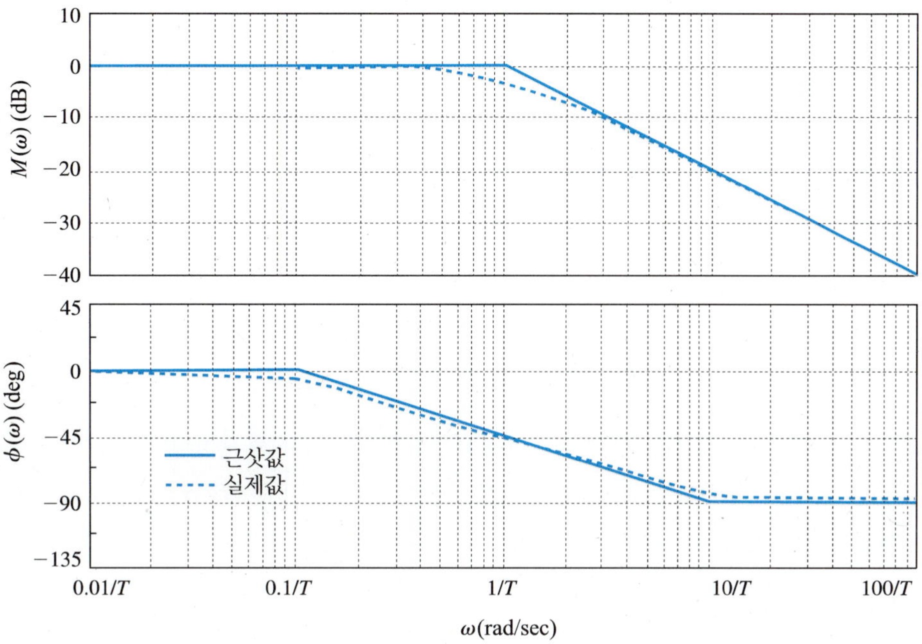

그림 6.4 실수축상에 있는 극점 요소 $G(s)=\dfrac{1}{1+Ts}$의 Bode 선도

두 개의 점근선을 이용하여 근사적으로 표시한다. 따라서 이 점근선을 그리는 방법을 익혀두면 복잡한 주파수 전달함수의 Bode 선도도 쉽게 작도할 수 있다. 실수축상에 있는 극점 요소의 경우에는 두 개의 점근선(저주파역 점근선과 고주파역 점근선)이 있다. 이 두 개의 점근선이 교차하는 점을 절점주파수(break frequency) 또는 구석주파수(corner frequency) ω_c라고 한다. 실수축상에 있는 극점 요소의 경우는 $\omega_c = 1/T$이다. 주파수 ω가 절점주파수 ω_c보다 작은 저주파역에서는 크기가 1(0 dB)인 게인 요소와 같이, 그리고 주파수 ω가 절점주파수 ω_c보다 큰 고주파역에서는 절점주파수 ω_c에서 크기가 1(0 dB)인 적분 요소 $(1/s)$의 특성, 즉 크기선도의 기울기가 −20 dB/dec로 감소하는 특성이 있다.

그림 6.4에 표시된 바와 같이 실수축상에 있는 극점 요소에 대한 두 개의 점근선은 실제로 정확하게 계산하여 얻은 응답 곡선과 비교해볼 때 큰 오차가 없다. 가장 큰 오차를 나타내는 주파수응답의 크기는 절점주파수 ω_c에서 약 3 dB이고, 가장 큰 위상오차는 절점주파수 ω_c의 0.1배, 그리고 10배 되는 주파수, 즉 $0.1\omega_c$와 $10\omega_c$에서 약 $6°$이다. 그래서 크기선도를 신속하고 실제에 근접하도록 작도하기 위해서는 우선 점근선들을 그린다. 다음으로 절점주파수 ω_c에서 최대 보정량(극점 요소의 경우 −3 dB)이 수정되도록 하고 절점주파수 ω_c에서 한 데케이드 벗어난 주파수, 즉 $0.1\omega_c$와 $10\omega_c$에서는 보정량이 0이 되도록 하여 절

점주파수 근처($0.1\omega_c \leq \omega \leq 10\omega_c$)에서 그림 6.4에 표시된 크기선도와 같이 적절히 보정한다. 위상선도도 역시 신속하고 실제에 근접하도록 작도하기 위해서는 점근선을 그린 후 0.1 ω_c와 $10\omega_c$에서 최대 보정량(극점 요소의 경우 각각 $-6°$와 $6°$)이 수정되도록 하고 최대 보정을 하는 주파수에서 한 데케이드 벗어난 주파수 $0.01\omega_c$, ω_c, $100\omega_c$에서 보정량이 0이 되도록 절점주파수 근처($0.01\omega_c \leq \omega_c \leq 100\,\omega_c$)에서 그림 6.4에 표시된 위상선도와 같이 적절히 보정한다.

또한 그림 6.4에 표시된 주파수응답 특성을 보면 실수축상에 있는 극점 요소가 저주파통과필터(low-pass filter)의 역할을 하고 있다는 것을 알 수 있다. 절점주파수 ω_c까지는 출력의 크기가 입력의 크기와 거의 같으나, 입력주파수 ω가 절점주파수 ω_c보다 크면, 즉 $\omega > \omega_c$이면 점차로 출력의 크기가 작아지게 된다. $\omega \gg \omega_c$이면 출력은 거의 0이 되고 위상은 $-90°$에 가까워진다. 만약 입력신호가 저주파 및 고주파역에서 에너지를 갖는 신호라고 가정하면, 이 실수축상에 있는 극점 요소를 통과할 때 고주파 성분은 소멸하고 저주파 성분만 나타나는 현상을 볼 수 있다. 그리고 실수축상에 있는 극점 요소의 시정수(time constant) T가 변하면 절점주파수 ω_c도 따라 변하지만 Bode 선도의 모양은 변하지 않는다. 절점주파수 ω_c가 커지면 저주파통과필터의 대역폭(bandwidth)도 그만큼 커진다. 대역폭에 대해서는 다음 절에서 설명하기로 한다.

실수축상에 있는 영점 요소의 주파수 전달함수 $G(j\omega) = 1 + j\omega T$일 때의 Bode 선도는 $G(j\omega) = 1/(1 + j\omega T)$의 경우와 절점주파수 ω_c는 같고 주파수 전달함수의 크기와 위상의 부호만 다를 뿐이다. 그러므로 고주파역에서 크기선도의 점근선이 20 dB/dec로 증가하게 되고 위상은 $0°$축을 대칭으로 부호만 바뀐다.

(4) 복소 극점 또는 영점 요소의 Bode 선도

복소 극점 요소의 주파수 전달함수는 일반적으로 다음과 같이 표시된다.

$$G(j\omega) = \frac{1}{1 + 2\zeta\left(j\dfrac{\omega}{\omega_n}\right) + \left(j\dfrac{\omega}{\omega_n}\right)^2} \tag{6.32}$$

여기서 $0 < \zeta < 1$이다. 이때 주파수 전달함수의 크기 $M(\omega)$와 위상 $\phi(\omega)$는 각각 다음과 같다.

$$M(\omega) = 20\log\left|\frac{1}{1-\dfrac{\omega^2}{\omega_n^2}+j2\zeta\dfrac{\omega}{\omega_n}}\right| \tag{6.33}$$

$$= -20\log\sqrt{\left(1-\frac{\omega^2}{\omega_n^2}\right)^2+\left(2\zeta\frac{\omega}{\omega_n}\right)^2}\ \text{dB}$$

$$\phi(\omega) = -\tan^{-1}\left\{\frac{2\zeta\omega/\omega_n}{1-(\omega/\omega_n)^2}\right\} \tag{6.34}$$

우선 복소 극점 요소의 Bode 선도를 간단하고 신속하게 그리기 위하여 저주파역과 고주파역에서 주파수 전달함수의 크기와 위상을 근사적으로 나타내는 점근선을 구하기로 한다.

- $\dfrac{\omega}{\omega_n} \ll 1$일 때(저주파역)

$$M(\omega) \simeq -20\log 1 = 0\ \text{dB}, \qquad \phi(\omega) = -\tan^{-1}0 = 0° \tag{6.35}$$

- $\dfrac{\omega}{\omega_n} \gg 1$일 때(고주파역)

$$M(\omega) \simeq -20\log\left(\frac{\omega}{\omega_n}\right)^2 = -40\log\left(\frac{\omega}{\omega_n}\right)\ \text{dB}, \tag{6.36}$$

$$\phi(\omega) \simeq -\tan^{-1}\frac{2\zeta}{-(\omega/\omega_n)} = -180°$$

고주파역에서 크기선도의 기울기가 -40 dB/dec로 감소하며, $\omega = \omega_n$에서 저주파역에서의 점근선과 고주파역에서의 점근선이 교차한다. 이 교차점을 절점주파수 ω_c라고 한다. 절점주파수 ω_c에서 주파수 전달함수의 크기 $M(\omega)$는 0 dB이고 위상 $\phi(\omega_c)$는 $-90°$이다. 이 두 점근선은 감쇠비 ζ 값과는 무관하다. 그림 6.5는 감쇠비 ζ 값에 따른 복소 극점 요소의 Bode 선도이다. 이 그림에서 알 수 있듯이 점근선과 실제응답곡선 사이의 오차는 ζ 값에 따라 크게 다를 수 있으며, ζ 값이 약 0.5일 때 두 곡선이 가장 잘 일치한다.

복소 영점 요소의 주파수 전달함수 $G(j\omega) = 1 + 2\zeta(j\omega/\omega_n) + (j\omega/\omega_n)^2$일 때의 Bode 선도는 식 (6.32)에 표시된 복소 극점 요소의 경우와 절점주파수 ω_c는 같고 주파수 전달함수의 크기와 위상의 부호만 다를 뿐이다. 그러므로 고주파역에서 크기선도의 점근선은 40 dB/dec로 증가하게 되고 위상은 0°축을 대칭으로 부호만 바뀐다.

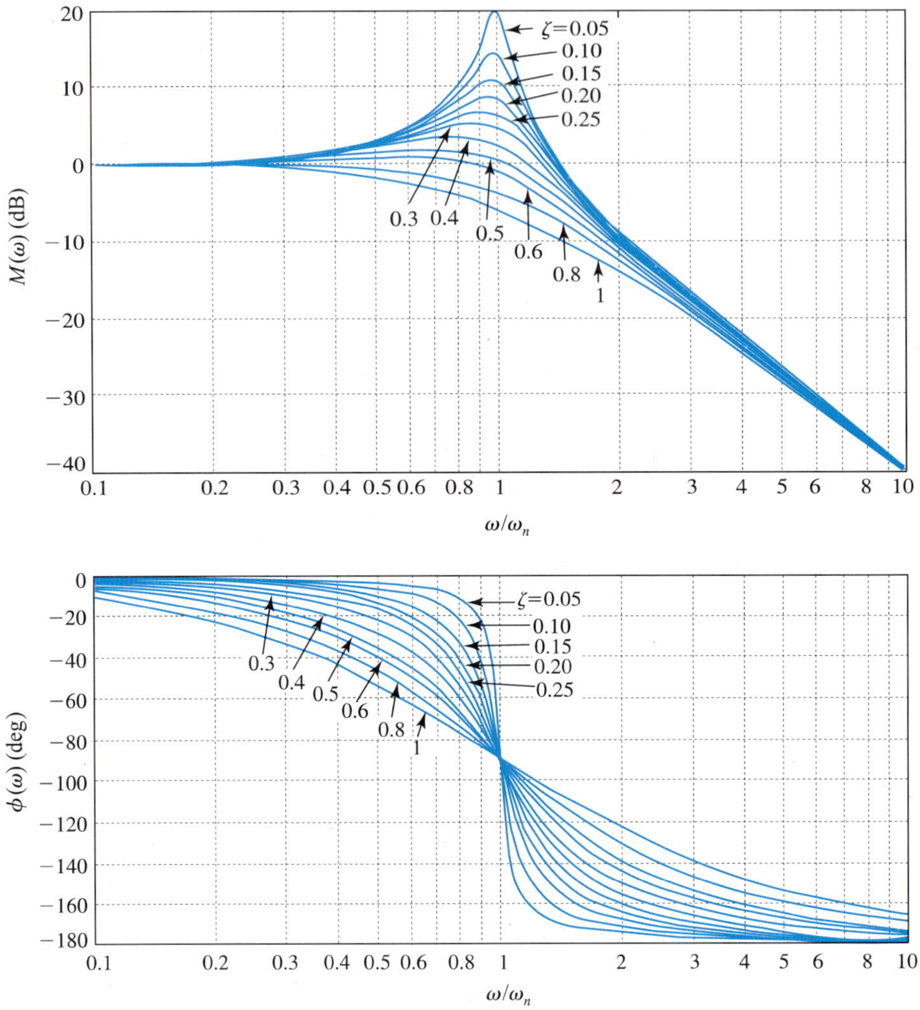

그림 6.5 복소 극점 요소 $G(s)=\dfrac{1}{1+\dfrac{2\zeta}{\omega_n}s+\dfrac{1}{\omega_n^2}s^2}$ 의 Bode 선도

(5) 수송지연 요소의 Bode 선도

수송지연 요소의 주파수 전달함수는 다음과 같이 표시된다.

$$G(j\omega)=e^{-j\omega T} \tag{6.37}$$

여기서 T는 수송지연 시간이다. 이때 주파수 전달함수의 크기 $M(\omega)$와 위상 $\phi(\omega)$는 각각 다음과 같다.

$$M(\omega)=20\log|\cos\omega T-j\sin\omega T|=0\ \text{dB} \tag{6.38}$$

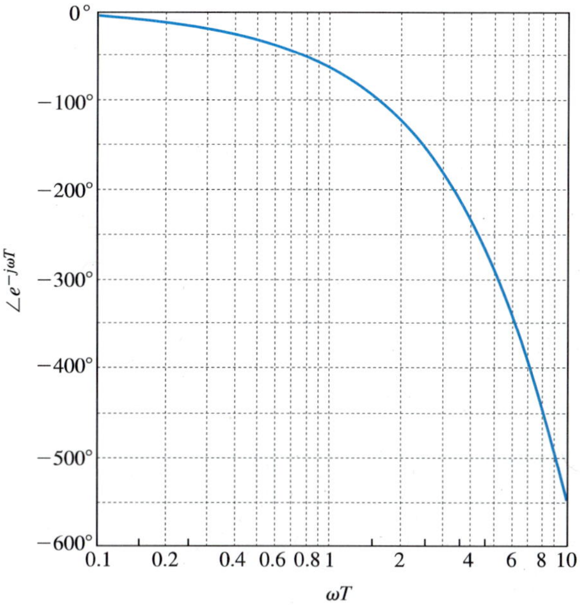

그림 6.6 수송지연 요소 $G(s)=e^{-Ts}$의 위상 Bode 선도

$$\phi(\omega) = -57.3\,\omega T^{\circ} \tag{6.39}$$

크기 $M(\omega)$는 주파수 ω 값에 관계없이 0 dB이고 위상 $\phi(\omega)$는 주파수 ω가 증가함에 따라 선형적으로 감소한다. 그림 6.6은 수송지연 요소의 위상 Bode 선도이다. 그림 6.6에서 위상 $\phi(\omega)$가 주파수 ω가 증가함에 따라 비선형적으로 감소하는 것같이 보이는 이유는 수평축의 주파수 ω가 로그스케일로 표현되어 있기 때문이다.

지금까지 일반적인 시스템의 기본 요소들에 대한 Bode 선도의 특징을 작도해보았다. 이와 같은 5가지의 기본 요소들로 구성된 일반적인 시스템에 대한 전달함수의 Bode 선도를 그리기 위해서는 우선 전달함수 $G(s)$를 다음과 같은 Bode 선도를 위한 일반 형태로 표시하는 것이 편리하다.

$$G(s) = K\frac{(1+T_{z1}s)(1+T_{z2}s)\cdots(1+T_{zm}s)}{(1+T_{p1}s)(1+T_{p2}s)\cdots(1+T_{pn}s)} \tag{6.40}$$

왜냐하면 Bode 선도를 위한 전달함수의 일반 형태에서 시스템 게인 K를 제외한 다른 기본 요소들의 DC 게인, 즉 주파수 $\omega=0$일 때의 게인이 모두 1(0 dB)이 되므로 시스템 게인 요소 K 자체가 시스템 $G(s)$의 DC 게인이 되기 때문이다. 이렇게 시스템의 전달함수를 Bode 선도를 위한 일반 형태로 표시한다면 시스템 게인을 구하기 위해 다른 기본 요소들의 DC 게인을 고려할 필요가 없다. 참고로 Bode 선도를 위한 전달함수의 일반 형태에서는 기본 요소의 일반 형태가 $(1+Ts)$이지만, 근궤적을 위한 전달함수의 일반 형태에서는 기본 요소의 일반 형태를 $(s+\alpha)$로 표현하여 시스템의 극점 및 영점을 쉽게 알 수 있도록 한다.

이제 이와 같은 Bode 선도를 위한 전달함수의 일반 형태 (6.40)으로부터 Bode 선도를 신속하게 완성시킬 수 있는 절차를 요약하면 다음과 같다.

- 각각의 기본 요소들에 대한 절점주파수 ω_c를 계산한다.
- 절점주파수 ω_c를 중심으로 전달함수의 크기 $M(\omega)$의 점근선을 그린다.
- 각각의 기본 요소에 대한 점근선의 산술적 합을 구하여 주파수 전달함수의 크기 $M(\omega)$를 그린다.
- 각각의 절점주파수 ω_c 근처에서 실제 크기 Bode 선도와의 오차를 적절히 보정해주고 나머지는 각각의 점근선에 가깝도록 선을 그린다.
- 마찬가지로 각각의 기본 요소에 대한 절점주파수 ω_c를 중심으로 전달함수의 위상 $\phi(\omega)$의 점근선을 그린다.
- 각각의 기본 요소에 대한 점근선의 산술적 합을 구하여 주파수 전달함수의 위상 $\phi(\omega)$를 그린다.
- 각각의 절점주파수 ω_c 근처에서 실제 위상 Bode 선도와의 오차를 적절히 보정해주고 나머지는 각각의 점근선에 가깝도록 선을 그린다.

사실, 최근에는 MATLAB, MATRIX_X, CEMTool 등과 같은 제어시스템 해석 및 설계를 위한 유용한 컴퓨터 소프트웨어의 개발로 위와 같은 절차를 통하여 손으로 Bode 선도를 그려야 할 필요가 줄어들었다. 그렇지만 손으로도 Bode 선도를 그릴 수 있는 능력이 있어야 컴퓨터로 구한 결과에 대해 신뢰를 가질 수 있으므로, Bode 선도를 위와 같은 절차를 통하여 손으로 그릴 수 있는 능력을 갖는 것은 여전히 중요하다.

예제 6.1 다음 전달함수 $G(s)$에 대한 Bode 선도를 그리기로 한다.

$$G(s)=\frac{5(1+0.1s)}{s(1+0.5s)\left(1+\frac{0.6}{50}s+\frac{1}{50^2}s^2\right)}$$

이 전달함수 $G(s)$에 대한 Bode 선도는 다음과 같은 기본 요소들에 대한 각각의 Bode 선도를 단순하게 더함으로써 쉽게 그릴 수 있다.

① 상수 게인 요소($K=5$)

② 적분 요소

③ 실수축상에 있는 극점 요소($\omega_c=2$)

④ 실수축상에 있는 영점 요소($\omega_c=10$)

⑤ 복소 극점 요소($\omega_c=50$)

우선 각각의 기본 요소에 대한 크기 특성을 점근선을 이용하여 작도하기로 한다.

- 상수 게인 요소는 그림 6.7과 같이 $20\log 5 = 14$ dB로 일정하다.
- 적분 요소는 $\omega=1$에서 0 dB 선과 교차하고 -20 dB/dec의 기울기를 갖는다.
- 절점주파수 $\omega_c=2$인 실수축상에 있는 극점 요소는 절점주파수 이상의 범위에서 -20 dB/dec의 기울기를 갖고 절점주파수 이하에서는 0 dB이다.
- 절점주파수 $\omega_c=10$인 실수축상에 있는 영점 요소는 절점주파수 이상의 범위에서 20 dB/dec의 기울기를 갖고 절점주파수 이하에서는 0 dB이다.
- 절점주파수 $\omega_c=50$인 복소 극점 요소는 절점주파수 이상의 범위에서는 -40 dB/dec의 기울기를 갖고 절점주파수 이하에서는 0 dB이다.

위에 나열된 각 기본 요소들의 곱으로 표현되는 전달함수 $G(s)$에 대한 점근선은 그림 6.8에 표시된 실선과 같이 각 요소에 대한 점근선을 더함으로써 쉽게 그릴 수 있으며, 이 점근선에 의한 근사는 실제 응답의 크기와 유사하도록 약간 보정할 필요가 있다. 왜냐하면 복소 극점 요소의 감쇠비 ζ가 0.3으로 약간의 공진이 존재하므로 그 크기가 그림 6.8

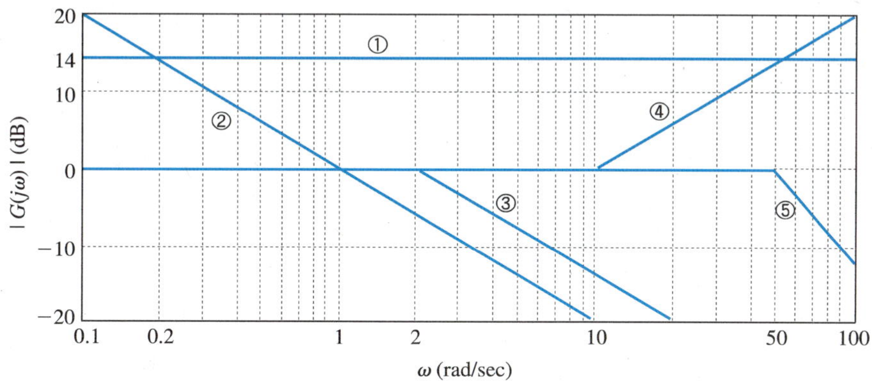

그림 6.7 $G(s)=\dfrac{5(1+0.1s)}{s(1+0.5s)\left(1+\dfrac{0.6}{50}s+\dfrac{1}{50^2}s^2\right)}$의 각 기본 요소의 크기에 대한 점근선

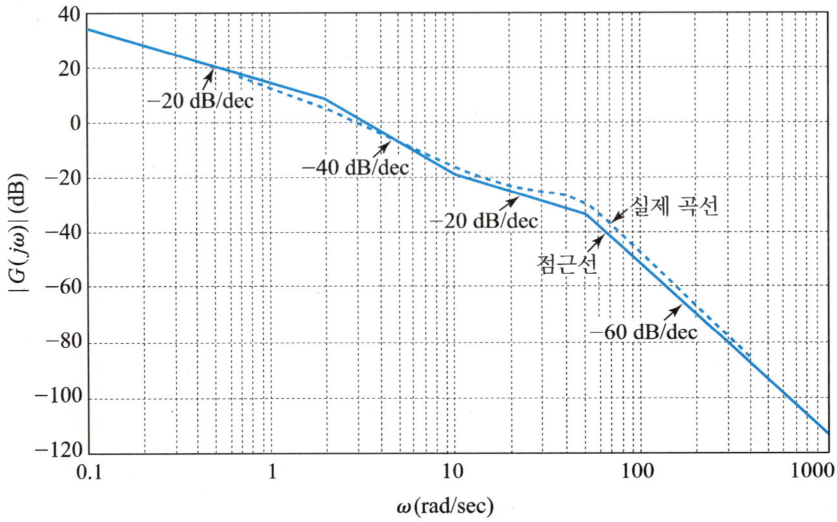

그림 6.8 $G(s)=\dfrac{5(1+0.1s)}{s(1+0.5s)\left(1+\dfrac{0.6}{50}s+\dfrac{1}{50^2}s^2\right)}$ 의 크기 Bode 선도

에 표시된 바와 같이 특히 복소 극점 요소의 절점주파수 근처에서는 실제 곡선과 점근선 사이에 보정이 필요할 정도의 차가 존재하기 때문이다.

전달함수 $G(s)$의 위상 Bode 선도도 역시 각각의 기본 요소에 대한 위상 특성을 나타내는 점근선을 이용하여 작도할 수 있다.

- 상수 게인 요소의 위상은 $0°$로 일정하다.
- 적분 요소의 위상은 $-90°$로 일정하다.
- 절점주파수 $\omega_c=2$인 실수축상에 있는 극점 요소에 대한 위상 특성의 점근근사는 그림 6.9에 표시되어 있고 $\omega_c=2$에서의 위상은 $-45°$이다.
- 절점주파수 $\omega_c=10$인 실수축상에 있는 영점 요소에 대한 위상 특성의 점근근사 역시 그림 6.9에 표시되어 있으며 $\omega_c=10$에서의 위상은 $+45°$이다.
- 절점주파수 $\omega_c=50$인 복소 극점 요소에 대한 실제의 위상 특성은 그림 6.5로부터 얻을 수 있다.

따라서 전달함수 $G(s)$인 시스템의 위상 $\phi(\omega)$는 그림 6.9에 표시된 각각의 기본 요소에 대한 위상을 더함으로써 얻을 수 있다.

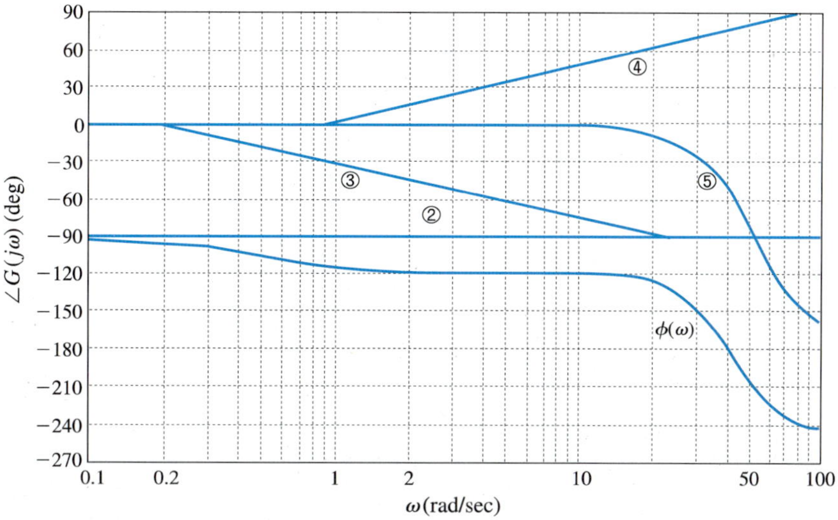

그림 6.9 $G(s)=\dfrac{5(1+0.1s)}{s(1+0.5s)\left(1+\dfrac{0.6}{50}s+\dfrac{1}{50^2}s^2\right)}$ 의 위상 Bode 선도

이제 최소 위상 시스템과 비최소 위상 시스템의 주파수응답 특성을 Bode 선도에서 알아보기로 한다. 최소 위상 시스템은 우반 s-평면에 극점이나 영점이 없는 시스템이며, 비최소 위상 시스템은 우반 s-평면에 극점이나 영점이 있는 시스템이다. 같은 크기 특성을 갖는 최소 및 비최소 위상 시스템 중에서 최소 위상 시스템의 경우가 위상지연이 최소로 되고, 비최소 위상 시스템의 위상지연은 최소 위상 시스템 경우의 위상지연보다 더 크게 발생한다. 최소 위상 시스템에서는 주파수 $\omega \to \infty$ 일 때 크기의 감소율은 $-20(n-m)$ dB/dec, 위상은 $-90(n-m)°$가 된다. 여기서 n은 극점의 개수, m은 영점의 개수를 의미한다. 그러나 비최소 위상 시스템에서는 주파수 $\omega \to \infty$ 일 때 크기의 감소율은 $-20(n-m)$ dB/dec로 최소 위상 시스템의 경우와 같지만 위상은 $-90(n-m)°$보다 작다. 따라서 비최소 위상 시스템의 경우가 특히 고주파에서 위상지연이 더 크게 발생한다.

또한 최소 위상 시스템의 경우는 주파수응답의 크기 특성과 위상 특성이 직접적인 관계를 갖는다. 그러므로 최소 위상 시스템의 크기 곡선이 모든 주파수 영역에서 파악되면 위상 곡선도 이에 따라 결정될 수 있고 그 역도 가능하다. 따라서 최소 위상 시스템의 경우에는 주파수응답의 크기 곡선만을 가지고 시스템의 특성을 말할 수 있지만, 비최소 위상 시스템의 경우에는 항상 크기 곡선과 위상 곡선을 동시에 파악해야만 한다.

구체적인 예로서 다음과 같은 두 가지의 시스템 $G_1(s)$와 $G_2(s)$에 대하여 고찰해보기로 한다.

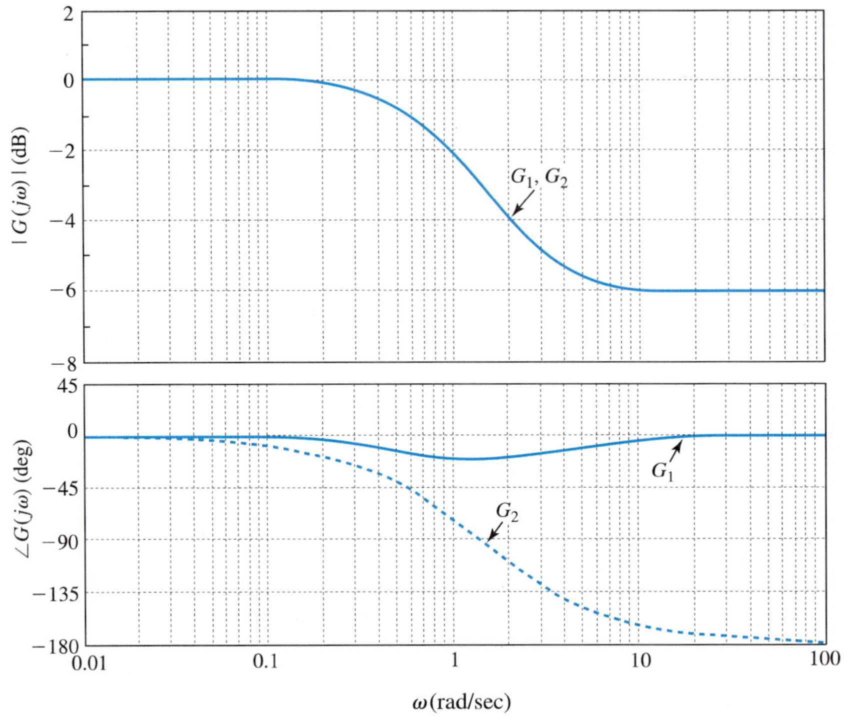

그림 6.10 최소 위상 시스템 $G_1(s)$와 비최소 위상 시스템 $G_2(s)$의 Bode 선도

$$G_1(s) = \frac{1+s/2}{1+s}, \qquad G_2(s) = \frac{1-s/2}{1+s} \tag{6.41}$$

시스템 $G_1(s)$는 극점이 -1, 영점이 -2에 있는 최소 위상 시스템이고, 시스템 $G_2(s)$는 극점이 -1, 영점이 2에 있는 비최소 위상 시스템이다. 위의 두 시스템에 대한 Bode 선도가 그림 6.10에 표시되어 있다. 두 시스템의 주파수응답의 크기 특성은 같지만 위상 특성은 다르다. 최소 위상 시스템의 경우는 주파수 $\omega \to \infty$일 때 위상이 $-90(1-1)° = 0°$로 위상지연이 발생하지 않지만, 비최소 위상 시스템의 경우는 주파수 $\omega \to \infty$일 때 $180°$의 위상지연이 발생한다.

대부분의 실제 제어시스템에서는 과도한 위상지연을 피해야 한다. 특히 빠른 응답속도를 요구하는 경우에는 비최소 위상 요소나 시간지연 요소와 같이 고주파역에서 크게 위상을 지연시키는 요소들은 가급적 피해야 한다. 이미 4.3절에서 언급했듯이 비최소 위상 요소는 시스템 응답에 언더슈트를 발생시키고 초기 응답도 매우 느리게 한다.

6.4 주파수응답에 관한 사양

제어시스템의 주파수역 성능을 나타내기 위하여 다음과 같은 사양들이 일반적으로 사용되고 있다. 이것들은 동적 시스템을 해석할 때 정량적인 기준이 될 뿐 아니라 제어시스템의 설계사양으로 사용된다.

- DC 게인(M_0): 주파수 ω가 0일 때의 시스템 게인이다. 최종값 정리를 이용하면 단위스텝입력에 대한 정상상태응답은 전달함수에서 복소변수 s 값에 0을 대입하여 얻을 수 있으므로 단위스텝입력을 가했을 때 정상상태응답의 크기는 DC 게인과 같다.
- 대역폭(bandwidth, ω_b): 주파수 전달함수의 크기가 $(20\log M_0 - 3)$ dB이 되는 주파수로 정의한다. 즉, 출력의 크기가 주파수 $\omega = 0$일 때의 출력 크기의 0.707까지 감소하는 주파수의 범위를 나타낸다. 다시 말하면 대역폭은 출력의 에너지가 주파수 $\omega = 0$에서의 출력 에너지의 1/2이 되는 주파수까지의 폭을 나타내며, 공학적으로 대역폭보다 큰 주파수를 갖는 입력에 대해서는 시스템 출력이 발생하지 않는다는 것을 의미한다. 대역폭은 시스템의 응답속도와 밀접한 관계가 있어 대역폭이 넓을수록 응답속도가 빠르다. 대역폭 ω_b는 근사적으로 시간역에서 과도응답 특성을 나타내는 시정수 T의 역수와 같다.
- 공진최댓값(resonance peak value, M_r): 시스템의 주파수응답 중 시스템 게인의 최댓값으로 정의한다. 공진최댓값 M_r는 시스템의 안정도를 나타내는 척도로 사용되고 있다. 또한 공진최댓값 M_r는 시스템의 시간역에서의 과도응답 특성을 간접적으로 나타낼 수 있어서 M_r가 커지면 오버슈트도 커진다. 그러므로 공진최댓값 M_r는 주파수응답을 이용한 제어시스템 설계 시 설계사양으로 자주 사용되고 있으며, 이때의 M_r는 1.1~1.5이다.
- 공진주파수(resonance frequency, ω_r): 공진최댓값이 나타나는 주파수를 의미한다.
- 차단율(cutoff rate): 시스템의 입력신호에서 잡음을 차단하는 제어시스템의 특성을 나타내는 데 사용하는 사양으로서, 고주파역에서 게인이 롤-오프(roll-off)하는 정도를 나타낸다. 일반적으로 잡음신호는 고주파에서 에너지를 가지고 있으므로 차단율이 클수록 잡음을 제거하는 성능은 좋아지지만, 반면에 큰 공진최댓값을 동반하여 시스템을 불안정하게 할 수도 있다.

그림 6.11은 이와 같은 주파수응답에 관한 성능 사양들을 표시한 Bode 선도이다. 이 밖

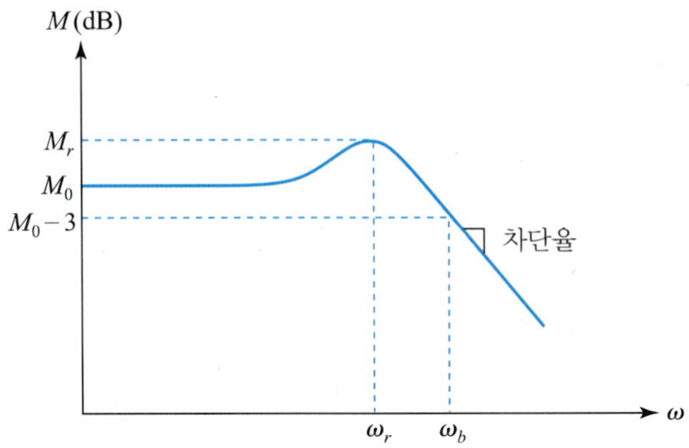

그림 6.11 주파수응답에 관한 성능 사양들을 표시한 Bode 선도

에 주파수응답에 관한 사양으로 시스템의 상대안정도를 나타내는 게인여유와 위상여유가 있다. 게인 및 위상 여유에 관해서는 6.8절에서 설명하기로 한다.

이제 다음과 같은 단순 2차 시스템에 대한 주파수응답 특성을 해석적으로 구하기로 한다.

$$G(s) = \frac{1}{1 + \frac{2\zeta}{\omega_n}s + \frac{1}{\omega_n^2}s^2} \tag{6.42}$$

만일 주파수 전달함수의 크기 $|G(j\omega)|$가 어떤 주파수에서 최댓값을 갖는다면, 그때의 주파수를 공진주파수라고 한다. 식 (6.42)에서 $|G(j\omega)|$의 최댓값을 구하는 것은 $|G(j\omega)|$의 역수의 최솟값을 구하는 것과 같다. 편의상 $|G(j\omega)|^2$의 역수를 $g(\omega)$로 표시하기로 한다. 즉

$$g(\omega) = \left(1 - \frac{\omega^2}{\omega_n^2}\right)^2 + \left(2\zeta\frac{\omega}{\omega_n}\right)^2 \tag{6.43}$$

$g(\omega)$의 최솟값을 구하기 위하여 $dg(\omega)/d\omega = 0$을 계산한다.

$$\frac{dg(\omega)}{d\omega} = \omega - \omega_n\sqrt{1-2\zeta^2} = 0 \tag{6.44}$$

$g(\omega)$가 최솟값이 되는 주파수 ω가 공진주파수 ω_r이며 이는 식 (6.44)를 만족한다.

$$\omega_r = \omega_n\sqrt{1-2\zeta^2} \qquad (0 \le \zeta \le 0.707) \tag{6.45}$$

공진최댓값 M_r는 공진주파수 ω_r에서의 주파수 전달함수의 크기 $|G(j\omega_r)|$이다. 이 공진최댓값 M_r는 식 (6.45)에 주어진 공진주파수 ω_r를 식 (6.33)에 대입하여 구한다.

$$M_r = \frac{1}{2\zeta\sqrt{1-\zeta^2}} \qquad (0 \le \zeta \le 0.707) \tag{6.46}$$

또한 공진주파수에서의 위상 $\phi(\omega_r)$는 식 (6.45)에 주어진 공진주파수 ω_r를 식 (6.34)에 대입하여 구한다.

$$\phi(\omega_r) = -\tan^{-1}\frac{\sqrt{1-2\zeta^2}}{\zeta} = -90° + \sin^{-1}\frac{\zeta}{\sqrt{1-\zeta^2}} \tag{6.47}$$

식 (6.45)는 $1-2\zeta^2 \ge 0$이 성립할 때만 의미가 있기 때문에, $0 \le \zeta \le 0.707$일 때 공진현상이 발생하고 $\zeta > 0.707$일 때는 공진현상이 발생하지 않는다. 또한 ζ 값이 0으로 접근하면 공진주파수 ω_r는 시스템의 고유주파수 ω_n과 같게 된다. 그리고 $0 \le \zeta \le 0.707$일 때 공진주파수 ω_r는 시간역에서 출력의 감쇠고유주파수 $\omega_d(=\omega_n\sqrt{1-\zeta^2})$보다 작다는 것도 알 수 있다. 그리고 식 (6.46)과 식 (6.47)에서 알 수 있듯이 공진최댓값 M_r와 공진주파수에서의 위상 $\phi(\omega_r)$는 시스템의 감쇠비 ζ에 의해서만 결정된다. 그림 6.12는 감쇠비 ζ 값에 따른 공진최댓값 M_r의 크기를 나타내고 있다.

다음으로 단순 2차 시스템에서 대역폭 ω_b를 계산하기로 한다. 대역폭 ω_b는 출력의 크기가 주파수 $\omega=0$일 때의 출력 크기의 0.707이 되는 주파수로 정의되므로 다음 식을 만족시켜야 한다.

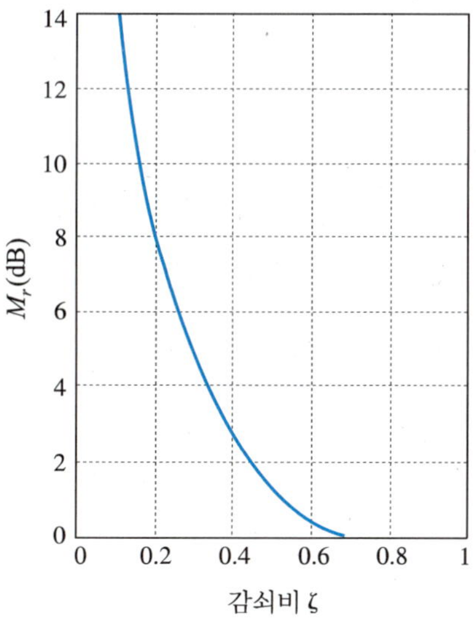

그림 6.12 감쇠비 ζ 값에 따른 공진최댓값 M_r

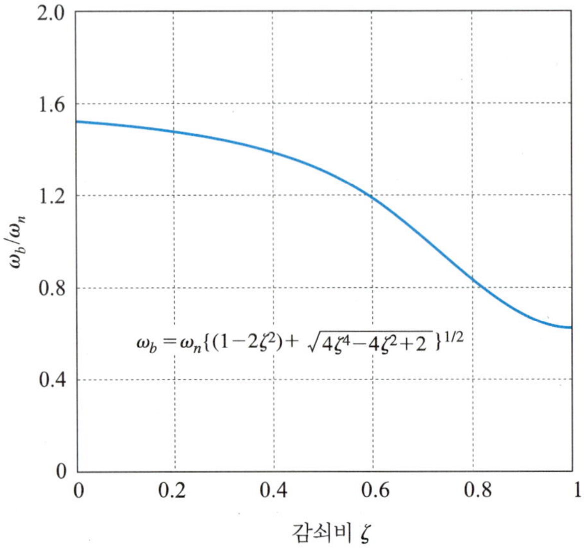

그림 6.13 감쇠비 ζ 값에 따른 대역폭 ω_b

$$\sqrt{\left(1-\frac{\omega_b^2}{\omega_n^2}\right)^2+\left(2\zeta\frac{\omega_b}{\omega_n}\right)^2} = \frac{1}{0.707} = 1.414 \tag{6.48}$$

또는

$$\omega_b = \omega_n\left\{(1-2\zeta^2)+\sqrt{4\zeta^4-4\zeta^2+2}\right\}^{1/2} \tag{6.49}$$

그림 6.13은 고유주파수 ω_n으로 정규화된 대역폭 ω_b를 감쇠비 ζ의 함수로 나타낸 그림이다. 그림 6.13에서 알 수 있듯이 고유주파수 ω_n이 같은 시스템에서 감쇠비 ζ 값이 감소함에 따라 대역폭 ω_b는 증가하며, 대역폭은 일반적으로 2배 이내의 오차 범위 내에서 근사적으로 시스템의 고유주파수와 같다. 특히 감쇠비 $\zeta = 0.707$ 근처에서는 시스템의 고유주파수 ω_n과 대역폭 ω_b가 거의 일치한다.

6.5 Nyquist 선도

Nyquist 선도는 주파수 ω에 따른 개루프 전달함수 $G(j\omega)$의 크기와 위상을 극좌표상에 표시한 선도이다. 즉 Nyquist 선도는 주파수 ω가 0에서 ∞로 변할 때 복소벡터 $G(j\omega)[=|G(j\omega)|\angle G(j\omega)]$의 궤적을 그린 것이다. Nyquist 선도는 전달함수 $G(j\omega)$의

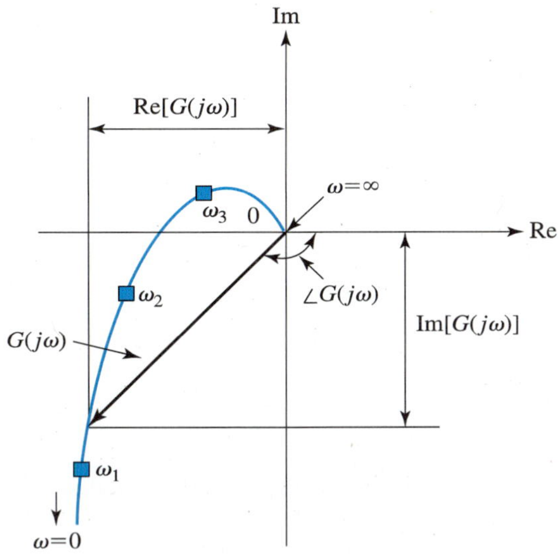

그림 6.14 극좌표선도

주파수응답을 극좌표상에 나타내고 있으므로 극좌표선도라고도 한다. 그림 6.14는 극좌표선도의 한 예이다.

그림 6.14에 표시된 각 점들(ω_1, ω_2, ω_3)은 각 주파수 ω_1, ω_2, ω_3에서의 복소벡터 $G(j\omega)$를 나타내는 점들이다. 복소벡터 $G(j\omega)$를 실수축과 허수축으로 각각 투영하면, 그때의 크기는 각각 복소벡터 $G(j\omega)$의 실수부와 허수부를 나타낸다. 극좌표선도를 작도하기 위해서는 각 주파수 ω에 대하여 크기 $|G(j\omega)|$와 위상 $\angle G(j\omega)$를 직접 계산해야 한다. 그러므로 일반적으로 복잡한 시스템에 대해서는 작도하기 쉬운 Bode 선도를 그린 후 Bode 선도를 이용하여 Nyquist 선도를 작도하기도 한다. Nyquist 선도는 단 한 개의 선도로부터 모든 주파수에 대한 시스템의 주파수응답 특성을 알려주지만, 이 선도는 시스템의 각 요소가 주파수응답에 미치는 영향을 분명하게 알려주지는 못한다.

이제 다음의 몇 가지 기본적인 시스템 요소에 대한 주파수응답을 극좌표선도로 표시해보기로 한다.

(1) 미분 또는 적분 요소의 극좌표선도

미분 요소의 주파수 전달함수 $G(j\omega)$를 극좌표로 표시하면 다음과 같다.

$$G(j\omega) = j\omega = \omega \angle 90° \tag{6.50}$$

따라서 미분 요소의 Nyquist 궤적은 양의 허수축이 된다. 같은 방법으로, 적분 요소

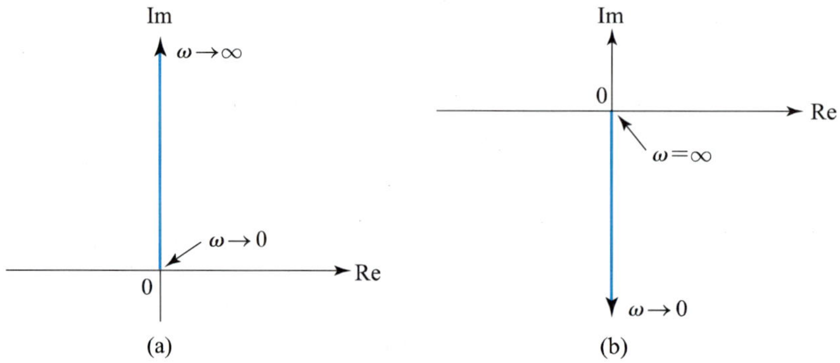

그림 6.15 (a) 미분 요소의 극좌표선도, (b) 적분 요소의 극좌표선도

$G(j\omega) = 1/j\omega$의 Nyquist 궤적은 음의 허수축이 된다. 그림 6.15는 미분 및 적분 요소에 대한 극좌표선도이다.

(2) 실수축상에 있는 극점 또는 영점 요소의 극좌표선도

실수축상에 있는 극점 요소의 주파수 전달함수 $G(j\omega)$를 극좌표로 표시하면 다음과 같다.

$$G(j\omega) = \frac{1}{1 + j\omega T} = \frac{1}{\sqrt{1+\omega^2 T^2}} \angle -\tan^{-1}\omega T \tag{6.51}$$

따라서 실수축상에 있는 극점 요소의 Nyquist 궤적은 그림 6.16(a)와 같이 점 (0.5, 0)을 원의 중심으로 한, 반지름이 0.5인 반원이 된다. 한편, 실수축상에 있는 영점 요소의 전달함수 $1 + j\omega T$의 Nyquist 궤적은 그림 6.16(b)와 같이 점 (1, 0)을 지나고 허수축에 평행한 상부 반쪽이다. 이와 같이 $1 + j\omega T$의 극좌표선도와 $1/(1 + j\omega T)$의 극좌표선도의 모양이 완전히 다르다는 것을 알 수 있다.

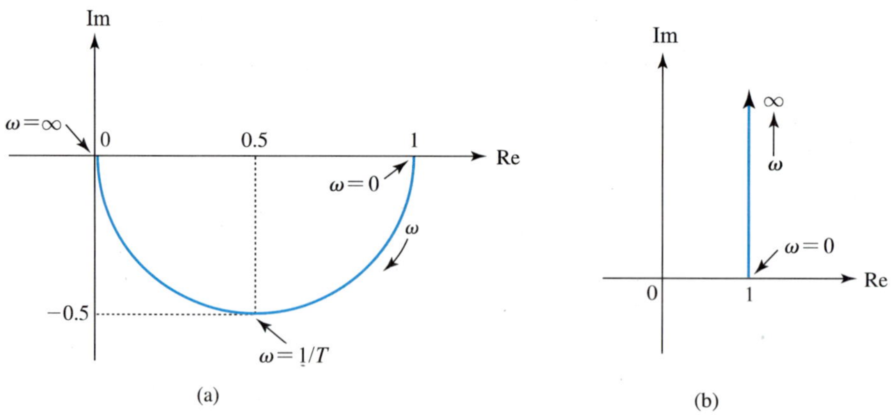

그림 6.16 (a) $1/(1 + j\omega T)$의 극좌표선도, (b) $1 + j\omega T$의 극좌표선도

(3) 복소 극점 또는 영점 요소의 극좌표선도

복소 극점 요소의 주파수 전달함수 $G(j\omega)$는 다음과 같이 표시된다.

$$G(j\omega)=\frac{1}{1+2\zeta\left(j\frac{\omega}{\omega_n}\right)+\left(j\frac{\omega}{\omega_n}\right)^2}\qquad(0<\zeta<1)\tag{6.52}$$

$G(j\omega)$를 극좌표로 표시하면 크기 $|G(j\omega)|$와 위상 $\angle G(j\omega)$는 각각 다음과 같다.

$$|G(j\omega)|=\frac{1}{\sqrt{\left\{1-\left(\frac{\omega}{\omega_n}\right)^2\right\}^2+\left(2\zeta\frac{\omega}{\omega_n}\right)^2}}\tag{6.53}$$

$$\angle G(j\omega)=-\tan^{-1}\frac{2\zeta\frac{\omega}{\omega_n}}{1-\left(\frac{\omega}{\omega_n}\right)^2}\tag{6.54}$$

여기서 주파수 ω를 극한값 0과 ∞로 접근시키면, 이때 $G(j\omega)$는 다음과 같다.

$$\lim_{\omega\to 0}G(j\omega)=1\angle 0^\circ,\qquad \lim_{\omega\to\infty}G(j\omega)=0\angle -180^\circ\tag{6.55}$$

이와 같이 복소 극점 요소의 Nyquist 궤적은 주파수 $\omega=0$일 때 $1\angle 0^\circ$에서 출발하여 주파수 $\omega\to\infty$일 때 $0\angle -180^\circ$에서 끝난다.

그림 6.17은 감쇠비 ζ 값에 따른 2차 시스템의 극좌표선도이다. 만약 시스템의 입력주파수 ω가 고유주파수 ω_n과 같은 경우, 2차 시스템의 주파수 전달함수 $G(j\omega_n)$은 $1/(j2\zeta)$이 된다. 따라서 크기 $|G(j\omega_n)|$은 $1/2\zeta$이고 위상 $\angle G(j\omega_n)$은 -90°이다. 극좌표상에서 보면 감쇠비 ζ 값에 따른 각각의 고유주파수 ω_n이 음의 허수축상에 놓이게 됨을 알 수 있다. 또한 원점으로부터 거리가 가장 먼 점, 즉 시스템의 주파수응답 중 시스템의 게인이 최대가 되는 주파수가 공진주파수 ω_r이다. 그리고 $\zeta\gg 1$인 경우에는 Nyquist 궤적이 반원 모양에 가까워진다. 그 이유는 $\zeta\gg 1$인 경우 시스템의 극점은 두 개의 실수값을 갖는데 그중 하나가 상대적으로 크기 때문에 과도 상태에서 빨리 사라져 단지 한 개의 대표극점만을 갖는 1차 시스템과 같은 거동을 보이기 때문이다. 이와 같이 감쇠비 ζ 값이 아주 큰 2차 시스템의 응답은 거의 1차 시스템의 응답과 같으므로 극좌표상에서도 거의 같은 모양을 하고 있다.

이제 복소 영점 요소에 대한 극좌표선도를 작도하기로 한다.

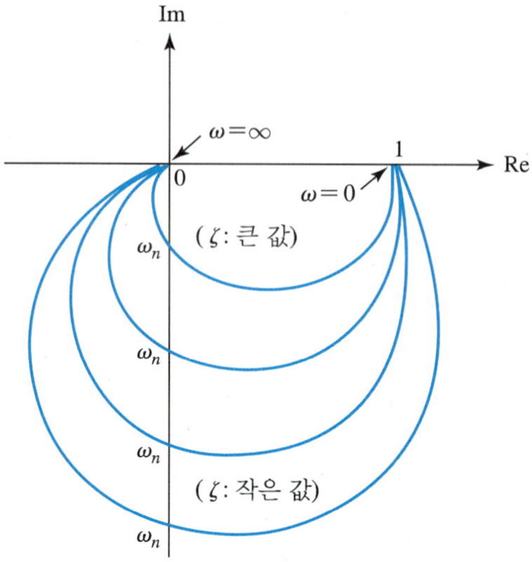

그림 6.17 $\dfrac{1}{1+2\zeta(j\omega/\omega_n)+(j\omega/\omega_n)^2}$ 의 극좌표선도($\zeta>0$)

$$G(j\omega)=1+2\zeta\left(j\frac{\omega}{\omega_n}\right)+\left(j\frac{\omega}{\omega_n}\right)^2 \tag{6.56}$$
$$=\left(1-\frac{\omega^2}{\omega_n^2}\right)+j\left(2\zeta\frac{\omega}{\omega_n}\right)$$

$G(j\omega)$를 극좌표로 표시하면 크기 $|G(j\omega)|$와 위상 $\angle G(j\omega)$는 각각 다음과 같다.

$$|G(j\omega)|=\sqrt{\{1-(\omega/\omega_n)^2\}^2+(2\zeta\omega/\omega_n)^2} \tag{6.57}$$

$$\angle G(j\omega)=\tan^{-1}\frac{2\zeta\omega/\omega_n}{1-(\omega/\omega_n)^2} \tag{6.58}$$

여기서 주파수 ω를 극한값 0과 ∞로 접근시키면, 이때 $G(j\omega)$는 각각 다음과 같다.

$$\lim_{\omega\to 0}G(j\omega)=1\angle 0°,\qquad \lim_{\omega\to\infty}G(j\omega)=\infty\angle -180° \tag{6.59}$$

그림 6.18은 식 (6.56)에 표시된 복소 영점 요소에 대한 극좌표선도이다. $G(j\omega)$의 허수부는 주파수 $\omega>0$에 대하여 양(+)의 값으로 단조 증가하고, $G(j\omega)$의 실수부는 1에서부터 단조 감소한다. 그리고 위상은 0°와 180° 사이에 있다. 이와 같이 $1+2\zeta(j\omega/\omega_n)+(j\omega/\omega_n)^2$의 극좌표선도는 $\dfrac{1}{1+2\zeta(j\omega/\omega_n)+(j\omega/\omega_n)^2}$의 극좌표선도와 모양이 완전히 다르다.

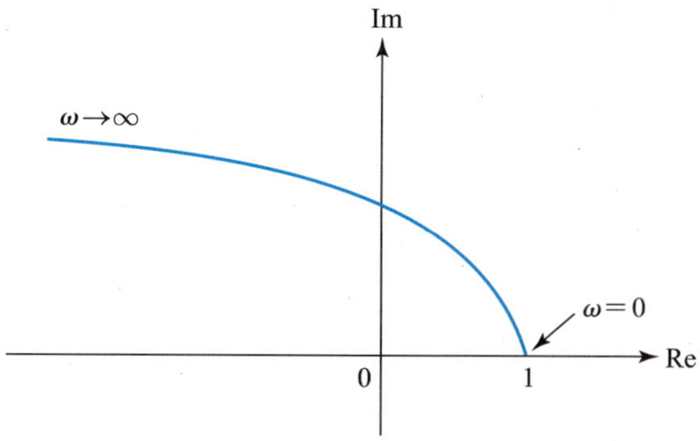

그림 6.18 $1+2\zeta(j\omega/\omega_n)+(j\omega/\omega_n)^2$의 극좌표선도

(4) 수송지연 요소의 극좌표선도

수송지연 요소의 주파수 전달함수 $G(j\omega)$는 다음과 같다.

$$G(j\omega)=e^{-j\omega T}=1\angle-\omega T \tag{6.60}$$

$G(j\omega)$의 크기는 1이고 위상은 ω에 대하여 선형적으로 감소하므로 수송지연 요소의 극좌표선도는 그림 6.19와 같이 단위원이 된다.

그림 6.16(a)의 실수축상에 있는 극점 요소 $1/(1+j\omega T)$과 그림 6.19의 수송지연 요소 $e^{-j\omega T}$의 극좌표선도를 살펴보면, 저주파역에서는 두 요소가 거의 같은 거동을 하고 있다는 것을 알 수 있다. 그러므로 시스템이 저주파에서 작동하고 있거나 시간지연 T가 작은 경우에는 수송지연에 의한 비선형 요소를 5장에서 언급한 Pade 근사식을 이용하여 선형화할 수도 있다.

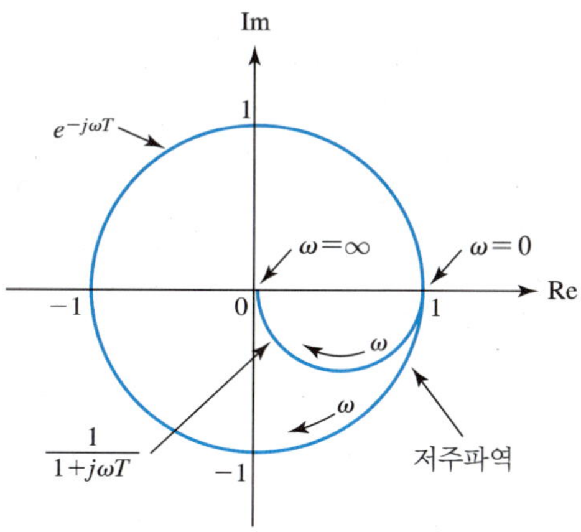

그림 6.19 수송지연 요소 $e^{-j\omega T}$의 극좌표선도

이제 다음과 같이 표시되는 일반적인 시스템에 대한 극좌표선도의 모양에 대하여 알아보기로 한다.

$$G(s) = \frac{K(1+T_a s)(1+T_b s)\cdots\cdots}{s^{\lambda}(1+T_1 s)(1+T_2 s)\cdots\cdots} \tag{6.61}$$

시스템에 존재하는 적분 요소의 개수를 의미하는 위 식에 표시된 λ의 값에 따라 시스템의 형태를 다음과 같이 분류하기도 한다.

- **제0형 시스템**($\lambda = 0$인 경우)
  주파수 $\omega = 0$일 때 주파수 궤적의 접선은 실수축에 직교하고, 주파수 $\omega = \infty$일 때는 원점이며 궤적이 실수축 또는 허수축 중 하나에 접한다.
- **제1형 시스템**($\lambda = 1$인 경우)
  주파수 $\omega = 0$일 때 주파수 궤적은 음의 허수축($-90°$) 방향에서 ∞의 크기를 가지고 출발하여 주파수 $\omega = \infty$일 때는 제0형 시스템의 경우와 같다.
- **제2형 시스템**($\lambda = 2$인 경우)
  주파수 $\omega = 0$일 때 주파수 궤적은 음의 실수축($-180°$) 방향에서 ∞의 크기를 가지고 출발하여 주파수 $\omega = \infty$일 때는 역시 위와 같다.

그림 6.20은 시스템 형태에 따른 저주파역에서의 일반적인 극좌표선도의 모양을 나타내며, 그림 6.21은 시스템 극점의 개수(n)와 영점의 개수(m)의 차에 따른 고주파역에서의 일반적인 극좌표선도의 모양을 나타낸다. 그리고 대표적인 전달함수에 대한 주파수응답을 나타내는 Nyquist 선도와 Bode 선도가 그림 6.22에 표시되어 있다.

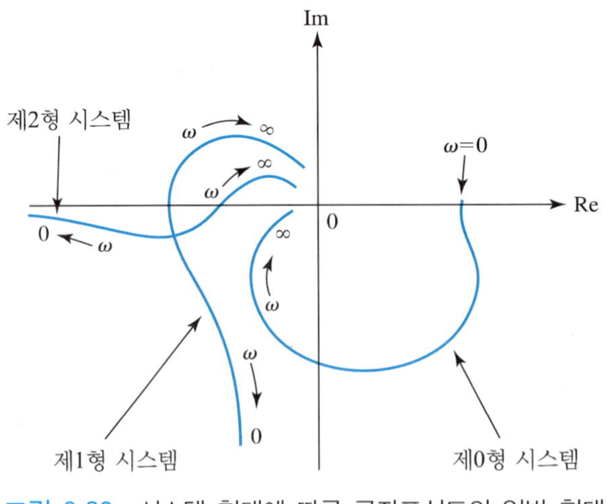

그림 6.20 시스템 형태에 따른 극좌표선도의 일반 형태

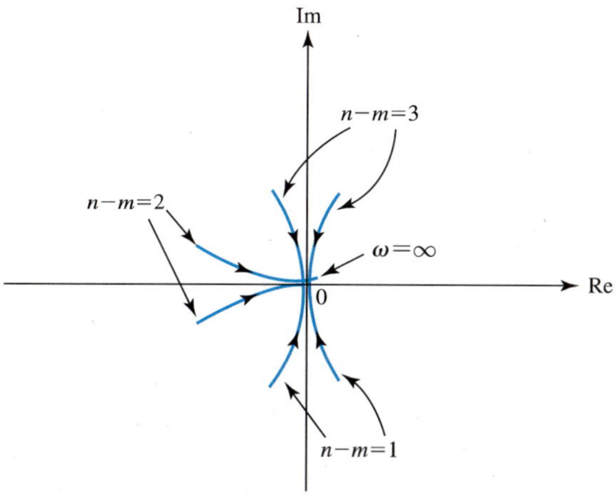

그림 6.21 시스템의 극점과 영점의 개수 차 $(n-m)$에 따른 극좌표선도의 일반 형태

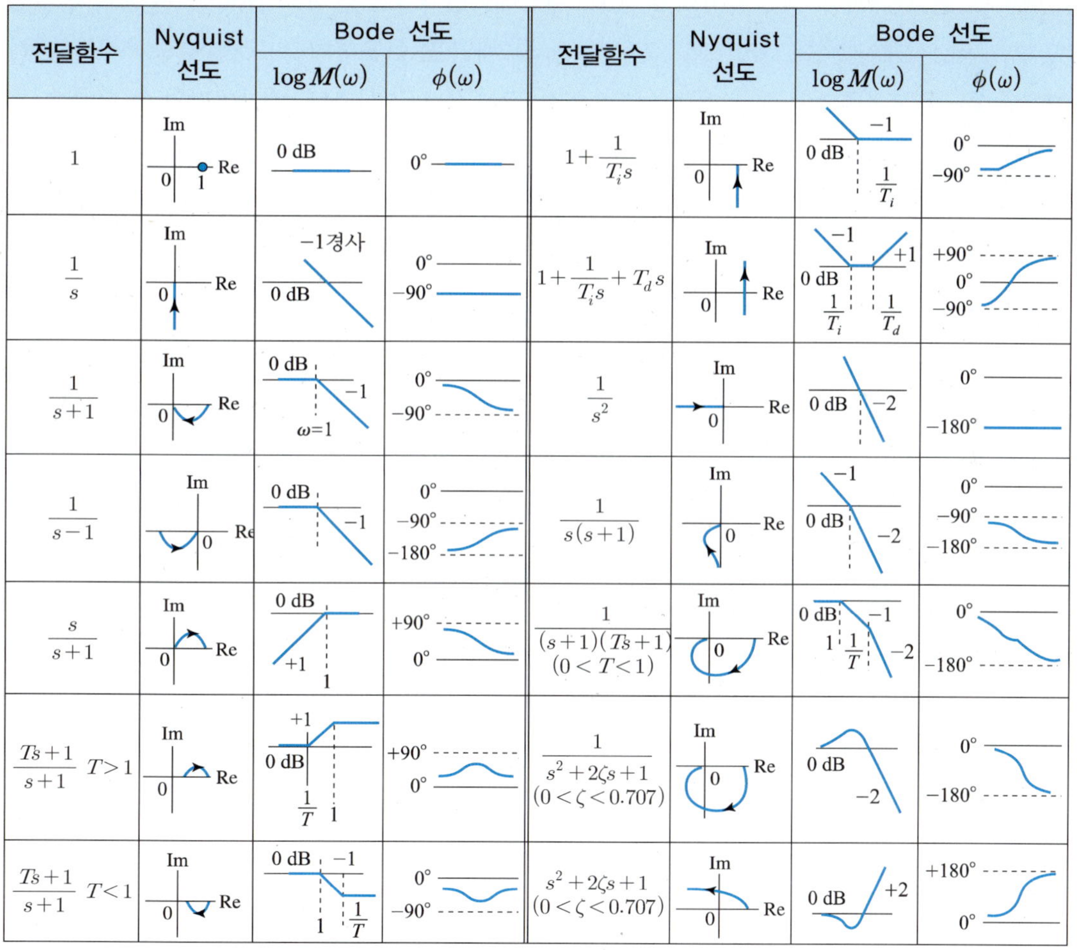

그림 6.22 대표적인 전달함수의 주파수응답

6.6 Nyquist 안정도 판별법

제어시스템을 해석하거나 설계할 때 관심을 가져야 할 문제는 시스템의 성능뿐만 아니라 시스템의 안정도에 관한 문제이다. 그러므로 이 절에서는 폐루프 시스템의 극점이 되는 폐루프 특성방정식의 근에 대하여 다시 생각해보기로 한다. 시스템의 안정도를 조사하는 방법으로 이미 4장에서 특성방정식의 근을 실제로 구하는 방법, Routh 안정도 판별법을 이용하는 방법, 5장에서 근궤적법을 이용하는 방법에 대해 설명하였다.

특성방정식의 근을 실제로 구하는 방법은 특성방정식의 근으로부터 주어진 시스템의 공칭안정도를 평가하고 시스템의 성능도 어느 정도 파악할 수 있다. 그렇지만 관심 있는 시스템 파라미터 값의 변화에 따른 시스템의 안정도 및 성능을 해석하기 위해서는 시스템 파라미터가 변할 때마다 특성방정식의 근을 계산해야만 한다. 그리고 Routh 안정도 판별법은 특성방정식의 계수를 기반으로 만든 Routh 배열을 이용하여 비교적 간단히 시스템의 공칭안정도를 조사할 수 있는 방법이다. 또한 근궤적법은 시스템 파라미터의 변화에 따른 폐루프 극점의 변화를 시각적으로 볼 수 있으며 시스템 파라미터의 변화에 따른 폐루프 시스템의 공칭안정도와 과도응답 성능을 평가할 수 있다. 이와 같은 안정도 평가 방법들은 모델링 오차를 무시한 공칭시스템에 대한 안정도는 평가할 수 있지만 실제 제어시스템 설계에서 중요한 모델링 오차에 대한 효과를 고려하는 상대안정도는 평가할 수 없다.

이제 폐루프 특성방정식의 근을 직접 구하지 않고 단지 개루프 시스템의 주파수응답으로부터 폐루프 시스템의 공칭 및 상대 안정도를 쉽게 평가할 수 있는 Nyquist 안정도 판별법에 대하여 설명하기로 한다. Nyquist 안정도 판별법은 다음과 같은 특징이 있다.

- 폐루프 제어시스템의 공칭안정도를 판별할 수 있는 방법으로서 Routh 안정도 판별법과 같이 불안정한 폐루프 극점의 개수를 판정할 수 있다.
- 시스템의 상대안정도를 시각적으로 알 수 있으며 필요할 때에는 시스템의 안정도를 개선할 수 있는 방법을 제안할 수 있다.
- 시스템의 주파수응답에 대한 정보를 준다.
- 수송지연 요소를 포함하는 시스템의 안정도 해석에 적합하다.
- 안정도-강인성 이론의 기본 개념이 된다.

우선 Nyquist 안정도 판별법을 유도하는 데 필요한 복소함수에 관한 기본적인 이론을

간략히 설명하기로 한다. 한 복소평면에서 다른 복소평면으로 사상(mapping)할 수 있는 해석함수(analytic function) $f(s)$부터 정의한다. $\left.\frac{df(s)}{ds}\right|_{s=s_o}$ 가 $s \to s_o$로 접근하는 모든 방향에서 존재한다면 복소함수 $f(s)$는 $s=s_o$에서 해석적이라고 한다. 복소함수 $f(s)$가 해석함수일 때 다음과 같은 편각의 원리(principle of argument)를 적용할 수 있다.

편각의 원리

C는 s-평면에서 폐쇄된 시계 방향의 컨투어(contour)이고 $f(s)$는 다음과 같은 성질이 있는 복소함수라고 가정한다.

- $f(s)$는 컨투어 C상에서 해석적이다.
- $f(s)$는 컨투어 C 내부에 Z개의 영점이 있다.
- $f(s)$는 컨투어 C 내부에 P개의 극점이 있다.

이때 컨투어 C를 복소함수 $f(s)$로 사상할 때 그의 상(image) C_m은 다음과 같은 성질이 있다.

- 복소평면에서 폐쇄된 컨투어를 만든다.
- 컨투어 C_m은 원점을 시계 방향으로 $(Z-P)$번 둘러싼다.

그림 6.23은 편각의 원리를 도해적으로 나타낸 한 예이다. 그림 6.23에 표시된 복소함수 $f(s)$의 영점과 극점 중에서 한 개의 영점과 한 개의 극점이 폐쇄된 시계 방향의 컨투어 C 내부에 있으므로 복소함수 $f(s)$로 사상된 상인 폐쇄된 시계 방향의 컨투어 C_m은 원점을 시계 방향으로 $Z-P=1-1=0$번 둘러싸고 있다. 이와 같은 편각의 원리에 대하여 좀 더 자세히 알고자 하면 복소함수에 관한 문헌[16, 17]을 참고하기 바란다.

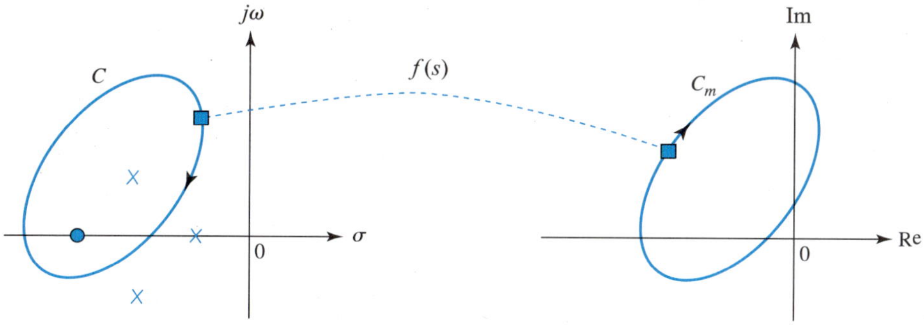

그림 6.23 복소평면에서 $f(s)$로의 사상

폐쇄된 시계 방향의 컨투어 C를 복소함수 $f(s)$로 사상한 상 C_m이 복소수 점 a를 시계 방향으로 둘러싸는 횟수를 $N(a,\ f(s),\ C)$라고 표시하면, 이때 편각의 원리는 다음과 같이 표현된다.

$$N(0,\ f(s),\ C) = Z - P \tag{6.62}$$

또한 Nyquist 안정도 판별법을 유도하기 위해서 다음의 복소함수에 관한 정리를 이용하기로 한다. 복소함수 $f(s)$를 두 복소함수의 곱 $f_1(s) \cdot f_2(s)$로 나타낼 수 있다고 가정하고 컨투어 C 내부에 $f_1(s)$는 Z_1개의 영점과 P_1개의 극점, $f_2(s)$는 Z_2개의 영점과 P_2개의 극점이 있다고 가정한다. 이때 다음 관계식이 성립한다.

$$\begin{aligned} N(0,\ f(s),\ C) &= N(0,\ f_1(s),\ C) + N(0,\ f_2(s),\ C) \\ &= (Z_1 - P_1) + (Z_2 - P_2) \end{aligned} \tag{6.63}$$

이제 폐루프 시스템의 안정도를 해석하기 위해 Nyquist 컨투어 D를 정의하기로 한다. 그림 6.24와 같이 Nyquist 컨투어 D는 우반 s-평면 전체를 둘러싸는 반지름이 ∞인 반원을 그리는 폐쇄된 시계 방향의 컨투어이다.

개루프 전달함수 $G(s) = N(s)/D(s)$로 표시하면, 이때 폐루프 시스템의 특성방정식과 극점다항식 $\phi_{cl}(s)$는 각각 다음과 같다.

$$1 + N(s)/D(s) = 0 \tag{6.64}$$

$$\phi_{cl}(s) = D(s) + N(s) = \phi_{ol}(s)(1 + G(s)) \tag{6.65}$$

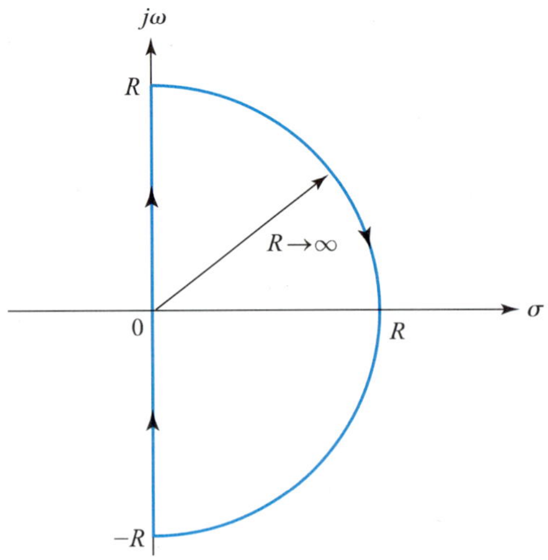

그림 6.24 Nyquist 컨투어 D

여기서 $\phi_{ol}(s)[=D(s)]$는 개루프 극점다항식이다.

폐루프 시스템이 안정하기 위해서는 폐루프 극점인 폐루프 극점다항식 $\phi_{cl}(s)$의 영점이 Nyquist 컨투어 D 내부에 존재해서는 안 된다($Z=0$). 그리고 $\phi_{cl}(s)$는 분자로만 이루어진 다항식이므로 극점이 존재하지 않는다($P=0$). 따라서 폐루프 시스템이 안정하기 위해서는 다음 식이 충족해야 한다.

$$N(0,\ \phi_{cl}(s),\ D)=0 \tag{6.66}$$

식 (6.65)를 식 (6.66)에 대입하면

$$N(0,\ \phi_{ol}(s)(1+G(s)),\ D)=0 \tag{6.67}$$

그리고 식 (6.63)을 이용하면 식 (6.67)을 다음과 같이 표현할 수 있다.

$$N(0,\ \phi_{ol}(s),\ D)+N(0,\ 1+G(s),\ D)=0 \tag{6.68}$$

$\phi_{ol}(s)$는 개루프 극점다항식이므로 $N(0,\ \phi_{ol}(s),\ D)$는 Nyquist 컨투어 D 내부에 존재하는 개루프 극점, 즉 불안정한 개루프 극점의 개수(P_u)이다. 그러므로

$$N(0,\ 1+G(s),\ D)=-P_u \tag{6.69}$$

또한 Nyquist 컨투어 D를 복소함수 $1+G(s)$로 사상한 상이 원점을 둘러싸는 횟수는 Nyquist 컨투어 D를 복소함수 $G(s)$로 사상한 상이 점 -1을 둘러싸는 횟수와 같다. 따라서

$$N(-1,\ G(s),\ D)=-P_u \tag{6.70}$$

식 (6.70)은 Nyquist 안정도 판별을 위한 필요충분조건으로서, 시계 방향으로 폐쇄된 Nyquist 컨투어 D를 개루프 전달함수 $G(s)$로 사상한 상이 임계점 $(-1+j0)$을 반시계 방향으로 둘러싸는 횟수가 불안정한 개루프 극점의 개수와 같으면 폐루프 시스템이 안정하다는 것을 의미한다. 그림 6.25는 식 (6.70)의 Nyquist 안정도 판별법에 대한 몇 가지 응용 예를 나타낸 것이다.

또한 식 (6.62)의 편각의 원리를 이용하여 불안정한 폐루프 극점의 개수도 알 수 있다. 만일 폐루프 극점다항식 $\phi_{cl}(s)$의 영점, 다시 말해 폐루프 극점이 Nyquist 컨투어 D 내부, 즉 불안정한 영역에 Z개 존재한다면

$$Z=N(0,\ \phi_{cl}(s),\ D) \tag{6.71}$$

또는

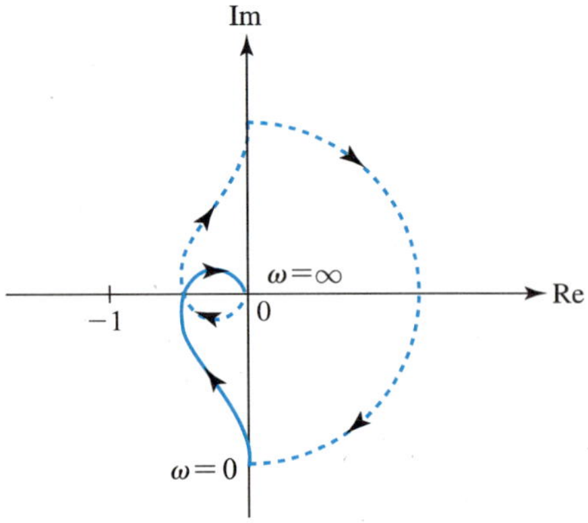

(a) $G(s)=\dfrac{K}{s(1+T_1s)(1+T_2s)}$; $T_1,\ T_2>0$

$\left.\begin{matrix} N=0 \\ P_u=0 \end{matrix}\right\}$ 안정한 시스템

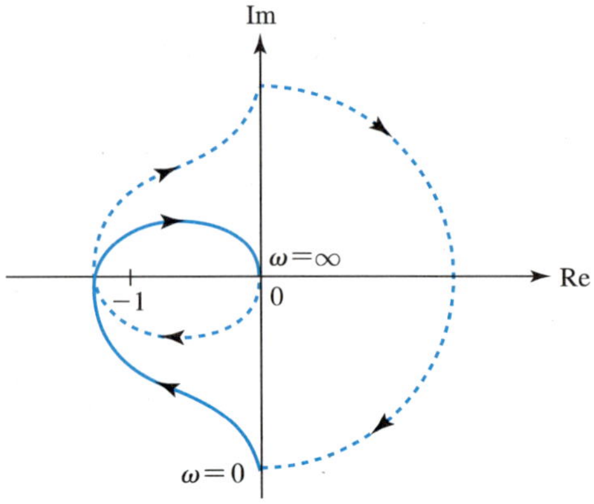

(b) $G(s)=\dfrac{K}{s(1+T_1s)(1+T_2s)}$; $T_1,\ T_2>0$

$\left.\begin{matrix} N=2 \\ P_u=0 \end{matrix}\right\}$ 불안정한 시스템

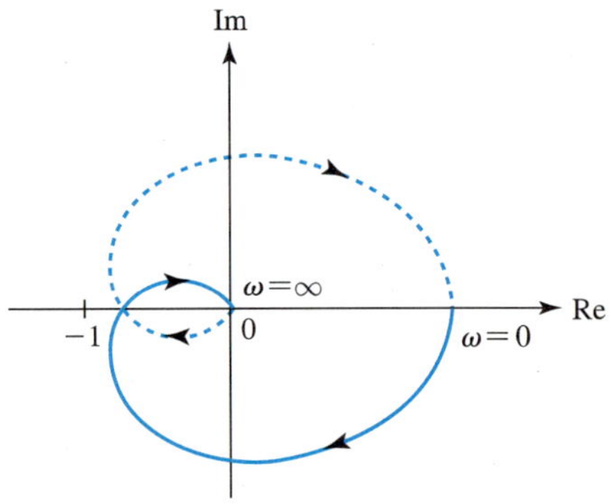

(c) $G(s)=\dfrac{K}{(1+T_1s)(1+T_2s)(1+T_3s)}$

$(T_1,\ T_2,\ T_3>0)$ $\left.\begin{matrix} N=0 \\ P_u=0 \end{matrix}\right\}$ 안정한 시스템

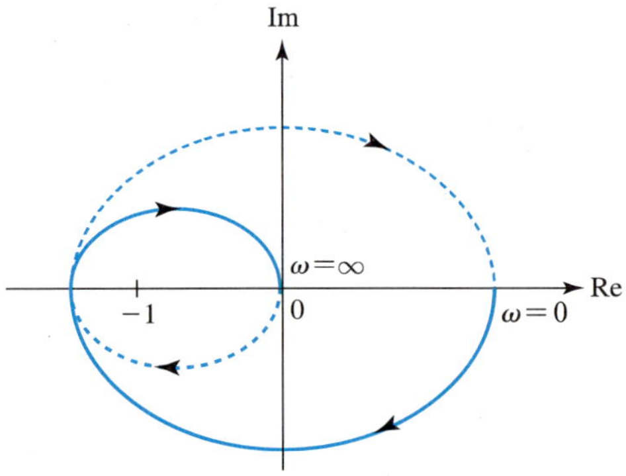

(d) $G(s)=\dfrac{K}{(1+T_1s)(1+T_2s)(1+T_3s)}$

$(T_1,\ T_2,\ T_3>0)$ $\left.\begin{matrix} N=2 \\ P_u=0 \end{matrix}\right\}$ 불안정한 시스템

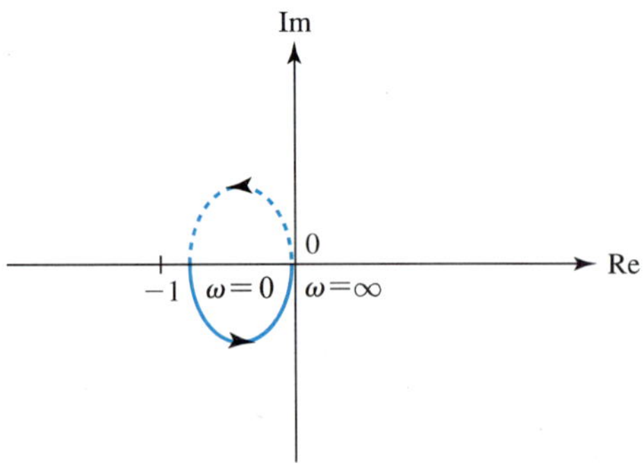

(e) $G(s)=\dfrac{K}{-1+T_1s}$; $T_1>0$

$\left.\begin{matrix} N=0 \\ P_u=1 \end{matrix}\right\}$ 불안정한 시스템

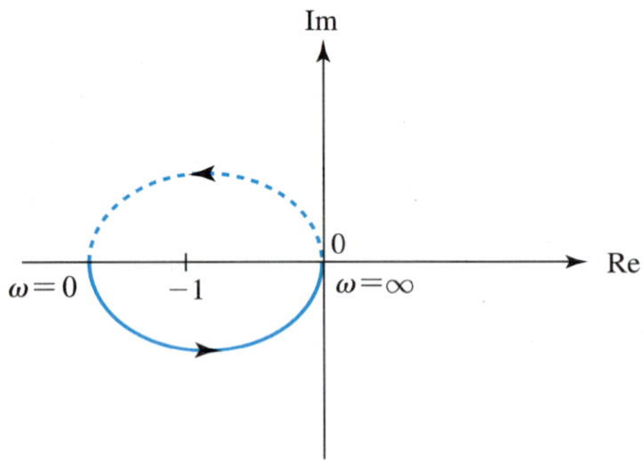

(f) $G(s)=\dfrac{K}{-1+T_1s}$; $T_1>0$

$\left.\begin{matrix} N=-1 \\ P_u=1 \end{matrix}\right\}$ 안정한 시스템

그림 6.25 Nyquist 안정도 판별법에 대한 응용 예

$$Z = N(-1,\ G(s),\ D) + P_u \tag{6.72}$$

여기서 $N(-1,\ G(s),\ D)$는 Nyquist 컨투어 D를 개루프 전달함수 $G(s)$로 사상한 상이 임계점$(-1+j0)$을 시계 방향으로 둘러싸는 횟수이고 P_u는 불안정한 개루프 극점의 개수이다.

이제 개루프 극점이 허수축상에 존재할 때 Nyquist 컨투어를 설정하고 Nyquist 선도를 그리는 방법을 다음과 같은 개루프 전달함수 $G(s)$를 가지고 설명하기로 한다.

$$G(s) = \frac{K}{s(s+a)} \tag{6.73}$$

여기서 K와 a는 양의 상수이다.

이 개루프 전달함수는 허수축상의 점인 $s=0$에 극점이 있다. 이 경우에는 그림 6.26에 표시된 바와 같이 허수축상에 있는 극점을 우회하는 Nyquist 컨투어를 설정해야 한다. 왜냐하면 편각의 원리를 적용하려면 복소함수 $G(s)$가 Nyquist 컨투어상에서 해석적이어야 하므로 Nyquist 컨투어가 복소함수 $G(s)$의 극점을 통과해서는 안 되기 때문이다.

이와 같이 개루프 전달함수의 극점이 허수축상에 존재하는 경우에는 이 극점에서 해석적이 아니므로 일반적인 Nyquist 컨투어에서 허수축에 놓인 극점을 우회하는 컨투어를 Nyquist 컨투어로 설정한다. 편의상 Nyquist 컨투어를 그림 6.26과 같이 네 개의 부분으로 나누어 생각하기로 한다.

우선 그림 6.27(a)에 표시되어 있는 확대된 Nyquist 컨투어 부분 2에 대하여 생각하기

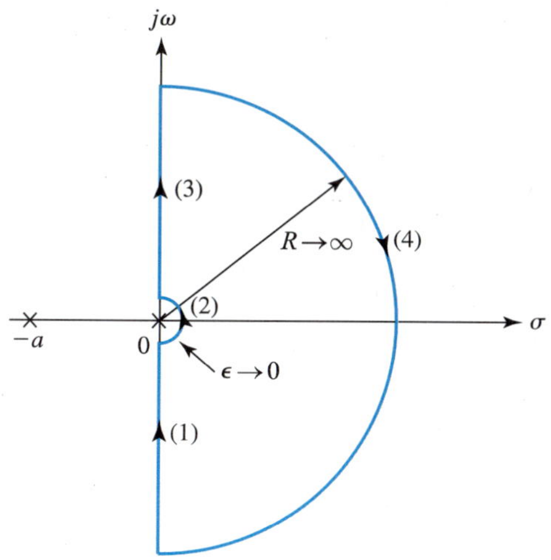

그림 6.26 시스템 $G(s) = \dfrac{K}{s(s+a)}$에 대한 Nyquist 컨투어

로 한다. 이 부분의 점들은 다음과 같은 지수 표시 식으로 나타낼 수 있다.

$$s = \epsilon e^{j\theta} \tag{6.74}$$

여기서 $\epsilon(\epsilon \to 0)$과 θ는 각각 복소변수 s의 크기와 위상을 나타낸다. Nyquist 컨투어의 부분 2에서 복소변수 s가 $-j0^+$에서 $+j0^+$로 움직일 때 위상 θ는 $-90°$에서 $0°$를 거쳐 $+90°$로 바뀐다. 이에 대응하는 $G(s)$의 Nyquist 선도는 식 (6.74)를 식 (6.73)에 대입함으로써 간단히 그릴 수 있다. 그러므로

$$G(s)_{s=\epsilon e^{j\theta}} = \frac{K}{\epsilon e^{j\theta}(\epsilon e^{j\theta} + a)} \tag{6.75}$$

$\epsilon \to 0$이므로 위 식을 다음과 같이 간략화할 수 있다.

$$G(s)_{s=\epsilon e^{j\theta}} \simeq \frac{K}{a\epsilon e^{j\theta}} = \infty e^{-j\theta} \tag{6.76}$$

이 식은 Nyquist 컨투어의 부분 2에 대응하는 $G(s)$의 Nyquist 선도상의 모든 점이 ∞의 크기를 가지며 또 이에 대응하는 위상은 s-평면 궤적과는 반대임을 나타낸다.

Nyquist 컨투어의 위상이 반시계 방향으로 $-90°$에서 $+90°$로 변하기 때문에 식 (6.76)의 위상 관계에서 $(-)$ 부호는 대응하는 $G(s)$의 Nyquist 선도가 그림 6.27(b)와 같이 시계 방향으로 $+90°$에서 $-90°$로 변하는 위상을 갖게 됨을 나타낸다.

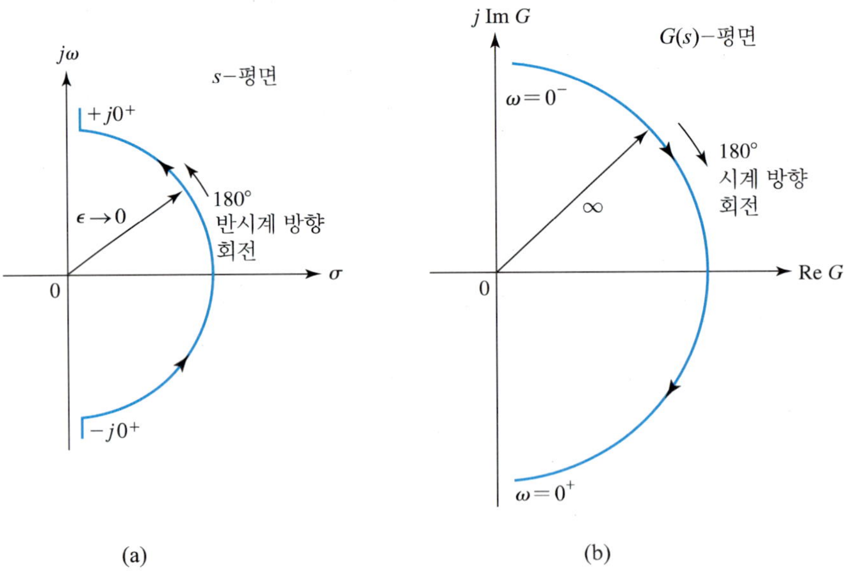

그림 6.27 (a) 그림 6.26의 Nyquist 컨투어의 부분 2, (b) 부분 2에 대응하는 $G(s)$의 Nyquist 선도

일반적으로 Nyquist 선도를 그리는 데 익숙해지면 저주파 및 고주파에서, 즉 $s \to 0$과 $s \to \infty$일 때 $G(s)$의 특성을 대략적인 근사로 나타낼 수 있다. Nyquist 컨투어의 부분 2에 대응하는 $G(s)$의 특성은 다음 식으로부터 알 수 있다.

$$\lim_{s \to 0} G(s) = \lim_{s \to 0} \frac{K}{s(s+a)} = \lim_{s \to 0} \frac{K}{sa} \tag{6.77}$$

$s \to 0$일 때 $G(s)$는 s에 반비례하는 특성이 있다. 그리고 크기가 무한소 ϵ인 복소변수 s가 $-j0^+$에서 $+j0^+$로 반시계 방향으로 180° 회전할 때 대응하는 $G(s)$의 Nyquist 선도는 시계 방향으로 180° 회전하는 ∞의 크기의 궤적이 된다.

그리고 그림 6.26에 표시된 부분 4에 대한 Nyquist 선도를 그리기 위하여 큰 반원을 그림 6.28(a)에 다시 그렸다. 반원상의 점들은 다음과 같은 지수 표시 식으로 나타낼 수 있다.

$$s = Re^{j\phi} \tag{6.78}$$

여기서 $R \to \infty$이다. 식 (6.73)에 식 (6.78)을 대입하면 다음 식을 얻을 수 있다.

$$G(s)_{s=Re^{j\phi}} = \frac{K}{R^2 e^{j2\phi}} = 0e^{-j2\phi} \tag{6.79}$$

이 식은 ∞의 주파수에서 $G(s)$의 Nyquist 선도가 반시계 방향으로 원점을 무한소의 크기로 $2 \times 180° = 360°$ 회전하는 궤적이 된다는 것을 의미한다. 그러므로 Nyquist 컨투어의

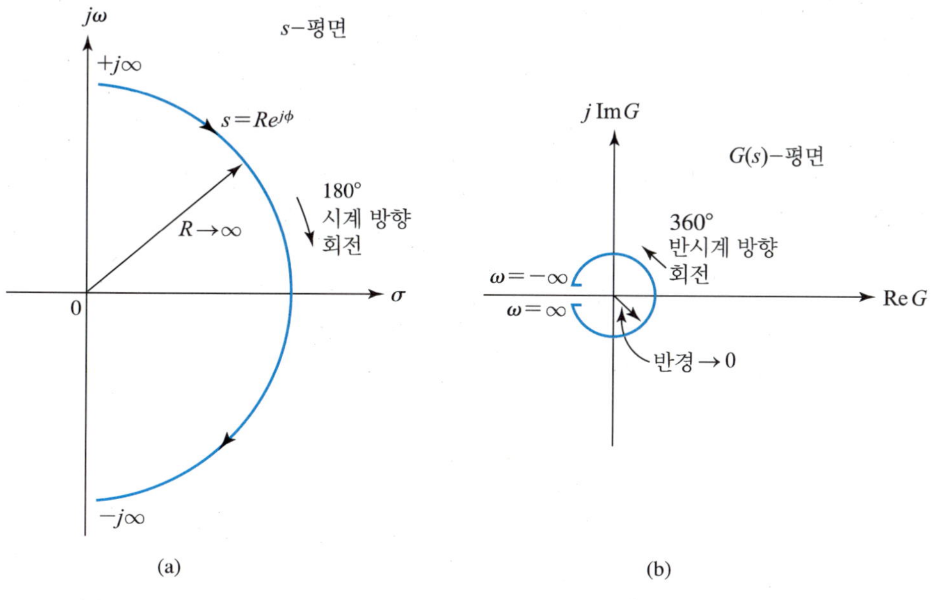

그림 6.28 (a) 그림 6.26의 Nyquist 컨투어의 부분 4, (b) 부분 4에 대응하는 $G(s)$의 Nyquist 선도

부분 4에 대응하는 Nyquist 선도는 그림 6.28(b)와 같이 그려진다.

이제 식 (6.73)에 표시된 전달함수 $G(s)$의 Nyquist 선도를 완성하기 위하여 원점을 제외한 허수축, 즉 부분 1과 3을 고려하기로 한다. 양의 허수축을 따라 움직이는 부분 3에 대한 Nyquist 궤적은 보통 식 (6.73)에서 $s = j\omega$를 대입하고 $G(s)$-평면의 실수축을 교차하는 점을 구함으로써 개략적으로 그릴 수 있다.

$$G(j\omega) = \frac{K}{j\omega(j\omega + a)} \tag{6.80}$$

또는

$$G(j\omega) = \frac{K(-\omega^2 - ja\omega)}{\omega^4 + a^2\omega^2} \tag{6.81}$$

$G(j\omega)$가 실수축과 교차하는 주파수는 $G(j\omega)$의 허수부를 0으로 놓고 계산한다. 즉

$$Im\, G(j\omega) = \frac{-Ka\omega}{\omega^4 + a^2\omega^2} = \frac{-Ka}{\omega(\omega^2 + a^2)} = 0 \tag{6.82}$$

따라서 $G(s)$-평면에서 실수축을 교차하는 주파수 ω는 ∞이며, Nyquist 궤적이 실수축과 교차하는 점은 원점이 된다.

Nyquist 안정도 판별법을 이용하여 폐루프 시스템의 안정도를 판별하고자 하는 경우에는 Nyquist 컨투어 D를 복소함수인 개루프 전달함수 $G(s)$로 사상한 Nyquist 궤적의 정확한 형상이 필요한 것이 아니라, 단지 임계점$(-1+j0)$을 둘러싸는 횟수에 의해 시스템의 안정도가 판정되기 때문에 궤적의 정확한 선도를 구할 필요는 없다. 그리고 부분 1에 대한 Nyquist 궤적은 부분 3에 대한 Nyquist 궤적을 실수축을 대칭으로 하여 그리면 된다.

식 (6.73)에 표시된 전달함수 $G(s)$에 대한 Nyquist 선도를 완성하기 위해서는 실수축의 어떤 유한한 부분과 교차함이 없이 부분 2와 부분 4에 대응하는 궤적들의 끝 점들을 서로 연결함으로써 그림 6.29와 같은 Nyquist 선도가 완성된다. 그림 6.26과 그림 6.29를 고찰해보면, 불안정한 개루프 극점의 개수가 0이고 Nyquist 선도가 임계점$(-1+j0)$을 둘러싸는 횟수가 0이므로 개루프 전달함수 $G(s)$가 식 (6.73)과 같이 표현되는 단위 피드백 제어 시스템은 안정하다는 것을 알 수 있다.

Nyquist 안정도 판별법은 이와 같이 표준 Nyquist 선도를 이용하여 폐루프 시스템의 공칭안정도를 해석할 수 있을 뿐만 아니라 Nyquist 컨투어를 수정하여 시스템의 성능을 해석하는 데에도 이용할 수 있다. 그림 6.30(a)와 같이 $j\omega$축 대신에 각 θ_x를 가진 반지름선으로 수정된 Nyquist 컨투어에 대한 Nyquist 안정도 판별법을 생각하기로 한다. 수정된

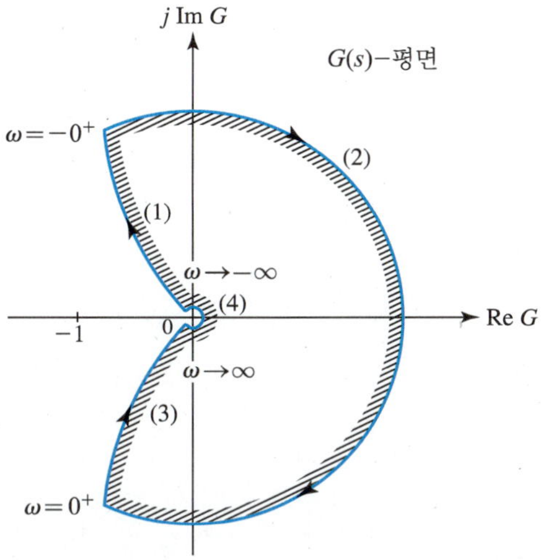

그림 6.29 시스템 $G(s)=\dfrac{K}{s(s+a)}$의 Nyquist 선도

Nyquist 컨투어에 대응하는 $G(s)$의 궤적이 임계점$(-1+j0)$을 둘러싸는 횟수가 수정된 Nyquist 컨투어 내부에 존재하는 $G(s)$의 극점의 개수와 같으면 폐루프 시스템의 극점이 수정된 Nyquist 컨투어 내부에 존재하지 않는다. 이때 폐루프 시스템은 $\zeta_x(=\sin\theta_x)$보다 큰 감쇠비를 갖는 안정한 시스템이라고 말할 수 있다.

위와 유사하게 그림 6.30(b)와 같이 표준 Nyquist 컨투어에서의 $j\omega$축을 $(-\sigma_0 \pm j\omega)$축으로 수정한 Nyquist 컨투어에 대해 생각하기로 한다. 이 경우에도 마찬가지로 수정된 Nyquist 컨투어에 대응하는 $G(s)$의 궤적이 임계점$(-1+j0)$을 둘러싸는 횟수가 수정된 Nyquist 컨투어 내부에 존재하는 $G(s)$의 극점의 개수와 같으면 폐루프 시스템의 극점이 수정된 Nyquist 컨투어 내부에 존재하지 않는다. 즉 폐루프 극점의 실수부가 $-\sigma_0$보다 작

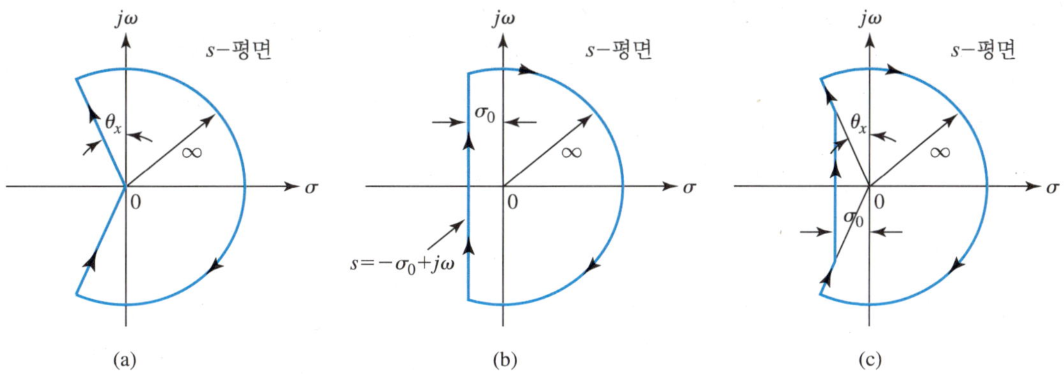

그림 6.30 수정된 Nyquist 컨투어

게 되어 폐루프 시스템의 시정수가 적어도 $1/\sigma_0$보다 작다.

또한 수정된 Nyquist 컨투어가 그림 6.30(c)와 같이 정해지면 임계점$(-1+j0)$을 둘러싸는 횟수와 수정된 Nyquist 컨투어 내부의 개루프 극점을 조사하여 폐루프 극점이 이 수정된 Nyquist 컨투어 내부에 존재하는지의 여부를 밝힐 수 있다. 시험 결과 Nyquist 안정도 판별 조건을 만족시킨다면 모든 폐루프 극점은 ζ_x보다 큰 감쇠비를 가지며 시정수는 $1/\sigma_0$보다 작다는 것을 알 수 있다. 따라서 적절한 Nyquist 컨투어를 취함으로써 개루프 전달함수로부터 폐루프 시스템의 시정수와 감쇠비를 어느 지정된 값까지 보장할 수 있는지를 파악할 수 있다.

Nyquist 안정도 판별법을 이용하여 폐루프 제어시스템의 응답속도와 진동 정도를 위와 같이 평가할 수 있지만, 실제로 Nyquist 안정도 판별법을 이용하여 폐루프 제어시스템의 응답 성능을 평가하지는 않는다. 왜냐하면 수정된 Nyquist 컨투어를 복소함수 $G(s)$로 사상하는 계산 과정이 복잡하고 어렵기 때문이다. 그렇지만 여기서 이 방법을 언급하는 이유는 Nyquist 안정도 판별법의 의미를 보다 정확하게 파악하는 데 도움을 주기 위해서이다.

예제 6.2 Nyquist 안정도 판별법을 이용하여 개루프 전달함수 $G(s)$가 다음과 같이 시간지연 요소를 포함하는 시스템에 대하여 안정한 K의 임계값을 구하기로 한다.

$$G(s)=\frac{Ke^{-s}}{s+1}$$

우선 시스템 $G(s)$의 주파수 전달함수 $G(j\omega)$를 실수부와 허수부로 표시한다.

$$\begin{aligned}G(j\omega)&=\frac{Ke^{-j\omega}}{j\omega+1}\\&=\frac{K(\cos\omega-j\sin\omega)(1-j\omega)}{1+\omega^2}\\&=\frac{K}{1+\omega^2}\{(\cos\omega-\omega\sin\omega)-j(\sin\omega+\omega\cos\omega)\}\end{aligned}$$

안정한계점이 $(-1+j0)$이므로 안정한계에서의 주파수 ω_m을 찾기 위하여 $G(j\omega_m)$의 허수부를 0으로 한다. 즉

$$\sin\omega_m+\omega_m\cos\omega_m=0$$

또는

$$\omega_m=-\tan\omega_m$$

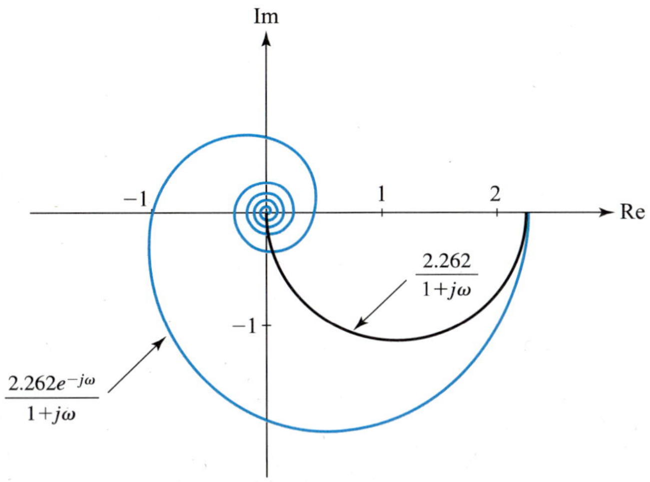

그림 6.31 $\frac{2.262e^{-j\omega}}{1+j\omega}$와 $\frac{2.262}{1+j\omega}$의 Nyquist 선도

위 식을 만족하는 주파수 $\omega_m = 2.029$ rad/sec이다. 안정한계에서의 주파수 ω_m에서 주파수 전달함수 $G(j\omega_m)$의 실수부를 -1로 하면

$$\text{Re}[G(j2.029)] = \frac{K}{1+2.029^2}(\cos 2.029 - 2.029\sin 2.029) = -1$$

또는

$$K = 2.262$$

그림 6.31은 안정한계에 있는 시간지연 요소($T_D = 1$초)를 고려한 시스템 $2.262e^{-j\omega}/(1+j\omega)$와 시간지연을 무시한 시스템 $2.262/(1+j\omega)$의 Nyquist 선도이다. 저주파역에서는 두 Nyquist 선도가 거의 일치하나 주파수가 커짐에 따라 두 Nyquist 선도의 형상이 다르다. 시간지연을 무시한 시스템은 1차 시스템으로서 반원의 형상을 하고, 시간지연을 고려한 1차 시스템은 나선형 모양을 하고 있다. 그리고 시간지연을 무시한 1차 시스템은 모든 K 값에 대해 안정하지만, 시간지연 요소($T_D = 1$초)를 고려한 1차 시스템은 $K > 2.262$일 때 불안정하다. ■

6.7 Nichols 선도

주파수응답 특성을 그래픽으로 나타내는 또 하나의 방법은 개루프 전달함수 $G(j\omega)$의

위상 대 로그스케일의 크기를 하나의 선도에 나타내는 방법이다. 폐루프 주파수응답의 일정한 크기궤적(M 궤적)과 일정한 위상궤적(N 궤적)을 개루프 전달함수 $G(j\omega)$의 위상 대 로그스케일의 크기 평면 내에 그린 Nichols 선도가 실제로 주파수응답에 의한 제어시스템 설계에서 이용되고 있다. Nichols 선도를 이용하면 게인의 변화나 제어기의 첨가에 따른 폐루프 시스템의 주파수역 성능인 시스템의 대역폭, 공진주파수, 상대안정도 등을 쉽게 평가할 수 있다.

우선 M 궤적과 N 궤적을 유도하기로 한다. 폐루프 주파수응답의 크기를 M, 위상을 α로 정의하면 폐루프 전달함수 $T(j\omega)$는 다음과 같이 표현할 수 있다.

$$T(j\omega) = \frac{G(j\omega)}{1+G(j\omega)} = Me^{j\alpha} \tag{6.83}$$

여기서 $G(j\omega)$는 개루프 전달함수이며, 편의상 다음과 같이 표현하기로 한다.

$$G(j\omega) = X + jY \tag{6.84}$$

이때

$$M = \frac{|X+jY|}{|1+X+jY|} \tag{6.85}$$

또는

$$M^2 = \frac{X^2+Y^2}{(1+X)^2+Y^2} \tag{6.86}$$

따라서

$$(M^2-1)X^2 + 2M^2X + M^2 + (M^2-1)Y^2 = 0 \tag{6.87}$$

만일 $M \neq 1$이면, 식 (6.87)은 다음과 같이 표현할 수 있다.

$$X^2 + \frac{2M^2}{M^2-1}X + \frac{M^2}{M^2-1} + Y^2 = 0 \tag{6.88}$$

또는

$$\left(X + \frac{M^2}{M^2-1}\right)^2 + Y^2 = \frac{M^2}{(M^2-1)^2} \tag{6.89}$$

식 (6.89)는 중심이 $X = -M^2/(M^2-1)$, $Y=0$이고 반지름이 $|M/(M^2-1)|$인 원의 방

정식이다.

다음으로 일정한 폐루프의 위상궤적(N 궤적)을 구하기로 한다. 우선 폐루프 시스템의 위상 α를 개루프 전달함수 $G(j\omega)$의 실수부 X와 허수부 Y로 표시한다.

$$\angle e^{j\alpha} = \angle \frac{X+jY}{1+X+jY} \tag{6.90}$$

식 (6.90)으로부터

$$\alpha = \tan^{-1}\left(\frac{Y}{X}\right) - \tan^{-1}\left(\frac{Y}{1+X}\right) \tag{6.91}$$

만약 위상 α를 다음과 같이 정의하면

$$\alpha = \tan^{-1} N \tag{6.92}$$

이때

$$N = \tan\left\{\tan^{-1}\left(\frac{Y}{X}\right) - \tan^{-1}\left(\frac{Y}{1+X}\right)\right\} \tag{6.93}$$

그리고 다음과 같은 초월함수에 관한 기본적인 식을 이용하기로 한다.

$$\tan(A-B) = \frac{\tan A - \tan B}{1+\tan A \tan B} \tag{6.94}$$

이때 식 (6.93)은 다음과 같이 간단히 표현할 수 있다.

$$N = \frac{\dfrac{Y}{X} - \dfrac{Y}{1+X}}{1+\dfrac{Y}{X}\left(\dfrac{Y}{1+X}\right)} = \frac{Y}{X^2+X+Y^2} \tag{6.95}$$

또는

$$X^2+X+Y^2 - \frac{1}{N}Y = 0 \tag{6.96}$$

식 (6.96)을 원의 방정식 형태로 표현하면 다음과 같다.

$$\left(X+\frac{1}{2}\right)^2 + \left(Y-\frac{1}{2N}\right)^2 = \frac{1}{4} + \left(\frac{1}{2N}\right)^2 \tag{6.97}$$

식 (6.97)은 중심이 $X = -1/2$, $Y = 1/2N$이고 반지름이 $\sqrt{1/4+(1/2N)^2}$ 인 원의 방정식이다. 그림 6.32(a)와 그림 6.32(b)는 각각 폐루프 주파수응답의 일정한 크기궤적(M 궤적)

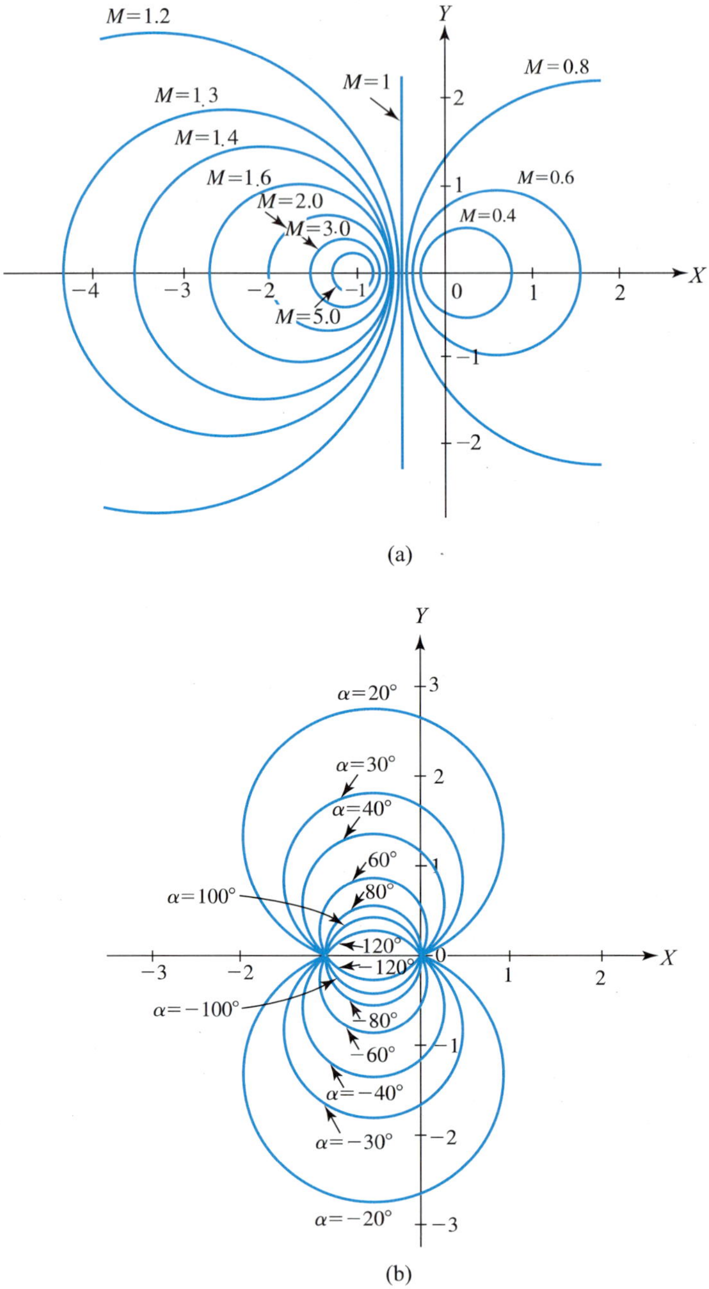

그림 6.32 (a) 일정한 M 궤적, (b) 일정한 N 궤적

과 일정한 위상궤적(N 궤적)을 나타낸다.

그림 6.33은 위상 대 크기 평면 내에 M과 N 궤적을 표시한 Nichols 선도이다. Nichols 선도는 $-180°$축에 대하여 대칭을 이루고 있고 M과 N 궤적은 $360°$를 주기로 반복한다.

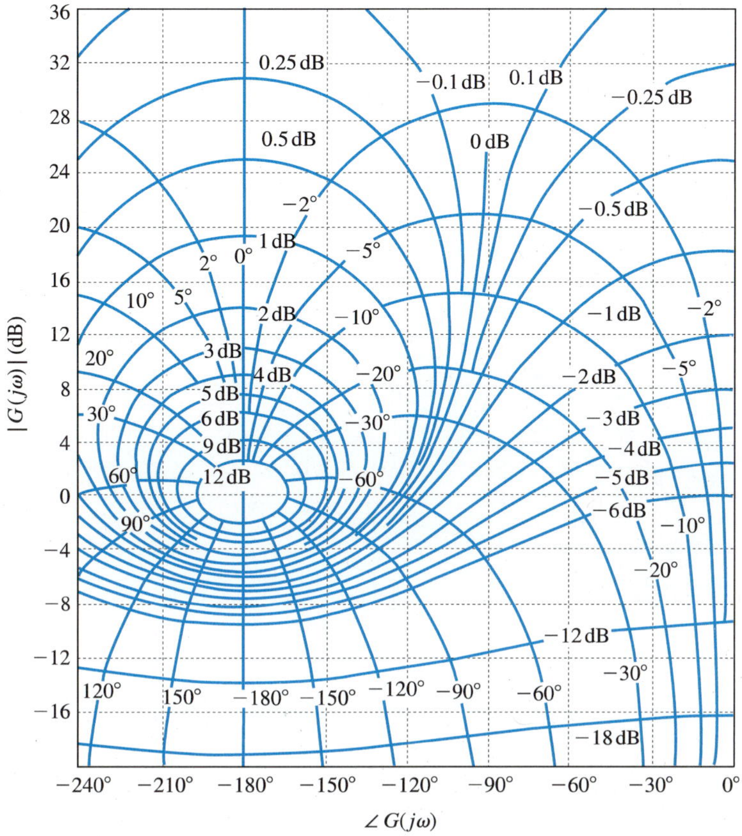

그림 6.33 Nichols 선도

그리고 M 궤적은 임계점(0 dB, $-180°$)에 중심을 두고 있다.

Nichols 선도는 개루프 주파수응답으로부터 폐루프 주파수응답을 해석하는 데 매우 유용하게 사용된다. 개루프 응답곡선을 Nichols 선도 위에 겹쳤을 때 개루프 주파수응답 곡선 $G(j\omega)$와 M과 N 궤적의 교차점은 각 주파수에서의 폐루프 주파수응답의 크기 M과 위상 α를 나타낸다. 특히 $G(j\omega)$ 궤적이 M 궤적과 접할 때의 주파수가 공진주파수 ω_r이고 그때의 M 값이 공진최댓값 M_r이다.

예제 6.3 시스템의 개루프 전달함수 $G(s)$가 다음과 같을 때 폐루프 시스템의 공진최댓값 M_r와 공진주파수 ω_r를 구하기로 한다.

$$G(s) = \frac{1}{s(s+1)(0.5s+1)}$$

Nichols 선도를 이용해 폐루프 주파수응답을 해석하기 위하여 우선 $G(j\omega)$의 Bode

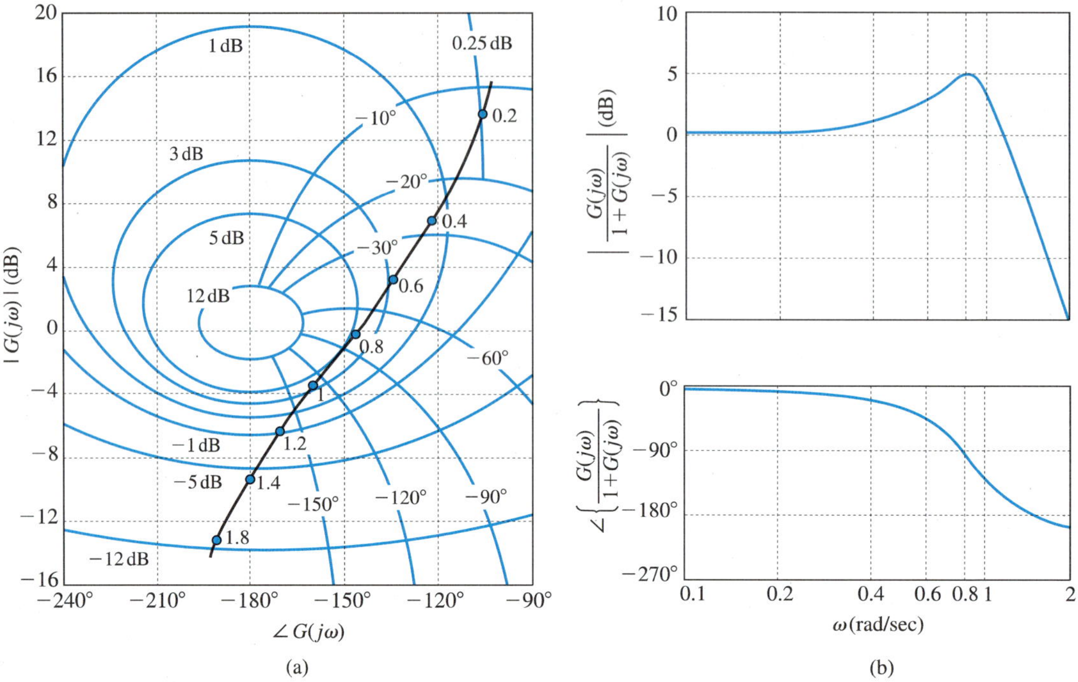

그림 6.34 (a) Nichols 선도 위에 겹쳐진 $G(j\omega)$의 작도, (b) 폐루프 주파수응답 곡선

선도를 그린다. Bode 선도를 이용하면 $G(j\omega)$의 지루한 수치 계산 과정을 생략할 수 있다. 그림 6.34(a)는 $G(j\omega)$ 궤적을 Nichols 선도에 나타낸 것이고, 그림 6.34(b)에 표시된 폐루프 주파수응답 곡선은 Nichols 선도에서 여러 주파수 점에서의 크기와 위상을 조사하여 작도한 것이다. $G(j\omega)$ 궤적이 $M=5$ dB 궤적에 접하고 있으므로 폐루프 주파수응답의 공진최댓값 M_r는 5 dB이고, 이때 공진주파수 ω_r는 0.8 rad/sec이다. ■

6.8 상대안정도

제어시스템 설계 시 상대안정도 개념은 매우 중요하다. 그 이유는 시스템의 모델링 과정에서 발생하는 모델링 오차에 대한 안정도-강인성(stability-robustness) 문제가 실제 제어시스템 설계 시에 중요한 문제가 되기 때문이다. 수학적 모델에 기반을 두고 설계된 제어시스템이 수학적으로는 안정하더라도 실제 제어시스템은 불안정할 수도 있다. 그러므로 제어시스템 설계 시 모델의 불확실성을 고려하는 것이 바람직하다. 단일입출력 시스템에서는 이러한 안정도-강인성 문제를 게인여유(gain margin)와 위상여유(phase margin)를 가지

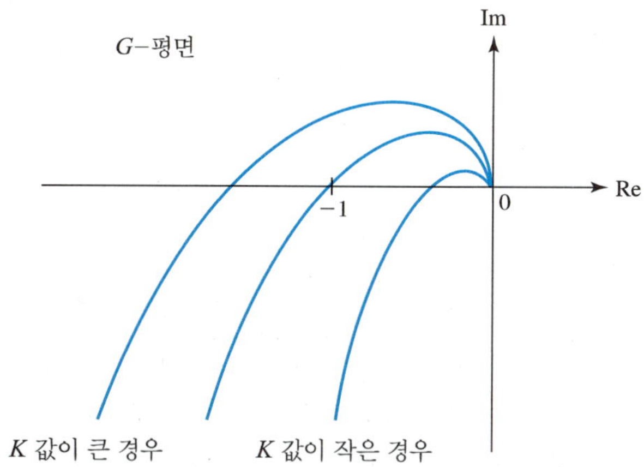

그림 6.35 안정한 개루프 시스템에 대한 게인 K 값의 변화에 따른 일반적인 Nyquist 선도

고 어느 정도 고려하고 있다. 그렇지만 다변수 시스템까지도 적용할 수 있는 일반적인 안정도-강인성 문제는 특이값(singular value) 개념[71, 72]을 이용해 해석해야 한다. 여기서는 게인 및 위상 여유로 나타내는 단일입출력 시스템의 상대안정도 개념에 대해서만 설명하기로 한다.

그림 6.35는 안정한 개루프 시스템 $G(j\omega)$에 대한 게인 K 값의 변화에 따른 일반적인 Nyquist 선도이다. 이 경우 게인 K가 크게 되면 공칭 폐루프 시스템은 불안정해지고, 게인이 감소하여 어떤 특정한 값이 되면 $G(j\omega)$의 궤적이 임계점$(-1+j0)$을 통과한다. 이때 공칭 폐루프 시스템은 불안정하게 될 직전에 놓여 있으며 지속적으로 진동한다. 게인 K 값이 이보다 작으면 공칭 폐루프 시스템은 안정되며 실제 제어시스템도 안정도-강인성을 유지한다. 따라서 Nyquist 궤적 $G(j\omega)$의 임계점에 대한 근접도가 안정도-강인성 문제의 척도로 사용될 수 있다. 단일입출력 시스템에서는 통상적으로 Nyquist 궤적 $G(j\omega)$의 임계점에 대한 근접도를 게인여유와 위상여유로 나타내고 있다.

게인여유 K_g는 개루프 전달함수의 위상 $\angle G(j\omega)$가 $-180°$가 되는 주파수에서 개루프 전달함수의 크기 $|G(j\omega)|$의 역수로 정의된다. 개루프 전달함수의 위상이 $-180°$가 될 때의 주파수를 위상교차주파수 ω_p라고 하면, 이때 게인여유 K_g는 다음과 같다.

$$K_g = \frac{1}{|G(j\omega_p)|} \qquad \text{또는} \qquad K_g = -20\log|G(j\omega_p)|\ \text{dB} \tag{6.98}$$

이와 같이 게인여유 K_g는 위상교차주파수 ω_p에서 공칭 폐루프 시스템이 불안정한 경계에 이를 때까지 추가될 수 있는 게인의 여유를 나타내는 지수이다.

한편, 위상여유 γ는 게인교차주파수 ω_g에서 공칭 폐루프 시스템이 불안정한 경계에 이를 때까지 추가될 수 있는 위상지연에 대한 여유를 나타내는 지수이다. 게인교차주파수 ω_g는 개루프 전달함수의 크기 $|G(j\omega)|$가 1일 때의 주파수이며, 위상여유 γ는 게인교차주파수 ω_g에서 개루프 전달함수의 위상 $\phi(\omega_g)$에 180°를 더한 값이다. 즉

$$\gamma = \phi(\omega_g) + 180° \tag{6.99}$$

그림 6.36은 안정한 개루프 시스템에 대한 Nyquist 선도, Bode 선도, Nichols 선도에서 폐루프 시스템이 안정한 경우와 불안정한 경우에 대한 게인 및 위상 여유를 나타낸 일반적인 예이다. 이와 같이 개루프 시스템이 최소 위상 시스템(minimum phase system), 즉 우반 s-평면에 극점이나 영점이 없는 시스템인 경우에 대한 폐루프 시스템이 안정하기 위해서는 게인여유 K_g가 1보다 크고 위상여유 γ가 양(+)이어야 한다. 1차 시스템이나 2차 시스템에 대한 Nyquist 선도는 음의 실수축을 통과하지 않으므로 이 경우의 게인여유 K_g는 ∞이다. 따라서 이론적으로는 1차 시스템과 2차 시스템은 불안정해질 수 없다. 그러나 이와 같은 1차 또는 2차 시스템은 실제 시스템에 존재하는 시간지연 등과 같은 모델링 오차를 무시한 근사적인 수학적 모델식이라는 것에 항상 유의해야 한다. 예를 들어 시간지연과 같은 요소를 플랜트 모델식에 포함시키면 소위 1차 시스템이나 2차 시스템도 불안정해질 수 있다.

한편, 비최소 위상 시스템(non-minimum phase system)에 대한 공칭안정도는 특히 주의하여 Nyquist 선도에서 임계점$(-1+j0)$을 둘러싸는 궤적의 횟수가 식 (6.70)의 Nyquist 안정도 판별식을 만족하는지 조사해야 하고, 상대안정도는 최소 위상 시스템과 같은 개념으로 정의될 수 없다. 비최소 위상 시스템에서는 우반 s-평면에 놓인 극점이나 영점에 따라 임계점에 대한 게인 및 위상 여유의 위치가 달라지므로 개루프 전달함수 $G(s)$의 형태에 따라 조사해야 한다.

안정도 여유는 이와 같이 안정도-강인성을 나타내는 척도일 뿐만 아니라, 때때로 제어 시스템의 성능을 나타내는 데도 직접적으로 사용되고 있다. 다음과 같은 개루프 시스템 $G(s)$에 대하여 생각하기로 한다.

$$G(s) = \frac{\omega_n^2}{s(s+2\zeta\omega_n)} \tag{6.100}$$

이 경우 단위 피드백을 사용한 폐루프 시스템 $T(s)$는 다음과 같다.

$$T(s) = \frac{\omega_n^2}{s^2+2\zeta\omega_n s+\omega_n^2} \tag{6.101}$$

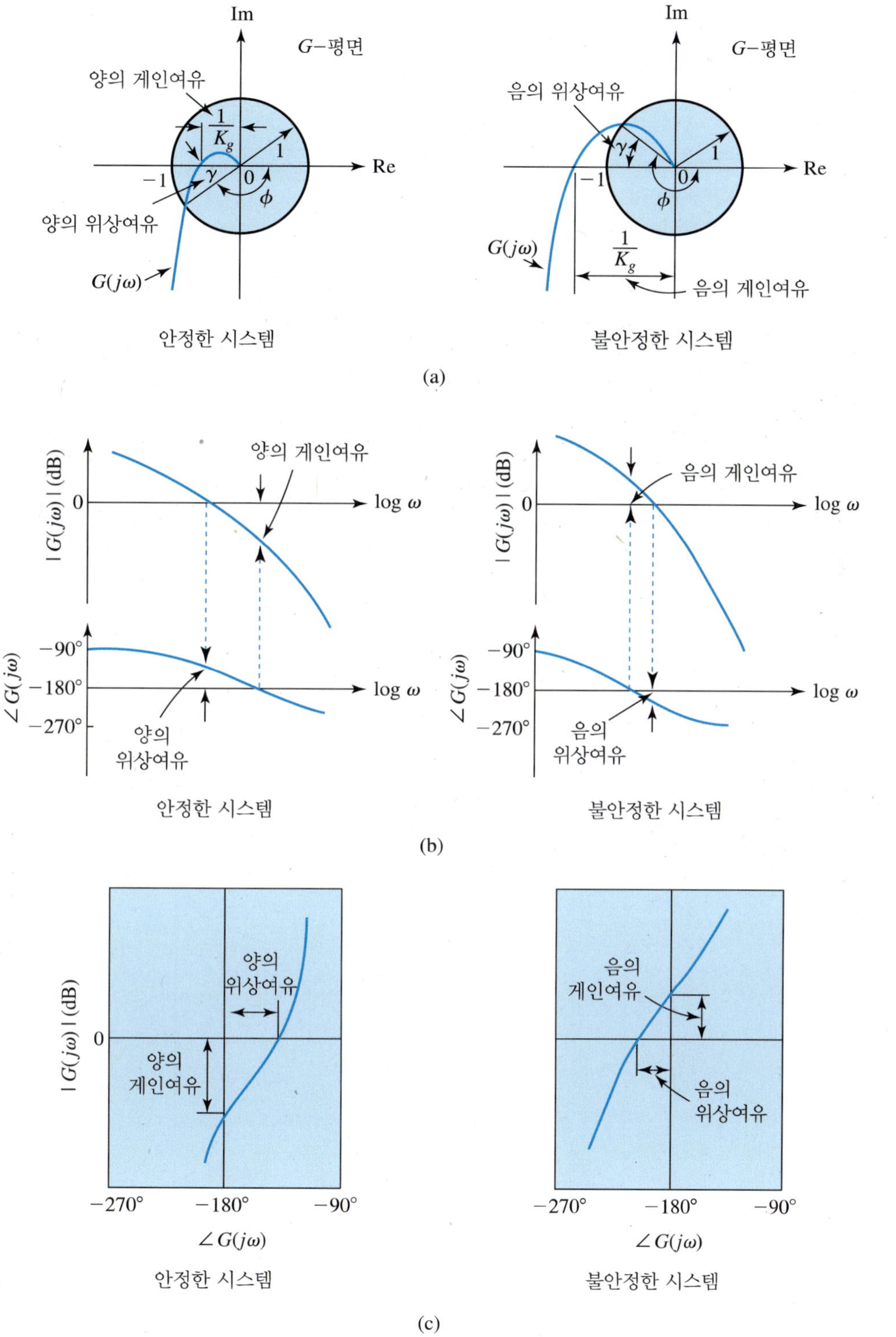

그림 6.36 폐루프 시스템이 안정한 경우와 불안정한 경우에 대한 주파수응답 곡선의 형태

이제 위와 같은 시스템에 대하여 과도응답 특성을 나타내는 감쇠비 ζ와 위상여유 γ 사이의 관계를 유도해보기로 한다. 우선 $|G(j\omega)|=1$인 게인교차주파수 ω_g를 구한다.

$$|G(j\omega_g)| = \frac{\omega_n^2}{\omega_g\sqrt{\omega_g^2+(2\zeta\omega_n)^2}} = 1 \tag{6.102}$$

또는

$$\omega_g = \omega_n\sqrt{\sqrt{1+4\zeta^4}-2\zeta^2} \tag{6.103}$$

이때 위상여유 γ는 다음과 같이 계산된다.

$$\begin{aligned}\gamma &= 180° + \angle G(j\omega_g) \\ &= 180° + \angle\frac{1}{j\omega_g} + \angle\frac{1}{j\omega_g+2\zeta\omega_n} \\ &= 180° - 90° - \tan^{-1}\frac{\omega_g}{2\zeta\omega_n} \\ &= 90° - \tan^{-1}\frac{\sqrt{\sqrt{1+4\zeta^4}-2\zeta^2}}{2\zeta} \\ &= \tan^{-1}\frac{2\zeta}{\sqrt{\sqrt{1+4\zeta^4}-2\zeta^2}}\end{aligned} \tag{6.104}$$

그림 6.37의 감쇠비 ζ와 위상여유 γ 사이의 관계에서 알 수 있듯이 약 $60°$의 위상여유

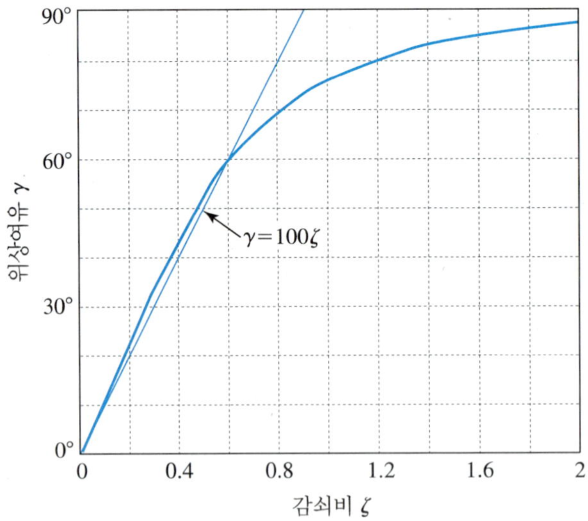

그림 6.37 감쇠비 ζ 값에 따른 2차 시스템의 위상여유 γ

까지는 대체로 선형성을 유지하고 있다. 즉 다음과 같은 근사식으로 표현할 수 있다.

$$\gamma \simeq 100\,\zeta \tag{6.105}$$

이 근사식은 단순 2차 시스템에서 위상여유가 약 70° 이하인 경우에서만 만족스러운 상관관계를 갖지만, 일반적인 시스템에서도 상대안정도를 나타내는 지수인 위상여유와 과도응답을 나타내는 지수인 감쇠비 ζ 값 사이의 상관관계를 나타내는 경험식으로 사용되고 있다. 그림 6.12에 표시된 단순 2차 시스템에 대하여 유도된 공진최댓값 M_r와 감쇠비 ζ 값 사이의 상관관계를 이용하여 위상여유 γ와 과도응답 특성을 나타내는 최대 오버슈트 M_p의 상관관계를 그림 6.38에 표시하였다. 이를 통해 위상여유에 근거한 제어시스템의 성능 평가에 도움이 되는 부가적인 경험 법칙을 알 수 있다.

최소 위상 플랜트에 대한 제어시스템 설계 시 일반적으로 게인여유는 2~10, 위상여유는 30~60°가 되도록 하고 있다. 이러한 상대안정도를 가지면 어느 정도의 모델링 오차가 존재하더라도 실제 최소 위상 시스템의 안정도가 보장된다. 또한 실제 최소 위상 시스템이 30~60°의 위상여유를 가지고 있으면 일반적으로 게인교차주파수 ω_g 근처($0.1\omega_g \sim 10\omega_g$)에서 개루프 전달함수의 크기 $|G(j\omega)|$의 기울기가 −40 dB/dec보다 완만해진다.

안정한 최소 위상 시스템의 경우, Bode 선도에서 $|G(j\omega)|$의 기울기가 한 데케이드 정도의 주파수에 대하여 일정한 값을 유지하면, 다음과 같은 위상관계식이 성립한다.[11]

$$\angle G(j\omega) \simeq 90n^\circ \tag{6.106}$$

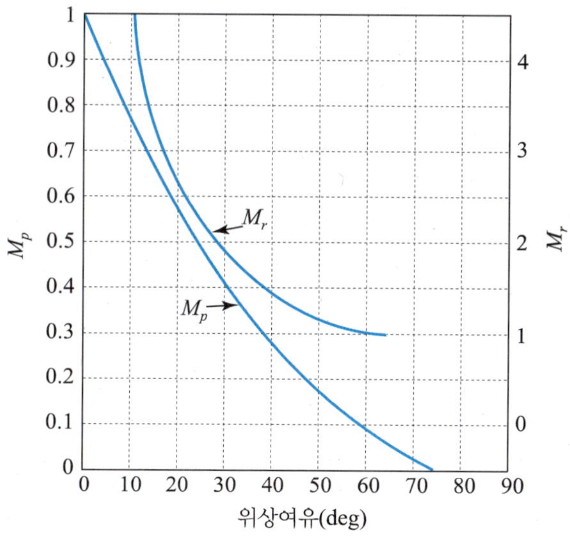

그림 6.38 2차 시스템의 위상여유 γ 값에 따른 최대 오버슈트 M_p와 공진최댓값 M_r

여기서 n은 로그좌표계상에서 주파수 ω에 따른 크기 $|G(j\omega)|$의 기울기이다.

예를 들어 $G(s)=1/s$일 때 식 (6.106)을 적용하면 크기 $|G(j\omega)|$의 기울기 n이 모든 주파수에서 -1이므로 $\angle G(j\omega) \simeq -90°$이다. 이때 위상여유 γ는 약 90°이다. 그리고 $n=-2$이면 $\angle G(j\omega) \simeq -180°$이므로 위상여유 γ가 약 0°가 된다. 따라서 이 경우에는 실제 시스템이 불안정할 수 있다. 그러므로 실제 시스템의 안정도를 보장하기 위해서는 일반적으로 게인교차주파수 근처($0.1\omega_g \sim 10\omega_g$)에서 $|G(j\omega)|$의 기울기가 -20 dB/dec($n=-1$)가 되도록 하여 충분한 위상여유를 확보하도록 설계해야 한다. $|G(j\omega)|$의 기울기가 -40 dB/dec이면 실제 시스템은 불안정할 수 있고, -60 dB/dec 이상이면 일반적으로 실제 시스템은 불안정해진다.

불안정한 개루프 시스템은 폐루프 시스템이 안정하기 위해서 불안정한 극점의 개수만큼 임계점$(-1+j0)$을 둘러싸야 하기 때문에 그림 6.36에 표시된 안정도 여유와는 일반적으로 다르게 해석해야 한다. 앞에서 정의한 게인 및 위상 여유를 자칫 오해할 수도 있으므로 Nyquist 안정도 판별법의 정의로 되돌아가서 수정해야 한다. 설계자는 그림 6.36에 표시된 상대안정도에 대한 정의를 적용하는 데 있어서 신중할 필요가 있다. 시스템의 상대안정도는 Nyquist 선도가 임계점$(-1+j0)$을 둘러싸는 횟수와 근접도를 조사함으로써 엄격히 평가해야 한다.

이제 그림 6.39에 표시된 Nyquist 선도들을 고찰하기로 한다. 그림 6.39(a)의 경우는 게인여유가 5, 위상여유가 10°로서 위상교차주파수 ω_p 근처에서의 모델링 오차에는 강인하나 게인교차주파수 ω_g 근처에서의 모델링 오차에는 취약하다. 그림 6.39(b)의 경우는 게인여유가 1.25, 위상여유가 60°로서 위상교차주파수 ω_p 근처에서의 모델링 오차에 취약하다.

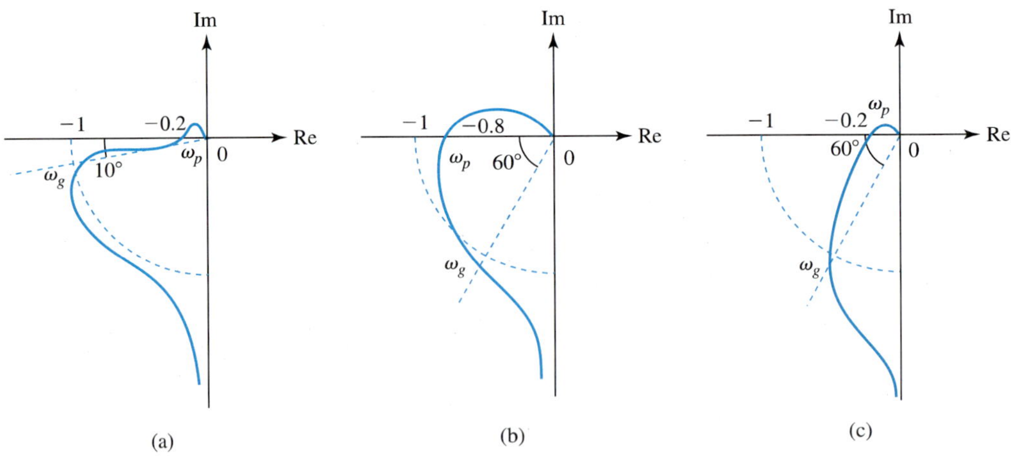

그림 6.39 게인여유 및 위상여유를 보여주는 Nyquist 선도의 예

그렇지만 그림 6.39(c)의 경우에는 게인여유가 5, 위상여유가 60°로서 모든 주파수에서의 모델링 오차에 강인함을 알 수 있다. 이와 같이 게인여유 K_g와 위상여유 γ는 단독적으로 상대안정도를 충분히 나타낼 수 없으므로, 시스템의 상대안정도를 평가하기 위해서는 두 개의 값을 동시에 조사해야 한다.

흔히 발생하는 경우는 아니지만 그림 6.40과 같은 어떤 특수한 공칭시스템 $G(s)$의 Nyquist 선도에 대하여 생각하기로 한다. 이 시스템은 게인 및 위상 여유가 모두 만족스러운 값을 갖는다고 해도 공칭시스템 $G(s)$가 임계점$(-1+j0)$에 근접한 주파수 ω^* 근처에서 모델링 오차 $\delta G(s)$가 존재하여 실제 시스템 $G_A(s)[=G(s)+\delta G(s)]$가 임계점을 둘러싸는 경우에는 실제 폐루프 시스템이 불안정하게 된다. 이와 같은 경우는 게인 및 위상 여유를 가지고는 안정도-강인성 문제를 표현하는 데 한계가 있다.

이 문제점을 보완하기 위하여 1958년 Smith[(78)]는 벡터여유(vector margin)를 제안하였다. 벡터여유 $\alpha_{\min}$은 임계점$(-1+j0)$에서 가장 가까운 Nyquist 궤적까지의 거리로 정의된다. 즉 벡터여유 $\alpha_{\min}$은 감도 전달함수의 크기 $|S(j\omega)|$의 최댓값의 역수로 정의된다.

$$\alpha_{\min} = \min_{\omega}|1+G(j\omega)| = \min_{\omega}\frac{1}{|S(j\omega)|} = \frac{1}{\max_{\omega}|S(j\omega)|} \tag{6.107}$$

그림 6.41에 표시된 바와 같이 이 벡터여유를 사용하면 안정도 평가에서 모든 애매함을 배제할 수 있다. 그렇지만 이것은 게인 및 위상 여유를 계산하는 것보다 좀 더 어려워서 제어시스템 설계 시 널리 사용되지는 않았다. 그러나 최근 컴퓨터를 이용한 제어시스템의 해

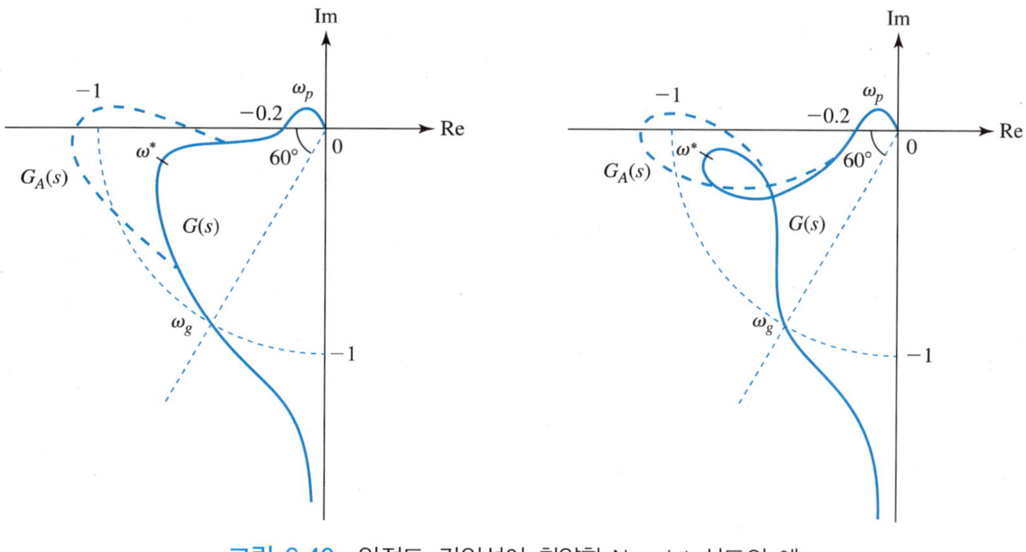

그림 6.40 안정도-강인성이 취약한 Nyquist 선도의 예

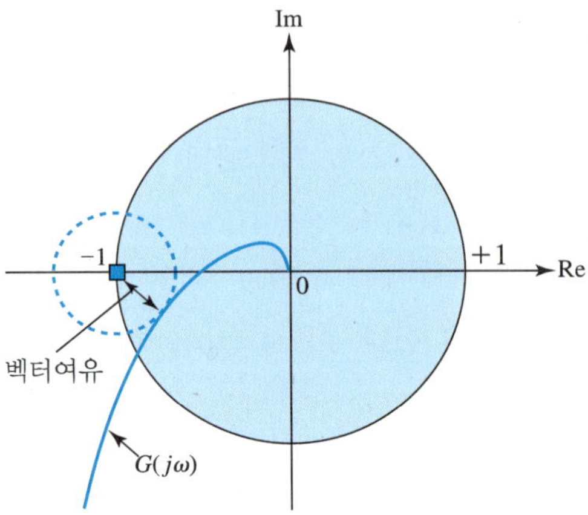

그림 6.41 Nyquist 선도에서 벡터여유의 정의

석 및 설계가 용이해지면서 큰 문제가 되지 않는다. 그리고 벡터여유는 게인 및 위상 여유와 달리 단 한 개만의 값을 가지고 시스템의 상대안정도를 평가할 수 있는 사양으로 사용될 수 있다는 장점이 있다.

6.9 바람직한 주파수응답

피드백 제어시스템을 설계하는 목적은 일반적으로 시스템의 모델링 오차와 같은 시스템의 불확실성이 존재하더라도 시스템에 가해지는 입력에 대하여 바람직한 시스템 성능을 얻고자 하는 데 있다. 여기서는 시스템의 모델링 오차에 의한 불확실성은 무시하고, 피드백 제어시스템의 입력인 기준입력, 외란입력, 센서잡음입력이 시스템 성능에 어떻게 영향을 미치는지를 조사하기로 한다. 그래서 먼저 그림 6.42에 표시된 기준입력, 외란입력, 센서잡음입력을 고려한 일반적인 피드백 제어시스템에 대하여 생각하기로 한다. 외란입력은 플랜트의 입력 측이나 출력 측으로 반영할 수 있으나 여기서는 편의상 출력 측으로 반영하였다.

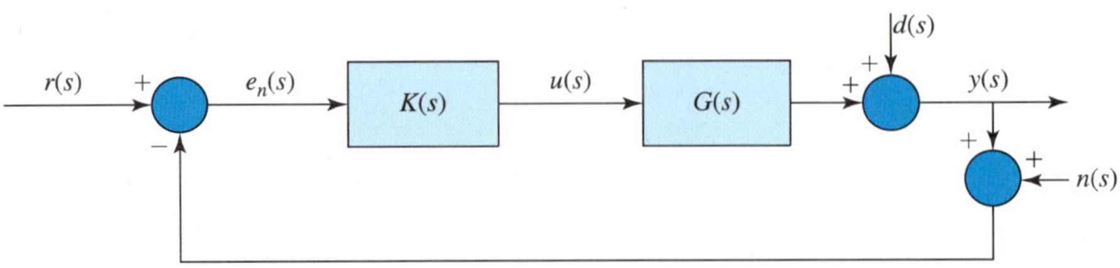

그림 6.42 일반적인 피드백 제어시스템

그림 6.42에 표시된 각 시스템 입력을 고려한 출력 $y(s)$는 다음과 같다.

$$y(s)=\frac{G(s)K(s)}{1+G(s)K(s)}r(s)+\frac{1}{1+G(s)K(s)}d(s)-\frac{G(s)K(s)}{1+G(s)K(s)}n(s) \tag{6.108}$$

여기서 $G(s)$는 플랜트 전달함수, $K(s)$는 제어기 전달함수, 그리고 $r(s)$, $d(s)$, $n(s)$는 각각 기준입력, 외란입력, 센서잡음입력을 나타낸다. 식 (6.108)에서 첫째 항은 기준입력, 둘째 항은 외란입력, 셋째 항은 센서잡음입력이 각각 출력에 미치는 영향을 나타내고 있다. 여기서 $G(s)K(s)$는 루프(loop) 전달함수, $1+G(s)K(s)$는 귀환차(return difference) 전달함수,

$$S(s)=\frac{1}{1+G(s)K(s)} \tag{6.109}$$

는 감도(sensitivity) 전달함수, 그리고

$$T(s)=\frac{G(s)K(s)}{1+G(s)K(s)} \tag{6.110}$$

는 여감도(complementary sensitivity) 또는 폐루프(closed-loop) 전달함수라고 한다.

실제 추적오차(tracking error) $e(s)$는 그림 6.42에 표시된 센서잡음이 포함된 오차 $e_n(s)$가 아니라 기준입력 $r(s)$에서 플랜트 출력 $y(s)$를 뺀 값이다. 즉

$$e(s)=r(s)-y(s) \tag{6.111}$$

우리는 일반적으로 추적오차 $e(t)$가 어떤 조건하에서도 0이 되는 제어시스템을 원한다. 그러므로 식 (6.108)과 식 (6.111)을 이용하여 추적오차 $e(s)$를 각 입력의 항으로 표시하기로 한다.

$$e(s)=\frac{1}{1+G(s)K(s)}\{r(s)-d(s)\}+\frac{G(s)K(s)}{1+G(s)K(s)}n(s) \tag{6.112}$$

또는

$$e(s)=S(s)\{r(s)-d(s)\}+T(s)n(s) \tag{6.113}$$

식 (6.113)에서 알 수 있듯이 임의의 입력에 대하여 추적오차 $e(s)$가 0이 되려면, $S(s)=0$ 그리고 $T(s)=0$이 동시에 성립해야 한다. 그러나 다음 구속조건이 충족해야 하므로 동시에 $S(s)=0$, $T(s)=0$은 불가능하다.

$$S(s)+T(s)=1 \tag{6.114}$$

다행히도 일반적으로 기준입력 $r(s)$와 플랜트 출력 측으로 반영된 외란입력 $d(s)$는 저주파에서 에너지를 가지고 있고 센서잡음입력 $n(s)$는 고주파에서 에너지를 가지고 있으므로, 저주파에서는 감도 전달함수 $S(s)$를 작게, 고주파에서는 여감도 전달함수 $T(s)$를 작게 하는 등 두 전달함수 $S(s)$와 $T(s)$를 적절히 절충하여 만족스러운 제어시스템을 설계할 수 있다. 이러한 설계 과정이 제어엔지니어들의 몫이고, 또한 재미있는 일이다.

피드백 제어시스템의 주파수역 성능은 일반적으로 명령추종(command following), 외란제거(disturbance rejection), 센서잡음에 대한 저감도(insensitivity to sensor noise)와 같은 시스템 성능으로 나타낸다. 그래서 기준입력, 외란입력, 센서잡음입력에 대한 피드백 제어시스템의 주파수역 성능을 알아보기로 한다.

명령추종 성능을 좋게 하기 위해서는 출력 $y(t)$가 기준입력 $r(t)$의 요구대로 따라가야 한다. 이 요구는 주파수역에서 다음과 같이 표시된다.

$$y(s) \simeq r(s), \qquad s \in \Omega_r \tag{6.115}$$

여기서 Ω_r는 기준입력이 에너지를 갖는 주파수역이다. 일반적으로 대부분의 기준입력은 저주파에서 에너지를 가지고 있다. 예를 들면 단위스텝입력[$r(s)=1/s$], 단위램프입력 [$r(s)=1/s^2$], 단위사인파(sinusoidal)입력[$r(s)=\omega/(s^2+\omega^2)$ 또는 $r(s)=s/(s^2+\omega^2)$] 같은 전형적인 기준입력은 저주파에서 에너지를 가지고 있다.

이제 추적오차식 (6.112)를 피드백 제어시스템의 주파수역 성능을 나타내는 성능지수로 생각하고, 명령추종 성능을 조사하기 위하여 식 (6.112)에서 기준입력 $r(s)$에 대한 영향만을 고려하기로 한다. 즉

$$e(s) = \frac{1}{1+G(s)K(s)}\,r(s) \tag{6.116}$$

식 (6.116)으로부터 명령추종 성능을 좋게 하기 위해서는 감도 전달함수 $S(s)$의 크기가 $s \in \Omega_r$에서 작은 값을 가져야 한다. 다시 말하면 루프 전달함수 $L(s)$의 크기가 $s \in \Omega_r$에서 큰 값을 가져야 한다.

외란제거 성능을 좋게 하기 위해서는 외란입력이 추적오차에 미치는 영향이 작아야 한다. 이와 같은 외란제거 성능을 조사하기 위하여 추적오차식 (6.112)에서 외란입력 $d(s)$에 대한 영향만을 고려하기로 한다. 즉

$$e(s) = \frac{-1}{1+G(s)K(s)}\,d(s) \tag{6.117}$$

식 (6.117)로부터 명령추종 성능과 비슷하게 외란이 에너지를 갖는 주파수역 $s \in \Omega_d$ 에서 감도 전달함수 $S(s)$의 크기가 작은 값을, 다시 말하면 루프 전달함수 $L(s)$의 크기가 큰 값을 가져야 한다. 일반적으로 플랜트는 저주파통과필터(low-pass filter) 역할을 하고 있으므로 플랜트의 출력 측으로 반영된 외란은 대부분의 경우 저주파에서 에너지를 가지고 있다.

센서잡음입력에 대한 저감도를 좋게 하기 위해서는 센서잡음이 추적오차에 미치는 영향이 작아야 한다. 이와 같은 센서잡음입력에 대한 저감도를 조사하기 위하여 추적오차식 (6.112)에서 센서잡음입력 $n(s)$에 대한 영향만을 고려하기로 한다. 즉

$$e(s) = \frac{G(s)K(s)}{1 + G(s)K(s)} n(s) \tag{6.118}$$

식 (6.118)로부터 센서잡음입력이 에너지를 갖는 주파수역 $s \in \Omega_n$에서 폐루프 전달함수 $T(s)$의 크기 또는 루프 전달함수 $L(s)$의 크기가 작은 값을 가져야 한다. 일반적으로 센서잡음입력은 고주파에서 에너지를 가지고 있다.

전달함수에 관한 구속조건식 (6.114)와 기준입력, 외란입력, 센서잡음입력이 에너지를 갖는 주파수역을 고려한 가운데 명령추종 및 외란제거 성능 그리고 센서잡음에 대한 저감도가 만족스럽게 설계된 제어시스템의 루프 전달함수 $L(s)$의 크기는 일반적으로 그림 6.43과 같은 루프 형상(loop shape)을 하게 된다. 바람직한 루프 형상은 저주파에서 루프 전달함수의 크기를 크게 하여 명령추종 성능 및 외란제거 성능을 좋게 한다. 그리고 교차주파수 근처($0.1\omega_c \leq \omega \leq 10\omega_c$)에서 루프 전달함수의 크기의 기울기가 -20 dB/dec를 유지하도록 하여 폐루프 제어시스템에서 공진이나 진동이 발생하지 않도록 한다. 또한 주파수 ω

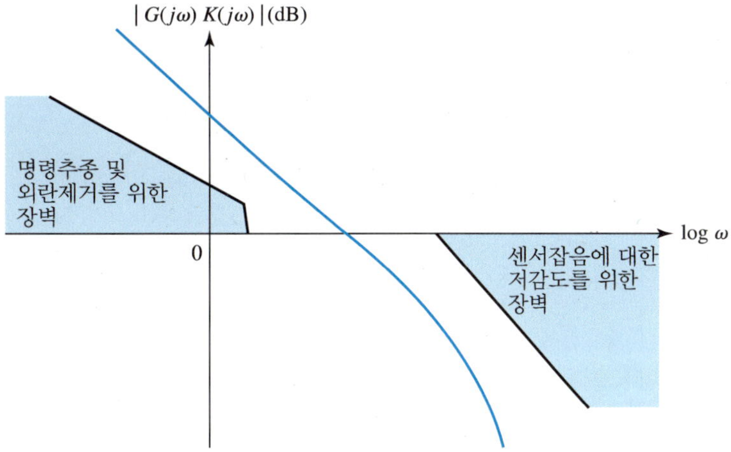

그림 6.43 일반적인 제어시스템의 루프 형상

가 $10\omega_c$보다 큰 고주파역에서는 차단율이 -40 또는 -60 dB/dec가 되도록 하여 센서잡음입력에 대한 저감도를 크게 한다. 그리고 제어 설계 목적에 따라 제어시스템의 응답속도는 루프 전달함수 $L(s)$의 교차주파수 ω_c의 크기로 결정된다. 바람직한 루프 형상으로 설계된 제어시스템에서는 루프 전달함수의 교차주파수 ω_c가 폐루프 전달함수의 대역폭 ω_b와 거의 같으므로, 폐루프 제어시스템의 시정수 T는 루프 전달함수의 교차주파수 ω_c의 역수와 거의 같다. 그러므로 응답속도가 빠른 폐루프 제어시스템이 요구되면 그에 따른 루프 전달함수의 교차주파수 ω_c를 적절히 결정해야 한다.

이제 루프 전달함수 $L(s)$가 바람직한 루프 형상을 할 때, 감도 전달함수 $S(s)$ 및 폐루프 전달함수 $T(s)$는 주파수역에서 어떠한 형상을 하는지 알아보기로 한다. 식 (6.109)에서 알 수 있듯이, 루프 전달함수 $L(s)$가 작을수록 감도 전달함수 $S(s)$는 1(0 dB)이 되고 루프 전달함수 $L(s)$가 클수록 감도 전달함수 $S(s)$는 0($-\infty$ dB)이 된다. 또한 식 (6.110)에서 알 수 있듯이, 루프 전달함수 $L(s)$가 작을수록 폐루프 전달함수 $T(s)$는 0($-\infty$ dB)이 되고 루프 전달함수 $L(s)$가 클수록 폐루프 전달함수 $T(s)$는 1(0 dB)이 된다. 따라서 바람직한 주파수응답 성능을 나타내는 루프 전달함수 $L(s)$, 감도 전달함수 $S(s)$, 폐루프 전달함수 $T(s)$의 크기 형상은 그림 6.44와 같다.

그림 6.44에 표시된 바와 같이 명령추종 및 외란제거 성능이 좋기 위해서는 저주파역에서 루프 전달함수 $L(s)$는 크고, 폐루프 전달함수 $T(s)$는 1(0 dB), 또는 감도 전달함수 $S(s)$는 0($-\infty$ dB)이 되어야 한다. 따라서 명령추종 및 외란제거 성능을 좋게 하기 위해

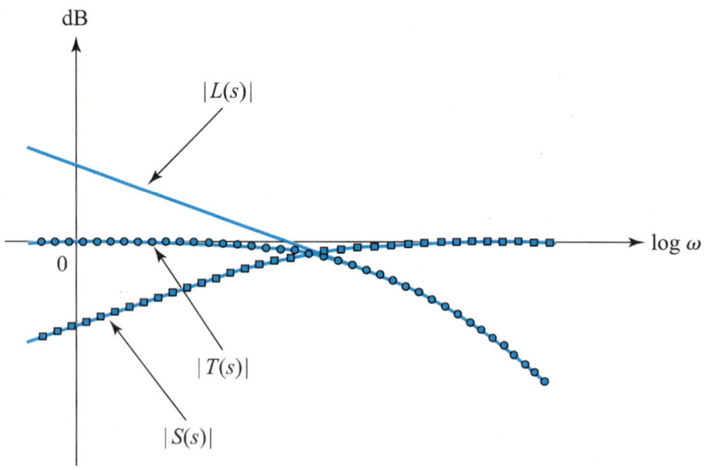

그림 6.44 루프 전달함수 $L(s)$, 감도 전달함수 $S(s)$, 폐루프 전달함수 $T(s)$의 바람직한 주파수응답 형상

서는 루프 전달함수 $L(s)$의 DC 게인은 커야 한다. 그런데 일반적으로 폐루프 제어시스템에서 DC 게인이 커야 명령추종 성능이 좋다고 말할 때는 앞에 루프 전달함수가 생략되었다는 것에 유의해야 한다. 폐루프 제어시스템을 설계할 때는 주로 루프 전달함수를 가지고 설계하기 때문에 폐루프 제어시스템의 성능을 루프 전달함수에 대한 성능사양들을 가지고 일반적으로 표현한다. 폐루프 전달함수의 DC 게인은 1(0 dB)이 되어야 바람직한 명령추종 성능을 얻을 수 있다.

이제 제어 대상 시스템인 플랜트 $G(s)$가 DC 게인 $M_0 = 10$, 고유주파수 $\omega_n = 1$ rad/sec, 감쇠비 $\zeta = 1$인 단순 2차 시스템$[G(s) = 10/(s^2 + 2s + 1)]$일 때의 루프 형상을 조사하고, 만족스럽지 않은 루프 형상이면 제어기 $K(s)$를 설계해서 루프 전달함수 $L(s)$ $[= G(s)K(s)]$의 형상을 바람직한 성능을 얻을 수 있는 형상으로 만들 수 있는지 검토하기로 한다. 그림 6.45는 플랜트 전달함수 $G(s)$의 크기 Bode 선도이다. 그림 6.45에서 알 수 있듯이 제어기 $K(s) = 1$로 단순히 피드백만을 한 폐루프 제어시스템의 루프 전달함수 $L(s)$의 루프 형상은 바람직하지 않다. 왜냐하면 저주파에서 DC 게인 M_0가 충분히 크지 않으므로 명령추종 및 외란제거 성능이 만족스럽지 못하며, 교차주파수 $\omega_c(= 3$ rad/sec) 근처에서 기울기가 -40 dB/dec이므로 공진이 발생하고 과도응답에서 큰 진동이 발생할 것으로 예상된다.

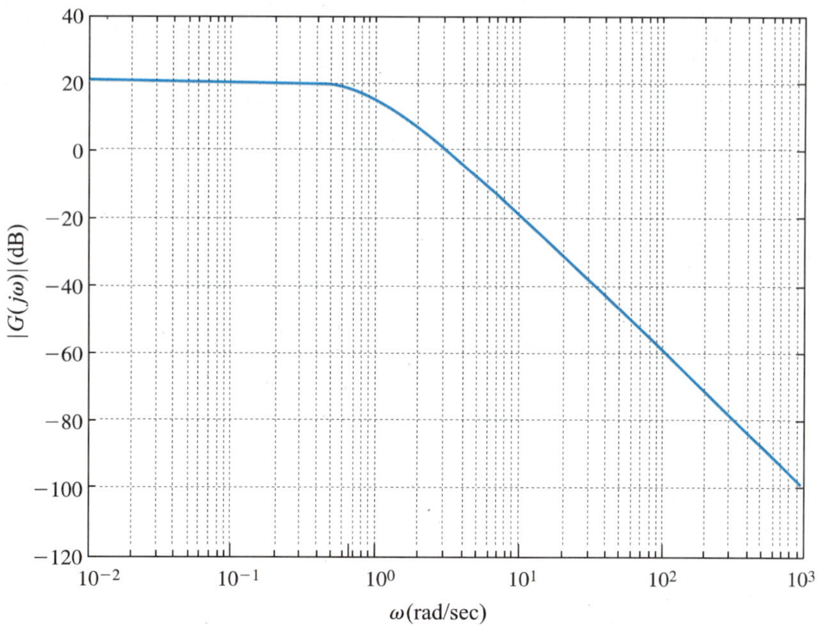

그림 6.45 $G(s) = 10/(s^2 + 2s + 1)$의 크기 Bode 선도

그래서 이러한 문제점들을 해결하기 위하여 적절한 제어기 $K(s)$를 선정할 필요가 있다. 명령추종 성능을 개선하기 위하여 저주파에서 루프 전달함수 $L(s)[=G(s)K(s)]$의 DC 게인 M_0가 ∞가 되게 하고, 응답속도를 개선하기 위하여 교차주파수 ω_c를 10배 크게 하고, 진동 문제를 해결하기 위하여 교차주파수 근처($0.1\omega_c \le \omega \le 10\omega_c$)에서 루프 전달함수 $L(s)$의 크기의 기울기를 -20 dB/dec를 유지하도록 한다. 이와 같이 보상된 루프 전달함수 $L(s)$의 크기의 형상은 그림 6.46과 같다. 그림 6.45의 플랜트의 루프 형상으로부터 적절한 제어기를 첨가하여 그림 6.46의 보상된 플랜트의 바람직한 루프 형상으로 만드는 과정을 제어시스템 설계라고 한다. 이 과정은 7장에서 상세하게 설명하기로 한다.

이와 같이 제어란 무엇인가를 간단히 수식적으로 표현하면 구속조건식 (6.114)를 만족하면서 추적오차식 (6.113)을 0으로 하는 것이다. 즉, 구속조건식 (6.114)에 주어진 감도 전달함수 $S(s)$와 폐루프 전달함수 $T(s)$의 합이 1이라는 구속조건을 만족하면서 시스템에 기준입력, 외란입력, 센서잡음입력과 같은 입력이 가해지고 모델링 오차와 같은 시스템 불확실성이 존재하더라도 시스템 출력이 기준입력을 얼마나 잘 추적하는지를 나타내는 성능지수를 나타내는 추적오차식 (6.113)을 0으로 하는 것이다. 또한 이를 주파수역에서 도해적으로 표현하면 그림 6.46과 같은 주파수응답의 바람직한 루프 형상을 생성하는 과정이 제어이다.

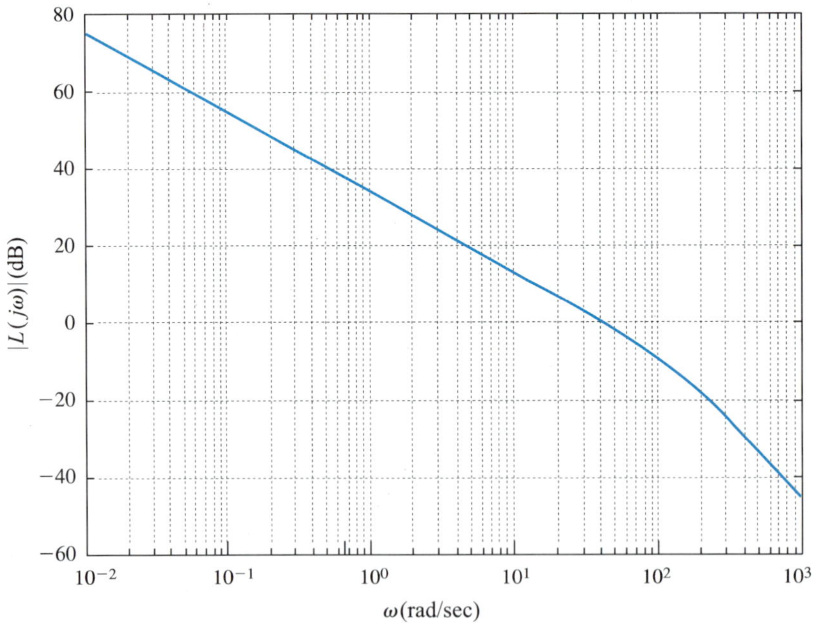

그림 6.46 보상된 플랜트의 바람직한 루프 전달함수 $L(s)$의 크기 형상

예제 6.4 교차주파수 근처($0.1\omega_c \le \omega \le 10\omega_c$)에서 바람직한 루프 형상을 구체화하기 위하여 다음과 같은 세 가지의 루프 전달함수(L_1, L_2, L_3)로 표현되는 피드백 제어시스템에 대한 루프 및 폐루프 전달함수의 크기 Bode 선도와 피드백 제어시스템의 단위스텝응답을 구하여 응답성능을 비교 평가하기로 한다.

$$\text{시스템 1: } L_1(s) = \frac{1}{s(1+s)},$$

$$\text{시스템 2: } L_2(s) = \frac{1}{s(1+s/5)},$$

$$\text{시스템 3: } L_3(s) = \frac{1}{s(1+s/10)}$$

각 시스템의 폐루프 전달함수는 각각 다음과 같이 계산된다.

$$T_1(s) = \frac{L_1}{1+L_1} = \frac{1}{s^2+s+1},$$

$$T_2(s) = \frac{L_2}{1+L_2} = \frac{5}{s^2+5s+5},$$

$$T_3(s) = \frac{L_3}{1+L_3} = \frac{10}{s^2+10s+10}$$

그림 6.47과 그림 6.48은 각각 시스템 1, 2, 3에 대한 루프 전달함수 $L(s)$ 및 폐루프

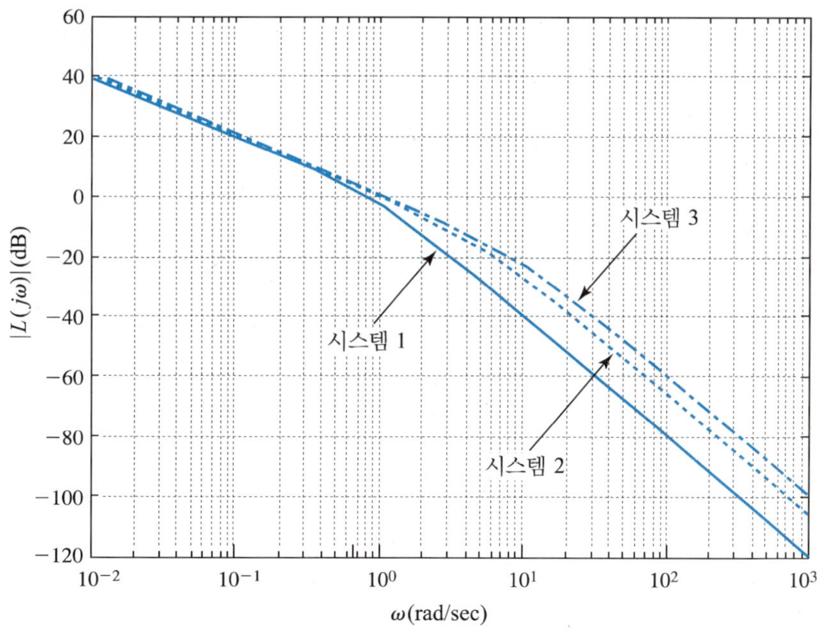

그림 6.47 시스템 1, 2, 3에 대한 루프 전달함수 $L(s)$의 크기 Bode 선도

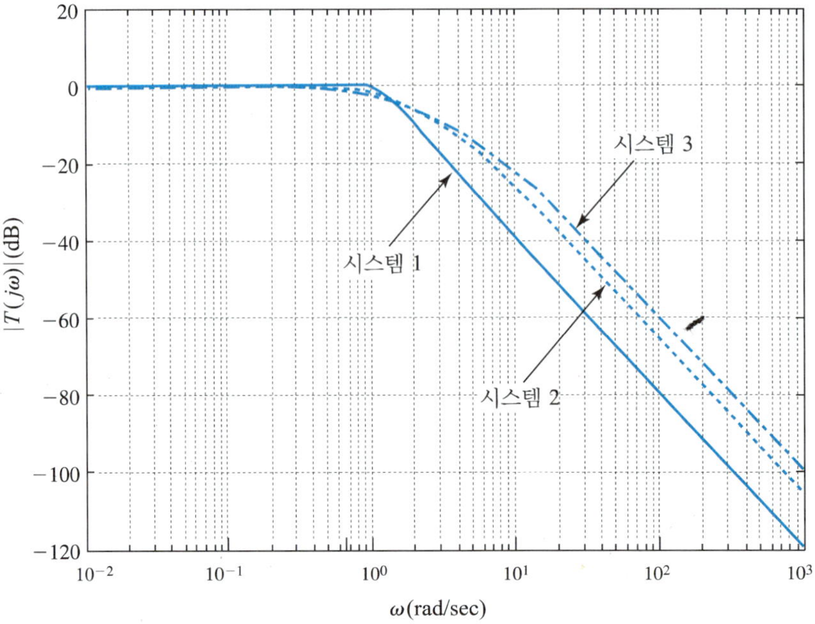

그림 6.48 시스템 1, 2, 3에 대한 폐루프 전달함수 $T(s)$의 크기 Bode 선도

전달함수 $T(s)$의 크기 Bode 선도이다. 그림 6.47의 루프 전달함수에 대한 크기 Bode 선도를 살펴보면, 모든 시스템이 저주파 및 고주파에서 바람직한 루프 형상을 하고 있으므로 명령추종 성능 및 외란제거 성능, 센서잡음에 대한 저감도도 만족스럽다. 그렇지만 교차주파수 근처$(0.1 \le \omega \le 10)$에서의 크기 Bode 선도의 기울기가 시스템 1, 2, 3에서 각각 주파수 ω가 약 1, 5, 10보다 클 때 −40 dB/dec를 유지한다. 그러므로 그림 6.48의 폐루프 전달함수에 대한 크기 Bode 선도에서 알 수 있듯이, 시스템 1은 공진주파수 $\omega_r = 0.68$에서 공진최댓값 $M_r = 1.24$가 발생한다. 그렇지만 교차주파수 근처$(0.1 \le \omega \le 10)$에서 루프 전달함수 크기의 기울기가 거의 −20 dB/dec를 유지하는 시스템 2와 3은 공진이 발생하지 않는다. 그리고 루프 전달함수의 교차주파수 ω_c와 폐루프 전달함수의 대역폭 ω_b를 비교해보면, 바람직하지 않은 루프 형상을 갖는 시스템 1의 경우는 이 두 값이 비교적 다르지만, 바람직한 루프 형상을 갖는 시스템 2와 3의 경우는 이 두 값이 거의 일치한다.

이제 각 시스템에 대한 주파수응답 성능을 시간응답에서 확인하기 위하여 단위스텝응답을 구하기로 한다. 그림 6.49에는 시스템 1, 2, 3에 대한 폐루프 시스템 $T(s)$의 단위스텝응답이 표시되어 있다. 그림 6.49의 시간응답에서도 확인할 수 있듯이, 시스템 1에서는 16.3 %의 오버슈트가 발생하지만 시스템 2와 3에서는 오버슈트가 발생하지 않는다.

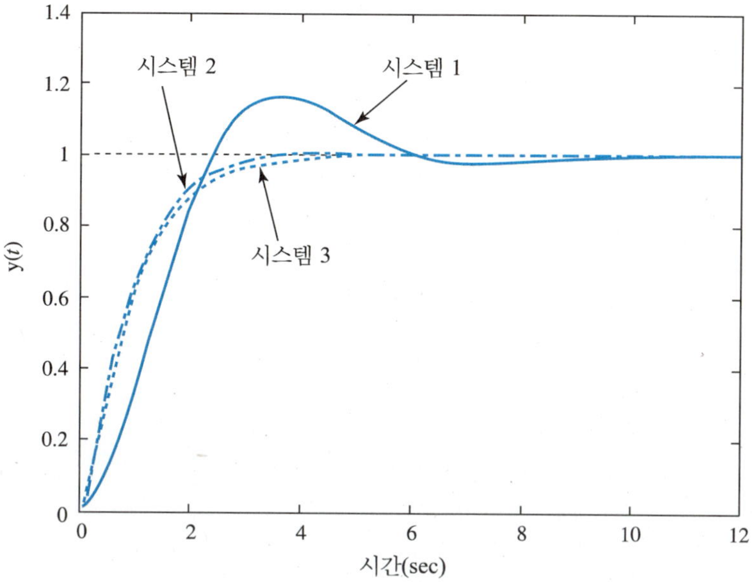

그림 6.49 시스템 1, 2, 3에 대한 폐루프 시스템 $T(s)$의 단위스텝응답

표 6.1 시스템 1, 2, 3에 대한 주파수역 및 시간역 성능

시스템	주파수역 성능				시간역 성능	
	교차주파수 ω_c (rad/sec)	대역폭 ω_b (rad/sec)	공진주파수 ω_r (rad/sec)	공진최댓값 M_r	2 % 정착시간 t_s (sec)	퍼센트 오버슈트(%)
1	0.78	1.27	0.68	1.24	8.03	16.3
2	0.98	1.22	없음	없음	3.12	0
3	0.99	1.11	없음	없음	3.48	0

그리고 시스템 1은 시스템 2 또는 3에 비해 대역폭이 약간 크지만 과도응답시간이 약 2.5배 길게 나타난다. 표 6.1에는 시스템 1, 2, 3에 대한 주파수역 및 시간역 성능들이 요약되어 있다.

이와 같이 과도응답에서 오버슈트가 발생하지 않고 거의 같은 대역폭을 갖는 시스템에서 정착 시간을 짧게 하기 위하여 시스템의 루프 전달함수 $|L(s)|$의 기울기가 교차주파수 근처($0.1\omega_c \le \omega \le 5 \sim 10\omega_c$)에서 -20 dB/dec를 유지하고, 명령추종 및 외란제거 성능을 좋게 하기 위하여 $|L(s)|$의 DC 게인이 ∞가 되도록, 그리고 센서잡음에 대한 저감도를 좋게 하기 위하여 $5 \sim 10\omega_c$보다 큰 고주파수에서는 $|L(s)|$의 기울기가 -40 또는 -60 dB/ dec가 되도록 하는 루프 형상을 가져야 바람직한 시스템 성능을 얻을 수 있다. ■

6.10 MATLAB을 이용한 주파수응답 해석

이 절에서는 MATLAB을 이용하여 Bode 선도, Nyquist 선도, Nichols 선도를 그리고 제어시스템을 주파수역에서 해석하는 방법을 설명하기로 한다. 우선 시스템의 전달함수 $G(s)$가 주어졌을 때 Bode 선도를 그릴 수 있는 MATLAB의 'bode' 명령은 다음과 같다.

'bode(num, den)' 또는 'bode(num, den, w)'

여기서 num과 den은 각각 전달함수 $G(s)$의 분자 및 분모 다항식을 의미하며, w는 시스템의 입력주파수이다. 'bode(num, den)' 명령을 사용하면 주파수 ω의 범위가 자동적으로 적절히 결정되고, 이에 따른 Bode 선도가 MATLAB 화면에 그려진다. 또한 상태공간 모델식으로 표현된 시스템에서는 전달함수의 분자 및 분모 다항식을 나타내는 num과 den 대신 시스템행렬 A, B, C, D를 사용한다.

'bode(A, B, C, D)' 또는 'bode(A, B, C, D, w)'

그리고 다음과 같이 등식의 왼쪽에 [mag, phase, w]가 명시되면

[mag, phase, w] = bode (num, den, w)

'bode' 명령은 시스템의 주파수응답을 행렬 mag, phase, w에 나타낸다. 이때 MATLAB 화면에는 Bode 선도가 그려지지 않는다. 행렬 mag와 phase는 사용자가 지정한 주파수 ω에서 계산된 전달함수의 크기 $|G(j\omega)|$와 위상 $\angle G(j\omega)$를 나타낸다. 위상 $\angle G(j\omega)$는 각도(degree)로 표현되며, 크기 $|G(j\omega)|$는 다음 명령에 의해 일반적으로 사용하고 있는 데시벨(dB) 단위로 바꿀 수도 있다.

magdB = 20*log10(mag)

그리고 주파수 ω의 범위를 지정하기 위해서는 명령어 logspace(d1, d2) 또는 logspace (d1, d2, n)을 사용한다. logspace(d1, d2)는 로그좌표상에서 10^{d1}과 10^{d2} 사이에 50개의 지점을 동일한 간격으로 지정한다. 예를 들어

w = logspace(−1, 2)

는 주파수 ω를 지정할 때 $10^{-1} \sim 10^{2}$ rad/sec 범위에서 50개의 등간격 지점을 선택한다. 또한 logspace(d1, d2, n)은 로그좌표상에서 d1과 d2 사이에 n개의 지점을 동일한 간격으로 지정한다. 예를 들어

w = logspace(0, 3, 100)

는 주파수 ω를 지정할 때 $10^0 \sim 10^3$ rad/sec 범위에서 100개의 등간격 지점을 선택한다.

예제 6.5 MATLAB을 이용하여 다음 전달함수 $G(s)$에 대한 Bode 선도를 그리기로 한다.

$$G(s) = \frac{10}{s^2 + 2s + 10}$$

MATLAB 프로그램 6.1은 이 시스템의 Bode 선도를 그리기 위한 프로그램이며, 그림 6.50에는 Bode 선도가 표시되어 있다. 'bode(num, den)' 또는 'bode(G)' 명령을 사용하는 경우에는 주파수의 범위가 자동적으로 조정된다.

MATLAB 프로그램 6.1 — 소스 코드

```
% 예제 6.5

G = tf([10], [1 2 10]);
bode(G)
title('Bode diagram of G(s) = 10/(s^2 + 2s + 10)');
grid on;
```

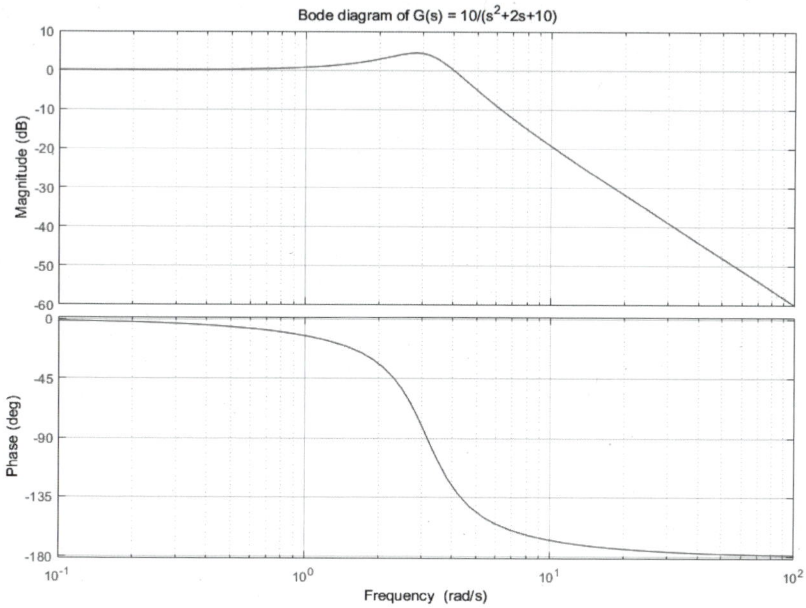

그림 6.50 $G(s) = \frac{10}{s^2+2s+10}$의 Bode 선도

예제 6.6 MATLAB을 이용하여 다음 전달함수 $G(s)$에 대한 Bode 선도를 그리기로 한다.

$$G(s) = \frac{9(s^2 + 0.233s + 1)}{s(s^2 + 1.8s + 9)}$$

MATLAB 프로그램 6.2는 이 시스템의 Bode 선도를 그리기 위한 프로그램이며, 그림 6.51에는 Bode 선도가 표시되어 있다.

MATLAB 프로그램 6.2 — 소스 코드

```
% 예제 6.6

num = 9*[1 0.233 1];
den = [1 1.8 9 0];

G = tf(num, den);
bode(G)
title('Bode diagram of G(s) = 9(s^2 + 0.233s + 1)/s(s^2 + 1.8s + 9)');
grid on;
```

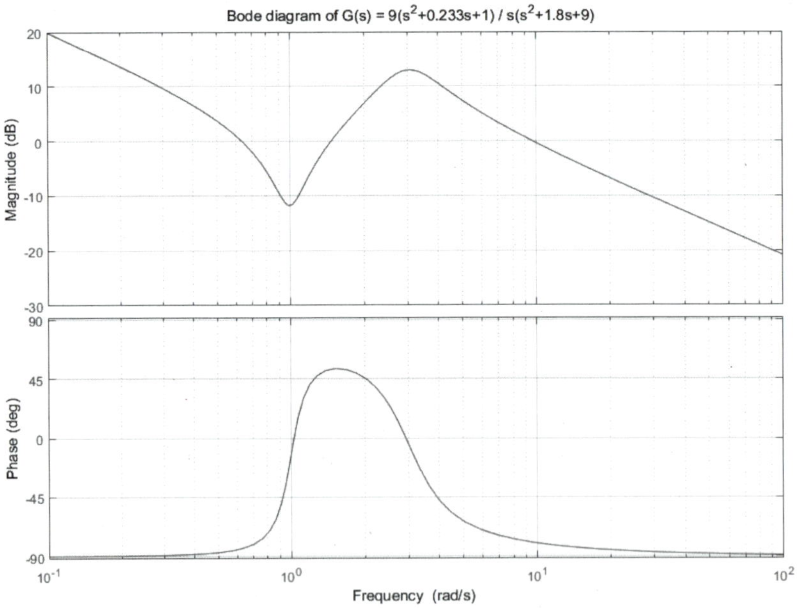

그림 6.51 $G(s) = \frac{9(s^2 + 0.233s + 1)}{s(s^2 + 1.8s + 9)}$의 Bode 선도

만일 0.01～1000 rad/sec의 주파수역에서 Bode 선도를 그리고 싶다면, 다음 명령을 삽입하여 주파수역을 지정한다.

$$w = \text{logspace}(-2,\ 3,\ 100)$$

이 명령은 0.01～1000 rad/sec 범위의 주파수 ω를 100개의 등간격 지점으로 지정한다. MATLAB 프로그램 6.3은 주파수 ω를 사용자가 지정하는 경우에 대한 프로그램이며, 그 결과로 그려진 Bode 선도가 그림 6.52에 표시되어 있다.

MATLAB 프로그램 6.3 — 소스 코드

```
num = 9*[1 0.233 1];
den = [1 1.8 9 0];
w = logspace(-2, 3, 100); % 주파수역 지정(구간: 10^-2 ~ 10^3 배열 수: 100)
bode(num, den, w)
grid
title('diagram of G(s) = 9(s^2 + 0.233s + 1)/s(s^2 + 1.8s + 9)')
```

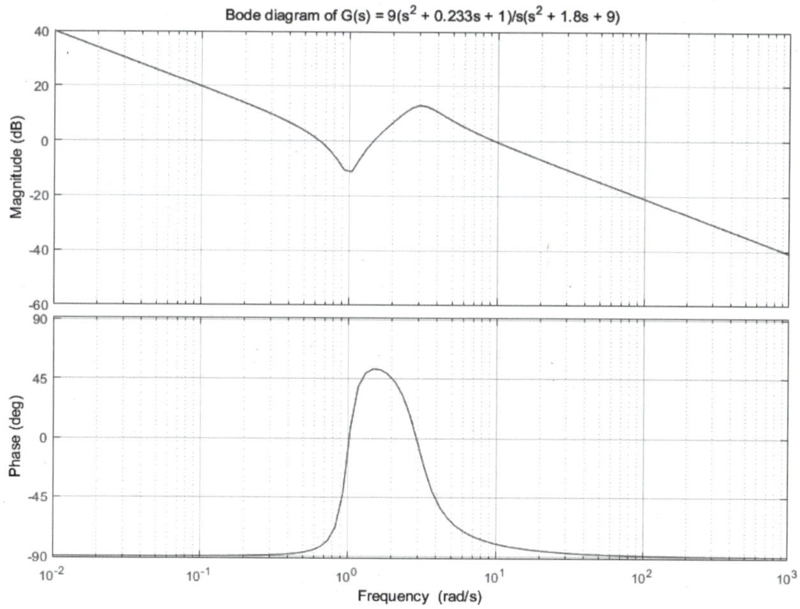

그림 6.52 $G(s) = \dfrac{9(s^2 + 0.233s + 1)}{s(s^2 + 1.8s + 9)}$의 Bode 선도

예제 6.7 MATLAB을 이용하여 다음과 같이 허수축에 극점을 갖는 전달함수 $G(s)$에 대한 Bode 선도를 그리기로 한다.

$$G(s) = \frac{1}{s^2+1}$$

MATLAB 프로그램 6.4는 이 시스템의 Bode 선도를 그리기 위한 프로그램이며, 그림 6.53에는 Bode 선도가 표시되어 있다.

이론적으로 주파수 $\omega = 1$ rad/sec에서 전달함수의 크기 $|G(j1)| = \infty$ 이다. 그러나 그림 6.53의 Bode 선도상에서는 주파수 $\omega = 1$ rad/sec에서 전달함수의 크기가 대략

MATLAB 프로그램 6.4 — 소스 코드

```
% 예제 6.7

G = tf(1, [1 0 1]);
bode(G)
grid on;
title('Bode diagram of G(s) = 1/(s^2 + 1)')
```

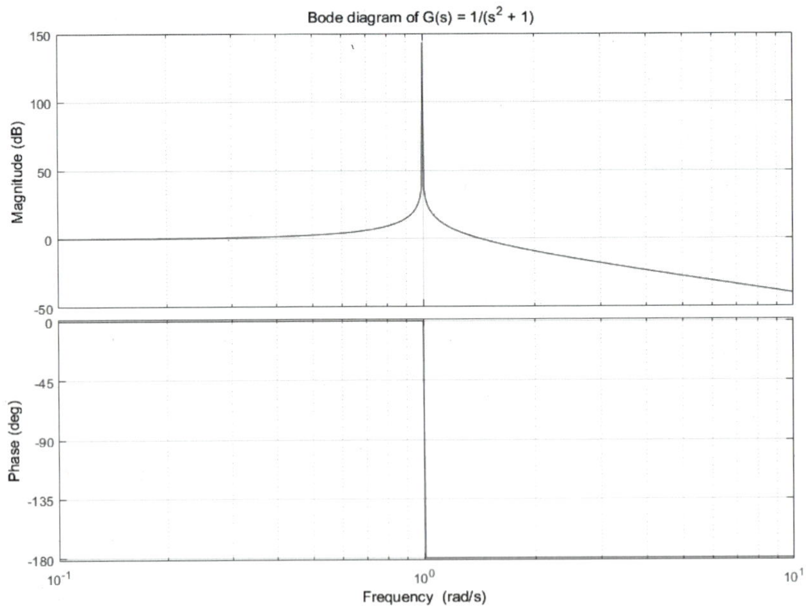

그림 6.53 $G(s) = \frac{1}{s^2+1}$ 의 Bode 선도

150 dB인 것으로 되어 있다. 따라서 이 프로그램에서는 주파수 $\omega = 1$ rad/sec에서 주파수응답이 계산되지 않았음을 알 수 있다. 만약 계산되는 주파수에 $\omega = 1$이 포함된다면 전달함수의 크기는 이 주파수에서 ∞가 된다. 이 경우에는 MATLAB이 경고 메시지를 띄운다. MATLAB 프로그램 6.5는 계산하는 주파수 중에 $\omega = 1$ rad/sec를 포함하고 있는 경우이다. 이 경우는 101개의 주파수 지점이 주어졌으며 계산하는 범위는 $\omega = 0.1$에서 $\omega = 10$까지이다. 따라서 51번째의 지점이 $\omega = 1$이다.

MATLAB 프로그램 6.5가 컴퓨터에 입력되면, '경고: $j\omega$-축상에 있는 극점에 의한 주파수응답에서의 특이점'이라는 경고 메시지가 나타나고, Bode 선도는 그림 6.54와 같이 그려진다. 이 Bode 선도에는 주파수 $\omega = 1$ rad/sec 근처에서의 전달함수의 크기가

MATLAB 프로그램 6.5 — 소스 코드

```
G = tf(1, [1 0 1]);
w = logspace(-1, 1, 101);
bode(G, w)
grid on;
title('Bode diagram of G(s) = 1/(s^2 + 1)')
```

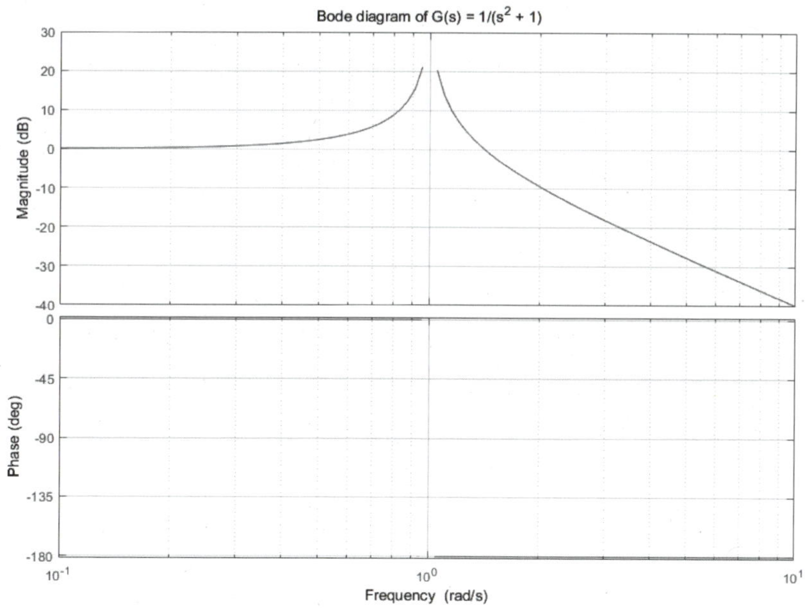

그림 6.54 $G(s) = \dfrac{1}{s^2+1}$의 Bode 선도

표시되지 않았다. 이와 같이 어떤 특정한 주파수에서 ∞의 크기를 갖는 전달함수의 경우는 주파수 개수 지정에 유의해야 한다. 이 예제에서는 주파수 지정 개수를 101로 함으로써 주파수 $\omega = 1$ rad/sec에서 전달함수의 크기가 ∞임을 나타낼 수 있다. ■

시스템의 전달함수 $G(s)$가 주어졌을 때 Nyquist 선도를 그릴 수 있는 MATLAB의 'nyquist' 명령은 다음과 같다.

'nyquist(num, den)'　　또는　　'nyquist(num, den, w)'

여기서 num과 den은 각각 전달함수 $G(s)$의 분자 및 분모 다항식을 의미하며, w는 시스템의 입력주파수이다. 'nyquist(num, den)' 명령을 사용하면, Nyquist 선도가 MATLAB 화면에 바로 그려진다.

그리고 다음과 같이 등식의 왼쪽에 [re, im, w]가 명시되면

[re, im, w] = nyquist(num, den)

[re, im, w] = nyquist(num, den, w)

'nyquist' 명령은 시스템의 주파수응답을 행렬 re, im, w에 나타낸다. 행렬 re와 im은 벡터 w로 지정된 주파수 지점에서 계산된 주파수응답의 실수부와 허수부를 각각 나타낸다. 이때 MATLAB 화면에는 Nyquist 선도가 나타나지 않는다. 주파수 ω가 명시되지 않으면 Nyquist 선도의 실수축 및 허수축의 범위가 자동적으로 결정된다.

예제 6.8 MATLAB을 이용하여 다음 전달함수 $G(s)$의 Nyquist 선도를 그리기로 한다.

$$G(s) = \frac{1}{s^2 + 1.2s + 1}$$

MATLAB 프로그램 6.6은 이 시스템의 Nyquist 선도를 그리기 위한 프로그램이며, 그림 6.55에는 Nyquist 선도가 표시되어 있다.

만일 실수축과 허수축의 범위를 지정하여 Nyquist 선도를 그리고 싶다면, 예를 들어 실수부는 -1에서 2까지, 허수부는 -2에서 2까지로 지정하고자 한다면 다음 명령을 삽입하여 주파수응답의 크기의 범위를 지정한다.

v = [−1 2 −2 2];

axis(v);

또는 다음과 같이 한 개의 명령으로도 할 수 있다.

axis([−1 2 −2 2]);

MATLAB 프로그램 6.7은 그 예이며, 그 결과 선도는 그림 6.56에 표시되어 있다.

MATLAB 프로그램 6.6 — 소스 코드

```
% 예제 6.8

num = 1;
den = [1 1.2 1];
nyquist(num, den)
grid on;
title('Nyquist plot of G(s) = 1/(s^2 + 1.2s + 1)')
```

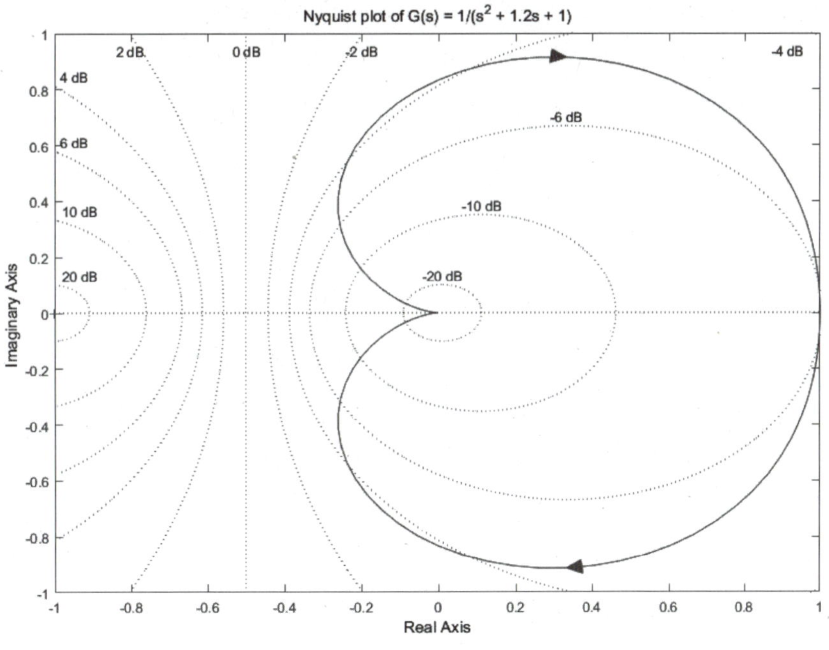

그림 6.55 $G(s) = \dfrac{1}{s^2 + 1.2s + 1}$ 의 Nyquist 선도

MATLAB 프로그램 6.7 — 소스 코드

```
num = 1;
den = [1 1.2 1];
nyquist(num, den)
v=[-1 2 -2 2];    % [x축min x축max y축min y축max]
axis(v);
grid on;
title('Nyquist plot of G(s) = 1/(s^2 + 1.2s + 1)')
```

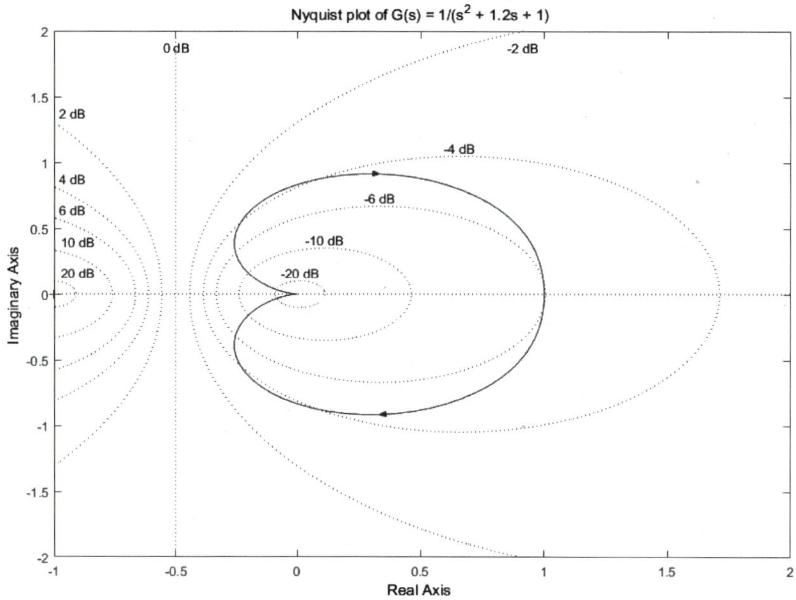

그림 6.56 $G(s) = \dfrac{1}{s^2 + 1.2s + 1}$ 의 Nyquist 선도 ■

예제 6.9 MATLAB을 이용하여 다음 전달함수 $G(s)$의 Nyquist 선도를 그리기로 한다.

$$G(s) = \frac{1}{s(s+1)}$$

자유적분요소를 포함하는 전달함수는 주파수가 작을 때 전달함수의 크기가 매우 크게 되어 실수축 및 허수축의 범위를 지정하지 않고 Nyquist 선도를 그리면 선도의 형태가 이상하게 표시될 수도 있다. 이 경우에는 MATLAB 프로그램 6.8과 같이 실수축과 허

MATLAB 프로그램 6.8 — 소스 코드

```
% 예제 6.9

G = tf(1, poly([0 -1]));
nyquist(G);
v = [-1.5 1.5 -4 4];
axis(v);
title('Nyquist plot of G(s) = 1/s(s + 1)');
grid on;
```

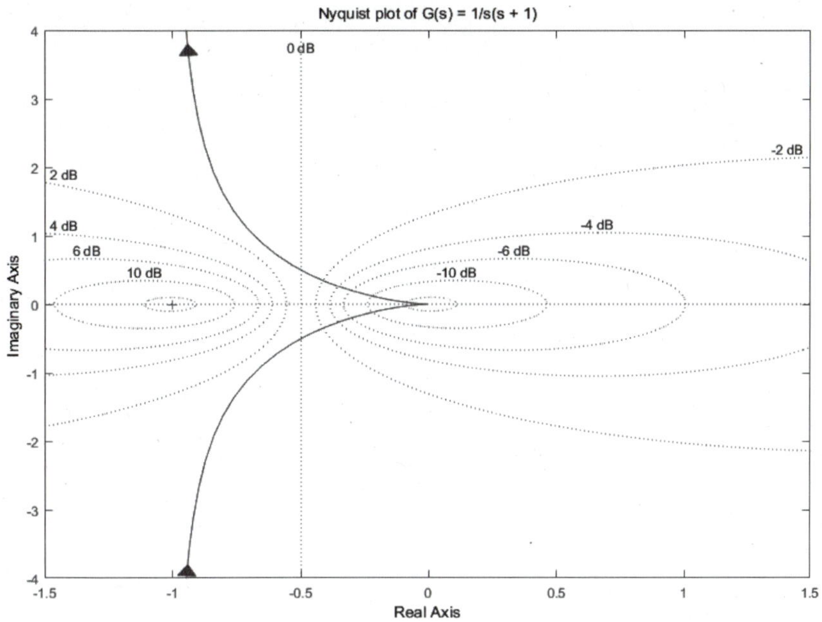

그림 6.57 $G(s) = \dfrac{1}{s(s+1)}$ 의 Nyquist 선도

수축의 범위를 지정하는 명령어 axis(v)를 적당하게 지정함으로써 해결할 수 있다. 그림 6.57은 실수축 및 허수축의 범위를 지정하고 그린 Nyquist 선도이다.

만일 양의 주파수역($\omega > 0$)에 대해서만 Nyquist 선도를 그리고 싶다면, 'nyquist (num, den, w)' 명령어 앞에 주파수 ω가 양의 수가 되도록 적절한 범위를 지정하면 된다. MATLAB 프로그램 6.9는 이러한 명령을 사용한 예이며, 그 결과 선도는 그림 6.58에 표시되어 있다.

MATLAB 프로그램 6.9 — 소스 코드

```
num = 1;
den = poly([0 -1]);
w = 0.1: 0.1: 100;
[re, im, w] = nyquist(num, den, w);
plot(re, im);
axis([-1.5 1.5 -4 4]);
title('Nyquist plot of G(s) = 1/s(s + 1)')
grid on;
```

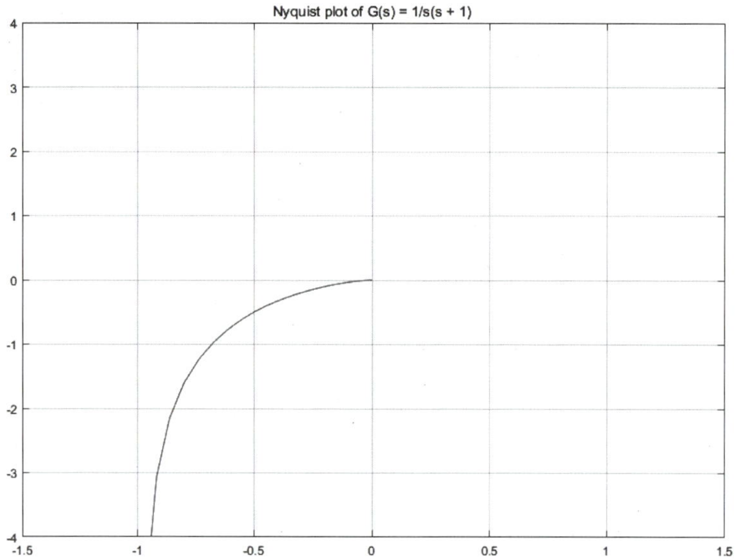

그림 6.58 $G(s)=\dfrac{1}{s(s+1)}$ 의 Nyquist 선도 ■

MATLAB을 이용하여 Nichols 선도를 그리는 방법은 다음 예제를 가지고 설명하기로 한다.

예제 6.10 MATLAB을 이용하여 다음 전달함수 $G(s)$의 Nichols 선도를 그리기로 한다.

$$G(s)=\frac{1}{s(s+1)(0.2s+1)}$$

MATLAB 프로그램 6.10은 이 시스템의 Nichols 선도를 그리기 위한 프로그램이며,

MATLAB 프로그램 6.10 — 소스 코드

```
% 예제 6.10

num = 1;
den = [0.2 1.2 1 0];
w = logspace(-1, 1, 400);
nichols(num, den, w)
ngrid;
axis([-210 0 -24 36]);
title('Nichols plot of G(s) = 1/s(s + 1)(0.2s + 1)')
```

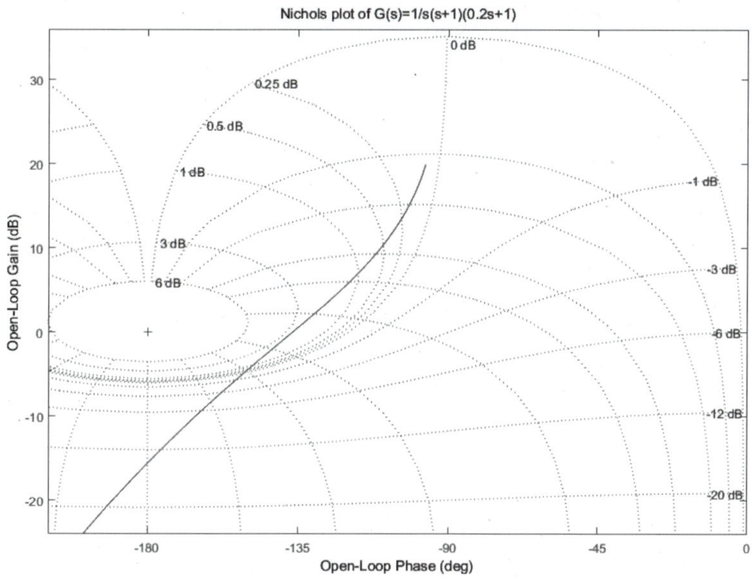

그림 6.59 $G(s) = \dfrac{1}{s(s+1)(0.2s+1)}$ 의 Nichols 선도

그림 6.59에는 Nichols 선도가 표시되어 있다. 마찬가지로 전달함수 $G(s)$의 분자 및 분모 다항식의 계수들이 각각 num과 den에 표시되어야 하고, 필요에 따라 주파수의 범위 ω가 지정된다. 그리고 'nichols' 명령이 수행된다. 여기서 개루프 전달함수의 위상 $\angle G(j\omega)$의 최소 및 최대, 그리고 개루프 전달함수의 크기 $|G(j\omega)|$의 최소 및 최대 값이 'axis' 명령으로 주어진다. 또한 Nichols 선도에 그리드(grid) 선을 표시하기 위해서는 'ngrid' 명령을 사용한다. ■

이제 시스템의 상대안정도를 평가할 수 있는 명령어에 대하여 설명하기로 한다. 상대안정도에 관한 명령어는 다음과 같다.

'margin(num, den)' 또는 'margin(A, B, C, D)'

여기서 num과 den은 각각 시스템의 전달함수 $G(s)$의 분자 및 분모 다항식을 의미하며, A, B, C, D는 시스템의 상태공간 모델식에서의 시스템행렬들이다.

또한 게인 및 위상 여유 그리고 게인 및 위상 교차주파수를 수치적으로 얻기 위해서는 다음 명령을 사용한다.

[Gm, Pm, Wcg, Wcp] = margin(num, den)

또는

[Gm, Pm, Wcg, Wcp] = margin(A, B, C, D)

여기서 Gm은 게인여유, Pm은 위상여유, Wcg는 게인교차주파수, Wcp는 위상교차주파수를 나타낸다.

예제 6.11 MATLAB을 이용하여 다음과 같은 개루프 전달함수 $G(s)$에 대한 Bode 선도를 그리고 상대안정도 및 주파수역 성능을 평가하기로 한다.

$$G(s) = \frac{0.5}{s^3 + 2s^2 + s + 0.5}$$

MATLAB 프로그램 6.11은 이 시스템의 Bode 선도를 그리고 상대안정도를 평가하기 위한 프로그램이며, 그림 6.60에는 Bode 선도가 표시되어 있다. 그림 6.60에 표시된 바와 같이, 이 시스템의 게인여유는 9.59 dB, 위상여유는 49.41°로서 만족스러운 상대안정도를 유지하고 있다. 그러나 저주파역에서 게인이 작아 정상상태응답 성능이 좋지 않다.

MATLAB 프로그램 6.11 — 소스 코드

```
% 예제 6.11

num = 0.5;
den = [1 2 1 0.5];
margin(num, den);
```

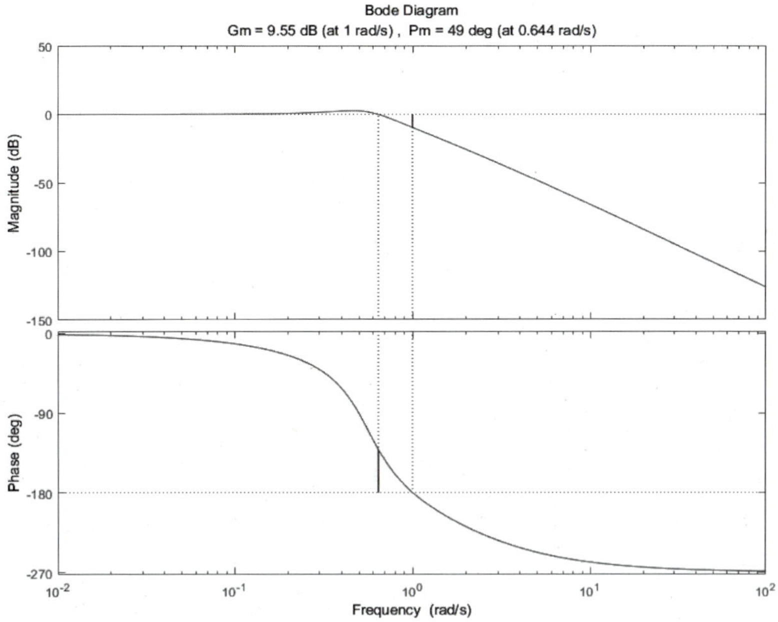

그림 6.60 $G(s)=\dfrac{0.5}{s^3+2s^2+s+0.5}$ 의 Bode 선도 ■

종합문제

[종합문제 6.1] 그림 6.61에 표시된 개루프 시스템의 Bode 선도로부터 전달함수 $G(s)$를 구하기로 한다. 또한 주어진 개루프 시스템 $G(s)$에 대한 Nyquist 선도를 그리고 폐루프 시스템의 안정도를 평가하기로 한다.

이 시스템은 고주파에서 전달함수 크기의 기울기가 −60 dB/dec이고 위상이 $-270°$이므로 최소 위상 시스템이다. 이와 같은 최소 위상 시스템의 전달함수는 주파수 ω에 따른 크기 Bode 선도의 기울기만으로 알 수 있다. 주파수 $\omega=0$으로부터 절점주파수 $\omega_{c1}=1.8$ rad/sec까지 기울기가 −40 dB/dec이므로 2차의 적분 요소를 포함하고, 절점주파수 ω_{c1}부터 $\omega_{c2}=14$ rad/sec까지의 기울기가 −20 dB/dec이므로 $s=-1.8$에 영점을 포함한다. 그리고 절점주파수 ω_{c2} 이상의 고주파에서는 기울기가 −60 dB/dec이므로 $s=-14$에 중복된 극점을 포함한다. 그러므로 전달함수 $G(s)$는 다음과 같은 형태이다.

$$G(s)=\frac{K(s+1.8)}{s^2(s+14)^2}$$

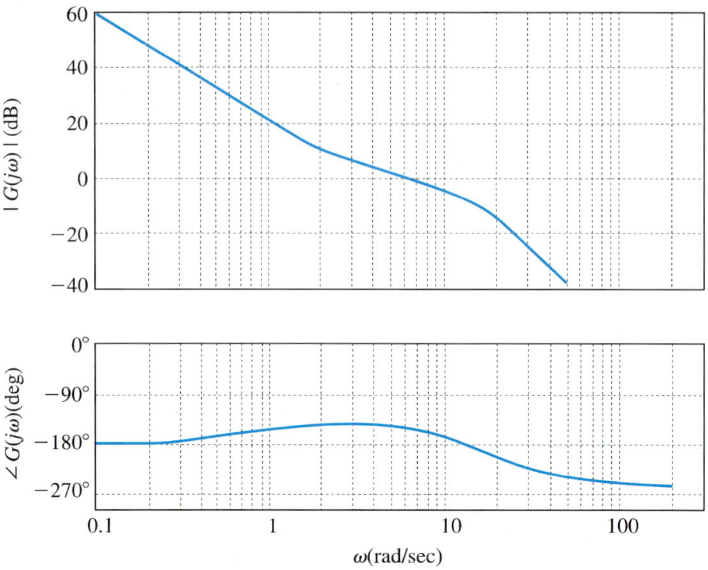

그림 6.61 $G(j\omega)$의 Bode 선도

여기서 K 값은 구체적인 어떤 한 주파수 ω에서의 전달함수의 크기 $|G(j\omega)|$로부터 구한다. 예를 들면

$$|G(j1)| = 10$$

즉

$$K = 10\frac{1+14^2}{\sqrt{1+1.8^2}} = 956.7$$

따라서

$$G(s) = \frac{956.7(s+1.8)}{s^2(s+14)^2}$$

다음으로 개루프 전달함수 $G(s)$에 대한 Nyquist 선도를 그리고 폐루프 시스템의 안정도를 판별하기로 한다. 개루프 전달함수 $G(s)$의 극점이 허수축상에 존재하므로 그림 6.62(a)와 같이 Nyquist 컨투어를 설정해야 한다. Nyquist 선도를 그리기 위해 전 Nyquist 컨투어를 네 개의 부분으로 나누어 생각하기로 한다. 우선 부분 2의 점들은 다음과 같은 지수식으로 표시할 수 있다.

$$s = \epsilon e^{j\theta}$$

여기서 $\epsilon(\epsilon \to 0)$과 θ는 각각 복소변수 s의 크기와 위상을 나타낸다. 이에 대응하는 $G(s)$

의 Nyquist 선도는 위 식을 전달함수 $G(s)$에 대입하여 사상된 복소함수의 크기와 위상을 고려하여 결정한다. 또한 부분 4의 점들은 다음과 같은 지수식으로 표시할 수 있다.

$$s = Re^{j\phi}$$

여기서 $R(R \to \infty)$와 ϕ는 각각 복소변수 s의 크기와 위상을 나타낸다. 위와 같은 방법으로 Nyquist 선도를 그린다. 부분 3은 전달함수 $G(s)$에 $s = j\omega$를 대입하고 주파수 ω가 0으로부터 ∞로 변할 때 사상된 궤적을 $G(s)$−평면상에 그린다. 특히 안정도 평가를 위해 실수축과의 교점을 정확히 구한다. 실수축과의 교점을 찾기 위해서는 우선 $G(j\omega)$의 허수부가 0이 되는 주파수 ω_p를 찾는다. 그러면 이 주파수 ω_p에서의 전달함수의 값 $G(j\omega_p)$가 실수축과의 교점이 된다. 이와 같이 구한 실수축과의 교점은 −0.45이다. 부분 1에 대한 Nyquist 궤적은 부분 3에 대한 Nyquist 궤적을 실수축을 대칭으로 하여 그리면 된다. 그림 6.62의 Nyquist 선도로부터 임계점$(-1+j0)$을 둘러싸는 횟수 $N=0$임을 알 수 있으며, 개루프 전달함수 $G(s)$로부터 불안정한 개루프 극점의 개수 $P_u=0$임을 알 수 있다. 따라서 폐루프 시스템은 안정하다.

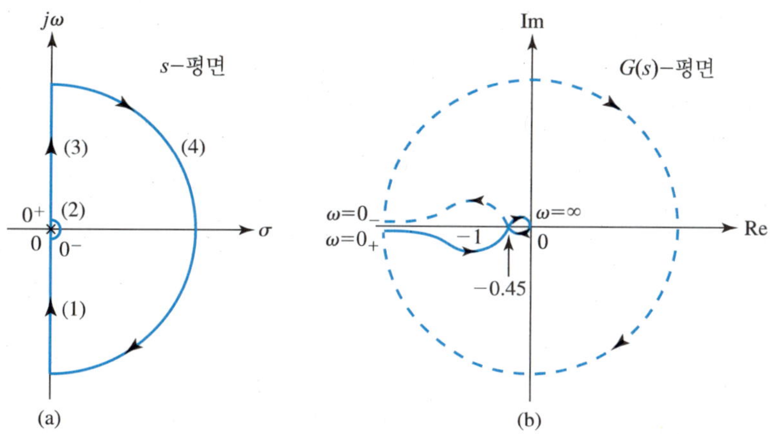

그림 6.62 $G(s) = \dfrac{956.7(s+1.8)}{s^2(s+14)^2}$의 Nyquist 선도

[종합문제 6.2] 그림 6.63에 어떤 피드백 제어시스템과 이에 대한 Nyquist 선도가 주어져 있다. 이 제어시스템에 단위램프입력을 가했을 때의 정상상태오차를 K 값으로 표시하고, 또한 단위램프입력에 대한 정상상태오차를 1/4로 줄일 수 있는지를 조사하기로 한다.

우선 기준입력 $r(s)$에서 오차 $e(s)$로의 전달함수 $e(s)/r(s)$를 구한다.

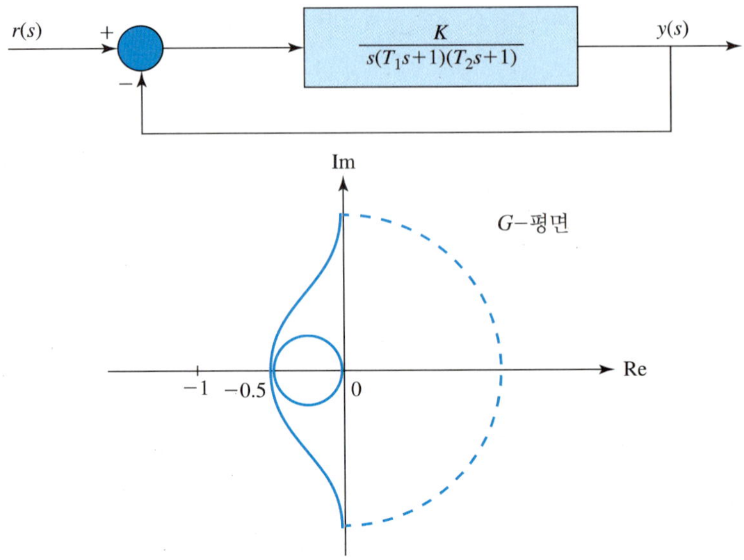

그림 6.63 피드백 제어시스템과 Nyquist 선도

$$\frac{e(s)}{r(s)} = \frac{1}{1+G(s)} = \frac{s(T_1 s+1)(T_2 s+1)}{s(T_1 s+1)(T_2 s+1)+K}$$

단위램프입력[$r(s)=1/s^2$]을 가했을 때의 정상상태오차 e_{ss}는 다음과 같다.

$$e_{ss} = \lim_{s\to 0} s\,\frac{1}{s^2}\,\frac{s(T_1 s+1)(T_2 s+1)}{s(T_1 s+1)(T_2 s+1)+K} = \frac{1}{K}$$

위 식에서 알 수 있듯이 램프입력에 대한 정상상태오차를 1/4로 줄이기 위해서는 K 값을 4배 증가시켜야 한다. 그러나 Nyquist 선도로부터 K 값을 4배 증가시키면 시스템이 불안정해진다는 것을 알 수 있다. 따라서 K 값을 증가시켜 램프입력에 대한 정상상태오차를 줄일 수 없다.

[종합문제 6.3] 최소 위상 플랜트의 전달함수 $G(s)$는 게인에 관한 주파수응답만으로도 구할 수 있다. 표 6.2는 어떤 최소 위상 플랜트에 대한 게인에 관한 실험 자료이다. 이를 이용하여 잃어버린 위상자료를 알아내고자 한다. 그리고 루프 전달함수 $L(s)=KG(s)$라고 할 때 $K=1$인 경우 시스템이 안정한지를 판정하고, 위상여유 $\gamma=45°$가 되는 K 값을 선정하기로 한다.

주어진 표 6.2의 자료를 이용하여 크기 Bode 선도를 그리면 그림 6.64와 같다. 그림 6.64의 크기 Bode 선도에서 점근선을 적절히 취하면, 절점주파수 ω_c는 1, 10, 100 rad / sec

표 6.2 최소 위상 플랜트에 대한 게인에 관한 실험자료

ω(rad/sec)	0.1	0.2	0.4	0.7	1	2	4	7	10	20	40	70	100	200	400	700	1000
$\|G(j\omega)\|$(dB)	66	60	50	51	49	47	46	45	43	39	34	28	23	13	2	−8	−14

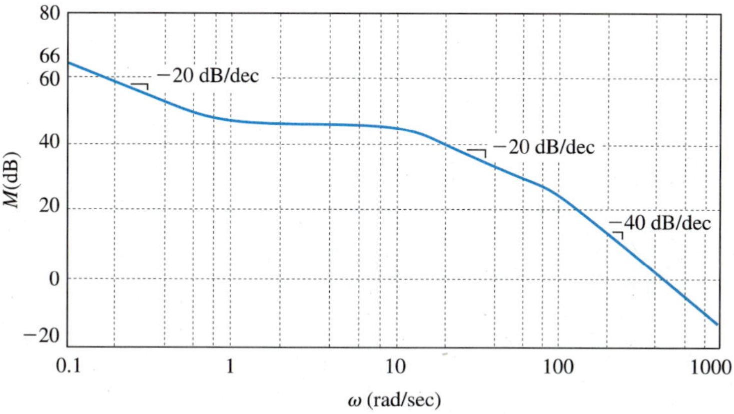

그림 6.64 표 6.2에 주어진 최소 위상 플랜트 $G(s)$의 크기 Bode 선도

에 있으며 점근선의 기울기는 저주파역에서부터 차례로 −20, 0, −20, −40 dB/dec이다.

절점주파수와 점근선의 기울기로부터 플랜트의 전달함수 $G(s)$가 다음과 같은 형태를 갖는다는 것을 알 수 있다.

$$G(s) = \frac{K_p(1+s)}{s(1+0.1s)(1+0.01s)}$$

플랜트의 게인 K_p는 기울기가 0일 때의 점근선의 크기로부터 구할 수 있다.

$$20\log K_p = 46 \text{ dB} \qquad \text{또는} \qquad K_p = 10^{46/20} \simeq 200$$

따라서 플랜트 전달함수 $G(s)$는

$$G(s) = \frac{200(1+s)}{s(1+0.1s)(1+0.01s)}$$

그리고 위상 $\phi[= \angle G(j\omega)]$는 다음과 같다.

$$\phi = \tan^{-1}\omega - 90° - \tan^{-1}\frac{\omega}{10} - \tan^{-1}\frac{\omega}{100}$$

위 식을 이용하여 잃어버린 최소 위상 플랜트의 위상자료를 구하면 표 6.3과 같고, 그림 6.65는 이에 대한 위상 Bode 선도이다.

표 6.3 최소 위상 플랜트에 대한 위상자료

ω(rad/sec)	0.1	0.2	0.7	1	2	4	7	10	20	40	70	100	200	400	700
$\phi(\omega)$(deg)	−85	−80	−59	−51	−39	−38	−47	−56	−78	−99	−118	−130	−151	−165	−171

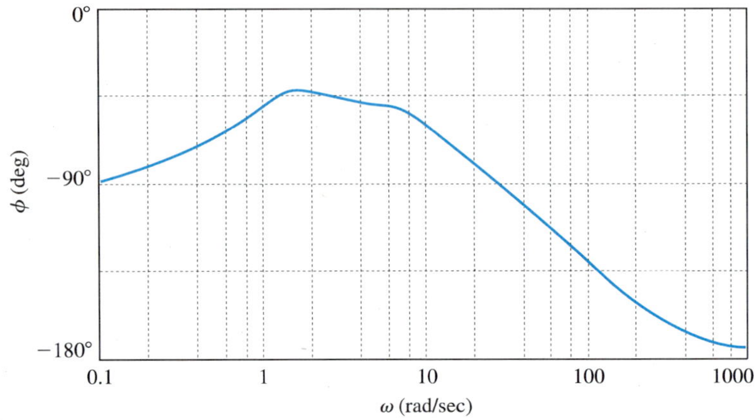

그림 6.65 표 6.3에 주어진 최소 위상 플랜트 $G(s)$의 위상 Bode 선도

완성된 Bode 선도는 루프 전달함수 $L(s)$에서 $K=1$일 때의 Bode 선도이다. 이 Bode 선도를 살펴보면 양의 위상여유와 게인여유를 갖는다는 것을 알 수 있다. 따라서 $K=1$인 폐루프 제어시스템은 안정하다. 또한 위상여유가 45°가 되는 K 값을 선정하기 위해서는 우선 이때의 주파수 ω를 구하여 그때의 $|G(j\omega)|$가 0 dB이 되도록 K 값을 조정해야 한다. 그림 6.64와 그림 6.65의 최소 위상 플랜트 $G(s)$의 Bode 선도로부터 $\omega=102$ rad/sec일 때 $\phi=-135°$이고 $|G(j\omega)|=20$ dB임을 알 수 있다. 따라서 게인 K는 −20 dB 또는 0.1로 선정해야 한다.

[종합문제 6.4] 그림 6.66(a)와 그림 6.66(b)는 각각 어떤 유체탱크 제어시스템의 개략도 및 블록선도이다. 이 시스템에는 밸브로부터 송수관 끝까지의 유체의 흐름에 의한 시간지연 요소가 포함되어 있다. 시간지연 $T=1$초로 가정한다. 이 유체탱크 제어시스템의 루프 전달함수 $L(s)$는 다음과 같다.

$$\begin{aligned} L(s) &= G_A(s)G(s)G_f(s)e^{-s} \\ &= \frac{K}{(s+1)(30s+1)\{(s^2/9)+(s/3)+1\}}e^{-s} \end{aligned}$$

시간지연을 무시할 때와 고려할 때의 Bode 선도, Nyquist 선도 및 근궤적선도를 그리고

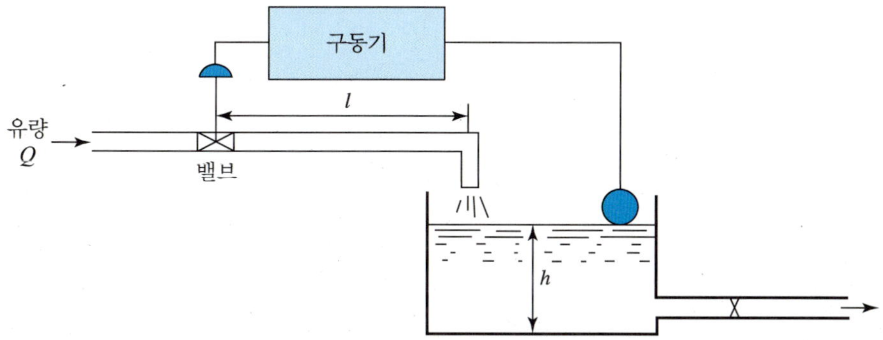

(a) 개략도

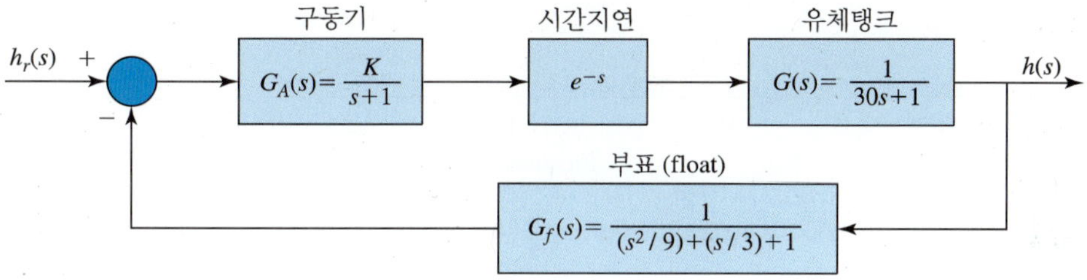

(b) 블록선도

그림 6.66 유체탱크 제어시스템

시간지연에 의한 시스템의 성능 및 안정도를 평가하기로 한다. Bode 선도 및 Nyquist 선도를 그릴 때는 시스템 게인 K를 30으로 가정한다. 또한 시간지연을 고려하여 근궤적선도를 그릴 때는 시간지연 요소를 1차 Pade 근사로 선형화한다. Bode 선도 및 Nyquist 선도에서 공칭안정도를 평가할 때는 게인 및 위상 여유가 0이 되는 안정한계에서의 시스템 게인 K를 찾고, 이 K 값과 근궤적선도에서 근궤적이 허수축상에 있을 때, 즉 시스템이 안정한계에 있을 때의 K 값과 비교하기로 한다.

그림 6.67은 MATLAB을 이용하여 그린 시스템 게인 $K=30$일 때의 유체탱크 제어시스템의 Bode 선도이다. 시간지연을 고려한 경우 시스템의 게인여유는 −0.86 dB이고 위상여유는 $-6.5°$로서 이 시스템은 불안정하다. 그리고 특히 고주파에서는 위상지연이 크게 발생한다. 시간지연을 무시한 경우에는 시스템의 게인여유가 8 dB이고 위상여유가 $37°$로 안정한 시스템이다. 이 시스템은 시간지연을 고려하지 않고 해석하면 안정하나 실제 시스템과 유사하도록 시간지연을 고려하면 시스템이 불안정하다는 것을 보여준다.

다음으로 시스템 게인 $K=30$일 때의 Nyquist 선도를 그리기로 한다. 그림 6.68은 역시 MATLAB을 이용하여 그린 시간지연을 고려할 때와 무시할 때의 Nyquist 선도이다.

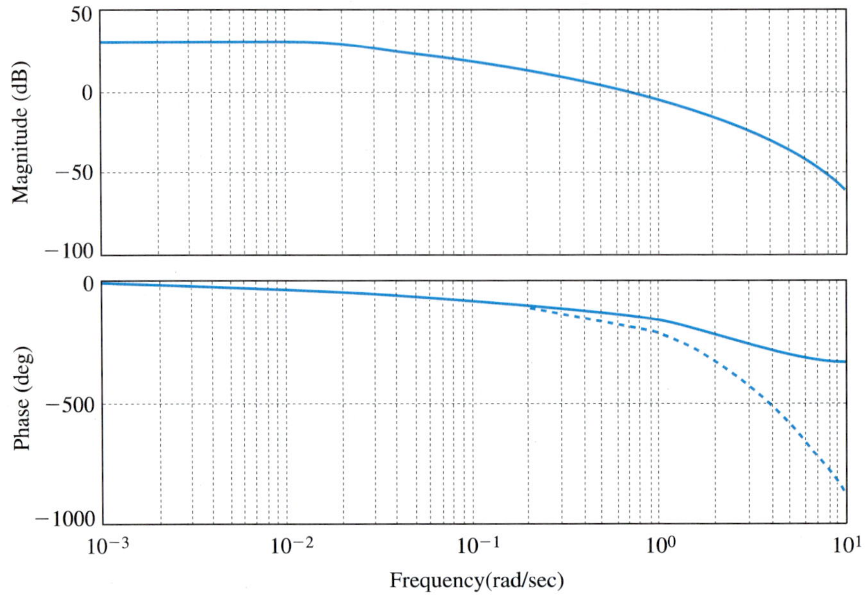

그림 6.67 유체탱크 제어시스템의 Bode 선도(시간지연 무시 ──, 시간지연 고려 - - -)

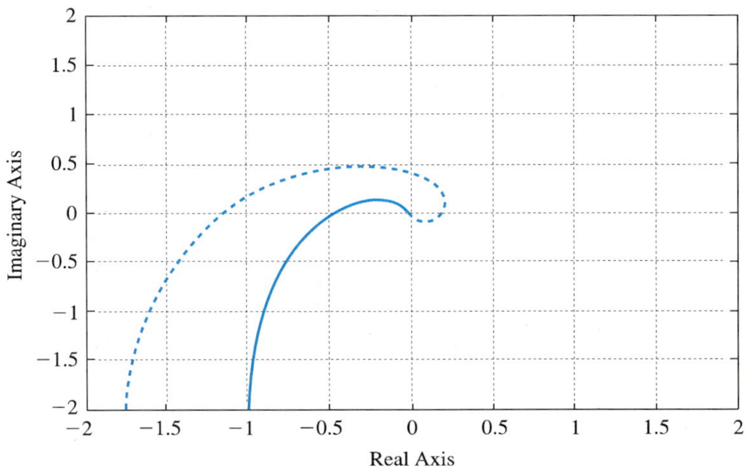

그림 6.68 유체탱크 제어시스템의 Nyquist 선도(시간지연 무시 ──, 시간지연 고려 - - -)

Nyquist 선도에서도 Bode 선도에서 해석한 결과와 똑같은 결과를 얻을 수 있다.

이제 유체탱크 제어시스템의 근궤적선도를 그리기로 한다. 우선 시간지연을 고려한 경우에 대한 근궤적을 그린다. 여기서 시간지연 요소 e^{-s}는 Pade 1차 근사를 이용하여 선형화하기로 한다. 즉

$$e^{-s} = \frac{1-0.5s}{1+0.5s}$$

• 특성방정식을 근궤적을 위한 일반 형태로 표시한다.

$$1+\widetilde{K}\frac{s-2}{(s+\frac{1}{30})(s+1)(s+2)(s^2+3s+9)}=0$$

여기서

$$\widetilde{K}=-\frac{10}{3}K \quad (\widetilde{K}<0)$$

• s−평면상에 개루프 극점과 영점의 위치를 배치하고, 실수축상의 근궤적을 그린다. 근궤적 파라미터 $\widetilde{K}$가 음수이므로 실수축상의 근궤적을 그릴 때 유의해야 한다. 이 시스템은 근궤적 파라미터가 음수인 경우이므로 위상조건식 (5.12)를 만족시켜야 한다. 이때 실수축상의 근궤적은 그림 6.69와 같이 임의의 구간에서 우측에 있는 실수축상의 개루프 극점과 영점을 합한 개수가 짝수여야 한다.

• 점근선의 각도 α와 위치 A_c를 정한다.

$$\alpha=\frac{\pm k360°}{n-m}, \qquad k=0,\ 1,\ 2,\ \cdots$$

또는

$$\alpha=0°,\ \pm 90°,\ \pm 180°$$

그리고

$$A_c=\frac{\sum_{i=1}^{n}p_i-\sum_{j=1}^{m}z_j}{n-m}=-2.01$$

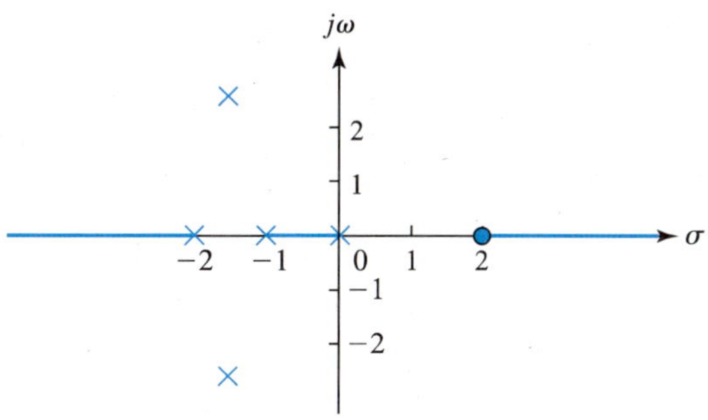

그림 6.69 실수축상의 근궤적

- 분기점의 위치를 정한다. $d\widetilde{K}/ds=0$으로부터 근궤적의 이탈점이 $s=-0.376$에 있고 복귀점이 $s=2.87$에 있음을 알 수 있다.
- 허수축과의 교차점을 구한다. Routh 배열을 이용하여 안정한계점을 구하기로 한다.

  Routh 배열:

$$
\begin{array}{c|ccc}
s^5 & 1.67 & 33.66 & 31.83-0.5K \\
s^4 & 10.05 & 56.1 & 1+K \\
s^3 & 24.34 & 38.83-0.666K & \\
s^2 & c & 1+K & \\
s^1 & d & & \\
s^0 & 1+K & &
\end{array}
$$

  여기서

$$c=40.08-0.27K$$

$$d=\frac{0.18K^2-61.51K+1.53\times10^6}{40.08-0.27K}$$

  근궤적이 허수축과 교차할 때가 안정한계 상태이므로 Routh 배열로부터 $d=0$이 충족되는 K 값을 구한다. 이때 $K=27$이고, 보조방정식 $cs^2+1+K=0$으로부터 근궤적이 허수축상에 있을 때의 주파수 $\omega=0.856$을 구할 수 있다.
- 위상조건식을 이용하여 복소 극점 $(-1.5+j2.6)$에서의 출발각 θ를 구한다.

$$143°-\theta-121°-101°-90°-79°=0° \qquad \text{또는} \qquad \theta=112°$$

위에서 설명된 근궤적 작도법들을 종합하면, 시간지연을 고려한 시스템에 대한 근궤적선도는 그림 6.70과 같이 표시된다. 그리고 그림 6.71은 시간지연을 고려한 경우와 무시한 경우를 비교, 검토하기 위하여 위에서 설명된 근궤적 작도법들과 같은 절차로 수행하여 그린, 시간지연을 무시했을 때의 근궤적선도이다.

그림 6.72는 그림 6.70과 그림 6.71에 표시된 근궤적선도로부터 시간지연을 고려한 경우와 무시한 경우에 대한 유체탱크 제어시스템의 시간역 성능들(대표극점의 감쇠비 ζ, 2 % 정착시간 t_s, 단위스텝 기준입력에 대한 정상상태오차 e_{ss})을 게인 K 값에 따라 나타낸 것이다. 그림 6.72에 표시된 K_{b1}, K_{b2}, K_{c1}, K_{c2}는 각각 시간지연을 고려한 시스템(1)과 무시한 시스템(2)의 근궤적선도상에 있는 분기점(b)과 안정한계점(c)에서의 시스템 게인값을 의미한다.

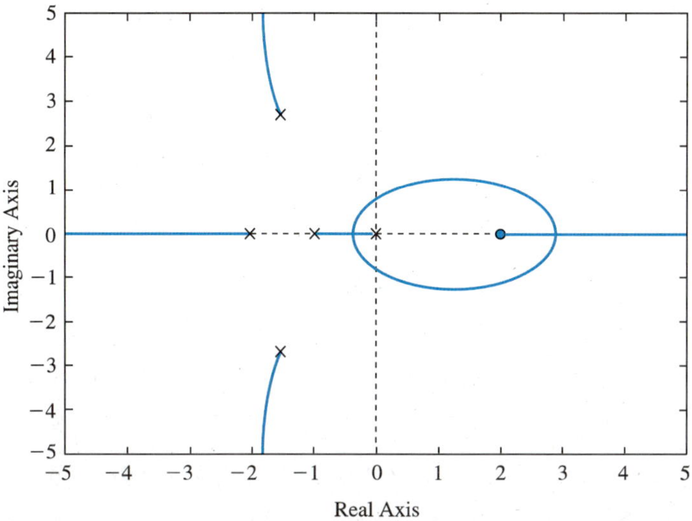

그림 6.70 시간지연을 고려한 근궤적선도

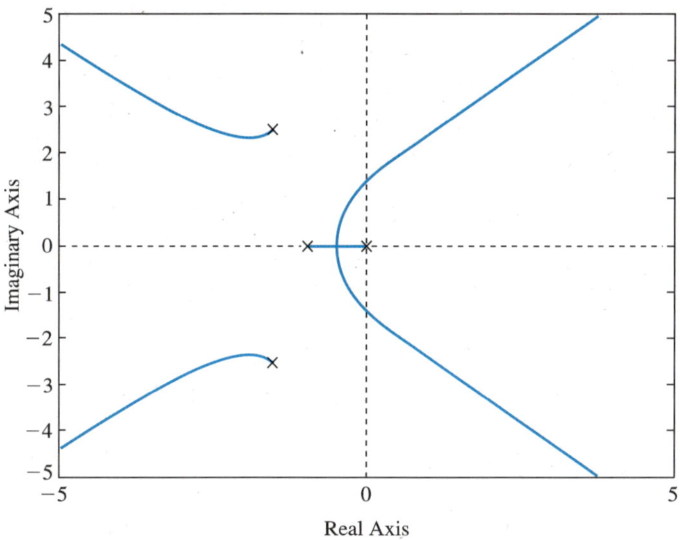

그림 6.71 시간지연을 무시한 근궤적선도

시간지연을 고려한 경우에는 Bode 선도나 Nyquist 선도를 이용하여 구한 폐루프 시스템이 안정할 수 있는 최대 시스템 게인 K는 26.32이다. 시간지연 요소를 1차 Pade 근사로 선형화한 시스템에 대하여 근궤적선도로부터 구한 폐루프 시스템이 안정할 수 있는 최대 시스템 게인 K_{c1}는 27.05이다. 이 두 값으로부터 시간지연 요소를 Pade 근사화하여 선형화를 수행해도 어느 정도의 정확도가 있음을 알 수 있다. 특히 시간지연량이 작고 주파수 ω가 작은 영역에서 작동할 때는 정확도가 비교적 크다. 그렇지만 시간지연을 무시하고

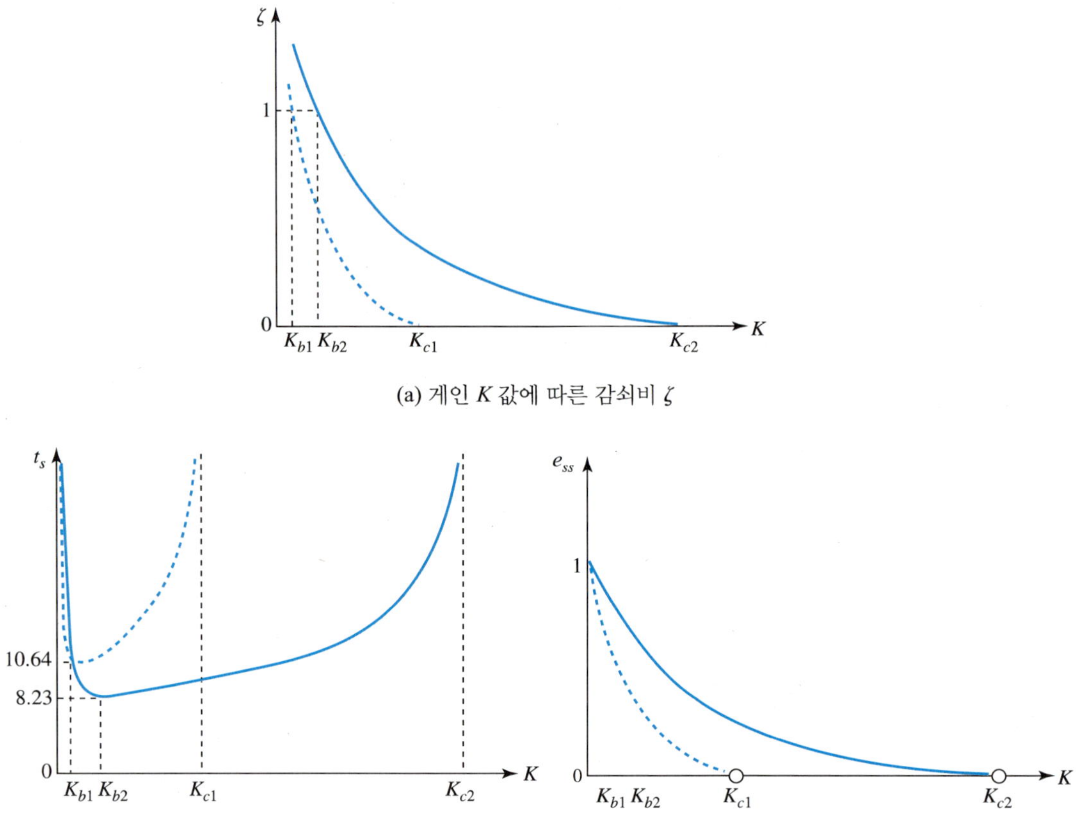

(a) 게인 K 값에 따른 감쇠비 ζ

(b) 게인 K 값에 따른 정착시간 t_s

(c) 게인 K 값에 따른 정상상태오차 e_{ss}

그림 6.72 유체탱크 제어시스템의 시간역 성능(시간지연 무시 ——, 시간지연 고려 - - -)

그린 근궤적선도로부터 얻은 폐루프 시스템이 안정할 수 있는 최대 시스템 게인 K_{c2}는 75.4로서 실제 값과 큰 차이가 있다. 따라서 시간역 성능평가에서도 시간지연 효과를 무시하고 얻은 평가 내용은 신뢰할 수 없다.

연습문제

6.1 다음 그림과 같은 폐루프 시스템에 대한 물음에 답하라.

(1) 폐루프 전달함수 $T(s)=\dfrac{y(s)}{r(s)}$를 구하라.

(2) 입력 $r(t)=\sin 5t$일 때 정상상태에서 출력 $y(t)$는 어떻게 되는가?

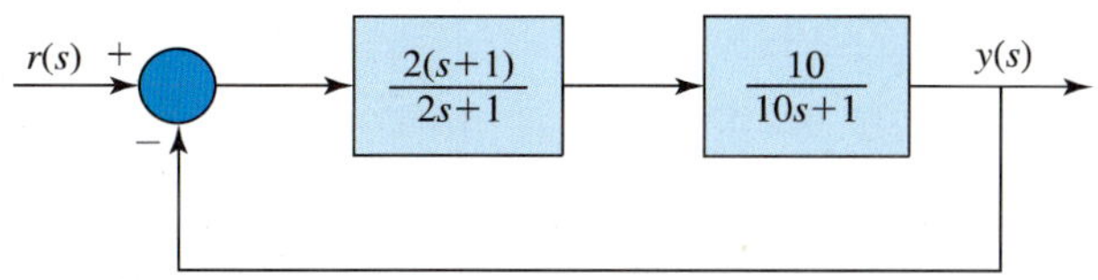

6.2 어떤 시스템의 전달함수 $G(s)$와 입력 $u(t)$가 각각 다음과 같다.

$$G(s) = \frac{y(s)}{u(s)} = \frac{10}{(10s+1)(0.05s+1)}$$

$$u(t) = \sin t + 0.2\sin 2t + 0.02\sin 3t + 0.01\sin 4t$$

(1) 이 시스템에 대한 Bode 선도를 그리라.

(2) Bode 선도를 이용하여 근사적으로 정상상태응답 y_{ss}를 구하라.

6.3 물을 저장하는 어떤 수조의 운동방정식이 다음과 같이 표현된다.

$$3000\frac{dT_\omega}{dt} = T_a - T_\omega$$

여기서 T_ω는 물의 온도이고 T_a는 대기 온도이다. 대기 온도 T_a는 매일 주기적으로 낮 2시에 최고 온도로 평균 온도보다 10 °C 높고, 밤 2시에는 최저 온도로 평균보다 10 °C 낮다. 물의 온도가 최고 및 최저가 되는 시간과 변동량은 어떻게 되는가?

6.4 다음 그림은 어떤 최소 위상 시스템에 대하여 크기 Bode 선도를 점근적으로 나타낸 것이다. 이 시스템에 대한 위상 Bode 선도를 그리라.

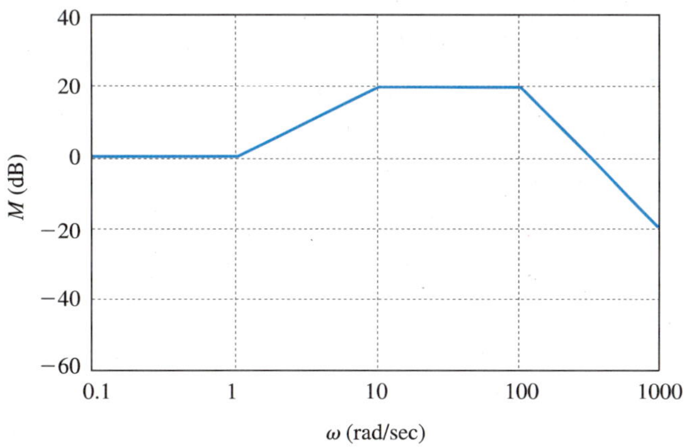

6.5 개루프 전달함수 $G(s)$가 다음과 같이 표시되는 3개의 시스템에 대한 Bode 선도와 근궤적을 그리고 게인 K를 증가시킬 때 폐루프 시스템의 안정도를 비교 평가하라.

(1) $G(s) = \dfrac{K}{s^2+3s+2}$ (2) $G(s) = \dfrac{K(s+3)}{s^2+3s+2}$

(3) $G(s) = \dfrac{K(-s+3)}{s^2+3s+2}$

6.6 개루프 전달함수 $K(s) = \dfrac{K}{s(s+1)}$가 이론적으로 $K>0$인 단위 피드백 제어시스템은 항상 안정하다. 그렇지만 실제 시스템이 시간지연 요소 e^{-s}를 포함하고 있는 경우에는 K 값이 어떤 값 이상 커지면 불안정하게 된다. 이것을 근궤적선도와 Bode 선도에서 보이라. 근궤적선도를 그릴 때는 시간지연 요소 e^{-s}를 1차 Pade 근사화하여 그리라.

6.7 다음 그림과 같은 지진계에 대한 전달함수 $G(s) = \dfrac{x(s)}{r(s)}$를 구하고, 50 rad/sec보다 작은 주파수역에서 에너지를 갖는 입력 $r(t)$가 가해졌을 때 바람직한 명령추종 성능을 갖도록 적절한 시스템 파라미터 m, c, k 값을 선정하라.

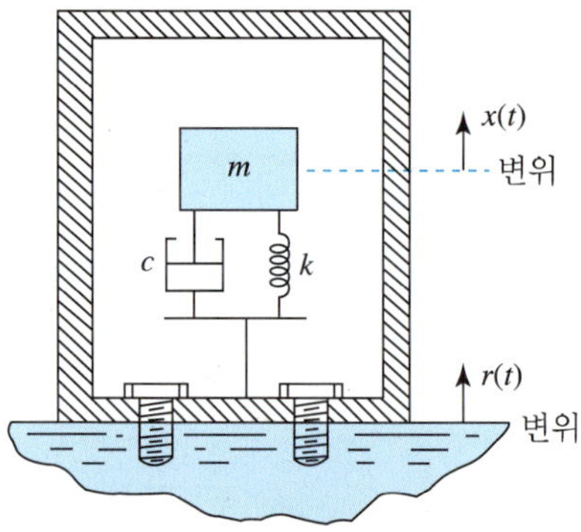

6.8 다음과 같은 개루프 전달함수 $G(s)$에 대한 Bode 선도와 Nyquist 선도를 그리라.

(1) $G(s) = \dfrac{1}{s(s+1)^2}$ (2) $G(s) = \dfrac{10}{(s^2+s+1)(s+1)}$

(3) $G(s) = \dfrac{s+1}{s(s+2)(s+10)}$ (4) $G(s) = \dfrac{s^2+4s+8}{s^2(s+4)}$

(5) $G(s) = \dfrac{s^2+2s+4}{4s(2s+1)(s/4+1)}$ (6) $G(s) = \dfrac{e^{-s}}{s(s+1)}$

6.9 Nyquist 컨투어 D를 어떤 전달함수 $G(s)$로 사상한 컨투어 D_m이 임계점$(-1+j0)$을 시계 방향으로 한 바퀴 돌았다. 따라서 이 시스템은 불안정하다고 말할 수 있는가? 이에 대해 설명하라.

6.10 개루프 전달함수가 $G(s)$인 단위 피드백 제어시스템의 시정수가 0.5초보다 작게 되는 필요충분조건식을 Nyquist 안정도 판별법을 이용하여 서술하라.

6.11 Nyquist 안정도 판별법을 이용하여 다음 그림과 같은 시스템의 안정도를 조사하라. 일반적으로 허수축상에 있는 극점을 제외하고 Nyquist 컨투어를 설정하지만, 여기서는 허수축상의 극점을 포함시켜서 Nyquist 안정도 판별법을 시도하라. 그리고 극점을 포함시키지 않는 경우와 결과를 비교하라. 그림에 표시된 시스템 파라미터 K와 a는 양의 상수이다.

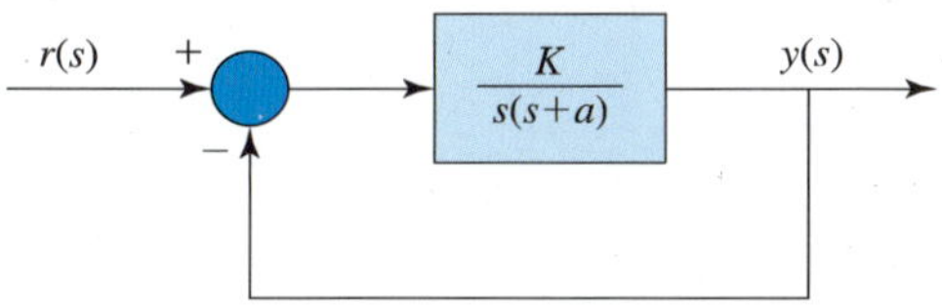

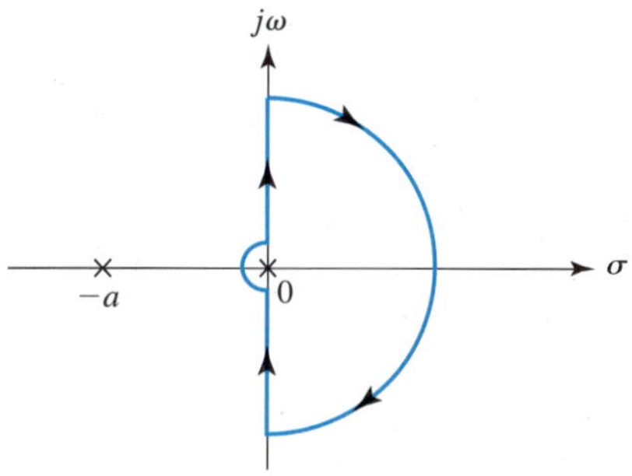

6.12 다음과 같은 개루프 전달함수 $G(s)$에 대한 Bode 선도 및 Nyquist 선도를 그리고, 시스템의 안정도를 각 선도에서 평가하라.

(1) $G(s)=\dfrac{s+3}{(s+1)(s+5)}$　　(2) $G(s)=\dfrac{10}{s(s+3)(s+5)}$

(3) $G(s)=\dfrac{5}{(s^2+1)(s+10)}$　　(4) $G(s)=\dfrac{s^2+5}{s^2(s^2+4s+8)}$

6.13 다음 그림과 같은 시스템에서 시스템이 안정한 시스템 파라미터 a의 범위를 주파수 응답법을 이용하여 구하라.

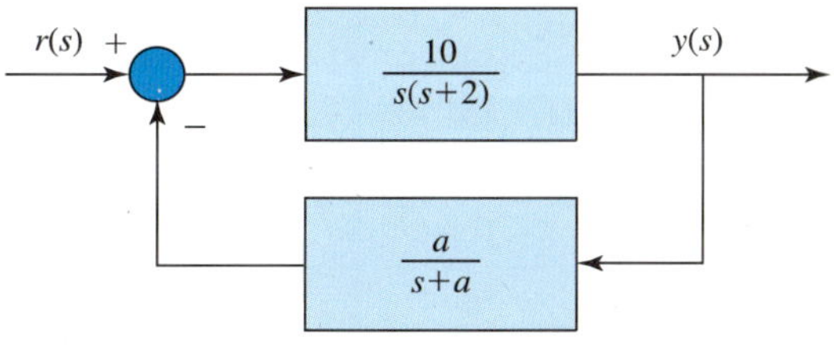

6.14 다음 그림은 어떤 안정한 개루프 시스템 $G(s)$가 개루프 게인 $K=1$일 때의 Nyquist 선도이다. 폐루프 시스템이 안정할 수 있는 게인 K의 범위를 구하라.

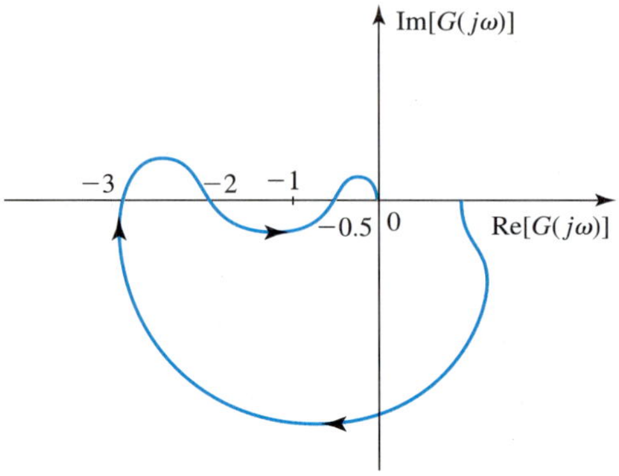

6.15 다음 시스템들에 대하여 시스템 게인 $K=1$일 때의 Bode 선도를 그리고 비교 평가하라. 또한 Nyquist 안정도 판별법을 이용하여 두 시스템에 대한 단위 피드백 제어시스템의 안정도를 평가하라.

(1) 최소 위상 시스템: $G_1(s)=\dfrac{K(s+1)}{s+10}$

(2) 비최소 위상 시스템: $G_2(s)=\dfrac{K(1-s)}{s+10}$

6.16 다음 실험 결과를 보고 물음에 답하라.

(플랜트 #1)			(플랜트 #2)		
ω (rad/sec)	$\lvert G_1(j\omega)\rvert$ (dB)	$\angle G_1(j\omega)$ (deg)	ω (rad/sec)	$\lvert G_2(j\omega)\rvert$ (dB)	$\angle G_2(j\omega)$ (deg)
0	24	0	1	24	0
3	24	−10	1.2	24	−5
16	22	−27	8.	22	−30
31	20	−37	16	20	−45
88	17	−55	44	17	−85
126	15	−90	63	15	−100
200	10	−126	100	10	−110
250	8	−128	126	8	−120
314	5	−140	157	5	−135
439	0.75	−151	220	0.75	−140
500	−0.2	−159	250	−0.3	−145
630	−4	−160	314	−4	−150
750	−8	−165	380	−8	−155

(1) 각 플랜트에 대한 단위 피드백 제어시스템의 안정도를 조사하라.
(2) 각 플랜트에 대하여 비례 제어시스템을 구성했다면 시스템이 불안정해지는 비례 제어게인 K_p 값을 구하라.
(3) 각 플랜트 전달함수 $G(s)$를 구하라.
(4) 비례 제어시스템의 주파수응답으로부터 만족할 만한 과도응답을 얻을 수 있는 적절한 비례 제어게인 K_p를 선정하라. 그리고 단위스텝응답을 구해 확인하라.

6.17 루프 전달함수 $G(s)$가 다음과 같은 단위 피드백 제어시스템에 대하여 생각하기로 한다.

$$G(s) = \frac{K}{s(s+10)}$$

시스템 게인 K를 조절하여 폐루프 시스템의 공진최댓값 $M_r = 3$ dB이 되도록 하고자 한다. 이때의 시스템 게인 K 및 공진주파수 ω_r를 구하라.

6.18 다음 그림과 같은 폐루프 시스템에 대하여 물음에 답하라.

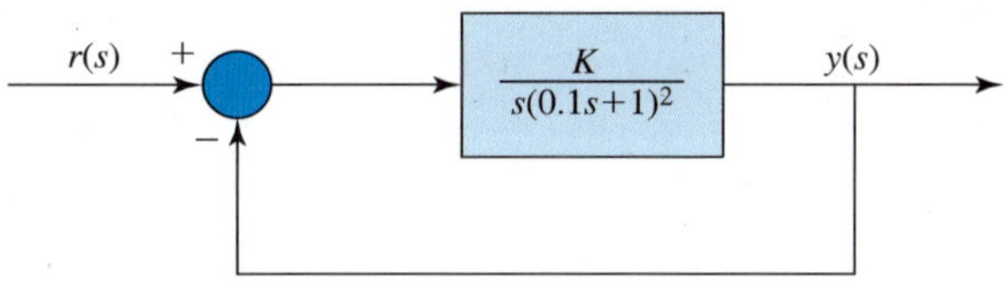

(1) Routh 안정도 판별법을 이용하여 폐루프 시스템이 안정한 K의 범위를 구하라.
(2) 근궤적을 그리고 중요점들을 명시하라.
(3) $K = 10$일 때의 Bode 선도를 그리라. 게인 및 위상 여유를 구하고 그 의미를 설명하라.
(4) $K = 10$일 때의 Nyquist 선도를 그리고 폐루프 시스템의 안정도를 평가하라.

6.19 다음 시스템에 대한 물음에 답하라.

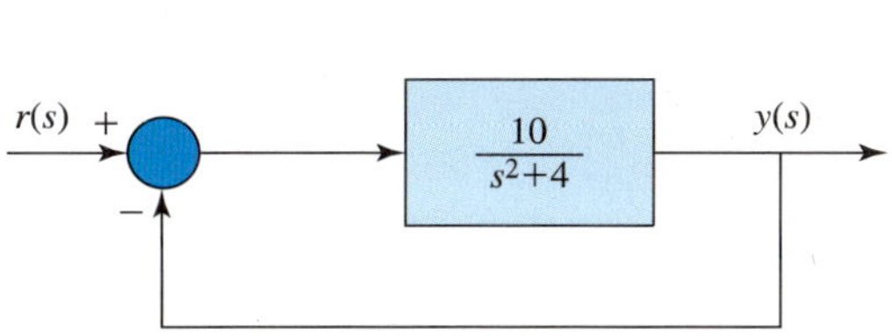

(1) 감쇠비 $\zeta = 0$인 특성을 갖는 개루프 시스템에 대한 Bode 선도를 개략적으로 그

리라.

(2) Nyquist 선도를 그리라.

(3) Nyquist 선도로부터 이 시스템의 안정도를 판별하라.

(4) 게인 및 위상 여유는 얼마인가?

6.20 다음과 같이 시간지연 요소 e^{-Ts}를 포함하는 폐루프 시스템에 대한 물음에 답하라.

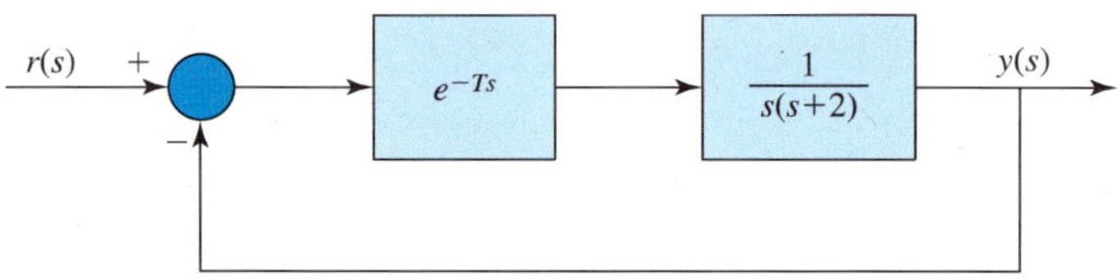

(1) 시간지연 T가 0, 1, 3, 5, 10초일 때 각각에 대한 시스템의 안정도를 조사하고, 시스템이 안정한 경우에는 위상여유를 구하라.

(2) (1)에 주어진 시간지연 T를 고려한 시스템이 안정한 경우에 대한 게인여유를 구하라.

(3) 시스템이 안정한 시간지연 T를 구하라.

(4) (1)에 주어진 시간지연 T에 대하여 불안정한 시스템은 게인을 얼마나 줄여야 시스템이 안정되는가?

6.21 다음 그림은 인간의 눈의 조절 작용을 나타낸 블록선도이다.

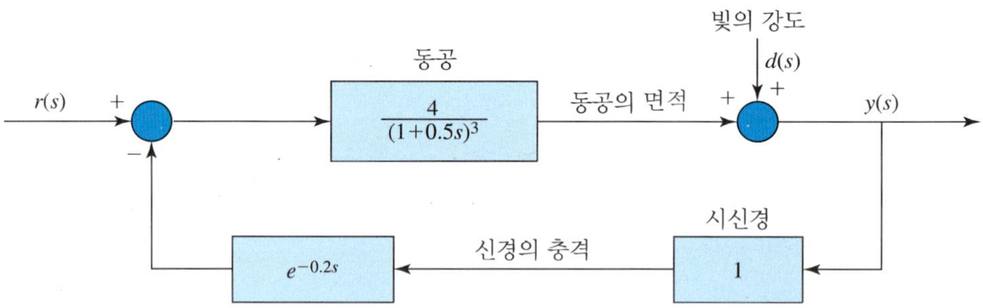

(1) 시간지연을 무시할 수 있다고 가정하고 시스템의 Bode 선도를 그리고 게인 및 위상 여유를 구하라.

(2) 시간지연으로 인한 위상의 영향을 선도에 포함시키고 이때의 위상여유를 구하라.

6.22 다음 그림은 비행기 바퀴의 방향을 조절하기 위한 비행기 바퀴의 동적 스티어링 장치에 대한 블록선도이다.

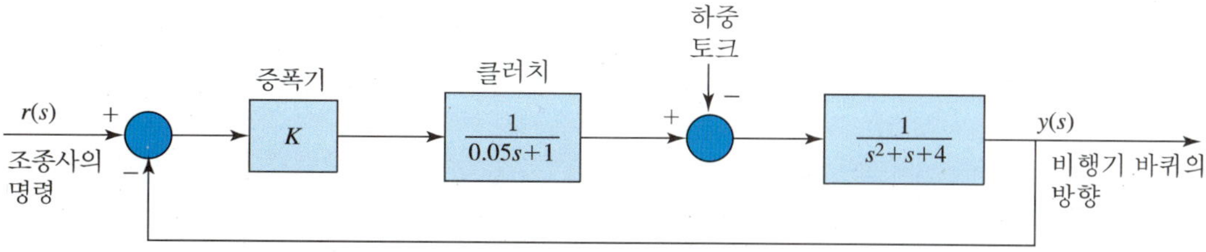

(1) 이 시스템에 대한 Bode 선도와 Nyquist 선도를 그리라.

(2) 위상여유 $\gamma = 45°$가 될 수 있는 게인 K를 선정하라.

6.23 개루프 전달함수 $G(s)$가 다음과 같은 시스템에 대하여 물음에 답하라.

$$G(s) = \frac{K}{s(s^2 + 2s + 2)}$$

(1) 근궤적을 그리고 폐루프 시스템이 안정한계에 있을 때의 시스템 게인 K_c를 결정하라.

(2) 시스템 게인 $K = K_c/2$, K_c, $2K_c$일 때 각각에 대한 Bode 선도를 그리라.

(3) $K = K_c/2$, K_c, $2K_c$일 때 각각에 대한 Nyquist 선도를 그리고 안정도를 판별하라.

(4) $K = K_c/2$, K_c, $2K_c$일 때 각각에 대한 Nichols 선도를 그리고 공진최댓값 M_r와 공진주파수 ω_r를 구하라.

(5) $K = K_c/2$, K_c, $2K_c$일 때 게인 및 위상 여유를 Bode 선도, Nyquist 선도, Nichols 선도에서 구하고 이들을 비교하라.

(6) 시스템 게인 K 값에 따른 공칭 및 상대 안정도에 대한 결론을 요약하라.

6.24 플랜트 $G(s)$의 Nyquist 선도와 Bode 선도가 다음 그림과 같이 주어진 피드백 제어시스템에 대하여 물음에 답하라.

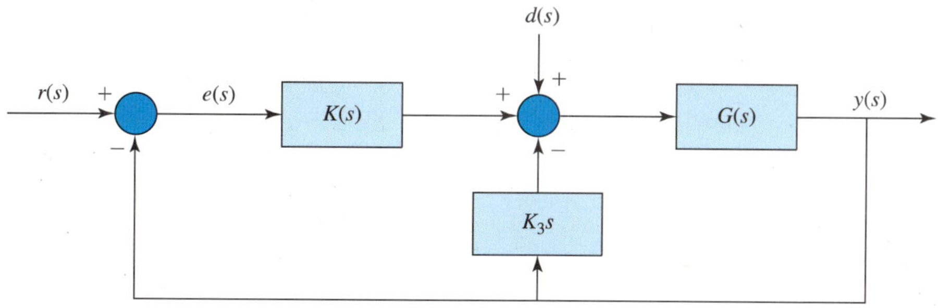

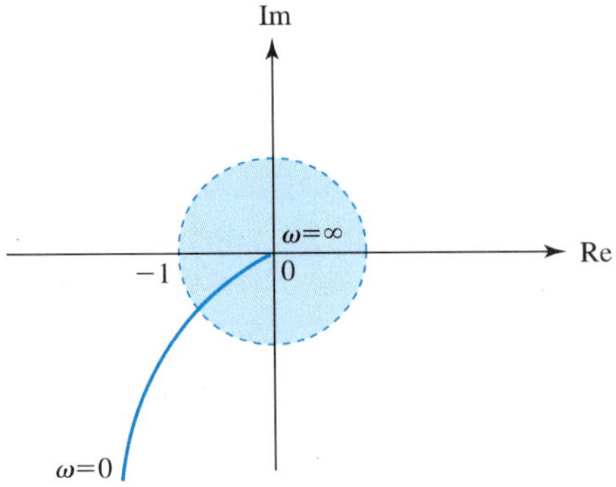

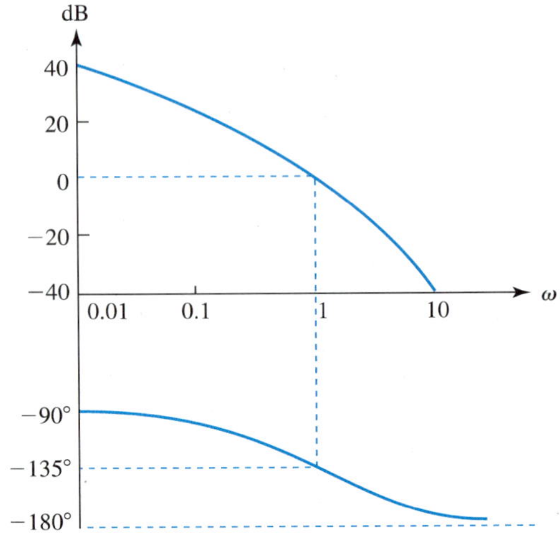

(1) 전달함수 $\dfrac{y(s)}{r(s)}$와 $\dfrac{y(s)}{d(s)}$를 구하라.

(2) $K(s) = K_1$이고 기준입력 r와 외란 d가 스텝 및 램프 입력으로 주어졌을 때 각각의 경우에 대한 정상상태오차를 구하라.

(3) $K(s) = \dfrac{K_2}{s}$, $K_3 = 0$일 때 시스템이 불안정하게 되는 K_2 값을 구하라.

(4) $G(s) = \dfrac{K}{s(1+Ts)}$라고 가정할 때 측정된 주파수응답으로부터 시스템 파라미터 K와 T 값을 구하라.

(5) 플랜트 $G(s)$는 (4)의 결과를 이용하여 제어기의 형태가 $K(s) = K_1 + \dfrac{K_2}{s}$, $K_3 = 0$이라고 가정할 때, 감쇠비 $\zeta = 0.707$인 폐루프 극점이 가능한 K_1, K_2 값이 존재하는가?

(6) 적당한 K_1, K_2 값을 선정하였을 때, $K_3 \neq 0$의 값을 취하는 이점은 무엇인가?

6.25 다음 그림은 수치제어 공작기계에서 한 개의 축에 대하여 작동하는 원리를 개략적으로 나타내고 있다. 기계공구의 원하는 위치와 실제 위치가 비교되어 그 차에 의한 오차신호가 다음과 같은 전달함수 $G_a(s)$의 특성을 갖는 유압구동기를 작동한다.

$$G_a(s) = \frac{x(s)}{y(s)} = \frac{K_a}{s(T_a s + 1)}$$

여기서 구동기의 게인 $K_a = 1$, 구동기의 시정수 $T_a = 0.4$초이다. 차분증폭기(difference amplifier)의 출력전압 V_a는

$$V_a = K_1(x_d - x)$$

이며, x_d는 테이프 판독기로부터 나오는 원하는 위치에 대한 입력이다. 축에 걸리는 힘 F는 전류 i에 비례하여 $F = K_2 i$이며 $K_2 = 3$이다. 스프링상수 $k = 1.5$, 저항 $R = 0.1$, 인덕턴스 $L = 0.2$이다.

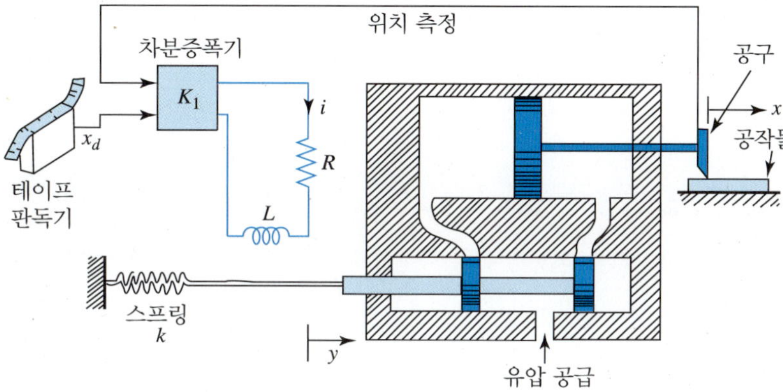

(1) 시스템이 30°의 위상여유를 갖도록 게인 K_1을 선정하라.

(2) 게인 K_1을 (1)에서 선정한 값을 사용하는 경우, 시스템의 공진최댓값 M_r, 공진주파수 ω_r, 폐루프 시스템의 대역폭 ω_b를 구하라.

(3) 단위스텝입력 $x_d = 1/s$을 가했을 때 퍼센트 오버슈트와 2 % 정착시간을 구하라.

7장 제어시스템 설계

7.1 서론

제어시스템 설계는 일반적으로 주어진 플랜트에 대하여 바람직한 성능을 얻을 수 있는 제어기의 형태와 구성 방법을 일단 구상한 다음에, 제어기 구성에 사용될 제어요소들이 어떤 전달 특성을 가져야 할 것인지를 결정하는 작업으로 이루어진다. 예를 들면 플랜트 특성과 요구되는 성능에 따라 비례-적분-미분(PID: proportional-integral-derivative) 제어기나 앞섬/뒤짐(lead/lag) 제어기 등의 형태를 선정한 후 제어시스템이 바람직한 성능을 갖도록 제어기의 극점과 영점을 적절하게 배치한다. 일반적으로 제어시스템 설계 절차는 제어기의 전달함수 형태를 선정하고 제어기에 포함된 설계 파라미터들을 해석적인 방법으로 적절하게 선정한 다음, 설계된 제어시스템의 안정도와 성능을 검토하는 순서로 이루어진다. 만일 제어시스템의 성능이 만족스럽지 못하면 설계 파라미터들을 적절히 새로 선정하여 다시 제어시스템을 설계하여 요구되는 시스템의 성능을 얻을 때까지 반복 수행한다. 또한 제어기 설계만으로 요구하는 성능을 얻을 수 없는 경우도 많다. 이와 같은 경우에는 제어 대상 시스템인 플랜트의 구조나 재료의 변경 또는 수동적인 감쇠 효과의 보강 등을 통해 하드웨어적으로 플랜트의 동특성 자체를 개선하고, 여기에 필요하다면 센서나 구동기를 추가하거나 재배치하기도 한다. 또한 소프트웨어적으로 다양한 제어기를 결합시켜 만족스러운 제어시스템 설계를 시도하는 것이 일반적인 제어시스템 설계 과정이다.

실제 시스템에 대한 모델링이 거의 완벽하다면 그 모델식을 기반으로 적절하게 설계된 제어시스템은 기대한 성능과 안정도를 나타내겠지만 실제로는 그렇지 않은 경우도 있다.

그 이유는 실제 시스템에 대한 불확실한 수학적 모델링으로 발생된 모델링 오차 때문이다. 그러므로 일반적으로 제어시스템 설계는 해석적으로만 이루어지는 것이 아니라 많은 경험이 필요하다. 단일입출력 시스템의 경우에는 모델링 오차로 발생하는 시스템의 불확실성을 제어시스템 설계 시에 게인 및 위상 여유를 가지고 어느 정도 고려하고 있다. 또한 특이값(singular value) 개념[71, 80]을 이용하면 단일입출력 시스템뿐만 아니라 다변수 시스템의 모델링 오차에 대한 안정도-강인성(stability-robustness) 문제[51, 73]도 제어시스템 설계 시에 직접 고려할 수 있다.

단일입출력 시스템에서 주로 사용되고 있는 제어기의 형태는 PID 제어기와 앞섬/뒤짐 제어기이다. 그리고 주어진 제어기에 포함되어 있는 설계 파라미터들은 근궤적법, Bode 선도, Nichols 선도 등을 이용하여 선정하고 있다. 이 장에서는 단일입출력 시스템에서 각 제어기 형태에 따라 설계 파라미터들을 선정하는 방법에 대하여 중점적으로 설명하기로 한다. 우선 제어시스템의 구조를 간략히 설명하고, 특히 구동기와 센서의 특성 및 선정하는 원칙에 대해 설명한다. 또한 제어시스템의 기본적인 설계 원리와 기본적인 구조를 설명한다. PID 제어기 및 앞섬/뒤짐 제어기의 구조와 주어진 제어기에서 적분 제어요소, 미분 제어요소, 그리고 극점, 영점이 전체 시스템에 미치는 영향에 대하여 알아보기로 한다. 그런 다음, 특히 극심한 경감쇠 시스템에 대한 제어기 설계 시에 유효한 노치(notch) 필터를 이용한 극점-영점 상쇄 설계방법을 설명한다. 또한 명령추종 성능 개선이나, 기준입력과 측정된 신호의 물리량을 일치시키기 위한 포워드(forward) 제어기와 측정 가능한 외란을 효과적으로 제거할 수 있는 피드포워드(feedforward) 제어기에 대해 설명하고, 모델 불확실성 문제를 설계 시에 직접 고려할 수 있는 강인 제어시스템 설계에 대하여 간략히 설명한다. 끝으로, 근궤적 및 주파수응답을 이용하여 단일입출력 제어시스템의 설계 파라미터들을 선정하는 방법들을 실제적인 예제들을 통하여 설명하기로 한다. 또한 MATLAB을 이용하여 제어시스템을 설계하는 과정을 설명한다.

7.2 제어시스템의 구조 및 자동제어기기

제어시스템공학의 목표는 센서, 제어기 및 구동기를 플랜트에 적절하게 첨가함으로써 동적 시스템의 성능과 강인성을 개선하는 데 있다. 제어 대상 시스템인 플랜트에 첨가되는 센서는 시스템 내부에 있는 다양한 신호들을 측정하거나 감지한다. 제어기는 센서로부터 감지된 신호들을 이용하여 플랜트가 바람직한 거동을 할 수 있는 제어신호를 생성하여 구동기로 보낸다. 그리고 구동기는 제어신호를 기반으로 하여 플랜트에 적절한 파워(또는 에너지)를 공급한다. 그림 7.1은 센서, 제어기 및 구동기가 포함된 일반적인 제어시스템의 구조를 나타낸다.

차량 시스템, 산업공정 시스템, 발전 시스템, 핵반응 시스템 등 산업 현장에서 관심을 갖는 시스템뿐만 아니라 사회, 경제 문제 등 일반적인 시스템 중에서 에너지를 저장할 수 있는 요소를 포함하고 있는 시스템, 즉 동적 시스템이면 모두 제어 대상이 되며, 제어 대상 시스템을 플랜트 또는 프로세스라고 한다. 시스템 내의 에너지나 정보의 흐름, 즉 신호는 아날로그 또는 디지털로 표현된 전기 신호, 기계적인 링크 또는 유공기압 라인 등을 통해 전달된다. 제어기는 기계 장치, 유공기압 장치, 아날로그 또는 디지털 컴퓨터 등을 이용하여 구성한다. 그림 7.1에 표시된 바와 같이 센서로부터 감지된 신호가 제어기와 구동기를 통하여 플랜트에 영향을 줄 수 있는 제어시스템을 피드백 또는 폐루프 제어시스템이라고 한다. 이와는 대조적으로 센서가 없는 제어시스템으로서 구동기 신호가 명령 입력만으로 생성되는 제어시스템을 개루프 제어시스템이라고 한다. 또한 구동기가 없고 센서 신호를 처리하여 조작 표시 신호만을 만드는 시스템을 감시 시스템이라고 한다.

산업 현장에서는 센서, 구동기, 제어기 신호들이 단지 두 개의 값, 즉 온-오프 작동만을 취하는 경우도 많다. 이와 같은 센서로는 기계적 리밋 스위치, 열적 리밋 스위치, 근접 스위치, 온도 조절장치, 그리고 조작 명령을 위한 누름단추 스위치 등이 있다. 구동기 관련 부품으로는 가열기, 모터, 펌프, 밸브, 솔레노이드 등이 있다. 특히 두 개의 값만을 취하는 제어기를 논리 제어기(logic controller)라고 한다. 논리 제어기로는 산업용 릴레이 시스템, 일반용 마이크로프로세서, 상업용 프로그램 가능한 논리 제어기(PLC: programmable logic controller) 등이 사용된다.

이 책에서는 제어시스템의 센서, 구동기 및 제어기 신호들이 실제 값 또는 적어도 실제 값을 디지털로 표현한 경우에 대해서만 생각하기로 한다. 많은 제어시스템들은 이 두 가지

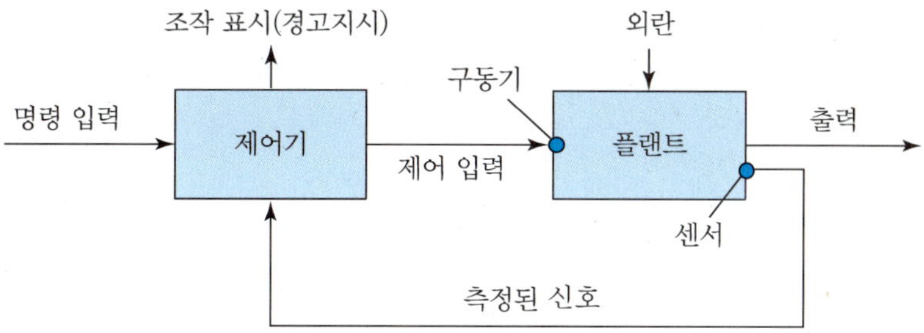

그림 7.1 일반적인 제어시스템의 구조

형태의 신호, 즉 이진(boolean) 신호와 실제 값 신호 모두 포함하고 있다. 제어기로 디지털 컴퓨터를 사용하는 제어시스템에서는 신호들이 규칙적인 시간 간격으로 샘플링된다. 어떤 경우에는 샘플링된 시간 간격이 충분히 짧아서 샘플링된 신호들이 연속 신호의 좋은 근사화를 보여준다. 그렇지만 많은 경우 이 샘플링 효과는 디지털 제어시스템 설계 시에 고려되어야 한다. 이것에 대해서는 9장에서 자세히 다루기로 하고, 여기서는 모든 신호들이 시간의 연속함수인 연속시간(continuous-time) 제어시스템만을 다루기로 한다.

자동제어기기는 제어 대상 시스템인 플랜트를 실제로 구동할 수 있는 구동기, 플랜트에서 관심 있는 정보를 측정 및 변환할 수 있는 센서, 그리고 제어기의 역할을 하는 컴퓨터나 마이크로프로세서로 구분할 수 있다. 제어시스템은 주어진 플랜트에 구동기와 센서를 적절하게 선정하고 배치하여 제어기에 필요한 신호를 보내고, 제어기는 이를 기반으로 하여 제어시스템이 요구하는 성능과 강인성을 얻을 수 있는 신호를 생성하여 구동기를 작동하는 구조로 이루어져 있다. 제어시스템 설계는 이와 같이 자동제어기기의 선정 및 배치, 제어기를 설계하는 시스템 설계의 한 과정이다. 이상적으로는 제어엔지니어가 제어시스템 설계 이전 단계인 제어 대상 시스템 자체 설계에도 관심을 가져야 한다. 그렇지만 일반적으로 제어엔지니어들은 이미 설계된 시스템이 보다 좋은 성능과 강인성을 갖도록 제어시스템을 추가로 설계하는 일을 수행한다. 예를 들면 대부분의 항공기는 우선 제어시스템 없이도 하늘을 날 수 있도록 설계하고, 그다음에 항공기의 성능을 좀 더 개선하고 강인하게 하기 위해 제어시스템을 추가로 설계한다.

7.2.1 제어기

그림 7.2에는 일반적으로 사용되고 있는 제어기의 형태가 표시되어 있다. 각 제어기의 구조를 간략히 설명하면 다음과 같다.

- 시리즈(series) 제어: 그림 7.2(a)와 같이 플랜트와 제어기가 직렬 연결된 형태로 되어 있다.
- 피드백 제어: 그림 7.2(b)와 같이 제어기가 피드백 경로에 위치한다.
- 상태 피드백 제어: 그림 7.2(c)와 같이 플랜트의 전 상태변수들을 피드백하여 제어신호를 생성한다. 전 상태 피드백 제어의 문제는 특히 고차 시스템에서는 많은 센서가 필요하다는 것이다. 그래서 실제 상태 피드백 제어의 구현은 비용이 많이 들어 비실용적인 경우가 많다. 저차 시스템이라 할지라도, 모든 상태변수들을 측정할 수 없을 때도 있다. 이 경우에는 측정된 출력변수를 이용하여 상태변수들을 추정할 수 있는 관측기나 추정기의 설계가 필요하다.

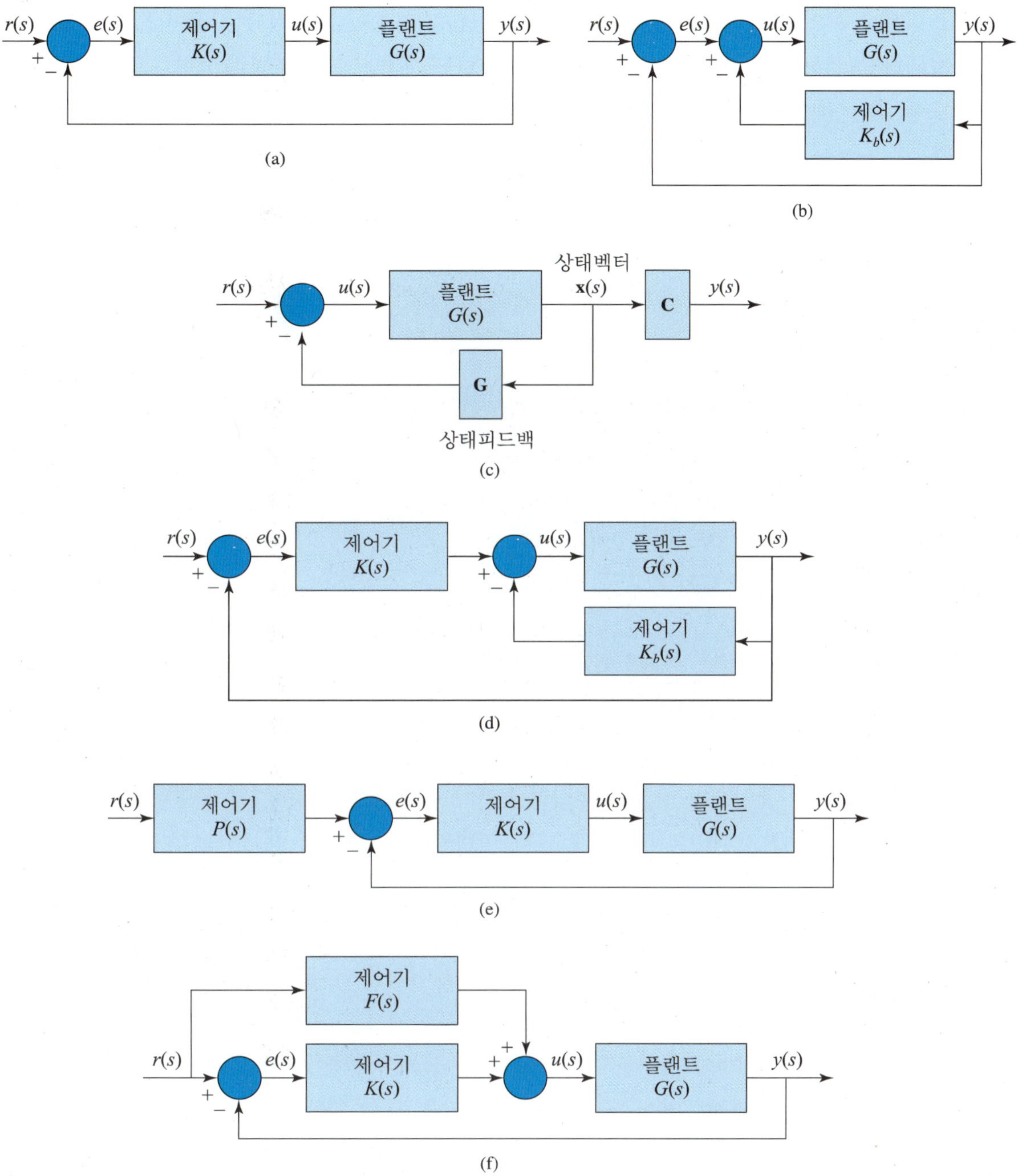

그림 7.2 다양한 제어기의 형태: (a) 시리즈 제어, (b) 피드백 제어, (c) 상태 피드백 제어, (d) 시리즈-피드백 제어, (e) 시리즈-포워드 제어, (f) 시리즈-피드포워드 제어

그림 7.2(a), (b), (c)에 표시된 제어기법들은, 제어기에 변동될 수 있는 파라미터가 한 개 이상 있다 할지라도, 모두 각 시스템에 오직 하나의 제어기가 있는 1 자유도를 갖는다.

1 자유도 제어기의 단점은 실현시킬 수 있는 성능 기준이 제한된다는 것이다. 그래서 이를 보완하기 위하여 2 자유도 제어기법을 수행하기도 한다. 그림 7.2(d), (e), (f)에는 2 자유도를 갖는 제어기법들의 구조가 표시되어 있다.

- 시리즈-피드백 제어: 그림 7.2(d)와 같이 시리즈 제어기 $K(s)$와 피드백 제어기 $K_b(s)$를 병행해서 사용하는 구조이다.
- 시리즈-포워드 제어: 그림 7.2(e)와 같이 포워드 제어기 또는 프리필터(prefilter) $P(s)$가 포워드 경로에 있으며 이 제어기가 제어기 $K(s)$가 있는 폐루프 시스템과 직렬로 연결된 구조이다.
- 시리즈-피드포워드 제어: 그림 7.2(f)와 같이 피드포워드 제어기 $F(s)$는 제어기 $K(s)$와 병렬로 위치하고 있다.

포워드 및 피드포워드 제어에서 중요한 것은 포워드 제어기 $P(s)$와 피드포워드 제어기 $F(s)$가 시스템의 루프 안에 있지 않으므로 원래 시스템의 극점에 영향을 주지 않는다는 것이다. 그래서 $P(s)$ 또는 $F(s)$의 극점 및 영점을 적절히 선정하여 폐루프 전달함수의 극점과 영점을 첨가하거나 상쇄시킬 수 있다.

제어기의 형태가 선정되면, 모든 설계사양들을 만족시킬 수 있는 제어기의 각 요소의 값을 적절히 선정해야 한다. 산업 현장에서는 가능한 한 모든 설계사양들을 만족시킬 수 있는 가장 간단한 제어기의 구조를 선정한다. 대부분의 경우, 제어기가 복잡해질수록 비용이 많이 들고, 신뢰도가 떨어지며, 설계도 더 어려워진다. 그래서 제어기 선정은 보통 설계자의 과거 경험과, 때로는 통찰력, 그리고 과학적 지식과 기술에 바탕을 두고 있다.

제어기가 선정되면, 다음에 수행할 일은 제어기 전달함수의 계수에 포함되어 있는 제어기 파라미터들을 선정하는 것이다. 기본적으로 제어기를 설계할 때 각 제어기 파라미터 값들이 설계사양에 어떤 영향을 주는지 알아보기 위하여 4, 5, 6장에서 설명된 제어시스템 해석도구들을 사용한다. 이 정보를 기반으로 모든 설계사양들이 충족되도록 제어기 파라미터들을 선정한다. 이 과정은 때로는 단순하지만, 많은 경우 제어기 파라미터들이 서로 상호작용을 하여 설계사양에 상충적으로 영향을 주므로 일반적으로 반복 설계를 수행해야 한다. 예를 들어 특정한 파라미터 값을 적절히 선정하여 허용되는 최대 오버슈트가 충족되도록 했다 할지라도 또 다른 파라미터 값을 선정하여 시스템의 응답속도를 충족시키려는 과정에서 최대 오버슈트가 영향을 받아 이 값이 만족되지 않는 값으로 변할 수도 있다. 분명한 것은 설계사양이 많고 제어기 파라미터가 많을수록 설계 과정이 점점 더 복잡해진다는 것이다.

다음과 같은 시간역, 복소수역, 주파수역 응답 특성이 제어시스템 설계를 위한 일반적인 지침으로 사용될 수 있다.

- 폐루프 전달함수의 음의 실수부를 갖는 복소 극점은 시스템을 경감쇠하도록 한다. 또한 모든 시스템 극점들이 음의 실수값을 갖는다면, 스텝응답이 과감쇠한다. 그렇지만 폐루프 전달함수의 영점, 특히 허수축 가까이 있는 영점은 시스템 극점이 과감쇠 특성을 가질지라도 오버슈트 또는 언더슈트를 야기할 수 있다.
- 시스템 응답은 대표극점의 영향을 지배적으로 받는다.
- 시스템의 대표극점이 허수축에서 멀리 떨어질수록 응답속도가 빨라지고 대역폭이 커진다. 따라서 이러한 경우에는 제어입력이 크게 필요하고 비용도 많이 든다.
- 전달함수의 안정한 극점과 영점이 거의 상쇄될 때, 이 극점과 관련된 응답 크기는 무시할 정도로 미미하다. 그러나 전달함수의 불안정한 극점과 영점이 상쇄된 경우에는, 실제 시스템은 모델링 오차로 인하여 불안정한 극점과 영점이 상쇄되지 않으므로 불안정하다. 그러므로 제어시스템 설계 시 불안정한 극점과 영점을 상쇄하는 기법은 절대 사용해서는 안 된다.
- 시간역, 복소수역, 주파수역 성능 사양들은 서로 상호관계를 갖는다. 예를 들면 시스템 응답속도를 나타내는 시간역 사양인 시정수 T, 복소수역 사양인 대표극점이 허수축으로부터 떨어진 거리 σ, 그리고 주파수역 사양인 대역폭 ω_b 사이에는 다음과 같은 관계식이 성립한다.

$$T = 1/\sigma \simeq 1/\omega_b \tag{7.1}$$

식 (7.1)에서 알 수 있듯이 시스템의 시정수 T가 작으면, 시스템의 대표극점이 허수축으로부터 떨어진 거리 σ와 시스템의 대역폭 ω_b는 크다.

7.2.2 구동기

제어 대상 시스템인 플랜트가 바람직한 목표를 수행하기 위해서는 일반적으로 파워(또는 에너지)가 공급되어야 한다. 제어기로부터 정보를 받아 플랜트에 적절한 파워를 공급하는 부품을 구동기라고 한다. 구동기는 주로 전기, 유압, 공기압 등을 이용한 파워로 작동되며, 각 구동기의 특성이 표 7.1에 요약되어 있다. 구동기는 일반적으로 플랜트의 작동 부하, 응답성, 가격, 제어력, 고유주파수, 제어정밀도 등을 종합적으로 고려하여 선정해야 한다.

유압 구동기는 유압을 구동 에너지로 하는 구동기이다. 공기압과는 달리 작동유가 비압

표 7.1 유압, 공기압 및 전기 구동기의 특성

특성	유압 구동기	공기압 구동기	전기 구동기
작동 부하	대	중	소
응답성	양호	불량	양호
가격	고가	저가	비교적 저가
제어력	수천 마력	수십 마력	50마력 이하
고유주파수	10~1000 Hz	1~10 Hz	10~100 Hz
제어정밀도	양호	불량	양호

축성이고 고압유가 사용되므로, 소형 구동기라도 출력이 크고 응답속도가 비교적 빠르다. 반면에 유압소스와 배관이 필요하며, 가격이 비싸다는 단점이 있다.

공기압 구동기는 공기압을 구동 에너지로 하는 구동기이다. 공기의 압축성으로 인해 압력 전송에 시간지연이 발생하여 응답성이 떨어지므로 정밀하게 제어하는 데는 부적합하다. 그러나 공기압 구동기는 구조가 간단하고 취급하기 쉬우며 가격이 저렴하다는 장점이 있기 때문에 온-오프 제어를 이용한 간이 자동화에 많이 사용되고 있다. 또한 공기의 압축성을 이용해서 대상물을 유연하게 다루기 위한 구동기로도 사용되고 있다.

전기 구동기는 전기를 구동 에너지로 한다. 유압 및 공기압의 문제점들을 해결할 수 있고 쉽고 간편하게 구동 에너지를 얻을 수 있기 때문에 제어시스템을 위한 구동기로 많이 사용하고 있다. 제어시스템의 구동기로 사용하는 전기 구동기는 전기 에너지를 기계 에너지로 변환하는 스테핑 모터, DC 서보모터, 동기형 AC 서보모터, 유도형 AC 서보모터로 분류되며, 각각에 대한 특성이 표 7.2에 요약되어 있다.

표 7.2 모터의 특성

특성	스테핑 모터	DC 서보모터	동기형 AC 서보모터	유도형 AC 서보모터
구조	복잡	복잡	간단	간단
브러시	없음	있음	없음	없음
제어성	간단	간단	조금 복잡	복잡
출력	소출력	소~대출력 (고속 대출력 불가능)	소~대출력	중~대출력
회전 속도	저속	비교적 고속	고속	고속
보수성	양호	불량	양호	양호

스테핑 모터는 입력펄스에 의해 디지털로 제어된다. 스테핑 모터에 의한 제어시스템은 피드백 루프가 없으므로 구조가 간단하다는 장점이 있지만, 개루프 제어이므로 외란에 의해 정밀도가 떨어진다. 그리고 스테핑 모터는 고속에서 토크가 작아지고 탈조하기 쉬운 문제점이 있다. 고속응답이 필요한 경우에는 인코더를 이용한 피드백 루프를 첨가하여 탈조를 방지한다.

직류(DC: direct current) 서보모터는 위치 및 속도 센서에 의한 피드백 루프를 포함하고 있으며, 고속응답성, 고정도, 고효율, 양호한 제어성이 있으므로 제어시스템을 위한 구동기로 널리 이용되고 있다. 그러나 일반적으로 브러시와 정류자(commutator)가 필요하기 때문에 정기적으로 보수 점검을 해야 하고, 또 전기자 코일에서 발생하는 열을 제거하기 위한 냉각장치도 필요하다는 단점이 있다. 최근에는 전력전자공학의 발달로 이와 같은 문제점을 보완할 수 있게 되어, 고성능 제어시스템에서는 브러시 없는 DC 모터를 사용할 수 있게 되었다.

교류(AC: alternating current) 서보모터는 비선형 특성으로 제어 방법이 복잡하다는 단점이 있지만, 구조가 간단하고 브러시나 정류자 등의 기계적 소모부품이 필요 없고 고속회전, 대형 부하가 필요한 시스템에 유리하고 소형 경량화할 수 있다는 장점이 있다. 최근 전자기술의 발달로 복잡한 제어도 쉽게 실현할 수 있게 되어 AC 서보모터는 산업 현장에서 점점 많이 사용되고 있다. AC 서보모터는 동기형(synchronous type)과 유도형(induction type)으로 분류된다. 두 형태 모두 회전자계를 통해 토크를 얻는 점은 같다. 그러나 유도형은 전자유도 작용으로 회전자에 전류를 흘리고 그로 인해 토크를 발생시키지만, 동기형은 회전자 자체가 영구자석이고 양 자석 간의 흡인력에 의해 회전한다는 점이 다르다.

7.2.3 센서

센서는 대상물의 상태나 대상물을 둘러싼 주변의 상태에 대한 정보(물리적인 양 또는 화학적인 양)를 계측 및 변환하는 부품이다. 측정 대상은 구체적으로 길이, 위치, 속도, 가속도, 힘, 온도, 습도, 압력, 전기, 자기, 물질의 성분 및 구조 등이다. 이러한 계측 및 변환 과정에서는 여러 가지 물리·화학적 법칙이 이용될 수 있기 때문에 같은 계측 대상에 대해서도 여러 가지 계측 방법이나 센서가 사용될 수 있다. 그리고 이와 같이 계측된 여러 가지의 신호들은 특히 제어시스템에서는 제어기의 입력으로 주어지므로 보통 마이크로프로세서로 된 제어기에서 다루기 가장 편리한 신호인 전압 또는 전류와 같은 전기량으로 변환되어야 한다. 출력이 전압 또는 전류 등의 전기량으로 변환되는 센서는 쉽게 이용될 수 있지만,

기계량, 열유체량, 광량 또는 주파수 등으로 변환되는 경우에는 적절한 회로를 추가하여 이에 대응하는 전기량으로 재변환할 필요가 있다.

일반적으로 자동제어기기에서 사용되는 센서들은 다음과 같은 특성을 갖는 것이 바람직하다.

- 감도, 정도, 선형성, 응답성이 좋아야 한다.
- 드리프트(drift)가 작고, 안전성과 신뢰성이 좋아야 한다.
- 플랜트의 특성이나 외부 환경의 영향을 작게 받아야 한다.
- 조작하기 간편하고 보수성이 좋아야 한다.
- 내구성이 좋고 가격이 저렴해야 한다.

이와 같은 특성을 만족시킬 수 있는 센서를 선정하여 바람직한 제어시스템을 구성하는 것도 중요하지만, 한편 센서에 덧붙여 사용하는 하드웨어나 소프트웨어 측면에서의 보강도 효과적이다. 예를 들면 감도가 부족한 경우에는 증폭기를 첨가하고, 다른 신호의 영향을 감소시키기 위해서는 여러 가지 하드웨어나 소프트웨어적인 처리가 필요하다. 이와 같이 신호처리를 위한 소프트웨어를 개발해서 하드웨어의 문제점들을 보강할 수 있으므로 신호처리의 중요성도 점점 커지고 있다.

센서는 입출력 신호의 변환 원리, 기능, 사용 방법, 용도 등에 따라 여러 가지 형태로 분류될 수 있다. 여기서는 자동제어기기에서 가장 흔히 사용되고 있는 대표적인 센서인 회전 기계시스템의 각변위 θ와 각속도 ω를 각각 측정할 수 있는 퍼텐쇼미터(potentiometer), 태코미터(tachometer), 인코더(encoder)에 대해서만 간략히 설명하기로 한다.

(1) 퍼텐쇼미터

퍼텐쇼미터는 병진 또는 회전 형태의 기계적 변위를 전압으로 나타내는 센서이다. 한 전압이 퍼텐쇼미터의 고정된 단자 양 끝에 인가되었을 때 가변하는 단자와 접지 양 끝에서 측정된 출력전압이 입력변위에 비례한다. 퍼텐쇼미터는 보통 선권선(wire wound)이나 도전성 플라스틱 저항재료로 만든다. 정밀한 제어를 위해서는 일반적으로 도전성 플라스틱 퍼텐쇼미터가 사용되고 있다. 왜냐하면 이 퍼텐쇼미터는 무한의 분해, 긴 회전 수명, 양호한 출력의 매끄러움, 작은 정적 잡음이 특징이기 때문이다.

그림 7.3은 퍼텐쇼미터에 대한 등가회로이다. 가변 단자와 기준 양단 전압은 퍼텐쇼미터의 축변위에 비례하기 때문에, 한 전압이 고정단자 양 끝에 가해졌을 때, 이 센서는 어떤 시스템의 절대위치 또는 두 기계적 출력의 상대위치를 나타내는 데 사용된다. 그림 7.3(a)

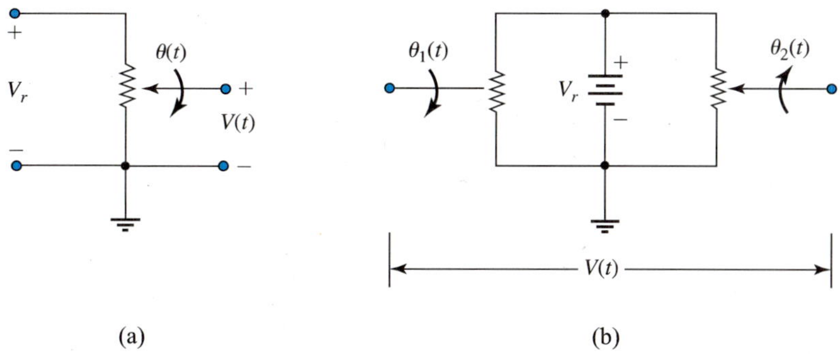

그림 7.3 퍼텐쇼미터의 회로도

는 퍼텐쇼미터의 틀이 기준점에 고정된 경우를 나타낸다. 회전 운동의 경우 출력전압 $V(t)$는 축의 각변위 $\theta(t)$에 비례한다.

$$V(t) = K\theta(t) \tag{7.2}$$

여기서 K는 비례상수로서, N 회전 퍼텐쇼미터에 대하여 가변 암(arm)의 전체 각변위는 $2\pi N$ 라디안이다. 따라서 비례상수 K는 다음과 같이 주어진다.

$$K = \frac{V_r}{2\pi N}\ \mathrm{V/rad} \tag{7.3}$$

여기서 V_r는 고정단자에 인가된 기준전압의 크기이다. 그리고 그림 7.3(b)에 표시된, 병렬로 연결된 두 퍼텐쇼미터를 사용하면 두 개의 먼 거리에 위치한 축의 각변위를 비교할 수 있다. 출력전압 $V(t)$는 두 퍼텐쇼미터의 가변단자 양 끝에서 취해진다.

$$V(t) = K\{\theta_1(t) - \theta_2(t)\} \tag{7.4}$$

(2) 태코미터

태코미터는 기계 에너지를 전기 에너지로 변환하는 장치이다. 제어시스템에서 주로 사용되는 태코미터는 그림 7.4에 표시된 직류 태코미터이다. 태코미터는 직류신호를 감지하며, 축의 각속도를 측정하여 시스템의 속도 제어나 안정화를 위한 속도 피드백을 제공하는 데 이용된다. 태코미터는 본질적으로 소형 발전기로서 다음과 같이 출력전압이 각속도 $\omega(t)$에 비례한다.

$$V(t) = K_t\omega(t) \tag{7.5}$$

여기서 $V(t)$는 출력전압, $\omega(t)$는 회전자의 각속도, K_t는 태코미터상수이다. K_t의 값은 보

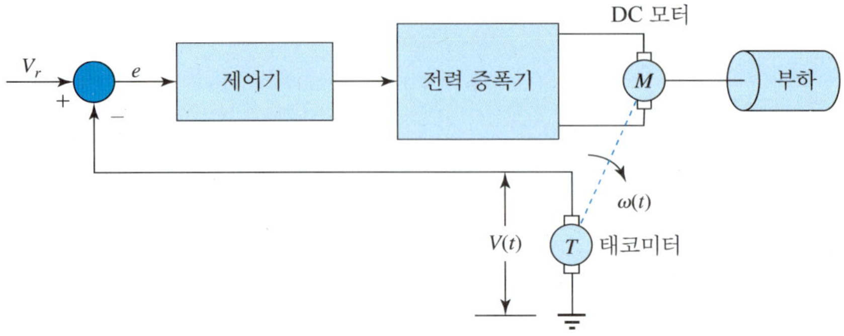

그림 7.4 태코미터를 이용한 속도 피드백 제어시스템

통 1000 rpm당 전압(V/krpm) 단위로 주어진다.

(3) 인코더

인코더는 절대형 인코더와 증분형 인코더로 구분한다. 절대형 인코더는 각각의 특정한 최소의 중요한 분해증분을 나타내는, 구별될 수 있는 디지털 코드를 출력으로 만들어준다. 반면에 증분형 인코더는 분해의 각 증분에 대하여 펄스를 만들어주지만, 증분들 사이의 차이를 구분하지는 못한다. 실제로, 인코더 형태의 선정은 경제성과 제어 목적에 따라 결정된다. 일반적으로 제어시스템에서는 선형 또는 회전 변위를 디지털로 코드화하거나 펄스 신호로 변환하는 데 증분형 인코더를 자주 사용한다. 증분형 인코더는 구조가 간단하고, 가격이 싸고, 적용하기가 쉽기 때문이다.

그림 7.5에 있는 전형적인 증분형 로터리인코더는 그림 7.6에 표시된 바와 같이 광소스, 회전디스크, 정지마스크, 광센서로 구성되어 있다. 디스크는 투명한 부분과 불투명한 부분이 교대로 나타난다. 이들 부분의 임의의 쌍이 증분 주기를 나타낸다. 마스크는 광소스와

그림 7.5 증분형 로터리인코더

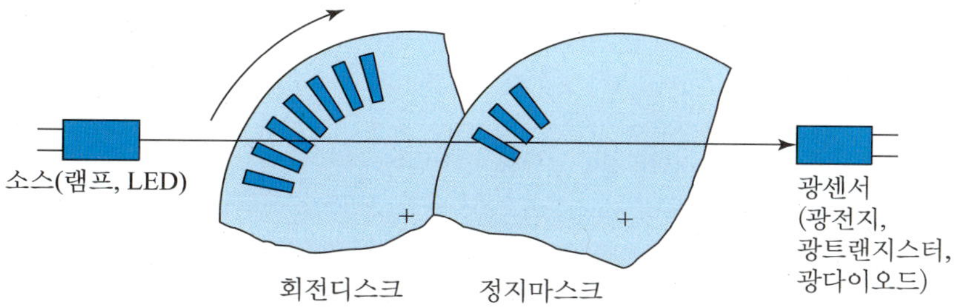

그림 7.6 전형적인 증분형 인코더의 구성 요소

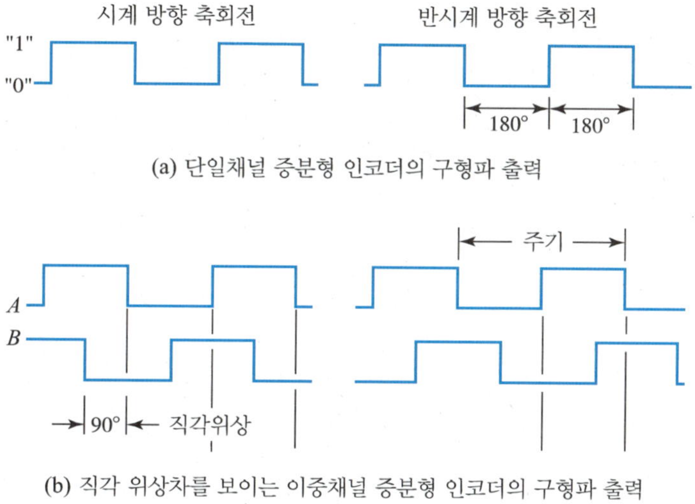

그림 7.7 단일채널 및 이중채널 증분형 인코더의 구형파 출력 신호

마스크 뒤에 위치한 광센서 사이의 빛 속을 통과시키거나 차단하는 데 사용된다. 센서로부터 감지된 출력의 파형은 일반적으로 요구되는 분해도에 따라 삼각파 또는 사인파이다. 이 신호는 비교기에 뒤따르는 선형증폭기를 사용함으로써 구형파(square-wave) 신호로 만들어진다. 그림 7.7(a)는 단일채널 증분형 인코더의 전형적인 구형파 출력파형을 나타낸다. 이 경우 펄스는 축회전의 양쪽 방향으로 만들어진다. 두 세트의 출력 펄스를 가지는 이중채널 증분형 인코더는 방향 감지와 다른 제어 기능을 위해 필요하다. 두 출력펄스열의 위상이 전기적으로 90° 떨어질 때 그 두 신호는 그림 7.7(b)에 나타낸 것과 같이 직각위상차를 보인다. 그 신호는 인코더 디스크의 회전 방향에 대하여 0 대 1 및 1 대 0 로직 전이(logic transition)로 유일하게 정의한다. 그래서 방향송출 로직회로는 그 신호의 분해를 위하여 구성될 수 있다. 그림 7.8은 단일채널 인코더의 전형적인 사인파 출력과 직각위상차를 보이는 전형적인 이중채널 인코더의 신호를 나타낸다. 증분형 인코더에 출력되는 사인파

(a) 단일채널 증분형 인코더의 사인파 출력

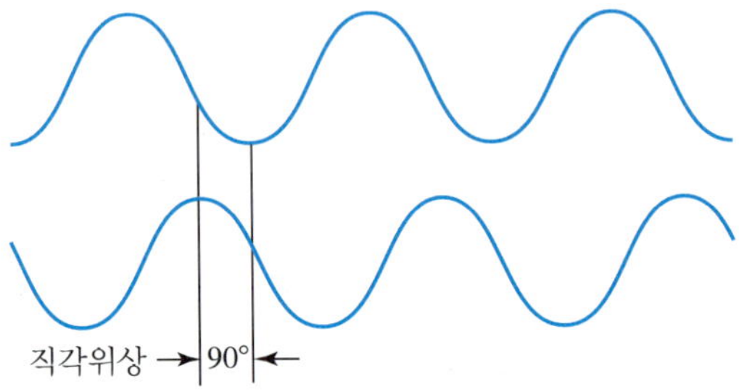

(b) 직각 위상차를 보이는 이중채널 증분형 인코더의 사인파 출력

그림 7.8 단일채널 및 이중채널 증분형 인코더의 사인파 출력 신호

신호는 피드백 제어시스템에서 정밀 위치 제어에 사용될 수 있다. 예제 7.1은 증분형 인코더가 제어시스템에서 어떻게 응용되는지를 보여준다.

예제 7.1 인코더 디스크가 회전함에 따라 직교하는 두 사인파 신호를 발생하는 증분형 인코더를 생각하기로 한다. 한 사이클에 걸친 두 채널의 출력신호는 그림 7.9에 나타나 있다. 두 인코더 신호는 사이클당 네 개의 영(zero)교차를 발생시킨다. 이들 영교차는 위치 지시, 위치 제어, 제어시스템에서의 속도 측정에 사용될 수 있다. 인코더 축은 모터 회전자 축에 직결되어 있고, 모터의 회전자 축은 워드프로세서의 인쇄 휠을 구동한다고 가정한다. 인쇄 휠은 그 둘레에 96개의 문자 위치를 그리고 인코더는 480개의 사이클을 가진다. 즉 회전당 $480 \times 4 = 1920$개의 영교차점이 있다. 96개의 인쇄 휠에 대하여 문자

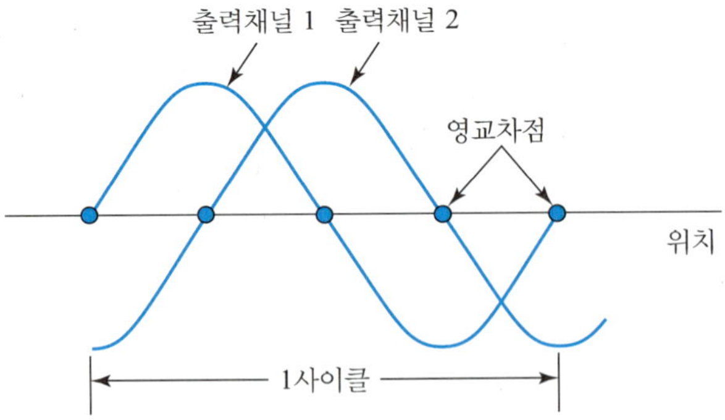

그림 7.9 이중채널 증분형 인코더 출력신호의 한 사이클

당 1920/96 = 20개의 영교차점이 대응한다. 즉 두 개의 인접한 문자 사이에 20개의 영교차점이 있다.

인쇄 휠의 속도를 측정하는 한 가지 방법은 인코더 출력의 연속적인 영교차점 사이에 생기는, 전자시계가 발생시키는 펄스의 수를 계수하는 것이다. 500 kHz 시계가 사용된다고 가정한다. 즉 이 시계는 500,000펄스/초를 발생시킨다. 만일 500개의 시계펄스가 영교차점에서 다음 교차점까지 회전하는 동안 계수기가 500개의 시계펄스를 계수한다면 그 축속도는 다음과 같이 계산된다.

$$\frac{500{,}000\,\text{펄스/초}}{500\,\text{펄스/영교차점}} = 1000\,\text{영교차점/초}$$

$$= \frac{1000\,\text{영교차점/초}}{1920\,\text{영교차점/회전}} = 0.52083\,\text{회전/초}$$

$$= 31.25\ \text{rpm}$$

이와 같이 인코더는 인쇄 휠의 정밀 위치 제어를 위해 사용될 수 있다. 그림 7.9에서 파형의 영교차점 A가 인쇄 휠 위의 한 문자 위치에 일치한다고 하면(다음 문자 위치는 20개 영교차점을 지난 다음에 있다.), 이 점은 안정한 평형점이 된다. 우선 시스템을 대강 위치 제어하기 위하여 인쇄 휠의 위치를 위치 A의 어느 한 측에 있는 한 영교차점 내의 위치로 구동시켜야 한다. 그런 다음, 위치 A에서 사인파의 기울기를 이용하여 그 제어시스템의 오차가 빠르게 영이 되도록 해야 한다. ■

7.3 비례-적분-미분 제어기

비례-적분-미분(PID: proportional-integral-differential) 제어기는 특히 산업 현장에서 많이 사용되고 있는 대표적인 제어기로서 제어기 전달함수 $K(s)$의 형태는 다음과 같다.

$$K(s) = K_p + \frac{K_i}{s} + K_d\, s \tag{7.6}$$

또는

$$K(s) = K_p\left(1 + \frac{1}{T_i s} + T_d\, s\right) \tag{7.7}$$

여기서 K_p는 비례제어게인, K_i는 적분제어게인, K_d는 미분제어게인이다. 또한 T_i는 적분

시간 또는 리셋시간, 리셋시간의 역수 $1/T_i$은 리셋률, T_d는 미분시간이다. 제어기 $K(s)$의 구조는 일반적으로 요구되는 시스템의 성능과 안정도에 따라 비례(P) 제어기, 비례-적분(PI) 제어기, 비례-미분(PD) 제어기, 비례-적분-미분(PID) 제어기의 형태를 갖는다. 우선 적분 및 미분 제어요소가 시스템 성능 및 안정도에 어떤 영향을 미치는지 알아보기로 한다.

(1) 적분 제어요소

적분요소가 없는 플랜트에 단순한 비례 제어기를 사용한다면 일정한 입력에 대하여 정상상태오차가 발생한다. 이러한 정상상태오차는 제어기에 적분 제어요소를 포함시킴으로써 제거할 수 있다. 플랜트 자체가 적분요소를 포함하고 있는 경우에는 일정한 기준입력에 대해서는 정상상태오차가 발생하지 않지만, 일정한 외란에 대해서는 정상상태오차가 발생한다. 이 경우에도 제어기에 적분 제어요소를 포함시킴으로써 정상상태오차를 제거할 수 있다.

이것을 정량적으로 설명하기 위하여 그림 7.10과 같은 적분요소($1/s$)를 포함한 플랜트에 대한 비례 제어시스템에 대하여 생각하기로 한다. 비례 제어시스템[$K(s)=K_p$]의 경우, 오차 $e(s)$는 다음과 같이 표현된다.

$$e(s) = \frac{1}{1+G(s)K(s)}r(s) - \frac{G(s)}{1+G(s)K(s)}d(s) \tag{7.8}$$
$$= \frac{s^2+s}{s^2+s+K_p}r(s) - \frac{1}{s^2+s+K_p}d(s)$$

여기서 $r(s)$는 기준입력이고 $d(s)$는 외란이다.

만일 $r(s)$와 $d(s)$가 각각 크기가 R와 D인 스텝입력, 즉 $r(s)=R/s$, $d(s)=D/s$이고 시스템이 안정하다면, 이때 정상상태오차 e_{ss}는 최종값 정리를 이용하여 다음과 같이 계산된다.

$$e_{ss} = \lim_{s\to 0} s\,e(s) = -\frac{D}{K_p} \tag{7.9}$$

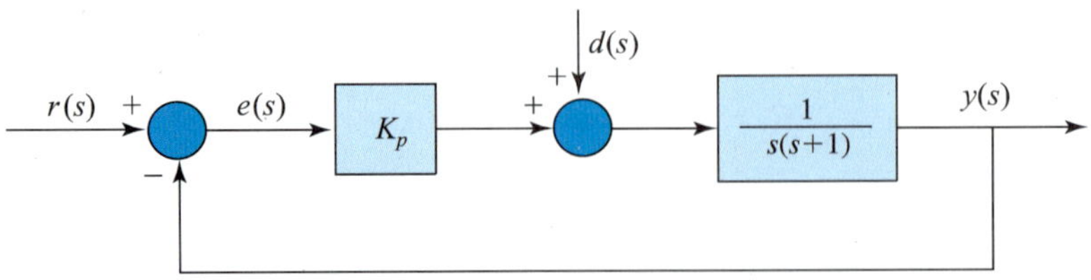

그림 7.10 외란이 존재하는 비례 제어시스템

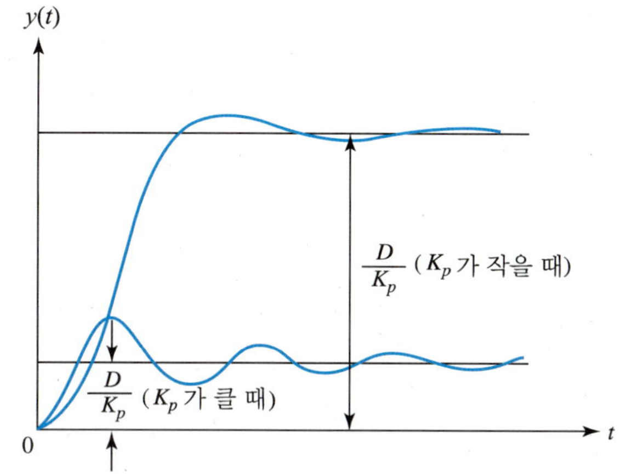

그림 7.11 그림 7.10에 표시된 비례 제어시스템에 스텝외란을 가했을 때의 출력응답

이와 같이 플랜트에 적분요소$(1/s)$가 존재하더라도 비례 제어시스템은 스텝외란의 크기 D에 비례하고 비례제어게인 K_p에 반비례하는 정상상태오차가 발생하게 된다.

만일 외란이 존재하지 않는다면 일정한 기준입력에 대하여 비례 제어시스템은 정상상태오차가 발생하지 않으며, 외란이 존재하더라도 비례제어게인 K_p를 증가시키면 정상상태오차를 줄일 수 있다. 그렇지만 비례제어게인 K_p를 증가시키면 큰 제어량이 요구될 뿐 아니라 시스템에 심한 진동을 가져올 수도 있다. 그림 7.11은 그림 7.10에 표시된 비례 제어시스템에 스텝외란을 가했을 때의 출력응답을 나타내고 있다.

외란의 크기가 무시할 정도이고 플랜트에 적분요소가 존재한다면 간단한 비례 제어기만으로도 만족스러운 정상상태응답을 갖는 제어시스템을 설계할 수 있지만, 외란의 영향이 큰 경우에는 비례 제어기만으로 만족스러운 성능을 얻을 수 없음을 알 수 있다.

이제 일정한 기준입력 및 외란입력에 대한 정상상태오차를 제거할 수 있는 비례-적분(PI) 제어기에 대하여 설명하기로 한다. PI 제어기 $K(s)$의 형태는 다음과 같다.

$$K(s) = K_p\left(1 + \frac{1}{T_i s}\right) \tag{7.10}$$

이와 같은 PI 제어시스템의 경우에는 오차 $e(s)$가 다음과 같이 표현된다.

$$\begin{aligned} e(s) &= \frac{1}{1+G(s)K(s)}r(s) - \frac{G(s)}{1+G(s)K(s)}d(s) \\ &= \frac{s^3+s^2}{s^3+s^2+K_p s+K_p/T_i}r(s) - \frac{s}{s^3+s^2+K_p s+K_p/T_i}d(s) \end{aligned} \tag{7.11}$$

이 PI 제어시스템이 안정하다면, 즉 특성방정식

$$s^3 + s^2 + K_p s + K_p / T_i = 0 \tag{7.12}$$

의 모든 근이 음의 실수부를 갖는다면, 이때 스텝입력[$r(s) = R/s$, $d(s) = D/s$]에 대한 정상상태오차 e_{ss}는 0이 된다.

$$e_{ss} = \lim_{s \to 0} s\, e(s) = 0 \tag{7.13}$$

그러므로 PI 제어기를 사용하면 어떠한 일정한 기준입력 및 외란입력에 대하여 정상상태오차가 발생하지 않는다는 것을 알 수 있다.

그렇지만 PI 제어기는 절점주파수 $\omega = 1/T_i$보다 작은 주파수에서는 위상이 지연되는 대가를 치러야 하므로, $1/T_i$을 보통 교차주파수보다 작은 주파수에 위치하도록 하여 시스템의 위상여유에 큰 영향을 주지 않도록 해야 한다. 또한 적분 제어요소를 첨가함으로써 2차 제어시스템이 3차 제어시스템으로 차수가 하나 증가하게 되어 비례제어게인 K_p 값이 커지면 시스템이 불안정하게 될 수도 있다. 그리고 2차의 안정한 플랜트에 대한 비례 제어시스템의 경우에도 공칭안정도만 고려한다면 비례제어게인의 크기에 관계없이 항상 안정하다고 말할 수 있지만, 실제 게인이 큰 비례 제어시스템은 모델링 오차에 의하여 불안정해질 수도 있다는 것에 유의해야 한다.

이제 적분 제어요소만을 갖고 있는 적분 제어기에 대하여 생각하기로 한다. 적분 제어기 $K(s)$는 다음과 같은 형태이다.

$$K(s) = \frac{K_i}{s} \tag{7.14}$$

이 적분 제어시스템의 안정도를 조사하기 위하여 우선 폐루프 시스템의 특성방정식을 구한다.

$$s^3 + s^2 + K_i = 0 \tag{7.15}$$

식 (7.15)의 특성방정식에 대하여 Routh 안정도 판별법을 적용해보면 이 플랜트에 대한 적분 제어시스템은 어떠한 적분제어게인 $K_i (> 0)$에 대해서도 불안정하다는 것을 알 수 있다.

이와 같이 일반적으로 적분 제어요소는 일정한 입력에 대하여 정상상태오차가 발생하지 않도록 하는 효과가 있지만 시스템의 안정도를 저하시키는 경향이 있다. 그러므로 제어기에 적분 제어요소만을 사용하는 경우는 극히 드물고, 제어시스템을 안정하게 하며 일정한 입력에 대하여 정상상태오차가 발생하지 않도록 할 수 있는 비례-적분 제어기를 주로 사용하고 있다.

(2) 미분 제어요소

미분 제어요소는 오차신호의 변화율을 가지고 제어하므로 오차신호의 크기가 커지기 전에 제어할 수 있다는 장점이 있다. 그러므로 미분 제어는 초기에 큰 제어량이 필요하나, 시스템의 안정도를 향상시키는 경향이 있다. 또한 미분 제어는 정상상태오차에 직접적으로 영향을 주지는 못하지만 이것은 시스템에 감쇠 효과를 주기 때문에 시스템 게인을 증가시킬 수 있다. 그 결과로서 미분 제어요소는 간접적으로 정상상태오차를 줄일 수 있는 효과도 있다. 그러나 미분 제어요소는 오차신호 자체에 대하여 동작하는 것이 아니라 오차신호의 변화율에 대하여 동작하므로 미분 제어요소만 홀로 사용할 수 없다는 것에 유의해야 한다. 이것은 항상 비례 제어요소 또는 비례-적분 제어요소와 결합하여 사용해야 한다.

이제 이중 적분요소를 갖는 플랜트 $G(s)(=1/s^2)$에 대하여 미분 제어 효과를 알아보기로 한다. 우선 그림 7.12와 같은 비례 제어시스템에 대하여 생각하기로 한다. 이 비례 제어시스템의 폐루프 전달함수 $T(s)$는 다음과 같다.

$$T(s)=\frac{y(s)}{r(s)}=\frac{K_p}{s^2+K_p} \tag{7.16}$$

그러므로 이 시스템의 특성방정식$(s^2+K_p=0)$은 허근을 갖는다. 따라서 이와 같은 비례 제어시스템은 스텝입력에 대하여 그림 7.12와 같이 무한히 진동하는 응답을 보이므로 바람직하지 못하다. 이러한 경우 제어기에 미분 제어요소를 첨가함으로써 시스템을 안정하게 할 수 있다.

이제 미분 제어요소를 포함한 비례-미분(PD) 제어기에 대하여 생각하기로 한다. 그림 7.13의 PD 제어시스템에서는 제어기 전달함수 $K(s)=K_p(1+T_d s)$로 표시된다. 그리고 PD 제어시스템의 폐루프 전달함수 $T(s)$는 다음과 같다.

$$T(s)=\frac{y(s)}{r(s)}=\frac{K_p(1+T_d s)}{s^2+K_p T_d s+K_p} \tag{7.17}$$

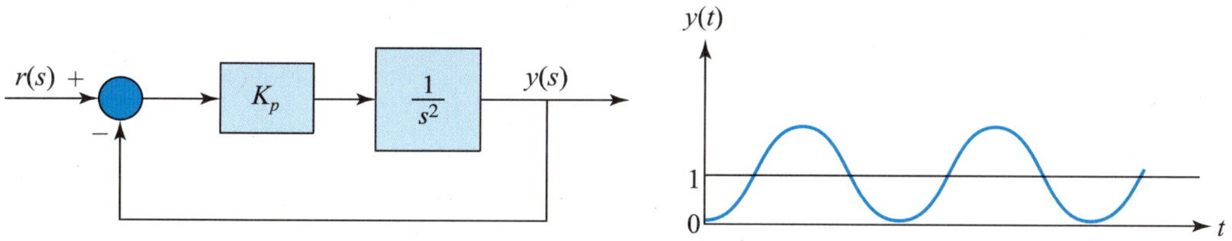

그림 7.12 플랜트 $G(s)=1/s^2$에 대한 비례 제어시스템과 단위스텝응답

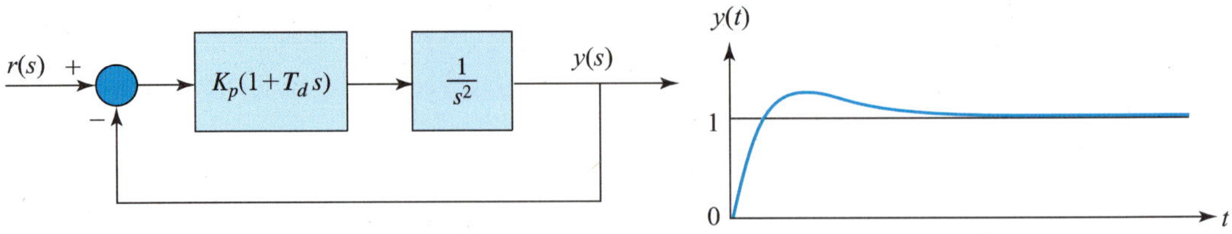

그림 7.13 플랜트 $G(s)=1/s^2$에 대한 비례-미분 제어시스템과 단위스텝응답

이 PD 제어시스템에 대한 특성방정식은 다음과 같다.

$$s^2+K_pT_ds+K_p=0 \tag{7.18}$$

따라서 제어기 파라미터 K_p와 T_d가 양(+)의 값을 가지면, 특성방정식 (7.18)의 근이 음의 실수부를 갖게 되고 감쇠비도 변화시킬 수 있다. 그러므로 미분 제어요소를 사용하면 시스템을 안정시킬 수 있을 뿐만 아니라 시스템에 감쇠 효과도 줄 수 있다. 이러한 PD 제어시스템의 특성이 그림 7.13에 표시된 단위스텝응답에 잘 나타나 있다.

그렇지만 그림 7.13에 표시된 PD 제어시스템의 경우에는 기준입력이 스텝입력과 같이 급격히 변할 때 초기에 큰 펄스가 제어신호에 가해져 응답속도는 빠르게 되지만 오버슈트가 크게 발생할 수 있다. 이 문제점을 해결하기 위해서는 미분 제어요소를 그림 7.14와 같이 피드백 경로에 삽입하여, 기준입력은 미분되지 않고 출력만 미분되도록 한다. 그림 7.13에 있는 오차신호를 미분 제어하는 경우와 그림 7.14에 있는 출력신호를 미분 제어하는 경우를 비교하기로 한다. 두 경우 모두 폐루프 특성방정식이 식 (7.18)로 표현되므로 시스템의 극점들은 같다. 그러나 미분 제어 요소가 피드백 경로에 있는 그림 7.14의 경우는 유한 영점이 없는 단순 2차 시스템이고, 미분 제어 요소가 피드포워드 경로에 있는 그림 7.13의 경우는 $-1/T_d$에 영점이 존재한다. 따라서 그림 4.11에서 설명했듯이 영점의 위치, 다시 말하면 T_d 값에 따라 오버슈트가 크게 발생할 수도 있다. 그림 7.15는 제어기 파라미터 $K_p=2$, $T_d=1$일 때 두 제어시스템의 단위스텝응답을 비교한 것이다. 이 그림에서 알 수

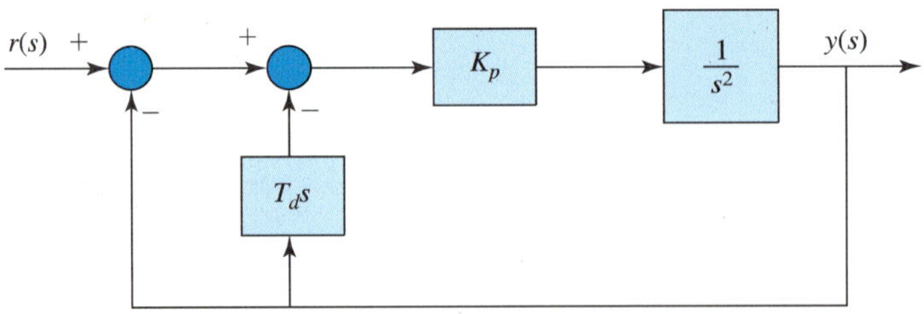

그림 7.14 플랜트 $G(s)=1/s^2$에 대한 수정된 비례-미분 제어시스템

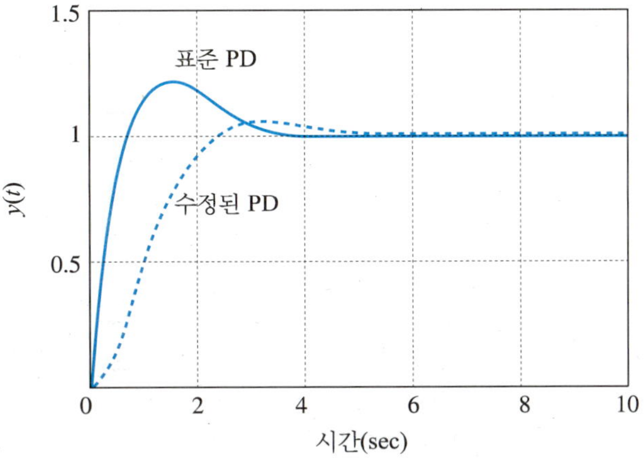

그림 7.15 표준 및 수정된 비례-미분 제어시스템의 단위스텝응답(표준 —, 수정된 ---)

있듯이 두 제어시스템의 극점이 같으므로 정착시간은 대략적으로 같다. 그렇지만 오차신호가 미분되는 경우는 출력만 미분되는 경우에 비해 초기의 과도한 제어입력으로 인해 상승시간은 짧게 되나 오버슈트가 5배 정도 증가한다. 따라서 기준입력이 스텝입력과 같이 급격히 변하는 경우에는 출력신호만 미분되도록 하는 제어 구조가 바람직하다.

이제 간단한 실험을 통해 비례-적분-미분 제어기를 설계할 수 있는 Ziegler-Nichols 조정(tuning)에 대하여 설명하기로 한다. Ziegler-Nichols 조정 방법[29, 88]에는 25 % 감소비(decay ratio)를 근거로 하여 제어기 파라미터들을 선정하는 방법과 안정한계(marginally stable) 상태에서 측정한 비례제어게인과 진동 주기를 이용하여 제어기 파라미터들을 선정하는 방법이 있다.

Ziegler와 Nichols는 대부분의 공정 제어시스템의 스텝응답이 그림 7.16에 표시된 바와 같이 일반적으로 S 형태의 곡선으로 나타난다는 것을 알아내었다. 공정 반응곡선(process

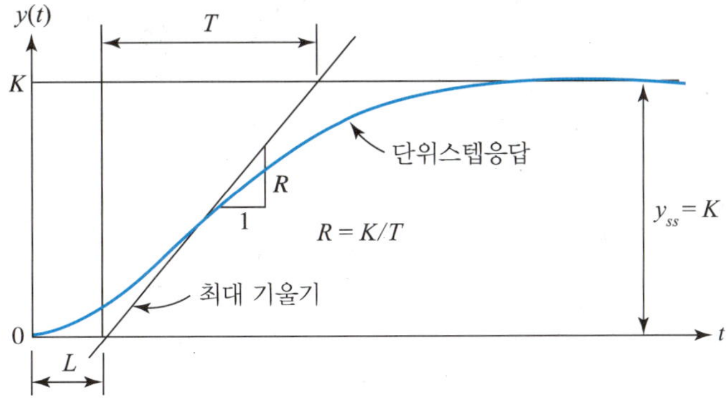

그림 7.16 전형적인 공정 시스템의 단위스텝응답

reaction curve)이라고 불리는 S 형태의 곡선은 플랜트에 대한 실험이나 플랜트의 동적 시뮬레이션을 통해 얻을 수 있다. 그리고 대부분의 공정 시스템의 입출력 거동을 나타내는 전달함수 $G(s)$는 다음과 같이 수송지연(transportation lag) T_D를 포함하는 단순 1차 시스템으로 근사화할 수 있다.

$$G(s) = \frac{y(s)}{u(s)} = \frac{Ke^{-T_D s}}{1 + Ts} \tag{7.19}$$

여기서 T는 시정수이고 K는 시스템 게인이다.

식 (7.19)에 포함되어 있는 시스템 파라미터 T와 K는 일반적으로 공정 시스템의 단위 스텝응답으로부터 구할 수 있다. 공정 반응곡선의 변곡점에서 접선을 긋는다면, 이 접선의 기울기는 근사적으로 K/T가 되며, 접선이 시간 축과 만나는 교점 L은 시간지연 T_D와 같다. 실제 플랜트의 출력이 이 전형적인 모델과 잘 일치하지 않는 응답을 보이면, 다른 극점이나 영점을 첨가해 모델을 수정해도 좋다. 그렇지만 일반적으로 식 (7.19)의 모델식은 공정 시스템을 위한 모델링의 첫 시도로 매우 유익하게 사용되고 있다.

이와 같이 시스템응답이 S 형태의 특성을 갖는 시스템에 대해서는 표 7.3에 표시된 제어 게인들을 선정하면 폐루프 제어시스템의 감소비가 약 0.25가 되는 PID 제어기[$K(s) = K_p(1+1/T_i s + T_d s)$]를 설계할 수 있다. 여기서 0.25의 감소비는 그림 7.17에 표시된

표 7.3 25 % 감소비에 근거한 Ziegler-Nichols 조정

제어기 형태	제어게인
P	$K_p = \frac{1}{RL}$
PI	$K_p = \frac{0.9}{RL},\ T_i = \frac{L}{0.3}$
PID	$K_p = \frac{1.2}{RL},\ T_i = 2L,\ T_d = 0.5L$

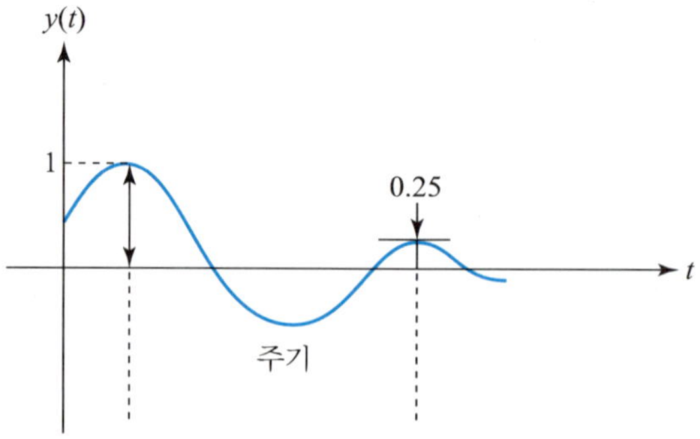

그림 7.17 25 % 감소비

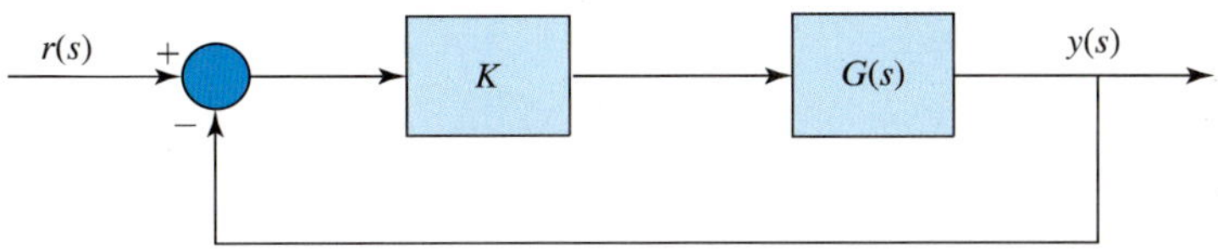

그림 7.18 비례 제어시스템

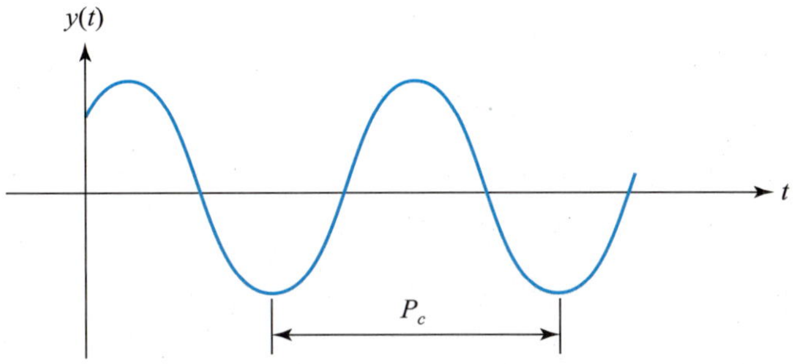

그림 7.19 안정한계에 있는 비례 제어시스템의 시간응답

바와 같이 임펄스 입력을 가했을 때 진동의 진폭이 한 주기 후에 1/4로 줄어드는 것을 의미한다. 이것은 일반적으로 시스템의 바람직한 응답속도와 안정도 여유 사이의 적절한 절충값이 된다. 그러나 이 방법은 그림 7.16과 같이 오버슈트가 발생하지 않는 안정한 플랜트에 대해서만 사용해야 하는 제한조건이 있다.

그래서 또 하나의 제안된 방법은 좀 더 일반적인 플랜트인 오버슈트가 존재하는 경우에도 사용할 수 있는 방법으로 그림 7.18에 표시된 단위 피드백에 의한 비례 제어시스템을 이용하는 방법이다. 이 비례 제어시스템이 안정한계에 도달할 때까지 비례제어게인 K를 증가시켜, 그때의 비례제어게인 K를 임계게인(critical gain) K_c라고 하고 그때의 진동 주기를 임계 주기(critical period) P_c라고 한다. 그림 7.19는 제어시스템이 안정한계에 있을 때의 시간응답을 나타낸다.

표 7.4에는 안정한계에 있는 비례 제어시스템의 시간응답으로부터 얻은 K_c와 P_c 값을 이용하여 PID 제어기를 설계하는 Ziegler-Nichols 조정 방법이 요약되어 있다. 경험적으로

표 7.4 안정한계에 근거한 Ziegler–Nichols 조정

제어기 형태	제어게인
P	$K_p = 0.5K_c$
PI	$K_p = 0.45K_c$, $T_i = 0.83P_c$
PID	$K_p = 0.6K_c$, $T_i = 0.5P_c$, $T_d = 0.125P_c$

Ziegler-Nichols 조정을 이용한 PID 제어기 설계 방법은 많은 시스템에 대하여 좋은 결과를 주고 있다. 그러나 보다 좋은 성능을 얻기 위해서는 일반적으로 Ziegler-Nichols 조정을 이용하여 대략적으로 설계 파라미터들을 선정한 후 이것들을 수동적으로 적당히 미세 조정하여 만족스러운 제어시스템을 설계해야 한다.

이제 실제 제어시스템 구현 시 발생할 수 있는 문제점들에 대하여 생각하기로 한다. 우선 실제 적분기를 포함하는 시스템에서 발생할 수 있는 적분기 와인드업(integrator windup) 현상에 대하여 설명하기로 한다. 실제로 사용되는 구동기의 작동 범위는 일반적으로 제한되어 있다. 예를 들어 밸브가 완전히 열리거나 닫히면 포화 상태가 되고, 항공기의 제어날개는 공칭점으로부터 단지 어느 특정한 각도만큼만 작동된다. 이러한 구동기에 적분 제어를 사용하면, 적분기 와인드업 현상이 일어날 수 있다. 큰 명령값이 주어질 때 적분기는 큰 값을 만들어, 큰 오버슈트와 오차가 발생한다. 이를 설명하기 위하여 그림 7.20에 표시된, 구동기에 포화가 존재하는 피드백 제어시스템에 대하여 생각한다.

큰 스텝명령입력이 구동기를 $u_{\max}$에서 포화되게 한다고 가정한다. 이때 적분기는 오차 e를 계속 적분하여 신호 u를 계속 커지게 한다. 그렇지만 플랜트의 입력 u_p는 최댓값인 $u_{\max}$에 계속 유지되므로 오차가 크게 존재하게 된다. 플랜트의 입력이 변하지 않는 한, u의 증가는 오차 e의 감소에 아무런 도움을 주지 못한다. 이와 같이 포화가 오랫동안 지속된다면 적분기의 출력은 상당히 커질 것이다. 따라서 적분기를 적절한 값으로 실행하기 위해서는 이와 같이 증가되는 u에 대한 보정이 필요하다.

한 예로서 다음과 같은 비례-적분(PI) 제어기로 제어되는 1차 플랜트를 생각하기로 한다.

$$u = K_p\left\{e + \frac{1}{T_i}\int_0^t e\,dt\right\} \tag{7.20}$$

그리고 플랜트에 가해지는 실제 제어입력 u_p는 ± 1에서 포화된다고 가정한다. 시스템의 초깃값이 0인 경우, 명령입력이 단위스텝으로 가해졌을 때 크기가 1인 오차가 발생하여 제어입력 u_p는 포화되고 적분 작용이 시작된다. PI 제어기의 출력 u는 플랜트의 출력이 명령

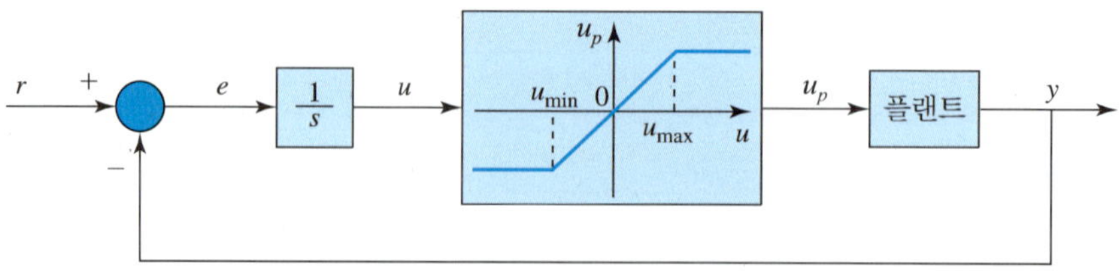

그림 7.20 구동기에 포화가 존재하는 피드백 제어시스템

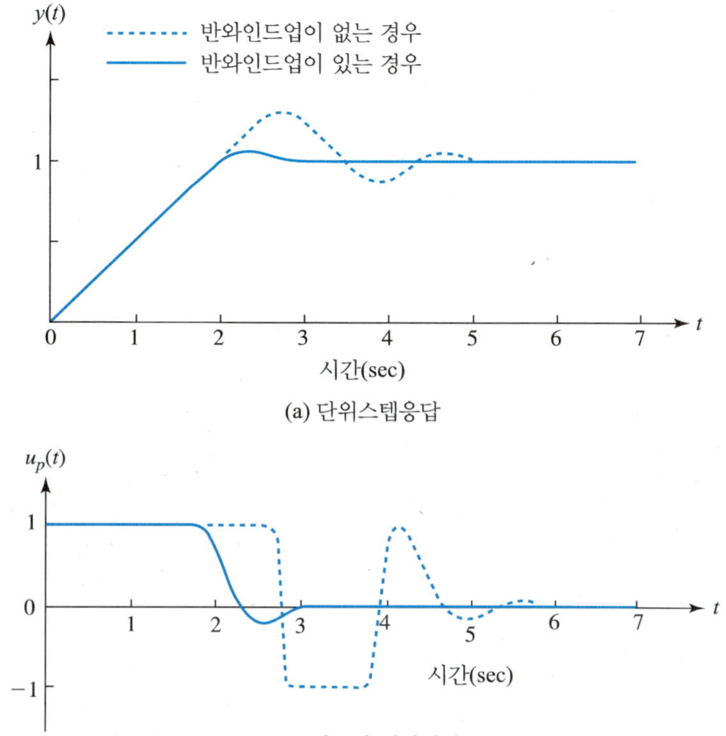

(b) 플랜트의 제어입력 $u_p(t)$

그림 7.21 반와인드업 효과

입력의 크기를 초과할 때까지 커지며, 이는 상당히 오랜 시간 지속된다. 그림 7.21에 점선으로 표시된 응답이 이 결과를 나타낸다.

이와 같이 큰 오버슈트가 발생하고 과도응답이 오래 지속되는 문제는 구동기가 포화되자마자 적분 작용을 차단함으로써 해결할 수 있다. 이를 적분기 반와인드업(integrator anti-windup)이라고 한다. 이는 특히 제어기를 디지털 형태로 구현하는 경우에는 매우 쉽게 실행할 수 있다. 그림 7.22에는 PI 제어기와 불감대(deadzone) 비선형 요소를 포함하는 반와인드업 방법이 소개되어 있다. 이 방법은 구동기가 포화되면 PI 제어기의 출력 u가 피드백되어 적분기의 입력 e_i가 빨리 0이 되도록 하고, 구동기가 포화되지 않으면 피드백 루프에 의한 신호가 발생되지 않도록 하여 정상적인 PI 제어기가 되도록 하는 것이다. 이와 같이 반와인드업이 있는 PI 제어기는 구동기가 포화된 동안에는 그림 7.22(c)에 표시된 바와 같이 근본적으로 응답이 빠른 1차 지연요소와 같은 역할을 하게 된다. 불감대 비선형 요소의 기울기 K는 반와인드업을 위한 불감대의 출력 $a(t)$가 적분기의 입력 e_i를 추종하여 구동기가 포화되지 않도록 충분히 크게 선정해야 한다. 이와 같은 반와인드업 회로는 오버슈트

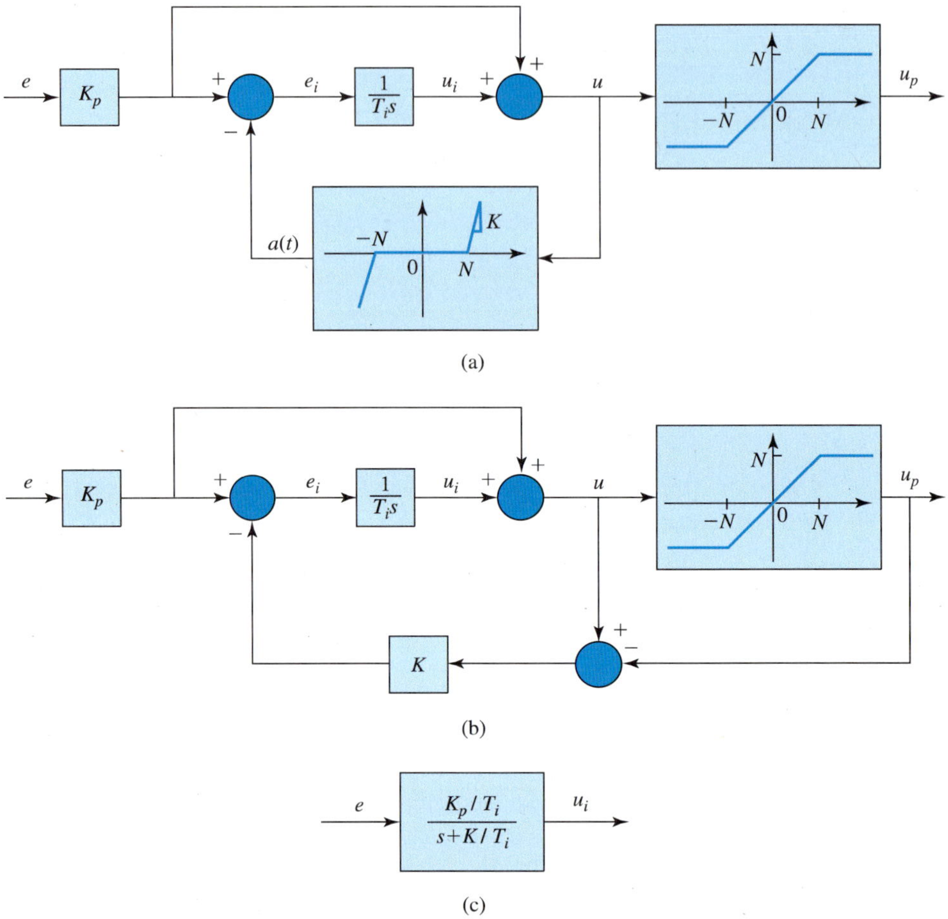

그림 7.22 (a) 반와인드업이 있는 PI 제어기, (b) 또 다른 반와인드업이 있는 PI 제어기, (c) 포화가 되는 동안의 반와인드업 적분기와 등가인 1차 지연

와 피드백 시스템의 제어량을 줄이는 효과를 준다. 그림 7.21에는 반와인드업 회로를 사용했거나 사용하지 않은 PI 제어시스템의 포화 효과에 대한 단위스텝응답과 플랜트의 제어입력 $u_p(t)$가 표시되어 있다.

또한 순수 미분기 $K_d(s)$는 주파수가 ∞인 입력이 가해질 때 ∞의 크기가 된다. 따라서 순수 미분기는 실제 물리 시스템에서는 존재할 수 없다. 그러므로 설계된 순수 미분기 $K_d(s)$는 일반적으로 시스템 대역폭 ω_b보다 응답속도가 약 10배 빠른 위치에 극점을 갖는 가미분기(pseudo-differentiator) $K_d^+(s)$로 대체하여 사용한다. 즉

$$K_d^+(s) = \frac{10\,\omega_b}{s + 10\,\omega_b} K_d(s) \tag{7.21}$$

가미분기 $K_d^+(s)$는 시스템 대역폭 ω_b보다 큰 고주파역에서 게인이 충분히 작게 되므로 고주파에서 에너지를 갖는 센서 잡음이나 무시된 고주파에서의 모델링 오차에 대한 안정도-강인성 문제에 대해서 순수 미분기 $K_d(s)$보다 더 바람직한 특성을 갖는다. 그리고 피드백 제어시스템이 구현 가능하기 위해서는 폐루프 전달함수의 분모의 차수에서 분자의 차수를 뺀 상대차수가 개루프 전달함수의 상대차수보다 크거나 같아야 하고 개루프 전달함수에 있는 모든 비최소 위상 영점은 폐루프 전달함수에서도 그대로 유지되어야 하므로 미분기를 대신하여 가미분기를 적용해야 한다.

끝으로, 순수 시간지연 요소 $e^{-T_D s}$를 포함하는 시스템에 Smith 예측기(predictor)를 사용하여 바람직한 제어시스템을 설계할 수 있는 방법을 소개하기로 한다. 어떤 시스템의 경우에는, 특히 대부분의 공정시스템은 수송지연이 존재하여 시스템에 입력을 가해도 어느 정도의 시간 T_D까지는 응답을 하지 않는다. 이와 같은 시간지연을 갖는 시스템의 전달함수 $G(s)$는 일반적으로 다음과 같이 시간지연을 무시한 시스템의 전달함수 $G^*(s)$와 순수 수송지연에 대한 전달함수 $e^{-T_D s}$의 곱으로 표현된다.

$$G(s) = G^*(s)e^{-T_D s} \tag{7.22}$$

시간지연을 갖는 시스템 $G(s)$는 시간지연 요소 $e^{-T_D s}$ 때문에 유한한 상태공간 모델로 표현할 수 없으므로 상태공간 접근법의 이용이 근본적으로 불가능하지만, Smith는 시간지연 요소를 루프 밖으로 효과적으로 빼내고 유한한 상태공간 표현이 가능한 $G^*(s)$만을 기초로 제어시스템을 설계할 수 있는 피드백 구조를 제안하였다.[78] 그림 7.23(a)에 표시된 피드백 제어시스템과 같이 실제 플랜트에 존재하는 시간지연 요소 $e^{-T_D s}$를 고려하지 않고 폐루프 제어시스템을 설계할 수 있는 방법이다. 우선 실제 플랜트의 동역학을 상쇄시키고 실제 플랜트에서 시간지연 요소가 무시된 시스템 $G^*(s)$의 출력 z를 피드백하여 바람직한 제어기 $K(s)$를 설계한다. 피드백되는 신호 $z(s)$와 시스템의 출력 $y(s)$는 각각 다음과 같다.

$$z(s) = G^*(s)u(s) \tag{7.23}$$

$$y(s) = G(s)u(s) = G^*(s)e^{-T_D s}u(s) \tag{7.24}$$

식 (7.23), (7.24)로부터 피드백되는 신호 $z(s)$와 시스템 출력 $y(s)$ 사이에 다음 관계식을 얻을 수 있다.

$$z(s) = y(s)e^{-T_D s} \tag{7.25}$$

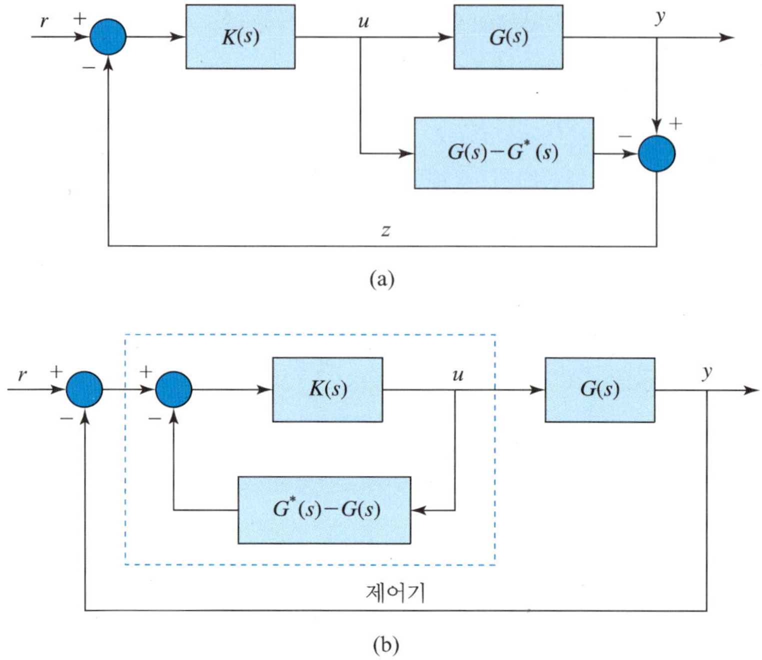

그림 7.23 시간지연을 갖는 시스템에 대한 Smith 예측기를 첨가한 제어기

피드백 신호 z는 플랜트에 포함되어 있는 시간지연 요소를 보상하여 피드백되므로 제어기 $K(s)$ 설계 시에는 시간지연을 무시한 선형 플랜트 $G^*(s)$에 대하여 바람직한 성능을 얻을 수 있는 선형 제어기를 설계할 수 있다. 그림 7.23(a)는 Smith 예측기의 역할을 이해하기 쉽도록 나타낸 블록선도이며, 그림 7.23(b)는 실제 Smith 예측기를 첨가한 제어기의 구조를 나타낸다.

그림 7.23에 표시된 아날로그 Smith 예측기는 시간지연 요소 $e^{-T_D s}$ 때문에 실제로는 구현하기 어렵다. 그러나 마이크로프로세서나 컴퓨터를 이용하면 시간지연 요소 $e^{-T_D s}$를 쉽게 처리할 수 있으므로 디지털 Smith 예측기는 비교적 쉽게 구현될 수 있다. 따라서 Smith 예측기는 시간지연 요소를 포함하고 있는 공정시스템의 제어를 위하여 현재 산업 현장에서 많이 사용되고 있는 일반적인 제어기의 형태이다.

그렇지만 Smith 예측기는 모델링 오차가 큰 시스템에서는 별로 효과가 없다. 이를 구체화하기 위하여 플랜트 $G(s) = e^{-s}/(s+1)$, 제어기 $K(s) = 0.4(1+1.2/s)$인 PI 제어시스템에 Smith 예측기를 첨가한 경우와 첨가하지 않은 경우에 대한 단위스텝응답과 플랜트의 극점 p가 1에서 ±50 % 변함에 따른 모델링 오차가 존재할 때 Smith 예측기의 효과를 시뮬레이션한 결과가 그림 7.24에 표시되어 있다.

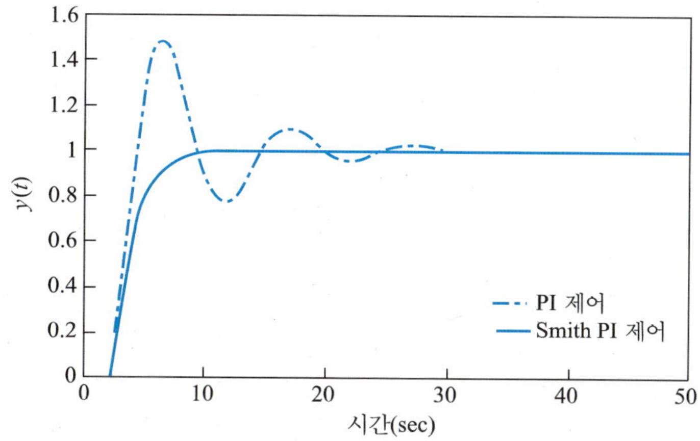

(a)

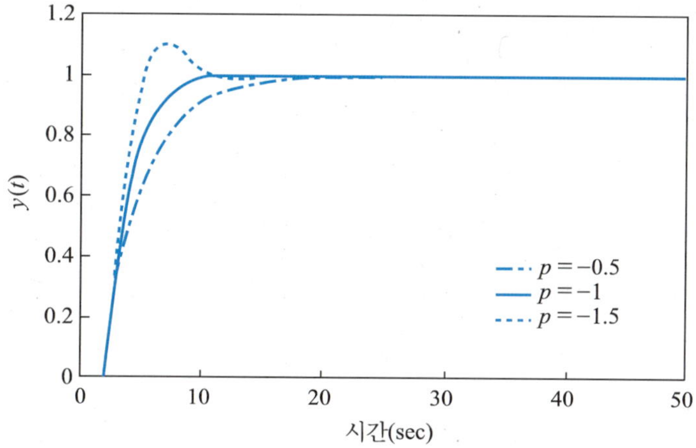

(b)

그림 7.24 (a) Smith 예측기를 첨가한 PI 제어시스템과 첨가하지 않은 PI 제어시스템의 단위스텝응답, (b) 모델링 오차에 따른 Smith 예측기의 효과

7.4 앞섬/뒤짐 제어기

앞섬/뒤짐(lead/lag) 제어기 $K(s)$의 형태는 일반적으로 다음과 같이 표시한다.

$$K(s) = \frac{K\prod_{j=1}^{m}(s - z_j)}{\prod_{i=1}^{n}(s - p_i)} \tag{7.26}$$

앞섬/뒤짐 제어기 설계 문제는 식 (7.26)에 표시된 제어기의 극점(p_i)과 영점(z_j)을 적절하

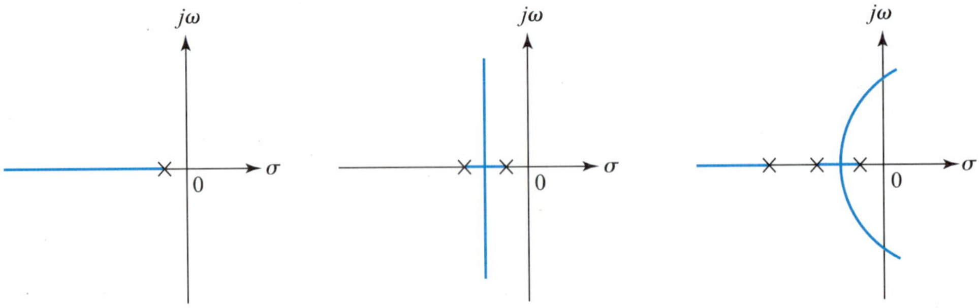

그림 7.25 1 극점, 2 극점, 3 극점 시스템의 근궤적

게 선정하는 문제로 생각할 수 있다.

우선 극점과 영점의 첨가가 제어시스템에 어떤 영향을 주는지 알아보기로 한다. 극점을 첨가하면 근궤적을 s-평면의 오른쪽으로 끌어오는 효과가 있게 되어 일반적으로 시스템의 감쇠비가 작아져 오버슈트가 발생하거나 증가하고 또한 시스템의 과도응답 시간이 길어진다. 그렇지만 극점의 첨가는 물리적으로 시스템에 적분 제어요소를 첨가하는 효과와 비슷하여 정상상태응답을 개선할 수 있다. 그림 7.25는 극점 첨가의 효과를 설명하는 근궤적의 한 예이다.

한편 영점을 첨가하면 근궤적을 s-평면의 왼쪽으로 끌어오는 효과가 있어 시스템의 감

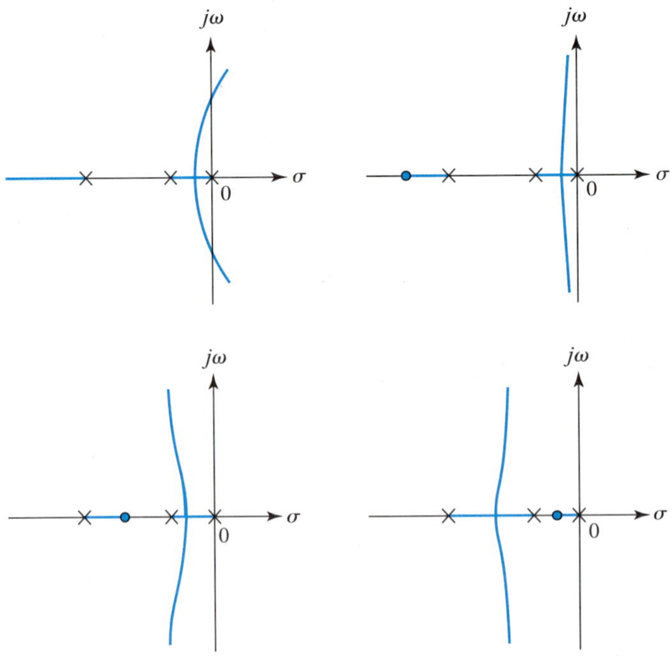

그림 7.26 3 극점 시스템의 근궤적 및 3 극점 시스템에서 영점 첨가의 효과를 보여주는 근궤적

쇠비가 커져 오버슈트가 감소하거나 없어지고 과도응답 시간도 짧아진다. 그렇지만 영점의 첨가는 물리적으로 시스템에 미분 제어요소를 첨가하는 효과와 비슷하여 과도상태에서 큰 제어 입력이 필요하다. 그림 7.26은 영점 첨가의 효과를 설명하는 근궤적의 한 예이다. 이 그림에서 알 수 있듯이 영점이 허수축에 가까이 있을수록 영점의 효과는 커진다.

앞에서 설명한 극점 및 영점의 효과를 살펴보면, 시스템의 과도응답만 고려하는 경우에는 영점만을 첨가하는 것이 바람직하겠지만, 정상상태응답을 개선하려면 극점의 첨가가 필요하다. 또한 실제로 구현 가능한 제어기는 극점의 개수가 영점의 개수보다 많거나 같아야 하므로 실제 제어기는 극점과 영점이 적절히 혼합된 형태여야 한다.

이제 실제적인 앞섬/뒤짐 제어기의 구조 및 특성에 대해 설명하기로 한다.

(1) 앞섬 제어기

앞섬 제어는 시스템의 응답속도를 개선해주고 정상상태에서 정확도를 어느 정도 개선하고자 할 때 사용하는 제어 방법이다. 앞섬 제어기는 미분 제어기와 유사하며 제어기의 입력이 사인파일 때 제어기의 출력도 역시 사인파가 되며 다만 위상앞섬(phase lead)이 발생하므로 앞섬 제어기라고 한다. 그림 7.27은 앞섬 제어기의 구조를 나타낸다.

그림 7.27에서 복소 임피던스(complex impedance) Z_1과 Z_2는 각각 다음과 같다.

$$Z_1 = \frac{R_1}{R_1 Cs + 1}, \qquad Z_2 = R_2 \tag{7.27}$$

따라서 앞섬 제어기의 전달함수 $K(s)$는 다음과 같이 표현된다.

$$K(s) = \frac{V_o(s)}{V_i(s)} = \frac{Z_2}{Z_1 + Z_2} = \frac{s + \dfrac{1}{T}}{s + \dfrac{1}{\alpha T}} \tag{7.28}$$

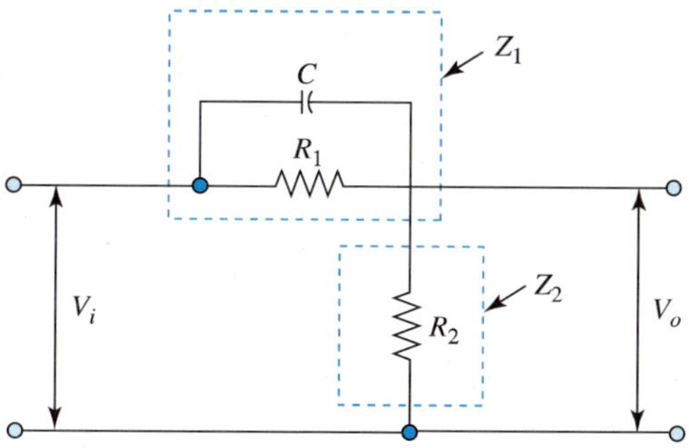

그림 7.27 앞섬 제어기의 구조

여기서

$$T = R_1 C, \quad \alpha = \frac{R_2}{R_1 + R_2} < 1$$

식 (7.28)에서 앞섬 제어기의 DC 게인은 α이다. 그러나 앞섬 제어기를 쉽게 설계하기 위하여 편의상 식 (7.28)에 $1/\alpha$을 곱하여 제어기의 DC 게인이 1이 되도록 한 것을 앞섬 제어기의 전달함수로 생각하기로 한다. 즉

$$K(s) = \frac{1 + Ts}{1 + \alpha Ts} \tag{7.29}$$

식 (7.29)로부터 앞섬 제어기는 $s = -1/T$에 영점, $s = -1/\alpha T$에 극점을 갖고 있다는 것을 알 수 있다. 그리고 $\alpha < 1$이므로 앞섬 제어기의 영점은 s-평면상에서 항상 극점의 오른쪽에 위치하며, α 값이 작을수록 극점은 왼쪽 멀리 위치하게 된다. 그러나 하드웨어적인 제어기 설계 문제 때문에 α의 최솟값은 보통 0.07까지 취하고 있다. 더 작은 α 값이 요구되면 또 하나의 적당한 앞섬 제어기를 직렬로 연결하면 된다.

그림 7.28은 식 (7.28)로 표현되는 전형적인 앞섬 제어기의 극좌표선도이다. 주어진 α 값에 대하여 양의 실수축과 원점으로부터 반원에 그은 접선이 이루는 각이 최대 위상앞섬각 ϕ_m이 된다. 이 최대 위상앞섬각 ϕ_m은 다음 식을 이용하여 계산할 수 있다.

$$\sin\phi_m = \frac{\dfrac{1-\alpha}{2}}{\dfrac{1+\alpha}{2}} = \frac{1-\alpha}{1+\alpha} \tag{7.30}$$

그리고 그림 7.29는 식 (7.28)에서 $\alpha = 0.1$일 때 앞섬 제어기의 Bode 선도이다. 이 그림으로부터 $\omega = 1/T$과 $\omega = 1/\alpha T$에 앞섬 제어기의 절점주파수(break frequency)가 있고 이 두 절점주파수의 기하평균값이 ω_m이라는 것을 알 수 있다.

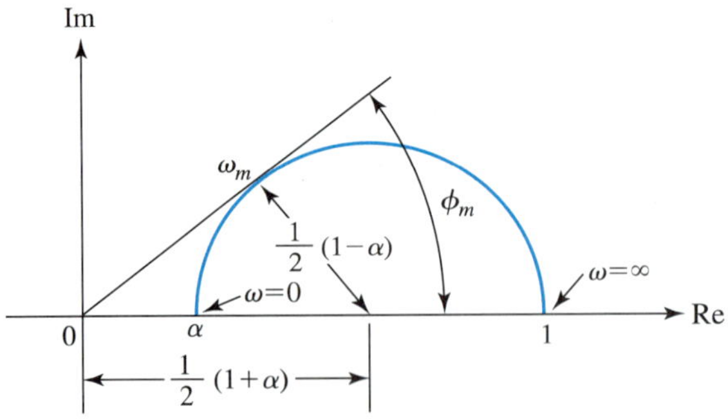

그림 7.28 앞섬 제어기의 극좌표선도

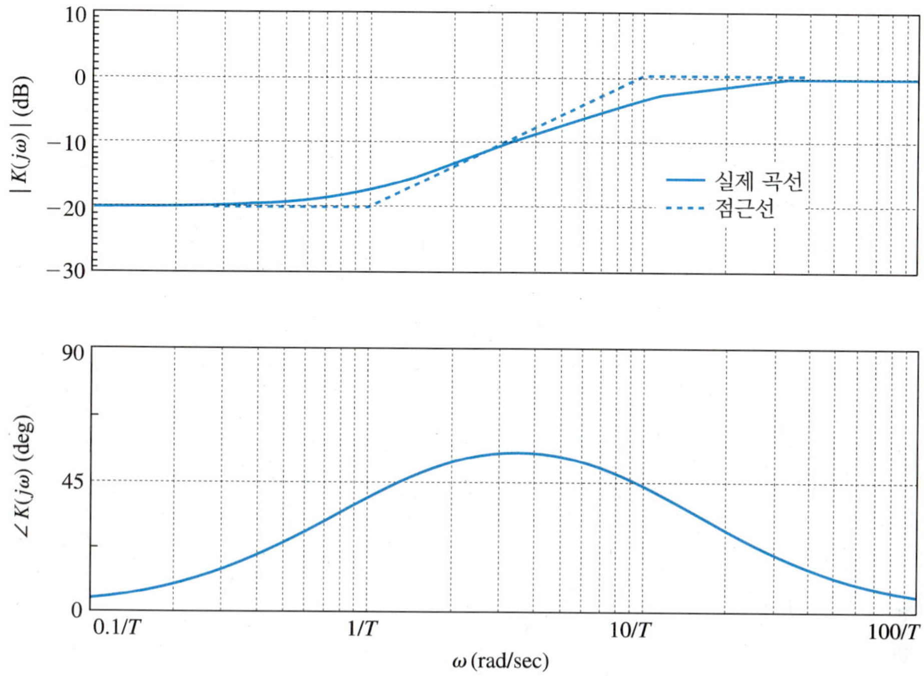

그림 7.29 앞섬 제어기의 Bode 선도($\alpha = 0.1$)

$$\log \omega_m = \frac{1}{2}\left(\log \frac{1}{T} + \log \frac{1}{\alpha T}\right) \tag{7.31}$$

또는

$$\omega_m = \frac{1}{\sqrt{\alpha}\, T} \tag{7.32}$$

또한 앞섬 제어기가 일종의 고주파통과필터(high-pass filter)의 역할을 하고 있다는 것도 앞섬 제어기의 Bode 선도(그림 7.29)로부터 알 수 있다.

(2) 뒤짐 제어기

뒤짐 제어는 과도응답 시간을 길게 하지만 저주파역에서 게인을 크게 하여 정상상태에서 정확도를 현저하게 개선하고자 할 때 사용하는 제어 방법이다. 뒤짐 제어기는 적분 제어기와 유사하며, 제어기의 입력이 사인파일 때 제어기의 출력도 사인파가 되며 다만 위상이 지연되므로 뒤짐 제어기라고 한다. 그림 7.30은 뒤짐 제어기의 구조를 나타낸다.

그림 7.30에서 복소 임피던스 Z_1과 Z_2는 각각 다음과 같다.

$$Z_1 = R_1, \qquad Z_2 = R_2 + \frac{1}{Cs} \tag{7.33}$$

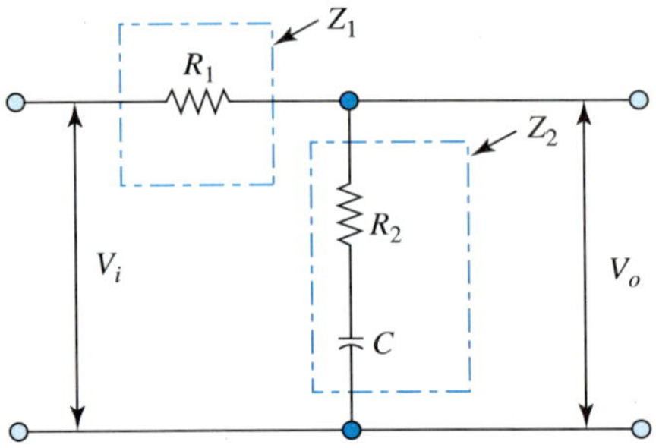

그림 7.30 뒤짐 제어기의 구조

따라서 뒤짐 제어기의 전달함수 $K(s)$는 다음과 같이 표현된다.

$$K(s) = \frac{V_o(s)}{V_i(s)} = \frac{Z_2}{Z_1 + Z_2} = \frac{1}{\beta} \frac{s + \frac{1}{T}}{s + \frac{1}{\beta T}} \tag{7.34}$$

여기서

$$T = R_2 C, \qquad \beta = \frac{R_1 + R_2}{R_2} > 1$$

식 (7.34)로부터 뒤짐 제어기는 $s = -1/\beta T$에 극점, $s = -1/T$에 영점을 갖고 있다는 것을 알 수 있다. 그리고 $\beta > 1$이므로 뒤짐 제어기의 극점은 s-평면상에서 항상 영점의 오른쪽에 위치한다. 일반적으로 사용되는 β 값의 범위는 $1 < \beta < 15$이며, 설계 시에 주로 사용되는 β 값은 10이다.

정상상태응답을 향상시키고 현저한 과도응답의 변화를 피하기 위하여 보통 뒤짐 제어기의 위상을 5° 정도로 제한하고 있다. 이렇게 하기 위해서는 뒤짐 제어기의 극점과 영점을 상대적으로 가깝게 그리고 원점에 가깝게 놓이도록 해야 한다. 이때 보상된 시스템의 폐루프 극점들이 원래의 위치로부터 약간 이동되므로 과도응답 특성이 거의 변하지 않는다. 그림 7.31과 그림 7.32는 각각 전형적인 뒤짐 제어기의 극좌표선도와 $\beta = 10$일 때의 Bode

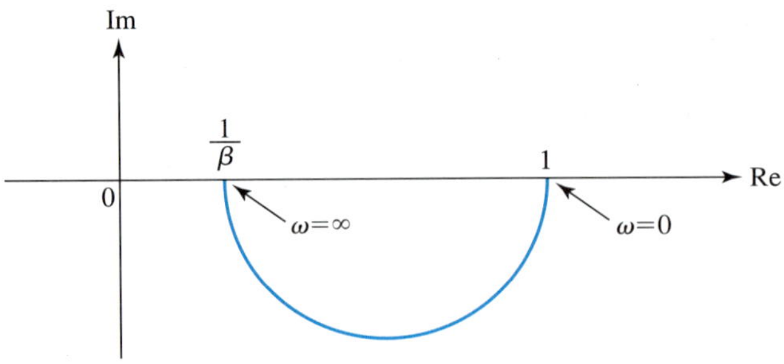

그림 7.31 뒤짐 제어기의 극좌표선도

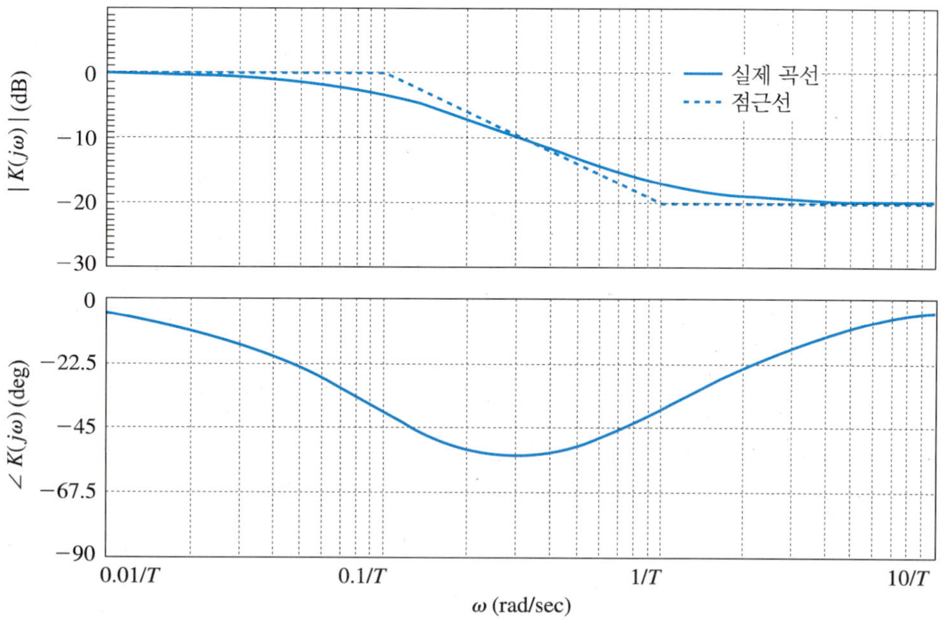

그림 7.32 뒤짐 제어기의 Bode 선도($\beta = 10$)

선도이다. 그림 7.32에 표시된 Bode 선도로부터 $\omega = 1/T$과 $\omega = 1/\beta T$에 뒤짐 제어기의 절점주파수가 있고 뒤짐 제어기가 일종의 저주파통과필터(low-pass filter)의 역할을 하고 있다는 것을 알 수 있다.

(3) 뒤짐–앞섬 제어기

앞섬 제어는 대역폭을 크게 하여 응답속도를 빠르게 하지만 정상상태응답을 오히려 나쁘게 한다. 한편, 뒤짐 제어는 정상상태응답을 향상시키는 반면에 대역폭을 작게 하여 응답속도를 느리게 한다. 만일 과도상태뿐만 아니라 정상상태에서 시스템의 성능을 개선하고자 한다면 앞섬 제어기와 뒤짐 제어기를 각각 사용하는 것보다 동시에 하나의 제어기로 두 개의 기능을 할 수 있는 뒤짐–앞섬 제어기를 구성하는 것이 효과적이다.

뒤짐–앞섬 제어기는 앞섬 제어기와 뒤짐 제어기의 장점을 모두 가지고 있으며 구조적으로는 두 개의 극점과 두 개의 영점을 가지고 있다. 그림 7.33은 뒤짐–앞섬 제어기의 구조를 나타낸다.

제어기의 입력이 사인파일 때 제어기 출력도 역시 사인파이며, 제어기의 위상은 주파수가 0에서 ∞로 변할 때 위상지연에서 위상앞섬으로 바뀐다. 그래서 이 제어기를 뒤짐–앞섬 제어기라고 한다. 그림 7.33에서 복소 임피던스 Z_1과 Z_2는 각각 다음과 같다.

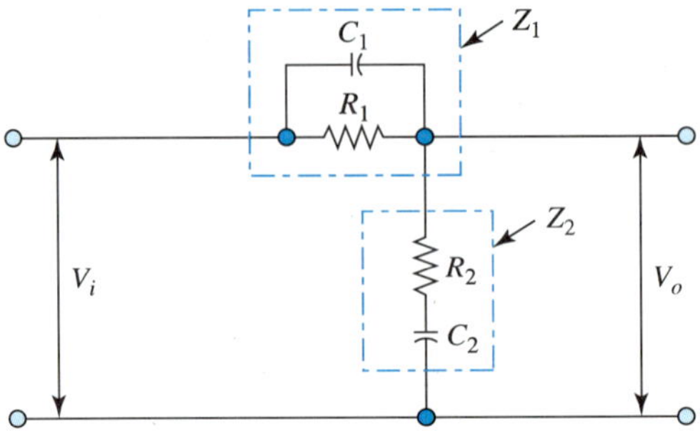

그림 7.33 뒤짐-앞섬 제어기의 구조

$$Z_1 = \frac{R_1}{R_1 C_1 s + 1}, \qquad Z_2 = R_2 + \frac{1}{C_2 s} \tag{7.35}$$

따라서 뒤짐-앞섬 제어기의 전달함수 $K(s)$는 다음과 같이 표현된다.

$$K(s) = \frac{V_o(s)}{V_i(s)} = \frac{Z_2}{Z_1 + Z_2} = \frac{(s + 1/T_1)}{(s + \beta/T_1)} \frac{(s + 1/T_2)}{(s + 1/\beta T_2)} \tag{7.36}$$

여기서

$$T_1 = R_1 C_1, \qquad T_2 = R_2 C_2,$$

$$\frac{T_1}{\beta} + \beta T_2 = R_1 C_1 + R_2 C_2 + R_1 C_2 \qquad (\beta > 1)$$

식 (7.36)의 뒤짐-앞섬 제어기 전달함수에서 좌측 부분은 앞섬 제어기의 역할을 하고, 우측 부분은 뒤짐 제어기의 역할을 한다. 그림 7.34는 전형적인 뒤짐-앞섬 제어기의 극좌표선도이다. 이 극좌표선도에서 알 수 있듯이 뒤짐-앞섬 제어기는 $0 < \omega < \omega_1$ 영역의 저주파에서는 뒤짐 제어기의 역할을 하고 $\omega_1 < \omega < \infty$ 영역의 고주파에서는 앞섬 제어기의 역할을 한다. 위상이 $0°$일 때의 주파수 ω_1은 다음과 같다.

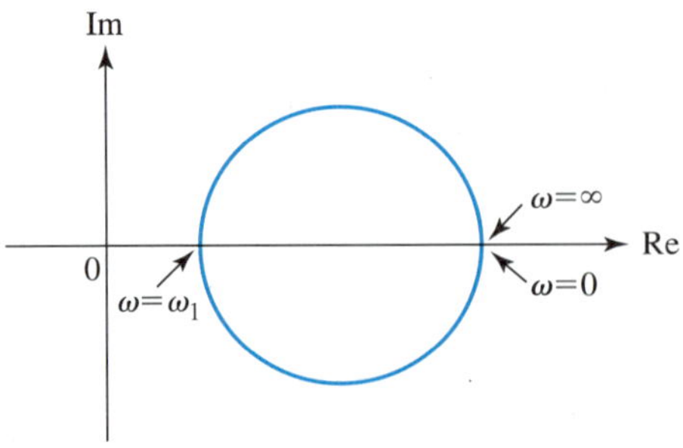

그림 7.34 뒤짐-앞섬 제어기의 극좌표선도

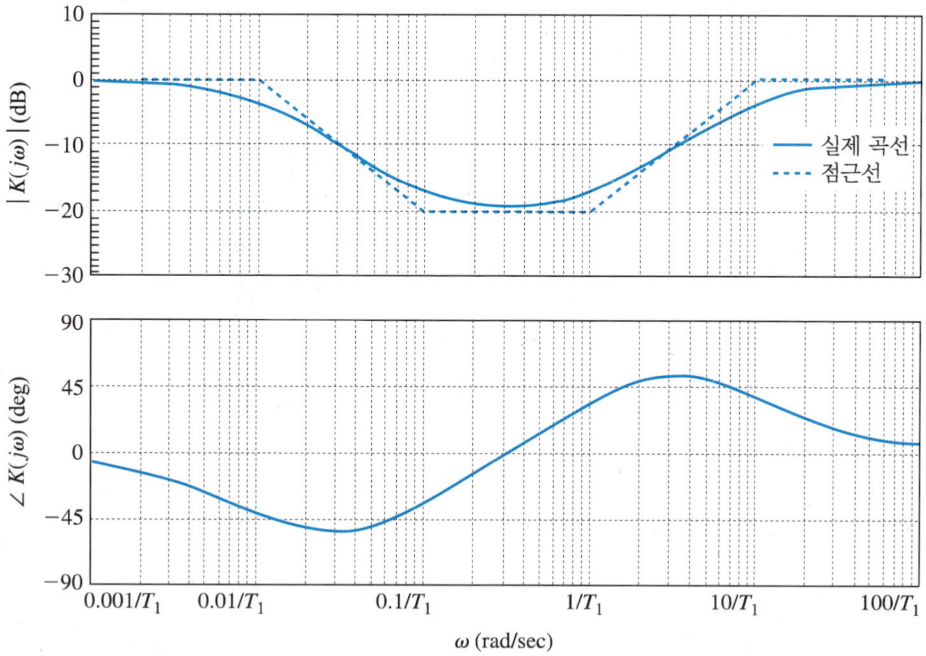

그림 7.35 뒤짐-앞섬 제어기의 Bode 선도($\beta = 10,\ T_2 = 10\,T_1$)

$$\omega_1 = \frac{1}{\sqrt{T_1 T_2}} \tag{7.37}$$

그림 7.35는 $\beta = 10,\ T_2 = 10\,T_1$일 때 뒤짐-앞섬 제어기의 Bode 선도이다. 이 Bode 선도로부터 뒤짐-앞섬 제어기는 $0.01/T_1 < \omega < 10/T_1$의 주파수역을 제외한 저주파 및 고주파역에서 크기가 0 dB인 특징이 있다는 것을 알 수 있다. 또한 뒤짐-앞섬 제어기의 위상 앞섬 부분은 시스템의 대역폭을 증가시킴으로써 시스템의 응답속도를 개선해주며, 위상지연 부분은 게인교차주파수 근처와 이보다 큰 주파수역에서 감쇠 작용을 하므로 저주파역에서 게인을 크게 하여 정상상태응답을 향상시킬 수 있다.

주파수응답법에 의한 뒤짐-앞섬 제어기의 설계는 이미 설명한 앞섬 제어기 설계법과 뒤짐 제어기 설계법의 조합으로 이루어진다. 앞섬 제어에서 α의 값은 뒤짐 제어기에서 $1/\beta$의 값과 같도록 해야 한다. 이와 같이 $\alpha = 1/\beta$로 선정하면 각각 개별적으로 설계한 뒤짐 제어기와 앞섬 제어기를 단순히 조합하기만 하면 된다.

지금까지 설명한 앞섬/뒤짐 제어기의 특징을 요약하면 표 7.5와 같다.

표 7.5 앞섬/뒤짐 제어기의 특징

특징	앞섬 제어기	뒤짐 제어기
접근 방법	• 바람직한 상대안정도가 유지되면서 요구되는 대역폭을 갖도록 교차주파수 근처에서 위상앞섬각을 추가.	• 적절한 대역폭과 상대안정도를 유지하면서 정상상태응답 개선을 위한 위상 뒤짐각을 추가.
결과	• 대역폭 증가. • 고주파역에서 게인 증가.	• 대역폭 감소. • 저주파역에서 게인 증가.
장점	• 과도응답속도 개선. • 정상상태에서 정확도를 어느 정도 개선.	• 정상상태에서 정확도를 현저하게 개선. 고주파 잡음 제거.
단점	• 증폭기의 게인 증가. • 대역폭 증가로 잡음 증폭.	• 과도응답 시간지연.
적용	• 빠른 과도응답이 요구될 때.	• 정상상태응답의 정확도가 요구될 때.
적용 불가능	• 교차주파수 근처에서 위상이 급격히 감소할 때.	• 바람직한 위상여유를 얻을 수 있는 위상이 저주파역에서 존재하지 않을 때.

7.5 노치 필터를 이용한 극점-영점 상쇄 설계

노치(notch) 필터는 시스템의 특성에 따라, 특히 경감쇠 특성이 심한 시스템에서 PID 또는 앞섬/뒤짐 제어기 이상의 효과를 얻을 수 있다. 왜냐하면 이것은 크기 및 위상 특성이 시스템의 저주파 및 고주파 특성에 영향을 주지 않기 때문이다. 심한 경감쇠 특성을 갖는 시스템에서 과도응답 특성을 개선하기 위해서는 복소수역에서는 극점-영점 상쇄 기법을 적용하는 것이 편리하다. 그렇지만 주파수역에서는 노치 필터를 이용하여 보상을 위한 바람직한 주파수응답 크기의 감소량과 공진주파수를 결정할 수 있으므로 극점-영점 상쇄 기법과 똑같은 효과를 얻을 수 있다. 노치 필터의 전달함수 $K(s)$는 일반적으로 다음과 같이 표현된다.

$$K(s) = \frac{s^2 + 2\zeta_z \omega_n s + \omega_n^2}{s^2 + 2\zeta_p \omega_n s + \omega_n^2} \tag{7.38}$$

여기서 노치 필터 $K(s)$의 복소 극점과 복소 영점의 고유주파수는 ω_n으로 같다.

그림 7.36은 전형적인 노치 필터의 전달함수에 대한 Bode 선도의 한 형태이다. 노치 필터의 크기는 공진주파수 ω_n에서 하나의 노치를 갖는다. 그리고 위상은 공진주파수 ω_n보다

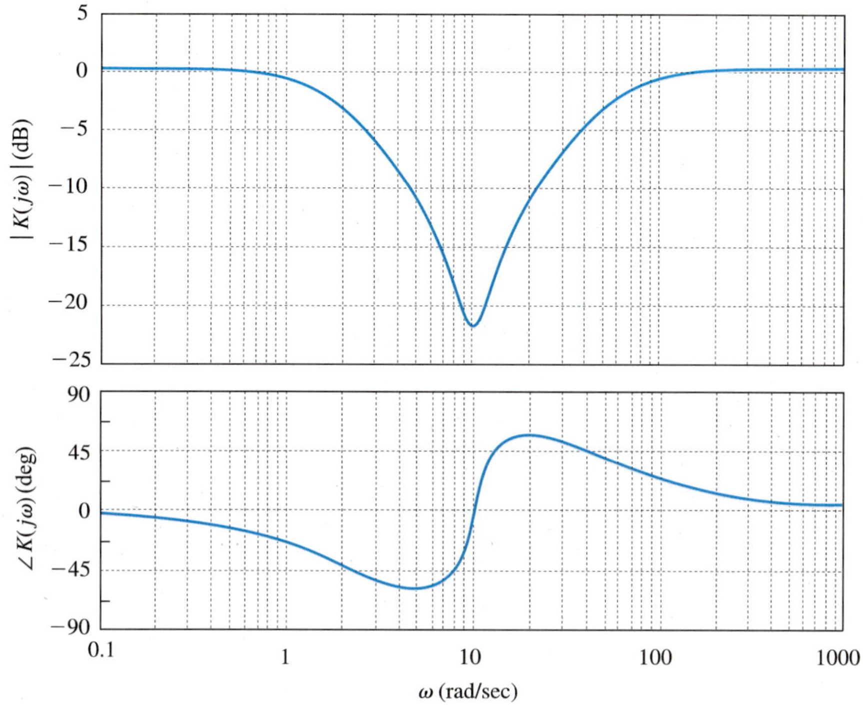

그림 7.36 노치 필터 $K(s)=\dfrac{s^2+4s+100}{s^2+50s+100}$ 의 Bode 선도

작은 주파수에서는 음이고 큰 주파수에서는 양이다. 이와 같은 크기 곡선의 노치 현상과 위상 특성을 효과적으로 이용하면 특히 극심한 경감쇠 시스템의 성능과 안정도를 크게 개선할 수 있다.

노치 필터는 일반적으로 그림 7.37에 표시된 브리지-T 회로를 이용한다. 그림 7.37(a)와 (b)의 회로를 각각 브리지-T 제1형, 브리지-T 제2형이라 한다. 그리고 브리지-T 회로의 제1형과 제2형의 전달함수 $K_1(s)$와 $K_2(s)$는 각각 다음과 같이 표현된다.

$$K_1(s)=\frac{V_o(s)}{V_i(s)}=\frac{R^2C_1C_2s^2+2RC_2s+1}{R^2C_1C_2s^2+R(C_1+2C_2)s+1} \tag{7.39}$$

$$K_2(s)=\frac{V_o(s)}{V_i(s)}=\frac{C^2R_1R_2s^2+2R_1Cs+1}{C^2R_1R_2s^2+C(2R_1+R_2)s+1} \tag{7.40}$$

위의 두 회로의 전달함수 $K_1(s)$와 $K_2(s)$는 똑같은 동특성을 갖는다. 사실 식 (7.39)에서 R, C_1, C_2를 각각 C, R_2, R_1으로 대치하면, 식 (7.39)는 식 (7.40)과 동일하다. 그리고 식

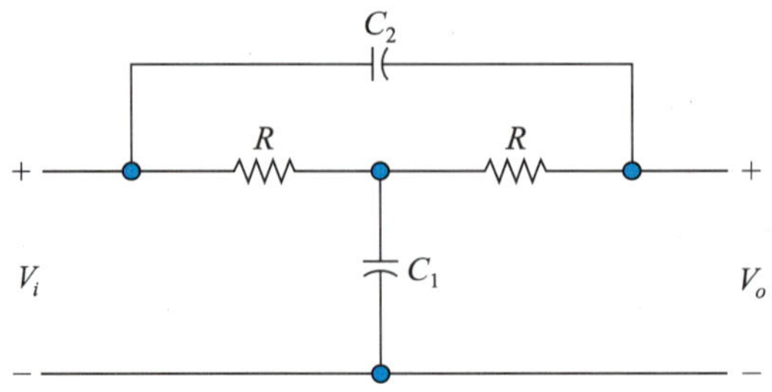

(a) 브리지-T 제1형

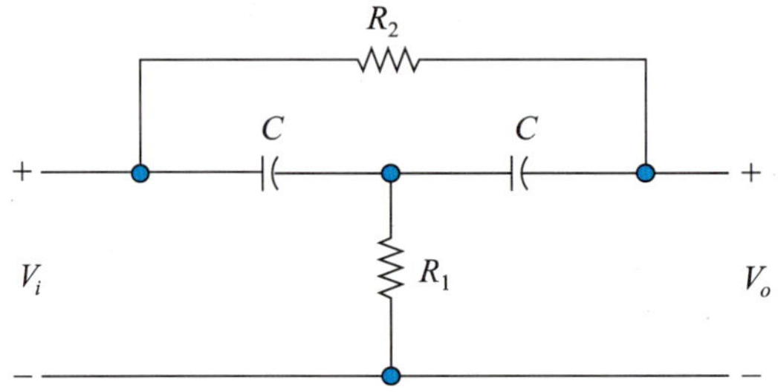

(b) 브리지-T 제2형

그림 7.37 브리지-T 회로

(7.39)에 있는 시스템 파라미터들을 식 (7.38)의 표준형으로 나타내면 다음과 같다.

$$\omega_n = \frac{1}{R\sqrt{C_1 C_2}}, \qquad \zeta_z = \sqrt{C_2/C_1},$$

$$\zeta_p = \frac{C_1 + 2C_2}{2\sqrt{C_1 C_2}} = \frac{1 + 2\zeta_z^2}{2\zeta_z} \tag{7.41}$$

이때 공진주파수 ω_n에서 노치 필터의 전달함수의 크기 $|K(j\omega_n)|$은 다음과 같이 표현된다.

$$|K(j\omega_n)| = \frac{\zeta_z}{\zeta_p} \tag{7.42}$$

그리고 식 (7.41)을 이용하여 감쇠비 ζ_n을 선정할 수 있는 다음과 같은 식을 얻을 수 있다.

$$\zeta_z = \left\{ \frac{|K(j\omega_n)|}{2(1 - |K(j\omega_n)|)} \right\}^{1/2} \tag{7.43}$$

따라서 필요한 주파수응답 크기의 최대 감소량이 주어지면, ζ_z와 ζ_p 값은 각각 식 (7.43)과 식 (7.42)를 이용하여 구할 수 있다. 그리고 공진주파수 ω_n은 노치의 위치 또는 주파수응답 크기의 최대 감소량이 주어지면 바로 알 수 있다.

7.6 포워드 및 피드포워드 제어기

앞에서 설명한 제어기 설계 기법들은 모두 시스템 안에 근본적으로 하나의 제어기가 있는 1 자유도를 갖는 경우이다. 그렇지만 여러 개의 제어기 요소들을 직렬 또는 병렬로 연결해서 제어기를 구성할 수 있다. 두 개의 제어기로 구성된 2 자유도 제어기는 1 자유도 제어기보다 제어기 설계 시에 유연성을 갖는다. 2 자유도 제어기의 대표적인 한 예로 그림 7.2(e)에 표시된 시리즈-포워드 제어시스템에 대하여 생각하기로 한다. 이 제어시스템의 폐루프 전달함수 $T(s)$는

$$T(s) = \frac{G(s)K(s)P(s)}{1 + G(s)K(s)} \tag{7.44}$$

그리고 오차 $e(s)$는 다음과 같다.

$$e(s) = \frac{1}{1 + G(s)K(s)} r(s) \tag{7.45}$$

이제 제어기 $K(s)$는 바람직한 오차 특성을, 제어기 $P(s)$는 만족스러운 명령추종 성능을 얻기 위하여 사용될 수 있다. 또한 2 자유도 제어기는 설계 시에 유연성이 있다. 일반적으로 제어기 $K(s)$는 시스템의 안정도와 어느 정도 만족스러운 성능을 유지하기 위하여 사용된다. 그러나 제어기 $K(s)$의 영점이 항상 폐루프 시스템의 영점이 되므로, 영점이 플랜트의 극점에 의해 상쇄되지 않는다면, 극점에 의한 평가에 따라 시스템의 감쇠 정도가 적절할 것으로 예상되더라도 특히 허수축 가까이 존재하는 영점에 의해 큰 오버슈트가 발생할 수 있다. 이러한 경우, 포워드 제어기 $P(s)$는 특성방정식의 동특성을 유지하면서 바람직하지 않은 폐루프 시스템의 영점을 상쇄시킬 수 있다. 물론 $P(s)$의 영점을 이용하여 바람직하지 않은 폐루프 시스템의 극점을 상쇄시킬 수도 있다. 그림 7.2(f)에 표시된 피드포워드 제어기 $F(s)$도 같은 목적으로 사용될 수 있다. 단지 두 제어 기법의 차이는 시스템의 특성과 하드웨어 구현 시 고려사항에 따라 결정된다.

포워드 및 피드포워드 제어가 직접적으로 폐루프 전달함수의 극점과 영점을 첨가하거나 삭제하는 데 사용될 수 있기 때문에 강력한 것같이 보일 수 있지만, 이 제어 기법은 피드백 제어의 근본적인 특성인 시스템 불확실성에 대한 강인성을 해결할 수 없다는 것에 유념해야 한다. 그래서 실제 제어시스템에서는 피드백 제어가 기본이 된다. 그림 7.2(e)와 (f)의 제어시스템에 있는 포워드 제어기 $P(s)$와 피드포워드 제어기 $F(s)$는 피드백 루프 밖에 있으므로, 이 제어기들은 파라미터 변동에 대하여 매우 민감하다. 그러므로 실제적으로 이런

형태의 제어기는 모든 상황에서 만족스럽게 적용될 수 없다.

예제 7.2 포워드 제어기의 예로서, 뒤짐 제어기$\left[K(s)=\dfrac{1+10s}{1+100s}\right]$를 포함한 태양추적 시스템$\left[G(s)=\dfrac{100}{s(1+s/25)}\right]$을 생각하기로 한다. 뒤짐 제어기의 단점 중 하나는 시스템의 응답속도를 매우 느리게 한다는 것이다. 뒤짐 보상된 태양추적 시스템의 루프 전달함수 $L(s)$는 다음과 같다.

$$L(s)=G(s)K(s)=\frac{100(1+10s)}{s(1+s/25)(1+100s)}$$

그리고 폐루프 제어시스템의 시간응답 특성은 최대 오버슈트가 2.5 %, 정착 시간이 0.2초이다.

이 제어시스템에 그림 7.2(e)에 표시된 바와 같이 포워드 제어기 또는 프리필터 $[P(s)=1+0.05s]$를 첨가함으로써 큰 오버슈트 증가 없이 응답속도를 개선할 수 있다. 이렇게 하면 폐루프 특성방정식에 영향을 주지 않으면서 효과적으로 폐루프 전달함수에 영점을 첨가할 수 있다. 이때 폐루프 제어시스템의 시간응답 특성은 최대 오버슈트가 4.3 %, 정착 시간이 0.13초이다.

만일 그림 7.2(f)의 제어 구조를 선정한다면, 피드포워드 제어기 $F(s)$의 전달함수는 포워드 제어기 $P(s)$와 전달 특성이 같도록 선정한다. 즉, 그림 7.2(e)와 (f)에 있는 두 제어시스템의 폐루프 전달함수가 같도록 선정한다.

$$\frac{G(s)K(s)P(s)}{1+G(s)K(s)}=\frac{G(s)\{K(s)+F(s)\}}{1+G(s)K(s)}$$

따라서

$$\begin{aligned}F(s)&=\{P(s)-1\}K(s)\\&=0.05s\left(\frac{1+10s}{1+100s}\right)\end{aligned}$$

■

또한 피드포워드 제어기는 외란이 측정 가능하다면 외란제거 성능 향상을 위해 사용될 수 있다. 일반적인 피드백 제어시스템에서는 외란이 출력에 반영된 후에 외란에 대한 제어가 개시되므로 외란제거 성능에 한계가 있다. 그러나 피드백 제어기뿐만 아니라 피드포워드 제어기를 같이 사용하면 제어시스템의 외란제거 성능을 크게 향상시킬 수 있다. 그림 7.38은 피드포워드 및 피드백 제어기를 이용하여 측정 가능한 외란을 제거하는 성능을 향

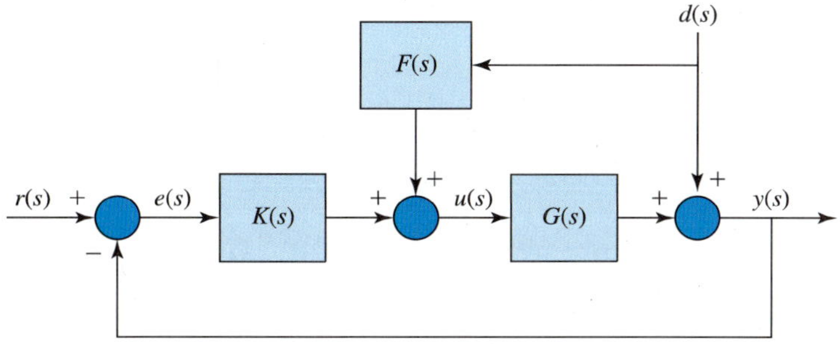

그림 7.38 피드포워드 및 피드백 제어시스템

상시킬 수 있는 제어 구조를 나타낸다.

피드백 제어기 $K(s)$는 앞에서 설명한 PID, 앞섬/뒤짐 제어기 등을 이용하여 바람직한 시스템 성능 및 안정도가 유지되도록 설계하고, 피드포워드 제어기 $F(s)$는 측정 가능한 외란을 개루프 상태에서 제거할 수 있도록 일반적으로 다음과 같이 설계한다. 우선 출력 $y(s)$를 다음과 같이 표현하기로 한다.

$$y(s) = G(s)u(s) + d(s) \tag{7.46}$$

여기서

$$u(s) = K(s)\{r(s) - y(s)\} + F(s)d(s) \tag{7.47}$$

따라서

$$y(s) = G(s)K(s)\{r(s) - y(s)\} + \{G(s)F(s) + 1\}d(s) \tag{7.48}$$

그러므로 $F(s)$를 다음과 같이 선정하기만 하면, 모델링 오차를 무시한 공칭 시스템에 대해서는 외란 $d(s)$의 영향을 완전히 제거할 수 있다.

$$F(s) = -\frac{1}{G(s)} \tag{7.49}$$

실제 시스템에서는 모델링 오차가 항상 존재하므로, 피드포워드 제어만으로는 외란을 완전히 제거할 수 없다. 그러나 모델링이 잘 수행된 시스템에 대해서는 피드포워드 제어를 통해 훌륭한 외란제거 성능을 얻을 수 있다. 따라서 피드포워드 제어를 첨가하면 외란의 효과를 대폭 축소시킬 수 있고, 피드포워드 제어를 통해 축소된 외란은 다시 피드백 제어를 통해 제거된다. 그러므로 피드백 제어만으로 외란을 제거하기보다는 피드백 및 피드포워드 제어를 통한 제어시스템이 일반적으로 더 우수한 성능을 얻을 수 있을 뿐만 아니라 시스템 안정도 측면에서도 장점이 있다. 그렇지만 이와 같은 피드포워드 제어는 외란 자체를 측정할 수 없을 때는 사용할 수 없다는 것에 유의해야 한다.

그리고 식 (7.49)에 주어진 피드포워드 제어기 $F(s)$는 $G(s)$의 역수로 이루어진 동적 제어기이다. 따라서 이 제어기는 보통 극점보다 영점의 개수가 많은 구조를 가지므로 물리적으로 실현시킬 수 없다. 이것은 Bode 선도를 이용하여 실현 가능한 동적 제어기로 근사화할 수는 있으나, $G(s)$의 극점 및 영점의 구조에 따라 때로는 바람직하지 않은 동특성을 나타낼 수도 있고, 제어기의 제어 구조가 복잡하고, 또한 이 제어 방식은 개루프 제어 방식이므로 복잡한 동적 제어기가 의미 없을 수도 있다. 그래서 이것을 다음과 같이 정적 제어기로 근사화하는 것이 일반적이다. 즉

$$F(s) = -\frac{1}{G(0)} \tag{7.50}$$

또한 피드포워드 제어기는 외란제거 성능을 향상시키는 목적으로 사용할 뿐 아니라 연속 압연시스템과 같이 여러 개의 스탠드가 서로 상호 간섭을 이루는 복잡한 시스템에서 스탠드 간의 간섭을 제거하는 목적으로도 사용될 수 있다. 피드포워드 제어를 이용해 스탠드 간의 상호 간섭 항을 제거하면 전 스탠드의 복잡한 동특성을 동시에 고려해야 하는 문제를 각 스탠드에 대한 동특성 문제로 단순화하여 생각할 수 있으므로 연속 압연시스템의 생산성 향상을 위한 제어기의 구조를 단순하게 할 수 있으며, 이는 실시간 제어에 도움을 준다. 이 경우에도 스탠드 간의 간섭을 나타내는 신호들이 측정되어야만 피드포워드 제어를 할 수 있다는 것에 유의해야 한다.

7.7 강인 제어시스템 설계

대부분의 제어시스템 설계 및 적용 시, 제어시스템은 응답속도, 진동 정도, 정상상태에서의 정확도에 관한 사양들을 만족시켜야 할 뿐 아니라 외란과 파라미터 변동에 강인한 성능을 유지해야 한다. 일반적으로 피드백 제어시스템은 외란 및 파라미터 변동의 효과를 저감시킬 수 있는 본질적인 특성이 있다. 그렇지만 불행하게도 통상적인 피드백 제어시스템은 큰 루프 게인을 가질 때에만 강인하다. 그림 7.39와 같이 외란 $d(s)$를 고려한 제어시스템에 대하여 생각하기로 한다. 그리고 증폭기 게인 K는 작동 중에 변할 수 있다고 가정한다. 외란을 무시했을 때의 폐루프 전달함수 $T(s)$는

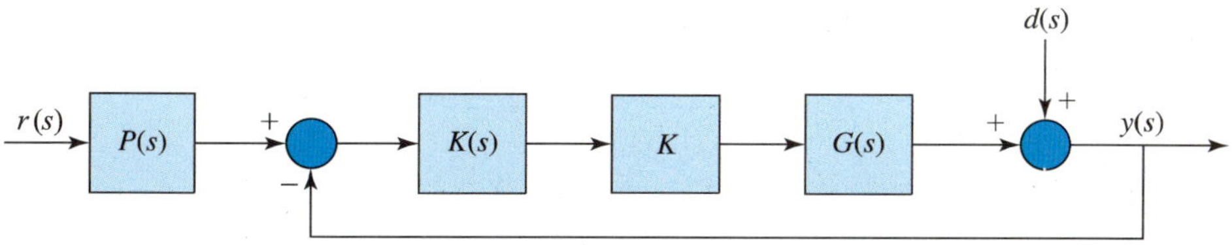

그림 7.39 외란 $d(s)$를 고려한 제어시스템

$$T(s) = \frac{G(s)KK(s)P(s)}{1+G(s)KK(s)} \tag{7.51}$$

그리고 기준입력 $r(s)=0$일 때, 외란–출력 전달함수 $T_d(s)$는 다음과 같다.

$$T_d(s) = \frac{1}{1+G(s)KK(s)} \tag{7.52}$$

일반적으로 피드백 제어기 $K(s)$는 외란이 에너지를 갖는 주파수역에서 외란제거 성능이 좋도록 설계하고, 포워드 제어기 $P(s)$는 기준입력과 출력 사이의 전달함수가 바람직하게 되도록 설계한다. 증폭기 게인 K 값의 변동에 따른 폐루프 전달함수 $T(s)$의 감도함수 S_K^T는 다음과 같이 정의된다.

$$S_K^T = \frac{dT/T}{dK/K} \tag{7.53}$$

그러므로 그림 7.39에 표시된 외란 $d(s)$를 고려한 제어시스템에 대한 감도함수 S_K^T는

$$S_K^T = \frac{1}{1+G(s)KK(s)} \tag{7.54}$$

식 (7.54)로 표현되는 이 제어시스템의 감도함수 S_K^T는 식 (7.52)로 표현된 외란–출력 전달함수 $T_d(s)$와 동일하다. 이것은, 외란제거 성능을 위한 제어와 증폭기 게인 K 값의 변동에 따른 강인 제어는 같은 제어 기법으로 설계될 수 있음을 의미한다.

다음 예제는 그림 7.39에 있는 2 자유도 제어시스템이 어떻게 성능 및 강인성 요구를 만족시킬 수 있는, 게인이 큰 시스템을 만드는 데 사용될 수 있는지를 보여준다.

예제 7.3 다음과 같은 전달함수 $G(s)$로 표현되는 태양추적 시스템에 뒤짐 제어기 $K(s)$로 보상된 폐루프 제어시스템에 대하여 생각하기로 한다.

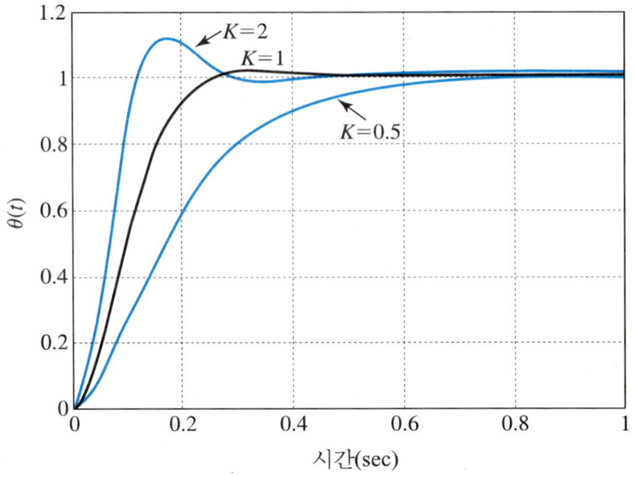

그림 7.40 뒤짐 보상된 태양추적 시스템의 단위스텝응답

$$G(s) = \frac{100K}{s(1+s/25)}$$

$$K(s) = \frac{1+10s}{1+100s}$$

여기서 K 는 증폭기 게인이다.

뒤짐 제어기는 저주파통과필터이므로, 증폭기 게인 K 값의 변동에 따른 폐루프 전달함수 $T(s)$의 감도함수 S_K^T는 좋지 않다. 그림 7.40은 증폭기 게인 K 값의 변동에 따른 단위스텝응답을 보여준다. 뒤짐 보상된 태양추적 시스템은 증폭기 게인 K 값의 변동에 따라 민감하게 변하고 있다. 표 7.6에는 K 값의 변동에 따른 과도응답 특성과 폐루프 극점이 요약되어 있다. 그림 7.41은 뒤짐 보상된 태양추적 시스템의 근궤적선도이다. K 값이 0.5에서 2로 변함에 따라 폐루프 복소 극점은 크게 변한다.

이제 이러한 문제점을 해결할 수 있는 강인 제어기 $K(s)$를 설계하기로 한다. $s = -12.45 \pm j9.624$에 있는 뒤짐 보상된 시스템의 폐루프 극점이 상쇄되도록 다음과 같이

표 7.6 뒤짐 보상된 태양추적 시스템의 과도응답 특성 및 폐루프 극점

증폭기 게인 K	퍼센트 오버슈트(%)	2 % 정착시간 (sec)	폐루프 극점
0.5	1.5	0.4646	−0.1019, −6.763, −18.15
1	2.6	0.2020	$-0.1009,\ -12.45 \pm j9.624$
2	12.6	0.2323	$-0.1005,\ -12.45 \pm j18.51$

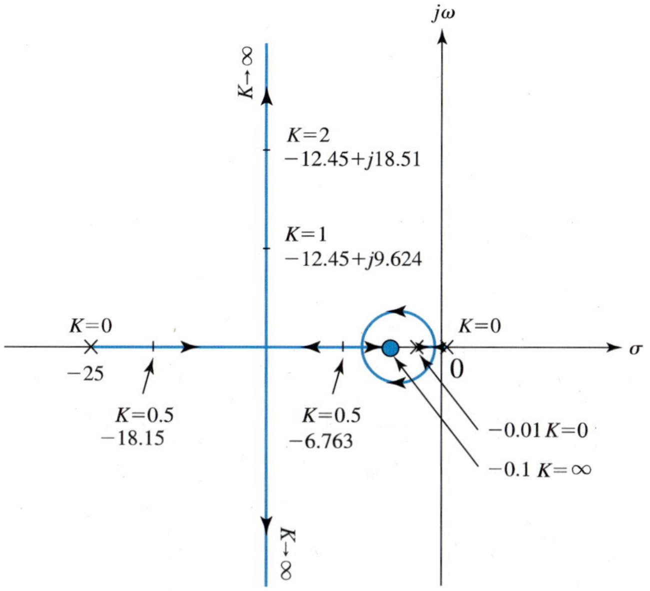

그림 7.41 뒤짐 보상된 태양추적 시스템의 근궤적선도

강인 제어기 $K(s)$의 복소 영점을 갖게 한다.

$$K(s) = \frac{(s+13+j10)(s+13-j10)}{269} = \frac{s^2+26s+269}{269}$$

그림 7.42는 강인 제어된 태양추적 시스템의 근궤적선도이다. 그림 7.41에 표시된, 뒤짐 보상된 태양추적 시스템의 근궤적선도와 그림 7.42에 표시된, 강인 제어된 태양추적

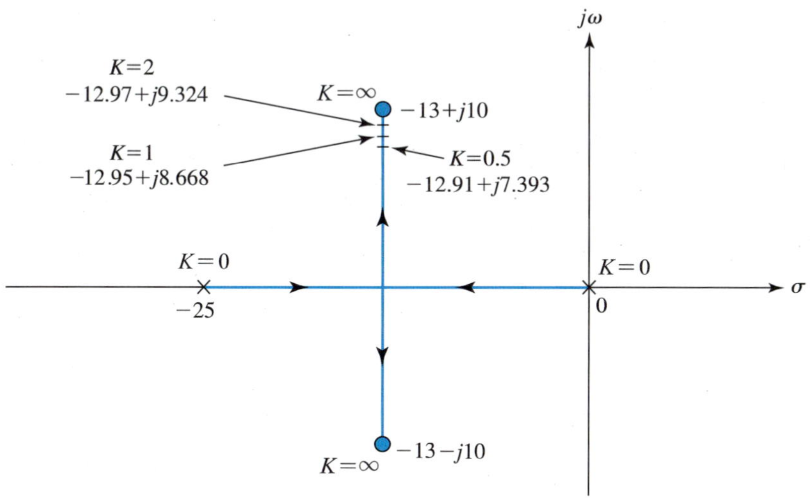

그림 7.42 강인 제어된 태양추적 시스템의 근궤적선도

시스템의 근궤적선도를 비교해보면 강인 제어된 태양추적 시스템의 폐루프 극점이 $K(0.5 \le K \le 2)$ 값 변동에 대하여 훨씬 민감하지 않음을, 즉 강인함을 알 수 있다. 루프 전달함수 $L(s)[=G(s)K(s)]$의 영점이 폐루프 전달함수의 영점과 동일하므로, 강인 제어기 $K(s)$만으로 완전한 설계가 되지 못한다. 그래서 다음과 같은 포워드 제어기 $P(s)$를 첨가하여 $(s^2+26s+269)$에 있는 영점이 상쇄되도록 한다.

$$P(s) = \frac{269}{s^2+26s+269}$$

이때 그림 7.43에 표시된 강인 제어기 및 포워드 제어기를 갖는 태양추적 시스템의 폐루프 전달함수는 다음과 같다.

$$\frac{\theta(s)}{\theta_r(s)} = \frac{242.9}{s^2+25.9s+242.9}$$

그림 7.44는 강인 제어기 및 포워드 제어기를 갖는 태양추적 시스템의 단위스텝응답을 나타낸다. 이 그림으로부터 강인 제어기 및 포워드 제어기를 갖는 태양추적 시스템이 K

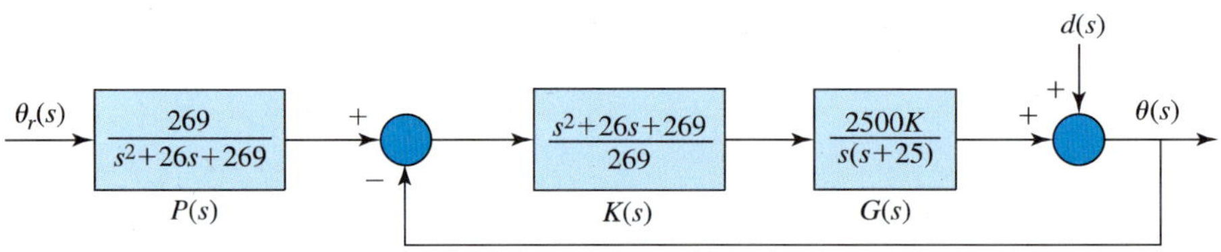

그림 7.43 강인 제어기 및 포워드 제어기를 갖는 태양추적 시스템

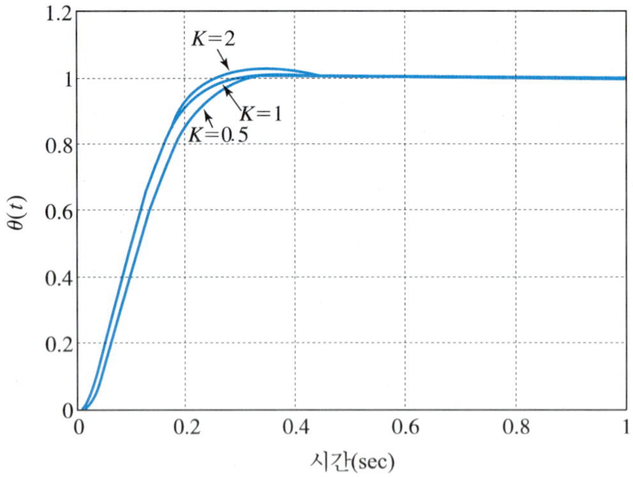

그림 7.44 강인 제어기 및 포워드 제어기를 갖는 태양추적 시스템의 단위스텝응답

값의 변동에 따라 매우 민감하지 않음을 알 수 있다.

그림 7.43에 표시된 시스템이 좀 더 강인하므로 외란제거 효과도 좋을 것으로 기대된다. 그래서 외란-출력 전달함수 $T_d(s)$에 대하여 평가하기로 한다.

$$T_d(s) = \frac{1}{1+G(s)K(s)} = \frac{s(s+25)}{10.29s^2+266.6s+2500}$$

그림 7.45에는 태양추적 시스템의 크기 Bode 선도 $|T_d(s)|$가 표시되어 있다. 강인 제어된 $T_d(s)$의 주파수응답의 크기가 비보상된 경우와 뒤짐 보상된 경우에 비해 매우 작으므로 강인 제어시스템이 외란제거 성능이 우수함을 알 수 있다. 표 7.7에는 강인 제어된 태양추적 시스템의 과도응답 특성 및 폐루프 극점이 표시되어 있다. 강인 제어시스템의 시간역 성능도 K 값의 변동에 강인하고 우수함을 알 수 있다.

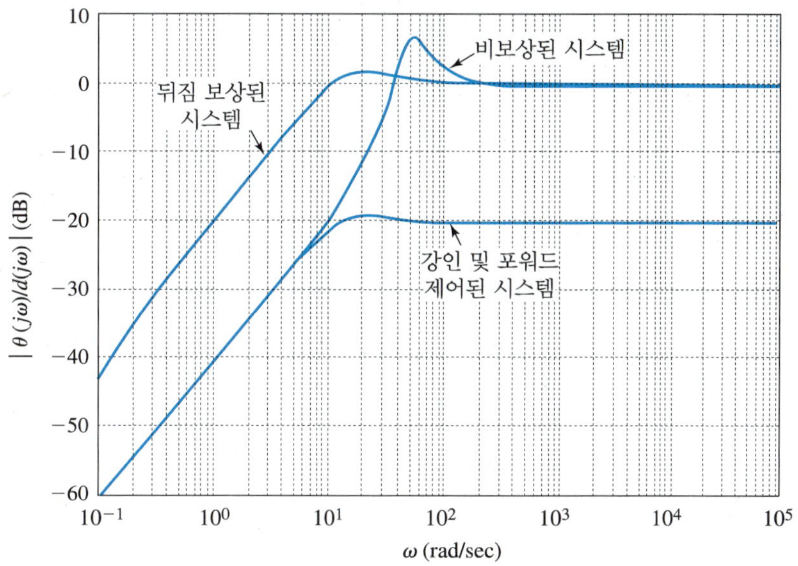

그림 7.45 태양추적 시스템의 크기 Bode 선도 $|T_d(s)|$

표 7.7 강인 제어된 태양추적 시스템의 과도응답 특성 및 폐루프 극점

증폭기 게인 K	퍼센트 오버슈트(%)	2 % 정착시간 (sec)	폐루프 극점
0.5	0.5	0.2525	$-12.91 \pm j7.393$
1	0.9	0.2222	$-12.95 \pm j8.668$
2	1.3	0.2121	$-12.97 \pm j9.324$

■

7.8 근궤적을 이용한 제어시스템 설계

근궤적 개념과 해석 방법에 대해서는 이미 5장에서 설명하였다. 이 근궤적법은 제어시스템 설계 시에 제어기 게인이나 시스템 파라미터 변화에 따른 제어의 효과를 알 수 있는 매우 유용한 방법이다. 이 절에서는 제어기의 극점과 영점을 적절히 첨가하여 제어시스템의 성능 및 안정도를 개선할 수 있는 PID 또는 앞섬/뒤짐 제어기를 사용했을 때의 효과를 근궤적을 이용하여 설명하기로 한다.

우선 근궤적을 이용하여 앞섬 제어의 효과부터 알아보기로 한다. 앞섬 제어의 기본적인 효과인 시스템의 안정화를 설명하기 위하여 앞섬 제어기와 유사한 비례-미분(PD) 제어기부터 설계하기로 한다. 구체적인 설계 예로서, 전달함수 $G(s)=K/s(s+1)$인 DC 모터에 PD 제어기 $K(s)=s+2$를 첨가한 단위 피드백 제어시스템을 생각하기로 한다. 제어기의 첨가로 인한 영점의 효과가 그림 7.46의 근궤적선도에 잘 나타나 있다.

제어기의 영점은 근궤적을 s-평면상에서 왼쪽으로 좀 더 안정한 영역으로 움직이게 하는 효과를 주었다. 만약 응답속도와 관련된 고유주파수 $\omega_n = 2$ rad/sec가 요구된다면, 비보상된 제어시스템의 경우에는 게인 K만으로 조정되어야 한다. 이때는 감쇠비 ζ가 매우 작게 되어 과도한 오버슈트가 발생한다. 그렇지만 시스템에 PD 제어를 첨가하면 요구되는 고유주파수와 적절한 감쇠비를 얻을 수 있는 폐루프 극점을 얻을 수 있다. 그렇지만 이와 같은 PD 제어기를 구현하는 데는 문제가 있다. 순수 미분기는 실제 물리 시스템에서 존재

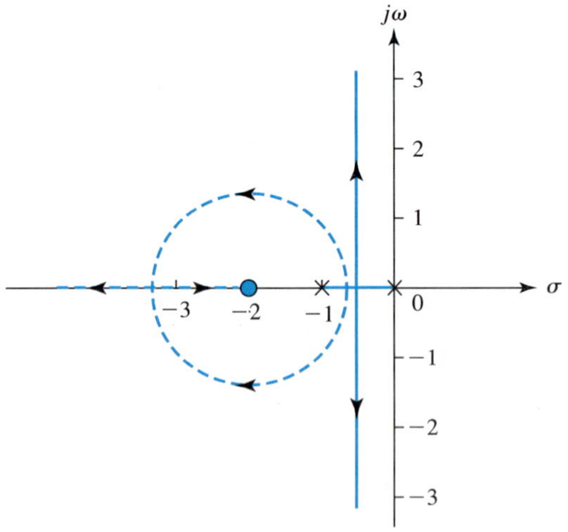

그림 7.46 보상 및 비보상된 DC 모터 시스템의 근궤적선도
(비보상된 DC 모터 시스템 ——, 보상된 DC 모터 시스템 - - -)

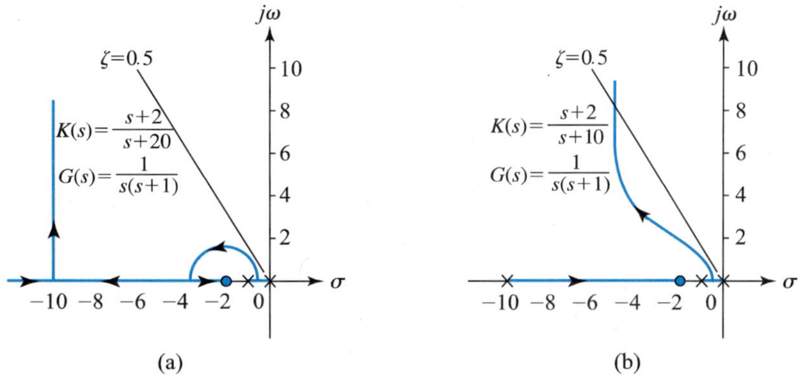

그림 7.47 앞섬 제어된 DC 모터 시스템의 근궤적선도:
(a) $K(s)=\dfrac{s+2}{s+20}$, (b) $K(s)=\dfrac{s+2}{s+10}$

할 수 없고, 또한 센서에 의한 고주파 잡음을 증폭시키는 효과가 있다. 그래서 구현 가능하고 고주파에서의 센서 잡음에 둔감하도록 다음과 같이 $s=-\alpha$에 극점이 첨가된 앞섬 제어기를 사용하는 것이 바람직하다. 여기서 α는 PD 제어기의 영점인 2보다 충분히 커야 PD 제어에서의 효과가 유지된다.

$$K(s)=\frac{s+2}{s+\alpha} \tag{7.55}$$

그림 7.47은 앞섬 제어기에서 나타나는 극점의 효과를 보여주고 있다. 게인 K가 작은 경우에는 앞섬 제어 효과와 PD 제어 효과가 거의 일치하나, 게인 K가 커지면 두 제어 효과가 다르게 된다. 극점은 근궤적을 오른쪽으로 미는 효과를 가져온다. 이와 같이 앞섬 제어기의 영점 및 극점은 경험을 통한 시행착오적으로 선정되지만, 일반적으로 영점은 상승 시간 또는 정착 시간을 결정해주는 폐루프 제어시스템의 고유주파수 ω_n의 근처에 놓고, 극점은 영점 위치 값의 3 ~ 20배 되는 위치에 놓는다. 극점의 위치는 잡음 제거와 제어 효과를 고려하여 적절히 절충하여 선정해야 한다. 극점과 영점이 매우 가까이 있으면 근궤적이 제어되지 않은 형태와 유사하게 되어 영점이 그 효과를 제대로 나타내지 못한다. 또한 극점이 너무 왼쪽으로 치우치면 제어기의 출력, 즉 제어입력이 크게 되어 모터 또는 다른 프로세스의 구동기가 포화 또는 과열될 수 있다.

예제 7.4 개루프 전달함수 $G(s)=K/s(s+1)$인 DC 모터 시스템에 앞섬 제어를 첨가하여 폐루프 감쇠비 $\zeta>0.5$이고 고유주파수 $\omega_n>7$ rad/sec가 되도록 하고자 한다. 그리고 앞섬 제어시스템의 단위스텝응답 특성을 분석하기로 한다.

이와 같은 설계사양을 만족시키기 위해서는, 그림 7.47(b)에 표시된 바와 같이 앞섬 제어기 $K(s)$를 다음과 같이 선정해야 한다.

$$K(s) = \frac{s+2}{s+10}$$

그림 7.48은 앞섬 제어시스템이 설계사양을 만족시킬 수 있음을 보여준다. 게인 $K=70$ 이면 $\zeta=0.56$, $\omega_n=7.7$ rad/sec가 되므로 주어진 설계사양을 만족시킨다. 그림 7.49는

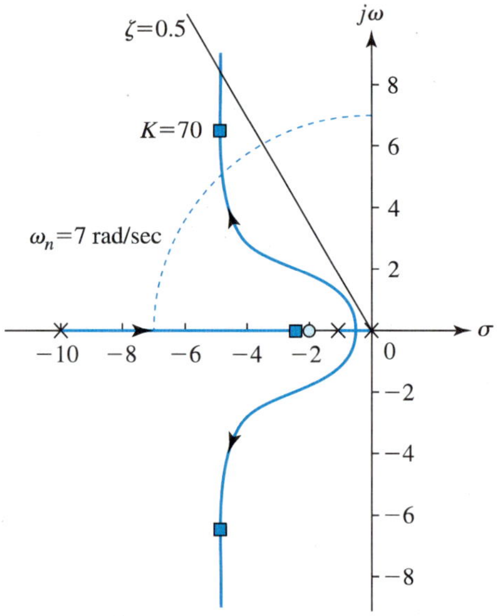

그림 7.48 $G(s)K(s) = \dfrac{K(s+2)}{s(s+1)(s+10)}$ 의 근궤적선도

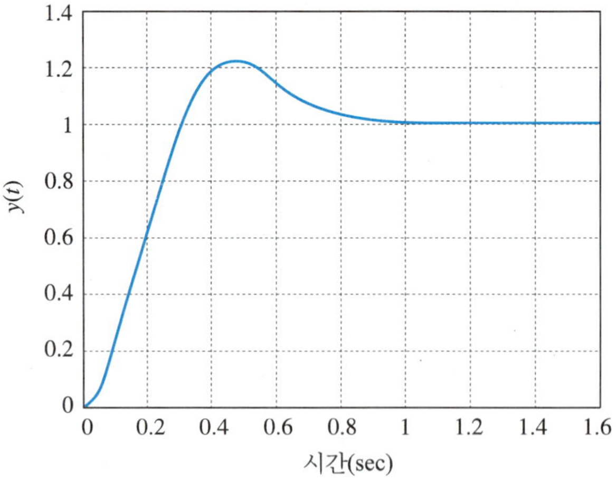

그림 7.49 앞섬 제어시스템의 단위스텝응답

앞섬 제어시스템의 단위스텝응답이다. 그림 4.8에 표시된 단순 2차 시스템의 경우에는 $\zeta = 0.56$일 때 오버슈트가 약 13 %이지만, 앞섬 제어기로 인해 영점 및 극점이 첨가된 경우에는 오버슈트가 약 25 %로 2배 증가하였다. ■

원하는 폐루프 극점이 먼저 지정된다면, 앞섬 제어기의 극점 및 영점을 좀 더 해석적으로 선정할 수 있다. 먼저 임의로 앞섬 제어기의 한 개의 파라미터를 선정한다. 그리고 다른 파라미터는 근궤적의 위상조건식을 이용하여 구한다. 이 방법을 구체적으로 설명하기 위하여, 역시 전달함수 $G(s) = K/s(s+1)$인 DC 모터 시스템에 대하여 생각하기로 한다. 만약 폐루프 시스템의 고유주파수 $\omega_n = 2$ rad/sec, 감쇠비 $\zeta = 0.5$가 요구된다면, 그림 7.50에 표시된 바와 같이 근궤적은 $-1 + j\sqrt{3}$을 지나야 한다. 원하는 폐루프 극점에서 $\angle G(s) = -210°$이므로, 제어기의 위상 $\angle K(s) = 30°$이면 근궤적의 위상조건식 (5.6)이 충족된다. 그러므로 제어기의 영점이 -2로 선정된 경우에는, 제어기의 극점을 -4에 배치하면 $\angle K(s) = 30°$가 되어 $-1 + j\sqrt{3}$에 폐루프 극점이 존재하게 된다. 물론 $\angle K(s) = 30°$를 얻을 수 있는 영점과 극점의 조합은 많다. 단지 위상조건식은 극점과 영점 사이의 관계만을 지정한다.

이제 근궤적선도를 이용하여 뒤짐 제어 효과를 설명하기로 한다. 뒤짐 제어의 기본적인 효과는 저주파 게인을 증가시켜 정상상태응답을 개선하는 것이다. 저주파에서 게인을 상당히 크게 하고, 동적 응답을 결정해주는 고주파에서는 거의 1이 되도록 하여 시스템 동특성에 영향을 주지 않도록 하기 위해 뒤짐 제어기 $K(s)$의 형태가 다음과 같이 되게 한다.

$$K(s) = \frac{s+z}{s+p}, \qquad z > p \tag{7.56}$$

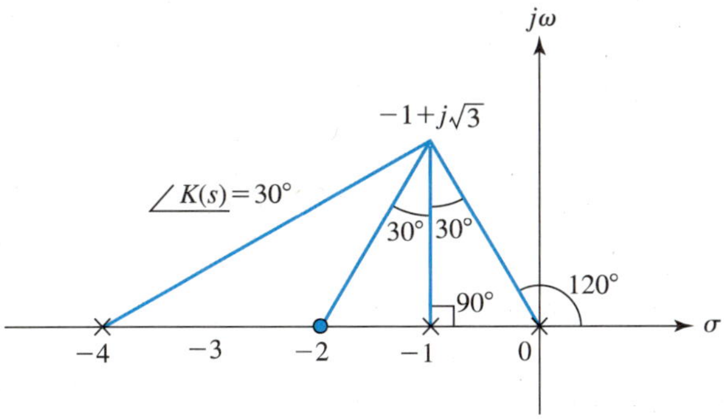

그림 7.50 지정된 폐루프 극점을 근궤적상에 배치하기 위한 방법

여기서 $z=0.1$, $p=0.01$ 정도의 작은 값을 선정한다. 그리고 뒤짐 제어기의 DC 게인 $K(0)=z/p=3\sim 10$ 정도로 한다. $z>p$이므로 제어기의 위상 $\angle K(s)$는 음수이다. 따라서 제어기의 첨가로 시스템의 위상이 지연되므로 이와 같은 형태의 제어기를 뒤짐 제어기라고 한다.

이를 구체적으로 설명하기 위하여 전달함수 $G(s)=K/s(s+1)$인 DC 모터 시스템에 앞섬 제어기 $K_1(s)=(s+2)/(s+20)$를 첨가한 앞섬 제어시스템에 대하여 생각하기로 한다. 우선 정상상태응답 성능을 알아보기 위하여 감쇠비 $\zeta=0.707$이 되는 앞섬 제어시스템의 속도오차상수 K_v를 구하기로 한다. 감쇠비 $\zeta=0.707$일 때의 게인 K는 약 31이다. 따라서 속도오차상수 K_v는 다음과 같다.

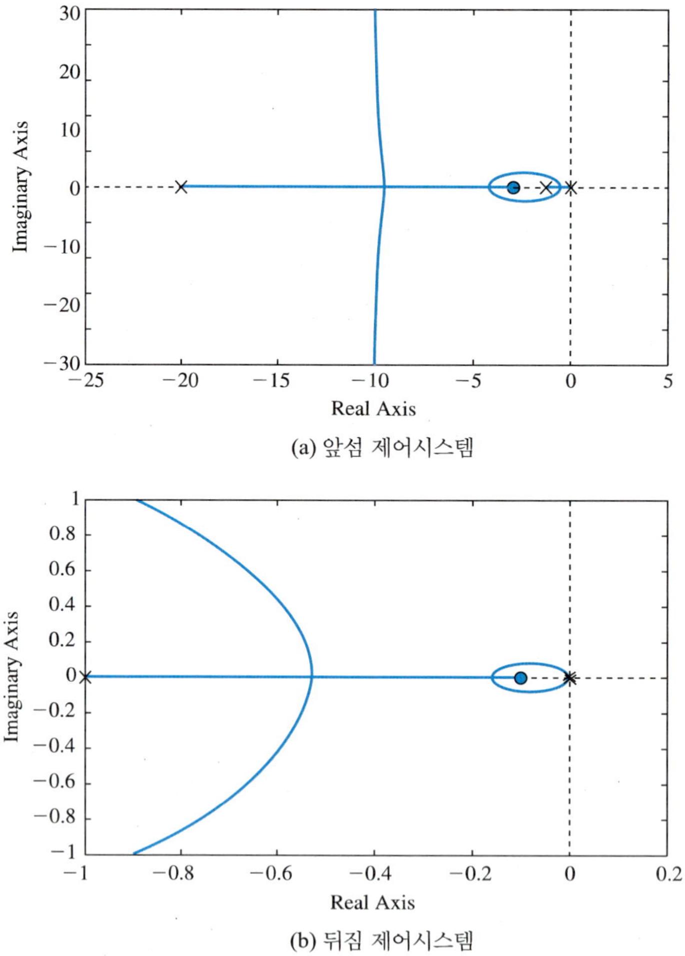

(a) 앞섬 제어시스템

(b) 뒤짐 제어시스템

그림 7.51 앞섬 및 뒤짐 제어된 DC 모터 시스템의 근궤적선도

$$
\begin{aligned}
K_v &= \lim_{s\to 0} sG(s)K(s) \\
&= \lim_{s\to 0} s\frac{31}{s(s+1)}\frac{s+2}{s+20} \\
&= 3.1
\end{aligned} \tag{7.57}
$$

이제 뒤짐 제어기 $K_2(s)=(s+0.1)/(s+0.01)$을 첨가하여, 속도오차상수 K_v를 10배(즉 $z/p=10$) 증가시키고 z와 p 값들을 대단히 작게 유지함으로써 뒤짐 제어기 $K_2(s)$가 빠른 동특성($|s|>0.2$)을 나타내는 궤적에 작은 효과를 주도록 한다. 속도오차상수가 10배 증가하므로 정상상태응답 특성도 그만큼 개선되는 것이다.

그림 7.51에 표시된 바와 같이, $\zeta=0.707$일 때 폐루프 시스템의 대표극점은 $-1.35\pm j1.35$에 있다. 그림 7.51(b)에서 알 수 있듯이 뒤짐 제어의 결과로 원점 근처에 작은 원의 근궤적이 존재한다. 이 근궤적으로 인한 폐루프 극점이 뒤짐 제어기의 영점인 -0.1 근처에 있게 된다. 이 폐루프 극점은 매우 느리게 감쇠하는 과도응답을 나타내지만, 개루프 시스템의 영점과 극점이 거의 상쇄되므로 이 폐루프 극점에 의한 응답 크기는 매우 작다. 그렇지만 유의해야 할 점은 외란에서 오차신호로의 전달함수에는 영점이 포함되지 않으므로 외란에 의한 과도상태는 뒤짐 제어된 시스템에서는 매우 오랫동안 지속된다는 것이다.

예제 7.5 회전 나침판을 이용한 배의 자동조타장치는 정확하고 안정한 제어가 필요한 초대형 유조선을 움직이는 데 중요한 역할을 하고 있다. 그림 7.52에 표시된 배의 자동조타를 위한 제어시스템에서 알 수 있듯이 바람직한 항로 θ_r로부터의 이탈을 정확하게 측정하고 이 오차신호를 이용하여 바람직한 항로 θ_r를 추종할 수 있도록 제어기 $K(s)$로

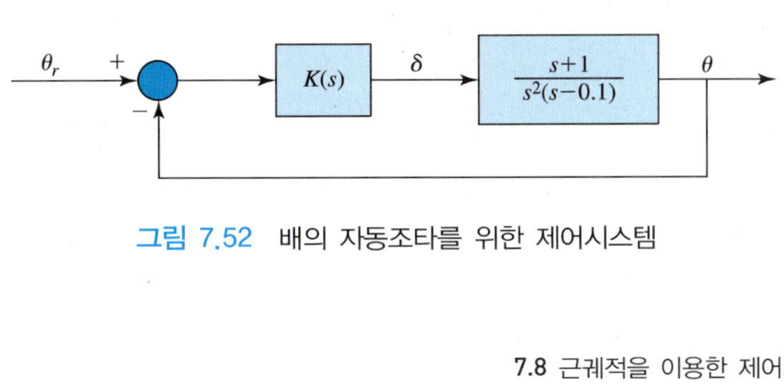

그림 7.52 배의 자동조타를 위한 제어시스템

부터 플랜트의 제어입력인 타의 각도 δ가 조정된다. 배가 일정한 속도로 움직이고 있을 때 플랜트의 제어입력인 타의 각도 δ에서 출력인 실제 항로 θ로의 전달함수 $G(s)$는 다음과 같다.

$$G(s) = \frac{\theta(s)}{\delta(s)} = \frac{s+1}{s^2(s-0.1)}$$

배의 자동조타를 위한 제어기 $K(s)$는 다음과 같은 세 가지 형태 중에서 만족스러운 제어기로 선정한다.

- 비례 제어기: $K(s) = K$
- 비례-적분 제어기: $K(s) = K(1+3/s)$
- 비례-미분 제어기: $K(s) = K(1+2s)$

그리고 요구되는 설계사양은 다음과 같다.

- 단위스텝기준입력과 단위램프기준입력에 대한 정상상태오차가 0이다.
- 폐루프 시스템의 감쇠비 $\zeta \geq 0.707$이다.

주어진 플랜트의 전달함수 $G(s)$에는 $s=0$과 $s=0.1$에 극점이 있으므로 플랜트는 불안정하다. 이 불안정한 플랜트에 비례, 비례-적분, 비례-미분 제어기를 첨가한 제어시스템들을 근궤적선도로 표시하면 각각 그림 7.53, 그림 7.54, 그림 7.55와 같다.

이들 근궤적선도로부터 비례 제어기나 비례-적분 제어기는 자동조타장치를 안정화할 수 없으며, 단지 비례-미분 제어기로만 폐루프 시스템을 안정화할 수 있음을 알 수 있다. 그래서 비례-미분 제어기를 선정하고, 비례-미분 제어시스템에 대한 정상상태응답을 조사하기로 한다.

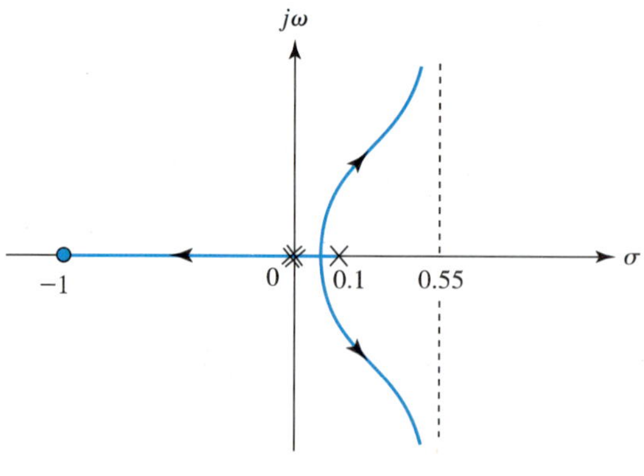

그림 7.53 비례 제어시스템의 근궤적선도

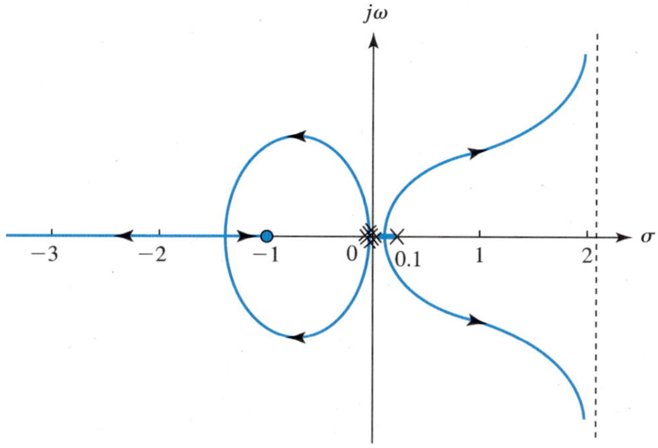

그림 7.54 비례-적분 제어시스템의 근궤적선도

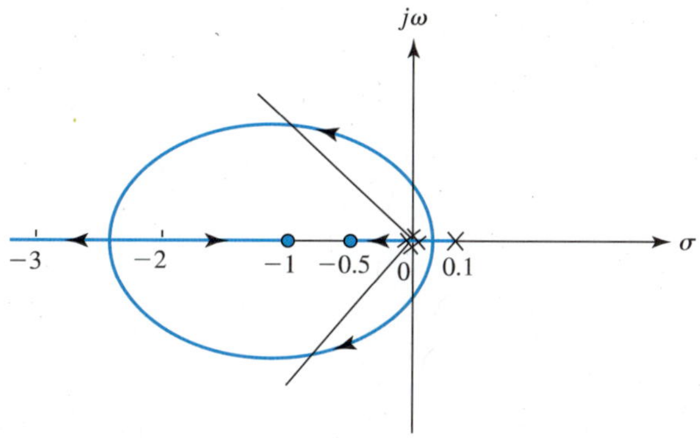

그림 7.55 비례-미분 제어시스템의 근궤적선도

단위스텝기준입력을 가했을 경우 정상상태오차 e_{ss}는 다음과 같다.

$$e_{ss} = \lim_{s \to 0} se(s) = \lim_{s \to 0} s \frac{1}{1 + G(s)K(s)} \frac{1}{s} = 0$$

그리고 단위램프기준입력을 가했을 경우에는

$$e_{ss} = \lim_{s \to 0} s \frac{1}{1 + G(s)K(s)} \frac{1}{s^2} = 0$$

이와 같이 정상상태오차에 대한 설계사양이 충족된다는 것을 알 수 있다. 또한 감쇠비 ζ에 대한 설계사양도 만족시킬 수 있음을 근궤적선도로부터 알 수 있다.

우선 Routh 안정도 판별법을 적용하여 폐루프 시스템을 안정하게 할 수 있는 K 값을 알아보기로 한다. 폐루프 특성방정식은 다음과 같다.

$$s^3 + (2K - 0.1)s^2 + 3Ks + K = 0$$

Routh 배열:

$$\begin{array}{c|cc} s^3 & 1 & 3K \\ s^2 & 2K-0.1 & K \\ s^1 & 3K-K/(2K-0.1) & 0 \\ s^0 & K & \end{array}$$

특성방정식의 계수와 Routh 배열의 첫 번째 열을 조사하여, Routh 안정도 판별조건을 만족시키는 K의 범위를 구하면 다음과 같다.

$$K \geq 0.217$$

요구되는 감쇠비 $\zeta \geq 0.707$이어야 하므로 좌반 s-평면에서 $\pm 45°(=\pm\cos^{-1}0.707)$의 각도를 갖는 두 직선의 안쪽에 폐루프 극점이 위치해야 한다. 이러한 극점들 중 정착 시간을 결정짓는 극점은 허수축에 가장 가까운 극점이므로, 그림 7.55의 근궤적선도에서 알 수 있듯이 가능한 대표극점은 실수축에 대한 각도가 $\pm 45°$인 선과 만나는 근궤적상의 점이 된다. 이 대표극점 s는 근궤적선도에서 $\pm 45°$의 직선과 만나는 위치의 s 값으로서 $s=-1.36\pm j1.36$임을 알 수 있다. 이 값을 특성방정식에 대입하여 제어기 게인 $K=1.65$를 선정할 수 있다. ■

예제 7.6 그림 7.56과 같은 피드백 제어시스템을 설계하기로 한다. 요구되는 설계사양은 다음과 같다.

- 폐루프 시스템의 대표극점의 감쇠비 $\zeta=0.5$이고 고유주파수 $\omega_n=5$ rad/sec이다.
- 속도오차상수 $K_v[=\lim_{s\to 0} s\,G(s)K(s)]$는 50이다.

첫 번째 설계사양을 만족시키기 위해서는 폐루프 시스템의 대표극점은 다음과 같아야 한다.

$$s=-2.5\pm j4.33$$

우선 제어기 $K(s)$의 형태를 다음과 같이 뒤짐-앞섬 제어기의 형태로 선정한다.

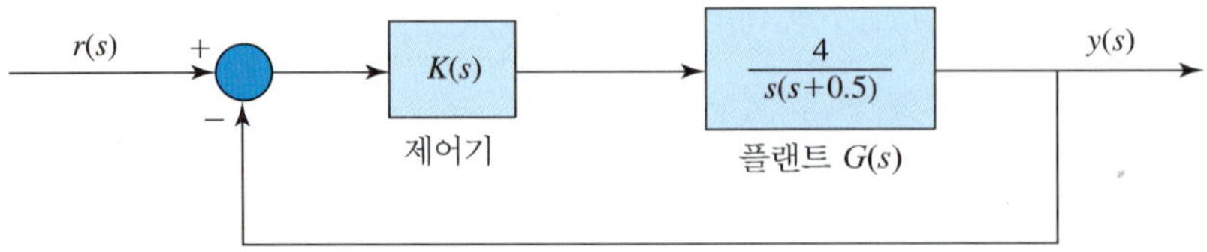

그림 7.56 피드백 제어시스템

$$K(s)=\frac{s+\dfrac{1}{T_1}}{s+\dfrac{\beta}{T_1}}\frac{s+\dfrac{1}{T_2}}{s+\dfrac{1}{\beta T_2}}K_c$$

따라서 보상된 시스템의 루프 전달함수 $L(s)$는 다음과 같다.

$$L(s)=G(s)K(s)=\frac{4}{s(s+0.5)}\frac{s+\dfrac{1}{T_1}}{s+\dfrac{\beta}{T_1}}\frac{s+\dfrac{1}{T_2}}{s+\dfrac{1}{\beta T_2}}K_c$$

이제 두 번째 설계사양을 만족시킬 수 있는 제어기 게인 K_c를 선정한다.

$$K_v=\lim_{s\to 0}s\,G(s)\,K(s)=8K_c=50$$

따라서

$$K_c=6.25$$

이때 보상된 시스템의 루프 전달함수 $L(s)$는 다음과 같다.

$$L(s)=\frac{25}{s(s+0.5)}\frac{s+\dfrac{1}{T_1}}{s+\dfrac{\beta}{T_1}}\frac{s+\dfrac{1}{T_2}}{s+\dfrac{1}{\beta T_2}}$$

여기서 T_2를 충분히 크게 선정한다면

$$\left|\frac{s+\dfrac{1}{T_2}}{s+\dfrac{1}{\beta T_2}}\right|_{s=-2.5+j4.33}\simeq 1,\qquad \angle\left.\frac{s+\dfrac{1}{T_2}}{s+\dfrac{1}{\beta T_2}}\right|_{s=-2.5+j4.33}\simeq 0^\circ$$

폐루프 극점이 $s=-2.5\pm j4.33$에 있어야 하므로 루프 전달함수 $L(s)$의 크기 및 위상 조건은 각각 다음과 같다.

$$|L(s)|_{s=-2.5+j4.33}=\frac{5}{4.77}\left|\frac{s+\dfrac{1}{T_1}}{s+\dfrac{\beta}{T_1}}\right|=1,$$

$$\angle\left.\frac{25}{s(s+0.5)}\right|_{s=-2.5+j4.33}+\angle\left.\frac{s+1/T_1}{s+\beta/T_1}\right|_{s=-2.5+j4.33}=-180^\circ$$

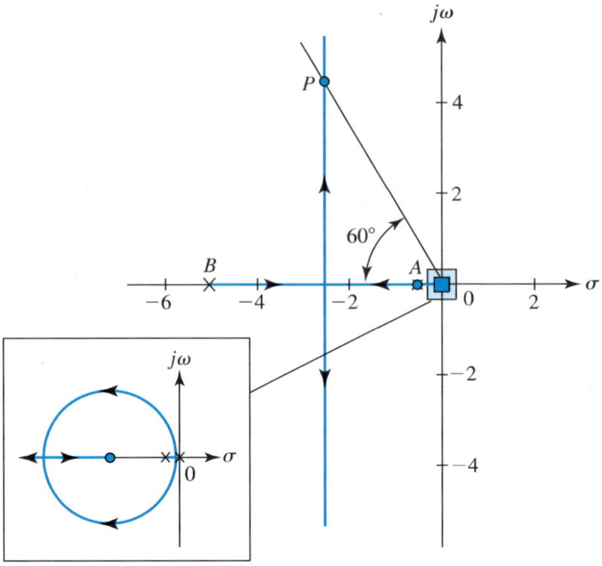

그림 7.57 보상된 시스템에 대한 근궤적선도

또는

$$\angle \left. \frac{s+1/T_1}{s+\beta/T_1} \right|_{s=-2.5+j4.33} = 55^\circ$$

이제 이들 크기와 위상조건을 만족시키는 설계 파라미터 T_1과 β의 값을 보상된 시스템에 대한 근궤적선도(그림 7.57)를 이용하여 선정하기로 한다. 그림 7.57을 참조하면 점 A와 B를 쉽게 배치할 수 있다. 따라서

$$\angle(APB) = \angle \frac{s+1/T_1}{s+\beta/T_1} = 55^\circ, \qquad \frac{\overline{PA}}{\overline{PB}} = \frac{4.77}{5}$$

그림 7.57로부터 $\overline{AO}$와 $\overline{BO}$를 구한다.

$$\overline{AO} = 0.5, \qquad \overline{BO} = 5$$

따라서

$$-\frac{1}{T_1} = -0.5, \qquad -\frac{\beta}{T_1} = -5$$

또는

$$T_1 = 2, \qquad \beta = 10$$

그러므로 뒤짐-앞섬 제어기의 위상앞섬 부분은 다음과 같다.

$$\frac{s+0.5}{s+5}$$

그리고 뒤짐-앞섬 제어기의 위상지연 부분에 대해서는 다음 조건들이 요구된다.

$$\left|\frac{s+\dfrac{1}{T_2}}{s+\dfrac{1}{10T_2}}\right|_{s=-2.5+j4.33} \simeq 1,$$

$$0° < \angle \left.\frac{s+\dfrac{1}{T_2}}{s+\dfrac{1}{10T_2}}\right|_{s=-2.5+j4.33} < 3°$$

이 조건들을 만족시키는 동시에 뒤짐-앞섬 제어기의 최대 시정수 $10T_2$가 물리적으로 감지될 정도로 너무 커서는 안 되므로 $T_2=10$으로 선정한다. 이때 뒤짐-앞섬 제어기의 전달함수 $K(s)$는 다음과 같다.

$$K(s)=\left(\frac{s+0.5}{s+5}\right)\left(\frac{s+0.1}{s+0.01}\right)6.25$$

그리고 보상된 시스템의 루프 전달함수 $L(s)$는 다음과 같다.

$$L(s)=G(s)K(s)=\frac{25(s+0.5)(s+0.1)}{s(s+0.5)(s+5)(s+0.01)}=\frac{25(s+0.1)}{s(s+5)(s+0.01)}$$

위 식에서 $(s+0.5)$항이 소거되므로 보상된 시스템은 3차 시스템이다. 수학적으로 이 항은 소거될 수 있으나, 실제에 있어서는 모델링 오차가 존재하여 이 항이 소거되지 않으므로 이론적으로 구한 시스템의 시정수가 정확하다고 말할 수 없다. 그렇지만 뒤짐-앞섬 제어기에서 위상지연 부분의 각도의 기여도가 아주 작기 때문에 폐루프 시스템의 대표극점의 위치가 요구되는 위치 $s=-2.5\pm j4.33$으로부터 감지될 만한 변화를 하지 않는다. 따라서 보상된 시스템은 모든 요구되는 설계사양들을 만족시키게 된다. 보상된 시스템의 또 하나의 폐루프 극점은 $s=-0.102$에 위치한다. 이 폐루프 극점이 $s=-0.01$에 있는 영점에 가깝게 위치하기 때문에 이 극점은 실제 응답에 큰 영향을 주지 못한다. 일반적으로 극점과 영점이 원점 부근의 음의 실수축상에서 서로 가깝게 위치한다면 이러한 경우에는 과도상태에 있어서 작은 진폭의 저주파응답이 길게 나타난다는 점에 유의해야 한다. 그림 7.58은 비보상된 시스템과 보상된 시스템의 단위스텝응답과 단위램프응답을 나타낸다.

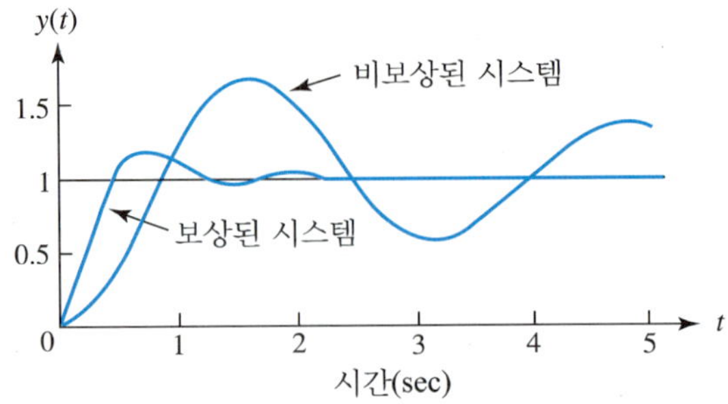

(a) 단위스텝응답

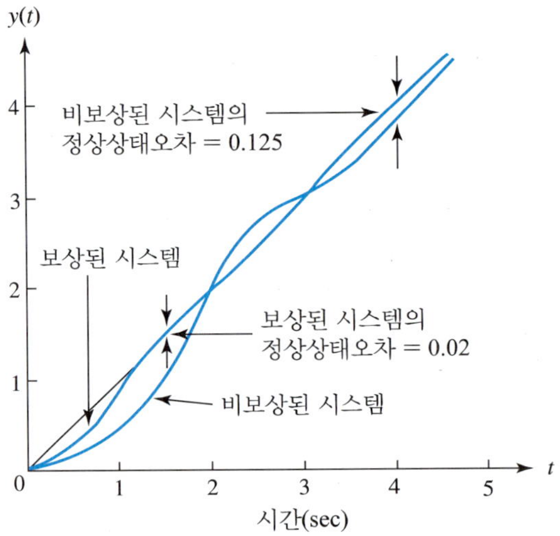

(b) 단위램프응답

그림 7.58 비보상된 시스템과 보상된 시스템의 과도응답

예제 7.6에서 설명했듯이 플랜트의 바람직하지 않은 성능을 나타내는 극점을 폐루프 시스템에서 제거하기 위해서는 제어기에 이 바람직하지 않은 개루프 극점을 상쇄시킬 수 있는 영점을 첨가할 수 있다. 그러나 플랜트의 전달함수는 실제 시스템을 완전하게 묘사할 수 없을 뿐만 아니라 시스템 작동 중에 시스템의 동특성이 어느 정도 변할 수도 있다. 따라서 정확한 극점-영점 상쇄는 사실 불가능하다. 그렇지만 대부분의 경우, 극점-영점 상쇄 형태를 사용하더라도 제어시스템의 성능을 효과적으로 개선할 수 있다. 이를 설명하기 위하여 다음과 같은 전달함수 $G(s)$로 표현되는 플랜트를 생각하기로 한다.

$$G(s) = \frac{K}{(s-p_1)(s-p_2)} \tag{7.58}$$

여기서 p_1과 p_2는 바람직하지 않은 동특성을 나타내는 공액 복소 극점이다. 따라서 이와 같이 바람직하지 않은 극점 p_1과 p_2의 효과를 제거할 수 있도록 극점 p_1, p_2와 거의 일치하는 영점들을 가지며 폐루프 시스템이 바람직한 동특성을 갖도록 적절한 위치에 극점들이 놓이도록 제어기 $K(s)$를 설계하기로 한다. 즉

$$K(s) = \frac{(s-p_1-\epsilon_1)(s-p_2-\epsilon_2)}{s^2+2\zeta\omega_n s+\omega_n^2} \tag{7.59}$$

여기서 ϵ_1과 ϵ_2는 크기가 매우 작은 공액복소수이다. 그림 7.59에는 플랜트 및 제어기의 극점과 영점이 s-평면에 표시되어 있다.

이때 루프 전달함수 $L(s)$와 폐루프 전달함수 $T(s)$는 각각 다음과 같이 표현된다.

$$L(s) = G(s)K(s) = \frac{K(s-p_1-\epsilon_1)(s-p_2-\epsilon_2)}{(s-p_1)(s-p_2)(s^2+2\zeta\omega_n s+\omega_n^2)} \tag{7.60}$$

$$T(s) = \frac{K(s-p_1-\epsilon_1)(s-p_2-\epsilon_2)}{(s-p_1)(s-p_2)(s^2+2\zeta\omega_n s+\omega_n^2)+K(s-p_1-\epsilon_1)(s-p_2-\epsilon_2)} \tag{7.61}$$

그림 7.59에서 부정확한 극점-영점 상쇄의 결과로 인해 두 개의 폐루프 극점이 p_1과 $p_1+\epsilon_1$ 사이, 그리고 p_2와 $p_2+\epsilon_2$ 사이에 놓여 있음을 알 수 있다. 그러므로 이들 폐루프 극점들은 상쇄될 예정이었던 개루프 극점과 영점에 상당히 가깝게 놓여 있다. 따라서 식 (7.61)에 표시된 폐루프 전달함수 $T(s)$를 다음과 같이 근사화할 수 있다.

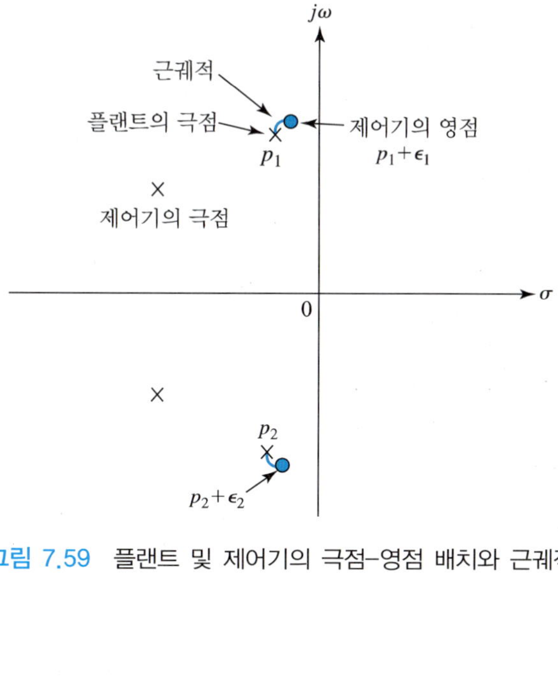

그림 7.59 플랜트 및 제어기의 극점-영점 배치와 근궤적

$$T(s) = \frac{K(s - p_1 - \epsilon_1)(s - p_2 - \epsilon_2)}{(s - p_1 - \delta_1)(s - p_2 - \delta_2)(s^2 + 2\zeta\omega_n s + \omega_n^2 + K)} \tag{7.62}$$

여기서 δ_1과 δ_2는 ϵ_1, ϵ_2, 그리고 다른 모든 시스템 파라미터들과 관련된, 크기가 매우 작은 공액복소수이다. 식 (7.62)를 부분분수로 전개하면 다음과 같다.

$$T(s) = \frac{c_1}{s - p_1 - \delta_1} + \frac{c_2}{s - p_2 - \delta_2} + \text{나머지 극점에 관한 항} \tag{7.63}$$

여기서 c_1과 c_2는 각각 $\delta_1 - \epsilon_1$과 $\delta_2 - \epsilon_2$에 비례하는 매우 작은 상수이다.

위의 결과로부터 제어기가 바람직하지 않은 플랜트의 극점을 완전히 상쇄시킬 수 없을지라도 부정확한 상쇄에 기인한 과도응답 항은 무시할 정도의 미미한 크기를 가짐을 알 수 있다. 따라서 상쇄 목적으로 첨가된 제어기의 영점이 상쇄시키고자 하는 플랜트의 실제 극점 위치에서 지나치게 멀리 떨어져 있지 않는 한 그 효과는 무시될 수 있으므로 상쇄 목적에 부합된다. 그러나 우반 s-평면에 있는 극점이나 영점을 상쇄시키려고 해서는 절대 안 된다. 왜냐하면 부정확한 상쇄는 폐루프 시스템을 불안정하게 하기 때문이다. 비록 상쇄시키고자 한 극점과 영점의 위치가 거의 같아서 매우 작은 진폭의 시간응답 특성을 나타낸다고 할지라도, 시간이 어느 정도 경과하면 이에 대한 응답이 무한히 커지기 때문이다.

7.9 주파수응답을 이용한 제어시스템 설계

제어시스템을 해석하고 설계할 때, 주파수역 접근법은 복소수역 또는 시간역 접근법에 비해 상대적으로 시스템의 성능 및 안정도에 관한 유용한 정보들을 더 많이 제공한다. 그래서 주파수응답을 이용한 제어시스템 설계 기법은 반드시 익혀둘 필요가 있다. 일반적으로 주파수역에서 제어시스템을 설계하기 위해서는 작도가 간편하고 제어 요소의 각 항의 효과를 쉽게 평가할 수 있는 Bode 선도와 폐루프 시스템의 특성을 쉽게 알 수 있는 Nichols 선도를 주로 사용한다. 주파수응답을 이용한 제어시스템 설계는 명령추종이나 외란제거 성능과 같은 주파수역 성능 그리고 상대안정도나 안정도-강인성 문제를 고려할 때 특히 유용한 설계 방법이다.

주파수응답을 이용한 제어시스템 설계는 Bode 선도와 같은 주파수응답선도에 표시된 개루프 시스템의 주파수응답 특성을 개선할 수 있도록 루프 형상을 보상하는 과정으로 이루어진다. 폐루프 제어시스템 설계를 위하여 일반적으로 개루프 시스템의 주파수응답으로부터 유익한 정보를 얻고 있다. 개루프 시스템의 게인교차주파수(gain crossover frequency)보다 작은 저주파역에서는 폐루프 제어시스템의 정상상태 거동을 알 수 있고, 게인교차주파수 근처의 중간 주파수역 또는 임계점$(-1+j0)$ 근처에 있는 주파수역에서는 상대안정도를 알 수 있다. 그리고 게인교차주파수보다 큰 고주파역에서는 시스템의 차수와 센서 잡음에 대한 저감도를 알 수 있다. 많은 실제적인 폐루프 제어시스템 설계는 이와 같은 개루프 시스템의 주파수역 특성을 이용하여 정상상태에서의 정확도와 상대안정도를 절충함으로써 이루어진다. 저주파역에서는 개루프 시스템의 게인이 충분히 커야 바람직한 정상상태응답 특성을 얻을 수 있다. 게인교차주파수 근처에서는 크기 Bode 선도에서의 기울기가 -20 dB/dec를 유지해야 적절한 위상여유가 보장되고 폐루프 제어시스템의 진동 문제가 해결된다. 그리고 고주파역에서는 센서 잡음 효과가 최소화되도록 개루프 시스템의 게인이 가능한 한 작아야 한다.

주파수역에서의 제어시스템 설계는 일반적으로 다음과 같은 절차로 이루어진다. 우선 Bode 선도에서 요구되는 정상상태응답 특성이 충족되도록 개루프 시스템의 게인을 조정한다. 다음으로 개루프 게인만이 조정된 개루프 시스템에 대한 크기 및 위상 Bode 선도를 그린다. 위상 및 게인 여유가 만족스럽지 않다면, 적절한 제어기를 첨가하여 이들을 만족시킨다. 끝으로, 시간역에서의 요구조건들과 같은 다른 설계사양들이 있다면, 이들이 충족되는지를 조사하기 위하여 폐루프 시스템의 과도응답 특성을 평가한다. 만일 만족스럽지 않다면, 제어기는 수정되어야 하고 만족스러운 결과를 얻을 때까지 이와 같은 제어시스템 설계 및 해석 과정을 반복해야 한다.

이제 산업 현장에서 일반적으로 많이 사용되고 있는 제어기의 형태인 앞섬/뒤짐 제어기의 설계 절차를 간략히 설명하고, 설계 예제들을 통하여 설계 과정을 구체화하기로 한다. 우선 주파수응답을 이용한 앞섬 제어기 설계 절차를 요약하면 다음과 같다.

- 정상상태오차를 만족시키기 위한 루프 게인 K를 선정한다.
- 플랜트 전달함수 $G(s)$에 루프 게인 K를 곱한 $KG(s)$에 대한 게인 및 위상 여유를 Bode 선도로부터 알아보고, 요구되는 상대안정도가 충족되도록 필요한 추가 위상앞섬각을 결정한다. 추가 위상앞섬각은 요구되는 위상여유에서 $KG(s)$의 위상여유를 뺀 값에 보통 $5°$ 정도 여유를 더 준다. 이유는 앞섬 제어기의 첨가로 Bode 선도의 크기 곡선이 수정되어 게인교차주파수가 오른쪽으로 이동하기 때문이다.
- 식 (7.30)을 이용하여 필요한 추가 위상앞섬각을 얻을 수 있는 α 값을 선정한다.
- 마지막으로 적정한 T 값을 선정하고 설계를 끝낸다. 중요한 것은 최대 위상앞섬각

ϕ_m이 새로운 게인교차주파수에 위치하도록 앞섬 제어기의 절점주파수 $1/T$과 $1/\alpha T$을 정하는 것이다. 이때 최종적인 제어기의 전달함수 $K(s)$는 다음과 같다.

$$K(s) = \frac{K}{\alpha}\frac{s+1/T}{s+1/\alpha T}, \qquad \alpha < 1 \tag{7.64}$$

여기서 $\frac{K}{\alpha}$는 증폭기의 게인이고, $\frac{s+1/T}{s+1/\alpha T}$는 앞섬 제어기의 전달함수이다.

- 게인여유가 충족되는지를 조사한다. 만족스럽지 않다면, 만족스러운 결과를 얻을 때까지 제어기의 영점-극점의 위치를 수정함으로써 설계 과정을 반복한다.

예제 7.7 그림 7.60은 가솔린 엔진의 속도 제어시스템에 대한 블록선도이다. 여기서 $T_c = 1$초, $T_e = 4$초, $T_m = 0.5$초이다. 단위스텝기준입력에 대한 정상상태오차가 7 %보다 작은 값을 만족시킬 수 있는 비례 제어시스템[$K(s) = K$]을 설계하고, 공칭안정도와 상대안정도를 조사하기로 한다. 그런 다음, 비례 제어시스템과 같은 정상상태응답 성능을 가지며 적어도 위상여유가 40°가 되는 앞섬 제어기를 설계하고, 설계된 제어시스템의 게인여유를 조사하기로 한다.

이 속도 제어시스템의 폐루프 전달함수 $T(s)$를 구하면 다음과 같다.

$$T(s) = \frac{(T_m s+1)K}{(T_c s+1)(T_e s+1)(T_m s+1)+K}$$

그리고 오차신호 $e(s)$는

$$\begin{aligned} e(s) &= r(s) - y(s) = r(s)\{1-T(s)\} \\ &= r(s)\left\{1 - \frac{(T_m s+1)K}{(T_c s+1)(T_e s+1)(T_m s+1)+K}\right\} \end{aligned}$$

최종값 정리를 이용하여 단위스텝기준입력에 대한 정상상태오차 e_{ss}를 구하면

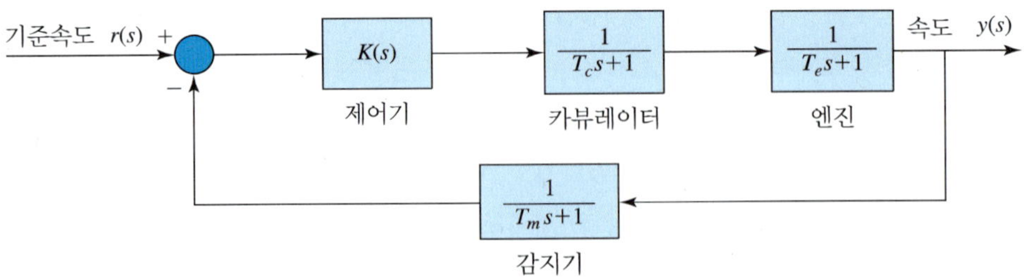

그림 7.60 가솔린 엔진의 속도 제어시스템

$$e_{ss} = \lim_{s\to 0} se(s) = \lim_{s\to 0} s\frac{1}{s}\left\{1 - \frac{(T_m s+1)K}{(T_c s+1)(T_e s+1)(T_m s+1)+K}\right\} = \frac{1}{1+K}$$

정상상태오차 $e_{ss} \le 0.07$을 만족시키기 위해서는 $K \ge 13.3$이어야 한다.

비례 제어시스템의 공칭안정도와 상대안정도를 조사하기 위하여 개루프 전달함수 $G(s)$를 구하면 다음과 같다.

$$G(s) = \frac{13.3}{(s+1)(4s+1)(0.5s+1)}$$

그림 7.61은 비례 제어시스템에 대한 개략적인 Nyquist 선도이다. 이 비례 제어시스템은 불안정한 개루프 극점이 없고 Nyquist 궤적이 임계점$(-1+j0)$을 둘러싸는 횟수가 0이므로 안정하다.

이제 해석적인 방법으로 게인 및 위상 여유를 구하기로 한다. 게인여유 K_g를 구하기 위해서는 우선 위상이 $-180°$인 주파수 ω_p를 찾는다. 즉

$$\angle G(j\omega_p) = -(\tan^{-1}\omega_p + \tan^{-1}4\omega_p + \tan^{-1}0.5\omega_p) = -180°$$

이때 $\omega_p = 1.7$ rad/sec이고, $|G(j\omega_p)| = 1/K_g$이므로

$$K_g = \frac{1}{|G(j\omega_p)|} = \frac{\sqrt{\omega_p^2+1}\ \sqrt{16\omega_p^2+1}\ \sqrt{0.25\omega_p^2+1}}{13.3} = 1.33$$

위상여유 γ를 구하기 위해서는 우선 크기가 1인 주파수 ω_g를 찾는다. 즉

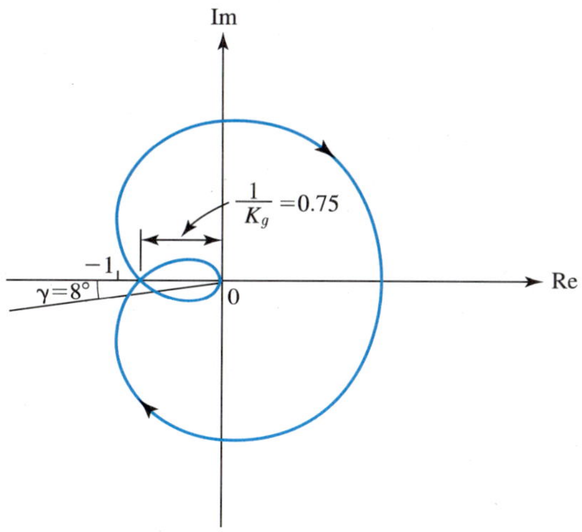

그림 7.61 비례 제어시스템에 대한 Nyquist 선도

$$|G(j\omega_g)| = \frac{13.3}{\sqrt{\omega_g^2+1}\ \sqrt{16\omega_g^2+1}\ \sqrt{0.25\omega_g^2+1}} = 1$$

이때 $\omega_g = 1.5$ rad/sec이고, 위상여유 $\gamma = 180° + \angle G(j\omega_g)$이므로

$$\gamma = 180° - (\tan^{-1}\omega_g + \tan^{-1}4\omega_g + \tan^{-1}0.5\omega_g) = 8°$$

다음으로 앞섬 제어기를 설계하기로 한다. 앞섬 제어기의 일반 형태는 다음과 같다.

$$K(s) = K_c \frac{s+1/T}{s+1/\alpha T}, \qquad \alpha = \frac{a}{b} < 1$$

요구되는 위상여유 $\gamma \geq 40°$이므로, $\phi_m \geq 32°$이어야 한다. 그러므로 $\phi_m = 40°$로 선정한다. 이때

$$\sin\phi_m = \frac{1-\alpha}{1+\alpha}$$

또는

$$\alpha = \frac{1-\sin\phi_m}{1+\sin\phi_m} = 0.22$$

그리고 $\omega = 1/\sqrt{\alpha}\,T$에서의 크기 곡선의 수정량은 다음과 같다.

$$\left|\frac{1+j\omega T}{1+j\omega\alpha T}\right|_{\omega=1/(\sqrt{\alpha}\,T)} = \frac{1}{\sqrt{\alpha}} = 6.58 \text{ dB}$$

그림 7.62는 앞섬 제어를 한 경우와 안 한 경우에 대한 Bode 선도이다. 이 Bode 선도로부터 새로운 게인교차주파수 ω_g가 2 rad/sec이라는 것을 알 수 있다. 이때

$$a = \frac{1}{T} = \sqrt{\alpha}\,\omega_g = 0.93$$
$$b = \frac{1}{\alpha T} = \frac{\omega_g}{\sqrt{\alpha}} = 4.26$$

그리고 앞섬 제어기 전달함수 $K(s)$는

$$K(s) = K_c \frac{s+0.93}{s+4.26}$$

여기서 정상상태오차와 Bode 선도의 크기 선도를 만족시킬 수 있는 K_c 값은 다음과 같다.

$$K_c = \frac{1}{\alpha}K = \frac{4.26}{0.93} \times 13.3 = 60.9$$

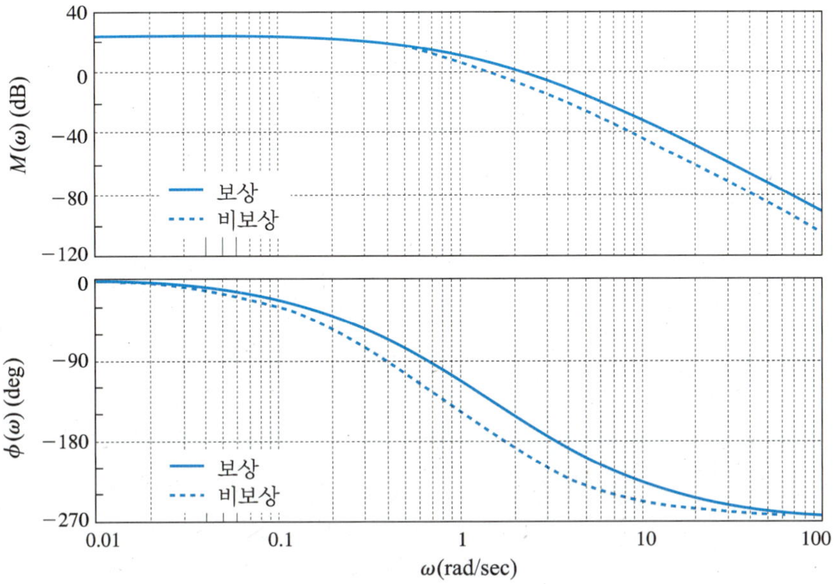

그림 7.62 앞섬 제어를 한 경우와 안 한 경우에 대한 Bode 선도

그리고 설계된 앞섬 제어시스템의 게인여유 K_g는 약 5 dB이다. ■

예제 7.8 그림 7.63과 같은 피드백 제어시스템에서 속도오차상수 $K_v\,[=\lim_{s\to 0} s\,G(s)K(s)]$가 20, 위상여유가 50°, 게인여유가 적어도 10 dB이 되는 제어기 $K(s)$를 설계하기로 한다.

이와 같은 설계사양을 만족하기 위하여 앞섬/뒤짐 제어기의 형태를 선정한다. 우선 정상상태응답에 관한 설계사양인 속도오차상수 K_v를 만족하기 위한 제어기 게인 K_c를 선정한다.

$$K_v = \lim_{s\to 0} s K_c G(s) = \lim_{s\to 0} s K_c \frac{4}{s(s+2)} = 20$$

따라서

$$K_c = 10$$

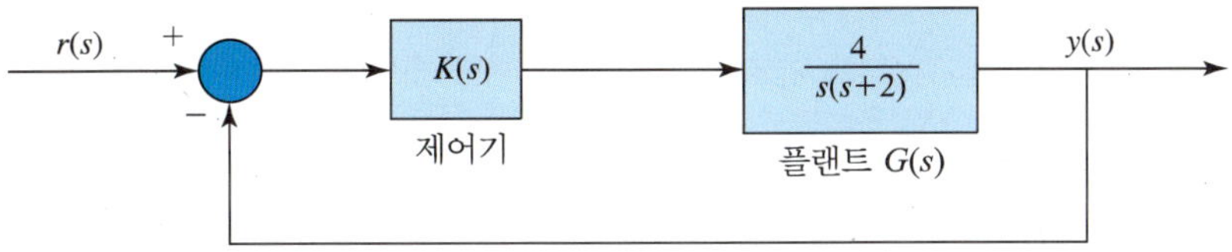

그림 7.63 피드백 제어시스템

다음으로 제어기 게인 K_c를 포함한 플랜트 전달함수 $K_cG(s)$의 Bode 선도(그림 7.64)를 그린다. $K_cG(s)$의 Bode 선도로부터 시스템의 게인 및 위상 여유가 각각 ∞ dB과 17°가 됨을 알 수 있다. 17°의 위상여유를 갖는 실제 시스템은 심하게 진동할 수 있다. 따라서 이 경우는 정상상태응답은 만족스럽지만 과도응답 성능 및 상대안정도는 개선되어야 한다. 설계사양에 의하면 적어도 50°의 위상여유가 필요하므로 상대안정도에 관한 설계사양을 만족시키기 위해서는 추가로 33°의 위상앞섬이 필요하다. 정상상태응답에 관한 설계사양을 만족시킬 수 있는 K_c의 값을 감소시키지 않고 50°의 위상여유를 갖기 위해서는 앞섬 제어기$\left[K(s) = K_c\dfrac{1+Ts}{1+\alpha Ts}\right]$를 사용하는 것이 바람직하다.

앞섬 제어기의 첨가로 Bode 선도의 크기 곡선이 수정되므로 게인교차주파수가 오른쪽으로 이동하게 된다. 게인교차주파수의 증가로 함께 증가하는 $K_c G(j\omega)$의 위상지연을 고려해야 하므로 게인교차주파수의 이동을 생각할 때 소요되는 최대 위상앞섬각 ϕ_m을 약 38°로 정하는 것이 바람직하다. 여기서 5°는 게인교차주파수의 이동을 고려하기 위하여 추가된 위상앞섬각이다. 이제 최대 위상앞섬각에 관한 식 (7.30)으로부터 제어기 파라미터 α를 구할 수 있다.

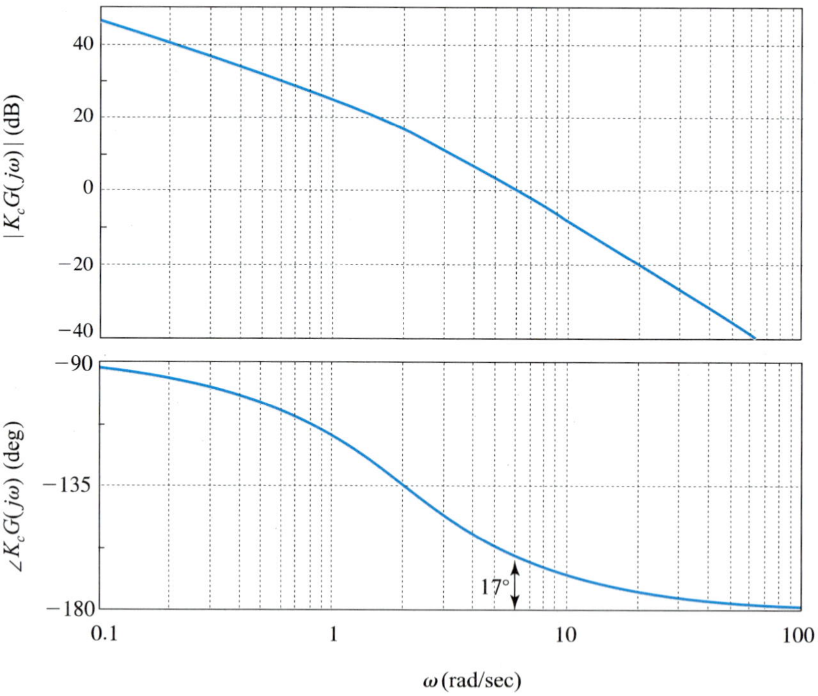

그림 7.64 $K_cG(s) = \dfrac{40}{s(s+2)}$의 Bode 선도

$$\sin\phi_m = \frac{1-\alpha}{1+\alpha}$$

최대 위상앞섬각 $\phi_m = 38°$가 필요하므로 위 식으로부터 $\alpha = 0.24$가 되어야 한다. 일단 α가, 소요되는 위상앞섬각을 기초로 하여 선정되면 다음 단계는 앞섬 제어기의 절점주파수 $\omega = 1/T$과 $\omega = 1/\alpha T$을 선정하는 작업이다. 여기서 주의해야 할 점은 최대 위상앞섬각 ϕ_m을 얻을 수 있는 주파수 ω_m은 두 절점주파수의 기하학적 평균값인 $\omega_m = 1/\sqrt{\alpha}\,T$이라는 것이다. 주파수 ω_m에서의 크기 곡선의 수정량은 다음과 같다.

$$\left|\frac{1+j\omega T}{1+j\omega\alpha T}\right|_{\omega=1/(\sqrt{\alpha}\,T)} = \frac{1}{\sqrt{\alpha}} = \frac{1}{\sqrt{0.24}} = 6.2 \text{ dB}$$

따라서 $|K_c G(j\omega)| = -6.2$ dB일 때의 주파수 $\omega(=9 \text{ rad/sec})$가 새로운 게인교차주파수 ω_c로 선정되어야 한다. 그러므로 나머지 제어기의 설계 파라미터 T 값은 다음 식을 이용하여 선정한다.

$$\omega_c = \frac{1}{\sqrt{\alpha}\,T} = 9$$

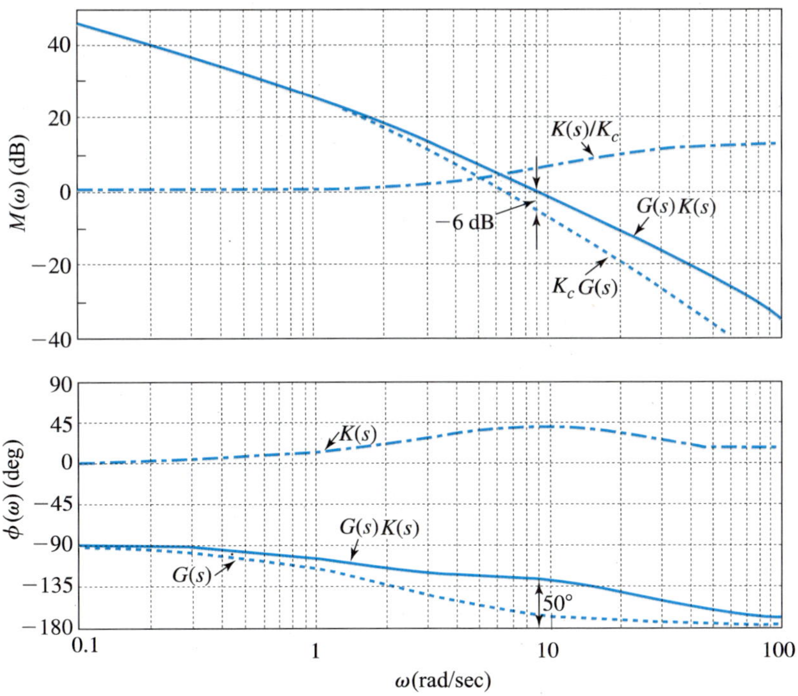

그림 7.65 보상된 시스템의 루프 전달함수 $G(s)K(s)$의 Bode 선도

위 식으로부터 $T = 0.227$이다. 따라서 제어기 $K(s)$는 다음과 같다.

$$K(s) = \frac{10(1+0.227s)}{1+0.054s}$$

그림 7.65는 보상된 시스템의 루프 전달함수 $G(s)K(s)$의 Bode 선도이다. 이 피드백 제어시스템은 정상상태응답에 관한 설계사양($K_v = 20$)과 상대안정도에 관한 설계사양(위상여유 $\gamma = 50°$, 게인여유 $K_g = 10$ dB)을 모두 만족시킨다. ■

주파수응답을 이용한 뒤짐 제어기 설계 절차를 요약하면 다음과 같다.

- 정상상태오차를 만족시키기 위한 루프 게인 K를 선정한다.
- 플랜트 전달함수 $G(s)$에 루프 게인 K를 곱한 $KG(s)$에 대한 Bode 선도를 그리고 $KG(s)$의 게인 및 위상 여유를 결정한다.
- 상대안정도에 관한 설계사양이 충족되지 않으면 $KG(s)$의 위상이 $-180°$인 주파수 점을 찾아서 소요되는 위상여유를 고려한다. 또한 이 위상여유에 $5 \sim 12°$를 추가한다. 그 이유는 뒤짐 제어기의 첨가로 발생하는 위상지연을 보상해야 하기 때문이다. 그리고 $KG(s)$의 위상이 $-180°$인 주파수를 새로운 게인교차주파수로 선정한다.
- 절점주파수 $\omega = 1/T$(뒤짐 제어기의 영점에 해당)을 새로운 게인교차주파수의 $1/8 \sim 1/10$이 되도록 선정한다. 보통 뒤짐 제어기의 시정수가 너무 크지 않다면 절점주파수 $\omega = 1/T$을 새로운 게인교차주파수의 $1/10$이 되도록 선정한다.
- 새로운 게인교차주파수에서 보상된 시스템의 루프 전달함수의 크기가 0 dB이 되도록 β 값을 선정한다. Bode 선도에서 크기 조정량이 $-20\log\beta$ dB인 것에 유의해야 한다. 보통 처음으로 시도되는 β 값은 10이다. 다음에 다른 절점주파수(뒤짐 제어기의 극점에 해당)인 $\omega = 1/\beta T$을 결정한다. 이때 최종적인 제어기의 전달함수 $K(s)$는 다음과 같다.

$$K(s) = \frac{K}{\beta}\frac{s+1/T}{s+1/\beta T}, \qquad \beta > 1 \tag{7.65}$$

여기서 K는 증폭기의 게인이고, $\frac{1}{\beta}\frac{s+1/T}{s+1/\beta T}$는 뒤짐 제어기의 전달함수이다.

예제 7.9 그림 7.66과 같은 피드백 제어시스템에서 속도오차상수 K_v는 5, 위상여유는 40°, 게인여유는 적어도 10 dB이 되는 제어기 $K(s)$를 설계하기로 한다.

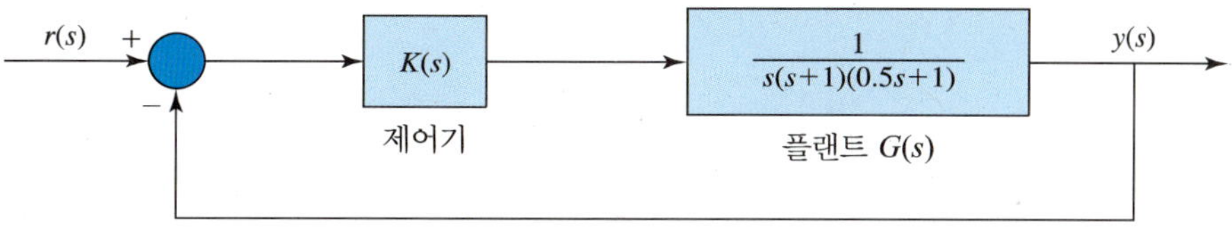

그림 7.66 피드백 제어시스템

이와 같은 설계사양을 만족하기 위하여 앞섬/뒤짐 제어기를 선정한다. 우선 요구되는 정상상태에 관한 설계사양인 속도오차상수 K_v를 만족하기 위한 제어기 게인 K_c를 선정한다.

$$K_v = \lim_{s \to 0} sK_cG(s) = \lim_{s \to 0} \frac{K_c s}{s(s+1)(0.5s+1)} = 5$$

따라서

$$K_c = 5$$

다음으로 제어기 게인 K_c를 포함한 플랜트 전달함수 $K_cG(s)$의 Bode 선도(그림 7.67)를 그린다. $K_cG(s)$의 Bode 선도로부터 위상여유가 $-20°$가 되는 것을 알 수 있다. 이것은 시스템이 불안정하다는 것을 의미한다. 이 경우, 요구되는 상대안정도에 관한 설계사양을 만족시키기 위해서는 뒤짐 제어기$[K(s) = K_c\frac{1+Ts}{1+\beta Ts}]$를 사용하는 것이 바람직하다.

$K_cG(s)$의 Bode 선도에서 $40°$의 위상여유에 해당하는 주파수가 0.7 rad/sec이므로 보상된 시스템의 게인교차주파수는 이 값 근처에서 선정하지 않으면 안 된다. 뒤짐 제어기로 인해 시정수에 큰 변화를 주지 않기 위하여 절점주파수 $\omega = 1/T$(뒤짐 제어기의 영점에 해당)을 0.1 rad/sec가 되도록 선정한다. 한편, 뒤짐 제어기의 추가로 Bode 선도의 위상곡선이 수정되므로 위상곡선에서 $5 \sim 12°$의 보상이 필요하다. 뒤짐 제어기로 인해 추가로 위상지연각이 생기므로 요구되는 위상여유 $40°$에 $12°$를 더한 $52°$를 필요한 위상여유로 한다.

$K_cG(s)$의 Bode 선도로부터 $\omega = 0.45$ rad/sec일 때 위상이 약 $-128°$임을 알 수 있다. 따라서 새로운 게인교차주파수가 0.45 rad/sec가 되도록 한다. 이 새로운 게인교차주파수에서 크기 곡선을 0 dB로 끌어내리기 위하여 뒤짐 제어기를 적절히 조정한다. 이 경우에는 -20 dB이다. 따라서 이를 만족하기 위하여 뒤짐 제어기 설계 파라미터 β를 다음과 같이 선정한다.

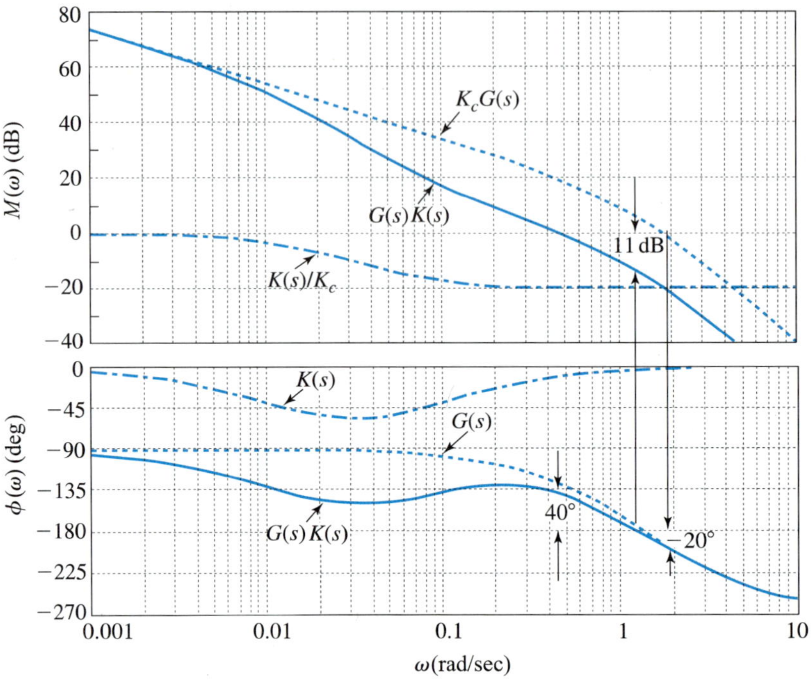

그림 7.67 $K_cG(s)$와 $G(s)K(s)$의 Bode 선도

$$20\log\frac{1}{\beta} = -20$$

또는

$$\beta = 10$$

이때 다른 절점주파수 $\omega = 1/\beta T$(뒤짐 제어기의 극점에 해당)은 다음과 같이 정해진다.

$$\frac{1}{\beta T} = 0.01 \text{ rad/sec}$$

따라서 제어기 $K(s)$는 다음과 같다.

$$K(s) = \frac{5(10s+1)}{100s+1}$$

보상된 시스템의 루프 전달함수 $G(s)K(s)$는 다음과 같고, 이에 대한 Bode 선도는 그림 7.67에 표시되어 있다.

$$G(s)K(s) = \frac{5(10s+1)}{s(100s+1)(s+1)(0.5s+1)}$$

보상된 시스템의 위상여유는 약 40° 그리고 게인여유는 약 11 dB로서 모든 설계사양을 만족시킨다. 그리고 속도오차상수는 요구된 바와 같이 5이다. 따라서 보상된 시스템은 정상상태응답과 상대안정도에 관한 설계사양을 모두 만족시키고 있다. 그렇지만 새로운 게인교차주파수가 2.1 rad/sec에서 0.45 rad/sec로 감소된 것에 유의해야 한다. 이것은 시스템의 대역폭이 작아졌음을 의미한다. 따라서 보상된 시스템의 응답속도는 보상되지 않은 시스템보다 늦어지게 된다. ■

예제 7.10 그림 7.68과 같은 피드백 제어시스템에서 속도오차상수 K_v는 10, 위상여유는 50°, 게인여유는 적어도 10 dB이 되는 제어기 $K(s)$를 설계하기로 한다.

우선 정상상태응답에 관한 설계사양인 속도오차상수 K_v를 만족하기 위한 제어기 게인 K_c를 선정한다.

$$K_v = \lim_{s \to 0} sK_cG(s) = \lim_{s \to 0} \frac{sK_c}{s(s+1)(s+1)} = 10$$

따라서

$$K_c = 20$$

다음으로 제어기 게인 K_c를 포함한 플랜트 전달함수 $K_cG(s)$의 Bode 선도(그림 7.69)를 그린다. $K_cG(s)$의 Bode 선도로부터 위상여유가 $-35°$인 것을 알 수 있다. 이것은 시스템이 불안정하다는 것을 의미한다. 이 경우는 위상여유 추가량이 크게 요구되므로 뒤짐-앞섬 제어기의 형태를 선정한다.

$$K(s) = \frac{K_c(s+1/T_1)(s+1/T_2)}{(s+\beta/T_1)(s+1/\beta T_2)}$$

뒤짐-앞섬 제어기 설계에 있어서 첫 단계는 새로운 게인교차주파수를 선정하는 것이다. $K_cG(j\omega)$에 대한 위상곡선으로부터 $\omega = 1.5$ rad/sec에서 $\angle K_cG(j\omega) = -180°$임을 알 수 있다. 새로운 게인교차주파수가 1.5 rad/sec 근처에 있도록 하는 것이 편리하

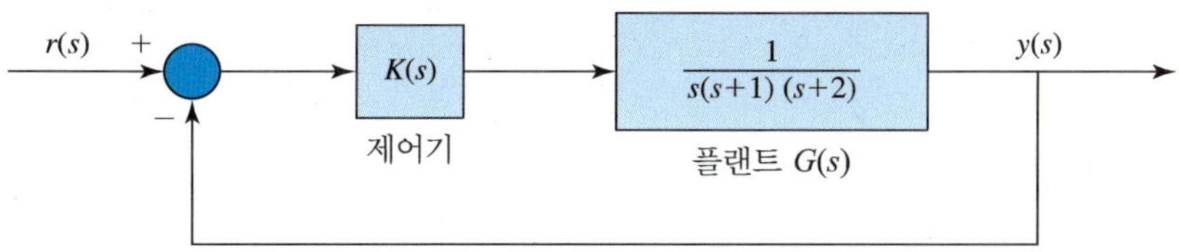

그림 7.68 피드백 제어시스템

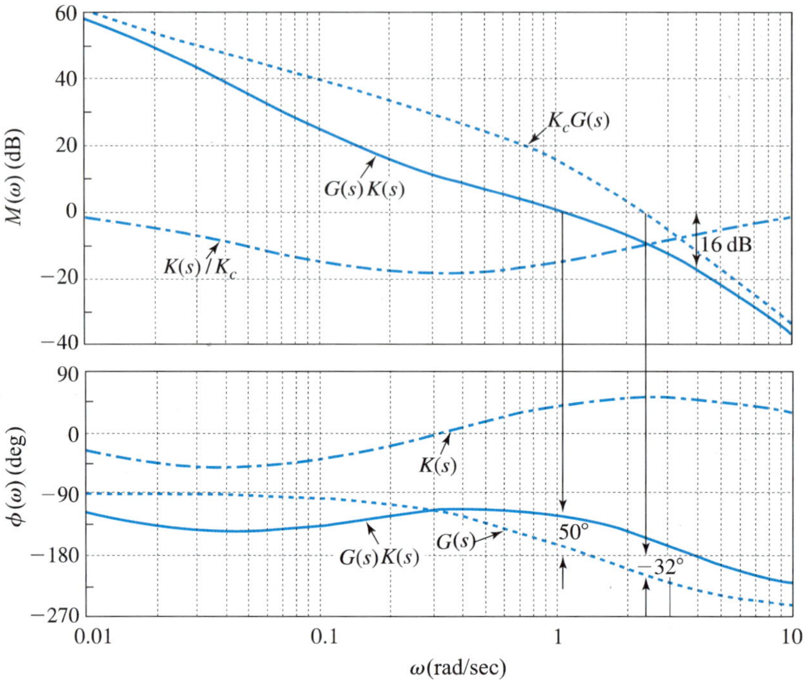

그림 7.69 $K_cG(s)$와 $G(s)K(s)$의 Bode 선도

나, 이렇게 하면 $\omega=1.5$ rad/sec에서 요구되는 위상앞섬각이 약 50°가 된다. 이것은 뒤짐-앞섬 제어기를 사용하여 해결할 수 있다.

일단 게인교차주파수가 1.5 rad/sec가 되도록 하면 뒤짐-앞섬 제어기에 대한 위상지연 부분의 절점주파수를 결정할 수 있다. 절점주파수 $\omega=1/T_2$(제어기의 위상지연 부분의 영점에 해당)을 새로운 게인교차주파수보다 한 데케이드 작도록 하여 주파수 $\omega=0.15$ rad/sec로 선정한다. 즉, $T_2=1/0.15$이다. 그리고 β 값을 10으로 선정하면 절점주파수 $\omega=1/\beta T_2$(제어기의 위상지연 부분의 극점에 해당)은 주파수 $\omega=0.015$ rad/sec가 된다.

한편, 위상앞섬 부분은 다음과 같이 결정할 수 있다. 그림 7.69에서 새로운 게인교차주파수 $\omega=1.5$ rad/sec에서 $K_cG(j1.5)$는 13 dB이 됨을 알 수 있다. 따라서 뒤짐-앞섬 제어기가 주파수 $\omega=1.5$ rad/sec에서 −13 dB이 되게 하면 새로운 게인교차주파수는 요구되는 바와 같게 된다. 이 요구 조건을 만족시키기 위하여 Bode 선도 위에 (−13 dB, 1.5 rad/sec) 점을 통과하는 기울기 20 dB/sec인 직선을 그리고 이 직선이 0 dB선과 −20 dB선과 교차하는 주파수를 위상앞섬 부분에 대한 절점주파수로 선정한다. 그러므로 위상앞섬 부분에 대한 절점주파수는 $\omega=0.7$ rad/sec와 $\omega=7$ rad/sec가 되고, 이때 설계 파라미터 $T_1 = 1/0.7$로 선정된다. 따라서 제어기 $K(s)$는 다음과 같다.

$$K(s) = \frac{20(s+0.7)(s+0.15)}{(s+7)(s+0.015)}$$

보상된 시스템의 루프 전달함수 $G(s)K(s)$는 다음과 같고 이에 대한 Bode 선도는 그림 7.69에 표시되어 있다.

$$G(s)K(s) = \frac{20(s+0.7)(s+0.15)}{(s+7)(s+0.015)s(s+1)(s+2)}$$

보상된 시스템의 위상여유는 50°, 게인여유는 16 dB, 속도오차상수는 10으로서 모든 설계사양들을 만족시킬 수 있는 피드백 제어시스템의 설계가 완성되었다. ■

예제 7.11 루프 전달함수 $G(s)$가 다음과 같은 단위 피드백 제어시스템이 있다.

$$G(s) = \frac{K}{s(s+1)}$$

이 단위 피드백 제어시스템의 공진최댓값 M_r가 1.4가 되도록 게인 K 값을 그림 7.70과 같은 M 궤적을 이용하여 선정하기로 한다.

우선 게인 K로 정규화된 루프 전달함수 $G(j\omega)/K$의 극좌표선도를 그린다. 그리고 $M_r = 1.4$일 때 ψ 값을 다음과 같이 계산한다.

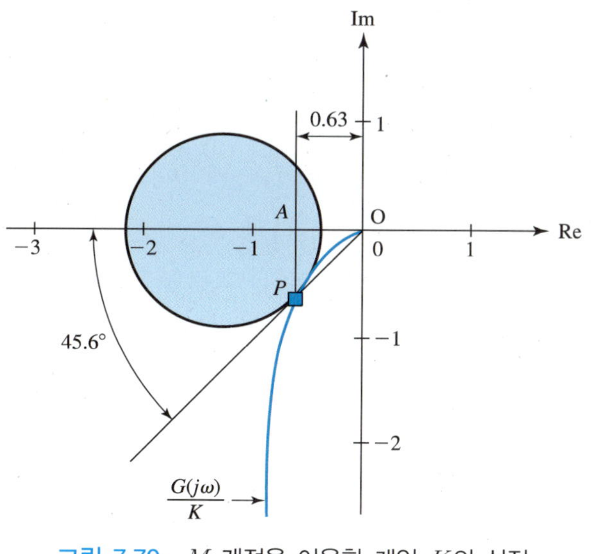

그림 7.70 M 궤적을 이용한 게인 K의 선정

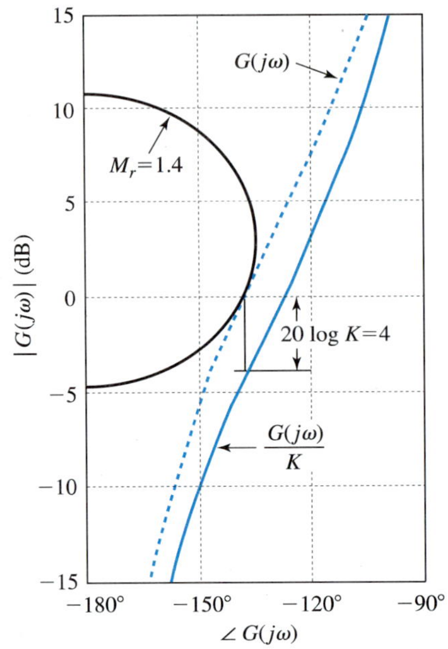

그림 7.71 Nichols 선도를 이용한 게인 K의 선정

$$\psi = \sin^{-1}\frac{1}{M_r} = \sin^{-1}\frac{1}{1.4} = 45.6°$$

그런 다음, 음의 실수축과 각 $\psi = 45.6°$를 이루는 선 OP를 긋는다. 그리고 $G(j\omega)/K$ 궤적과 직선 OP에 모두 접하는 원을 그린다. 점 P로부터 그 수직선 AP가 $(-0.63, 0)$에서 음의 실수축과 교차한다. 따라서 시스템 게인 K는 다음과 같이 선정된다.

$$K = \frac{1}{0.63} = 1.58$$

또한 그림 7.71과 같은 Nichols 선도를 이용하여 게인 K를 선정할 수 있다. 이 Nichols 선도에는 $M_r = 1.4$ 궤적과 $G(j\omega)/K$ 궤적이 표시되어 있다. 게인이 바뀌더라도 위상에는 아무런 영향을 주지 않지만, 다만 $K > 1$일 때는 곡선이 수직 상방향으로 이동하고 $K < 1$일 때는 하방향으로 이동한다. 그림 7.71에서 $G(j\omega)/K$ 궤적이 원하는 M_r 궤적과 접하고 전체의 $G(j\omega)/K$ 궤적이 $M_r = 1.4$ 궤적 바깥쪽에 있도록 하기 위해서는 $G(j\omega)/K$ 궤적을 4 dB만큼 올리지 않으면 안 된다. $G(j\omega)/K$ 궤적의 수직 방향으로의 이동량으로부터 원하는 M_r 값을 만족시킬 수 있는 게인 K를 선정할 수 있다.

$$20 \log K = 4$$

또는

$$K = 1.58$$

■

7.10 MATLAB을 이용한 제어시스템 설계

이 절에서는 근궤적법 및 주파수응답을 이용하여 제어시스템을 설계할 수 있는 MATLAB 프로그램을 작성하는 방법들을 설명하고, 이를 확인하기로 한다.

예제 7.12 플랜트 전달함수 $G(s)=1/s(s+2)(s+8)$인 시스템에 대한 PID 제어기를 설계하여 제어시스템의 감쇠비 $\zeta \geq 0.707$, 2 % 정착 시간 $t_s \leq 2$초가 되도록 하고자 한다. 그리고 설계된 제어시스템의 단위스텝응답 특성을 평가하기로 한다.

우선 제어기 전달함수 $K(s)=K$인 비례 제어시스템부터 설계하기로 한다. MATLAB 프로그램 7.1은 비례 제어게인 K 값의 변화에 따른 비례 제어시스템의 근궤적선도를 그리고 요구되는 감쇠비 $\zeta=0.707$일 때의 폐루프 극점을 쉽게 알 수 있도록 동일한 감쇠비($\zeta=0.707$) 선이 추가된 선도를 그릴 수 있는 프로그램이다. 그 결과가 그림 7.72에 표시되어 있다. 그림 7.72로부터, 비례 제어기만으로는 주어진 두 과도응답 성능을 만족시킬 수 없음을 알 수 있다. 대표극점의 감쇠비 $\zeta=0.707$일 때 비례 제어게인 $K=12.4$이며, 이때 2 % 정착 시간은 약 4.7초이다.

다음으로 제어시스템의 응답속도를 개선하기 위하여 비례-미분(PD) 제어시스템을 설계하기로 한다. PD 제어기 $K(s)[=K(1+T_D s)]$는 K와 T_D 두 개의 설계 파라미터를 포함하고 있다. 2 % 정착 시간 $t_s \leq 2$초를 만족시키기 위해서는 대표극점의 실수부가 -2보다 작아야 한다. PD 제어시스템의 극점의 개수 $n=3$, 영점의 개수 $m=1$이므로 근궤적선도에서 점근선의 각도 $\alpha=\pm 90°$이므로 점근선의 중심점 A_c가 -3.5가 되도록

MATLAB 프로그램 7.1 — 소스 코드

```
% 예제 7.12

G = tf(1, poly([0  -2  -8])); % 극점이 0, -2, -8인 플랜트 전달함수
rlocus(G)
axis([-15 10  -10 10]);
hold on;
c = 0: 30;
plot(-c, c, ':')
plot(-c,  -c, ':')
```

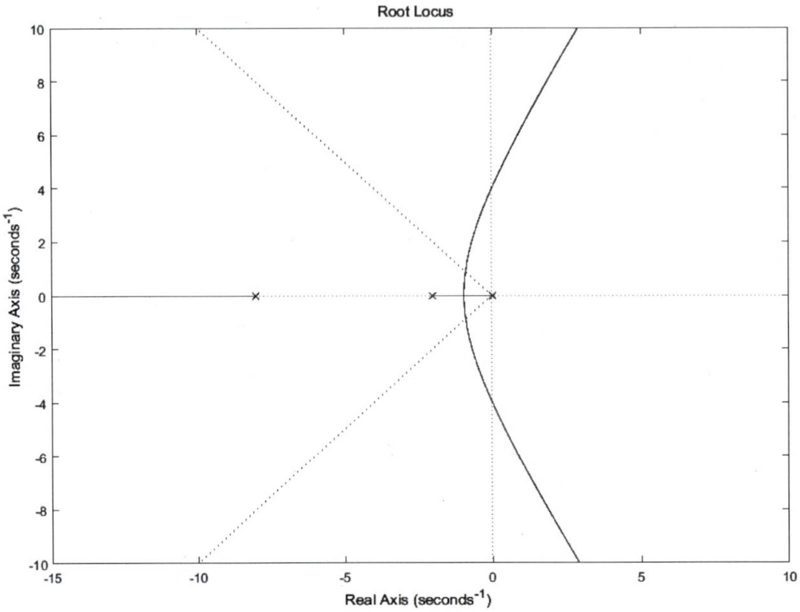

그림 7.72 비례 제어시스템의 근궤적선도

PD 제어기의 영점을 선정하면 정착 시간에 관한 사양을 만족시킬 수 있다. 점근선의 중심점 A_c는 다음과 같다.

$$A_c = \frac{\sum p_i - \sum z_j}{n-m} = \frac{-10-z}{3-1}$$

여기서 z는 PD 제어기의 영점 $-1/T_D$이다. 그러므로 제어기의 영점 $z=-3$에 배치한다. 즉, 미분 시간 T_D를 1/3로 선정한다. 이때 개루프 전달함수 $L(s)$는 다음과 같다.

$$L(s) = G(s)K(s) = \frac{K(1+s/3)}{s(s+2)(s+8)}$$

MATLAB 프로그램 7.2는 비례 제어게인 K를 선정하기 위한 프로그램이며, 설계된 PD 제어시스템의 근궤적선도가 그림 7.73에 표시되어 있다. 대표극점의 감쇠비 $\zeta = 0.707$일 때 비례 제어게인 $K = 50.5$이며, 이때 2 % 정착 시간은 약 2초로서 요구되는 설계사양들을 만족한다.

MATLAB 프로그램 7.3은 비례 및 비례-미분 제어시스템의 단위스텝응답을 비교하기 위한 프로그램이며, 그 결과가 그림 7.74에 표시되어 있다. 근궤적선도에서 예상한 대로 비례 제어시스템의 경우는 감쇠비 $\zeta = 0.707$일 때 2 % 정착 시간 t_s가 4.96초이고,

MATLAB 프로그램 7.2 — 소스 코드

```
num = [1/3 1];
den = poly([0 -2 -8]);
G = tf(num, den);
rlocus(G)
axis([-15 10 -10 10]);
hold on
c = 0: 30;
plot(-c, c, ':')
plot(-c, -c, ':')
```

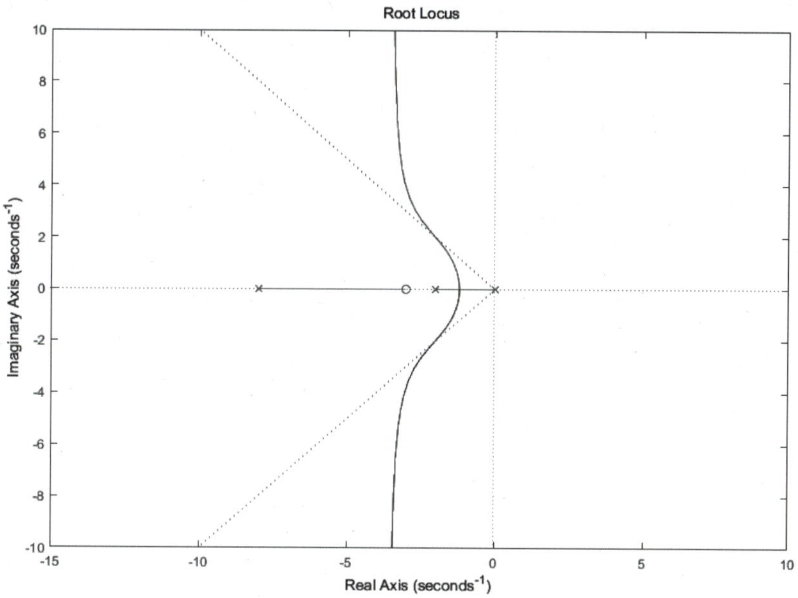

그림 7.73 비례-미분 제어시스템의 근궤적선도

비례-미분 제어시스템의 경우는 감쇠비 $\zeta = 0.707$일 때 2 % 정착 시간 t_s가 1.97초이다. 이와 같이 주어진 플랜트에 대한 과도응답 성능을 만족하기 위해서는 비례-미분 제어기를 설계해야 한다.

MATLAB 프로그램 7.3 — 소스 코드

```
t = 0: 0.1: 20;
K1 = 12.4;
K2 = 50.5;

num1 = K1;
den = [1 10 16 0];
G1 = tf(num1, den);
T1 = feedback(G1, 1, -1);

num2 = K2 * [1/3 1];
G2 = tf(num2, den);
T2 = feedback(G2, 1, -1);

[y1, t1] = step(T1, t);
[y2, t2] = step(T2, t);

hold on; grid on;
plot(t1, y1, '- -');
plot(t2, y2);
xlabel('Time (seconds)');
ylabel('Output');
legend('P 제어시스템', 'PD 제어시스템', 'Location', 'southeast');
hold off;
```

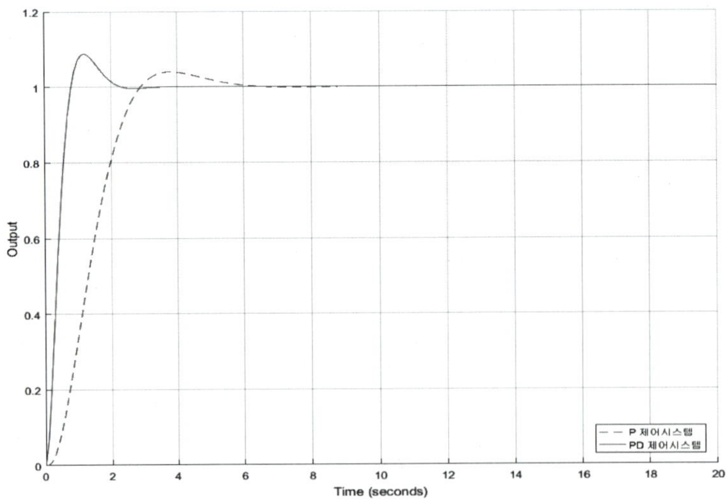

그림 7.74 비례 및 비례-미분 제어시스템의 단위스텝응답

예제 7.13 그림 7.75와 같은 폐루프 제어시스템에서 속도오차상수 $K_v[=\lim_{s\to 0} sG(s)K(s)]$가 20, 위상여유가 50°, 게인여유가 10 dB이 되는 제어기를 설계하기로 한다. 또한 보상된 시스템과 비보상된 시스템의 과도응답 특성을 비교 분석하기로 한다.

앞섬 제어기를 이용하여 이와 같은 설계사양을 만족할 수 있는 제어시스템을 설계하기로 한다. 우선 속도오차상수 K_v로 주어진 정상상태응답에 관한 설계사양을 만족할 수 있는 제어기 게인 K_c를 선정한다.

$$K_v = \lim_{s\to 0} sK_cG(s) = \lim_{s\to 0} \frac{s10K_c}{s(s+1.5)} = \frac{10K_c}{1.5} = 20$$

따라서

$$K_c = 3$$

다음으로 제어기 게인 K_c를 포함한 플랜트 전달함수 $K_cG(s)[=30/s(s+1.5)]$의 Bode 선도를 그린다. MATLAB 프로그램 7.4는 이를 위한 프로그램이며, 그 결과 선도는 그림 7.76에 표시되어 있다.

이제 시스템 $K_cG(s)$의 위상여유를 조사하기 위하여 게인교차주파수 근처에서 Bode

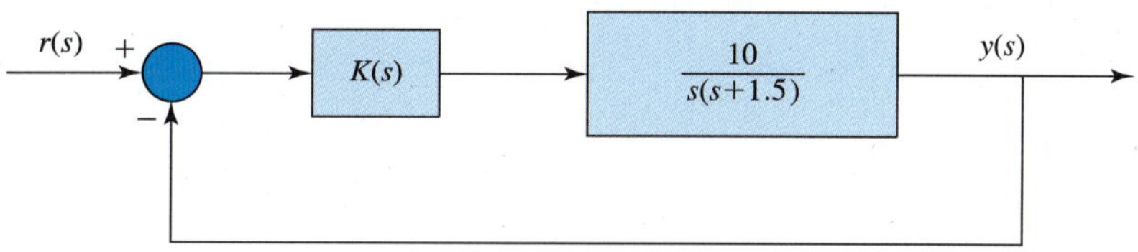

그림 7.75 폐루프 제어시스템

MATLAB 프로그램 7.4 — 소스 코드

```
% 예제 7.13

num = 30;
den = [1 1.5 0];
w = logspace(-1, 2, 100);
bode(num, den, w);
title('Bode diagram of KcG(s) = 30/s(s + 1.5)')
grid on;
```

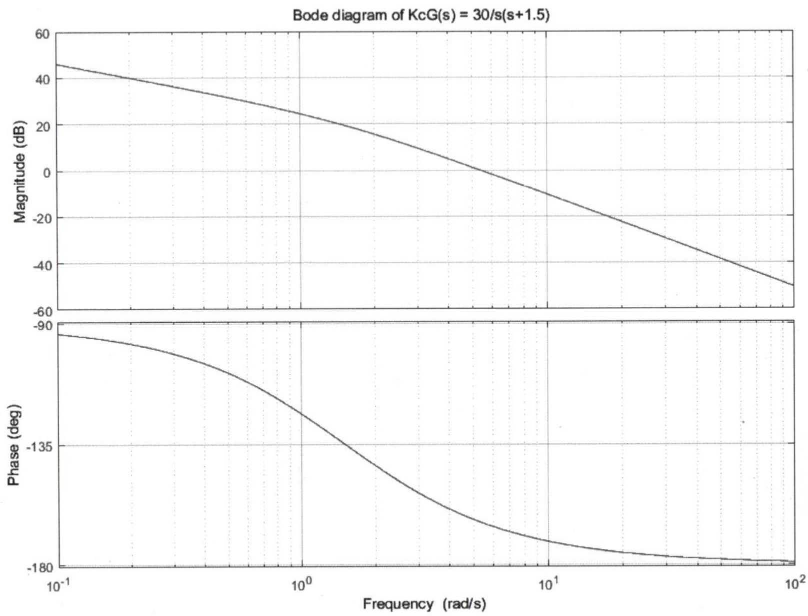

그림 7.76 $K_cG(s) = \dfrac{30}{s(s+1.5)}$의 Bode 선도

선도를 자세히 그리기로 한다. MATLAB 프로그램 7.5는 게인교차주파수를 정확하게 찾기 위한 프로그램이며, 그 결과 선도는 그림 7.77에 표시되어 있다.

그림 7.77로부터 게인교차주파수 $\omega_g = 5.375$ rad/sec에 있음을 알 수 있다. 식 (6.99)를 이용하여 위상여유를 구하기 위해 게인교차주파수에서의 위상 $\angle G(j\omega_g)$를 구한다. MATLAB 프로그램 7.6은 게인교차주파수 ω_g에서의 $K_cG(s)$ 시스템의 위상 $\angle K_cG(j\omega_g)$를 구하기 위한 프로그램이다. bode 명령어에서 주파수 ω를 게인교차주파수 $\omega_g = 5.375$로 지정한다. 이때 $K_cG(s)$ 시스템의 위상 $\angle K_cG(j\omega_g) = -164.4°$이다. 따라서 $K_cG(s)$ 시스템의 위상여유는 $15.6°[= \angle K_cG(j\omega_g) + 180°]$이다.

MATLAB 프로그램 7.5 — 소스 코드

```
num = 30;
den = [1 1.5 0];
w = logspace(0.5, 1, 100);
bode(num, den, w)
title('Bode diagram of KcG(s) = 30/s(s + 1.5)')
grid on;
```

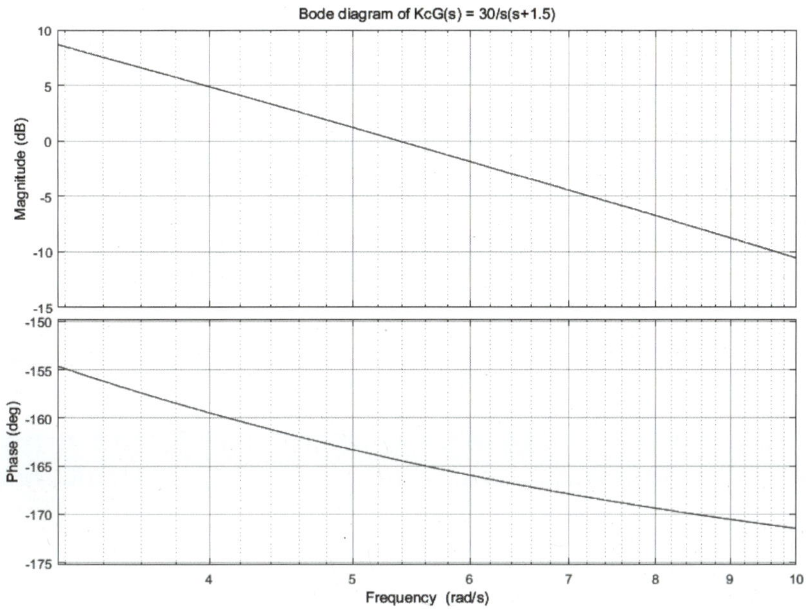

그림 7.77 게인교차주파수 근처에서의 $K_cG(s) = \dfrac{30}{s(s+1.5)}$ 의 Bode 선도

MATLAB 프로그램 7.6 — 소스 코드

```
w = 5.375;
num = 30;
den = [1 1.5 0];
[mag, phase] = bode(num, den, w)
```

MATLAB 프로그램 7.6 — 출력 결과

```
 mag =
     1.0002

phase =
  −164.4072
```

보상된 시스템은 50°의 위상여유가 필요하므로, 앞섬 제어를 통해 34.4°의 위상앞섬을 추가해야 한다. 최대 위상앞섬각 ϕ_m을, 요구되는 위상앞섬각 34.4°에서 5° 추가한 39.4°로 정한다. 그 이유는 앞섬 제어기 첨가로 Bode 선도의 크기 곡선이 수정되어 게인교차주파수가 오른쪽으로 이동하기 때문이다. 이제 최대 위상앞섬각에 관한 식 (7.30)으로부터 앞섬 제어기 파라미터 $\alpha = 0.223$을 선정한다.

일단 소요되는 위상앞섬각을 기초로 한 앞섬 제어기 파라미터 α가 선정되면, 다음 단계는 앞섬 제어기의 절점주파수 $\omega = 1/T$과 $\omega = 1/\alpha T$을 선정하는 작업이다. 최대 위상 앞섬각 ϕ_m을 얻을 수 있는 주파수 ω_m이, 두 절점주파수의 기하학적 평균이 되도록 나머지 제어기의 설계 파라미터인 T 값을 선정한다. 이것에 대한 자세한 설계 절차는 예제 7.8을 참조하기 바란다. 이와 같이 설계된 앞섬 제어기 $K(s)$는 다음과 같다.

$$K(s) = \frac{0.8046s + 3}{0.0598s + 1}$$

MATLAB 프로그램 7.7은 보상된 플랜트 $G(s)K(s)\left[= \frac{10}{s(s+1.5)} \cdot \frac{0.8046s+3}{0.0598s+1}\right]$

MATLAB 프로그램 7.7 — 소스 코드

```
num = [8.046 30];
den = [0.0598 1.0897 1.5 0];
w = logspace(-1, 3, 100);
bode(num, den, w);
title('Bode diagram of G(s)K(s)');
grid on;
```

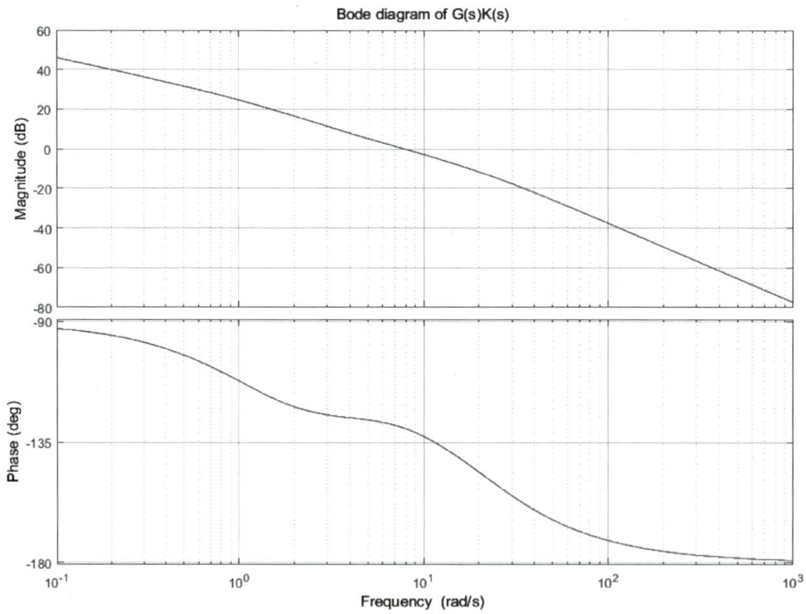

그림 7.78 $G(s)K(s)\left[= \frac{10}{s(s+1.5)} \cdot \frac{0.8046s+3}{0.0598s+1}\right]$의 Bode 선도

의 Bode 선도를 그리기 위한 프로그램이며, 그 결과 선도는 그림 7.78에 표시되어 있다. 그림 7.78로부터 보상된 시스템의 위상여유는 대략 50°이고 게인여유는 ∞임을 알 수 있다. 따라서 요구되는 설계사양들을 모두 만족하는 앞섬 제어기를 이용한 제어시스템이 설계되었다.

이제 보상된 시스템과 비보상된 시스템의 단위스텝응답 특성을 비교 분석하기로 한다. 비보상된 시스템의 폐루프 전달함수 $T(s)$와 보상된 시스템의 폐루프 전달함수 $T_c(s)$는 각각 다음과 같다.

$$T(s) = \frac{10}{s^2 + 1.5s + 10}$$

$$T_c(s) = \frac{8.046s + 30}{0.0598s^3 + 1.0897s^2 + 9.546s + 30}$$

MATLAB 프로그램 7.8은 보상된 시스템과 비보상된 시스템의 단위스텝응답 선도를 그리기 위한 프로그램이며, 그 결과 선도는 그림 7.79에 표시되어 있다. 그림 7.79에 표시된 바와 같이 보상된 시스템은 비보상된 시스템에 비해 과도응답 시간과 오버슈트가 상당히 개선되어 만족스러운 응답 특성을 보여주고 있다.

MATLAB 프로그램 7.8 — 소스 코드

```
% **** unit-step responses ****
t = 0: 0.01: 10;
num1 = 10;
den1 = [1 1.5 10];
num2 = [8.046 30];
den2 = [0.0598 1.0897 9.546 30];
[Yuc, x1] = step(num1, den1, t);
[Yc, x2] = step(num2, den2, t);

plot(t, Yuc, '.', t, Yc, '-');
grid on;
title('Unit-step responses of compensated and uncompensated systems');
xlabel('Time (seconds)');
ylabel('Output');
legend('Uncompensated system', 'Compensated system', 'Location', 'Southeast');
```

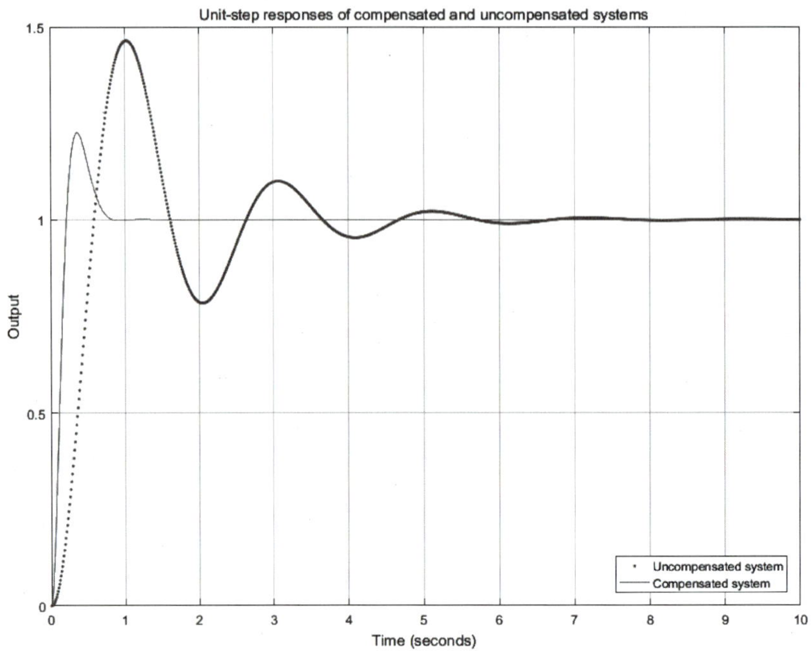

그림 7.79 보상된 시스템과 비보상된 시스템의 단위스텝응답

종합문제

[종합문제 7.1] 달 착륙선에 사용되는 머니퓰레이터(manipulator)를 제어하고자 한다. 이것은 전파를 통해 원격 조정되고 있다. 원격 조정되는 머니퓰레이터에 대한 피드백 제어시스템의 블록선도는 그림 7.80과 같다. 지구에서 달까지의 평균 거리는 384,317 km이며, 이에 따른 전파신호의 시간지연 $T = 1.28$초이다. 지상 우주관제소에 있는 엔지니어는 전달함수 $G(s) = 1/(2s+1)$인 머니퓰레이터의 응답상태를 보고 제어를 수행하게 된다. 우선

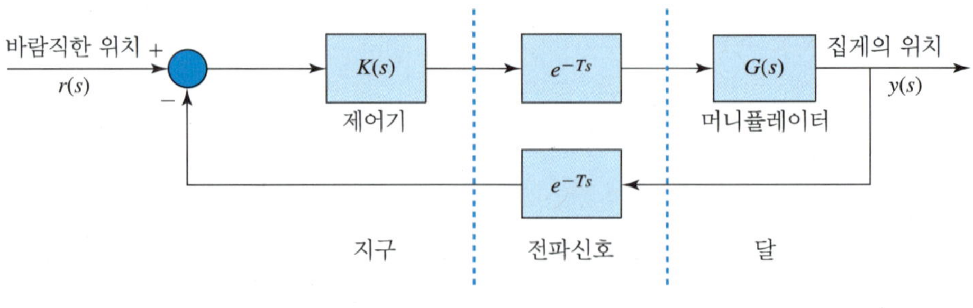

그림 7.80 원격 조정되는 머니퓰레이터에 대한 피드백 제어시스템

위상여유가 60°인 비례 제어시스템[$K(s)=K_p$]을 설계하기로 한다. 그런 다음, 위상여유가 60°이며 플랜트 $G(s)$의 극점을 상쇄시킬 수 있는 PI 제어시스템[$K(s)=K_p(1+1/T_i s)$]을 설계하기로 한다. 또한 PI 제어시스템을 Ziegler-Nichols 조정 방법을 이용하여 설계한다면 시스템 성능에 어떤 차이가 있을 것인지 예측해보기로 한다.

비례 제어시스템의 루프 전달함수 $L(s)$는 다음과 같다.

$$L(s)=G(s)K(s)e^{-2Ts}=\frac{K_p e^{-2.56s}}{2s+1}$$

$|L(j\omega_c)|=1$이고 $\angle L(j\omega_c)=-180°$일 때, 즉 안정한계 상태에 있을 때의 임계주파수 ω_c와 임계게인 K_c는 각각 다음과 같다.

$$\omega_c=0.825, \qquad K_c=1.93$$

위상여유 $\gamma=180°+\phi$이므로 $\gamma=60°$일 때 $\phi=-120°$이다. 따라서 $\phi=-120°$인 주파수 ω_1을 구해서 $|L(j\omega_1)|=1$에 대입하여 게인 K_p를 구한다.

$$K_p=1.4$$

그리고 오차 $e(s)$는 다음과 같이 표현할 수 있다.

$$e(s)=r(s)-y(s)=r(s)\{1-T(s)\}$$

여기서

$$T(s)=\frac{K_p e^{-2.56s}}{2s+1+K_p e^{-2.56s}}$$

그러므로 단위스텝기준입력[$r(s)=1/s$]에 대한 정상상태오차 e_{ss}는 다음과 같다.

$$e_{ss}=\lim_{s\to 0} se(s)=1-T(0)=\frac{1}{1+K_p}=\frac{1}{2.4}=41.4\,\%$$

다음으로 PI 제어시스템에 대하여 생각하기로 한다. PI 제어시스템의 루프 전달함수 $L(s)$는 다음과 같다.

$$L(s)=\frac{K_p(T_i s+1)e^{-2.56s}}{T_i s(2s+1)}$$

플랜트 $G(s)$의 극점을 상쇄시킬 수 있도록 적분 시간 T_i를 2초로 선정한다. 그리고 60°의 위상여유를 갖도록 위와 같은 방법으로 비례게인 K_p를 선정한다.

$$K_p = 0.41$$

표 7.4에 근거한 Ziegler–Nichols 조정 방법을 이용하여 PI 제어기의 설계 파라미터 K_p와 T_i를 선정하면 각각 다음과 같다.

$$K_p = 0.45K_c = 0.87, \qquad T_i = 0.83P_c = 0.83\frac{2\pi}{\omega_c} = 6.32$$

따라서 설계된 두 PI 제어기의 구조는 같으나 설계 파라미터 값들은 다르다. 그러므로 두 PI 제어시스템의 초깃값 및 최종값은 같으나 PI 제어기의 설계 파라미터 K_p와 T_i 값에 따라 결정되는 과도응답은 차이가 있을 것이다.

[종합문제 7.2] 그림 7.81은 증기터빈 발전기 제어시스템의 개략도이다. 기준 주파수 $f_r = 60$ Hz의 교류전원을 발생시키기 위해서는 발전기의 축이 $\omega_r = \pi$ rad/sec의 각속도로 회전해야 한다. 그러나 실제 발전기의 출력주파수 $f = \frac{60}{\pi}\omega$ Hz이다. 증기터빈 발전기에 ± 50 kW의 부하파워의 변화 δP_L이 존재하더라도 출력주파수 f가 60 ± 0.5 Hz의 범위 내에 있고 시스템의 감쇠비 $\zeta \geq 0.6$이 유지되도록 적절한 제어기를 설계하고자 한다.

우선 제어기 설계에 앞서 발전기의 출력 각속도 ω를 기준 각속도 ω_r와 부하토크 외란 $\delta\tau_L$의 함수로 나타내면 다음과 같다.

$$\omega(s) = \frac{K(s)}{10s(4s+1)+K(s)}\omega_r(s) + \frac{-(4s+1)}{10\{10s(4s+1)+K(s)\}}\delta\tau_L(s)$$

따라서 정상상태에서, 즉 기준 각속도 ω_r가 충분히 긴 시간 동안 작동되었을 때, 부하토크 외란 $\delta\tau_L$에 의한 출력 각속도 ω의 변화량 $\delta\omega$는 다음과 같다.

$$\delta\omega(s) = \frac{-(4s+1)}{100s(4s+1)+10K(s)}\delta\tau_L(s)$$

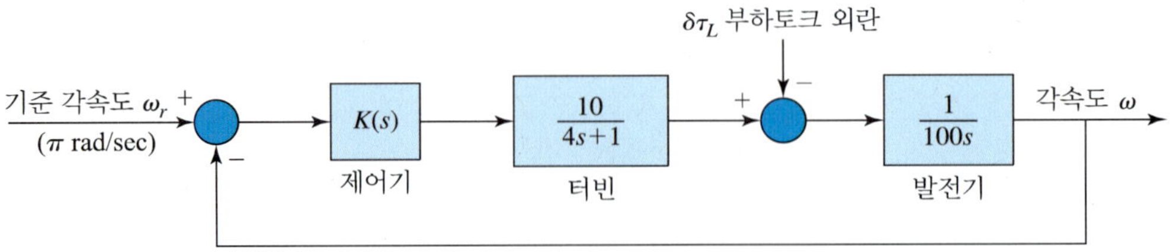

그림 7.81 증기터빈 발전기 제어시스템

이제 가장 간단한 제어기의 형태인 비례 제어기[$K(s)=K_p$]를 선정하여 제어시스템을 설계하기로 한다. $K(s)=K_p$일 때, 이 시스템의 특성방정식은 다음과 같다.

$$10s(4s+1)+K_p=0$$

또는

$$s^2+\frac{1}{4}s+\frac{1}{40}K_p=0$$

따라서 시스템의 고유주파수 ω_n과 감쇠비 ζ는 각각 다음과 같이 표현할 수 있다.

$$\omega_n=\sqrt{K_p/40}, \qquad \zeta=\frac{1}{8\omega_n}=\frac{1}{8}\sqrt{40/K_p}$$

위의 두 식을 이용하여 $\zeta=0.6$일 때의 K_p의 값을 구하면 다음과 같다.

$$K_p=1.74$$

그리고 부하토크 외란의 크기 $\delta\tau_L$은 근사적으로 부하파워의 변화량 δP_L을 기준 각속도 ω_r로 나눈 값과 같다. 즉

$$\delta\tau_L=\delta P_L/\omega_r=50/\pi=15.92 \text{ N}\cdot\text{m}$$

그러므로 스텝외란에 대한 정상상태오차 $\delta\omega_{ss}$는

$$\delta\omega_{ss}=\lim_{s\to 0}s\,\delta\omega(s)=\lim_{s\to 0}\frac{-s(4s+1)\delta\tau_L/s}{100s(4s+1)+10K_p}$$

$$=\frac{-\delta\tau_L}{10K_p}=-0.909 \text{ rad/sec}$$

이때 출력주파수 f의 정상상태오차 δf_{ss}는 다음과 같다.

$$\delta f_{ss}=\frac{60}{\pi}\delta\omega_{ss}=-17.36 \text{ Hz}$$

그러므로 출력주파수 $f=f_r+\delta f_{ss}=60-17.36=42.64$ Hz가 된다. 그리고 K_P 값에 따른 비례 제어시스템의 근궤적선도가 그림 7.82에 표시되어 있다.

정상상태오차에 관한 설계사양 $\delta f_{ss}=-0.5$, 즉 $\delta\omega_{ss}=-\frac{\pi}{60}\times 0.5$를 만족시키기 위해서는 다음 식이 성립해야 한다.

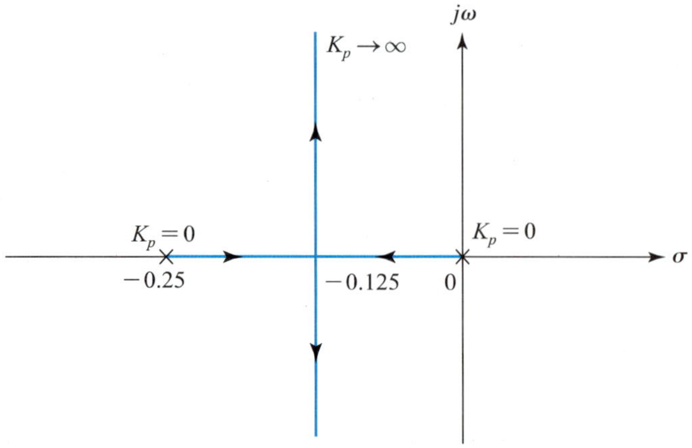

그림 7.82 비례 제어시스템의 근궤적선도

$$\delta\omega_{ss} = \frac{-\delta\tau_L}{10K_p} = -\frac{\pi}{60}\times 0.5$$

위 식으로부터 정상상태오차에 관한 설계사양을 만족할 수 있는 비례제어게인 K_p는 60.79 이다. 이때의 감쇠비 ζ 값은 다음과 같다.

$$\zeta = \frac{1}{8}\sqrt{40/K_p} = 0.101$$

결론적으로 비례 제어기를 사용해서는 요구되는 과도응답 및 정상상태응답 성능을 동시에 만족시킬 수 없다는 것을 알 수 있다.

그래서 PD 제어기[$K(s) = K_p(1 + T_d s)$]를 사용하여 제어시스템을 구성하기로 한다. 이때의 특성방정식은 다음과 같다.

$$10s(4s+1) + K_p(1 + T_d s) = 0$$

또는

$$s^2 + \frac{10 + K_p T_d}{40}s + \frac{K_p}{40} = 0$$

부하토크 외란 $\delta\tau_L$에 의한 정상상태오차 $\delta\omega_{ss}$는

$$\delta\omega_{ss} = \lim_{s\to 0} s\,\delta\omega(s) = \lim_{s\to 0}\frac{-s\dfrac{\delta\tau_L}{s}(4s+1)}{100s(4s+1) + 10K_p(1 + T_d s)} = \frac{-\delta\tau_L}{10K_p}$$

그리고 정상상태오차에 관한 설계사양을 만족하기 위해서는

$$\delta\omega_{ss} = \left| -\frac{\delta\tau_L}{10K_p} \right| \le \frac{0.5\pi}{60}$$

또는

$$K_p \ge 60.79$$

또한 과도응답에 관한 설계사양($\zeta \ge 0.6$)을 만족하기 위해서는

$$\zeta = \frac{1}{2}\left(\frac{10+K_pT_d}{40}\right)\sqrt{40/K_p} \ge 0.6$$

위의 두 요구조건식들을 만족하는 PD 제어기 파라미터 K_p와 T_d를 선정할 수만 있다면 PD 제어시스템의 과도응답 및 정상상태응답 성능을 동시에 만족할 수 있다. 예로서 $K_p = 60.8$, $T_d = 0.81$ 또는 $K_p = 160$, $T_d = 0.54$일 때 가능하다.

만일 2 % 정착 시간($t_s = 2$초)의 설계사양을 추가한다면, 즉

$$t_s = \frac{4}{\zeta\omega_n} \le 2$$

이때 다음 식이 성립해야 한다.

$$2\zeta\omega_n = \frac{10+K_pT_d}{40} \ge 4$$

따라서 $K_pT_d \ge 150$이 성립해야 2 % 정착 시간의 설계사양을 만족할 수 있다. $K_p = 60.8$일 때 T_d 값에 따른 근궤적선도는 그림 7.83과 같다. 이 근궤적선도에서 알 수 있듯이 PD 제어시스템은 요구되는 정착 시간까지는 만족시킬 수 없다.

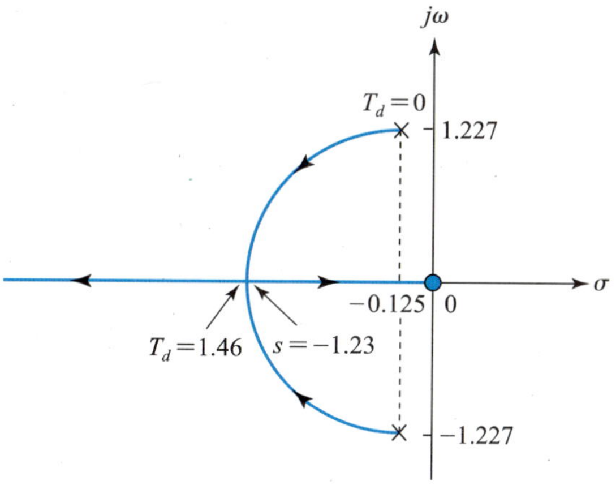

그림 7.83 PD 제어시스템의 근궤적선도

다음은 PI 제어기[$K(s) = K_p(1+1/T_i s)$]를 사용하여 제어시스템을 구성하기로 한다. 이때의 특성방정식은 다음과 같다.

$$10s(4s+1) + K_p\left(1 + \frac{1}{T_i s}\right) = 0$$

또는

$$40s^3 + 10s^2 + K_p s + \frac{K_p}{T_i} = 0$$

위의 특성방정식으로부터 만든 Routh 배열을 이용하여 시스템의 안정도를 판별하기로 한다.

Routh 배열:

$$\begin{array}{c|cc} s^3 & 40 & K_p \\ s^2 & 10 & K_p/T_i \\ s^1 & \dfrac{10K_p - 40K_p/T_i}{10} & \\ s^0 & K_p/T_i & \end{array}$$

Routh 배열에서 알 수 있듯이 제어시스템이 안정하기 위해서는 $T_i \geq 4$이어야 한다. 만일 $T_i = 4$이면 제어기의 영점과 플랜트의 극점이 상쇄되어 루프 전달함수 $G(s)K(s)$는 원점에 두 개의 극점만이 존재하게 된다. 그러므로 이때 PI 제어시스템은 모든 $K_p(>0)$에 대하여 안정한계에 있다. 그리고 $T_i > 4$이면 루프 전달함수 $G(s)K(s)$는 원점에 두 개의 극점이 존재하고 한 개의 영점이 나머지 한 개의 극점의 오른쪽에 있으므로 소스-싱크 상사 개념을 이용하면 모든 $K_p(>0)$에 대하여 PI 제어시스템이 안정하다는 것을 근궤적선도로부터 알 수 있다. 그림 7.84는 $T_i = -1/z$일 때의 PI 제어시스템의 근궤적선도이다.

PI 제어시스템은 스텝 부하토크 변동에 따른 정상상태오차 $\delta\omega_{ss}$가 다음과 같이 0이 된다.

$$\delta\omega_{ss} = \lim_{s\to 0} s\,\delta\omega(s) = \lim_{s\to 0}\frac{-s\dfrac{\delta\tau_L}{s}(4s+1)}{100s(4s+1) + 10K_p(1+1/T_i s)} = 0$$

그러나 대표극점의 감쇠비 $\zeta \geq 0.6$을 만족시키기 위해서는 그림 7.84에 표시된 대표극점의 β가 $\pm 53°(=\pm\cos^{-1}0.6)$보다 작아야 하므로, PI 제어기로는 이 과도응답 성능을 만족시킬 수 없다. 또한 그림 7.84에서 대표극점의 실수부 크기의 최댓값은 $T_i \to \infty\,(z\to 0)$일 때 $(\zeta\omega_n)_{\max} = 0.125$이므로 정착 시간 $t_s > 4/0.125 = 32$초이다. 따라서 PI 제어시스템의 경

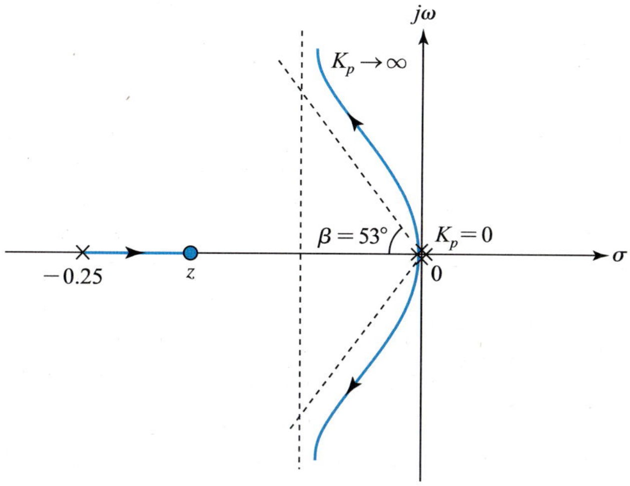

그림 7.84 PI 제어시스템의 근궤적선도($T_i = -1/z,\ -0.25 < z < 0$)

우, 정상상태응답 성능은 매우 만족스러우나 오버슈트도 크고 응답속도가 너무 느려 과도 응답 성능은 만족시킬 수 없다.

이제 정상상태응답 및 과도응답 성능을 모두 고려할 수 있는 PID 제어기$\left[K(s) = K_p\left(1 + \frac{1}{T_i s} + T_d s\right)\right]$를 사용하여 제어시스템을 구성하기로 한다. 이 경우는 적분 제어요소 $1/T_i s$을 포함하고 있으므로 스텝 부하토크 변동에 따른 정상상태오차 $\delta\omega_{ss}$는 PI 제어기에서 설명했듯이 0이다. 다음으로 오버슈트와 응답속도에 관한 두 설계사양들을 만족시킬 수 있는지 조사하기로 한다. PID 제어기 $K(s)$의 영점$[z_{1,2} = (-1 \pm \sqrt{1 - 4T_d/T_i})/2T_d]$이 -0.25와 -2에 배치되도록 하여 한 개의 영점($z_1 = -0.25$)은 플랜트의 극점을 상쇄시키고 나머지 한 개의 영점($z_2 = -2$)은 요구되는 정착 시간($t_s = 2$초)을 만족시킬 수 있도록 한다. 이때 설계 파라미터 T_i는 9/2, T_d는 4/9로 선정된다. 위와 같은 제어기의 영점을 선정하고 설계 파라미터 K_p 값에 따른 근궤적선도(그림 7.85)를 그려서 모든 설계사양을 만족시킬 수 있는 K_p 값을 선정한다.

두 설계사양($t_s \le 2,\ \zeta \ge 0.6$)을 만족하기 위해서는 극점들이 $t_s = 2,\ \zeta = 0.6$ 선의 왼쪽에 위치해야 한다. 그러므로 $s = -2 \pm j2$일 때 이것들을 동시에 만족시킬 수 있는 최소의 K_p 값을 선정할 수 있다. 이때의 특성방정식은 다음과 같다.

$$1 + \frac{K_p(s+2)}{90s^2} = 0$$

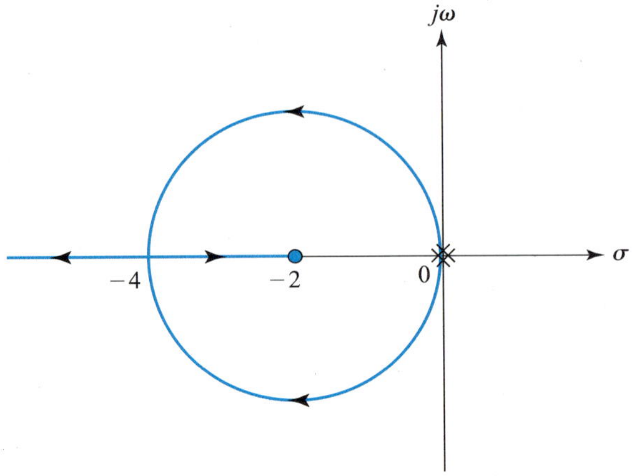

그림 7.85 PID 제어시스템의 근궤적선도

또는

$$90s^2 + K_p s + 2K_p = 0$$

페루프 극점 $s = -2 + j2$일 때 위의 특성방정식을 만족시키는 K_p 값은 360이다.

이와 같이 요구되는 정상상태응답과 과도응답을 만족시킬 수 있는 PID 제어시스템이 설계되었다. 여기서 제안한 PID 제어기 설계 방법은 제어기 $K(s)$의 영점이 플랜트 $G(s)$의 극점을 상쇄시키는 방법을 사용하였다. 실제 시스템에 있어서는 시스템 파라미터가 변할 수 있으므로 불완전한 극점-영점 상쇄가 이루어진다. 그래서 플랜트 $G(s)$에 모델링 오차가 존재하는 경우에 대하여 설계된 PID 제어시스템의 성능을 분석해보기로 한다. $s = -0.25$에 있는 플랜트의 극점이 ± 50 % 변할 수 있다고 가정한다. 극점 $s = -0.25$에서 $+50$ %의 변화가 있으면 $s = -0.375$이고, -50 %의 변화가 있으면 $s = -0.125$이다. 이들 경우에 대한 특성방정식은 각각 식 (7.66)과 식 (7.67)로 표현되고, 각각에 대한 근궤적선도는 그림 7.86과 그림 7.87에 표시되어 있다.

$$1 + \frac{K_p(s + 0.25)(s + 2)}{90s^2(s + 0.375)} = 0 \tag{7.66}$$

$$1 + \frac{K_p(s + 0.25)(s + 2)}{90s^2(s + 0.125)} = 0 \tag{7.67}$$

그림 7.86과 그림 7.87에서 알 수 있듯이 플랜트의 극점이 ± 50 %의 변화 가능성을 고려해도 근궤적의 변화가 크지 않으므로 만족스러운 설계라고 할 수 있다. 그렇지만 불완전한 극점-영점 상쇄에 의하여 플랜트의 극점이 $+50$ % 변하는 경우$(-0.375 < s < -0.25)$와

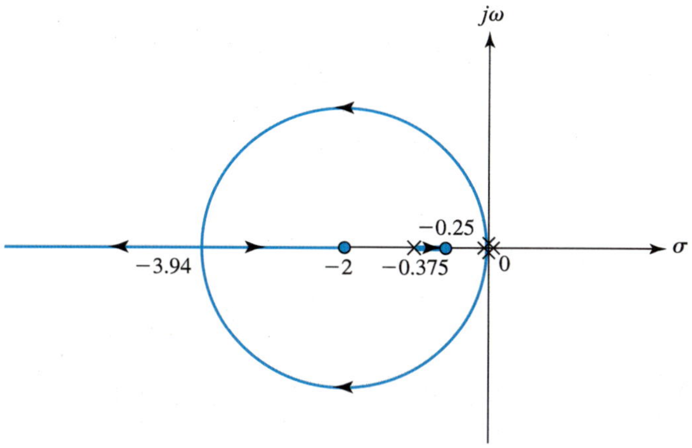

그림 7.86 PID 제어시스템의 근궤적선도(플랜트 극점 $s=-0.375$일 때)

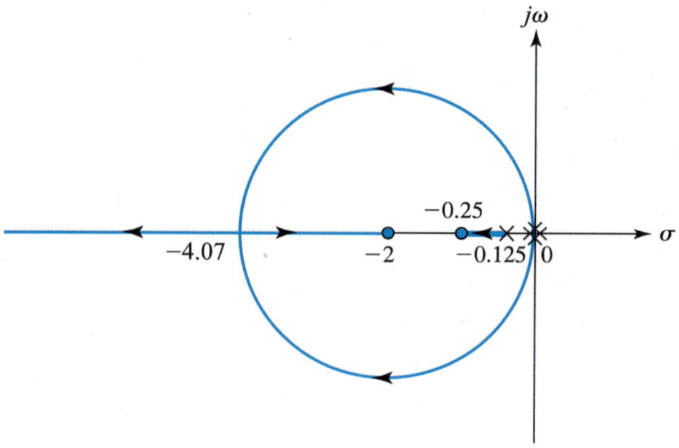

그림 7.87 PID 제어시스템의 근궤적선도(플랜트 극점 $s=-0.125$일 때)

−50 % 변하는 경우($-0.25 < s < -0.125$)에 존재하는 폐루프 극점에 의하여 과도상태에서 작은 진폭의 저주파응답이 길게 나타날 것으로 예상된다.

[종합문제 7.3] 플랜트 전달함수 $G(s)=2500/s(s+25)$인 단위 피드백 제어시스템이 있다. 이 제어시스템에 앞섬 제어기를 설계하여, 오버슈트가 25 %보다 작고, 1 % 정착 시간이 0.1초보다 작게 하고자 한다. 앞섬 제어기의 전달함수는 $K(s)=K_c\dfrac{s+1/T}{s+1/\alpha T}$이다.

25 % 오버슈트와 1 % 정착 시간 0.1초를 만족시킬 수 있는 폐루프 극점의 범위를 우선 구하기로 한다.

$$M_p = e^{-\pi\zeta/\sqrt{1-\zeta^2}} \le 0.25$$

또는

$$\zeta = \cos^{-1}\theta \geq 0.404, \qquad \theta \leq 66.2°$$

그리고

$$t_s = \frac{4.6}{\zeta\omega_n} < 0.1$$

따라서

$$\omega_n > 114 \ \ \text{rad/sec}$$

위와 같은 감쇠비 ζ와 고유주파수 ω_n에 관한 조건식을 모두 만족시키기 위해, 폐루프 대표극점의 위치를 $-46 \pm j104$로 선정한다. 근궤적선도상에서 이 극점이 존재하기 위해서는 위상조건식 (5.6)을 만족해야 한다.

$$-\theta_p + \theta_z - 101.4° - 113.9° = \pm(2k+1)180°, \qquad k = 0,\ 1,\ 2,\ \cdots$$

또는

$$\theta_p - \theta_z = 35.3°$$

이 조건을 만족시킬 수 있는 영점과 극점의 조합은 무한히 많다. 이 무한히 많은 조합 중에서 바람직한 조합을 찾기 위해 근궤적선도(그림 7.88)를 살펴보기로 한다. 요구되는 대표극점에 해당하는 폐루프 극점이 복소 극점으로 존재하고, 제어기의 영점과 극점 사이에 또 하나의 폐루프 극점이 존재한다. 이 하나의 극점에 의한 영향을 최소화하고, 대표극점에 의

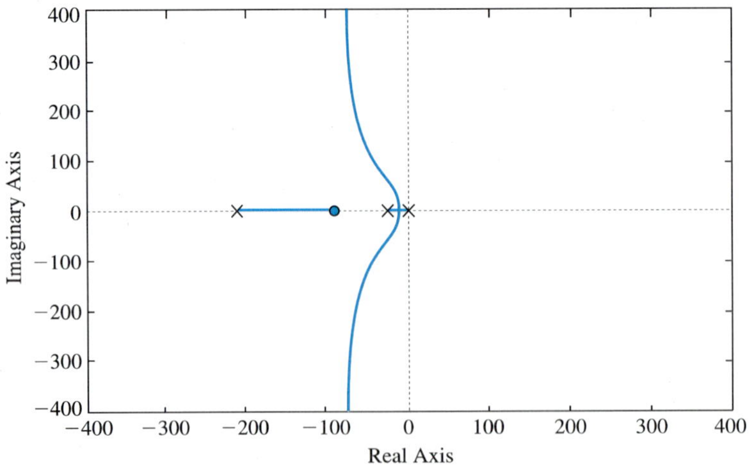

그림 7.88 앞섬 제어된 플랜트의 근궤적선도

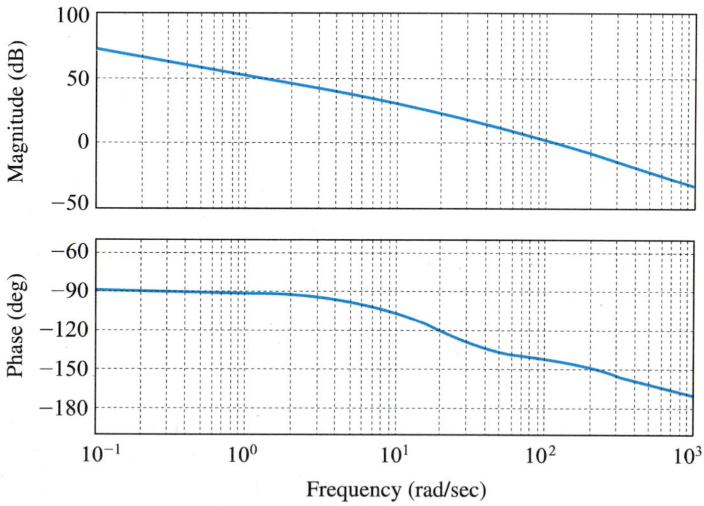

그림 7.89 앞섬 제어된 플랜트의 Bode 선도

한 단순 2차 시스템과 같은 동특성을 나타나게 하려면 이 하나의 극점을 대표극점에 비해 3~5배 이상 떨어진 곳에 배치해야 한다. 그러나 영점과 극점을 너무 멀리 떨어뜨리면 제어입력을 크게 해야 하므로, 이를 고려하여 제어기의 영점을 -90에 배치한다. 이에 따라 제어기의 극점을, 위상조건식을 만족시킬 수 있도록 기하학적으로 구해보면, -214에 배치해야 한다. 그리고 제어기 게인 K_c 값은 특성방정식 $1+G(s)K(s)=0$에서 대표극점 $s=-46 \pm j104$를 대입하여 $K_c=8.38$로 구할 수 있다. 그리고 나머지 하나의 극점은 -147로 대표극점에 비해 3배 정도 떨어지게 되어, 이 극점에 의한 영향은 무시할 정도이다. 따라서 주어진 설계사양을 만족시킬 수 있는 앞섬 제어기 $K(s)$는 다음과 같다.

$$K(s) = 8.38\frac{s+90}{s+214}$$

이제 그림 7.89에 표시된 Bode 선도로부터, 보상된 시스템의 주파수역 성능 및 상대안정도를 평가하기로 한다. 게인여유는 ∞, 위상여유는 $36.32°$로 만족할 만하며, 게인교차주파수가 109.8 rad/sec로 응답속도도 만족할 만하다. 그리고 저주파에서의 게인도 충분히 크므로 정상상태응답 성능도 만족할 만하다. 따라서 근궤적선도상에서 설계된 제어시스템은 시간역 및 주파수역 성능, 상대안정도 모두 만족스럽다.

[종합문제 7.4] 그림 7.90과 같은 피드백 제어시스템이 있다. 앞섬/뒤짐 제어기의 형태를 이용하여 속도오차상수 $K_v=100$과 위상여유 $\gamma=40°$를 만족할 수 있는 제어기 $K(s)$를 설계하기로 한다.

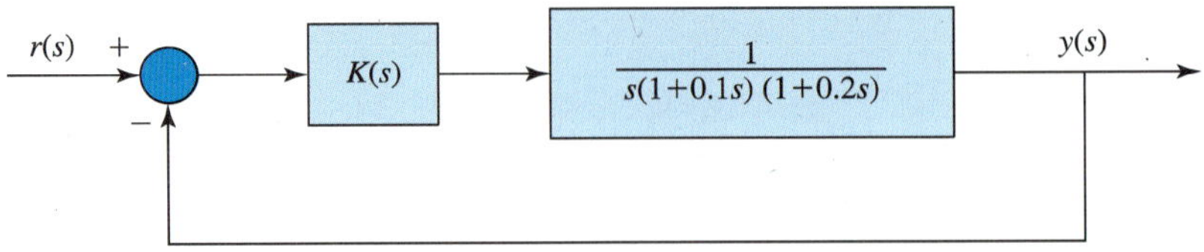

그림 7.90 피드백 제어시스템

우선 정상상태응답에 관한 설계사양인 속도오차상수 K_v를 만족시키기 위한 제어기 게인 K_c를 선정한다.

$$K_v = \lim_{s \to 0} s K_c G(s)$$
$$= \lim_{s \to 0} \frac{s K_c}{s(1+0.1s)(1+0.2s)} = 100$$

따라서

$$K_c = 100$$

다음으로 제어기 게인 K_c를 포함한 플랜트 전달함수 $K_c G(s)$의 Bode 선도(그림 7.91)를 그린다. $K_c G(s)$의 Bode 선도로부터 위상여유가 $-40.45°$인 것을 알 수 있다. 앞섬 제어기로는 이렇게 큰 위상을 보상해줄 수 없다. 따라서 뒤짐 제어기나 뒤짐-앞섬 제어기를 설계해야 한다.

그래서 뒤짐 제어기$\left[K(s) = K_c \frac{1+Ts}{1+\beta Ts} \right]$부터 설계하기로 한다. 최대 위상앞섬각 ϕ_m을

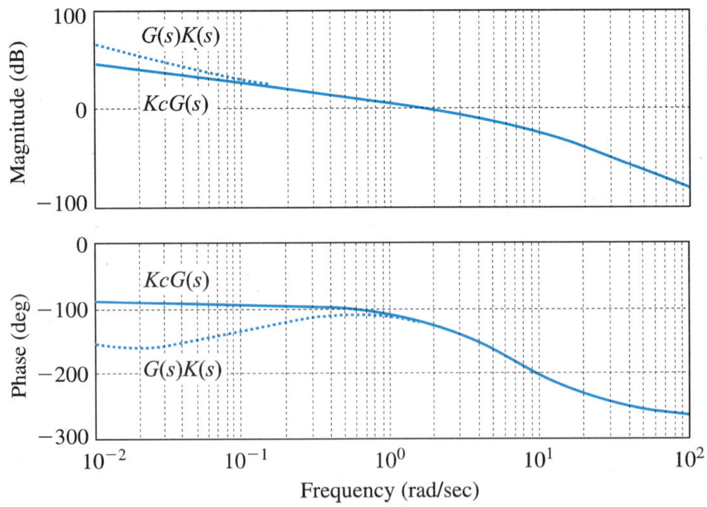

그림 7.91 $K_c G(s)$와 $G(s)K(s)$의 Bode 선도

약간의 여유를 두고 $\phi_m = 45°$라 할 때, $K_c G(s)$의 Bode 선도에서 위상이 $-180° + \phi_m$이 되는 점을 찾아보면, 이에 해당하는 주파수가 3 rad/sec임을 알 수 있다. 이 주파수를 게인 교차주파수로 하고, 이 주파수에서의 $K_c G(s)$의 크기를 보면 29 dB이다. 따라서 뒤짐 제어기 설계 파라미터 β를 다음과 같이 선정한다.

$$20 \log \frac{1}{\beta} = -29$$

또는

$$\beta = 28.2$$

뒤짐 제어기로 인해 과도응답 상태가 크게 변하지 않도록 절점주파수 $\omega = 1/T$(뒤짐 제어기의 영점에 해당)을 0.1 rad/sec로 선정한다. 즉, $T = 10$으로 선정한다. 이때 뒤짐 제어기 $K(s)$는 다음과 같다.

$$K(s) = 100 \frac{1 + 10s}{1 + 282s}$$

보상된 시스템의 루프 전달함수 $G(s)K(s)$에 대한 Bode 선도가 그림 7.91에 표시되어 있다. 위상여유는 41.34°, 게인여유는 12.27 dB로서 설계사양을 만족한다. 그렇지만 비보상된 시스템의 게인교차주파수가 15.9 rad/sec였으나, 보상된 시스템의 게인교차주파수는 2.94 rad/sec로 감소되었다. 이것은 시스템의 대역폭이 작아졌음을 의미한다. 따라서 보상된 시스템의 응답속도는 비보상된 시스템의 응답속도보다 느려진다.

뒤짐 제어기는 주어진 설계사양은 만족했지만, 시스템의 응답속도를 느리게 하는 효과가 있었다. 이를 보완하기 위하여 다음과 같은 뒤짐-앞섬 제어기 $K(s)$를 설계하기로 한다.

$$K(s) = K_c \frac{(s + 1/T_1)(s + 1/T_2)}{(s + \beta/T_1)(s + 1/\beta T_2)}$$

속도오차상수 $K_v = 100$이라는 정상상태응답 성능사양을 만족하기 위해서 뒤짐 제어기 설계에서와 마찬가지로, 보상된 게인 $K_c = 100$으로 선정한다. 그리고 바람직한 응답속도를 얻을 수 있는 게인교차주파수를 선정한다. 제어기 게인 K_c를 포함한 플랜트 전달함수 $K_c G(s)$에 대한 위상곡선(그림 7.92)으로부터 $\omega = 7.1$ rad/sec에서 $\angle K_c G(s) = -180°$임을 알 수 있다. 새로운 게인교차주파수가 7.1 rad/sec가 되도록 하기 위해서는 요구되는 최대 위상앞섬각 $\phi_m = 55°$이다. 앞섬 제어기 부분에서

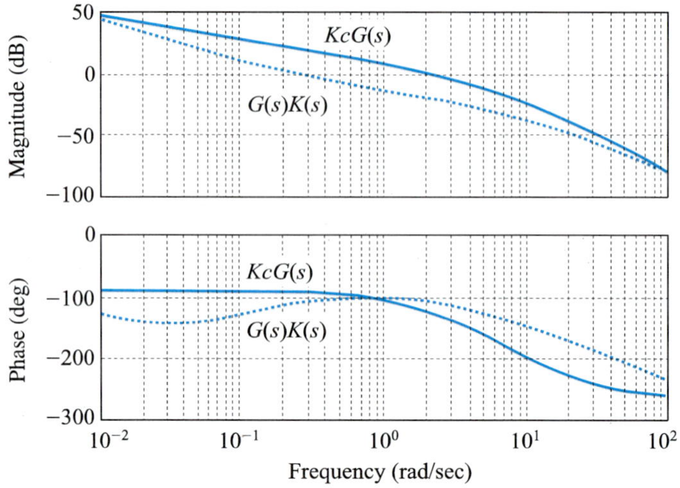

그림 7.92 $K_cG(s)$와 $G(s)K(s)$의 Bode 선도

$$\beta = \frac{1+\sin\phi_m}{1-\sin\phi_m} = 10$$

그리고 뒤짐 제어기 부분에서, 절점주파수 $\omega = 1/T_2$(제어기의 위상지연 부분의 영점에 해당)을 0.1 rad/sec로 선정한다. 또 다른 절점주파수 $\omega = 1/T_1$(위상지연의 극점에 해당)은 6 rad/sec로 선정한다. 즉,

$$T_1 = \frac{1}{6} = 1.7$$

$$T_2 = \frac{1}{0.1} = 10$$

그러므로 설계된 뒤짐-앞섬 제어기 $K(s)$는 다음과 같다.

$$K(s) = 100\frac{(s+6)(s+0.1)}{(s+60)(s+0.01)}$$

뒤짐-앞섬 제어시스템의 위상여유는 41.72°, 게인여유는 17.29 dB로서 설계사양을 만족한다. 그리고 뒤짐-앞섬 제어시스템의 게인교차주파수는 15.32 rad/sec로, 시스템의 응답속도를 저하시키지 않으므로 뒤짐 제어시스템보다 좋은 시스템 성능을 나타낸다.

[종합문제 7.5] 고주파에서 경감쇠 특성을 갖는 시스템 $G(s)$에 대해 우선 노치 필터 $K_n(s)$를 사용하여 경감쇠 특성을 제거하고, 위상여유가 약 60°인 바람직한 성능을 갖는 제어기를 주파수역에서 설계하는 과정을 보이기 위하여 다음과 같은 경감쇠 특성을 갖는

시스템에 대하여 생각하기로 한다.

$$G(s) = \frac{10^5(s+10^3)}{(s+1)(s^2+6s+10^4)}$$

이 시스템은 고유주파수 $\omega_n = 100$ rad/sec이고 감쇠비 $\zeta_p = 0.03$인 경감쇠 특성을 갖는 시스템으로 단위 피드백에 의한 폐루프 제어시스템은 불안정하다. 따라서 우선 플랜트 경감쇠 특성을 노치 필터를 사용하여 제거하기로 한다. 노치 필터의 영점이 플랜트 $G(s)$의 복소 극점을 상쇄시킬 수 있도록 노치 필터의 영점 구조의 감쇠비 $\zeta_z = 0.03$이 되도록 한다. 식 (7.41)을 이용하면 노치 필터의 극점 구조의 감쇠비 $\zeta_p = 16.7$이다. 그래서 노치 필터는 고유주파수 ω_n에서 크기를 1.796×10^{-3} 또는 -54.9 dB 감소시키는 효과를 준다. 이때 노치 필터의 전달함수 $K_n(s)$는 다음과 같다.

$$K_n(s) = \frac{s^2 + 2\zeta_z \omega_n s + \omega_n^2}{s^2 + 2\zeta_p \omega_n s + \omega_n^2} = \frac{s^2 + 6s + 10^4}{s^2 + 3339s + 10^4}$$

그림 7.93은 비보상된 시스템 $G(s)$와 노치 필터가 첨가된 시스템 $G(s)K_n(s)$의 Bode 선도이다. 노치 필터로 보상된 시스템의 위상여유는 8.2°이다. 따라서 위상여유를 60°로 개

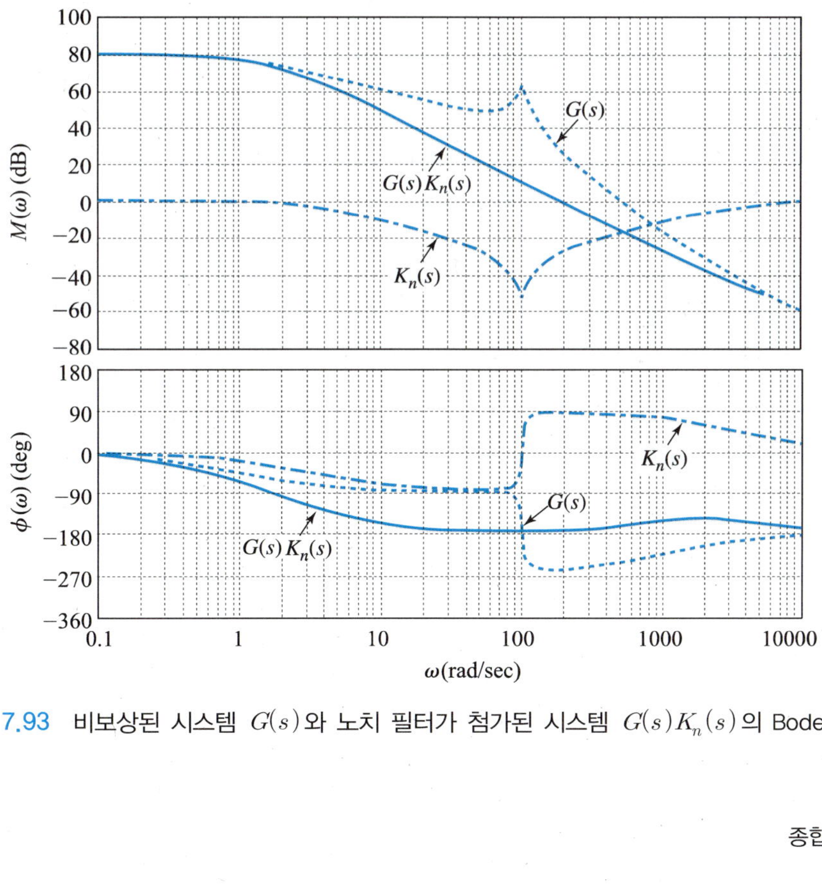

그림 7.93 비보상된 시스템 $G(s)$와 노치 필터가 첨가된 시스템 $G(s)K_n(s)$의 Bode 선도

선하기 위해서는 앞섬 제어기를 사용하여 위상앞섬각을 보상해야 한다.

이제 예제 7.8에서 설명된 주파수역에서의 제어시스템 설계 절차에 따라 앞섬 제어기 $K_l(s)$를 설계하기로 한다. 설계사양을 만족하기 위해서는 51.8°의 위상앞섬각이 필요하다. 앞섬 제어시스템의 게인교차주파수는 오른쪽으로 이동한다. 이때 일반적으로는 게인교차주파수의 오른쪽에서 위상이 감소하기 때문에 앞섬 제어기의 최대 위상앞섬각은 필요한 위상앞섬각에 5°를 더한 값으로 선정되지만, 이 시스템은 게인교차주파수의 오른쪽에서 위상이 증가하고 있으므로 필요한 위상앞섬각 51.8°에서 5°를 뺀 46.8°를 최대 위상앞섬각 ϕ_m 으로 선정하는 것이 바람직하다. 최대 위상앞섬각에 관한 식으로부터 앞섬 제어기 설계 파라미터 α를 0.157로 선정한다. 최대 위상앞섬각 ϕ_m을 얻을 수 있는 주파수 ω_m에서 크기 곡선의 수정량은 다음과 같다.

$$\frac{1}{\sqrt{\alpha}} = \frac{1}{\sqrt{0.157}} = 8.04 \text{ dB}$$

따라서 크기가 -8.04 dB일 때의 주파수 ω를 새로운 게인교차주파수 ω_c로 선정하고, T는 다음 식을 이용하여 결정한다.

$$\omega_c = \frac{1}{\sqrt{\alpha}\ T} = 279.7 \text{ rad/sec}$$

위 식으로부터 선정된 T는 9.024×10^{-3}이다. 따라서 앞섬 제어기 $K_l(s)$는 다음과 같다.

$$K_l(s) = \frac{9.024\times10^{-3}s+1}{1.415\times10^{-3}s+1}$$

그림 7.94에는 노치 필터만 첨가된 시스템 $G(s)K_n(s)$와 앞섬 제어기까지 첨가된 시스템 $G(s)K_n(s)K_l(s)$의 Bode 선도가 표시되어 있다. 이 그림으로부터 노치 필터 및 앞섬 제어기가 첨가된 제어시스템의 위상여유가 58.5°로서 만족스럽게 설계되었음을 알 수 있다.

한편, 노치 필터를 사용하지 않고 앞섬 제어기만으로 위와 같은 설계사양을 만족시키는 경우를 생각하기로 한다. 이 경우 필요한 위상앞섬각이 130°이므로 앞섬 제어기의 최대 위상앞섬각은 125°가 됨을 알 수 있다. 앞섬 제어기의 설계 파라미터 α가 작을수록 위상앞섬각은 증가하지만 하드웨어적인 문제로 인해 α의 최솟값을 보통 0.07까지 제한하고 있다. 이때의 위상앞섬각은 약 60°가 되므로 125°의 위상앞섬각을 얻기 위해서는 두 개 이상의 앞섬 제어기를 직렬로 연결해야 한다. 이러한 방법으로 위상조건을 만족시킬 경우에도 경감쇠 특성으로 인해 고유주파수(100 rad/sec) 근처에서 발생하는 공진을 제거할 수 없기

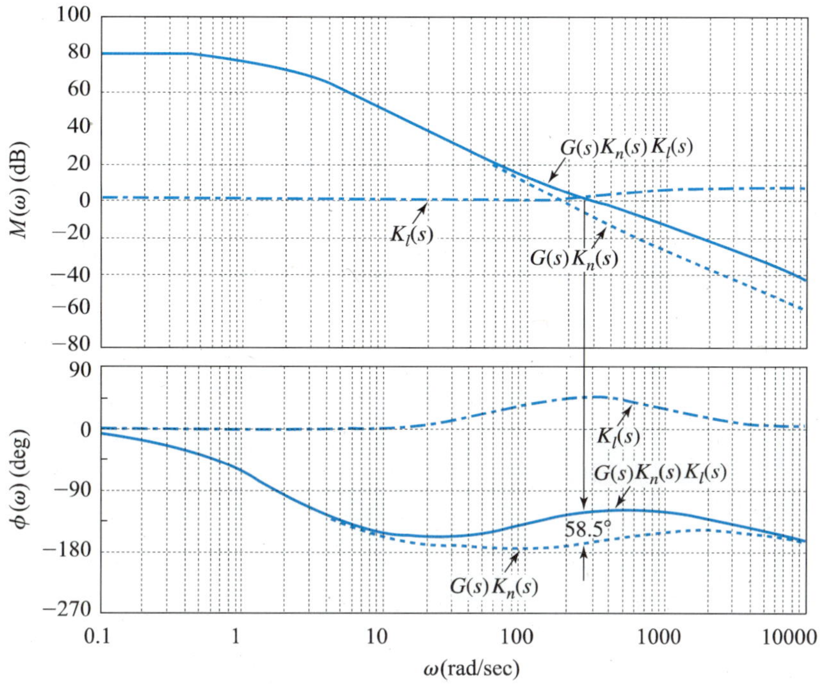

그림 7.94 노치 필터 및 앞섬 제어기가 첨가된 시스템의 Bode 선도

때문에 앞섬 제어기를 직렬로 연결하는 것보다는 노치 필터와 앞섬 제어기를 사용하는 것이 더욱 바람직하다.

연습문제

7.1 PID 제어시스템에서 제어요소 P, I, D 각각의 효과를 설명하라. 그리고 간략한 제어시스템을 임의로 구성하고 근궤적선도를 이용하여 이 효과를 입증하라.

7.2 다음과 같은 피드백 제어시스템이 주어져 있다.

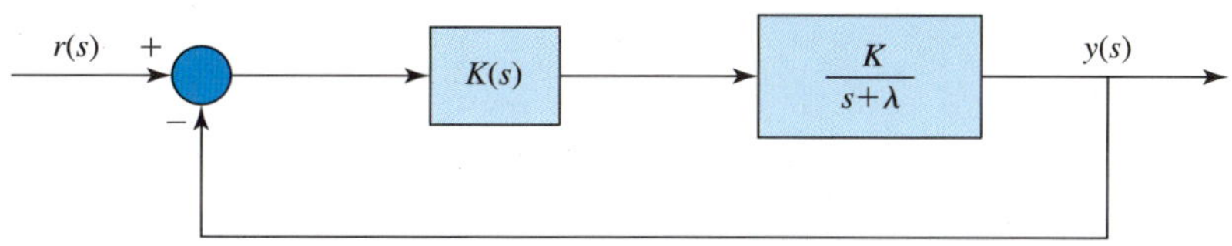

(1) 제어기 $K(s)$가 비례, 적분, 미분 제어기의 형태일 때, 즉 $K(s)=K_p$, $K(s)=K_i/s$, $K(s)=K_d s$일 때, 각 제어시스템의 성능인 단위스텝입력에 대한 정상상태오차,

2 % 정착 시간을 비교 설명하라.

(2) $\lambda = K = 1$이고 $K(s) = K_p$일 때 정상상태오차가 1 % 이내에 있도록 K_p의 최솟값을 구하라.

7.3 다음 시스템에 대한 물음에 답하라. 상세한 해석은 필요 없고 간략한 글로 설명하라. 그림에 표시된 시스템 파라미터 m과 c는 상수이다.

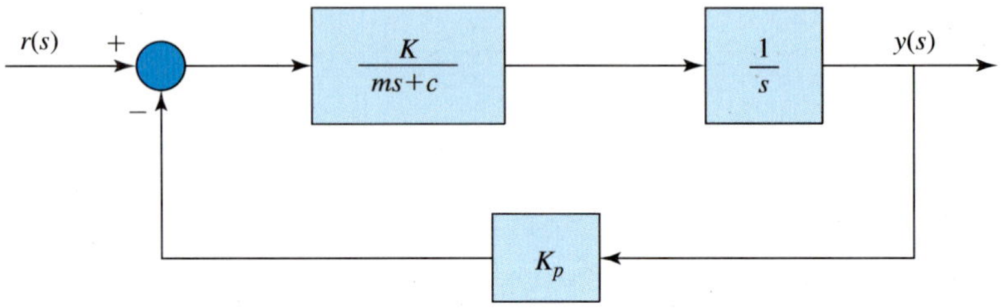

(1) 스텝입력에 대한 폐루프 시스템의 과도응답이 지나치게 경감쇠 응답을 보여주고 있다. 이 시스템의 감쇠 특성을 개선할 수 있는 피드백 요소를 제안하라. 시스템 파라미터 K, m, c, K_p는 고정되어 있다고 가정한다.

(2) 원래 폐루프 시스템의 스텝응답에서 상승 시간이 너무 긴 경우, 시스템 파라미터 K와/또는 K_p만을 조정하여 상승 시간을 개선할 수 있는지를 설명하라.

(3) 램프입력에 대한 폐루프 시스템의 정상상태오차가 매우 큰 경우, 시스템 파라미터 K와/또는 K_p만을 조정하여 정상상태오차를 줄일 수 있는지 설명하라. 그리고 정상상태오차를 줄일 수 있는 방안을 제시하라.

7.4 다음 그림과 같은 피드백 제어시스템이 주어져 있다. 램프입력에 대하여 정상상태오차가 발생하지 않고, 스텝입력이 주어졌을 때 오버슈트가 10 % 이내로 되도록 비례-적분 제어기 $K(s)$를 설계하라.

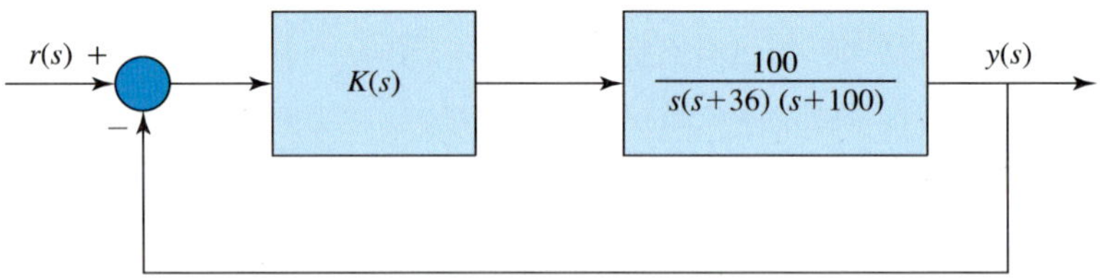

7.5 다음과 같이 주어진 설계사양들을 만족시킬 수 있는 피드백 제어시스템을 설계하고자 한다.

- 일정한 단위스텝외란 d에 의한 y의 정상상태오차가 0.8보다 작아야 한다.

• 감쇠비 ζ가 0.7이 되도록 한다.

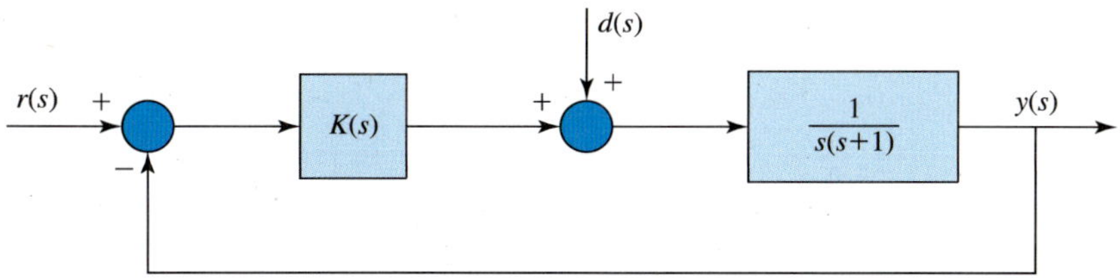

(1) 비례 제어기만으로는 불가능하다는 것을 보이라.

(2) 비례-미분 제어기로 가능하다는 것을 보이라.

(3) 비례-미분 제어기[$K(s)=K_p+K_d s$]를 사용할 때 위에 주어진 설계사양들을 만족시킬 수 있는 제어기 파라미터 K_p와 K_d를 선정하라.

7.6 피드백 제어기를 이용하여 전달함수 $G(s)=1/(s^2-2)$인 플랜트를 안정화하고자 한다. 또한 폐루프 제어시스템의 감쇠비 $\zeta=0.707$ 그리고 시정수 $T=0.1$초가 되도록 하고자 한다.

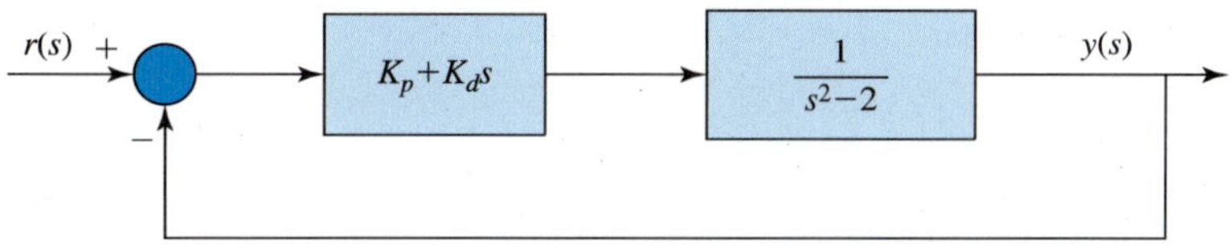

(a)

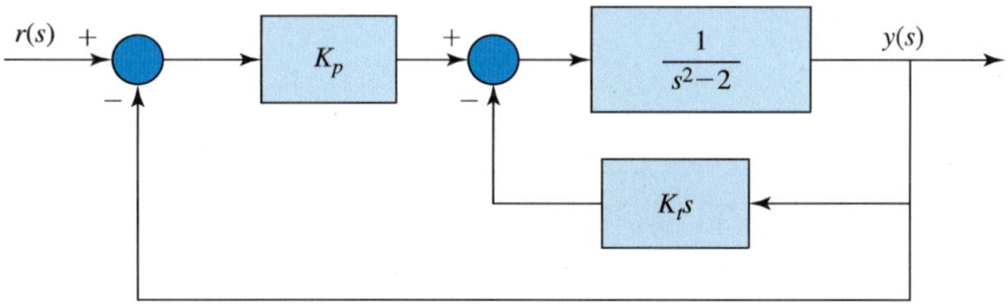

(b)

(1) 그림 (a)에 표시된 폐루프 제어시스템에서 K_p와 K_d 값을 선정하라.

(2) 그림 (b)에 표시된 폐루프 제어시스템에서 K_p와 K_t 값을 선정하라.

(3) 두 제어시스템의 단위스텝응답을 나타내고, 시간역 성능을 비교 평가하라.

7.7 루프 전달함수 $G(s)$가 다음과 같은 단위 피드백 제어시스템에 대하여 생각하기로 한다.

$$G(s) = \frac{K}{s^2}$$

2 % 정착 시간이 1.667초이고 퍼센트 오버슈트가 16.3 % 이내가 되는 제어시스템을 설계하고자 한다. 설계된 제어기는 $s = -1$에 영점을 포함하고 있다고 가정한다.

(1) 대표극점의 위치를 선정하라.

(2) 제어기의 극점을 구하라.

(3) 시스템 게인 K를 선정하라.

(4) 시스템의 모든 극점을 구하라.

(5) 단순 2차 시스템으로 근사화했을 때의 정확도를 평가하라.

(6) 정상상태오차 특성을 평가하라.

7.8 테이프 구동기나 절삭공구와 같은 시스템에서는, 어떤 속도까지는 가속되고, 가속이 된 후 일정 속도로 유지되다가, 주어진 시간이 되면 감속이 되어 속도가 0이 되도록 제어할 필요가 있다. 다음 그림은 이와 같은 형태의 명령입력 $r(t)$와 제어시스템의 구조를 나타낸다. 여기서 모터 증폭기 게인 $K_m = 10$으로 한다.

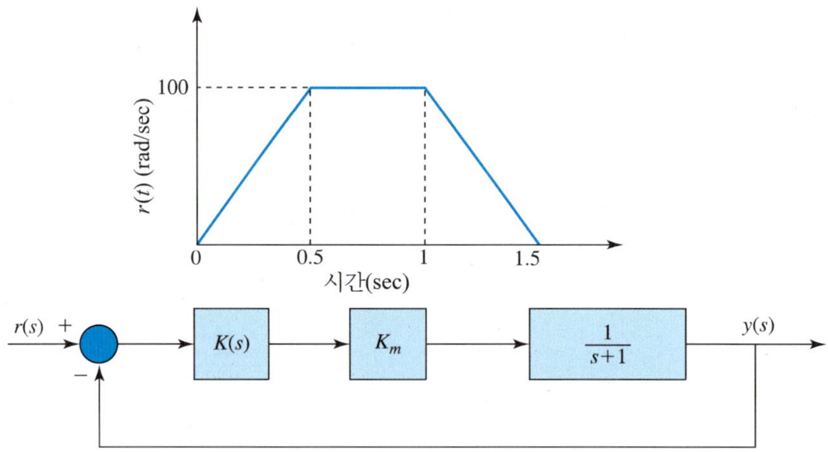

(1) 시간 $t = 0.5$초에서 바람직한 각속도 $r(t) = 100$ rad/sec이다. 이때 실제 각속도가 ± 2 rad/sec 오차 범위 내에 있도록 제어기 $K(s)$를 설계하라. 여기서 $y(0) = \dot{y}(0) = 0$으로 가정한다.

(2) 위에서 설계된 제어시스템의 응답 $y(t)$를 한 주기의 기준입력 $r(t)$에 대하여 구하고, 기준입력 $r(t)$와 비교하라. 최대 오차는 얼마인가?

7.9 다음 그림은 전달지연 요소를 포함하고 있는 두 유체를 혼합하는 시스템의 개략도이다.

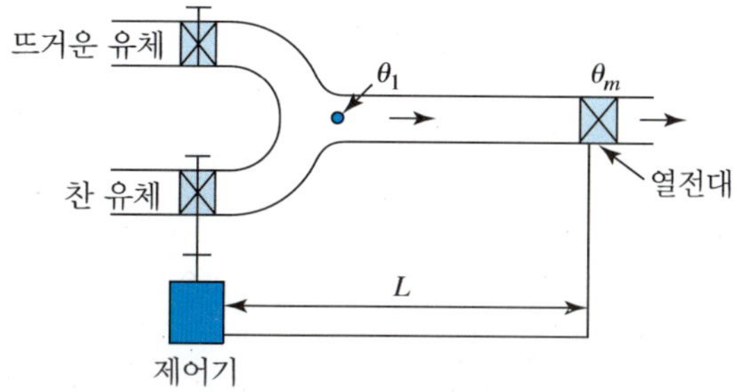

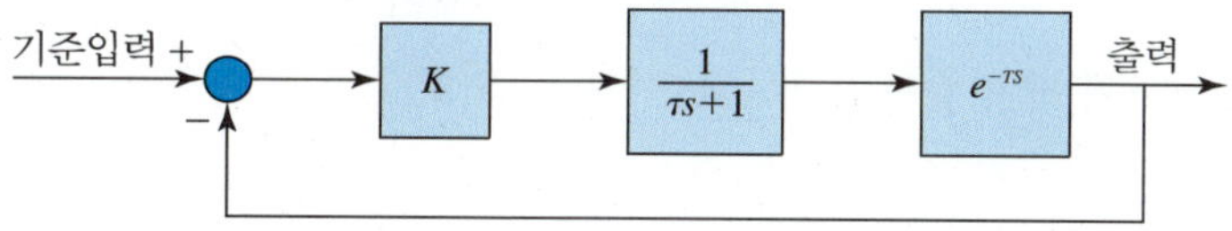

(1) 단위스텝입력에 대한 정상상태오차가 1 % 범위 내에 있으려면 그때 게인 K 값은 얼마인가?

(2) 수송지연 요소를 1차 Pade 근사법으로 근사화하였을 때 폐루프 시스템의 감쇠비 ζ와 고유주파수 ω_n을 시스템 파라미터 K, T, τ로 표시하라.

$$\text{1차 Pade 근사법: } e^{-Ts} = \frac{1-\dfrac{Ts}{2}}{1+\dfrac{Ts}{2}}$$

(3) Ziegler–Nichols 조정 방법을 이용하여 PID 제어기를 설계하라($T = \tau = 2$초).

7.10 루프 전달함수 $G(s)$가 다음과 같은 단위 피드백 제어시스템이 있다.

$$G(s) = \frac{K}{s(s+5)(s+8)}$$

이 제어시스템은 스텝입력에 대하여 20 %의 오버슈트가 발생한다. 이 과도응답 특성이 크게 변하지 않고 램프입력에 대한 정상상태오차를 1/5 수준으로 개선할 수 있는 제어기 $K(s)$를 주파수응답법을 이용하여 설계하라.

7.11 다음 그림은 생산출력이 촉매에 의해 제어되는 어떤 화학반응로 공정을 나타낸 블록선도이다. 여기서 시간지연은 $T = 10$분, 시정수 $\tau = 10$분, 공정 게인 $K = 1$이다.

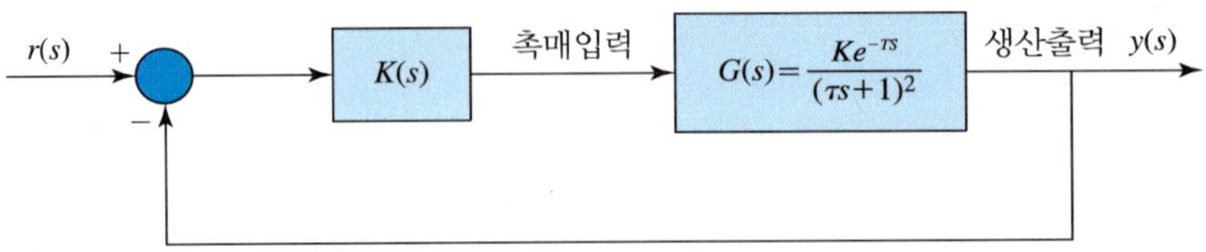

단위스텝입력 $r(s)=1/s$에 대한 정상상태오차가 0.05보다 작은 바람직한 시스템 성능을 갖도록 Bode 선도를 이용하여 제어기 $K(s)$를 설계하라. 그리고 설계된 제어시스템의 2 % 정착 시간을 구하라.

7.12 전달함수 $G(s)=15/s^2$인 플랜트에 앞섬 제어기를 첨가하여 단위 피드백 제어시스템을 구성하여 오버슈트가 15 % 이내로 되도록 하고자 한다. 적절한 앞섬 제어기를 설계하라.

7.13 전달함수 $G(s)=\dfrac{1}{s(1+s/10)}$인 플랜트에 앞섬 제어기를 첨가하여 사인파입력의 주파수가 10 rad/sec보다 작은 주파수역에서 2 % 이내의 정상상태오차가 발생하고 위상여유가 45° 이내로 되도록 하고자 한다. 적절한 앞섬 제어기를 설계하라.

7.14 루프 전달함수 $G(s)$가 다음과 같은 단위 피드백 제어시스템에 대한 물음에 답하라.

$$G(s)=\frac{K}{(s+3)(s+5)}$$

(1) 단순히 게인 K만 조정해서 2 % 정착 시간을 2/3초, 퍼센트 오버슈트를 1.5 % 이내로 할 수 없음을 보이라.

(2) (1)에 주어진 과도응답 사양들을 만족시킬 수 있는 앞섬 제어기 $K(s)$를 설계하라.

7.15 루프 전달함수 $G(s)$가 다음과 같은 단위 피드백 제어시스템이 있다.

$$G(s)=\frac{K}{s(s+0.15)}$$

(1) 속도오차상수 $K_v=100$이 되도록 게인 K를 결정하라.

(2) 다음과 같은 성능사양을 만족시킬 수 있는 뒤짐-앞섬 제어기를 설계하라.

- 위상여유 = 60°
- 사인파입력의 주파수가 1 rad/sec보다 작은 주파수역에서 1 % 이내의 오차가 발생한다.

7.16 루프 전달함수 $G(s)$가 다음과 같은 단위 피드백 제어시스템이 있다.

$$G(s) = \frac{80}{s(1+0.02s)(1+0.05s)}$$

(1) 게인 및 위상 여유, 게인교차주파수를 구하고, 시스템의 안정도를 판별하라.

(2) 위상여유가 약 30°, 게인여유가 약 7 dB이 되도록 뒤짐 제어기를 설계하라.

(3) 위상여유가 약 30°, 게인여유가 약 7 dB이 되도록 앞섬 제어기를 설계하라.

7.17 다음 시스템에 대한 물음에 답하라.

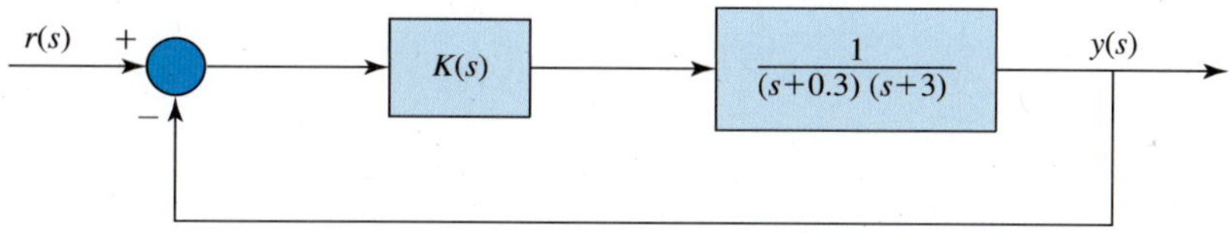

(1) 스텝입력에 대한 정상상태오차가 10 % 이내, 그리고 위상여유가 45° 이상이 되도록 제어기 $K(s)$를 설계하라.

(2) 스텝입력에 대한 정상상태오차가 1 % 이내로 되도록 설계하고자 한다. (1)에서 설계된 제어기 파라미터들을 변화시켜 가능한지를 보이라. 만일 가능하지 않다면 적절한 제어기의 형태를 제안하고 그 제어기를 설계하라.

7.18 다음 그림은 수치제어 터릿 선반 제어시스템의 블록선도이다. 여기서 $n=0.1$, $J=10^{-3}$, $c=10^{-2}$, $K_R=5$이다. 이 시스템은 5×10^{-4} cm의 정확도가 요구되므로 램프입력에 대한 정상상태의 위치 정확도를 1 %로 규정한다. 그리고 위상여유가 45° 정도 되도록 (1) Bode 선도 방법, (2) 근궤적법을 이용하여 정류기 앞에 적절한 제어기 $K(s)$를 첨가하라.

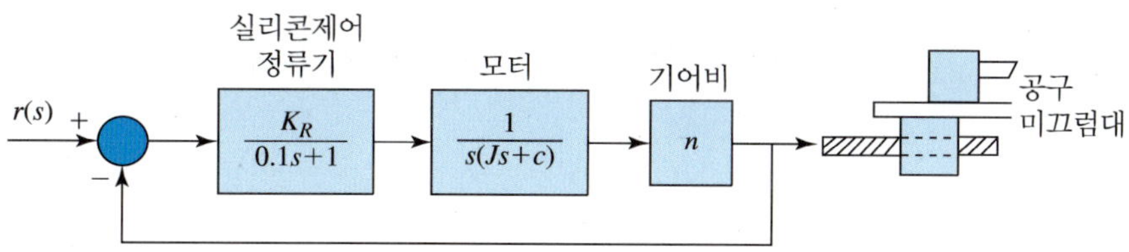

7.19 다음 그림은 핵발전 플랜트의 개략도이다. 핵반응로의 전달함수 $G(s)$는 다음과 같다.

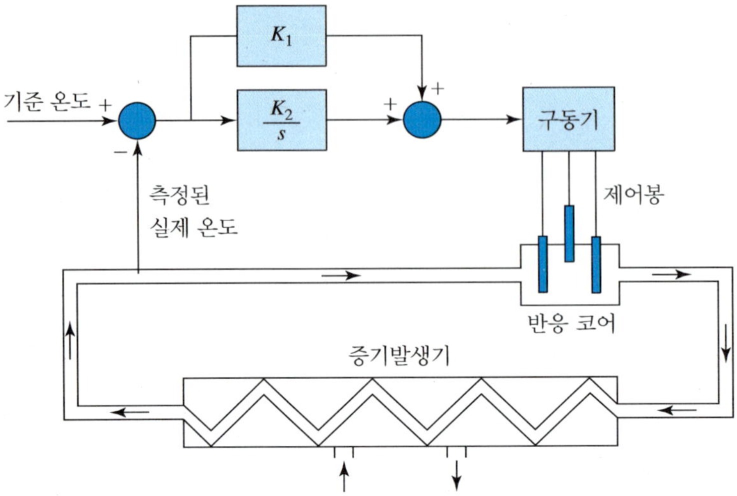

$$G(s) = \frac{e^{-0.2s}}{0.4s+1}$$

(1) 보상된 플랜트가 30°의 위상여유를 가질 수 있도록 Bode 선도를 이용하여 비례–적분 제어기 $K(s)$를 설계하라.

(2) 설계된 제어시스템의 성능을 평가하라.

7.20 다음 그림은 두 수조의 수위를 제어하는 시스템의 개략도이다. 수조의 동특성을 나타내는 전달함수는 다음과 같다.

$$G(s) = \frac{h(s)}{Q(s)} = \frac{1}{As+R}$$

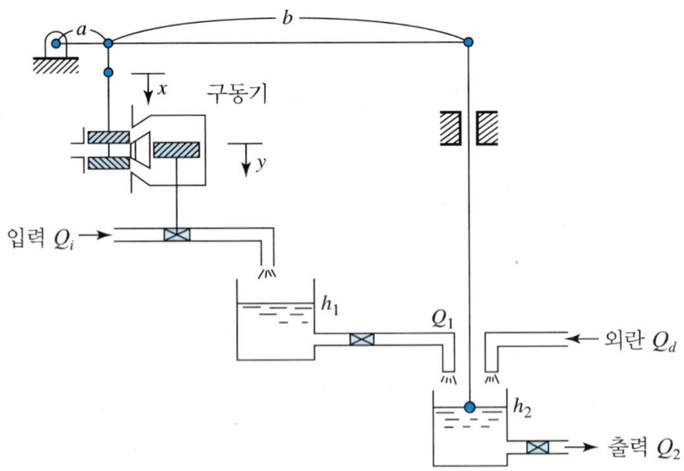

여기서 $1/R$은 오리피스(orifice)상수이며 A는 수조의 단면적이다. 두 수조는 서로 같고 $A=100$, $R=1$이라 하자. 제어밸브의 관성은 작으므로 구동기 $G_A(s)$를 다음과 같이 모델링하기로 한다.

$$G_A(s) = \frac{y(s)}{x(s)} = \frac{K_A}{s}$$

또한 지렛대 길이의 비 $a/b=0.1$, 구동기의 게인 $K_A=0.1$, $Q_i(s)/y(s)$의 게인은 -1이다.

(1) 단위스텝외란$[Q_d(s)=1/s]$이 가해졌을 때 2 % 정착 시간과 정상상태오차를 구하라.

(2) 수위 제어시스템의 Bode 선도를 그리고 게인 및 위상 여유를 구하라.

(3) Nichols 선도를 그리고 공진최댓값 M_r와 공진주파수 ω_r를 구하라.

(4) 스텝외란에 대하여 0-정상상태오차가 되고 만족스러운 상대안정도를 갖는 제어기 $K(s)$를 설계하라.

7.21 다음 그림은 통신위성에 대한 개략도이다. 인공위성의 안테나가 궤도의 혼란과 태양에 의하여 토크가 발생하더라도 인공위성이 지구상의 어떤 일정한 지점으로 향하게 하고자 한다.

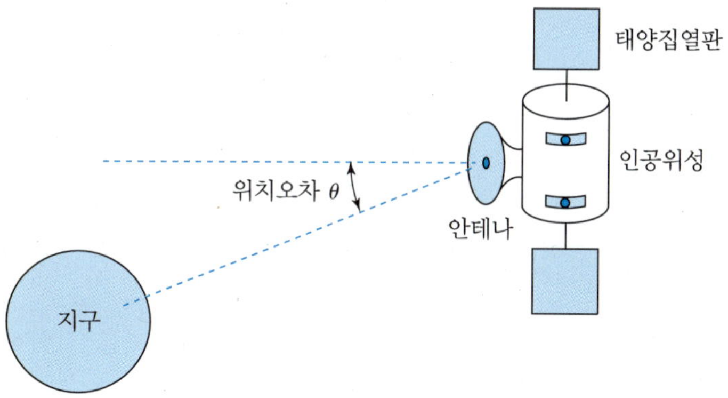

이 인공위성은 간단하게 다음과 같이 모델링할 수 있다.

$$J\ddot{\theta}(t) = u(t) + \tau_d(t)$$

여기서 $u(t)$는 인공위성에 있는 모터에 의하여 발생되는 토크이며, $\tau_d(t)$는 태양에 의하여 발생되는 외란 토크로서 근사적으로 다음과 같이 나타낼 수 있다.

$$\tau_d(t) \simeq Aq\delta \sin\omega_e t$$

그리고

J: 회전관성 $= 10^3\ \text{kg} \cdot \text{m} \cdot \text{sec}^2$

ω_e: 지구 각속도 $= 7.29 \times 10^{-5}\ \text{rad/sec}$

A: 태양집열판 면적 $= 100\ \text{m}^2$

q: 태양압력계수 $= 10^{-7}\ \text{kg/m}^2$

δ: 태양집열판의 등가 모멘트 팔 $= 1\ \text{m}$

또한 제어토크는 입력전압 $m(t)$에 비례한다. 즉,

$$u(t) = K_A m(t)$$

여기서

$$K_A = 10^{-2}\ \text{kg} \cdot \text{m/V}$$

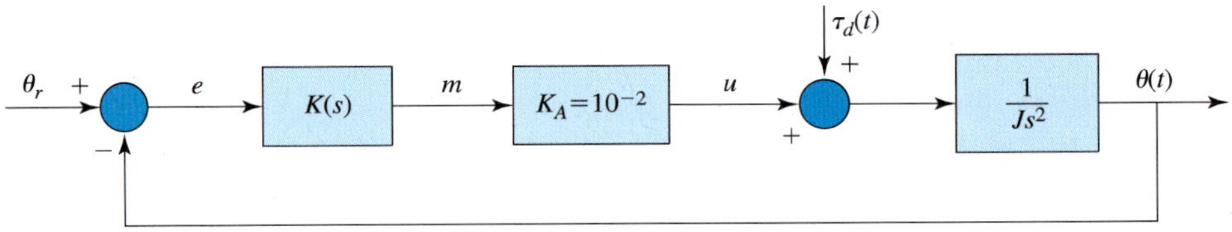

(1) 앞섬 제어기$\left[K(s) = K\frac{b}{a}\frac{(s+a)}{(s+b)},\ a < b\right]$를 사용하여 다음 설계사양들을 만족하는 인공위성의 위치 제어시스템을 설계하라.

- $\theta_r = 0$이고 단위스텝외란 τ_d에 대하여 $|\theta_r - \theta(\infty)| \le 0.1$
- 위상여유 $\gamma \ge 30°$

보상된 시스템과 비보상된 시스템의 Nyquist 선도를 간략하게 그리고 시스템이 불안정하게 되는 K 값을 결정하라.

(2) 보상된 시스템의 게인여유 K_g를 구하라.

(3) 페루프 시스템의 대역폭 ω_b를 구하라. 대역폭 ω_b는 만족스러운 명령추종 성능을 갖는 최대 주파수 범위를 의미하며, 단위 진폭의 사인파입력 $\theta_r(t) = 1\sin\omega_r t$를 가했을 때 출력의 진폭 $|\theta(t)| = 0.707$이 되는 주파수 ω_r가 대역폭 ω_b이다.

7.22 컴퓨터로 제어되는 재봉기를 모델링하고, 바람직하게 제어하고자 하는 재봉기에는 100 Hz의 일정한 주파수로 움직이는 수직회전 바늘을 사용하며, 바늘은 각 사이클의 10 % 동안 천(fabric) 안에 있다. 테이블은 단지 바느질이 완료되었을 때만 움직인다. 바늘이 천을 떠나는 동시에 컴퓨터는 테이블의 다음 위치로 움직이도록 명령한다. 다음 그림은 바늘과 테이블의 운동을 표시한 것이다.

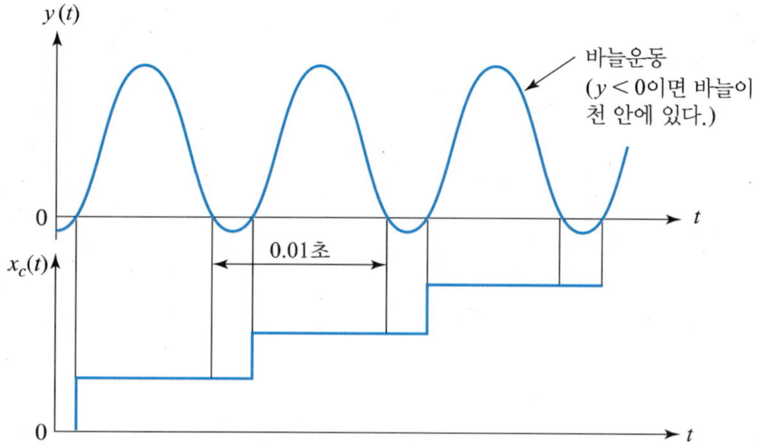

요구되는 설계사양은 다음과 같다.

- 바느질이 시작될 때 테이블 위치 x는 요구되는 위치 x_c와의 오차가 δ 이내에 있어야 한다.
- 테이블 속도 $\dot{x}$는 바느질되는 동안 항상 어떤 임계값 $\dot{x}_c$보다 작아야 한다.

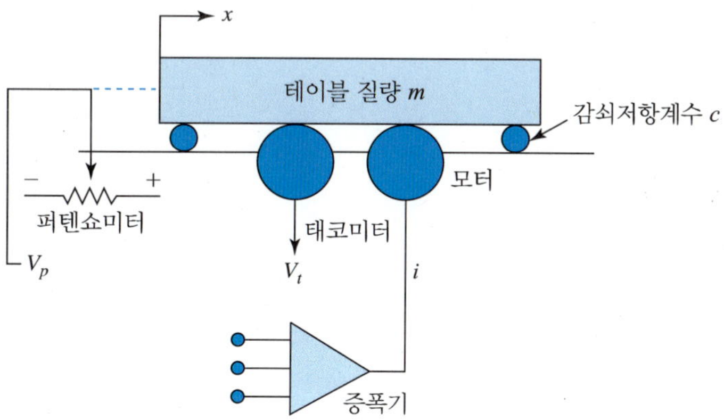

테이블은 질량이 m이고 등가감쇠가 c인 베어링에 의해 지지되어 있다. 그리고 위치 제어시스템을 모델링하는 데 필요한 관계식들을 요약하면 다음과 같다.

- 전기모터/기계 구동시스템에서 힘은 입력전류에 비례한다($F=K_m i$).
- 여러 개의 입력을 합산하고 게인을 조절할 수 있는 증폭기를 고려한다.
- 퍼텐쇼미터의 출력전압은 테이블 위치에 비례한다($V_p=K_p x$).
- 태코미터의 출력전압은 테이블 속도에 비례한다($V_t=K_t \dot{x}$).

(1) 재봉기의 개루프 시스템을 모델링하라.

(2) 폐루프 제어시스템을 구축하라.

(3) 설계사양을 만족할 수 있는 설계 방법을 제안하고 설계 과정을 간략히 서술하라.

(4) 폐루프 제어시스템의 과도응답 및 정상상태응답 특성을 시스템 파라미터들로 표시하라.

7.23 플랜트 전달함수 $G(s)$가 다음과 같은 시스템에 적절한 제어기를 첨가한 단위 피드백 제어시스템을 설계하고자 한다.

$$G(s)=\frac{60}{s(1+0.2s)(1+0.5s)}$$

(1) 앞섬 제어기 $K(s)$를 2단으로 설계하여 위상여유가 60° 이상 되도록 하라.

$$K(s)=\frac{(1+aT_1s)}{(1+T_1s)}\frac{(1+bT_2s)}{(1+T_2s)} \qquad a>1,\ b>1$$

1단 앞섬 제어기로 얻을 수 있는 최대 위상여유를 실현하도록 우선 a와 T_1 값을 선정하고, 다음으로 둘째 단 제어기 설계에서 60° 위상여유의 잔여분을 실현하라. 보상된 시스템의 게인여유를 구하고 단위스텝응답을 도시하라. 이와 같은 결과로부터 설계된 제어시스템의 성능을 평가하라.

(2) 1단의 뒤짐 제어기를 설계하여 보상된 시스템의 위상여유가 60° 이상 되도록 하라. 보상된 시스템의 게인여유를 구하고, 단위스텝응답을 도시하라. 이와 같은 결과로부터 설계된 제어시스템의 성능을 평가하라.

(3) 뒤짐-앞섬 제어기를 설계하라. 우선 위상여유를 40°로 놓고 뒤짐 보상을 먼저 수행하고, 다음에 앞섬 보상을 수행하여 위상여유 60°를 얻을 수 있도록 설계한다. 보상된 시스템의 게인여유를 구하고, 단위스텝응답을 도시하라. 설계된 제어시스템의 성능을 평가하라.

7.24 플랜트 전달함수 $G(s)$가 다음과 같은 단위 피드백 제어시스템이 있다.

$$G(s) = \frac{500(s+10)}{s(s^2+10s+1000)}$$

(1) $G(j\omega)$의 Bode 선도를 그려서 위상 및 게인 여유를 구하라. 그리고 폐루프 시스템의 단위스텝응답을 도시하고 단위 피드백 제어시스템의 성능을 평가하라.

(2) 플랜트의 복소 극점이 상쇄되도록 노치 필터를 설계하라. 보상된 시스템의 위상 여유는 적어도 60°가 되어야 한다. 보상된 플랜트의 Bode 선도를 그리고 보상된 시스템의 위상 및 게인 여유를 구하라. 그리고 폐루프 시스템의 단위스텝응답을 도시하고, 설계된 제어시스템의 성능을 평가하라.

7.25 다음 그림과 같은 피드백 및 피드포워드 제어시스템을 설계하고자 한다.

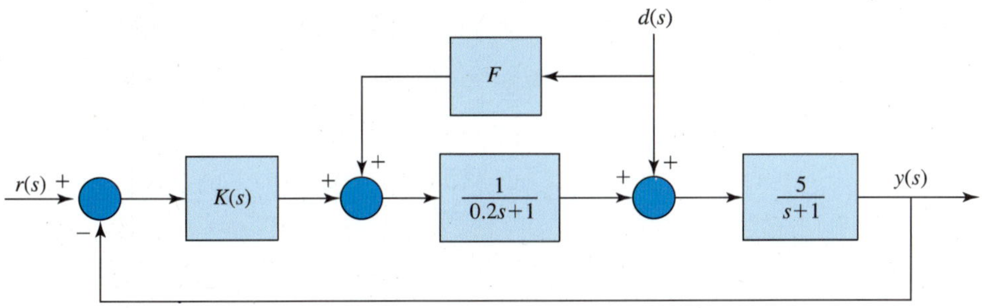

(1) 피드포워드 제어기 F를 첨가하지 않은 피드백 제어시스템의 위상여유가 60°가 되도록 피드백 제어기 $K(s)$를 설계하라.

(2) 외란 $d(s)$가 측정 가능하면 피드포워드 제어기 F를 첨가함으로써 외란제거 성능을 향상시킬 수 있다. 바람직한 정적 피드포워드 제어기 F 값을 선정하고 (1)에서 설계된 피드백 제어시스템과 이와 같이 설계된 피드백 및 피드포워드 제어시스템의 단위스텝외란에 대한 응답을 수식으로 나타내고 비교 평가하라.

8장 상태공간 해석 및 설계

8.1 서론

7장까지는 복소수역 및 주파수역에서 제어시스템을 해석하고 설계하는 방법들을 다루었다. 복소수역 및 주파수역 접근법은 주로 단일입출력 선형 시불변 시스템 특성이 있는 비교적 단순한 시스템에 적용된다. 그렇지만 관심을 갖는 제어 대상 시스템이 다변수 비선형 시변 시스템 등 일반적인 시스템의 영역까지 점점 확장되고 있으므로, 이와 같은 제어시스템에 대한 적절한 해석 및 설계 기법들이 필요하다. 그래서 1950년대 후반부터 개발된 시간역에서 제어 대상 시스템을 모델링하고 시간역에서 제어시스템을 해석하고 설계할 수 있는 상태공간 접근법[14, 50]을 소개하기로 한다. 상태공간 접근법은 비선형 시변 시스템, 그리고 입출력이 여러 개인 다변수 시스템에서도 적용할 수 있는 제어 기법이다. 상태공간 접근법은 학술적으로는 매우 매력적이나, 실제 시스템에 적용할 때에는 만족스럽지 못한 경우가 발생하기도 한다. 그 이유는 상태공간 접근법을 사용할 때 시스템의 구조 및 특성을 잘 알아야 하며, 특히 시스템의 모델링의 정확도, 다시 말하면 모델의 불확실성에 따라 시스템의 성능 및 안정도가 크게 영향을 받기 때문이다. 그래서 이를 보완하기 위하여 1970년대 말부터 강인 제어 기법[21, 87]이 개발되었다. 강인 제어 기법은 상태공간 및 주파수역 접근법의 장점들을 결합시켜 모델 불확실성 문제를 제어시스템 설계 시에 직접 고려할 수 있는 제어 기법이다. 이와 같은 새로운 제어 기법들을 완전하게 이해하기 위해서라도 제어시스템의 상태공간 해석 및 설계에 관한 기본 지식을 습득할 필요가 있다. 또한 주파수역 접근법에 의한 제어시스템 설계 시에는 극점-영점 상쇄로 인해 내부 진동이나 불안정 등과 같은 예기치 못한 문제들이 발생할 수 있지만, 상태공간 접근법은 이러한 문제들을 명확하게 파악해준다. 그리고 최적제어나 적응제어와 같은 고급 제어 기법도 역시 상태공간에서 적용된다. 그러므로 이 장에서는 상태공간에서 제어시스템을 해석하고 설계하는 기본 개념들을 간략히 다루기로 한다.

이미 3장에서 동적 시스템의 동특성을 나타내는 시스템의 상태변수의 도함수를 상태변수와 입력변수들로 표현하는 상태방정식을 유도하는 방법에 대해 설명하였다. 3장에서 설명한 상태변수의 개념 및 정의 그리고 실제 상태변수를 이용하여 물리 시스템을 수학적으로 모델링하는 과정을 충분히 이해했을 줄로 믿는다. 이 장에서는 우선 선형 동적 시스템의 시간역 해석 및 설계에 필요한 기본 개념들을 파악하는 데 도움을 줄 수 있는 상태공간 모델의 해를 유도한다. 이를 위해 상태공간 모델의 해에 포함되어 있는 $e^{\mathbf{A}t}$를 유한급수의 합으로 표현할 수 있는 방법들을 설명한다. 특히 모드 접근법을 이용한 상태공간 모델의 해로부터 상태공간 접근법에 의한 제어시스템 설계 시 사용되는 중요한 개념인 가제어성(controllability)/가안정성(stabilizability)과 가관측성(observability)/가검출성(detectability) 개념을 소개한다. 이 개념들은 1960년 Kalman[42] 등이 소개한 제어 이론으로서 현대 제어 이론에서 매우 중요한 개념이다. 제어시스템을 설계하기 전, 우선 시스템을 제어할 수 있는지 그리고 시스템의 상태를 관측할 수 있는지를 먼저 조사해야 한다. 왜냐하면 가제어성과 가관측성에 따라 해의 존재 유무를 알 수 있기 때문이다.

그런 다음, 상태공간 접근법을 이용한 제어시스템 설계 시 사용되는 대표적인 제어 구조인 상태 피드백과 출력 피드백의 기본 개념을 비교 설명한다. 그리고 단일입출력 시스템에 대하여 극점배치 기법을 이용한 상태 피드백 제어시스템 설계 방법을 설명한다. 또한 단순한 상태 피드백만을 이용한 서보 시스템에서 발생할 수 있는 문제점에 대하여 알아보기로 한다. 일반적으로 서보 설계의 목적은 명령추종 성능을 향상시키는 데 있지만, 단순한 상태 피드백만을 이용하면 바람직한 명령추종 성능을 얻을 수 없을 때가 종종 있다. 이와 같은 경우 포워드(forward) 또는 피드포워드(feedforward) 제어를 포함시켜 명령추종 성능을 향상시킬 수 있는 방법을 제시한다. 끝으로, MATLAB을 이용하여 제어시스템을 상태공간에서 해석하고 설계하는 과정을 설명하기로 한다.

8.2 Laplace 변환을 이용한 상태공간 모델의 해

우선 가장 간단한 1차 스칼라 시스템의 상태공간 모델에 대하여 생각하기로 한다.

$$\dot{x}(t) = ax(t) + bu(t) \tag{8.1}$$

$$y(t) = cx(t) + du(t) \tag{8.2}$$

상태방정식 (8.1)에 Laplace 변환을 수행하여 $x(s)$를 구하면 다음과 같다.

$$x(s) = (s-a)^{-1}x(0) + (s-a)^{-1}bu(s) \tag{8.3}$$

식 (8.3)에서 우변의 첫째 항은 초기조건에 의한 상태변화, 둘째 항은 입력에 의한 상태변화를 나타낸다. 선형 시스템에서는 중첩의 원리를 적용할 수 있으므로, 식 (8.3)을 편의상 두 개의 항으로 나누어 시간해 $x(t)$를 계산하기로 한다.

첫째 항에 역Laplace 변환을 수행하면, 초기조건에 의한 과도응답의 해 $x_t(t)$는

$$x_t(t) = e^{at}x(0) \tag{8.4}$$

그리고 Laplace 변환의 합성적분 특성을 이용하여 둘째 항에 역Laplace 변환을 수행하면, 입력에 의한 정상상태응답의 해 $x_{ss}(t)$는

$$x_{ss}(t) = \int_0^t e^{a(t-\tau)}bu(\tau)d\tau \tag{8.5}$$

그러므로 $x(t)$의 완전한 해는 다음과 같이 표현된다.

$$\begin{aligned} x(t) &= x_t(t) + x_{ss}(t) \\ &= e^{at}x(0) + \int_0^t e^{a(t-\tau)}bu(\tau)d\tau \end{aligned} \tag{8.6}$$

이제 식 (8.6)을 식 (8.2)에 대입하여 출력 $y(t)$를 구할 수 있다.

$$y(t) = ce^{at}x(0) + c\int_0^t e^{a(t-\tau)}bu(\tau)d\tau + du(t) \tag{8.7}$$

또한 상태변수 $x(t)$와 출력변수 $y(t)$를 각각 다음과 같이 표현할 수도 있다.

$$x(t) = e^{at}\left\{x(0) + \int_0^t e^{-a\tau}bu(\tau)d\tau\right\} \tag{8.8}$$

$$y(t) = ce^{at}\left\{x(0) + \int_0^t e^{-a\tau} bu(\tau)d\tau\right\} + du(t) \tag{8.9}$$

이제 일반적인 다변수 상태공간 모델로 확장하면 상태벡터 $\mathbf{x}(t)$와 출력벡터 $\mathbf{y}(t)$를 각각 다음과 같이 표현할 수 있다.

$$\mathbf{x}(t) = e^{\mathbf{A}t}\mathbf{x}(0) + \int_0^t e^{\mathbf{A}(t-\tau)}\mathbf{B}\mathbf{u}(\tau)d\tau \tag{8.10}$$

$$\mathbf{y}(t) = \mathbf{C}e^{\mathbf{A}t}\mathbf{x}(0) + \mathbf{C}\int_0^t e^{\mathbf{A}(t-\tau)}\mathbf{B}\mathbf{u}(\tau)d\tau + \mathbf{D}\mathbf{u}(t) \tag{8.11}$$

또는

$$\mathbf{x}(t) = e^{\mathbf{A}t}\left\{\mathbf{x}(0) + \int_0^t e^{-\mathbf{A}\tau}\mathbf{B}\mathbf{u}(\tau)d\tau\right\} \tag{8.12}$$

$$\mathbf{y}(t) = \mathbf{C}e^{\mathbf{A}t}\left\{\mathbf{x}(0) + \int_0^t e^{-\mathbf{A}\tau}\mathbf{B}\mathbf{u}(\tau)d\tau\right\} + \mathbf{D}\mathbf{u}(t) \tag{8.13}$$

그리고 다음과 같은 스텝입력 $\mathbf{u}(t)$가 가해졌을 때의 시간해 $\mathbf{x}(t)$를 구하기로 한다.

$$\mathbf{u}(t) = \mathbf{K}u_s(t) \tag{8.14}$$

여기서 $u_s(t)$는 단위스텝입력이다. 이때 $\mathbf{x}(t)$는 식 (8.10)으로부터 다음과 같이 유도할 수 있다.

$$\begin{aligned} \mathbf{x}(t) &= e^{\mathbf{A}t}\mathbf{x}(0) + \int_0^t e^{\mathbf{A}(t-\tau)}\mathbf{B}\mathbf{K}u_s(\tau)d\tau \\ &= e^{\mathbf{A}t}\mathbf{x}(0) + \left\{\int_0^t e^{\mathbf{A}(t-\tau)}d\tau\right\}\mathbf{B}\mathbf{K} \end{aligned} \tag{8.15}$$

한편

$$\begin{aligned} \int_0^t e^{\mathbf{A}(t-\tau)}d\tau &= -\int_t^0 e^{\mathbf{A}\nu}d\nu \\ &= \int_0^t \left(\mathbf{I} + \mathbf{A}\nu + \frac{1}{2!}\mathbf{A}^2\nu^2 + \cdots\right)d\nu \\ &= \mathbf{A}^{-1}(e^{\mathbf{A}t} - \mathbf{I}) \\ &= \mathbf{A}^{-1}\mathbf{P} \end{aligned} \tag{8.16}$$

여기서 $\mathbf{P}(= e^{\mathbf{A}t} - \mathbf{I})$를 Paynter 행렬이라고 한다.

Paynter 행렬을 이용하면 식 (8.15)를 다음과 같이 간단히 표현할 수 있다.

$$\mathbf{x}(t) = e^{\mathbf{A}t}\mathbf{x}(0) + \mathbf{A}^{-1}\mathbf{PBK} \tag{8.17}$$

그리고 시스템이 안정한 경우, 즉 $\lim_{t\to\infty} e^{\mathbf{A}t} \to \mathbf{0}$일 때, 스텝입력 $\mathbf{u}(t)$에 대한 정상상태응답 $\mathbf{x}_{ss}$는 다음과 같이 간단히 표현된다.

$$\mathbf{x}_{ss} = -\mathbf{A}^{-1}\mathbf{BK} \tag{8.18}$$

8.3 $e^{\mathbf{A}t}$ 계산

식 (8.12)나 식 (8.13)에 표시된 상태공간 모델의 해는 $e^{\mathbf{A}t}$의 항을 포함하고 있다. 이 $e^{\mathbf{A}t}$ 항을 유한급수의 합으로 간단하게 표현할 수 있다면, 시스템의 상태공간 해석뿐만 아니라 컴퓨터를 이용한 제어시스템의 구현에도 보다 용이하게 적용될 수 있다. 이 $e^{\mathbf{A}t}$를 유한급수의 합으로 표현할 수 있는 계산 방법으로는 Cayley-Hamilton 이론, Sylvester 전개 이론, 그리고 고윳값/고유벡터를 이용하는 방법을 많이 사용하고 있다.

$e^{\mathbf{A}t}$를 Taylor 급수 전개하면 다음과 같이 무한급수의 합으로 표현된다.

$$e^{\mathbf{A}t} = \mathbf{I} + \mathbf{A}t + \frac{1}{2!}\mathbf{A}^2t^2 + \cdots \tag{8.19}$$

그렇지만 Cayley-Hamilton 이론을 이용하면 $e^{\mathbf{A}t}$에 대한 무한급수의 합을 유한급수의 합으로 표현할 수 있다. 이 이론에 의하면 모든 행렬은 자기 자신의 특성다항식을 만족시킨다.[68] 즉 행렬 $\mathbf{A}$가 다음과 같은 특성다항식을 갖는다면

$$\Delta(\lambda) = \lambda^n + a_{n-1}\lambda^{n-1} + \cdots + a_1\lambda + a_0 \tag{8.20}$$

이때 다음 식이 성립한다.

$$\Delta(\mathbf{A}) = \mathbf{A}^n + a_{n-1}\mathbf{A}^{n-1} + \cdots + a_1\mathbf{A} + a_0\mathbf{I} \tag{8.21}$$

각 고윳값 λ_i는 특성방정식[$\Delta(\lambda_i) = \mathbf{0}$]의 근이 되므로 n개의 독립적인 고유벡터를 갖는 경우는 쉽게 증명할 수 있다. 그렇지만 일반적인 경우에는 이에 대한 증명이 쉽지 않다.

이제 식 (8.21)을 이용하여 $\mathbf{A}^n$을 다음과 같이 표현할 수 있다.

$$\mathbf{A}^n = -a_{n-1}\mathbf{A}^{n-1} - a_{n-2}\mathbf{A}^{n-2} - \cdots - a_1\mathbf{A} - a_0\mathbf{I} \tag{8.22}$$

그리고 위 식에 행렬 $\mathbf{A}$를 곱하면

$$\begin{aligned}\mathbf{A}\mathbf{A}^n &= -a_{n-1}\mathbf{A}^n - a_{n-2}\mathbf{A}^{n-1} - \cdots - a_1\mathbf{A}^2 - a_0\mathbf{A} \\ &= -a_{n-1}(-a_{n-1}\mathbf{A}^{n-1} - \cdots - a_1\mathbf{A} - a_0\mathbf{I}) \\ &\quad - a_{n-2}\mathbf{A}^{n-1} - \cdots - a_1\mathbf{A}^2 - a_0\mathbf{A}\end{aligned} \tag{8.23}$$

또는

$$\begin{aligned}\mathbf{A}^{n+1} &= (a_{n-1}^2 - a_{n-2})\mathbf{A}^{n-1} + (a_{n-1}a_{n-2} - a_{n-3})\mathbf{A}^{n-2} + \cdots \\ &\quad + (a_{n-1}a_1 - a_0)\mathbf{A} + a_{n-1}a_0\mathbf{I}\end{aligned} \tag{8.24}$$

따라서 이와 같은 방법을 연속적으로 수행하면, 행렬 $\mathbf{A}$의 차수가 $\mathbf{A}^n$보다 매우 클지라도 n개의 기저(basis)행렬 $\{\mathbf{I},\ \mathbf{A},\ \mathbf{A}^2,\ \cdots,\ \mathbf{A}^{n-1}\}$의 선형결합으로 표현할 수 있다. 그러므로 Cayley-Hamilton 이론을 이용하면 식 (8.19)에 주어진 $e^{\mathbf{A}t}$에 대한 무한급수의 합을 n개의 기저행렬 $\{\mathbf{I},\ \mathbf{A},\ \mathbf{A}^2,\ \cdots,\ \mathbf{A}^{n-1}\}$의 선형결합인 다음과 같은 유한급수의 합으로 쉽게 바꿀 수 있다.

$$\begin{aligned}e^{\mathbf{A}t} &= \mathbf{I} + \mathbf{A}t + \mathbf{A}^2\frac{t^2}{2!} + \mathbf{A}^3\frac{t^3}{3!} + \cdots \\ &= \alpha_0(t)\mathbf{I} + \alpha_1(t)\mathbf{A} + \alpha_2(t)\mathbf{A}^2 + \cdots + \alpha_{n-1}(t)\mathbf{A}^{n-1} \\ &= \sum_{i=0}^{n-1}\mathbf{A}^i\alpha_i(t)\end{aligned} \tag{8.25}$$

이제 이 문제는 식 (8.25)에 있는 스칼라 함수 $\alpha_i(t)$를 구하는 문제로 압축된다. 고윳값이 특성방정식의 근이라는 것을 이용하면, $\alpha_i(t)$는 쉽게 구할 수 있다.

$$\lambda_i^n = -a_{n-1}\lambda_i^{n-1} - a_{n-2}\lambda_i^{n-2} - \cdots - a_1\lambda_i - a_0 \tag{8.26}$$

$$\begin{aligned}\lambda_i^{n+1} &= (a_{n-1}^2 - a_{n-2})\lambda_i^{n-1} + (a_{n-1}a_{n-2} - a_{n-3})\lambda_i^{n-2} + \cdots \\ &\quad + (a_{n-1}a_1 - a_0)\lambda_i + a_{n-1}a_0\end{aligned} \tag{8.27}$$

식 (8.22)와 식 (8.24), 식 (8.26)과 식 (8.27)을 각각 비교하면, 각 λ_i에 대하여 다음 식이 성립한다는 것을 알 수 있다.

$$e^{\lambda_i t} = \alpha_0(t) + \alpha_1(t)\lambda_i + \alpha_2(t)\lambda_i^2 + \cdots + \alpha_{n-1}(t)\lambda_i^{n-1} \tag{8.28}$$

그리고 시스템이 n개의 개별적인 고윳값을 갖는 경우에는 식 (8.28)을 다음과 같이 표현할 수 있다.

$$\begin{bmatrix} 1 & \lambda_1 & \lambda_1^2 & \cdots & \lambda_1^{n-1} \\ 1 & \lambda_2 & \lambda_2^2 & \cdots & \lambda_2^{n-1} \\ \vdots & \vdots & \vdots & & \vdots \\ 1 & \lambda_n & \lambda_n^2 & \cdots & \lambda_n^{n-1} \end{bmatrix} \begin{Bmatrix} \alpha_0(t) \\ \alpha_1(t) \\ \vdots \\ \alpha_{n-1}(t) \end{Bmatrix} = \begin{Bmatrix} e^{\lambda_1 t} \\ e^{\lambda_2 t} \\ \vdots \\ e^{\lambda_n t} \end{Bmatrix} \tag{8.29}$$

여기서 시스템행렬이 Vandermonde 행렬이므로 식 (8.29)의 해는 쉽게 구할 수 있다.[68]

만일 복소 공액 고윳값이 존재한다면, 식 (8.29)에서 복소 공액 고윳값을 포함하고 있는 두 개의 선형 방정식을 실수부와 허수부로 나누어 실수값만 갖는 두 개의 선형 방정식으로 만드는 것이 편리하다. 예를 들어 처음 두 개의 고윳값이 복소 공액 고윳값($\lambda_{1,\,2} = \sigma_1 \pm j\omega_1$)을 갖는다면, 이때 처음 두 행을 다음과 같이 만든다.

$$\begin{bmatrix} Re\{1 \ \lambda_1 \ \lambda_1^2 \cdots \ \lambda_1^{n-1}\} \\ Im\{1 \ \lambda_1 \ \lambda_1^2 \cdots \ \lambda_1^{n-1}\} \end{bmatrix} \begin{Bmatrix} \alpha_0(t) \\ \alpha_1(t) \\ \vdots \\ \alpha_{n-1}(t) \end{Bmatrix} = \begin{Bmatrix} Re\{e^{\lambda_1 t}\} \\ Im\{e^{\lambda_1 t}\} \end{Bmatrix} = \begin{Bmatrix} e^{\sigma_1 t}\cos\omega_1 t \\ e^{\sigma_1 t}\sin\omega_1 t \end{Bmatrix} \tag{8.30}$$

이렇게 수정된 식은 실수값으로 표현되는 선형 방정식 문제가 된다.

또한 $n(\geq 2)$개의 중복된 고윳값 λ를 갖는 경우에는, 중복된 고윳값을 갖는 첫 번째 행을 고윳값 λ로 $(n-1)$번 미분함으로써 n개의 독립적인 선형 방정식을 만든다. 예를 들어 λ_1이 3중근이라고 하면, 첫 3개의 선형 방정식은 다음과 같이 표현된다.

$$\begin{bmatrix} 1 & \lambda_1 & \lambda_1^2 & \cdots & \lambda_1^{n-1} \\ 0 & 1 & 2\lambda_1 & \cdots & (n-1)\lambda_1^{n-2} \\ 0 & 0 & 2 & \cdots & (n-1)(n-2)\lambda_1^{n-3} \end{bmatrix} \begin{Bmatrix} \alpha_0(t) \\ \alpha_1(t) \\ \vdots \\ \alpha_{n-1}(t) \end{Bmatrix} = \begin{Bmatrix} e^{\sigma_1 t} \\ te^{\sigma_1 t} \\ t^2 e^{\sigma_1 t} \end{Bmatrix} \tag{8.31}$$

예제 8.1 다음 행렬 $\mathbf{A}$에 대한 $e^{\mathbf{A}t}$를 유한급수의 합으로 표현하기로 한다.

$$\mathbf{A} = \begin{bmatrix} 0 & 1 & 0 \\ 0 & 0 & 1 \\ -13 & -17 & -5 \end{bmatrix}$$

행렬 $\mathbf{A}$의 고윳값은 $\lambda_1 = -1$, $\lambda_{2,\,3} = -2 \pm j3$이다. 그러므로 $\alpha_i(t)$에 대한 선형 방정식은 다음과 같다.

$$\begin{bmatrix} 1 & -1 & 1 \\ Re\{1 & -2+j3 & -5-j12\} \\ Im\{1 & -2+j3 & -5-j12\} \end{bmatrix} \begin{Bmatrix} \alpha_0(t) \\ \alpha_1(t) \\ \alpha_2(t) \end{Bmatrix} = \begin{Bmatrix} e^{-t} \\ Re\{e^{(-2+j3)t}\} \\ Im\{e^{(-2+j3)t}\} \end{Bmatrix}$$

또는

$$\begin{bmatrix} 1 & -1 & 1 \\ 1 & -2 & -5 \\ 0 & 3 & -12 \end{bmatrix} \begin{Bmatrix} \alpha_0(t) \\ \alpha_1(t) \\ \alpha_2(t) \end{Bmatrix} = \begin{Bmatrix} e^{-t} \\ e^{-2t}\cos 3t \\ e^{-2t}\sin 3t \end{Bmatrix}$$

위 식으로부터 계수 $\alpha_i(t)$를 구할 수 있고, 이때 $e^{\mathbf{A}t}$는 다음과 같다.

$$e^{\mathbf{A}t} = \alpha_0(t)\mathbf{I} + \alpha_1(t)\mathbf{A} + \alpha_2(t)\mathbf{A}^2$$

여기서

$$\begin{Bmatrix} \alpha_0(t) \\ \alpha_1(t) \\ \alpha_2(t) \end{Bmatrix} = \begin{bmatrix} \frac{13}{10} & -\frac{3}{10} & \frac{7}{30} \\ \frac{2}{5} & -\frac{2}{5} & \frac{1}{5} \\ \frac{1}{10} & -\frac{1}{10} & -\frac{1}{30} \end{bmatrix} \begin{Bmatrix} e^{-t} \\ e^{-2t}\cos 3t \\ e^{-2t}\sin 3t \end{Bmatrix}$$ ■

만약 모든 고윳값이 개별적인 고윳값을 갖는 경우에는 다음과 같은 Sylvester 전개 이론을 이용하여 $e^{\mathbf{A}t}$를 보다 쉽게 유한급수의 합으로 표현할 수 있다.

$$f(\mathbf{A}) = \sum_{i=1}^{n} f(\lambda_i) \cdot \mathbf{F}_i \tag{8.32}$$

여기서

$$\mathbf{F}_i = \prod_{\substack{i=1 \\ i \neq j}}^{n} \frac{\mathbf{A} - \lambda_j \mathbf{I}}{\lambda_i - \lambda_j}$$

예제 8.2 다음 행렬 $\mathbf{A}$에 대한 $e^{\mathbf{A}t}$를 Sylvester 전개 이론을 이용하여 유한급수의 합으로 표현하기로 한다.

$$\mathbf{A} = \begin{bmatrix} 0 & 1 \\ 0 & -2 \end{bmatrix}$$

행렬 $\mathbf{A}$의 고윳값은 $\lambda_1=0$, $\lambda_2=-2$이다. 그리고 식 (8.32)를 이용하여 $e^{\mathbf{A}t}$를 다음과 같이 표현할 수 있다.

$$e^{\mathbf{A}t}=e^{0t}\mathbf{F}_1+e^{-2t}\mathbf{F}_2$$

여기서

$$\mathbf{F}_1=\frac{\mathbf{A}-\lambda_2\mathbf{I}}{\lambda_1-\lambda_2}=\begin{bmatrix}1 & 1/2\\ 0 & 0\end{bmatrix},\qquad \mathbf{F}_2=\frac{\mathbf{A}-\lambda_1\mathbf{I}}{\lambda_2-\lambda_1}=\begin{bmatrix}0 & -1/2\\ 0 & 1\end{bmatrix}$$

그러므로

$$\begin{aligned}e^{\mathbf{A}t}&=\begin{bmatrix}1 & 1/2\\ 0 & 0\end{bmatrix}e^{0t}+\begin{bmatrix}0 & -1/2\\ 0 & 1\end{bmatrix}e^{-2t}\\ &=\begin{bmatrix}1 & \frac{1}{2}(1-e^{-2t})\\ 0 & e^{-2t}\end{bmatrix}\end{aligned} \tag{8.33}$$

■

그리고 다음과 같은 고윳값/고유벡터에 관한 유용한 식들을 이용하여 $e^{\mathbf{A}t}$를 유한급수의 합으로 표현할 수도 있다.

$$e^{\mathbf{A}}=\sum_{j=0}^{\infty}\frac{\mathbf{A}^j}{j!} \tag{8.34}$$

$$\mathbf{A}=\sum_{i=1}^{n}\lambda_i\mathbf{v}_i\mathbf{w}_i^T \tag{8.35}$$

여기서 $\mathbf{v}_i$와 $\mathbf{w}_i$는 각각 우측 및 좌측 고유벡터이다. 고유벡터는 정방행렬에 관한 개념 가운데 가장 중요한 개념 중 하나로서, 기하학적으로 행렬 $\mathbf{A}$와 벡터 $\mathbf{v}$의 곱으로 만들어지는 벡터 $\mathbf{Av}$와 벡터 $\mathbf{v}$가 동일선상(colinear)에 놓이면 벡터 $\mathbf{v}$를 행렬 $\mathbf{A}$의 우측 고유벡터라 하고, $\mathbf{w}_i^T\mathbf{A}$와 벡터 $\mathbf{w}_i^T$가 역시 동일선상에 놓이면 벡터 $\mathbf{w}$를 행렬 $\mathbf{A}$의 좌측 고유벡터라고 한다. 즉

$$\mathbf{A}\mathbf{v}_i=\lambda_i\mathbf{v}_i,\qquad i=1,\ 2,\ \cdots,\ n \tag{8.36}$$

$$\mathbf{w}_i^T\mathbf{A}=\lambda_i\mathbf{w}_i^T,\qquad i=1,\ 2,\ \cdots,\ n \tag{8.37}$$

여기서 λ_i는 고유벡터 $\mathbf{v}_i$ 또는 $\mathbf{w}_i$에 대응하는 행렬 $\mathbf{A}$의 고윳값이다. 식 (8.34)와 식 (8.35)를 이용하면 $e^{\mathbf{A}t}$를 다음과 같은 유한급수의 합으로 표현할 수 있다.

$$e^{\mathbf{A}t} = \sum_{j=0}^{\infty} \frac{(\mathbf{A}t)^j}{j!} = \sum_{j=0}^{\infty} \sum_{i=1}^{n} \frac{(\lambda_i t)^j}{j!} \mathbf{v}_i \mathbf{w}_i^T = \sum_{i=1}^{n} e^{\lambda_i t} \mathbf{v}_i \mathbf{w}_i^T \tag{8.38}$$

예제 8.3 예제 8.2에서 주어진 행렬 $\mathbf{A}$에 대한 $e^{\mathbf{A}t}$를 고윳값/고유벡터를 이용하여 유한급수의 합으로 표현하기로 한다.

행렬 $\mathbf{A}$의 고윳값은 $\lambda_1 = 0$, $\lambda_2 = -2$이고, 우측 고유벡터행렬 $\mathbf{V}$와 좌측 고유벡터행렬 $\mathbf{W}$는 각각 다음과 같다.

$$\mathbf{V} = [\mathbf{v}_1 \ \vdots \ \mathbf{v}_2] = \begin{bmatrix} 1 & -1/2 \\ 0 & 1 \end{bmatrix}; \quad \mathbf{W} = \begin{bmatrix} \mathbf{w}_1^T \\ \cdots \\ \mathbf{w}_2^T \end{bmatrix} = \begin{bmatrix} 1 & 1/2 \\ 0 & 1 \end{bmatrix}$$

고윳값과 우측 및 좌측 고유벡터들을 식 (8.38)에 대입하여 계산한 $e^{\mathbf{A}t}$ 값이 예제 8.2에서 식 (8.33)에 주어진 Sylvester 전개 이론을 이용하여 구한 $e^{\mathbf{A}t}$ 값과 같다는 것을 알 수 있다. ■

8.4 모드 해석에 의한 상태공간 모델의 해

모드 해석에 의한 상태공간 모델의 해를 구하기 위하여 우선 간단한 비입력 선형 시불변(unforced linear time invariant) 시스템에 대하여 생각하기로 한다.

$$\dot{\mathbf{x}}(t) = \mathbf{A}\mathbf{x}(t); \qquad \mathbf{x}(0) = \boldsymbol{\xi} \tag{8.39}$$

이 비입력 선형 시불변 시스템의 시간해 $\mathbf{x}(t)$는 다음과 같다.

$$\mathbf{x}(t) = e^{\mathbf{A}t}\boldsymbol{\xi} \tag{8.40}$$

그리고 식 (8.38)을 이용하면, 식 (8.40)을 시스템의 각 모드들의 합으로 표현할 수 있다.

$$\mathbf{x}(t) = \sum_{i=1}^{n} e^{\lambda_i t} \mathbf{v}_i \mathbf{w}_i^T \boldsymbol{\xi} \tag{8.41}$$

여기서 $e^{\lambda_i t}\mathbf{v}_i$는 i번째 모드를 나타내고, $\mathbf{w}_i^T\boldsymbol{\xi}$는 초기상태 $\boldsymbol{\xi}$가 i번째 모드를 여기(excitation) 하는 정도를 나타낸다. 또한 식 (8.41)을 Laplace 변환함수로 표현하면 다음과 같다.

$$\mathbf{x}(s) = \sum_{i=1}^{n} \frac{1}{s-\lambda_i} \mathbf{v}_i \mathbf{w}_i^T \boldsymbol{\xi} \tag{8.42}$$

이제 모드 해석 방법을 이용하여 입력을 포함하는 일반적인 선형 시불변 시스템에 대한 해를 구하기 위하여 상태방정식을 다음과 같이 표현한다.

$$\dot{\mathbf{x}}(t) = \mathbf{A}\mathbf{x}(t) + \sum_{k=1}^{m} \mathbf{b}_k u_k(t); \qquad \mathbf{x}(0) = \boldsymbol{\xi} \tag{8.43}$$

이때 상태벡터 $\mathbf{x}(t)$는 다음과 같이 유도된다.

$$\mathbf{x}(t) = \sum_{i=1}^{n} (\mathbf{w}_i^T \boldsymbol{\xi}) \mathbf{v}_i e^{\lambda_i t} + \sum_{i=1}^{n} \sum_{k=1}^{m} \mathbf{v}_i (\mathbf{w}_i^T \mathbf{b}_k) \int_0^t e^{\lambda_i (t-\tau)} u_k(\tau) d\tau \tag{8.44}$$

여기서 $\mathbf{w}_i^T \boldsymbol{\xi}$는 초기상태 $\boldsymbol{\xi}$가 i번째 모드를 여기 하는 정도를 나타내고 $\mathbf{w}_i^T \mathbf{b}_k$는 k번째 제어입력이 i번째 모드에 영향을 주는 정도를 나타낸다. 또한 식 (8.44)로 표현된 상태벡터 $\mathbf{x}(t)$를 다음과 같이 시스템의 모드 $\mathbf{v}_i e^{\lambda_i t}$와 각 모드에 대한 스칼라 계수로 표현할 수 있다.

$$\mathbf{x}(t) = \sum_{i=1}^{n} \mathbf{v}_i e^{\lambda_i t} \left\{ \mathbf{w}_i^T \boldsymbol{\xi} + \sum_{k=1}^{m} (\mathbf{w}_i^T \mathbf{b}_k) \int_0^t e^{-\lambda_i \tau} u_k(\tau) d\tau \right\} \tag{8.45}$$

식 (8.45)로부터 모드 방향(고유벡터)은 제어입력 $\mathbf{u}$가 존재하더라도 보존되며 스칼라 시간함수 부분만 변하게 된다는 것을 알 수 있다. 즉, 상태벡터의 시간해 $\mathbf{x}(t)$는 다음과 같이 표현할 수 있다.

$$\mathbf{x}(t) = \sum_{i=1}^{n} \mathbf{v}_i z_i(t) \tag{8.46}$$

여기서

$$z_i(t) = e^{\lambda_i t} \left\{ \mathbf{w}_i^T \boldsymbol{\xi} + \sum_{k=1}^{m} (\mathbf{w}_i^T \mathbf{b}_k) \int_0^t e^{-\lambda_i \tau} u_k(\tau) d\tau \right\} \tag{8.47}$$

그리고 출력방정식을 다음과 같이 표현하기로 한다.

$$y_l(t) = \mathbf{c}_l^T \mathbf{x}(t) + \mathbf{d}_l^T \mathbf{u}(t), \qquad l = 1,\ 2,\ \cdots,\ p \tag{8.48}$$

또는

$$y_l(t) = \sum_{i=1}^{n} (\mathbf{c}_l^T \mathbf{v}_i)(\mathbf{w}_i^T \boldsymbol{\xi}) e^{\lambda_i t} \tag{8.49}$$

$$+\sum_{i=1}^{n}(\mathbf{c}_l^T\mathbf{v}_i)e^{\lambda_i t}\sum_{k=1}^{m}(\mathbf{w}_i{}^T\mathbf{b}_k)\int_0^t e^{-\lambda_i\tau}u_k(\tau)d\tau$$
$$+\mathbf{d}_l^T\mathbf{u}(t), \qquad l=1,\ 2,\ \cdots,\ p$$

또한 시스템의 시간해 $\mathbf{x}(t)$와 $\mathbf{y}(t)$를 나타낸 식 (8.44)와 식 (8.49)에 Laplace 변환을 수행하여 복소수역에서의 상태벡터 및 출력의 해 $\mathbf{x}(s)$와 $\mathbf{y}(s)$를 각각 다음과 같이 표현할 수 있다.

$$\mathbf{x}(s)=\sum_{i=1}^{n}\mathbf{v}_i\frac{\mathbf{w}_i{}^T\boldsymbol{\xi}}{s-\lambda_i}+\sum_{i=1}^{n}\mathbf{v}_i\frac{\mathbf{w}_i{}^T\mathbf{B}}{s-\lambda_i}\mathbf{u}(s) \tag{8.50}$$

$$\mathbf{y}(s)=\sum_{i=1}^{n}\mathbf{C}\mathbf{v}_i\frac{\mathbf{w}_i{}^T\boldsymbol{\xi}}{s-\lambda_i}+\sum_{i=1}^{n}\frac{\mathbf{C}\mathbf{v}_i\mathbf{w}_i{}^T\mathbf{B}}{s-\lambda_i}\mathbf{u}(s)+\mathbf{D}\mathbf{u}(s) \tag{8.51}$$

이와 같이 모드 해석에 의한 상태공간 모델의 해는 시스템의 고윳값, 좌측 및 우측 고유벡터에 의하여 결정된다. 따라서 모드 개념은 시스템의 가제어성 및 가관측성을 판정하는 데 매우 유용하게 사용될 수 있다.

8.5 가제어성

가제어성(controllability)은 동적 시스템을 제어하는 데 가장 기본이 되는 개념 중 하나이다. 만일 어떠한 초기상태 $\boldsymbol{\xi}\in R^n$과 어떠한 최종상태 $\boldsymbol{\theta}\in R^n$에 대하여 유한 시간 T 사이에서 부분연속(piecewise-continuous)함수 $\mathbf{u}(t)$를 알 수 있다면 시스템[$\dot{\mathbf{x}}=f(\mathbf{x}(t), \mathbf{u}(t)); \mathbf{x}(0)=\boldsymbol{\xi}$]은 제어 가능(controllable)하다고 말하고, 그렇지 않으면 제어 불가능(uncontrollable)하다고 말한다.

가제어성 시험은 선형 및 비선형 시스템에 대하여 모두 가능하다. 일반적으로 비선형 시스템에 대한 가제어성 시험은 어렵지만 선형 시스템에 대해서는 비교적 쉬운 시험 방법인 고전적 접근법과 모드 접근법이 있다. 우선 모드 접근법을 이용하여 가제어성을 시험하는 방법부터 설명하기로 한다. 이것은 가제어성의 개념을 물리적으로 이해하는 데 큰 도움을 준다.

선형 시불변 시스템에 대한 상태방정식과 모드 해석에 의한 시간해 $\mathbf{x}(t)$는 각각 다음과 같이 표현된다.

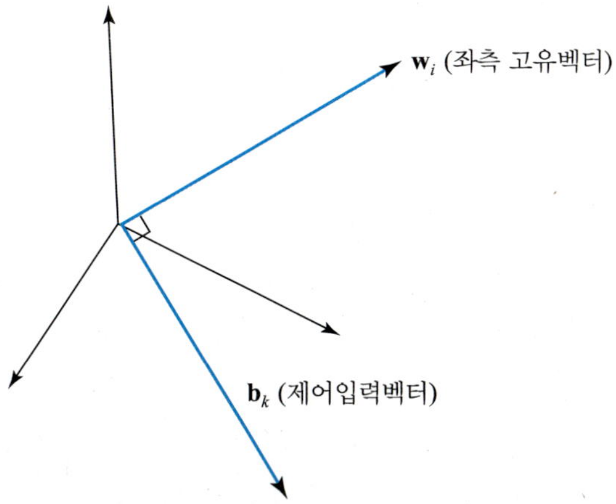

그림 8.1 제어입력벡터와 좌측 고유벡터

$$\dot{\mathbf{x}}(t) = \mathbf{A}\mathbf{x}(t) + \mathbf{B}\mathbf{u}(t) = \mathbf{A}\mathbf{x}(t) + \sum_{k=1}^{m} \mathbf{b}_k u_k(t) \tag{8.52}$$

$$\mathbf{x}(t) = \sum_{i=1}^{n} (\mathbf{w}_i^T \boldsymbol{\xi}) \mathbf{v}_i e^{\lambda_i t} + \sum_{i=1}^{n} \sum_{k=1}^{m} (\mathbf{w}_i^T \mathbf{b}_k) \mathbf{v}_i \int_0^t e^{\lambda_i (t-\tau)} u_k(\tau) d\tau \tag{8.53}$$

식 (8.53)에서 우변의 첫째 항은 제어입력 u_k와는 무관하고 초기상태에 의하여 결정되므로 가제어성에 영향을 주지 않지만, 둘째 항에 나타난 바와 같이 어떤 k에 대하여 $\mathbf{w}_i^T \mathbf{b}_k = 0$이 성립하면, 즉 그림 8.1과 같이 되면 모드 i는 제어입력 u_k로부터 제어 불가능하다.

모든 $k = 1, 2, \cdots, m$에 대하여 $\mathbf{w}_i^T \mathbf{b}_k = 0$이 성립하면, 즉 $\mathbf{w}_i^T \mathbf{B} = \mathbf{0}^T$이면, 모드 i는 모든 제어입력으로부터 제어 불가능하다. 이때 시스템은 제어 불가능하다고 말한다. 한편 $\mathbf{w}_i^T \mathbf{B} \neq \mathbf{0}^T$이면, i번째 모드가 하나 또는 그 이상의 제어입력으로부터 제어 가능하다. 모든 모드에 대하여 $\mathbf{w}_i^T \mathbf{B} \neq \mathbf{0}^T (i = 1, 2, \cdots, n)$이 성립하면 시스템은 제어 가능하다고 말한다.

이제 복소 모드를 갖는 시스템의 가제어성에 대하여 설명하기로 한다. 만일 공액복소 고윳값 $\lambda_i = \lambda_j^*$이 존재하면 우측 및 좌측 고유벡터도 공액복소 고유벡터를 갖는다. 즉

$$\mathbf{v}_i = \mathbf{v}_j^*; \quad \mathbf{w}_i = \mathbf{w}_j^* \tag{8.54}$$

$(\mathbf{w}_i + \mathbf{w}_j)^T \mathbf{b}_k = 0$이면 k번째 제어입력으로부터 복소 모드는 제어 불가능하다. $(\mathbf{w}_i + \mathbf{w}_j)$는 복소 좌측 고유벡터의 실수부가 되므로 $\mathbf{w}_i$나 $\mathbf{w}_j$의 실수부와 $\mathbf{b}_k$의 내적이 0이면 복소 모드가 k번째 제어입력으로부터 제어 불가능하다고 말할 수 있다. 모든 제어입력($k = 1, 2, \cdots, m$)에 대하여 $(\mathbf{w}_i + \mathbf{w}_j)^T \mathbf{b}_k = 0$이 성립하면, 즉 $(\mathbf{w}_i + \mathbf{w}_j)^T \mathbf{B} = \mathbf{0}^T$이면 복소 모드는 모든 제어

입력으로부터 제어 불가능하다. 그리고 $(\mathbf{w}_i + \mathbf{w}_j)^T\mathbf{B} \neq \mathbf{0}^T$이면 복소 모드는 제어 가능하다고 말한다.

실제 제어시스템 설계 시에는 가제어성보다 더 유용한 개념인 가안정성(stabilizability)을 조사해야 하는 경우가 많다. 모드 $\mathbf{v}_i e^{\lambda_i t}$가 제어 불가능한 경우라도 제어 불가능한 모드의 고윳값 λ_i의 실수부가 음수이면($\mathrm{Re}\{\lambda_i\} < 0$) 모드 i는 안정 가능(stabilizable)하다고 말하고, 제어 불가능한 모드가 불안정하면 이 모드는 안정 불가능(unstabilizable)하다고 말한다. 모든 제어 불가능한 모드가 안정하면 시스템 $[\mathbf{A},\ \mathbf{B}]$는 안정 가능하다고 말한다. 그리고 제어 불가능한 모드 중에서 하나라도 불안정한 모드가 있으면 그때 시스템은 안정 불가능하다고 말한다. 물론 시스템 $[\mathbf{A},\ \mathbf{B}]$가 제어 가능하면 자동적으로 안정 가능하고, 모든 불안정한 모드가 제어 가능하면 시스템은 안정 가능하다.

이와 같은 가제어성/가안정성 개념은 동적 시스템의 해석뿐만 아니라 제어시스템 설계에서도 중요한 역할을 한다. 이 개념은 고유구조 할당(eigenstructure assignment), 상태 피드백(state feedback) 또는 LQG(linear quadratic Gaussian)와 같은 동적 제어기 등을 이용하여 제어시스템을 설계할 수 있는지를 판정하는 데 사용되는 기본적인 제어 개념이다.

지금까지 모드 접근법에 의하여 가제어성을 조사하는 방법에 대하여 설명하였다. 이제 고전적 가제어성 시험 방법[13, 52]에 대하여 설명하기로 한다. 고전적 가제어성 시험 방법은 우선 시스템행렬 $\mathbf{A}$와 제어입력행렬 $\mathbf{B}$로 구성되는 $(n \times mn)$ 가제어성행렬 $\mathbf{M}_c$를 다음과 같이 만든다.

$$\mathbf{M}_c = [\mathbf{B} \ \vdots \ \mathbf{AB} \ \vdots \ \mathbf{A}^2\mathbf{B} \ \vdots \cdots \vdots \ \mathbf{A}^{n-1}\mathbf{B}] \tag{8.55}$$

만일 $\mathrm{rank}(\mathbf{M}_c) = n$이면 시스템 $[\mathbf{A},\ \mathbf{B}]$는 제어 가능하고 $\mathrm{rank}(\mathbf{M}_c) < n$이면 제어 불가능하다. 제어 불가능한 시스템이라 할지라도 시스템이 안정 가능하기만 하면 제어시스템 설계가 가능하다. 그러나 고전적 가제어성 시험 방법은 오직 제어 가능한 시스템인지만 조사할 수 있는 방법이므로 모드에 대한 정보를 전혀 줄 수 없다. 따라서 고전적 가제어성 시험 방법으로는 시스템의 가안정성을 조사할 수 없다. 제어 불가능한 시스템이 안정 가능한지를 조사하기 위해서는 제어 불가능한 모드의 고윳값을 조사해야 한다. 시스템의 제어 불가능한 모드들의 고윳값 실수부들이 모두 음수이면 시스템이 안정 가능하므로 이 경우에는 안정한 제어시스템을 설계할 수 있다.

예제 8.4 다음 시스템의 가제어성/가안정성을 조사하기로 한다.

$$\dot{\mathbf{x}}(t) = \mathbf{A}\mathbf{x}(t) + \mathbf{b}u(t)$$

여기서

$$\mathbf{A} = \begin{bmatrix} 2 & 1 \\ 0 & 1 \end{bmatrix}, \qquad \mathbf{b} = \begin{bmatrix} 1 \\ 1 \end{bmatrix}$$

이 시스템에 대한 가제어성행렬 $\mathbf{M}_c$는 다음과 같다.

$$\mathbf{M}_c = [\mathbf{b} \ \vdots \ \mathbf{Ab}] = \begin{bmatrix} 1 & 3 \\ 1 & 1 \end{bmatrix}$$

이때 $\text{rank}[\mathbf{M}_c] = 2$이므로 시스템은 제어 가능하다. 물론 이 시스템은 제어 가능하므로 안정 가능하다. ■

예제 8.5 다음 시스템의 가제어성/가안정성을 조사하기로 한다.

$$\dot{\mathbf{x}}(t) = \mathbf{Ax}(t) + \mathbf{Bu}(t)$$

여기서

$$\mathbf{A} = \begin{bmatrix} 1 & 1 \\ 4 & -2 \end{bmatrix}, \qquad \mathbf{B} = \begin{bmatrix} 1 & -1 \\ 1 & -1 \end{bmatrix}$$

이 시스템에 대한 가제어성행렬 $\mathbf{M}_c$는 다음과 같다.

$$\mathbf{M}_c = [\mathbf{B} \ \vdots \ \mathbf{AB}] = \begin{bmatrix} 1 & -1 & 2 & -2 \\ 1 & -1 & 2 & -2 \end{bmatrix}$$

이때 $\text{rank}[\mathbf{M}_c] = 1$이므로 시스템은 제어 불가능하다. 이와 같은 고전적 가제어성 시험 방법을 적용하면 시스템이 안정 가능한지를 알 수 없다. 이 경우에 시스템의 가안정성을 조사하려면 모드 접근법을 이용해야 한다. 이 시스템의 고윳값 λ_i와 좌측 및 우측 고유 벡터행렬 $\mathbf{W}$와 $\mathbf{V}$는 각각 다음과 같다.

$$\lambda_1 = 2, \qquad \lambda_2 = -3$$

$$\mathbf{W} = \begin{bmatrix} \mathbf{w}_1^T \\ \cdots \\ \mathbf{w}_2^T \end{bmatrix} = \begin{bmatrix} 4 & 1 \\ 1 & -1 \end{bmatrix}; \qquad \mathbf{V} = [\mathbf{v}_1 \ \vdots \ \mathbf{v}_2] = \begin{bmatrix} \frac{1}{5} & \frac{1}{5} \\ \frac{1}{5} & -\frac{4}{5} \end{bmatrix}$$

가제어성/가안정성을 조사하기 위하여 $\mathbf{WB}$ 행렬을 계산한다.

$$\mathbf{WB} = \begin{bmatrix} 4 & 1 \\ 1 & -1 \end{bmatrix} \begin{bmatrix} 1 & -1 \\ 1 & -1 \end{bmatrix} = \begin{bmatrix} 5 & -5 \\ 0 & 0 \end{bmatrix}$$

위 식에서 두 번째 행벡터가 0벡터이므로 모드 $\mathbf{v}_2 e^{\lambda_2 t}$는 모든 제어입력에 대하여 제어 불가능하다는 것을 알 수 있다. 그렇지만 이 모드가 안정한 모드($\lambda_2 = -3$)이므로 시스템은 안정 가능하다. ■

예제 8.6 이 예제의 목적은 동적 시스템의 모드 개념에 의한 가제어성 개념을 좀 더 확실하게 이해하고자 하는 데 있다. 다음과 같은 단일입출력 2차 시스템에 대하여, 모든 시간 t에 대해 제어입력 $u(t) = 0$으로 하고 다음과 같은 두 가지 시험을 수행하였다. 그리고 시스템은 관측 가능하다고 가정한다.

$$\begin{cases} \dot{\mathbf{x}}(t) = \mathbf{A}\mathbf{x}(t) + \mathbf{b}u(t);\ \mathbf{x}(0) = \boldsymbol{\xi},\ \mathbf{x}(t) \in R^2 \\ y(t) = \mathbf{c}\mathbf{x}(t) \end{cases}$$

시험 1: $\mathbf{x}(0) = [1 \quad -1]^T$일 때 $y_1(t) = 2e^{-t}$

시험 2: $\mathbf{x}(0) = [1 \quad 1]^T$일 때 $y_2(t) = 4e^{t}$

이 시스템에 대한 시스템행렬 $\mathbf{A}$와 출력벡터 $\mathbf{c}$를 구하기로 한다. 또한 안정한 모드가 제어 불가능할 때와 불안정한 모드가 제어 불가능할 때 각각에 대한 제어입력벡터 $\mathbf{b}$의 방향을 구하기로 한다.

모든 시간 t에 대하여 제어입력 $u(t) = 0$일 때, 즉 비입력 시스템에 대한 상태벡터 $\mathbf{x}(t)$의 시간응답은 다음과 같이 표현된다.

$$\begin{aligned} \mathbf{x}(t) &= \sum_{i=1}^{2} e^{\lambda_i t} \mathbf{v}_i \mathbf{w}_i^T \boldsymbol{\xi} \\ &= e^{\lambda_1 t} \mathbf{v}_1 \mathbf{w}_1^T \boldsymbol{\xi} + e^{\lambda_2 t} \mathbf{v}_2 \mathbf{w}_2^T \boldsymbol{\xi} \end{aligned}$$

여기서

$$\mathbf{v}_i = \begin{Bmatrix} v_{1i} \\ v_{2i} \end{Bmatrix}, \qquad i = 1,\ 2$$

시험 1과 시험 2의 출력응답 y_1과 y_2가 각각 한 개의 모드만으로 나타났으므로, 초기상태벡터 $\boldsymbol{\xi}_1$, $\boldsymbol{\xi}_2$는 각각 고유벡터 $\mathbf{v}_1$, $\mathbf{v}_2$의 방향과 일치한다는 것을 알 수 있다. 편의상 $\mathbf{v}_1 = \boldsymbol{\xi}_1$, $\mathbf{v}_2 = \boldsymbol{\xi}_2$라고 하면, 이때

$$\mathbf{W} = \begin{bmatrix} \mathbf{w}_1^T \\ \cdots \\ \mathbf{w}_2^T \end{bmatrix} = \mathbf{V}^{-1} = \begin{bmatrix} \frac{1}{2} & -\frac{1}{2} \\ \cdots & \cdots \\ \frac{1}{2} & \frac{1}{2} \end{bmatrix}$$

그러므로

$$\mathbf{x}(t) = e^{\lambda_1 t}\begin{bmatrix} 1 \\ -1 \end{bmatrix}\begin{bmatrix} \frac{1}{2} & -\frac{1}{2} \end{bmatrix}\boldsymbol{\xi} + e^{\lambda_2 t}\begin{bmatrix} 1 \\ 1 \end{bmatrix}\begin{bmatrix} \frac{1}{2} & \frac{1}{2} \end{bmatrix}\boldsymbol{\xi}$$

- $\boldsymbol{\xi} = \begin{bmatrix} 1 \\ -1 \end{bmatrix}$일 때

$$\mathbf{x}(t) = e^{\lambda_1 t}\begin{Bmatrix} 1 \\ -1 \end{Bmatrix} = \begin{Bmatrix} e^{\lambda_1 t} \\ -e^{\lambda_1 t} \end{Bmatrix}$$

$$y_1 = [c_1 \quad c_2]\begin{Bmatrix} e^{\lambda_1 t} \\ -e^{\lambda_1 t} \end{Bmatrix} = (c_1 - c_2)e^{\lambda_1 t} = 2e^{-t}$$

위 식으로부터 고윳값 λ_1과 출력벡터 $\mathbf{c}$의 요소 c_1과 c_2 사이에서 다음 관계식을 얻을 수 있다.

$$\begin{aligned} \lambda_1 &= -1 \\ c_1 - c_2 &= 2 \end{aligned} \tag{8.56}$$

- $\boldsymbol{\xi} = \begin{bmatrix} 1 \\ 1 \end{bmatrix}$일 때

$$\mathbf{x}(t) = \begin{Bmatrix} e^{\lambda_2 t} \\ e^{\lambda_2 t} \end{Bmatrix}$$

$$y_2 = c_1 e^{\lambda_2 t} + c_2 e^{\lambda_2 t} = 4e^{t}$$

위 식으로부터 고윳값 λ_2와 출력벡터 $\mathbf{c}$의 요소 c_1과 c_2 사이에 다음 관계식을 얻을 수 있다.

$$\begin{aligned} \lambda_2 &= 1 \\ c_1 + c_2 &= 4 \end{aligned} \tag{8.57}$$

이제 식 (8.35)를 이용하여 시스템행렬 $\mathbf{A}$를 구하고, 식 (8.56)과 식 (8.57)로부터 출력벡터 $\mathbf{c}$를 구할 수 있다.

$$\mathbf{A} = \mathbf{V}\Lambda\mathbf{W} = \begin{bmatrix} 1 & 1 \\ -1 & 1 \end{bmatrix}\begin{bmatrix} -1 & 0 \\ 0 & 1 \end{bmatrix}\begin{bmatrix} \frac{1}{2} & -\frac{1}{2} \\ \frac{1}{2} & \frac{1}{2} \end{bmatrix} = \begin{bmatrix} 0 & 1 \\ 1 & 0 \end{bmatrix}$$

$$\mathbf{c} = [3 \quad 1]$$

다음으로 시스템이 제어 불가능하게 되는 제어입력벡터 $\mathbf{b}$의 방향을 조사하기로 한다. 가제어성의 정의로부터 시스템이 제어 불가능하려면 다음 식이 성립해야 한다.

$$\mathbf{w}_i^T\mathbf{b} = 0$$

안정한 모드에 대한 좌측 고유벡터 $\mathbf{w}_1^T = [1/2 \quad -1/2]$이고, 또한 직교성에 의하여 다음 식이 성립한다.

$$\mathbf{w}_i^T\mathbf{v}_j = \begin{cases} 1 \ (i = j\text{일 때}) \\ 0 \ (i \neq j\text{일 때}) \end{cases}$$

따라서 제어입력벡터 $\mathbf{b}$가 다음과 같이 주어지면 안정한 모드가 제어 불가능하게 된다.

$$\mathbf{b} = a\mathbf{v}_2$$

여기서 a는 임의의 스칼라 값이다.

그리고 위와 같은 방법으로 수행하면, $\mathbf{b} = a\mathbf{v}_1$일 때 불안정한 모드가 제어 불가능하게 된다는 것을 알 수 있다. ■

8.6 가관측성

가관측성(observability)도 가제어성과 더불어 동적 시스템을 해석하고 설계하는 데 매우 유용한 개념이다. 가관측성 개념은 가제어성 개념과는 근본적으로 다르지만 선형 제어 시스템에서는 수학적으로 듀얼(dual) 형태이다. 시스템이 관측 가능하다면 입출력 기록을 기반으로 하여 시스템의 상태를 재구성할 수 있다. 이와 같은 판정은 시스템의 가관측성을 조사함으로써 가능하다. 가관측성 개념은 관측기(observer) 설계, Kalman 필터 설계, 시스템 식별(system identification), 그리고 LQG와 같은 동적 제어기 설계 등에 이용되고 있다.

이제 다음과 같은 일반적인 비선형 시스템에 대하여 가관측성의 정의를 알아보기로 한다.

$$\dot{\mathbf{x}}(t) = \mathbf{f}(\mathbf{x}(t),\, \mathbf{u}(\mathrm{t})); \qquad \mathbf{x}(0) = \boldsymbol{\xi} \tag{8.58}$$

$$\mathbf{y}(t) = \mathbf{g}(\mathbf{x}(t),\, \mathbf{u}(t)) \tag{8.59}$$

최종 시간까지의 입력 및 출력의 측정값으로부터 임의이기는 하나 고정된 초기상태 $\boldsymbol{\xi}$를 계산할 수 있으면 시스템은 관측 가능(observable)하다고 말하고, 그렇지 않으면 관측 불가능(unobservable)하다고 말한다. 이 책에서는 선형 시불변 시스템에 대한 가관측성을 조사하는 방법에 대해서만 설명하기로 한다. 다음 두 식은 각각 선형 시불변 시스템에 대한 상태방정식과 출력방정식을 나타낸다.

$$\dot{\mathbf{x}}(t) = \mathbf{A}\mathbf{x}(t) + \mathbf{B}\mathbf{u}(t); \qquad \mathbf{x}(0) = \boldsymbol{\xi} \tag{8.60}$$

$$\mathbf{y}(t) = \mathbf{C}\mathbf{x}(t) + \mathbf{D}\mathbf{u}(t) \tag{8.61}$$

여기서 가관측성을 시험하기 위해서는 오직 다음과 같은 상태공간 모델식으로 표현되는 비입력(unforced) 시스템에 대해서만 생각하면 된다.

$$\dot{\mathbf{x}}(t) = \mathbf{A}\mathbf{x}(t); \qquad \mathbf{x}(0) = \boldsymbol{\xi} \tag{8.62}$$

$$\mathbf{y}(t) = \mathbf{C}\mathbf{x}(t) \tag{8.63}$$

식 (8.60)과 식 (8.61)로부터 상태 및 출력벡터의 시간해 $\mathbf{x}(t)$와 $\mathbf{y}(t)$는 각각 다음과 같다.

$$\mathbf{x}(t) = e^{\mathbf{A}t}\boldsymbol{\xi} + \int_0^t e^{\mathbf{A}(t-\tau)}\mathbf{B}\mathbf{u}(\tau)d\tau \tag{8.64}$$

$$\mathbf{y}(t) = \mathbf{C}\mathbf{x}(t) + \mathbf{D}\mathbf{u}(t) = \mathbf{C}e^{\mathbf{A}t}\boldsymbol{\xi} + \int_0^t \mathbf{C}e^{\mathbf{A}(t-\tau)}\mathbf{B}\mathbf{u}(\tau)d\tau + \mathbf{D}\mathbf{u}(t) \tag{8.65}$$

제어입력 $\mathbf{u}(t)$는 알고 있는 시간의 함수이므로 가관측성을 시험하기 위해서 식 (8.64)와 식 (8.65)에서 제어입력 $\mathbf{u}(t)$를 포함하고 있는 항은 고려할 필요가 없다.

가관측성 개념을 쉽게 이해하기 위하여 우선 모드 접근법을 이용한 시험 방법을 설명하기로 한다. 편의상 출력행렬 $\mathbf{C}$를 다음과 같이 표시한다.

$$\mathbf{C} = \begin{bmatrix} \leftarrow \mathbf{c}_1^T \rightarrow \\ \leftarrow \mathbf{c}_2^T \rightarrow \\ \vdots \\ \leftarrow \mathbf{c}_p^T \rightarrow \end{bmatrix} \tag{8.66}$$

이때 출력방정식 (8.63)을 다음과 같이 표현할 수 있다.

$$y_k(t) = \mathbf{c}_k^T\mathbf{x}(t); \qquad \mathbf{c}_k \in R^n, \qquad k = 1,\ 2,\ \cdots,\ p \tag{8.67}$$

그리고 비입력 시스템의 상태벡터 $\mathbf{x}(t)$와 출력 $y_k(t)$를 각 모드의 합으로 표시하면 각각 다음과 같다.

$$\mathbf{x}(t) = \sum_{i=1}^{n} e^{\lambda_i t}\mathbf{v}_i(\mathbf{w}_i{}^T\boldsymbol{\xi}) \tag{8.68}$$

$$y_k(t) = \sum_{i=1}^{n} (\mathbf{c}_k^T\mathbf{v}_i)e^{\lambda_i t}(\mathbf{w}_i{}^T\boldsymbol{\xi}), \qquad k=1,2,\cdots,p \tag{8.69}$$

여기서 $\mathbf{c}_k^T\mathbf{v}_i$는 i번째 모드가 k번째 출력에 기여하는 정도를 나타낸다. 만일 $\mathbf{c}_k^T\mathbf{v}_i = 0$이면 i번째 모드는 k번째 출력에서 관측 불가능하다. 또한 모든 $k=1,\ 2,\ \cdots,\ p$에 대하여 $\mathbf{c}_k^T\mathbf{v}_i = 0$이 성립하면, 즉 $\mathbf{C}\mathbf{v}_i = \mathbf{0}$이면 i번째 모드는 모든 출력으로부터 관측 불가능하다.

실제 제어시스템을 해석하고 설계할 때에는 가관측성보다 더 유용한 개념인 가검출성(detectability)을 조사해야 할 경우가 많다. i 번째 모드 $e^{\lambda_i t}\mathbf{v}_i$가 관측 불가능하지만 안정하면, 즉 $\mathrm{Re}\{\lambda_i\} < 0$이면 모드 i는 검출 가능(detectable)하다고 말하고, 관측 불가능한 모드가 불안정하면 이 모드는 검출 불가능(undetectable)하다고 말한다. 모든 관측 불가능한 모드가 안정하면 시스템 $[\mathbf{A},\ \mathbf{C}]$는 검출 가능하다고 말한다. 그리고 관측 불가능한 모드 중에서 하나라도 불안정한 모드가 있으면 그때 시스템은 검출 불가능하다고 말한다. 물론 시스템 $[\mathbf{A},\ \mathbf{C}]$가 관측 가능하면 자동적으로 검출 가능하고 모든 불안정한 모드가 관측 가능하면 시스템은 검출 가능하다고 말한다.

지금까지 모드 접근법을 이용하여 가관측성을 조사하는 방법에 대하여 설명하였다. 이제 고전적 가관측성 시험 방법에 대하여 설명하기로 한다. 우선 시스템행렬 $\mathbf{A}$와 출력행렬 $\mathbf{C}$로 구성되는 $(n \times pn)$ 가관측성 행렬 $\mathbf{M}_o$를 다음과 같이 만든다.

$$\mathbf{M}_o = \left[\mathbf{C}^T \ \vdots\ \mathbf{A}^T\mathbf{C}^T \ \vdots\ (\mathbf{A}^T)^2\mathbf{C}^T \ \vdots\ \cdots \ \vdots\ (\mathbf{A}^T)^{n-1}\mathbf{C}^T\right] \tag{8.70}$$

만일 $\mathrm{rank}(\mathbf{M}_o) = n$이면 시스템 $[\mathbf{A},\ \mathbf{C}]$는 관측 가능하고, $\mathrm{rank}(\mathbf{M}_o) < n$이면 관측 불가능하다. 그러나 시스템이 관측 불가능하더라도 검출 가능할 수 있기 때문에 이와 같이 오직 관측 가능한 시스템인지만을 조사할 수 있는 방법인 고전적 가관측성 시험 방법으로는 모드에 대한 정보를 전혀 줄 수 없다. 따라서 고전적 가관측성 시험 방법으로는 시스템의 가검출성을 조사할 수 없다. 관측 불가능한 시스템이라도 검출 가능한지를 조사하기 위해서는 관측 불가능한 모드의 고윳값을 조사해야 한다. 시스템의 관측 불가능한 모드의 고윳값 실수부가 모두 음수이면 시스템이 검출 가능하므로, 이 경우에는 안정한 관측기나 제어시스템을 설계할 수 있다.

예제 8.7 다음 시스템의 가관측성/가검출성을 조사하기로 한다.

$$\dot{\mathbf{x}}(t) = \mathbf{A}\mathbf{x}(t); \qquad \mathbf{y}(t) = \mathbf{C}\mathbf{x}(t)$$

여기서

$$\mathbf{A} = \begin{bmatrix} 0 & 2 & -1 \\ 3 & 0 & 1 \\ 0 & 0 & 2 \end{bmatrix}, \qquad \mathbf{C} = \begin{bmatrix} 0 & -2 & 1 \\ 0 & 0 & 1 \end{bmatrix}$$

이 시스템에 대한 가관측성행렬 $\mathbf{M}_o$는 다음과 같다.

$$\mathbf{M}_o = [\,\mathbf{C}^T \,\vdots\, \mathbf{A}^T\mathbf{C}^T \,\vdots\, (\mathbf{A}^T)^2\mathbf{C}^T] = \begin{bmatrix} 0 & 0 & -6 & 0 & 0 & 0 \\ -2 & 0 & 0 & 0 & -12 & 0 \\ 1 & 1 & 0 & 2 & 6 & 4 \end{bmatrix}$$

이때 $\mathrm{rank}(\mathbf{M}_o) = 3$이므로 시스템은 관측 가능하다. 물론 이 시스템은 관측 가능하므로 검출 가능하다.

이제 모드 접근법에 의하여 가관측성/가검출성을 조사하기로 한다. 이 시스템의 고윳값과 우측 고유벡터는 각각 다음과 같다.

$$\lambda_1 = 2, \qquad \lambda_{2,3} = \pm\sqrt{6}$$

$$\mathbf{V} = [\mathbf{v}_1 \,\vdots\, \mathbf{v}_2 \,\vdots\, \mathbf{v}_3] = \begin{bmatrix} 0 & \sqrt{2/3} & -\sqrt{2/3} \\ 1/2 & 1 & 1 \\ 1 & 0 & 0 \end{bmatrix}$$

가관측성/가검출성을 조사하기 위하여 **CV** 행렬을 계산한다.

$$\mathbf{CV} = \begin{bmatrix} 0 & -2 & 1 \\ 0 & 0 & 1 \end{bmatrix} \begin{bmatrix} 0 & \sqrt{2/3} & -\sqrt{2/3} \\ 1/2 & 1 & 1 \\ 1 & 0 & 0 \end{bmatrix} = \begin{bmatrix} 0 & -2 & -2 \\ 1 & 0 & 0 \end{bmatrix}$$

위 결과를 정리하면 모드 $\mathbf{v}_1 e^{\lambda_1 t}$는 출력 y_1으로 관측 불가능하지만 출력 y_2로는 관측 가능하다. 또한 모드 $\mathbf{v}_2 e^{\lambda_2 t}$와 $\mathbf{v}_3 e^{\lambda_3 t}$는 출력 y_1으로는 관측 가능하나 출력 y_2로는 관측 불가능하다. 결론적으로 0 열벡터가 하나도 없으므로 시스템은 관측 가능하고 검출 가능하다. ■

일반적으로 시스템의 동특성을 나타내는 상태벡터를 적절히 선정함으로써 시스템은 다음과 같은 네 개의 부시스템으로 구분할 수 있다.

- 제어 가능하고 관측 가능한 부시스템 S_{co}

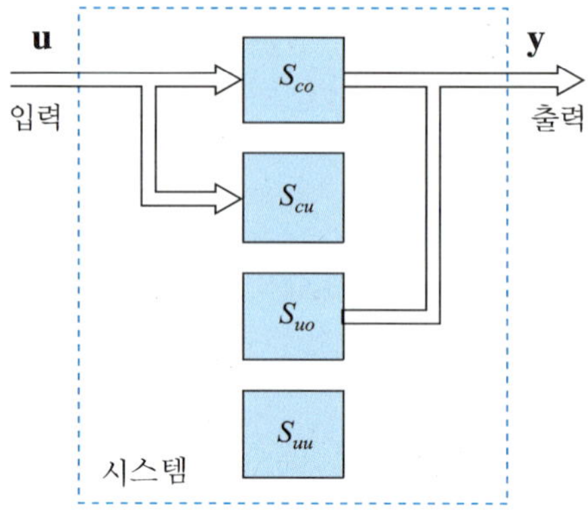

그림 8.2 가제어성/가관측성에 따른 시스템 분할

- 제어 가능하고 관측 불가능한 부시스템 S_{cu}
- 제어 불가능하고 관측 가능한 부시스템 S_{uo}
- 제어 불가능하고 관측 불가능한 부시스템 S_{uu}

이것을 도식적으로 표현하면 그림 8.2와 같다. 이 그림은 부시스템들이 입력과 출력에 어떠한 관련이 있는지를 보여주고 있다. 예를 들면 부시스템 S_{cu}는 입력 $\mathbf{u}(t)$로부터 영향을 받지만 출력 $\mathbf{y}(t)$에는 영향을 주지 못한다. 그리고 시스템의 입출력 관계를 나타내는 전달함수행렬 $\mathbf{G}(s)$, 즉 $\mathbf{y}(s)=\mathbf{G}(s)\mathbf{u}(s)$는 단지 제어 가능하고 관측 가능한 부시스템 S_{co}와 관련이 있음을 알 수 있다.

예제 8.8 다음 상태공간 모델식으로 표현되는 3차 시스템의 가제어성/가관측성에 따른 시스템 분할을 수행하고 시스템의 전달함수를 구하기로 한다.

$$\dot{\mathbf{x}}=\begin{bmatrix}-1 & 0 & 0\\ 0 & -2 & 0\\ 0 & 0 & -3\end{bmatrix}\mathbf{x}+\begin{bmatrix}1\\1\\0\end{bmatrix}u$$

$$y=[1 \quad 0 \quad 1]\,\mathbf{x}$$

이 시스템을 블록선도로 표시하면 그림 8.3과 같이 세 개의 부시스템으로 분할할 수 있다.

따라서 분할된 부시스템으로부터 제어 가능하고 관측 가능한 부시스템 S_{co}의 입출력 관계를 나타내는 전달함수 $G(s)$는 다음과 같다.

$$G(s)=\frac{y(s)}{u(s)}=\frac{1}{s+1}$$

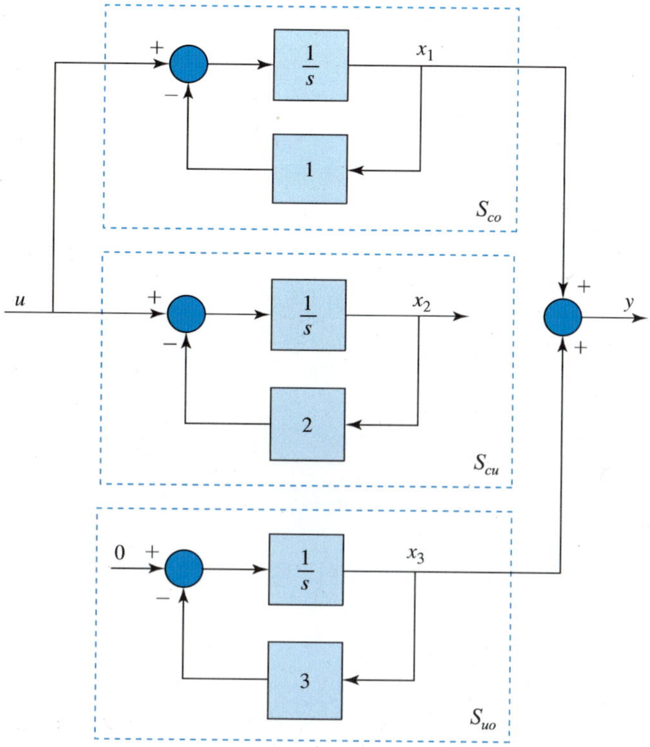

그림 8.3 3차 시스템에 대한 시스템 분할

실제 시스템은 3차 시스템이지만, 위에 표시된 전달함수 $G(s)$에는 제어 불가능한 모드와 관측 불가능한 모드가 나타나지 않고 단지 제어 가능하고 관측 가능한 부시스템 S_{co}의 모드만 나타난다. ■

8.7 안정도

시스템이 안정하기 위해서는 특성방정식의 근, 즉 시스템 극점의 실수부 $\text{Re}\{p_i\} \leq 0$ $(i=1,\ 2,\ \cdots,\ n)$이어야 한다는 유계-입력 유계-출력(BIBO: bounded-input bounded-output) 안정도를 4.6절에서 설명하였다. 이 절에서는 안정도의 개념을 좀 더 확장하여 점근적(asymptotically) 안정도와 BIBO 안정도를 비교 설명하기로 한다. 점근적 안정도를 설명하기 위하여 상태공간에서 표현되는 다음과 같은 시스템을 생각하기로 한다.

$$\dot{\mathbf{x}} = \mathbf{A}\mathbf{x}; \qquad \mathbf{x}(0) = \mathbf{x}_0 \tag{8.71}$$

시스템의 모든 상태가 시간이 증가함에 따라 0으로 접근하면 시스템이 점근적으로 안정하다고 말한다. 즉

$$t \to \infty \text{ 일 때} \quad \mathbf{x}(t) \to \mathbf{0} \tag{8.72}$$

이를 쉽게 설명하기 위하여 일반적인 상태공간 모델식 (8.71)을 대각선형 상태공간 모델식으로 변환하기로 한다. 대각선형 상태공간 모델식으로 변환하기 위해서는 상태벡터 $\mathbf{x}$와 새로운 상태벡터 $\mathbf{z}$ 사이에 다음 관계식을 정의해야 한다.

$$\mathbf{x} = \mathbf{V}\mathbf{z} \tag{8.73}$$

여기서 변환행렬 $\mathbf{V}$는 시스템행렬 $\mathbf{A}$의 고유벡터로 이루어진 고유벡터행렬이다. 이때

$$\dot{\mathbf{z}} = \Lambda\mathbf{z}(t) \tag{8.74}$$

여기서 Λ는 시스템행렬 $\mathbf{A}$의 고윳값행렬이다. 즉

$$\Lambda = \mathbf{V}^{-1}\mathbf{A}\mathbf{V} = \begin{bmatrix} \lambda_1 & & & & \\ & \lambda_2 & & 0 & \\ & & \cdot & & \\ & 0 & & \cdot & \\ & & & & \lambda_n \end{bmatrix}$$

따라서

$$\dot{\mathbf{z}}_i(t) = \lambda_i \mathbf{z}_i(t), \quad i = 1,\ 2,\ \cdots,\ n \tag{8.75}$$

그리고 상태방정식 (8.75)의 해는 다음과 같다.

$$\mathbf{z}_i(t) = e^{\lambda_i t}\mathbf{z}_i(0), \quad i = 1,\ 2,\ \cdots,\ n \tag{8.76}$$

시스템 고윳값의 실수부가 모두 음수이면, 시스템의 각 상태는 시간이 증가함에 따라 0으로 접근한다. 그러므로 변환된 상태벡터 $\mathbf{z}(t) \to \mathbf{0}$이다. 변환된 상태벡터 $\mathbf{z}$와 상태벡터 $\mathbf{x}$ 사이의 관계를 나타내는 식, 즉 $\mathbf{x} = \mathbf{V}\mathbf{z}$로부터 $\mathbf{x}(t) \to \mathbf{0}$이라는 결론을 내릴 수 있다. 이와 같이 시스템행렬 $\mathbf{A}$의 고윳값의 실수부가 모두 음수이면 시스템이 점근적으로 안정하다고 말할 수 있다.

이제 BIBO 안정도를 설명하기로 한다. BIBO 안정도는 $|e^{-t}| \le 1$ 또는 $|\sin t| \le 1$ 등과 같이 한계가 있는 입력에 대하여 시스템 출력이 한계가 있는 것을 의미한다. 즉

$$|u(t)| < \infty \text{ 일 때} \quad |y(t)| < \infty \tag{8.77}$$

BIBO 안정도를 보장하기 위해서는 시스템의 입출력 사이의 동적 특성을 나타내는 전달함수의 모든 극점의 실수부 $\mathrm{Re}\{p_i\} \le 0 (i = 1,\ 2,\ \cdots,\ n)$이어야 한다.

안정도에 관한 두 정의, 점근적 안정도와 BIBO 안정도 사이의 차이점을 설명하기 위하여 전달함수 $G(s)$를 다음과 같이 상태공간 모델의 시스템, 입력 및 출력 행렬, 즉 **A**, **B**, **C** 행렬로 표현하기로 한다.

$$G(s) = \frac{N(s)}{D(s)} = \mathbf{C}(s\mathbf{I} - \mathbf{A})^{-1}\mathbf{B} = \frac{\mathbf{C}\,\mathrm{adj}\,[s\mathbf{I} - \mathbf{A}]\mathbf{B}}{|\,s\mathbf{I} - \mathbf{A}\,|} \tag{8.78}$$

시스템행렬 **A**의 고윳값은 $|s\mathbf{I} - \mathbf{A}| = 0$으로부터 알 수 있다. 또한 전달함수의 분모는 행렬식 $|s\mathbf{I} - \mathbf{A}|$의 s에 관한 다항식으로 표현됨을 알 수 있다. 따라서 시스템에서 극점-영점 상쇄가 없다면 전달함수의 극점과 시스템의 고윳값은 동일하다.

극점-영점 상쇄 조건은 두 안정도 개념을 설명하는 데 중요하다. 예를 들어 다음과 같은 전달함수에 대하여 생각하기로 한다.

$$G(s) = \frac{s-1}{(s-1)(s+1)} \tag{8.79}$$

이 시스템은 $s = 1$에서 극점과 영점이 상쇄되어 극점이 존재하지 않는다. 이를 증명하기 위하여 $s \to 1$일 때 $G(s)$의 극한값을 구하기로 한다.

$$\lim_{s \to 1} G(s) = \lim_{s \to 1} \frac{s-1}{(s-1)(s+1)} = \lim_{s \to 1} \frac{1}{2s} = \frac{1}{2} \neq \infty \tag{8.80}$$

여기서 L'Hospital 법칙이 사용되었다. 이 시스템은 우반 s-평면에 극점이 없으므로 BIBO 안정하다.

이제 극점-영점 상쇄가 있는 경우에 대하여 점근적 안정도를 평가하기 위하여 식 (8.79)로 표현되는 전달함수를 상태공간 모델식으로 표현하기로 한다.

$$\begin{cases} \dot{\mathbf{x}} = \begin{bmatrix} 0 & 1 \\ 1 & 0 \end{bmatrix}\mathbf{x} + \begin{bmatrix} 1 \\ 0 \end{bmatrix}u \\ y = [1 \ \ -1]\,\mathbf{x} \end{cases} \tag{8.81}$$

위에 주어진 시스템행렬의 고윳값을 구하면, 고윳값이 1과 -1에 있음을 알 수 있다. 실수부가 양(+)인 1에 고윳값이 존재하므로 시스템은 점근적인 개념에서 불안정하다. 이와 같이 서로 상반되게 시스템의 안정도가 판정되는 경우는 우반 s-평면이나 허수축상에서 극점-영점 상쇄가 일어나는 경우이다.

8.8 상태 피드백과 출력 피드백

상태 피드백이나 출력 피드백을 이용한 제어시스템을 설계하기 위하여 우선 개루프 시스템을 다음과 같은 상태공간 모델식으로 표현한다.

$$\begin{cases}\dot{\mathbf{x}}(t) = \mathbf{A}\mathbf{x}(t) + \mathbf{B}\mathbf{u}(t) \\ \mathbf{y}(t) = \mathbf{C}\mathbf{x}(t)\end{cases} \tag{8.82}$$

여기서 $\mathbf{x}(t) \in R^n$, $\mathbf{u}(t) \in R^m$, $\mathbf{y}(t) \in R^p$이다. 또한 시스템 $[\mathbf{A},\ \mathbf{B}]$는 제어 가능하고 $[\mathbf{A},\ \mathbf{C}]$는 관측 가능하다고 가정한다. 그림 8.4는 식 (8.82)로 표현되는 개루프 시스템의 블록선도이다.

(1) 전 상태 피드백 제어시스템

모든 상태변수를 측정할 수 있다는 가정 아래서, 전 상태 피드백 제어시스템은 다음과 같은 제어 법칙을 사용한다.

$$\mathbf{u}(t) = -\mathbf{G}\mathbf{x}(t) + \mathbf{v}(t) \tag{8.83}$$

여기서 $\mathbf{G}$는 $(m \times n)$ 제어게인행렬이고 $\mathbf{v}(t) \in R^m$은 시스템 외부로부터 주어지는 신호이다. 이때 폐루프 제어시스템의 상태공간 모델식은 다음과 같다.

$$\begin{cases}\dot{\mathbf{x}}(t) = [\mathbf{A} - \mathbf{B}\mathbf{G}]\mathbf{x}(t) + \mathbf{B}\mathbf{v}(t) \\ \mathbf{y}(t) = \mathbf{C}\mathbf{x}(t)\end{cases} \tag{8.84}$$

그리고 그림 8.5는 전 상태 피드백 제어시스템에 대한 블록선도이다. 전 상태 피드백을 간단하게 상태 피드백이라고도 한다.

개루프 모드는 개루프 시스템행렬 $\mathbf{A}$의 고유구조(eigenstructure)로부터 결정되고 폐루프 모드는 폐루프 시스템행렬 $\mathbf{A}_{cl}(=\mathbf{A}-\mathbf{B}\mathbf{G})$의 고유구조에 의해 결정된다. 따라서 시스템

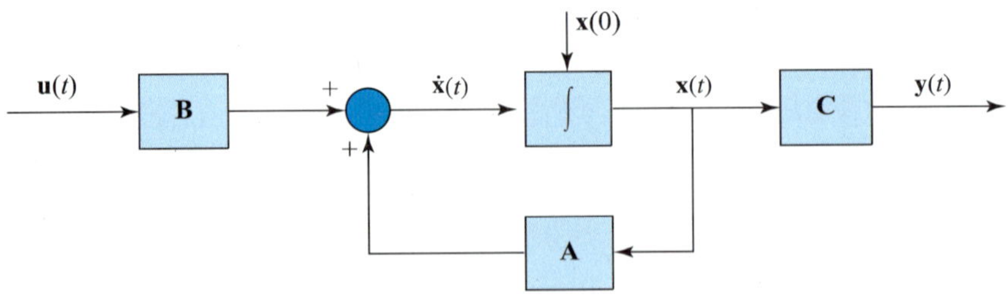

그림 8.4 개루프 시스템

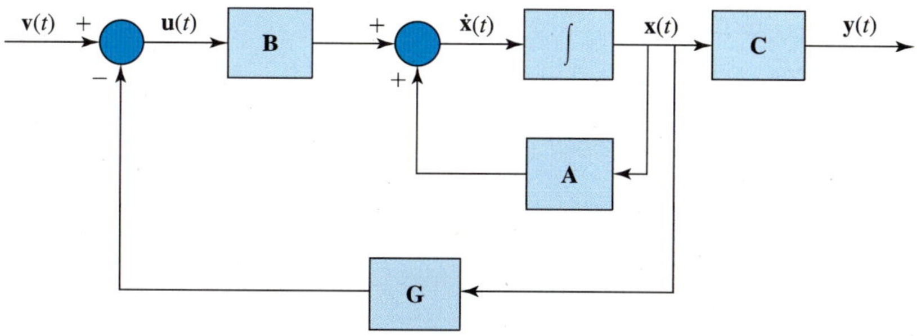

그림 8.5 상태 피드백 제어시스템

이 제어 가능(controllable)하기만 하면 상태 피드백 제어 법칙을 이용하여 폐루프 극점 전부를 정당한 위치에 임의로 지정할 수 있고 또한 폐루프 시스템의 고유벡터도 지정할 수 있다. 여기서 정당한 위치는 극점이 $s-$평면상에서 실수 또는 공액복소수 값을 갖는 것을 의미한다. 그러나 이 제어 법칙은 시스템이 적어도 안정 가능(stabilizable)하고 모든 상태변수를 측정할 수 있는 경우에만 사용할 수 있다는 것에 유의해야 한다. 그리고 정당한 위치에 극점이 있어야 하는 이유는 제어게인행렬 **G**의 각 요소가 실수여야만 실제 제어시스템을 구현할 수 있기 때문이다.

(2) 출력 피드백 제어시스템

상태 피드백 제어시스템은 모든 상태변수를 측정할 수 있는 경우에만 사용할 수 있으므로 실제 제어시스템 설계 시에는 한계가 있다. 일반적으로 관심이 있으며 측정이 가능하고 저렴하게 측정할 수 있는 출력을 피드백하는 출력 피드백 제어시스템 설계 방법이 상태 피드백 제어시스템 설계 방법보다 좀 더 실용적이라고 할 수 있다. 시스템 $[\mathbf{A},\ \mathbf{B}]$가 제어 가능하고 $[\mathbf{A},\ \mathbf{C}]$가 관측 가능하다는 가정 아래서 출력 피드백 제어시스템은 다음과 같은 제어 법칙을 사용한다.

$$\mathbf{u}(t) = -\mathbf{F}\mathbf{y}(t) + \mathbf{v}(t) \tag{8.85}$$

여기서 **F**는 $(m \times p)$ 제어게인행렬이고 $\mathbf{v}(t) \in R^m$은 시스템 외부로부터 주어지는 신호이다. 이때 폐루프 제어시스템의 상태공간 모델식은 다음과 같다.

$$\begin{cases} \dot{\mathbf{x}}(t) = [\mathbf{A} - \mathbf{BFC}]\mathbf{x}(t) + \mathbf{B}\mathbf{v}(t) \\ \mathbf{y}(t) = \mathbf{C}\mathbf{x}(t) \end{cases} \tag{8.86}$$

그리고 그림 8.6은 출력 피드백 제어시스템에 대한 블록선도이다.

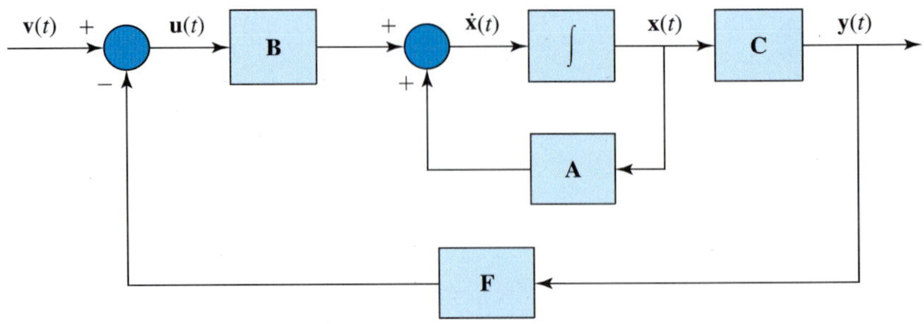

그림 8.6 출력 피드백 제어시스템

폐루프 모드는 폐루프 시스템행렬 $\mathbf{A}_{cl}(=\mathbf{A}-\mathbf{BFC})$의 고유구조에 의하여 결정되므로 개루프 모드를 바람직한 모드로 변경할 수 있다. 그러나 상태 피드백과는 달리 출력 피드백 제어시스템은 고윳값/고유벡터의 지정이 제한되어 일부만 정당한 위치에 임의로 배치할 수 있다.[79]

상태 피드백 제어시스템의 경우, $\text{rank}[\mathbf{B}]=m$, 그리고 시스템 $[\mathbf{A}, \mathbf{B}]$가 제어 가능하면

- n개의 폐루프 고윳값 λ_i를 지정할 수 있다.
- n개의 폐루프 고유벡터에서 각 폐루프 고유벡터의 요소 중 $\min(m, n)$개를 임의로 지정할 수 있다.

그리고 출력 피드백 제어시스템의 경우, $\text{rank}[\mathbf{B}]=m$, $\text{rank}[\mathbf{C}]=p$, 그리고 시스템 $[\mathbf{A}, \mathbf{B}]$가 제어 가능하고 $[\mathbf{A}, \mathbf{C}]$가 관측 가능하면

- $\max(m, p)$개의 폐루프 고윳값을 지정할 수 있다.
- $\max(m, p)$개의 폐루프 고유벡터에서 각 고유벡터 요소 중 $\min(m, p)$개를 임의로 지정할 수 있다.

여기서 n은 시스템의 차수이고 $\min(m, p)$와 $\max(m, p)$는 각각 두 개의 숫자 m과 p 중에서 작은 값과 큰 값을 의미한다.

8.9 극점배치 기법을 이용한 제어시스템 설계

극점배치 기법을 단일입출력 시스템에 적용하기 위하여 다음과 같은 상태공간 모델식을 생각하기로 한다.

$$\begin{cases} \dot{\mathbf{x}}(t) = \mathbf{A}\mathbf{x}(t) + \mathbf{b}u(t) \\ y(t) = \mathbf{c}\mathbf{x}(t) \end{cases} \tag{8.87}$$

시스템 외부로부터 주어지는 신호는 실제 폐루프 극점을 지정하는 데 영향을 주지 않으므로 상태 피드백 제어 법칙을 다음과 같이 표현하기로 한다.

$$u = -\mathbf{g}\mathbf{x} \tag{8.88}$$

여기서 $\mathbf{g} = [g_1,\ g_2,\ \cdots,\ g_n]$은 $(1 \times n)$ 제어게인벡터이다.

이때 폐루프 제어시스템의 상태방정식은 다음과 같다.

$$\dot{\mathbf{x}}(t) = [\mathbf{A} - \mathbf{b}\mathbf{g}]\mathbf{x}(t) \tag{8.89}$$

그리고 폐루프 제어시스템 $[\mathbf{A} - \mathbf{b}\mathbf{g}]$의 극값 또는 고윳값은 다음 특성방정식을 이용하여 계산할 수 있다.

$$\det[\lambda\mathbf{I} - \mathbf{A} + \mathbf{b}\mathbf{g}] = 0 \tag{8.90}$$

또는

$$\lambda^n + a_{n-1}\lambda^{n-1} + \cdots + a_0 = 0 \tag{8.91}$$

여기서 계수 $a_i(i = 0,\ 1,\ \cdots,\ n-1)$는 식 (8.90)으로부터 주어진다.

한편, 시스템 $[\mathbf{A},\ \mathbf{b}]$가 제어 가능하기만 하면 폐루프 제어시스템 $[\mathbf{A} - \mathbf{b}\mathbf{g}]$의 고윳값을 정당한 위치에 임의로 배치할 수 있는 제어게인$(g_1,\ g_2,\ \cdots,\ g_n)$을 선정할 수 있다. 따라서 만족스러운 제어시스템을 설계하기 위해서는 바람직한 폐루프 극점을 어떻게 배치할 것이며, 어떻게 제어게인을 선정할 것인가에 대하여 알아야 한다.

일반적으로 단순 2차 시스템에 대한 시스템 해석이 잘되어 있으므로, 이것을 이용하여 바람직한 폐루프 극점들을 배치하기로 한다. 우선 요구되는 성능(정착 시간, 최대 오버슈트 등)을 만족시킬 수 있도록 대표극점(dominant pole)을 배치한다. 그리고 나머지 극점들은 대표극점으로부터 충분히 떨어진 위치에 배치한다. 이때 나머지 극점들이 너무 멀리 떨어져 있으면 큰 제어량이 필요하며 잡음신호가 증폭될 수도 있다. 또한 너무 가깝게 놓이면 기대한 성능을 얻기 힘들다. 그러므로 경험적으로 나머지 극점들의 고유주파수가 대표극점의 고유주파수의 3~5배가 되도록 나머지 극점들을 배치하고 있다. 그림 8.7은 이와 같은 바람직한 극점 배치를 s-평면에 도시한 것이다. 극점이 정착 시간 경계선 우측에 위치하면 시스템 응답이 느리고 최대 오버슈트 경계선 밖에 위치하면 오버슈트가 커지고 진동이

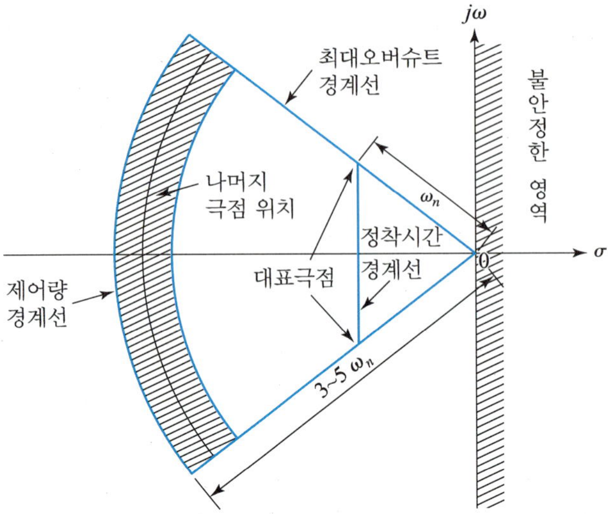

그림 8.7 바람직한 극점 배치

심해진다. 그리고 제어량 경계선 밖에 위치하면 제어량이 많이 필요하여 구동기의 포화(saturation)와 고주파 잡음의 증폭 등과 같은 문제점이 발생할 수 있다. 이와 같은 폐루프 극점 배치 시 이미 만족스러운 위치에 있는 극점, 예를 들면 제어량 경계선 밖에 존재하는 플랜트의 극점을 제어량 경계선까지 움직이기 위하여 제어량을 필요 이상으로 증가시킬 필요는 없다.

이제 바람직한 위치에 극점을 배치할 수 있는 제어게인을 선정하는 방법에 대하여 설명하기로 한다. 우선 요구되는 극점의 위치로부터 바람직한 특성방정식을 정의한다.

$$(\lambda-\lambda_{1d})(\lambda-\lambda_{2d})\cdots(\lambda-\lambda_{nd})=0 \tag{8.92}$$

또는

$$\lambda^n+\alpha_{n-1}\lambda^{n-1}+\cdots+\alpha_0=0 \tag{8.93}$$

여기서 계수 $\alpha_i(i=0,\ 1,\ \cdots,\ n-1)$는 요구되는 극점 $\lambda_{id}(i=1,\ 2,\ \cdots,\ n)$에 의하여 결정된다. 또한 제어게인을 포함한 실제 특성방정식을 다음과 같이 정의한다.

$$\lambda^n+a_{n-1}\lambda^{n-1}+\cdots+a_0=0 \tag{8.94}$$

식 (8.93)과 식 (8.94)에 주어진 바람직한 특성방정식의 계수 α_i와 실제 특성방정식의 계수 a_i를 일치시킨 n개의 식($\alpha_i=a_i$, $i=0,\ 1,\ \cdots,\ n-1$)을 이용하여 n개의 제어게인 $(g_1,\ g_2,\ \cdots,\ g_n)$을 선정할 수 있다.

만일 단일입출력 시스템이 식 (8.95)와 같이 가제어성 표준형 상태공간 모델식으로 표현되어 있다면, 이때 시스템은 제어 가능하므로 극점배치 기법을 이용하여 정착 시간이나 최대 오버슈트와 같은 설계사양들을 만족시킬 수 있는 제어게인을 쉽게 선정할 수 있다. 이제 가제어성 표준형 상태공간 모델식으로 표현된 개루프 시스템에 대하여 제어게인을 선정하기로 한다.

가제어성 표준형 상태공간 모델식으로 표현된 개루프 시스템행렬 $\mathbf{A}$와 제어입력벡터 $\mathbf{b}$는 각각 다음과 같다.

$$\mathbf{A}=\begin{bmatrix} 0 & 1 & 0 & \cdots & 0 \\ 0 & 0 & 1 & \cdots & 0 \\ \vdots & \vdots & \vdots & \ddots & \vdots \\ 0 & 0 & 0 & \cdots & 1 \\ -a_0 & -a_1 & -a_2 & \cdots & -a_{n-1} \end{bmatrix}, \quad \mathbf{b}=\begin{bmatrix} 0 \\ 0 \\ \vdots \\ 0 \\ K \end{bmatrix} \tag{8.95}$$

이때 폐루프 시스템행렬 $\mathbf{A}_c^a(=\mathbf{A}-\mathbf{bg})$는 다음과 같다.

$$\mathbf{A}_c^a=\begin{bmatrix} 0 & 1 & 0 & \cdots & 0 \\ 0 & 0 & 1 & \cdots & 0 \\ \vdots & \vdots & \vdots & \ddots & \vdots \\ 0 & 0 & 0 & \cdots & 1 \\ -a_0-Kg_1 & -a_1-Kg_2 & \cdots & \cdots & -a_{n-1}-Kg_n \end{bmatrix} \tag{8.96}$$

그리고 요구되는 극점의 위치를 만족시키는 바람직한 특성방정식 (8.93)으로부터 $\mathbf{A}_c^d$를 구한다.

$$\mathbf{A}_c^d=\begin{bmatrix} 0 & 1 & 0 & \cdots & 0 \\ 0 & 0 & 1 & \cdots & 0 \\ \vdots & \vdots & \vdots & \ddots & \vdots \\ 0 & 0 & 0 & \cdots & 1 \\ -\alpha_0 & -\alpha_1 & -\alpha_2 & \cdots & -\alpha_{n-1} \end{bmatrix} \tag{8.97}$$

이제 행렬 $\mathbf{A}_c^a$와 $\mathbf{A}_c^d$의 마지막 행의 각 요소를 일치시킴으로써 제어게인($g_1, g_2, \cdots, g_n$)을 선정할 수 있다. 즉

$$g_i=\frac{1}{K}(\alpha_{i-1}-a_{i-1}); \quad i=1,\ 2,\ \cdots,\ n \tag{8.98}$$

예제 8.9 다음 플랜트에 대하여 극점배치 기법을 이용하여 폐루프 극점이 $-\alpha \pm j\beta$에 있도록 제어시스템을 설계하기로 한다.

$$\begin{cases} \dot{x}_1 = x_2 \\ \dot{x}_2 = -a_0 x_1 + a_1 x_2 + u \end{cases}$$

우선 극점배치 기법을 이용할 수 있는지를 판정하기 위하여 시스템의 가제어성을 조사한다.

$$\mathbf{A} = \begin{bmatrix} 0 & 1 \\ -a_0 & -a_1 \end{bmatrix}, \quad \mathbf{b} = \begin{bmatrix} 0 \\ 1 \end{bmatrix}$$

이므로, 가제어성행렬 $\mathbf{M}_c$는 다음과 같다.

$$\mathbf{M}_c = [\mathbf{b} \quad \mathbf{Ab}] = \begin{bmatrix} 0 & 1 \\ 1 & -a_1 \end{bmatrix}$$

임의의 a_0, a_1에 대하여 $\text{rank}(\mathbf{M}_c) = 2$이므로, 시스템은 어떤 시스템 파라미터에 대해서도 제어 가능하다. 그러므로 임의로 정당한 위치에 극점을 배치할 수 있는 상태 피드백 제어 법칙을 사용할 수 있다.

$$u = -g_1 x_1 - g_2 x_2$$

식 (8.90)으로부터 실제 특성방정식을 구하면

$$(C.E.)_a = \lambda^2 + (a_1 + g_2)\lambda + (a_0 + g_1) = 0 \tag{8.99}$$

그리고 바람직한 폐루프 극점으로부터 다음과 같은 특성방정식을 구할 수 있다.

$$\begin{aligned} (C.E.)_d &= (\lambda + \alpha + j\beta)(\lambda + \alpha - j\beta) \\ &= \lambda^2 + 2\alpha\lambda + \alpha^2 + \beta^2 = 0 \end{aligned} \tag{8.100}$$

식 (8.99)와 식 (8.100)의 계수를 일치시킴으로써 다음과 같은 제어게인을 선정할 수 있다.

$$\begin{cases} g_1 = \alpha^2 + \beta^2 - a_0 \\ g_2 = 2\alpha - a_1 \end{cases}$$

또한 가제어성 표준형 상태공간 모델식을 이용하여 제어게인을 선정할 수도 있다. 이 방법에서는 우선 식 (8.96)과 식 (8.97)로 표현되는 시스템행렬 $\mathbf{A}_c^a$와 $\mathbf{A}_c^d$를 구한다.

$$\mathbf{A}_c^a = \begin{bmatrix} 0 & 1 \\ -a_0 - g_1 & -a_0 - g_2 \end{bmatrix}, \quad \mathbf{A}_c^d = \begin{bmatrix} 0 & 1 \\ -(\alpha^2 + \beta^2) & -2\alpha \end{bmatrix}$$

그리고 행렬 $\mathbf{A}_c^a$와 $\mathbf{A}_c^d$의 마지막 행의 각 요소를 일치시킴으로써 위에서 구한 제어게인 값과 똑같은 값을 얻을 수 있다. ■

예제 8.10 그림 8.8과 같은 불안정한 2차 시스템을 상태 피드백하여 일정한 입력에 대하여 0-정상상태오차, 감쇠비 $\zeta \geq 0.707$, 고유주파수 $\omega_n \geq 1$ rad/sec를 만족시킬 수 있는 피드백 제어시스템을 설계하기로 한다.

우선 일정한 입력에 대해 0-정상상태오차를 얻기 위하여 오차신호 $e(=r-y)$가 새로운 상태변수로 첨가된 그림 8.9와 같은 적분기를 포함한 상태 피드백 제어시스템을 구성한다. 그림 8.9에서 v, e, w를 상태변수로 선정하면 개루프 시스템의 상태방정식은 다음과 같다.

$$\begin{Bmatrix} \dot{v} \\ \dot{e} \\ \dot{w} \end{Bmatrix} = \begin{bmatrix} -1 & 0 & 0 \\ -1 & 1 & 0 \\ 0 & 1 & 0 \end{bmatrix} \begin{Bmatrix} v \\ e \\ w \end{Bmatrix} + \begin{bmatrix} 1 \\ 0 \\ 0 \end{bmatrix} u + \begin{bmatrix} 0 \\ -1 \\ 0 \end{bmatrix} r$$

이제 설계사양을 만족시킬 수 있는 피드백 제어게인 g를 선정하기로 한다. 우선 피드백 제어시스템의 상태방정식을 유도한다. 상태 피드백 제어 법칙 u는

$$u = -g_1 v - g_2 e - g_3 w$$

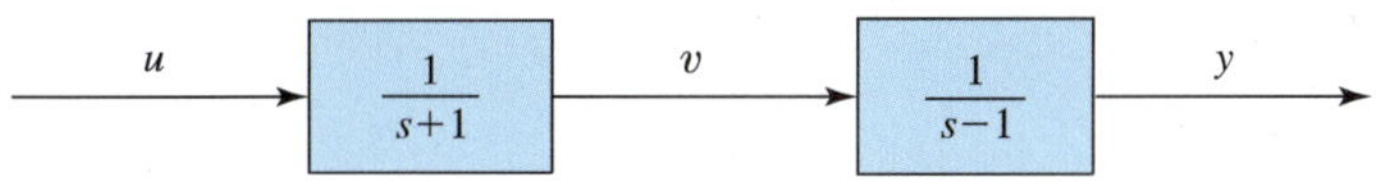

그림 8.8 불안정한 2차 시스템

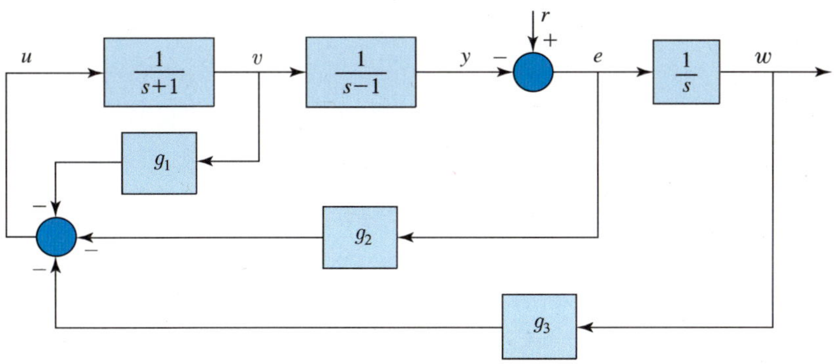

그림 8.9 적분기를 포함한 상태 피드백 제어시스템

이므로, 피드백 제어시스템의 상태방정식은 다음과 같다.

$$\begin{Bmatrix} \dot{v} \\ \dot{e} \\ \dot{w} \end{Bmatrix} = \begin{bmatrix} -1-g_1 & -g_2 & -g_3 \\ -1 & 1 & 0 \\ 0 & 1 & 0 \end{bmatrix} \begin{Bmatrix} v \\ e \\ w \end{Bmatrix} + \begin{bmatrix} 0 \\ -1 \\ 0 \end{bmatrix} r$$

위 식으로부터 특성방정식 $(C.E.)_a$는

$$(C.E.)_a = \begin{vmatrix} \lambda+1+g_1 & g_2 & g_3 \\ 1 & \lambda-1 & 0 \\ 0 & -1 & \lambda \end{vmatrix} = 0$$

또는

$$(C.E.)_a = \lambda^3 + g_1\lambda^2 - (1+g_1+g_2)\lambda - g_3 = 0$$

설계사양($\zeta \geq 0.707$, $\omega_n \geq 1$ rad/sec)을 만족시킬 수 있는 폐루프 극점 배치를 위해서 바람직한 특성방정식 $(C.E.)_d$를 다음과 같이 선정한다.

$$\begin{aligned} (C.E.)_d &= (\lambda+1)(\lambda+0.707+j0.707)(\lambda+0.707-j0.707) \\ &= \lambda^3 + 2.414\lambda^2 + 2.414\lambda + 1 \end{aligned}$$

이제 위의 두 특성방정식의 계수들을 비교함으로써 다음과 같은 제어게인들을 선정할 수 있다.

$$g_1 = 2.414, \quad g_2 = -5.828, \quad g_3 = -1$$ ■

8.10 상태 피드백과 서보 설계

상태 피드백은 극점 배치, 고유구조 지정(eigenstructure assignment), LQ 최적제어(linear quadratic optimal control) 기법 등 다변수 제어시스템 설계에서 널리 이용되고 있다. 그러나 상태 피드백을 이용하여 서보 시스템을 설계할 때 유의해야 할 점이 있다. 그래서 이 절에서는 서보 시스템 설계 시 상태 피드백을 적용하는 방법에 대해 설명하기로 한다.

다음과 같은 일반적인 다변수 시스템에 대하여 생각하기로 한다.

$$\begin{cases} \dot{\mathbf{x}}(t) = \mathbf{A}\mathbf{x}(t) + \mathbf{B}\mathbf{u}(t);\ \mathbf{x}(t) \in R^n,\ \ \mathbf{u}(t) \in R^m \\ \mathbf{y}(t) = \mathbf{C}\mathbf{x}(t);\ \mathbf{y}(t) \in R^p \end{cases} \tag{8.101}$$

그리고 모든 상태변수들은 측정 가능하고 다음과 같은 상태 피드백 제어 법칙을 사용한다고 가정한다.

$$\mathbf{u}(t) = -\mathbf{G}\mathbf{x}(t) + \mathbf{v}(t) \tag{8.102}$$

여기서 $\mathbf{G}$는 $(m \times n)$ 제어게인행렬이고 $\mathbf{v}(t) \in R^m$은 시스템 외부로부터 주어지는 신호이다.

이때 상태 피드백을 이용한 폐루프 제어시스템의 상태공간 모델식은 다음과 같으며, 이를 블록선도로 나타내면 그림 8.10과 같다.

$$\begin{cases} \dot{\mathbf{x}}(t) = (\mathbf{A} - \mathbf{B}\mathbf{G})\mathbf{x}(t) + \mathbf{B}\mathbf{v}(t) \\ \mathbf{y}(t) = \mathbf{C}\mathbf{x}(t) \end{cases} \tag{8.103}$$

여기서 $\mathbf{v}(t) = \mathbf{0}$이면 레귤레이터(regulator) 문제가 된다. 그리고 그림 8.10에 표시된 $\Phi(s)$는 $(s\mathbf{I} - \mathbf{A})^{-1}$를 의미한다.

이제 서보 시스템의 성능 중 가장 중요한 명령추종 성능을 평가하기로 한다. 우선 그림 8.11에 표시된 상태 피드백을 이용한 서보 시스템에 대하여 살펴보기로 한다. 이 피드백

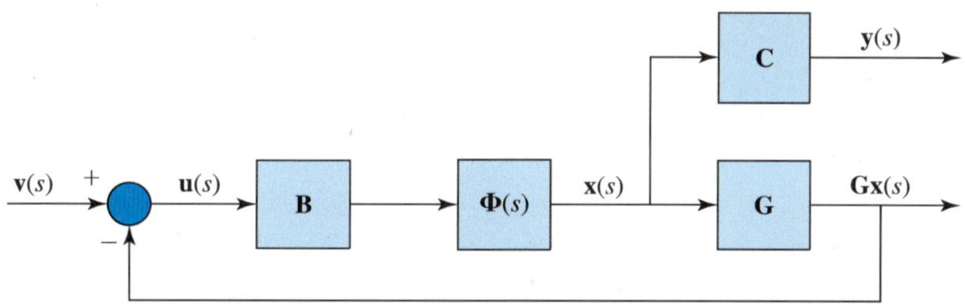

그림 8.10 상태 피드백 제어시스템

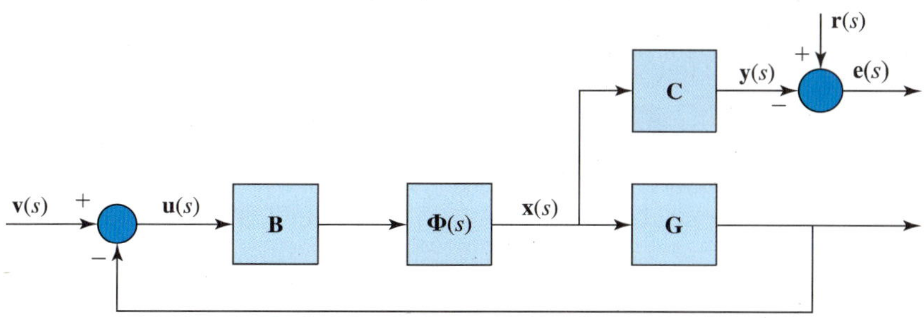

그림 8.11 상태 피드백을 이용한 서보 시스템

구조는 오차신호 $\mathbf{e}(s)$가 피드백되지 않고 $\mathbf{e}(s)$의 개수 p와 $\mathbf{v}(s)$의 개수 m이 일반적으로 일치하지 않으므로 서보 시스템의 기능을 수행할 수 없다.

그러므로 이 상태 피드백 제어시스템을 보완하여 서보 시스템의 기능을 할 수 있도록 그림 8.12와 같이 상태 피드백뿐만 아니라 포워드 제어를 포함하는 제어 방법을 제안한다. 이 제어시스템도 출력이 피드백되는 제어시스템은 아니다. 이 제어시스템에서 행렬 $\mathbf{G}$는 $(m \times n)$ 피드백 제어게인행렬이고 행렬 $\mathbf{F}$는 $(m \times p)$ 포워드 제어게인행렬이다. 이 설계행렬 $\mathbf{G}$와 $\mathbf{F}$는 플랜트 행렬 $\mathbf{A}$, $\mathbf{B}$, $\mathbf{C}$의 값에 따라 선정되는 설계파라미터들이다.

이제 설계파라미터 $\mathbf{G}$와 $\mathbf{F}$를 선정하는 방법에 대하여 설명하기로 한다. 우선 폐루프 시스템이 바람직한 고윳값/고유벡터를 갖도록 극점 배치,[34] 고유구조 지정[2, 79] 또는 LQ 제어 방법[14, 50] 등을 이용한 상태 피드백 제어로부터 피드백 제어게인행렬 $\mathbf{G}$를 선정한다. 그리고 명령추종 성능을 향상시킬 수 있도록 적절한 포워드 제어게인행렬 $\mathbf{F}$를 선정한다.

설계파라미터 $\mathbf{F}$를 선정하기 위하여, 기준입력 $\mathbf{r}(s)$에서 출력 $\mathbf{y}(s)$로의 전달함수행렬 $\mathbf{T}(s)$에 대하여 생각하기로 한다.

$$\mathbf{y}(s) = \mathbf{T}(s)\mathbf{r}(s) \tag{8.104}$$

여기서

$$\mathbf{T}(s) = \mathbf{C}[\mathbf{I} + \Phi(s)\mathbf{BG}]^{-1}\Phi(s)\mathbf{BF} \tag{8.105}$$

그리고 제어입력 $\mathbf{u}(s)$와 출력 $\mathbf{y}(s)$의 개수가 같다고 가정한다. 일반적으로 기준입력은 저주파에서 에너지를 갖고 있으므로 $s = 0$에서 다음 식이 성립하도록 설계파라미터 $\mathbf{F}$를 선정한다.

$$\mathbf{y}(0) = \mathbf{I}\mathbf{r}(0) \tag{8.106}$$

즉 $\mathbf{T}(0)$가 단위행렬이 되도록 F 값을 선정한다.

$$\mathbf{C}[\mathbf{I} + \Phi(0)\mathbf{BG}]^{-1}\Phi(0)\mathbf{BF} = \mathbf{I} \tag{8.107}$$

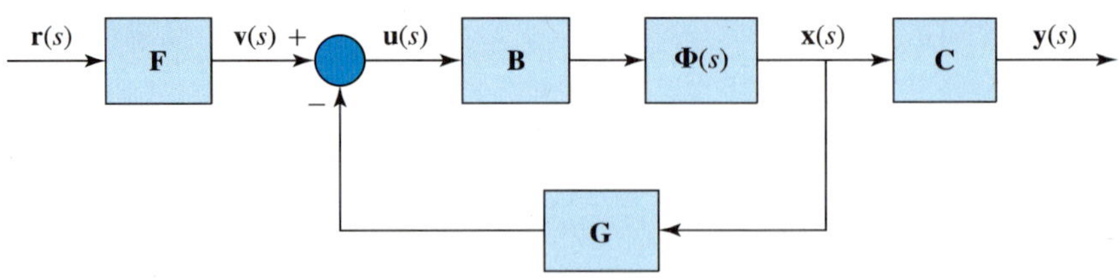

그림 8.12 포워드 제어를 포함한 상태 피드백 제어시스템

또는

$$\mathbf{F} = -\left[\mathbf{C}(\mathbf{I}-\mathbf{A}^{-1}\mathbf{B}\mathbf{G})^{-1}\mathbf{A}^{-1}\mathbf{B}\right]^{-1} \tag{8.108}$$

끝으로, 실제 출력이 피드백되어 피드포워드 제어를 하고 나머지의 상태변수로 피드백 제어를 하는 서보 시스템에 대하여 설명하기로 한다. 그림 8.13은 피드백 및 피드포워드 제어를 이용한 서보 시스템에 대한 블록선도이다. 여기서 출력 $\mathbf{y}(t) \in R^p$는 측정 가능해야 한다. 이때 오차신호 $\mathbf{e}(t)$는 다음과 같다.

$$\mathbf{e}(t) = \mathbf{r}(t) - \mathbf{y}(t) \tag{8.109}$$

그리고 상태벡터 $\mathbf{x}(t) \in R^n$을 다음과 같이 정의한다.

$$\mathbf{x}(t) = \begin{Bmatrix} \mathbf{y}(t) \\ \cdots \\ \mathbf{x}_r(t) \end{Bmatrix}$$

여기서 $\mathbf{y}(t) \in R^p$는 출력벡터이고, $\mathbf{x}_r(t) \in R^{(n-p)}$는 상태변수 중에서 출력 $\mathbf{y}(t)$를 제외한 상태변수로 이루어진 상태벡터이다.

이때 이 제어시스템에 대한 상태공간 모델식은 다음과 같다.

$$\begin{cases} \dot{\mathbf{x}}(t) = \mathbf{A}\mathbf{x}(t) + \mathbf{B}\mathbf{u}(t) \\ \mathbf{y}(t) = \mathbf{C}_p\mathbf{x}(t) \end{cases} \tag{8.110}$$

여기서

$$\mathbf{C}_p = \left[\mathbf{I}_{p\times p} \;\vdots\; \mathbf{0}_{p\times(n-p)}\right]$$

그리고 제어 법칙 $\mathbf{u}(t)$는

$$\begin{aligned} \mathbf{u}(t) &= -\mathbf{G}_r\mathbf{x}_r(t) + \mathbf{G}_y\{\mathbf{r}(t) - \mathbf{y}(t)\} \\ &= -\mathbf{G}\mathbf{x}(t) + \mathbf{G}_y\mathbf{r}(t) \end{aligned} \tag{8.111}$$

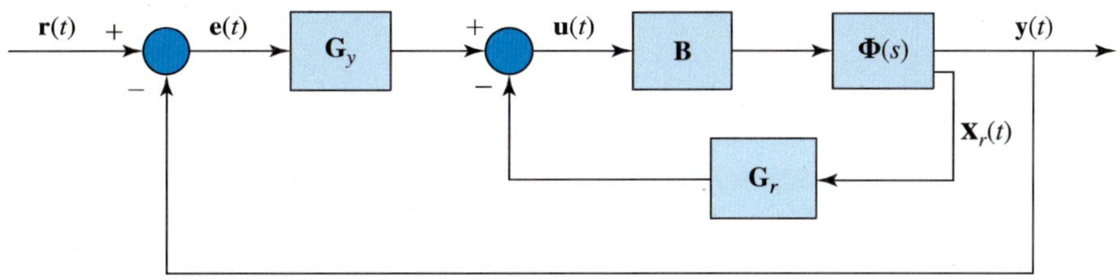

그림 8.13 피드백 및 피드포워드 제어를 이용한 서보 시스템

여기서

$$\mathbf{G} = \left[\mathbf{G}_y \;\vdots\; \mathbf{G}_r\right]$$

이제 간단한 전달함수 $G(s) = 1/s^2$로 표현되는 플랜트에 대하여 상태 피드백 제어만을 이용한 서보 시스템과 피드백 및 피드포워드 제어를 이용한 서보 시스템을 설계하여 비교 검토하기로 한다. 여기서 바람직한 폐루프 극점 위치는 $\lambda = -1 \pm j2$라고 가정한다. 이 플랜트를 상태공간 모델식으로 표현하면 다음과 같다.

$$\begin{cases} \dot{x}_1(t) = x_2(t) \\ \dot{x}_2(t) = u(t) \\ y(t) = x_1(t) \end{cases} \tag{8.112}$$

바람직한 폐루프 시스템의 극점을 지정하기 위하여 극점배치 기법을 이용한 상태 피드백 제어를 사용하면, 이때 제어입력 $u(t)$는 다음과 같다.

$$u(t) = -5x_1(t) - 2x_2(t) + r(t) \tag{8.113}$$

그림 8.14는 이 제어 법칙을 이용한 서보 시스템의 블록선도이고, 그림 8.15는 이 서보 시스템에 대한 단위스텝응답을 나타낸다.

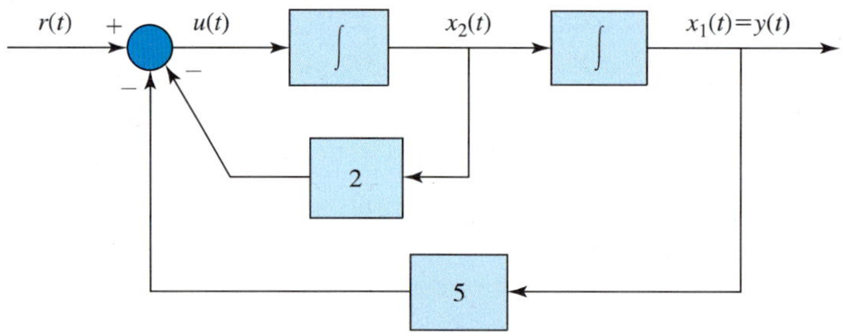

그림 8.14 상태 피드백 제어를 이용한 서보 시스템

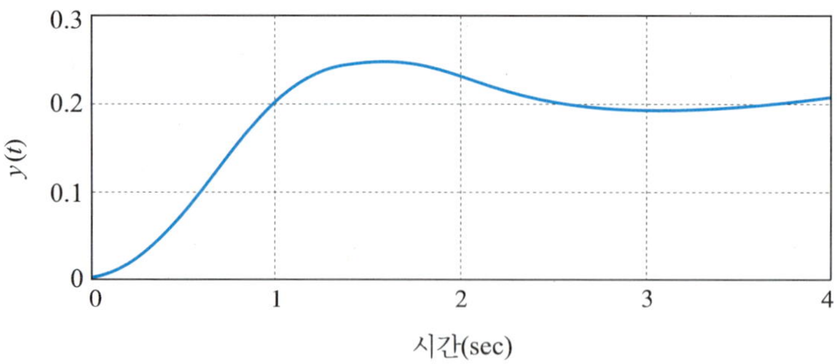

그림 8.15 그림 8.14에 표시된 서보 시스템의 단위스텝응답

그림 8.15에서 알 수 있듯이 이 서보 시스템은 서보 시스템의 기본적인 기능인 명령추종 성능이 매우 나쁘다. 정상상태에서 출력이 0.2로서 단위스텝기준입력 크기의 1/5밖에 안 된다. 다음의 폐루프 전달함수 $T(s)$로부터 이 서보기구는 서보의 기본적인 기능을 충분히 수행하지 못한다는 것을 쉽게 알 수 있다.

$$y(s) = T(s)r(s) \tag{8.114}$$

여기서

$$T(s) = \frac{1}{s^2 + 2s + 5} \tag{8.115}$$

폐루프 전달함수 $T(s)$의 DC 게인이 0.2이므로 정상상태에서 이 서보 시스템의 출력은 단위스텝기준입력 크기의 1/5밖에 되지 않는다.

이제 그림 8.13에 표시된 피드백 및 피드포워드 제어를 이 플랜트에 적용하기로 한다. 이때 서보 시스템의 구조는 그림 8.16과 같고, 제어입력 $u(t)$는 다음과 같다.

$$\begin{aligned} u(t) &= -2x_2(t) - 5x_1(t) + 5r(t) \\ &= -2x_2(t) + 5e(t) \end{aligned} \tag{8.116}$$

그리고 그림 8.17은 이 서보 시스템에 대한 단위스텝응답을 나타낸다.

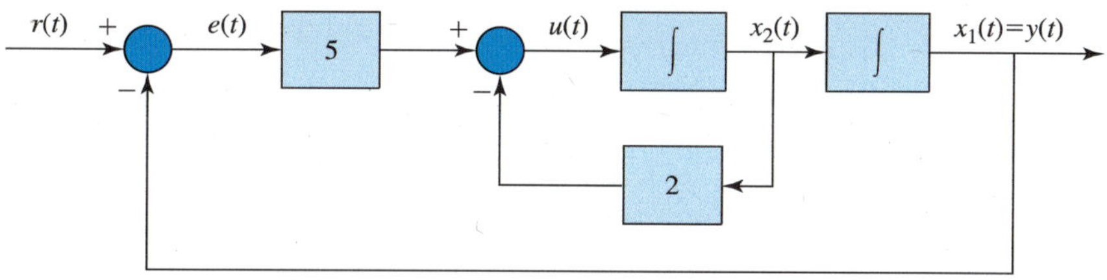

그림 8.16 시스템 (8.112)에 대한 피드백 및 피드포워드 제어를 이용한 서보 시스템

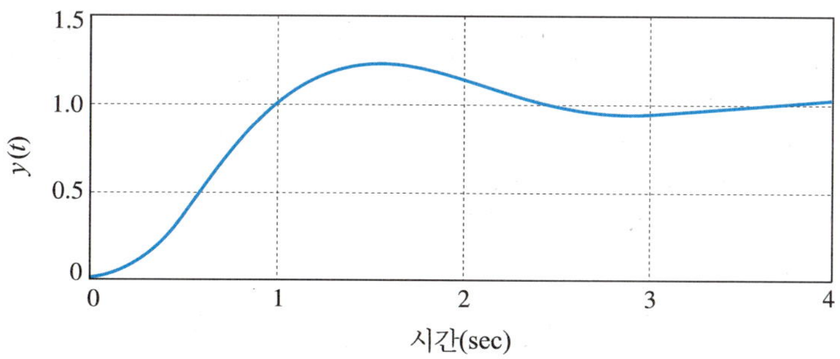

그림 8.17 그림 8.16에 표시된 서보 시스템의 단위스텝응답

그림 8.17에서 알 수 있듯이 피드백 및 피드포워드 제어를 이용한 서보 시스템의 과도응답 및 명령추종 성능은 만족스럽다. 이 서보 시스템의 폐루프 전달함수 $T(s)$는 다음과 같다.

$$T(s) = \frac{5}{s^2 + 2s + 5} \tag{8.117}$$

폐루프 전달함수 $T(s)$의 DC 게인이 1이므로 정상상태에서 이 서보 시스템의 출력은 스텝 입력의 크기와 같다.

결론적으로 피드백 및 피드포워드 제어를 이용한 서보 시스템 설계 방법은 저주파에서 에너지를 갖는 기준입력에 대해서 명령추종 성능을 좋게 할 수 있다. 일반적으로 기준입력은 저주파에서 에너지를 갖고 있으므로 이 서보 시스템은 의미를 갖는다. 그리고 극점배치 기법을 이용해 공칭안정도와 어느 정도 시스템의 과도응답 성능이 충족되도록 폐루프 극점을 배치할 수 있다. 그러나 일반적으로 주파수역 성능과 제어시스템의 상대안정도를 검토하여 만족스러운 결과를 얻을 때까지 설계 과정을 반복 수행해야 한다.

8.11 관측기 설계

상태 피드백 제어시스템 설계 시에는 모든 상태가 측정 가능하고 피드백에 이용될 수 있다고 가정하였다. 그렇지만 경우에 따라서 모든 상태를 측정한다는 것은 어려울 뿐 아니라 많은 경비가 소요된다. 따라서 이 절에서는 일부 상태를 측정하기 힘들거나 불가능한 경우에도 측정된 상태로부터 시스템의 모든 상태를 재구성할 수 있는 관측기 설계에 대하여 설명하기로 한다. 추정된 상태 $\hat{\mathbf{x}}$을 이용하면, 전 상태를 측정하지 못한 시스템이라 할지라도 식 (8.83)에 주어진 상태 피드백 제어 법칙에서 실제 상태 $\mathbf{x}$ 대신 추정된 상태 $\hat{\mathbf{x}}$으로 대치하여 앞 절에서 설명한 상태 피드백에 의한 제어시스템 설계 방법을 그대로 적용할 수 있다.

그림 8.18은 관측기의 구조를 나타내며, 관측기의 동역학 식은 다음과 같이 표현된다.[53]

$$\dot{\hat{\mathbf{x}}}(t) = \mathbf{A}\hat{\mathbf{x}}(t) + \mathbf{B}\mathbf{u}(t) + \mathbf{H}\{\mathbf{y}(t) - \mathbf{C}\hat{\mathbf{x}}(t)\} \tag{8.118}$$

여기서 $\mathbf{H}$는 관측기게인행렬이다.

플랜트의 동역학을 여기시켜 추정된 상태 $\hat{\mathbf{x}}$을 얻기 위해서는, 그림 8.18과 같이 측정된 출력과 추정된 출력의 차인 상태추정오차 신호를 이용해야 한다. 또한 관측기의 구조는 플랜트의 동역학을 나타내는 행렬 $\mathbf{A}$, $\mathbf{B}$, $\mathbf{C}$가 그대로 복제되어 있는 하나의 동적 시스템임을 알 수 있다.

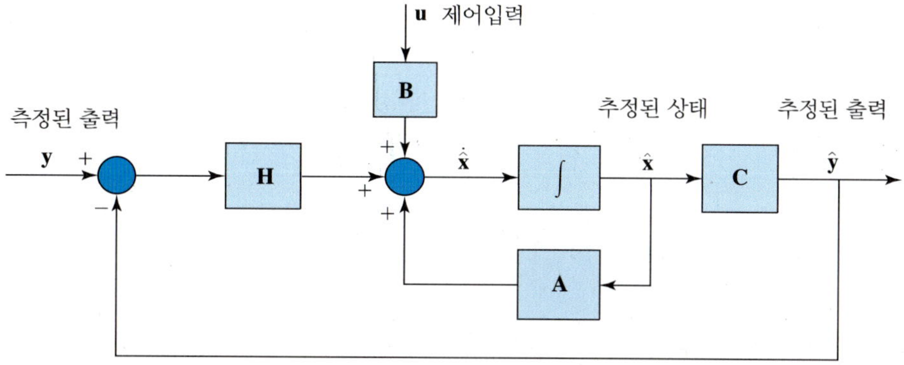

그림 8.18 관측기의 구조

관측기의 목적은 상태 $\mathbf{x}$를 추정하는 것이므로 상태추정오차 $\tilde{\mathbf{x}}(=\mathbf{x}-\hat{\mathbf{x}})$가 빨리 $\mathbf{0}$으로 수렴하는 것이 바람직하다. 따라서 식 (8.82)와 식 (8.118)을 이용하여 상태추정오차에 대한 동특성을 나타내면 다음과 같다.

$$\dot{\tilde{\mathbf{x}}} = (\mathbf{A} - \mathbf{HC})\tilde{\mathbf{x}} \tag{8.119}$$

식 (8.119)에서 알 수 있듯이 상태추정오차의 동특성은 행렬 $(\mathbf{A}-\mathbf{HC})$의 고윳값으로 결정된다. 상태추정오차의 동특성 $(\mathbf{A}-\mathbf{HC})$가 상태 피드백 제어의 동특성 $(\mathbf{A}-\mathbf{BG})$보다 보통 3~5배 더 빠르게 되도록 관측기게인행렬 $\mathbf{H}$를 선정한다. 물론 관측기 설계 시 시스템 $[\mathbf{A},\ \mathbf{C}]$는 기본적으로 관측 가능해야 한다.

예제 8.11 다음의 상태공간 모델식으로 표현되는 레귤레이터에 대한 상태 피드백 제어기와 관측기를 설계하여 그 응답을 비교하기로 한다.

$$\begin{cases} \dot{\mathbf{x}} = \mathbf{A}\mathbf{x} + \mathbf{B}u \\ y = \mathbf{C}\mathbf{x} \end{cases}$$

여기서

$$\mathbf{A} = \begin{bmatrix} 0 & 1 \\ -1 & 0 \end{bmatrix}, \quad \mathbf{B} = \begin{bmatrix} 0 \\ 1 \end{bmatrix}, \quad \mathbf{C} = [1 \quad 0]$$

상태 피드백 제어 법칙 $u=-\mathbf{Gx}$를 이용하여 폐루프 극점이 모두 -2에 놓이도록 하고자 한다. 이는 시스템의 고유주파수 ω_n을 2배, 감쇠비 ζ를 0에서 1로 증가시키는 효과를 준다. 이를 만족시키는 폐루프 특성방정식은 다음과 같다.

$$s^2+4s+4=0 \tag{8.120}$$

이때 폐루프 동특성을 만족시키는 상태 피드백 제어게인 $\mathbf{G}=[g_1\ g_2]$는 다음의 폐루프 특성방정식으로부터 선정할 수 있다.

$$\det[\,s\mathbf{I}-\mathbf{A}+\mathbf{BG}\,]=0$$

또는

$$s^2+g_2 s+g_1+1=0 \tag{8.121}$$

식 (8.120)과 식 (8.121)에서 s와 같은 차수의 계수들을 각각 비교하여 상태 피드백 제어게인 $\mathbf{G}=[3\ \ 4]$를 선정한다.

이제 관측기를 설계하기로 한다. 상태추정오차의 동특성 $(\mathbf{A}-\mathbf{HC})$가 상태 피드백 제어의 동특성 $(\mathbf{A}-\mathbf{BG})$보다 5배 빠르도록 관측기의 두 극점을 모두 -10에 배치하여 관측기게인 $\mathbf{H}=[h_1\ h_2]^T$를 선정하기로 한다. 이때 관측기의 바람직한 특성방정식은 다음과 같다.

$$s^2+20s+100=0 \tag{8.122}$$

그리고 관측기의 특성방정식은 다음과 같다.

$$\det[\,s\mathbf{I}-\mathbf{A}+\mathbf{HC}\,]=0$$

또는

$$s^2+h_1 s+h_2+1=0 \tag{8.123}$$

식 (8.122)와 식 (8.123)에서 s와 같은 차수의 계수들을 각각 비교하여 관측기게인 $\mathbf{H}=[20\ \ 99]^T$를 선정한다.

이제 추정된 상태 $\hat{\mathbf{x}}$을 이용한 상태 피드백 제어기 $u=-\mathbf{G}\hat{\mathbf{x}}$와 출력 $y=\mathbf{Cx}$로부터 모든 상태벡터를 추정할 수 있는 관측기를 결합한 전체 제어시스템의 구조는 그림 8.19와 같고, 이때의 상태공간 모델식은 다음과 같이 표현된다.

$$\begin{bmatrix}\dot{\mathbf{x}}\\ \dot{\hat{\mathbf{x}}}\end{bmatrix}=\begin{bmatrix}\mathbf{A} & -\mathbf{BG}\\ \mathbf{HC} & \mathbf{A}-\mathbf{BG}-\mathbf{HC}\end{bmatrix}\begin{bmatrix}\mathbf{x}\\ \hat{\mathbf{x}}\end{bmatrix}$$

$$y=[\,\mathbf{C}\ \ 0\,]\begin{bmatrix}\mathbf{x}\\ \hat{\mathbf{x}}\end{bmatrix}$$

그림 8.20은 초기조건 $\mathbf{x}_0 = [1 \ \ -1]^T$일 때 출력 y와 추정된 출력 $\hat{y}$에 대한 응답을 나타내고 있다. 관측기에서의 상태추정은 초기 과도상태를 지난 후 실제 상태를 잘 추적하고 있으며, 출력 y와 추정된 출력 $\hat{y}$ 사이의 오차는 실제 상태가 정상상태에 도달하는 시간보다 약 5배 빠르게 정상상태(오차$\simeq 0$)로 수렴하는 것을 알 수 있다. 여기서 관측기의 초기조건 $\hat{\mathbf{x}}_0 = [0 \ 0]^T$로 하였다.

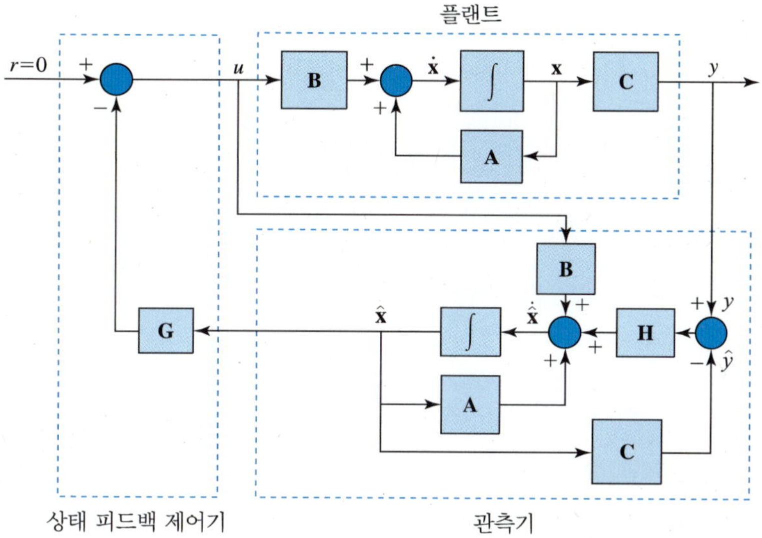

그림 8.19 관측기를 이용한 상태 피드백 제어시스템의 구조

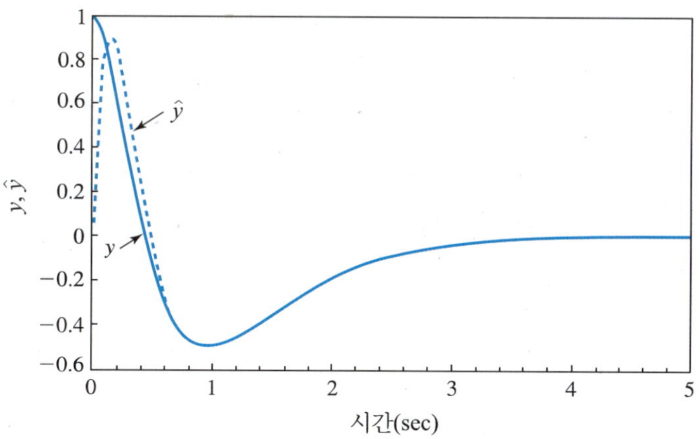

그림 8.20 레귤레이터의 초기조건에 대한 출력 y와 추정된 출력 $\hat{y}$의 응답 ■

8.12 MATLAB을 이용한 상태공간 해석 및 설계

이 절에서는 MATLAB을 이용하여 제어시스템을 상태공간에서 해석하고 설계하는 방법을 예제들을 통하여 설명하기로 한다.

예제 8.12 다음과 같은 상태공간 모델식으로 표현되는 시스템의 가제어성 및 가관측성을 조사하기로 한다.

$$\begin{Bmatrix} \dot{x}_1 \\ \dot{x}_2 \\ \dot{x}_3 \end{Bmatrix} = \begin{bmatrix} -1 & -2 & -2 \\ 0 & -1 & 1 \\ 1 & 0 & -1 \end{bmatrix} \begin{Bmatrix} x_1 \\ x_2 \\ x_3 \end{Bmatrix} + \begin{bmatrix} 2 \\ 0 \\ 1 \end{bmatrix} u$$

$$y = [1 \ \ 1 \ \ 0] \begin{Bmatrix} x_1 \\ x_2 \\ x_3 \end{Bmatrix}$$

MATLAB 프로그램 8.1은 이 시스템의 가제어성을 조사하기 위한 프로그램이다. 우선 가제어성행렬 $\mathbf{M}_c$를 'ctrb(A, B)' 명령어로 만들고, 다음으로 가제어성행렬 $\mathbf{M}_c$의 랭크(rank)를 'rank(Mc)' 명령어로 조사하여 시스템의 가제어성을 판정한다. 이 시스템은 $\text{rank}(\mathbf{M}_c) = 3$으로서 시스템의 차수 3과 같으므로 제어 가능하다.

MATLAB 프로그램 8.2는 이 시스템의 가관측성을 조사하기 위한 프로그램이다. 우선 가관측성행렬 $\mathbf{M}_o$를 'obsv(A, C)' 명령어로 만들고, 다음으로 가관측성행렬 $\mathbf{M}_o$의 랭크를 'rank(Mo)' 명령어로 조사하여 시스템의 가관측성을 판정한다. 이 시스템은 $\text{rank}(\mathbf{M}_o) = 3$으로서 시스템의 차수 3과 같으므로 관측 가능하다.

MATLAB 프로그램 8.1 — 소스 코드

```
% 예제 8.12

A = [-1  -2  -2;
      0  -1   1;
      1   0  -1];
B = [2; 0; 1];
Mc = ctrb(A, B)      % Compute the controllability matrix
rank_Mc = rank(Mc)
```

MATLAB 프로그램 8.1 — 출력 결과

```
Mc =

     2    -4     0
     0     1     0
     1     1    -5

rank_Mc =

     3
```

MATLAB 프로그램 8.2 — 소스 코드

```
A = [-1  -2  -2;
      0  -1   1;
      1   0  -1];
C = [1 1 0];
Mo = obsv(A, C)     % Compute the observability matrix.
rank_Mo = rank(Mo)
```

MATLAB 프로그램 8.2 — 출력 결과

```
Mo =

     1     1     0
    -1    -3    -1
     0     5     0

rank_Mo =

     3
```

■

예제 8.13 플랜트의 상태방정식이 다음과 같을 때, 상태 피드백 제어($u = -\mathbf{G}\mathbf{x}$)를 이용하여 폐루프 극점 p_i가 $p_{1,2} = -2 \pm j4$, $p_3 = -10$에 배치될 수 있는 제어게인행렬 $\mathbf{G}$를 선정하기로 한다.

$$\dot{\mathbf{x}} = \mathbf{A}\mathbf{x} + \mathbf{B}u$$

여기서

$$\mathbf{A} = \begin{bmatrix} 0 & 1 & 0 \\ 0 & 0 & 1 \\ -1 & -4 & -6 \end{bmatrix}, \quad \mathbf{B} = \begin{bmatrix} 0 \\ 1 \\ 1 \end{bmatrix}$$

MATLAB 프로그램 8.3은 'place' 명령을 사용하여 제어게인행렬 **G**를 선정하는 프로그램이다. 우선 제어기 설계가 가능한지 조사하기 위하여 가제어성행렬 $\mathbf{M}_c$를 'ctrb(A, B)' 명령을 사용하여 구한 가제어성행렬 $\mathbf{M}_c$의 랭크를 조사하여 시스템의 가제어성을 판정한다. 그리고 시스템이 제어 가능하면 'place' 명령을 사용하여 제어게인행렬 **G**를 선정한다.

$$\mathrm{G} = \mathrm{place(A,\ B,\ cp)}$$

여기서 cp는 요구되는 폐루프 극점들의 위치를 나타낸다. 즉

$$\mathrm{cp} = [\mathrm{p1},\ \mathrm{p2},\ \mathrm{p3}]$$

이와 같이 수행하여 구한, 요구되는 폐루프 극점을 얻을 수 있는 제어게인행렬 **G**는 다음과 같다.

$$\mathbf{G} = [28.8026 \quad 5.3816 \quad 2.6184]$$

MATLAB 프로그램 8.3 — 소스 코드

```
% 예제 8.13

A = [0   1   0;
     0   0   1;
    -1  -4  -6];
B = [0; 1; 1];
Mc= ctrb(A, B);
rank_Mc = rank(Mc)
cp = [-2+4i -2-4i -10];
G = place(A, B, cp)
```

MATLAB 프로그램 8.3 — 출력 결과

```
rank_Mc =
     3

G =
   28.8026    5.3816    2.6184
```

■

예제 8.14 다음과 같은 상태공간 모델식으로 표현되는 시스템에 대한 관측기를 설계하기로 한다. 관측기의 바람직한 극점은 $p_{1,2} = -2 \pm j2\sqrt{3}$, $p_3 = -5$이다.

$$\begin{cases} \dot{\mathbf{x}} = \mathbf{A}\mathbf{x} + \mathbf{B}u \\ y = \mathbf{C}\mathbf{x} \end{cases}$$

여기서

$$\mathbf{A} = \begin{bmatrix} 0 & 1 & 0 \\ 0 & 0 & 1 \\ -6 & -13 & -6 \end{bmatrix}, \quad \mathbf{B} = \begin{bmatrix} 0 \\ 0 \\ 1 \end{bmatrix}, \quad \mathbf{C} = [1 \;\; 0 \;\; 0]$$

식 (8.118)로 표현되는 관측기 상태방정식에서 관측기게인행렬 **H**를 선정하는 문제이다. 바람직한 관측기의 극점 p_i가 주어져 있으므로 'place' 명령을 사용하여 관측기게인행렬 **H**를 선정하기로 한다. MATLAB 프로그램 8.4는 'place' 명령을 사용하여 관측기

MATLAB 프로그램 8.4 — 소스 코드

```
% 예제 8.14

A = [0   1    0;
     0   0    1;
    -6 -13  -6];
C = [1 0 0];
Mo = obsv(A, C);
rank_Mo = rank(Mo)
op = [-2+2*sqrt(3)*i  -2-2*sqrt(3)*i  -5];
Ht = place(A', C', op);
H = Ht'
```

MATLAB 프로그램 8.4 — 출력 결과

```
rank_Mo =
      3

H =
    3.0000
    5.0000
    5.0000
```

게인행렬 **H**를 선정하는 프로그램이다. 우선 관측기 설계가 가능한지를 조사하기 위하여 가관측성행렬 $\mathbf{M}_o$를 구한다. 가관측성행렬 $\mathbf{M}_o$의 랭크를 조사하여 시스템의 가관측성을 판정한다. 그리고 시스템이 관측 가능하면 'place' 명령을 사용하여 관측기게인행렬 **H**를 선정한다.

$$\text{Ht} = \text{place(A', C', op)} \qquad \text{그리고 H} = \text{Ht'}$$

여기서 op는 바람직한 관측기의 극점 위치를 나타낸다. 즉

$$\text{op} = [\text{p1, p2, p3}]$$

관측기의 구조는 그림 8.18에 표시되어 있으며, 관측기의 상태방정식은 다음과 같이 표현된다.

$$\dot{\hat{\mathbf{x}}} = \mathbf{A}\hat{\mathbf{x}} + \mathbf{B}u + \mathbf{H}\{y - \mathbf{C}\hat{\mathbf{x}}\}$$

여기서 $\hat{\mathbf{x}} \in R^3$는 추정된 상태벡터이고, **H**는 관측기게인행렬이다. 이와 같이 수행하여 구한 바람직한 관측기게인행렬 **H**는 다음과 같다.

$$\mathbf{H} = \begin{bmatrix} 3 \\ 5 \\ 5 \end{bmatrix}$$

종합문제

[종합문제 8.1] 다음과 같은 상태공간 모델식으로 표현되는 3차 시스템에 대하여 생각하기로 한다.

$$\begin{cases} \dot{\mathbf{x}} = \mathbf{A}\mathbf{x} + \mathbf{b}u \\ y = \mathbf{c}\mathbf{x} \end{cases}$$

여기서

$$\mathbf{A} = \begin{bmatrix} -4 & 1 & 0 \\ 0 & 1 & 2 \\ 0 & -3 & -4 \end{bmatrix}, \quad \mathbf{b} = \begin{bmatrix} 0 \\ 0 \\ 2 \end{bmatrix}, \quad \mathbf{c} = [1 \;\; 0 \;\; 0]$$

우선 시스템의 고윳값과 고유벡터를 구한다. 그런 다음, 전달함수 $G(s) = y(s)/u(s)$를 구하고 시스템을 위상변수표준형(동반표준형, 가제어성표준형), 가관측성표준형, 대각선형

(모드형) 상태공간 모델식으로 표현하기로 한다. 또한 $u(t)=0$, $\mathbf{x}(0)=[0\ \ 0\ \ 0.5]^T$일 때 출력 $y(t)$를 구하기로 한다.

시스템의 고윳값은 다음 식을 이용하여 계산할 수 있다.

$$\det(\lambda\mathbf{I}-\mathbf{A})=\begin{vmatrix}\lambda+4 & -1 & 0\\ 0 & \lambda-1 & -2\\ 0 & 3 & \lambda+4\end{vmatrix}=0$$

또는

$$(\lambda+4)^2(\lambda-1)+6(\lambda+4)=\lambda^3+7\lambda^2+14\lambda+8=0$$

위 식으로부터 구한 시스템의 고윳값 λ_i는 다음과 같다.

$$\lambda_1=-1,\quad \lambda_2=-2,\quad \lambda_3=-4$$

고유벡터 $\mathbf{v}_i$는 다음 식을 이용하여 계산한다.

$$\mathbf{A}\mathbf{v}_i=\lambda_i\mathbf{v}_i,\quad i=1,\ 2,\ 3$$

위에서 구한 고윳값 λ_i에 관련된 고유벡터 $\mathbf{v}_i$를 계산하면 다음과 같다.

$$\mathbf{V}=[\mathbf{v}_1\ \vdots\ \mathbf{v}_2\ \vdots\ \mathbf{v}_3]=\begin{bmatrix}1 & \vdots & 1 & \vdots & 1\\ 3 & \vdots & 2 & \vdots & 0\\ -3 & \vdots & -3 & \vdots & 0\end{bmatrix}$$

전달함수 $G(s)$는 식 (3.157)을 이용하여 다음과 같이 구할 수 있다.

$$\begin{aligned}G(s)&=\mathbf{c}[s\mathbf{I}-\mathbf{A}]^{-1}\mathbf{b}\\ &=[1\ \ 0\ \ 0]\begin{bmatrix}s+4 & -1 & 0\\ 0 & s-1 & -2\\ 0 & 3 & s+4\end{bmatrix}^{-1}\begin{bmatrix}0\\0\\2\end{bmatrix}=\frac{4}{s^3+7s^2+14s+8}\end{aligned}$$

이제 시스템을 위상변수표준형 상태공간 모델식으로 표현하기 위하여, 주어진 전달함수 $G(s)$에 대하여 위상변수 상태벡터 $\mathbf{x}_c=[x_1\ x_2\ x_3]^T$를 선정하여 위상변수표준형 상태공간 모델식을 유도하면 다음과 같다.

$$\begin{cases}\dot{x}_1=x_2\\ \dot{x}_2=x_3\\ \dot{x}_3=-8x_1-14x_2-7x_3+4u\\ y=x_1\end{cases}$$

또는

$$\begin{cases} \dot{\mathbf{x}}_c = \mathbf{A}_c\mathbf{x}_c + \mathbf{b}_c u \\ y = \mathbf{c}_c\mathbf{x}_c \end{cases}$$

여기서

$$\mathbf{A}_c = \begin{bmatrix} 0 & 1 & 0 \\ 0 & 0 & 1 \\ -8 & -14 & -7 \end{bmatrix}, \quad \mathbf{b}_c = \begin{bmatrix} 0 \\ 0 \\ 4 \end{bmatrix}, \quad \mathbf{c}_c = [1 \quad 0 \quad 0]$$

그리고 가관측성표준형 상태벡터 $\mathbf{x}_o = [x_1 \ x_2 \ x_3]^T$를 선정하여 가관측성표준형 상태공간 모델식을 유도하면 다음과 같다.

$$\begin{cases} \dot{x}_1 = -8x_3 + 4u \\ \dot{x}_2 = x_1 - 14x_3 \\ \dot{x}_3 = x_2 - 7x_3 \\ y = x_3 \end{cases}$$

또는

$$\begin{cases} \dot{\mathbf{x}}_o = \mathbf{A}_o\mathbf{x}_o + \mathbf{b}_o u \\ y \ = \mathbf{c}_o\mathbf{x}_o \end{cases}$$

여기서

$$\mathbf{A}_o = \begin{bmatrix} 0 & 0 & -8 \\ 1 & 0 & -14 \\ 0 & 1 & -7 \end{bmatrix}, \quad \mathbf{b}_o = \begin{bmatrix} 4 \\ 0 \\ 0 \end{bmatrix}, \quad \mathbf{c}_o = [0 \ \ 0 \ \ 1]$$

일반적으로 가관측성표준형과 가제어성표준형의 상태공간 모델식의 행렬들 사이에는 다음과 같은 관계식들이 성립한다.

$$\mathbf{A}_o = \mathbf{A}_c^T, \quad \mathbf{b}_o = K\mathbf{c}_c^T, \quad \mathbf{c}_o = \frac{1}{K}\mathbf{b}_c^T$$

여기서 K는 시스템게인이다.

또한 고윳값/고유벡터를 이용하여 시스템을 대각선형 상태공간 모델식으로 표현하기로 한다.

$$\begin{cases} \dot{\mathbf{z}} = \tilde{\mathbf{A}}\mathbf{z} + \tilde{\mathbf{b}}u \\ y = \tilde{\mathbf{c}}\mathbf{z} \end{cases}$$

여기서

$$\widetilde{\mathbf{A}} = \mathbf{V}^{-1}\mathbf{A}\mathbf{V} = \mathrm{diag}\{\lambda_i\} = \begin{bmatrix} -1 & 0 & 0 \\ 0 & -2 & 0 \\ 0 & 0 & -4 \end{bmatrix},$$

$$\tilde{\mathbf{b}} = \mathbf{V}^{-1}\mathbf{b} = \begin{bmatrix} 1 \\ -1.5 \\ 0.5 \end{bmatrix}, \qquad \tilde{\mathbf{c}} = \mathbf{c}\mathbf{V} = [1 \ \ 1 \ \ 1]$$

끝으로, 비입력 시스템$[u(t)=0]$인 경우에 대한 출력 $y(t)$를 구하기 위하여 우선 시간응답 $\mathbf{z}(t)$를 구하기로 한다.

$$\mathbf{z}(t) = e^{\widetilde{\mathbf{A}}t}\mathbf{z}(0)$$

여기서 $e^{\widetilde{\mathbf{A}}t}$는 식 (8.32)로 표현되는 Sylvester 전개 이론을 이용하여 그리고 $\mathbf{z}(0)$는 식 (8.73)을 이용하여 구하면 다음과 같다.

$$e^{\widetilde{\mathbf{A}}t} = \begin{bmatrix} e^{-t} & 0 & 0 \\ 0 & e^{-2t} & 0 \\ 0 & 0 & e^{-4t} \end{bmatrix}, \qquad \mathbf{z}(0) = \mathbf{V}^{-1}\mathbf{x}(0) = \begin{Bmatrix} 1 \\ -1.5 \\ 0.5 \end{Bmatrix}$$

따라서 출력 $y(t)$는 다음과 같이 구해진다.

$$y(t) = \tilde{\mathbf{c}}\mathbf{z}(t) = [1 \ \ 1 \ \ 1]\begin{bmatrix} e^{-t} & 0 & 0 \\ 0 & e^{-2t} & 0 \\ 0 & 0 & e^{-4t} \end{bmatrix}\begin{bmatrix} 1 \\ -1.5 \\ 0.5 \end{bmatrix} = e^{-t} - 1.5e^{-2t} + 0.5e^{-4t}$$

[종합문제 8.2] 그림 8.21과 같은 질량-스프링 기계시스템이 있다. 여기서 u는 제어입력이고 d는 외란이다. 그리고 시스템 파라미터 m_1, m_2, k 모두 1이라고 가정한다. 이때 $x_2 = x_{2d}$가 되는 안정한 제어시스템을 설계하고자 한다. 비례 또는 비례-미분 제어기를 이용하여 안정한 제어시스템을 설계할 수 있는지를 조사하고, 또한 이와 같은 시스템의 경우에 상태 피드백을 이용해도 안정한 제어시스템을 설계할 수 있는지를 조사하기로 한다. 만

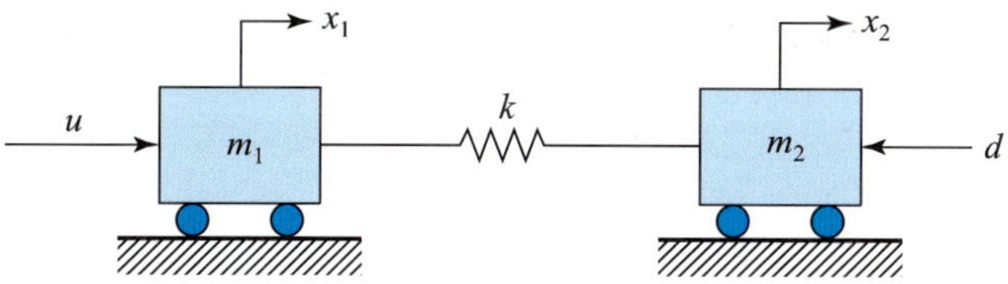

그림 8.21 질량-스프링 기계시스템

일 상태 피드백이 가능한 경우에는 폐루프 시스템의 모든 극점이 -5에 있도록 제어시스템을 설계하기로 한다.

우선 각 질량에 대한 자유물체도를 이용하여 질량-스프링 기계시스템에 대한 운동방정식을 유도한다.

$$\begin{cases} m_1\ddot{x}_1 = u - k(x_1 - x_2) \\ m_2\ddot{x}_2 = -d + k(x_1 - x_2) \end{cases}$$

상태벡터 $\mathbf{x} = [x_1\ \dot{x}_1\ x_2\ \dot{x}_2]^T$로 선정하면, 이 시스템에 대한 상태방정식은 다음과 같다.

$$\dot{\mathbf{x}} = \begin{bmatrix} 0 & 1 & 0 & 0 \\ -k/m_1 & 0 & k/m_1 & 0 \\ 0 & 0 & 0 & 1 \\ k/m_2 & 0 & -k/m_2 & 0 \end{bmatrix}\mathbf{x} + \begin{bmatrix} 0 \\ 1/m_1 \\ 0 \\ 0 \end{bmatrix}u + \begin{bmatrix} 0 \\ 0 \\ 0 \\ -1/m_2 \end{bmatrix}d$$

그리고 위의 두 운동방정식에 Laplace 변환을 수행하여 이 시스템에 대한 전달함수 $G(s) = x_2(s)/u(s)$를 구할 수 있다.

$$G(s) = \frac{k}{s^2\{m_1m_2s^2 + k(m_1+m_2)\}} = \frac{1}{s^2(s^2+2)}$$

그림 8.22와 그림 8.23은 각각 비례 제어시스템과 비례-미분 제어시스템에 대한 블록선도 및 근궤적선도이다.

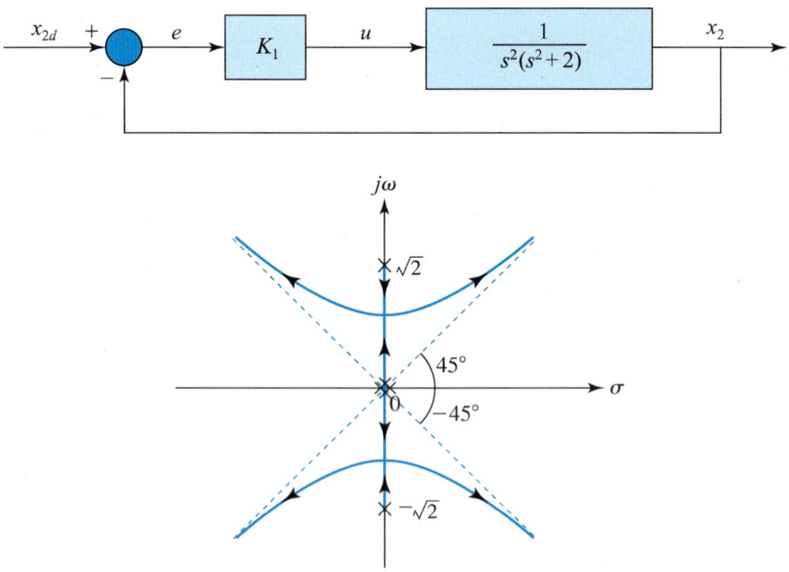

그림 8.22 비례 제어시스템의 블록선도 및 근궤적선도

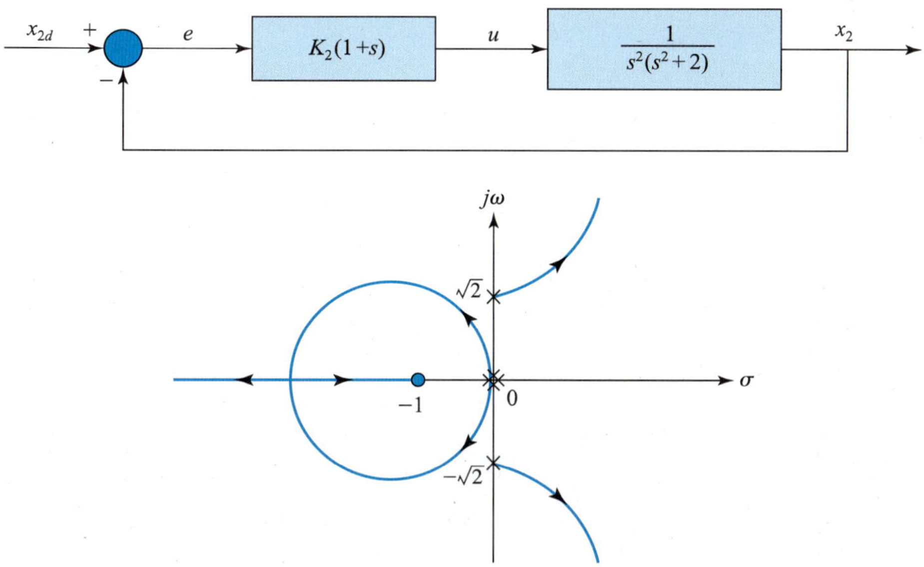

그림 8.23 비례-미분 제어시스템의 블록선도 및 근궤적선도

비례 제어시스템의 경우, 제어게인 g_1이 작을 때는 시스템이 안정한계에 있고, 제어게인 g_1이 클 때는 시스템이 불안정하다. 그리고 비례-미분 제어시스템의 경우, 모든 제어게인 $g_2 > 0$ 값에 대하여 시스템이 불안정하다.

이제 상태 피드백 제어시스템을 구성할 수 있는지를 판정하기 위해 시스템의 가제어성을 조사하기로 한다. 가제어성행렬 $\mathbf{M}_c$는 다음과 같다.

$$\mathbf{M}_c = [\mathbf{B} \quad \mathbf{AB} \quad \mathbf{A}^2\mathbf{B} \quad \mathbf{A}^3\mathbf{B}] = \begin{bmatrix} 0 & 1 & 0 & -1 \\ 1 & 0 & -1 & 0 \\ 0 & 0 & 0 & 1 \\ 0 & 0 & 1 & 0 \end{bmatrix}$$

$\text{rank}(\mathbf{M}_c) = 4$이므로 시스템은 제어 가능하다. 따라서 상태 피드백을 이용하여 안정한 제어시스템을 설계할 수 있다. 상태 피드백 제어 법칙 u는 다음과 같이 주어진다.

$$u = -g_1x_1 - g_2x_2 - g_3x_3 - g_4x_4$$

이때 폐루프 상태방정식은 다음과 같다.

$$\dot{\mathbf{x}} = \begin{bmatrix} 0 & 1 & 0 & 0 \\ -1-g_1 & -g_2 & 1-g_3 & -g_4 \\ 0 & 0 & 0 & 1 \\ 1 & 0 & -1 & 0 \end{bmatrix}\mathbf{x} + \begin{bmatrix} 0 \\ 0 \\ 0 \\ -1 \end{bmatrix}d$$

실제 특성방정식 $(C.E.)_a$는

$$(C.E.)_a = \det[\lambda \mathbf{I} - \mathbf{A}_c] = \det\begin{bmatrix} \lambda & -1 & 0 & 0 \\ 1+g_1 & \lambda+g_2 & -1+g_3 & g_4 \\ 0 & 0 & \lambda & -1 \\ -1 & 0 & 1 & \lambda \end{bmatrix} = 0$$

또는

$$(C.E.)_a = \lambda^4 + g_2\lambda^3 + (2+g_1)\lambda^2 + (g_2+g_4)\lambda + (g_1+g_3) = 0$$

그리고 바람직한 특성방정식 $(C.E.)_d$는

$$(C.E.)_d = (\lambda+5)^4 = 0$$

또는

$$(C.E.)_d = \lambda^4 + 20\lambda^3 + 150\lambda^2 + 500\lambda + 625 = 0$$

따라서 제어게인 $\mathbf{g}$는 다음과 같이 선정된다.

$$\mathbf{g} = [g_1 \;\; g_2 \;\; g_3 \;\; g_4] = [148 \;\; 20 \;\; 477 \;\; 480]$$

[종합문제 8.3] 그림 8.24와 같은 역진자-차량 시스템에 대하여 극점배치 기법을 이용한 상태 피드백 제어시스템을 설계하기로 한다.

그림 8.24에서 차량 질량 $M=5$ kg, 막대 길이 $l=2$ m, 막대 질량 $m=3$ kg, 중력가속도상수 $g=9.81$ m/sec^{2}이다. 그리고 막대의 회전관성 $J=\frac{1}{3}ml^2$이며, $\delta\theta(t)$와 $\delta\dot{\theta}(t)$의 단위는 각각 라디안(rad)과 rad/sec이다. 플랜트의 제어입력은 $F(t)$이고, 출력은 차량 속도 $\dot{z}(t)$이다. 제어입력 $F(t)$는 상태 피드백에 의해 다음과 같이 주어진다.

$$F(t) = -g_1\delta\dot{z}(t) - g_2\delta\theta(t) - g_3\delta\dot{\theta} + g_1 r(t)$$

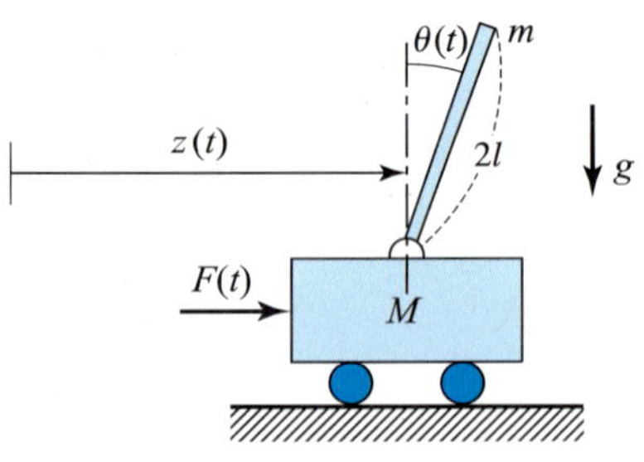

그림 8.24 역진자-차량 시스템

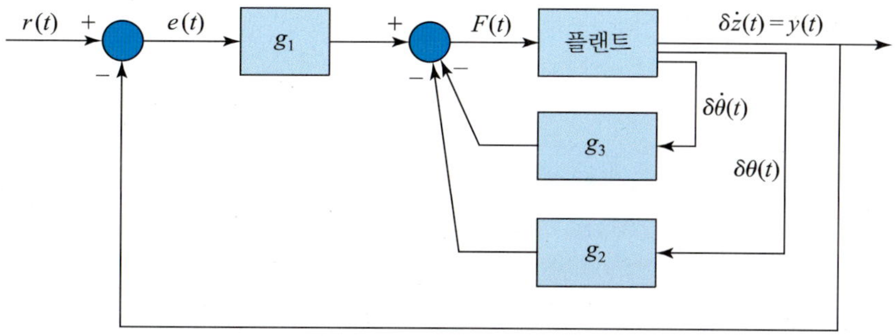

그림 8.25 역진자-차량 시스템에 대한 상태 피드백 제어시스템

여기서 $r(t)$는 차량 기준속도이다.

그림 8.25는 역진자-차량 시스템에 대한 상태 피드백 제어시스템의 구조를 나타낸다. 그림 8.25의 상태 피드백 제어시스템이 바람직한 성능을 갖도록 폐루프 극점을 $\lambda_{1,2} = -0.7 \pm j1$, $\lambda_3 = -2$에 배치하기로 한다. 그리고 설계된 폐루프 제어시스템의 시간 및 주파수역 성능을 조사하기로 한다.

우선 종합문제 3.3에서 유도된 역진자-차량 시스템의 선형화된 동적 방정식을 이용하면 이 시스템은 다음과 같은 동적 방정식으로 표현할 수 있다.

$$\begin{cases} \delta\ddot{z}(t) = \dfrac{-3mg}{m+4M}\delta\theta(t) + \dfrac{4}{m+4M}\delta F(t) \\ \delta\ddot{\theta}(t) = \dfrac{3(m+M)g}{l(m+4M)}\delta\theta(t) - \dfrac{3}{l(m+4M)}\delta F(t) \end{cases}$$

상태벡터 $\mathbf{x}(t) = [\delta\dot{z}\ \delta\theta\ \delta\dot{\theta}]^T$와 제어입력 $u(t) = \delta F(t)$로 하면 역진자-차량 시스템의 상태공간 모델식은 다음과 같이 표현된다.

$$\begin{cases} \dot{\mathbf{x}}(t) = \mathbf{A}\mathbf{x}(t) + \mathbf{b}u(t) \\ y(t) = \mathbf{c}\mathbf{x}(t) \end{cases}$$

여기서

$$\mathbf{A} = \begin{bmatrix} 0 & -3.84 & 0 \\ 0 & 0 & 1 \\ 0 & 5.12 & 0 \end{bmatrix}, \quad \mathbf{b} = \begin{bmatrix} 0.1739 \\ 0 \\ -0.0652 \end{bmatrix}, \quad \mathbf{c} = [1\ \ 0\ \ 0]$$

따라서 제어게인 $\mathbf{g}$는 바람직한 특성방정식 $(C.E.)_d$와 실제 특성방정식 $(C.E.)_a$의 계수들을 비교하여 선정할 수 있다.

$$(C.E.)_d = (\lambda + 0.7 + j1)(\lambda + 0.7 - j1)(\lambda + 2) = 0$$

$$(C.E.)_a = \det[\lambda \mathbf{I} - \mathbf{A} + \mathbf{bg}] = 0$$

또는 다음 식을 이용하여 제어게인 $\mathbf{g}$를 선정할 수도 있다.[41]

$$\mathbf{g} = \mathbf{hW}$$

여기서

$$h_i = \frac{1}{\mathbf{w}_i^T \mathbf{b}} \cdot \frac{\prod_{k=1}^{n} (\lambda_i - \lambda_{kd})}{\prod_{\substack{k=1 \\ k \neq i}}^{n} (\lambda_i - \lambda_k)}, \quad i = 1, 2, \cdots, n$$

$$\mathbf{W} = \begin{bmatrix} -\mathbf{w}_1^T - \\ -\mathbf{w}_2^T - \\ \vdots \\ -\mathbf{w}_n^T - \end{bmatrix}; \quad \text{좌측 고유벡터행렬}$$

이때 제어게인 $\mathbf{g} = [-4.656 \ \ -144.3 \ \ -64.57]$로 선정된다.

그림 8.26은 폐루프 제어시스템의 단위스텝응답을 나타낸다. 폐루프 제어시스템의 응답은 폐루프 대표극점 $-0.7 \pm j1$에 의하여 기대한 대로 경감쇠로 진동하면서 정상상태에 도달한다. 또한 $z = 1.918$에 있는 비최소위상 영점에 의해 언더슈트가 약간 발생하고 있다.

이제 역진자-차량 시스템에 대한 폐루프 제어시스템의 주파수역 성능을 조사하기 위하

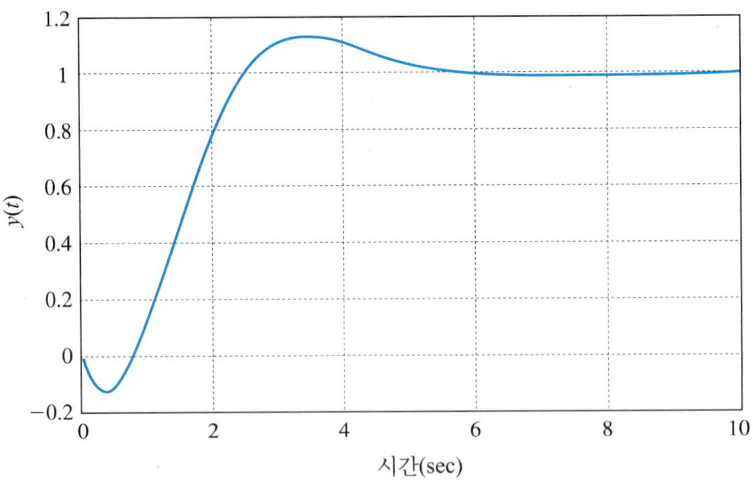

그림 8.26 역진자-차량 폐루프 제어시스템의 단위스텝응답

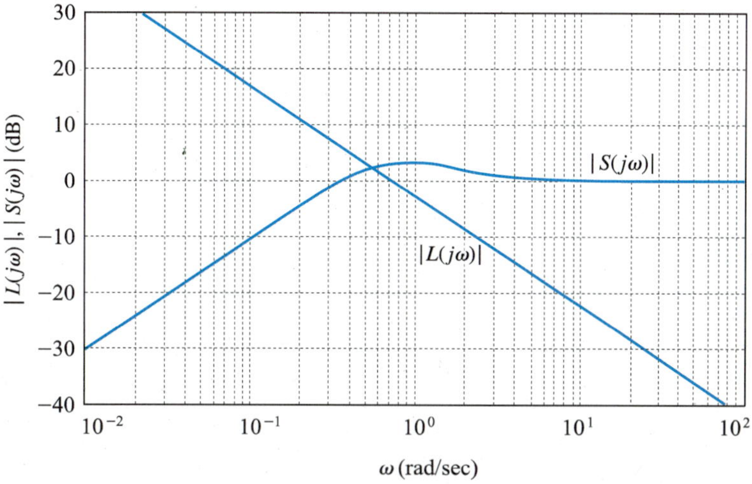

그림 8.27 역진자-차량 제어시스템의 루프 전달함수 $L(j\omega)$ 및 감도 전달함수 $S(j\omega)$의 크기 Bode 선도

여 루프 전달함수 $L(s)$를 구하기로 한다.

$$L(s) = \frac{y(s)}{e(s)} = \frac{-0.807(s^2 - 3.68)}{s(s^2 + 4.21s + 4.29)}$$

그리고 루프 전달함수 $L(j\omega)$와 감도 전달함수 $S(j\omega)(=[1+L(j\omega)]^{-1})$의 크기 Bode 선도를 그리면 그림 8.27과 같다.

바람직한 명령추종과 외란제거 성능을 얻기 위해서는 루프게인이 클수록 좋다. 이 Bode 선도에서 알 수 있듯이 $\omega > 0.7$ rad/sec일 때는 오히려 루프게인이 작아진다. 따라서 폐루프 제어시스템은 $\omega < 0.7$ rad/sec인 주파수역에서만 명령추종 및 외란제거 성능이 만족스럽다. 그리고 루프게인이 고주파에서 -20 dB/dec로 롤오프하므로, 고주파에서 에너지를 갖고 있는 센서잡음에 대하여 저감도 성능이 좋음을 알 수 있다.

또한 $S(j\omega)$의 크기 Bode 선도를 이용하여 다음과 같이 사인파 입력의 크기에 따른 정상상태오차의 크기를 구할 수 있다.

$$|e(j\omega)| = \underbrace{|r(j\omega)|}_{1} \cdot \underbrace{|S(j\omega)|}_{\text{Bode 선도에서 취함}}$$

예를 들면 $|e(j0.1)| \simeq -9.7$ dB $\simeq 0.326$, $|e(j1)| \simeq 2.9$ dB $\simeq 1.4$, $|e(j10)| \simeq 1.025$이다. 이와 같이 주파수응답으로부터 사인파 입력의 크기에 따른 정상상태오차의 크기를 알 수 있다. 즉 $\omega < 0.1$ rad/sec에서 에너지를 갖는 저주파 입력이 가해지면 외란제거 성능이

좋지만, $\omega = 1$ rad/sec 근처에서 에너지를 갖는 입력에 대해서는 오히려 입력 크기보다 더 큰 정상상태오차가 발생하여 외란제거 성능이 매우 불량해진다.

연습문제

8.1 다음의 두 단일입출력 시스템에 대한 물음에 답하라.

- $G_1(s) = \dfrac{(s+4)(s+5)}{(s+1)(s+2)(s+3)}$: 최소위상 시스템
- $G_2(s) = \dfrac{(s+4)(-s+5)}{(s+1)(s+2)(s+3)}$: 비최소위상 시스템

각 시스템에 대하여 아래에 나열된 상태공간 모델식을 유도하라. 특히 비최소위상 영점의 존재로 인한 유사점과 차이점에 대하여 서술하라.

(1) 위상변수표준형 상태공간 모델식

(2) 가관측성표준형 상태공간 모델식

(3) 대각선형 상태공간 모델식

8.2 전달함수 $G(s) = \dfrac{s+3}{s^2+3s+2}$ 인 시스템을 출력행렬 $\mathbf{C} = [3 \ \ 1]$로 표현되는 상태공간 모델로 변환하라. 또한 $\mathbf{x}' = \mathbf{P}\mathbf{x}$로 상태벡터를 변환하여 $\mathbf{C}' = [1 \ \ 0]$으로 표현되는 상태공간 모델을 설정하라. 이때 행렬 $\mathbf{P}$는 유일한가?

8.3 다음과 같은 2개의 부시스템에 대하여 생각하기로 한다($i = 1, 2$).

$$\begin{cases} \dot{\mathbf{x}}_i = \mathbf{A}_i\mathbf{x}_i + \mathbf{B}_i u_i \\ y_i = \mathbf{C}_i\mathbf{x}_i + \mathbf{D}_i u_i \end{cases}$$

위에 표시된 2개의 부시스템은 다음 식을 만족시키며 연결되어 있다.

$$u_2 = -G_y y_1 - G_u u_1$$

상태벡터 $\mathbf{x}_t = [\mathbf{x}_1 \ \ \mathbf{x}_2]^T$를 사용하여 전 시스템에 대한 상태공간 모델식을 유도하라.

8.4 2개의 부시스템이 다음 그림과 같이 직렬로 연결된 경우에 대해 생각하기로 한다.

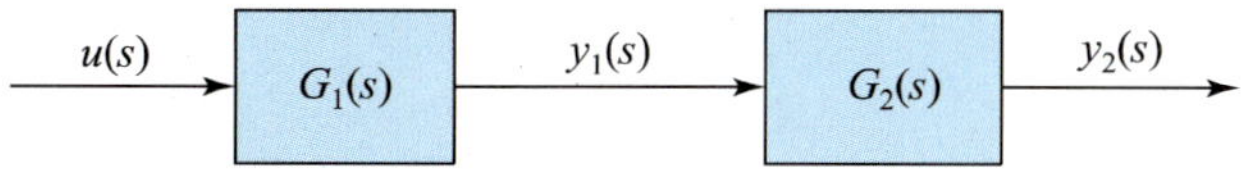

부시스템 $G_1(s)$와 부시스템 $G_2(s)$에 대한 상태공간 모델식은 각각 다음과 같다.

$$G_1(s):\begin{cases}\dot{\mathbf{x}}_1=\mathbf{A}_1\mathbf{x}_1+\mathbf{B}_1u_1\\ y_1=\mathbf{C}_1\mathbf{x}_1\end{cases}$$

$$G_2(s):\begin{cases}\dot{\mathbf{x}}_2=\mathbf{A}_2\mathbf{x}_2+\mathbf{B}_2u_2\\ y_2=\mathbf{C}_2\mathbf{x}_2\end{cases}$$

상태벡터 $\mathbf{x}_t=[\mathbf{x}_1\ \ \mathbf{x}_2]^T$를 사용하여 전 시스템에 대한 상태공간 모델식을 유도하라.

8.5 다음과 같은 상태공간 모델식으로 표현되는 F-404 엔진에 대한 물음에 답하라.

$$\begin{cases}\dot{\mathbf{x}}(t)=\mathbf{A}\mathbf{x}(t)+\mathbf{B}\mathbf{u}(t)\\ \mathbf{y}=\mathbf{C}\mathbf{x}(t)\end{cases}$$

여기서

$$\mathbf{x}(t)=\begin{Bmatrix}x_1\\x_2\\x_3\end{Bmatrix}=\begin{Bmatrix}\text{저압로터 속도}\\\text{고압로터 속도}\\\text{터빈 온도}\end{Bmatrix},\qquad \mathbf{u}(t)=\begin{Bmatrix}u_1\\u_2\end{Bmatrix}=\begin{Bmatrix}\text{연료 유량}\\\text{노즐 단면적}\end{Bmatrix},$$

$$\mathbf{A}=\begin{bmatrix}-1.46 & 1.734 & 0\\ 0.435 & -2.23 & 0\\ 0.0184 & -0.0303 & -0.4\end{bmatrix},\quad \mathbf{B}=\begin{bmatrix}0.9505 & 59.12\\ 1.65 & 0.376\\ 0.0993 & -0.1585\end{bmatrix},\quad \mathbf{C}=\begin{bmatrix}1 & 0 & 0\\ 0 & 0 & 1\end{bmatrix}$$

(1) 비입력 엔진시스템[$\mathbf{u}(t)=\mathbf{0}$]의 과도응답을 도시하고($0\le t\le 5$초), 시스템응답 특성을 간략히 설명하라. 초기상태 $\mathbf{x}(0)=[200\ 0\ 0]^T$이다.

(2) 엔진시스템의 과도응답을 도시하고($0\le t\le 5$초), 시스템응답 특성을 간략히 설명하라. 제어입력 $\mathbf{u}(t)$와 초기상태 $\mathbf{x}(0)$는 각각 다음과 같다.

$$\mathbf{u}(t)=[100\ \ 0]^T,\qquad \mathbf{x}(0)=[0\ \ 0\ \ 0]^T$$

(3) 시스템의 고윳값과 고유벡터를 구하고, 각 모드의 물리적 의미를 설명하라.

(4) 시스템의 고유구조를 이용하여 전달함수행렬 $\mathbf{G}(s)$를 구하라.

$$\mathbf{G}(s)=\mathbf{C}(s\mathbf{I}-\mathbf{A})^{-1}\mathbf{B}$$

여기서

$$(s\mathbf{I}-\mathbf{A})^{-1}=\sum_{i=1}^{3}\frac{\mathbf{v}_i\mathbf{w}_i^T}{s-\lambda_i}$$

8.6 다음 그림은 어떤 질량-스프링-댐퍼 기계시스템에 대한 개략도이다. 여기서 $u_1(t)$, $u_2(t)$는 제어력, $d_1(t)$는 외란힘, $d_2(t)$는 외란변위, $k_i(i=1,\ 2,\ \cdots,\ 5)$는 스프링상수이다. 그리고 바닥으로부터 각 질량 m_i에 미치는 점성저항계수는 c_i이다.

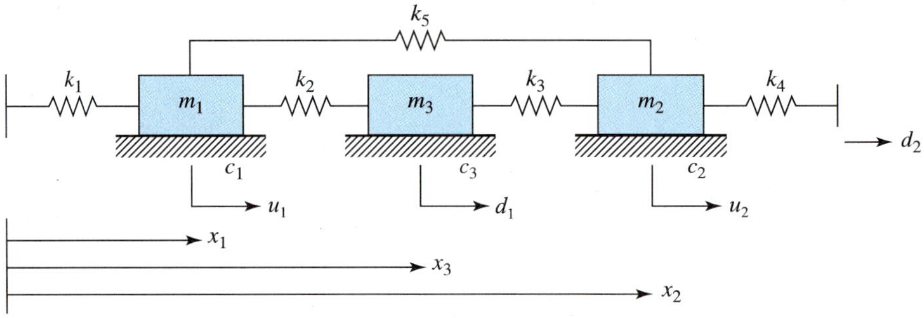

(1) 이 시스템을 다음과 같은 상태방정식으로 표현하라.

$$\dot{\mathbf{x}}(t)=\mathbf{A}\mathbf{x}(t)+\mathbf{B}\mathbf{u}(t)+\mathbf{L}\mathbf{d}(t)$$

여기서

$$\mathbf{x}(t)=[x_1(t)\ \ x_2(t)\ \ x_3(t)\ \ \dot{x}_1(t)\ \ \dot{x}_2(t)\ \ \dot{x}_3(t)]^T,$$
$$\mathbf{u}(t)=[u_1(t)\ \ u_2(t)]^T,$$
$$\mathbf{d}(t)=[d_1(t)\ \ d_2(t)]^T$$

(2) $m_1=1,\ m_2=1,\ m_3=0.5,\ c_i=0.1(i=1,\ 2,\ 3),\ k_i=1(i=1,\ 2,\ \cdots,\ 5)$일 때 이 시스템의 고윳값과 좌측 및 우측 고유벡터를 구하고 모드를 결정하라. 그리고 각 모드의 물리적 의미를 설명하라.

(3) 다음과 같은 변화를 주었을 때 시스템이 고유구조에 미치는 영향을 정성적으로 설명하라.

- 질량 m_3의 변화
- 스프링상수 k_5의 변화
- 질량 m_1의 변화
- 스프링상수 k_2의 변화

8.7 두 개의 부시스템 $G_1(s)$와 $G_2(s)$가 직렬로 연결되어 있는 다음과 같은 시스템들에 대해 가제어성/가안정성을 평가하라.

(1) $G_1(s) = \dfrac{s+1}{(s+4)^3(s+2)}, \quad G_2(s) = \dfrac{s+4}{s+2}$

(2) $G_1(s) = \dfrac{s+3}{s+2}, \quad G_2(s) = \dfrac{s+1}{s-3}$

(3) $G_1(s) = \dfrac{s-3}{s+2}, \quad G_2(s) = \dfrac{s+2}{s-3}$

(4) $G_1(s) = \dfrac{s+2}{(s-1)(s+5)^4}, \quad G_2(s) = \dfrac{s-1}{(s+5)^4}$

(5) $G_1(s) = \dfrac{s^2-1}{(s+5)^3}, \quad G_2(s) = \dfrac{s+5}{s+1}$

8.8 다음 시스템의 가제어성/가안정성과 가관측성/가검출성을 조사하라.

(1) $\begin{cases} \dot{\mathbf{x}} = \begin{bmatrix} 0 & 1 & 0 \\ 0 & 0 & 1 \\ 0 & -2 & -3 \end{bmatrix}\mathbf{x} + \begin{bmatrix} 0 \\ 0 \\ 1 \end{bmatrix}u \\ y = \begin{bmatrix} 0 & 0 & 1 \end{bmatrix}\mathbf{x} \end{cases}$

(2) $\begin{cases} \dot{\mathbf{x}} = \begin{bmatrix} 0 & 0 & 0 \\ 1 & 0 & -5 \\ 0 & 0 & -4 \end{bmatrix}\mathbf{x} + \begin{bmatrix} 1 \\ 0 \\ 0 \end{bmatrix}u \\ y = \begin{bmatrix} 0 & 1 & 0 \end{bmatrix}\mathbf{x} \end{cases}$

(3) $\begin{cases} \dot{\mathbf{x}} = \begin{bmatrix} 0 & 1 & 0 \\ 0 & 0 & 1 \\ 0 & -2 & -3 \end{bmatrix}\mathbf{x} + \begin{bmatrix} 1 & 0 \\ 0 & 1 \\ 0 & 0 \end{bmatrix}\mathbf{u} \\ \mathbf{y} = \begin{bmatrix} 0 & 1 & 0 \\ 0 & 0 & 1 \end{bmatrix}\mathbf{x} \end{cases}$

(4) $\begin{cases} \dot{\mathbf{x}} = \begin{bmatrix} 0 & 0 & 0 \\ 1 & 0 & -5 \\ 0 & 1 & -4 \end{bmatrix}\mathbf{x} + \begin{bmatrix} 0 & 1 \\ 0 & 0 \\ 1 & 0 \end{bmatrix}\mathbf{u} \\ \mathbf{y} = \begin{bmatrix} 0 & 1 & 0 \\ 0 & 0 & 1 \end{bmatrix}\mathbf{x} \end{cases}$

8.9 다음과 같은 상태공간 모델식으로 표현되는 시스템이 있다.

$$\begin{cases} \dot{\mathbf{x}} = \begin{bmatrix} -2 & 0 \\ -1 & 1 \end{bmatrix}\mathbf{x} + \begin{bmatrix} 1 \\ -1 \end{bmatrix}u \\ y = \begin{bmatrix} c_1 & c_2 \end{bmatrix}\mathbf{x} \end{cases}$$

(1) 시스템의 가제어성/가안정성을 조사하라.

(2) $c_1 = c_2 = 1$일 때, 시스템의 전달함수 $G(s)$를 구하라.

(3) $c_1 = 1,\ c_2 = -1$일 때, (2)를 반복하라.

(4) 상태 피드백을 사용하여 시스템을 안정화할 수 있는가?

8.10 다음과 같은 상태공간 모델식으로 표현되는 시스템이 있다.

$$\begin{cases} \dot{\mathbf{x}} = \begin{bmatrix} 2 & 1 & 0 \\ 1 & 0 & 1 \\ -2 & 0 & 0 \end{bmatrix}\mathbf{x} + \begin{bmatrix} 1 \\ 3 \\ 2 \end{bmatrix} u \\ y = [1 \quad 0 \quad 0]\mathbf{x} \end{cases}$$

(1) 가제어성과 가관측성을 조사하라.

(2) 대각선형 상태공간 모델식으로 변환하라.

(3) 제어 불가능한 모드와 관측 불가능한 모드를 명시하라.

(4) 시스템의 전달함수 $G(s)$를 구하라.

(5) 시스템의 가안정성과 가검출성을 조사하라.

8.11 두 유체탱크 시스템에 대한 가제어성/가안정성을 조사하라. 유체탱크의 커패시턴스 C_i와 파이프의 저항 R_i는 모두 1이라고 가정한다.

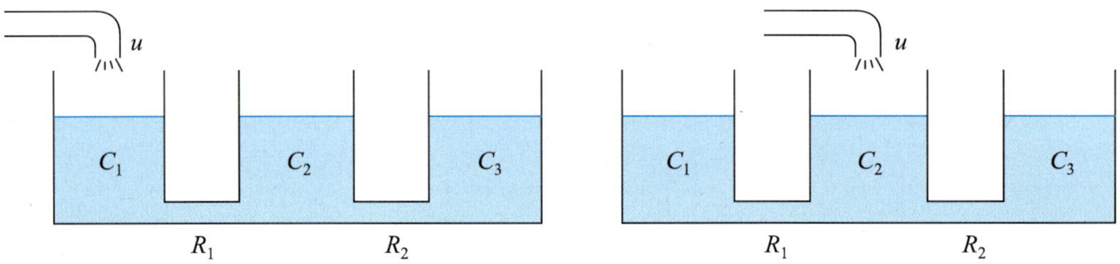

(a) (b)

8.12 다음 그림과 같이 차량 위에서 한 막대가 역진자 운동을 하고 있다. 여기서 모든 마찰은 무시하고 힘 F에 의하여 차량이 움직인다고 가정한다. 그리고 시스템 파라미터 값들은 다음과 같다.

m(막대 질량) $= 3$ kg

M(차량 질량) $= 5$ kg

l(막대 길이) $= 1$ m

g(중력가속도상수) $= 9.81\ \text{m/sec}^2$

J(막대의 회전관성) $= \frac{1}{3}ml^2 = 1\ \text{kg}\cdot\text{m}^2$

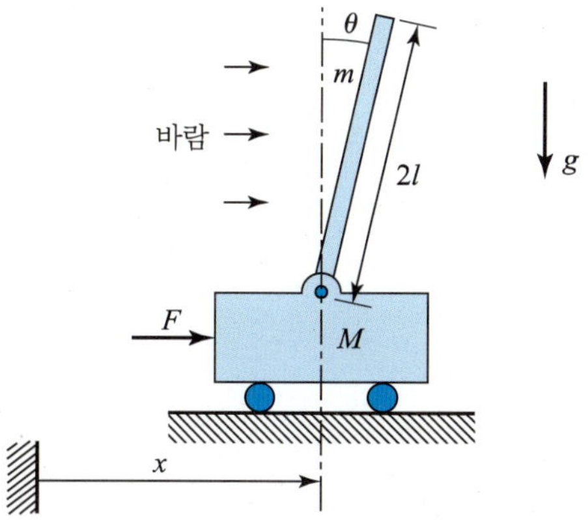

(1) 이 시스템의 운동방정식이 다음과 같음을 증명하라.

$$\begin{cases} (M+m)\ddot{x}+ml\cos\theta\ddot{\theta}-ml\dot{\theta}^2\sin\theta=F \\ J\ddot{\theta}+ml(\ddot{x}\cos\theta+l\ddot{\theta})-mgl\sin\theta=0 \end{cases}$$

(2) 평형상태($\theta=\dot{\theta}=\dot{x}=0,\ x=x_0$) 근처에서 움직인다고 가정하여 선형화된 상태 방정식을 구하라.

$$\dot{\mathbf{x}}=\mathbf{A}\mathbf{x}+\mathbf{b}u$$

여기서

$$\mathbf{x}=[\theta\ \ \dot{\theta}\ \ x\ \ \dot{x}]^T, \qquad u=F$$

(3) 이 시스템의 가제어성을 조사하라.

(4) 이 시스템을 관측 가능하게 만들기 위하여 측정해야 하는 최소한의 상태변수를 결정하고 그 이유를 설명하라.

(5) $\dfrac{m}{M}\to 0$으로 접근할 때 (4)에서 계산된 최소한의 상태변수로 측정할 때 시스템이 관측 가능한지를 조사하고, 관측 가능하지 않다면 $m \ll M$일 때 시스템이 관측 가능하기 위해서 측정해야 할 상태변수의 개수를 결정하라.

8.13 다음의 세 가지 실험을 통하여 단일입출력 2차 시스템의 상태공간 모델식을 얻고자 한다.

$$\begin{cases} \dot{\mathbf{x}}(t)=\mathbf{A}\mathbf{x}(t)+\mathbf{b}u(t) \\ y(t)=\mathbf{c}\mathbf{x}(t) \end{cases}$$

(시험 1) 모든 $t \geq 0$에 대하여 $u(t) = 1$일 때 $\lim_{t \to \infty} y(t) = 3/2$이다.

(시험 2) 모든 $t \geq 0$에 대하여 $u(t) = 0$이고, 초기상태 $\mathbf{x}(0) = \begin{Bmatrix} 1 \\ -1 \end{Bmatrix}$일 때

$\mathbf{x}(t) = \begin{Bmatrix} 1 \\ -1 \end{Bmatrix} e^{-t}$, $\mathbf{x}(0) = \begin{Bmatrix} 1 \\ -2 \end{Bmatrix}$일 때, $\mathbf{x}(t) = \begin{Bmatrix} 1 \\ -2 \end{Bmatrix} e^{-2t}$이다.

(시험 3) 초기상태 $\mathbf{x}(0) = [1/2 \ \ -3/2]^T$이고 $u(t) = e^{-3t}$일 때, 모든 $t \geq 0$에 대하여 $y(t) = 0$이다.

(1) 시스템행렬 $\mathbf{A}$, $\mathbf{b}$, $\mathbf{c}$를 구하라.

(2) 시스템의 모드를 구하고 안정도를 판정하라.

(3) 모든 모드에 대하여 가제어성과 가관측성을 조사하라.

(4) 시스템의 가안정성과 가검출성을 조사하라.

8.14 다음의 다변수 시스템에 대하여 생각하기로 한다.

$$\begin{Bmatrix} \dot{x}_1(t) \\ \dot{x}_2(t) \end{Bmatrix} = \begin{bmatrix} -1 & -4 \\ 0 & 1 \end{bmatrix} \begin{Bmatrix} x_1(t) \\ x_2(t) \end{Bmatrix} + \begin{bmatrix} 1 & 1/3 \\ 0 & 1/3 \end{bmatrix} \begin{Bmatrix} u_1(t) \\ u_2(t) \end{Bmatrix}$$

$$\begin{Bmatrix} y_1(t) \\ y_2(t) \end{Bmatrix} = \begin{bmatrix} 1 & -1 \\ 0 & 1/3 \end{bmatrix} \begin{Bmatrix} x_1(t) \\ x_2(t) \end{Bmatrix}$$

이 시스템에 대한 고유구조는 다음과 같다.

$$\lambda_1 = -1, \quad \mathbf{v}_1 = \begin{Bmatrix} 1 \\ 0 \end{Bmatrix}, \quad \mathbf{w}_1^T = [1 \ \ 2]$$

$$\lambda_2 = -1, \quad \mathbf{v}_2 = \begin{Bmatrix} -2 \\ 1 \end{Bmatrix}, \quad \mathbf{w}_2^T = [0 \ \ 1]$$

모드의 가제어성/가관측성 개념을 이용하여 다음 물음에 답하라.

(1) 제어입력 중 어느 하나를 사용할 수 없는 경우, 즉 $u_1(t) = 0$ 또는 $u_2(t) = 0$일 때, 어떤 임의의 0이 아닌 초기상태를 유한 시간 후에 0으로 할 수 있는가? 또한 무한 시간에서는 어떻게 될 것인지 설명하라.

(2) 임의의 $\mathbf{x}(0)$와 $\mathbf{u}(t)$에 대하여 $\mathbf{x}(t)$를 유일하게 결정하기 위해서는 유한한 시간 동안 출력신호 $y_1(t)$와 $y_2(t)$를 동시에 사용해야 하는가? 또는 한 개의 출력신호로 가능한지를 조사하라.

8.15 다음과 같은 상태공간 모델식으로 표현되는 시스템이 있다.

$$\begin{Bmatrix} \dot{x}_1 \\ \dot{x}_2 \end{Bmatrix} = \begin{bmatrix} -1 & -1 \\ 2 & 0 \end{bmatrix} \begin{Bmatrix} x_1 \\ x_2 \end{Bmatrix} + \begin{bmatrix} 0 \\ 1 \end{bmatrix} u$$

$$y = [1 \quad 1] \begin{Bmatrix} x_1 \\ x_2 \end{Bmatrix}$$

(1) 시스템의 점근적 안정도와 BIBO 안정도를 평가하라.

(2) 시스템의 가관측성/가검출성을 조사하라.

(3) 출력방정식이 다음과 같을 때 (1)과 (2)를 반복하라.

$$y = [-2 \quad 1] \begin{Bmatrix} x_1 \\ x_2 \end{Bmatrix}$$

8.16 제어기 $K(s)$와 플랜트 $G(s)$가 직렬로 연결된 단일입출력 시스템에서 극점-영점 상쇄가 시스템 특성에 어떤 영향을 미치는지 알아보고자 한다. 먼저 플랜트 $G(s)$에 대하여 생각하기로 하자.

$$y(s) = G(s)u(s)$$

여기서

$$G(s) = \frac{1.01}{s^2 + 0.2s + 1.01}$$

(1) $G(s)$의 극점을 계산하여 s-평면상에서 도시하라. 플랜트는 초기에 정지되어 있다고 가정하고 단위스텝응답을 구하라($0 \le t \le 10$).

(2) (1)로부터 스텝응답이 만족스럽지 않다는 것을 알 수 있다. 이를 보완하기 위하여 그림에 표시된 바와 같이 다음과 같은 개루프 제어기 $K(s)$를 첨가하기로 한다.

$$u(s) = K(s)v(s)$$

여기서

$$K(s) = \frac{s^2 + 0.2s + 1.01}{1.01(s+1)^3}$$

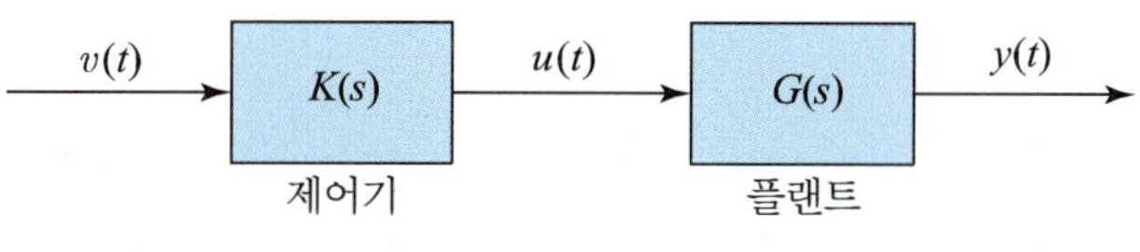

그리고 $v(t)$는 제어기 $K(s)$의 입력이다. 플랜트 $G(s)$와 제어기 $K(s)$의 초기상태가 0이라고 가정하여 단위스텝입력 $v(t)$를 가할 때 출력 $y(t)$를 구하라. 또한 $K(s)$의 극점과 영점을 $s-$평면상에 도시하라. 이때 제어기 $K(s)$는 플랜트 $G(s)$에서 바람직하지 않은 동역학을 상쇄시키고 시스템을 좀 더 '바람직한' 동역학 $\frac{1}{(s+1)^3}$로 대치할 수 있도록 선정되었다.

(3) 극점-영점 상쇄 없이 복합시스템 $G(s)K(s)$를 시뮬레이션하라. 단위스텝입력 $v(t)$에 대하여 제어입력 $u(t)$와 플랜트 출력 $y(t)$를 도시하라$(0 \le t \le 10)$. 그리고 제어입력 $u(t)$의 특징과 극점-영점 상쇄의 의미를 설명하라.

(4) $G(s)$, $K(s)$, 그리고 복합시스템 $G(s)K(s)$의 가제어성/가관측성에 대하여 언급하라. 복합시스템에서 복소 극점을 구하고 어떤 특성을 갖는지 설명하라.

(5) 이와 같이 제어기 $K(s)$는 바람직하지 않은 플랜트 동역학을 상쇄하여 바람직한 루프 전달함수를 얻을 수 있음을 보여주었다. 그러나 이와 같은 접근법에 어떤 문제점이 있는지를 설명하라(도움말: 플랜트의 초기조건이 0이 아닐 때와 모델링 오차를 고려할 때의 시스템응답에 대하여 생각하라).

8.17 플랜트 전달함수 $G(s)=1/s^3$인 시스템에 상태 피드백 제어를 수행하여 폐루프 극점이 $s=-1,\ -2,\ -3$에 놓이도록 제어법칙 $u=-\mathbf{Gx}$를 선정하라.

8.18 개루프 전달함수 $G(s)=1/s^3$인 시스템에서 극점배치 기법을 이용하여 시정수 $T \le 1$초, 감쇠비 $\zeta \ge 0.707$을 만족시키는 상태 피드백 제어시스템을 설계하라.

8.19 다음과 같은 상태공간 모델식으로 표현된 단일입출력 시스템에 대한 물음에 답하라.

$$\begin{cases} \dot{x}_1(t) = -x_1(t) + 2x_2(t) + u(t) \\ \dot{x}_2(t) = 4x_1(t) + 6x_2(t) + 2u(t) \\ y(t) = 2x_1(t) - x_2(t) \end{cases}$$

(1) 시스템의 가제어성/가안정성을 조사하라.

(2) 시스템의 가관측성/가검출성을 조사하라.

(3) 폐루프 시스템의 시정수 $T=1/3$초, 감쇠비 $\zeta=0.707$이 되도록 피드백 제어게인 g_1과 g_2를 선정하라$[u(t)=-g_1x_1(t)-g_2x_2(t)]$.

8.20 다음 그림은 유체 수위 시스템의 개략도이다.

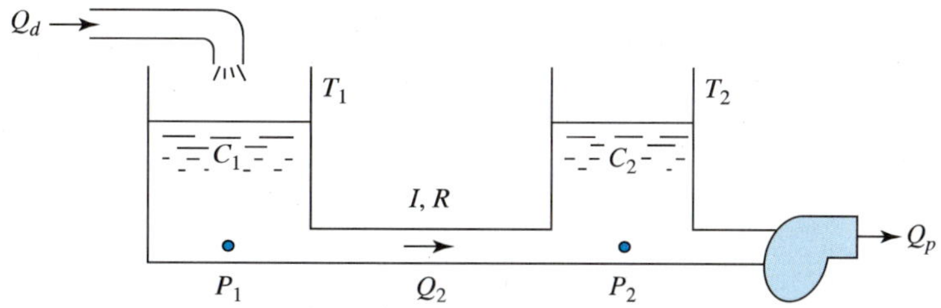

외란 Q_d가 존재하더라고 수조 T_2의 수위를 일정하게 유지하기 위하여 펌프유량 Q_p를 이용하여 제어하고자 한다. 시스템 파라미터 $C_1 = 1$, $C_2 = 2$, $I = 0.5$, $R \simeq 0$으로 가정한다.

(1) 물리적인 상태변수를 이용하여 시스템의 상태방정식을 유도하라.

(2) 펌프유량 $Q_p = r - \mathbf{Gx}$일 때 폐루프 시스템의 블록선도를 그리라. 여기서 r는 기준입력이고, $\mathbf{x}$는 물리적인 상태벡터, $\mathbf{G}$는 제어게인행렬이다.

(3) 폐루프 시스템의 모든 극점이 -2에 놓이도록 피드백 제어게인행렬 $\mathbf{G}$를 선정하라.

8.21 다음 그림은 비행기에 작용하고 있는 힘을 표시한 비행기의 개략도이다.

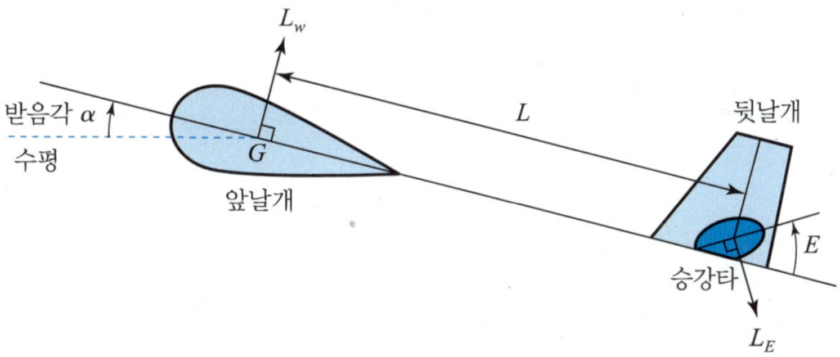

비행기는 초기에 일정한 고도 $h = h_0$에 있었으나 승강타(elevator)를 각도 E만큼 회전시켜 수직 방향으로 움직이고자 한다. 이것은 승강타에 힘 L_E를 작용하게 하여 비행기의 무게중심 G에 토크가 발생하게 된다. 따라서 이 토크가 G에 대하여 비행기를 회전하도록 하며, 이것은 받음각 α에 의하여 측정된다. 앞날개에 작용되는 양력 L_w는 받음각 α에 비례한다. 이와 비슷하게 L_E는 수평선과 승강타 사이의 각도에 비례한다. 또한 여러 가지의 기체역학적인 힘으로 인하여 $\dot{\alpha}$에 비례하는 마찰토크가 발생한다.

(1) 모든 각도는 선형화하기에 충분히 작다고 가정하고 비행기의 수직 방향의 운동방정식이 다음과 같음을 증명하라.

$$\begin{cases} \ddot{h} = k_1\alpha - k_2(E-\alpha) \\ \ddot{\alpha} = k_3(E-\alpha) - k_4\dot{\alpha} \end{cases}$$

여기서 k_1, k_2, k_3, k_4는 시스템 파라미터로서 다음과 같다고 가정한다.

$$k_1 = 2, \quad k_2 = 1, \quad k_3 = 1, \quad k_4 = 1$$

(2) 스텝 변화 E에 대한 고도 h의 응답을 도시하라. 그리고 수직 가속도의 초깃값과 최종값을 구하고 물리적 의미를 설명하라.

(3) 다음과 같은 비례 제어시스템을 생각하기로 한다.

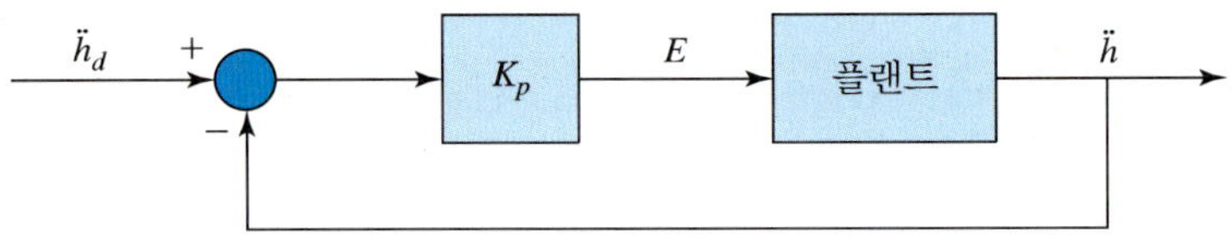

제어게인 K_p 값이 클 때 시스템의 안정도를 조사하라.

(4) 다음과 같은 방법에 의해 비행기의 제어시스템을 설계하고 비교 검토하라.

- 단지 h만을 피드백하는 비례 제어시스템
- h와 $\dot{h}$를 피드백하는 비례 제어시스템
- 폐루프 극점이 $h_{1,2} = -3 \pm j1$, $h_{3,4} = -1 \pm j0.5$에 위치하는 상태 피드백 제어시스템

8.22 피드백이 없는 어떤 플랜트에서 외란 부하 $F_L(t) = 0$일 때 단위스텝입력에 대한 출력 응답이 다음 그림과 같다.

(1) 시스템 응답을 이용하여 플랜트 전달함수 $G(s) = \dfrac{y(s)}{y_c(s)}$를 구하라.

(2) 플랜트에 대한 블록선도를 그리라.

(3) 다음 설계사양들을 만족시킬 수 있는 제어시스템을 설계하라.

- 일정한 명령입력이나 외란에 대하여 0-정상상태오차
- 폐루프 극점이 모두 -1

우선 위의 설계사양들을 만족시킬 수 있는 제어기의 형태를 선정하고 선정한 이유를 밝히라.

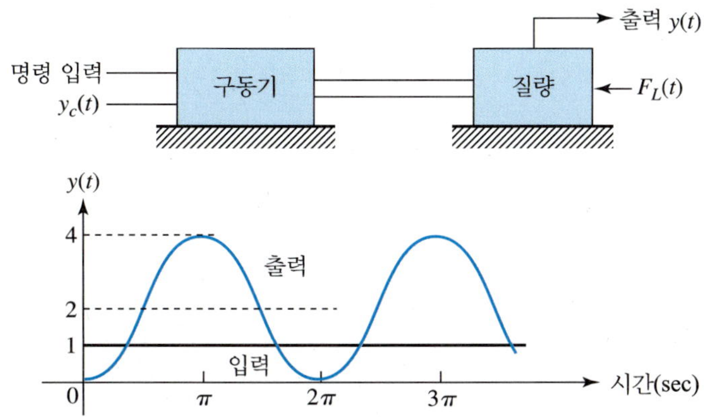

8.23 지금 '블랙박스' 속에 있는 선형 시불변 시스템을 해석하고자 한다. 주어진 정보는 측정할 수 있는 두 개의 입력과 두 개의 출력을 가진 4차 시스템이라는 것뿐이다. 또한 상태변수 4개의 초깃값을 지정할 수 있다. 여러 가지 시험을 통하여 다음과 같은 사실들을 찾아내었다.

- 입력 $u_1(t) = e^{-3t}$, $u_2(t) = -e^{-3t}$이고 초기상태 $\mathbf{x}(0) = [0 \;\; 0 \;\; 1 \;\; 1]^T$일 때 두 출력은 시간 $t \geq 0$에서 모두 0이다.
- 입력 $\mathbf{u}(t) = \mathbf{0}$일 때, 시도된 모든 초기상태에 대한 두 출력은 e^{-5t}, $e^{-t}\cos t$, $e^{-t}\sin t$ 항들의 선형결합으로 이루어진다.
- 초기상태 $\mathbf{x}(0) = [0 \;\; 0 \;\; 2 \;\; 2]^T$이고 입력 $\mathbf{u}(t) = \mathbf{0}$일 때 출력신호는 모두 0이다.
- 단위벡터 크기를 가진 많은 스텝함수의 조합들을 입력으로 하여 정상상태 출력을 관찰한 결과, 가장 큰 정상상태 출력벡터는 입력 $\mathbf{u}(t) = [1 \;\; 0]^T$일 때의 출력 $\mathbf{y}_{ss} = [4 \;\; 3]^T$이며 가장 작은 정상상태 출력은 입력 $\mathbf{u}(t) = [0 \;\; 1]^T$일 때의 출력 $\mathbf{y}_{ss} = [3/5 \;\; -4/5]^T$이다.

위에서 얻은 정보를 기초로 하여 다음 물음에 답하라.

(1) 입력 $\mathbf{u}(t) = [2 \;\; 1]^T$일 때 정상상태 출력 $\mathbf{y}_{ss}$를 구하라. 또한 정상상태에 도달하는 데 걸리는 시간을 구하라.

(2) $\mathbf{y}_{ss} = \left[4\frac{3}{5} \;\; 2\frac{1}{5}\right]^T$인 정상상태 출력을 얻기 위해 필요한 입력벡터 $\mathbf{u}(t)$를 구하라.

(3) 4개의 모든 상태를 피드백할 수 있다고 가정하자. 한 제어엔지니어가 폐루프 극점을 -10, -8, $-1 \pm j1$에 배치할 수 있는 게인을 선정할 수 있다고 주장한다.

이것이 옳은지 판정하라. 또한 폐루프 극점을 -10, -8, $-2 \pm j2$에 배치할 수 있는 게인을 선정할 수 있다고 주장한다면 옳다고 할 수 있는가?

8.24 단진자 시스템이 미소 운동을 하는 경우, 운동방정식을 다음과 같이 표현할 수 있다.

$$\ddot{\theta} + \omega_n^2 \theta = u$$

여기서 θ는 각변위, ω_n은 고유주파수, u는 시스템 입력이다.

(1) 위의 운동방정식을 상태방정식으로 표현하라.

(2) 각속도 $\dot{\theta}$의 측정값이 주어진 경우, 시스템의 2개의 상태변수를 재구성할 수 있는 관측기를 설계하라. 시스템의 고유주파수 $\omega_n = 3$ rad/sec로 가정하고, 관측기의 극점은 $s = -10 \pm j10$에 위치하도록 하라.

(3) 측정값 $\dot{\theta}$에서 추정값 $\hat{\theta}$로의 관측기 전달함수를 구하라.

(4) 시스템의 극점이 $s = -4 \pm j4$에 있도록 상태 피드백 제어 법칙 $u = -\mathbf{G}\mathbf{x}$를 결정하라. 여기서 $\mathbf{x}$는 상태벡터이고 $\mathbf{G}$는 제어게인행렬이다.

(5) (3)의 관측기와 (4)의 제어 법칙이 결합된 제어기 전달함수 $K(s)$를 구하라.

(6) 상태 피드백 제어시스템과 관측기를 이용한 출력 피드백 제어시스템의 성능을 비교 평가하라.

8.25 비행점 근처에서 헬리콥터의 종방향 운동을 다음과 같은 상태방정식으로 표현할 수 있다.

$$\dot{\mathbf{x}} = \begin{bmatrix} -0.4 & 0 & -0.01 \\ 1 & 0 & 0 \\ -1.4 & 9.8 & -0.02 \end{bmatrix} \mathbf{x} + \begin{bmatrix} 6.3 \\ 0 \\ 9.8 \end{bmatrix} \delta$$

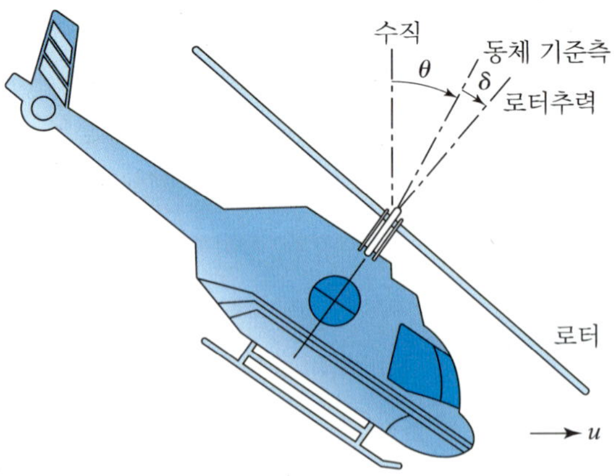

여기서

$$\mathbf{x} = [q\ \ \theta\ \ u]^T = [\text{피치변화율, 동체의 피치각, 수평 속도}]^T$$

$$\delta = \text{로터 경사각}$$

그리고 측정 가능한 변수는 수평 속도 u이다.

(1) 개루프 극점을 구하라.

(2) 이 시스템은 제어 가능한가?

(3) 시스템의 극점이 $s = -2$, $s = -1 \pm j1$에 있도록 상태 피드백 제어 법칙 $\delta = \mathbf{Gx}$를 결정하라.

(4) 관측기의 극점이 -6과 $-3 \pm j3$에 있도록 관측기를 설계하라.

(5) (3)의 제어 법칙과 (4)의 관측기가 결합된 제어기 전달함수 $K(s)$를 구하라.

(6) 상태 피드백 제어시스템과 관측기를 이용한 출력 피드백 제어시스템의 성능을 비교 평가하라.

9장 디지털 제어시스템

9.1 서론

지금까지 다룬 제어시스템은 시간의 연속함수로 표시되는 연속 전달신호에 의하여 연속적인 동작을 하는 연속시간 제어시스템이었다. 연속시간 제어시스템은 해석 및 설계 방법이 조직적이며 간결할 뿐만 아니라 일반적으로 실제 플랜트가 연속시간 시스템이므로 제어 엔지니어들은 제어시스템 설계 시 주로 연속시간 제어시스템에 관한 제어 기법들을 사용하고 있다. 그러나 디지털 제어시스템은 연속시간 제어시스템이 갖고 있지 않은 여러 가지 장점들을 가지고 있기 때문에 점차로 그 중요성이 인식되고 있다. 디지털 제어기는 빠른 속도로 복잡한 계산을 정확하게 수행할 수 있을 뿐만 아니라 디지털 제어기의 제어 알고리즘인 프로그램만 조작하면 새로운 제어기로 사용할 수 있는 큰 장점이 있다.

이 장에서는 우선 디지털 제어기의 입력/출력 변환기에 대하여 간략히 설명하고, 디지털 제어시스템의 해석 및 설계에 기본이 되는 이산시간 시스템에 대한 z-변환과 펄스 전달함수, 상태공간 모델에 대하여 설명한다. 그런 다음, 이산시간 시스템의 성능 및 안정도 해석 그리고 디지털 제어기를 설계하는 방법에 대하여 설명하기로 한다. 디지털 제어기를 실제 구현하는 방법에는 크게 두 가지 방법이 있다. 지금까지 설명한 아날로그 영역에서 설계한 아날로그 제어기를 디지털 제어기로 근사화하는 방법과 플랜트를 포함한 제어기를 이산시간 시스템으로 하여 이산시간 플랜트에 대한 디지털 제어기를 직접 설계하는 방법이다. 그러나 실제 디지털 제어기 설계 과정은 일반적으로 이 두 가지 설계 방법을 모두 고려하여 이루어진다. 디지털 제어기 설계의 첫 단계는 아날로그 제어기를 근사화하는 방법으로 접근하고, 다음에는 이 결과를 기반으로 한 직접 디지털 제어기가 설계되고, 설계된 디지털 제어시스템의 해석을 통하여 바람직한 디지털 제어기가 선정된다. 끝으로, MATLAB을 이용하여 디지털 제어시스템을 해석하고 설계하는 과정을 설명한다.

9.2 디지털 제어기의 입력/출력 변환기

디지털 제어시스템은 그림 9.1에 표시된 바와 같이 디지털 컴퓨터와 디지털 제어기의 입력/출력 변환기로 구성되어 있다. 플랜트는 연속시간 영역에서 작동하고, 컴퓨터를 이용한 디지털 제어기는 이산시간 신호가 필요하므로 플랜트로부터 측정된 연속시간 신호는 A/D(analog-to-digital) 변환기를 통하여 이산시간 신호로 바뀌어 디지털 제어기의 입력으로 사용된다. 그리고 디지털 제어기의 출력신호는 D/A(digital-to-analog) 변환기를 통하여 연속시간 신호로 바뀌어 플랜트를 제어하게 된다. 그림 9.1과 같이 디지털 컴퓨터를 제어기로 사용하는 제어시스템을 디지털 제어시스템이라고 하며, 여기서 e^*와 u^*는 일정한 시간 구간마다 샘플링된 이산시간 신호들이고, $u(t)$는 부분(piecewise) 연속시간 신호, 그리고 나머지 신호들은 연속시간 신호이다.

이 절에서는 아날로그 신호를 디지털 신호로 바꾸는 샘플링장치(sampler)와 디지털 신호를 아날로그 신호로 바꾸는 홀딩장치(holder) 그리고 입력/출력 변환기를 선정할 때 필요한 샘플링 주기에 관한 샘플링 이론에 대하여 설명하기로 한다.

(1) 입력 변환기

그림 9.2는 디지털 제어기의 입력 변환기의 개략도이다. 일반적으로 디지털 제어기의 입력 변환기는 임펄스 샘플링장치(A/D 변환기)와 저주파통과필터(low-pass filter)로 이루어진다. 임펄스 샘플링장치의 스위치는 일정한 주기 T마다 디지털 컴퓨터의 입력신호를 만

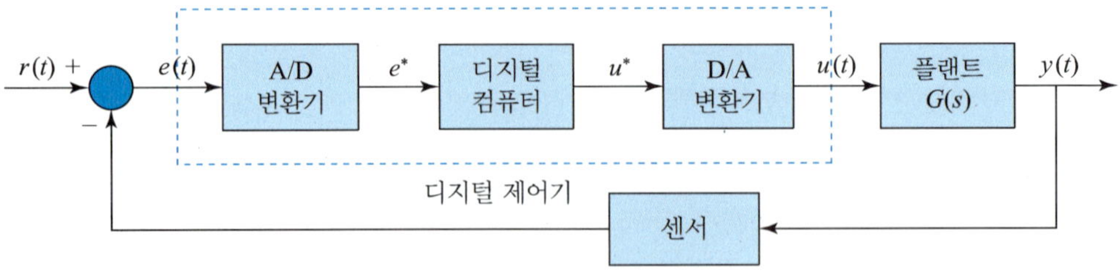

그림 9.1 디지털 제어시스템

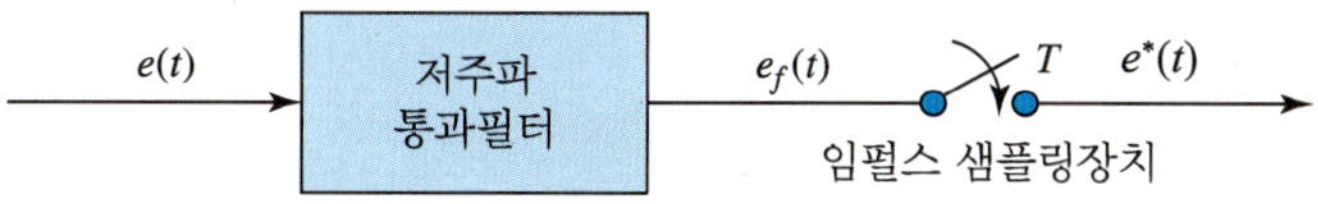

그림 9.2 입력 변환기의 개략도

들기 위하여 연속신호를 샘플링 순간 0, T, $2T$, $\cdots$ 에서 펄스의 열(train)로 바꾼다. 여기서 T는 샘플링 주기이다.

샘플링장치의 출력 $e^*(t)$는 그림 9.3과 같은 단위임펄스의 열 $\delta_T(t)$와 연속신호 $e_f(t)$의 곱으로 표시된다.

$$e^*(t) = \delta_T(t)e_f(t) \tag{9.1}$$

그리고 단위임펄스의 열 $\delta_T(t)$를 수학적으로 표현하면 다음과 같다.

$$\delta_T(t) = \sum_{k=-\infty}^{\infty} \delta(t-kT) \tag{9.2}$$

여기서 $\delta(t-kT)$는 $t=kT$에서 발생하는 단위임펄스함수이다. 연속신호 $e_f(t)$가 주기적으로 샘플링된다면 샘플링된 신호 $e^*(t)$는 다음과 같다.

$$e^*(t) = \sum_{k=-\infty}^{\infty} e_f(t)\delta(t-kT) \tag{9.3}$$

또는

$$e^*(t) = \sum_{k=-\infty}^{\infty} e_f(kT)\delta(t-kT) \tag{9.4}$$

그림 9.4는 $\delta_T(t)$, $e_f(t)$, $e^*(t)$ 신호의 모양을 나타내는 한 예이다. 샘플링된 신호 $e^*(t)$의 선도에서 각 화살표의 크기는 각각의 샘플링된 값 $e_f(kT)$의 강도를 나타낸다. 그리고 시

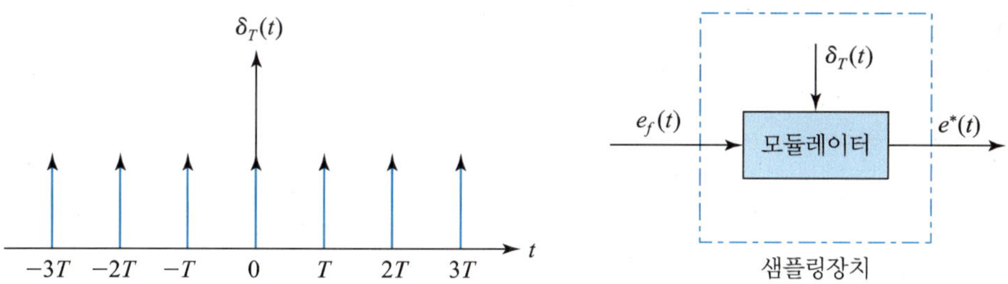

그림 9.3 단위임펄스의 열과 샘플링장치

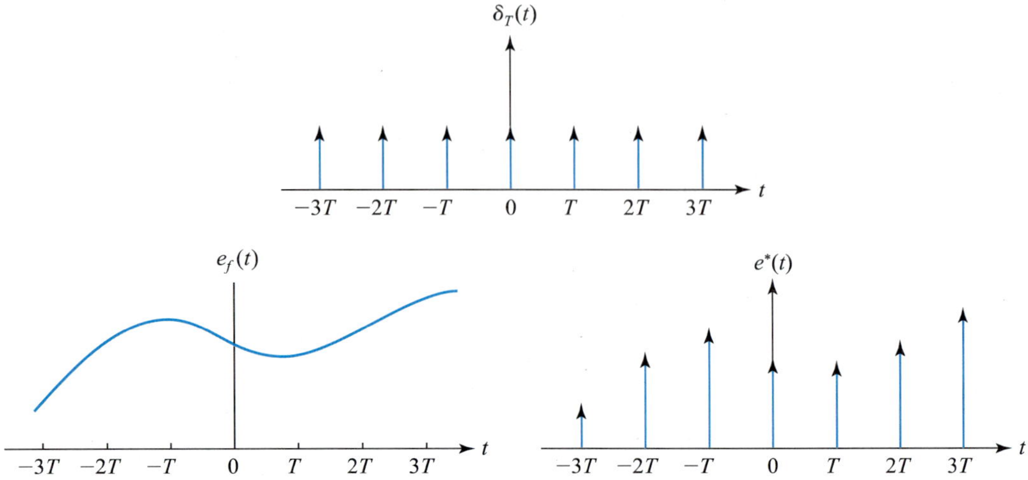

그림 9.4 $\delta_T(t)$, $e_f(t)$, $e^*(t)$ 신호의 모양

간 $t<0$일 때의 모든 시간함수를 0이라고 하면, 이때 신호 $e^*(t)$는 다음과 같이 표현된다.

$$e^*(t) = \sum_{k=0}^{\infty} e_f(t)\delta(t-kT) \tag{9.5}$$

또는

$$e^*(t) = \sum_{k=0}^{\infty} e_f(kT)\delta(t-kT) \tag{9.6}$$

샘플링 주기 T를 선정하는 문제는 경제적인 측면에서 매우 중요하다. 일반적으로 샘플링 주기를 짧게 할수록 변환기의 가격이 비싸게 된다. 그러므로 적절한 샘플링 주기를 선정하는 것은 매우 중요하다. 그래서 샘플링된 신호로부터 원래의 신호를 재현할 수 있는 최소 샘플링 주파수를 결정할 필요가 있다. 이 최소 샘플링 주파수는 Shannon의 샘플링 이론[28]을 이용하여 구할 수 있다. 연속신호 $e_f(t)$가 그림 9.5와 같은 주파수 스펙트럼을 가지고 있다고 가정하면, 이때 신호 $e_f(t)$에는 ω_h rad/sec보다 큰 주파수 성분은 존재하지 않는다.

샘플링 이론에 의하면 샘플링된 신호로부터 원래의 신호를 완전하게 재현하기 위해서는 연속신호 $e_f(t)$에서 가장 큰 주파수 ω_h보다 적어도 2배 이상 큰 샘플링 주파수 ω_s로 샘플링해야 한다. 즉

$$\omega_s = 2\pi/T > 2\omega_h \tag{9.7}$$

일반적으로 저주파통과필터의 대역폭 ω_h는 샘플링 주파수 ω_s의 1/3~1/10이 되도록, ω_s

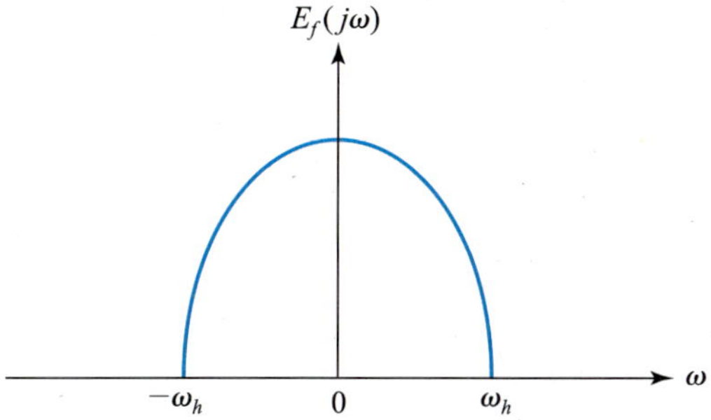

그림 9.5 $E_f(s)$의 주파수 스펙트럼

는 시스템 대역폭 ω_b의 20배 정도 되도록 선정하고 있다.

샘플링 이론을 설명하기 위하여 연속신호 $e_f(t)$의 Laplace 변환함수 $E_f(s)$의 극점이 좌반 s-평면상에 있고 $E_f(s)$에서 분모의 차수가 분자의 차수보다 적어도 둘 이상 크다는 가정[즉 $\lim_{s\to\infty} sE_f(s) = e_f(0) = 0$] 아래서 식 (9.5)를 이용하여 샘플링된 신호 $e^*(t)$의 Laplace 변환함수 $E^*(s)$를 구하기로 한다.

$$E^*(s) = \mathcal{L}\{e^*(t)\} = \mathcal{L}\left\{\sum_{k=0}^{\infty} e_f(t)\delta(t-kT)\right\} \tag{9.8}$$

$$= \mathcal{L}\left\{e_f(t)\sum_{k=0}^{\infty}\delta(t-kT)\right\}$$

한편

$$\mathcal{L}\left\{\sum_{k=0}^{\infty}\delta(t-kT)\right\} = 1 + e^{-Ts} + e^{-2Ts} + \cdots = \frac{1}{1-e^{-Ts}} \tag{9.9}$$

식 (9.8)과 식 (9.9)로부터 $E^*(s)$는 다음과 같은 합성적분을 이용하여 간단하게 표현할 수 있다.

$$E^*(s) = E_f(s) * \frac{1}{1-e^{-Ts}} \tag{9.10}$$

두 개의 함수 $f(t)$와 $g(t)$의 곱으로 표시되는 함수에 대한 Laplace 변환함수는 다음과 같다.

$$\mathcal{L}\{f(t)g(t)\} = \int_0^{\infty} f(t)g(t)e^{-st}dt \tag{9.11}$$

또한 역Laplace 변환의 정의로부터

$$f(t) = \frac{1}{2\pi j}\int_{c-j\infty}^{c+j\infty} F(s)e^{st}ds \qquad (t>0) \tag{9.12}$$

여기서 c는 $F(s)$에 대한 수렴 좌표축(abscissa of convergence)이다.

이제 식 (9.12)를 식 (9.11)에 대입하여 $f(t)g(t)$의 Laplace 변환함수를 구할 수 있다.

$$\mathcal{L}\{f(t)g(t)\} = \frac{1}{2\pi j}\int_0^{\infty}\int_{c-j\infty}^{c+j\infty} F(p)e^{pt}dp\ g(t)e^{-st}dt$$

$$= \frac{1}{2\pi j}\int_{c-j\infty}^{c+j\infty} F(p)dp\int_0^{\infty} g(t)e^{-(s-p)t}dt \qquad (9.13)$$

한편

$$\int_0^{\infty} g(t)e^{-(s-p)t}dt = G(s-p) \qquad (9.14)$$

식 (9.13), (9.14)로부터 $f(t)g(t)$의 Laplace 변환함수를 다음과 같이 간단하게 표현할 수 있다.

$$\mathcal{L}\{f(t)g(t)\} = \frac{1}{2\pi j}\int_{c-j\infty}^{c+j\infty} F(p)G(s-p)dp \qquad (9.15)$$

이제 식 (9.15)를 이용하여 식 (9.10)을 다음과 같이 적분 형태로 표현하기로 한다.

$$E^*(s) = \mathcal{L}\{e^*(t)\} = \frac{1}{2\pi j}\int_{c-j\infty}^{c+j\infty} E_f(p)\frac{1}{1-e^{-T(s-p)}}dp \qquad (9.16)$$

식 (9.16)에 포함되어 있는 $\dfrac{1}{1-e^{-T(s-p)}}$의 극점들은 다음과 같다.

$$p = s \pm j\frac{2\pi}{T}k \quad (k = 0,\ 1,\ 2,\ \cdots) \qquad (9.17)$$

그리고 $E_f(p)\dfrac{1}{1-e^{-T(s-p)}}$의 극점들이 그림 9.6에 표시되어 있다.

식 (9.16)에서 적분 값을 계산하기 위하여 $c-j\infty$로부터 $c+j\infty$까지의 선과 우측 $p-$평면의 무한 반원 Γ로 이루는 폐쇄된 시계 방향의 컨투어를 설정한다. $\dfrac{1}{1-e^{-T(s-p)}}$의 모든 극점은 폐쇄된 컨투어의 내부에 존재하지만 $E_f(p)$의 극점은 컨투어의 외부에 존재한다.

이제 복소함수 이론[16]을 이용하여 $E^*(s)$를 다음과 같이 나타내기로 한다.

$$E^*(s) = \frac{1}{2\pi j}\int_{c-j\infty}^{c+j\infty}\frac{E_f(p)}{1-e^{-T(s-p)}}dp \qquad (9.18)$$

$$= \frac{1}{2\pi j}\oint\frac{E_f(p)}{1-e^{-T(s-p)}}dp - \frac{1}{2\pi j}\int_{\Gamma}\frac{E_f(p)}{1-e^{-T(s-p)}}dp$$

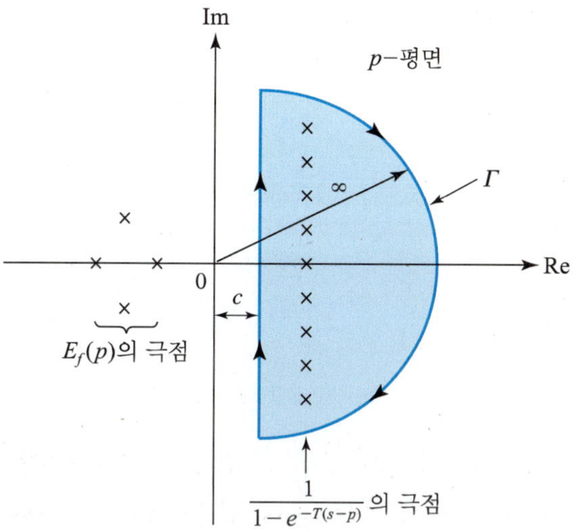

그림 9.6 p−평면 컨투어

식 (9.18)의 우변의 둘째 항에서 $E_f(p)$의 분모의 차수가 분자의 차수보다 적어도 둘 이상 크므로 무한 반원 Γ를 따라 선적분(line integral)을 수행한 값은 0이 된다. 즉

$$\frac{1}{2\pi j}\int_{\Gamma}\frac{E_f(p)}{1-e^{-T(s-p)}}dp=0 \tag{9.19}$$

그러므로

$$E^*(s)=\frac{1}{2\pi j}\oint\frac{E_f(p)}{1-e^{-T(s-p)}}dp \tag{9.20}$$

식 (9.20)에 복소함수의 유수(residue) 이론[17]을 적용하면, $E^*(s)$는 다음과 같이 표현할 수 있다.

$$E^*(s)=-\sum_{k=-\infty}^{\infty}\frac{E_f(p)}{\frac{d}{dp}\{1-e^{-T(s-p)}\}}\Bigg|_{p=s+j(2\pi/T)k} \tag{9.21}$$

$$=\frac{1}{T}\sum_{k=-\infty}^{\infty}E_f\left(s+j\frac{2\pi}{T}k\right)$$

또는

$$E^*(s)=\frac{1}{T}\sum_{k=-\infty}^{\infty}E_f(s+j\omega_s k) \tag{9.22}$$

여기서 ω_s는 샘플링 주파수이다.

식 (9.22)에서 $s=j\omega$를 대입하면, $E^*(s)$의 주파수 스펙트럼은 다음과 같다.

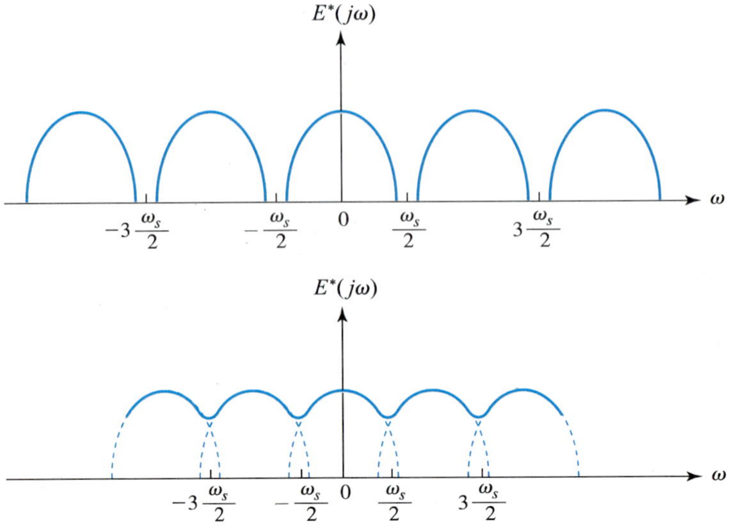

그림 9.7 $E^*(s)$의 주파수 스펙트럼

$$|E^*(j\omega)| = \frac{1}{T}\left|\sum_{k=-\infty}^{\infty} E_f\{j(\omega+\omega_s k)\}\right| \tag{9.23}$$

$$= \cdots + \frac{1}{T}|E_f\{j(\omega-\omega_s)\}| + \frac{1}{T}|E_f(j\omega)| + \frac{1}{T}|E_f\{j(\omega+\omega_s)\}| + \cdots$$

그림 9.7은 두 개의 다른 샘플링 주파수에 대한 $E^*(s)$의 주파수 스펙트럼을 나타내고 있다. $E^*(j\omega)$는 샘플링 주파수 ω_s에서 $E_f(j\omega)$의 스펙트럼을 반복적으로 만든다. 편의상 주파수 스펙트럼에서 $\frac{1}{T}|E_f(j\omega)|$ 성분을 주성분, 나머지 성분$\left(\frac{1}{T}|E_f\{j(\omega \pm \omega_s k)\}|;\right.$ $k=1,\ 2,\ 3,\ \cdots)$들을 보조 성분으로 구분하기로 한다. 만일 $\omega_s > 2\omega_h$이면, $E^*(j\omega)$의 각 성분들은 서로 겹치지 않는다. 그러므로 $|E_f(j\omega)|$의 원래의 주파수 스펙트럼 모양이 재현될 수 있다. 그러나 $\omega_s < 2\omega_h$이면, $|E_f(j\omega)|$의 원래 모양이 없어지게 된다. 그러므로 $\omega_s > 2\omega_h$가 성립되어야만 샘플링된 신호 $e^*(t)$로부터 연속신호 $e_f(t)$를 재현할 수 있다. 다시 말해서 샘플링 주기 T가 π/ω_h보다 작으면, 저주파통과필터를 사용하여 연속신호 $e_f(t)$를 재현할 수 있다는 것이다. 저주파통과필터가 ω_h보다 작은 주파수만을 통과시킬 수 있는 특성을 갖는다면, 저주파통과필터의 출력은 정확하게 $|E_f(j\omega)|$의 $1/T$배인 주파수 스펙트럼을 갖게 된다.

대부분의 디지털 제어시스템에서 샘플링된 오차신호는 디지털 컴퓨터에 의해 제어 법칙이 계산된 후 일반적으로 저주파통과필터의 효과가 있는 출력 변환기와 플랜트를 통과하게 된다. 이때 고주파 성분은 제거되어 원래의 오차 $e(t)$에 저주파통과필터가 작동한 것과 같은 효과를 갖는다.

경제적인 샘플링 주기를 선정하기 위하여 일반적으로 샘플링장치 앞에 저주파통과필터를 첨가한다. 그 이유는 센서 잡음과 같은 고주파를 제거하여 샘플링장치의 입력신호의 최대 주파수 ω_h를 작게 하기 위해서이다. 일반적으로 사용되는 저주파통과필터는 1차 또는 2차의 뒤짐(lag) 필터의 형태이다. 1차 필터의 경우, 전달함수 $G_f(s)$는 다음과 같다.

$$G_f(s) = \frac{a}{s+a} \tag{9.24}$$

여기서 a의 값을 너무 작게 선정하면 제어기의 대역폭을 제한하게 되므로, 경험적으로 $a \simeq \dfrac{\omega_s}{3 \sim 10}$로 선정한다.

(2) 출력 변환기

디지털 컴퓨터에서 계산되어 나온 제어기의 출력신호는 디지털 제어기의 출력 변환기인 홀딩장치를 통과함으로써 이산신호가 연속신호로 바뀌게 된다. 일반적으로 사용되는 홀딩장치는 0차 홀딩장치(ZOH: zero-order-holder)이다. 그림 9.8은 ZOH의 입력 및 출력 신호의 모양을 나타내고 있다.

ZOH의 출력신호 $u(t)$는

$$u(t) = u(kT); \quad kT \le t < (k+1)T, \quad k = 0,\ 1,\ 2,\ \cdots \tag{9.25}$$

그리고 ZOH의 전달함수 $G_h(s)$는

$$G_h(s) = \frac{1-e^{-Ts}}{s} \tag{9.26}$$

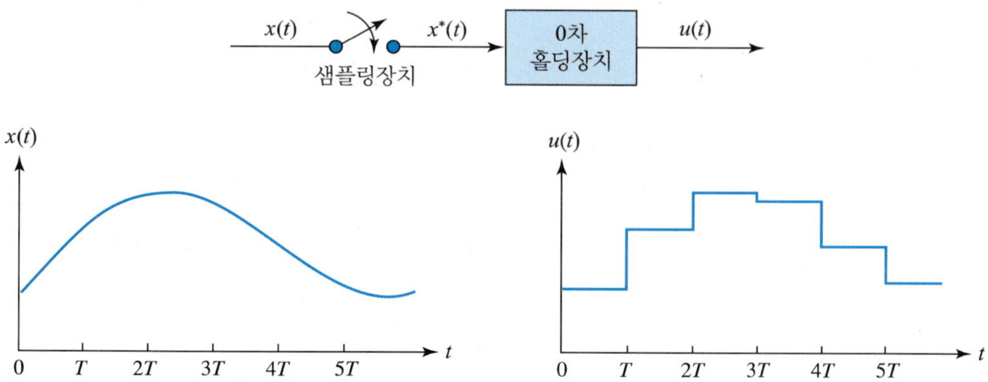

그림 9.8 ZOH의 입력 및 출력 신호의 모양

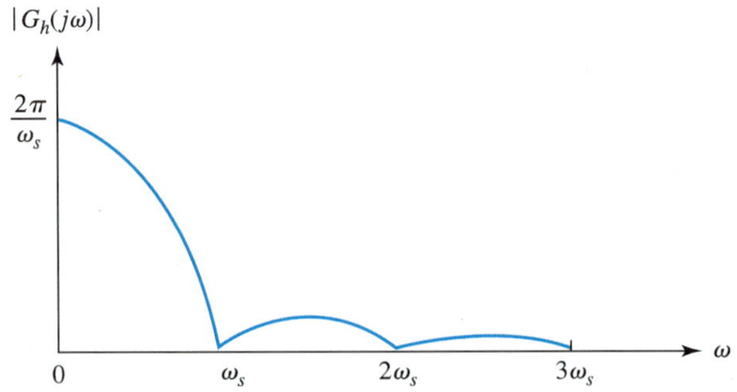

그림 9.9 ZOH의 주파수응답

식 (9.26)에서 $s = j\omega$를 대입한 ZOH의 주파수 전달함수 $G_h(j\omega)$는 다음과 같다.

$$
\begin{aligned}
G_h(j\omega) &= \frac{1-e^{-j\omega T}}{j\omega} \\
&= \frac{2e^{-j\omega T/2}(e^{j\omega T/2} - e^{-j\omega T/2})}{2j\omega} \\
&= T\frac{\sin(\omega T/2)}{\omega T/2}e^{-j\omega T/2}
\end{aligned} \tag{9.27}
$$

또는

$$
G_h(j\omega) = \frac{2\pi}{\omega_s}\frac{\sin(\pi\omega/\omega_s)}{\pi\omega/\omega_s}e^{-j\pi\omega/\omega_s} \tag{9.28}
$$

그림 9.9에 표시된 ZOH의 주파수응답으로부터 ZOH는 저주파통과필터의 특성을 갖고 있다는 것을 알 수 있다. 또한 ZOH는 시스템의 루프 전달함수의 위상을 지연시키는 효과가 있어 시스템의 안정도에도 영향을 준다.

9.3 z−변환

선형 시불변 이산시간 시스템에 대한 z−변환은 선형 시불변 연속시간 시스템에서의 Laplace 변환에 대응되는 변환으로서, 이산시간 시스템을 모델링하고 해석하는 데 유용하게 사용된다. 이산신호 $x^*(t)$에 z−변환을 수행하기 위하여 이산신호 $x^*(t)$를 일반적으로 다음과 같이 표현한다.

$$
x^*(t) = \sum_{k=0}^{\infty} x(kT)\delta(t-kT) \tag{9.29}
$$

그리고 이산신호 $x^*(t)$의 Laplace 변환함수 $X^*(s)$는 다음과 같다.

$$X^*(s) = \mathcal{L}\{x^*(t)\} = \sum_{k=0}^{\infty} x(kT)e^{-kTs} \tag{9.30}$$

한편

$$e^{Ts} = z \qquad \text{또는} \qquad s = \frac{1}{T}\ln z \tag{9.31}$$

로 정의하면, 이때 이산신호 $x^*(t)$의 $z-$변환함수인 $X(z)$ 또는 $Z\{x^*(t)\}$가 다음과 같이 계산된다.

$$X(z) = X^*\left(\frac{1}{T}\ln z\right) = \sum_{k=0}^{\infty} x(kT)z^{-k} \tag{9.32}$$

$z-$변환에서는 샘플링 순간의 신호만 고려하기 때문에 $x(t)$와 $x^*(t)$의 각각에 대한 $z-$변환함수는 같다. 즉

$$Z\{x(t)\} = Z\{x^*(t)\} = X(z) = \sum_{k=0}^{\infty} x(kT)z^{-k} \tag{9.33}$$

$X(z)$는 $t = kT(k = 0,\ 1,\ 2,\ \cdots)$일 때의 $x(t)$ 값에 의하여 결정되므로 $X(z)$의 역(inverse) $z-$변환을 수행하면 샘플링 순간의 $x(t)$ 값만을 알 수 있다.

이제 다음의 예제들을 통하여 몇 가지 기본적인 신호에 대한 $z-$변환함수를 구하기로 한다.

예제 9.1 식 (9.33)을 이용하여 단위스텝함수 $1(t)$의 $z-$변환함수를 구하기로 한다.

$$\begin{aligned} Z\{1(t)\} &= \sum_{k=0}^{\infty} 1(kT)z^{-k} \\ &= 1 + z^{-1} + z^{-2} + \cdots \\ &= \frac{z}{z-1} \end{aligned}$$

■

예제 9.2 다음과 같이 정의된 함수 $x(t)$의 $z-$변환함수를 구하기로 한다.

$$x(t)\begin{cases} = 0, & t < 0 \\ = e^{-at}, & t \geq 0 \end{cases}$$

$$
\begin{aligned}
Z\{e^{-at}\} &= \sum_{k=0}^{\infty} e^{-akT} z^{-k} \\
&= 1 + e^{-aT} z^{-1} + e^{-2aT} z^{-2} + \cdots \\
&= \frac{z}{z - e^{-aT}}
\end{aligned}
$$

■

예제 9.3 다음과 같이 정의된 함수 $x(t)$의 z−변환함수를 구하기로 한다.

$$
x(t)\begin{cases} = 0, & t < 0 \\ = \sin \omega t, & t \geq 0 \end{cases}
$$

$$
\begin{aligned}
Z\{\sin \omega t\} &= Z\left\{\frac{e^{j\omega t} - e^{-j\omega t}}{2j}\right\} \\
&= \frac{1}{2j}\left(\frac{z}{z - e^{j\omega T}} - \frac{z}{z - e^{-j\omega T}}\right) \\
&= \frac{1}{2j} \frac{z(e^{j\omega T} - e^{-j\omega T})}{z^2 - z(e^{j\omega T} + e^{-j\omega T}) + 1} \\
&= \frac{z \sin \omega T}{z^2 - 2z \cos \omega T + 1}
\end{aligned}
$$

■

예제 9.4 다음의 Laplace 변환함수 $X(s)$에 대하여 z−변환함수를 구하기로 한다.

$$
X(s) = \mathcal{L}\{x(t)\} = \frac{1}{s(s+1)}
$$

Laplace 변환함수의 경우에는 우선 주어진 함수를 부분분수로 전개하여 각각의 부분분수에 대한 z−변환함수를 구해 더함으로써 주어진 함수에 대한 z−변환함수를 구할 수 있다. $X(s)$를 부분분수로 전개하면 다음과 같다.

$$
X(s) = \frac{1}{s(s+1)} = \frac{1}{s} - \frac{1}{s+1}
$$

$1/s$ 또는 $1(t)$에 대한 z−변환함수는 $z/(z-1)$이고, $1/(s+1)$ 또는 e^{-t}에 대한 z−변환함수는 $z/(z-e^{-T})$이므로

$$
Z\{x(t)\} = X(z) = \frac{z}{z-1} - \frac{z}{z-e^{-T}} = \frac{z(1-e^{-T})}{(z-1)(z-e^{-T})}
$$

■

위와 같은 방법으로 계산된 대표적인 시간함수에 대한 z−변환함수가 표 9.1에, 그리고 z−변환에 관한 유용한 특성이 표 9.2에 요약되어 있다.

표 9.1 대표적인 시간함수에 대한 z-변환표

$X(s)$	$x(t)$ 또는 $x(k)$	$X(z)$
1	$\delta(t)$	1
e^{-kTs}	$\delta(t-kT)$	z^{-k}
$\frac{1}{s}$	$1(t)$	$\frac{z}{z-1}$
$\frac{1}{s^2}$	t	$\frac{Tz}{(z-1)^2}$
$\frac{1}{s^n}$	$\lim_{a\to 0}\frac{(-1)^{n-1}}{(n-1)!}\frac{\partial^{n-1}}{\partial a^{n-1}}e^{-at}$	$\lim_{a\to 0}\frac{(-1)^{n-1}}{(n-1)!}\frac{\partial^{n-1}}{\partial a^{n-1}}\frac{z}{z-e^{-aT}}$
$\frac{1}{s+a}$	e^{-at}	$\frac{z}{z-e^{-aT}}$
$\frac{1}{(s+a)^2}$	te^{-at}	$\frac{Tze^{-at}}{(z-e^{-at})^2}$
$\frac{1}{(s+a)^n}$	$\frac{(-1)^{n-1}}{(n-1)!}\frac{\partial^{n-1}}{\partial a^{n-1}}e^{-at}$	$\frac{(-1)^{n-1}}{(n-1)!}\frac{\partial^{n-1}}{\partial a^{n-1}}\frac{z}{z-e^{-aT}}$
$\frac{a}{s(s+a)}$	$1-e^{-at}$	$\frac{1-e^{-aT}}{(z-1)(z-e^{-aT})}$
$\frac{a}{s^2(s+a)}$	$\frac{1}{a}(at-1+e^{-at})$	$\frac{z\{(aT-1+e^{-aT})z+(1-e^{-aT}-aTe^{-aT})\}}{a(z-1)^2(z-e^{-aT})}$
$\frac{b-a}{(s+a)(s+b)}$	$e^{-at}-e^{-bt}$	$\frac{(e^{-aT}-e^{-bT})z}{(z-e^{-aT})(z-e^{-bT})}$
$\frac{s}{(s+a)^2}$	$(1-at)e^{-at}$	$\frac{z\{z-e^{-aT}(1+aT)\}}{(z-e^{-aT})^2}$
$\frac{\omega}{s^2+\omega^2}$	$\sin \omega t$	$\frac{z\sin \omega T}{z^2-2z\cos \omega T+1}$
$\frac{s}{s^2+\omega^2}$	$\cos \omega t$	$\frac{z(z-\cos \omega T)}{z^2-2z\cos \omega T+1}$
$\frac{\omega}{(s+a)^2+\omega^2}$	$e^{-at}\sin \omega t$	$\frac{ze^{-aT}\sin \omega T}{z^2-2ze^{-aT}\cos \omega T+e^{-2aT}}$
$\frac{s+a}{(s+a)^2+\omega^2}$	$e^{-at}\cos \omega t$	$\frac{z^2-ze^{-aT}\cos \omega T}{z^2-2ze^{-aT}\cos \omega T+e^{-2aT}}$
	a^k	$\frac{z}{z-a}$
	$a^k\cos k\pi$	$\frac{z}{z+a}$

표 9.2 z-변환에 관한 유용한 특성

$x(t)$ 또는 $x(k)$	$Z\{x(t)\}$ 또는 $Z\{x(k)\}$
$ax(t)$	$aX(z)$
$x_1(t)+x_2(t)$	$X_1(z)+X_2(z)$
$x(t+T)$ 또는 $x(k+1)$	$zX(z)-zx(0)$
$x(t+2T)$	$z^2X(z)-z^2x(0)-zx(T)$
$x(k+2)$	$z^2X(z)-z^2x(0)-zx(1)$
$x(t+kT)$	$z^kX(z)-z^kx(0)-z^{k-1}x(T)-\cdots-zx(kT-T)$
$x(k+m)$	$z^mX(z)-z^mx(0)-z^{m-1}x(1)-\cdots-zx(m-1)$
$tx(t)$	$-Tz\dfrac{d}{dz}\{X(z)\}$
$kx(k)$	$-z\dfrac{d}{dz}\{X(z)\}$
$e^{-at}x(t)$	$X(ze^{at})$
$e^{-ak}x(k)$	$X(ze^{a})$
$a^kx(k)$	$X\left(\dfrac{z}{a}\right)$
$ka^kx(k)$	$-z\dfrac{d}{dz}\left\{X\left(\dfrac{z}{a}\right)\right\}$
$x(0)$	$\lim_{z\to\infty}X(z)$(극한값이 존재하는 경우)
$x(\infty)$	$\lim_{z\to 1}\{(z-1)X(z)\}$ [$\dfrac{z-1}{z}X(z)$가 단위원상이나 외부에서 해석적인 경우]
$\sum_{k=0}^{\infty}x(k)$	$X(1)$
$\sum_{k=0}^{n}x(kT)y(nT-kT)$	$X(z)Y(z)$

z-변환을 이용하여 차분방정식(difference equation)의 해를 얻는 방법은 연속시간 시스템에서 Laplace 변환법을 이용하여 미분방정식의 해를 얻는 방법과 마찬가지로 이산시간 시스템의 해석에서 매우 유용하게 사용된다. 근본적으로 z-변환법은 차분방정식을 z에 관한 대수방정식으로 변환하고자 할 때 이용된다. 우선 차분방정식이 포함하고 있는 $x(k+1)$항에 대한 z-변환함수를 구하기로 한다. 여기서 $x(k+1)$은 $x((k+1)T)$를 의미

한다. 편의상 앞으로 $x(kT)$를 $x(k)$로 간단히 표시하기로 한다.

$$
\begin{aligned}
Z\{x(k+1)\} &= \sum_{k=0}^{\infty} x(k+1) z^{-k} \\
&= \sum_{k=1}^{\infty} x(k) z^{-k+1} \\
&= z\left\{\sum_{k=0}^{\infty} x(k) z^{-k} - x(0)\right\} \\
&= zX(z) - zx(0)
\end{aligned} \tag{9.34}
$$

또한 식 (9.34)로부터 쉽게 다음 식을 유도할 수 있다.

$$
\begin{aligned}
Z\{x(k+2)\} &= zZ\{x(k+1)\} - zx(1) \\
&= z^2 X(z) - z^2 x(0) - zx(1)
\end{aligned} \tag{9.35}
$$

같은 방법으로

$$
Z\{x(k+m)\} = z^m X(z) - z^m x(0) - z^{m-1} x(1) - z^{m-2} x(2) - \cdots - zx(m-1) \tag{9.36}
$$

여기서 m은 양의 정수이다.

예제 9.5 다음 시스템에 대한 응답 $x(k)$를 구하기로 한다.

$$
x(k+2) - 3x(k+1) + 2x(k) = u(k) \tag{9.37}
$$

여기서

$$
\begin{aligned}
&x(k) = 0, \qquad k \le 0 \\
&u(0) = 1, \\
&u(k) = 0, \qquad k < 0,\ k > 0
\end{aligned}
$$

$k = -1$을 식 (9.37)에 대입하여 다음 식을 얻을 수 있다.

$$
x(1) = 0
$$

식 (9.37)에 z-변환을 수행하고 $x(0) = x(1) = 0$을 대입하면

$$
(z^2 - 3z + 2)X(z) = U(z)
$$

여기서

$$U(z) = \sum_{k=0}^{\infty} u(k) z^{-k} = 1$$

그러므로

$$X(z) = \frac{1}{z^2 - 3z + 2} = \frac{-1}{z-1} + \frac{1}{z-2}$$

그리고 다음 관계식을 이용한다.

$$Z\{x(k+1)\} = zX(z) - zx(0)$$

여기서 $x(0) = 0$이므로

$$Z\{x(k+1)\} = zX(z) = -\frac{z}{z-1} + \frac{z}{z-2}$$

위 식에 역z-변환을 수행함으로써 $x(k)$를 구할 수 있다.

$$x(k+1) = -1 + 2^k, \quad k = 0, 1, 2, \cdots$$

또는

$$x(k) = -1 + 2^{k-1}, \quad k = 1, 2, 3, \cdots$$

■

이제 z-변환을 이용하여 시스템의 초깃값 및 최종값을 쉽게 구할 수 있는 방법에 대하여 설명하기로 한다. $x(t)$가 z-변환이 가능하고 $\lim_{z \to \infty} X(z)$가 존재한다면, $x(t)$와 $x(k)$의 초깃값 $x(0)$은 다음과 같은 초깃값 정리를 이용하여 계산할 수 있다.

$$x(0) = \lim_{z \to \infty} X(z) \tag{9.38}$$

식 (9.38)을 증명하기 위하여 z-변환의 정의를 다시 생각하기로 한다.

$$\begin{aligned} X(z) &= \sum_{k=0}^{\infty} x(k) z^{-k} \\ &= x(0) + x(1) z^{-1} + x(2) z^{-2} + \cdots \end{aligned} \tag{9.39}$$

여기서 z를 ∞로 접근시키면 식 (9.38)을 얻을 수 있다.

$x(t)$가 z-변환이 가능하고, $X(z)$가 z-평면의 원점을 중심으로 한 단위원상에 중복된 극점 또는 그 이상 차수의 중복된 극점이 존재하지 않을 뿐만 아니라 단위원 밖에도 극점이 존재하지 않는다면[이것은 $X(z)$의 안정도 조건이다.], 이때 $x(t)$와 $x(k)$의 최종값은 다

음과 같은 최종값 정리를 이용하여 계산할 수 있다.

$$\lim_{k\to\infty} x(k) = \lim_{t\to\infty} x(t) = \lim_{z\to 1}\{(z-1)X(z)\} \tag{9.40}$$

식 (9.40)을 증명하기 위하여 z-변환의 정의를 다시 이용하기로 한다.

$$Z\{x(k)\} = X(z) = \sum_{k=0}^{\infty} x(k) z^{-k} \tag{9.41}$$

$$Z\{x(k+1)\} = zX(z) - zx(0) = \sum_{k=0}^{\infty} x(k+1) z^{-k} \tag{9.42}$$

그러므로

$$\begin{aligned} zX(z) - zx(0) - X(z) &= (z-1)X(z) - zx(0) \\ &= \sum_{k=0}^{\infty} x(k+1) z^{-k} - \sum_{k=0}^{\infty} x(k) z^{-k} \end{aligned} \tag{9.43}$$

식 (9.43)을 정리하면 다음과 같이 나타낼 수 있다.

$$(z-1)X(z) = zx(0) + \sum_{k=0}^{\infty}\{x(k+1) - x(k)\} z^{-k} \tag{9.44}$$

이와 같이 $X(z)$의 안정도 조건 아래서 다음과 같은 최종값 정리를 유도할 수 있다.

$$\lim_{z\to 1}\{(z-1)X(z)\} = x(0) + x(\infty) - x(0) = x(\infty) \tag{9.45}$$

이제 역z-변환법을 이용하여 z에 관한 대수방정식으로부터 차분방정식의 해를 유도하기로 한다. 일반적으로 사용되는 역z-변환법은 무한급수 전개법, 부분분수 전개법, 역적분(inverse integral) 방법 등이다.

(1) 무한급수 전개법

$X(z)$를 다음과 같이 수렴 가능한 급수의 합으로 표시할 수 있다고 가정하면

$$\begin{aligned} X(z) &= \sum_{k=0}^{\infty} x(k) z^{-k} \\ &= x(0) + x(1)z^{-1} + x(2)z^{-2} + \cdots + x(k)z^{-k} + \cdots \end{aligned} \tag{9.46}$$

이때 식 (9.46)에서 z^{-k}항의 계수들이 $x(k)$의 값이 된다. 만일 $X(z)$가 유리함수(rational function) 형태로 주어진다면, 분자를 분모로 나눔으로써 간단히 급수전개 형태로 만들 수

있다. $X(z)$의 분자 및 분모 다항식은 모두 z^{-1}의 급수가 커지는 순서로 표시해야 한다.

예제 9.6 다음과 같은 $X(z)$에 대하여 $k = 1, 2, 3, 4$일 때에 $x(k)$를 구하기로 한다.

$$X(z) = \frac{10z}{(z-1)(z-2)}$$

우선 $X(z)$의 분자와 분모를 z^{-1}의 급수 형태로 다시 쓴다.

$$X(z) = \frac{10z^{-1}}{1 - 3z^{-1} + 2z^{-2}}$$

위 식에서 분자를 분모로 나누면 $X(z)$를 다음과 같이 표현할 수 있다.

$$X(z) = 10z^{-1} + 30z^{-2} + 70z^{-3} + 150z^{-4} + \cdots \tag{9.47}$$

이제 식 (9.47)의 z^{-k}항의 계수로부터 다음과 같은 $x(k)$의 값을 구할 수 있다.

$$x(0) = 0, \quad x(1) = 10, \quad x(2) = 30, \quad x(3) = 70, \quad x(4) = 150$$ ■

(2) 부분분수 전개법

부분분수 전개법은 $X(z)$를 표 9.1과 같은 z-변환표를 이용할 수 있는 부분분수로 표시하여 $x(k)$를 구하는 방법이다.

예제 9.7 다음의 $X(z)$에 대하여 부분분수 전개법을 이용하여 $x(k)$를 구하기로 한다.

$$X(z) = \frac{10z}{(z-1)(z-2)}$$

우선 $\frac{X(z)}{z}$를 부분분수로 나타낸다.

$$\frac{X(z)}{z} = \frac{10}{(z-1)(z-2)} = \frac{-10}{z-1} + \frac{10}{z-2}$$

이때

$$X(z) = -\frac{10z}{z-1} + \frac{10z}{z-2}$$

표 9.1로부터

$$Z^{-1}\left\{\frac{z}{z-1}\right\}=1,\qquad Z^{-1}\left\{\frac{z}{z-2}\right\}=2^k$$

그러므로

$$x(k)=10(-1+2^k),\qquad k=0,\ 1,\ 2,\ \cdots$$

또는

$$x(0)=0,\quad x(1)=10,\quad x(2)=30,\quad x(3)=70,\quad x(4)=150,\quad \cdots$$

이 결과는 예제 9.6에서 무한급수 전개법을 이용하여 구한 결과와 같다. ■

(3) 역적분법

역 z-변환값을 구하기 위하여 역적분을 이용할 수 있다. 식 (9.33)으로부터

$$\begin{aligned} X(z) &= \sum_{k=0}^{\infty} x(k)z^{-k} \\ &= x(0)+x(1)z^{-1}+x(2)z^{-2}+\cdots+x(k)z^{-k}+\cdots \end{aligned} \tag{9.48}$$

식 (9.48)의 양변에 z^{k-1}을 곱함으로써 다음과 같은 식을 얻을 수 있다.

$$X(z)z^{k-1}=x(0)z^{k-1}+x(1)z^{k-2}+x(2)z^{k-3}+\cdots+x(k)z^{-1}+\cdots \tag{9.49}$$

$z=e^{Ts}$이고 $s=\sigma+j\omega$이므로 z의 크기와 편각은 각각 다음과 같다.

$$|z|=e^{T\sigma};\qquad \angle z=\omega T \tag{9.50}$$

$\mathcal{L}\{x(t)\}$의 극점이 s-평면상에서 $s=\sigma_1$선의 좌측에 있다면, $Z\{x(k)\}$의 극점은 위 식에서 알 수 있듯이 z-평면상에서 원점을 중심으로 한 반지름 $e^{T\sigma_1}$인 원의 내부에 있다. 식 (9.49)의 양변을 이 원을 따라 반시계 방향으로 적분한다고 가정한다. 즉

$$\oint X(z)z^{k-1}dz=\oint x(0)z^{k-1}dz+\oint x(1)z^{k-2}dz+\cdots+\oint x(k)z^{-1}dz+\cdots \tag{9.51}$$

Cauchy 이론[(17)]을 적용하면 식 (9.51)의 우측에서 $\oint x(k)z^{-1}dz$의 한 개의 항만 제외하고 모두 0이 된다. 그러므로

$$\oint X(z)z^{k-1}dz=\oint x(k)z^{-1}dz \tag{9.52}$$

이제 식 (9.52)로부터 다음과 같은 $x(k)$를 구할 수 있다.

$$x(k) = \frac{1}{2\pi j}\oint X(z)z^{k-1}dz \tag{9.53}$$

식 (9.53)은 z-변환에 대한 역적분이며, 이것은 다음과 같이 표현될 수 있다.

$$x(k) = \sum\{X(z)\text{의 극점들에서 } X(z)z^{k-1}\text{의 유수}\} \tag{9.54}$$

예제 9.8 다음의 $X(z)$에 대하여 역적분법을 이용하여 $x(k)$를 구하기로 한다.

$$X(z) = \frac{10z}{(z-1)(z-2)}$$

식 (9.53)과 식 (9.54)로부터

$$\begin{aligned} x(k) &= \frac{1}{2\pi j}\oint\left[\frac{10z}{(z-1)(z-2)}z^{k-1}\right]dz \\ &= \frac{1}{2\pi j}\oint\left[-\frac{10z^k}{z-1}+\frac{10z^k}{z-2}\right]dz \\ &= \left(\text{극점 } z=1\text{에서 } \frac{-10z^k}{z-1}\text{의 유수}\right)+\left(\text{극점 } z=2\text{에서 } \frac{10z^k}{z-2}\text{의 유수}\right) \\ &= 10(-1+2^k), \quad k=0,\ 1,\ 2,\ \cdots \end{aligned}$$

■

9.4 펄스 전달함수

그림 9.10과 같은 이산시간 시스템에 대하여 생각하기로 한다. 여기서 펄스의 열 $u^*(t)$는 연속시간 플랜트 $G(s)$의 입력이고 연속신호 $y(t)$는 플랜트 출력이다. 안정한 선형 시불변 시스템에서 출력 $y(t)$는 다음과 같은 합성적분으로 표현된다.

$$y(t) = \int_0^t g(t-\tau)u(\tau)d\tau = \int_0^t u(t-\tau)g(\tau)d\tau \tag{9.55}$$

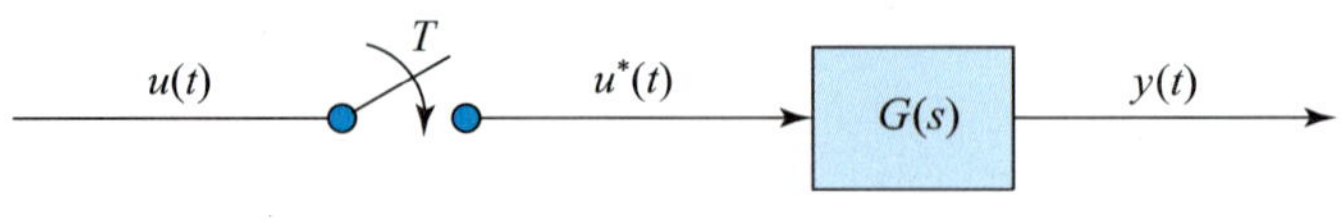

그림 9.10 이산시간 시스템

여기서 $g(t)$는 플랜트의 임펄스응답함수이다. 그렇지만 이산시간 시스템의 경우에는 연속시간 시스템에서의 합성적분과 비슷한 합성합으로 표현된다. 입력 $u^*(t)$가 펄스의 열이므로 $u^*(t)$에 대한 플랜트의 응답은 각 펄스에 대한 응답의 합이 된다. 그러므로 $0 \le t \le kT$에서 출력 $y(t)$는 다음과 같다.

$$\begin{aligned} y(t) &= g(t)u(0) + g(t-T)u(T) + g(t-2T)u(2T) + \cdots + g(t-kT)u(kT) \\ &= \sum_{h=0}^{k} g(t-hT)u(hT) \end{aligned} \tag{9.56}$$

샘플링 순간 $t = kT(k = 0,\ 1,\ 2,\ \cdots)$에서의 출력 $y(k)$는

$$y(k) = \sum_{h=0}^{k} g(k-h)u(h) \tag{9.57}$$

또는

$$y(k) = \sum_{h=0}^{k} u(k-h)g(h) \tag{9.58}$$

식 (9.57)과 식 (9.58)은 합성합으로 표현되어 있으며, 이 식들을 간단히 다음과 같이 표현하기도 한다.

$$y(k) = g(k) * u(k) \tag{9.59}$$

$h > k$일 때, $g(k-h) = 0$이므로 식 (9.57)로부터 다음 식이 성립한다.

$$y(k) = \sum_{h=0}^{\infty} g(k-h)u(h) \tag{9.60}$$

그러므로 $y(t)$의 z-변환함수 $y(z)$를 다음과 같이 표현할 수 있다.

$$\begin{aligned} y(z) &= \sum_{k=0}^{\infty} y(k)z^{-k} \\ &= \sum_{k=0}^{\infty}\sum_{h=0}^{\infty} g(k-h)u(h)z^{-k} \\ &= \sum_{m=0}^{\infty}\sum_{h=0}^{\infty} g(m)u(h)z^{-(m+h)} \\ &= \sum_{m=0}^{\infty} g(m)z^{-m}\sum_{h=0}^{\infty} u(h)z^{-h} \\ &= G(z)u(z) \end{aligned} \tag{9.61}$$

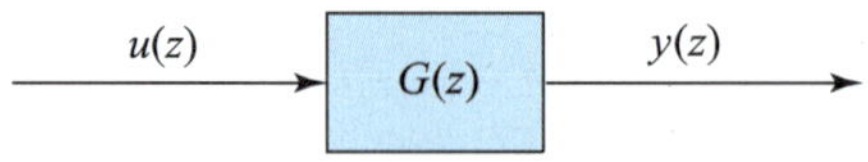

그림 9.11 펄스 전달함수에 대한 블록선도

여기서 $G(z)$를 펄스 전달함수 또는 z-전달함수라고 부른다.

$$G(z) = \sum_{k=0}^{\infty} g(k) z^{-k} = g(0) + g(1)z^{-1} + g(2)z^{-2} + \cdots \tag{9.62}$$

그림 9.11은 펄스 전달함수를 블록선도로 표시한 것이다. 그리고 펄스 전달함수 $G(z)$를 유도하는 일반적인 절차를 요약하면 다음과 같다.

- ZOH를 포함하는 시스템의 전달함수 $G(s)$를 구한다.
- $g(t) = \mathcal{L}^{-1}\{G(s)\}$인 임펄스응답함수 $g(t)$를 구한다.
- 펄스 전달함수 $G(z)$를 계산한다.

$$G(z) = \sum_{k=0}^{\infty} g(k) z^{-k} \tag{9.63}$$

여기서 $g(k)$는 $t = kT$일 때의 임펄스응답함수 $g(t)$의 값이며, 안정한 시스템일 경우 이 무한급수는 수렴한다.

펄스 전달함수를 유도할 수 있는 또 다른 방법을 소개한다. 우선 ZOH를 포함하지 않는 시스템의 전달함수 $G_p(s)$를 s로 나눈 $G_p(s)/s$에 대한 역Laplace 변환함수 $\mathcal{L}^{-1}\{G_p(s)/s\}$의 z-변환함수에 $(1-z^{-1})$을 곱하여 $G(z)$를 유도한다. 즉

$$G(z) = (1 - z^{-1}) \; Z\left\{\mathcal{L}^{-1}\{G_p(s)/s\}\right\} \tag{9.64}$$

이산시간 시스템을 해석하기 위한 z-변환법 또는 펄스 전달함수 방법에서 샘플링된 신호는 샘플링 순간에서 연속시간 신호와 같은 강도를 갖는 임펄스의 열이 되어야 한다. 이것을 만족하기 위해서는 샘플링장치의 샘플링 주기가 시스템의 시정수보다 작아야 한다는 것에 유의해야 한다.

예제 9.9 그림 9.12와 같은 이산시간 시스템에 대한 펄스 전달함수 $G(z)$를 구하기로 한다.

우선 그림 9.12로부터 전달함수 $G(s)$를 구한다.

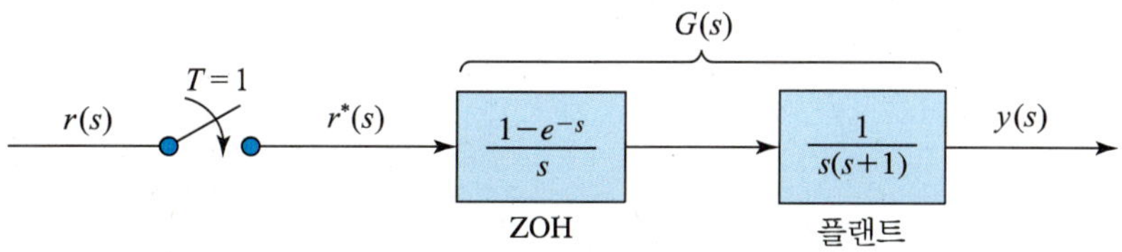

그림 9.12 이산시간 시스템

$$G(s)=\frac{y(s)}{r^*(s)}=\frac{1-e^{-s}}{s^2(s+1)}=(1-e^{-s})\left(\frac{1}{s^2}-\frac{1}{s}+\frac{1}{s+1}\right)$$

그러므로

$$g(t)=(t-1+e^{-t})1(t)-\{t-1-1+e^{-(t-1)}\}1(t-1)$$

샘플링 주기 $T=1$이므로 $g(k)$는 다음과 같다.

$$\begin{cases} g(k) &= k-1+e^{-k}-\{k-2+e^{-(k-1)}\} \\ &= 1+e^{-k}-e^{-(k-1)}, \quad k=1,\ 2,\ 3,\ \cdots \\ g(0) &= 0 \end{cases}$$

이때 펄스 전달함수 $G(z)$는 다음과 같이 계산된다.

$$\begin{aligned} G(z) &= \sum_{k=0}^{\infty} g(k)z^{-k} \qquad (9.65) \\ &= \sum_{k=0}^{\infty}\{1+e^{-k}-e^{-(k-1)}\}z^{-k}+e-2 \\ &= \frac{1}{1-z^{-1}}+\frac{1-e}{1-e^{-1}z^{-1}}+e-2 \\ &= \frac{e^{-1}z+1-2e^{-1}}{z^2-(1+e^{-1})z+e^{-1}} \end{aligned}$$

이제 식 (9.64)를 이용하여 펄스 전달함수 $G(z)$를 구하기로 한다. 우선 $G_P(s)/s$의 역Laplace 변환함수를 구한다.

$$\mathcal{L}^{-1}\{G_p(s)/s\}=\mathcal{L}^{-1}\left\{\frac{1}{s^2(s+1)}\right\}=\mathcal{L}^{-1}\left\{-\frac{1}{s}+\frac{1}{s^2}+\frac{1}{s+1}\right\} \qquad (9.66)$$

그런 다음, 표 9.1을 이용하여 식 (9.66)의 z-변환함수를 구하고, 여기에 $(1-z^{-1})$를 곱하여 펄스 전달함수 $G(z)$를 유도한다.

$$G(z) = (1-z^{-1})Z\{\mathcal{L}^{-1}\{G_p(s)/s\}\}$$
$$= (1-z^{-1})\left\{\frac{-z}{z-1} + \frac{Tz}{(z-1)^2} + \frac{z}{z-e^{-T}}\right\}$$
$$= \frac{(T-1+e^{-T})z + 1 - (1+T)e^{-T}}{z^2 - (1+e^{-T})z + e^{-T}}$$

위 식에 $T=1$을 대입하면 식 (9.65)와 같은 결과를 얻을 수 있다. ■

펄스 전달함수 $G(z)$를 구하기 위하여 예제 9.9와 같이 계산하여 구할 수도 있지만, 표 9.3을 이용하면 ZOH를 포함한 연속시간 시스템을 쉽게 이산시간 시스템으로 변환할 수 있다.

표 9.3 ZOH를 포함하는 연속시간 시스템에 대한 펄스 전달함수 $G(z)$

$G_p(s)$	$G(z) = \dfrac{b_1 z^{n-1} + b_2 z^{n-2} + \cdots + b_n}{z^n + a_1 z^{n-1} + \cdots + a_n}$ 또는 $G(z)$의 계수	
$\dfrac{1}{s}$	$\dfrac{T}{z-1}$	
$\dfrac{1}{s^2}$	$\dfrac{T^2(z+1)}{2(z-1)^2}$	
$\dfrac{1}{s^n}$	$\dfrac{z-1}{z}\lim\limits_{a\to 0}\dfrac{(-1)^n}{n!}\dfrac{\partial^n}{\partial a^n}\left(\dfrac{z}{z-e^{-aT}}\right)$	
e^{-sT}	z^{-1}	
$\dfrac{a}{s+a}$	$\dfrac{1-e^{-aT}}{z-e^{-aT}}$	
$\dfrac{a}{s(s+a)}$	$b_1 = \dfrac{1}{a}(aT-1+e^{-aT})$ $a_1 = -(1+e^{-aT})$	$b_2 = \dfrac{1}{a}(1-e^{-aT}-aTe^{-aT})$ $a_2 = e^{-aT}$
$\dfrac{a^2}{(s+a)^2}$	$b_1 = 1-e^{-aT}(1+aT)$ $a_1 = -2e^{-aT}$	$b_2 = e^{-aT}(e^{-aT}+aT-1)$ $a_2 = e^{-2aT}$
$\dfrac{s}{(s+a)^2}$	$\dfrac{(z-1)\,Te^{-aT}}{(z-e^{-aT})^2}$	
$\dfrac{ab}{(s+a)(s+b)}$ $a \neq b$	$b_1 = \dfrac{b(1-e^{-aT})-a(1-e^{-bT})}{b-a}$ $a_1 = -(e^{-aT}+e^{-bT})$	$b_2 = \dfrac{a(1-e^{-bT})e^{-aT}-b(1-e^{-bT})e^{-bT}}{b-a}$ $a_2 = e^{-(a+b)T}$

표 9.3 (계속)

$G_p(s)$	$G(z)=\dfrac{b_1z^{n-1}+b_2z^{n-2}+\cdots+b_n}{z^n+a_1z^{n-1}+\cdots+a_n}$ 또는 $G(z)$의 계수	
$\dfrac{(s+c)}{(s+a)(s+b)}$ $a\neq b$	$b_1=\dfrac{e^{-bT}-e^{-aT}+(1-e^{-bT})c/b-(1-e^{-aT})c/a}{a-b}$	
	$b_2=\dfrac{c}{ab}e^{-(a+b)T}+\dfrac{b-c}{b(a-b)}e^{-aT}+\dfrac{c-a}{a(a-b)}e^{-bT}$	
	$a_1=-e^{-aT}+e^{-bT}$	$a_2=e^{-(a+b)T}$
$\dfrac{\omega_n^2}{s^2+2\zeta\omega_n s+\omega_n^2}$	$b_1=1-\alpha\left(\beta-\dfrac{\zeta\omega_n}{\omega_d}\gamma\right)$	$\omega_d=\omega_n\sqrt{1-\zeta^2}\quad(0<\zeta<1)$
	$b_2=\alpha^2+\alpha\left(\dfrac{\zeta\omega_n}{\omega_d}\gamma-\beta\right)$	$\alpha=e^{-\zeta\omega_n T}$
	$a_1=-2\alpha\beta$	$\beta=\cos\omega T$
	$a_2=\alpha^2$	$\gamma=\sin\omega T$
$\dfrac{s}{s^2+2\zeta\omega_n s+\omega_n^2}$	$b_1=\dfrac{1}{\omega}e^{-\zeta\omega_n T}\sin\omega_d T$	$b_2=-b_1\quad\omega_d=\omega_n\sqrt{1-\zeta^2}$
	$a_1=-2e^{-\zeta\omega_n T}\cos\omega_d T$	$a_2=e^{-2\zeta\omega_n T}$
$\dfrac{a^2}{s^2+a^2}$	$b_1=1-\cos aT$	$b_2=1-\cos aT$
	$a_1=-2\cos aT$	$a_2=1$

이제 그림 9.13과 같은 폐루프 이산시간 시스템에 대한 펄스 전달함수 $T(z)$를 구하기로 한다. 그림 9.13에서 오차신호 $e(s)$와 출력신호 $y(s)$는 각각 다음과 같다.

$$e(s)=r(s)-H(s)y(s) \tag{9.67}$$

$$y(s)=G(s)e^*(s) \tag{9.68}$$

그러므로

$$e(s)=r(s)-G(s)H(s)e^*(s) \tag{9.69}$$

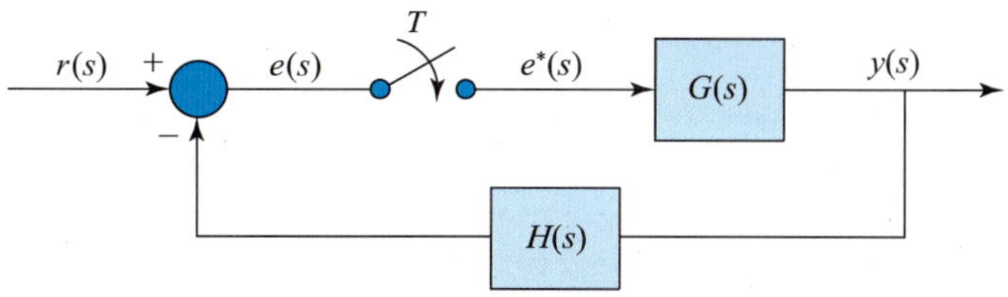

그림 9.13 폐루프 이산시간 시스템

이때 이산치 오차신호 $e^*(s)$는 식 (9.69)로부터 다음과 같이 표현할 수 있다.

$$e^*(s) = r^*(s) - GH^*(s)e^*(s) \tag{9.70}$$

또는

$$e^*(s) = \frac{r^*(s)}{1 + GH^*(s)} \tag{9.71}$$

한편

$$y^*(s) = G^*(s)e^*(s) \tag{9.72}$$

이제 식 (9.71)과 식 (9.72)를 결합하면

$$y^*(s) = \frac{G^*(s)r^*(s)}{1 + GH^*(s)} \tag{9.73}$$

위 식을 z-변환함수로 표시하면 다음과 같다.

$$y(z) = \frac{G(z)r(z)}{1 + GH(z)} \tag{9.74}$$

그러므로 그림 9.13의 폐루프 이산시간 시스템에 대한 펄스 전달함수 $T(z)$는 다음과 같다.

$$T(z) = \frac{y(z)}{r(z)} = \frac{G(z)}{1 + GH(z)} \tag{9.75}$$

예제 9.10 그림 9.14와 같은 폐루프 이산시간 시스템에서 샘플링 주기 $T(=0.1,\ 0.5,\ 1)$ 값에 따른 단위스텝응답과 폐루프 연속시간 시스템$(T=0)$의 단위스텝응답과 비교하기로 한다.

이 폐루프 시스템의 펄스 전달함수 $T(z)$는 식 (9.75)로부터 다음과 같이 표현할 수 있다.

$$T(z) = \frac{G(z)}{1 + G(z)}$$

여기서 이산 개루프 전달함수 $G(z)$는

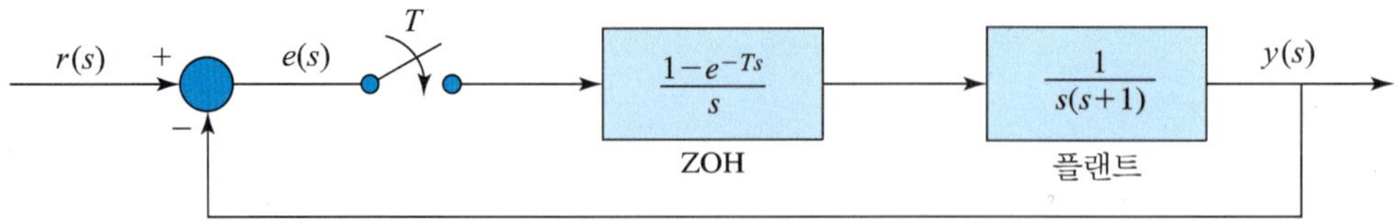

그림 9.14 폐루프 이산시간 시스템

$$G(z)=(1-z^{-1})Z\{\mathcal{L}^{-1}\{G_p(s)/s\}\}$$
$$=(1-z^{-1})\left\{\frac{-z}{z-1}+\frac{Tz}{(z-1)^2}+\frac{z}{z-e^{-T}}\right\}$$
$$=\frac{(T-1+e^{-T})z+1-(1+T)e^{-T}}{z^2-(1+e^{-T})z+e^{-T}}$$

그러므로 이산 폐루프 전달함수 $T(z)$는 다음과 같이 표현된다.

$$T(z)=\frac{G(z)}{1+G(z)}=\frac{(T-1+e^{-T})z+1-(1+T)e^{-T}}{z^2+(T-2)z+1-Te^{-T}}$$

그리고 샘플링 주기 T 값에 따른 이산 폐루프 전달함수 $T(z)$는 다음과 같다.

$$T(z)|_{T=0.1}=\frac{0.00484z-0.00468}{z^2-1.9z+0.91}$$
$$T(z)|_{T=0.5}=\frac{0.107z-0.0902}{z^2-1.5z+0.697}$$
$$T(z)|_{T=1}=\frac{0.368z-0.264}{z^2-z+0.632}$$

단위스텝기준입력을 가할 때 $r(z)=z/(z-1)$이므로 샘플링 주기 $T=1$일 때 출력 $y(z)$는 다음과 같다.

$$y(z)=\frac{(0.368z+0.264)z}{(z^2-z+0.632)(z-1)}$$
$$=\frac{0.368z^{-1}+0.264z^{-2}}{1-2z^{-1}+1.632z^{-2}-0.632z^{-3}}$$
$$=0.368z^{-1}+z^{-2}+1.4z^{-3}+1.4z^{-4}+1.147z^{-5}+\cdots$$

$y(z)$의 역z-변환으로부터 $y(k)$를 다음과 같이 구할 수 있다.

$$y(0)=0,\ y(1)=0.368,\ y(2)=1,\ y(3)=1.4,\ y(4)=1.4,\ y(5)=1.147,\ \cdots$$

같은 방법으로 샘플링 주기 $T=0.1$과 0.5일 때의 출력 $y(k)$를 계산할 수 있다. 그림 9.15에는 샘플링 주기 $T=0.1,\ 0.5,\ 1$일 때의 폐루프 이산시간 시스템의 출력 $y(k)$와 연속시간 시스템($T=0$)의 단위스텝응답이 표시되어 있다. 그리고 표 9.4에는 폐루프 이산시간 시스템의 샘플링 주기 T 값에 따른 과도응답 성능이 비교되어 있다. 이산시간 시스템의 샘플링 주기 T가 작을수록 연속시간 시스템에서의 응답성능과 유사하게 나타난다. 이와 같이 이산시간 시스템에서는 샘플링 주기 T의 선정 문제가 매우 중요하다는 것을 알 수 있다.

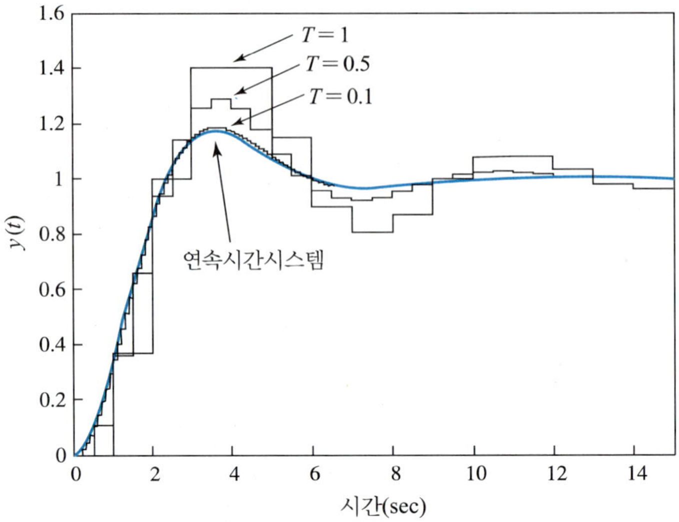

그림 9.15 그림 9.14에 표시된 폐루프 이산시간 시스템 및 연속시간 시스템의 단위스텝응답

표 9.4 폐루프 이산시간 시스템의 샘플링 주기 T 값에 따른 과도응답 성능

샘플링 주기(sec)	연속시간 시스템	0.1	0.5	1
2 % 정착시간(sec)	8.08	8.2	10.5	15
% 오버슈트	16.3	18.4	28.6	40

■

9.5 이산시간 시스템의 상태공간 모델

이산시간 시스템을 해석하고 설계할 때에는 주로 상태공간 모델식을 이용하고 있다. 선형 시변 이산시간 시스템의 일반적인 상태공간 모델식은 다음과 같이 연속시간 시스템의 경우와 유사하게 표현된다.

$$\begin{cases} \mathbf{x}(k+1) = \mathbf{A}^*(k)\mathbf{x}(k) + \mathbf{B}^*(k)\mathbf{u}(k) \\ \mathbf{y}(k) = \mathbf{C}^*(k)\mathbf{x}(k) + \mathbf{D}^*(k)\mathbf{u}(k) \end{cases} \tag{9.76}$$

여기서 $\mathbf{x}(k)$, $\mathbf{u}(k)$, $\mathbf{y}(k)$는 각각 $t = kT(k = 0,\ 1,\ 2,\ \cdots)$일 때의 상태벡터, 입력벡터, 출력벡터이다. 그리고 그림 9.16은 식 (9.76)으로 표현되는 이산시간 시스템에 대한 블록선도이다.

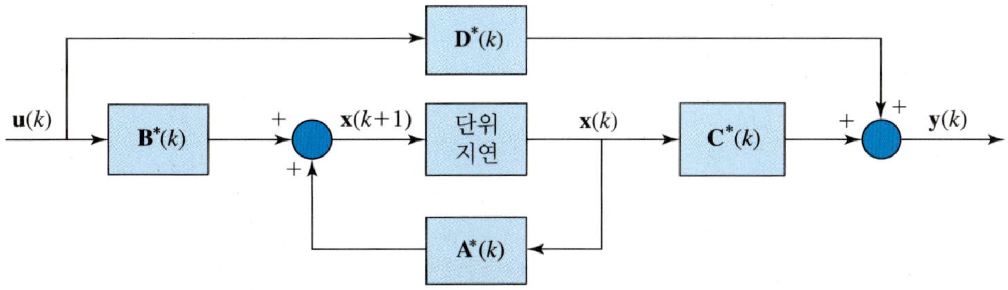

그림 9.16 선형 시변 이산시간 시스템

선형 시불변 이산시간 시스템의 경우에는 선형 시변 이산시간 시스템의 상태공간 모델식 (9.76)을 다음과 같이 수정한다.

$$\begin{cases} \mathbf{x}(k+1) = \mathbf{A}^*\mathbf{x}(k) + \mathbf{B}^*\mathbf{u}(k) \\ \mathbf{y}(k) = \mathbf{C}^*\mathbf{x}(k) + \mathbf{D}^*\mathbf{u}(k) \end{cases} \tag{9.77}$$

이 책에서는 식 (9.77)과 같이 표현되는 선형 시불변 이산시간 시스템만을 다루기로 한다.

이제 다음과 같은 스칼라 차분방정식에 대하여 생각하기로 한다.

$$y(k+n) + a_1 y(k+n-1) + a_2 y(k+n-2) + \cdots + a_{n-1} y(k+1) + a_n y(k) = bu(k) \tag{9.78}$$

여기서 k는 k번째 샘플링 순간을 나타내며 $u(k)$와 $y(k)$는 각각 k번째 샘플링 순간에서의 시스템 입력과 출력이다. 식 (9.78)을 대표적인 상태공간 모델식인 가제어성표준형으로 나타내면 다음과 같다.

$$\begin{cases} y(k) = x_1(k) \\ x_1(k+1) = x_2(k) \\ x_2(k+1) = x_3(k) \\ \quad \vdots \\ x_{n-1}(k+1) = x_n(k) \\ x_n(k+1) = -a_1 x_n(k) - a_2 x_{n-1}(k) - \cdots - a_n x_1(k) + bu(k) \end{cases} \tag{9.79}$$

또는

$$\begin{cases} \mathbf{x}(k+1) = \mathbf{A}^*\mathbf{x}(k) + \mathbf{B}^* u(k) \\ y(k) = \mathbf{C}^*\mathbf{x}(k) \end{cases} \tag{9.80}$$

여기서

$$\mathbf{x}(k)=\begin{Bmatrix} x_1(k) \\ x_2(k) \\ \vdots \\ x_{n-1}(k) \\ x_n(k) \end{Bmatrix},\quad \mathbf{A}^*=\begin{bmatrix} 0 & 1 & 0 & \cdots & 0 \\ 0 & 0 & 1 & \cdots & 0 \\ \vdots & \vdots & \ddots & \ddots & \vdots \\ 0 & 0 & \cdots & 0 & 1 \\ -a_n & -a_{n-1} & \cdots & -a_2 & -a_1 \end{bmatrix},\quad \mathbf{B}^*=\begin{bmatrix} 0 \\ 0 \\ \vdots \\ 0 \\ b \end{bmatrix}$$

$$\mathbf{C}^*=[1 \quad 0 \quad \cdots \quad 0 \quad 0]$$

이제 좀 더 일반적인 스칼라 차분방정식에 대하여 생각하기로 한다.

$$\begin{aligned} & y(k+n)+a_1y(k+n-1)+a_2y(k+n-2)+\cdots+a_{n-1}y(k+1)+a_ny(k) \\ & = b_0u(k+n)+b_1u(k+n-1)+\cdots+b_{n-1}u(k+1)+b_nu(k) \end{aligned} \tag{9.81}$$

이 경우는 다음과 같은 상태공간 모델식으로 표현할 수 있다.

$$\begin{cases} y(k)=x_1(k)+b_0^*u(k) \\ x_1(k+1)=x_2(k)+b_1^*u(k) \\ x_2(k+1)=x_3(k)+b_2^*u(k) \\ \qquad\vdots \\ x_n(k+1)=-a_nx_1(k)-a_{n-1}x_2(k)-\cdots-a_1x_n(k)+b_n^*u(k) \end{cases} \tag{9.82}$$

여기서

$$\begin{aligned} b_0^* &= b_0 \\ b_1^* &= b_1-a_1b_0^* \\ b_2^* &= b_2-a_1b_1^*-a_2b_0^* \\ &\vdots \\ b_n^* &= b_n-a_1b_{n-1}^*-\cdots-a_{n-1}b_1^*-a_nb_0^* \end{aligned}$$

또는

$$\begin{cases} \mathbf{x}(k+1)=\mathbf{A}^*\mathbf{x}(k)+\mathbf{B}^*u(k) \\ y(k)=\mathbf{C}^*\mathbf{x}(k)+D^*u(k) \end{cases} \tag{9.83}$$

여기서

$$\mathbf{x}(k)=\begin{Bmatrix} x_1(k) \\ x_2(k) \\ \vdots \\ x_{n-1}(k) \\ x_n(k) \end{Bmatrix},\quad \mathbf{A}^*=\begin{bmatrix} 0 & 1 & 0 & \cdots & 0 \\ 0 & 0 & 1 & \cdots & 0 \\ \vdots & \vdots & \ddots & \ddots & \vdots \\ 0 & 0 & \cdots & 0 & 1 \\ -a_n & -a_{n-1} & \cdots & -a_2 & -a_1 \end{bmatrix},\quad \mathbf{B}^*=\begin{bmatrix} b_1^* \\ b_2^* \\ \vdots \\ b_{n-1}^* \\ b_n^* \end{bmatrix},$$

$$\mathbf{C}^* = [1 \quad 0 \quad \cdots \quad 0 \quad 0], \qquad D^* = b_0^* = b_0$$

그리고 초기조건 $x_1(0)$, $x_2(0)$, $\cdots$, $x_n(0)$는 각각 다음과 같다.

$$\begin{aligned}
&x_1(0) = y(0) - b_0^* u(0) \\
&x_2(0) = y(1) - b_0^* u(1) - b_1^* u(0) \\
&x_3(0) = y(2) - b_0^* u(2) - b_1^* u(1) - b_2^* u(0) \\
&\vdots \\
&x_n(0) = y(n-1) - b_0^* u(n-1) - b_1^* u(n-2) - \cdots - b_{n-2}^* u(1) - b_{n-1}^* u(0)
\end{aligned}$$

예제 9.11 다음 차분방정식으로 표시되는 이산시간 시스템에 대한 상태공간 모델식을 유도하기로 한다.

$$y(k+2) + y(k+1) + 0.16y(k) = u(k+1) + 2u(k)$$

상태변수들을 다음과 같이 선정하면

$$\begin{aligned}
x_1(k) &= y(k) \\
x_2(k) &= x_1(k+1) - u(k)
\end{aligned}$$

이때 이 이산시간 시스템에 대한 상태공간 모델식은 다음과 같다.

$$\begin{aligned}
x_1(k+1) &= x_2(k) + u(k) \\
x_2(k+1) &= -0.16\,x_1(k) - x_2(k) + u(k) \\
y(k) &= x_1(k)
\end{aligned}$$

또는

$$\begin{Bmatrix} x_1(k+1) \\ x_2(k+1) \end{Bmatrix} = \begin{bmatrix} 0 & 1 \\ -0.16 & -1 \end{bmatrix} \begin{Bmatrix} x_1(k) \\ x_2(k) \end{Bmatrix} + \begin{bmatrix} 1 \\ 1 \end{bmatrix} u(k)$$

$$y(k) = [1 \quad 0] \begin{Bmatrix} x_1(k) \\ x_2(k) \end{Bmatrix}$$

여기서 초기상태는 다음과 같이 주어진다.

$$\begin{Bmatrix} x_1(0) \\ x_2(0) \end{Bmatrix} = \begin{Bmatrix} y(0) \\ y(1) - u(0) \end{Bmatrix}$$

■

이제 이산시간 시스템의 상태공간 모델의 해를 구하기로 한다. 이산시간 시스템의 상태공간 모델의 해를 구하는 방법[66]으로는 순환해법, z - 변환법, 전달함수법, 또는 컴퓨터를 이용한 수치적 방법 등이 있으나 여기서는 순환해법만을 소개하기로 한다.

초기상태 $\mathbf{x}(0)$와 입력[$\mathbf{u}(k)$, $k=0,\ 1,\ 2,\ \cdots$]을 알고 있으며 다음과 같은 이산시간 시스템을 가정한다.

$$\begin{cases} \mathbf{x}(k+1) = \mathbf{A}^*\mathbf{x}(k) + \mathbf{B}^*\mathbf{u}(k) \\ \mathbf{y}(k) \quad\;\; = \mathbf{C}^*\mathbf{x}(k) + \mathbf{D}^*\mathbf{u}(k) \end{cases} \tag{9.84}$$

우선 주어진 초기상태와 입력으로부터 $\mathbf{x}(1)$을 구한다.

$$\mathbf{x}(1) = \mathbf{A}^*\mathbf{x}(0) + \mathbf{B}^*\mathbf{u}(0)$$

그리고

$$\mathbf{x}(2) = \mathbf{A}^*\mathbf{x}(1) + \mathbf{B}^*\mathbf{u}(1)$$

같은 방법으로

$$\mathbf{x}(3) = \mathbf{A}^{*3}\mathbf{x}(0) + \mathbf{A}^{*2}\mathbf{B}^*\mathbf{u}(0) + \mathbf{A}^*\mathbf{B}^*\mathbf{u}(1) + \mathbf{B}^*\mathbf{u}(2)$$

따라서 일반해 $\mathbf{x}(k)$는 다음과 같다.

$$\mathbf{x}(k) = \mathbf{A}^{*k}\mathbf{x}(0) + \sum_{j=0}^{k-1}\mathbf{A}^{*(k-1-j)}\mathbf{B}^*\mathbf{u}(j) \tag{9.85}$$

편의상 $\Phi(k) = \mathbf{A}^{*k}$를 정의하면, 이산시간 시스템의 상태공간 모델의 해는 다음과 같다.

$$\begin{cases} \mathbf{x}(k) = \Phi(k)\mathbf{x}(0) + \sum_{j=0}^{k-1}\Phi(k-1-j)\mathbf{B}^*\mathbf{u}(j) \\ \mathbf{y}(k) = \mathbf{C}^*(k)\Phi(k)\mathbf{x}(0) + \sum_{j=0}^{k-1}\mathbf{C}^k\Phi(k-1-j)\mathbf{B}^*\mathbf{u}(j) + \mathbf{D}^*\mathbf{u}(k) \end{cases} \tag{9.86}$$

예제 9.12 다음 이산시간 시스템의 해를 구하기로 한다.

$$\begin{cases} \mathbf{x}(k+1) = \begin{bmatrix} 0 & 1 \\ -2 & -3 \end{bmatrix}\mathbf{x}(k) + \begin{bmatrix} 0 \\ 1 \end{bmatrix}u(k) \\ \quad y(k) \quad = [3 \quad 1]\mathbf{x}(k) \end{cases}$$

초기상태 $\mathbf{x}(0) = \mathbf{0}$이고 입력[$u(k)=1$, $k=0,\ 1,\ 2,\ \cdots$]은 단위스텝함수이다.

우선 주어진 초기상태와 입력으로부터 $\mathbf{x}(1)$과 $y(1)$을 구한다.

$$\mathbf{x}(1) = \begin{bmatrix} 0 & 1 \\ -2 & -3 \end{bmatrix} \mathbf{x}(0) + \begin{bmatrix} 0 \\ 1 \end{bmatrix} u(0) = \begin{Bmatrix} 0 \\ 1 \end{Bmatrix}$$

$$y(1) = [3 \quad 1] \begin{Bmatrix} 0 \\ 1 \end{Bmatrix} = 1$$

그리고

$$\mathbf{x}(2) = \begin{bmatrix} 0 & 1 \\ -2 & -3 \end{bmatrix} \mathbf{x}(1) + \begin{bmatrix} 0 \\ 1 \end{bmatrix} u(1) = \begin{Bmatrix} 1 \\ -2 \end{Bmatrix}$$

$$y(2) = [3 \quad 1] \begin{Bmatrix} 1 \\ -2 \end{Bmatrix} = 1$$

같은 방법으로

$$\mathbf{x}(3) = \begin{Bmatrix} -2 \\ 5 \end{Bmatrix}, \quad y(3) = -1$$

그리고

$$\mathbf{x}(4) = \begin{Bmatrix} 5 \\ -10 \end{Bmatrix}, \quad y(4) = 5, \ \cdots$$

■

또한 시간지연을 갖는 시스템에 대한 상태공간 모델식에 대하여 생각하기로 한다. 이 경우 연속시간 시스템에서는 무한 차원의 시스템이 되므로 다루기가 힘들다. 그러나 이산시간 시스템의 경우에는 유한차원 시스템으로 시간지연 요소를 쉽게 다룰 수 있다. 시간지연을 갖는 연속시간 시스템의 상태방정식은 다음과 같이 표현된다.

$$\dot{\mathbf{x}}(t) = \mathbf{A}\mathbf{x}(t) + \mathbf{B}\, u(t - T_D) \tag{9.87}$$

여기서 T_D는 시간지연을 나타낸다.

이 시간지연을 갖는 연속시간 시스템을 샘플링 주기 T로, 그리고 샘플링 주기 내에서는 일정한 제어입력 $u(t)$가 가해진다고 가정하고, 그림 9.17과 같이 시간지연 T_D가 샘플링 주기 T보다 작은 경우에 대하여 생각하기로 한다.

식 (9.87)로 표현된 연속시간 시스템을 연속시간 시스템의 상태공간의 해 (8.10)을 이용하여 한 샘플링 주기 동안, 시간 $t = kT$에서 $(k+1)T$까지를 적분해서 얻은 식 (9.87)의 해는 다음과 같다.

$$\mathbf{x}(k+1) = e^{\mathbf{A}T}\mathbf{x}(k) + \int_{kT}^{kT+T} e^{\mathbf{A}(kT+T-\tau)}\mathbf{B}u(\tau - T_D)d\tau \tag{9.88}$$

그림 9.17에서 알 수 있듯이 입력신호 $u(t)$가 샘플링 순간 사이에서 변하므로 식 (9.88)을 적분하기 위해서는 다음과 같이 두 부분으로 구분하는 것이 편리하다.

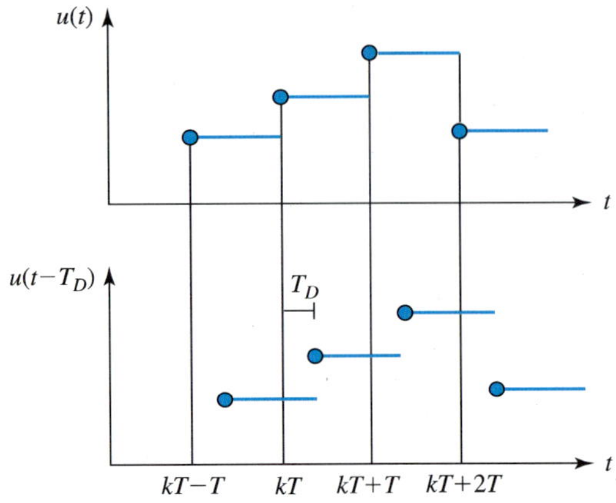

그림 9.17 제어입력 $u(t)$, 지연된 신호 $u(t-T_D)$, 샘플링 순간 사이의 관계

$$
\begin{aligned}
&\int_{kT}^{kT+T} e^{\mathbf{A}(kT+T-\tau)}\mathbf{B}\,u(\tau-T_D)d\tau \qquad (9.89)\\
&=\int_{kT}^{kT+T_D} e^{\mathbf{A}(kT+T-\tau)}\mathbf{B}d\tau u(k-1)+\int_{kT+T_D}^{kT+T} e^{\mathbf{A}(kT+T-\tau)}\mathbf{B}\,d\tau u(k)\\
&=\mathbf{B}_1 u(k-1)+\mathbf{B}_0 u(k)
\end{aligned}
$$

따라서 식 (9.87)로 표현되는 시간지연을 갖는 연속시간 상태방정식은 다음과 같은 이산시간 상태방정식으로 표현할 수 있다.

$$
\begin{Bmatrix}\mathbf{x}(k+1)\\ u(k)\end{Bmatrix}=\begin{bmatrix}\mathbf{A}^* & \mathbf{B}_1^*\\ 0 & 0\end{bmatrix}\begin{Bmatrix}\mathbf{x}(k)\\ u(k-1)\end{Bmatrix}+\begin{bmatrix}\mathbf{B}_0^*\\ 1\end{bmatrix}u(k) \qquad (9.90)
$$

여기서

$$
\begin{aligned}
\mathbf{A}^* &= e^{\mathbf{A}T},\\
\mathbf{B}_0^* &= \int_0^{T-T_D} e^{\mathbf{A}\tau}d\tau\mathbf{B},\\
\mathbf{B}_1^* &= e^{\mathbf{A}(T-T_D)}\int_0^{T_D} e^{\mathbf{A}\tau}d\tau\mathbf{B}
\end{aligned}
$$

이와 같이 시간지연을 갖는 시스템에 대한 이산시간 상태방정식에는 바로 전 샘플링 순간의 제어신호 $u(k-1)$이 상태변수로 첨가된다. 좀 더 일반적인 경우인 시간지연이 샘플링 주기보다 큰 경우와 시스템 내에 시간지연 요소를 포함하는 경우도 이와 같은 절차를 수행하여 상태방정식을 수정할 수 있다.[3]

9.6 이산시간 시스템의 성능 및 안정도

연속시간 시스템의 경우에는 s-평면에서 극점의 위치에 따른 시스템의 성능 및 안정도에 관한 특성을 4장에서 다루었다. s-평면에서 실수축보다 허수축에 가까운 극점은 진동현상, 음의 실수축에 놓인 극점은 지수함수적인 감쇠, 양의 실수부를 갖는 극점은 불안정 특성이 있다는 것을 알 수 있었다. 그러므로 연속시간 시스템에서의 s-평면이 어떻게 z-평면으로 사상되는지 알아볼 가치가 있다.

다음과 같은 복소변수 z와 s 사이의 관계식으로부터 좌반 s-평면이 z-평면에서는 원점을 중심으로 한 단위원의 내부로 사상된다는 것을 알 수 있다.

$$z = e^{sT} \tag{9.91}$$

여기서

$$s = \sigma + j\omega \tag{9.92}$$

그러므로

$$z = e^{(\sigma + j\omega)T} = e^{\sigma T} e^{j\omega T} \tag{9.93}$$

식 (9.93)으로부터 복소변수 z의 크기 $|z|$와 편각 $\angle z$는 각각 다음과 같다.

$$|z| = e^{\sigma T} \tag{9.94}$$

$$\angle z = \omega T \tag{9.95}$$

그리고 식 (9.94)로부터 σ와 $|z|$ 사이에 다음과 같은 관계식을 얻을 수 있다.

$$\begin{cases} \sigma > 0; & |z| > 1 \\ \sigma = 0; & |z| = 1 \\ \sigma < 0; & |z| < 1 \end{cases} \tag{9.96}$$

시스템이 안정하기 위해서는 연속시간 시스템에서 $\sigma \le 0$이어야 하므로, 이산시간 시스템에서는 이에 대응하는 $|z| \le 1$, 즉 z-평면에서 원점을 중심으로 한 단위원 내부에 극점이 존재해야 한다. 식 (9.95)에서 주파수 ω가 $-\infty$로부터 ∞로 변할 때 $\angle z$는 $-\infty$로부터 ∞로 변한다. s-평면의 $j\omega$축에서 대표적인 점을 생각하기로 한다. $j\omega$축에서 $-\pi/T$로부터 π/T로 움직일 때 z-평면에서 대응하는 점은 반시계 방향으로 단위원을 그린다. 또 이 점이 $j\omega$축에서 π/T로부터 $3\pi/T$로 움직일 때 z-평면에서는 다시 한 번 반시계 방향으로 단위원을 그리게 된다. 그러므로 s-평면상의 점이 $j\omega$축상에서 $-\infty$로부터 ∞로 움

직일 때 z-평면상에서는 무한개의 단위원을 그리게 된다. 그림 9.18(a)에서 알 수 있듯이 이 해석으로부터 s-평면상에서 $2\pi/T$의 폭을 갖는 각각의 조각이 z-평면상에서는 단위원 내부에 사상된다. 그림 9.18(b)와 그림 9.18(c)는 s-평면과 z-평면 사이의 대응 관계를 나타내고 있다. 그리고 그림 9.19(a)와 그림 9.19(b)는 z-평면에서 극점의 위치에 따른 과도응답을 나타내는 개략도이며, 그림 9.20은 z-평면의 위쪽 반평면에 일정한 감쇠비 ζ와 고유주파수 ω_n을 나타낸 궤적이다.

위와 같은 s-평면과 z-평면의 사상관계로부터 다음과 같은 몇 가지 중요한 특성을 알 수 있다.

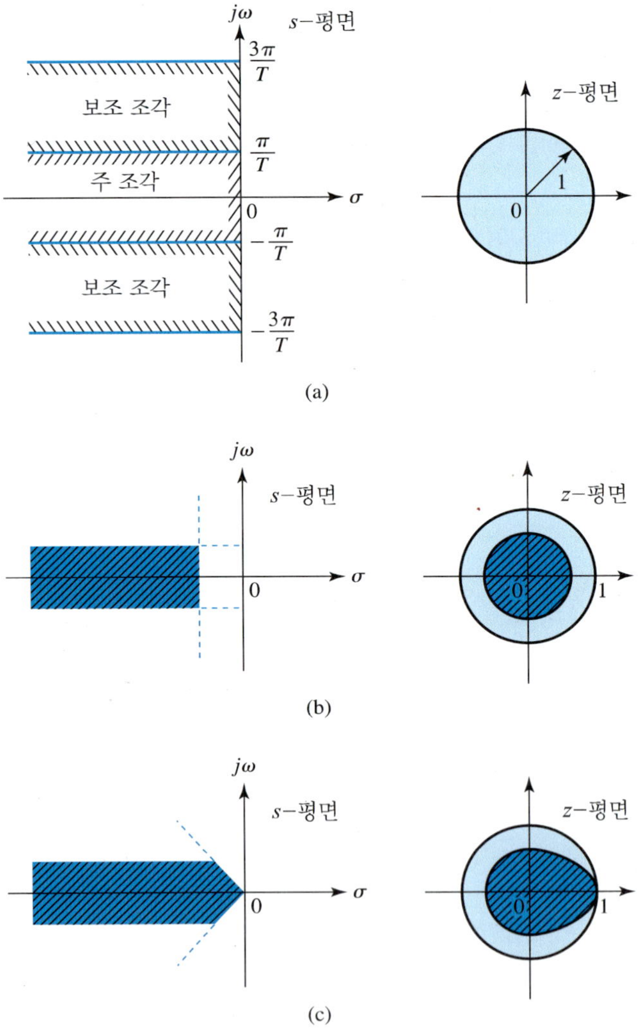

그림 9.18 s-평면과 z-평면 사이의 대응관계

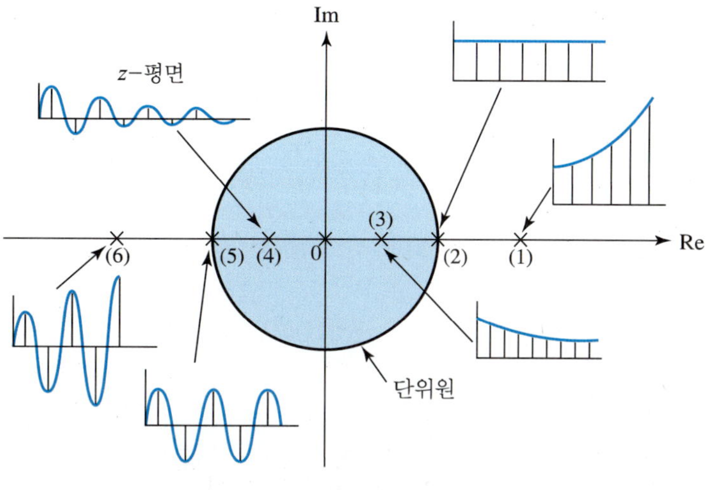

(a) 실수 극점위치에 따른 과도 응답

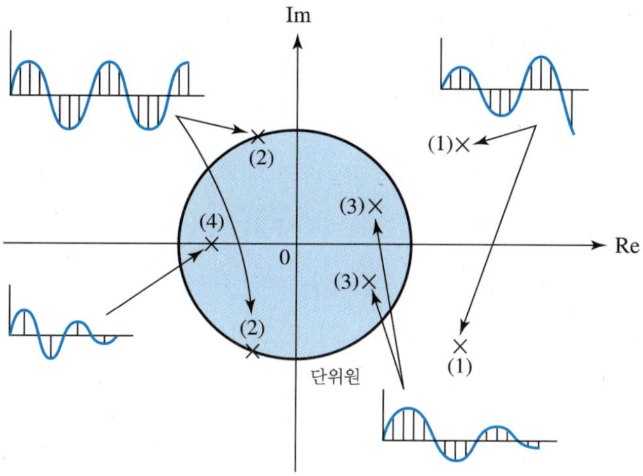

(b) 복소 극점위치에 따른 과도 응답

그림 9.19 z−평면에서 실수 및 복소 극점위치에 따른 과도응답

- 안정도 경계는 단위원 $|z| = 1$이다.
- $z = 1$ 주위의 작은 영역은 근본적으로 $s = 0$ 주위의 영역과 동일하다.
- z−평면 위치는 s−평면과 같이 시간에 대한 것이 아니라 샘플링 주파수 $\omega_s (= 2\pi/T)$에 대하여 정규화된 응답 정보를 준다.
- 음의 실수 z축은 항상 $\omega_s/2$의 주파수를 나타낸다.
- 좌반 s−평면에 있는 수직선들(일정한 실수부 또는 시정수)은 z−평면의 단위원 내에 있는 원들로 사상된다.

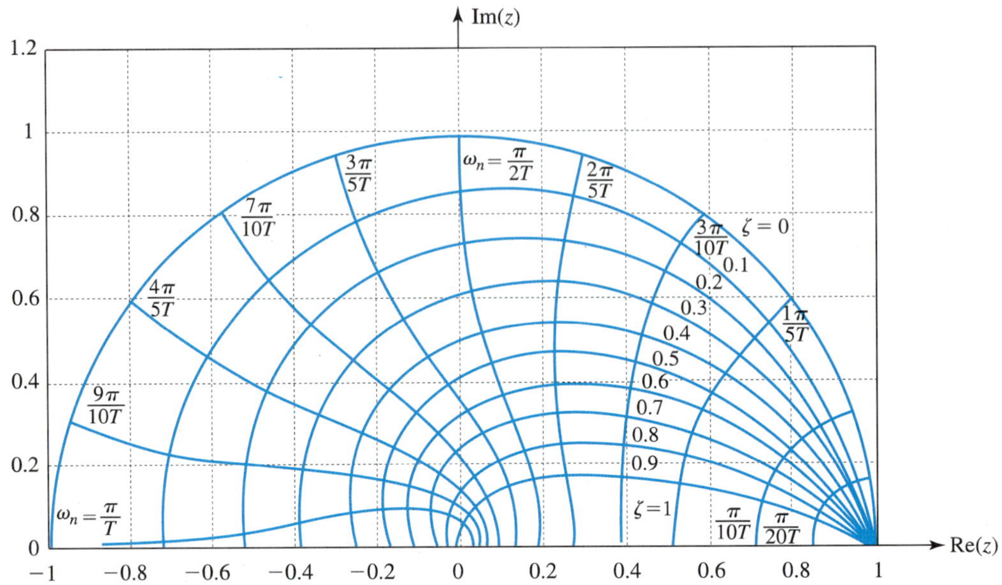

그림 9.20 z-평면에서 일정한 감쇠비 ζ와 고유주파수 ω_n을 나타낸 궤적
(표시 안 된 반쪽은 도시된 부분의 거울상임)

- s-평면에서 수평선들(일정한 허수부 또는 주파수)은 z-평면에서 방사선들로 사상된다.
- z-평면에 $\omega_s/2$보다 더 큰 주파수들을 표시할 수 없다. 물리적으로 어떤 신호를 디지털적으로 나타내기 위해서는 신호 주파수보다 적어도 두 배 이상 빠르게 샘플링해야 하기 때문이다. 그리고 수학적으로는 식 (9.91)에 포함되어 있는 삼각함수들의 성질 때문이다.

다음으로 단순 2차 시스템 $G(s) = \omega_n^2/(s^2 + 2\zeta\omega_n s + \omega_n^2)$을 극좌표로 표시한 z-평면에서 극점의 위치에 따른 감쇠비 ζ, 고유주파수 ω_n, 시정수 τ를 유도하기로 한다. 단순 2차 시스템은 s-평면에서 다음과 같은 극점 $s_{1,2}$를 갖는다.

$$s_{1,2} = -\zeta\omega_n \pm j\omega_n\sqrt{1-\zeta^2} \tag{9.97}$$

여기서 ζ는 감쇠비, ω_n은 고유주파수이다. 동등하게, 단순 2차 시스템의 극점 $z_{1,2}$를 z-평면에 표시하면 다음과 같다.

$$z_{1,2} = e^{sT}\big|_{s_{1,2}} = e^{-\zeta\omega_n T}\angle \pm\omega_n T\sqrt{1-\zeta^2} = r\angle \pm\theta \tag{9.98}$$

여기서

$$r = e^{-\zeta\omega_n T} \qquad \text{또는} \qquad \zeta\omega_n T = -\ln r \tag{9.99}$$

$$\theta = \omega_n T\sqrt{1-\zeta^2} \tag{9.100}$$

식 (9.99)와 (9.100)으로부터 다음과 같은 z-평면에서의 극점의 위치에 따른 감쇠비 ζ 값을 구할 수 있다.

$$\frac{\zeta}{\sqrt{1-\zeta^2}} = \frac{-\ln r}{\theta} \tag{9.101}$$

또는

$$\zeta = \frac{-\ln r}{\sqrt{\ln^2 r + \theta^2}} \tag{9.102}$$

그리고 고유주파수 ω_n과 시정수 τ에 관한 관계식을 다음과 같이 얻을 수 있다.

$$\omega_n = \frac{1}{T}\sqrt{\ln^2 r + \theta^2} \tag{9.103}$$

$$\tau = \frac{1}{\zeta\omega_n} = \frac{-T}{\ln r} \tag{9.104}$$

이제 그림 9.21과 같은 폐루프 이산시간 시스템에서 단위스텝기준입력과 단위램프기준입력에 대한 정상상태오차 $e_{ss} = \lim_{k\to\infty} e(k)$를 개루프 이산시간 시스템 $G(z)$의 형태에 따라 계산하기로 한다. 개루프 이산시간 시스템 $G(z) = Z\{G(s)\}$의 일반형은 다음과 같다.

$$G(z) = \frac{K\prod^{m}(z-z_i)}{(z-1)^N\prod^{p}(z-z_j)}, \qquad z_j \neq 1 \tag{9.105}$$

편의상 $z=1$에 있는 모든 극점들을 제거시킨 개루프 이산시간 시스템의 DC 게인 K_{DC}를 정의한다.

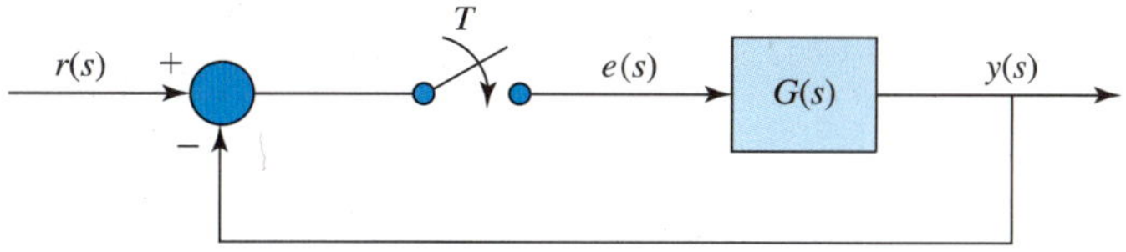

그림 9.21 폐루프 이산시간 시스템

$$K_{DC} = \left. \frac{K\prod^{m}(z - z_i)}{\prod^{p}(z - z_j)} \right|_{z=1} \tag{9.106}$$

그리고 시스템 오차 $e(z)$는

$$e(z) = r(z) - y(z) = \frac{r(z)}{1 + G(z)} \tag{9.107}$$

최종값 정리를 이용하면 정상상태오차 e_{ss}는 다음과 같다.

$$e_{ss} = \lim_{k \to \infty} e(k) = \lim_{z \to 1}(z-1)e(z) = \lim_{z \to 1}\frac{(z-1)r(z)}{1 + G(z)} \tag{9.108}$$

따라서 단위스텝기준입력$\left[r(z) = \dfrac{z}{z-1}\right]$이 가해졌을 때 정상상태오차 e_{ss}는

$$e_{ss} = \lim_{z \to 1}\frac{z}{1 + G(z)} = \frac{1}{1 + \lim\limits_{z \to 1} G(z)} \tag{9.109}$$

그러므로 $N=0$이면, 즉 $z=1$에 극점이 없다면

$$e_{ss} = \frac{1}{1 + K_p} = \frac{1}{1 + K_{DC}} \tag{9.110}$$

여기서 $K_p[=\lim\limits_{z \to 1} G(z)]$는 위치오차상수이다. 그리고 $N \geq 1$이면, $K_p = \infty$이므로 $e_{ss} = 0$이다.

또한 단위램프기준입력$\left[r(z) = \dfrac{Tz}{(z-1)^2}\right]$이 가해졌을 때 정상상태오차 e_{ss}는

$$e_{ss} = \lim_{z \to 1}\frac{Tz}{(z-1) - (z-1)G(z)} = \frac{T}{\lim\limits_{z \to 1}(z-1)G(z)} \tag{9.111}$$

편의상 속도오차상수 K_v를 정의한다.

$$K_v = \lim_{z \to 1}\frac{1}{T}(z-1)G(z) \tag{9.112}$$

이때

$N=0$이면, $\quad K_v = 0$ 그리고 $e_{ss} = \infty$

$N=1$이면, $\quad K_v = \dfrac{K_{DC}}{T}$ 그리고 $e_{ss} = \dfrac{1}{K_v} = \dfrac{T}{K_{DC}}$

$N \geq 2$이면, $K_v = \infty$ 그리고 $e_{ss} = 0$

이제 이산시간 시스템의 안정도를 판별하는 방법을 설명하기로 한다. z-평면에서 극점이 단위원 내부에 존재하느냐 외부에 존재하느냐를 판정하는 안정도 해석 방법은 여러 가지가 있다. 그중에서 대표적인 방법이 Routh 안정도 판별법을 수정한 방법이다. Routh 안정도 판별법은 특성방정식의 근, 즉 극점이 우반 s-평면에 존재하는지를 판정할 수 있으므로 z-평면에서 이 개념을 이용하기 위하여 다음과 같은 변환을 이용하기로 한다.

$$z = \frac{r+1}{r-1} \tag{9.113}$$

이 변환을 이용하면 z-평면에서의 단위원 내부가 좌반 r-평면으로 사상된다. 그러므로 연속시간 시스템과 같은 방법으로 r에 관한 다항식에 대하여 Routh 안정도 판별법을 적용할 수 있다.

예제 9.13 그림 9.22와 같은 폐루프 이산시간 시스템에서 제어게인 $K = 10$일 때의 안정도를 수정된 Routh 안정도 판별법을 이용하여 조사하기로 한다.

ZOH를 포함한 플랜트의 펄스 전달함수 $G(z)$는 다음과 같다.

$$G(z) = \frac{e^{-1}z + 1 - 2e^{-1}}{(z-1)(z-e^{-1})}$$

이때 특성방정식은

$$1 + KG(z) = 0$$

또는

$$(z-1)(z-e^{-1}) + 10(e^{-1}z + 1 - 2e^{-1}) = 0$$

위 식에 $e^{-1} = 0.368$을 대입하면

$$z^2 + 2.312z + 3.008 = 0$$

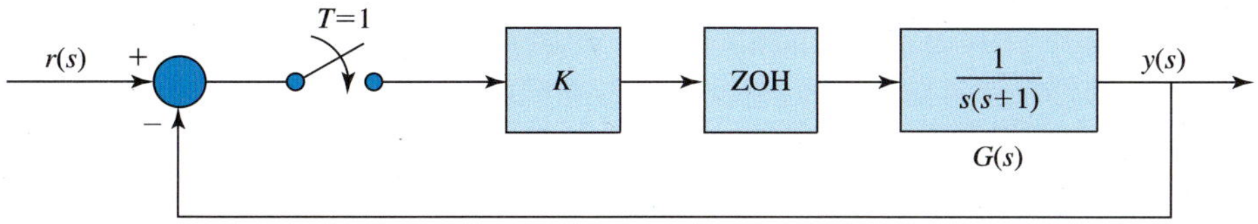

그림 9.22 폐루프 이산시간 시스템

이산시간 시스템에 Routh 안정도 판별법을 적용하기 위하여 식 (9.113)의 변환함수를 이용하여 위 식을 다음과 같이 변환한다.

$$\left(\frac{r+1}{r-1}\right)^2 + 2.312\left(\frac{r+1}{r-1}\right) + 3.008 = 0$$

또는

$$6.32r^2 - 4.016r + 1.696 = 0$$

다음으로 위 식에 주어진 r에 관한 특성방정식으로부터 다음과 같은 Routh 배열을 만든다.

Routh 배열:

r^2	6.32	1.696
r^1	−4.016	0
r^0	1.696	

Routh 배열의 첫 번째 열에 부호의 변화가 두 번 있으므로 우반 $r-$평면에 두 개의 극점이 존재한다. 이것은 $z-$평면에서 단위원 외부에 두 개의 극점이 존재한다는 것을 의미한다. 그러므로 이 폐루프 이산시간 시스템은 불안정한 시스템이다. 만일 샘플링장치가 없다면 2차 시스템은 안정하다. 그렇지만 샘플링장치에 의하여 2차 시스템이라 할지라도 불안정할 수 있다는 것을 알 수 있다. 그림 9.23에 표시된 근궤적에서 알 수 있듯이 샘플링 주기 $T=1$초일 때는 게인 K를 2.392 이하로 작게 하든지, 또는 게인 K가 10일 때는 샘플링 주기 T를 0.207초 이하로 짧게 해야만 이 시스템을 안정하게 할 수 있다.

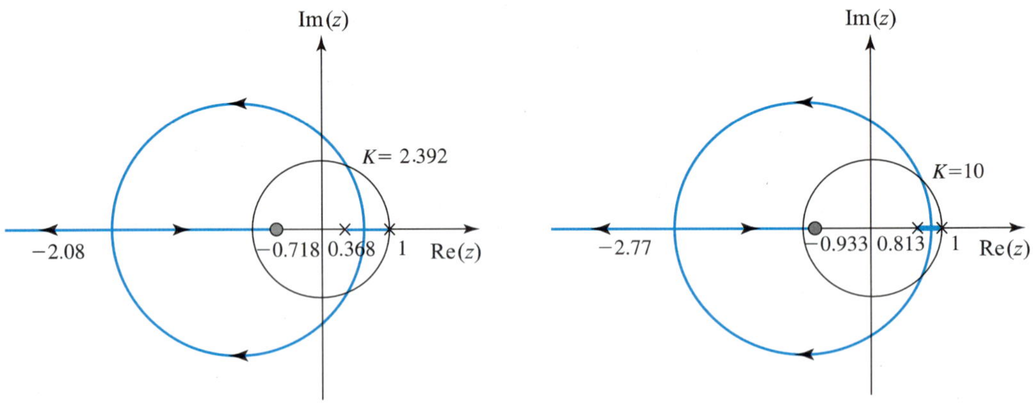

(a) $T=1$초일 때 (b) $T=0.207$초일 때

그림 9.23 그림 9.22에 표시된 시스템에 대한 근궤적선도

또한 상태공간 모델을 이용하여 이산시간 시스템의 안정도를 해석할 수 있다. 디지털 제어시스템의 상태방정식과 제어 법칙이 각각 다음과 같다고 가정하면

$$\mathbf{x}(k+1) = \mathbf{A}^*\mathbf{x}(k) + \mathbf{B}^*\mathbf{u}(k) \tag{9.114}$$

$$\mathbf{u}(k) = -\mathbf{G}^*\mathbf{x}(k) \tag{9.115}$$

이때 폐루프 이산시간 제어시스템의 상태방정식은 다음과 같이 표현된다.

$$\mathbf{x}(k+1) = \mathbf{A}_{cl}^*\mathbf{x}(k) \tag{9.116}$$

여기서

$$\mathbf{A}_{cl}^* = \mathbf{A}^* - \mathbf{B}^*\mathbf{G}^*$$

이 디지털 제어시스템이 안정하기 위해서는 폐루프 시스템행렬 $\mathbf{A}_{cl}^*$의 고윳값 크기의 최댓값이 1보다 작거나 같아야 한다. 즉

$$\max|\lambda(\mathbf{A}_{cl}^*)| \leq 1 \tag{9.117}$$

이와 같이 차분방정식으로 표현되는 이산 상태방정식의 고윳값의 크기를 조사함으로써 안정도를 판별할 수도 있다.

9.7 연속시간 제어시스템의 디지털화

디지털 제어기를 만드는 방법은 크게 두 가지 방법으로 구분된다. 플랜트 모델을 이산화한 후, 이산적인 접근법을 이용하여 직접 디지털 제어기를 설계하는 방법과 아날로그 영역에서 설계된 아날로그 제어기를 디지털 제어기로 근사화하는 방법이 있다. 이 절에서는 후자의 방법인 아날로그 제어기를 디지털화하는 방법에 대하여 설명하기로 한다.

디지털화 문제는 아날로그 제어기 $K(s)$가 주어지면 이에 가장 등가적인 이산 제어기 $D(z)$를 찾는 것이다. 좀 더 정확히 표현하면 그림 9.24에 표시된 연속시간 제어시스템에서 아날로그 제어기 $K(s)$가 주어진 경우, 그 제어에 대한 가장 바람직한 디지털 구현을 찾는 것이다. 디지털 구현에서는 출력 y를 어떤 샘플링 주기로 샘플링해야 하며, 컴퓨터로부터 계산된 이산적인 신호를 어떤 방법으로 평활화(smoothing)하여 연속적인 신호 u를 제공할 것인지를 생각해야 한다. 하드웨어 설계를 간편하게 하기 위하여 대부분의 경우 0차 홀딩 장치(ZOH)를 이용하여 평활화 작업을 수행한다.

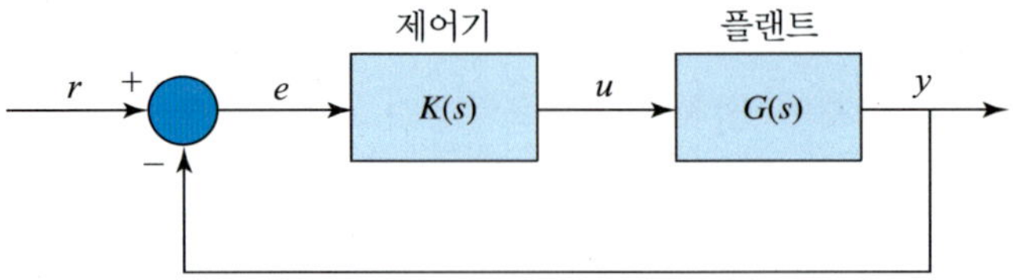

그림 9.24 연속시간 제어시스템

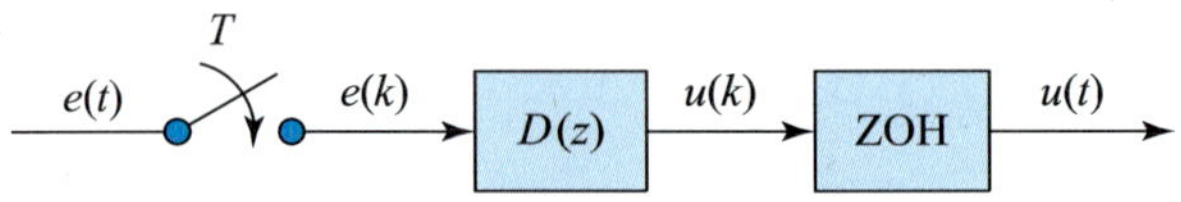

그림 9.25 디지털 제어의 적용

이제 이 문제를 다음과 같이 재설정하기로 한다. 설계된 아날로그 제어기 $K(s)$에 잘 부합되도록 그림 9.25에 표시된 바와 같이 샘플링장치 및 0차 홀딩장치를 포함하는 바람직한 디지털 제어기 $D(z)$를 찾는 문제이다. 이 문제에 접근하기 전에 이 문제에 대한 정확한 해답은 존재하지 않는다는 것에 유의해야 한다. 왜냐하면 아날로그 제어기 $K(s)$는 오차신호 $e(t)$의 연속시간에 대하여 응답하는 반면, 디지털 제어기 $D(z)$는 오차신호 $e(k)$의 이산시간에서만 작동하기 때문이다.

여기서는 대표적인 디지털화 근사법인 전향-직사각형(forward-rectangular) 방법, 후향-직사각형(backward-rectangular) 방법, Tustin 방법, 극점-영점 대응법(MPZ: matched pole-zero method)에 대해 설명하기로 한다.[66]

(1) 전향-직사각형 방법

디지털화하는 과정을 수치적분 문제로 접근할 수 있다. 이를 위하여 아날로그 제어기 $K(s)$가 순수한 적분요소인 경우에 대하여 생각하기로 한다.

$$K(s) = \frac{u(s)}{e(s)} = \frac{1}{s} \tag{9.118}$$

이때 시간 $t = kT$에서의 제어입력 $u(k)$는 다음과 같이 표현할 수 있다.

$$u(k) = \int_0^{kT-T} e(t)dt + \int_{kT-T}^{kT} e(t)dt \tag{9.119}$$

또는

$$u(k) = u(k-1) + (\text{바로 이전 시간구간 } T \text{ 동안의 } e(t) \text{ 아래의 적분면적}) \tag{9.120}$$

각 단계에서의 $e(t)$를 적분하기 위해 그림 9.26과 같이 전향-직사각형의 면적을 이용하기

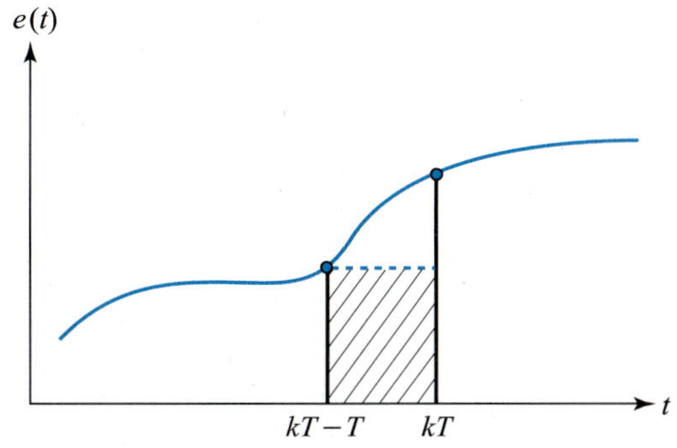

그림 9.26 전향-직사각형 적분

로 한다.

$$u(k) = u(k-1) + Te(k-1) \tag{9.121}$$

식 (9.121)을 z-변환하여 다음과 같은 디지털 제어기 $D(z)$를 얻을 수 있다.

$$D(z) = \frac{u(z)}{e(z)} = \frac{T}{z-1} \tag{9.122}$$

식 (9.118)로 표현되는 아날로그 제어기 $K(s)$와 식 (9.122)로 표현되는 디지털 제어기 $D(z)$를 비교하면, 다음과 같은 관계식을 얻을 수 있다.

$$s = \frac{z-1}{T} \tag{9.123}$$

이와 같이 전향-직사각형 적분을 이용하여 얻은 s에서 z로의 치환식 (9.123)은 일반적인 아날로그 제어기 $K(s)$에 적용할 수 있다. 단순히 $K(s)$에 포함되어 있는 s에 대해 식 (9.123)을 적용하여 디지털 제어기 $D(z)$로 근사화할 수 있다.

(2) 후향-직사각형 방법

식 (9.120)에서 각 단계에서의 $e(t)$를 적분하기 위해 그림 9.27과 같이 후향-직사각형의 면적을 이용하기로 한다.

$$u(k) = u(k-1) + Te(k) \tag{9.124}$$

식 (9.124)를 z-변환하여 다음과 같은 디지털 제어기 $D(z)$를 얻을 수 있다.

$$D(z) = \frac{u(z)}{e(z)} = \frac{Tz}{z-1} \tag{9.125}$$

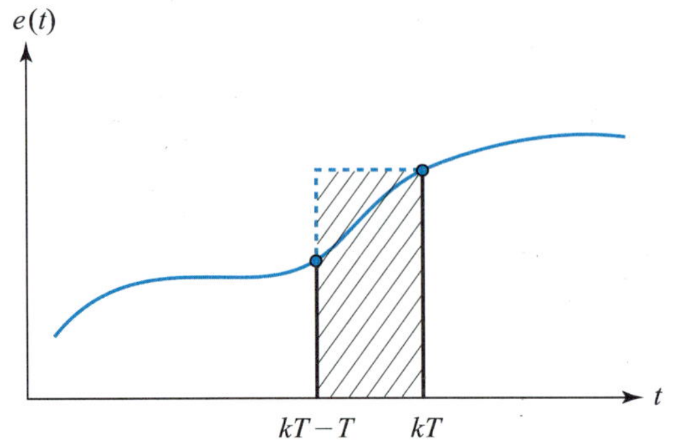

그림 9.27 후향–직사각형 적분

식 (9.118)로 표현되는 아날로그 제어기 $K(s)$와 식 (9.125)로 표현되는 디지털 제어기 $D(z)$를 비교하면, 다음과 같은 관계식을 얻을 수 있다.

$$s = \frac{z-1}{Tz} \tag{9.126}$$

이와 같이 후향–직사각형 적분을 이용하여 얻은 s에서 z로의 치환식 (9.126)은 일반적인 아날로그 제어기 $K(s)$에 적용할 수 있다. 단순히 $K(s)$에 포함되어 있는 s에 대해 식 (9.126)을 적용하여 디지털 제어기 $D(z)$로 근사화할 수 있다.

(3) Tustin 방법

식 (9.120)에서 각 단계에서의 $e(t)$를 적분하기 위해 그림 9.28과 같이 사다리꼴 면적을 이용하기로 한다.

$$u(k) = u(k-1) + \frac{T}{2}\{e(k-1) + e(k)\} \tag{9.127}$$

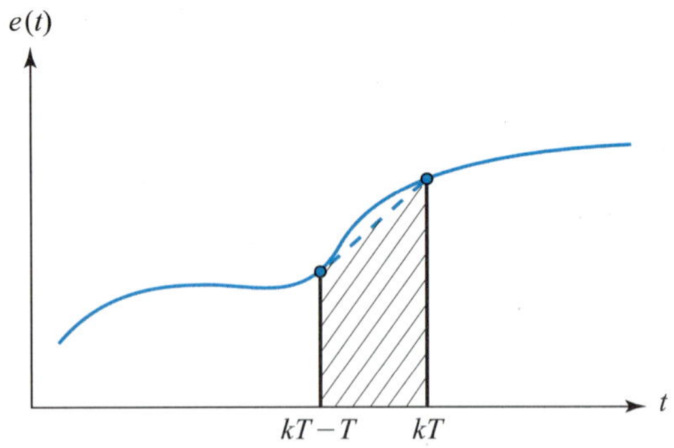

그림 9.28 사다리꼴 적분

식 (9.127)에 z-변환을 수행하여 다음과 같은 디지털 제어기 $D(z)$를 얻을 수 있다.

$$D(z) = \frac{u(z)}{e(z)} = \frac{T}{2}\frac{1 + z^{-1}}{1 - z^{-1}} = \frac{1}{(2/T)\{(1-z^{-1})/(1 + z^{-1})\}} \tag{9.128}$$

식 (9.118)로 표현되는 아날로그 제어기 $K(s)$와 식 (9.128)로 표현되는 디지털 제어기 $D(z)$를 비교하면, 다음과 같은 관계식을 얻을 수 있다.

$$s = \frac{2}{T}\frac{z-1}{z+1} \tag{9.129}$$

이와 같이 사다리꼴 적분을 이용하여 얻은 s에서 z로의 치환식 (9.129)는 일반적인 아날로그 제어기 $K(s)$에 적용할 수 있다. 단순히 $K(s)$에 포함되어 있는 s에 대해 식 (9.129)를 적용하여 디지털 제어기 $D(z)$로 근사화할 수 있으며, 이것을 Tustin 근사 또는 쌍선형 근사(bilinear approximation)라고 한다.

(4) 극점-영점 대응법

극점-영점 대응법에 의한 디지털화 방법은 s-평면에서의 극점 및 영점을 z-평면으로 변환했을 때 z-평면에서의 극점 및 영점과 일치되도록 하는 방법이다. 이를 구체적으로 설명하기 위하여 다음과 같은 연속시간신호를 생각하기로 한다.

$$f(t) = e^{-at}, \quad t > 0 \tag{9.130}$$

이 시간함수 $f(t)$에 대한 Laplace 변환함수 $F(s)$는 다음과 같이 $s = -a$에 극점을 갖는 복소함수이다.

$$F(s) = \frac{1}{s+a} \tag{9.131}$$

그리고 표 9.1로부터 $f(t)$에 대한 z-변환함수 $F(z)$를 구할 수 있다.

$$F(z) = \frac{z}{z-e^{-aT}} = \frac{1}{1-z^{-1}e^{-aT}} \tag{9.132}$$

이와 같이 시간함수 $f(t)$에 대한 z-변환함수 $F(z)$는 $z = e^{-aT}$에 극점을 갖는 복소함수이다. 따라서 $F(s)$의 극점과 $F(z)$의 극점을 대응시키려면, s-평면에서의 $(s+a)$를 z-평면에서는 $(1-z^{-1}e^{-aT})$로 대응시켜야 한다. 만일 $s = -b$에 영점이 있는 경우에도 마찬가지로, s-평면에서의 $(s+b)$를 z-평면에서는 $(1-z^{-1}e^{-bT})$로 대응시켜야 한다. 이와 같은 방법으로 일반적인 복소함수에 대해서도 s-평면에서의 극점 및 영점을 z-평면에서의 극점 및 영점으로 대응시킬 수 있다.

실제의 시스템에서는 일반적으로 극점의 개수가 영점의 개수보다 많으므로, 디지털 제어기 $D(z)$에서 $z=-1$에 영점, 즉 $(1+z^{-1})$ 항을 임의로 첨가하는 것이 유익할 때도 있다. 이와 같이 하면 사다리꼴 적분법(Tustin 방법)과 마찬가지로 현재와 과거의 입력값을 평균화할 수 있다. 그리고 시스템 게인은 저주파에서 아날로그 제어기 $K(s)$와 디지털 제어기 $D(z)$의 시스템 게인들이 서로 일치하도록 선정한다. 이 방법을 요약하면 다음과 같다.

- 아날로그 제어기 $K(s)$에서 극점이나 영점을 나타내는 요소를 $(s+\alpha)$라고 하면, 디지털 제어기 $D(z)$ 설계를 위하여 s-평면에서의 $(s+\alpha)$ 요소를 z-평면에서 $(1-z^{-1}e^{-\alpha T})$로 대응시킨다.
- 디지털 제어기 $D(z)$에서 분자의 차수가 분모의 차수보다 작을 때는, 분자에 $1+z^{-1}$ 또는 $(1+z^{-1})^2$ 등의 항을 추가한다.
- DC 또는 저주파에서 아날로그 제어기 $K(s)$와 디지털 제어기 $D(z)$의 시스템 게인을 일치시킨다.

$$K(s)|_{s\simeq 0}=D(z)|_{z\simeq 1}$$

예를 들면 아날로그 제어기 $K(s)$가 다음과 같이 주어졌을 때

$$K(s)=\frac{s+b}{s+a} \tag{9.133}$$

극점-영점 대응법에 의해 근사화된 디지털 제어기 $D(z)$는 다음과 같다.

$$D(z)=K\frac{z-e^{-bT}}{z-e^{-aT}} \tag{9.134}$$

여기서 두 제어기의 DC 게인이 같도록 K를 선정하면

$$K=\frac{b}{a}\frac{1-e^{-aT}}{1-e^{-bT}}$$

또한 다음과 같이 $K(s)$의 분자의 차수가 분모의 차수보다 작은 경우

$$K(s)=\frac{s+b}{s(s+a)} \tag{9.135}$$

이때

$$D(z) = K\frac{(z+1)(z-e^{-bT})}{(z-1)(z-e^{-aT})} \tag{9.136}$$

여기서 저주파역에서 대응되는 시스템 게인 K는 다음과 같다.

$$K = \frac{b}{2a}\frac{1-e^{-aT}}{1-e^{-bT}}$$

이와 같은 두 가지의 디지털화 방법에서, $D(z)$의 분자와 분모에 z의 차수가 같게 나타난다는 사실은 시간 kT에서의 차분방정식 출력이 시간 kT에서의 입력 샘플링을 요구한다는 것을 의미한다. 예를 들어 식 (9.134)의 $D(z)$를 다음과 같이 표현하기로 한다.

$$D(z) = \frac{u(z)}{e(z)} = K\frac{1-\beta z^{-1}}{1-\alpha z^{-1}} \tag{9.137}$$

여기서

$$\alpha = e^{-aT}, \qquad \beta = e^{-bT}$$

식 (9.137)로 표현되는 디지털 제어기 $D(z)$를 차분방정식으로 표현하면 다음과 같다.

$$u(k) = \alpha u(k-1) + K\{e(k) - \beta e(k-1)\} \tag{9.138}$$

일반적으로 시간지연 없이 $e(k)$를 샘플링해서 $u(k)$를 계산하여 제어기 출력으로 $u(k)$를 내보낸다는 것은 불가능하다. 그러므로 식 (9.138)을 구현한다는 것은 기술적으로 불가능하다. 그러나 방정식이 아주 간단하거나 컴퓨터가 충분히 빠르게 계산하는 경우, 샘플링과 제어기의 출력 사이의 약간의 지연이 시스템의 실제 응답에 미치는 영향은 원래의 설계에서 기대되는 값과 비교해볼 때 무시할 만하다. 경험에 의하면 시스템 상승시간의 1/20 이내의 지연을 유지하는 것이 바람직하다.

(5) 수정된 극점-영점 대응법

식 (9.136)에 표시된 디지털 제어기 $D(z)$에서는 $u(k)$가 동일 시각에서의 $e(k)$에 의해 만들어진다. 컴퓨터의 하드웨어적인 구조에 의해 이러한 계산이 불가능하거나 계산 시간이 많이 필요한 경우에는, $D(z)$의 분자의 차수를 분모의 차수보다 하나 작게 하여 컴퓨터 출력 $u(k)$를 그전 시각에서의 컴퓨터 입력 $e(k-1)$로부터 계산할 수 있도록 하는 것이 바람직하다. 이렇게 하기 위해서는 극점-영점 대응법 과정에서 두 번째 단계만 수정하면 된다.

예를 들면 아날로그 제어기 $K(s)$가 다음과 같이 주어졌을 때

$$K(s) = \frac{s+b}{s(s+a)} \tag{9.139}$$

수정된 극점-영점 대응법(MMPZ: modified matched pole-zero method)에 의해 근사화된 디지털 제어기 $D(z)$는 다음과 같다.

$$D(z) = K\frac{z-e^{-bT}}{(z-1)(z-e^{-aT})} \tag{9.140}$$

여기서

$$K = \frac{b}{a}\frac{1-e^{-aT}}{1-e^{-bT}}$$

식 (9.140)에 표시된 디지털 제어기 $D(z)$를 차분방정식으로 표현하면 다음과 같다.

$$u(k) = (1+e^{-aT})u(k-1) - e^{-aT}u(k-2) + K\{e(k-1) - e^{-bT}e(k-2)\} \tag{9.141}$$

이 차분방정식에서 고려해야 할 샘플링 주기는 $u(k)$를 계산해서 출력할 수 있는 충분한 시간으로 선정해야 한다. 그리고 이 제어기에 대한 이산해석을 통해 실제 시스템의 거동을 좀 더 정확하게 설명할 수 있다. 그렇지만 이 제어기는 한 주기 전의 데이터를 이용하기 때문에 원하는 시스템의 출력으로부터 벗어나게 되어 MPZ보다는 자주 이용되지 않는다.

표 9.5에는 한 구체적인 아날로그 제어기 $K(s) = 5/(s+5)$에 대한 이산 근사화 기법에 따른 이산 제어기 $D(z)$의 계산 결과가 요약되어 있다. 그리고 그림 9.29에는 두 개의 다른 샘플링주파수에서 구한 Tustin, MPZ, 그리고 수정된 MPZ 이산 근사화 기법에 의한 이산 제어기 $D(z)$의 주파수응답의 크기가 표시되어 있다.

표 9.5 디지털 근사화: $K(s) = 5/(s+5)$에 대한 $D(z)$

근사화 방법	$\omega_s = 15\,\text{Hz}$	$\omega_s = 3\,\text{Hz}$
전향-직사각형 방법	$0.333\frac{1}{z-0.667}$	$1.667\frac{1}{z+0.667}$
후향-직사각형 방법	$0.25\frac{z}{z-0.75}$	$0.625\frac{z}{z-0.375}$
Tustin 방법	$0.143\frac{z+1}{z-0.173}$	$0.454\frac{z+1}{z-0.0914}$
극점-영점 대응법(MPZ)	$0.143\frac{z+1}{z-0.175}$	$0.405\frac{z+1}{z-0.189}$
수정된 MPZ(MMPZ)	$0.285\frac{1}{z-0.715}$	$0.811\frac{1}{z-0.189}$

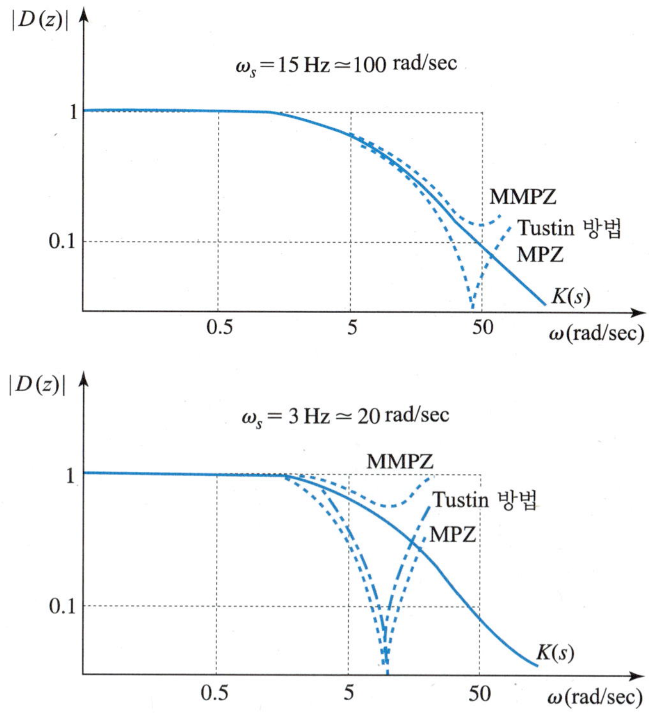

그림 9.29 이산 근사화 기법에 따른 주파수응답

그림 9.29로부터 샘플링주파수의 약 1/4인, 즉 $\omega_s/4$ 이하의 주파수에서는 모든 근삿값들이 상당히 양호하다는 것을 알 수 있다. 만일 샘플링주파수 ω_s가 충분히 커서 $\omega_s/4$가 제어기의 절점주파수(break frequency)보다 충분히 큰 경우에는 제어기의 동특성을 만족스럽게 재생할 수 있다. Tustin 방법과 MPZ 방법은 영점 항 $(z+1)$ 때문에 $\omega_s/2$에서 노치(notch) 현상이 나타나고, 일반적으로 관심영역 밖인 $\omega_s/2$ 이상의 주파수역에서 차이가 있다는 것 이외에는 이 세 가지의 근사화 방법의 정밀도는 관심 있는 주파수역에서는 거의 같다. MPZ 방법이 Tustin 방법보다 대수연산이 훨씬 간단하기 때문에 특히 손으로 계산하는 경우에는 보통 MPZ 방법을 선호하고 있다.

이제 구체적인 설계 예로서, 전달함수 $G(s)$가 $1/s^2$인 플랜트에 대하여 폐루프 고유주파수 ω_n이 0.3 rad/sec, 감쇠비 ζ가 0.7을 만족할 수 있는 디지털 제어기를 간접 설계 방법으로 설계하기로 한다. 우선 설계사양을 만족하는 아날로그 제어기 $K(s)$를 설계한다.

$$K(s) = K\frac{s+b}{s+a} \tag{9.142}$$

여기서

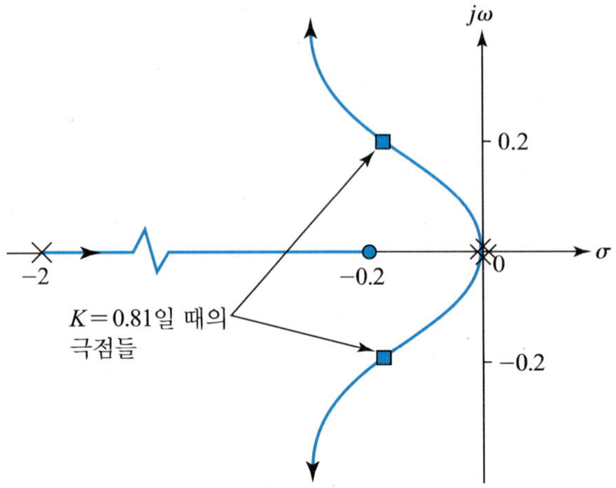

그림 9.30 근궤적선도

$$a = 2, \quad b = 0.2, \quad K = 0.81$$

위와 같은 제어기의 파라미터들은 그림 9.30에 표시된 근궤적으로부터 얻은 것이다.

이제 $K(s)$의 이산화를 위해 샘플링주파수 ω_s를 요구되는 고유주파수 ω_n의 20배 ($\omega_s = 0.3 \times 20 = 6$ rad/sec 또는 1 Hz)가 되도록 선정한다. 다시 말하면 샘플링 주기 $T = 1$초이다. 식 (9.142)에 표시된 아날로그 제어기 $K(s)$에 극점-영점 대응법에 의한 디지털화를 수행하면

$$D(z) = 0.389 \frac{z - 0.82}{z - 0.135} \tag{9.143}$$

또는

$$D(z) = \frac{0.389 - 0.319z^{-1}}{1 - 0.135z^{-1}} \tag{9.144}$$

식 (9.144)에 표시된 디지털 제어기 $D(z)$를 차분방정식으로 표시하면 다음과 같다.

$$u(k) = 0.135u(k-1) + 0.389e(k) - 0.319e(k-1) \tag{9.145}$$

여기서

$$e(k) = r(k) - y(k)$$

그리고 그림 9.31은 이와 같이 완성된 디지털 제어시스템의 구조를 나타낸다.

이 디지털 제어시스템에 대하여 정확한 이산해석이나 시뮬레이션을 수행해보면, 샘플링

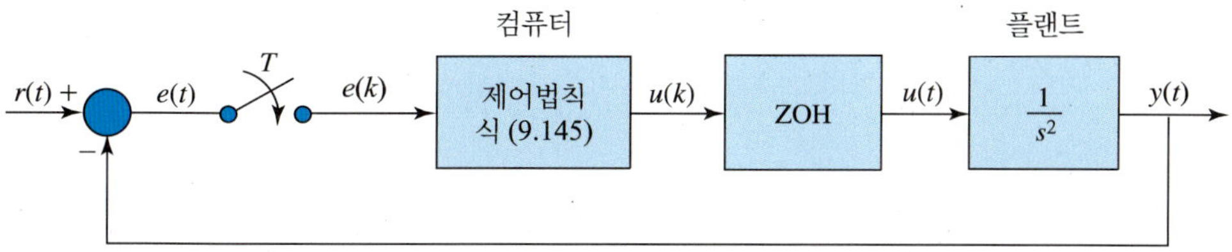

그림 9.31 디지털 제어시스템

주파수 ω_s가 고유주파수 ω_n의 5배보다 작은 경우에는 시스템이 불안정해지며, 5배에서 10배 사이에서는 시스템은 안정하나 과도응답이 매우 나쁘다는 것을 알 수 있다. 일반적으로 샘플링주파수 ω_s가 고유주파수 ω_n의 20배 또는 복잡한 시스템인 경우에는 대역폭 ω_b의 20배보다 빠르게 샘플링되면 바람직한 결과를 얻을 수 있으며, 30배나 그 이상의 샘플링주파수를 가지게 되면 이와 같은 간접 설계 방법은 신뢰도를 가질 수 있다.

이제 연속 제어시스템의 디지털화 과정에서 발생할 수 있는 오차에 대하여 알아보기로 한다. 기본적으로 오차는 이 기법에서 ZOH의 시간지연의 효과를 무시하기 때문에 발생하는 것이다. 이것을 설명하기 위해 근사적으로 ZOH의 전달함수 $G_{ZOH}(s)$를 다음과 같이 가정한다.

$$G_{ZOH}(s) = \frac{2/T}{s+2/T} \tag{9.146}$$

식 (9.146)에서 알 수 있듯이 ZOH는 평균적으로 신호를 $T/2$만큼 지연시키며, 시정수가 $T/2$이고 DC 게인이 1인 1차 시간지연 요소로 생각할 수 있다. 따라서 원래 플랜트 모델에 이 $G_{ZOH}(s)$를 첨가하여 만족할 만한 응답을 얻을 수 있는 새로운 아날로그 제어기 $K'(s)$를 설계함으로써, ZOH의 효과를 고려하지 않고 설계한 아날로그 제어기 $K(s)$를 보정할 수 있다. 간접 설계 방법을 이용해 디지털 제어기를 설계하면 피드백 설계가 완료되기 전까지는 샘플링주파수를 선정할 필요가 없다는 장점이 있다. 그러나 ZOH의 효과를 고려하는 경우 비록 그것이 근사화의 일차적인 단점을 완화시켜주기는 하지만 이와 같은 장점은 이미 상실하게 된다.

이제 연속시간 상태공간 접근법으로 설계한 제어기를 디지털화하기 위하여, 우선 연속 상태방정식의 이산화(discretization)에 대하여 설명하기로 한다. 디지털 컴퓨터를 사용하여 제어기의 상태 $\mathbf{z}(t)$를 알고자 하면, 제어기의 연속시간 상태공간 모델식을 이산시간 상태공간 모델식으로 변환해야 한다.

일반적으로 제어기의 연속시간 상태공간 모델식은 다음과 같이 표현된다.

$$\begin{cases} \dot{\mathbf{z}}(t) = \mathbf{A}_c\mathbf{z}(t) + \mathbf{B}_c\mathbf{e}(t) \\ \mathbf{u}(t) = \mathbf{C}_c\mathbf{z}(t) + \mathbf{D}_c\mathbf{e}(t) \end{cases} \tag{9.147}$$

여기서 $\mathbf{z}(t)$, $\mathbf{e}(t)$, $\mathbf{u}(t)$는 각각 제어기의 상태변수, 제어기의 입력인 오차신호, 제어기의 출력인 제어입력 신호를 나타낸다. 식 (9.147)에 표시된 상태방정식의 해는 다음과 같다.

$$\mathbf{z}(t) = \Phi(t,\, t_0)\mathbf{z}(t_0) + \int_{t_0}^{t} \Phi(t,\, \tau)\mathbf{B}_c\mathbf{e}(\tau)d\tau \tag{9.148}$$

여기서

$$\begin{cases} \dfrac{d}{dt}\Phi(t,\, \tau) = \mathbf{A}_c\Phi(t,\, \tau) \\ \Phi(t,\, t) = \mathbf{I} \end{cases} \tag{9.149}$$

선형 시불변 시스템에서는 $\Phi(t,\, \tau) = e^{\mathbf{A}_c(t-\tau)}$이며 적분구간을 $[(k-1)T,\, kT]$로 설정하고 적분구간 내($kT-T \le \tau < kT$)에서는 $\mathbf{e}(\tau) = \mathbf{e}(k-1)$인 ZOH 샘플링으로 생각한다. 이때 식 (9.148)은 다음과 같이 표현할 수 있다.

$$\begin{aligned} \mathbf{z}(k) &= e^{\mathbf{A}_cT}\mathbf{z}(k-1) + \left[\int_{kT-T}^{kT} e^{\mathbf{A}_c(kT-t)}dt\right]\mathbf{B}_c\mathbf{e}(k-1) \\ &= e^{\mathbf{A}_cT}\mathbf{z}(k-1) + \left[\int_0^T e^{\mathbf{A}_c\tau}d\tau\right]\mathbf{B}_c\mathbf{e}(k-1) \end{aligned} \tag{9.150}$$

그리고 $\mathbf{A}_c^{-1}$가 존재한다면

$$\int_0^T e^{\mathbf{A}_c\tau}d\tau = \mathbf{A}_c^{-1}[e^{\mathbf{A}_cT} - \mathbf{I}] \tag{9.151}$$

그러므로 제어기의 디지털 제어 알고리즘은 다음과 같다.

$$\begin{cases} \mathbf{z}(k) = \mathbf{A}^*\mathbf{z}(k-1) + \mathbf{B}^*\mathbf{e}(k-1) \\ \mathbf{u}(k) = \mathbf{C}_c\mathbf{z}(k) + \mathbf{D}_c\mathbf{e}(k) \end{cases} \tag{9.152}$$

여기서

$$\mathbf{A}^* = e^{\mathbf{A}_cT} \tag{9.153}$$

$$\mathbf{B}^* = \mathbf{A}_c^{-1}[e^{\mathbf{A}_c}T - \mathbf{I}]\mathbf{B}_c \tag{9.154}$$

식 (9.153)과 (9.154)에 포함되어 있는 $e^{\mathbf{A}_c}T$를 Taylor 급수전개하면 다음과 같다.

$$e^{\mathbf{A}_c T} = \mathbf{I} + \mathbf{A}_c T + \frac{\mathbf{A}_c^2 T^2}{2!} + \cdots \tag{9.155}$$

그리고 샘플링 주기 T가 매우 작은 경우에는, 식 (9.155)에서 2차 이상의 고차 항들은 무시할 수 있다. 즉

$$e^{\mathbf{A}_c T} \simeq \mathbf{I} + \mathbf{A}_c T \tag{9.156}$$

식 (9.156)을 식 (9.153)과 식 (9.154)에 대입하면 $\mathbf{A}^*$와 $\mathbf{B}^*$가 다음과 같이 간단하게 표현되어 디지털 제어 알고리즘을 빠른 속도로 계산할 수 있다. 이 근사법을 Euler 방법이라고 한다.

$$\mathbf{A}^* \simeq \mathbf{I} + \mathbf{A}_c T \tag{9.157}$$

$$\mathbf{B}^* \simeq \mathbf{B}_c T \tag{9.158}$$

이 밖의 다른 근사화 기법들에 대하여 알고 싶다면 디지털 제어시스템에 관한 참고문헌[15, 28, 66]을 참조하기 바란다.

예제 9.14 다음의 연속 상태방정식을 차분방정식으로 표현되는 이산 상태방정식으로 변환하기로 한다.

$$\dot{\mathbf{z}} = \mathbf{A}\mathbf{z} + \mathbf{B}u$$

여기서

$$\mathbf{z} = \begin{Bmatrix} z_1 \\ z_2 \end{Bmatrix}, \quad \mathbf{A} = \begin{bmatrix} 0 & 1 \\ -2 & -3 \end{bmatrix}, \quad \mathbf{B} = \begin{bmatrix} 0 \\ 1 \end{bmatrix}$$

이산 상태방정식의 일반형은 다음과 같다.

$$\mathbf{z}(k) = \mathbf{A}^*\mathbf{z}(k-1) + \mathbf{B}^* u(k-1)$$

여기서

$$\mathbf{A}^* = \mathrm{e}^{\mathbf{A}T}, \quad \mathbf{B}^* = \mathbf{A}^{-1}[\mathrm{e}^{\mathbf{A}T} - \mathbf{I}]\mathbf{B}$$

Sylvester 전개이론 식 (8.32)를 이용하여 $e^{\mathbf{A}T}$를 계산하면

$$\mathbf{A}^* = e^{\mathbf{A}T} = \begin{bmatrix} 2 & 1 \\ -2 & -1 \end{bmatrix} e^{-T} + \begin{bmatrix} -1 & -1 \\ 2 & 2 \end{bmatrix} e^{-2T}$$

$$= \begin{bmatrix} 2e^{-T} - e^{-2T} & e^{-T} - e^{-2T} \\ -2e^{-T} + 2e^{-2T} & -e^{-T} + 2e^{-2T} \end{bmatrix}$$

$$\mathbf{B}^* = \mathbf{A}^{-1}[\mathrm{e}^{\mathbf{A}T} - \mathbf{I}]\mathbf{B} = \begin{bmatrix} -3/2 & -1/2 \\ 1 & 0 \end{bmatrix} \begin{bmatrix} 2e^{-T} - e^{-2T} - 1 & e^{-T} - e^{-2T} \\ -2e^{-T} + 2e^{-2T} & -e^{-T} + 2e^{-2T} - 1 \end{bmatrix}$$

$$= \begin{bmatrix} -e^{-T} + \frac{1}{2}e^{-2T} + \frac{1}{2} \\ e^{-T} - e^{-2T} \end{bmatrix}$$

그러므로

$$\begin{Bmatrix} z_1(k) \\ z_2(k) \end{Bmatrix} = \begin{bmatrix} 2e^{-T} - e^{-2T} & e^{-T} - e^{-2T} \\ -2e^{-T} + 2e^{-2T} & -e^{-T} + 2e^{-2T} \end{bmatrix} \begin{Bmatrix} z_1(k-1) \\ z_2(k-1) \end{Bmatrix}$$

$$+ \begin{bmatrix} -e^{-T} + \frac{1}{2}e^{-2T} + \frac{1}{2} \\ e^{-T} - e^{-2T} \end{bmatrix} u(k-1)$$

한 예로서 샘플링 주기 $T = 1$초라고 하면, 이때 이산 상태방정식은 다음과 같다.

$$\begin{Bmatrix} z_1(k) \\ z_2(k) \end{Bmatrix} = \begin{bmatrix} 0.6004 & 0.2325 \\ -0.4650 & -0.0972 \end{bmatrix} \begin{Bmatrix} z_1(k-1) \\ z_2(k-1) \end{Bmatrix} + \begin{bmatrix} 0.1998 \\ 0.2325 \end{bmatrix} u(k-1)$$ ■

9.8 직접 디지털 제어시스템 설계

직접 디지털 제어시스템 설계의 첫 단계는 연속시간 시스템인 플랜트에 대한 펄스 전달함수 $G(z)$를 유도하는 것이다. 앞 절에서 설명된 경우와는 달리 직접 디지털 제어 설계 기법의 경우에는 ZOH가 샘플링된 값들 사이를 정확히 묘사할 수 있기 때문에 연속시간 시스템에 대한 정확한 이산등가(discrete equivalent)를 얻을 수 있다.

ZOH를 포함하는 플랜트에 대한 펄스 전달함수 $G(z)$는 다음과 같이 표현된다.

$$G(z) = (1 - z^{-1})Z\left\{\frac{G(s)}{s}\right\} \tag{9.159}$$

여기서 플랜트 전달함수 $G(s)$ 대신 $G(s)/s$를 $z-$변환하는 이유는 샘플링 주기 동안에 스

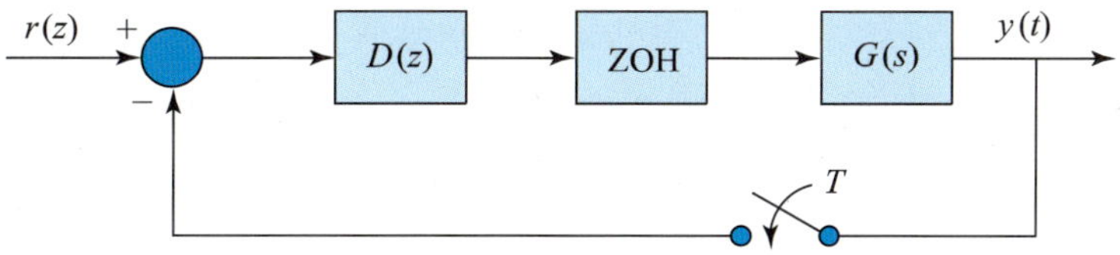

(a) 혼합 제어시스템

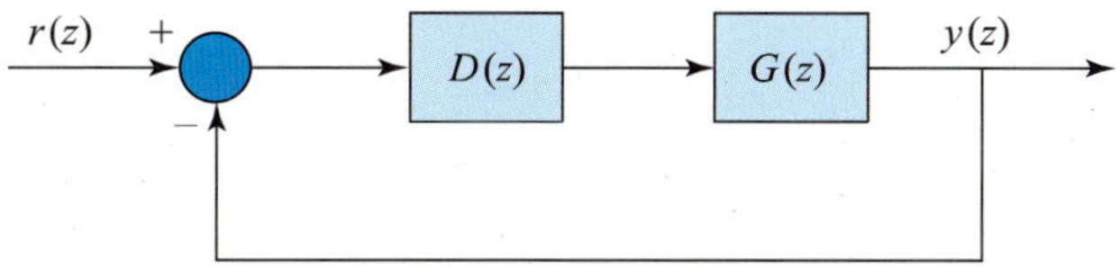

(b) 순수한 이산 등가시스템

그림 9.32 혼합 제어시스템 및 순수한 이산 등가시스템

텝입력이 가해지기 때문이다. 그리고 $(1-z^{-1})$ 항이 곱해진 이유는 한 샘플링 주기의 스텝 입력을 주기가 ∞인 스텝입력 이후에 한 주기 지연되어 음의 스텝입력이 연속적으로 가해진다고 생각할 수 있기 때문이다. 따라서 식 (9.159)를 이용하면 그림 9.32(a)에 표시된 혼합(연속 및 이산) 시스템을 그림 9.32(b)에 표시된 순수한 이산 등가시스템으로 대체할 수 있다.

이산시간 시스템에 대한 해석 및 설계 방법은 연속시간 시스템의 경우와 매우 유사하며, 실제로 완전히 같은 법칙들이 적용되고 있다. 그림 9.32(b)의 폐루프 전달함수 $T(z)$는 연속시간 시스템의 경우와 같은 방법으로 블록선도를 간략화하여 다음과 같이 얻을 수 있다.

$$T(z) = \frac{y(z)}{r(z)} = \frac{G(z)D(z)}{1+G(z)D(z)} \tag{9.160}$$

폐루프 시스템의 동특성을 알아보기 위해서는 식 (9.160)에서 분모의 인수들을 구해야 한다. 즉 다음과 같은 특성방정식의 근을 구해야 한다.

$$1+G(z)D(z)=0 \tag{9.161}$$

연속시간 시스템에서는 어떤 시스템 파라미터 변동에 따른 s에 관한 특성방정식의 근의 궤적을 구하기 위해 사용했던 근궤적법이 z에 관한 특성방정식에서도 똑같은 작도법으로 적용될 수 있다. 이 근궤적법은 수정할 필요 없이 그대로 적용되지만, 근궤적에 대한 해석은 그림 9.20에서 알 수 있듯이 크게 다르다. 가장 중요한 차이점은 안정도 경계(stability boundary)가 허수축 대신 여기서는 단위원이라는 점이다.

이제 직접 디지털 제어시스템 설계 절차를 구체적으로 설명하기 위하여, 그림 9.32(a)에서 플랜트 $G(s)$를 다음과 같이 가정하기로 한다.

$$G(s) = \frac{a}{s+a} \tag{9.162}$$

이때

$$\begin{aligned} G(z) &= (1-z^{-1})\, Z\left\{\frac{a}{s(s+a)}\right\} \\ &= (1-z^{-1})\left\{\frac{(1-e^{-aT})z}{(z-1)(z-e^{-aT})}\right\} \\ &= \frac{1-\alpha}{z-\alpha} \end{aligned} \tag{9.163}$$

여기서

$$\alpha = e^{-aT}$$

비례 제어기를 사용하는 경우, 즉 $D(z) = K$일 때 K 값에 따른 근궤적이 그림 9.33에 표시되어 있다. K 값의 증가와 더불어 시스템의 극점이 0에서 −1로 움직임에 따라 감쇠비가 감소하게 되어 점점 진동이 커지면서 결국 불안정하게 된다. 이와 같은 이산시간 제어시스템이 불안정하게 되는 것은 ZOH의 뒤짐 효과(lagging effect)에 기인하는 것이다.

대표적인 디지털 제어기의 형태인 비례−적분−미분(PID) 디지털 제어기의 제어 법칙을 요약하면 다음과 같다.[28] 여기서 T는 샘플링 주기를 의미한다.

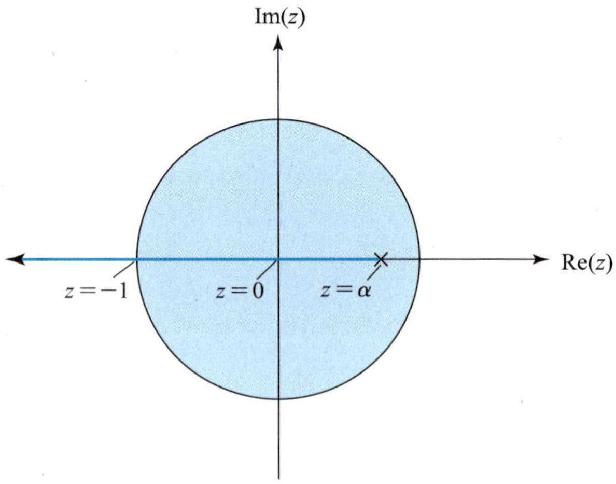

그림 9.33 z−평면에서의 근궤적

비례제어: $u(k) = K_p e(k)$ (9.164)

또는

$$D(z) = K_p \tag{9.165}$$

적분제어: $u(k) = u(k-1) + K_i T e(k)$ (9.166)

또는

$$D(z) = \frac{K_i T}{1 - z^{-1}} = \frac{K_i T z}{z - 1} \tag{9.167}$$

미분제어: $u(k) = \frac{K_d}{T}\{e(k) - e(k-1)\}$ (9.168)

또는

$$D(z) = \frac{K_d}{T}(1 - z^{-1}) = \frac{K_d}{T}\frac{z-1}{z} \tag{9.169}$$

이제 구체적인 설계 예로서, 전달함수 $G(s)$가 $1/s^2$인 플랜트에 대하여 직접 디지털 제어 방법을 이용하여 PID 디지털 제어기를 설계하기로 한다. 우선 식 (9.159)를 이용하여 이산 플랜트 $G(z)$를 구한다.

$$G(z) = \frac{T^2}{2}\frac{z+1}{(z-1)^2} \tag{9.170}$$

샘플링 주기 $T = 1$초라고 하면

$$G(z) = \frac{1}{2}\frac{z+1}{(z-1)^2} \tag{9.171}$$

비례 피드백만을 사용하는 경우, 그림 9.34의 근궤적에서 알 수 있듯이 K 값이 매우 작을 때는 폐루프 극점들이 단위원에 접하게 되어($\zeta = 0$) 순수 진동을 하게 된다. 그리고 K 값을 어느 값 이상 크게 하면 ZOH와 샘플링 효과 때문에 폐루프 극점들이 불안정해진다. 이것을 보상하기 위하여 다음과 같은 미분제어를 첨가하기로 한다.

$$u(z) = K\{1 + a(1 - z^{-1})\}e(z) \tag{9.172}$$

또는

$$D(z) = K(1+a)\frac{z - a/(1+a)}{z} \tag{9.173}$$

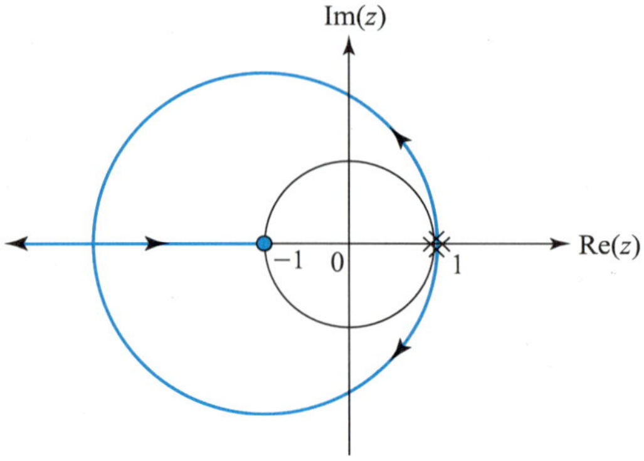

그림 9.34 비례 제어로 보상된 플랜트 $[G(s) = 1/s^2]$에 대한 z-평면에서의 근궤적

다음으로 수행해야 할 일은 바람직한 성능을 얻을 수 있는 제어기의 설계파라미터 a와 K 값을 선정하는 것이다. 바람직한 성능을 얻기 위해서 고유주파수 $\omega_n = 0.3$ rad/sec, 감쇠비 $\zeta = 0.7$이 되도록 설계하기로 한다. 이때 대표극점 z는 다음과 같다.

$$z = 0.8 \pm j0.2$$

그림 9.35는 비례-미분 제어로 보상된 플랜트에 대한 근궤적선도이다. 여기서 $a = 4$이고 $K = 0.08$일 때, 즉

$$D(z) = 0.4\frac{z - 0.8}{z} \tag{9.174}$$

일 때 폐루프 극점들이 원하는 위치에 있음을 알 수 있다. 결과적으로 제어 법칙 $u(k)$는 다음과 같이 표현된다.

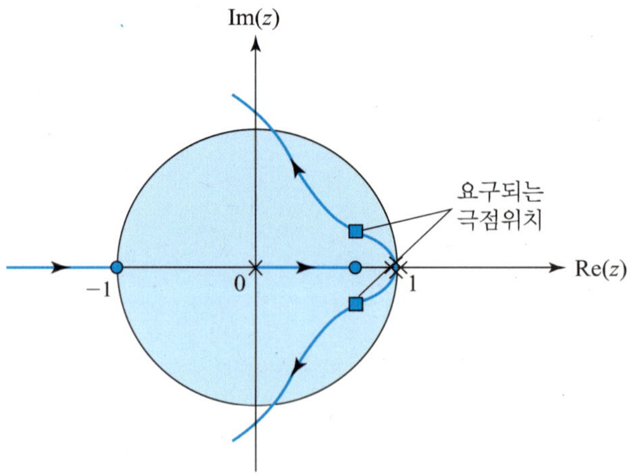

그림 9.35 비례-미분 제어로 보상된 플랜트 $G(s) = 1/s^2$에 대한 z-평면에서의 근궤적

$$u(k) = 0.4\,e(k) - 0.32\,e(k-1) \tag{9.175}$$

이제 앞 절에서 설명한 간접 설계 방법인 연속시간 제어시스템의 디지털화 방법과 비교하기로 한다. 직접 디지털 제어시스템 설계법에 의한 제어 법칙[식 (9.175)]에는, 아날로그 제어기의 디지털화를 통해 간접 설계에서 유도된 제어 법칙[식 (9.145)]에 포함된 $u(k-1)$ 항이 존재하지 않는다. 식 (9.145)에 포함된 $u(k-1)$ 항은 잡음 감소와 순수한 아날로그 미분 제어기 구성의 어려움 때문에 전형적으로 아날로그 미분 제어기에 포함된 뒤짐 항이 원인이 되어 존재하는 것이다.

$u(k-1)$ 항을 제외하고는 식 (9.145)와 식 (9.175)로 표현되는 두 개의 제어기는 매우 유사하다. 이와 같은 유사성은 샘플링주파수 ω_s가 고유주파수 ω_n에 비하여 매우 크기 때문이다($\omega_s \simeq 20\omega_n$). 만일 샘플링주파수 ω_s가 작아지면 간접 설계에 의한 제어기에서의 수치들은 급속도로 변한다. 직접 설계에서는 실제 시스템 응답이 z-평면에서의 극점위치들에 의해 결정되지만, 간접 설계에서는 샘플링주파수 ω_s가 작아지면 s-평면에서 불안정한 극점들이 존재하게 되어 시스템 응답이 발산한다. 일반적으로, 샘플링주파수 ω_s가 $10\omega_n$보다 작을 때에는 직접 설계를 이용하는 것이 바람직하다. 샘플링이 느린 연속 설계($\omega_s < 10\,\omega_n$)는 최소한 이산해석 또는 시뮬레이션으로 확인해야 하고, 이 결과를 검토한 후 필요하다면 그로부터 제어기의 제어 알고리즘이 수정되어야 한다.

9.9 MATLAB을 이용한 디지털 제어

연속시간 시스템에 대한 MATLAB의 제어시스템 해석 및 설계를 위한 명령어들이 이산시간 시스템의 경우에도 등가로 그대로 존재한다. 이러한 등가의 명령어들은 대개 첫 문자가 'd'로 시작하며('dstep', 'dnyquist', 'dbode' 등), 명령 사용의 형식도 거의 동일하다.

우선 연속시간 시스템의 전달함수 $G(s)$를 이산시간 시스템의 펄스 전달함수 $G(z)$로 변환하기로 한다. 즉

$$G(s) = \frac{\text{num}}{\text{den}} \quad \Rightarrow \quad G(z) = \frac{\text{numz}}{\text{denz}} \tag{9.176}$$

여기서 num과 den은 각각 s-영역에서의 분자 및 분모 다항식이다. 그리고 numz와 denz는 각각 z-영역에서의 분자 및 분모 다항식이다. 연속시간 영역에서 이산시간 영역으로 변환하는 MATLAB 명령어는 다음과 같다.

[numz, denz] = c2dm(num, den, tz, 'method')

여기서 tz는 샘플링 주기이며, ‘method’는 MATLAB에서 제공하는 이산화 방법 중 하나를 선택한다. 이산화 방법은 ‘zoh’, ‘foh’, ‘matched’, ‘tustin’, ‘prewarp’ 등 5가지가 있다.

다음으로 연속 상태공간 모델식을 이산 상태공간 모델식으로 변환하기로 한다. 즉

$$\begin{cases} \dot{\mathbf{x}} = \mathbf{A}\mathbf{x} + \mathbf{B}\mathbf{u} \\ \mathbf{y} = \mathbf{C}\mathbf{x} + \mathbf{D}\mathbf{u} \end{cases} \Rightarrow \begin{cases} \mathbf{x}(k+1) = \mathbf{A}_d\mathbf{x}(k) + \mathbf{B}_d\mathbf{u}(k) \\ \mathbf{y}(k) = \mathbf{C}_d\mathbf{x}(k) + \mathbf{D}_d\mathbf{u}(k) \end{cases} \tag{9.177}$$

연속 상태공간 모델식을 이산 상태공간 모델식으로 변환하는 MATLAB 명령어는 다음과 같다.

[Ad, Bd, Cd, Dd] = c2dm(A, B, C, D, tz, 'method')

만일 입력변수에 순수 시간지연 요소가 ‘lambda’만큼 존재하면, 이 경우에는 명령어 ‘c2dt’를 사용한다. 명령어 사용 형식은 다음과 같다.

[Ad, Bd, Cd, Dd] = c2dt(A, B, C, P, tz, lambda)

예제 9.15 다음과 같이 주어진 연속시간 시스템의 전달함수 $G(s)$를 펄스 전달함수 $G(z)$로 변환하고자 한다. 샘플링 주기 $T=0.05$초로 한다.

$$G(s) = \frac{1}{(s+1)(s+3)}$$

MATLAB 프로그램 9.1은 전달함수 $G(s)$를 샘플링 주기 $T=0.05$초로 하고, 이산신호를 연속신호로 변환하는 방법으로 0차 홀딩장치(ZOH)를 사용하여 펄스 전달함수 $G(z)$를 구하는 프로그램이다. 그 결과로 얻은 펄스 전달함수 $G(z)$는 다음과 같다.

MATLAB 프로그램 9.1 — 소스 코드

```
% 예제 9.15

T = 0.05;
num = 1;
den = poly([-1 -3]);
[numz, denz] = c2dm(num, den, T, 'zoh');
Gz = filt(numz, denz, T)
```

MATLAB 프로그램 9.1 — 출력 결과

```
Gz =

  0.00117 z^ - 1 + 0.001095 z^ - 2
  ------------------------------------------
  1 - 1.812 z^ - 1 + 0.8187 z^ - 2

Sample time: 0.05 seconds
Discrete-time transfer function.
```

$$G(z) = \frac{0.00117z^{-1} + 0.001095z^{-2}}{1 - 1.812z^{-1} + 0.8187z^{-2}}$$ ■

예제 9.16 다음과 같은 연속 상태공간 모델식을 이산 상태공간 모델식으로 변환하기로 한다.

$$\dot{\mathbf{x}} = \begin{bmatrix} -5 & -25 & -5 \\ 1 & 0 & 0 \\ 0 & 1 & 0 \end{bmatrix} \mathbf{x} + \begin{bmatrix} 1 \\ 0 \\ 0 \end{bmatrix} u$$

$$y = [0 \quad 1 \quad 0]\, \mathbf{x}$$

MATLAB 프로그램 9.2는 명령어 'c2dm'을 사용하여 연속 상태공간 모델식을 이산 상태공간 모델식으로 변환하는 프로그램이다. 그 결과로 얻은 이산 상태공간 모델식은 다음과 같다.

MATLAB 프로그램 9.2 — 소스 코드

```
% 예제 9.16

A = [-5 -25 -5;
      1   0   0;
      0   1   0];
B = [1; 0; 0];
C = [0 1 0];
D = 0;
[Ad, Bd, Cd, Dd] = c2dm(A, B, C, D, 0.1, 'zoh')
```

MATLAB 프로그램 9.2 — 출력 결과

```
Ad =

    0.5176   -1.9072   -0.3773
    0.0755    0.8949   -0.0209
    0.0042    0.0963    0.9993

Bd =

    0.0755
    0.0042
    0.0001

Cd =

     0     1     0

Dd =

     0
```

$$\mathbf{x}(k+1) = \begin{bmatrix} 0.5176 & -1.9072 & -0.3773 \\ 0.0755 & 0.8949 & -0.0209 \\ 0.0042 & 0.0963 & 0.9993 \end{bmatrix} \mathbf{x}(k) + \begin{bmatrix} 0.0755 \\ 0.0042 \\ 0.0001 \end{bmatrix} u(k)$$

$$y(k) = [0 \quad 1 \quad 0]\mathbf{x}(k)$$

■

예제 9.17 다음과 같은 펄스 전달함수 $G(z)$로 표현되는 이산시간 시스템의 단위스텝 응답을 구하기로 한다.

$$G(z) = \frac{0.4 - 0.3z^{-1}}{1 - 1.6z^{-1} + 0.7z^{-2}}$$

MATLAB 프로그램 9.3은 펄스 전달함수 $G(z)$의 단위스텝응답을 그리는 프로그램이다. 그 결과, 선도는 그림 9.36에 표시되어 있다. 그림 9.36의 단위스텝응답 선도상에서 수평축에 표시된 숫자는 실제 시간을 의미하는 것이 아니라 샘플의 개수를 의미한다는 것에 주의해야 한다.

MATLAB 프로그램 9.3 — 소스 코드

```
% 예제 9.17

num = [0.4  -0.3];
den = [1  -1.6  0.7];
dstep(num, den, 51)
title('Unit step response of G(z)');
 ylabel('Output');
grid on;
```

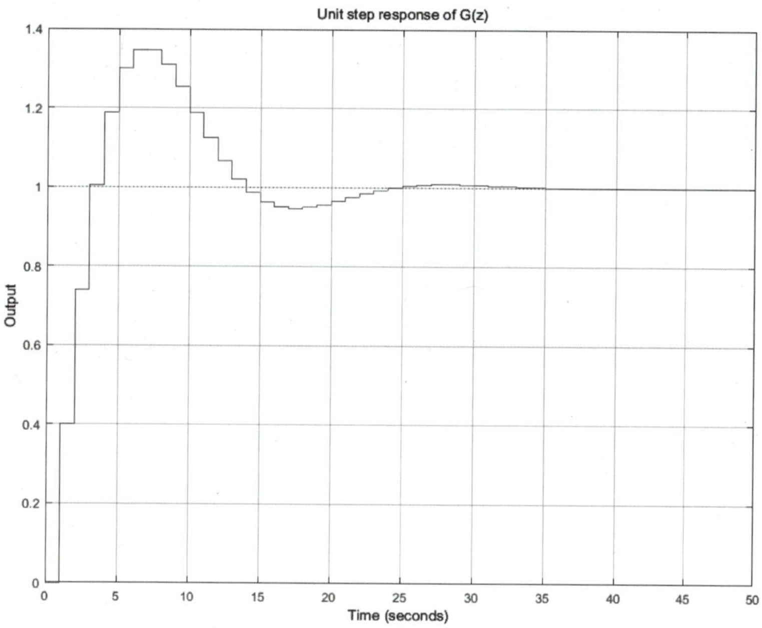

그림 9.36 $G(z) = \dfrac{0.4-0.3z^{-1}}{1-1.6z^{-1}+0.7z^{-2}}$의 단위스텝응답 선도 ■

예제 9.18 전달함수 $G(s) = 10/(s^2+7s+10)$인 연속시간 시스템을 샘플링 주기 $T = 0.1$초, ZOH 출력변환기를 사용하여 등가의 이산시간 시스템의 펄스 전달함수 $G(z)$를 구하고 $G(s)$와 $G(z)$의 단위스텝응답을 비교하기로 한다.

MATLAB 프로그램 9.4는 등가의 이산시간 시스템의 펄스 전달함수를 구하고 연속시간 및 이산시간 시스템에 대한 단위스텝응답 선도를 그리는 프로그램이다. 여기서 명령어 'stairs'는 계산된 수치들을 계단식으로 연결하여 나타내라는 명령어이다. 그 결과 선도가 그림 9.37에 표시되어 있다.

MATLAB 프로그램 9.4 — 소스 코드

```
% 예제 9.18

T = 0.1;        % sampling time
i = 0: 50;
time = i*T;  % simulation time
num = 10;
den = [1 7 10];
[numz, denz] = c2dm(num, den, T, 'zoh');

hold on; grid on;
yt = step(num, den, time);
yd = dstep(numz, denz, 51);

plot(time, yt, 'r');
stairs(time, yd, 'b');

title('Unit step response of G(s) and G(z)')
xlabel('Time (seccond)')
ylabel('y(t)')
```

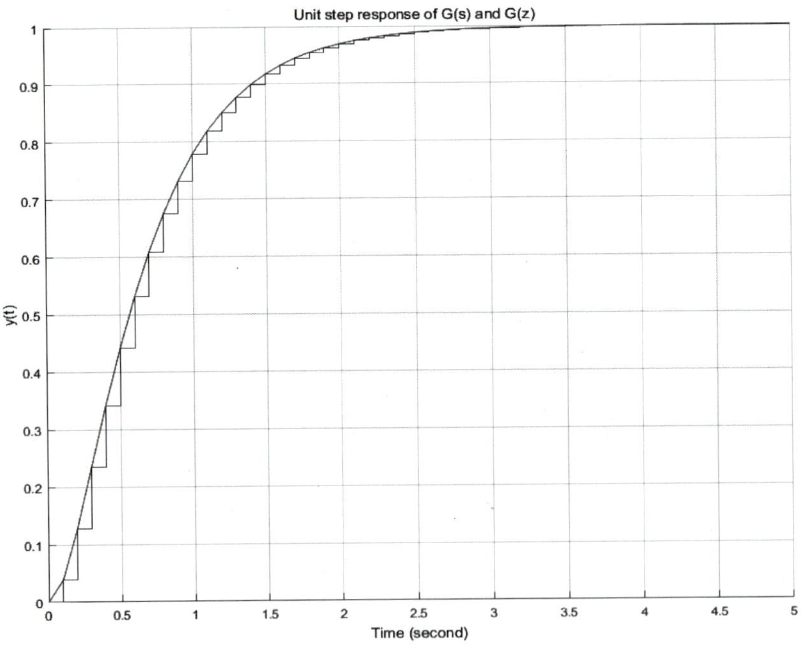

그림 9.37 $G(s)$와 $G(z)$의 단위스텝응답 선도

예제 9.19 다음과 같은 펄스 전달함수 $G(z)$로 표시되는 이산시간 시스템의 안정도를 판별하기로 한다.

$$G(z) = \frac{1}{1-3z^{-1}+2.5z^{-2}-z^{-3}}$$

MATLAB 프로그램 9.5는 펄스 전달함수 $G(z)$의 안정도를 판별할 수 있는 선도를 그리는 프로그램이다. 이산시간 시스템의 전달함수를 생성하기 위해서는 'tf' 명령어에 별도의 속성(property)이 입력되어야 한다. 'tf' 명령어의 세 번째 속성을 이용하여 샘플링 주기를 정의할 수 있다. 연속시간의 경우 0을 입력하거나 비워두지만, 이산시간의 경우 적절한 샘플링 주기를 입력해주어야 한다. 특별히 샘플링 주기를 명시하지 않고 이산시간 전달함수를 만들고자 하는 경우에는 MATLAB 프로그램 9.5에서 볼 수 있듯이, '−1'을 입력할 수도 있다.

명령어 'zgrid'를 사용하여 z−평면상에서 시스템이 안정한 영역을 표시하고, 명령어 'pzmap'를 사용하여 시스템의 극점을 z−평면상에 'x' 표시로 나타내었다. 그림 9.38에는 MATLAB 프로그램 9.5의 결과 선도가 표시되어 있다. 시스템이 안정한 영역인 단위원 내에 두 개의 극점이 존재하고 불안정한 영역인 단위원 밖에 한 개의 극점이 존재한다. 따라서 이 시스템은 불안정한 시스템이다.

MATLAB 프로그램 9.5 — 소스 코드

```
% 예제 9.19

num = 1;
den = [1 -3  2.5 -1];

% 이산시간 시스템의 전달함수 생성
Gz = tf(num, den, -1);

pzmap(Gz);
zgrid;          % z-평면상의 안정한 영역 표시
axis([-1.5 3 -1.5 1.5]);
axis equal;
title('Pole location on the z-plane')
```

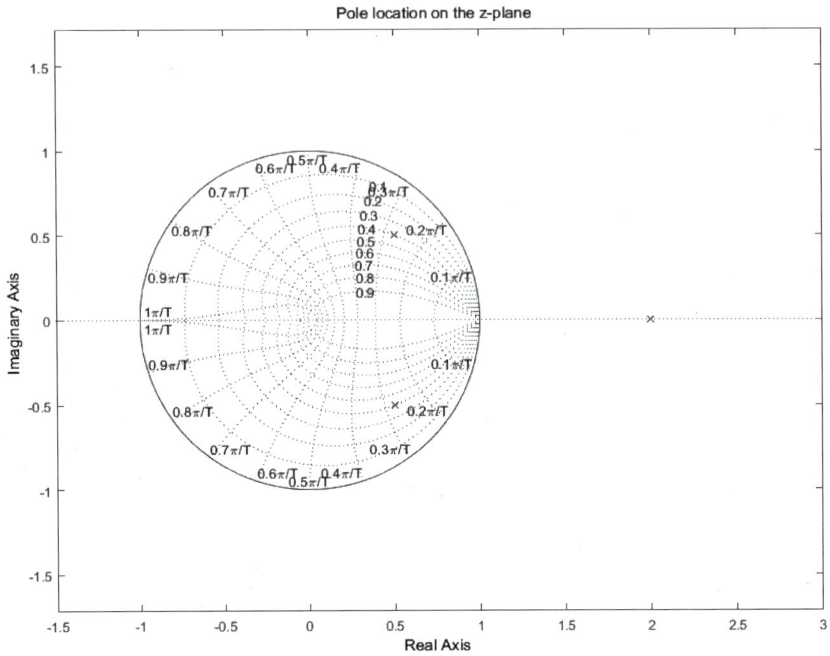

그림 9.38 z–평면에서의 극점의 위치

예제 9.20 그림 9.39와 같은 아날로그 제어시스템이 있다. 아날로그 제어기 $K(s)$를 등가의 디지털 제어기 $D(z)$로 변환하여 디지털 제어시스템을 설계하고, 아날로그 제어시스템과 디지털 제어시스템의 단위스텝응답을 비교하기로 한다. 샘플링 주기 T는 0.2초와 0.02초로 하고 ZOH를 사용하여 D/A 변환하기로 한다.

MATLAB 프로그램 9.6은 Tustin 방법을 이용하여 아날로그 제어기 $K(s)$를 디지털 제어기 $D(z)$로 근사화하는 프로그램이다. 샘플링 주기 T를 0.2초와 0.02초로 하여 근사화한 디지털 제어기 $D_1(z)$와 $D_2(z)$는 각각 다음과 같다.

$$D_1(z) = \frac{8.667 - 4.667z^{-1}}{1 - 0.3333z^{-1}}$$

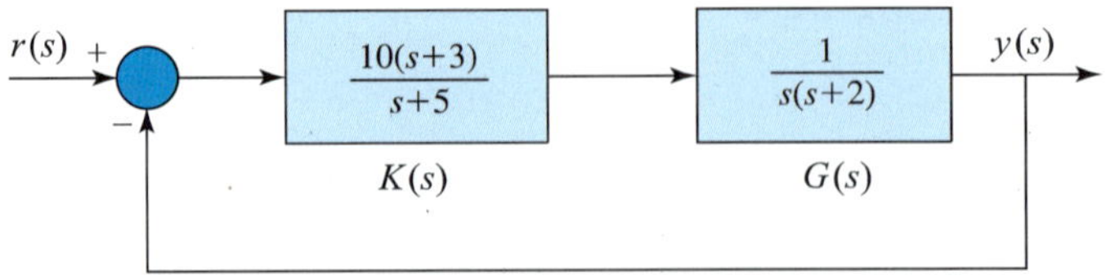

그림 9.39 아날로그 제어시스템

MATLAB 프로그램 9.6 — 소스 코드

```
% 예제 9.20

T1 = 0.2;
T2 = 0.02;
numk = [10 30];
denk = [1 5];

[numz1, denz1] = c2dm(numk, denk, T1, 'tustin');
D1 = filt(numz1, denz1, T1)
[numz2, denz2] = c2dm(numk, denk, T2, 'tustin');
D2 = filt(numz2, denz2, T2)
```

MATLAB 프로그램 9.6 — 출력 결과

```
D1 =
  8.667 - 4.667 z^ - 1
  ----------------------------
    1 - 0.3333 z^ - 1

Sample time: 0.2 seconds
Discrete-time transfer function.

D2 =
  9.81 - 9.238 z^ - 1
  --------------------------
    1 - 0.9048 z^ - 1

Sample time: 0.02 seconds
Discrete-time transfer function.
```

$$D_2(z) = \frac{9.81 - 9.238z^{-1}}{1 - 0.9048z^{-1}}$$

그림 9.40은 디지털 제어시스템을 시뮬레이션하기 위한 Simulink 블록선도이다. 여기서 $D_1(z)$와 $D_2(z)$는 각각 샘플링 주기 $T = 0.2$초와 0.02초일 때의 디지털 제어기를 의미한다. 그리고 아날로그 제어시스템을 시뮬레이션하기 위해서는 디지털 제어기 대신 아날로그 제어기 $K(s)$로 대체하고 ZOH를 삭제하면 된다. 이와 같이 수행하여 얻은 컴퓨터 시뮬레이션 결과가 그림 9.41에 있다. 그림 9.41에서 샘플링 주기 $T = 0.2$초일 때 오

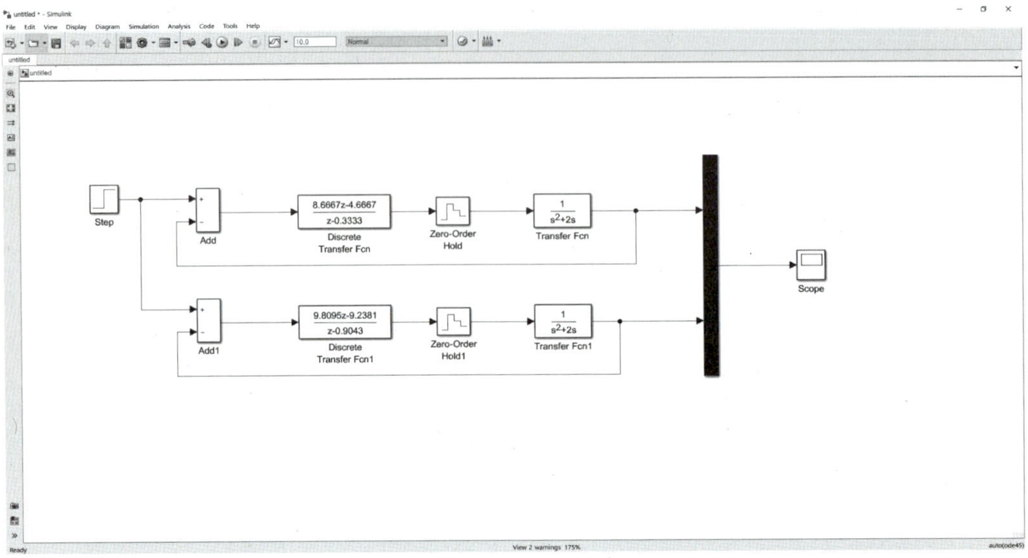

그림 9.40 디지털 제어시스템의 Simulink 블록선도

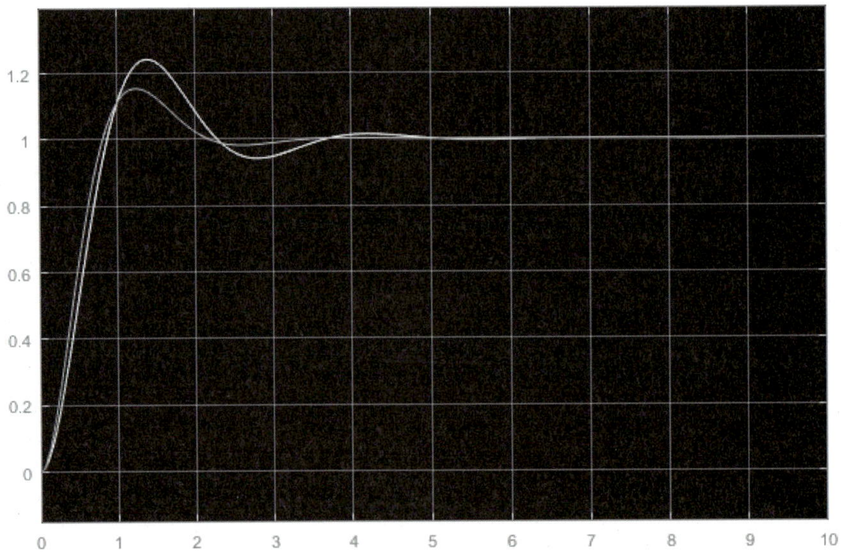

그림 9.41 아날로그 및 디지털 제어시스템의 단위스텝응답 선도

버슈트가 크게 발생하고, 샘플링 주기 $T = 0.02$초와 아날로그 제어기의 경우 오버슈트가 작게 발생함을 알 수 있다. 샘플링 주기가 클 때는 디지털 제어시스템의 응답이 아날로그 제어시스템의 응답과 차이가 있으나, 샘플링 주기가 작을 경우에는 디지털 제어시스템의 응답이 아날로그 제어시스템의 응답과 거의 동일하다. 이와 같이 샘플링 주기 선정은 디지털 제어시스템 설계에서 가장 중요한 문제 중 하나이다. ■

종합문제

[종합문제 9.1] 그림 9.42에 표시된 폐루프 이산시간 시스템에 대한 폐루프 전달함수 $T(z)$를 구하고 단위스텝응답 $y(z)$를 구하기로 한다. 그리고 최종값 정리를 이용하여 정상상태 응답 y_{ss}를 구하고, 폐루프 시스템의 시정수 τ를 구하기로 한다.

폐루프 전달함수 $T(z)$는 다음과 같다.

$$T(z)=\frac{\left[\dfrac{G_{h0}G_1}{1+G_1}\right](z)}{1+\left[\dfrac{G_{h0}G_1}{1+G_1}\right](z)}$$

편의상 다음과 같은 $G(z)$를 정의한다.

$$G(z)=\left[\frac{G_{h0}G_1}{1+G_1}\right](z)$$

이때

$$\begin{aligned}G(z)&=Z\left\{\frac{40(1-e^{-Ts})}{s(s^2+4s+40)}\right\}=\frac{z-1}{z}Z\left\{\frac{1}{s}-\frac{s+4}{s^2+4s+40}\right\}\\&=\frac{z-1}{z}Z\left\{\frac{1}{s}-\frac{s+2}{(s+2)^2+6^2}-\frac{1}{3}\frac{6}{(s+2)^2+6^2}\right\}\\&=\frac{z-1}{z}\left[\frac{z}{z-1}-\frac{z^2-ze^{-2T}\cos 6T+\frac{1}{3}ze^{-2T}\sin 6T}{z^2-2ze^{-2T}\cos 6T+e^{-4T}}\right]\\&=\frac{0.00778z+0.00758}{z^2-1.908z+0.923}\end{aligned}$$

따라서 폐루프 전달함수 $T(z)$는 다음과 같다.

$$T(z)=\frac{G(z)}{1+G(z)}=\frac{0.00778z+0.00758}{z^2-1.9z+0.9307}$$

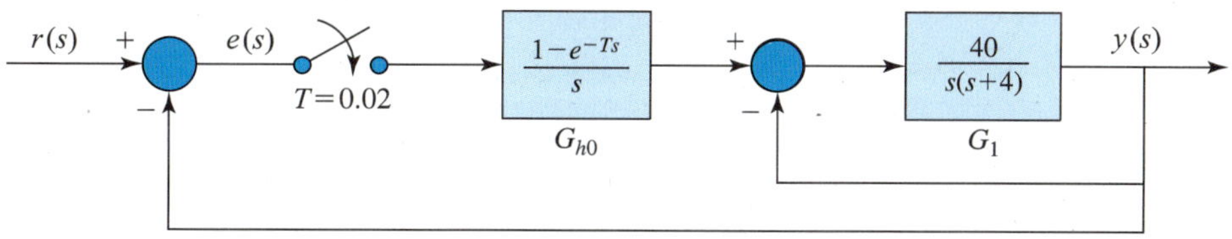

그림 9.42 폐루프 이산시간 시스템

단위스텝기준입력 $r(z)\left(=\dfrac{z}{z-1}\right)$에 대한 응답 $y(z)$는

$$
\begin{aligned}
y(z) &= T(z)r(z) = \frac{0.00778z^2+0.00758z}{z^3-2.90z^2+2.83z-0.9307} \\
&= 0.00778z^{-1}+0.0301z^{-2}+0.0654z^{-3}+0.1112z^{-4}+\cdots
\end{aligned}
$$

그리고 정상상태응답 y_{ss}는 최종값 정리를 이용하여 다음과 같이 구할 수 있다.

$$
\begin{aligned}
y_{ss} &= \lim_{k\to\infty} y(k) = (z-1)y(z)\Big|_{z=1} = (z-1)\frac{G(z)}{1+G(z)}r(z)\Big|_{z=1} \\
&= \frac{G(1)}{1+G(1)} = 0.5
\end{aligned}
$$

최종값 정리로부터 시스템의 DC 게인은 $z=1$에서 계산된 폐루프 전달함수 $T(z)$의 값과 같다는 것을 알 수 있다.

폐루프 시스템의 시정수 τ를 구하기 위하여 다음과 같은 특성방정식 $D(z)$로부터 폐루프 극점을 구하기로 한다.

$$
D(z) = z^2 - 1.9z + 0.9307 = 0
$$

위의 특성방정식으로부터 z-평면에서의 극점을 구하면 다음과 같다.

$$
z = e^{\sigma T}\angle(\pm\omega T) = 0.965\angle(\pm 0.175)\ \mathrm{rad}
$$

그리고 샘플링 주기 $T=0.02$초이므로, $\sigma=-1.8$이다. 따라서 폐루프 시스템의 시정수 $\tau=-1/\sigma=0.56$초이다.

[종합문제 9.2] 아날로그 제어기 $K(s)=\lambda^2/(s+\lambda)^2$을 이산 상태공간 모델식으로 표현하기로 한다. 그리고 아날로그 제어기 $K(s)$와 아날로그 제어기 $K_1(s)=K_2(s)=\lambda/(s+\lambda)$를 이산화한 후 두 제어기를 직렬로 연결한 경우와 비교하기로 한다.

아날로그 제어기 $K(s)$는 다음과 같은 연속 상태공간 모델식으로 표현할 수 있다.

$$
\begin{cases}
\dot{\mathbf{x}} = \mathbf{A}\mathbf{x} + \mathbf{B}u \\
y = \mathbf{C}\mathbf{x}
\end{cases}
$$

여기서

$$
\mathbf{A} = \begin{bmatrix} 0 & 1 \\ -\lambda^2 & -2\lambda \end{bmatrix}, \quad \mathbf{B} = \begin{bmatrix} 0 \\ \lambda^2 \end{bmatrix}, \quad \mathbf{C} = [1 \ \ 0]
$$

위의 연속 상태공간 모델식을 이산 상태공간 모델식으로 표현하면 다음과 같다.

$$\begin{cases} \mathbf{x}(k+1) = \mathbf{A}^*\mathbf{x}(k) + \mathbf{B}^*u(k) \\ y(k) = \mathbf{C}^*\mathbf{x}(k) \end{cases}$$

여기서

$$\mathbf{A}^* = e^{\mathbf{A}T} = \mathbf{V}\Lambda\mathbf{W} = \begin{bmatrix} 1+\lambda T & T \\ -\lambda^2 T & 1-\lambda T \end{bmatrix} e^{-\lambda T},$$

$$\mathbf{B}^* = \mathbf{A}^{-1}(\mathbf{A}^* - \mathbf{I})\mathbf{B} = \begin{bmatrix} 1-\mathrm{e}^{-\lambda\mathrm{T}}(1+\lambda\mathrm{T}) \\ \lambda^2\mathrm{Te}^{-\lambda\mathrm{T}} \end{bmatrix},$$

$$\mathbf{C}^* = \mathbf{C} = [1 \quad 0]$$

그러므로

$$\begin{cases} \mathbf{x}(k+1) = e^{-\lambda T}\begin{bmatrix} 1+\lambda T & T \\ -\lambda^2 T & 1-\lambda T \end{bmatrix}\mathbf{x}(k) + \begin{bmatrix} 1-e^{-\lambda T}(1+\lambda T) \\ \lambda^2 Te^{-\lambda T} \end{bmatrix}u(k) \\ y(k) = [1 \quad 0]\mathbf{x}(k) \end{cases}$$

이제 그림 9.43에 표시된 아날로그 제어기 $K_1(s)$와 $K_2(s)$를 이산화한 후 두 제어기를 직렬로 연결한 경우에 대하여 생각하기로 한다. 각 1차 제어기를 상태방정식으로 표현하면

$$\dot{x} = -\lambda x + \lambda u$$

그러므로 이산 상태방정식은 다음과 같다.

$$x(k+1) = e^{-\lambda T}x(k) + (1-e^{-\lambda T})u(k)$$

위의 두 아날로그 제어기를 각각 이산화한 후 직렬로 연결하면 전 제어기의 상태공간 모델식은 다음과 같다.

$$\begin{cases} \mathbf{x}(k+1) = \begin{bmatrix} e^{-\lambda T} & 1-e^{-\lambda T} \\ 0 & e^{-\lambda T} \end{bmatrix}\mathbf{x}(k) + \begin{bmatrix} 0 \\ 1-e^{-\lambda T} \end{bmatrix}u(k) \\ y(k) = [1 \quad 0]\mathbf{x}(k) \end{cases}$$

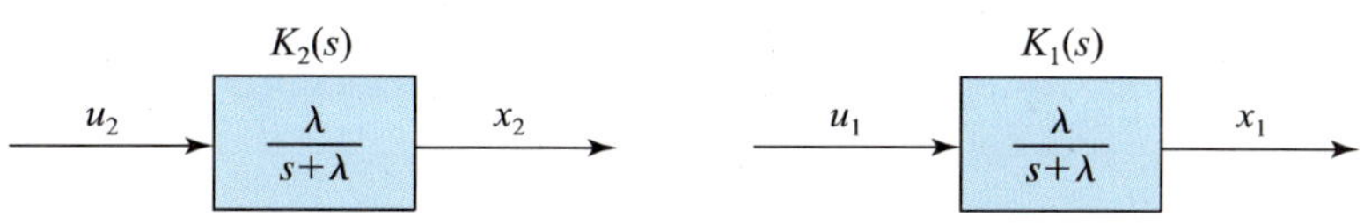

그림 9.43 아날로그 제어기 $K_1(s)$와 $K_2(s)$

두 경우에서 선정된 상태벡터가 다르다. 두 번째 경우의 제어기에서는 첫 번째 제어기 $K_2(s)$가 두 번째 제어기 $K_1(s)$의 영향을 전혀 받지 않는다. 따라서 두 번째 경우의 이산 제어기에서는 $\lambda^2 Te^{-\lambda T}$와 같은 항이 나타나지 않는다.

[종합문제 9.3] 그림 9.44와 같은 이산시간 제어시스템의 이산 상태방정식을 유도하기로 한다. 그리고 $a = T = 1$일 때 시스템의 안정도를 조사하기로 한다.

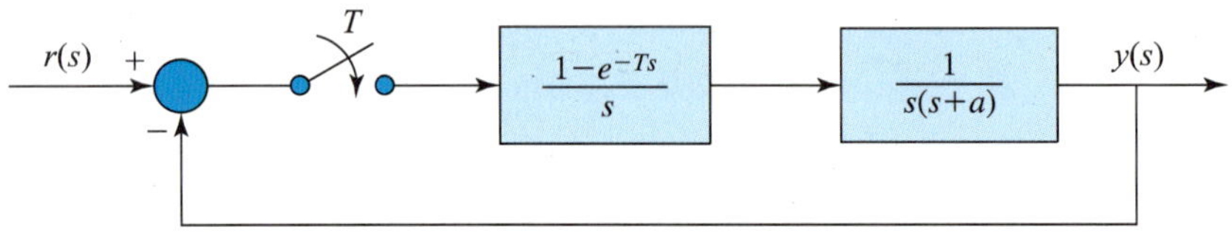

그림 9.44 이산시간 제어시스템

표 9.3에 의하면 개루프 펄스 전달함수 $G(z)$는 다음과 같다.

$$G(z) = \frac{\frac{1}{a}(aT - 1 + e^{-aT})z + \frac{1}{a}(1 - e^{-aT} - aTe^{-aT})}{a\{z^2 - (1 + e^{-aT})z + e^{-aT}\}}$$

$$= \frac{T}{a(z-1)} - \frac{1 - e^{-aT}}{a^2(z - e^{-aT})}$$

그리고 $G(z)$를 이용하여 그림 9.45와 같은 이산시간 제어시스템에 대한 블록선도를 그릴 수 있다.

상태변수를 그림 9.45에 표시한 대로 정의하기로 한다. 그리고 초기상태가 0이라고 할 때 $zZ\{x(k)\} = Z\{x(k+1)\}$이므로 그림 9.45의 블록선도로부터 다음과 같은 이산 상태방정식을 유도할 수 있다.

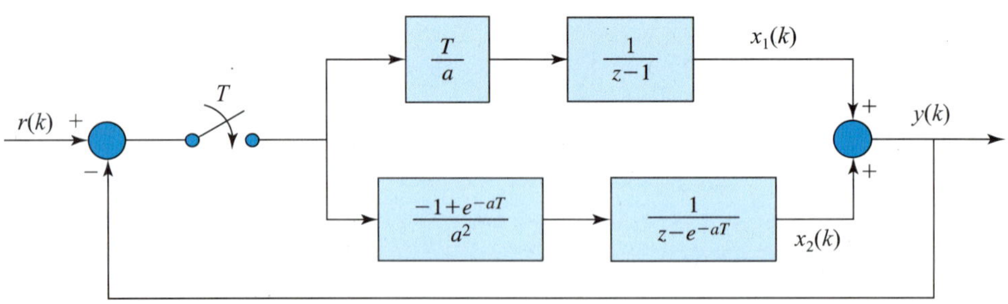

그림 9.45 그림 9.44에 표시된 이산시간 제어시스템 $G(z)$에 대한 블록선도

$$\begin{Bmatrix} x_1(k+1) \\ x_2(k+1) \end{Bmatrix} = \begin{bmatrix} 1-\dfrac{T}{a} & -\dfrac{T}{a} \\ \dfrac{1-e^{-aT}}{a^2} & \dfrac{1-(a^2-1)e^{-aT}}{a^2} \end{bmatrix} \begin{Bmatrix} x_1(k) \\ x_2(k) \end{Bmatrix} + \begin{bmatrix} \dfrac{T}{a} \\ \dfrac{-1+e^{-aT}}{a^2} \end{bmatrix} r(k)$$

이제 시스템의 안정도를 판별하기 위하여 Routh 안정도 판별법 및 폐루프 시스템행렬의 고윳값 크기를 조사하기로 한다. 우선 $a=1$, $T=1$일 때의 폐루프 시스템의 특성방정식을 구하면 다음과 같다.

$$z^2 - z + 0.632 = 0$$

이 시스템에 Routh 안정도 판별법을 적용하기 위해 식 (9.113)의 변환함수를 이용하여 위 식을 다음과 같이 변환한다.

$$\left(\frac{r+1}{r-1}\right)^2 - \frac{r+1}{r-1} + 0.632 = 0$$

또는

$$0.632r^2 + 0.736r + 1.632 = 0$$

위 식에 주어진 r에 관한 특성방정식으로부터 다음과 같은 Routh 배열을 만든다.

Routh 배열:

r^2	0.632	1.632
r^1	0.736	0
r^0	1.632	0

Routh 배열의 첫 번째 열에 부호의 변화가 없으므로 이 시스템은 안정하다.

다음으로 시스템행렬의 고윳값을 이용하여 안정도를 판별하기로 한다. $a=1$, $T=1$일 때 폐루프 시스템행렬 $\mathbf{A}^*$는 다음과 같다.

$$\mathbf{A}^* = \begin{bmatrix} 0 & -1 \\ 0.6321 & 1 \end{bmatrix}$$

이때 시스템행렬 $\mathbf{A}^*$의 고윳값이 $0.5 \pm j0.618$이므로 고윳값 크기의 최대가 0.795이다. 따라서 시스템의 폐루프 극점이 모두 단위원 안에 위치하므로 시스템이 안정하다.

[종합문제 9.4] 그림 9.46과 같은 연속시간 제어시스템이 있다. 이 시스템의 아날로그 제어기를 디지털 제어기로 변환하여 이산시간 제어시스템을 구성하고, 구성된 폐루프 시스템의

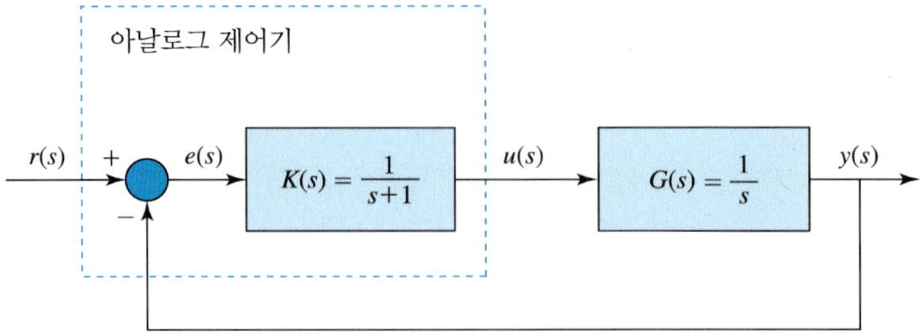

그림 9.46 연속시간 제어시스템

펄스 전달함수 $T(z)$를 구하고, 샘플링 주기 T가 0.5, 0.2, 0.05일 때의 단위스텝응답을 구해 연속시간 제어시스템에서의 단위스텝응답과 비교해 샘플링 주기 T가 응답에 어떠한 영향을 주는지 평가하고, 최종값 정리를 이용하여 $\lim_{k\to\infty} y(k)$를 구하기로 한다.

우선 아날로그 제어기 $K(s)$를 디지털 제어기 $D(z)$로 디지털화하기로 한다. 디지털화 근사법에는 여러 가지가 있지만 여기서는 사다리꼴 적분을 이용하여 얻은 s에서 z로의 치환식 (9.129)를 이용하여 디지털 근사화하는 Tustin 방법을 이용하기로 한다.

$$D(z) = \frac{Tz + T}{(T+2)z + (T-2)}$$

여기서 T는 샘플링 주기이다.

이제 그림 9.47의 디지털 제어기의 입출력 장치를 포함한 디지털 제어시스템의 펄스 전달함수 $T(z) = y(z)/r(z)$를 구하기로 한다. 디지털 제어기의 출력 변환기로 0차 홀딩장치(ZOH)를 이용하여 이산신호를 평활화한다고 가정하면, 표 9.3을 이용하여 ZOH를 포함한 플랜트에 대한 펄스 전달함수 $G(z)$를 구할 수 있다.

$$G(z) = \frac{T}{z-1}$$

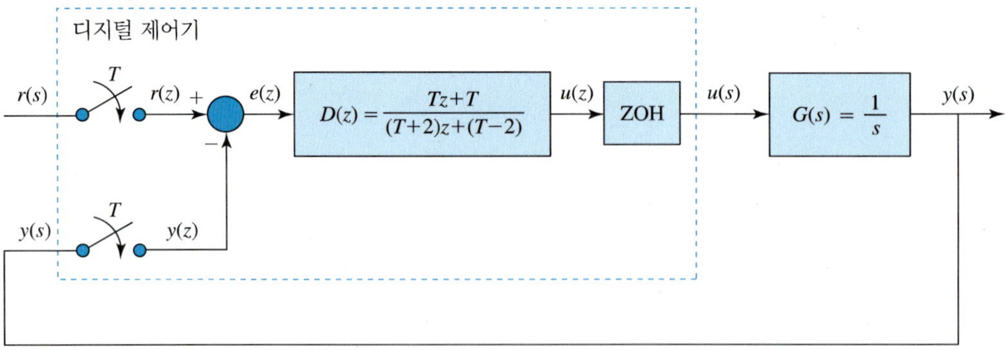

그림 9.47 디지털 제어시스템

따라서 폐루프 제어시스템의 펄스 전달함수 $T(z)$는 다음과 같다.

$$T(z)=\frac{y(z)}{r(z)}=\frac{G(z)D(z)}{1+G(z)D(z)}$$

$$=\frac{\dfrac{T}{z-1}\dfrac{Tz+T}{(T+2)z+(T-2)}}{1+\dfrac{T}{z-1}\dfrac{Tz+T}{(T+2)z+(T-2)}}$$

$$=\frac{T^2z+T^2}{(T+2)z^2+(T^2-4)z+(T^2-T+2)}$$

그러므로 이산시간 제어시스템의 단위스텝응답 $y(z)$는

$$y(z)=T(z)\frac{z}{z-1}=\frac{T^2z^2+T^2z}{(T+2)z^3+(T^2-T-6)z^2+(-T+6)z+(-T^2+T-2)}$$

그리고 샘플링 주기 T 값에 따른 단위스텝응답을 구하면

$T=0.5$일 때

$$y(z)=0.1z^{-1}+0.35z^{-2}+0.655z^{-3}+0.938z^{-4}+\cdots$$

$T=0.2$일 때

$$y(z)=0.018z^{-1}+0.069z^{-2}+0.146z^{-3}+0.241z^{-4}+\cdots$$

$T=0.05$일 때

$$y(z)=0.0012z^{-1}+0.0048z^{-2}+0.0107z^{-3}+0.0187z^{-4}+\cdots$$

그림 9.48에는 샘플링 주기 T 값에 따른 이산시간 제어시스템의 단위스텝응답과 연속시간 제어시스템의 단위스텝응답이 비교되어 있다. 샘플링 주기가 작을수록, 디지털 제어시스템의 응답이 원래의 아날로그 제어시스템의 응답에 좀 더 근접함을 알 수 있다.

끝으로, 최종값 정리를 이용하여 디지털 제어시스템의 단위스텝기준입력에 대한 최종값을 구하면 다음과 같다.

$$\lim_{k\to\infty}y(k)=\lim_{z\to1}(z-1)y(z)=\lim_{z\to1}(z-1)\frac{z}{z-1}T(z)$$

$$=\lim_{z\to1}\frac{T^2z^2+T^2z}{(T+2)z^2+(T^2-4)z+(T^2-T+2)}$$

$$=1$$

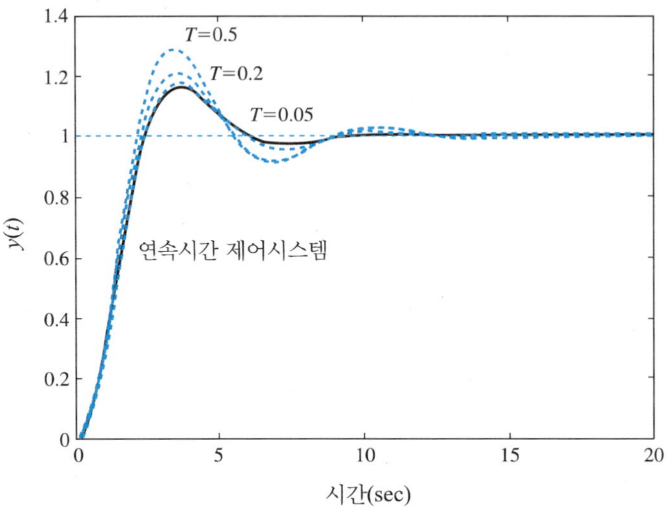

그림 9.48 이산시간 및 연속시간 제어시스템의 단위스텝응답

연습문제

9.1 마이크로프로세서를 이용하여 제어되는 가정용 기구를 5가지 이상 나열하라. 그리고 각 경우에 대하여 디지털 제어시스템이 수행하는 기능을 서술하라.

9.2 $k = 0, 1, 2, \cdots$에서 정의되는 다음과 같은 이산시간 함수들에 대한 z-변환함수를 구하라.

(1) $a(1-e^{-bkT})$ (2) $(1-akT)e^{-bkT}$

(3) $e^{-bkT}\sin\omega kT$ (4) $\cos\omega(k-2)T$

9.3 다음 그림과 같은 RC 회로에서 $V_i(t) = 100e^{-t}$일 때 $V_o(kT)$를 구하라.

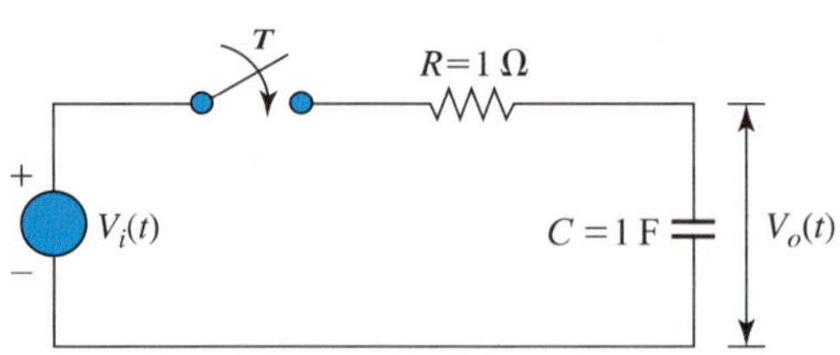

9.4 다음 차분방정식의 해 $x(k)$를 구하라.

$$x(k+2)+2x(k+1)+x(k)=u(k), \qquad x(0)=0, \qquad x(1)=0$$

여기서

$$u(k)=k \qquad k=0,\ 1,\ 2,\cdots$$

9.5 다음 차분방정식에 대한 물음에 답하라.

$$x(k)+x(k-1)+x(k-2)=u(k)$$

여기서

$$u(k)=\begin{cases}1 & k=0\\ 0 & k=1,\ 2,\ 3,\ \cdots\end{cases}$$
$$x(-2)=x(-1)=0$$

(1) 차분방정식의 해 $x(k)$를 k의 함수로 표시하라.

(2) 최종값 정리를 이용하여 구한 $x(\infty)$ 값과 (1)의 해로부터 구한 $x(\infty)$를 비교하라.

9.6 각 시스템에 대한 펄스 전달함수 $G(z)$를 구하라. 샘플링 주기 $T=0.3$초이다. 여기서 ZOH는 0차 홀딩장치를 의미한다.

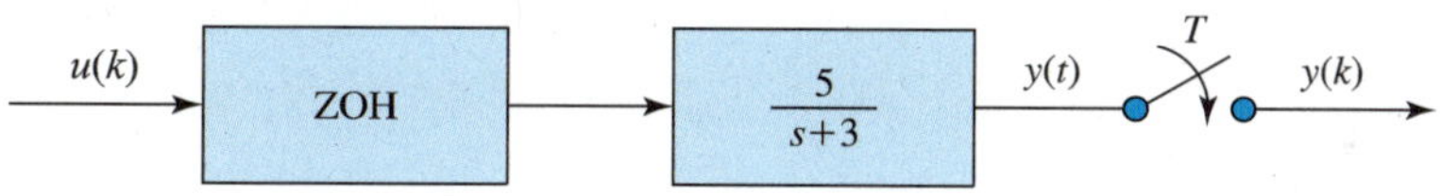

(a)

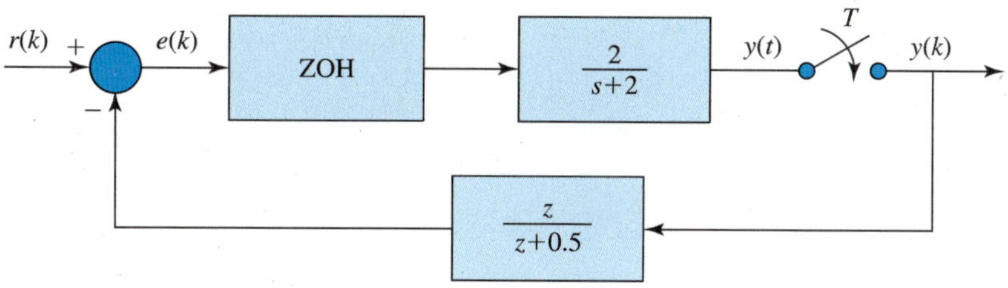

(b)

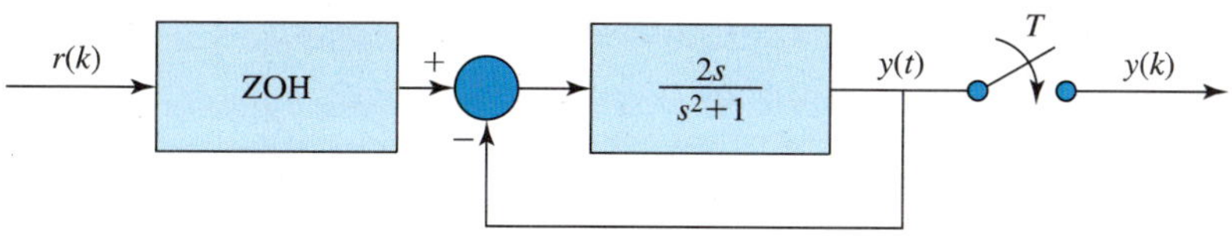

(c)

9.7 다음 이산시간 시스템 $G(z)$에 대한 물음에 답하라.

$$G(z)=\frac{1+\frac{1}{2}z^{-1}}{\left(1-\frac{1}{2}z^{-1}\right)\left(1+\frac{1}{3}z^{-1}\right)}$$

(1) 시스템의 입력 $u(k)$와 출력 $y(k)$로 표현되는 차분방정식을 유도하라.

(2) 시스템의 극점과 영점을 $z-$평면에 표시하고, 시스템의 안정도를 조사하라.

9.8 다음의 차분방정식을 이산 상태방정식으로 표시하라.

(1) $y(k+2)+3y(k+1)+2y(k)=u(k)$

(2) $y(k+2)+3y(k+1)+2y(k)=2u(k+1)+u(k)$

(3) $y(k+2)+3y(k+1)+2y(k)=2u(k+2)+2u(k+1)+u(k)$

9.9 다음의 펄스 전달함수를 이산 상태방정식으로 표시하라.

(1) $\dfrac{z(z+0.5)}{(z-1)(z-0.5)}$　　(2) $\dfrac{z}{(z-1)^3}$

(3) $\dfrac{3z^2-2z+2.5}{z^2-0.9z+0.99}$　　(4) $\dfrac{z^3+z^2-3z-4}{z^4-2z^3+2z^2-5z+4}$

9.10 다음 차분방정식에 대한 이산 상태공간 모델식을 유도하라. 여기서 입력은 $u(k)$이고 출력은 $y(k)$이다.

$$\begin{cases} y(k+1)+y(k)-v(k)=u(k) \\ v(k+1)+v(k)-y(k)=0 \end{cases}$$

9.11 다음의 펄스 전달함수 $G(z)[=y(z)/u(z)]$로 표현된 이산시간 시스템을 위상변수 표준형 상태공간 모델식으로 표현하라.

(1) $G(z)=\dfrac{z+3}{z^2+2z+4}$　　(2) $G(z)=\dfrac{10}{5z^3+2z^2-z}$

(3) $G(z)=\dfrac{2z^2-1}{z^3-z^2+1}$

9.12 다음과 같은 이산 상태방정식과 초기조건이 주어졌을 때, 상태벡터 $\mathbf{x}(k)$의 응답을 구하라.

(1) $\mathbf{x}(k+1)=\begin{bmatrix}1 & -2\\ -1 & 1\end{bmatrix}\mathbf{x}(k);\qquad \mathbf{x}(0)=\begin{Bmatrix}-4\\ 0\end{Bmatrix}$

(2) $\mathbf{x}(k+1)=\begin{bmatrix}0 & 1 & 0\\ -1 & 0 & 1\\ -2 & 1 & -2\end{bmatrix}\mathbf{x}(k)+\begin{bmatrix}0\\ 1\\ -1\end{bmatrix}(-1)^k;\qquad \mathbf{x}(0)=\begin{Bmatrix}0\\ 0\\ 0\end{Bmatrix}$

9.13 다음 그림과 같은 시스템에 대한 상태공간 모델식을 유도하라.

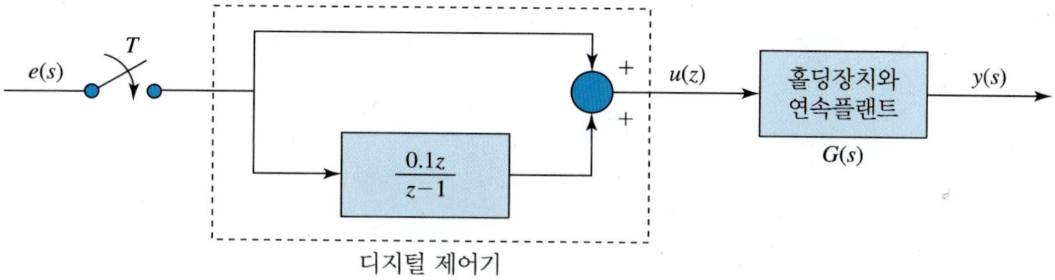

연속시간 시스템 $G(s)$에 대한 이산 상태공간 모델식은 다음과 같다.

$$\mathbf{x}(k+1)=\begin{bmatrix}0.9 & 1 & 0\\ 0 & 0.9 & 0\\ 0 & 0 & 0.5\end{bmatrix}\mathbf{x}(k)+\begin{bmatrix}0\\ 0\\ 1\end{bmatrix}u(k)$$

$$y(k)=[1\ \ 1.5\ \ 1.3]\,\mathbf{x}(k)$$

9.14 연속시간 제어시스템 설계 시 일반적으로 바람직한 극점의 위치를 다음 그림과 같이 $s-$평면에서 빗금 친 부분에 놓이도록 하고 있다.

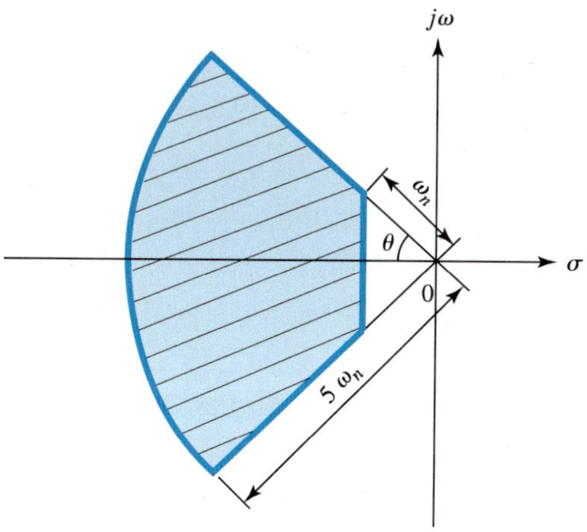

여기서 감쇠비 $\zeta \geq 0.707$인 영역에 극점이 위치하고 적절한 응답속도를 갖도록 원점에서 대표극점을 잇는 직선이 실수축과 이루는 각도 $\theta = 45°$, 고유주파수 $\omega_n = 1$ rad/sec라고 가정한다. 이 경우 샘플링 주기 $T = 0.1$초일 때 $z-$평면에 대응되는 영역을 표시하라.

9.15 다음 그림은 어떤 수조 시스템을 위한 디지털 제어시스템의 블록선도이다.

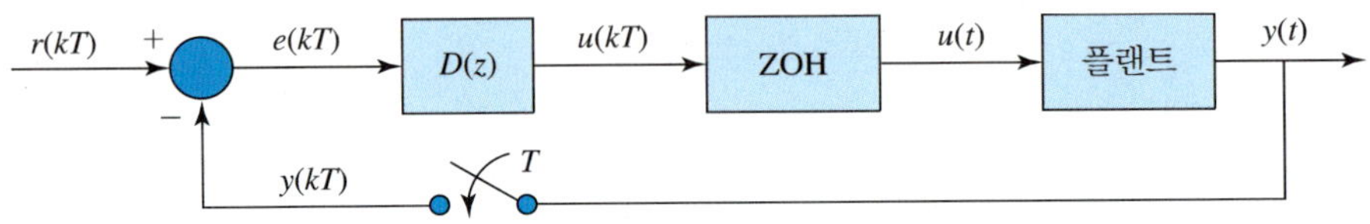

여기서 플랜트의 상태방정식은 다음과 같다.

$$\dot{\mathbf{x}}(t) = \begin{bmatrix} -0.0197 & 0 \\ 0.0178 & -0.0129 \end{bmatrix} \mathbf{x}(t) + \begin{bmatrix} 0.0263 \\ 0 \end{bmatrix} u(t)$$

$$y(t) = [0 \quad 1]\,\mathbf{x}(t)$$

그리고 샘플링 주기 $T = 12$초이다.

(1) 폐루프 시스템의 펄스 전달함수 $T(z)$를 구하라.

(2) 비례 제어기 $[D(z) = K]$를 사용하는 경우와 적분 제어기 $\left[D(z) = \dfrac{K}{1 - z^{-1}}\right]$를 사용하는 경우에 대하여 단위스텝입력을 가했을 때의 정상상태오차를 구하라.

9.16 다음 그림과 같은 디지털 제어시스템에 대한 물음에 답하라.

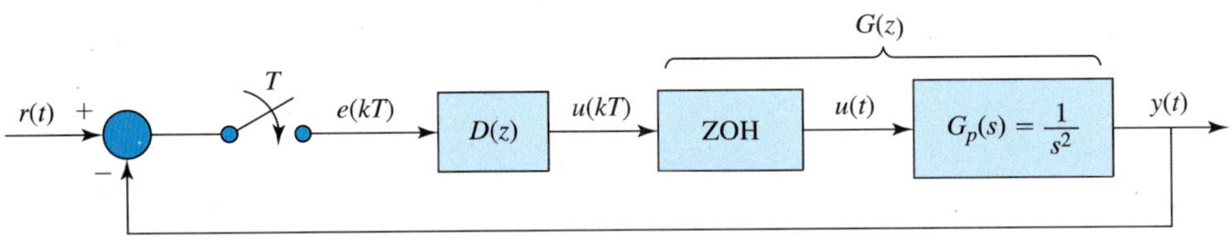

(1) 샘플링 주기 $T = 1$초일 때 $G(z)$를 구하라.

(2) 디지털 제어기 $D(z) = K$일 때 폐루프 시스템이 안정한 K의 범위를 구하라.

(3) 폐루프 시스템의 안정도를 개선하기 위하여 다음 그림과 같이 속도감지기를 사용하기로 하였다.

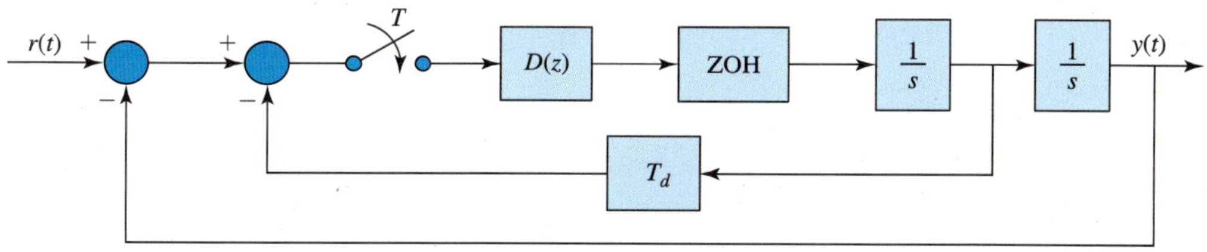

이 새로운 폐루프 시스템에 대한 전달함수 $T(z)$를 구하라. 여기서 샘플링 주기 $T=1.5$초이다. 그리고 이 제어시스템의 성능과 안정도를 비례 제어시스템의 경우와 비교 평가하라.

9.17 다음 그림과 같은 자동조종장치에 대하여 생각하기로 한다.

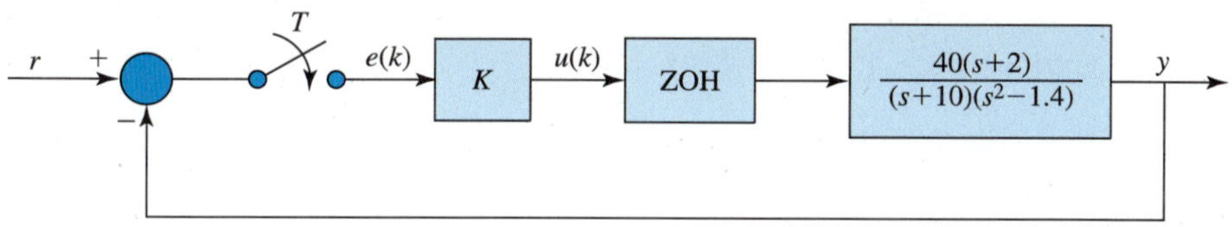

(1) 샘플링 주기 $T=1$초일 때 펄스 전달함수 $G(z)=\dfrac{y(z)}{u(z)}$를 구하라.

(2) 폐루프 시스템이 안정하기 위한 K의 범위를 구하라.

(3) 근궤적을 도시하라.

(4) 아날로그 제어기를 사용하여 시스템이 안정하기 위한 K의 범위를 구해 (2)의 결과와 비교하라.

9.18 다음 디지털 제어시스템에 대한 물음에 답하라. 플랜트 전달함수 $G(s)=\dfrac{0.25}{s+1}$이고, 디지털 제어법칙 $u(k)$는 다음과 같다.

$$u(k)=u(k-1)+K_p\{e(k)-e(k-1)\}$$

그리고 샘플링 주기 $T=0.1$초이다.

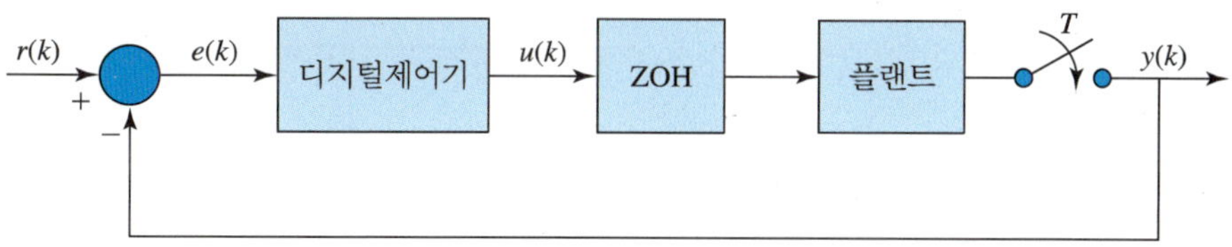

(1) 디지털 제어시스템이 안정한 K_p 값의 범위를 구하라.

(2) 안정한 K_p의 최댓값의 1/2로 K_p를 선정할 때 단위램프입력에 대한 정상상태오차를 구하라.

9.19 다음과 같은 이산시간 폐루프 제어시스템이 있다. 플랜트 전달함수 $G(s)$와 제어 법칙 $u(k)$는 각각 다음과 같다.

$$G(s) = \frac{0.25}{s+1}$$
$$u(k) = u(k-1) + K_p e(k) - 0.9512 K_p e(k-1)$$

여기서 $e(k)$는 오차신호이고, 샘플링 주기 $T = 1$초이다.

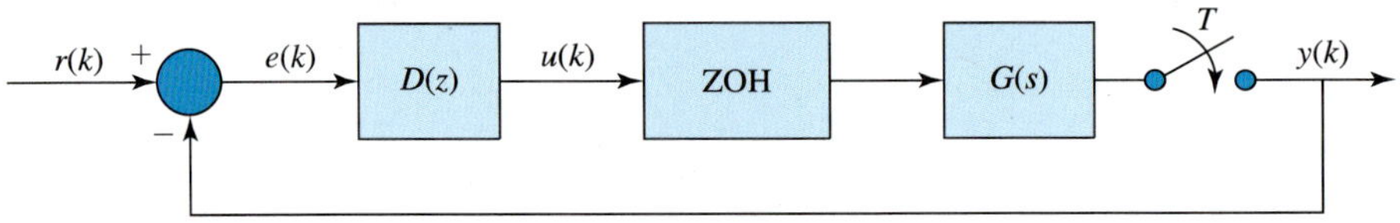

(1) 시스템이 안정한 K_p의 최댓값을 구하라.

(2) 단위램프입력 kT, $k = 0, 1, \cdots$에 대한 정상상태오차를 게인 K_p의 함수로 표시하라. 그리고 게인 K_p 값이 (1)에서 구한 최댓값으로 선정될 때 정상상태오차를 구하라.

9.20 다음 그림과 같은 수조 시스템에서 두 번째 수조의 수위 $h_2(t)$를 위의 수조로 들어오는 유량 $u(t)$를 이용하여 조절하려고 한다.

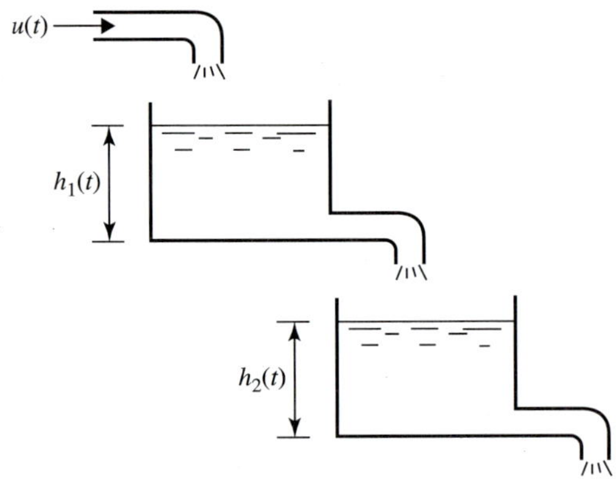

시스템의 상태벡터 $\mathbf{x}(t) = [h_1(t) \;\; h_2(t)]^T$로 선정하였고, 실험에 의해 다음과 같은 상태공간 모델식을 얻었다.

$$\dot{\mathbf{x}}(t) = \begin{bmatrix} -0.0197 & 0 \\ 0.0178 & -0.0129 \end{bmatrix} \mathbf{x}(t) + \begin{bmatrix} 0.0263 \\ 0 \end{bmatrix} u(t)$$

$$y(t) = [0 \ \ 1]\mathbf{x}(t)$$

(1) ZOH를 포함하는 수조 시스템에 대하여 샘플링 주기 $T = 12$초일 때의 이산시간 상태공간 모델식을 구하고 개루프 시스템의 안정도를 평가하라.

(2) 펄스 전달함수 $G(z)$를 구하라.

(3) 단위 피드백을 이용하여 $D(z) = K$(비례 제어기) 또는 $D(z) = K/(1 - z^{-1})$(적분 제어기)를 플랜트에 결합하고자 한다. 단위스텝입력에 대한 두 제어시스템의 정상상태오차를 비교하라. 제어게인 K는 감쇠비 $\zeta = 0.707$이 되도록 선정되었다.

(4) 위에서 제안된 두 디지털 제어시스템의 상승시간, 퍼센트 오버슈트, 정착시간을 비교 평가하라.

9.21 개루프 전달함수 $G(s)$가 다음과 같은 단위 피드백 제어시스템이 있다.

$$G(s) = \frac{2500}{s(s+10)}$$

이 제어시스템에 다음과 같은 뒤짐 제어기 $K(s)$를 첨가하면 $50°$의 위상여유를 얻을 수 있다.

$$K(s) = \frac{1 + s/1.25}{1 + 50s}$$

전향-직사각형 방법, 후향-직사각형 방법, Tustin 방법, 극점-영점 대응법, 수정된 극점-영점 대응법을 이용하여 이 제어기의 등가 디지털 제어기를 구현하라. 샘플링 주기 $T = 1/5\omega_b$로 한다. ω_b는 폐루프 제어시스템의 대역폭이다.

9.22 다음의 전달함수 $K(s)$는 $\omega_1 = 3$ rad/sec에서 약 $60°$의 위상앞섬을 추가하기 위하여 설계된 앞섬 제어기의 전달함수이다.

$$K(s) = \frac{s+1}{0.1s+1}$$

(1) 연속 제어시스템의 디지털화 근사법인 Tustin 방법, 극점-영점 대응법에 의해 설계된 디지털 앞섬 제어기 $D(z)$의 극점과 영점을 z-평면에 도시하라. 그리고 $z_1 = e^{j\omega_1 T}$에서 제어기에 의하여 주어지는 위상앞섬의 크기를 계산하라. 여기서 샘플링 주기 $T = 0.25$초이다.

(2) 위의 두 근사법으로 설계된 디지털 앞섬 제어기에 대한 크기 Bode 선도를 그리

고 그 특징을 비교하라($0.1 \le \omega < 100$). 도움말: 크기 Bode 선도는 다음과 같이 주어진다.

$$|D(z)| = |D(e^{j\omega T})|$$

9.23 어떤 이산시간 제어시스템에서 ZOH를 포함하는 플랜트 전달함수 $G(z)$가 다음과 같이 표현된다.

$$G(z) = \frac{1.338(z+0.7531)}{z^2 - 0.9398z + 0.4347}$$

그리고 샘플링 주기 $T = 0.01$초이다. 제어기 $D(z)$의 영점이 플랜트 $G(z)$의 극점을 상쇄하고 속도오차상수 $K_v = 1$이 되는 디지털 PID 제어기 $D(z)$를 설계하라. 그리고 단위스텝응답을 도시하고 최대 오버슈트양을 구하라. PID 제어기 $D(z)$의 형태는 다음과 같다.

$$D(z) = K_p + \frac{K_i T(z+1)}{2(z-1)} + \frac{K_d(z-1)}{Tz}$$

9.24 전진속도가 일정한 어떤 잠수함의 심도 제어 문제이다. 이 시스템의 상태공간 모델식은 다음과 같이 표현된다.

$$\dot{\mathbf{x}}(t) = \begin{bmatrix} 0 & 1 & 0 \\ -0.007 & -0.111 & 0.12 \\ 0 & 0.07 & -0.3 \end{bmatrix} \mathbf{x}(t) + \begin{bmatrix} 0 \\ -0.095 \\ 0.072 \end{bmatrix} u(t)$$

$$y(t) = [1 \ 0 \ 0]\mathbf{x}(t)$$

여기서

$$\mathbf{x}(t) = [\theta \ \dot{\theta} \ \alpha]^T$$
$$u(t) = \delta_s(t)$$

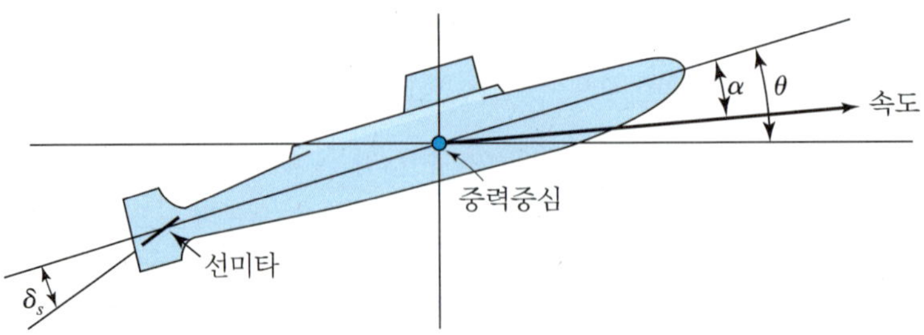

(1) 개루프 시스템의 안정도 및 성능을 평가하라.

(2) 이산시간 근사화를 수행하여 선미타(stern plane) $\delta_s(t)$에 $30°$의 스텝입력을 가했을 때의 출력응답 $\theta(t)$를 구하라. 여기서 초기조건은 0이고 샘플링 주기 $T=2$초이다.

(3) 샘플링 주기 $T=1$초로 했을 때 (2)와 같은 절차를 수행하고 (2)의 결과와 비교 평가하라.

(4) 개루프 시스템보다 응답속도가 2배 빠르고, 스텝입력에 대한 정상상태오차가 발생하지 않으며, 위상여유가 $60°$로 되는 디지털 제어시스템을 직접 및 간접 설계법을 이용해 설계하라. 그리고 설계된 두 디지털 제어시스템으로 비교 평가하라. 여기서 샘플링 주기 $T=1$초로 한다.

9.25 플랜트 전달함수 $G(s)$가 다음과 같은 시스템에 대하여 상태 피드백을 이용한 이산시간 폐루프 시스템을 설계하고자 한다.

$$G(s) = \frac{10}{s^2 + 0.18s + 9}$$

(1) 샘플링 주기 $T=1$초로 하여 플랜트 이산시간 상태공간 모델로 표현하라.

(2) 감쇠비 $\zeta = 0.5$, 고유주파수 $\omega_n = 4$ rad/sec가 되도록 상태 피드백 제어 법칙 $u = -\mathbf{Gx}$를 선정하라.

(3) 설계된 이산시간 상태 피드백 제어시스템에 대한 단위스텝응답을 도시하고 시스템의 성능을 분석하라.

부록 A MATLAB의 기본적인 사용방법 및 명령어

A.1 MATLAB의 기본적인 사용방법

이 부록은 제어시스템공학의 문제를 해결하는 데 사용되는 MATLAB(MATrix LABoratory)의 기본적인 사용방법 및 명령어에 대해 소개한다. MATLAB은 수학이나 공학적인 수치 계산들을 행렬의 형식으로 처리하는 고성능 컴퓨터 소프트웨어 패키지이다. 행렬 연산을 위해 전용으로 만들어진 컴퓨터 언어의 일종으로 생각하면 된다. MATLAB에서 사용하는 모든 변수는 행렬이다. 즉, MATLAB은 오직 한 가지의 데이터 형식(행렬이나 벡터)을 가진다. MATLAB은 또한 그래픽화된 결과를 얻을 수 있도록 하는 확장 도구를 포함하고 있다.

화면상에서의 도움 기능

MATLAB 명령어에 관한 정보를 'help' 명령어를 사용하여 화면상에서 볼 수 있다. 'help'를 입력하면 Help 항목에 대한 목록이 나타난다. 이와 같이 'help' 명령어를 입력하면 알고 싶은 명령에 관한 정보를 얻을 수 있다. 예를 들어 'step' 명령어에 관해 알고 싶다면, 'help step'이라고 입력하면 된다.

MATLAB 실행과 종료

MATLAB을 실행하기 위해서는 MATLAB이 설치된 컴퓨터에서 'MATLAB'이라고 입력하면 된다. 이때 MATLAB Command Window 창에 '≫'가 나타난다. 그러면 MATLAB 프로그램을 시작할 수 있다. 그리고 프로그램을 종료하기 위해서는 MATLAB 창의 닫기 버튼을 클릭하거나 명령어 'exit' 또는 'quit'를 입력한다.

MATLAB의 작동

MATLAB은 명령을 입력하는 즉시 작동된다(command-driven mode). 한 라인의 명령을 입력했을 때 그것을 즉시 계산하여 그 결과를 화면에 나타낸다. 그리고 MATLAB은 명령 실행 순서를 기억하고 있다. 위쪽 화살표를 사용하여 가장 최근에(프로그램 실행 후부터) 사용한 명령어부터 호출할 수 있다.

MATLAB 명령의 일반적인 형태는 다음과 같다.

[출력1, 출력2, ⋯] = 명령어(속성1, 속성2, ⋯)

MATLAB에서의 변수

MATLAB의 편리한 점은 변수를 사용하기 전에 차원을 지정할 필요가 없다는 것이다. MATLAB에서는 변수가 한번 사용되면 그 변수는 자동적으로 처리된다(변수의 차원은 필요하다면 나중에 변경할 수 있다). 그러한 변수들은 'quit'나 'exit'가 입력될 때까지 메모리에 저장되어 있다. 작업공간(workspace)에 있는 변수들의 목록을 보고 싶다면 'who'라고 입력하면 된다. 그러면 현재 작업공간에 있는 모든 변수들이 화면에 나타난다. 그리고 'clear' 명령을 사용하면 작업공간상에 있는 일시적인 모든 변수들을 삭제할 수 있다. 만일 'x'와 같은 어떤 특정한 변수를 삭제하고자 한다면 'clear x'라고 입력하면 된다.

'%'로 시작되는 프로그램 라인

MATLAB 프로그램에는 필요에 따라 프로그램상에 설명을 덧붙여 해설을 첨가할 수 있다. MATLAB 프로그램에서 '%'로 시작한다는 것은 해설이나 주석문이라는 뜻이다. '%' 표시는 C++의 '//'와 같다. '%'로 시작되는 라인은 실행되지 않는다. 다시 말해서 MATLAB 프로그램상의 '%' 뒤에 있는 모든 내용은 무시된다. 만일 해설이나 참조의 내용이 길어 한 개 이상의 라인이 필요하다면 각 라인을 '%'로 시작해야 한다.

‘ ; ’ (세미콜론)의 사용

세미콜론은 결과가 화면에 나타나지 않도록 하는 데 사용된다. 만약 명령 문자의 마지막 글자가 세미콜론으로 끝난다면, 그 결과가 화면에 나타나지 않는다. 즉, 명령은 실행되지만 결과는 보이지 않는다. 중간 계산 결과를 출력할 필요가 없을 때 이 기능은 유용하게 사용된다. 또한 행렬을 입력할 때, 행의 마지막을 나타내는 데에도 사용한다. 단, 마지막 열, 마지막 행에서는 필요 없다.

‘ : ’ (콜론)의 사용

콜론은 벡터를 생성하는 데, 그리고 특정 부분을 반복하는 데 사용된다. 예를 들어 j:k는 [j j+1 … k]와 같다. A(:,j)는 행렬 A의 j번째 열이다. A(i,:)는 행렬 A의 i번째 행이다.

한 라인에 표시할 수 없는 긴 문장의 경우

일반적인 문장은 Enter로 끝낸다. 그러나 문장이 길어서 한 라인에 들어갈 수 없다면, 다음 예와 같이 3개 이상의 마침표(.)를 입력하고 Enter를 치면 그다음 라인에 있는 문장이 계속된다는 것을 의미한다.

예
```
x = 1.5 + 3.2 + 4.5 + 0.686 + 3354...
      + 65.45 + 27.25 - 54.67 + 273;
```

위 식에서 ‘+’, ‘−’, ‘=’ 표시 전후의 띄어쓰기는 선택사양이지만, 이러한 공간이 있으면 문장을 읽을 때 편하다.

한 라인에 여러 문장을 입력할 때

여러 문장을 콤마(,)나 세미콜론(;)으로 구분함으로써 짧은 여러 문장들을 한 라인에 쓸 수 있다.

예
```
plot(x, y, 'o'), text(1, 20, 'System A'), text(2, 30, 'System B')
plot(x, y, 'o'); text(1, 20, 'System A'); text(2, 30, 'System B')
```

제어시스템 해석 및 설계에 사용되는 MATLAB 명령어 및 행렬 함수

MATLAB은 미리 정의된 함수들을 많이 가지고 있다. 사용자들은 여러 가지 형태의 제어 문제를 해결하기 위해 이를 활용할 수 있다. 표 A.1에는 제어시스템공학 문제를 해결하는 데 일반적으로 많이 사용되는 주요한 MATLAB 명령어 및 행렬 함수들이 요약되어 있다.

표 A.1 MATLAB 명령어 및 행렬 함수

명령어	설명
abs	절댓값의 크기
angle	위상각
ans	가장 최근의 답
atan	arctangent 함수
axis	축의 척도 임의 지정
bode	Bode 선도 작도
clear	작업공간 청소
clg	그래프 화면 청소
computer	컴퓨터 종류
conj	복소 공액
conv	합성(convolution)적분
cos	cosine 함수
cosh	hyperbolic cosine 함수
ctrb	가제어성행렬
deconv	나누기 합성적분
det	행렬식
diag	대각선(diagonal) 행렬
eig	고윳값, 고유벡터
exit	프로그램 종료
exp	지수함수
expm	행렬 지수함수
eye	단위행렬
feedback	선형 시불변 시스템의 피드백 등가
format long	15자리로 출력값 표기(예: 1/3 ⇒ 0.333333333333333)
format long e	(예: 1/3 ⇒ 3.333333333333333e−001)
format short	5자리로 출력값 표기(예: 1/3 ⇒ 0.3333)
format short e	(예: 1/3 ⇒ 3.3333e−001)
freqs	Laplace 변환 주파수응답
freqz	z−변환 주파수응답
grid	그리드선 그리기
hold	현 상태 화면의 그래프 유지

표 A.1 (계속)

명령어	설명
i	$\sqrt{-1}$
imag	허수부
inf	무한대(∞)
inv	역행렬
j	$\sqrt{-1}$
length	벡터의 길이(행의 수)
linspace	선형 스케일로 표현한 벡터
log	자연 로그
loglog	로그 $x-y$ 좌표 선도 작도
logm	행렬로그
logspace	로그 스케일로 표현한 벡터
log10	상용로그
lqe	LQ 추정기 설계
lqr	LQ 레귤레이터 설계
max	최댓값
mean	평균값
min	최솟값
margin	게인여유, 위상여유, 게인교차주파수
nichols	Nichols 선도 작도
nyquist	Nyquist 선도 작도
obsv	가관측성행렬
ones	상수
parallel	시스템들의 병렬 등가
pi	π
place	극점 배치
plot	선형 $x-y$ 좌표선도 작도
polar	극좌표선도 작도
poly	특성 다항식
polyfit	다항식 곡선맞춤(curve fitting)
polyval	다항식 평가(evaluation)
polyvalm	행렬다항식 평가

표 A.1 (계속)

명령어	설명
prod	벡터요소의 곱, 행렬은 각 열요소의 곱
quit	프로그램 종료
rand	난수(random number) 발생
rank	행렬의 랭크 계산
real	실수부
rem	나머지
residue	부분분수 전개
rlocus	근궤적선도 그리기
roots	다항식의 근
semilogx	부분 로그 $x-y$ 좌표선도 작도(x축만 로그 좌표)
semilogy	부분 로그 $x-y$ 좌표선도 작도(y축만 로그 좌표)
series	시스템들의 직렬 등가
sign	$\text{sign}(x) = x/\text{abs}(x)$
sin	sine 함수
sinh	hyperbolic sine 함수
size	행과 열의 차원
sqrt	제곱근
sqrtm	행렬 제곱근
ss2tf	상태공간 모델식을 전달함수로 변환
ss2zp	상태공간 모델식의 영점 및 극점 구하기
std	표준편차
step	스텝응답곡선 작도
sum	요소의 합
subplot	그래픽 화면 분할
svd	특이값분해
tan	tangent 함수
tanh	hyperbolic tangent 함수
text	텍스트의 임의 위치 삽입
tf2ss	전달함수를 상태공간 모델식으로 변환
title	선도 제목 붙이기
trace	주대각선 요소의 합(trace)

표 A.1 (계속)

명령어	설명
who	현재 메모리에 있는 모든 변수 목록
xlabel	x축 label
ylabel	y축 label
zeros	0 벡터, 0 행렬[예: zeros(n) ⇒ 0의 $n \times n$ 행렬]
zp2tf	영점과 극점으로 전달함수 구하기
행렬 함수	**설명**
A'	**A**의 복소공액 전치행렬
A.'	**A**의 전치행렬
A(:,j)	**A**의 j번째 열
A(i,:)	**A**의 i번째 행
eye(n)	$n \times n$ 단위행렬
zeros(n)	$n \times n$ 영행렬
det(A)	**A**의 행렬식
inv(A)	**A**의 역행렬
pinv(A)	**A**의 가역행렬

출력의 형태를 정하는 방법

만약 행렬의 요소 중 적어도 한 개가 정수가 아니라면, 가능한 출력의 형태는 다음과 같이 네 가지가 있다. 구체적인 예로, 벡터 $\mathbf{x} = [4/3\ 1.2345\mathrm{e}^{-6}]$일 때 각 출력의 형태에 따른 출력 **x**가 괄호 안에 표시되어 있다.

format short	(1.3333 0.0000)
format long	(1.3333333333333338 0.000001234500000)
format short e	(1.3333E + 000 1.2345E − 006)
format long e	(1.333333333333338E + 000 1.234500000000003E − 006)

format long 출력인 경우, 위의 예에서도 보인 바와 같이 마지막 끝자리의 값은 정확하지 않다. 그리고 출력 형태가 한번 설정되면 출력 형태가 변경될 때까지 그 형태는 계속 지속되며, MATLAB이 실행된 후 어떠한 출력 형태의 명령이 주어지지 않는다면 MATLAB은 format short 형태로 수치를 표시한다. 그러나 MATLAB에서의 모든 계산은 배정도(double precision)로 실행한다.

MATLAB 종료 시 변수 저장하기

'exit'나 'quit'가 입력되면 MATLAB에 있던 모든 변수들은 소멸된다. 'exit'나 'quit' 명령을 입력하기 전에 'save' 명령을 입력하면 모든 변수들은 matlab.mat라는 이름으로 저장된다. MATLAB을 다시 실행했을 때 'load' 명령은 작업공간을 그 이전으로 되돌린다. 단, 작업 중인 폴더에 쓰기 권한이 필요하므로 적절한 폴더에 위치하고 있어야 한다.

M-파일의 작성

보통 긴 MATLAB 프로그램은 MATLAB Command Window 창에서 작성하기 어렵다. 따라서 M-파일을 작성하는 것이 일반적이다. 명령어 창의 파일 메뉴(menu) 중에 새(new) 파일 열기에서 M-file을 선택하면 M-파일을 편집할 수 있는 메모장 화면이 자동적으로 나타난다. 이 화면에 명령어들을 나열하여 M-파일을 작성한다. 이를 MATLAB Command Window 창에서 실행하면 많은 양의 명령어들을 순차적으로 실행시킬 수 있다. M-파일의 파일이름(filename)은 확장자를 m으로 한 filename.m으로 한다. 이를 실행하기 위해서는 MATLAB 프롬프트상에서 파일이름을 입력하면 된다.

A.2 응답선도 그리기

MATLAB은 그래픽화된 출력을 얻을 수 있는 확장 도구가 있다. 명령어 'plot'을 이용하여 선형 $x-y$ 선도(plot)를 그린다. 그리고 'loglog', 'semilogx', 'semilogy', 'polar' 명령어를 이용하면 로그좌표나 극좌표선도를 그릴 수 있다. loglog 명령은 x축 및 y축 모두 로그 스케일, semilogx는 x축만 로그 스케일, semilogy는 y축만 로그 스케일로 표시한다. 그리고 polar는 데이터를 극좌표로 표시한다.

$x-y$ 선도

x와 y가 같은 차원의 벡터인 경우

$$\text{plot}(x,\ y)$$

위 명령은 x 값에 따른 y 값을 그린다.

다수의 선도 그리기

동일한 그래프상에 여러 개의 선도들을 나타내기 위해서는 다음과 같이 다수의 항으로 'plot' 명령을 해야 한다.

plot(X1, Y1, X2, Y2, ⋯, Xn, Yn)

여기서 변수 X1, Y1, X2, Y2 등은 벡터들의 쌍이다. 동일 그래프상에 X−Y 쌍(X1−Y1, X2−Y2, ⋯)의 각각의 선도가 동일 그래프상에 각 쌍들이 서로 다른 종류의 선으로 구분되어 그려진다. 또한 'hold' 명령을 사용하여 두 개 이상의 선도들을 그릴 수 있다. 'hold' 명령은 현 상태의 선도를 고정시키고, 추가되는 선도를 기존의 선도 위에 겹쳐 그린다. 'hold'를 다시 한 번 입력하면 현재의 상태가 해제된다. 이를 분명히 하기 위하여 추가하고자 할 때는 'hold on', 그리고 해제하고자 할 때는 'hold off' 명령어를 사용할 수도 있다.

새로운 그림이 그려질 때는 반드시 'hold off' 명령으로 해제해주어야 한다.

그래프 이름 및 그리드선 표시

그래프의 이해를 돕기 위하여 그래프의 제목, x축 및 y축의 이름, 그리고 데이터를 보다 정확하게 읽기 위하여 그래프 안에 그리드 선을 표시할 수 있다. 각각의 명령은 다음과 같다.

그래프 제목: title('그래프의 이름')
x축 이름: xlabel('x축 이름')
y축 이름: ylabel('y축 이름')
그리드 선: grid

그래픽 화면에 텍스트 삽입

그래픽 화면에 텍스트를 삽입하기 위해서는, 텍스트를 삽입하는 위치와 테스트 내용을 포함하는 'text' 명령을 사용한다.

text(X, Y, 'text')

여기서 X, Y는 화면상의 위치, 'text'는 텍스트의 내용을 의미한다.

예 1 점 (1, 1.25)에서 시작하여 수평으로 cos A라는 텍스트를 삽입한다.

text(1, 1.25, 'cos A')

예 2 두 선도를 서로 쉽게 구분하기 위하여 선도 1에는 A, 선도 2에는 B라는 텍스트를 삽입한다.

```
plot(X1, Y1, X2, Y2), text(X1, Y1, 'A'), text(X2, Y2, 'B')
```

선도의 구분

그래프상의 선도들을 좀 더 명확하게 구분하기 위하여 표 A.2와 같이 선, 기호 또는 색상들을 표시할 수 있다.

표 A.2 선, 기호, 색상에 의한 선도 구분

선 표시		기호 표시		색상 표시	
실선	–	점	.	빨간색	r
파선	– –	플러스	+	초록색	g
점선	:	별표	*	파란색	b
일점쇄선	–.	원	o	흰색	w
		가위표	x	선이 안 보이게	i

예 1 선도상에 x 기호를 표시한다.

```
plot(X, Y, 'x')
```

예 2 첫 번째 선도는 점선 기호로 나타내고, 두 번째 선도는 + 기호로 나타낸다.

```
plot(X1, Y1, ':', X2, Y2, '+')
```

예 3 빨간색 선으로 선도를 나타낸다.

```
plot(X, Y, 'r')
```

예 4 + 기호가 표시된 초록색 선으로 선도를 나타낸다.

```
plot(X, Y, '+g')
```

자동 작동 알고리즘

MATLAB에서 선도의 축척은 자동으로 조절된다. 조절된 선도는 다른 선도가 작도되지 않는 한 그 상태를 계속 유지한다. 다른 선도가 작도될 때는 이전의 선도는 지워지고 새로 자동적으로 축척이 조절된다. 시간응답선도, 근궤적선도, Bode 선도, Nyquist 선도 등과 같은 각종 선도는 자동 작동 알고리즘에 의해 축척이 자동적으로 작동되도록 설계되어 있지만 항상 완벽한 것은 아니다.

수동 축척 조절

특정한 영역에서 선도를 그리기 원한다면 다음과 같은 'axis' 명령을 사용한다.

V = [X-min X-max Y-min Y-max]; axis(V)

'axis(V)'는 4개의 요소로 구성된 벡터 V의 범위에 따라 축의 한계를 지정한다. 로그좌표계를 사용하는 경우에는 벡터 V의 요소에 최대 및 최소 값에 상용로그($\log_{10}$) 값을 표시한다.

'axis(V)'를 실행시키면 그 후에 작도되는 모든 선도에 대하여 현재 상태의 축 범위가 그대로 유지된다. 자동축 범위 지정으로 다시 돌아가기 위해서는 'axis'라고 다시 입력해야 한다. 그리고 'axis equal;'이라고 입력하면 선도를 실제 크기의 정사각형 축에 그린다. 이때 가로 1, 세로 1의 크기를 가진 지역의 대각선은 수평축에 대해 45°를 이룬다. 다시 일반적인 상태로 돌아가기 위해서는 'axis('normal')'이라고 입력하면 된다.

A.3 행렬 함수 계산

연산

MATLAB에서 사용하는 연산기호는 다음과 같다.

\+ : 덧셈
\- : 뺄셈
* : 곱셈
^ : 거듭제곱
/ : 우측 나눗셈(예: 2/3 → 2÷3)
\ : 좌측 나눗셈(예: 2\3 → 3÷2)

놈

행렬의 놈(norm)은 행렬의 크기를 나타내는 양이다. 행렬 **A** 또는 벡터 **x**의 놈을 구하기 위한 명령어는 각각 다음과 같다.

norm(A)

norm(x)

예

```
x = [4 9 6];
norm(x)

ans =

    11.5326
```

고윳값, 고유벡터

정방행렬 **A**의 고윳값을 구하기 위한 명령어는 다음과 같다.

'eig(A)'

예

```
A = [0 1.5 ; -1.5 0];
eig(A)

ans =

          0 + 1.5000i
          0 - 1.5000i
```

정방행렬 **A**의 고윳값 및 고유벡터를 구하기 위한 명령어는 다음과 같다.

[X, D] = eig(A)

여기서 D는 대각선 요소가 행렬 **A**의 고윳값으로 이루어진 대각선행렬이고, X는 대각선행렬 **D**의 대각선 요소에 대응하는 고유벡터로 이루어진 고유벡터행렬이다. 각 고유벡터의 놈은 1로 지정된다.

예

```
A = [0 1 0; 0 0 1; -6 -11 -6];
[X, D] = eig(A)

X =

   -0.5774    0.2182   -0.1048
    0.5774   -0.4364    0.3145
   -0.5774    0.8729   -0.9435

D =

   -1.0000         0         0
         0   -2.0000         0
         0         0   -3.0000
```

특성방정식

시스템의 특성방정식의 근은 시스템행렬 **A**의 고윳값과 같다. 그러므로 시스템행렬 **A**가 주어지면 시스템의 특성다항식을 다음과 같이 구할 수 있다.

p = poly(A)

예

```
A = [0 1 0; 0 0 1; -6 -11 -6];
p = poly(A)

p =

    1.0000    6.0000    11.0000    6.0000
```

위의 예에서 p는 특성다항식을 의미한다.

$$p = s^3 + 6s^2 + 11s + 6$$

그리고 특성방정식($p = 0$)의 근은 다음과 같이 'roots' 명령을 사용하여 구할 수 있다.

예

```
r = roots(p)

r =

   -3.0000
   -2.0000
   -1.0000
```

또한 특성방정식의 근으로부터 특성다항식을 재구성할 수도 있다. 그 명령은 다음과 같다.

```
q = poly(r)
```

예

```
q = poly(r)

q =

    1.0000    6.0000    11.0000    6.0000
```

다항식의 곱

다항식의 곱(product)은 계수의 합성적분이다. 두 다항식 $a(s)$와 $b(s)$를 곱하기 위한 명령은 'conv(a, b)'이다.

예 다음과 같은 두 다항식 $a(s)$와 $b(s)$를 곱한 다항식을 구하기로 한다.

$$a(s) = s^2 + 2$$
$$b(s) = s^3 + s^2 + 10s + 4$$

```
a = [1 0 2];
b = [1 1 10 4];
c = conv(a, b)

c =

    1    1    12    6    20    8
```

다항식 $a(s)$와 $b(s)$를 곱하여 얻은 다항식 $c(s)$는 다음과 같다.

$$c(s) = s^5 + s^4 + 12s^3 + 6s^2 + 20s + 8$$

다항식 나누기

다항식 $c(s)$를 다항식 $a(s)$로 나누기 위한 명령어는 다음과 같다.

```
[q, r] = deconv(c, a)
```

여기서 q는 몫이고 r는 나머지이다.

예

```
[q, r] = deconv(c, a)

q =

     1     1    10     4

r =

     0     0     0     0     0     0
```

복소변수의 크기와 위상

복소변수 $z=x+iy=re^{i\theta}$의 크기(magnitude) r와 위상(phase) θ는 각각 다음과 같이 표현한다.

```
r = abs(z)
theta = angle(z)
```

또한 복소변수의 크기 r와 위상 θ를 이용하여 복소변수 z를 다음과 같이 표현할 수 있다.

```
z = r*exp(i*theta)
```

대각선행렬

명령 'diag(x)'는 대각선 요소가 벡터 **x**로 이루어진 대각선행렬을 만든다. 예를 들어 벡터 **x**가 $1\times n$인 1의 행벡터(x = [ones(1, n)])일 때, 'diag([ones(1, n)])'은 다음과 같이 $n\times n$ 단위행렬을 만든다.

예

```
diag([ones(1,4)])

ans =

     1     0     0     0
     0     1     0     0
     0     0     1     0
     0     0     0     1
```

그리고 정방행렬 **A**의 대각선 요소로 이루어지는 벡터를 구하기 위해서는 'diag(A)' 명령을 사용한다. 'diag(diag(A))' 명령은 벡터 diag(A)의 요소가 대각선에 있는 대각선행렬을 만든다.

예

```
A = [1 2 3 ; 4 5 6 ; 7 8 9 ];
diag(diag(A))

ans =

     1     0     0
     0     5     0
     0     0     9
```

또한 명령 'diag(0:n)'은 대각선 요소가 0부터 n까지인 $(n+1)\times(n+1)$ 대각선행렬을 만든다. 그리고 명령 'diag(0, n)'은 모든 요소가 0인 $(n+1)\times(n+1)$인 영행렬을 만든다.

예

```
diag(0: 4)

ans =

     0     0     0     0     0
     0     1     0     0     0
     0     0     2     0     0
     0     0     0     3     0
     0     0     0     0     4

diag(0, 4)


ans =

     0     0     0     0     0
     0     0     0     0     0
     0     0     0     0     0
     0     0     0     0     0
     0     0     0     0     0
```

부록 B Simulink의 기본적인 사용방법

Simulink는 MATLAB에서 확장된 도구로서 동적 시스템을 시뮬레이션하는 프로그램이다. Simulink는 모델을 정의하고 분석하는 기능이 있다. 시뮬레이션을 수행하고자 하는 시스템의 모델을 구성하거나 이전의 구성된 모델을 불러냄으로써 시작되고, 그 모델을 해석하기 위한 처리 과정으로 진행된다.

Simulink 사용 개요

다음에 사용된 영문은 화면상에서 보이는 내용과 동일하다.

- MATLAB 프롬프트에서 'Simulink'를 입력하여 Simulink Library Browser 창을 연다.
- 메뉴의 File에서 New를 클릭하여 새로운 빈 창을 연다. 이 창에서 시스템 모델을 구성할 수 있다. 이때 이 창을 실행창(active window)이라고 한다. 화면상의 창 제목은 Untitled로 되어 있으며 작업 후 저장 시에 이름을 변경할 수 있다.
- Simulink Library Browser 중에 알맞은 Library를 열어서 필요한 블록을 실행창으로 끈다. 이때 끌기 실행은 블록을 복사하는 기능이다.
- 블록들이 실행창에 위치를 잡은 후, 마우스를 사용하여 블록들의 입출구를 끌어서 서로 다른 블록들을 연결하는 선을 그린다. 이 선을 통하여 블록 간 신호가 전달된다.
- 각 블록들을 더블클릭하면 블록의 파라미터 창이 열리고 이 창에서 파라미터를 변경할 수 있다. MATLAB의 표현도 이러한 파라미터 지정에 이용될 수 있다.
- 실행창 메뉴의 File에서 Save를 클릭하여 실행창을 저장할 수 있다.
- 메뉴의 Simulation에서 Run을 클릭하여 시뮬레이션을 실행한다. 시뮬레이션 실행 중에는 메뉴 Run이 Stop으로 바뀌며, 중단하기를 원하면 Stop을 클릭한다.

• 메뉴의 Simulation에서 Model Configuration Parameters를 클릭하여 시뮬레이션되는 환경의 파라미터를 조정할 수 있다.
• Simulink Library Browser 중 Sinks에서 Scope 블록을 이용하여 시스템의 거동을 관측할 수 있다. 또한 To Workspace 블록을 사용하여 데이터를 MATLAB 작업공간으로 보낼 수 있다.
• 작업 중 에러가 발생하면 블록 간 연결을 변경하거나, 블록을 삭제하거나 추가하고, 또한 파라미터를 변경하여 수정해야 한다.

Simulink Library Browser

Simulink Library Browser 블록들의 종류는 다음과 같다.

Sources	
Band-Limited White Noise	Implemented using white noise into Zero-Order Hold block
Chirp Signal	Generate a sine wave with increasing frequency
Clock	Display and provide the simulation time
Constant	Generate a constant value
Counter Free-Running	Count up and overflow back to zero after the maximum value possible is reached for the specified number of bits
Counter Limited	Count up and wrap back to zero after outputting the specified upper limit
Digital Clock	Output simulation time at the specified sampling interval
From File	Read data from a MAT file
From Workspace	Read data from the workspace
Ground	Ground an unconnected input port
In 1	Create an input port for a subsystem or an external input
Pulse Generator	Generate square wave pulses at regular intervals
Ramp	Generate constantly increasing or decreasing signal
Random Number	Generate normally distributed random numbers
Repeating Sequence	Generate an arbitrarily shaped periodic signal
Repeating Sequence Interpolated	Output discrete-time sequence and repeat, interpolating between data points
Repeating Sequence Stair	Output and repeat the discrete time sequence
Signal Builder	Create and generate interchangeable groups of signals whose waveforms are piecewise linear

Sources	
Signal Generator	Generate various waveforms
Sine Wave	Generate a sine wave
Step	Advance the simulation by one or more methods
Uniform Random Number	Generate uniformly distributed random numbers

Sinks	
Display	Show the value of the input
Floating Scope	Display signals generated during a simulation
Out1	Create an output port for a subsystem or an external output
Scope	Display signals generated during a simulation
Stop Simulation	Stop the simulation when the input is nonzero
Terminator	Terminate an unconnected output port
To File	Write data to a file
To Workspace	Write data to the workspace
XY Graph	Display an X-Y plot of signals using a MATLAB figure window

Discrete	
Difference	Calculate the change in a signal over one time step
Discrete Derivative	Compute a discrete time derivative
Discrete Filter	Implement IIR and FIR filters
Discrete State-Space	Implement a discrete state-space system
Discrete Transfer Fcn	Implement a discrete transfer function
Discrete Zero-Pole	Implement a discrete transfer function specified in terms of poles and zeros
Discrete-Time Integrator	Perform discrete-time integration or accumulation of a signal
First-Order Hold	Implement a first-order sample-and-hold
Integer Delay	Delay a signal N sample periods
Memory	Output the input from the previous time step
Tapped Delay	Delay a scalar signal multiple sample periods and output all the delayed versions
Transfer Fcn First Order	Implement a discrete-time first order transfer function
Transfer Fcn Lead or Lag	Implement a discrete-time lead or lag compensator

Discrete	
Transfer Fcn Real Zero	Implement a discrete-time transfer function that has a real zero and no pole
Unit Delay	Delay a signal one sample period
Weighted Moving Average	Implement a weighted moving average
Zero-Order Hold	Implement a zero-order hold of one sample period

Continuous	
Derivative	Output the time derivative of the input
Integrator	Integrate a signal
State-Space	Implement a linear state-space system
Transfer Fcn	Implement a linear transfer function
Transport Delay	Delay the input by a given amount of time
Variable Time Delay	Delay the input by a variable amount of time
Variable Transport Delay	Delay the input by a variable amount of time
Zero-Pole	Implement a transfer function specified in terms of poles and zeros

Discontinuities	
Backlash	Model the behavior of a system with play
Coulomb & Viscous Friction	Model discontinuity at zero, with linear gain elsewhere
Dead Zone	Provide a region of zero output
Dead Zone Dynamic	Set inputs within the bounds to zero
Hit Crossing	Detect crossing point
Quantizer	Discretize input at a specified interval
Rate Limiter	Limit the rate of change of a signal
Rate Limiter Dynamic	Limit the rising and falling rates of the signal
Relay	Switch output between two constants
Saturation	Limit the range of a signal
Saturation Dynamic	Bound the range of the input
Wrap To Zero	Set output to zero if input is above threshold

User–Defined Functions	
Fcn	Apply a specified expression to the input
Level–2 M–file S–Function	Use a Level-2 M-file S-function in a model
MATLAB Fcn	Apply a MATLAB function or expression to the input
S–Function	Include an S-function in a model
S–Function Builder	Create an S-function from C code that you provide

Simulink 연습

플랜트 전달함수 $G(s) = \dfrac{1}{s^2+2s}$ 이고, 비례제어기 $K(s) = 10$ 인 단위 피드백 제어시스템의 단위스텝응답 선도를 Simulink를 이용해 그리기로 한다.

- MATLAB 프롬프트에서 Simulink를 입력한다. 이때 Simulink Library Browser라는 이름의 창이 열린다(그림 B.1).

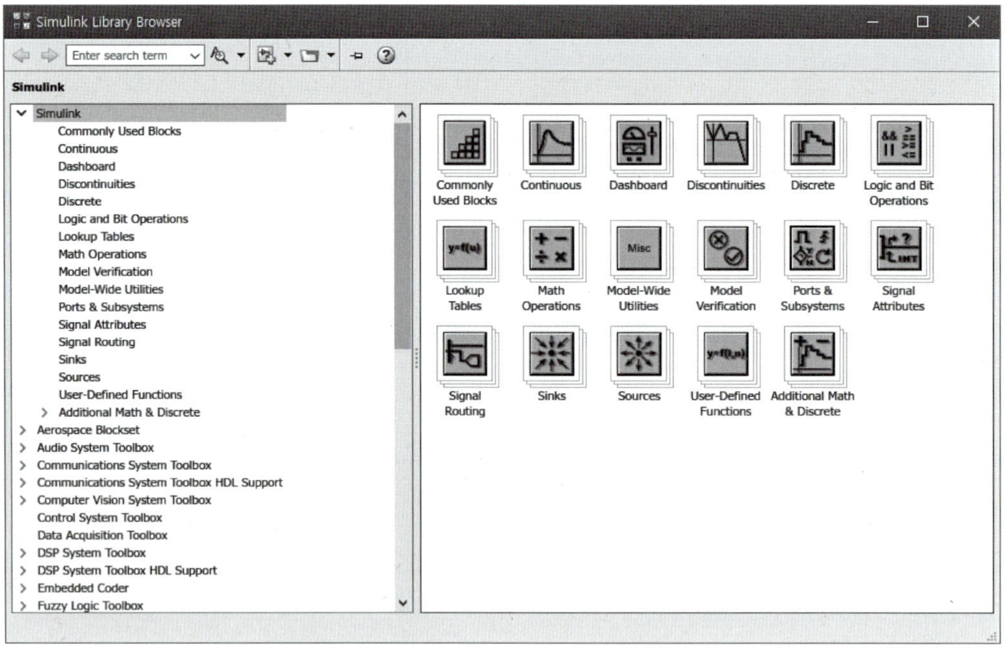

그림 B.1 Simulink Library Browser 창

- Simulink Library Browser 창 상단의 Create a Simulink model 아이콘을 클릭한다. 이때 Untitled라는 이름의 새로운 창이 열린다. 이 창을 실행창이라고 한다(그림 B.2).

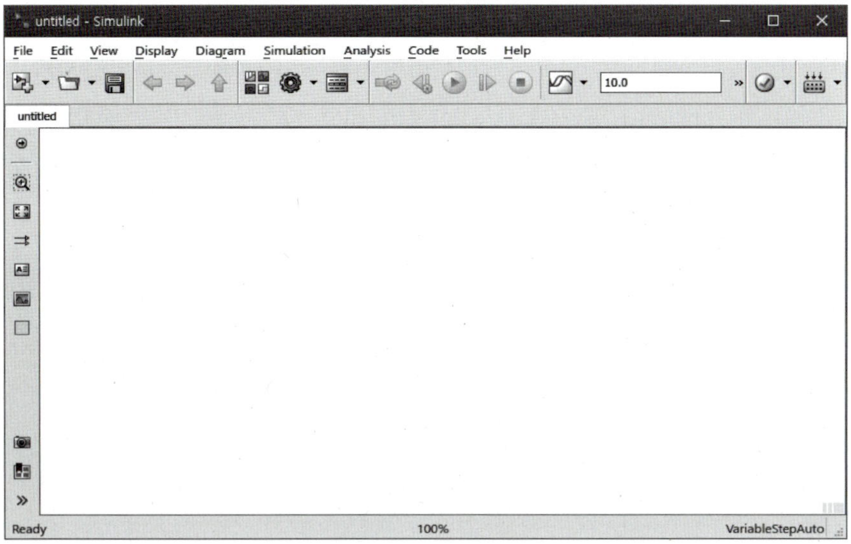

그림 B.2 실행창

- Simulink Block Library 중 Continuos를 클릭한 후, Transfer Fcn 블록을 Untitled 창으로 드래그한다. 다음으로 Sources ≫ Step을 Commonly Used Blocks ≫ Sum, Gain, Scope를 Untitled 창으로 끌어온다(그림 B.3).

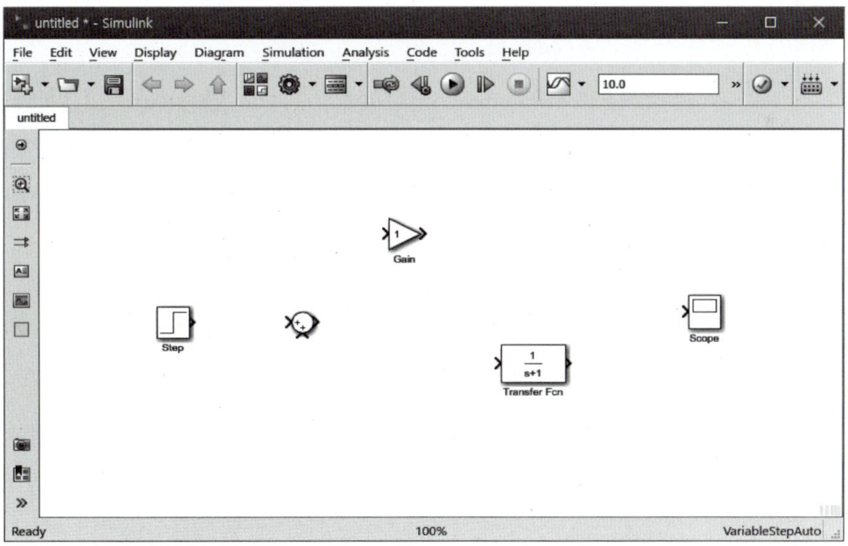

그림 B.3 Simulink 블록선도의 각 요소

- 각 블록들을 시스템에 맞게 배치한다. 이때 마우스를 사용하여 블록을 끄는 것은 블록을 이동하는 기능이 된다. 즉, 동일한 창 안에서 블록 끌기를 실행하면 이것들을 적절

한 위치에 이동시킬 수 있다(그림 B.4).

- 각 블록 간의 신호 연결을 위하여 다시 마우스를 사용하여 끌기를 실행하는데 이때는 각 블록들의 좌우에 있는 '>' 표시 부위에서 마우스를 누른 상태에서 끌면 선이 만들어진다. 이를 다른 블록의 '<' 표시까지 끌어 마우스 키를 놓으면 두 블록이 연결된다(그림 B.4).

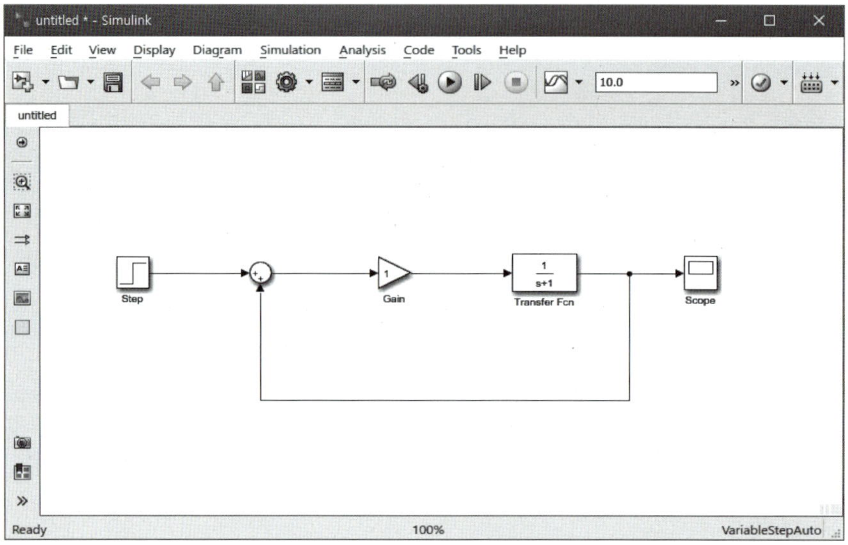

그림 B.4 Simulink 블록선도

- 각각의 블록은 더블클릭으로 파라미터 편집창을 열어서 편집할 수 있다. 그림 B.5는 Step Input 블록을 더블클릭한 경우에 나타나는 파라미터 편집창이다. 시뮬레이션이 시작됨과 동시에 Step Input을 주고자 하면 Step time의 값을 0으로 입력한다.

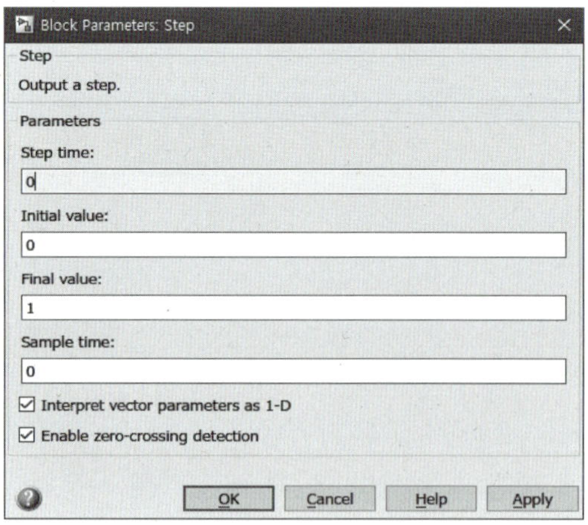

그림 B.5 Step Input 블록창

• Sum 블록을 더블클릭했을 때의 모습은 그림 B.6과 같다. Icon Shape는 Sum 블록의 형태를 원 모양 또는 사각형 모양으로 바꾸는 기능을 한다. 그리고 위의 예제는 음의 피드백이기 때문에 List of Sign에서 마지막 부호인 +를 −로 바꾼다.

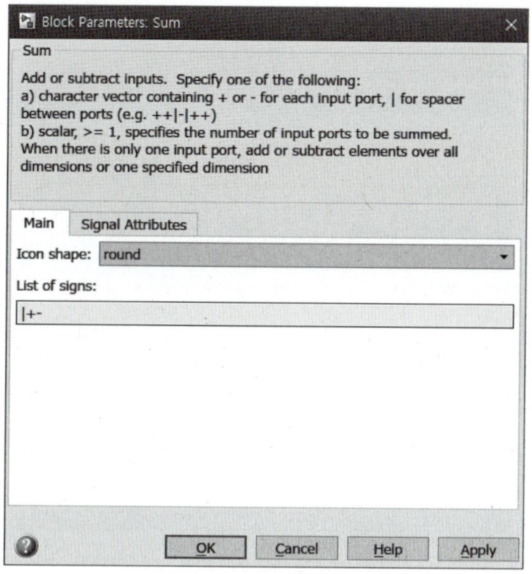

그림 B.6 Sum 블록창

• Gain 블록을 더블클릭하면 그림 B.7과 같은 그림이 나온다. 여기서는 간단히 Gain 값을 10으로 입력한다.

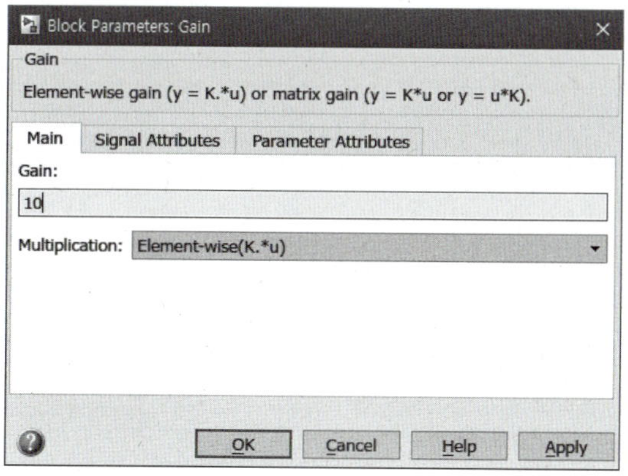

그림 B.7 Gain 블록창

• Transfer Fcn 블록을 더블클릭하면 그림 B.8과 같은 그림이 나온다. 플랜트 전달함수

가 $G(s)=\dfrac{1}{s^2+2s}$이기 때문에 Numerator coefficient를 [1], Denominator coefficient를 [1 2 0]으로 입력한다.

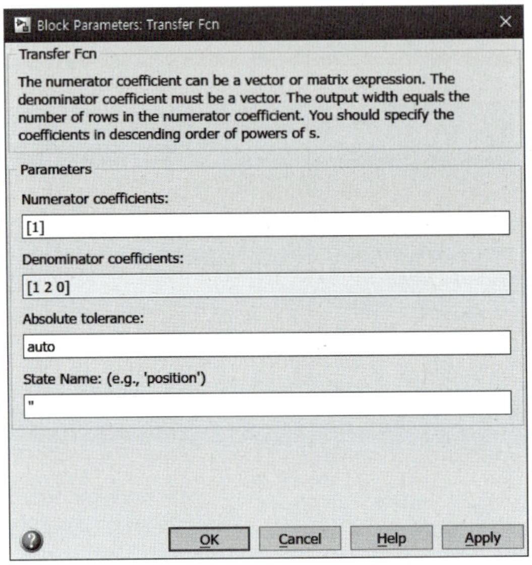

그림 B.8 Transfer Fcn 블록창

• 이상으로 블록선도를 시뮬레이션하는 준비 단계는 모두 끝났다. 그림 B.9와 같이 시뮬레이션을 실행하는 아이콘 '▶'을 클릭한다.

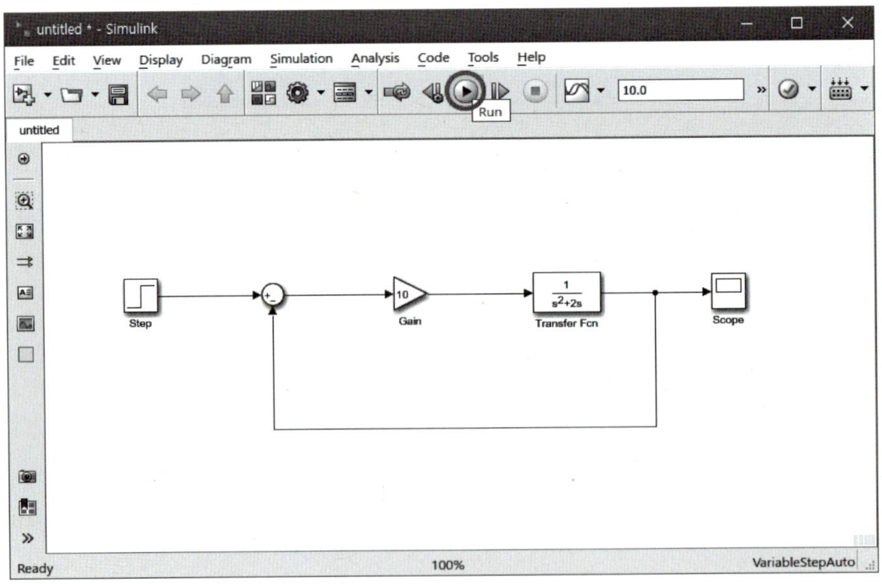

그림 B.9 시뮬레이션 실행

• 시뮬레이션을 실행하면 화면에 아무것도 나타나지 않는다. Scope 블록을 더블클릭하면 시뮬레이션 실행 결과를 알 수 있다(그림 B.10).

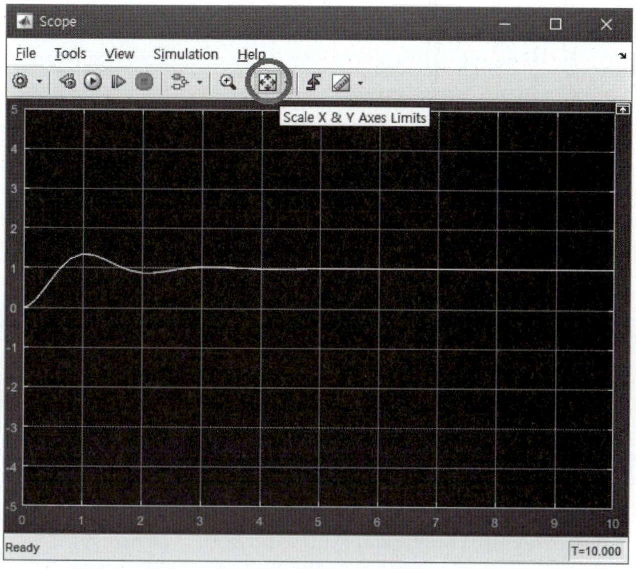

그림 B.10 단위스텝응답의 시뮬레이션 실행 결과

• Scope 창은 출력되는 데이터의 크기 값에 따라 자동으로 스케일이 조정되지만, 데이터의 길이에 맞추어 자동으로 스케일이 조정되지는 않는다. 이때 화살표가 그려진 사각형 모양의 아이콘을 클릭하여 그래프의 스케일을 조정한다(그림 B.11).

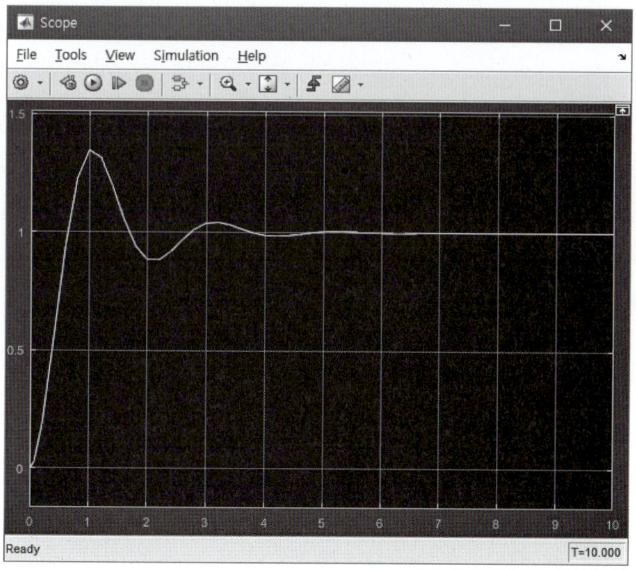

그림 B.11 단위스텝응답의 스케일 조정

참고문헌

(1) American Society of Heating, Refrigeration and Air Conditioning Engineers, *ASHRAE Handbook of Fundamentals*, New York, 1972.

(2) Andry, Jr. A. N., E. Y. Shapiro, and J. C. Chung, "Eigenstructure Assignment for Linear Systems," *IEEE Trans. on Aero. and Elec. Sys.*, Vol. AES-19, No. 5, 1983.

(3) Åström, K. J. and B. Wittenmark, *Computer-Controlled Systems*, 3rd ed., Prentice-Hall, 1996.

(4) Athans, M., "Toward a Practical Theory for Distributed Parameter Systems," *IEEE Trans. on Auto. Control*, Vol. AC-15, pp. 245~247, 1970.

(5) Athans, M., "The Role and Use of the Stochastic Linear-Quadratic-Gaussian Problem in Control System Design," *IEEE Trans. on Auto. Control*, Vol. AC-16, No. 6, pp. 529~552, 1971.

(6) Athans, M., "A Tutorial on the LQG/LTR Method." *Proc, ACC*, pp. 1289~1296, 1986.

(7) Athans, M. et al., *System, Networks and Computation, Multivariable Methods*, McGraw-Hill, 1974.

(8) Atherton, D. P., *Nonlinear Control Engineering*, Van Nostrand Company Inc., 1975.

(9) Banks, S. P., *Mathematical Theories of Nonlinear Systems*, Prentice-Hall, 1992.

(10) Bellman, R., *Dynamic Programming*, Princeton Univ. Press, 1957.

(11) Bode, H. W., *Network Analysis and Feedback Amplifier Design*, Van Nostrand Company Inc., 1945.

(12) Brewer, J. W., *Control Systems, Analysis, Design and Simulation*, Prentice-Hall, 1974.

(13) Brogan, W. L., *Modern Control Theory*, 3rd ed., Prentice-Hall, 1990.

(14) Bryson, A. E. and Y. C. Ho, *Applied Optimal Control*, Hemisphere Pub. Cor., 1975.

(15) Cadzow, J. A. and H. R. Martens, *Discrete-Time and Computer Control Systems*, Prentice-Hall, 1977.

(16) Carrier, G. F., M. Krook, and C. E. Pearson, *Functions of a Complex Variable*, McGraw-Hill, 2005.

(17) Churchill, R. V., J. W. Brown, and R. F. Verhey, *Complex Variables and Applications*, 8th ed., McGraw-Hill, 2009.

(18) Close, C. M. and D. K. Frederick, *Modeling and Analysis of Dynamic Systems*, John Wiley & Sons, 2001.

(19) Crandall, S. H., D. C. Karnopp, E. F. Kurtz, and D. C. Pridmore-Brown, *Dynamics of Mechanical and Electromechanical Systems*, R. E. Krieger Pub. Cor., 1982.

(20) Dorf, R. C., *Modern Control Systems*, 16th ed., Addison-Wesley, 2016.

(21) Doyle, J. C. and G. Stein, "Multivariable Feedback Design, Concepts for a Classical/Modern Synthesis," *IEEE Trans. on Auto. Control*, Vol. AC-26, pp. 4~16, 1981.

(22) Doyle, J. C., K. Glover, P. P. Khargonekar, and B. A. Francis, "State-Space Solutions to Standard H_2 and H_∞ Control Problems," *IEEE Trans. on Auto. Control*, Vol. AC-34, pp. 831~847, 1989.

(23) Dransfield, P., *Engineering Systems and Automatic Control*, Prentice-Hall, 1968.

(24) Evans, W. R., *Control System Dynamics*, McGraw-Hill, 1954.

(25) Evans, W. R., "Graphical Analysis of Control Systems," *Trans. of the AIEE*, Vol. 67, pp. 547~551, 1948. Also in *Automatic Control*, G. J. Thaler, ed., Dowden, Hutchinson, and Ross, Inc., pp. 417~421, 1974.

(26) Feynman, R., R. Leighton, and M. Sancs, *The Feynman Lectures on Physics, Vol. II: Mainly Electromagnetism and Matter,* Addison-Wesley, 1964.

(27) Francis, B. A., *A Course in $H\infty$ Control Theory*, Springer-Verlag, 1987.

(28) Franklin, G. F., J. D. Powell, and M. L. Workman, *Digital Control of Dynamic Systems*, 3rd ed., Addison-Wesley, 1997.

(29) Franklin, G. F., J. D. Powell, and A. Enami-Naeini, *Feedback Control of Dynamic Systems*, 7th ed., Addison-Wesley, 2014.

(30) Gelb, A. and W. E Vander Velde, *Multiple-Input Describing Function and Nonlinear System Design*, McGraw-Hill, 1968.

(31) Gelb, A., *Applied Optimal Estimation*, MIT Press, 1974.

(32) Goldberg, D. E., *Genetic Algorithm in Search Optimization and Machine Learning*, Addison-Wesley, 1989.

(33) Graham, D. and D. McRuer, *Analysis of Nonlinear Control Systems*, Dover Pub, 1961.

(34) Hedrick, J. K. and K. Youcef-Toumi, "Exact Multi-Input Pole Placement by Linear-Quadratic Synthesis," *Proc. ACC*, pp. 905~911, 1983.

(35) Holland, J. H., "Robust Algorithms for Adaptation Set in a General Formal Framework," *Proc. IEEE Symposium on Adaptive Processes-Decision and Control*, pp. 5.1~5.5, 1970.

(36) Housner, G. W. and D. E. Hudson, *Applied Mechanics*, Van Nostrand Company Inc., 1959.

(37) Hunt, L. R., R. Su, and G. Meyer, "Global Transformations of Nonlinear Systems," *IEEE Trans. on Auto. Control*, Vol. AC-28, pp. 24~31, 1983.

(38) Hurwitz, A, "On the Conditions Under Which an Equation Has Only Roots with

Nagative Real Parts," *Mathematische Annalen*, Vol. 46, pp. 273~284, 1895.

(39) Isidori, A., *Nonlinear Control Systems*, Springer-Verlag, 2007.

(40) Jackson, L. *B., Signals, Systems, and Transforms*, Addison-Wesley, 1991.

(41) Kailath, T., *Linear Systems*, Prentice-Hall, 1980.

(42) Kalman, R. E., "A New Approach to Linear Filtering and Prediction Problems," *Trans. of the ASME, J. of Basic Eng.*, Vol. 82, pp. 35~45, 1960.

(43) Kalman, R. E., *The Theory of Optimal Control and the Calculus of Variations*, in Bellman, R (ed.), *Mathematical Optimization Techniques*, Univ. of California Press, Berkeley, 1963.

(44) Karnopp, D. C., D. L. Margolis, and R. C. Rosenberg, *System Dynamics: A Unified Approach*, Wiley, 1990.

(45) Kim, J. S., "Nonlinear Multivariable Control Using Statistical Linearization and Loop Transfer Recovery," *Ph. D. Thesis, Dept. of Mechanical Eng.*, MIT 1987.

(46) Klema, V. C. and A. J. Laub, "The Singular Value Decomposition; Its Computation and Some Applications," *IEEE Trans. on Auto. Control*, Vol. AC-25, pp. 164~176, 1980.

(47) Kochenburger, R. J., "Limiting in Feedback Control Systems," *Trans. AIEE Part II*, App. Ind., Vol. 22, pp. 100~194, 1953.

(48) Kravaris, C. and C. Chung, "Nonlinear State Synthesis by Global Input/ Output Linearization," *ACC*, pp. 997~1005, 1986.

(49) Kuo, B. C., *Automatic Control Systems*, 9th ed., Prentice-Hall, 2015.

(50) Kwakernaak, H. and R. Sivan, *Linear Optimal Control Systems*, Wiley-Interscience, 1972.

(51) Lehtomaki, N. A., "Practical Robustness Measures in Multivariable Control System Analysis," *Ph. D. Thesis, Dept. of EECS*, MIT, 1981.

(52) Lewis, F. L., *Applied Optimal Control and Estimation*, Prentice-Hall, 1992.

(53) Luenberger, D. G., "An Introduction to Observers," *IEEE Trans. on Auto. Control*, Vol. AC-16, No. 6, pp. 596~602, 1971.

(54) Lyapunov, A. M., "Problème général de la stabilité du mouvement," *Ann. Fac. Sci. Toulouse*, Vol. 9, pp. 203~474, 1907.(Translation of the original paper published in 1893 in *Comm. Soc. Math. Kharkow* and reprinted as Vol. 17 in *Ann. Math. Studies*, Princeton Univ. Press, 1949.)

(55) Maciejowski, J. M., *Multivariable Feedback Design*, Addison-Wesley, 1989.

(56) Mason S. J., "Feedback Theory: Some Properties of Signal Flow Graphs," *Proc. IRE*, Vol. 41, pp. 1144~1156, 1953.

(57) Maxwell, J. C., "On Governors," *Proc. of the Royal Society of London*, Vol. 16, 1868.
(58) Mayr, O., *The Origins of Feedback Control*, MIT Press, 1970.
(59) Miller, T., R. S. Sutton, and P. J. Werbos, *Neural Networks for Control*, MIT Press, 1990.
(60) Minsky, M. L., "Theory of Neural-Analog Reinforcement Systems and its Application to the Brain-Model Problem," *Ph. D. Thesis*, Princeton University, 1954.
(61) Moody, L. F., "Friction Factors for Pipe Flow," *Trans. ASME*, Vol. 66, No. 8, pp. 671~684, 1944.
(62) Nyquist, H., "Regeneration Theory," *Bell Systems Tech. J.*, pp. 126~147, 1932.
(63) Ogata, K., *Modern Control Engineering*, 5th ed., Prentice-Hall, 2009.
(64) Paynter, H. M., *Analysis and Design of Engineering Systems*, MIT Press, 1961.
(65) Perry, R., *Chemical Engineers' Handbook*, 4th ed., McGraw-Hill, 1963.
(66) Phillips, C. L., T. Nagle, and A. Chakrabortty, *Digital Control System Analysis and Design*, 4th ed., Prentice-Hall, 2014.
(67) Pontryagin, L. S., V. Boltyanskii, R. Gamkrelidze, and E. Mishchenko, *The Mathematical Theory of Optimal Processes*, Interscience Pub. Inc., 1962.
(68) Reid, J. C., *Linear System Fundamentals*, McGraw-Hill, 1983.
(69) Rosenberg, R. C. and D. C. Karnopp, *Introduction to Physical System Dynamics*, McGraw-Hill, 2002.
(70) Routh, E. J., *Dynamics of a System of Rigid Bodies*, Macmillan, 1892.
(71) Safonov, M. G., "Robustness and Stability Aspects of Stochastic Multivariable Feedback System Design," *Ph. D. Thesis, Dept. of EECS*, MIT, 1979.
(72) Safonov, M. G. and M. Athans, "Gain and Phase Margins for Multivariable LQG Regulators," *IEEE Trans. on Auto. Control*, Vol. AC-22, No. 2, pp. 173~179, 1977.
(73) Safonov, M. G., A. J. Laub, and G. Hartmann, "Feedback Properties of Multivariable Systems: The Role and Use of Return Difference Matrix," *IEEE Trans. on Auto. Control*, Vol. AC-26, pp. 47~65, 1981.
(74) Schultz, D. C. and J. L. Melsa, *State Functions and Linear Control Systems*, McGraw-Hill, 1967.
(75) Seshu, S. and M. B. Reed, *Linear Graphics and Electrical Networks*, Addison- Wesley, 1961.
(76) Slotine, J.-J. E., "Tracking Control of Nonlinear Systems Using Sliding Surface," *Ph. D. Thesis, Dept. of Aero. and Astro.*, MIT, 1983.
(77) Slotine, J.-J. E. and W. Li, *Applied Nonlinear Control*, Prentice-Hall, 1991.
(78) Smith, O. J. M., *Feedback Control Systems*, McGraw-Hill, 1958.

(79) Srinathkumar, S., "Eigenvalue/Eigenvector Assignment Using Output Feedback," *IEEE Trans. on Auto. Control*, Vol. AC-23, No. 1, pp. 79~81, 1978.

(80) Strang, G., *Linear Algebra and Its Applications*, 4th ed., Thomson, 2006.

(81) Sugeno, M., *Industrial Applications of Fuzzy Control*, North-Holland-Amsterdam, 1985.

(82) Takahashi, Y., M. J. Robins, and D. M. Auslander, *Control and Dynamic Systems*, Addison-Wesley, 1970.

(83) Thoma, J., *Modern Hydraulic Engineering*, Trade and Technical Press, 1970.

(84) Vidyasagar, M., *Nonlinear System Analysis*, Prentice-Hall, 1992.

(85) Wienner, N., *Cybernetics on Control and Communication in the Animal and Machine*, 2nd ed., MIT Press and Wiley, 1961.

(86) Zadeh, L. A., "A Rationale for Fuzzy Control," *Trans. ASME, J. Dyn. Sys., Measurement and Control*, Vol. 94, pp. 3~4, 1974.

(87) Zames, G., "Feedback and Optimal Sensitivity: Model Reference Transformations, Multiplicative Seminorms, and Approximate Inverse," *IEEE Trans. Auto. Control*, Vol. AC-26, pp. 301~320, 1981.

(88) Zeigler, J. G. and N. B. Nichols, "Optimum Setting for Automatic Controllers," *Trans. ASME*, Vol. 64, pp. 759~768, 1942.

찾아보기

ㄱ

ㄴ

ㅇ

ㅈ

ㅊ

ㅋ

ㅌ

ㅍ

ㅎ

기타

제어시스템공학

2017년 8월 20일 1판 1쇄 인쇄
2017년 8월 25일 1판 1쇄 발행

저 자 **김 종 식**
발행자 **조 승 식**
발행처 (주) 도서출판 **북스힐**
서울시 강북구 한천로153길 17
등 록 제 22-457 호
전 화 (02) 994-0071(代)
F A X (02) 994-0073
E-mail bookshill@bookshill.com
www.bookshill.com

값 35,000원

잘못된 책은 교환해 드립니다.

ISBN 979-11-5971-083-4